Verlag von Julius Springer, Berlin.   Hel. u. impr. Meisenbach Riffarth & Co, Berlin.

Jahrbuch

der

Schiffbautechnischen Gesellschaft

Elfter Band

1910

Springer-Verlag Berlin Heidelberg GmbH
1910

ISBN 978-3-642-90184-3   ISBN 978-3-642-92041-7 (eBook)
DOI 10.1007/978-3-642-92041-7
Softcover reprint of the hardcover 1st edition 1910

Additional material to this book can be downloaded from http://extras.springer.com

Inhalts-Verzeichnis.

Seite

Geschäftliches: 1

   I. Mitgliederliste 3

   II. Satzung 41

   III. Satzung für den Stipendienfonds 46

   IV. Satzung für die silberne und goldene Medaille der Schiffbautechnischen Gesellschaft 48

   V. Bericht über das elfte Geschäftsjahr 1909 50

   VI. Bericht über die elfte ordentliche Hauptversammlung am 18., 19. und 20. November 1909 66

   VII. Protokoll über die geschäftliche Sitzung der elften ordentlichen Hauptversammlung am 19. November 1909 72

   VIII. Unsere Toten 75

Vorträge der XI. Hauptversammlung: 93

   IX. Die Gleichstromdampfmaschine. Von J. Stumpf 95

   X. Eine neue Lösung des Schiffsturbinenproblems. Von H. Föttinger 157

   XI. Schwere Werftkrane für die Schiffsausrüstung. Von C. Michenfelder 240

   XII. Fabrikorganisation mit spezieller Berücksichtigung der Anforderungen der Werftbetriebe. Von L. Gümbel 329

   XIII. Über Schiffsgasmaschinen. Von Fr. Romberg 437

Seite

XIV. Über Rudermomentmessungen und Drehkreisbestimmungen von
Schiffen. Von Tjard Schwarz 694

XV. Neue Propellerversuche. Von Fr. Gebers 729

Beiträge: 785

XVI. Beiträge zur Theorie der Schiffsschraube. Von A. Pröll 787

Besichtigungen: 847

XVII. Die Deutsche Bank in Berlin 849

Geschäftliches.

I. Mitgliederliste.

Protektor:

SEINE MAJESTÄT DER DEUTSCHE KAISER UND KÖNIG VON PREUSSEN
WILHELM II.

Ehrenvorsitzender:

SEINE KÖNIGLICHE HOHEIT DER GROSSHERZOG
FRIEDRICH AUGUST VON OLDENBURG.

Vorsitzender:

C. Busley, Geheimer Regierungsrat und Professor, Berlin.

Stellvertretender Vorsitzender:

Johs. Rudloff, Wirklicher Geheimer Ober-Baurat und Professor, Berlin.

Fachmännische Beisitzer:

C. Pagel, Professor, Technischer Direktor des Germanischen Lloyd, Berlin.

Gotth. Sachsenberg, Kommerzienrat, Mitglied des Vorstandes der Firma Gebr. Sachsenberg A.-G., Roßlau a. E. und Cöln-Deutz.

Otto Schlick, Dr. Ing., Konsul, Direktor des Germanischen Lloyd, Hamburg.

R. Veith, Wirklicher Geheimer Ober-Baurat und Abteilungschef im Reichs-Marine-Amt, Berlin.

R. Zimmermann, Geheimer Baurat, Eutin (Holstein), Pulverbeck.

Beisitzer:

Fr. Achelis, Konsul, Vizepräsident des Norddeutschen Lloyd, Bremen.

G. Gillhausen, Dr. Ing., Mitglied des Direktoriums der Firma Fried. Krupp A.-G., Essen a. Ruhr.

Aug. Schultze, Geheimer Kommerzienrat, Direktor der Oldenburg-Portug. Dampfschiffs-Reederei, Oldenburg i. Gr.

Ed. Woermann, Konsul und Reeder, i. Fa. C. Woermann, Hamburg.

Geschäftsführer:

Franz Hochstetter, Dr. phil., Berlin N.W. 6.

Geschäftsstelle: Berlin NW6., Schumann-Str. 2 pt.
Telephon: III 6106.

1. Ehrenmitglieder:

SEINE KÖNIGLICHE HOHEIT, Dr. Ing.
HEINRICH, PRINZ VON PREUSSEN
(seit 1901)

SEINE KAISERLICHE UND KÖNIGLICHE HOHEIT,
WILHELM, KRONPRINZ DES DEUTSCHEN REICHES U. VON PREUSSEN
(seit 1902)

SEINE KÖNIGLICHE HOHEIT
FRIEDRICH FRANZ IV., GROSSHERZOG V. MECKLENBURG-SCHWERIN
(seit 1904)

2. Inhaber der Goldenen Medaille der Schiffbautechnischen Gesellschaft:

WILHELM II., DEUTSCHER KAISER UND KÖNIG VON PREUSSEN.

SEINE KÖNIGLICHE HOHEIT
FRIEDRICH AUGUST, GROSSHERZOG VON OLDENBURG.

3. Inhaber der Silbernen Medaille der Schiffbautechnischen Gesellschaft:

Föttinger, Herm., Dr. Ing.,
Professor an der Techn. Hochschule in Danzig,
Zoppot, Bädeckerweg 13.

4. Fachmitglieder.

a) Lebenslängliche Fachmitglieder:

6 Berninghaus, C., Ingenieur und Werftbesitzer, Duisburg.

Biles, John Harvard, Professor für Schiffbau an der Universität Glasgow.

Blohm, Herm., i. Fa. Blohm & Voß, Hamburg, Harvestehuder Weg 10.

Busley, C., Geheimer Regierungsrat und Professor, Berlin NW 40, Kronprinzen-Ufer 2.

10 de Champs, Ch., Kapitänleutnant der Königl. Schwed. Marine, Schiffbau- und Elektro-Ingenieur von der Königl. Techn. Hochschule in Stockholm, Stockholm, Johannesgatan 20.

Claussen, Georg W., Techn. Direktor der Schiffswerft von Joh. C. Tecklenborg Akt.-Ges., Geestemünde, Dock-Str. 4.

Claussen jun., Georg, Schiffbau-Betriebsleiter der Schiffswerft von Joh. C. Tecklenborg Akt.-Ges., Geestemünde, Dock-Str. 4.

Delaunay-Belleville, L., Ingénieur-Constructeur, Rue de l'Ermitage, St. Denis (Seine).

Flohr, Justus, Geheimer Baurat, Maschinenbau-Direktor der Stettiner Maschb.-Akt.-Ges. Vulcan, Stettin, Bredow.

Klose, A., Ober-Baurat a. D., Berlin W. 15, 15 Kurfürstendamm 33.

Kraft de la Saulx, Ritter Friedrich, Ober-Ingenieur der Elsässischen Maschinenbau-Gesellschaft, Mülhausen, Elsaß.

Kummer, O. L., Kommerzienrat, Radebeul bei Dresden.

Masing, Berthold, Ingenieur und Vertreter der Werft Uebigau, Dresden, Königstr. 15.

Meyer, Georg C. L., Ingenieur und Direktor, Hamburg, Kl. Fontenay 4.

20 Niclausse, Jules, Ingénieur-Constructeur, Paris, Rue des Ardennes 24.

Pommée, P. J., Direktor des Ottensener Eisenwerk, Gr.-Flottbeck, Voß-Str. 8.

Rickmers, A., Vorsitzender des Aufsichtsrates der Rickmers-Schiffswerft, Bremen.

Sachsenberg, Georg, Kommerzienrat, Mitglied des Vorstandes der Firma Gebr. Sachsenberg A.-G., Roßlau a. E. und Cöln-Deutz.

Sachsenberg, Gotthard, Kommerzienrat, Mitglied des Vorstandes der Firma Gebr. Sachsenberg A.-G., Roßlau a. E. und Cöln-Deutz.

Spetzler, Carl, Ferd., Betriebsdirigent bei der 25 Kaiserl. Werft Kiel, Kiel, Garten-Str. 27.

Steinike, Karl, Schiffbaudirektor der Fried. Krupp Germania-Werft, Gaarden bei Kiel.

Topp, C., Baurat, Stralsund, Knieperdamm 4.

Wilton, B., Werftbesitzer, Rotterdam.

Wilton, J. Henry, Werftdirektor, Rotterdam.

Ziese, Carl H., Dr. Ing., Geheimer Kom- 30 merzienrat und Besitzer der Schichauschen Werke zu Elbing und Danzig, Elbing.

Ziese, Rud. A., Ingenieur, St. Petersburg, Wassili Ostrow, 12. Linie 27.

Zimmermann, R., Geheimer Baurat, Eutin (Holstein), Pulverbeck.

Zoelly-Veillon, H., Ingenieur, Vorstandsmitglied und technischer Direktor bei Escher, Wyß & Cie., Zürich.

b) Ordnungsmäßige Fachmitglieder:

Abel, Herm., Schiffsmaschinenbau-Ingenieur, Lübeck, Israelsdorfer Allee 23a.

35 Abel, P., Ingenieur, Besichtiger von Lloyds-Register, Düsseldorf, Herder-Str. 70.

Abel, Wilh., Schiffbau-Ingenieur, Oberlehrer am Technikum zu Hamburg, Hamburg-Borgfelde, Burg-Str. 56 I.

Abraham, J., Schiffbau-Ingenieur, Inhaber der Firma O. Kirchhoff Nachfolger, Stralsund.

Achenbach, Albert, Diplom-Ingenieur, Roßlau a. E., bei Gebr. Sachsenberg.

Ackermann, Max, Schiffsmaschinenbau-Ingenieur, Stettin, Garten-Str. 11.

40 Ahlers, Louis, Ingenieur, Roßlau a. E., Linden-Str. 65.

Ahlers, Otto, Ingenieur, Roßlau a. E., Akazien-Str. 4.

Ahlrot, Georg, Schiffbau-Ingenieur, Malmö, Kockums Mek. Verkstads A. B.

de Ahna, Felix, Schiffbau-Ingenieur, Charlottenburg, Stuttgarter Platz 15.

Ahnhudt, Marine-Schiffbaumeister, Kiel, Düppelstr. 66.

45 Alverdes, Max, Oberingenieur und Vertreter des Osnabrücker Georgs-Marien-Bergwerks- und Hüttenvereins, Hamburg-Uhlenhorst, Bassin-Str. 8.

Ambronn, Victor, Diplom-Ingenieur, Bremen, Born-Str. 36.

Amnell, Bengt., Schiffbau-Ingenieur, Abo, Finland.

de Angulo, Enrique Garcia, Excellenz, Général du Génie maritime Espagnol, Madrid, Conde de Xiquena 10.

Arendt, Ch., Marine-Oberbaurat und Schiffbau-Betriebsdirektor, Wilhelmshaven, Kaiserl. Werft.

Arera, Hans, Ingenieur, Breslau VI, Lieg- 50 nitzer Str. 1.

Arnold, Alb., C., Schiffbau-Ingenieur, Berlin NW. 7, Luisen-Str. 64.

Arppe, Johs., Oberingenieur u. Prokurist d. Fa. F. Schichau, Danzig, Linden-Str. 10.

Artus, Kaiserl. Marine-Baumeister, Reichs-Marine-Amt, Berlin W 30, Eisenacher Str. 84 III.

Baars, Georg, Schiffbau-Ingenieur, Hamburg, Schäferkamps Allee 1.

Baath, Kurt, Diplom-Ingenieur, Bremen, 55 Kiel-Str. 5.

Bachmeyer, Robert, Fabrikdirektor a. D., Berlin N. 4, Chaussee-Str. 36.

Baisch, Ludwig, Ingenieur, i. Fa. Fried. Krupp A.-G. Germaniawerft, Kiel, Muhlius-Str. 63.

Barends, Ingenieur, Danzig, Schichaugasse 31.

Barg, G., Schiffbau-Direktor der Neptunwerft, Rostock i. M.

60 Bauer, V. J., Direktor der Flensburger Schiffsbau-Gesellschaft, Flensburg, Neustadt 49.

Bauer, Dr. G., Stellvertr. Direktor der Stett. Maschinenb.-A.-G. Vulcan, Bredow a. O.

Bauer, M.H., Schiffbau-Ingenieur, Berlin W 26, Nollendorf-Str. 30.

Bauer, O., Betriebs-Ingenieur d. Flensburger Schiffsbau-Gesellschaft, Flensburg.

Baur, G., Baurat, Direktor, Fried. Krupp, A.-G., Germania-Werft, Kiel-Gaarden.

65 Becker, Richard, Maschinen - Ingenieur, Stettin, Pölitzer Str. 17 III.

van Beek, J.F., Schiffbau-Direktor der Königl. Niederländischen Marine, s'Gravenhage, Theresiastraat 75.

Behn, Theodor, Diplom-Ingenieur, Stettin, Kaiser-Wilhelm-Str. 90.

Behrmann, Georg, Ingenieur, Kiel, Lübecker Chaussee 12.

Benetsch, Armin, Schiffsmaschinenbau-Ingenieur, Oberlehrer a.d.Städt.Maschinist.- und Gewerbeschule, Bremerhaven.

70 Benjamin, Ludwig, Zivil-Ingenieur, Hamburg 13, Grindel-Allee 153.

Berendt, M., Ingenieur, Hamburg, Admiralität-Str. 52.

Bergemann, W., Marine - Baurat, Danzig, Kaiserl. Werft.

Berghoff, O., Marine - Baumeister a. D., Berlin C 54, Dragoner-Str. 23 I.

Berling, G., Marine-Baurat, Kiel, Feld-Strasse 130.

75 Berndt, Fritz, Elektro-Ingenieur, Hamburg, Hohe Bleichen 28.

Berndt, Rechnungsrat, Groß - Lichterfelde, Ring-Str. 17.

Berner, Otto, Ingenieur, Hamburg, Admiralität-Str. 58.

Bertens, E., Schiffbauingenieur bei der Chilenischen Marine, z. Z. Barrow in Furneß, England, Church Street 16.

Bertram, Ed., Geh. Ober-Baurat u. vortrag. Rat im Reichs-Marine-Amt, Berlin W 30, Heilbronner Str. 2 I.

80 Bettac, Richard, Schiffbau-Ingenieur, Stettin, Deutsche Str. 60.

Beul, Th., Oberinspektor des Norddeutschen Lloyd, Bremerhaven, Lloyd-Dock.

Biedermann, Schiffbau - Diplom - Ingenieur beim Norddeutschen Lloyd, Bremen.

Bielenberg, Theodor, Schiffbau - Ingenieur bei Fried.- Krupp A.-G., Germaniawerft, Kiel-Gaarden.

Biese, Max, Maschinenbau - Betriebs - Ingenieur, Geestemünde, Leher-Chaussee 46.

85 Bigge, Karl, Diplom - Ingenieur, Bremen, Hansa-Str. 119.

Billig, H., Maschinenbau - Oberingenieur, Dessau, Göthe-Str. 3.

Blackstady, E., Direktor der Oderwerke, Stettin, Schiller-Str. 11.

Blechschmidt, Marine - Schiffbaumeister, Berlin W 30, Heilbronner Str. 7.

Bleicken, B., Dipl.-Ing., Hamburg 20, Tarpenbeck-Str. 128.

90 Block, Hch., Ingenieur, Hamburg, Große Bleichen 31/43.

Blohm, Eduard, Ingenieur, Hamburg, Koop-Str. 26.

Blohm, M. C. H., Ingenieur, Hamburg, Hüsumer Str. 21.

Blümcke, Richard, Direktor der Schiffs- und Maschinenbau - Akt. - Ges. Mannheim in Mannheim.

Blumenthal, G. E., Direktor der Hamburg-Amerika-Linie, Hamburg, Jungfrauenthal 2.

95 Bocchi Guido, Chef des Schiffbau-Bureaus der Cantieri navali rimiti. Ancona, via ad Alto 7.

Bock, F. C. A., Schiffbau-Techniker, Hamburg 23, Hasselbroock-Str. 29.

Bock, W., Marine-Oberbaurat und Schiffbau-Betriebsdirektor, Kiel, Feld-Str. 140.

Bockelmann, H., Schiffbau-Betriebsingenieur, Stettiner Oderwerke.

Bockhacker, Eug., Marine-Oberbaurat und Schiffbau-Betriebsdirektor, Wilmersdorf, Hohenzollernplatz 20.

100 Boekholt, H., Marine-Baurat a. D., Grabke b. Bremen, Grabker Chaussee 172.

Bohnstedt, Max, Oberlehrer u. kommissarischer Direktor der Königl. höheren Schiff- und Maschinenbauschule zu Kiel, Knooper Weg 56.

Boie, Harry, Ingenieur, Stettin, Deutsche Str. 17.

Bonhage, K., Marine-Baurat, Abnahmebeamter in Düsseldorf.

Böning, O., Schiffbau-Oberingenieur, Hamburg, Curschmannstr. 23, Stett. Maschinenbau-A.-G. Vulkan, Hamburg-Niederlassung.

105 Borgstede, Ed., Schiffbau-Direktor a. D., Elbing.

Bormann, Alfred, Kaiserl. Russ. Schiffbau-Ingenieur am Kaiserl. Russ. Ministerium des Wegebaues, St. Petersburg, Italienische Str. 17.

v. Borries, Friedrich, Marine-Baumeister, Kiel, Düppelstr. 54.

Böttcher, Max, Schiffbau-Ingenieur, Langfuhr b. Danzig, Robert-Reinick-Weg 8 I.

Bötticher, Ernst, Ingenieur, Berlin NW 21, Turmstr. 30a.

110 Boyens, Friedrich, Ingenieur, Elbing,

Bramigk, Schiffbau-Ingenieur, Roßlau a. E., Dessauer Str. 90 I.

Bredsdorff, Th., Schiffbau-Direktor, Flensburg, Apenrader Str. 25.

Breer, Wilh., Schiffbau-Ing. und erster Schiffs-Vermesser, Hamburg, Fruchtallee 38.

Breitländer, Friedrich, Ingenieur, Mannheim.

115 Breuer, C., Ingenieur, Stettin, Mühlenstr. 12.

Brinkmann, G., Geheimer Marine-Baurat und Schiffbau - Ressortdirektor, Wilhelmshaven, Adalbertstr. 11.

Brinkmann, Oberingenieur der Germania-Werft, Kiel, Bergstr. 25.

Bröcker, Th., Maschinen-Ingenieur, Stettin, Grabower Str. 17 II.

Brodin, O. A., Werftbesitzer, Gefle.

120 Brommundt, G., Marine - Oberbaurat und Maschinenbau-Betriebsdirektor, Wilhelmshaven, Wallstr. 6b.

Brose, Eduard, Ingenieur, Elbing, Äußerer Mühlendamm 34.

Brotzki, Julius, Regierungsrat, Berlin W. 15, Xantener Str. 7.

Bruckhoff, Carl A. E., Leiter der Versuchs-Station des Norddeutschen Lloyd, Lehe, Hafenstr. 159.

Brüll, Max R., Schiffsmaschinenbauingenieur, Hamburg 21, Eppendorferbaum 41.

125 Brumm, Ernst, Diplom-Ingenieur, Hamburg, Susannenstr. 23.

Bruns, Heinr., Konsul, Zivilingenieur i. Fa. H. Diederichsen, Kiel, Niemannsweg 90.

Bub, H., Schiffbau-Ingenieur, Vegesack, Bremer Vulkan.

Buchsbaum, Georg, Schiffbau - Ingenieur beim Germ. Lloyd, Friedenau, Goßlerstraße 13.

Bufe, C., Schiffbau-Ingenieur, Elbing, Johannisstr. 19.

Bull, Harald, Ingenieur, Hamburg, Eims- 130 büttler Str. 48.

v. Bülow, Schiffbau-Ingenieur, Prokurist des Germ. Lloyd, Gr.-Lichterfelde-O., Annastraße 2.

Bürkner, H., Geh. Marine-Baurat und vortragender Rat im Reichs-Marine-Amt, Gr.-Lichterfelde O., Jungfernstieg 12.

Buschberg, E., Marine - Baurat, Stettin, Kronprinzenstr. 15.

Büsing, R., Maschinenbau-Ingenieur, Bremerhaven, Kaiserstr. 2 b.

Buttermann, Ingenieur, Pankow b. Berlin, 135 Amalienpark 5.

Büttgen, Schiffbauingenieur, Kiel-Gaarden, Friedrich Krupp A.-G., Germaniawerft, Hohenzollernring 61.

Buttmann, Marine-Schiffbaumeister, Kiel, Feldstr. 130 III.

Caldwell, James, Marine-Engineer, Glasgow, Elliot-Street 130.

Carlson, C. F., Schiffbau-Ingenieur, Danzig, Werft von F. Schichau.

Cerio, Schiffbauingenieur, Kiel - Gaarden, 140 Fried. Krupp A.-G., Germaniawerft.

Chace, Mason, S., Schiffbau - Ingenieur, Wales St., Dorchester, Boston, Mass. U.S.A.

Clark, Charles, Professor am Polytechnikum, Riga, Mühlenstr. 58 II.

Clausen, Ernst, Schiffbau-Ingenieur und Chef des Konstruktionsbureaus der Friedrich Krupp Akt.-Ges. Germaniawerft, Gaarden, Wilhelmstr. 21.

Claußen, Ernst, Schiffsmaschinenbau-Ingenieur der A. E.-G. Turbinenfabrik Berlin NW 87, Huttenstr. 12-16.

Cleppien, Max, Marinebaurat a.D., Hamburg, 145 Schiffsmaschinenschule.

Conradi, Carl, Marine-Ingenieur, Christiania Prinsens Gade 2 b.

Collin, Max, Marine - Oberbaurat und Maschinenbau - Betriebsdirektor, Kiel, Kaiserl. Werft.

Cornehls, Otto, Direktor der Reiherstieg-Schiffswerfte und Maschinenfabrik, Hamburg, Kl. Grasbrook.

Coulmann, Marine-Bauführer, Wilhelmshaven, Wallstr. 4.

150 Crets, M. C. Edmond, Direktor der Chantier naval Cockerill, Hoboken—Anvers.

Creutz, Carl Alfr., Direktor der Oehta-Schiffswerft u. Maschinenfabrik W. Crichton & Co., St. Petersburg, Rußland.

Dahlby, Gustav, Schiffsmaschinenbau-Ingenieur, Stettin, Logengarten 14.

Dammann, Friedrich, Schiffbau-Ingenieur, Hamburg 33, Steilshoper-Str. 106 III.

Degn, Paul Frederik, Diplom-Ingenieur, Bremen, Lobbendorferstr. 7.

155 Deichmann, Karl, Ingenieur, Hamburg, Margarethen-Str. 76.

Delaunay-Belleville, Robert, Ingenieur, Saint-Denis sur Seine.

Demnitz, Gustav, Schiffbau-Diplom-Ingenieur, ständiger Assistent an der Kgl. Techn. Hochschule zu Danzig-Langfuhr.

Dentler, Heinr., Stettin, Unterwiek 16.

Dieckhoff, Hans, Prof., Techn. Direktor der Woermann-Linie und der Ost-Afrika-Linie, Hamburg, Leinpfad 82.

160 Dietrich, A., Marine-Schiffbaumeister, Steglitz, Sedan-Str. 40 I.

Dietze, E., Schiffbau-Oberingenieur, Roßlau a. E., Pötsch-Str. 14.

Dietze, F. M., Inspektor für Maschinen- und Schiffbau, Hamburg 30, Eichelhorsterweg 15.

Dietze, Paul, Schiffbau-Ingenieur, Kiel-Gaarden, Norddeutsche Str 63.

Dix, Joh., Marine-Baurat, Berlin NW 23, Siegmundshof 22.

165 v. Dorsten, Wilhelm, Ingenieur der Rheinschiffahrt A.-G. vorm. Fendel, Mannheim.

Drakenberg, Jean, Maschinen-Ingenieur, Direktor der Bergungs-Gesellschaft „Neptun", Stockholm, Kungsträdgårdsgatan 12.

Dreyer, E., Max, Ingenieur für Schiff- und Maschinenbau, Inspektor des Germanischen Lloyd, Hamburg 11.

Dreyer, Fr., Schiffbau-Oberingenieur, Hamburg, Eidelstedterweg 29.

Dreyer, Karl, Elektroingenieur der Firma F. Schichau, Elbing, Königsberger Str. 14a.

Drossel, Aug., Schiffbaumeister, Stettin, 170 Birkenallee 40 II.

Egan, Edward, Oberingenieur in der Schiffahrtssektion des k. ungar. Handelsministeriums, Budapest II.

Eggers, Julius, Oberingenieur, Prokurist, Chef des Maschinenwesens der Hamburg-Amerika-Linie, Hamburg-Harvestehude, St. Benedictstr. 34.

Ehrlich, Alexander, Schiffbau-Ingenieur, Stettin, Gustav-Adolf-Str. 11.

Eichhorn, Osc., Geh. Marinebaurat u. Schiffbaudirektor, Danzig, Rennerstiftsgasse 10.

Eigendorff, G., Schiffbau-Ingenieur und 175 Besichtiger des Germanischen Lloyd, Brake i. Oldenburg.

Ekström, Gunnar, Extra-Marine-Ingenieur, Flottansvarf, Karlskrona.

Elste, R., Schiffbau-Ingenieur, Hamburg-Eimsbüttel, Bismarckstr. 4.

Elze, Theodor, Schiffbau-Ingenieur, Roßlau a. E., Burgwall.

Engel, Otto, Marine-Baurat, Berlin W. 30, Heilbronner Str. 7.

Erbach, R., Schiffbau-Ingenieur, Kiel-Gaarden, 180 Germaniawerft, Eckernförder Allee 20.

von Essen, W. W., Ingenieur, Hamburg 11, Globushof, Trostbrücke 2.

Esser, Matthias, Ober-Ingenieur, Bremen, Wall 36.

Euterneck, P., Marine-Oberbaurat und Maschinenbau-Betriebsdirektor, Wilhelmshaven, Viktoria-Str.

Evans, Charles, Oberingenieur bei Vickers, Sons and Maxim Ltd., 2, Cavendish Park, Barrow-in-Furness, England.

Evers, C., Ingenieur, Hamburg 20, Eppen- 185 dorferlandstr. 54.

Evers, F., Schiffbaudirektor bei Nüscke & Co., Stettin, Königsplatz 14.

Evers, G., Schiffbau-Ingenieur, Bevollmächtigter des Germanischen Lloyd, Bremen, Schlachte 21.

Falbe, E., Diplom-Ingenieur, Betriebsdirigent d. Kaiserl. Werft, Kiel, Lornsen-Str. 47.

Falk, W., Schiffbau-Ingenieur und Yacht-Agentur, Schiffbaulehrer a. d. Navigationsschule, Hamburg, Annenstr. 30.

Fechter, Georg, Ingenieur, Landsberg a. W., 190 Berg-Str. 41.

Fechter, Gust., Schiffbaumeister, Königsberg i. Pr.

Festerling, S., Ingenieur, Hamburg 24,
Wandsbecker Stieg 43.

Fischer, Fr., Betriebs-Ingenieur, Elbing Altst.,
Wallstr. 13.

Fischer, Willi, Ingenieur, Altona a. d. Elbe,
Philosophenweg 25.

195 Flach, H., Marine-Oberbaurat a. D., Stettin,
Friedrich-Carl-Str. 36.

Flamm, Osw., Geheimer Regierungsrat und
Prorektor der Königl. Techn. Hochschule,
Nikolassee b. Berlin, Lückhoffstr. 30.

Fliege, Gust., Stellvertretender Direktor der
Stettiner Maschinenbau Akt.-Ges. Vulcan,
Bredow a. O.

Flood, H. C., Ingenieur und Direktor der
Bergens Mechaniske Varksted, Bergen
(Norwegen).

Flügel, Paul, Ingenieur und Maschinen-
Inspektor, Lübeck, Mühlenbrücke 1a.

200 Foerster, Dr. Ing. Ernst, Diplom-Schiffbau-
ingenieur bei Blohm & Voß, Hamburg-
Blankenese, Wedeler Chaussee 91.

Folkerts, H., Ingenieur und Privatdozent,
Aachen, Rütscherstr. 40.

Frahm, Herm., Direktor der Werft Blohm
& Voß, Hamburg, Klosterallee 18.

Franke, Emil, Betriebs-Ingenieur, Roßlau,
Hauptstr. 49.

Frankenberg, Ad., Marine-Baurat, Wilhelmshaven, Ostfriesen-Str. 73.

205 Franz, J., Schiffbau-Ingenieur, Stettin, Gustav-
Adolf-Str. 25.

Fränzel, Curt, Direktor der Königl. See-
maschinistenschule in Stettin.

Friederichs, K, Rechnungsrat im Reichs-
Marine-Amt, Friedenau, Hähnelstr. 3.

Fritz, G., Marine-Oberbaurat und Maschinenbau-Betriebsdirektor, Berlin W 30,
Hohenstaufenstr. 67.

Fritz, Walter, Oberingenieur d. Bergmann-
Elektrizitäts-Werke A.-G., Abt. f. Schiffsturbinen, Berlin NW 40, Hindersinstr. 14.

210 Früchtenicht, O., Schiffbau-Ingenieur, Werft
vorm. Janssen & Schmilinsky A.-G.,
Hamburg, Steinwärder.

Gamst, A., Fabrikbesitzer, Kiel, Eckernförder Chaussee 61.

Gannott, Otto, Rechnungsrat im Reichs-
Marine-Amte, Groß-Lichterfelde West,
Ringstr. 24.

Gätjens, Heinr., Schiffbau-Ingenieur der
Hamburg-Amerika-Linie, Hamburg,
Ferdinandstr.

Gebauer, Alex, Schiffsmaschinenbau-
Ingenieur, Werft von F. Schichau, Elbing.

Gebers, Fr., Dr., Schiffbau-Ingenieur, 215
techn. Hilfsarbeiter im Reichs-Marine-
Amt, Südende b. Berlin, Krummestr. 3 r.l.

Gehlhaar, Franz, Regierungsrat, Mitglied des
Kaiserlichen Schiffs-Vermessungs-Amtes,
Berlin-Westend, Eschenallee 13.

Gerlach, Marinebaurat, Kiel, Kaiserl. Werft,
Niemannsweg 14.

Gerloff, Friedrich, Schiffbau-Ingenieur,
Geestemünde, Marktstr. 1.

Gerner, Fr., Betriebs-Ingenieur der Fried.
Krupp A.-G., Germaniawerft, Kiel, Kirchhofsallee 19.

Giebeler, H, i. Fa. Gebr. Maaß, G. m. b. H., 220
Schiffswerft, Maschinenbauanstalt u. Eisengießerei, Neu-Strelitz, Strelitzer Str. 52 I.

Gierth, R., Oberingenieur der Vereinigten
Elbschiffahrts-Gesellschaften A.-G., Dres-
den-Plauen, Würzburger Str. 38.

Giese, Ernst, Geheimer Regierungsrat, Berlin
NW 23, Schleswiger Ufer 13.

Gleim, W., Direktor, Kassel, Herkulesstr. 12.

Gnutzmann, J., Schiffbau-Oberingenieur,
Langfuhr b. Danzig, Heiligenbrunnerweg 4.

Goecke, E., Marine-Baurat, Abnahme- 225
beamter, Düsseldorf.

Gorgel, Diplom-Ingenieur, Friedenau,
Haupt-Str. 73.

von Gozdziewski, Johs., Ingenieur,
Breslau VI, Hohe-Str. 34 I.

Grabow, C., Marine-Oberbaurat und Maschb.-
Betriebsdirektor, Kiel, Kaiserliche Werft.

Grabowski, E., Schiffbau-Ingenieur, Bremen,
Friedrich-Wilhelm-Str. 35.

Grauert, M., Marine-Baurat, Langfuhr bei 230
Danzig, Heiligenbrunner Weg 6.

Green, Rudolf, Schiffbau-Ingenieur u. Mitinhaber der Hermann Haase G. m. b. H.
Schiffswerft u. Maschinenfabrik in Müll-
rose bei Frankfurt a. O.

Greve, Heinrich, Ingenieur, Dessau, Richard
Wagner-Str. 15.

Grimm, Max, Diplom-Ingenieur, techn. Hilfs-
leiter im Reichs-Marine-Amt, Charlottenburg 4, Krummestr. 26 I.

Gronwald, Otto, Schiffbau-Ingenieur, Stettin,
Töpferparkstr. 9.

235 Groth, W., Ingenieur der Hanseat. Elektr.-Ges.,
Hamburg, Gr. Reichen-Str. 27, Afrikahaus.

Grotrian, H., Schiffbau-Ingenieur, Oberlehrer
am Technikum zu Hamburg, Hamburg-
Ohlsdorf, Fuhlsbütteler Str. 589.

Gümbel, L., Oberingenieur und stellvertr.
Direktor der Norddeutschen Maschinen-
u. Armaturenfabrik, Bremen, Sürmann-
Str. 32 III.

Haack, Otto, Schiffbau-Ingenieur, Inspektor des
Germanischen Lloyd, Stettin, Sellhausboll-
werk 3.

Hadenfeldt, Ernst, Direktor, Hamburg,
2. Vorsetzen 4.

240 Haensgen, Osc., Maschinenbau - Ingenieur,
Flensburger Schiffsbau-Ges., Flensburg.

Haertel, Siegfried, Schiffbau - Diplom - Ingenieur, Stettin, Kronenhofstr. 28.

Hahn, Carl, Ingenieur der Bremer Assekuradeure, Bremen, Am Wall 164.

Hahn, Paul L., Schiffsmaschineningenieur
bei der Akt. - Ges. „Weser", Bremen,
Altenwall 1.

Halberstaedter, Paul, Schiffsmaschinenbau-
Ingenieur, Werft von F. Schichau, Elbing.

245 Hammar, Hugo G., Schiffbau-Oberingenieur,
Göteborgs Nya Verkstad A. B., Göteborg.

Hammer, Erwin, Ing. bei J. Frerichs & Co.,
Osterholz-Scharmbeck.

Häpke, Gustav, Diplom-Ingenieur, techn.
Hilfsarbeiter am Reichs-Marine-Amt, Charlottenburg, Weimarer Str. 13 I.

Harich, Arnold, Dipl.-Ing., Stettin, Giesel-
rechtstr. 1 I.

Harmes, Fritz, Schiffbauingenieur, Stettin,
Kronenhofstr. 7.

250 Harms, W., Schiffbautechniker, Hamburg 21,
Uhlenhorster Weg 38.

Hartmann, C., Bauinspektor u. Vorstand des
Dampfkesselrevisionsbureaus der Baupolizeibehörde, Hamburg, Juratenweg 4.

Hartmann, Hans, Marine-Baurat, Zoppot bei
Danzig, Cecilienstr. 5 I.

Hartung, Carl Herm., Schiffsmaschinenbau-
Ingenieur, Joh. C. Tecklenborg Akt.-Ges.,
Geestemünde.

Hass, Hans, Diplom-Ingenieur, Oberingenieur
der A.-G. „Weser", Bremen, Bornstr. 17.

255 Heberrer, F., Ing., Stettin, Birkenallee 30 III.

Hedén, A., Ernst, Schiffbau-Ingenieur, Göteborg, Mek. Werkstad.

Hein, Hermann, Dipl.-Ing., Bremen, Land-
wehrstr. 23 I.

Hein, Paul, Ingenieur, Stettin, Gutenberg-
Str. 11 I.

Hein, Th., Rechnungsrat im Reichs-Marine-
Amt, Charlottenburg, Kantstr. 68 I.

260 Heinen, staatl. gepr. Bauführer, Betriebs-
Ingenieur der Werft Klawitter, Danzig,
Langgarten 48—50.

Heitmann, Johs., Schiffbau-Ingenieur, Hamburg, St. G., Langereihe 112 pt.

Heitmann, Ludwig, Betriebsingenieur, Stettin,
Gartenstr. 11a.

van Helden, H., Inspektor bei der Holland-
Amerika-Linie, Rotterdam, Boompjes 117.

Heldt, Karl, Schiffbauingenieur, Kiel,
Goethestr. 23.

265 Hellemans, Thomas Nikolaus, Schiffsm.-
Ingenieur, Roßlau, Akazienstr. 2.

Helling, Wilhelm, Oberingenieur, Gr.-Flott-
beck b. Altona, Grottenstr. 9.

Hemmann, Marine-Schiffbaumeister, Wilhelmshaven, Wallstr. 27.

Hempe, Gust., Oberingenieur, Steglitz bei
Berlin, Grunewaldstr. 5.

Henke, Gust., Schiffsmaschinenbau-Ingenieur,
Elbing, Weingarten 3.

270 Hensel, Carl, Schiffbau-Ingenieur, Hamburg,
Eckernförder Str. 86.

Hering, Geh. Konstr.-Sekretär im Reichs-
Marine-Amt, Zehlendorf, Beerenstr. 39.

Herner, H, Diplom - Schiffbau - Ingenieur,
Oberlehrer an der Königl. höheren
Schiff- und Maschinenbauschule, Kiel,
Holtenauer Str. 157.

Herzberg, Emil, Maschinen-Inspektor, Expert für Lloyds Register, Stettin, Bollwerk 12—14.

Hildebrandt, Hermann, Schiffbau - Oberingenieur der Joh. C. Tecklenborg Akt.-
Ges., Geestemünde, Hafenstr. 30.

275 Hildebrandt, Max, Schiffsmaschinenbau-Ingenieur, Stettin, Stettiner Maschinenbau A.-G. „Vulkan".

Hildenbrand, Carl, Oberingenieur, Bremen, Werft-Str. 24.

Hinrichsen, Henning, Schiffsmaschinenbau-Ingenieur, Werft von F. Schichau, Elbing.

Hitzler, Th., Schiffbau-Ingenieur, Schiffswerft Hamburg-Veddel.

Hoch, Johannes, 1. Konstrukteur für Schiffmaschinenbau, Brandenburg a. H., Fohrderstraße 2.

280 Hoefs, Fritz, Oberingenieur, Cassel, Hohenzollernstr. 137½.

Hoffmann, W., Betriebsingenieur der Werft von Blohm & Voß, Hamburg, Lappenbergsallee 23 II.

Hohn, Theodor, Schiffsmaschinenbau-Ing., Roßlau, Dessauer Str. 47.

Holthusen, Wilh., Ober-Ingenieur, Hamburg-Steinwärder, Ellerholzdamm, Norderwerft (R. Holtz).

Holtz, R., Werftbesitzer, Harburg a. E.

285 't Hooft, J., Oberingenieur der Königl. Niederländischen Marine, s'Gravenhage, Rivuwstraat 185.

Hölzermann, Fr., Marine-Oberbaurat und Schiffbau-Betriebsdirektor, Danzig, Langfuhr, Jäschkenthalerweg 26.

Horn, Fritz, Schiffbau-Dipl.-Ing., Kiel, Wilhelminenstr. 5.

Hossfeld, P., Geheimer Oberbaurat und vortragender Rat im Reichs-Marine-Amt, Berlin W. 15, Pariserstr. 38.

Howaldt jr., Georg, Konsul u. Ingenieur, Kiel.

290 Hüllmann, H., Geh. Oberbaurat u. Vorstand der Abteilung für Schiffbau-Angelegenheiten des Konstr.-Departements des Reichs-Marine-Amts, Berlin W. 15, Württembergische Str. 31/32.

Hutzfeldt M., Prokurist, Kiel-Wellingsdorf, Wehdenweg 26.

Ilgenstein, Ernst, Schiffbau-Ingenieur, Steglitz, Paulsenstr. 47

Isakson, Albert, Schiffbau-Ingenieur, Inspektor des Brit. Lloyd, 34 Skeppsbron, Stockholm.

Jaborg, Georg, Marine-Maschinen-Baumeister, Charlottenburg, Grolman-Str. 21.

Jacob, Oskar, Schiffbau-Ingenieur, Stettin, 295 Harkutsch-Str. 15.

Jacobsen, Waldemar, Oberingenieur, Bergsunds Mek. Verkstads A. B., Stockholm.

Jaeger, Johs., Geheimer Ober-Baurat a. D., Halle a. S., Richard-Wagner-Str. 40.

Jahn, Gottlieb, Dipl.-Ing., Kiel, Göthestr. 8 pt

Jahn, Paul, Schiffbau-Oberingenieur, Berlin NW. 87, Eycke von Repkow-Platz 1.

Jahnel, A., Schiffbau-Oberingenieur, Ver- 300 einigte Elbschiffahrts-Gesellschaft, Radebeul b. Dresden, Bismarck-Str. 5.

Jänecke, Carl, Schiffbau-Ingenieur, Danzig, Pfefferstadt 72.

Janke, Paul, Marine-Baurat und Schiffbau-Betriebsdirektor a. D., Generaldirektor, Danzig.

Jansson, H., Ingenieur, Bremen, Am Wall 114 II.

Jappe, Fr., Konstruktions-Ingenieur, Königl. Techn. Hochschule, Charlottenburg.

Jensen, Alb., Schiffbau-Ingenieur, Oliva 305 (Westpr.), Georg-Str. 10.

Johannsen, F., Schiffbau-Ingenieur, Kiel-Wellingdorf, Wehdenweg 20.

Johannsen, W., Schiffbaumeister, Direktor der Danziger Schiffswerft und Maschinenbauanstalt Johannsen & Co., Danzig.

Johansen, P. C. W., Schiffbau-Ingenieur, Flensburg, Bauer Land-Str. 11 I.

Johns, H. E., Ingenieur, Hamburg, Admiralitäts-Str. 37 pt.

Johnson, Alex A., Schiffbau-Ingenieur, New- 310 castle on Tyne, Sandhill 14.

Jülicher, Ad., Schiffbau-Ingenieur, Kiel, Schloßstr. 2-8.

Jungclaus, E. W., Besichtiger des Germ. Lloyd, Bremerhaven.

Just, Curt, Kaiserlicher Marine-Schiffbaumeister, Berlin W. 30, Eisenacher Str. 32/33 III.

Kagerbauer, Ernst, k. und k. Schiffbau-Oberingenieur II. Kl. a. D., schiffbautechnischer Konsulent d. k. k. Seebehörde in Triest, Via Tigor Nr. 17.

Karstens, Paul, Ingenieur, Hamburg 30, 315 Löwenstr. 40.

Kasten, Max, Schiffbau-Ingenieur, Grabow a. O., Gustav-Adolf-Str. 11 a.

Keil, Friedrich, k. und k. Maschinenbau-Oberingenieur I. Kl., Maschinenbau - Direktor
des k. und k. Seearsenals, Pola.

Keiller, James, Oberingenieur, Göteborg.

Kell, W., Schiffsmaschinenbau - Ingenieur,
Stettin, Birkenallee 3.

320 Kellerhoff, Joh., Schiffbau - Ingenieur,
Roßlau i. A., Gebrüder Sachsenberg, Burg-
wall-Str. 12.

Kenter, Max, Marine - Baurat, Baubeauf-
sichtiger bei den Howaldts-Werken, Kiel.

Kernke, Fritz, Marine - Schiffbaumeister,
Wilhelmshaven, Wall-Str. 27.

Keuffel, Aug., stellv. Direktor der Act.-Ges.
„Weser", Bremen, Lützowerstr. 10.

Kiel, Karl, Ingenieur, Stettin - Bredow,
Stettiner Maschinenbau - A.-G. „Vulkan".

325 Kielhorn, Carl, Schiffbau-Ingenieur bei Joh.
C. Tecklenborg Akt.-Ges., Geestemünde.

Kienappel, Karl, Betriebs-Ingenieur, Elbing,
Brandenburger Str. 10 I.

Kiepke, Ernst, Maschinen-Ingenieur, Stettin,
Bredow, „Vulcan".

Killat, Techn. Sekretär, Friedenau, Taunus-
Str. 3.

Kindermann, B., Baurat, Mitglied des
Kaiserl. Schiffsvermessungsamtes, Friedenau bei Berlin, Frege-Str. 72.

330 Kirberg, Friedrich, Konstr.-Sekretär, Steglitz,
Ring-Str. 57.

Kiselowsky, Erich, Diplom-Ingenieur,
techn. Hilfsarbeiter im Reichs-Marine-Amt,
Berlin NW. 21, Alt Moabit 84a.

Klamroth, Gerhard, Professor, Marine-Oberbaurat und Maschinenbau-Betriebsdirektor,
Kiel, Holtenauer Str. 144.

Klatte, Johs., Schiffbau-Ingenieur, i. Fa.
J. H. N. Wichhorst, Hamburg, Mundsburgerdamm 18.

Klawitter, Fritz, Ingenieur u. Werftbesitzer,
Danzig, i. F. J. W. Klawitter, Danzig.

335 Kleen, J., Ingenieur, Hamburg - Hamm,
Landwehr-Str. 81.

Klein, Karl, Betriebs - Ingenieur, Danzig,
Schichau-Werft.

Kluge, Otto, Marine-Baurat, Kiel, Jägersberg 19a.

Klust, Herm., Ober - Ingenieur, Elbing,
Berliner Chaussee 9.

Knaffl, A., Ingenieur, Dresden-A., Bende-
mann-Str. 13.

Knappe, H., Maschinenbau-Direktor, Neptun- 340
werft, Rostock.

Knauer, W., Oberingenieur und Prokurist
des Bremer Vulkans, Vegesack.

v. Knobloch, Schiffbau - Ingenieur, Kiel-
Gaarden, Fried. Krupp A.-G., Germaniawerft, Lerchen-Str. 15.

Knorr, Paul, Ingenieur u. Oberlehrer an der
Königl. höheren Schiff- u. Maschinenbau-
Schule, Kiel, Schiller-Str. 15.

Koch, Ernst, Schiffbau-Ingenieur, Stettin,
Am Logengarten 6.

Koch, Karly, Oberingenieur der Ottensener 345
Maschinenfabrik, Altona (Elbe).

Koch, Joh., Ingenieur, Dietrichsdorf b. Kiel.

Koch, W., Ing., Lübeck, K. Friedrich-Platz 25.

Köhn von Jaski, Th., Geheimer Marine-
Baurat u. Maschinenbau-Ressortdirektor,
Kiel - Gaarden, Dienstwohngebäude I,
Kaiserl. Werft.

Kolbe, Chr., Werftbesitzer, Wellingdorf b. Kiel.

Kolkmann, J., Schiffsmaschinenb.-Ingenieur, 350
Elbing, Schiffbauplatz 2.

Konow, K., Marine-Oberbaurat und Schiffbau - Betriebsdirektor, Charlottenburg,
Fasanen-Str. 11.

Kopp, Herm., Schiffbau - Betriebsdirektor,
Kiel, Jägersberg 15.

Körner, Paul, Ingenieur, Langfuhr, Marien-
Straße 9.

Köser, I., Ingenieur, i. Fa. I. H. N. Wichhorst,
Hamburg, Kl. Grasbrook.

Kraft de la Saulx, Ritter Johann, Dr. Ing., 355
Chef-Ingenieur der Gesellschaft John
Cockerill, Seraing.

Krainer, Paul, Ordentl. Professor a. d.
Königl. Techn. Hochschule Berlin, Charlottenburg, Leibniz-Str. 55.

Kramer, Fritz, Ingenieur, Stettin, Pölitzer-
Straße 22

Krell, H., Marine-Oberbaurat u. Maschinenbau - Betriebsdirektor, Kiel, Kaiserliche
Werft.

Kretschmer, Otto, Geheimer Marine-
Baurat a. D. u. Professor, Charlottenburg,
Stuttgarter Platz 21.

Kretzschmar, F., Schiffbau - Ingenieur 360
bei Escher, Wyss & Cie., Zürich, Sonneg-
gasse 72.

Krieger, Ed., Geheimer Marinebaurat, Kiel, Adolfplatz 6.

Kristanz, Hermann, Ingenieur, Hamburg 30, Wrangel-Str. 89 I.

Krohn, Heinrich, Schiffbau - Ingenieur, Bremen, Werft-Str. 124 g.

Krüger, C., Direktor, Hamburg 24, Reiherstieg-Schiffswerfte und Maschinenfabrik.

365 Krüger, Hans, Marine-Maschinenbaumeister a. D., Berlin W. 9, Potsdamer Str. 127/128.

Krüger, Gustav, Ingenieur bei Blohm & Voß, Hamburg 4, Wilhelminenstr. 15.

Krumbein, Berthold, Diplom - Ingenieur, Elbing, Mühlen-Str. 12.

Krumreich, Konstr. - Sekretär, Steglitz, Peschke-Str. 4.

Kruth, Paul, Masch.-Ingenieur, Hamburg 30, Eppendorfer Weg 265 III.

370 Kuck, Franz, Marine-Oberbaurat u. Schiffbau-Betriebsdirektor, Wilhelmshaven, Kaiserl. Werft.

Kühn, Richard, Diplom - Schiffbau-Ingenieur, Papenburg a. Ems.

Kühne, Ernst, Ingenieur, Bremen, Kaiser-straße 12.

Kühnen, Theodor, Betriebsingenieur, Danzig, Schichauwerft.

Kühnke, Marine - Schiffsbaumeister, Kiel, Düppel-Str. 54.

375 Kunert, Leo, Oberingenieur, Triest, Stabilimento Tecnico Triestino.

Kuschel, W., Schiffbau-Ingenieur, Stettin, Grabower Str. 6 II.

Laas, Walter, Professor für Schiffbau an der Königl. Techn. Hochschule, Charlottenburg, Technische Hochschule.

Lake, Simon, Naval Architect, Carlton House, Waterloo Place, London.

Lampe, Marine-Schiffbaumeister, Berlin W. 9, Reichs-Marine-Amt.

380 Lange, Alfred, Diplom-Ingenieur, Schiffbau-Betriebs-Ingenieur, Wilhelmshaven, Wall-Str. 28.

Lange, Heinrich, Schiffbauingenieur, Blankenese b. Altona, Friedrichstr. 10.

Lange, Johs., Diplom-Ingenieur, techn. Hilfsarbeiter im Reichs-Marine-Amt, Charlottenburg, Guericke-Str. 42 II.

Lange, J. W., Ingenieur, Direktor der Schiffswerft und Maschinenfabrik Akt. - Ges. vorm. Lange & Sohn, Riga.

Lange, Leo, Betriebs-Ingenieur der Schiffswerft und Maschinenfabrik Akt.-Ges. vorm. Lange & Sohn, Riga, Schiffer-Str. 44.

385 Larsen, Herluf, Schiffbauingenieur, Flensburg, Burgfried 11.

Laudahn, Wilhelm, Marine-Maschinenbaumeister, Grunewald, Gill-Str. 2a.

Läzer, Max, Schiffbau-Ingenieur, Kiel-Gaarden, Germaniawerft.

Lechner, E., Marine-Baumeister a. D., Generaldirektor, Köln - Bayenthal, Alteburger Str. 357.

Leentvaar, W. E., Schiffbauingenieur, Betriebschef, Dortmund, Münsterstr. 77.

390 Lehmann, Martin, Geheimer Marine-Baurat a. D., Düsseldorf, Herderstr. 5.

Lehr, Julius, Regierungs-Baumeister a. D., Berlin W. 35, Potsdamer Str. 17.

Leist, Carl, Professor a. d. Technischen Hochschule, Berlin W. 15, Fasanen-Str. 63.

Lempelius, Ove, Dipl.-Ingenieur, Flensburg, Werftstr. 1.

Leucke, Otto, Dipl.-Ingenieur, Rostock i. M., St. Georgstr. 26.

395 Leux, Carl, Schiffbau-Direktor, Prokurist bei F. Schichau, Elbing.

Leux, Ferdinand, Boot- und Yachtwerft, Frankfurt a. M.-Niederrad.

Libbertz, Otto, Generaldirektor, Hamburg 37, Brahmsallee 47.

Liddell, Arthur R., Schiffbau - Ingenieur, Charlottenburg, Herder-Str. 14.

Lilliehöök, H. H., Chef-Konstrukteur der Kgl. Schwed. Marine, Stockholm, Linnégatan 22.

400 Lienau, Otto, Professor, Diplom-Ingenieur, Danzig, Technische Hochschule.

Lindfors, A. H., Ingenieur, Göteborg, Skeppsbron 4.

Lipkow, Herm., Ingenieur, Roßlau a. E., Dessauer Str. 47.

Lippold, Fr., Schiffbau-Ingenieur, Hamburg, Osterstr. 20 III.

Löflund, Walter, Marine-Schiffbaumeister, Wilhelmshaven, Ostfriesen-Str. 73.

405 Löfstrand, Gust. L., Schiffbau-Ingenieur, Stettin, Gustav-Adolf-Str. 5.

Lorenz, Karl, Geh. Konstruktions-Sekretär, Friedenau, Eschen-Str. 3.

Lorenzen, L., Ingenieur bei Blohm & Voß, Hamburg 4, Spielbudenplatz 21.

Lösche, Joh., Marine-Baurat, Wilhelmshaven, Kaiserl. Werft.

Losehand, Fritz, Maschinen-Ingenieur, Kiel, Germania-Werft.

410 Lottmann, Marine - Bauführer, Wilhelmshaven, Wilhelm-Str. 10.

Luehrs, Daniel, M., Oberingenieur, i. Fa. Mc. Creery Engineering Co., Toledo, Ohio, Nord-Amerika, 410, Y. M. C. A.

Ludewig, Otto, jr., Schiffbaumeister, Rostock, Schiffswerft beim Wendentor.

Ludwig, Emil, Ingenieur, Stettin, Kronenhofstraße 16.

Lundholm, O. E., Professor d. Königl. Techn. Hochschule, Stockholm, Thulegatan 27.

415 Lühring, F. W., Schiffbau-Oberingenieur, Bremerhaven, Lange Str. 32 II.

Mainzer, Bruno, Schiffbau-Ingenieur, Königsberg i. Pr., Triangel 3.

Malisius, Paul, Marine - Baurat, Bremen, Stephanitorssteinweg 9.

Marseille, Theo, Diplom-Ingenieur, Schiffswerft, Cöln-Deutz, Cöln a. Rh., Rheingasse 16.

Martens, Rud., Marine-Baurat, Berlin W. 50, Augsburger Str. 60 II.

420 Matthaei, Wilhelm, O., Dr. Ing., Charlottenburg, Galvani-Str. 7.

Matthiessen, Paul, Schiffbau - Betriebsingenieur der Stettiner Maschinenbau-Akt.-Ges. „Vulcan", Hamburger Niederlassung, Hamburg.

Mau, Wilhelm, Diplom - Ingenieur, Elbing, Hohezinn-Str. 11 a.

Mechlenburg, K., Marine-Oberbaurat a. D., Elbing.

Mcdelius, Oskar Th., Betriebs - Ingenieur Göteborg, Mek. Werkstad.

425 van Meerten, Henrik, Oberingenieur der Königl. Niederl. Marine a. D., Buitenzorg, Java.

Mehlhorn, Alfred, Oberingenieur u. Prokurist d. Howaldts-Werke, Neumühlen-Dietrichsdorf, Katharinen-Str. 3.

Mehlis, H., Dr. Ing., Regierungsrat, Mitglied des Kaiserl. Patent-Amtes, Charlottenburg, Knesebeck-Str. 48/49.

Mehrtens, Otto, Schiffbau-Ingenieur, Kiel, Niemannsweg 23.

Meier, B., Schiffbau-Ingenieur, Kiel-Gaarden, Fried. Krupp A. G. Germaniawerft.

Meier, Bruno, Schiffbau-Ingenieur, Stettin- 430 Bredow, Derfflinger-Str. 20.

Meifort, Joh., Direktor der Dresdener Masch.-Fabr. u. Schiffswerft-Akt.-Ges., Uebigau.

Meinke, Aug., Ingenieur, Kiel, Königsweg 29.

Meldahl, K. G., Schiffbau - Direktor der Frederiksstad mek. Verksted, Frederikstad, Norwegen.

Menier, Gaston, Zivilingenieur, Paris, Rue de Châteaudun 15.

Menke, Hermann, Ingenieur, Stettin, Birken- 435 Allee 18, II.

Mennicken, E., Geh. Konstruktions-Sekretär, Steglitz, Stubenrauchplatz 3, I.

Mentz, Walter, Professor an der Königl. Techn. Hochschule Danzig, Langfuhr, Friedenssteg 1.

Merten, Paul, Ingenieur, Hamburg, Klostertor 3.

Methling, Kaiserlicher Marinebaurat, Halensee, Schweidnitzer Str. 10, I.

Meyer, Bernhard, Diplom-Ingenieur, Papen- 440 burg.

Meyer, C., Dipl.-Ing., Hamburg, Banks-Str. 44.

Meyer, F., Schiffbau-Ingenieur, Berlin-Nikolassee, Sudeten-Str. 13.

Meyer, Franz, Jos., Schiffbau - Ingenieur, i. Fa. Jos. L. Meyer, Papenburg.

Meyer, H., Dipl.-Ing., Altona a. E., Poststr. 16.

Meyer, Johs., Marine-Schiffbaumeister, Bau- 445 beaufsichtigender bei der Werft der Akt.-Ges. Vulkan in Hamburg.

Meyer, Jos. L., Schiffbaumeister, Papenburg.

Michael, Alfred, Oberingenieur, Bremen, Nordd. Maschinen- und Armaturen-Fabrik.

Michelbach, Jos., Schiffsmaschinenbau - Ingenieur, Hamburg 24, Sechslingspforte 17.

Milde, Fritz, Schiffbau-Ingenieur, Stettin, Am Logengarten 11, I.

Minnich, Fritz, Schiffbau-Ing., Breslau 17, 450 Werft Caesar Wollheim.

Misch, Ernst, Zivil - Ingenieur, Gr.-Lichterfelde West, Karl-Str. 32.

Misdorf, J., Direktor der Stettiner Oderwerke, Grabow a. O., Burg-Str. 11.

Mohr, Marine-Maschinenbaumeister, Kiel, Kaiserl. Werft, Holtenauer Str. 129.

Mölle, Geh. Konstr.-Sekretär, Nowawes, Scharnhorst-Str. 20.

455 Möllenberg, E., Dipl.-Ing., Kiel, Körner Str 10.

Möller, Erich, Ingenieur, Stettin, Lange-straße 17.

Möller, J., Schiffbaumeister, Rostock, Friedrich-Franz-Str. 36.

Möller, W., Ingenieur der Vulkan-Werft, Elbhof, Hamburg.

Mötting, Emil, Ingenieur, Dampfschiffahrts-Gesellschaft Argo, Bremen.

460 Müller, August, Marinebaurat, Reichsmarine-amt, Berlin W. 30, Landshuter Str. 2.

Müller, A. C. Th., Oberingenieur und Prokurist der Firma F. Schichau, Elbing.

Müller, Carl, Schiffbau-Ingenieur, Abteilungs-Vorsteher des Germanischen Lloyd, Berlin NW. 40, Alsen-Str. 12.

Müller, Ernst, Professor, Diplom-Schiffbau-Ingenieur, Oberlehrer am Technikum Bremen, Rhein-Str. 6 pt.

Müller, Gust., Schiffbau-Ingenieur, Kiel, Unter-Str. 30.

465 Müller, Johannes, Schiffbau-Ingenieur, Stettin Pölitzer Str. 83.

Müller, Kurt, Marine-Schiffbaumeister, Wil-helmshaven, Kaiser-Str. 128, I.

Müller, Paul, Schiffsmaschinenbau-Ingenieur, Wilhelmshaven, Roon-Str. 63 I.

Müller, Rich., Marine-Oberbaurat und Maschinenbau-Betriebsdirektor, Friedenau, Wagnerplatz 7.

Mugler, Julius, Marine-Baurat, Lang-fuhr b. Danzig.

470 Nagel, Joh. Theod., Schiffsmaschinenbau-Ingenieur, Hamburg, Schäfer-Str. 30.

Nawatzki, V., Direktor des Bremer Vulkan, Vegesack.

Neudeck, Georg, Marine-Baumeister a. D. u. Direktor der marinetechnischen Abt. der Gebr. Körting A.-G., Kiel, Holtenauer Str. 146.

Neugebohrn, Carl, Dr.-Ing., Stettin, Pölitzer Str. 24.

Neukirch, Fr., Zivilingenieur, Maschinen-inspektor des Germanischen Lloyd, Bremen, Dobben 17.

Neumann, W., Marine-Baurat, Wilhelms- 475 haven, Markt-Str. 45.

Neumeyer, W., Ingenieur, Langfuhr b. Danzig.

Nitsch, Josef, Schiffsmaschinenbau-Ingen., Roßlau, Hainicht-Str. 8a.

Nixdorf, Osw., Betriebsingenieur des Nordd. Lloyd, Bremerhaven, Bremer Str. 8.

Nordhausen, Fr., Schiffbau-Oberingenieur, Hamburg-Hamm, Jordan-Str. 25.

Nott, W., Geheimer Marine-Baurat und 480 Maschinenbau-Ressortdirektor, Wilhelms-haven, Kaiserl. Werft.

Novotny, Theodor, k. u. k. Oberingenieur I. Kl. Pola, Seearsenal, Bauleitung.

Oeding, Gustav, Lloydinspektor, Bremer-haven, Schleusen-Str. 3.

Oertz, Max, Jacht-Konstrukteur, Neuhof am Reiherstieg, Hamburg.

Oesten, Karl, Schiffbau-Ingenieur, Danzig-Langfuhr, Hermannshöfer Weg 2 II.

Oestmann, C. H., Schiffsmaschinenbau-In- 485 genieur, Elbing, Königsberger-Str. 14 I.

Orbanowski, Kurt, Diplom-Ingenieur, Gr. Flottbeck, Schiller-Str. 8.

Ortlepp, Max W., Schiffbau-Ingenieur, Elbing, Sonnen-Str. 76 pt.

Otto, H., Schiffbau-Ingenieur, Hamburg St. P., Annen-Str. 18.

Otto, Hugo, Maschinenbau-Ingenieur, Kiel, Kirchhofsallee 53.

Overbeck, Paul, Schiffbau-Ingenieur, Oslebs- 490 hausen b. Bremen.

Pagel, Carl, Professor, Techn. Direktor des Germanischen Lloyd, Berlin W 50, Nürn-berger Platz 4.

Paradies, Reinh., Ingenieur, Groß-Flottbeck bei Altona, Uhland-Str.

Paulsen, H., Ingenieur, Bahrenfeld b. Altona, Lumper Chaussee 16 II.

Paulus, K., Regierungsrat, Berlin-Wilmers-dorf, Hohenzollerndamm 192.

Peters, A., Marine-Maschinenbaumeister, 495 Danzig-Langfuhr, Haupt-Str. 24.

Peters, Franz, Mannheim, Schiffs- u. Ma-schinenbau-A.-G. Mannheim.

Peters, Karl, Ingenieur, Kiel, Sophienblatt 64.

Petersen, Ernst, Ingenieur, Kiel, Lornsen-Str. 37 II.

Petersen, Martin, Ingenieur, Kiel, Metz-Str. 46, III r.

500 Petersen, Otto, Marine-Baurat, Wilhelmshaven, Kaiserl. Werft.

Petzold, Waldemar, Schiffbau-Ingenieur, Lübeck, Israelsdorfer Allee 25.

Peuss, Franz, Schiffbau-Direktor der Stabilimento tecnico Triestino, Triest.

Pfeiffer, Adolf, Schiffbau-Ingenieur, Brandenburg a. H., Jakob-Str. 25.

Pietzker, Felix, Marine-Baumeister, Wilmersdorf, Kaiserallee 159.

505 Pihlgren, Johan, vorm. Schiffbaudirektor der Kgl. Schwed. Marine, Ministerialdirektor, Stockholm, Carlavägen 28.

Pilatus, Rich., Marine-Oberbaurat u. Schiffbau-Betriebsdirektor, Wilhelmshaven, Kaiserl. Werft.

Pitzinger, Franz, k. u. k. Schiffbau-Oberingenieur I. Kl., Schiffbau-Direktor im k. u. k. Seearsenal, Pola.

Plehn, Marine-Ober-Baurat u. Maschinenbau-Betriebsdirektor, Wilhelmshaven, Wall-Str. 16.

Poeschmann, C. R., Ingenieur, Bremerhaven, Deich-Str. 180.

510 Pohl, Robert, Ober-Ingenieur, Hamburg, Ritter-Str. 112.

Pophanken, Dietrich, Marine-Baurat, Wilhelmshaven, Kaiserl. Werft.

Popper, Siegfried, k. und k. General-Ingenieur i. P., Triest, Stabilimento tecnico.

Potyka, Ernst, Schiffbau-Betriebsingenieur der Germania-Werft, Berlin W 30, Eisenacher Str. 94.

Praetorius, Paul, Dr., Marine-Baumeister, Stettin, Friedrich Karl-Str. 43 I.

515 Presse, Paul, Marine-Baurat, Kiel, Feld-Str. 90.

Pröhl, A., Betriebs-Ingenieur, Danzig, Schichau-Werft.

Pröll, Arthur, Dr. Jng., Privatdozent a. d. Techn. Hochschule, Danzig-Langfuhr, Haupt-Str. 5.

Prusse, G., Schiffbau-Ingenieur, Kiel, Lerchen-Str. 20.

Raabe, G., Marine-Maschinenbaumeister, Wilhelmshaven, Bülow-Str. 1a.

520 Raben, Friedr., Schiffbaumeister a. D., Hamburg, Innocentia-Str. 21.

Radermacher, Carl, Schiffbau-Ingenieur, Godesberg b. Bonn, Augusta-Str. 20.

v. Radinger, Carl Edler, Ingenieur, Wellingsdorf b. Kiel, Wehdenweg 18.

Radmann, J., Schiffbau-Ingenieur, Gr.-Flottbeck, Grotten-Str. 2.

Rahn, F. W., Schiffbau-Ingenieur, Kiel, Lornsen-Str. 69.

525 Rammetsteiner, Moriz, k. u. k. Maschinenbau-Oberingenieur I. Kl., Pola, Marine-technisches Komitee.

Rappard, J. H., Oberingenieur der Königl. Niederländischen Marine, Hellevoetsluis.

Rath, Konstr.-Sekretär, Steglitz, Schloß-Str. 17.

Rea, Harry E., Manager of Messrs. Iwan, Hunter & Wigham Richardson, Ltd., Wallsend-on-Tyne, Northumberland, England.

Rechea, Miguel, Ingénieur de la Marine, Constructeur naval, Cadiz, Isabel la Catolica, 2 Prâl.

530 Reeh, Viktor, k. u. k. Maschinen-Oberingenieur I. Klasse, Wien, Reichskriegsministerium, Marinesektion.

Reichert, Gustav, Diplom-Ingenieur, Vegesack, Grenz-Str. 6.

Reimers, H., Marine-Oberbaurat und Schiffbau-Betriebsdirektor, Wilhelmshaven, Kaiserliche Werft.

Reitz, Th., Marine-Oberbaurat u. Maschinenbau-Betriebsdirektor, Berlin-Halensee, Joachim-Friedrich-Str. 16.

Renner, Wilh., Oberingenieur, Budapest-Rakospalota, Villa Sor 8.

535 Richmond, F. R., Direktor, i. Fa. G. & J. Weir Ltd., Holm-Foundry, Cathcart bei Glasgow.

Richter, Hans, Maschinenbaudirektor der Germaniawerft, Kiel, Düsternbrook 18.

Richter, Otto, Schiffbau-Ingenieur, Bremen 13, Gröpelinger Chaussee 413.

Riechers, Carl, Betriebs-Ingenieur i. Fa. F. Schichau, Elbing i. Westpr., Kalkscheunenstr. 9.

Rieck, Ch., Ingenieur des Brit. Lloyd, Hamburg-Eimsbüttel, Marktplatz 26.

540 Rieck, John, Ingenieur, Mitinhaber der Werft von Heinr. Brandenburg, Hamburg-Eimsbüttel, Tornquist-Str. 32.

Rieck, Rud., Ingenieur, Hamburg, Hayn-Str. 26.

Riehn, W., Geh. Regierungsrat u. Professor, Hannover, Taubenfeld 19.

Riess, O., Dr. phil., Geheimer Regierungsrat, Berlin W, Kaiserin-Augusta-Str. 23.

Rodiek, Otto, Maschinenbau-Ingenieur der Fried. Krupp A.-G. Germaniawerft, Kiel, Am Wall 22 b.

545 Roedel, Georg, Schiffsmaschinenbau-Ingenieur, Germaniawerft, Kiel-Gaarden.

Roellig, Martin, Marine-Baumeister, Halensee, Westfälische Str. 31 II.

Romberg, Friedrich, Professor a. d. Königl. Techn. Hochschule zu Berlin, Nikolassee b. Berlin, Teutonia-Str. 20.

Rosenberg, Conr., Maschinenbau-Oberingenieur, Geestemünde, Joh. C. Tecklenborg, Akt.-Ges.

Rosenbusch, Hermann, Ingenieur, Elbing, i. Fa. F. Schichau.

550 Rosenstiel, Rud., Direktor der Schiffswerft von Blohm & Voß, Hamburg, Jungfrauental 20.

Roters, F., Ingenieur, Direktor d. Worthington & Blake Pumpen Comp. G. m. b. H., Charlottenburg, Giesebrechtstr. 1.

Roth, C., Zivilingenieur, Elbing, Westpr., Alter Markt 14.

Rothardt, Otto, Schiffbau-Oberingenieur d. Hamburg-Amerika-Linie, Hamburg, Ferdinand-Str. 58.

Rothe, Rud., Maschinenbau-Ingenieur, Stett. Maschinenb.-Akt.-Ges. Vulcan, Bredow b. Stettin.

555 Rother, Eugen, Oberingenieur, Mannheim, Schiffs- u. Maschinenbau-A.-G. Mannheim.

Rottmann, Alf., Schiffbau-Ing., Berlin NW 6, Kaiserl. Schiffs-Vermessungsamt.

Rudloff, Johs., Wirkl. Geheimer Ober-Baurat und Professor, Berlin W 15, Konstanzer Straße 2.

Runkwitz, Arthur, Maschinenbau-Ingenieur, Kiel, Harms-Str. 98 II.

Rusch, Fr., Ober-Ingenieur, Papenburg, Bahnhof-Str.

560 Rusitska, Fr., Ingenieur, Elbing, Brandenburger Str. 10.

Sachse, Theodor, Ingenieur, Germaniawerft, Kiel-Gaarden.

Sachsenberg, Ewald, Dr. Ing., Cöln, Riehler-Str. 75 III.

von Saenger, Wladimir, Ingenieur, Leiter der Schiffbau-Abteilung der Putilow-Werke, St. Petersburg, Fontanka 17.

Salfeld, Paul, Marine-Maschinenbaumeister, Kiel, Kaiserl. Werft, Francke-Str. 4.

Saiuberlich, Th., Direktor der J. Frerichs & 565 Co. A.-G., Osterholz-Scharmbeck.

Sartorius, Geh. Konstr.-Sekretär, Nowawes, Scharnhorst-Str. 20.

Saßmann, Friedrich, Schiffbau-Ingenieur b. Vulkan, Stettin-Bredow, Sedan-Str. 4.

Schaefer, Karl, Ingenieur, Oliva bei Danzig, Heimstätte.

Schalin, Hilding, Maschinenbau-Ingenieur, Göteborg, Mek. Werkstad.

Scheel, Wilhelm, Betriebs-Ingenieur, Ham- 570 burg 26, Meridian-Str. 11. Blohm & Voß.

Scheitzger, Geh. Konstruktions-Sekretär, Friedenau, Kaiseralle 72.

Scherbarth, Franz, Diplom-Schiffbau-Ingenieur, Stettin, Grabower Str. 17 ptr.

Scheurich, Th., Marine-Baurat, Kiel, Kaiserl. Werft.

Schippmann, Heinrich, Ingenieur d. Akt.-Ges. „Weser", Bremen, Kiel-Str. 14.

Schirmer, C., Marine-Ober-Baurat u. Schiffb.- 575 Betriebsdirektor, Kiel, Niemannsweg 89.

Schlichting, Marine-Schiffbaumeister, Berlin-Südende, Steglitzer Str. 37.

Schlick, Otto, Dr. Ing., Konsul, Hamburg, Jungfernstieg 2.

Schlie, Hans, Diplom-Ingenieur, Hamburg-Harvestehude, Klosterallee 102.

Schlotterer, Julius, Fabrikdirektor, Augsburg, Eisenhammer Str. 25.

Schlüter, Chr., Ingenieur, Stettiner Maschb.- 580 Akt.-Ges. Vulcan, Bredow.

Schlueter, Fr., Marine-Bauinspektor a. D., Techn. Direktor der Röhrenkesselfabrik Dürr, Düsseldorf, Linden-Str. 235.

Schmidt, Eugen, Marine-Oberbaurat und Schiffbau-Betriebsdirektor, Kiel, Bartelsallee 22.

Schmidt, Heinrich, Marine-Baurat, Kiel, Schiller-Str. 8.

Schmidt, Harry, Marine-Oberbaurat u. Schiffbau-Betriebsdirektor, Zehlendorf W., Grunewald-Allee 2 I.

Schnack, S., Ingenieur, Flensburg, Große- 585 Str. 48.

Schnapauff, Wilh., Professor, Rostock, Kehrwieder 4.

Schneider, F., Schiffbau-Ingenieur, Hamburg 21, Osterburg III.

Schnell, J., Oberingenieur und Prokurist der Firma Franz Haniel & Co., Ruhrort.

Scholz, William, Diplom-Ingenieur, Hamburg, Dill-Str. 13.

590 Schönemann, R., Dipl.-Ing., techn. Hilfsarbeiter im Reichs-Marine-Amt, Charlottenburg, Spree-Str. 2.

Schönherr, Paul, Ingenieur, Germaniawerft, Kiel-Gaarden.

Schreck, H., Ingenieur, Hamburg, Blohm & Voß.

Schreiter, Marine-Maschinenbaumeister, Kiel, Kaiserl. Werft, Fichte-Str. 2.

Schroeder, Richard, Ingenieur der Schichau-Werft, Danzig, Bootsmannsgasse 5/6.

595 Schromm, Anton, k. u. k. Hofrat und Binnenschiffahrts-Inspektor, Wien, I., Dominikaner-Bastei 13.

Schubart, O., Ingenieur, Germaniawerft, Kiel-Gaarden.

Schubert, Ernst, Maschinenbau-Techniker, Elbing, Innerer Georgendamm 9.

Schubert, E., Schiffbau-Ingenieur, Werft von Heinr. Brandenburg, Hamburg-Steinwärder.

Schultenkämper, Fr., Betriebs-Ingenieur, Bergedorf bei Hamburg, Bismarck-Str. 1.

600 Schulthes, K., Direktor der Siemens-Schuckert-Werke, Marine-Baumeister a. D., Berlin W 15, Kurfürstendamm 34.

Schultz, Alwin, Schiffsmaschinenbau-Ingenieur, Werft von Joh. C. Tecklenborg, Akt.-Ges., Geestemünde.

Schultz, Hans L., Ingenieur, Vegesack, Weser-Str. 30.

Schultze, Ernst, Ingenieur, Kiel, Martha-Str. 1.

Schulz, Bruno, Marine-Oberbaurat und Maschinenbau-Betriebsdirektor, Wilmersdorf, Trautenauer Str. 14 I.

605 Schulz, Carl, Ingenieur, Betriebschef der Kesselschmiede und Lokomotivenfabrik F. Schichau, Elbing, Trettinkenhof.

Schulz, Paul, Maschinenbau-Betriebsingenieur, Bremerhaven, Cäcilien-Str. 12.

Schulz, R., Direktor, Berlin NW 23, Flensburger Str. 2.

Schulz, Rich., Ingenieur, Werft von F. Schichau, Danzig.

Schulze, Bernhard, Ingenieur und Masch.-Inspektor des Germanischen Lloyd, Düsseldorf, Wagner-Str. 29.

Schulze, Fr. Franz, Ober-Inspektor und Chef 610 der Schiffswerft der 1. k. k. priv. Donau-Dampfschiffahrts-Gesellschaft, Budapest II, Zsigmond utcza 24 II².

Schumacher, C., Schiffbau-Ingenieur, Hamburg, Bernhard-Str. 10.

Schunke, Geheimer Regierungsrat, Vorstand des Kaiserl. Schiffs-Vermessungsamtes, Charlottenburg, Fasanen-Str. 21.

Schürer, Friedrich, Marine-Schiffbaumeister Wilhelmshaven, Roon-Str. 74b.

Schütte, Joh., Professor für Schiffbau an der Königl. Techn. Hochschule, Danzig.

Schwartz, L., Stellvertretender Direktor der 615 Stett. Maschinenb.-Akt.-Ges. Vulcan, Stettin, Kronenhof-Str. 10 I.

Schwarz, Tjard, Geheimer Marine-Baurat u. Schiffbau-Ressortdirektor, Kiel, Kaiserl. Werft.

Schwarzenberger, Georg, Betriebs-Ing. b. F. Schichau, Elbing, Schiffbau-Platz 1.

Schwerdtfeger, Schiffbau-Oberingenieur, bei J. W. Klawitter, Danzig.

Schwiedeps, Hans, Zivilingenieur und Maschinen-Inspektor, Stettin, Bollwerk 12—14.

Seide, Otto, Ingenieur, Bremen, Kiel-Str. 37. 620

Seidler, Hugo, Ingenieur, Berlin NW. 6, Luisen-Str. 42.

Sendker, Ludwig, Ober-Ing., Hamburg, 31, Collau-Str. 17 II.

Severin, C., Oberingenieur, Breslau, Bären-Straße 23.

Sichtau, Reinhold, Marine-Baurat, Wilhelmshaven, Peter-Str. 43.

Sieg, Georg, Marine-Maschinenbaumeister, 625 Berlin W 50, Geisberg-Str. 10.

Sievers, C., Ingenieur, Hamburg, Eppendorfer Weg 99.

Skalweit, Diplom-Ingenieur, Charlottenburg, Herder-Str. 3/4.

Smitt, Erik, Schiffbau-Ingenieur, Bredow-Stettin, Vulcan.

Sodemann, Rudolf, Schiffbau-Ingenieur, Hamburg 19, Im Gehölz 9 pt.

Södergren, Ernst, Schiffsmaschinenbau-In- 630 genieur, Stettin, Birken-Allee 30.

Soliani, Nabor, Direktor der Werft Gio Ansoldo, Armstrong & Co., Sestri Ponente.

Sombeek, C., Oberingenieur der Firma J. Frerichs & Co., A.-G., Einswarden i. O., Nordenhamm.

Sombeek, Karl, Ingenieur der Woermann-
linie, Hamburg, Landwehr-Str. 31.

Spieckermann, L., Ingenieur, Hamburg,
Hafen-Str. 118 II.

635 Spies, Marine-Schiffbaumeister, Wilhelmshaven, Mittel-Str. 4

Stach, Erich, Marine-Maschinenbaumeister,
Berlin W 30, Münchener Str. 40 IV.

Staeding, Hugo, Dipl.-Ing., Danzig, Gralath-
Straße 9.

Stammel, J., Ingenieur, Hamburg, Hansa-
Str. 19 I.

Stauch, Adolf, Dr.-Ing., Oberingenieur und
Prokurist der Siemens-Schuckert-Werke,
G. m. b. H., Friedenau, Wilhelms-Platz 4.

640 Stegmann, Erich, Schiffbau-Ingenieur bei
F. Schichau, Elbing, Tal-Str. 13.

Steen, Chr., Maschinen-Fabrikant, Elmshorn,
Gärtner-Str. 91.

Steinbeck, Friedr., Ingenieur, Rostock,
Patriotischer Weg 100.

Stellter, Fr., Schiffbau-Ingenieur, Kiel,
Harm-Str. 1.

Sternberg, A., Konstr.-Sekretär, Berlin W 30,
Winterfeldt-Str. 26.

645 Stieghorst, Geh. Konstr.-Sekretär, Wilmersdorf, Weimarsche Str. 6.

Stielau, Richard, Schiffsmaschinenbau-Ingenieur, Oberlehrer an der Städt. See-
maschinistenschule, Rostock, John-Brink-
mann-Str. 10.

Stockhusen, Schiffbau-Ingenieur, Dietrichsdorf b. Kiel.

Stöckmann, Otto, Geh. Konstr.-Sekretär,
Berlin NW 87, Gotzkowsky-Str. 30 I.

Stoll, Albert, Schiffbau-Ingenieur, Stettin,
Lange Str. 8.

650 Stolz, E., Schiffbau-Ingenieur, Lübeck,
Israelsdorfer Allee 22.

Strache, A., Marine-Baurat, Kiel, Kaiserl. Werft.

Strebel, Carlos, Schiffsmaschinenbau-Ingenieur, Stettin, Kronenhof-Str. 17.

Strehlow, Schiffbau-Diplom-Ingenieur, Kiel-
Gaarden, Germaniawerft, Jahn-Str. 11.

Strüver, Arnold, Schiffsmaschinenbau-Ingenieur d. Nordd. Lloyd, Bremerhaven,
Mittel-Str. 3a II.

655 Stülcken, J. C., Schiffbaumeister, i. Fa.
H. C. Stülcken Sohn, Hamburg-Steinwärder.

Süchting, Wilhelm, Dipl.-Ing., Hamburg,
Blohm & Voß, Ise-Str. 65.

Süssenguth, H., Marine-Baurat, Kiel
Baubeaufs. bei Howalds-Werken.

Süssenguth, W., Schiffsmaschinenbau-
Ingenieur, Werft von F. Schichau, Elbing.

Sütterlin, Georg, Oberingenieur der Werft
von Blohm & Voß, Hamburg-Blankenese,
Wedeler-Chaussee 92.

Täge, Ad., Schiffbau-Ingenieur, Stettin, 660
Birken-Allee 12 III.

Techel, H., Schiffbau-Ingenieur, Kiel,
Wilhelminen-Str. 18.

Teucher, J. S., Oberingenieur der Germaniawerft, Kiel, Holstenbrücke 28 II.

Thämer, Carl, Geh. Marine-Baurat und
Maschinenbau-Ressortdirektor, Danzig,
Langfuhr, Haupt-Str. 48.

Thele, Walter, Dr.-Ing., Baumeister, Hamburg 14, Harburger Str.

Thiel, Josef, k. und k. Schiffbau-Obering. 665
a. D., Direktor der Stabilimento tecnico
triestino, Triest.

Thomas, H. E., Diplom-Ingenieur, Charlottenburg, Grolman-Str. 21.

Thomsen, Peter, Ober-Ing., Cassel, Her-
kules-Str. 9.

Tonsa, Anton, k. u. k. Maschinenbau-Oberingenieur I. Kl., Maschinenbaudirektor
des k. u. k. Seearsenals in Pola.

Totz, Richard, Vorstand d. techn. Abt. der
I. k. u. k. priv. Donau-Dampf-Schiff.-Ges.
u. k. u. k. Mar.-Ober-Ing. d. R., Wien III/2,
Hintere Zollamts-Str. 1.

Toussaint, Heinr., Maschinenbau-Direktor 670
der Germaniawerft, Hamburg 23, Jordan-
Str. 53.

Tradt, M., Dipl.-Ing., techn. Hilfsarbeiter
im Reichs-Marine-Amt, Friedenau, Süd-
west-Corso 74.

Trautwein, William, Schiffsmaschinenbau-
Ingenieur, Roßlau, Linden-Str. 13.

Treplin, Wilhelm, Diplom-Schiffbau-
Ingenieur, techn. Hilfsarbeiter im Reichs-
Marine-Amt, Berlin NW. 52, Paul-Str. 28.

Troost, Joh. N., Schiffbaudirektor der
Eiderwerft A.-G., Tönning.

Truhlsen, H., Geheimer Baurat, Friedenau 675
Mosel-Str. 7.

2*

Trümmler, Fritz, Inhaber d. Fa. W. & F. Trümmler, Spezialfabrik für Schiffsausrüstungen usw., Mülheim a. Rh., Delbrücker-Str. 25.

Tuxen, J. C., Schiff- und Maschinenbau-Direktor, Orlogsvarftet, Kopenhagen.

Ullrich, J., Civil-Ingenieur, Hamburg, Steinhöft 3 II.

Unger, R., Direktor, Akt.-Ges. Weser, Bremen.

680 Uthemann, Fr., Geh. Marine-Baurat und Maschinenbau - Ressortdirektor, Kiel, Feld-Str. 125.

van Veen, J. S., Oberingenieur der Königl. Niederländischen Marine, Amsterdam.

Veith, R., Wirklicher Geheimer Ober-Baurat und Abteilungschef im Reichs-Marine-Amt, Berlin W. 50, Spichern-Str. 23 II.

v. Viebahn, Friedrich Wilhelm, Erster Ingenieur u. Prokurist d. Yachtwerft Max Oertz, Hamburg, Werder-Str. 7.

Viereck, W., Ingenieur, Kiel, Wall 30a.

685 Vivanco, de, Adolph, Dipl.-Ingenieur, Kiel, Kaiserl. Werft, Ahlmann-Str. 1.

Vogeler, H., Marine-Baurat, Kiel, Feld-Str. 16.

Vollert, Ph. O., Schiffbau-Ingenieur, Kiel, Samm-Str. 21.

Vollmer, Franz, Schiffbau-Ingenieur, Linz a. D., Stabilimento Tecnico, Schiffswerfte.

Voß, Ernst, i. Fa. Blohm & Voß, Hochkamp bei Kl.-Flottbeek, Holstein.

690 Voß, Karl, Schiffsmaschinenbau - Ingenieur der A. E. G.-Turbinenfabrik, Pankow bei Berlin, Mühlen-Str. 2.

Vossnack, Ernst, Professor für Schiffbau an der Techn. Hochschule zu Delft (Holland).

Wagner, Heinrich, k. u. k. Schiffbau - Oberingenieur, Referent für Schiffbau im Reichs - Kriegs - Ministerium (Marine-Sektion), Dozent an der Techn. Hochschule in Wien.

Wagner, Rud., Dr. phil., Schiffsmaschinen-Ingenieur, Stettin, Kronenhof-Str. 5 pt.

Wahl, Herm., Marine - Baurat, Hamburg, Hochallee 28.

695 Walter, M., Schiffbau-Oberingenieur, Bremen, Nordd. Lloyd, Zentralbureau.

Walter, J. M., Ingenieur und Direktor, Berlin NW., Alt-Moabit 108.

Walter, W., Schiffbau-Ingenieur, Grabow a. O., Blumen-Str. 20—21.

Weidemann, H. S., Werftdirektor der Königl. Norwegischen Marine, Kristiania, Munkedamsveien 72.

Weir, William, Direktor, i. Fa. G. & J. Weir Ltd., Holm-Foundry, Cathcart b. Glasgow.

Weiss, Georg, Regierungsrat, Berlin SW., 700 Patentamt.

Weiss, Otto, Ingenieur, Charlottenburg, Friedberg-Str. 31.

Wencke, F. W., Schiffbau-Ingenieur, Geestemünde, Quer-Str. 3.

Wendenburg, H., Marine-Schiffbaumeister, Tsingtau, Kaiserl. Werft.

Werner, A., Schiffbau - Oberingenieur, Hamburg, Bundes-Str. 20.

Westphal, Gustav, Schiffbau - Ingenieur, 705 Kiel - Gaarden, Fried. Krupp A.-G., Germaniawerft, Bellmann-Str. 15.

Wichmann, Marine - Bauführer, Wilhelmshaven, Ostfriesen-Str. 72.

Wiebe, Ed., Schiffsmaschinenbau-Ingenieur, Werft von F. Schichau, Elbing.

Wiegand, V., Ingenieur, Danzig-Langfuhr, Haupt-Str. 91.

Wiemann, Paul, Ingenieur und Werftbesitzer, Brandenburg a. H.

Wiesinger, W., Geheimer Marine-Baurat 710 und Schiffbau-Ressortdirektor a. D., Hamburg, Agnes-Str. 28a.

Wiesinger, W., Marine - Schiffbaumeister, Kiel, Waitz-Str. 27.

Wigand, Albert, Diplom-Ingenieur, Steglitz, Holsteinische Str. 32a.

Wiking, And. Fr., Schiffbau-Ingenieur, Stockholm, Slußplan 63b.

Willemsen, Friedrich, Schiffbau-Ingenieur und Besichtiger des Germanischen Lloyd, Düsseldorf, Kaiser-Wilhelm-Str. 38.

William, Curt, Marine - Oberbaurat und 715 Maschinenbau-Betriebsdirektor, Wilhelmshaven, Peter-Str. 43 III.

Wilson, Arthur, Schiffbau - Oberingenieur, Grabow a. O., Burg-Str. 11.

Wimplinger, A., Diplom - Ingenieur, Kiel, Fleethorn-Str. 34.

Winter, M., Schiffsmaschinenbau-Ingenieur, Hamburg-St. P., Paulinen-Str. 16 III.

Wippern, C., Ingenieur des Norddeutschen Lloyd, Bremerhaven.

720 Witte, Gust. Ad., Schiffbau-Ingenieur, Werft von Heinr. Brandenburg, Blankenese, Strandweg 80.

Wittmaak, H., Diplom-Ingenieur, techn. Hilfsarbeiter im Reichs-Marine-Amt, Zehlendorf, Bülow-Str. 1.

Wittmann, Marine-Maschinenbaumeister, Wilhelmshaven, Kaiser-Str. 16, II.

Wolff, Friedrich, Schiffbau-Ingenieur, Altona-Elbe, Göthe-Str. 24.

Worsoe, W., Ingenieur, Germaniawerft, Kiel-Gaarden.

725 Wulff, D., Ober-Inspektor der D. D. Ges. Hansa, Bremen, Altmann-Str. 34.

Wys, Fr. S. C. M., Oberingenieur der Königl. Niederländischen Marine, Helder.

Zahn, Dr. G. H. B., Oberingenieur, Berlin NW. 52, Rathenower Str. 2.

Zarnack, M., Geh. Regierungsrat und Professor a. D., Berlin W. 57, Göben-Str. 9.

Zeise, Alf., Senator, Ingenieur und Fabrikbesitzer, i. Fa. Theodor Zeise, Altona-Othmarschen, Reventlow-Str. 10.

730 Zeiter, F., Ingenieur und Oberlehrer am Technikum Bremen, Bülow-Str. 22.

Zeitz, Direktor, Kiel, Kirchhofsallee 46.

Zeltz, A., Schiffbau-Direktor, Akt.-Ges. „Weser", Bremen, Olbers-Str. 12.

Zetzmann, Ernst, Schiffbau-Oberingenieur und Prokurist der Akt.-Ges. „Weser", Bremen, Lobbendorfer Str. 9.

Zickerow, Karl, Schiffb.-Ing., Hamburg IV, Jäger-Str. 43 II.

Ziehl, Emil, Oberingenieur, d. B M.A.G. vorm. 735 Schwartzkopff, Berlin N. 4, Chaussee-Str. 23.

Zilliax, Richard, Schiffbau-Ingenieur, Stettin, Preußische Str. 29.

Zimmer, A. H. A., Ingenieur, i. Fa. S. H. N. Wichhorst, Hamburg-Kl. Grasbrook, Aming-Str.

Zimnic, Josef Oscar, k. und k. Maschinenbau-Oberingenieur III. Klasse, Budapest, Szobi-utcza 4.

Zirn, Karl A., Direktor der Schiffswerft und Maschinenfabrik vorm. Janßen & Schmilinsky A.-G., Hamburg, Hochallee 119 II.

Zöpf, Th., Schiffsmaschinenbau-Ingenieur 740 der Schiffswerft und Maschinenfabrik Akt.-Ges. vorm. Lange & Sohn, Riga.

Zweig, Heinrich, k. und k. Oberster Schiffbau-Ingenieur, k. und k. Seearsenal, Pola.

5. Mitglieder.

a) Lebenslängliche Mitglieder:

Achelis, Fr., Konsul, Vicepräsident des Norddeutschen Lloyd, Bremen, Am Dobben 25.

Arnhold, Eduard, Geheimer Kommerzienrat, Berlin W., Französische Str. 60/61.

Biermann, Leopold O. H., Künstler, Bremen, Blumenthalstr. 15.

745 v. Borsig, Ernst, Kommerzienrat und Fabrikbesitzer, Berlin N., Chaussee-Str. 6.

Boveri, W., i. Fa. Brown, Boveri & Cie., Baden (Schweiz).

Brügmann, Wilh., Kommerzienrat, Hüttenbesitzer und Stadtrat, Dortmund, Born-Str. 23.

Buchloh, Hermann, Reeder, Mülheim-Ruhr, Friedrich-Str. 26.

Cassirer, Hugo, Dr. phil., Chemiker und Fabrikbesitzer, Charlottenburg, Kepler-Str. 1/7.

750 Edye, Alf., i. Fa. Rob. M. Sloman jr., Hamburg, Baumwall 3.

Fehlert, Carl, Zivilingenieur und Patentanwalt, Berlin SW. 61, Belle-Alliance-Platz 17.

Flohr, Carl, Kommerzienrat und Fabrikbesitzer, Berlin N. 4, Chaussee-Str. 28b.

Forstmann, Erich, Kaufmann, i. Fa. Schulte & Schemmann und Schemmann & Forstmann, Hamburg, Neueburg 12.

v. Guilleaume, Max, Kommerzienrat, Köln, Apostelnkloster 23.

Gutjahr, Louis, Kommerzienrat, General- 755 direktor d. Badischen A.-G. f. Rheinschifffahrt u. Seetransport, Antwerpen.

Harder, Hans, Ingenieur, Berlin C. 19, Wall-Str. 90.

Heckmann, G., Königl. Baurat u. Fabrikbesitzer, Berlin W. 62, Maaßen-Str. 29.

Heckmann, Paul, Geheimer Kommerzienrat, Berlin W. 35, Ulmen-Str. 2.

von der Heydt, August, Freiherr, Generalkonsul und Kommerzienrat, Elberfeld.

760 Huldschinsky, Oscar, Fabrikbesitzer,
Berlin W. 10, Matthäikirch-Str. 3a.

Jacobi, C. Adolph, Konsul, Bremen, Oster-
deich 58.

Kannengießer, Louis, Kommerzienrat
und Württembergischer Konsul, Mülheim a. d. Ruhr.

Karcher, Carl, Reeder, i. Fa. Raab, Karcher
& Co., G. m. b. H., Mannheim P. 7. 15.

Kessler, E., Direktor der Mannheimer Dampfschiffahrts-Gesellschaft, Mannheim, Park-
ring 27/29.

765 Kiep, Johannes N., Kaiserl. Deutscher
Konsul, Berlin W., Prager Str. 23.

Knaudt, O., Hüttendirektor, Essen a. Ruhr,
Julius-Str. 10.

Küchen, Gerhard, Kommerzienrat, Mülheim
a. d. Ruhr.

Lachmann, Edmund, Dr. jur., Justizrat, i. Fa.
Neue Berliner Messingwerke Wilh.
Borchert jr., Berlin W. 10, Bendler-Str. 9.

v. Linde, Dr. Carl, Professor, Thalkirchen
b. München.

770 Loesener, Rob. E., Schiffsreeder, i. Fa. Rob.
M. Sloman & Co., Hamburg, Alter Wall 20.

Märklin, Ad., Kommerzienrat, Borsigwerk,
Oberschlesien.

Meister, C., Direktor der Mannheimer Dampfschiffahrts-Gesellschaft, Mannheim.

Meuthen, Wilhelm, Direktor der Rhein-
schiffahrts-Aktien-Gesellschaft vorm.
Fendel, Mannheim.

Moleschott, Carlo H., Ingenieur, Konsul der
Niederlande, Rom, Via Volturno 58.

775 v. Oechelhaeuser, Wilh., Dr. Ing., Generaldirektor, Dessau.

Oppenheim, Franz, Dr. phil., Fabrikdirektor,
Wannsee, Friedrich-Carl-Str. 24.

Palmié, Heinr., Kommerzienrat, Dresden-
Altstadt, Hohe Str. 12.

Pintsch, Albert, Fabrikbesitzer, Berlin O.,
Andreas-Str. 72/73.

Pintsch, Julius, Geheimer Kommerzienrat,
Berlin W., Tiergarten-Str. 4a.

Plate, Geo, Präsident des Norddeutschen 780
Lloyd, Bremen.

Ravené, Geheimer Kommerzienrat, Berlin C.,
Wall-Str. 5/8.

Riedler, A., Dr. Ing., Geh. Regierungsrat
und Professor, Charlottenburg, Königl.
Techn. Hochschule.

Ribbert, Julius, Kommerzienrat, Schöneberg b. Berlin, Eisenacher Str. 10.

Rinne, H., Hüttendirektor, Essen a. Ruhr,
Kronprinzen-Str. 17.

Roer, Paul G., Vorsitzender im Aufsichts- 785
rate der Nordseewerke, Emder Werft und
Dock Aktien-Gesellschaft zu Emden,
Bad Bentheim.

Schappach, Albert, Bankier, Berlin, Markgrafen-Str. 48 I.

Scheld, Theodor Ch., Technischer Leiter der
Firma Th. Scheld, Hamburg 11, Elb-Hof.

v. Siemens, Wilh., Geheimer Regierungsrat,
Dr. Ing., Berlin SW., Askanischer Platz 3.

Simon, Felix, Rentier, Berlin W., Matthäikirch-Str. 31.

Siveking, Alfred, Dr. jur., Rechtsanwalt, 790
Hamburg, Gr. Theater-Str. 35.

Sinell, Emil, Ingenieur, Berlin W. 15,
Kürfürstendamm 26.

v. Skoda, Karl, Ingenieur, Pilsen, Ferdinand-
Str. 10.

Sloman, Fr. L., i. Fa. F. L. Sloman & Co.,
St. Petersburg, Wassili-Ostrow 2. Linie
No. 13.

Smidt, J., Konsul, Kaufmann, in Fa. Schröder,
Smidt u. Co., Bremen, Söge-Str. 15 A.

Stahl, H. J., Dr. Ing., Kommerzienrat, 795
Düsseldorf, Ost-Str. 10.

Stinnes, Gustav, Reeder, Mülheim a. Ruhr.

Traun, H. Otto, Fabrikant, Hamburg,
Meyer-Str. 60.

Ulrich, R., Verwaltungs-Direktor des Germanischen Lloyd, Berlin NW., Alsen-
Str. 12.

Woermann, Ed., Konsul und Reeder, i. Fa.
C. Woermann, Hamburg, Gr. Reichen-
Str. 27.

b) Ordnungsmäßige Mitglieder:

800 Abé, Rich., Ingenieur, Annen (Westf.).

Abel, Rud., Geheimer Kommerzienrat, Stettin, Heumarkt 5.

Ach, Narziß, Universitäts-Professor, Königsberg, Universität.

Achgelis, H., Ingenieur u. Fabrikbesitzer, Geestemünde, Dock-Str. 9.

Ahlborn, Friedrich, Professor, Dr. phil., Oberlehrer, Hamburg 24, Mundsburgerdamm 61 III.

805 v. Ahlefeld, Vize-Admiral z. D., Exzellenz, Bremen, Contrescarpe 71.

Ahlers, O. J. D., Direktor, Bremen, Park-Str. 40.

Ahlfeld, Hans, Elektroingenieur, Kiel, Hansa-Str. 46.

Alexander-Katz, Bruno, Dr. jur., Patentanwalt, Berlin SW. 13, Neuenburger Str. 12.

v. Ammon, Kapitän z. S., Berlin W. 9, Reichs-Marine-Amt.

810 Amsinck, Arnold, Reeder, i. Fa. C. Woermann, Hamburg, Gr. Reichen-Str. 27.

Amsinck, Th., Direktor der Hamburg-Südamerikan. Dampfschiffahrts - Gesellschaft, Hamburg, Holzbrücke 8 I.

Anger, Paul, Ober-Ingenieur, Hamburg, Mundsburger-Damm 47.

Ansorge, Martin, Ingenieur, Berlin W. 9, Potsdamer Str. 127/128.

Arenhold, L., Marinemaler und Korvetten-Kapitän a. D., Berlin W. 35, Karlsbad 4.

815 Arldt, C., Dr. Ing., Elektro-Ingenieur, Berlin W. 30, Elßholz-Str. 5 pt.

v. Arnim, V., Admiral, à la Suite des Seeoffizierkorps, Exzellenz, Kiel.

Asthöwer, Walter, Diplom-Ingenieur, Kiel, Garten-Str. 27.

Baare, B., Geh. Kommerzienrat, Berlin NW. 40, Alsen-Str. 8.

Baare, Fritz, Kommerzienrat, Generaldirektor des Bochumer Vereins, Bochum.

820 Bachmann, Kontre - Admiral, Berlin W. 9, Reichs-Marine-Amt.

Bahl, Johannes, Ober-Ingenieur, Charlottenburg, Tegeler Weg 3.

Ballin, General - Direktor der Hamburg-Amerika-Linie, Hamburg, Alsterdamm.

Balz, Hermann, Ober-Ingenieur, Stuttgart, König-Str. 16.

Banner, Otto, Ingenieur der Gutehoffnungshütte, Sterkrade (Rheinland).

Banning, Heinrich, Fabrikdirektor, Hamm 825 i. Westf., Moltke-Str. 7.

Bartels, Georg, Direktor der Land- und Seekabelwerke, Aktiengesellschaft, Köln-Nippes, Wilhelm-Str. 53.

Bartsch, Carl, Direktor des „Astillero-Behrens", Valdivia, Chile.

Baumann, M., Walzwerks-Chef, Burbach a. S., Hoch-Str. 17.

Becker, J., Fabrikdirektor, Kalk b. Köln a. Rh.

Becker, Julius Ferdinand, Schiffbau-Ingenieur, 830 Glücksburg (Ostsee).

Becker, Theodor, Ingenieur, Berlin NO., Elbinger Str. 15.

Beckh, Georg Albert, Kommerzienrat und Fabrikbes., Nürnberg, Salzbacher Str. 39.

Beckh, Otto, Dipl.-Ing. und Ober-Ing. der Germaniawerft, Kiel 15, Karl-Str.

Beeken, Hartwig, Kaufmann, i. Fa. D. Stehr, Hamburg 9, Vorsetzen 42.

Beikirch, Franz Otto, Oberingenieur der 835 Gutehoffnungshütte, Sterkrade, Rheinland, Holtkamp-Str. 20.

Belitz, Georg, Redakteur des „Wassersport", Berlin, Friedrich-Str. 239.

Belknap, R., R., Korvetten - Kapitän und Marine-Attaché bei der amerikanischen Botschaft, Berlin W., Königin-Augusta-Str. 42.

Bendemann, F., Dr. Ing., Lindenberg, Kr. Beeskow.

Benkert, Hermann, Oberingenieur, Hamburg, Lorgerstieg 17.

Bergner, Fritz, Kaufmann, Düsseldorf, Graf- 840 Adolf-Str. 71.

Berndt, Franz, Kaufmann und Stadtrat, Swinemünde, Lootsen-Str. 51 I.

Bernigshausen, F., Direktor, Berlin W. 15, Kurfürstendamm 132.

Beschoren, Karl, Diplom-Ingenieur, Bremen, Kraut-Str. 46 I.

Bier, A., Amtlicher Abnahme - Ingenieur, St. Johann a. d. Saar, Kaiser-Str. 30.

Bierans, S., Ingenieur, Bremerhaven, Siel- 845 Str. 39 I.

Bitterling, Willi, Marine-Ingenieur a. D., Friedenau, Wilhelmshöher Str. 24.

Bluhm, E., Fabrikdirektor, Berlin S., Ritter-Str. 12.

Blumenfeld, Bd., Kaufmann und Reeder, Hamburg, Dovenhof 77/79.

Böcking, Geheimer Kommerzienrat, Hüttenbesitzer, Brebach-Saar.

850 Böcking, Rudolph, Kommerzienrat, Halbergerhütte b. Brebach a. d. Saar.

Bode, Alfred, Direktor, Hamburg 20, Woldsenweg 12.

Böger, M., Direktor der Vereinigten Bugsier- und Frachtschiffahrt-Gesellschaft, Hamburg, Steinhöft 3.

Bojunga, Justus, Fabrikbesitzer, i. Fa. W. Griese & Co., Delmenhorst.

Böker, M., G., Technischer Direktor, Remscheid, Eberhardstr. 22 a.

855 Boner, Franz A., Dr. jur., Dispacheur, Bremen, Börsen-Nebengebäude 24.

Borja de Mozota, A., Direktor des Bureaus Veritas, Paris, 8 Place de la Bourse.

Bormann, Geheimer Ober-Regierungsrat, Charlottenburg, Bleibtreu-Str. 12.

v. Born, Theodor, Korvetten-Kapitän a. D., Düsseldorf, Uhland-Str. 11.

Borowitsch, Wladimir, Ingenieur, Moskau, Mjassnitzkaja, Haus Mischin.

860 v. Borsig, Conrad, Kommerzienrat und Fabrikbesitzer, Berlin W, Bellevue-Str. 6a.

Bosse, Rudolf, Betriebs-Direktor der Gutehoffnungshütte, Sterkrade, Rheinland.

Bracht, Walter, Ingenieur, Wilmersdorf, Prinz-Regenten-Str. 56.

Bramslöw, F. C., Reeder, Hamburg, Admiralitäts-Str. 33/34.

Brand, Robert, Fabrikant, Remscheid-Hasten.

865 Brandenburg, Jacob, Oberingenieur der Gutehoffnungshütte, Sterkrade, Rheinland.

Brandt, Leopold, Direktor, Kassel-Wilhelmshöhe, Wigand-Str. 6.

Breest, Wilhelm, Fabrikbesitzer, Berlin W., Cornelius-Str. 10.

Breitenbach, Exzellenz, Staatsminister und Minister der öffentl. Arbeiten, Berlin W., Wilhelm-Str. 79.

Bremermann, Joh. F., Lloyd - Direktor, Bremen.

870 Bresina, Richard, Direktor der Hannoverschen Eisengießerei Akt.-Ges. Misburg b. Hannover, Verwaltungsgebäude.

Breuer, L. W., Ingenieur, i. Fa. Breuer, Schumacher & Co., Kalk b. Köln a. Rh., Haupt-Str. 315.

Briede, Otto, Ingenieur, Direktor der Benrather Maschinenfabrik-Akt.-Ges., Benrath b. Düsseldorf.

Brinkmann, Gustav, Ingenieur u. Fabrikbesitzer, Witten-Ruhr, Garten-Str. 7.

Broström, Dan, Schiffsreeder, Göteborg.

Bröckelmann, Ernst, Generaldirektor a. D., 875 Beedenbostel, Prov. Hannover.

Brunner, Karl, Ingenieur, Mannheim, Lamey-Str. 22.

Bücking, Oberbaudirektor der Baudirektion der Freien und Hansestadt Bremen, Bremen, Werder-Str. 1.

Bueck, Henri Axel, Generalsekretär, Berlin W 35, Karlsbad 4 a.

Büttner, Dr. Max, Ingenieur, Berlin W., Achenbach-Str. 7/8.

Burmester, Ad., Assekuradeur, Hamburg, 880 Rathaus-Str. 6.

Buschow, Paul, Ingenieur, General-Vertreter von A. Borsig-Tegel, Hannover, Bödeker-Str. 71.

Calmon, Generaldirektor, Hamburg, Asbest- und Gummiwerke, Akt.-Ges.

Caspary, Gustav, Ingenieur, Marienfelde bei Berlin.

Caspary, Emil, Diplom-Ingnieur, Marienfelde bei Berlin.

Cellier, A., Schiffsmakler, Hamburg, Neuer 885 Wandrahm 1.

Clouth, Franz, Fabrikbesitzer, Köln-Nippes.

Clouth, Max, Fabrikant und französ. Konsularagent, Köln-Nippes.

Conti, Alfred, Leiter des Schütte-Kessel-Konsortiums, Charlottenburg 4, Niebuhr-Str. 72.

Courtois, Louis, Civil-Ingenieur, Berlin W 57, Bülow-Str. 78.

Cruse, Hans, Dr., Ingenieur, Berlin W 50, 890 Geisberg-Str. 29.

Curti, A., Direktor der Daimler-Motoren-Gesellschaft (Marine-Abteilung), Berlin W 9, Königgrätzer Str. 7.

Dahl, Hermann, Ingenieur und Direktor der Gesellschaft für moderne Kraftanlagen, Berlin W 35, Lützow-Str. 71.

Dahlström, Axel, Direktor der Reederei Akt.-Ges. von 1896, Hamburg, Steinhöft 8-11, Elbhof.

Dahlström, H. F., Direktor d. Nordd. Bergungs-Vereins, Hamburg, Neß 9 II.

895 Dahlström, W., jr., Direktor der Reederei Aktien-Gesellschaft von 1896, Hamburg, Vorsetzen 15 I.

Dahlström, W., Assessor, z. Zt. Syndikus der Firma W. Dahlström, Hamburg, Steinhöft 8-11, Elbhof.

Dallmer, Paul, Direktor der Krefelder Stahlwerke, Akt.-Ges., Berlin SW 48, Friedrich-Str. 16.

D'Andrezel, Capitaine de Frégate, Attaché Naval à l'Ambassade de France, Berlin, Bendler-Str. 14.

Danneel, Fr., Dr. jur., Wirkl. Geheimer Admiralitätsrat, Grunewald bei Berlin, Trabener Str. 2.

900 Dapper, Dr., Carl, Professor, Geheimer Medizinalrat, Bad Kissingen.

Debes, Ed., Fabrikdirektor, Hamburg, Meyer-Str. 59.

Deichsel, A., Fabrikbesitzer, Myslowitz O.-S.

Deissler, Rob., Ingenieur, Berlin SW, Gitschiner Str. 108.

Delbrück, Preuß. Staatsminister, Staatssekretär des Innern, Exzellenz, Berlin W 64, Wilhelm-Str. 74.

905 Dieckhaus, Jos., Fabrikbesitzer und Reeder, Papenburg a. Ems.

Diederichs, Direktor der Norddeutschen Seekabelwerke A.-G., Nordenham.

Diederichsen G., jr., Schiffsreeder, i. Fa. M. Jebsen, Hamburg-Reichenhof.

Diederichsen, H., Schiffsreeder, Kiel.

Diesel, Rudolf, Dr. Ing., Zivil-Ingenieur, München, Maria-Theresia-Str. 32.

910 Dietrich, Georg, Direktor der Sächsischen Maschinen-Fabrik vorm. Rich. Hartmann Akt.-Ges., Chemnitz, West-Str. 36.

Dietrich, Otto, Fabrikbesitzer, Charlottenburg, Potsdamer Str. 35.

Ditges, Rud., Generalsekretär des Vereins Deutscher Schiffswerften, Berlin W, Lützowufer 13.

Dix, Kontre-Admiral und Oberwerftdirektor, Wilhelmshaven, Markt-Str. 2a.

Dodillet, Richard A., Ober-Ingenieur, Südende bei Berlin, Potsdamer Str. 27.

Doehring, Heinr., Direktor der Hanseat. 915 Dampfschifff.-Ges., Lübeck.

Dolberg, E., Oberleutnant zur See, Wilhelmshaven, Brommy-Str. 13.

Dörken, Georg, Heinrich, Fabrikbesitzer, i. Fa. Gebr. Dörken, G. m. b. H., Gevelsberg i. W.

Dörken, Rudolf, Dipl.-Ingenieur, Mitinhaber und Leiter der Gevelsberger Nietenfabrik, G. m. b. H., Gevelsberg i. W.

Dreger, P., Hüttendirektor, Peine bei Hannover.

Driessen, Paul, Schiffbau-Ingenieur, Stettin, 920 Prutz-Str. 11 I.

Duncker, Arthur, Assekuradeur, Hamburg, Trostbrücke 1, Laeiszhof.

Duschka, H., Fabrikant, i. Fa. F. A. Sening, Hamburg 37, Klosterallee 55, Hchpt.

Dücker, A., Kapitän, Hamburg, Afrikahaus, Gr. Reichen-Str.

Dümling, W, Kommerzienrat, Schönebeck a. E.

Dürr, Ludwig, Zivil-Ingenieur, München, 925 Mozart-Str. 18.

Ecker, Dr. jur., Direktor der Hamburg-Amerika-Linie, Hamburg, Alsterdamm.

Eckmann, C. John, Maschinen-Inspektor der Deutsch-Amerikan. Petrol.-Ges., Hamburg, Paul-Str. 38.

Ehlers, Otto, Diplom-Ingenieur, Charlottenburg, Tauroggener Str. 48.

Ehlers, Paul, Dr. jur., Rechtsanwalt, Hamburg, Adolphsbrücke 4.

Ehrensberger, E., Mitglied des Direktoriums 930 der Firma Fried. Krupp, Essen-Ruhr.

Eich, Nicolaus, Direktor, Düsseldorf, Stern-Str. 38.

Eichhoff, Professor a. d. Königl. Bergakademie Berlin, Charlottenburg, Mommsen-str. 57.

v. Eickstedt, A., Admiral z. D., Exzellenz, Berlin W 15, Olivaer Platz 7 I.

Eilert, Paul, Direktor, Hamburg, St. Annen 1.

Einbeck, Joh., Ingenieur, Kiel, Roonstr. 5. 935

v. Einem, George, Kapitänleutnant, Berlin NW 40, Alexander-Ufer 4.

Ekman, Gustav, Ehrendoktor, Göteborg, Mek. Werkstad.

Ellingen, W., Ingenieur, Direktor der J. Pohlig A.-G., Köln-Zollstock.

Elvers, Ad., Schiffsmakler und Reeder i. Fa.
Knöhr & Burchardt Nfl., Hamburg 11,
Neptunhaus.

940 Emden, Paul, Dr. Ober-Ing. der Bergmann
Elektrizitätswerke A.-G., Abt. für Schiffsturbinen, Berlin NW. 7, Philipp-Str. 7 I.

Emsmann, Kontre-Admiral, Berlin W. 15,
Sächsische Str. 3.

Engel, K., Mitinhaber der Werft von Heinr.
Brandenburg, Hamburg, Feldbrunnen-
Str. 46.

Engelhard, Arnim, Ingenieur, Offenbach
a. M. i. Fa. Gollet & Engelhardt.

Engelhausen, W., Betriebs-Ingenieur,
Bremen, Luther-Str. 55.

945 Engelmayer, Otto, Ingenieur, Südende,
Potsdamer Str. 26.

Engels, Hubert, Geheimer Hofrat und
Professor, Dresden-A., Schweizer Str. 12.

Erdmann, Georg, Ingenieur der Rheinischen Stahlwerke, Duisburg-Meiderich.

Essberger, J. A., Oberingenieur, Prokurist
der A. E. G. und U. E. G., Schöneberg
b. Berlin, Münchener Str. 18.

von Eucken-Addenhausen, Georg,
Exzellenz, Wirklicher Geheimer Rat und
Großherzoglich Oldenburgischer Ge-
sandter, Berlin W 15, Kaiserallee 207.

950 Faber, Theodor, Schiffahrtsdirektor, Hirschfeld i. Sachsen.

Fankhauser, Eduard, Diplom-Ingenieur,
Stettin, Birkenallee 31 II.

Fasse, Ernst, Ingenieur, Hanseatische Dampfschiffahrts-Gesellschaft, Lübeck.

Fendel, Fritz, Prokurist der Rheinschiffahrt-
Aktiengesellschaft vorm. Fendel, Mannheim, Hafenstr. 6.

Fesenfeld, Wilh., Dipl.-Ingenieur, Akt.-Ges.
„Weser", Bremen, Krautstr. 34.

955 Fischer, Curt, Salomon, Direktor der
Sächsisch-Böhmischen Dampfschiffahrts-
Gesellschaft, Dresden-A.,Gerichtsstr.26 II.

Fischer, Heinrich, Fabrikbesitzer, Stettin.
Birkenallee 3 a.

Fitzner, R., Fabrikbesitzer, Laurahütte O.-S.

Fleck, Richard, Fabrikbesitzer, Berlin N,
Chausseestr. 29 II.

Flender, H. Aug., Direktor der Brückenbau-
Flender-Act.-Ges., Benrath.

Flohr, Willy, Dipl.-Ingenieur, Berlin N 4, 960
Chausseestr. 35.

Flügger, Eduard, Fabrikant, Hamburg,
Rödingsmarkt 19.

Förster, Georg, i. Fa. Emil G. v. Höveling,
Hamburg, Sechslingspforte 3.

François, H. Ed., Konstrukteur elektrischer
Apparate für Kriegs- und Handelsschiffe,
Hamburg, Holstenwall 9 II.

Franke, Rudolf, Dr., Direktor d. Akt.-Ges.
Mix & Genest, Privatdozent a. d. Kgl.
Techn. Hochschule, Südende, Bahnstr. 18.

de Freitas, Carlos, Reeder, i. Fa. A. C de 965
Freitas & Co., Hamburg, Ferdinand-Str. 15 I.

Frese, Herm., Senator, Mitglied des Aufsichtsrates des Nordd. Lloyd, Kaufmann,
i. F. Frese, Ritter & Hillmann, Bremen.

Friedhoff, L., Bureauvorsteher der Burbacherhütte, Burbach a. Saar.

Friedlaender, Konrad, Korvettenkapitän z.D.,
Kiel, i. Fa. Neufeldt & Kuhnke.

de Fries, Wilhelm, Generaldirektor der Benrather Maschinenfabrik, A.-G., Düsseldorf, Harald-Str. 8.

Frikart, J. R., Zivilingenieur, München, 970
Akademie-Str. 17.

Fritz, Heinrich, Ingenieur, Elbing, Große
Lastadien-Str. 11.

Fritz, P., Konsul und Ingenieur, Berlin W. 9,
Link-Str. 33.

Froriep, Paul, Maschinenfabrikant, Rheydt.

Frölich, Fr., Ingenieur, Düsseldorf, Jakobi-
Straße 5.

Frühling, O., Regierungs-Baumeister, Braun- 975
schweig, Monumentsplatz 5.

Fürbringer, Oberbürgermeister, Emden,
Bahnhof-Str. 10.

Funck, Carl, Direktor der Elbinger Metallwerke G. m. b. H., Elbing, Äußerer
Georgendamm 25 a.

Galland, Leo, Ingenieur, Berlin W. 57,
Bülow-Str. 10.

Galli, Johs., Hüttendirektor a. D., Professor für
Eisenhüttenkunde a. d. Kgl. Bergakademie
Freiberg i. Sa.

Ganssauge, Paul, Prokurist der Firma 980
F. Laeisz, Hamburg, Trostbrücke 1.

van Gendt, Hans, Betriebsdirektor,
Magdeburg-Buckau, Schönebecker Str. 88.

Genest, W., Generaldirektor der Aktien-Gesellschaft Mix & Genest, Berlin W., Bülow-Str. 67.

Gerdau, B., Direktor, Düsseldorf-Grafenberg, p. a. Haniel & Lueg.

Gerdes, G., Kontre-Admiral, Wilmersdorf, Prager Platz 1.

985 Gerdts, Gustav F., Kaufmann, Bremen, Soege-Str. 42—44.

Gerling, F., Reeder i. Fa. Marschall & Gerling, Antwerpen.

Geyer, Wilh., Regierungsbaumeister a. D., Berlin W., Luitpold-Str. 44.

Giebeler, Hermann, Schiffbau-Ingenieur, Breslau XVII, Werft und Rhederei von C. Wollheim.

Gillhausen, Dr. Ing. G., Mitglied des Direktoriums d. Fa. Fried. Krupp A.-G., Essen a. Ruhr, Hohenzollern-Str. 12.

990 Gleitz, Ernst, Direktor der Neuen Deutsch-Böhmischen Elbschiffahrt-A.-G., Dresden, Jahn-Str. 2.

Glitz, Erich, Geschäftsführer des Schiffbaustahl-Kontors G. m. b. H., Essen-Ruhr, Selma-Str. 15.

Goedhart, P. C., Direktor der Gebrüder Goedhart A.-G., Düsseldorf, Kaiser-Wilhelm-Str. 40.

Goldtschmidt, Dr. Hans, Fabrikbesitzer, Essen a. Ruhr, Bismarck-Str. 98.

Goßler, Oskar, Kaufmann, Hamburg, Alsterdamm 4/5 P.

995 Gradenwitz, Richard, Ingenieur und Fabrikbesitzer, Berlin S., Dresdener Str. 38.

de Grahl, Gustav, Obering. und Prokurist, Friedenau b. Berlin, Sponholz-Str. 47.

Griebel, Franz, Reeder, Stettin, Große Lastadie 56.

Grosse, Carl, Generalvertreter von Otto Gruson & Co., Buckau, Hamburg, Alsterdamm 16/17.

v. Grumme, F., Kapitän zur See a.D., Direktor der Hamburg-Amerika-Linie, Hamburg, Alsterdamm.

1000 Grunow, Roderich, Kaufmann, Stettin, Gr. Oder-Str. 10.

de Gruyter, Dr. Paul, Fabrikbesitzer, Berlin W., Kurfürstendamm 36.

Guilleaume, Emil, Kommerzienrat, Generaldirektor der Carlswerke, Mülheim a. Rh.

Günther, R., Regierungsbaumeister a. D., Berlin W. 50, Marburger Str. 2.

Gutermuth, M. F., Geh. Baurat u. Professor a. d. Techn. Hochschule zu Darmstadt.

1005 Guthmann, Robert, Baumeister und Fabrikbesitzer, Berlin W., Voß-Str. 18.

Gütschow, Wilhelm, Diplom-Ingenieur, Bleseen a. Weser.

Haack, Hans, Kaufmann, i. Fa. Haack & Nebelthau, Bremen.

Habich, Paul, Regierungs-Baumeister a. D., Direktor der Aktien-Gesellschaft für überseeische Bauunternehmungen, Berlin W.31, Landshuter Str. 25.

Häbich, Wilhelm, Vorstandsmitglied der Gutehoffnungshütte, Sterkrade, Rheinl.

1010 Hackelberg, Eugen, Kaufmann, Charlottenburg, Knesebeck-Str. 85.

Hahn, Dr. phil. Georg, Fabrikbesitzer, Berlin W.9, Königgrätzer Str. 6.

Hahn, Willy, Dr.jur., Rechtsanwalt, Berlin W.62, Lützow-Platz 2.

Haller, M., Ingenieur, Direktor der Gebr. Körting Aktien-Gesellschaft, Berlin NW., Alt-Moabit 110.

Hammar, Birger, Kaufmann, Hamburg, König-Str. 7/9.

1015 Hammer, Felix, Dipl.-Ing., Stettin, Gustav-Adolf-Str. 8.

Harbeck, Martin, Hamburg, Glashütten-Straße 37/40.

Hardcastle, F. E., Besichtiger des Germ. Lloyd, Bureau Veritas usw., Bombay. Apollo-Str. 89.

Harms, Gustav, Eisengießereibesitzer, Hamburg 29, Norder Elb-Str. 77/81.

Harms, Otto, Vorstand der Deutsch-Austral. D. G., Hamburg, Trostbrücke 1.

1020 Hartmann, Eugen, Professor, Ingenieur, Frankfurt a. M., König-Str. 97.

Hartmann, W., Professor, Grunewald-Berlin, Trabener Str. 2.

Hartwig, Rudolf, Dipl.-Ingenieur u. Prokurist der Firma Fried. Krupp, Akt.-Ges., Essen-Ruhr, Hohenzollern-Str. 34.

Hedberg, Sigurd, Reeder, Malmö, Kalendergatan 6/8.

Heegewaldt, A. Fabrikbesitzer, Berlin W. 15, Uhland-Str. 175.

1025 Heemsoth, Heinrich, General-Vertreter des Stahlwerk Mannheim u. der Sieg-Rheinische Hütten - Aktien - Gesellschaft Friedrich-Wilhelms - Hütte, Hamburg, Admiralität-Str. 52/53.

Heese, Albrecht, Hauptmann a. D., Berlin W. 10, Hitzig-Str. 5.

Heidmann, R. W., Kaufmann, Hamburg, Hafen-Str. 97.

Heidmann, Henry W., Ingenieur, Hamburg, Gr. Reichen-Str. 25.

Heineken, Vorsitzender des Direktoriums Norddeutschen Lloyd, Bremen.

1030 Heinrich, W., Diplom - Ingenieur, Kiel, Knooperweg 185.

Heller, E., Direktor, Wien I, Schwarzenberg-Platz 7.

Hempelmann, August, Dr. Ing., Ingenieur, Magdeburg, Bismarck-Str. 46 II.

Henkel, Gustav, Ingenieur und Fabrik-besitzer, Direktor der Herkulesbahn, Kassel-Wilhelmshöhe, Villa Henkel.

Hensolt, Johannes, Dipl.-Ing., Hamburg, Schmilinsky-Str. 19.

1035 Herbrecht, Carl, Direktor der Rheinischen Stahlwerke, Abt. Duisburger Eisen- und Stahlwerke, Duisburg, Heide-Str. 36 a.

Herrmann, E., Professor Dr., Abteilungs-vorsteher der Deutschen Seewarte, Ham-burg 9, Deutsche Seewarte.

Hertz, Ad., Direktor der Deutschen Ost-Afrika-Linie, Hamburg, Gr. Reichen-Str. 25.

Herwig, August, Hüttenbesitzer, Dillenburg, Oranien-Str. 11.

Herwig, M., jr., Fabrikbesitzer, i. Fa. Eisen-werk Lahn, M. & R. Herwig jr., Dillenburg.

1040 Herzberg, A., Baurat u. Ingenieur, Wilmers-dorf b. Berlin, Landhaus-Str. 23.

Hess, Henry, President, The Hess-Bright Manufacturing Company 21 st. & Fairmount Ave Philadelphia U. S. A.

Hesse, Paul, Fabrikdirektor, Berlin N. 39, Müller-Str. 180.

Hessenbruch, Fritz, Direktor, Duisburg, Mülheim-Str. 59.

Heubach, Ernst, Ingenieur, Berlin-Tempelhof, Ringbahn Str. 42/44.

Heymann, Alfred, Fabrikbesitzer, Hamburg, 1045 Neuerwall 42.

Heyne, Walter, Deutsche Vacuum Oil Company, Wandsbeck b. Hamburg, Marien-anlage 15.

Hilbenz, Dr. phil., Techn. Direktor der Frie-drich-Alfred-Hütte der Fried. Krupp A.-G., Rheinhausen-Friemersheim.

Hipssich, Karl, Ingenieur, Bremen, Boll-mann-Str. 5.

Hirschfeld, Ad., Dampfkessel-Revisor der Baupolizei - Behörde Hamburg 23, Blu-menau 125.

Hirte, Johs., Regierungs - Baumeister, Berlin 1050 SW., Markgrafen-Str. 94.

Hissink, Direktor der Bergmann-Elektrizitäts-Werke, Berlin NW., Hansa-Ufer 8.

Hjarup, Paul, Ingenieur und Fabrikbesitzer, Berlin N., Prinzen-Allee 24.

Hochstetter, Franz, Dr. phil., Geschäftsführer, Berlin NW. 6, Schumann-Str. 2.

Hoernes, Hermann, K. u. K. Major, König-grätz, Infanterie-Regiment 42.

Hoffert, Kapitänleutnant, IV. Halbflotille, 1055 S. M. Tpdbt. V 157, Wilhelmshaven.

Hoffmann, M. W., Dr. phil., i. Fa. Werk-stätten für Präzisions-Mechanik und Optik Carl Bamberg, Friedenau, Berlin-Friedenau, Süd-West-Corso 74.

Hohage, Dr. K., Ingenieur, Bergedorf bei Hamburg, Grasweg 18.

Hollweg, Fregatten - Kapitän, Berlin W. 9, Reichs-Marine-Amt.

Holzapfel, A. C., Fabrikant, London E. C., Fenchurch Street 57.

Holzwarth, Hans, Ingenieur, Mannheim, B. 1060 7. 18.

d'Hone, Heinrich, Fabrikbesitzer, Duisburg.

Hölck, Heinr., Konsul von Brasilien, Düssel-dorf, Graf-Recke-Str. 69.

Höltzcke, Paul, Dr. phil., Chemiker, Kiel, Eisenbahndamm 12.

Horn, Fritz, Hüttendirektor, Grunewald, Hubertus-Str. 16.

Hornbeck, A., Ingenieur, Hamburg 19, Torn- 1065 quist-Str. 26.

Howaldt, Adolf, Ingenieur, Dietrichsdorf b. Kiel.

v. Höveling, Emil G., Fabrikant, Hamburg, Steinhöft 13.

Huber, Carl, Zivil-Ingenieur, Berlin SW. 48, Friedrich-Str. 16.

Hübner, K., Direktor, Kiel, Schwanenweg 23.

1070 Ihlder, Carl, Ingenieur, Bremerhaven, Deich 24.

Illig, Hans, Direktor der Felten & Guilleaume-Lahmeyer-Werke A.-G., Frankfurt a. M., Schumann-Str. 40.

Imle, Emil, Diplom-Ingenieur, Dresden-A., Helmholz-Str. 5.

Inden, Hub., Fabrikant, Düsseldorf, Neander-Str. 15.

Ito, O., Kapitän z. S. d. Kais. Jap. Marine, Marineattaché, Berlin W., Luitpold-Str. 10.

1075 Ivers, C., Schiffsreeder, Kiel.

Jacobsen, Louis, Oberingenieur, Hamburg 29, Norder Elb-Str. 4 I.

ahn, W., Fabrikdirektor, Düsseldorf, Graf-Adolf-Str. 26.

Janda, Emil R., Architekt, Hamburg 21, Pellert-Str. 25.

Jannasch, G. A., Fabrikdirektor, Laurahütte O.-S.

1080 Janzon, Paul, Ober-Ingenieur, Berlin N. 65, Müller-Str. 153.

Jarke, Alfred, Präsident des Syndicat Continental des Compagnies de Navigation à vapeur au La Plata, Antwerpen, Place de Meir 21.

Jebsen, J., Reeder, Apenrade.

Jebsen, M., Reeder, Hamburg, Große Reichen-Str. 49/57, Reichenhof.

Jochimsen, Karl, Oberingenieur, Charlottenburg, Kamminer Str. 35.

1085 Jochmann, Ernst, Maschinen-Ingenieur, Stettin, Grabower Str. 17 I.

Johnson, Axel Axelson, Zivil-Ingenieur und Konsul, Stockholm, Wasagatan 4.

Johnson, Axel, Generalkonsul und Reeder, Stockholm, Wasagatan 4.

Joly, A., Ingenieur u. Fabrikbesitzer, Wittenberg, Bez. Halle, Linden-Str. 37.

Joost, J., Direktor der Norddeutschen Farbenfabrik Holzapfel, G. m. b. H., Hamburg, Steinhöft 1.

1090 Jordan, Dr. Hans, Direktor der Bergisch-Märkischen Bank, Mitglied des Aufsichtsrates des Nordd. Lloyd, Schloß Malinckroot b. Witten (Ruhr).

Jordan, Paul, Direktor der Allg. Elektr.-Ges., Grunewald b. Berlin, Bismarck-Allee 26.

Josse, Emil, Professor a. d. Königl. Technischen Hochschule Berlin, Charlottenburg, Uhland-Str. 158.

Judaschke, Franz, Schiffbau-Ingenieur, Rostock, Karl-Str. 62.

Junghans, Erhard, Kommerzienrat, Schramberg, Württemberg.

Junkers, Hugo, Professor, Aachen, Brabant- 1095 Str. 64.

Jurenka, Rob., Direktor der Deutschen Babcock & Wilcox-Dampfkesselwerke A.-G., Oberhausen, Rheinland.

Jürgens, R., Ingenieur, Lübeck, Moltke-Str. 2a.

Kaemmerer, W., Ingenieur, Berlin NW, Charlotten-Str. 43.

Kammerhoff, Meno, Direktor der Deutschen Edison-Akkumulatoren-Company, G. m. b. H., Berlin N, Drontheimer Str. 35—38.

Kampffmeyer, Theodor, Baumeister, 1100 Berlin SW 48, Friedrich-Str. 20.

Karcher, E., Hüttendirektor, Dillingen a. d. Saar.

v. Katzler, Rud., Dr. jur., Rechtsanwalt, Bitburg a. Eifel.

Kauermann, August, Ingenieur, Mitglied des Vorstandes der: Benrather Maschinenfabrik A.-G., Benrath b. Düsseldorf, Duisburger Maschinenbau-A.-G. vorm. Bechem & Keetman, Duisburg-Hochfeld, Märkische Maschinenbauanstalt, Ludwig Stuckenholz A.-G., Wetter-Ruhr. Wohnung: Duisburg, Realschul-Str. 42.

Kaufhold, Max, Fabrikdirektor, Essen-Ruhr, Elisabeth-Str. 7.

Kayser, M., Direktor des Westfäl. Stahl- 1105 werkes, Bochum.

Keetman, Wilhelm, Direktor, Duisburg, Hedwig-Str. 29.

Kelch, Hans, Leutnant a. D., i. Fa. Motorenwerk Hoffmann & Co., Potsdam, Neue König-Str. 95.

Kellner, L., Direktor des Stahlwerks Augustfehn, Bremen, Bismarck-Str. 88.

Kelly, Alexander, Direktor v. H. Napier Brothers Ltd., Glasgow, Hyde-Park Street 100.

1110 **Kemperling**, Adolf, Bevollmächtigter der Gebr. Böhler & Co., A.-G., Berlin NW. 5, Quitzow-Str. 24.

Kiefer, Georg, Ingenieur, Hannover, Adolf-Str. 5.

Kindermann, Franz, Ober-Ing. d. Allgem. Elektr.-Ges. Duisburg a. Rh., Sonnenwall 82.

Kins, Johs., Direktor der Dampfschifff.-Ges. Stern, Berlin SO, Brücken-Str. 13 I.

Kintzel, E., Torpeder-Kapitänleutn. a. D., Dresden, Ludwig-Richter-Str. 2.

1115 **Kinzelbach**, Rudolf, Elektroingenieur und Fabrikdirektor, Schöneberg bei Berlin, Meraner Str. 1.

Kippenhan, Ph., Direktor der Karlsruher Schiffahrts-Gesellschaft m. b. H., Niederhochstadt, Pfalz.

Klauke, E., Fabrikbesitzer, Berlin W. 8, Charlotten-Str. 56.

Klawitter, Willi, Kaufmann u. Werftbesitzer, i. F. J. W. Klawitter, Danzig.

Klée, W., Kaufmann, i. Fa. Klée & Koecher, Hamburg, König-Str. 15.

1120 **Klein**, Ernst, Kommerzienrat, Dahlbruch i. Westf.

Klemperer, Herbert, Dr. Ing., Direktor der Berliner Maschinenbau Akt.-Ges. vorm. L. Schwartzkopff, Berlin N 4, Chaussee-Str. 23.

Klippe, Hans, Ingenieur, Hamburg, König-Str. 8.

v. **Klitzing**, Ober-Ingenieur der Howaldts-werke, Kiel, Schiller-Str. 7.

Klock, Chr., Ingenieur, Hamburg, Bismarck-Str. 5 pt.

1125 **Klönne**, Carl, Geh. Kommerzienrat, Direktor der Deutschen Bank, Berlin W 64, Behren-Str. 9-13.

Kluge, Hans, Dipl.-Ing., Stettin, Derfflinger-Str. 20.

Klüpfel, Ludwig, Finanzrat, Mitglied des Direktoriums der Firma Fried. Krupp Akt.-Ges., Essen a. Ruhr.

Knackstedt, Ernst, Fabrikdirektor, Düsseldorf, Ahnfeld-Str. 107.

Knobloch, Emil, Kommissionsrat, Charlottenburg, Kant-Str. 159.

Knoll, Walter, Ingenieur, Alt Geltow bei 1130 Werder a. H., Villa Mariannenhof.

Knust, H., Kapitän a. D., Stadtrat, Stettin, Königsplatz 5.

Köbisch, Marine-Chefingenieur, Kiel, Adolf-Str. 60.

Kölln, Friedrich, Dipl.-Ing., Hamburg, Blohm & Voß, Eilenau 84.

König, Rudolf, Diplom-Ingenieur u. Hüttendirektor, Emden, Hohenzollern-Hütte.

Kopitzke, Erich, Ingenieur, Stettin-Grabow, 1135 Post-Str. 3.

Korten, R., Direktor, Malstatt - Burbach, Hoch-Str. 19.

Kosegarten, Max, Generaldirektor der Deutschen Waffen- und Munitionsfabriken, Berlin NW 7, Dorotheen-Str. 43/44.

Köhler, Ober-Postdirektor, Hamburg, Stephansplatz 5.

Kohlstedt, W., Fabrikbesitzer, Duisburg, Mülheimer Str. 101.

Köhncke, Heinr., Zivilingenieur, Bremen, 1140 Markt 14.

Körting, Ernst, Ingenieur, Techn. Direktor der Gebr. Körting A.-G., Körtingsdorf b. Hannover.

Köser, Fr., Kaufmann, i. Fa. Th. Höeg, Hamburg, Steinhöft 8, Elbhof.

Kösel, Albert, Direktor und Vorstand der Ernst Schieß Werkzeugmaschinenfabrik Akt.-Ges., Düsseldorf, Kurfürsten-Str. 20.

von **Kraewel**, Ottokar, Betriebs-Direktor der Rheinischen Stahlwerke, Duisburg-Meiderich, Duisburg, Stahl-Str. 56.

Krauschitz, Georg, Ingenieur und Fabrikant, 1145 Charlottenburg, Savignyplatz 9.

Kraus, Gustav, Zivil-Ingenieur, Hamburg 36, Neuerwall 36.

Krause, Max, Baurat, Direktor von A. Borsigs Berg- und Hüttenverwaltung, Berlin N, Chaussee-Str. 13.

Krause, Max, Arthur, Fabrikant, Berlin-Charlottenburg, Knesebeck-Str. 28.

Krell, Otto, Direktor der Kriegs- u. Schiffbautechnischen Abteilung bei den Siemens-Schuckert-Werken, Berlin W 15, Kurfürstendamm 22.

Krell, Rudolf, Professor, München, Techn. 1150 Hochschule.

Krieg, Kapitän zur See z. D., Bibliothekar der Marine-Akademie und Schule, Kiel.

Krieger, R., Hüttendirektor, Düsseldorf, Garten-Str. 79.

von Kries, Carl, Direktor der Howaldts-werke, Kiel.

Kroebel, R., Ingenieur, Hamburg, Glocken-gießerwall 1.

1155 Krogmann, Richard, Vorsitzender der See-Berufsgenossenschaft, Hamburg, Trost-brücke 1.

Kröhl, J., Kaufmann, Deutsche Ost-Afrika-Linie, Hamburg, Afrika-Haus.

Krüger, Friedrich, Prokurist, Roßlau, Dessauer Str. 2.

Kühlwetter, V., Kapitän z. S, Wilhelms-haven, Verwaltung der Deckoffizierschule, Peter-Str. 80.

Kuhnke, Fabrikant, Kiel, Holtenauer Str. 1821.

1160 Kunstmann, Walter, Schiffsreeder, Stettin, Moltke-Str. 19.

Kunstmann, W., Konsul und Reeder, Stettin, Bollwerk 1.

Kunstmann, Arthur, Konsul und Reeder, Stettin, Kaiser-Wilhelm-Str. 9.

Kübler, Wilhelm, Ingenieur für Elektro-maschinenbau, Professor a. d. Techn. Hochschule zu Dresden, Dresden-A., Münchener Str. 25.

Küwnick, Franz A., Ladungs-Inspektor des Norddeutschen Lloyd, Bremen Piers, Ho-boken N. 7. U. S. A.

1165 Lange, Chr., Ingenieur, i. Fa. Waggonleih-anstalt Ludewig & Lange, Berlin W 15, Kurfürstendamm 224.

Lange, Dr. phil. Otto, Ingenieur, Stahlwerks-chef des Hoerder Vereins, Hoerde i. W., Tull-Str. 4.

Lange, Claus, Schiffsmaschinenbau - Ing., Bremen, Waller Chaussee 102 I.

Langen, A., Dr., Direktor der Gasmotoren-Fabrik Deutz, Köln, Fürst-Pückler-Str. 14.

Langheinrich, Ernst, Fabrikdirektor, Rhein-hausen, Bliersheim, Kr. Mörs.

1170 Langreuter, H., Kapitän des Nordd. Lloyd, Bremerhaven.

Lans, W., Kontre-Admiral, Inspekteur des Torpedowesens, Kiel, Niemannsweg 117.

Lanz, Karl, Fabrikant, Mannheim, Hilda-Str. 7/8.

Läsch, Otto, Prokurist, Hamburg, Stein-höft 8/11, Elbhof II.

Lasche, O., Direktor der Turbinenfabrik der Allgem. Elektr.-Gesellsch., Berlin NW, Hutten-Str. 12.

Lass, F., Ingenieur, Hamburg, Sophienallee 18. 1175

Laubmeyer, Hermann, Zivil-Ingenieur, Danzig, Winterplatz 15.

Laurick, Carl, Ingenieur, Charlottenburg, Bismarck-Str. 62.

Lehmann, Marine-Chefingenieur a. D., Kiel, Feld-Str. 54.

Leist, Chr., Direktor des Nordd. Lloyd, Bremen, Papen-Str. 5/6.

Leitholf, Otto, Zivilingenieur, Berlin SW., 1180 Großbeeren-Str. 55 u. 56d.

Lender, Rudolf, Kapitän a. D. und Fabrik-besitzer, i. Fa. Dr. Graf & Comp., Berlin-Wien, Schöneberg, Haupt-Str. 26.

Lentz, Hugo, Ingenieur, Mannheim.

Leopold, Direktor, Hoerde i. W.

Leue, Georg, Ingenieur, Grunewald bei Berlin, Königsallee 54.

Leyde, Oskar, Zivil Ingenieur, Wilmersdorf, 1185 Hohenzollerndamm 13.

Liebe-Harkort, W., Ingenieur, i. Fa. Schenck und Liebe-Harkort, G. m. b. H., Düsseldorf-Obercassel.

Liechtensteiner, Ludwig, Ingenieur, Mann-heim, Lindenhof-Str. 53-57.

Liefeld, Curt, Direktor, Friedrichswalde b. Pirna, Bez. Dresden.

Liehr, E., Ingenieur, Charlottenburg, Oranien-Str. 17.

Linde, Gustav, Regierungs-Baumeister a. D., 1190 Direktor des Vereins deutscher Ingenieure, Berlin NW 7, Charlotten-Str. 43.

Lipin, Alexander, Wirklicher Staatsrat und Ingenieur, St. Petersburg, Italienische Str. 17.

Loeck, Otto, Kaufmann, Hamburg, Agnes-Str. 22.

Loewe, J., Geheimer Kommerzienrat, General-direktor von Ludw. Loewe & Co. Akt.-Ges., Berlin NW 7, Dorotheen-Str. 43-44.

v. Loewenstein zu Loewenstein, Hans, Bergassessor und Geschäftsführer des Vereins für die bergbaulichen Interessen im Oberbergamtsbezirk Dortmund, Essen (Ruhr), Friedrich-Str. 2.

1195 Lorentz, Victor, Ingenieur, Berlin, Landgrafen-Str. 2.

Lorenz, Dr. Hans, Dipl. Ingenieur, Professor an der Techn. Hochschule in Danzig-Langfuhr, Johannisberg 7.

The Losen, Paul, Direktor der Bergisch Märkischen Bank, Düsseldorf, Uhland-Str. 4.

Lotzin, Willy, Kaufmann, Danzig, Brabank 3.

Loubier, G., Patentanwalt, Berlin SW 61, Belle-Alliance-Platz 17.

1200 Lueg, E., Ingenieur, i. Fa. Haniel & Lueg, Düsseldorf-Grafenberg.

Lueg, H., Geheimer Kommerzienrat, Düsseldorf-Grafenberg.

Lüders, W. M. Ch., Fabrikant, Hamburg P. 9, Norderelb-Str. 31.

Lütgens, Henry, Vorsitzender des Aufsichtsrates der Vereinigt. Bugsier- und Frachtschiffahrt-Ges., Hamburg, Steinhöft 3.

Maaß, Direktor d. Siemens-Schuckert-Werke, Charlottenburg, Mommsen-Str. 21.

1205 Magnus, Emil, Vorsitzender im Aufsichtsrate der Neptunwerft-Rostock, Hamburg, Heimhuder Str. 64.

Maihak, Hugo, Ingenieur und Fabrikant, Hamburg, Grevenweg 57.

Martens, A., Professor, Geh. Regierungsrat, Direktor des Königl. Materialprüfungs-amtes der Techn. Hochschule zu Berlin, Gr.-Lichterfelde West, Fontane-Str. 22.

Martini, Günther, Kapitänleutnant, Danzig-Neufahrwasser, Kleine-Str. 9.

Mathies, Osk., Reeder, i. Fa. L. F. Mathies & Co., Hamburg, Grimm 27.

1210 Mathies, Regierungs- und Baurat a. D., Generaldirektor, Dortmund.

Mauder, Georg, Oberingenieur, Nürnberg, Siemens-Schuckert-Werke, Pflugstr. 10.

May, Hermann, Hüttendirektor, Breslau, Kaiser-Wilhelm-Str. 197.

Meendsen-Bohlken, Baurat, Brake (Oldenburg).

Meier, M., Hüttendirektor, Differdingen, Luxemburg.

Meinders, Hermann, Diplom-Ingenieur, 1215 Bremen, Osterfeuerberg-Str. 4.

Meißner, Conrad, Ingenieur, i. Fa. Carl Meißner, Maschinenfabrik für Schiffsschrauben u. Motorbootbau, Hamburg 27, Billwärder, Neuerdeich 192.

Melms, Gustav J., Ingenieur, Berlin N 4, Chaussee-Str. 23.

Mendelssohn, A., Erster Staatsanwalt, Potsdam, Neue König-Str. 65.

Merck, Johs., Direktor der Hamburg-Amerika-Linie, Hamburg, Dovenfleth 18/21.

Merk, Karl, H., Ingenieur, Rostow am Don 1220 (Südrussland), Sredni Prosp. 4.

Merkel, Carl, Ingenieur, i. Fa. Willbrandt & Co., Hamburg, Kajen 24.

Mertens, Kurt, Zivil-Ingenieur der Hanseatischen Siemens-Schuckert-Werke, Hamburg-Uhlenhorst, Karl-Str. 7.

Merz, Ernst, F. W. B., Ingenieur, Stettin-Bredow, Kronenhof-Str. 5 pt.

Mette, C., Direktor der Lübecker Maschinenbau-Gesellschaft, Lübeck, Lachswehr-allee 15a.

Meuss, Fr., Kapitän z. See z. D., Berlin W, 1225 Voß-Str. 20.

Meyer, Dietrich, Reg.-Baumstr. a. D., Direktor des Vereins deutscher Ingenieure, Berlin NW 7, Charlotten-Str. 43.

Meyer, Eugen, Schloß Itter, Hopfgarten, Tirol.

Meyer, Paul, Dr. phil., Ingenieur, Direktor der Paul Meyer Akt.-Ges., Berlin N 39, Lynar-Str. 5-6.

Meyer, W., Rechtsanwalt, Hannover, Langensalza-Str. 4.

Michenfelder, C., Diplom-Ingenieur, Düssel- 1230 dorf, Prinz-Georg-Str. 79.

Miehe, Otto G., Kaufmann, i. Fa. J. A. Lerch Nachflg. Seippel, Hamburg, Rödingsmarkt 16.

Miersch, A., Zivil-Ingenieur, Charlottenburg, Scharren-Str. 12.

Mintz, Maxim., Ingenieur und Patentanwalt, Berlin SW, Königgrätzer Str. 93.

Mirus, Ernst, Direktor der Howaldtswerke, Kiel, Reventlou-Allee 29 II.

1235 **Mißong**, J.. Abteilungs-Ingenieur der Farbwerke vorm. Meister, Lucius & Brüning in Höchst a. M., Frankfurt a. M., Oederweg 126 I.

Möbus, Wilh., Ingenieur, Düsseldorf, Schützen-Str. 10.

Mohr, Otto, Fabrikant, i. Fa. Mannheimer Masch.-Fabr. Mohr & Federhaff, Mannheim.

Moldenhauer, Louis, Direktor der Akt.-Ges. Gebr. Böhler & Co., Berlin NW 5, Quitzow-Str. 24.

Mollier, Walther, Ingenieur und Direktor der Hanseat. Siemens-Schuckert-Werke, Hamburg, Alte Raben-Str. 34.

1240 **Morrison**, C.Y., Inhaber der Firma C. Morrison, Hamburg, Steinhöft 8-11, Elbhof.

Mrazek, Franz, Ing., Direktor der Skodawerke Akt.-Ges. in Pilsen, Wien, Wiesinger Str. 1.

Mühlberg, Albert, Ingenieur, Basel (Schweiz), Rötheler Str. 2.

Müller, Adolph, Direktor der Akkumulatorenfabrik Act.-Ges., Charlottenburg, Fasanen-Str. 76.

Müller, Gustav, Direktor der Rheinischen Metallwaaren- und Maschinenfabrik, Düsseldorf, Arnold-Str. 8.

1245 **Müller**, Paul H., Dipl.-Ing., Hannover, Heinrich-Str. 10.

Müller, Friedrich Wilhelm, Abteilungsvorsteher, Dessau, Akensche Str. 1.

Müller, Otto, Ingenieur, Charlottenburg, Kaiser-Friedrich-Str. 29.

Münzesheimer, Martin, Direktor der Gelsenkirchener Gußstahl- und Eisenwerke vorm. Mundscheid & Co., Düsseldorf, Jägerhof-Str. 12.

Nägel, Adolph, Dr. Ing., ord. Professor der Techn. Hochschule Dresden, Dresden-A. 7, Helmholtz-Str. 5.

1250 **Natalis**, H., Direktor d. Siemens-Schuckert-Werke, Berlin SW, Askanischer Platz 3.

Nebe, Friedr., Direktor der Aktien-Gesellschaft Balcke, Tellering & Co., Röhrenwalzwerk, Benrath b. Düsseldorf.

Nebelthau, August, Kaufmann, Teilhaber d. Fa. Gebrüder Kulenkampff.

Netter, Ludwig, Regierungs-Baumeister a. D. und Fabrikbesitzer, Berlin W 25, Potsdamer Str. 111.

Neubaur, Fr., Dr. phil., Schriftsteller, Berlin W 15, Kurfürstendamm 51.

Neufeldt, H., Ingenieur, Kiel, Holtenauer 1255 Str. 62.

Neuhaus, Fritz, Ingenieur und Direktor bei A. Borsig - Tegel, Charlottenburg, Wieland-Str. 11.

Neumann, Albert, Reeder, i. Fa. Johannes Ick, Danzig, Schäferei 12-14.

Niedt, Otto, Generaldirektor der Huldschinskyschen Hüttenwerke Akt.-Ges., Gleiwitz O.-Schlesien.

Niemeyer, Georg, Fabrikbesitzer, Hamburg, Steinwärder, Neuhofer-Str.

Nissen, Andreas, Ober-Ingenieur, Hamburg, 1260 Bei den Mühren 66-67.

Nobis, Korvettenkapitän, Heppens b. Wilhelmshaven, Verwaltung der Deck-Offizierschule, Brommy-Str. 13.

Noe, Maschinenbauingenieur, Kiel-Gaarden, Germaniawerft.

Noske, Fedor, Ingenieur und Fabrikant, Altona, Arnold-Str. 28.

Notholt, A., Maschinen-Inspektor, Oldenburg i. Gr., Amalien-Str. 14.

Oberauer, L., Ingenieur und Direktor der 1265 Internat. Preßluft- und Elektrizitäts-Ges., Berlin C 54, Weinmeister-Str. 14 II, Weinmeisterhof.

Oeking, Fabrikbesitzer, i. Fa. Oeking & Co., Düsseldorf-Lierenfeld.

Oppenheim, Paul, Ingenieur und Fabrikbesitzer, Berlin NW., Quitzow-Str. 25/26.

Graf von Oppersdorff, erbl. Mitglied d. Preuß. Herrenh., Mitglied d. Deutschen Reichstags, Oberglogau, Oberschlesien.

O'Swald, Alfr., Reeder, Hamburg, Große Bleichen 22.

Overweg, O., Kaufmann, Hamburg, Admirali- 1270 täts-Str. 33/34.

Ott, Max, Diplom-Ingenieur, Hannover-Linden, Minister-Stüve-Str. 12.

Paatzsch, G., Schiffbau-Techniker, Stettin-Grabow, Post-Str. 43 III.

Pagenstecher, Gust., Kaufmann, Vorsitzender im Aufsichtsrate der Akt.-Ges. „Weser", Bremen, Park-Str. 9.

Pake, Wilhelm, Fabrikdirektor, Wolgast, Burg-Str. 6.

1275 Pantke, Marine-Stabsingenieur, Wilhelmshaven, Manteuffel-Str. 6 II.

Parje, Wilhelm, Direktor des Blechwalzwerkes Schulz Knaudt Akt.-Ges., Essen a. d. Ruhr.

Paschkes, E. W., Oberingenieur, Tegel, Haupt-Str. 28 II.

Patrick, J., Ingenieur u. Fabrikant, Frankfurt a. M., Höchster Str. 51.

1280 Paucksch, Felix, Fabrikdirektor, i. Fa. Akt.-Ges. H. Paucksch, Landsberg a. W., Berlin W. 15, Joachimsthaler Str. 24.

Paucksch, Otto, Fabrikdirektor, Akt.-Ges. H. Paucksch, Landsberg a. W.

Paul, Fritz, Diplom-Ingenieur, Stettin, Paradeplatz 24 III.

Pekrun, Otto, Fabrikbesitzer, Coswig i. S.

Penck, Albrecht, Geheimer Regierungsrat Professor Dr., Direktor des Museums f. Meereskunde, Berlin NW. 7, Georgen-Str. 34/36.

Perleberg, Ernst, Ingenieur, Stettin, Bollwerk 16.

1285 Pester, Johannes, Fabrikdirektor d. Wanderer-Werke, Schönau b. Chemnitz i. Sa.

Petersen, Bernhard, Zivil-Ingenieur u. Patentanwalt, Berlin SW., Hedemann-Str. 5.

Pfenninger, Carl, Ingenieur, i. Fa. Melms & Pfenninger, München, Martius-Str. 7.

Philipp, Otto, Ingenieur, Berlin W., Unter den Linden 15.

Pielock, E., Ingenieur, Berlin W. 15, Uhland-Str. 31.

1290 Piper, C., Direktor der Neuen Dampfer-Compagnie, Stettin.

Piper, Edmund, Prokurist der Fa. Franz Haniel & Co., Ruhrort a. Rh., Damm-Str. 10.

Pischon, Walter, Diplom-Ingenieur, Hamburg, Blohm & Voß, Alstertwiete 22.

von Plettenburg, Freiherr, Prokurist des Norddeutschen Lloyd, Bremen, Am Dobben 52.

1295 Podeus, H., jr., Konsul, Wismar i. M.

Podeus, Paul, Ingenieur, Wismar i. M., Ravelin Horn.

Poensgen, Bruno, Ingenieur, Düsseldorf, Jakobi-Str. 7.

Poensgen, C. Rud., Vorstandsmitglied der Düsseldorfer Röhren- u. Eisenwalzwerke, Düsseldorf, Jägerhof-Str. 7.

Polis, Albert, Kapitän und Prokurist der Hamburg-Amerika-Linie, Hamburg-Uhlenhorst, Adolf-Str. 74.

Polte, Eugen, Kommerzienrat und Fabrikbesitzer, Magdeburg-Sudenburg, Halberstädter Str. 35.

1300 Poock, Jos., Fregatten-Kapitän z. D., Hamburg 3a, Klosterstern 1 II.

Prager, Curt, Ingenieur, Berlin W. 9, Potsdamer Str. 127/128.

Predöhl, Dr. jur., Max, Senator, Hamburg, Harvestehuder Weg 28.

Prégardien, J. E., Ingenieur für Dampfkesselbau, Kalk bei Köln a. Rhein.

Presting, Wilhelm, Hofbuchhändler, Dessau, Neumarkt 7.

1305 Prieger, H., Direktor der Deutschen Niles Werkzeugmaschinenfabrik, Berlin W. 15, Kurfürstendamm 199.

Probst, Martin, Diplom-Ingenieur, Hamburg, Blohm & Voß, Eckernförder Str. 89.

Prohmann, Ferd., Professor, Oberlehrer am Hamburger Staatl. Technikum, Hamburg-St. G., Steintorplatz.

Pusch, Hauptmann a. D., Steglitz, Sedan-Str. 6.

Quitmann, R., Ingenieur u. Vertreter der „Phönix", Akt.-Ges. für Bergbau- und Hüttenbetrieb, Westend, Eichen-Allee 26.

1310 Quaatz, Kapitänleutnant z. S. Kiel, Scharnhorst-Str. 9 I.

Querengässer, Felix, Ingenieur, Berlin N.W. 21, Bochumer Str. 6.

Rágóczy, Egon, Syndikus a. D. und Generalsekretär, Berlin W. 30, Motz-Str. 72 III.

Rahtjen, Heinr., Kaufmann und Fabrikant, Bremerhaven, Lloyd-Str. 18.

Rahtjen, John, Kaufmann, Hamburg, Mittelweg 19.

1315 Rahtjen, J., Frank, Kaufmann, Hamburg, Mittelweg 19.

Ranft, P., Zivilingenieur, Leipzig, Kurze Str. 1.

Raps, Dr. Prof. Aug., Direktor von Siemens & Halske, Westend, Nonnendamm.

Raschen, Herm., Ingenieur der Chem. Fabriken Griesheim-Elektron, Griesheim a. M.

Rathenau, Emil, Dr. Ing., Geheimer Baurat, Generaldirektor der Allgem. Elektr.-Ges., Berlin NW. 6, Schiffbauerdamm 22.

1320 Rathenau, Dr. W., Direktor der Berliner Handelsgesellschaft, Berlin W. 64, Behren-Str. 32.

Redlich, Fregattenkapitän, Berlin W. 9, Reichs-Marine-Amt.

Rehmann, Fritz, Direktor der Reederei Stachelhaus & Buchloh, G. m. b. H., Mülheim a. d. Ruhr, Friedrich-Str. 28.

Redenz, Hans, Ingenieur, Düsseldorf-Grafenberg.

Redlin, Gerichtsassessor a. D., Berlin SW. 11, Askanischer Platz 3.

1325 Regenbogen, Konrad, Betriebs-Direktor der Gutehoffnungshütte, Sterkrade, Rheinld.

Reichel, W., Professor, Dr.-Ing., Direktor der Siemens-Schuckert-Werke, Lankwitz bei Berlin, Beethoven-Str. 14.

v. Reichenbach, Major a. D., Berlin W. 50, Eislebener Str. 12 III.

Reichwald, Willy, Siegen, Giersberg-Str. 13.

Reincke, H. R. Leopold, Ingenieur, 2 Laurence Pountney Hill, London E. C.

1330 Reinecke, F., Ingenieur, Expert des Germanischen Lloyd und des Bureaus Veritas, Gleiwitz O.-S., Wilhelm-Str. 34.

Reinhardt, Karl, Ingenieur, Direktor bei Schüchtermann & Kremer, Dortmund, Arndt-Str. 36.

Reinhold, Carl, Ingenieur und Inhaber der Berliner Asbest-Werke, Berlin-Reinickendorf, Tegel, Veit-Str. 16.

Reinhold, Hermann, Fabrikbesitzer, i. Fa. Westphal & Reinhold, Berlin NW., Händel-Str. 3.

Reiser, August, Bankdirektor (Filiale der Dresdner Bank in Mannheim), Mannheim, Friedrichsring 36.

1335 Rellstab, Dr. Ludwig, Direktor der A.-G. Mix & Genest, Südende bei Berlin, Bahn-Str. 8 a.

Reusch, Paul, Vorstandsmitglied der Gutehoffnungshütte, Oberhausen, Rheinland.

Reuter, Wolfgang, Inhaber der Fa. Ludwig Stuckenholz, Wetter a. Ruhr.

Richter, Hans, Kaufmann, Berlin SW. 68, Linden-Str. 18/19.

Rickert, Dr. F., Verleger der „Danziger Zeitung", Danzig.

Riemer, Julius, Direktor der Firma Haniel & 1340 Lueg, Düsseldorf-Grafenberg.

Riensberg, Karl, Direktor der Brückenbau Flender Akt.-Ges. Benrath.

Rieppel, A., Dr. Ing., Königl. Baurat und Fabrikdirektor, Nürnberg 24.

v. Ripper, Julius, K. u. k. Vize-Admiral, Pola.

Rischowski, Alb., Vertreter der Firma Caesar Wollheim, Breslau, Wall-Str. 23.

Ritter, Th., Prokurist der Woermann-Linie, 1345 Hamburg, Sierich-Str. 133.

Ritzhaupt, Fr., Direktor, Niederschöneweide b. Berlin, Brücken-Str. 31.

Roch, Eugen, Schiffb.-Ing., Charlottenburg 4, Goethe-Str. 24 II.

Röchling, L., Fabrikbesitzer, Völklingen a. d. Saar.

Röper, A., Direktor d. Akt.-Ges. de Fries & Co., Düsseldorf, Grafenberger Chaussee 84.

Rogge, A., Marine-Oberstabs-Ingenieur a. D., 1350 Charlottenburg, Knesebeckstr. 16.

Rogge, Kapitän zur See und Abteilungschef im R.-M.-A., Berlin W. 15, Fasanen-Str. 48.

v. Rolf, W., Freiherr, Direktor der Dampfschifff.-Ges. f. d. Nieder- u. Mittel-Rhein, Düsseldorf, Tell-Str. 8.

Rolle, M., Architekt, Berlin W. 35, Steglitzer Str. 12.

Rollmann, Kontre-Admiral, Berlin W. 9, Reichs-Marine-Amt.

Rompano, C., Schiffbau-Techniker, Hamburg, 1355 Jäger Str. 43.

Ruge, Leo, Prokurist d. deutschen Preßluft-Werkzeug- u. Maschinen-Fabrik, Berlin NW. 6, Schiffbauerdamm 27.

Rump, Wilh., Kaufm., Hamburg, Breite Str. 34.

Ruperti, Oscar, Kaufmann, in Firma H. J. Merck & Co., Hamburg, Dovenhof 6.

Sachse, Walter, Kapitän und Oberinspektor, der Hamburg-Amerika-Linie, Hamburg, Ferdinand-Str. 62.

Sachsenberg, P., Kaufmann und Fabrik- 1360 besitzer, Roßlau a. E.

Saefkow, Otto, Kaufmann, Hamburg, Rothenbaum-Chaussee 34.

Saeftel, Hüttendirektor, Dillingen-Saar.

Salomon, B. Professor, Frankfurt a. M., Westend-Str. 25.

Salzmann, Heinrich, Architekt, Düsseldorf, Graf-Adolf-Str. 19.

1365 Sanders, Ludwig, Kaufmann, Hamburg, Rathausmarkt 2 I.

Sarnow, Albert, Ingenieur, Stettin, Pommerensdorfer Str. 20.

Sartori, A., Konsul und Reeder, in Fa. Sartori & Berger, Kiel.

Sartori, P., Konsul und Reeder, in Fa. Sartori & Berger, Kiel.

Sattler, Bruno, Technischer Direktor i. Fa. Kattowitzer Aktien-Gesellschaft für Bergbau u. Eisenhüttenbetrieb, Kattowitz O.-S., Friedrich-Str. 35.

1370 Schachtel, Leo, Dr. jur., Rechtsanwalt, Berlin W. 66, Leipziger Str. 117/118.

Schaffran, Karl, Diplom-Schiffbau-Ingenieur, Danzig-Langfuhr, Haupt-Str. 97.

Schäfer, W., Direktor der Ziegeltransport-Gesellschaft m. b. H., Berlin NW. 6, Luisen-Str. 45.

Schapper, Teod., Oberst und Regimentskommandeur a. D., Steglitz, Schloß-Str. 42a.

Schaps, Georg, Dr. jur., Landrichter, Hamburg, Mittelweg 55.

1375 Scharbau, Fr., Hüttendirektor, Herrenwyk b. Lübeck, Hochofenwerk.

Scharrer, G., Kaufm., Duisburg, Unter-Str. 84.

Schärffe, Franz, Ingenieur, Lübeck, Engelswisch 42/48.

Schauenburg, M., Ingenieur, Berlin W. 15, Lietzenburger Str. 3.

Schauseil, M., Direktor der Seeberufs-Genossenschaft, Hamburg 11, Beim alten Waisenhaus 1.

1380 Scheder, Georg, Kontre-Admiral z. D., Kiel.

Scheehl, Georg, Oberingenieur, Hamburg, Armgart-Str. 20.

Schellhaß, Ernst, Kaufmann, Berlin W., Schöneberger Ufer 21.

Schenck, Max, Direktor von C. W. Liebe-Harkort, Düsseldorf-Obercassel, Roon-Str. 5a.

v. Schichau, Rittergutsbesitzer, Pohren b. Ludwigsort, Ostpr.

Schiess, Ernst, Geheimer Kommerzienrat 1385 und Fabrikbesitzer, Düsseldorf.

Schilling, Professor Dr., Direktor der Seefahrtsschule, Bremen.

Schilling, Direktor, Dortmund, Sunderweg 121.

Schimmelbusch, Julius, Oberingenieur, Darmstadt, Martin-Str. 97 I.

Schinckel, Max, Vorsitzender d. Aufsichtsrats der Reiherstieg-Schiffswerfte u. Maschinenfabrik, Hamburg, Adolphsbrücke 10.

Schirnick, Marine-Oberstabsingenieur a. D., 1390 Zoppot, Süd-Str. 15a I.

Schleifenbaum, Fr., Direktor der Felten & Guilleaume Carlswerke, Akt.-Ges., Mülheim (Rhein), Regenten-Str. 69.

v. Schlichting, Ober-Postdirektor, Bremen, Domsheide 15.

Schmidt, Vize-Admiral, Exzellenz, Berlin W., Voß-Str. 25.

Schmidt, Ehrhardt, Kapitän zur See, 15. III. Kommandeur S.M.S. „Hessen", Wilhelmshaven, dann Kiel.

Schmidt, Emil, Ingenieur, Hamburg-Uhlen- 1395 horst, Herder-Str. 64.

Schmidt, Henry, Beeidigter Dispacheur und Syndikus des Vereins Hamburger Assekuradeure, Hamburg, Ferdinand-Str. 67.

Schmidt, Karl, Oberingenieur der A. E. G., Charlottenburg, Uhland-Str. 194.

Schmidt, Max, Ingenieur, Direktor der Maschb.-Akt.-Ges. vorm. Starke & Hoffmann, Hirschberg i. Schles.

Schmidt, Oskar, Direktor, Köln a. Rh., Thurnmarkt 26.

Schmidt, Wilh., Zivilingenieur, Wilhelms- 1400 höhe b. Kassel.

Schmidtlein, C., Ingenieur und Patentanwalt, Berlin SW., Königgrätzer Str. 87.

Schmitt, A., Fabrikdirektor, Laurahütte O.-S.

Schnitzing, Gustav, Direktor der Vereinigt. Elbschiffahrts-Gesellschaften, Akt.-Ges., Dresden, Permoser-Str. 13.

Schnoeckel, Gustav, Zivilingenieur, Berlin W. 50, Spichern-Str. 17.

Schröder, Carl, Oberingenieur und Prokurist, 1405 Gleiwitz, O.-S., Wilhelm-Str. 30.

Schröder, Emil, Ingenieur, Bremerhaven, Kronprinzen-Allee 47.

Schrödter, E., Dr. Ing. Ingenieur, Düsseldorf, Jacobi-Str. 5.

Schuchardt, B., Kommerzienrat u. Königl. Norweg. Generalkonsul, Inhaber der Fa. Schuchardt & Schütte, Berlin C. 2, Spandauer Str. 59/61.

Schukic, Lazar, k. u. k. Kontreadmiral, Seearsenalskommandant, Pola.

1410 Schuler, W., Dr, Oberingenieur, Charlottenburg, Leibnitz Str. 4/6.

Schult, Hans, Ingenieur, i. Fa. W. A. F. Wiechhorst & Sohn, Hamburg, Pinnasberg 46.

Schultz, Kapitän z. See u. Präses des Torpedo-Versuchs-Kommandos, Kiel-Wik.

Schultze, Aug., Geh. Kommerzienrat, Direktor der Oldenburg - Portug. Dampfschiffs-Reederei, Oldenburg i. Gr.

Schultze, Moritz, Direktor, Magdeburg, Kaiser-Str. 28.

1415 Schulz, Gustav Leo, Vertreter des Hoerder Bergwerks- u. Hüttenvereins, Berlin W. 50, Ranke-Str. 35.

Schulze - Vellinghausen, Ew., Fabrikbesitzer, Düsseldorf, Stern-Str. 18.

Schümann, Egon, Regierungsrat, Südende, Brandenburgische Str. 15a.

Schütte, H., Kaufmann, i. Fa. Alfr. H. Schütte, Köln, Zeughaus 16.

Schwanhäusser, Wm., Dir. der Hydraulic Works Henry R. Worthington, Brooklyn-New York.

1420 Schwarz, Ed., Direktor, Berlin O. 27, Blankenfelde-Str. 9, II.

v. Schwarze, Fritz, Betriebs-Chef, Oberschl. Eisenbahn-Bedarfs Akt.-Ges. Abt. Huldschinskywerke, Gleiwitz, Stefanie-Str. 20.

Schwebsch, A., Dipl.-Ing., Hamburg 11, Schaarsteinweg 16, I.

Schwellenbach, Bibliothekar im Reichs-Postamt, Berlin W. 66.

Seeger, J., Kaufmann und Prokurist, Danzig, Schichau-Werft.

1425 Seiffert, Franz, Ingenieur, Direktor der Akt.-Ges. Franz Seiffert & Co., Berlin-Eberswalde, Berlin SO. 33, Köpenicker Str. 154a.

Selck, Fr. W, Kommerzienrat, Flensburg.

Selve, Walter, Ingenieur, Altena i. W.

Senff, E., Fabrikbesitzer, Düsseldorf-Grafenberg, Bruch-Str. 55.

Senfft, Carl, Direktor, Düsseldorf, Graf-Adolf-Str. 95.

Sening, Aug., Fabrikant, i. Fa F. A. Sening, 1430 Hamburg, Vorsetzen 25/27.

Seydel, Leopold, Ingenieur und Prokurist der Maschinenfabrik Brodnitz & Seydel, Berlin NW. 52, Wilsnacker Str. 3 I.

Sibbers, A., Schiffs-Inspektor der Hamburg-Südamerikan. Dampfsch.-Ges., Hamburg, Alardus-Str. 8 I.

Sichmund, Adam, Diplom-Ingenieur, Elbing, Sonnen-Str. 72.

Siebel, Walter, Ingenieur, i. Fa. Bauartikel-Fabrik A. Siebel, Düsseldorf-Rath.

Siebel, Werner, Fabrikbesitzer, i. Fa. Bau- 1435 artikel-Fabrik A. Siebel, Düsseldorf-Rath.

Siebert, F., Kommerzienrat, Direktor der Firma F. Schichau, Elbing.

Siebert, G., Prokurist der Firma F. Schichau, Elbing, Altstädt. Wall-Str. 10.

Siedentopf, Otto, Ingenieur und Patentanwalt, Berlin SW. 68, Friedrich-Str. 208.

Sieg, Waldemar, Kaufmann u. Reeder, Danzig, Brodbänkengasse 14.

Siegmund, Walter, Direktor der „Turbinia", 1440 Deutsche Parsons Marine-Aktien-Gesellschaft, Berlin, Leipziger Str. 123a.

v. Siemens, Carl F., Ingenieur, Berlin SW. 11, Askanischer Platz 3.

Simmersbach, Oskar, Professor, Breslau, Park-Str. 21.

Simony, Theophil, Ingenieur, Gleiwitz O -S., Keith-Str. 14.

Slaby, Ad., Professor Dr., Geheimer Reg.-Rat, Charlottenburg, Sophien-Str. 33.

Sommerwerk, Kontre-Admiral z. D., Steg- 1445 litz, Fichte-Str. 12b.

Sorge, Kurt, Mitglied des Direktoriums der Firma Fried. Krupp, Vorsitzender Direktor des Fried. Krupp Grusonwerk, Magdeburg, Moltke-Str. 12c.

Sorge, Otto, Maschinen-Ingenieur, Geschäftsführer der Gesellschaft für moderne Groß-Kondensationsanlagen, Grunewald b. Berlin, Gill-Str. 5.

Sosat, Johannes, Diplomingenieur, Bremen, Contrescarpe 125.

Spannhake, Wilhelm, Diplomingenieur, Stettin, Gustav-Adolf-Str. 64.

1450 Sprenger, William, Kapitän und Reeder, Stettin' Post-Str. 28.

Springer, Fritz, Verlagsbuchhändler, Berlin, N.24, Monbijouplatz 3.

Springmann, Rudolf, Teilhaber der Firma Funcke & Elbers, Hagen i. W.

Springorum, Fr., Kommerzienrat und Generaldirektor der Eisen- und Stahlwerke Hoesch, A.-G., Dortmund, Eberhardt-Str. 20.

Stachelhaus, Herm., Reeder u. Fabrikant, i. Fa. Stachelhaus & Buchloh, Mannheim.

1455 Staerker, Felix Walther, Kaufmann, i. Fa. Staerker & Fischer, Leipzig, Bose-Str. 3.

Stahl, Paul, Direktor der Stettiner Maschinenbau-Act.-Ges. Vulcan, Bredow-Stettin, Moltke-Str. 19.

Steffen, John, Maschinen-Inspektor, Hamburg, Eichen-Str. 21.

Stein, C., Ingenieur, Direktor der Gasmotorenfabrik „Deutz", Charlottenburg, Kaiserdamm 8.

Steinbiss, Karl, Ober- u. Geh. Baurat, Kattowitz, O.-Schl.

1460 Steinmeyer, Carl, Marine-Stabs-Ingenieur a. D., Wilmersdorf, Berliner Str. 8.

Stelljes, Erich, Maschinenbau-Ingenieur, Bremen, Doventorsteinweg 52 pt.

Stender, W., Ingenieur, Stuttgart, Neckar-Str. 107.

Sternberg, Oscar, Königl. Schwed. Vice-Konsul, Direktor der Oberrhein. Versicherungs-Gesellschaft, Mannheim L 7. 6 a.

Stiller, Hermann, Direktor der Berliner Werkzeug-Maschinenfabrik A.-G. vorm. L. Sentker, N.65, Müller-Str. 35.

1465 Stinnes, Leo, Reeder, Mannheim D 7. 12.

Stöckmann, E., Technischer Direktor, Annen i. Westf.

Strasser, Geh. Regierungsrat, Berlin W. 15, Fasanen-Str. 64.

Strohmeyer, Kapitän z. S., Direktor der Kais. Torpedowerkstatt, Friedrichsort bei Kiel.

Strube, Dr. A., Bankdirektor, Deutsche Nationalbank, Bremen.

Struck, H., Prokurist der Firma F. Laeisz, 1470 Hamburg, Trostbrücke 1.

Stubmann, Dr. P., Hamburg, Alterwall 12 III.

Stumpf, Johannes, Professor, Berlin W. 15, Kurfürstendamm 33.

Sugg, Direktor der Vereinigten Königs- und Laurahütte A.-G., Königshütte O.-Schl., Girndt-Str. 13.

Suppán, C. V., Schiffsoberinspektor, Wien III, Donau-Dampfschiffs-Direktion.

Surenbrock, W., Direktor, Hamburg, 1475 Kl. Grasbrook, Reiherstieg Schiffswerfte.

Sylvester, Emilio, Ingenieur, Niederschelden a. Sieg.

Taggenbrock, J., Direktor, Avenue Cagels 55, Antwerpen.

Tecklenborg, Ed., Kaufmann, Direktor der Schiffswerft von Joh. C. Tecklenborg Akt.-Ges., Bremen, Park-Str. 41.

Tenge, Regierungsrat, Vortragender Rat im Großh. Old. Staatsministerium, Oldenburg Gr., Grüne Str. 10.

Tetens, F., Dr. jur., Direktor der Aktien- 1480 Gesellschaft „Weser", Bremen.

Thielbörger, Gustav, Ingenieur, Breslau, Bären-Str. 16 II.

Thiele, Ad., Kontre-Admiral z. D., Reichs-Kommissar bei dem Seeamte Bremerhaven, Bremen, Lothringer Str. 21.

Thiele, J., Marine - Oberstabsingenieur, Hannover-Waldheim, Otto-Str. 2 II.

Thomas, Eugen, Kaufmann, Hamburg, Spitaler Str. 10.

Thomas, Paul, Direktor der Preß- u. Walz- 1485 werk-A.-G. Düsseldorf-Reisholz, Düsseldorf, Ahnfeld-Str. 6.

Thorbecke, Korvettenkapitän, Berlin-Halensee, Joachim-Friedrich-Str. 46.

Thulin, C. G., Italienischer Generalkonsul und Reeder, Stockholm (Schweden), Skeppsbron 34.

Thulin, P. G., Vize - Konsul, Stockholm, Skeppsbron 34.

Thumann, G., Kapitän des Nordd. Lloyd, Vegesack, Grüne Str. 36.

Thyen, Heinr. O., Konsul, i. Fa. G. H. 1490 Thyen, Brake.

Tietgens, G. W., Kaufmann, Vorsitzender im Aufsichtsrate der Hamburg-Amerika-Linie, Hamburg, Gr. Reichen-Str. 51.

v. Tirpitz, Alfr., Admiral, Exzellenz, Staatsminister und Staatssekretär des Reichs-Marine-Amtes, Berlin W. 9, Leipziger Platz 13.

Tonne, Carl Gust., Kommerzienrat, Magdeburg, Villa auf dem Werder.

Tosi, Franco, Maschinenfabrikant, Legnano, Italien.

1495 Trappen, Walter, Generaldirektor, Honnef a. Rhein.

Trauboth, Walter, Ingenieur, Berlin O. 27, Grüner Weg 6 I.

Trommsdorff, Bibliothekar, Danzig, Technische Hochschule.

Troost, Edmund, Reeder, Berlin W. 15, Kurfürstendamm 160.

Uhlig, Carl Hugo, Direktor der Maschinenfabrik C. G. Haubold jr., G. m. b. H., Chemnitz.

1500 v. Unger, Willy, Major a. D., Friedenau, Wielandstr. 5.

v. Usedom, Exzellenz, Vize-Admiral, Admiral à la Suite S. Majestät des Kaisers und Königs, Ober-Werftdirektor der Kaiserl. Werft, Kiel.

Usener, Hans, Dr. phil., Fabrikant, Kiel, Holtenauer Str. 62.

Vahland, Otto, Direktor, Bremen, Schlachte 21.

Vielhaben, Dr. jur., Rechtsanwalt, Hamburg, Rathaus-Str., Bülowhaus.

1505 van Vloten, Hütten-Direktor, Hörde i. W.

Voerste, Otto, Oberingenieur, Südende b. Berlin, Potsdamer Str. 26 I.

Vogel, Hans, Ingenieur, Bremen, Contrescarpe 125.

Voit, Wilhelm, Zivil-Ingenieur, Berlin-Steglitz, Grunewald-Str. 10.

Volckens, Wm., Kommerzienrat, Hamburg, Admiralitäts-Str. 52/53.

1510 Vollbrandt, Adolf, Kaufmann, Hamburg 17, Heimhuder Str. 64.

Vorwerk, Ad., Vorsitzender der D. D. Ges. Kosmos, Hamburg, Paul-Str. 29.

Wagener, A., Professor f. Maschinenbau a. d. Techn. Hochschule zu Danzig, Langfuhr-Danzig, Jäschkentaler Weg 37.

Wagenführ, H., Ober-Ingenieur der Allgem. Elektrizitäts-Gesellsch., Bremen, Wall 108.

Waldschmidt, Walther, Dr. phil., Direktor der Ludw. Loewe & Co., Aktien-Gesellschaft, Berlin NW. 87, Hutten-Str. 17.

Wallenberg, G. O., Exz., Schwed. Minister, 1515 Yokohama, Japan.

Wallwitz, Franz, Direktor der Stettiner Maschinenbau-A.-G. „Vulkan", Hamburg, Blumenau 79.

Wandel, F., Ingenieur, Elbing, Stadthof-Str. 2.

Wätjen, Georg W., Konsul und Reeder, Bremen, Papen-Str. 24.

Weber, Ed., Kaufmann, Hamburg, Große Reichen-Str. 27, Afrikahaus.

Weber, Fritz, Ingenieur, Stettin, Grabower 1520 Str. 6 II.

Weber, Richard, Fabrikant, Berlin O. 34, Königsberger Str. 16.

Weber, Paul, Direktor, Wetter a. d. Ruhr.

Wegener, Hauptmann a. D., Direktor des Preß- und Walzwerkes Düsseldorf—Reisholz, Düsseldorf, Rochus-Str. 23.

Weickmann, Albert, Patentanwalt und Ingenieur, München, Ismaninger-Str. 122.

Weinlig, O. Fr., Generaldirektor, Virlich b. 1525 Bonn a. Rhein.

Weisdorff, E., Generaldirektor der Burbacherhütte, Burbach a. Saar.

Weitzmann, J., Direktor der deutschen Vacuum Oil Comp., Hamburg, Overbeck-Str. 14.

Welin, Axel, Ingenieur, Hopetoun House, Lloyds Avenue, London E. C.

Wendemuth, Baurat u. Mitglied der Wasserbau-Direktion, Hamburg 14, Dalmann-Str.

Wendler, H., Maschinenbau-Ingenieur, Kiel- 1530 Gaarden, Germaniawerft, Exerzierplatz 23.

Wenke, Gottfried, Direktor, Hamburg 9, Vorsetzen 42.

Werner, Theodor, Ingenieur, Kiel, Germaniawerft, Göthe-Str. 2.

Wessels, Joh., Fr., Senator, Bremen, Langen-Str. 86 I.

Westphal, M., Zivilingenieur, Berlin N. 24, Oranienburger Str. 23.

1535 Wichmann, Alfred O., Kaufmann, Hamburg,
Gr. Bleichen 32.

Wichmann, Otto, Besitzer der Alster-Dampf-
boote, Hamburg, Neuer Wall 2. I.

Wiecke, A., Direktor des Oberbilker Stahl-
werkes, Düsseldorf-Oberbilk, Stern-Str. 67.

Wiengreen, Heinr., Maschinen-Inspektor,
Hamburg, Eimsbütteler Marktplatz 20.

Wiethaus, C. A., Hüttendirektor, Hamm,
Westf., Moltke-Str. 4.

1540 Wiethaus, O., Kommerzienrat und Generaldirektor, Hamm i. W.

Wilhelmi, J., Ingenieur, Hamburg, Schwanen-
wiek 28.

Wilms, R., Ingenieur u. Expert d. Bureau
Veritas, Essen-Ruhr, Selma-Str. 6.

Windscheid, G., Kaufmann und k. und k.
Österr.-Ung. Vize-Konsul, Nicolaieff.

Winkel, Ferdinand, Architekt, Direktor der
Fabrik von J. C. Pfaff, Berlin SO. 33,
Zeughof-Str. 3.

1545 Winter, Günther, Oberingenieur, Nürnberg,
Siemens-Schuckertwerke, Lindenau-Str. 39.

Wirtz, Adolf, Hüttendirektor der Deutsch-
Luxemburgischen Bergwerks- und Hütten-
A.-G., Mülheim (Ruhr), Aktien-Straße.

Wischow, Emil Wilhelm, Ingenieur und
Direktor der Lübecker Maschinenbau-
Gesellschaft, Lübeck, Hansa-Str. 13.

Wiß, Ernst, Ingenieur, Griesheim a. M.

Wittmer, Kapitän zur See a. D., Berlin NW. 7,
Georgen-Str. 34/36.

Woermann, Ad., Kaufmann, i. Fa. C. Woer- 1550
mann, Hamburg, Große Reichen-Str. 27.

Wolfenstetter, Maschinenbau-Ingenieur,
Kiel-Gaarden, Germaniawerft.

Wolff, Ferdinand, Fabrikdirektor, Mannheim,
Bismarckplatz 5.

Wolff, J., Fabrikdirektor, Frankfurt a. M.,
Waidmann-Str. 20.

Wolffram, Geheimer Oberregierungsrat,
Vortragender Rat im Reichsamt des
Innern, Halensee, Ringbahn-Str. 119.

Wurmbach, Korvettenkapitän, Berlin W 30, 1555
Barbarossa-Str. 46.

Zanders, Hans, Fabrikbesitzer, Bergisch-
Gladbach, Rheinprovinz.

Zapf, Georg, Vorstand der Felten & Guilleaume-
Lahmeyerwerke A.-G. Carlswerk, Mülheim
am Rhein, Bahn-Str. 48.

Zapp, Adolf, Ingenieur, i. Fa. Robert Zapp,
Düsseldorf, Harold-Str. 10 a.

Zapp, Gustav, i. Fa. Robert Zapp, Düsseldorf.

Zimmer, A., Schiffsmakler und Reeder, i. Fa. 1560
Knöhr & Burchard Nfl., Hamburg, Neptunhaus.

Zimmermann, Oberingenieur, Gr.-Lichter-
felde West, Karl-Str. 36.

Zopke, Hans, Professor, Regierungs-Baumeister a. D., Direktor des Hamburger
Staatl. Technikums, Hamburg, Papen-
huder Str. 42.

Zörner, Bergrat und Generaldirektor, Kalk
bei Köln a. Rhein.

Abgeschlossen am 31. Dezember 1909.

———————

*Die Gesellschaftsmitglieder werden im eigenen Interesse ersucht, jede Adressenänderung
sofort auf besonderer Karte der Geschäftsstelle anzuzeigen.*

II. Satzung.

I. Sitz der Gesellschaft.

§ 1.

Die am 23. Mai 1899 gegründete Schiffbautechnische Gesellschaft hat ihren Sitz in Berlin und ist dort beim Königlichen Amtsgericht I als Verein eingetragen.

Sitz.

II. Zweck der Gesellschaft.

§ 2.

Zweck der Gesellschaft ist der Zusammenschluß von Schiffbauern, Schiffsmaschinenbauern, Reedern, Offizieren der Kriegs- und Handelsmarine und anderen mit dem Seewesen in Beziehung stehenden Kreisen behufs Erörterung wissenschaftlicher und praktischer Fragen zur Förderung der Schiffbautechnik.

Zweck.

§ 3.

Mittel zur Erreichung dieses Zweckes sind:

1. Versammlungen, in denen Vorträge gehalten und besprochen werden.
2. Drucklegung und Übersendung dieser Vorträge an die Gesellschaftsmitglieder.
3. Stellung von Preisaufgaben und Anregung von Versuchen zur Entscheidung wichtiger schiffbautechnischer Fragen.

Mittel zur Erreichung dieses Zweckes.

III. Zusammensetzung der Gesellschaft.

§ 4.

Die Gesellschaftsmitglieder sind entweder:

1. Fachmitglieder,
2. Mitglieder, oder
3. Ehrenmitglieder.

Gesellschaftsmitglieder.

§ 5.

Fachmitglieder können nur Herren in selbständigen Lebensstellungen werden, welche das 28. Lebensjahr überschritten haben, einschließlich ihrer Ausbildung, bezw. ihres Studiums, 8 Jahre im Schiffbau oder Schiffsmaschinenbau tätig gewesen sind, und von denen eine Förderung der Gesellschaftszwecke zu erwarten ist.

Fachmitglieder.

§ 6.

Mitglieder. Mitglieder können alle Herren in selbständigen Lebensstellungen werden, welche vermöge ihres Berufes, ihrer Beschäftigung, oder ihrer wissenschaftlichen oder praktischen Befähigung imstande sind, sich mit Fachleuten an Besprechungen über den Bau, die Einrichtung und Ausrüstung, sowie die Eigenschaften von Schiffen zu beteiligen.

§ 7.

Ehrenmitglieder. Zu Ehrenmitgliedern können vom Vorstande nur solche Herren erwählt werden, welche sich um die Zwecke der Gesellschaft hervorragend verdient gemacht haben.

IV. Vorstand.

§ 8.

Vorstand. Der Verwaltungs-Vorstand der Gesellschaft setzt sich zusammen aus:

1. dem Ehrenvorsitzenden,
2. dem Vorsitzenden,
3. dem stellvertretenden Vorsitzenden,
4. mindestens vier Beisitzern.

Den geschäftsführenden Vorstand im Sinne des § 26 des Bürgerlichen Gesetzbuches bilden:

1. der Vorsitzende,
2. der stellvertretende Vorsitzende,
3. mindestens vier Beisitzer.

§ 9.

Ehren-Vorsitzender. An der Spitze der Gesellschaft steht der Ehrenvorsitzende, welcher in den Hauptversammlungen den Vorsitz führt und bei besonderen Anlässen die Gesellschaft vertritt. Demselben wird das auf Lebenszeit zu führende Ehrenamt von den in § 8, Absatz 1 unter 2—4 genannten Vorstandsmitgliedern angetragen.

§ 10.

Vorstands-mitglieder Die beiden geschäftsführenden Vorsitzenden und die fachmännischen Beisitzer werden von den Fachmitgliedern aus ihrer Mitte gewählt, während die anderen Beisitzer von sämtlichen Gesellschaftsmitgliedern aus den Mitgliedern gewählt werden.

Werden mehr als vier Beisitzer gewählt, so muß der fünfte Beisitzer ein Fachmitglied, der sechste ein Mitglied sein, u. s. f.

§ 11.

Ergänzungs-wahlen des Vorstandes. Die Mitglieder des geschäftsführenden Vorstandes werden auf die Dauer von drei Jahren gewählt. Im ersten Jahre eines Trienniums scheiden der Vorsitzende und die Hälfte der nicht fachmännischen Beisitzer aus; im zweiten Jahre der stellvertretende Vorsitzende und die Hälfte der fachmännischen Beisitzer; im dritten Jahre die übrigen Beisitzer. Eine Wiederwahl ist zulässig.

§ 12.

Ersatzwahl des Vorstandes. Scheidet ein Mitglied des geschäftsführenden Vorstandes während seiner Amtsdauer aus, so muß der geschäftsführende Vorstand einen Ersatzmann wählen, welcher verpflichtet ist, das Amt anzunehmen und bis zur nächsten Hauptversammlung zu führen. Für den Rest der Amtsdauer des ausgeschiedenen Vorstandsmitgliedes wählt die Hauptversammlung ein neues Vorstandsmitglied.

§ 13.

Der geschäftsführende Vorstand leitet die Geschäfte und verwaltet das Vermögen der **Geschäftsleitung.**
Gesellschaft. Er stellt einen Geschäftsführer an, dessen Besoldung er festsetzt.

Der geschäftsführende Vorstand ist nicht beschlußfähig, wenn nicht mindestens vier
seiner Mitglieder zugegen sind. Die Beschlüsse werden mit einfacher Majorität gefaßt, bei
Stimmengleichheit gibt die Stimme des Vorsitzenden den Ausschlag.

Der Geschäftsführer der Gesellschaft muß zu allen Vorstandssitzungen zugezogen
werden, in denen er aber nur beratende Stimme hat.

Das Geschäftsjahr ist das Kalenderjahr.

V. Aufnahmebedingungen und Beiträge.

§ 14.

Das Gesuch um Aufnahme als Fachmitglied ist an den geschäftsführenden Vorstand zu **Aufnahme der**
richten und hat den Nachweis zu enthalten, daß die Voraussetzungen des § 5 erfüllt sind. **Fachmitglieder.**
Dieser Nachweis ist von einem fachmännischen Vorstandsmitgliede und drei Fachmitgliedern
durch Namensunterschrift zu bestätigen, worauf die Aufnahme erfolgt.

§ 15.

Das Gesuch um Aufnahme als Mitglied ist an den geschäftsführenden Vorstand zu **Aufnahme der**
richten, dem das Recht zusteht, den Nachweis zu verlangen, daß die Voraussetzungen des **Mitglieder.**
§ 6 erfüllt sind. Falls ein solcher Nachweis gefordert wird, ist er von einem Mitgliede des
geschäftsführenden Vorstandes und drei Gesellschaftsmitgliedern durch Namensunterschrift
zu bestätigen, worauf die Aufnahme erfolgt.

§ 16.

Jedes eintretende Gesellschaftsmitglied zahlt ein Eintrittsgeld von 20 M. **Eintrittsgeld.**

§ 17.

Jedes Gesellschaftsmitglied zahlt einen jährlichen Beitrag von 20 M., welcher im Januar **Jahresbeitrag.**
eines jeden Jahres fällig ist. Sollten Gesellschaftsmitglieder den Jahresbeitrag bis zum
1. Februar nicht entrichtet haben, so wird derselbe durch Postauftrag oder durch Postnach-
nahme eingezogen.

§ 18.

Gesellschaftsmitglieder können durch einmalige Zahlung von 400 M. lebenslängliche **Lebenslänglicher**
Mitglieder werden und sind dann von der Zahlung der Jahresbeiträge befreit. **Beitrag.**

§ 19.

Ehrenmitglieder sind von der Zahlung der Jahresbeiträge befreit. **Befreiung von**
Beiträgen.

§ 20.

Gesellschaftsmitglieder, welche auszutreten wünschen, haben dies vor Ende des Ge- **Austritt.**
schäftsjahres bis zum 1. Dezember dem Vorstande schriftlich anzuzeigen. Mit ihrem Austritte
erlischt ihr Anspruch an das Vermögen der Gesellschaft.

§ 21.

Erforderlichen Falles können Gesellschaftsmitglieder auf einstimmig gefaßten Beschluß **Ausschluß.**
des Vorstandes ausgeschlossen werden. Gegen einen derartigen Beschluß gibt es keine
Berufung. Mit dem Ausschlusse erlischt jeder Anspruch an das Vermögen der Gesellschaft.

VI. Versammlungen.

§ 22.

Versammlungen. Die Versammlungen der Gesellschaft zerfallen in:

1. die Hauptversammlung,
2. außerordentliche Versammlungen.

§ 23.

Haupt-versammlung. Jährlich soll, möglichst im November, in Berlin die Hauptversammlung abgehalten werden, in welcher zunächst geschäftliche Angelegenheiten erledigt werden, worauf die Vorträge und ihre Besprechung folgen.

Der geschäftliche Teil umfaßt:

1. Vorlage des Jahresberichtes von seiten des Vorstandes.
2. Bericht der Rechnungsprüfer und Entlastung des geschäftsführenden Vorstandes von der Geschäftsführung des vergangenen Jahres.
3. Bekanntgabe der Namen der neuen Gesellschaftmitglieder.
4. Ergänzungswahlen des Vorstandes und Wahl von zwei Rechnungsprüfern für das nächste Jahr.
5. Beschlußfassung über vorgeschlagene Abänderungen der Satzung.
6. Sonstige Anträge des Vorstandes oder der Gesellschaftmitglieder.

§ 24

Außerordent-liche Versammlungen. Der geschäftsführende Vorstand kann außerordentliche Versammlungen anberaumen, welche auch außerhalb Berlins abgehalten werden dürfen. Er muß eine solche innerhalb vier Wochen stattfinden lassen, wenn ihm ein dahin gehender, von mindestens dreißig Gesellschaftsmitgliedern unterschriebener Antrag mit Angabe des Beratungsgegenstandes eingereicht wird.

§ 25.

Berufung der Versammlungen. Alle Versammlungen müssen durch den Geschäftsführer mindestens 14 Tage vorher den Gesellschaftsmitgliedern durch Zusendung der Tagesordnung bekannt gegeben werden.

§ 26.

Anträge für Versammlungen. Jedes Gesellschaftsmitglied hat das Recht, Anträge zur Beratung in den Versammlungen zu stellen. Die Anträge müssen dem Geschäftsführer 8 Tage vor der Versammlung mit Begründung schriftlich eingereicht werden.

§ 27.

Beschlüsse der Versammlungen. In den Versammlungen werden die Beschlüsse, soweit sie nicht Änderungen der Satzung betreffen, mit einfacher Stimmenmehrheit der anwesenden Gesellschaftsmitglieder gefaßt.

§ 28.

Änderungen der Satzung. Vorschläge zur Abänderung der Satzung dürfen nur zur jährlichen Hauptversammlung eingebracht werden. Sie müssen vor dem 15. Oktober dem Geschäftsführer schriftlich mitgeteilt werden und benötigen zu ihrer Annahme drei Viertel Mehrheit der anwesenden Fachmitglieder.

§ 29.

Wenn nicht von mindestens zwanzig anwesenden Gesellschaftsmitgliedern namentliche Abstimmung verlangt wird, erfolgt die Abstimmung in allen Versammlungen durch Erheben der Hand.

Wahlen erfolgen durch Stimmzettel oder durch Zuruf. Sie müssen durch Stimmzettel erfolgen, sobald der Wahl durch Zuruf auch nur von einer Seite widersprochen wird.

Art der Abstimmung.

§ 30.

In allen Versammlungen führt der Geschäftsführer das Protokoll, welches nach seiner Genehmigung von dem jeweiligen Vorsitzenden der Versammlung unterzeichnet wird.

Protokolle.

§ 31.

Die Geschäftsordnung für die Versammlungen wird vom Vorstande festgestellt und kann auch von diesem durch einfache Beschlußfassung geändert werden.

Geschäfts-ordnung.

VII. Auflösung der Gesellschaft.

§ 32.

Eine Auflösung der Gesellschaft darf nur dann zur Beratung gestellt werden, wenn sie von sämtlichen Vorstandsmitgliedern oder von einem Drittel aller Fachmitglieder beantragt wird. Es gelten dabei dieselben Bestimmungen wie bei der Abänderung der Satzung.

Auflösung.

§ 33.

Bei Beschlußfassung über die Auflösung der Gesellschaft ist über die Verwendung des Gesellschafts-Vermögens zu befinden. Dasselbe darf nur zum Zwecke der Ausbildung von Fachgenossen verwendet werden.

Verwendung des Gesellschafts-Vermögens.

III. Satzung

für den

Stipendienfonds der Schiffbautechnischen Gesellschaft.

§ 1.

Fonds. Der Stipendienfonds ist aus den Organisationsbeiträgen und den Einzahlungen der lebenslänglichen Mitglieder gebildet worden. Er beträgt 200 000 Mark, welche im Preuß. Staats-Schuldbuche, mit $3\frac{1}{2}\%$ verzinsbar, eingetragen sind.

§ 2.

Verwendung. Die jährlichen Zinsen des Fonds in Höhe von 7000 Mark sollen verwendet werden:

a) Zur Sicherstellung des Geschäftsführers der Gesellschaft,

b) zur Gewährung von Reise-Stipendien an jüngere Fachmitglieder,

c) als Beihilfe zu wissenschaftlichen Untersuchungen von Gesellschaftsmitgliedern,

d) als Anerkennung für hervorragende Vorträge an jüngere Fachmitglieder.

§ 3.

Sicherstellung des Geschäftsführers In unruhigen oder sonst ungünstigen Zeiten, in denen die Mitglieder-Beiträge spärlich und unbestimmt eingehen, können die Bezüge des Geschäftsführers alljährlich bis zur Höhe von 7000 Mark aus den Zinsen des Stipendienfonds bestritten werden, wenn dies vom Vorstande beschlossen wird.

§ 4.

Reisestipendien. Hervorragend tüchtige Fachmitglieder, welche nach vollendetem Studium mindestens 3 Jahre erfolgreich als Konstruktions- oder Betriebs-Ingenieure auf einer Werft oder in einer Schiffsmaschinenfabrik tätig waren und hierüber entsprechende Zeugnisse beibringen, können ein einmaliges Reisestipendium erhalten. Sie haben im März des laufenden Jahres ein dahingehendes Gesuch an den Vorstand zu richten, welcher ihnen bis zum 1. Mai mitteilt, ob das Gesuch genehmigt oder abgelehnt ist. Gründe für die Annahme oder Ablehnung braucht der Vorstand nicht anzugeben. Derselbe entscheidet auch von Fall zu Fall über die Höhe des zu bewilligenden Reisestipendiums. Gegen die Entscheidung des Vorstandes gibt es keine Berufung. Nach der Rückkehr von der Reise muß der Unterstützte in knappen Worten dem Vorstande eine schriftliche Mitteilung davon machen, welche Orte und Werke er besucht hat. Weitere Berichte dürfen nicht von ihm verlangt werden.

§ 5.

Gesellschaftsmitgliedern, welche sich mit wissenschaftlichen Untersuchungen bezw. Forschungsarbeiten auf den Gebieten des Schiffbaues oder des Schiffsmaschinenbaues beschäftigen, kann der Vorstand aus den Zinsen des Stipendienfonds eine einmalige oder eine mehrjährige Beihilfe bis zur Beendigung der betreffenden Arbeiten gewähren. Über die Höhe und die Dauer dieser Beihilfen beschließt der Vorstand endgültig.

Beihilfen.

§ 6.

Für bedeutungsvolle Vorträge jüngerer Gesellschaftsmitglieder kann der Vorstand aus den Zinsen des Stipendienfonds, wenn es angebracht erscheint, geeignete Anerkennungen aussetzen.

Anerkennungen.

§ 7.

Die in einem Jahre für vorstehende Zwecke nicht verbrauchten Zinsen werden den Einnahmen des laufenden Geschäftsjahres zugeführt.

Überschüsse.

§ 8.

In der jährlichen Hauptversammlung muß der Vorstand einen Bericht über die Verwendung der Zinsen des Stipendienfonds im laufenden Geschäftsjahre erstatten. Die Rechnungsprüfer haben die Pflicht, die diesem Berichte beizufügende Abrechnung durchzusehen und daraufhin die Entlastung des Vorstandes auch von diesem Teile seiner Geschäftsführung bei der Hauptversammlung zu beantragen.

Jahresbericht.

§ 9.

Vorschläge zur Abänderung der vorstehenden Satzung dürfen nur zur jährlichen Hauptversammlung eingebracht werden. Sie müssen vor dem 15. Oktober dem Geschäftsführer schriftlich mitgeteilt werden und benötigen zu ihrer Annahme drei Viertel der anwesenden Fachmitglieder.

Änderungen der Satzung.

IV. Satzung für die silberne und goldene Medaille der Schiffbautechnischen Gesellschaft.

§ 1.

Die Schiffbautechnische Gesellschaft hat in ihrer Hauptversammlung am 24. November 1905 beschlossen, silberne und goldene Medaillen prägen zu lassen und nach Maßgabe der folgenden Bestimmungen an verdiente Mitglieder zu verleihen.

§ 2.

Die Medaillen werden aus reinem Silber und reinem Golde geprägt, haben einen Durchmesser von 65 mm und in Silber ein Gewicht von 125 g, in Gold ein Gewicht von 178 g.

§ 3.

Die silberne Medaille wird Mitgliedern der Schiffbautechnischen Gesellschaft zuerkannt, welche sich durch wichtige Forscherarbeiten auf dem Gebiete des Schiffbaues oder des Schiffmaschinenbaues verdient gemacht und die Ergebnisse dieser Arbeiten in den Hauptversammlungen der Schiffbautechnischen Gesellschaft durch hervorragende Vorträge zur allgemeinen Kenntnis gebracht haben.

§ 4.

Die goldene Medaille können nur solche Mitglieder der Schiffbautechnischen Gesellschaft erhalten, welche sich entweder durch hingebende und selbstlose Arbeit um die Schiffbautechnische Gesellschaft besonders verdient gemacht, oder sich durch wissenschaftliche oder praktische Leistungen auf dem Gebiete des Schiffbaues oder Schiffmaschinenbaues ausgezeichnet haben.

§ 5.

Die Medaillen werden durch den Vorstand der Gesellschaft verliehen, nachdem zuvor die Genehmigung des Allerhöchsten Protektors zu den Verleihungsvorschlägen eingeholt ist.

§ 6.

An Vorstandsmitglieder der Gesellschaft darf eine Medaille in der Regel nicht verliehen werden, indessen kann die Hauptversammlung mit Zweidrittel-Mehrheit eine Ausnahme hiervon beschließen.

§ 7.

Über die Verleihung der Medaillen wird eine Urkunde ausgestellt, welche vom Ehrenvorsitzenden oder in dessen Behinderung vom Vorsitzenden der Gesellschaft zu unterzeichnen ist. In der Urkunde wird die Genehmigung durch den Allerhöchsten Protektor sowie der Grund der Verleihung (§§ 3 und 4) zum Ausdruck gebracht.

§ 8.

Die Namen derer, welchen eine Medaille verliehen wird, müssen an hervorragender Stelle in der Mitgliederliste der Schiffbautechnischen Gesellschaft in jedem Jahrbuche aufgeführt werden.

V. Bericht über das elfte Geschäftsjahr 1909.

Allgemeine Lage.

Die im allgemeinen günstige Lage unserer Gesellschaft im verflossenen Geschäftsjahr hat sich gegen die des Vorjahres nicht verändert. Nach wie vor erfreut sich die Schiffbautechnische Gesellschaft der Gunst Ihres allerhöchsten Protektors und Ihres höchsten Ehrenvorsitzenden. Zu den Reichs- und Staatsbehörden unterhält sie enge Fühlung, und mit anderen befreundeten wissenschaftlichen und wirtschaftlichen Vereinigungen arbeitet sie fleißig an der Lösung der ihr satzungsmäßig gestellten Aufgaben.

Das erfreulich rasche Wachstum unserer Mitgliederzahl, die sich zur Zeit dieser Berichterstattung auf 1556 Herren beläuft, hat uns diese Arbeit wesentlich erleichtert. Naturgemäß konnte die ungewöhnlich starke Zunahme des vorigen Jahres in diesem Jahre nicht im gleichen Tempo anhalten. Während sie damals mehr als 400 Herren, also nahezu 30 %, betragen hatte, ist in der in diesem Jahrbuch veröffentlichten Mitgliederliste ein erheblich geringerer Zuwachs zu verzeichnen. Überhaupt erscheint es fraglich, ob die jetzt erreichte Zahl sich in nächster Zukunft noch wesentlich steigern läßt, denn die meisten der in Betracht kommenden deutschen Schiffbauinteressenten sind in unserer Gesellschaft nunmehr vereinigt.

Der deutsche Schiffbau liegt zur Zeit darnieder, aber eine höhere Entwicklung ist ihm sicherlich beschieden. Mit seinem Schicksal sind wir eng verbunden. Wir haben deshalb keinen Anlaß, uns schon heute auf der Höhe oder gar am Abschluß unserer Entwicklung zu wähnen, sondern sehen mit der Schiffbauindustrie, für die wir wirken, einer besseren Zukunft entgegen. Ihr Aufschwung muß auch uns neue Kräfte zuführen. Den vorhandenen Bestand zu wahren und das geistige Band, das unsere Mitglieder umschlingt, immer fester zu verknüpfen, soll inzwischen unser nächstes Streben bilden.

Das zehnjährige Stiftungsfest.

Am 23. Mai konnte die Schiffbautechnische Gesellschaft auf den ersten wichtigen Abschnitt ihres jungen Lebens zurückblicken. Zehn Jahre waren verflossen, seitdem am dritten Pfingstfeiertage des Jahres 1899 432 Herren aus allen Teilen Deutschlands auf der konstituierenden Generalversammlung im Kaiserhofhotel zu Berlin die Gründung eines deutschen schiffbautechnischen Verbandes unter dem Namen Schiffbautechnische Gesellschaft beschlossen hatten.

Von größeren Festveranstaltungen hatte der Vorstand abgesehen und die Mitglieder nur zu einem Mahle im Kaiserhof zu Berlin — an derselben Stelle, an welcher die Gesellschaft ins Leben gerufen war — vereinigt. Etwa 120 Herren hatten ihre Teilnahme zugesagt, darunter viele, die schon bei der Gründung zugegen gewesen waren. Zum allgemeinen Bedauern konnte unser allverehrter höchster Ehrenvorsitzender, der Großherzog von Oldenburg, an dem Feste nicht teilnehmen, dagegen waren unserer Einladung als Vertreter der Reichs- und Staatsbehörden der Herr Handelsminister Delbrück, der Herr Unterstaatssekretär Dr. Richter sowie der Herr Ministerialdirektor aus dem Reichsamt des Innern Dr. v. Jonquières gefolgt. Während der Tafel brachte der Vorsitzende, Herr Geheimer Regierungsrat und Professor Busley, das Hoch auf den Kaiser aus als den machtvollen Schirmherrn des deutschen Schiffbaues und der deutschen Schiffahrt. Der stellvertretende Vorsitzende, Herr Wirklicher Geheimer Oberbaurat und Professor Rudloff, sprach auf den Großherzog von Oldenburg, während Herr Konsul Ed. Woermann die Ehrengäste feierte, in deren Namen der Herr Handelsminister Delbrück dankte.

Im Laufe des Tages hatte Seine Königliche Hoheit der Großherzog von Oldenburg in nachstehendem Telegramm höchstseine Glückwünsche zu übersenden die Gnade gehabt:

Herrn Geheimrat Busley,

Berlin,

Kronprinzenufer 2.

Zu meinem größten Bedauern muß ich heute der Sitzung und dem Diner fernbleiben. Durch lange Influenza würde ich noch nicht dazu imstande gewesen sein. Außerdem wäre ich auch durch den hiesigen Termin, der mir nicht bekannt war, verhindert gewesen. In Gedanken bin ich auch heute in Ihrer Mitte mit den treusten Wünschen für ferneres Gedeihen und förderliches Wirken der Schiffbautechnischen Gesellschaft.

Friedrich August.

4*

Mit Zustimmung der Versammlung wurden hierauf an unseren allerhöchsten Protektor sowie an unseren abwesenden hohen Ehrenvorsitzenden folgende Danktelegramme abgesandt:

An des Kaisers Majestät,

Potsdam.

Euerer Kaiserlichen und Königlichen Majestät, ihrem Allerhöchsten Protektor, beehren sich die zur Feier des zehnjährigen Bestehens der Schiffbautechnischen Gesellschaft im Kaiserhof vereinigten Schiffbauer und Reeder in unwandelbarer Treue ihren alleruntertänigsten Dank zu Füßen zu legen für die Allerhöchste Huld, durch welche Euere Majestät die Ziele der Gesellschaft stets so machtvoll gefördert haben. Euerer Majestät Allergnädigstem Wohlwollen sich auch fernerhin würdig zu erzeigen, wird stets das Bestreben der Schiffbautechnischen Gesellschaft bleiben.

An Seine Königliche Hoheit,

Großherzog Friedrich August von Oldenburg,

Oldenburg.

Euerer Königlichen Hoheit, ihrem gnädigsten Ehrenvorsitzenden, beehren sich die im Kaiserhofe zur Feier des zehnjährigen Bestehens der Schiffbautechnischen Gesellschaft versammelten Mitglieder ihren untertänigsten Dank für das gnädige Telegramm und für das unermüdliche Wohlwollen auszusprechen, mit welchem Euere Königliche Hoheit das Emporblühen der Gesellschaft immer gefördert haben. Mit dem tiefen Bedauern, Euere Königliche Hoheit heute nicht an ihrer Spitze zu sehen, gestatten sich der Vorstand und die Mitglieder die wärmsten Wünsche für eine baldige völlige Wiederherstellung ehrerbietigst zu übermitteln.

Von Seiner Majestät dem Kaiser lief hierauf folgende Antwort ein:

An die Schiffbautechnische Gesellschaft

z. H. des Geheimrats Busley,

Hier,

Kronprinzenufer 2.

Der Schiffbautechnischen Gesellschaft sage Ich herzlichen Dank für die telegraphische Begrüßung vom gestrigen Tage. Möge die Gesellschaft auch in dem neuen Jahrzehnt ihres Bestehens segensreich wirken im Interesse von Schiffbau und Seefahrt, und möge es dem hochverdienten Ehrenvorsitzenden vergönnt sein, bald wieder in voller Gesundheit seines Amtes zu walten.

gez. Wilhelm
I. R.

Außerdem fand das nachstehende, an unseren Ehrenvorsitzenden gerichtete Telegramm den Beifall der Versammlung:

Seiner Königlichen Hoheit

dem Großherzog von Oldenburg

Kaiserhof Berlin.

Mit dem Ausdruck meines Bedauerns, dem zehnjährigen Stiftungsfeste der Schiffbautechnischen Gesellschaft nicht beiwohnen zu können, sende ich derselben meine herzlichsten Wünsche für eine weitere erfolgreiche Tätigkeit.

Friedrich Franz.

Veränderungen in der Mitgliederliste.

Der Tod hat auch in diesem Jahre wieder klaffende Lücken in unseren Mitgliederbestand gerissen, wenngleich die Anzahl der zu unserer Kenntnis gelangten Todesfälle sich im Vergleich zu früheren Jahren in mäßigen Grenzen gehalten hat. Der Leser findet hier nur die Liste der von uns Geschiedenen; die Nachrufe befinden sich im VIII. Kapitel an besonderer Stelle:

1. Bergius, W. C., Ingenieur, Glasgow.
2. Claussen, Julius, Schiffbau-Ingenieur, Flensburg.
3. Elgar, Dr., Fr., Naval-Architekt, London.
4. de Freitas, Carlos, Reeder, i. Fa. A. C. de Freitas & Co., Hamburg.
5. Frese, Herm., Senator und Kaufmann, Mitglied des Aufsichtsrates des Norddeutschen Lloyd, Bremen.
6. Galetschky, W., Ingenieur, Groß-Flottbeck bei Altona.
7. Haack, Rudolph, Königlicher Baurat und Direktor, Eberswalde.
8. Howaldt, G., Kommerzienrat und Werftbesitzer, Kiel.
9. Loder C., L., Schiffbaudirektor der Königl. Niederländischen Marine, s'Gravenhage.

10. M a r k w a r t , T h., Ingenieur, Stettin.

11. M e y e r , F., Schiffbau-Ingenieur, Stettiner Maschinenbau-Akt.-Ges. „Vulcan", Bredow.

12. P e u s s , O t t o , Werftbesitzer, i. Fa. Nüscke & Co., Stettin.

13. S a c k , H u g o , Fabrikbesitzer, Rath bei Düsseldorf.

14. S c h l u t o w , A l b., Geheimer Kommerzienrat, Stettin.

15. S c h u l t z e , F. F. A., Fabrikbesitzer, Berlin.

16. S e l v e , G u s t a v , Geh. Kommerzienrat, Altena, Westfalen.

17. W i e g a n d , H., Dr. jur., Generaldirektor des Norddeutschen Lloyd, Bremen.

Außer den Verstorbenen haben wir den durch Krankheit, hohes Alter, Pensionierung oder durch sonstige Umstände bedingten Austritt folgender Herren zu beklagen:

1. B e r g , H a r t. O., Ingenieur, Paris.

2. C o l m o r g e n , C h r i s t i a n , Schiffsmaschinenbau-Ingenieur, Bremen.

3. C o n s t a b e l , Maschinenbauingenieur, Kiel.

4. E r d m a n n , G e o r g , Ingenieur d. Rheinischen Stahlwerke, Duisburg.

5. E v e r s , C h a r l e s , Ingenieur, Dortmund.

6. G e r l a c h , Marinebaurat, Kiel.

7. d e G r a h l , G u s t a v , Oberingenieur und Prokurist, Friedenau.

8. H a e d i c k e , Fachschuldirektor, Eitdorf a. Sieg.

9. H i r s c h , E m i l , Kaufmann, Mannheim.

10. J a n s s e n , Oberingenieur der Bergmann-Elektrizitäts-Werke, Berlin.

11. v. K a j d a c s y , Maschinenbau-Ingenieur, Kiel-Gaarden.

12. K i p p e n h a h n , Ingenieur, Niederhochstadt-Pfalz.

13. K n e c h t , F r i e d r., Direktor, Mannheim.

14. K r u f t , J. L., Oberingenieur, Essen.

15. L a n g e , F e l i x , Regierungsbaumeister a. D., Essen-Ruhr.

16. L a u e , W m., Generaldirektor, Düsseldorf.

17. M ö n k e m ö l l e r , Fr. P., Ingenieur u. Maschinenfabrikant, Bonn a. Rh.

18. M o r c h e , J., Geh. Konstr.-Sekretär, Friedenau.

19. M ü l l e r , W e n z e l , k. u. k. Oberster Maschinenbau-Ingenieur i. R. Pola.

20. P r o b s t , M a r t i n , Dipl.-Ing., Hamburg.

21. v. R e i c h e n b a c h , D., Major a. D., Berlin.

22. R i c h t e r , Konstr.-Sekretär, Steglitz.

23. S c h a r l i b l e , Dipl.-Ing., Kiel.

24. S c h ö m e r , W., Werftbesitzer, Tönning.

25. S c h u m a n n , G., Generaldirektor des Gußstahlwerkes Witten, Witten.

26. v. S c h ü t z , J u l i u s , Ingenieur, Vertreter der Fried. Krupp A.-G. Berlin.

27. S c h w a r t z , G u s t a v , Direktor des Stahl- und Walzwerkes Rendsburg.

28. W a l l m a n n , Kontre-Admiral, Kiel.

29. Z e i s i n g , T h., Geh. Baurat und Marineschiffbau-Direktor a. D., Stettin.

16 weitere Namen mußten wegen Druckfehlerberichtigungen sowie aus anderen Gründen in der Liste gelöscht werden.

Diesem Abgang von insgesamt 62 Herren steht ein Gewinn von 81 neu beigetretenen Mitgliedern entgegen, deren Namen folgende sind:

FACHMITGLIEDER.

1. B e r t e n s , E., Schiffbauingenieur bei der Chilenischen Marine, z. Z. Barrow in Furness, Churchstr. 16.

2. B l e i c k e n , B., Dipl.-Ing., Hamburg.

3. B r ö c k e r , T h., Maschinen-Ingenieur, Stettin.

4. B r o s e , E d u a r d , Ingenieur, Elbing.

5. C l a u s s e n , E r n s t , Schiffsmaschinenbau-Ingenieur der A. E. G.-Turbinenfabrik, Berlin.

6. F r i t z , W a l t e r , Oberingenieur der Bergmann-Elektrizitäts-Werke A. G., Abt. f. Schiffsturbinen, Berlin.

7. v. G o d z i e w s k i , J o h s ., staatl. gepr. Bauführer, Breslau.

8. H e i n , H e r m a n n , Dipl.-Ing., Bremen.

9. H e i n e n , staatl. gepr. Bauführer, Betriebsing. d. Werft Klawitter, Danzig.

10. H o e f s , F r i t z , Oberingenieur, Cassel.

11. K r a m e r , F r i t z , Ingenieur, Stettin.

12. L a r s e n , H e r l u f , Schiffbau-Ingenieur, Flensburg.

13. L e e n t v a a r , W. C., Schiffbau-Ingenieur, Dortmund,

14. L u d w i g , E m i l , Ingenieur, Stettin.

15. M ü l l e r , A u g., Marine-Baurat, Berlin.

16. P r ö l l , A r t h u r , Dr. ing., Privatdozent a. d. Techn. Hochschule, Danzig.

17. Schlotterer, Julius, Fabrikdirektor, Augsburg.

18. Schromm, Anton, k. u. k. Hofrat u. Binnen-Schiffahrt-Insp., Wien.

19. Thomsen, Peter, Oberingenieur, Cassel.

20. Totz, Richard, Abteilungsvorstand der priv. Donaudampfschiff-fahrtsgesellschaft u. k. u. k. Marine-Oberingenieur d. R., Wien.

21. Trümmler, Fritz, Inhaber der Fa. W. u. F. Trümmler, Mülheim a. Rh.

22. v. Viebahn, Friedrich Wilhelm, Ingenieur u. Prokurist, Hamburg.

23. Zimmer, A. H. A., Ingenieur, i. Fa. S. H. N. Wichhorst, Hamburg.

MITGLIEDER.

1. Ahlfeld, Hans, Elektroingenieur, Kiel.

2. Balz, Hermann, Oberingenieur, Stuttgart.

3. Bernigshausen, F., Direktor, Berlin.

4. Bode, Alfred, Direktor, Hamburg 20.

5. Cruse, Hans, Dr. ing., Berlin.

6. Dallmer, Paul, Stahlwerks-Direktor der Krefelder Stahlwerks-A.-G., Berlin.

7. Dix, Kontre-Admiral u. Oberwerftdirektor, Wilhelmshaven.

8. Emden, Paul, Dr., Oberingenieur d. Bergmann Elektr.-Werke A.-G., Abt. f. Schiffsturbinen, Berlin.

9. Emsmann, Kontre-Admiral, Berlin.

10. Engelhardt, Arnim, Ingenieur, Offenbach.

11. Gerdes, G., Kontre-Admiral, Berlin.

12. Häbisch, Wilhelm, Vorstandsmitglied der Gutehoffnungshütte, Sterkrade.

13. Harms, Gustav, Eisengießereibesitzer, Hamburg.

14. Heineken, Vorsitzender des Direktoriums des Norddeutschen Lloyd, Bremen.

15. Herrmann, E., Dr., Professor, Abteilungsvorsteher der Deutschen Seewarte, Hamburg.

16. Heymann, Alfred, Fabrikbesitzer, Hamburg.

17. Hohage, K., Dr. ing., Ingenieur, Charlottenburg.

18. Hollweg, Fregattenkapitän, Berlin.

19. Holzwarth, Hans, Ingenieur, Mannheim.

20. Junghans, Erhard, Kommerzienrat, Schramberg.

21. Kindermann, Franz, Oberingenieur der A. E. G., Duisburg.

22. K l e m p e r e r, H e r b e r t, Dr. ing., Direktor d. Berliner Maschinen-bau-A.-G., Berlin.

23. v. K l i t z i n g, Oberingenieur der Howaldtswerke, Kiel.

24. K l ö n n e, C a r l, Geh. Kommerzienrat, Direktor der Deutschen Bank, Berlin.

25. K o h l s t e d t, W., Fabrikbesitzer, Duisburg.

26. K r a u s, G u s t a v, Zivilingenieur, Hamburg.

27. K r ö h l, J., Kaufmann, Deutsche Ost-Afrika-Linie, Hamburg.

28. L a n g e n, A r n o l d, Dr. ing., Direktor der Gasmotorenfabrik Deutz.

29. L a u r i c k, C a r l, Ingenieur, Charlottenburg.

30. L i e h r, E., Ingenieur, Charlottenburg.

31. M a i h a k, H u g o, Ingenieur und Fabrikant, Hamburg.

32. M e e n d s e n - B o h l k e n, Baurat, Brake (Oldenburg).

33. M e y e r, W., Rechtsanwalt, Hannover.

34. M i e r s c h, A., Zivilingenieur, Charlottenburg.

35. M i s s o n g, J., Abteilungsingenieur der Farbwerke Frankfurt a. M.

36. M i r u s, E., Direktor der Howaldtswerke, Kiel.

37. M ü l l e r, O t t o, Ingenieur, Charlottenburg.

38. M ü l l e r, P a u l H., Dipl.-Ingenieur, Hannover.

39. N ä g e l, A d o l f, Professor, Dr. ing., Dresden.

40. G r a f v. O p p e r d o r f f, erbl. Mitgl. des Preuß. Herrenh., Mitgl. des Deutschen Reichstages, Oberglogau.

41. P e s t e r, J o h a n n e s, Fabrikdirektor, Schönau b. Chemnitz.

42. R a p p a r d, J. H., Oberingenieur d. Kgl. Niederl. Marine, Hellevoetsluis.

43. R e i c h w a l d, W i l l y, Kaufmann, Siegen.

44. R o c h, E u g e n, Schiffbau-Ingenieur, Charlottenburg.

45. R o g g e, Kapitän z. S., Berlin.

46. R u g e, L e o, Prokurist d. Deutschen Preßluft-Werkzeug-Gesellschaft, Berlin.

47. S c h u l e r, W., Dr., Oberingenieur, Charlottenburg.

48. S c h u l t z, Kapitän z. S., Präses des Torpedo-Versuchs-Kommandos, Kiel-Wik.

49. v. S c h w a r z e, F r i t z, Betriebs - Chef der Oberschl. Eisenbahn-Bedarfs-A.-G. Huldschinskywerke.

50. S c h w e b s c h, A., Dipl.-Ing., Stettin-Grabow.

51. S o m m e r w e r c k, Kontre-Admiral z. D., Steglitz.

52. S t e f f e n, J o h n, Maschinen-Inspektor, Hamburg.

53. S t i l l e r, H e r m a n n, Direktor, Berlin.

54. T e n g e , Regierungsrat, Vortragender Rat im Großh. Oldenburg. Staats-
    ministerium, Oldenburg.

55. T h i e l b ö r g e r , G u s t a v , Ingenieur, Breslau.

56. T o s i , F r a n c o , Maschinenfabrikant, Legnano.

57. v. U n g e r , W i l l y , Major a. D., Friedenau.

58. W u r m b a c h , Korvetten-Kapitän, Berlin.

W i r t s c h a f t l i c h e   L a g e .

Die von den im vorigen Jahre gewählten Revisoren Herrn Direktor B. Masing
und Herrn Rechtsanwalt Dr. Vielhaben geprüfte und richtig befundene Abrechnung des letzten Geschäftsjahres sei der Besprechung dieses Abschnittes voran-
gestellt:

Einnahmen 1908.		1908.	Ausgaben 1908.	
	M.			M.
1. Kassenbestand ult. Dezember 1907	488,24	1. Jahrbuch und Versendung		13 424,46
		2 Gehälter		6 476,90
2. Banksaldo ult. Dezember 1907	4 657,—	3. Bureaubetrieb		2 155,26
		4. Post und kleine Ausgaben		1 004,70
3. Mitgliederbeiträge 1908 (1126 Beiträge)	28 153,69	5. Bibliothek		94,20
		6. Sommerversammlung . .		2 969,90
4. Eintrittsgelder 1908 . . .	1 290,—	7. X. Hauptversammlung . .		4 060,17
5. Beiträge 1909	90,—	8. Diverses		5 366,93
6. Beiträge früherer Jahre .	55,—	9. Schiffbau-Ausstellung . .		485,45
7. Lebenslängliche Beiträge .	1 200,—			
8. Zuschuß des Reichsmarine- amts	2 000,—	Sa. Ausgaben der Ge- schäftsführung . .		36 037,97
9. Jahrbuchertrag 1908 . .	1 901,18	10. Ankauf von Staatspapieren		9 289,90
10. Diverse einmalige Ein- nahmen	477,40	11. Zahlung an Gasanstalt für Kaution		30,—
11. Bankzinsen	10 784,85	12. Bankspesen		105,86
		13. Ausgaben für Rollklappen		12,—
		14. 1 Kontoruhr		5,—
		Kassenbestand ult. Dezember 1908		2 898,63
		Unerhoben auf der Bank		2 718,—
Sa. . . .	51 097,36		Sa. . . .	51 097,36

Geprüft und richtig befunden.

B e r l i n , den 26. Januar 1909.

gez. B. M a s i n g.   V i e l h a b e n.

Unter den Einnahmeposten heben wir die gegen das Vorjahr gestiegenen Mitgliederbeiträge, ferner die durch die Änderung der §§ 16 und 17 unserer Satzung bedingte Minderung der Eintrittsgelder und den gegen 1907 zurückgebliebenen Jahrbuchertrag hervor. Im ganzen sind die Einnahmen des Jahres 1908 um beinahe 1400 M. geringer als die des Vorjahres.

Die Aussichten für den Abschluß des laufenden Geschäftsjahres stellen sich etwas günstiger. Durch den Ausfall der Sommerversammlung haben wir viele Unkosten erspart, auch haben sich der Jahrbuchertrag sowie das Bankzinsenkonto ein wenig gehoben. Ein großer Vorteil aber erwuchs uns aus der im vorigen Jahre beschlossenen Herabsetzung der Beiträge und des Eintrittsgeldes. Die auf der letzten Hauptversammlung deswegen laut gewordenen Befürchtungen, daß unsere Einnahmen sich hierdurch vermindern könnten, sind damit glücklicherweise widerlegt. Unsere Mitgliederzahl hat sich derartig gehoben, daß der durch die Herabsetzung der Beiträge bedingte Minderertrag durch die erhöhte Zahl der Beitragleistenden nicht nur ausgeglichen, sondern sogar noch um etwa 1500 M. übertroffen wurde. Während nämlich die Liste des IX. Jahrbuches nur 1092 je 25 M. Beitrag zahlende Mitglieder mit einer Gesamtsumme von 27 300 M. umfaßt, bringen die nur je 20 M. zahlenden 1440 Mitglieder der neuesten Liste 28 800 M. an Beiträgen jährlich auf. Schon aus dieser Gegenüberstellung erhellt die vorteilhafte Wirkung der vom Vorstand empfohlenen und von der Hauptversammlung gebilligten Maßregel.

Der Stipendienfonds der Gesellschaft wurde in diesem Jahre mit 500 M. für eine technische Studienreise nach England in Anspruch genommen. Aus den verfügbar gebliebenen Mitteln konnten $3\frac{1}{2}\%$ Preußische Konsols im Nominalbetrage von 10 000 M. gekauft werden, die mit den im Preußischen Staatsschuldbuch eingetragenen 300 000 M. zusammen das Gesellschaftsvermögen bilden.

Tätigkeit der Gesellschaft.

Durch Entsendung ihrer Vertreter beteiligte sich die Schiffbautechnische Gesellschaft wieder an der Arbeit folgender Verbände:

a) Deutsche Dampfkessel-Normen-Kommission.

An Stelle des am 10. Mai verstorbenen Herrn Kommerzienrat Georg Howaldt aus Kiel wurde vom Vorstand Herr Direktor Dr. G. Bauer von der Stettiner Vulkanwerft als Stellvertreter für unser Mitglied, Herrn Oberingenieur C. Rosenberg von der Tecklenborgwerft in Geestemünde, in die Deutsche Dampfkessel-Normenkommission gewählt.

Am 17. April fand in Berlin eine außerordentliche Versammlung der Kommission statt, an welcher unser Vertreter Herr Oberingenieur Rosenberg teilnahm. Für die Versammlung waren von dem Vertreter des Zentralverbandes Deutscher Industrieller, Herrn Dr.-Ing. Schrödter, zwei Anträge eingebracht, die folgenden Wortlaut hatten:

I. Die Kommission erblickt in den in dem Erlaß des Bundesrates betr. „Allgemeine polizeiliche Bestimmungen über die Anlegung von Landdampfkesseln vom 17. Dezember 1908" gegenüber den Vorschlägen der technischen Kommission vorgenommenen Änderungen und insbesondere in dem Umstande, daß in diesen polizeilichen Bestimmungen unter Bauvorschriften für Landdampfkessel der Satz: „Die Befolgung dieser Vorschriften ist durch amtlich anerkannte Sachverständige zu überwachen", gestrichen ist, eine Maßnahme, durch welche die öffentliche Sicherheit gefährdet wird. Sie lehnt ihrerseits die Verantwortlichkeit für die sich aus dieser Streichung ergebenden Folgen ab.

II. Die Kommission erklärt, daß sie es für unerläßlich hält, daß sie zur Beurteilung der technischen Regeln für den Dampfkesselbau vor der endgültigen Beschlußfassung durch den Bundesrat gehört wird.

Nach eingehender Diskussion hierüber zog Herr Dr.-Ing. Schrödter seine Anträge zurück; dagegen fand ein Vermittlungsantrag des Herrn Geheimrat Schrey-Danzig die Zustimmung der Mehrheit, wonach der Bundesrat um Angabe der Gründe ersucht wird, welche gegen den Vorschlag der Kommission zur Streichung der betreffenden Sätze geführt haben, und in Zukunft um vorherige Mitteilung von beabsichtigten Änderungen unter Angabe der Gründe gebeten wird. Die Antwort des Herrn Reichskanzlers auf eine entsprechende Eingabe der Kommission lautete folgendermaßen:

„Der Dampfkessel-Normenkommission bedauere ich die Gründe, welche bei der Beschlußfassung über die Bekanntmachung, betreffend allgemeine polizeiliche Bestimmungen über die Anlegung von Landdampfkesseln vom 17. Dezember 1908, maßgebend gewesen sind, nicht mitteilen zu können, da die Verhandlungen des Bundesrates geheim sind. Auch ist es nicht angängig, von jeder Änderung, welche bei den Beratungen des Bundesrates sich als notwendig erweisen, unter Angabe der Gründe der Dampfkessel-Normen-Kommission Mitteilung zu machen.

Da der Normenkommission zurzeit noch ein Antrag auf Änderung der Ziffer 4 Abschnitt III der Bauvorschriften für Landdampfkessel vorliegt, ist ihr Gelegenheit gegeben, zu der Angelegenheit nochmals Stellung zu nehmen.

Der Aufnahme des Satzes „Wenn die Kanten gehobelt werden" würden voraussichtlich Bedenken nicht entgegenstehen."

Am 19. Juli fand eine Sitzung der Unterkommission für Land- und Schiffs-
dampfkessel in München statt, auf welcher über die im Erlaß des Preußischen
Ministers für Handel und Gewerbe vom 26. November 1908 angeregte Frage:

> „Welche Abweichungen von der Kreisform bei der Herstellung
> von Flammrohren und der Kesselböden nach den zur Zeit vorliegenden
> Erfahrungen als zulässig gelten und von den Fabrikanten innegehalten
> werden müssen"

beraten wurde.   Auf Antrag des Vertreters der deutschen Schiffswerften, Herrn
Geheimrat Professor Busley, beschlossen die beiden Unterkommissionen einstimmig die Ablehnung von behördlichen Bestimmungen über diese Frage.

Am 30. Oktober fand noch eine Gesamtkommissionssitzung in Berlin statt,
welche dem von der Unterkommission in München gefaßten Beschluß einhellig
zustimmte.

b) Internationaler Materialprüfungskongreß in Kopenhagen.

In der Zeit vom 7.—12. September tagte in Kopenhagen der V. Kongreß
des Internationalen Verbandes für die Materialprüfungen der Technik, an welchem
sich neben einer Reihe amtlicher und privater technischer Körperschaften des
In- und Auslandes auch die Schiffbautechnische Gesellschaft durch ihren Geschäftsführer Herrn Dr. Hochstetter beteiligte.   Die Eröffnung des Kongresses
wurde im Beisein Seiner Majestät des Königs Frederik VIII. und seiner Gemahlin
durch Begrüßungsansprachen des dänischen Kronprinzen und Ministerpräsidenten
im Festsaal der Universität feierlich vollzogen.   Herr Direktor Foß, der Präsident
des Kongresses, dankte im Namen der Versammlung den dänischen Behörden für
das bewiesene Wohlwollen und gab einige geschäftliche Mitteilungen bekannt,
von denen uns hier die Erhöhung der Jahresgebühr auf 8 Mk. sowie die
Herausgabe einer internationalen Zeitschrift interessiert.   Zum Ehrenpräsidenten
für Deutschland wurde für die Sektion C (Diverses) der Vertreter des Kaiserlichen
Reichsmarineamtes, Herr Wirklicher Geheimer Oberbaurat Veith, unser Vorstandsmitglied, gewählt.

Es ist hier kein Platz, um auch nur eine flüchtige Schilderung der im Kopen-
hagener Rathause abgehaltenen, fünf Tage lang dauernden Sektionssitzungen
aufzunehmen.   Interessenten seien auf die vom Internationalen Verband für
die Materialprüfungen der Technik in Wien herausgegebenen Mitteilungen und
Kongreßberichte verwiesen (Verlag von Jul. Springer, Berlin N. 24).

Von den während der Kongreßtage veranstalteten Besichtigungen erwähnen wir hier an erster Stelle den Besuch der Maschinen- und Schiffbauanstalt von Burmeister & Wain. Die Werft besitzt ein Trockendock von 146,5 m Länge, ein Schwimmdock von 11 000 t Tragfähigkeit und drei große Aufschlepp-Hellinge. In der Maschinenbauwerkstatt werden hauptsächlich Zentrifugen, Dieselmotore, Kolbendampfmaschinen (bis zu 3000 PS.) und Parsonsturbinen für stationäre Anlagen erbaut.

Auch der t e c h n i s c h e n H o c h s c h u l e, die im Jahre 1829 auf Anregung Örsteds, des Entdeckers der Ablenkung der Magnetnadel durch den elektrischen Strom, errichtet worden ist, wurde ein Besuch abgestattet. Die Hochschule, deren Lehrkörper jetzt 56 Personen umfaßt, welche 900 Studierende unterrichten, verfügt über wohl ausgestattete Laboratorien für Physik, Chemie, Elektrotechnik und Maschinenkunde sowie über wertvolle technologische Sammlungen.

Die ursprünglich im Kellergeschoß dieser Hochschule untergebrachte S t a a t s p r ü f u n g s a n s t a l t f ü r M a t e r i a l u n t e r s u c h u n g e n, vom dänischen Ingenieurverein gegründet, ist den industriellen Verhältnissen des Landes entsprechend ziemlich klein. Von Bedeutung sind aber ihre Untersuchungsmethoden über Rostschutzmittel und über erdige Baumaterialien.

Der Kongreß beendete seine arbeits- und erfolgreiche Tätigkeit in einer Schlußsitzung am 11. September, in welcher Seine Exzellenz Herr Dr. W. Exner aus Wien in eindrucksvoller Weise „Die internationale gesetzliche Regelung des technischen Versuchwesens" empfahl. Mit der Begründung, daß einige wichtige Industriezweige, z. B. die Automobilindustrie, die Materialprüfung immer noch vernachlässigten, befürwortete der Redner die staatliche Ermächtigung der Versuchsanstalten zur Ausstellung von Zeugnissen über die Güte der in der Technik gebrauchten Materialien, die nicht nur in dem betreffenden Lande, sondern internationale Geltung genießen und an Stelle der sogenannten Sachverständigenurteile als Unterlage für Rechtsstreitigkeiten dienen sollen.

Der nächste Internationale Kongreß wird nach drei Jahren in den Vereinigten Staaten von Nord-Amerika stattfinden.

c) D e u t s c h e s M u s e u m v o n M e i s t e r w e r k e n
d e r N a t u r w i s s e n s c h a f t u n d T e c h n i k i n M ü n c h e n.

An der Sitzung des Vorstandsrates und des Ausschusses am 28. und 29. September beteiligte sich als Vertreter unserer Gesellschaft unser Vorsitzender, Herr Geheimer Regierungsrat und Professor Busley.

Der Ausbau des Deutschen Museums, der Besuch und die Ausgestaltung seiner Sammlungen haben in diesem sechsten Jahre seines Bestehens weitere Fortschritte gemacht. Durch das Modell der englischen Fregatte „Great Harry", das die Schiffbautechnische Gesellschaft dem Museum in diesem Jahre gestiftet hat, sind seine Sammlungen um ein wertvolles Stück bereichert worden. Das Schiff ist im Maßstab 1:50 nach einem im Besitz der englischen Krone befindlichen Gemälde von Hans Holbein dem Jüngeren nach Angaben und Zeichnungen unseres Vorsitzenden im Kunstgewerbemuseum zu Berlin hergestellt worden. Erfreulicherweise ist es möglich gewesen, an dem vom Vorstand für das Geschenk ausgesetzten Betrag von 3000 M. 195,65 M. zu sparen, denn die Auslagen beliefen sich nur auf insgesamt 2804,35 M.

d) Deutscher Schulschiffverein.

Die Mitgliederversammlung des Deutschen Schulschiffvereins, auf welcher unsere Gesellschaft zum ersten Male durch unseren geschäftsführenden Vorsitzenden Herrn Geheimrat und Professor Busley vertreten war, fand am 5. Juli in Travemünde statt. Unter der erfahrenen Leitung Seiner Königlichen Hoheit des Großherzogs von Oldenburg hat sich der Verein so günstig entwickelt, daß er bereits sein zweites Schulschiff, die „Prinzeß Eitel Friedrich" am 12. Oktober vom Stapel laufen lassen konnte. Die Gründung besonderer Landesvereinigungen in Bayern und Sachsen werden dem Verein hoffentlich noch weitere Mitglieder zuführen, welche bereit sind, seine patriotischen Bestrebungen durch opferwillige Spenden tatkräftig zu unterstützen.

e) Deutscher Nautischer Verein und Verband Deutscher Seeschiffervereine.

Auf dem am 22. und 23. März im Sitzungssaal der Berliner Handelskammer abgehaltenen ersten gemeinsamen Vereinstag des Deutschen Nautischen Vereins und des Verbandes Deutscher Seeschiffervereine waren wir durch unser Vorstandsmitglied Herrn Wirklicher Geheimer Oberbaurat Veith und durch unseren Geschäftsführer Herrn Dr. Hochstetter vertreten.

Von den unser besonderes Interesse erweckenden Punkten der Tagesordnung heben wir die Vorträge über die Notlage der Seeschiffahrt im Jahre 1908, über die Regelung des Wachdienstes, über den Entwurf eines neuen Konsulatsgebührengesetzes und über die Befugnisse der Konsulate hervor. Über das Ergebnis der auf die Förderung der Segelschiffahrt gerichteten Maßnahmen, ins-

besondere der auf dem vorletzten Vereinstag beschlossenen Untersuchung über
die Benachteiligung, welche für Segelschiffe bei den Abgaben für Häfen, Lotsen
usw. aus der Vermessung entsteht, berichtet der Vorstand, daß es Herrn Professor
Laas-Berlin, welcher die Ausarbeitung einer Denkschrift hierüber übernommen
hatte, durch Rundfragen an die Behörden sämtlicher deutschen Seehäfen und
Segelschiffsreedereien gelungen wäre, folgendes festzustellen:

1. Schiffe in langer Fahrt bezahlen an Abgaben etwa bis zu 5 M. pro Jahr
und pro Netto-Registertonne. Der Durchschnitt für alle Segelschiffe beträgt
etwa 3 M.

2. Für Schiffe in der Küstenfahrt steigt der Gesamtbetrag, abgesehen von
einigen weit höheren Abgaben, die von Herrn Professor Laas in den Tabellen nicht
mitaufgenommen worden sind, bis auf 11 M. jährlich für die Nettoregistertonne.
Die ausschließlich auf den Netto-Raumgehalt fußenden Abgaben belaufen sich
bis auf 7 M. pro Jahr; als Mittel können hier etwa 6 M. pro Jahr und Netto-
Registertonne eingesetzt werden.

Es bilden also, wie Herr Professor Laas auf Grund dieser Tatsachen feststellt, die nach dem Netto-Raumgehalt berechneten Abgaben für Segelschiffe,
besonders in der Küstenfahrt, einen erheblichen Teil der Unkosten.

f) Der Entwurf einer Polizeiverordnung für die Revision elektrischer Starkstromanlagen

befindet sich nach wie vor in der Schwebe. Auf die im Juni vorigen Jahres an
den Herrn Handelsminister gerichtete Eingabe ist bis jetzt noch keine Antwort
erfolgt. Der inzwischen eingetretene Wechsel im Ministerium wirkt wahrscheinlich weiter verschleppend auf den Gesetzentwurf, so daß die in industriellen Kreisen
allgemein höchst unbeliebte Angelegenheit hoffentlich überhaupt nicht wieder
zur Verhandlung kommt.

g) Der Verband Deutscher Patentanwälte

beehrte uns zu seinem im Architektenhause zu Berlin abgehaltenen zehnjährigen
Stiftungsfeste am 28. Oktober mit einer Einladung, welcher unser Geschäfts
führer Herr Dr. Hochstetter als Vertreter der Gesellschaft folgte. Von den
beiden Vorträgen der Tagesordnung beansprucht namentlich das Referat des
Herrn Rechtsanwalt Dr. Isay über „Wesen und Auslegung des Patentanspruches"
das Interesse der mit dem Patentwesen innig verbundenen Industrie.

Zuwendungen.

Unser Vorsitzender, Herr Geheimrat und Professor Busley, stiftete sämtliche 37 bisher erschienenen Bände der „Mitteilungen aus dem Gebiete des Seewesens" für unsere Bibliothek. Außerdem bereicherte dieselbe unser Vorstandsmitglied Herr Geheimer Baurat R. Zimmermann um ein wertvolles Stück durch die Zuwendung des alten berühmten Werkes von Scott Russel über Schiffbau.

Gedenktage.

Im Kreise unserer Gesellschaftsmitglieder sowie der uns nahestehenden industriellen Unternehmungen wurden im Laufe dieses Jahres, soweit wir ermitteln konnten, folgende Gedenktage festlich begangen:

Das hundertjährige Geschäftsjubiläum der Firma Math. Stinnes in Mülheim-Ruhr am 16. Januar. Die Glückwünsche unserer Gesellschaft überbrachte unser Vorstandsmitglied, Herr Direktor Dr. ing. G. Gillhausen, persönlich.

Der Kaiserliche Geheime Ober-Regierungsrat Bormann feierte seinen 80. Geburtstag und wurde hierzu von Seiner Majestät dem Kaiser und König durch die Verleihung des Sterns zum Kronenorden II. Kl. ausgezeichnet.

Ferner feierten am 6. März Herr Direktor Georg W. Claussen von der Tecklenborg-Werft in Geestemünde sein 40jähriges Geschäftsjubiläum, und Herr Kommerzienrat F. Siebert, Direktor der Firma F. Schichau in Elbing, seinen 70. Geburtstag. Beiden Jubilaren wurden die Glückwünsche unserer Gesellschaft telegraphisch übermittelt.

———

VI. Bericht über die elfte ordentliche Hauptversammlung

in der Aula der Königlichen Technischen Hochschule zu Charlottenburg
am 18., 19. und 20. November 1909.

Erster Tag.

Unter außerordentlich starker Beteiligung wurde die elfte ordentliche Hauptversammlung der Schiffbautechnischen Gesellschaft am Donnerstag den 18. November, vormittags 9 Uhr, durch unseren höchsten Ehrenvorsitzenden, den Großherzog von Oldenburg, in der Aula der Technischen Hochschule zu Charlottenburg eröffnet. Das reichhaltige Programm, auf welchem wiederum Vorträge von hervorragender Bedeutung verzeichnet standen, hatte über 800 Teilnehmer zur Stelle gelockt, die sich teilweise schon abends zuvor mit ihren Damen im Hotel Adlon, Unter den Linden, ein Stelldichein gegeben hatten.

Durch den angekündigten Besuch des österreichischen Thronfolgers zu den Hofjagden in Donaueschingen war Seine Majestät der Kaiser, unser allerhöchster Protektor, diesmal leider wiederum am Erscheinen verhindert. Umso herzlicher begrüßte die Versammlung die nachstehende, an Seine Königliche Hoheit den Großherzog von Oldenburg gerichtete kaiserliche Depesche, mit deren Verlesung unser höchster Ehrenvorsitzender die Eröffnung vollzog:

An den
Ehrenvorsitzenden der Schiffbautechnischen Gesellschaft,
Seine Königliche Hoheit den Großherzog von Oldenburg,
Technische Hochschule Charlottenburg.
Donaueschingen.

Euere Königliche Hoheit bitte ich versichert zu sein, daß ich, wenn auch nicht persönlich bei der Hauptversammlung der Schiffbautechnischen Gesellschaft anwesend, doch lebhaft dafür interessiert bin, was die Vorträge und die daran anschließenden Diskussionen ergeben werden. Ich habe angeordnet, daß mir hierüber besonders berichtet wird. Mögen die Mitglieder der Gesellschaft, denen ich meinen Gruß zu bestellen bitte, reiche Ernte aus der diesjährigen Hauptversammlung mit nach Hause nehmen.

Wilhelm I. R.

Einmütigen Beifall aller Versammelten fand auch die Antwort Seiner Königlichen Hoheit:

An des Kaisers Majestät,

Donaueschingen.

Für die huldvollen Wünsche, welche Euere Majestät durch die Allerhöchste Depesche an die soeben unter meinem Vorsitz eröffnete elfte Hauptversammlung der Schiffbautechnischen Gesellschaft zu übermitteln die Gnade hatten, bitte ich meinen und der Versammlung tiefempfundenen Dank entgegenzunehmen. Die in das zweite Jahrzehnt ihres Bestehens eingetretene Schiffbautechnische Gesellschaft bittet Euere Majestät, ihren allerhöchsten Protektor, das Gelübde ihrer unverbrüchlichen Treue und Verehrung allergnädigst erneut entgegennehmen zu wollen.

Friedrich August
Großherzog von Oldenburg.

Als erster Redner erhielt darauf Herr Professor S t u m p f - Charlottenburg das Wort zu seinem Vortrage über „G l e i c h s t r o m d a m p f m a s c h i n e n". Wie der Vortragende entwickelte, ist seine Gleichstromdampfmaschine eine Einfach-Expansionsmaschine. Es entfallen bei ihr die Auslaßorgane, da diese behufs Erzielung des Gleichstroms durch in der Mitte des Zylinders angebrachte und vom Kolben gesteuerte Schlitze ersetzt sind. Diese Darlegungen erhärtete der Redner durch eine Reihe von Versuchszahlen, welche beweisen, daß mit der Stumpfschen Gleichstromdampfmaschine Dampfverbrauchszahlen gleich denjenigen der besten Verbund- und Dreifach-Expansionsmaschinen erzielbar sind. Außerdem ist die Maschine 25 bis 50 % billiger, je nachdem man Tandemmaschinen, Verbundmaschinen oder Dreifach-Expansionsmaschinen zum Vergleich heranzieht.

Beifälliger Applaus lohnte die mit Geschick und Temperament vorgetragenen Ausführungen des bekannten Forschers. An der Diskussion, zu welcher grundsätzlich nur Mitglieder unserer Gesellschaft zugelassen werden konnten, beteiligten sich die Herren Ingenieur Missong-Höchst a. M., Direktor Henkel-Wilhelmshöhe und Direktor Cornehls-Hamburg.

Den zweiten unter allgemeiner Spannung erwarteten Vortrag über „E i n e neue Lösung des Schiffsturbinenproblems" hielt Herr Pro-

5*

fessor Dr. ing. H. Föttinger, welchem die deutsche Technik schon
so manche fruchtbare Neuerung zu verdanken hat. Ausgehend von dem
bislang noch ungelösten Schiffsturbinenproblem kam der Vortragende auf
seine Erfindung zu sprechen, welche die Arbeitsübertragung auf h y d r o -
d y n a m i s c h e m Wege zum Gegenstande hat. Der h y d r o d y n a m i s c h e
F ö t t i n g e r - T r a n s f o r m a t o r erfüllt alle Anforderungen, die man an
ein solches Übersetzungsgetriebe stellen kann, und ist für die höchsten
Leistungen und Tourenzahlen brauchbar. Wirkungsgrade von über 80 % sind
mit·ihm leicht erreichbar, auch beträchtliche Raumersparnisse werden durch
ihn gewonnen.

Die Diskussion, an welcher die Herren Oberingenieur Sütterlin-Hamburg,
Geheimrat Flamm-Charlottenburg und Diplom-Ingenieur Wimplinger-Kiel sich
beteiligten, konnte die Überzeugung von der praktischen Bedeutung und
Tragweite der neuen Erfindung nur befestigen. Alle Zuhörer standen unter
ihrem Eindruck.

Nach der Frühstückspause wurden die fachtechnischen Verhandlungen
mit dem Vortrage des Herrn Diplom-Ingenieur M i c h e n f e l d e r -Düsseldorf
über „ S c h w e r e W e r f t k r a n e f ü r d i e S c h i f f s a u s r ü s t u n g "
fortgesetzt.

Der Redner, der bereits auf der vorjährigen Hauptversammlung
über die transporttechnischen Gesichtspunkte für das erste Baustadium
der Schiffe, auf der Helling, gesprochen hatte, verbreitete sich diesmal
an Hand eines ungewöhnlich reichen Illustrationsmaterials eingehend
über die Entwicklung und den gegenwärtigen Stand der Hebevorrichtungen
für das zweite Baustadium, die Ausrüstung der Schiffe. Nach einem Hinweis
auf die bisherige gegenseitige Förderung von Schiffbau und Kranbau schloß
der Vortragende seine lehrreichen Ausführungen mit dem Wunsche nach
einem auch künftig ersprießlichen Ineinanderarbeiten von deutschem Schiffbau und Kranbau.

„Last not least" sprach Herr Diplom-Ingenieur G ü m b e l, zur Zeit stellvertretender Direktor und Vorstandsmitglied der Norddeutschen Maschinen-
und Armaturenfabrik in Bremen, über das hochaktuelle Thema: „ F a b r i k -
o r g a n i s a t i o n m i t s p e z i e l l e r B e r ü c k s i c h t i g u n g d e r A n -
f o r d e r u n g e n d e r W e r f t b e t r i e b e ".

Herr Gümbel, welcher während seiner Tätigkeit als Oberingenieur der
Hamburg-Amerika-Linie Gelegenheit hatte, die Organisationen der verschiedensten deutschen und englischen Werften und Fabriken kennen zu

lernen, beschränkte sich in seinem mündlichen Vortrag nicht auf eine wörtliche Wiedergabe der vorliegenden Ausarbeitung, sondern brachte eine kritische Beleuchtung der in dem Texte niedergelegten Grundsätze. Dabei ging er von einer kurzen Schilderung der allgemeinen Lage der deutschen Schiffbauindustrie aus, für deren hohe technische Leistungsfähigkeit nach Ansicht des Verfassers noch der genügende Markt fehle. Der Schluß des Vortrages gipfelte deshalb in der Forderung einer weiteren Ausbildung der Verkaufsorganisation und der Untersuchung über die Ursachen, welche dem Vordringen des deutschen Schiffbaues auf dem Weltmarkte entgegenstehen.

Wegen der Eigenart des Themas fiel die Diskussion nicht lang aus. Nur Herr Professor Laas-Charlottenburg benutzte die Gelegenheit zu einem Hinweis auf die stetig steigende Bedeutung wirtschaftlicher Untersuchungen für den modernen Schiffbauingenieur.

Ein glänzendes Festmahl unter dem Präsidium S e i n e r K ö n i g l i c h e n H o h e i t d e s G r o ß h e r z o g s und im Beisein hoher Ehrengäste, an deren Spitze Seine Exzellenz der Herr Staatsminister S y d o w und Herr Kontreadmiral R o l l m a n n als Vertreter des Preußischen Handelsministeriums und des Reichsmarineamtes erschienen waren, vereinte am Abend über 400 Herren im großen Saale des Hotel „Kaiserhof".

Z w e i t e r T a g.

In üblicher Weise war die erste Stunde des zweiten Versammlungstages der Erledigung der geschäftlichen Angelegenheiten der Gesellschaft gewidmet. Das Protokoll hierüber befindet sich im VII. Abschnitt dieses Jahrbuches auf Seite 72.

Um 10 Uhr nahmen die fachtechnischen Verhandlungen unter dem Ehrenvorsitz Seiner Königlichen Hoheit des Großherzogs ihren Fortgang. Herr Professor R o m b e r g-Charlottenburg sprach über die Geschichte und Entwicklung der Verbrennungsmaschinen für den Schiffsbetrieb, deren mannigfaltige Konstruktion er in einem umfassenden Werke unter dem Titel „S c h i f f s g a s m a s c h i n e n" zusammengestellt hat. An der Diskussion, die sich im wesentlichen mit der Preisbewegung des Rohöls, mit dem Gradeschen Flugmotor sowie mit den Nachteilen und Vorzügen des Zweitaktmotors befaßte, beteiligten sich die Herren Dr. ing. Diesel-München, Exzellenz v. Ahlefeld-Bremen, Privatdozent Folkerts-Aachen, Direktor Richter-Kiel und Dr. ing. Bendemann-Lindenberg.

Der Vortrag des Herrn Geheimer Marinebaurat T j a r d S c h w a r z-Kiel über „R u d e r d r u c k m e s s u n g e n" behandelte die Arbeiten unseres vor Jahresfrist verstorbenen verdienstvollen Mitgliedes, des Herrn Marineoberbaurat Wellenkamp, über Ruderversuche mit Schiffen. Mit Hilfe des von letzterem konstruierten „Schiffsweganzeiger" und des „Liniendiagraphen" sind in den letzten Jahren von der Kaiserlichen Werft Kiel Versuchsfahrten mit Linienschiffen und Kreuzern ausgeführt worden, welche über viele wichtige beim Drehkreisfahren sowie beim Stützen der Schiffe auftretende Fragen Klarheit geschafft haben. An Lichtbildern konnte der Vortragende verschiedene Beispiele der von den Apparaten aufgezeichneten Schaulinien vorführen.

Die in der Diskussion von den Herren Marinebaumeister P r ä t o r i u s, Exzellenz v. E i c k s t e d t und Wirklicher Geheimer Oberbaurat Professor R u d l o f f aufgeworfenen Fragen bekundeten, daß die schwierigen Vorgänge beim Manövrieren der Schiffe noch in wesentlichen Punkten weiterer Aufklärung bedürfen.

Als vorletzter Redner nach der Frühstückspause trug Herr Dr. ing. G e b e r s-Berlin das Ergebnis seiner eigenen Propellerversuche vor. Er konstatierte zunächst die Anwendbarkeit des von Newton für reibungslose Flüssigkeiten aufgestellten mechanischen Ähnlichkeitsgesetzes auf im Wasser frei arbeitende Schiffsschraubenmodelle und gelangte schließlich zu dem Ergebnis, daß das erwähnte Gesetz in den vorliegenden Fällen für die Bestimmung von Schub- und Drehmomenten mit größter Berechtigung angewendet werden kann, solange keine Störung durch Lufteintritt in den Schraubenstrahl stattfindet. Die Ergebnisse des zweiten Teiles seiner Untersuchung lieferten zum ersten Male über die Größe der Geschwindigkeit und Richtung der von einem fortbewegten sich drehenden Propeller in Bewegung gesetzten Wasserteilchen zahlenmäßigen Aufschluß. Es folgte die Ableitung einer Formel, die es ermöglicht, aus den Ergebnissen den Schub des Propellers zu berechnen und berechtigte Hoffnung gibt, die Unterlagen für eine mathematische Berechnungsweise der Schiffsschraube zu erhalten.

Die Herren Oberingenieur H e l l i n g - Groß-Flottbeck, Dr. ing. P r ö l - Danzig, Geheimrat Professor F l a m m - Charlottenburg, Dr. ing. F o e r s t e r-Hamburg und Dr. phil. W a g n e r-Stettin griffen in die Diskussion ein. Ohne dem Vortragenden in allen Punkten beizupflichten, gaben sie doch der Diskussion das Gepräge eines streng wissenschaftlich gehaltenen Meinungsaustausches. Ein ähnliches Thema hat Herr Dr. ing. Pröll unabhängig und ohne

Kenntnis von den Versuchen des Herrn Dr. Gebers als „Beitrag" in diesem Jahrbuch bearbeitet, worauf hier kurz hingewiesen sei.

Der letzte Vortrag des Herrn Zivilingenieur A. M i e r s c h-Charlottenburg über „Strahlpropeller" sowie die anschließende Diskussion sind auf Wunsch des Herrn Verfassers im Jahrbuch nicht veröffentlicht worden, weil Herr Miersch mit Rücksicht auf das schwebende Patentverfahren außerstande ist, die endgültige und zweckmäßigste Form und Wirkungsweise des Strahlpropellers zur Entkräftung der gegen seine Konstruktion erhobenen Bedenken schon jetzt zu veröffentlichen.

Dritter Tag.

Abweichend von den bisherigen Gepflogenheiten hatte der Vorstand diesmal die Besichtigung eines kaufmännischen Unternehmens, der Deutschen Bank in Berlin, veranstaltet. Die große Zahl von Anmeldungen zur Teilnahme bestätigte die Annahme des Vorstandes, daß unseren Mitgliedern auch der Einblick in einen so riesenhaften Organismus wie den einer modernen Großbank, die zu der Industrie in den engsten Beziehungen steht, hochwillkommen war. Zumal als L e i t e r eines Betriebes muß der moderne Ingenieur und Schiffbauer auch von rein wirtschaftlichen Unternehmungen Kenntnis besitzen, denn die Grundlagen jeder Technik sind wirtschaftliche, und ohne derartige Bankinstitute gäbe es keine Großindustrie.

So folgten etwa 150 Herren der seitens der Direktion gütigst gewährten Erlaubnis zum Besuch der schon durch ihre gewaltigen Dimensionen imponierenden Deutschen Bank. Des Gesehenen und Gehörten ist in einem besonderen Abschnitt unter „Besichtigungen" gedacht. An dieser Stelle sei der Bankleitung für ihr Entgegenkommen nur nochmals unser Dank ausgesprochen.

VII. Protokoll

über die geschäftliche Sitzung der elften Hauptversammlung
am Freitag, den 19. November 1909.

Entsprechend dem § 23 der Satzung enthielt die Tagesordnung folgende 6 Punkte:

1. Vorlage des Jahresberichtes.
2. Bericht der Rechnungsprüfer und Entlastung des geschäftsführenden Vorstandes von der Geschäftsführung des Jahres 1908.
3. Bekanntgabe der Namen der neuen Gesellschaftsmitglieder.
4. Ergänzungswahlen des Vorstandes. Es sind zu wählen: Der stellvertretende Vorsitzende und drei fachmännische Beisitzer.
5. Wahl der Rechnungsprüfer für das Jahr 1909.
6. Sonstiges.

Getagt wurde unter dem Vorsitz des Herrn Geheimer Regierungsrat und Professor Busley und in Gegenwart von etwa 80 Gesellschaftsmitgliedern, die sich allmählich eingefunden hatten, wie folgt:

1. Nach der Eröffnung der Sitzung durch den Vorsitzenden genehmigt die Versammlung den mit den Drucksachen bereits früher versandten Jahresbericht 1909. Auf seine Verlesung wird verzichtet; der Geschäftsführer bringt nur die Namen der im Laufe des Jahres ausgeschiedenen und neu eingetretenen Mitglieder zur Verlesung. (Siehe Seite 53—58.) Zum Andenken an die Verstorbenen erhebt sich die Versammlung von ihren Plätzen.

2. Darauf erstattet Herr Direktor Masing-Dresden den Bericht der Rechnungsprüfer für das Jahr 1908 und empfiehlt die Entlastung des geschäftsführenden Vorstandes, welche einstimmig genehmigt wird.

3. Da die Bekanntgabe der im Jahre 1909 beigetretenen Mitglieder bereits unter Punkt 1 der Tagesordnung geschehen ist, verzichtet die Versammlung auf die nochmalige Verlesung.

4. Zur Neuwahl stehen laut Tagesordnung der stellvertretende Vorsitzende und 3 fachmännische Beisitzer. Herr Geheimer Oberbaurat Hoßfeld-Berlin bringt die Wiederwahl der bisherigen Vorstandsmitglieder in Anregung. Ohne Widerspruch und auf einstimmigen Beschluß aller Anwesenden erfolgt die Wiederwahl des Herrn Wirklicher Geheimer Oberbaurat und Professor Rudloff-Berlin zum stellvertretenden Vorsitzenden sowie der Herren Direktor Professor Pagel-Berlin, Konsul Dr. ing. Otto Schlick-Hamburg und Wirklicher Geheimer Oberbaurat R. Veith-Berlin als fachmännische Beisitzer. Die gewählten Herren nehmen die Wahl dankend an.

5. Die bisherigen Rechnungsprüfer, Herr Direktor Masing-Dresden und Herr Rechtsanwalt Dr. Vielhaben-Hamburg, werden ebenfalls einstimmig für ihr Amt wiedergewählt und erklären sich mit der Wahl einverstanden.

6. An sonstigen Punkten der Tagesordnung kommen zur Verhandlung:

a) Ein Antrag des Vorstandes, bei den künftigen Hauptversammlungen neben der Aula der Technischen Hochschule ein Bureau einzurichten, in welchem den Teilnehmern Gelegenheit für den Verkehr mit der Post geboten wird. Der Vorstand verspricht die hierzu notwendigen Maßnahmen zu treffen.

b) Ein Meinungsaustausch zwischen dem Vorstand und den Herren Baurat Krause-Berlin, Geheimer Oberbaurat Hoßfeld-Berlin und Geheimer Marine-Baurat Schwarz-Kiel über die zum Schutz unserer Herren Vortragsredner sowie über die im Interesse der Diskussion zu treffenden Maßnahmen.

c) Die Einladung des Vereins Deutscher Eisenhüttenleute und des Vereins für die bergbaulichen Interessen im Oberbergamtsbezirk Dortmund zum Besuch des Internationalen Kongresses für Bergbau, Hüttenwesen usw. in Düsseldorf 1910.

d) Die Vorschläge des Vorstandes über die nächste Sommerversammlung. Der Hauptversammlung werden empfohlen:

1. Ein Besuch im Sommer 1910 in London zum 50 jährigen Jubiläum der Institution of Naval-Architects, oder

2. Ein Besuch der Internationalen Ausstellung in Brüssel 1910, oder

3. Ein Besuch in Kiel.

Auf einstimmigen Wunsch der Versammlung wird von einer Sommer-versammlung im Jahre 1910 Abstand genommen und unter Bewilligung von 12 000 M. die Abhaltung der nächsten Sommerversammlung im Jahre 1911 in Kiel beschlossen.

Nach Verlesung des Protokolls durch den Geschäftsführer und nach Genehmigung des Inhaltes schließt der Vorsitzende die Sitzung um 9 ³/₄ Uhr.

Charlottenburg, den 19. November 1909.

gez. B u s l e y   gez. Dr. H o c h s t e t t e r

Vorsitzender.   Schriftführer.

VIII. Unsere Toten.

Soweit uns zur Kenntnis gelangte, wurden im elften Geschäftsjahre folgende Mitglieder durch den Tod aus unserer Mitte gerufen:

1. Herr Friedrich Meyer, Betriebsingenieur, Stettin, gestorben am 19. Dezember 1908 (noch im zehnten Geschäftsjahr gestorben).

2. Herr C. L. Loder, Schiffbaudirektor, Haag, gestorben am 5. Januar 1909.

3. Herr Hermann Frese, Senator und Kaufmann, Hamburg, gestorben am 16. Januar 1909.

4. Mr. Dr. Francis Elgar, L. L. D., F., R. S., Naval Architect, London, gestorben am 16. Januar 1909.

5. Carlos Pedro de Freitas, Reeder, Hamburg, gestorben am 30. Januar 1909.

6. Herr Heinrich Wiegand, Dr. jur., Generaldirektor des Norddeutschen Lloyd, Bremen, gestorben am 29. März 1909.

7. Herr O. C. Peuss, Direktor der Werft Nüscke & Co. A.-G., Stettin, gestorben am 15. April 1909.

8. Herr Georg Howaldt, Kgl. Kommerzienrat, Kiel, gestorben am 10. Mai 1909.

9. Herr Theodor Markwart, Zivilingenieur, Stettin, gestorben am 6. Juni 1909.

10. Herr Hugo Sack, Fabrikbesitzer, Rath bei Düsseldorf, gestorben am 23. Juni 1909.

11. Herr W. Galetschky, Ingenieur, Hamburg, gestorben am 30. Juni 1909.

12. Herr Walter Carl Bergius, Ingenieur, Glasgow, gestorben am 16. Juli 1909.

13. Herr Julius Claussen, Ingenieur, Flensburg, gestorben am 15. September 1909.

14. Herr F. F. A. S c h u l z e , Fabrikbesitzer, Berlin, gestorben am 21. September 1909.

15. Herr A l b e r t S c h l u t o w , Geheimer Kommerzienrat, Stettin, gestorben am 9. Oktober 1909.

16. Herr G u s t a v S e l v e , Geheimer Kommerzienrat, Bonn, gestorben am 7. November 1909.

17. Herr R u d o l p h H a a c k , Königlicher Baurat und Schiffbaudirektor, Eberswalde, gestorben am 12. Dezember 1909.

FRIEDRICH MEYER.

F r i e d r i c h M e y e r wurde am 20. Oktober 1870 in Danzig geboren. Seine erste Ausbildung erhielt er in der höheren Bürgerschule des Herrn Dr. H. Bock in Hamburg, wohin seine Eltern frühzeitig übergesiedelt waren. Am 1. April 1887 trat er in das schiffbautechnische Bureau der Firma B l o h m & V o ß in Hamburg als Lehrling ein und erhielt nach Beendigung seiner Lehrzeit eine Stellung als Werfttechniker in H e l s i n g ö r , die er im folgenden Jahre mit einer Stellung bei der Aktiengesellschaft „W e s e r" in Bremen vertauschte.

Einem lange gehegten Wunsch entsprechend unternahm der Verstorbene, um das Seemannsleben aus eigener Erfahrung kennen zu lernen, im Jahre 1892 eine große Seereise auf der Bremer Bark „Professor Koch", die ihn zwei Jahre lang über Afrika, Hinterindien und Südamerika bis nach Australien führte. Nach seiner Rückkehr trat er als Techniker in die Dienste des Stettiner „V u l c a n"; ein Jahr später bewarb er sich in gleicher Eigenschaft um eine Stellung bei der S c h i c h a u - W e r f t zu Danzig, wo er bis zum Jahre 1897 als Betriebsingenieur beschäftigt blieb. Seit dem Jahre 1898 war er wieder beim „V u l c a n" als Betriebsingenieur im Handelsschiffbau tätig. Seiner Leitung war u. a. auch der Bau des „Kaiser Wilhelm II", der „Kronprinzessin Cecilie" und zuletzt des „George Washington" anvertraut.

Nicht nur bei seinen Vorgesetzten, auch an höherer Stelle haben seine treuen, dem vaterländischen Schiffbau geleisteten Dienste ihre Anerkennung gefunden. Im Jahre 1906 wurde ihm der Königliche Kronenorden 4. Kl. verliehen. Am 19. Dezember 1908 wurde er plötzlich vom Tode überrascht.

HERMANN FRESE.

H e r m a n n F r e s e , am 26. März 1843 geboren, entstammte einer alten Bremer Kaufmannsfamilie. Nach Beendigung seiner Schulzeit wählte auch er den kaufmännischen Beruf, in welchem er sich binnen kurzer Zeit dank seinem Fleiß und seiner Begabung so umfassende Kenntnisse des Handels, insbesondere des Tabakhandels, aneignete, daß er es bereits im Jahre 1864 unternehmen konnte, die Firma F r e s e , R i t t e r & H i l l m a n n, die seit dem Jahre 1905 unter dem Namen F r e s e & R i e s c h besteht, zu gründen.

Schon früh bezeugte F r e s e lebhaftes Interesse für die Wohlfahrt seiner Vaterstadt. Als Mitglied der Bremer Bürgerschaft, der Bremer Handelskammer sowie als Inhaber zahlreicher anderer Ehrenämter, z. B. auch als Aufsichtsratsmitglied des Norddeutschen Lloyd, fand er reiche Gelegenheit, seine Fähigkeiten im Dienste der Allgemeinheit zu verwerten. Bei Freund und Gegner wußte er sich durch sein fachmännisches und gerechtes Urteil in allen Handelsangelegenheiten hohe Achtung zu gewinnen. Im Jahre 1893 kandidierte er mit Erfolg für die Wahl in den Reichstag und vertrat seine Vaterstadt zehn Jahre lang als Mitglied der Freisinnigen Vereinigung. Seine politische Überzeugung drängte ihn zur Vertretung der Interessen des Mittelstandes.

Im Jahre 1903 rief ihn eine ehrenvolle Wahl in den Bremischen Senat. Auch in dieser hohen Stellung hat F r e s e eine segensreiche Tätigkeit entfaltet, ebenso wie im Dienste der Deutschen Gesellschaft zur Rettung Schiffbrüchiger, die seinem Herzen besonders nahe stand. Nach dem Tode seines Freundes T h e o d o r G r u n e r wurde er Präsident dieser Gesellschaft.

Nur ein kurzes, schmerzloses Krankenlager ging seinem am 16. Januar erfolgten Tode voraus. An seiner Bahre trauern seine Mitbürger um einen ihrer Tüchtigsten und Besten, der sein ganzes Können ein Leben lang seiner engeren Vaterstadt und seinem Vaterlande gewidmet hatte.

Dr. FRANCIS ELGAR.

F r a n c i s E l g a r war einer der bedeutendsten Vertreter der britischen Schiffbauindustrie; weit über die Grenzen seines Vaterlandes, nicht zum wenigsten auch im Kreise seiner deutschen Fachgenossen wird sein Tod als unersetzlicher Verlust betrauert werden.

1845 in Portsmouth geboren, absolvierte er seine praktische Ausbildung in dem dortigen Marinearsenal und empfing den ersten theoretischen Unterricht in einer der von der britischen Admiralität damals unterhaltenen Lehrlingsschulen, aus welcher er auf Grund eines glänzend bestandenen Wettbewerbsexamens in die neu errichtete Royal School of Naval Architecture and Marine

Engineering in South Kensington übernommen wurde. Diese Hochschule verließ er nach dreijährigem Studium mit einem erstklassigen Zeugnis und arbeitete 3 Jahre lang praktisch als Hilfsingenieur auf der Privatwerft von Laird & Co. in Birkenhead. Nach seiner Rückberufung in die britische Admiralität beschäftigte er sich anläßlich des Unfalles des Turretschiffes „Captain", dessen Bau er in Birkenhead überwacht hatte, mehrere Jahre lang mit Untersuchungen über die Stabilität von Schiffen, arbeitete dann längere Zeit im Londoner Zentralbureau und folgte auf 2 Jahre einem Ruf als schiffbautechnischer Berater der japanischen Marine nach Tokio, als welcher er sich große Verdienste um die Reorganisation der japanischen Werften und um die Aufstellung eines neuen japanischen Flottenbauprogramms erwarb.

Nach England zurückgekehrt, ließ er sich als Zivilingenieur in London nieder und erwarb sich als Konsulent der ersten britischen Reedereien das Vertrauen weitester Kreise. Sein wissenschaftlicher Ruf stand damals schon in so hohem Ansehen, daß ihm im Jahre 1883 die erste in Großbritannien errichtete Professur für Schiffbauwissenschaft übertragen wurde. Diesen Lehrstuhl vertauschte er jedoch bald mit dem von der britischen Admiralität neugeschaffenen Posten eines Werftdirektors. In dieser hohen und verantwortungsvollen Stellung leistete er seinem Vaterlande durch die Reorganisation der Werfteinrichtungen sowie durch Maßnahmen, welche die Beschleunigung und Verbilligung des Kriegsschiffbaues bezweckten, hervorragende Dienste. Im Jahre 1892 schied er aus dem Staatsdienst und übernahm den ihm angebotenen Direktorposten der Fairfield Shipbuilding and Engineering Company in Glasgow, von deren Leitung er sich vor ungefähr drei Jahren zurückzog, um den Rest seines Lebens in Muße zu verbringen.

Eine längere Ruhezeit jedoch stand nicht nach seinem Sinn; sehr bald überkam ihn wieder die alte Arbeitslust und er übernahm den Vorsitz über die vereinigten Eisen- und Stahlwerke und Schiffbauanstalt von Cammell, Laird and Company in Verbindung mit der Leitung der Fairfield Shipubuilding Company. Eine vollständige Umwälzung in der Organisation dieser großindustriellen Unternehmungen war nun die Aufgabe, deren Lösung sich Dr. Elgar mit zäher Energie und mit ungewöhnlichem Fleiß und Geschick unterzog. Wohl infolge von Überanstrengung bei dieser schwierigen und aufreibenden Arbeit erkrankte er plötzlich und starb am 16. Januar auf einer Erholungsreise an der Riviera.

Einen ihrer Besten hat die englische Schiffbauindustrie in ihm verloren. In seltenem Maße hat er theoretisches Wissen mit Energie und praktischem

Können zu vereinigen gewußt. Vielseitig wie seine Geistesgaben waren auch die Vorzüge seines Charakters. Mit den verschiedensten wissenschaftlichen Gesellschaften des In- und Auslandes verbanden ihn enge Beziehungen. Seit dem Jahre 1903 war er Vizepräsident der Institution of Naval Architects; der Schiffbautechnischen Gesellschaft gehörte er ebensolange als lebenslängliches Mitglied an.

CARLOS PEDRO DE FREITAS.

Der Träger eines der bekanntesten Namen unserer hanseatischen Geschäftswelt ist mit Carlos Pedro de Freitas dahingegangen. Am 9. März 1866 geboren, besuchte Carlos Pedro de Freitas zunächst die Schule in Hamburg, später in Jena und trat dann bei A. Warncke in Hamburg in die kaufmännische Lehre. Seine weitere praktische Ausbildung führte ihn in die verschiedensten Länder der Welt, nach Brasilien, nach Argentinien, wo er allein in Buenos Ayres 3 Jahre lang verblieb, und in die romanisch redenden Länder des Mittelmeeres. Mit gereiften Erfahrungen kehrte der Weitgereiste im Jahre 1891 wieder nach Deutschland zurück, um als einfacher Angestellter im väterlichen Geschäft seine kaufmännische Tätigkeit wieder aufzunehmen. Schon im Jahre 1899 wurde er Teilnehmer und seit dem Anfang des Jahres 1903 alleiniger Inhaber des Handelshauses A. C. de Freitas & Co. in Hamburg.

Mitten aus seiner Tätigkeit wurde der rüstige Mann infolge einer Lungenentzündung nach dreitägigem Krankenlager in St. Moritz, wo er Erholung gesucht hatte, durch den Tod gerissen.

HEINRICH WIEGAND.

Am 29. März hat ein sanfter Tod in Homburg v. d. H. das an Erfolgen reiche Leben des verdienstvollen Generaldirektors des Norddeutschen Lloyd, Dr. Heinrich Wiegand, beendet. Mit der stolzen Bremer Schiffahrtsgesellschaft, mit der alten Hansastadt Bremen, mit den weitesten Kreisen des Handels, der Industrie und des Verkehrs im deutschen Vaterland und fern im Auslande trauert auch die Schiffbautechnische Gesellschaft um diesen seltenen Mann, der seit ihrer Begründung einer der unsrigen und der stets auf die Förderung unserer Interessen bedacht gewesen ist. Obwohl kein Fachmann im eigentlichen Sinne, hat Heinrich Wiegand doch auf schiffbautechnischem Gebiete eine Stellung eingenommen, wie sie nur wenigen Nichtfachleuten zugebilligt werden kann. Nicht mit Unrecht hat man ihn als den „getreuen

Eckehart der deutschen Schiffahrt" bezeichnet, der niemals deutsche Interessen und Grundsätze aus dem Auge verloren und der in manchen Einrichtungen und Schöpfungen den Norddeutschen Lloyd für die Schiffahrt
geradezu bahnbrechend gestaltet hat.   Daß man auch in wissenschaftlichen
Kreisen seine Verdienste zu würdigen wußte und dankbar anerkannte, was
er zur Förderung des deutschen Schiffbaus getan, bekundete auf das deut-
lichste die hohe Ehrung, die ihm zur Feier des fünfzigjährigen Jubiläums des
Norddeutschen Lloyd im Februar 1907 die technische Hochschule zu Berlin
durch seine Ernennung zum Dr. ing. h. c. zuteil werden ließ „in Anerkennung
seiner hervorragenden Verdienste um die Entwicklung der deutschen Schifffahrt und Förderung des deutschen Schiffbaus".

Heinrich Wiegand, geboren am 17. August 1855, erhielt seine
Schulbildung zuerst auf der Bürgerschule, der jetzigen altstädtischen Realschule in Bremen und ging 1870 auf das Bremer Gymnasium über, welches
er im Herbst 1874 nach bestandenem Abiturientenexamen verließ.   An den
Universitäten Erlangen, Bonn, Berlin und Straßburg studierte er von 1874 bis
1877 Rechtswissenschaft.   In Erlangen war er Mitglied der Burschenschaft
„Bubenruthia" und schrieb als solcher die Geschichte der Erlanger Burschenschaft. 1878 legte Wiegand in Colmar i. E. das Referendarexamen ab
und trat ebendaselbst als Referendar in den Staatsdienst, mit der Absicht,
sich später dem Reichs-Eisenbahndienst zu widmen.   Persönliche Verhältnisse
veranlaßten ihn 1879 nach Bremen zurückzukehren.   In demselben Jahre
machte er sein zweites Staatsexamen in Lübeck und das Doktorexamen in
Göttingen.   Noch im Jahre 1879 ließ er sich als Rechtsanwalt in Bremen
nieder.   Seine Tätigkeit als Anwalt, die vornehmlich auf handels- und see-
rechtlichem Gebiete lag, verschaffte ihm bald einen bedeutsamen Ruf, welcher
in weiten Kreisen Widerhall fand durch seine Führung des Rechtsstreites
über die Kollision zwischen dem Norddeutschen Lloyddampfer „Hohenstaufen"
und S. M. S. „Sophie".   Diesen Rechtsstreit, der gewisse Grundfragen des
Seerechts berührte, gewann Wiegand für den Norddeutschen Lloyd in zwei
Instanzen, während das Reichsgericht später zugunsten des Reichsfiskus
entschied.

Zur selben Zeit trat Wiegand von der eigentlichen Prozeßtätigkeit mehr
und mehr zurück und wurde Rechtskonsulent bei größeren Gesellschaften,
insbesondere bei den großen Schiffahrtsunternehmungen.   Am 15. Februar 1889
wurde er Konsulent des Norddeutschen Lloyd.

Seine Vorliebe für das große Gebiet der Verkehrspolitik, insbesondere für das Seewesen, war schon während seiner Studienjahre hervorgetreten; sein Wirken als Rechtsanwalt und Konsulent führte ihn praktisch in die Betriebsverhältnisse ein. Bei seiner Berufung zum Norddeutschen Lloyd kam ihm besonders seine frühere konsultative Tätigkeit zustatten. Sie ließ ihn die Stärke, Schwäche und die Aufgaben der deutschen Schiffahrt, wie sie sich Anfang der neunziger Jahre des vorigen Jahrhunderts darstellten, in ihrem Wesen erkennen. Seine Ernennung zum Direktor des Norddeutschen Lloyd bedeutete in der Geschichte der deutschen Handelsschiffahrt den Beginn einer neuen, für den Norddeutschen Lloyd und für Bremen entscheidenden Ära. Die Umgestaltung der ganzen Lloydflotte im Zeitraum seiner Tätigkeit, die Errichtung neuer und sicherer Grundlagen für dieselbe durch Betriebserweiterungen im Hauptliniennetz des Lloyd durch die Schaffung eigener Betriebskreise in Ostasien, in der Südsee und im Mittelmeer, ferner die Errichtung deutscher Linien zwischen fremden, einer großen Zukunft entgegengehenden Ländern wie Japan und Australien, die Sicherstellung des Offiziersersatzes, die Ausgestaltung wichtiger Zufahrtsstraßen für Bremen auf der Weser und im Bahnverkehr, die Schaffung einer bedeutenden Industrie auf bremischem Gebiete: das alles sind Taten, deren logische Aufeinanderfolge ebenso wie ihre Wirkung die Entwicklung des Norddeutschen Lloyd zu seiner jetzigen Weltbedeutung zur Folge hatten.

Ein ungewöhnlich rasches Auffassungsvermögen, die Fähigkeit, aus allen Anregungen die Tat zu formen, eine ungemein schnelle Entschlußfähigkeit und ein rastloser Tätigkeitsdrang, das sind die Eigenschaften, auf denen die Erfolge Wiegands sich aufbauten.

Wenn von Heinrich Wiegand als einem Förderer des deutschen Schiffbaues die Rede ist, so muß stets in erster Linie betont werden, daß er es war, der dafür eintrat, daß die Bauaufträge des Norddeutschen Lloyd deutschen Werften zugeführt wurden. So hat er es vermocht, daß unter seinem Direktorium der Norddeutsche Lloyd nur eine ganz geringe Zahl von Schiffen im Auslande bauen ließ und auch diese nur deshalb, weil die deutschen Werften damals mit Aufträgen überhäuft waren und die Lieferungsfristen nicht übernehmen konnten. Wenn man sich aber Wiegands Verdienste auf schiffbautechnischem Gebiete vergegenwärtigt, so wird man in erster Linie der auf seine Initiative errichteten ersten deutschen Modellschleppversuchstation in Bremerhaven sowie seiner regen Mitarbeit an der Aufstellung neuer Prinzipien für den Bau der Schnelldampfer „Kaiser

Wilhelm der Große", „Kronprinz Wilhelm", „Kaiser Wilhelm II" und „Kronprinzessin Cecilie" gedenken müssen.

Daneben aber sind es eine Reihe von Spezialgebieten im Schiffbau und in der Technik, die Wiegand lebhaft beschäftigten: die Einführung der drahtlosen Telegraphie an Bord und an der deutschen Nordseeküste, die Einführung der selbsttätigen Schottenschließvorrichtungen und deren Verbesserung nach eigenen Ideen, die Heranziehung des modernen Kunstgewerbes zur Innenausstattung der transatlantischen Dampfer und vieles andere mehr. Bei allen von ihm geschaffenen Neuerungen erkannte man, daß sie einem scharf und reiflich überlegenden Geiste entsprungen waren, der schnell und sicher auch in die seinem Gesichtskreis ferner liegenden Gebiete eindringen und sich betätigen konnte.

Um Heinrich Wiegand trauert die ganze zivilisierte Welt als um einen Mann, der nicht nur als hervorragender Direktor eines großen Verkehrsinstituts galt, sondern der bei allen seinen Handlungen stets neben den Interessen seiner Vaterstadt Bremen auch für das Wohl seines deutschen Vaterlandes ein warmes Herz besaß. Nicht besser kann sein Andenken geehrt werden als in dem Beileidstelegramm des Kaisers an den Norddeutschen Lloyd:

„Die Nachricht von dem Hinscheiden des Generaldirektors Dr. Wiegand hat mich tief bewegt; ist doch mit ihm ein Mann dahingegangen, der Großes im Leben geleistet hat, ein Mann harter Arbeit, ein Mann mit treuem, warmem Herzen. Der Norddeutsche Lloyd hat sehr viel an ihm verloren, aber sein Geist wird lebendig bleiben in dem großen Unternehmen, dessen nationale Bedeutung niemand höher würdigt als ich, und welches gerade jetzt nach langer Zeit schweren wirtschaftlichen Kampfes wieder anfängt, aufwärts zu gehen. Das wird dem von uns Gegangenen das Scheiden erleichtert haben. Ich werde mich bei der Bestattung vertreten lassen und bitte heute nur den Hinterbliebenen mein herzlichstes Beileid zu übermitteln."

OTTO CARL PEUSS.

Otto Carl Peuß wurde als Sohn des Schiffskapitäns Johann Peuß am 27. November 1861 auf Rügen geboren, besuchte die Realschule in Anklam und Stralsund und erlernte den praktischen Schiffbau beim Schiffsbaumeister Julius Peuß in Stralsund. Ebendort erwarb er sich nach beendeter Lehrzeit die erforderlichen theoretischen Kenntnisse für den Schiffbau und trat dann als Freiwilliger bei der Kaiserlichen Werftdivision zu Kiel ein. Nach mehrjähriger Beschäftigung im technischen Bureau sowie im Betrieb des Stettiner „V u l c a n" wurde er von der Maschinenbauanstalt und Schiffs- werft M ö l l e r & H o l l b e r g A.-G. in Grabow a. O., und später von der Firma B e r n h a r d F i s c h e r in Mannheim als Werftleiter engagiert. Mann- heim verließ er im Jahre 1890, um als Teilhaber bei der alten, 1816 gegrün- deten N ü s c k eschen Schiffswerft und Maschinenbauanstalt einzutreten. Seit der im Jahre 1902 erfolgten Umwandlung dieses Unternehmens in eine Aktien- Gesellschaft wurde O t t o C a r l P e u ß zum Direktor der Werft ernannt, bis im April 1909 der Tod seinem schaffensfreudigem Wirken ein Ende setzte.

GEORG HOWALDT.

Halbstock gesetzte Trauerflaggen auf den Gebäuden, Werften und Schiffen im Hafen von Kiel verkündeten weithin die traurige Botschaft am 10. Mai 1909, daß die Stadt Kiel und mit ihr der deutsche Schiffbau, ja die ganze vater- ländische Großindustrie- und Geschäftswelt einen schweren Verlust erlitten hatte. In Wildbad, wo er Erholung von seinen Geschäften gesucht hatte, war der Königliche Preußische Kommerzienrat G e o r g H o w a l d t im Alter von 68 Jahren plötzlich einem Schlaganfall erlegen.

Am 24. März 1841 als Sohn des Fabrikbesitzers A. F. H o w a l d t in K i e l geboren, besuchte der junge Howaldt die dortige Gelehrtenschule und trat gleich nach seiner Konfirmation in die von seinem Vater im Jahre 1835 gegründete Maschinenfabrik in K i e l ein. Die natürliche Lage seiner damals noch kleinen Vaterstadt am Meeresstrande lenkte schon frühzeitig seinen Blick dem Schiffbau zu, und so ging er im Jahre 1860 zum praktischen Studium der Schiffbaukunst nach England. Nachdem er sich auf der Tech- nischen Hochschule in Z ü r i c h auch gründliche theoretische Kenntnisse er- worben hatte, fuhr er als Maschinistenassistent auf Dampfern der Hamburg- Amerika-Linie, bereiste England und Amerika und studierte dann weiter den Schiffbau in Hamburg. In die Heimat zurückgekehrt, trat H o w a l d t zwar wieder in die väterliche Maschinenfabrik und Eisengießerei ein, schied jedoch, da er sie seinem Lieblingsprojekt, dem Schiffbau, nicht dienstbar machen konnte, bald wieder aus der Firma aus und begründete 1865 eine eigene Werft am Kieler Hafen, die bald darnach, im Jahre 1867, durch die Gründung der Werft des Norddeutschen Bundes, der heutigen Kaiserlichen Werft, in den Besitz der Bundesstaaten überging. H o w a l d t wurde nun leitender

Direktor der gleichzeitig gegründeten Norddeutschen Schiffbau-Aktiengesell-
schaft, der jetzigen Kruppschen Germaniawerft in G a a r d e n. Am 1. Oktober
1876 wurde dann von ihm unter der Firma „G e o r g H o w a l d t, K i e l e r
S c h i f f s w e r f t" an dem Platze, an dem sich das heutige Werk erhebt,
eine neue Werft errichtet, der in den Jahren 1882 bis 1884 die aus der väterlichen Fabrik hervorgegangene Maschinenfabrik „Gebrüder Howaldt" in Kiel
zunächst in Personalunion, später, 1889, auch kapitalistisch in Form einer
Aktiengesellschaft angegliedert wurde.

Mit 100 Arbeitern ungefähr hatte Howaldt dort Schiffe zu bauen begonnen, aber seinem Unternehmungsgeiste, seiner zähen Energie und seinem
Scharfblick für die Bedürfnisse der Zeit, die eiserne Schiffe verlangte, konnte
es nicht fehlen, dem jungen Unternehmen in engster Fühlung mit dem Eta-
blissement seiner Brüder sehr bald zu immer größerem Ansehen zu verhelfen. Wiederholt mußte die an der Swentinemündung errichtete Werft erweitert werden, so daß dort bald nicht nur die größten Handelsschiffe, sondern auch Kriegsschiffe, deren Howaldt im Laufe der Jahre für ausländische
Marinen eine namhafte Anzahl lieferte, gebaut wurden. Auch für die deutsche
Marine sind Howaldts Werke mit Erfolg beschäftigt gewesen, es sei nur an
den Bau des kleinen Kreuzers „Undine", an das interessante Hebeschiff für
Unterseeboote „Vulkan" und an den vom Reich der deutschen Südpolar-
expedition überlassenen Dreimastschoner „Gaus" erinnert. Im letzten Jahre
beschäftigte die Werft 2000 Arbeiter und übernahm den Bau des Linien-
schiffes „Ersatz Siegfried". Seit der Gründung des Werkes wurden unter
Leitung von G e o r g H o w a l d t etwa 500 Fahrzeuge der verschiedensten
Art und Größe erbaut.

Nicht nur in seinem Berufe, auch als Mensch hat der Verstorbene Großes
geleistet. Wie der Geistliche in seiner Gedächtnisrede bei der Trauerfeier an-
führte, besaß der wetterfeste, unbeugsame Mann ein treues Herz, ein weiches
Gemüt. Was in seinem Innern vorging, trat nicht immer nach außen hervor.
Stets war sein Blick auf das große Ganze gerichtet; persönlicher Egoismus
lag ihm fern. Er war ein treuer Freund und half bereitwillig denen, die er
in sein Herz geschlossen hatte. Warmes Interesse zeigte er für das Los
seiner Arbeiter, wie die rühmlichst bekannten Wohlfahrtseinrichtungen der
Howaldtswerke zu erzählen wissen.

Auch für die Bestrebungen der Schiffbautechnischen Gesellschaft bekundete der Verstorbene stets tätiges Interesse, er zählte zu ihren Gründern

und hat sich durch namhafte Spenden zu dem Organisationsfonds Anspruch auf unsern Dank erworben.

Die Teilnahme an seinem Heimgang war in allen Kreisen eine sehr große. Unter den Beileidsbezeugungen befanden sich solche vom Kaiser, vom Prinzen Heinrich und von dem Großherzog von Oldenburg; auch unsere Gesellschaft war bei seiner Beisetzung vertreten. Möge der Verstorbene in Frieden ruhen! Sein Andenken wird in der Geschichte des deutschen Schiffbaues stets in Ehren gehalten werden.

THEODOR MARKWART.

Theodor Markwart wurde am 11. Oktober 1844 in Rostock als Sohn des Gymnasiallehrers Carl Markwart geboren. Nach Besuch des dortigen Gymnasiums arbeitete er mehrere Jahre lang praktisch in der Tischbeinschen Maschinenfabrik und bezog im Jahre 1865 das Polytechnikum in Zürich, auf welchem er sich im August 1868 die Würde eines Diplom-Ingenieurs erwarb. Vorübergehend war er in der Hartmannschen Maschinenfabrik in Chemnitz im Dampfmaschinenbau beschäftigt und trat dann bald beim Stettiner „Vulcan" ein, in dessen Konstruktionsbureau für Schiffsmaschinenbau er bis zum September 1878 beschäftigt war. Um sich selbständig zu machen, gab er diese Stellung auf und ließ sich in Stettin als Zivilingenieur nieder. Im Jahre 1881 wurde er vom „Bureau Veritas" als Maschineningenieur angestellt und konnte in dieser Stellung im Jahre 1906 sein 25jähriges Dienstjubiläum feiern. Bis zu seinem Tode widmete er dieser Gesellschaft seine Dienste; auch als Expert der Stettiner Assekuradeure hat er jahrelang treue Arbeit geleistet. Nach langer schwerer Krankheit starb er in Stettin am 6. Juni 1909.

HUGO SACK.

Am 10. Oktober 1860 in Löben bei Lützen als Sohn des Gutsbesitzers Rudolf Sack geboren, erhielt Hugo Sack seine erste Vorbildung auf dem Realgymnasium zu Leipzig, das er mit dem Zeugnis der Reife verließ. Nach zweijähriger praktischer Ausbildung und nach erfolgreichem Studium auf dem Technikum Mittweida und an der Technischen Hochschule zu Karlsruhe war er mehrere Jahre in verschiedenen Stellungen im Rheinland und Westfalen tätig, ging dann auf ein Jahr nach Spanien und gründete im Jahre 1891 die Maschinenfabrik Sack & Kiesselbach in Rath bei

Düsseldorf. Acht Jahre lang war der Verstorbene an der Leitung dieses Unternehmens mit unermüdlicher Schaffensfreudigkeit beteiligt, dann gründete er im Jahre 1899 ebenfalls in R a t h die Maschinenfabrik von S a c k , G. m. b. H., ein Unternehmen, welches ihm reiche Gelegenheit zur Entfaltung seiner hervorragenden Fähigkeiten als Ingenieur bot. Ohne Rücksicht auf Zeit und Geld verfolgte er hier sein Lieblingsprojekt, die Konstruktion eines Universalwalzwerkes für parallel- und breitflanschige Träger, die er nach jahrelangen, mühseligen Versuchen glücklich zum Erfolge führte. Die Früchte seines Strebens hat ihm jetzt freilich der Tod entrissen. Unerwartet nach kurzem Leiden verschied er am 23. Juni in seinem Jagdhause zu Offdilln.

Neben seiner Gattin und seinen Söhnen trauern auch wir um den Entschlafenen als um ein langjähriges Vereinsmitglied, das unseren Interessen stets ein besonderes Verständnis entgegengebracht hat.

WILLIBALD GALETSCHKY.

Geboren 1865 zu Breslau besuchte W i l l i b a l d G a l e t s c h k y das dortige Realgymnasium und später die Oberrealschule, die er mit dem Zeugnis der Reife verließ. Darnach lernte er praktisch auf der Vulcanwerft in Stettin, diente in der Marine und wurde später Marine-Ingenieur der Reserve. Von 1881—89 besuchte er die Technische Hochschule zu Charlottenburg zum Studium des Schiff- und Schiffsmaschinenbaus und war nach Beendigung seines Studiums in dem Technischen Bureau der Reiherstieg-Schiffswerft in Hamburg und hierauf ein Jahr lang als Betriebsingenieur der Oderwerke in Stettin tätig. Zu seiner weiteren Ausbildung fuhr er längere Zeit auf den Schiffen der Firma R o b. M. S l o m a n n & C o. als Maschinist zur See und erwarb sich als solcher das Patent erster Klasse. Nach vorübergehender Tätigkeit im Dienst der Hamburger Baupolizeibehörde als Revisionsingenieur und als Oberlehrer am staatlichen Technikum in Bremen wurde er 1899 technischer Leiter der Rederei R o b. M. S l o m a n n & C o. und von 1903—1906 Maschineninspektor der Hamburg-Amerikanischen Paketfahrt-Aktien-Gesellschaft. Zuletzt von 1906 bis zu seinem am 30. Juni 1909 erfolgten Tode war er technischer Leiter der Seetransport-Gesellschaft und der Dampfschiffs-Rederei A.-G. „U n i o n " in Hamburg.

Ein arbeits- und erfolggesegnetes Leben hat mit ihm seinen Abschluß gefunden.

WALTER CARL BERGIUS.

Mit Walter Carl Bergius ist ein reichbewegtes Leben dahingegangen. Am 8. September 1847 geboren, empfing er seine erste praktische Ausbildung auf einer kleinen Rostocker Werft, machte dann anfangs als Schiffszimmermann, später als Ingenieur mehrere Seereisen und genügte seiner Militärpflicht bei der Werftdivison in Kiel. Während dieser Zeit fand er Gelegenheit zu physikalischen und mathematischen Studien an der Kieler Universität und brachte es durch Fleiß und Eifer bis zu der Stellung eines Assistenten an dem Kieler Observatorium. Mehr und mehr ergab er sich seinem Lieblingsstudium, der Astronomie, übersiedelte nach England und hielt an dem Athenäum zu Edinburg und an dem Andersonian College zu Glasgow Vorlesungen über Astronomie. In dieser Tätigkeit wurde er erster Vorsitzender der Britischen Astronomischen Gesellschaft in West-Schottland. Später wandte er sich wieder dem Schiffbau zu und beaufsichtigte den Bau der auf Bremische Rechnung bestellten Dampfer „Sirius" und „Canopus". Abgesehen von dem Bau vieler anderer großen Schiffe hatte er auch an der Errichtung der Gaswerke in Barcelona, der Wasserwerke in Neapel, der Docks in Rio Grande, mehrerer eiserner Hafendämme in West-Afrika und Bahnhöfe in Guatemala und Costa Rica führenden Anteil. Sein auf die Wissenschaft gerichteter Sinn ließ sich hieran jedoch nicht genügen. In seinen Mußestunden befaßte er sich viel mit theoretischen Untersuchungen über die Wirtschaftlichkeit von Handelsdampfern, über die er in der Institution of Naval Architects von Zeit zu Zeit Vorträge hielt. Der Schiffbautechnischen Gesellschaft gehörte er seit ihrer Gründung als lebenslängliches Mitglied an. Im Alter von fast 62 Jahren starb er während eines Kuraufenthalts auf der Insel Helgoland am 16. Juli.

JULIUS STEPHAN HANSSEN CLAUSSEN.

In Flensburg schied am 15. September Julius Stephan Hanssen Claussen, Beamter der Flensburger Schiffbaugesellschaft, nach dreiwöchiger Krankheit aus dem Leben. Am 14. Dezember 1867 geboren, war er durch den frühzeitigen Verlust seines Vaters schon bald nach seiner Konfirmation genötigt, seinen Lebensunterhalt selbst zu verdienen. Er trat in das Zeichenbureau der Flensburger Schiffbaugesellschaft ein und arbeitete sich im Dienste dieser Firma allmählich bis zum ersten Konstrukteur empor.

Sein reeller, gutmütiger Charakter sowie seine geschäftliche Tüchtigkeit und Ehrlichkeit haben ihm die Sympathien seiner Vorgesetzten und Untergebenen erworben. Besonders enge Beziehungen verknüpften ihn mit seinem Direktor, dessen Vertrauen er jahrelang in hohem Maße genoß.

F. F. A. SCHULZE.

Am 2. Mai 1848 in Berlin geboren, erlernte F. F. A. S c h u l z e im Geschäft seines Großvaters die Klempnerei. Nachdem er im Jahre 1866 die geschäftliche Leitung übernommen hatte, glückte ihm durch persönliche Beziehungen zur Postverwaltung die Einführung der von ihm konstruierten Rüböllampen zu Beleuchtungszwecken für Postwagen, welche teilweise noch heute im Gebrauch sind. Auf Grund dieser Kundschaft sowie durch die Fabrikation von Leuchtfeuer-, Hafen- und Molenlaternen, Gang- und Kohlenbunkerlampen, Schmierölkannen usw. für die Kriegs- und Handelsmarine vergrößerte sich sein Betrieb im Laufe der Jahre immer mehr, so daß er heute nahezu 400 Arbeiter beschäftigt und zu den ersten Firmen geschäftliche und freundschaftliche Beziehungen unterhält.

Die Förderung dieses Industriezweiges, welchen früher die französische Konkurrenz beherrscht hatte, ist das bleibende Verdienst des Verstorbenen. Auch im Kommunaldienst und als Kirchenältester hat er sich die Achtung seiner Mitbürger gewonnen. Von unserm Kaiser wurde er durch die Verleihung des Kronenordens IV. Klasse ausgezeichnet.

GUSTAV SELVE.

Am Sonntag den 7. November starb in seinem Wohnsitz zu Bonn im 68. Lebensjahre Herr Geheimer Kommerzienrat S e l v e, der alleinige Inhaber der bekannten Firma B a s s e & S e l v e zu A l t e n a in Westfalen.

Sein Lebenslauf ist mit der Entwicklung des von ihm geleiteten Unternehmens untrennbar verbunden. 1861 zu Bärenstein im Versetal ursprünglich als Messingwerk gegründet, hat sich dasselbe unter seiner Leitung zu ungeahnter Blüte entwickelt. Dem Messingwerk wurde bald noch eine Nickelhütte zur Erzeugung metallischen Nickels aus neukaledonischem Erz, ein Aluminiumwerk sowie ein Kobaltwerk zur Herstellung von Kobaltoxyd angereiht. Seine stetig wachsende Bedeutung bedingte die ständige Vergrößerung der Betriebsstätten und die Angliederung zahlreicher auswärtiger Tochterfirmen in Westfalen, Rheinland, Sachsen, Westpreußen und in der Schweiz. Heute zählen die

Metallwerke von Basse & Selve zu den angesehensten in der ganzen Welt. Sie liefern Kriegsmaterial für in- und ausländische Heeresverwaltungen und beschäftigen über 3000 Arbeiter und Angestellte.

In seiner rastlosen geschäftlichen Tätigkeit fand der Verstorbene auch Zeit für die Pflege wohltätiger Bestrebungen. Eingedenk jenes vornehmen Grundsatzes, daß das persönliche Wohl jedes Angestellten Hand in Hand gehe mit dem Interesse einer leistungsfähigen Industrie, schuf Gustav Selve als einer der ersten Großindustriellen Wohlfahrtseinrichtungen für seine Beamten und Arbeiter, die für andere Firmen vorbildlich geworden sind. Auch für die Bekämpfung der Lungentuberkulose hat er viel getan. Seiner Freigebigkeit verdankt die erste preußische Lungenheilstätte zu Hellersen bei Lüdenscheid ihre Entstehung. In jüngster Zeit hat er den Wiederaufbau der Burg Altena in Westfalen durch hochherzige Stiftungen tatkräftig gefördert.

Seinem erfolgreichen Schaffen blieb auch die äußere Anerkennung nicht versagt. Er war Inhaber der Roten Kreuzmedaille, des Kronenordens III. Kl., des Roten Adlerordens III. Kl. sowie mehrerer hoher ausländischer Orden. Im Jahre 1888 wurde er zum Kommerzienrat und im Jahre 1897 zum Geheimen Kommerzienrat ernannt.

Leider zu früh ist der Verstorbene seinen großartigen Schöpfungen entrissen worden, doch wird sein Geist fortleben in den Herzen der Tausende, die er beschäftigte und denen er stets ein wohlwollender Vorgesetzter gewesen ist.

RUDOLPH HAACK.

Am Sonntag den 12. Dezember verschied in Eberswalde unser Ehrenmitglied, der Königliche Baurat und Schiffbaudirektor Rudolph Haack, der Erbauer des ersten deutschen Panzerschiffes, im Alter von 76 Jahren.

Am 17. Oktober 1833 geboren, verlebte Rudolph Haack seine ersten Kinder- und Schuljahre im Elternhause zu Wolgast i. P., wo er das Licht der Welt erblickt hatte. Der damals noch regere Schiffsverkehr im Wolgaster Hafen weckte frühzeitig sein Interesse am Seewesen. Gegen den Wunsch seines Vaters, der ihn für seine Möbeltischlerei bestimmen wollte, erlernte er auf der Werft von Ehrichs & Lübke in Wolgast die Schiffszimmerei; hier arbeitete er auch mit an dem Bau des bekannten Schooners „Frauenlob", der später in einem Taifun an der chinesischen Küste verunglückte. Nach Beendigung seiner praktischen Lehrzeit unternahm er auf einem Segelschiff

eine Reise nach England, besuchte später die Gewerbeschule in Stettin und
die Schiffbauschule in Grabow und trat seine erste Stellung bei dem Schiffbaumeister D i e r l i n g in Dammgarten an. Im Jahre 1856 wurde er
Ingenieur bei der Stettiner Maschinenfabrik und Schiffswerft F r ü c h t e -
n i c h t & B r o c k, welche ein Jahr darauf in die Stettiner Maschinenbau-A.-G.
„V u l k a n" umgewandelt wurde. Seiner einjährigen Militärpflicht genügte
er bei der Artillerie in Stettin. In den Kriegen von 1864/66 wurde er zur
Dienstleistung auf die Festung Stettin kommandiert. Im französischen Feld-
zuge wurde er wenige Wochen nach seiner Hochzeit als Premierleutnant
eingezogen und erwarb während der Belagerung von Paris das Eiserne
Kreuz.

Seine Tätigkeit beim „V u l k a n" nach Beendigung des französischen
Krieges steht mit ehernen Lettern in der Geschichte des deutschen Schiffbaues gezeichnet. Mit dem Erstarken Preußens und mit der Einigung
Deutschlands hatte sich das Bedürfnis nach einer deutschen Flotte und nach
deutschen Werften immer dringender gestaltet. Schon vor Ausbruch des
französischen Krieges war daher die Admiralität in Berlin mit der Direktion
des „Vulkan" über den Bau eines eisernen Panzerschiffes in Verhandlungen
getreten. Nach dem Friedensschluß wurden die unterbrochenen Verhandlungen wieder aufgenommen. Die maßgebenden Personen waren aber wenig
geneigt, einen solchen ersten Versuch im Inlande zu wagen, denn England und
allenfalls Frankreich galten damals noch allgemein als die einzigen Länder,
welche größere Kriegsschiffe bauen konnten. In diesen Bedenken ging man
soweit, dem „Vulkan" anzuraten, sich doch nicht in die mit dem Bau eines
Panzerschiffes verbundenen großen Unkosten zu stürzen, da der Versuch miß-
lingen würde und der „Vulkan" auf keinen zweiten derartigen Auftrag
rechnen dürfte. Doch unbeirrt um alle Warnungen ging R u d o l p h H a a c k,
welcher in erster Linie die Verantwortung für den Versuch zu tragen hatte,
mit Energie auf das gesteckte Ziel los, übernahm den Bau und führte ihn
glücklich zu Ende. Am 22. November 1873 lief die „Preußen" nach feierlichem
Taufakt durch die damalige Kronprinzessin glücklich von Stapel, und am
1. Juli 1876 wurde sie zur vollen Zufriedenheit der Kaiserlichen Marine zur
Ablieferung gebracht.

Dies war ein Wendepunkt nicht nur in der Geschichte des „Vulkan",
sondern auch der deutschen Marine und der gesamten vaterländischen Industrie.
Nachdem der Beweis geliefert war, daß die Erzeugnisse des deutschen Schiffbaues denen der englischen Werften ebenbürtig waren, wurden von jetzt ab

für deutsche Kriegsschiffbauten die deutschen Werften bevorzugt; auch die großen deutschen Reedereien folgten allmählich diesem Beispiel. Die Ausführung dieser Neubauten aber ruhte zum großen Teil in den Händen von Rudolph Haack, welcher so den jungen deutschen Schiffbau der höchsten Vollendung entgegenführte.

Nach einer arbeits- und erfolgekrönten Tätigkeit nahm Rudolph Haack im Jahre 1887 seinen Abschied vom „Vulkan". Seitdem ist er fast ausschließlich wissenschaftlich tätig gewesen. Von seinen größeren Arbeiten sei hier die gemeinsam mit Herrn Geheimrat und Professor Busley verfaßte „Technische Entwicklung des Norddeutschen Lloyd und der Hamburg-Amerikanischen Paketfahrt A.-G." erwähnt, welche zuerst in der „Zeitschrift des Vereins Deutscher Ingenieure" und später, 1893, als selbständiges Werk erschien; ferner „Die Schiffswiderstandsmessungen im Dortmund-Emskanal", sowie die „Begutachtung der Entwürfe des Schiffshebewerk zu Henrichenburg". Auch seine Lehrtätigkeit am Oberseeamt und an der Königlichen Akademie des Bauwesens in Berlin fällt in die Zeit seiner literarischen Tätigkeit. Eine vorübergehende Unterbrechung erfuhr letztere durch den Tod seines Freundes Middendorf, dem technischen Direktor des Germanischen Lloyd, den er im Frühjahr 1903 auf einige Monate vertrat. Ein Jahr zuvor war Rudolph Haack nach Eberswalde übergesiedelt, um dem geräuschvollen Leben der Großstadt zu entgehen. Bis kurz vor seinem Tode war er hier täglich mit seiner Lieblingsarbeit, der Berechnung des Schiffswiderstandes, beschäftigt, die er leider nicht mehr zu Ende führen konnte.

Der Schiffbautechnischen Gesellschaft gehörte Rudolph Haack seit ihrer Gründung als eins ihrer eifrigsten Mitglieder an. Die ihm auf der vorjährigen Hauptversammlung übertragene Ehrenmitgliedschaft war seine größte Freude im letzten Lebensjahre.

Ein schmerzhaftes inneres Leiden trübte seit langem die Gesundheit des sonst so rüstigen Mannes. Mitte August warf ihn ein Bruch des rechten Oberschenkels auf das Krankenlager, von dem er sich nicht wieder erholen sollte. Am 12. Dezember starb er im Kreise seiner Familie und wurde am 15. Dezember unter dem Geleit vieler Freunde und Kollegen auf dem Kirchhof in Eberswalde zu Grabe getragen.

Dort ruht er auf freier Höhe am Waldesrand, ein Denkmal kühnen Schaffens und deutscher Ingenieurarbeit!

Vorträge

der

XI. Hauptversammlung.

IX. Die Gleichstromdampfmaschine.

Vorgetragen von **J. Stumpf**-*Charlottenburg.*

1. Allgemeine thermische und bauliche Eigenschaften.

Bei der Gleichstromdampfmaschine findet die Dampfausnutzung, wie der Name andeutet, im Gleichstrom statt, d. h. der Dampf wird in gleichbleibender Richtung durch die Dampfmaschine hindurchgeführt. Wie Fig. 1 zeigt, tritt der

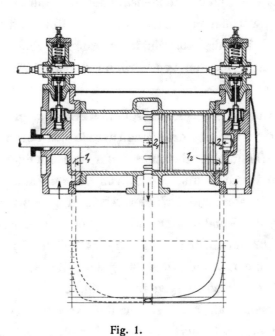

Fig. 1.

Frischdampf unten in den Deckel ein, heizt die Deckelflächen, tritt dann durch das oben im Deckel untergebrachte Ventil in den Zylinder über, folgt arbeitleistend dem Kolben und tritt nach vollzogener Expansion durch am entgegengesetzten Ende des Kolbenhubes, d. i. in der Mitte des Zylinders, angebrachte und vom Kolben gesteuerte Auslaßschlitze aus. Im Gegensatz hierzu bewegt sich der

Dampf bei den gewöhnlichen Dampfmaschinen im Wechselstrom, d. h.
er tritt am Kopfende des Zylinders ein, folgt dem Kolben während der
Arbeitsleistung, kehrt am Ende des Kolbenhubes um und tritt am Kopfende
wieder aus. Infolge dieser Umkehr des Abdampfstroms findet eine starke
Auskühlung der schädlichen Flächen durch den nassen Abdampf statt. Die
Folge davon ist eine verstärkte Zylinderkondensation bei der nächsten
Füllung. Durch den Gleichstrom werden diese Auskühlungen der schädlichen
Flächen, damit die Zylinderkondensationen und damit die Notwendigkeit der
Stufeneinteilung vermieden. Gleichstromdampfmaschinen können daher ein-
zylindrig, d. h. einstufig, ausgebildet werden, wobei sie mit einem Dampf-
verbrauch arbeiten, der den von Verbund- und Dreifach-Expansionsmaschinen
nicht übersteigt.

Die Anwendung der Auslaßschlitze gestattet die Verwirklichung eines
Auslaßquerschnitts von der dreifachen Größe des durch Schieber oder Ventile
erreichbaren. Die Folge davon ist ein vollständiger Spannungsaustausch
nach dem Kondensator hin, wenn von langen und engen Rohrleitungen
zwischen Kondensator und Zylinder Abstand genommen wird; mit andern
Worten: Wenn der Kondensator nahe an den Zylinder herangeschoben wird,
ist infolge des großen Austrittsquerschnittes vollständiger Spannungsausgleich
möglich. Um eine richtige Vorstellung von der Größe der Querschnitte zu
erhalten, muß man sich vergegenwärtigen, daß man eine Kolbenschieber-
steuerung vor sich hat, bei welcher der Arbeitskolben der Schieber, der
Arbeitszylinder das Schiebergehäuse und die Kurbel das Antriebsexzenter
ist. Die Vorausströmung wird im Mittel zu 10% angenommen, womit die
Kompression auf 90% festgelegt ist.

Mit dem Ersatz der Auslaßorgane durch die Auslaßschlitze entfallen
der Undichtigkeitsverlust, der zusätzliche schädliche Raum, die zusätzlichen
schädlichen Flächen und der Steuerungsantrieb dieser Auslaßorgane.

Bei der Gleichstromdampfmaschine findet eine Dampfausnutzung nach
dem Carnotschen Kreisprozeß statt. Dies zeigt sowohl die Überlegung als die
Erfahrung. Die Indikatordiagramme zeigen Sättigungs-Adiabaten auf der
Expansionsseite und Überhitzungs-Adiabaten auf der Kompressionsseite. Oben
in der Einlaßlinie (Fig. 2) kommt die Einlaß-Isotherme und unten in dem ab-
geschnittenen Diagrammstück die Auslaß-Isotherme zum Ausdruck, beide als
wagerechte Linien. Die beiden Isothermen stellen die beiden Stadien im
Kreisprozesse dar, wo Wärme zu- bezw. abgeführt wird.

Durch die adiabatische Expansion entsteht eine recht erhebliche
Dampfnässe, selbst bei ziemlich großen anfänglichen Überhitzungen. Ein
Blick auf die Entropie-Tafel zeigt z. B., daß bei 300° Anfangstemperatur und
12 Atm. Überdruck bei einer Expansion bis auf 0,8 Atm. Enddruck ein Dampf
von 0,92 Dampfqualität entsteht, d. h. in dem Dampfe sind 8% Wasser. In
Wirklichkeit wird die Temperatur am Ende der Füllung bei den üblichen
Überhitzungstemperaturen niemals so hoch sein. Die während der Füllung

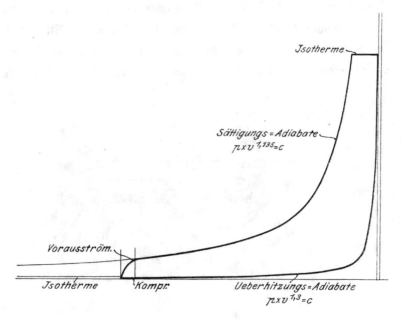

Fig. 2.

unvermeidlichen Wärmeverluste werden eine Temperaturerniedrigung zur
Folge haben, so daß die Expansion bei geringerer Temperatur beginnt und
bei größerem Wassergehalt endigt.

Anderseits findet infolge der Deckelheizung während der Expansion
eine Regenerierung des Dampfes statt. Es ergibt sich während der Expansion
infolge der außerordentlich großen Temperatur-Differenz eine starke Heizwirkung vom Deckel her, welche sich zunächst auf das dem Deckel zunächst
liegende Dampfquantum erstreckt. Das dem Kolben folgende Dampfquantum
dagegen erfährt eine Temperaturerniedrigung bezw. Wasseranreicherung nicht
allein durch die Expansion, sondern auch durch die Abkühlung an den
freigelegten Zylinderoberflächen. Es wird sich somit die stärkste Wasseranreicherung in der dem Kolben unmittelbar folgenden Dampfschicht, dann eine
Abnahme des Wassergehaltes und schließlich eine Überhitzung nach der Schicht

hin ergeben, welche sich unmittelbar am Deckel angelagert findet. Bei der Ausströmung wird durch die ringförmig angebrachten Auspuffschlitze der angewässerte Dampf aus dem Zylinder ausgestoßen. Das Dampfquantum, welches die während der ganzen Expansion und unter dem Einfluß der vollen Temperaturdifferenz ausströmende Dampfheizwärme aufgenommen hat, wird dagegen durch den Kolben abgefangen und zur Kompression verwandt, welche sich nun auf dem Wege der angenäherten Überhitzungs-Adiabate vollziehen wird, dies um so mehr, als während des ersten Teils der Kompression noch weiter Heizwärme vom Deckel aufgenommen wird (Fig. 3). Durch die bei jedem Hub bewirkte völlige Entfernung des Niederschlagwassers wird dessen schädliche Wärmeaustauschwirkung vermieden. Wasserschläge sind hier natürlich unmöglich.

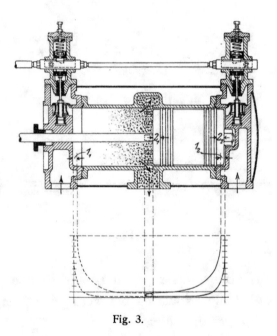

Fig. 3.

Die experimentelle Untersuchung der Heizwirkung an Dreifachexpansionsmaschinen zeigt, daß die Heizung für den Hochdruckzylinder keinen, für den Mitteldruckzylinder geringen, für den Niederdruckzylinder dagegen großen Wert besitzt, letzteres trotz der großen Verluste, die durch den Wechselstrom des Dampfes in Dampfzylindern gewöhnlicher Bauart entstehen. Dieser Wechselstrom bedingt die Wegführung eines großen Teils der Heizwärme durch den Abdampf nach dem Kondensator. Wenn man sich nämlich vergegenwärtigt, daß bei Eröffnung des Auslaßventils sich eine noch beträchtliche Pressungsenergie plötzlich in Strömungsenergie umsetzt, wobei Geschwindigkeiten zwischen 600 und 800 m entstehen, wenn man sich weiter vergegenwärtigt, daß der nasse Abdampfstrom mit dieser Geschwindigkeit gegen die schädlichen Flächen anprallt und die Dampfnässe an diesen niederschlägt, wenn man ferner bedenkt, daß infolge der plötzlichen Druckverminderung und unter dem Einfluß der während der Admission von den schädlichen Flächen aufgenommenen Dampfwärme eine Vakuumkochwirkung, also eine lebhafte Verdampfung und damit eine energische Wärmeentziehung aus den vielfach noch geheizten schädlichen Flächen entsteht, so ergibt sich aus diesem Zusammenhang ein höchst ungünstiges Bild für die Verwertung der abgelagerten Admissionswärme und der Heizwärme. Vom Punkte der Vorausströmung an bis zum Punkte der Kompression, d. i. während annähernd der Hälfte der Umdrehungszeit, wird die Heizwärme unter den denkbar ungünstigsten Verhältnissen, nämlich bei der größten Temperaturdifferenz und bei der größten Geschwindigkeit des zu heizenden Mediums, an die Kondensation abgegeben. Während der restlichen Hälfte der Zeit findet eine Wärmeabgabe unter viel ungünstigeren Verhältnissen und bei viel geringeren Geschwindigkeiten statt, und trotz der erwähnten großen Verluste ergibt sich gerade beim Niederdruckzylinder das Maximum des Nutzens der Heizung. Dies erklärt sich dadurch, daß im Niederdruckzylinder die größte Temperaturdifferenz für die Heizung gegeben ist. Aus dieser Erfahrung folgt, daß sich bei dem Gleichstromdampf-Zylinder eine besonders energische Heizwirkung ergeben muß, da die Heizung sich auch hier, wie beim Niederdruckzylinder einer Dreifachexpansionsmaschine, unter dem Einfluß der vollen Temperaturdifferenz vollzieht. Dazu kommt noch, daß der Wechselstrom, welcher die großen Verluste zur Folge hat, durch den Gleichstrom ersetzt ist und nicht eine einzige Wärmeeinheit der Heizung durch den Abdampfstrom verloren geht. Es strömt nämlich niemals, wie ein Blick auf die Zeichnung zeigt, Abdampf an Heizflächen entlang aus dem Zylinder aus. Der Dampf, welcher mit der Heizwand des Deckels in Berührung kommt, tritt höchstens bis an die Auspuffschlitze heran, ohne durch dieselben auszutreten. Die Kompressionslinie zeigt, daß infolgedessen niemals Heizwärme verloren gehen kann. Das bei dem Niederdruckzylinder der Dreifachexpansionsmaschine festgestellte günstige Heizergebnis muß bei einem Gleichstromzylinder in noch weit stärkerem Maße in die Erscheinung treten, weil die bei dem Wechselstrom gegebenen großen Verluste an Heizwärme bei der neuen Konstruktion überhaupt nicht vorkommen.

Hierbei ist vorausgesetzt, daß die Heizung auf die Deckel beschränkt ist, bezw. der Zylinder nicht geheizt ist (siehe Fig. 1 u. 3). Die Deckelheizung ist bis zum Ende der Füllung vorgezogen, so daß die schädlichen Flächen durch den Frischdampf von außen und durch den hochüberhitzten Kompressionsdampf von innen aufs wirksamste geheizt werden. Die Heizung von innen wird ermöglicht durch die Ausbildung der beiden Kolbenenden als Tauchkolben, wodurch ein geringer Spielraum zwischen den schädlichen Flächen und dem Kolben in seiner äußersten Stellung sichergestellt wird. Welche Endtemperaturen hier entstehen können, mag aus folgendem Rechnungsbeispiel hervorgehen. Wenn man Dampf von 0,05 Atm. abs. trocken gesättigt auf 12 Atm. absolute Endspannung verdichtet, entsteht, nach der Überhitzungsadiabate gerechnet, eine Temperatur von 943⁰. Dieses Rechnungsbeispiel zeigt, daß es gar nicht notwendig ist, bis auf die Anfangsspannung zu verdichten, daß man vielmehr bei einer mäßigen Endkompressionsspannung aufhören kann. Wo die günstigste Endkompressionsspannung für den jeweiligen Fall liegt, wird den Gegenstand von Versuchen bilden, die in größerem Umfange für Sättigung sowohl wie für Überhitzung bei verschiedenen Einström- und Ausströmspannungen in Bälde durchgeführt werden sollen.

Daß die thermischen Verhältnisse bei der neuen Dampfmaschine auf gesunder Grundlage aufgebaut sind, geht auch aus dem Vergleiche mit der Konstruktion von van den Kerchove hervor. Die günstigen Dampfverbrauchsergebnisse dieser Konstruktion sind durch die Anordnung der Dampfverteilungsorgane im Deckel und die durch diesen baulichen Zusammenhang verursachte günstige Deckelheizung, die geringe Größe des schädlichen Raums und der schädlichen Flächen bedingt. Durch die Gleichstromanordnung werden die Vorteile aber noch wesentlich erhöht infolge des Ersatzes des Auslaßorgans durch die vom Kolben gesteuerten Auspufföffnungen und der dadurch gegebenen Verstärkung der Deckelheizung, Verringerung des schädlichen Raumes und der schädlichen Flächen.

Eine weitere Verminderung des Einflusses der schädlichen Flächen kann durch Verringerung der Wandstärke und durch saubere Bearbeitung herbeigeführt werden.

Wenn sich auch das ganze Dampfdiagramm an den schädlichen Flächen abspielt, so ist der kühlende Einfluß bei der Gleichstrommaschine doch gering wegen des Wegfalls der Auslaßströmung und der Verdampfung und wegen der Gegenwirkung der Deckel- und der Kompressionsheizung.

Bei der Gleichstromdampfmaschine wird die thermische Verwaschung, welche der Wechselstromdampfmaschine eigentümlich ist, grundsätzlich vermieden. Der Zylinder besteht aus zwei einfachwirkenden Zylindern, welche mit ihren Auspuff-Enden zusammengeschoben sind. Die beiden Diagramme sind nach Maßgabe der großen Kolbenlänge auseinandergeschoben. Die beiden Einström-Enden sind heiß und bleiben heiß; das gemeinschaftliche Ausström-Ende ist kalt und bleibt kalt. Von den heißen Einström-Enden nach dem kalten Ausström-Ende hin ergibt sich ein allmählich verlaufender Temperaturübergang, welcher sich im Mittel dem Temperaturverlauf zwischen Expansions- und Kompressionslinie anschließt.

Im Gegensatz hierzu stehen bei der Wechselstromdampfmaschine die Diagramme mehr oder weniger übereinander. Das Auspuff-Ende des einen Diagramms reicht in das Einström-Ende des andern hinein. Das Ganze wird thermisch unklar.

Durch die Anordnung der Auspuffschlitze und des Auspuffwulstes in der Mitte des Zylinders ergibt sich eine sehr wirksame Auskühlung dieses zentralen Teiles des Zylinders, wo der Kolben die höchste Geschwindigkeit hat. Diese günstige Wirkung wird weiter unterstützt durch die Weglassung der Zylinderheizung im übrigen Teil des Zylinders. Andererseits besitzt der Kolben eine außergewöhnlich große Auflagefläche und demnach einen sehr geringen spezifischen Auflagedruck. Der Zylinder hat eine sehr einfache Gestalt und ist vollständig frei von Angüssen, örtlichen Erhitzungen und den hierdurch gegebenen Verzerrungen. Durch den geringen Auflagedruck, durch die geringe Temperatur des Zylinders, namentlich in seinem zentralen Teil, und durch den Wegfall aller Verzerrungen wird der Kolbenbetrieb auf eine sehr günstige Grundlage gestellt. Der rückwärtige Teil der Kolbenstange und die zugehörige Stopfbüchse werden überflüssig. Der Kolben ist mit zwei Ringsystemen versehen, wovon jedes meist 3 Ringe besitzt. Beide Ringsysteme, also meist 6 Ringe, sind dichtend tätig während der Zeit, wo die großen Dampfspannungen wirken. Die Dampfspannung ist schon auf ca. 3 Atm. zurückgegangen, wenn ein Ringsystem durch Überlaufen der Auspuffschlitze für die Dichtung außer Tätigkeit tritt. Der Betrieb einer großen Zahl von Gleichstromdampfmaschinen zeigt, daß der Kolbenbetrieb, auch bei höchsten Überhitzungen, nicht die geringsten Schwierigkeiten bietet, und daß bei guter Herstellung eine vorzügliche Dichtung erzielbar ist. Wenn aber infolge mangelhafter Herstellung oder mangelhafter

Schmierung ein Verreiben des Zylinders eintritt, ist ein Ersatz des höchst einfachen Zylinders rasch und ohne große Kosten durchführbar.

Es ist ohne weiteres möglich, in Gleichstromdampfmaschinen der geschilderten Konstruktion mit Überhitzungstemperaturen zu arbeiten, welche das zurzeit übliche Maß weit überschreiten. Dies geht aus dem Diagramm Fig. 7, welches tief ins Sättigungsgebiet eintaucht, deutlich hervor. Die

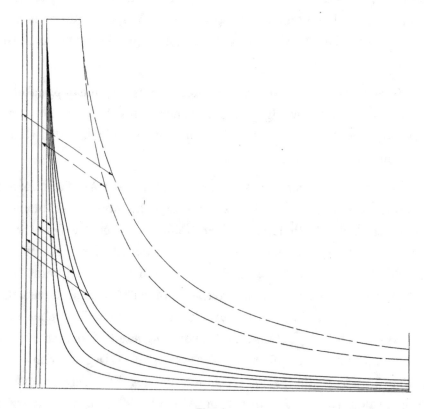

Fig. 4.

neue Maschinenkonstruktion eröffnet demnach eine weitere Entwicklungsmöglichkeit durch Verwendung höherer Überhitzungstemperaturen.

Für die Gleichstromdampfmaschine ist ein gutes Vakuum sehr vorteilhaft. In dem Diagramm Fig. 4 sind die Kompressionslinien für verschiedene Anfangsspannungen und dieselbe Endspannung zusammengetragen, wobei der schädliche Raum entsprechend zu verändern ist. Aus dem Verlauf dieser Linien ist ersichtlich, wie bedeutend sich die Diagrammflächen bei Verwendung eines guten Vakuums vergrößern. Dabei ist es durch geeignete Bemessung des schädlichen Raumes stets möglich, die Verdichtungsspannung und die Verdichtungstemperatur auf die gewünschte Höhe zu

-bringen. Weiter geht aus diesem Zusammenhang hervor, daß der schädliche Raum bei gutem Vakuum sehr klein ist, z. B. bei 0,05 Atm. Gegendruck auf ca. 1¹/₂ %' bemessen werden kann.

Die Anordnung des Einlaßventils im Deckel gestattet die Ausbildung des kleinsten Überströmkanals, bezw. den kürzesten und geradesten Weg für den Übertritt des Dampfes durch das Ventil in den Zylinderraum. Daher ist, namentlich wenn noch Überhitzung hinzutritt, die Verwendung sehr hoher Dampfgeschwindigkeiten ohne Schaden durchführbar.

Die baulichen, thermischen und betriebstechnischen Vorteile der Gleichstromdampfmaschine sind derart, daß mit dieser Maschine im Dauerbetrieb die Dampfverbrauchszahlen von Verbund- und Dreifach-Expansionsmaschinen sowohl bei gesättigtem wie überhitztem Dampf erzielbar sind.

2. Die Gleichstrom-Betriebsdampfmaschine.

Die Gleichstrom-Betriebsdampfmaschine eignet sich für Auspuff, für Kondensation, für gesättigten Dampf und für überhitzten Dampf. Am deutlichsten zeigt sie ihre günstigen Eigenschaften bei Verwendung von überhitztem

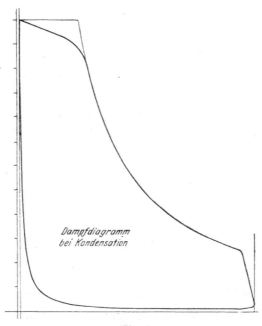

Dampfdiagramm bei Kondensation

Fig. 5.

Dampf und Kondensation. Die Gestalt des Diagrammes (Fig. 5 u. 6) läßt erkennen, daß hohe Umdrehungszahlen, bezw. Kolbengeschwindigkeiten zwischen 4 und 4,5 m, mit Vorteil verwendbar sind. Wenn man hierfür die

Massendruckdiagramme entwirft und in die Kolbenüberdruckdiagramme einträgt, ergibt sich ein Verlauf der Linien, welcher annähernd gleichbleibende

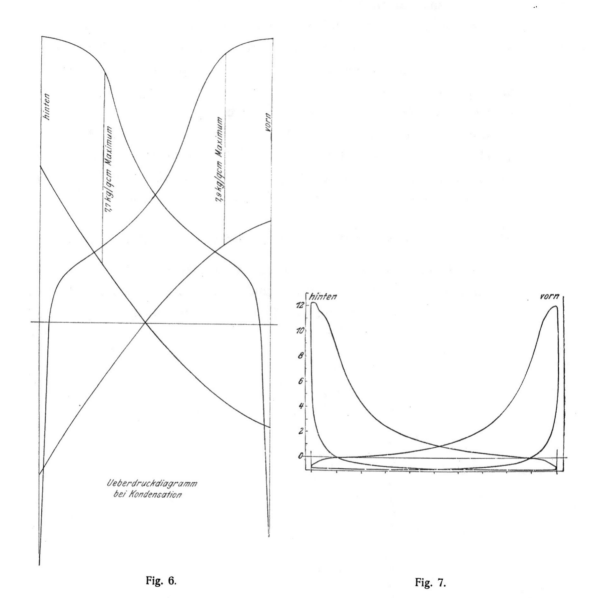

Fig. 6.   Fig. 7.

Beanspruchung des Triebwerks während des ganzen Hubes ergibt.   Wenn
man, wie angedeutet, in diesem Diagramm die höchste Ordinate aufsucht und
die ihr entsprechende Kraft der Triebwerksberechnung zugrunde legt, findet man,
daß das Triebwerk leichter ausfällt als das einer gleich starken Tandemmaschine. Dieses überraschende Ergebnis wird durch die Tatsache erhärtet, daß
bei den entsprechenden Diagrammen einer Tandemmaschine und den genannten

Kolbengeschwindigkeiten die höchste Beanspruchung des Triebwerks im letzten Teile des Hubes stattfindet, wo die Massen- und Dampfdrucke sich

Fig. 8.

addieren. Die Gleichstrom - Betriebsdampfmaschine gestattet demnach die günstigste Beanspruchung und Ausnutzung des Triebwerks und die Verwendung der kleinstmöglichen Triebwerksabmessungen.

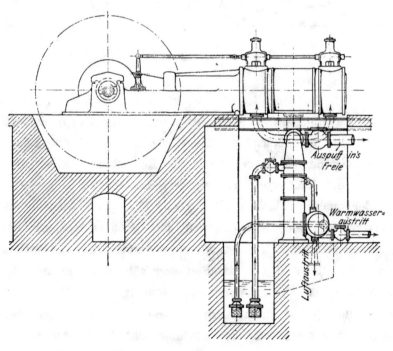

Fig. 9.

Bei liegender Anordnung sind keine Steuerungsteile im Fundament unterzubringen. Da nur zwei Einlaßventile vorhanden sind, erübrigt sich die Verwendung einer besonderen Steuerwelle. Wie die Abbildungen Fig. 8, 9, 15 und 16 zeigen, können die Einlaßventile von einem auf der Hauptwelle angebrachten und vermittels eines Flachreglers verstellbar eingerichteten Exzenter durch Schwinge und Kurvenschub unmittelbar betätigt werden. Es entfallen somit die Steuerwelle, die Zahnräder und die Lagerung des normalen Ventilsteuerungsantriebes.

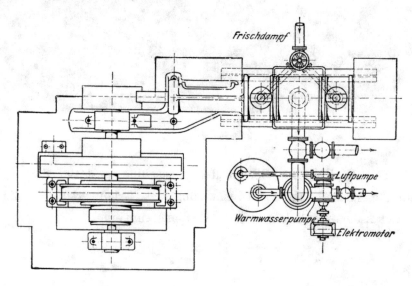

Fig. 10.

Der Wegfall der sonst im Fundament untergebrachten Auslaßsteuerung wird im Betriebe besonders angenehm empfunden. Auch in baulicher Hinsicht erweist er sich als höchst vorteilhaft dadurch, daß die ganze untere Seite vollständig für die Entwicklung der Rohrleitung zur Verfügung steht und nunmehr der Raum gegeben ist, den Kondensator möglichst eng an den Zylinder heranzuschieben (Fig. 11 u. 12). Der Auspuffwulst kann ohne Verwendung von Rohrleitungen mit großem Querschnitt direkt in den Kondensationsraum übergeführt werden. Die Einspritzung geschieht in diesem Raum, d. i. in unmittelbarer Nähe des Zylinders. Auf Grund dieser Anordnung ist ein vollständiger Spannungsaustausch zwischen dem Kondensator und dem Zylinderinnern möglich. Die Kondensationsprodukte werden durch eine Rohrleitung der Luftpumpe zugeführt. Ähnlich liegen die Verhältnisse bei einer Oberflächenkondensation (Fig. 13 u. 14).

In Fig. 15 u. 16 ist eine 400 pferdige Gleichstrom-Dampfmaschine der Firma Gebr. Sulzer in Winterthur veranschaulicht.

Fig. 17 zeigt eine von der Ersten Brünner Maschinenfabrik
gebaute Gleichstrom-Dampfmaschine.

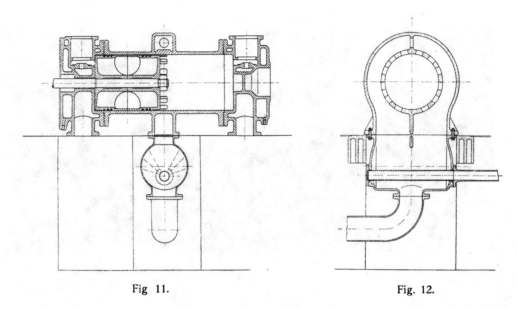

Fig 11.   Fig. 12.

In Fig. 17a ist eine von der Görlitzer Maschinenbau-Anstalt
hergestellte Gleichstrom-Dampfmaschine dargestellt.

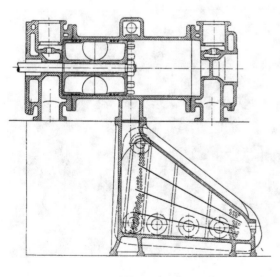

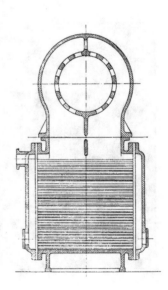

Fig. 13.   Fig. 14.

Aus Fig. 18 sind die Einzelheiten der Steuerungshaube ersichtlich.
An der Ventilspindel ist die Kurve, in der hin- und hergehenden
Stange die Rolle untergebracht, wobei die Nut, in welcher die Rolle

sitzt, zugleich als Ölbad dient. Die Führung der Rollenstange ist so ausgebildet, daß die Rollennut mit dem Ölbad niemals aus der Führung heraus-

Fig. 15.

tritt, wodurch das Ausfließen von Öl und der Zutritt von Staub verhindert wird. Das Schmieröl des Kurvenführungsstückes sammelt sich im Ölbad, und da die

Fig. 16.

Rolle das Öl auf die Kurve überträgt, sind diese wichtigen Teile stets gut geschmiert. Hierauf ist das vollständig störungsfreie Arbeiten dieser Teile zurückzuführen.

Im Vergleich mit mehrstufigen Maschinen entfallen die Drosselverluste zwischen den Zylindern und die Kondensations- und Ausstrahlungsverluste der zusätzlichen Zylinder, Aufnehmer und Rohrleitungen.

Fig. 17.

Fig. 17 a.

Um die Maschine im Bedarfsfall als Auspuffmaschine verwenden zu können, sind in den Deckeln zuschaltbare schädliche Räume eingerichtet. Diese

Zuschalträume befinden sich an den dem Zylinderinnern gegenüber liegenden Kopfseiten der Deckel, so daß sie bei Kondensationsbetrieb, wo sie abgeschaltet sind, als Isolierräume dienen, dagegen bei Auspuffbetrieb, wo sie

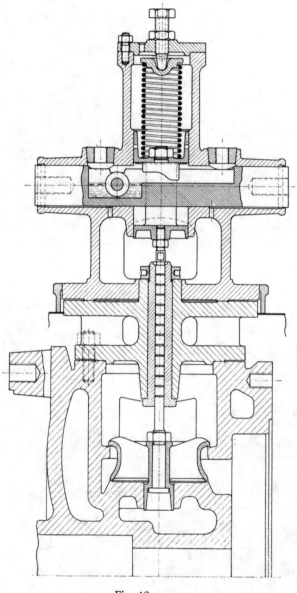

Fig. 18.

zugeschaltet sind, eine Verdopplung der Deckelheizfläche ermöglichen. Der schädliche Raum beträgt im Mittel bei Kondensationsbetrieb und bei gutem Vakuum ca. $1\frac{1}{2}\,^0/_0$, bei Zuschaltung des Zuschaltraumes dagegen ca. $16\,^0/_0$.

Bei Auspuffbetrieb können Kolben mit ausgehöhlten Enden Verwendung finden, wobei der schädliche Raum auf etwa 16 % zu bemessen ist.

Wie Fig. 19 zeigt, ist es auch möglich, durch Rückschlagventile Dampf aus dem Dampfzylinder abzuzapfen; z. B. kann man etwa 10 % vor Eröffnung der Auspuffschlitze durch den Kolben Kanäle freilegen, welche den Abdampf durch Rückschlagventile in angeschlossene Heizsysteme, Abdampfturbinen, Abdampfmaschinen usw. zwecks weiterer Ausnutzung überführen. Z. B. ist es auf diese Weise möglich, aus dem Zylinder von Kondensationsmaschinen von etwa $^3/_4$—1 Atm. abs. Spannung Abdampf abzuzapfen und in einer Abdampf-

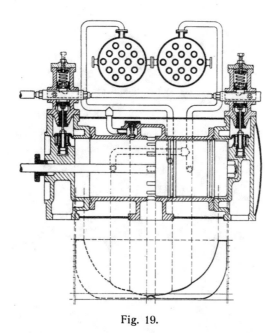

Fig. 19.

turbine zur Betätigung eines zur Maschine gehörigen Schleuderkondensators zu benutzen. Auch steht es frei, die Abzapfschlitze weiter nach dem Hubanfang hin zu verschieben, wodurch die Möglichkeit geboten wird, Dampf von höherer Spannung aus dem Zylinder zu entnehmen und damit z. B. Heizsysteme zu speisen. In diesem Falle muß allerdings mit einem kleinen Diagrammverlust gerechnet werden. Natürlich ist es auch möglich, anstatt der Rückschlagventile gesteuerte Organe zu verwenden. Es ist weiter möglich, das abzuzapfende Dampfquantum durch einen Regler nach Maßgabe der Bedürfnisse der angeschlossenen Apparate zu regeln.

Die Gleichstrommaschine eignet sich ganz besonders für schwierige Regelungsanforderungen. Die Einwirkung auf die Arbeitsentwicklung der

Maschine ist unmittelbar und wird nicht geschwächt durch irgendwelche in
der Maschine sitzende Dampfmengen, welche bei mehrstufigen Maschinen
der Regelung in höchst unangenehmer Weise entgegenwirken können. Bei
der Betriebs-Gleichstromdampfmaschine ist es ohne weiteres möglich, den

Fig. 20.

schwierigsten Regelungsanforderungen, wie sie z. B. beim Betrieb von Walz-
und Preßwerken vorkommen, in bester Weise zu entsprechen.

Auch für stehende Anordnung eignet sich die Gleichstromdampfmaschine,
wie Fig. 20 zeigt, welche eine 30 pferdige Schiffsbeleuchtungs-Maschine, gebaut
von Frerich & Co. in Osterholz-Scharmbeck, darstellt (n = 350).

Gegenüber normalen Tandembetriebsmaschinen oder gar Verbund- und
Dreifach-Expansionsbetriebsmaschinen mit zwei Triebwerken tritt eine er-

hebliche Verbilligung ein. Diese Verbilligung im Zusammenhang mit gleich
günstigem Dampfverbrauch hat der Gleichstromdampfmaschine zu einer
raschen Einführung verholfen. Die Erste Brünner Maschinenfabrikgesellschaft
entschloß sich zuerst zum Umbau einer kleinen alten 100 pferdigen Einzylinder-
kondensationsmaschine mit Gabelrahmen (Fig. 21). Der alte Zylinder wurde
durch einen Gleichstromzylinder von 400 mm Durchmesser und 420 mm Hub
nach meinem Entwurf ersetzt. Obwohl diese Erstlingskonstruktion in mancher

Fig. 21.

Hinsicht verbesserungsfähig war, wurden doch schon hier bei sehr mittel-
mäßiger Kondensation nur 7 kg Dampfverbrauch für gesättigten und etwas
über 5 kg Dampfverbrauch für hoch überhitzten Dampf festgestellt.

Dieses Ergebnis wurde erheblich überboten von einer später von
derselben Firma gebauten 100 pferdigen Maschine, bei welcher alle oben
beschriebenen Verbesserungen angebracht waren. Ein Dampfverbrauchs-
versuch wurde mit praktisch gesättigtem Dampfe durchgeführt.

Hierbei wurden nachstehende mittleren Werte festgestellt:

Mittlere Dampfspannung am Kessel . . . . 11,01 Atm.

       „   „   an der Maschine 10,7   „

Mittlere Dampftemperatur am Kessel . . . . 268 ° C.

    „   „   an der Maschine . . . . 200 „

    „   Temperaturabfall . . . . 68 „

Temperatur des gesättigten Dampfes . . . . 187 „

Überhitzung am Kessel . . . . 81 „

    „   an der Maschine . . . . 13 „

Mittlere indizierte Leistung . . . . 102,8 PSi

Gesamter Speisewasserverbrauch . . . . 2160 kg

Speisewasser für 1 Stunde . . . . 553,8 kg

    „   „   1   „   und für 1 PSi . . . . 5,38 kg.

Auf Grund dieser Ergebnisse leitete die Erste Brünner Maschinenfabriks-
gesellschaft sofort die Fabrikation der neuen Maschine in großem Umfange
ein, so daß zurzeit ca. 45 Maschinen von ihr ausgeführt oder in Ausführung
begriffen sind.

Noch vor Feststellung der Ergebnisse der ersten Brünner Versuchsmaschine entschloß sich die Elsässische Maschinenfabrik zu einem Versuche
großen Stils. Sie baute nach meinen Entwürfen für ihre eigene Fabrik eine
Maschine von 500 PS für Elektrizitätserzeugung. Diese Maschine war ein
durchschlagender Erfolg. Sie wurde am 21. Februar 1909 in einem Versuche
von 4 Stunden 8 Min. Dauer vom Elsässischen Verein der Dampfkessel-
besitzer geprüft, dessen Ergebnisse hier folgen:

I. Dampfmaschine.

Mittlerer Dampfdruck vor dem Anlaßventil . . . . 12,60 kg/qcm

    „   Eintrittsdruck im Zylinder 11,90   „

Mittlere Dampftemperatur vor dem Anlaßventil . . . . . 331,0° C

    „   „   „   „ Einlaßventil . . . . 305,0° C

Auspuffspannung im Zylinder . . . . 0,145 kg/qcm abs.

Dampfdruck vor dem Ölabscheider . . . . 0,121 Atm. abs.

    „   im Kondensator . . . . 0,075 „   „

Umläufe/min. 121,0

Indizierte Gesamtleistung . . . . 503,1 PS$_i$

Nutzleistung . . . . 465,7 PS$_e$

Mechanischer Wirkungsgrad . . . . 92,5 v. H.

Dampfverbrauch für 1 PS$_i$-Std. . . . . 4,6 kg

Temperatur des Einspritzwassers . . . . 12,0° C

Temperatur des aus dem Kondensator austretenden Gemisches . . . . 31,1° C

Gewicht des Einspritzwassers für 1 kg Dampf . . . . . 30,0 kg

Stromstärke des Antriebsmotors des Kondensators . . . 50,7 Amp.

Stromspannung „ „ „ . . . 244,5 V

Kraftverbrauch „ „ „ . . . 12,4 KW

II. Dynamo.

Stromstärke . . . . 1277,0 Amp.

Spannung an den Bürsten . . . . 250,1 V

Effektive Leistung . . . . 319,4 KW

Wirkungsgrad der Dynamo . . . . 93,0 v. H.

Nutzbare Leistung der Dynamo . . . . 307,0 KW

Dampfverbrauch für 1 nutzbare KW-Std. . . . . 7,55 kg

Hierbei ist zu beachten, daß durch eine zu enge Rohrleitung und durch Einbau eines Ölabscheiders der Gegendruck höchst ungünstig beeinflußt wurde (0,145 Atm. abs.). Bei einer Ausgestaltung der Kondensation in der oben vorgeschlagenen Weise würde der Dampfverbrauch erheblich verringert werden können. Tatsächlich wird für Maschinen dieser Größe jetzt ein Dampf- verbrauch von 4 kg gewährleistet.

Die Überlegung und Erfahrung zeigt, daß bei der Gleichstromdampf- maschine der Dampfverbrauch im Gegensatz zur Verbund- und noch mehr zur Dreifach-Expansionsmaschine von der Belastung sehr wenig abhängig ist. Bei Belastungsänderungen ergibt sich bei den mehrstufigen Maschinen eine Verschiebung in der Verteilung des Temperaturgefälles. Dies fällt bei der Gleichstromdampfmaschine fort, wo stets mit demselben Gefälle gearbeitet wird.

Durch die günstige Beanspruchung des Triebwerks, die hierdurch ge- gebene Verminderung der Zapfendurchmesser, sowie durch die Verminderung der Zahl der Stopfbüchsen, der Dampfkolben und der Steuerungsteile wird der mechanische Wirkungsgrad der Maschine erhöht. In den mitgeteilten Versuchsdaten ist ein mechanischer Wirkungsgrad von $92\frac{1}{2}\%$ vermerkt, der für die erste Ausführung einer liegenden Maschine dieser Art als sehr günstig zu bezeichnen ist.

Im engsten Zusammenhang hiermit steht der außerordentlich geringe Ölverbrauch. Durch den Wegfall eines oder mehrerer Zylinder mit Steuerung entfällt auch deren Schmierung. Namentlich bei Überhitzung erfordert der Hochdruckzylinder von mehrstufigen Maschinen reichliche und gute Schmierung. Der Schmierölverbrauch der Gleichstromdampfmaschine ist gering wegen der großen und genauen Kolbenauflagefläche, der geringen Betriebstemperatur und der höchst einfachen Steuerung. Die Zahl der Zapfen, Kolben, Räderpaare, Stopfbüchsen und Exzenter beträgt bei der Gleichstromdampfmaschine der Elsässischen Maschinenbau-Gesellschaft 33, dagegen bei einer Dreifach-Expansionsmaschine der Zentrale Berlin-Moabit 228. Das kommt auch in der Schmierölmenge zum Ausdruck. Es ist eben, um einen bezeichnenden Ausdruck der Arbeiter der Elsässischen Maschinenfabrik zu gebrauchen: „die Maschine, wo nichts mehr dran ist."

3. Die Gleichstrom-Dampflokomotive.

Fig. 22 veranschaulicht eine 4/4 gekuppelte Heißdampf-Güterzugslokomotive, welche von der Moskau-Kasaner Bahn bestellt und von der Kolomnaer Maschinenfabrik in Kolomna bei Moskau hergestellt wurde.

Fig. 22.

Fig. 23 stellt eine 4/4 gekuppelte Heißdampf-Güterzugslokomotive dar, welche in zwei Exemplaren von der Preußischen Eisenbahnverwaltung bestellt und von der Stettiner Maschinenbau-Aktien-Gesellschaft „Vulcan" gebaut wurde.

Diese Lokomotiven wurden nach meinen Zeichnungen mit Gleichstrom-dampfzylindern ausgerüstet. Da die Lokomotive eine Auspuffmaschine ist, mußte ein großer schädlicher Raum, in diesem Falle $17^1/_2 \%$, vorgesehen werden. Aus den Indikatordiagrammen (Fig. 24) ist die Wirkung des schädlichen Raumes ersichtlich. Die Ventile und die Heißdampfräume sind in den Deckeln, die Schlitze mit dem Auspuffraum am Zylinder untergebracht.

Hierdurch entsteht ein verhältnismäßig einfaches Zylindergußstück. Der lange Kolben besteht aus drei Teilen, einem zentralen Schmiedestahl-Tragring und zwei Stahlgußkolbenscheiben. Letztere sind zwecks Schaffung des schädlichen Raumes nach Art einer Kugelkalotte ausgebildet und tragen je zwei Spannringe. Vermittels der Kolbenstange und der Kolbenmutter werden die beiden Stahlgußscheiben auf den Tragring gepreßt.

Die Vorausströmung beträgt $10\,\%$ und demnach die Kompression $90\,\%$. Durch die rasche Freilegung der großen Schlitzquerschnitte entsteht ein scharf abgerissener Auspuff, welcher das Feuer lebhaft anfacht. Die Dehnung des Auspuffs, wie sie bei den normalen Lokomotiven üblich ist, entfällt

Fig. 23.

hier, und auf diesen Umstand ist die geringe Menge von Lösche zurückzuführen, welche bei den neuen Lokomotiven nach der Rauchkammer hinübergerissen wird.

Die Auspuffverhältnisse der neuen Lokomotive sind besonders günstig bei geringen Füllungen. Bei den gewöhnlichen Lokomotiven kommt dann ein sehr kleines ideelles Exzenter zur Wirkung, welches den Auspuff stark drosselt. Diese drosselnde Wirkung entfällt bei den Gleichstrom-Dampflokomotiven vollständig, wo stets der volle Querschnitt von der Arbeitskolben-Schlitzsteuerung freigelegt wird. Demnach fallen hier auch die Gegendrucke weg, welche bei den gewöhnlichen Lokomotiven, besonders bei geringen Füllungen, so verlustbringend in die Erscheinung treten.

Im übrigen sind alle dem Gleichstrom eigentümlichen thermischen Vorzüge auch hier vorhanden. Diese thermischen Vorzüge in Verbindung mit den vorzüglichen Auspuffverhältnissen, die unter allen Umständen jeden

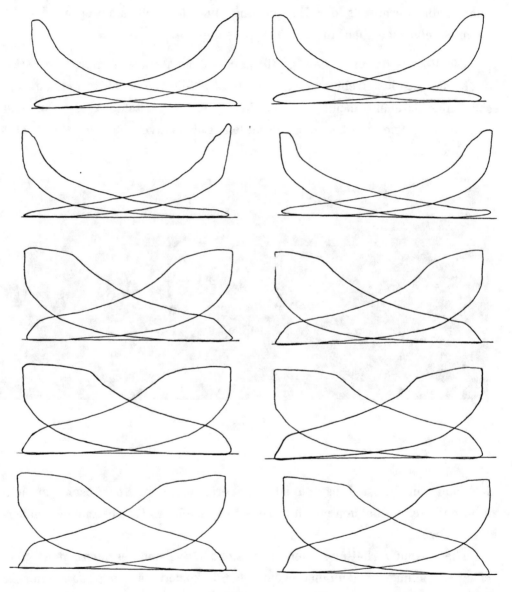

Fig. 24.

Gegendruck zum Wegfall bringen und bei den höchsten Geschwindigkeiten und selbst den größten Füllungen das Vakuum bis in den Dampfzylinder hinein zur Wirkung kommen lassen, begründen die überraschend günstigen Dampfverbrauchsergebnisse der neuen Lokomotive.

Vor kurzem wurde ein zweimonatiger Konkurrenzbetrieb zwischen zwei Gleichstrom-Dampflokomotiven, zwei Kolbenschieberlokomotiven und zwei mit Ventilsteuerung versehenen Lokomotiven beendigt. Die Versuche wurden von der Kgl. Preußischen Eisenbahnverwaltung zu dem Zwecke durchgeführt, vollständige Klarheit über den wirtschaftlichen Wert der drei Lokomotivkonstruktionen zu schaffen. Alle drei Lokomotiven waren mit Überhitzern System Schmidt ausgerüstet. Alle drei Lokomotiven waren Güterzugsmaschinen, 4/4 gekuppelt, und befuhren in normalem Dienst dieselbe Strecke. Der Betrieb wurde mit doppelter Besatzung Tag und Nacht unter tunlichst gleichen Verhältnissen und tunlichst gleicher Beanspruchung durchgeführt. Dabei wurden nachstehende Versuchsergebnisse ermittelt:

Lokomotive	Kohlenverbrauch	Mittelwert	Kohlenverbrauch
	für 1000 tkm		Verhältnis der mittleren Werte
Nr. 4825 . . . . Nr. 4826 . . . . Gleichstromdampflokomotive Bauart Stumpf (Einlassventile)	17,10 kg 17,47 „	17,285 kg	1,00
Nr. 4835 . . . . Nr. 4836 . . . . Lokomotive mit Kolbenschieber	20,57 kg 20,57 „	20,57 kg	1,19
Nr. 4821 . . . . Nr. 4820 . . . . Lokomotive mit Ein- und Auslassventilen	21,93 kg 22,5 „	22,215 kg	1,285

Hieraus ist ersichtlich, daß die Gleichstromdampflokomotive den geringsten Kohlenverbrauch (19 % weniger als die Kolbenschieberlokomotive und 28 1/2 % weniger als die Ventillokomotive) aufweist.

Auch im übrigen haben die Gleichstrom-Dampflokomotiven allen Anforderungen entsprochen und die Erwartungen in mancher Hinsicht übertroffen. Der Steuerungswiderstand ist minimal, und es ist nicht nötig, nach durchgeführter Umsteuerung die Sicherung einzulegen. Die Reaktionskräfte sind so gering, daß jede Bewegung der Steuerungsmutter bei ausgeschalteter Sicherung ausgeschlossen ist. Deshalb ist auch in den Steuerungsteilen kein Verschleiß feststellbar.

Im Bau in der Maschinenbauanstalt Breslau.

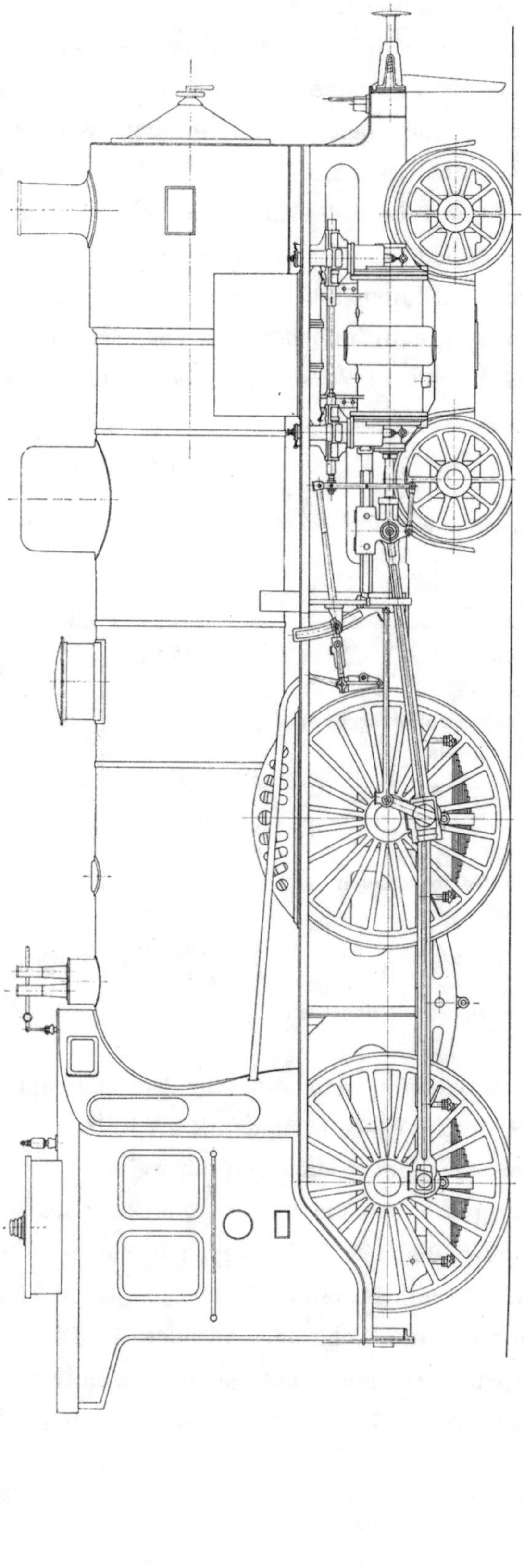

Fig. 25.

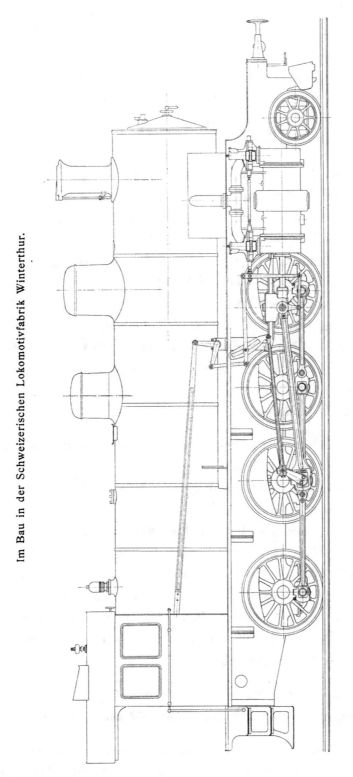

Im Bau in der Schweizerischen Lokomotivfabrik Winterthur.

Fig. 26.

Vermittels eines in den Ventilführungen untergebrachten Stiftes und einer unter den Stiften angebrachten exzentrischen Scheibe ist es möglich, vom Führerstand aus jederzeit die Ventile anzuheben, um während der Talfahrt die beiden Kolbenseiten durch die geöffneten Ventile und das Einströmrohr in Verbindung zu setzen. Im Gegensatz zu den Schieberdampfzylindern ergibt also hier der Ventilmechanismus selbst mit ganz geringen Zutaten eine wirksame Umlaufvorrichtung.

Am untersten Teile des Auspuffwulstes ist eine kleine Öffnung angebracht, welche die Entfernung des Kondensationswassers gestattet. Hierdurch wird einem besonders unangenehm empfundenen Übelstand aller bisherigen Lokomotivkonstruktionen abgeholfen. Bei allen ist der Zylinder der tiefstgelegene Teil des Systems. Die Zuströmungsdampfleitung kommt von oben, die Abdampfleitung geht nach oben. Aus dieser Lage ergeben sich zahlreiche Wasserschläge, die sehr häufig zu Brüchen von Zylindern, Deckeln, Triebwerksteilen usw. führen. Solche Wasserschlagsbrüche sind bei der Gleichstrom-Dampflokomotive ausgeschlossen, da etwaiges Kondenswasser durch die Schlitze selbsttätig abläuft und durch den Abdampfstrom geradezu in den Auspuffwulst hinausgetrieben wird, von wo der freie Abfluß durch die erwähnte Abflußöffnung stattfinden kann.

Desgleichen wird der Schmutz, welcher in Gestalt von Sand, Schlamm und Kesselstein aus dem Kessel und in Gestalt von Ruß und Kohle aus der Rauchkammer in den Zylinder gelangen kann, ebenfalls im Gleichstrom durch die Schlitze nach dem Auspuffwulst und durch die erwähnte Öffnung nach außen befördert, im Gegensatz zu den normalen Konstruktionen, wo diese Schmutzteile ein Verreiben des Zylinders, des Kolbens und der Spannringe verursachen. Die Zylinder der neuen Maschinen wurden mehrfach geöffnet, und es wurde festgestellt, daß sich Zylinder, Kolben und Ringe in tadellosem Zustande befanden. Man gewann dabei die Überzeugung, daß die Kontrolle der inneren Teile bei diesen Maschinen in wesentlich längeren Zeiträumen vorgenommen zu werden braucht.

Vorteilhaft für den Betrieb ist auch der Wegfall der vorderen Kolbenstangenverlängerung und der vorderen Stopfbüchsen.

Infolge des geringeren Kohlen- und Wasserverbrauchs werden die Kessel der Maschinen viel weniger angestrengt, so daß mit diesen Maschinen wesentlich größere Strecken zurückgelegt werden können. Hiermit steht auch

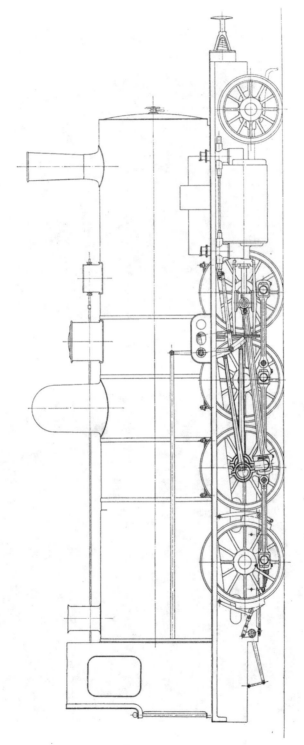

Im Bau für die Compagnie du Chemin de Fer du Nord.

Fig. 27.

Fig. 28.

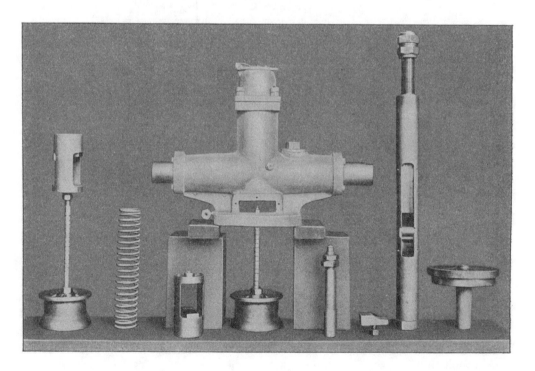

Fig. 29.

das bedeutend geringere Vakuum in der Rauchkammer in ursächlichem Zusammenhang.

Aus Fig. 28 u. 29 sind Einzelheiten des Zylinders und der Steuerungsteile ersichtlich.

Durch die in Fig. 19 veranschaulichte Einrichtung kann im Winter Abdampf für die Heizung der Wagen zur Verfügung gestellt werden.

Auf Grund der günstigen Betriebsergebnisse hat die Preußische Eisenbahnverwaltung zwei Schnellzugsmaschinen und eine Güterzugsmaschine, die Verwaltung der Schweizerischen Bundesbahnen zwei Güterzugsmaschinen und die Verwaltung der französischen Nordbahn eine Güterzugsmaschine bestellt (Fig. 25, 26 u. 27).

Herrn Wirklichen Geheimen Oberregierungsrat Müller bin ich für die tatkräftige und verständnisvolle Unterstützung in der Entwicklung der Gleichstrom-Dampflokomotive besonders zu Dank verpflichtet.

4. Die Gleichstrom-Dampflokomobile.

Ganz besonders eignet sich die Gleichstromdampfmaschine für Lokomobilen. Von einer Lokomobile verlangt man, daß sie einfach, leicht, billig und dampfsparend ist. Geringes Gewicht wird namentlich von den fahrbaren und selbstfahrenden Lokomobilen verlangt. Alle diese Anforderungen erfüllt die Gleichstromdampfmaschine in vorzüglicher Weise. Im Vergleich mit einer normalen Lokomobile mit Tandemmaschine wird ein Dampfzylinder mit vollständigem Zubehör gespart. Im Vergleich mit den normalen Verbundventillokomobilen wird eine ganze Maschine und am verbleibenden Zylinder zwei Ventile gespart. Während die Gleichstromdampfmaschine nur zwei Ventile besitzt, benötigt die Verbundventillokomobile deren acht. Besonders vorteilhaft ist der Umstand, daß die Ausströmventile entfallen. Der Zylinder kann demnach unmittelbar auf den Kessel aufgelagert und die verbleibenden Einlaßventile können in den Deckeln in stehender Anordnung angebracht werden. Die Betätigung dieser Ventile erfolgt durch ein neben dem Schwungrad angebrachtes Exzenter, welches durch einen Schwungradregler verstellt wird. Die Übertragung geschieht in derselben Weise wie bei den Gleichstrombetriebsmaschinen. An den Zylinder schließt sich ein Gabelrahmen an, welcher in seinen beiden Lagern die einfach gekröpfte Welle trägt. Auf den freien Enden dieser Welle sind zwei freischwebende

Fig. 30.

Fig. 31.

Fig. 32.

Fig. 33.

Fig. 34.

Fig. 35.

Schwungräder angeordnet, wovon eins den Schwungradregler, das andere die Schaltvorrichtung enthält. Dabei ist die Konstruktion so durchgebildet, daß Schaltvorrichtung und Schwungradregler ihre Lage vertauschen können und die Kondensation sowohl rechts als links angeschlossen werden kann. Alle in Betracht kommenden Teile sind so durchgebildet, daß sie für jede Aufstellungsweise verwendbar sind. Hierdurch ist eine günstige Grundlage für Massenfabrikation gegeben.

Fig. 36.

Die senkrechte Kondensationspumpe wird von einem am Schwungrad angebrachten Antriebszapfen angetrieben.

Die Gleichstromlokomobilen werden sowohl für Kondensation als für Auspuff gebaut.

Durch Zuschaltung von schädlichen Räumen wird der Betrieb von Kondensationslokomobilen für freien Auspuff ermöglicht.

Der Regler ist so durchgebildet, daß durch einfaches Umhängen die Umkehrung der Drehrichtung ermöglicht wird.

Die teilweise Ausgleichung der hin- und hergehenden Massen geschieht durch Gewichte, welche an der Kurbel und in den Schwungrädern angebracht sind.

Der zentrale Aufbau des Zylinders auf dem Kessel und der Steuerung auf dem Zylinder, die zentrale Verbindung der Welle mit dem Zylinder durch den Gabelrahmen, die Möglichkeit freier Ausdehnung für den Rahmen und Kessel und die Einfachheit der Konstruktion sind Vorzüge, welche der Gleichstrom-Dampflokomobile besonderen Wert verleihen.

Hinsichtlich des Dampfverbrauchs darf auf das über Gleichstrom-Betriebsdampfmaschinen Gesagte verwiesen werden.

Die Maschinenfabrik Badenia in Weinheim in Baden hat sich um die Entwicklung und Einführung der Gleichstrom-Dampflokomobile besondere Verdienste erworben. Genannte Firma hat für Deutschland, die Erste Brünner Maschinenfabrik für Österreich-Ungarn und die Firma Robey & Co. Ltd. in Lincoln für England die Ausführung der Gleichstrom-Dampflokomobilen übernommen. Alle drei Firmen sind damit beschäftigt, sich für eine Massenfabrikation in großem Stile einzurichten.

5. Die Gleichstrom-Walzenzugsmaschine.

Die Steuerung einer Umkehrwalzenzugsmaschine soll so beschaffen sein, daß sie beim Anfahren und Stillsetzen Drosseldiagramme und während des Walzbetriebes Füllungsdiagramme ergibt. Dieser Forderung wird von der in Fig. 37 u. 38 skizzierten Drillings-Gleichstrom-Umkehrwalzenzugsmaschine in folgender Weise entsprochen:

Die Steuerung der Maschine betätigt Haupteinlaßorgane und zusätzliche Nebeneinlaßorgane. Die Haupteinlaßorgane sollen Füllungsdiagramme, die Nebeneinlaßorgane infolge ihres absichtlich gering bemessenen Querschnitts Drosseldiagramme ergeben. Der Nebeneinlaß gibt große, der Haupteinlaß kleine Füllungen. Beim Anstellen der Maschine wird der Maschinist die Steuerung so weit auslegen, daß der Nebeneinlaß das Ingangsetzen der Maschine sicherstellt. Dem entspricht bei der Drillingsmaschine eine Nebeneinlaßfüllung von ca. 35 %. Die Hauptfüllung möge etwa die Hälfte dieses Betrages sein. So lange das Walzgut noch nicht erfaßt ist, ist ein Durchgehen der Maschine nicht gut möglich wegen des ziemlich beträchtlichen Leerlaufwiderstandes und der Verminderung der Diagrammflächen infolge der größeren Geschwindigkeit, welche eine starke Drosselung des Nebeneinlasses bewirkt. Sobald das Walzgut erfaßt ist und weiterer Widerstand entsteht, muß der Maschinist die Steuerung weiter auslegen und die Hauptfüllung dem vergrößerten Widerstand anpassen. Damit geht eine weitere Steigerung der Geschwindigkeit Hand in Hand, weil der Anforderung eines raschen Walzens entsprochen werden soll. Die Folge ist, daß die Wirkung des Nebeneinlasses mehr oder weniger verschwindet, so daß das Diagramm

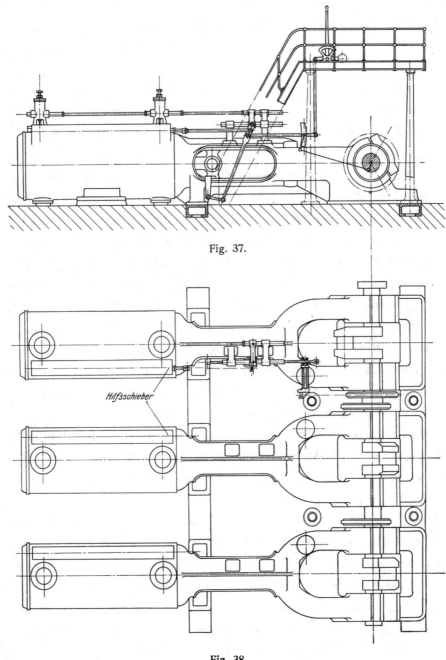

Fig. 37.

Fig. 38.

jetzt durch den Haupteinlaß allein bestimmt wird. Die Kraftwirkung während des eigentlichen Walzens wird also durch reine Füllungsdiagramme hergegeben. Gegen das Ende des Stiches wird der Maschinist die Steuerung wieder zurücklegen, um ein langsames Auslaufen herbeizuführen. Damit wird er wieder in den Bereich hineinkommen, wo sich Drosseldiagramme ergeben. Die Maschine kann nicht auf höhere Geschwindigkeit kommen, da die beschriebene Drosselwirkung dies verhindert. Die Stillsetzung ergibt sich nun durch ein weiteres Verschieben der Steuerung bis auf die Mittelstellung.

Die Steuerung ist den vorliegend skizzierten Anforderungen entsprechend derart durchgebildet, daß sie einen Nebeneinlaß mit großer Füllung und einen Haupteinlaß mit kleiner Füllung betätigt. Im vorliegenden Falle ist eine Heusinger-Steuerung gewählt, welche in bequemster Weise die Verwirklichung verschiedener Voreilung und Füllung für beide Organe zuläßt. Der Heusingerhebel ergibt durch Anknüpfung an verschiedene Punkte die Möglichkeit, die gewünschte Verschiedenheit in der Voreilung und Füllung zu erzielen.

In diesem Zusammenhang ist die einstufige Expansion der Gleichstromdampfmaschine ganz besonders erwünscht. Zunächst erfüllt sie die zwingenden Forderungen der Einfachheit. Ferner entfällt eine eigene Auslaßsteuerung, welche immer die größten Abmessungen, die schwersten Organe und den größten Widerstand für die Steuerung ergibt und zudem eine höchst unerwünschte Komplikation bedeutet. Der durch den Arbeitskolben gesteuerte Auslaß gibt, wie oben auseinandergesetzt, für die hohen Geschwindigkeiten und großen Zylinder so große Austrittsquerschnitte frei, daß die Dampfmengen ungehindert entweichen und die Diagramme stets bis auf den Druck des Auspuffraumes hinuntergehen können. Es entfallen weiter im Vergleich mit den bekannten Tandem-Walzenzugsmaschinen die großen Drosselverluste zwischen den beiden Zylindern. Außerdem werden die Wärmestrahlungsverluste erheblich vermindert.

Ferner kommt in diesem Zusammenhange sehr vorteilhaft die Konstanz der Kompression in Betracht, welche von vornherein den Anforderungen des Betriebs entsprechend gewählt werden kann. Im Gegensatz hierzu ergeben sich bei kleinen Füllungen von normalen Walzenzugsmaschinen ganz erhebliche Verdichtungsdrucke, welche die Drehmomente sehr ungleich gestalten und außerdem sehr hohe Beanspruchungen in die Maschine hineinbringen können. Diese Verdichtungsdrucke werden besonders groß bei geringen Füllungen, wo das kleine ideelle Exzenter, namentlich bei gekreuzten Exzenterstangen, den Auslaß nur ungenügend freigibt und demnach hohen Gegendruck im Zylinder verursacht.

Die Gleichstromdampfmaschine greift hier sehr verbessernd ein, ergibt viel gleichmäßigere Drehmomente und gestattet unter allen Umständen eine vollständige Entleerung des Zylinders, vermeidet Gegendrucke und die hierdurch verursachten Verluste, sowie unzulässige Beanspruchungen des Triebwerks und der Zylinderteile.

Die Gleichstrom-Walzenzugsmaschine ist natürlich auch als Zwillingsmaschine durchführbar, wobei allerdings mit den Nachteilen zu rechnen ist, welche die Zwillingsmaschine im Vergleich mit der Drillingsmaschine aufweist.

Wenn keine außergewöhnlichen Anforderungen gestellt werden, dürfte es möglich sein, den Steuerungswiderstand auf Grund der vorgeschlagenen Konstruktion so zu vermindern, daß ein Vorspannkraftzylinder überflüssig wird.

Die Herstellung von Gleichstrom-Walzenzugsmaschinen hat die bekannte Firma Ehrhardt & Sehmer in Saarbrücken übernommen. Diese Firma hat Konstruktionen entworfen, welche obige Grundsätze in überraschend einfacher Weise zum Ausdruck bringen.

6. Die Gleichstrom-Dampffördermaschine.

Die Gleichstromdampfmaschine eignet sich ohne weiteres für die Aufgaben einer Dampffördermaschine, wenn man zur Ermöglichung genauer Einstellung des Förderkorbs vorübergehend die Kompression beseitigt. Durch Zugabe eines kleinen Hilfsauslaßschiebers ist diese Aufgabe durchführbar. Als Steuerung ist sowohl jede Kulissensteuerung wie auch die übliche Konensteuerung verwendbar. In Fig. 39 ist eine Konensteuerung angenommen, durch welche in bekannter Weise die Einlaßventile und die Zusatzauslaßschieber angetrieben werden. Die Konen sind so gestaltet, daß sie ca. 90 % Füllung bei ganz geringer Ventilerhebung geben. Hierdurch wird die genaue Einstellung des Förderkorbs an den verschiedenen Förderetagen ermöglicht. Zu gleicher Zeit geben die kleinen Zusatz-Auslaßschieber den Auslaß frei bis kurz vor Hubende. Mit dieser großen Füllung beginnt auch die eigentliche Förderung, worauf der Maschinist die Steuerung zurückzieht, bezw. auf kleinere Füllung und größere Kompression des Auslaßschiebers verstellt. Wenn die Füllung bis auf ca. 40 % vermindert ist, so ist die Kompression der Zusatz-Auslaßschieber auf 90 %, d. i. die durch die Schlitzauslaßsteuerung gegebene Kompression, erhöht. Von nun an läuft bei weiterer Verminderung der Füllung die Maschine während des weitaus größten Teiles

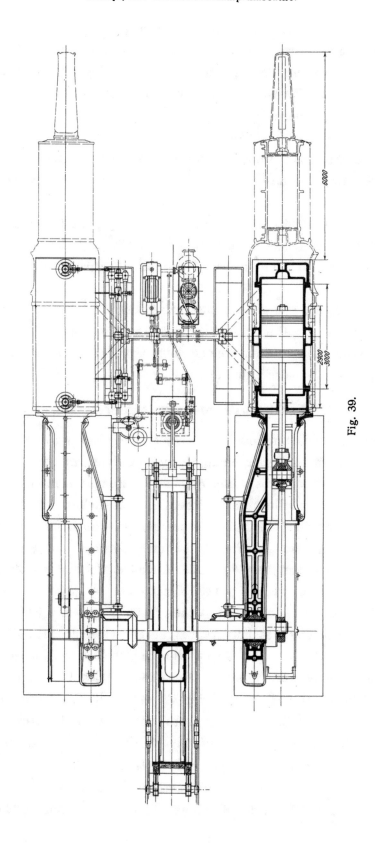

Fig. 39.

der Förderung als Gleichstromdampfmaschine. Die laufende Förderung wird also unter den günstigsten thermischen Verhältnissen vollzogen.

Wegen der direkten Dampfwirkung ist die Gleichstromdampfmaschine als Fördermaschine ganz besonders geeignet. Man kommt mit einem wesentlich geringeren Hubvolumen aus, als es bei zweistufigen Maschinen notwendig ist, und zwar sowohl beim Einstellen des Förderkorbs und in der Beschleunigungsperiode als auch während der laufenden Förderung. In letzterer Hinsicht ist zu beachten, daß die Gleichstromdampfmaschine mit wesentlich höherem mittleren Druck bei günstigem Dampfverbrauch arbeiten kann als mehrstufige Dampfmaschinen gewöhnlicher Bauart.

Bei der Gleichstromfördermaschine entfallen alle Sorgen hinsichtlich Einhaltung der Verbundwirkung bei den verschiedenen Belastungen. Es brauchen Stauventile und ähnliche Einrichtungen nicht vorhanden zu sein, welche die Verbundwirkung bei allen Belastungsgraden sicherstellen sollen. Wie Fig. 39 zeigt, entfallen im Vergleich mit normalen Zwillings-Tandemfördermaschinen zwei vollständige Zylinder mit Steuerung, zwei Zwischenstücke, zwei Aufnehmer, zwei rückwärtige Stopfbüchsen und je zwei Auslaßventile der beiden übrigbleibenden Zylinder.

In Fig. 39 ist die Aufgabe durchgeführt gedacht, eine normale Zwillingstandemfördermaschine von 900 mm und 1400 mm Zylinderdurchmesser bei 1800 mm Hub in eine Gleichstrom-Dampffördermaschine umzuwandeln. Die Gleichstrom-Dampfzylinder würden alsdann einen Durchmesser von 1250 mm erhalten. Die Länge des Zylindergußstücks würde 3000 mm betragen gegen 2900 mm Niederdruckzylinderlänge der Zwillingstandemmaschine. Die Länge der Gleichstromdampffördermaschine würde um 6 m geringer sein als die der Zwillings-Tandemfördermaschine. Um dasselbe Maß würde das Maschinenhaus und um annähernd soviel das Fundament verkürzt werden.

Vorsichtige Kalkulation ergibt, daß die Maschine um ca. $^1/_3$ billiger wird. Gleichzeitig wird der Dampf- und Ölverbrauch vermindert. Mit der Vereinfachung der Maschine wächst natürlich auch ihre Betriebssicherheit.

7. Gleichstromdampfmaschine zum Antrieb von Kompressoren, Gebläsen und Pumpen.

Die durch den Wegfall der Stufeneinteilung gegebene Vereinfachung der Maschine ist besonders vorteilhaft für den Antrieb von Kompressoren, Gebläsen

und Pumpen. Z. B. ist es möglich, nach Fig. 40 eine einfachwirkende Gleichstromdampfmaschine mit einem Tandemkompressor zu kombinieren, derart,

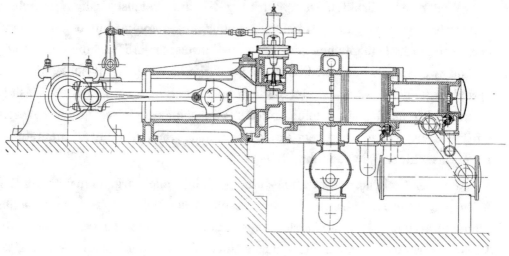

Fig. 40.

daß der einfachwirkende Niederdruckkompressor und die einfachwirkende
Gleichstromdampfmaschine in einem Zylinder vereinigt werden. An den

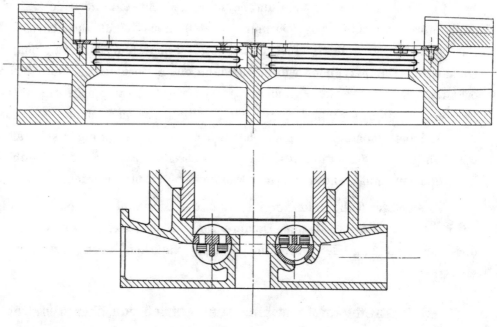

Fig. 41.

kombinierten Dampfluftkolben schließt sich nun durch eine Kolbenstange ein
doppeltwirkender Hochdruckluftkolben an, welcher auf seiner inneren Seite

mit dem Zwischenkühler des Verbundkompressors in Verbindung steht. Für den Ansaugehub des Kompressors ergibt sich annähernde Gleichheit zwischen der Kompressionsdampfarbeit und der von dem Atmosphärendruck auf den Niederdruckluftkolben geleisteten Arbeit. Für den Luftkompressionshub ergibt sich Gleichheit zwischen der Dampfarbeit einerseits und der Arbeit der beiden Luftkolben andererseits. Die Maschine wird in ihrer einachsigen Durchbildung einfach, billig, betriebssicher und ökonomisch.

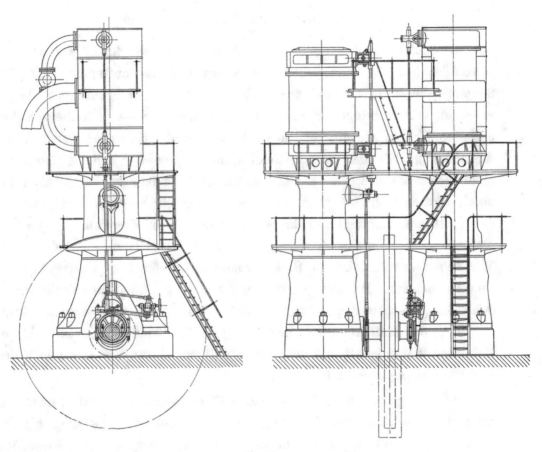

Fig. 42.

Auch die in einen Konus eingesetzten, aus einem Stahlband gewickelten Schleifenfederventile (Fig. 41) sind einfach, billig, dicht und haltbar.

Die zweiachsige Aufstellung ist in einfachster Weise mit hintereinandergestellten Dampf- und Luftzylindern oder aber mit dem Dampfzylinder auf der einen Seite und dem Luftzylinder, letzterer eventuell in Tandemverbundanordnung geteilt, auf der andern Seite durchführbar.

Bei stehenden Gebläsen ergibt sich sehr einfache Anordnung durch Aufstellung einer stehenden Gleichstromdampfmaschine auf der einen und einer stehenden Maschine mit Gebläsezylinder auf der andern Seite, wobei durch passende Kurbelversetzung das geringste Schwungradgewicht anzustreben ist (Fig. 42).

Ähnliche Aufstellungsarten, namentlich in liegender Anordnung, eignen sich zum Antrieb von Pumpen.

8. Die Gleichstrom-Schiffsdampfmaschine.

Als Schiffsmaschine eignet sich die Gleichstrommaschine, weil sie den neuzeitlichen Bestrebungen, die Überhitzung und das entlastete Ventil als Steuerungsorgan in den Schiffsbetrieb einzuführen, entgegenkommt. Wenn es schon Vorteil bringt, an Stelle der üblichen Flach- und Kolbenschieber entlastete Ventile einzuführen, so wird der Vorteil um so größer sein, wenn Auslaßventile, wie das bei der Gleichstrommaschine der Fall ist, überhaupt nicht vorhanden sind, also nur die Einlaßventile in Betracht kommen. Hierdurch wird auch die Komplikation vermieden, welche sonst in der Einführung der Ventilsteuerung liegt und ihr bisher hinderlich im Wege stand. Die Vereinfachung wird besonders wertvoll, wenn mit Überhitzung gearbeitet wird. Wie schon erwähnt, ist die Gleichstrommaschine für hohe Überhitzung besonders geeignet. Bei zwei zurzeit in Ausführung befindlichen Gleichstrom-Schiffsdampfmaschinen war hauptsächlich der Umstand, daß hiermit zugleich die Frage der Einführung der Überhitzung in den Schiffsmaschinenbetrieb in sicherster Weise gelöst werden kann, bestimmend für die Anwendung der Gleichstromdampfmaschine.

Gegenüber der zurzeit herrschenden Vierstufenmaschine fallen zwei Maschinen bei solchen Dampfern weg, wo die Schlicksche Ausgleichung nicht wesentlich ist. Hierzu gehören die kleineren Frachtdampfer, deren Maschinen schwächere Leistung und geringere Umdrehungszahlen haben. Diese Maschinen können nach Fig. 43 zweizylindrig durchgebildet werden. Jeder Zylinder ist mit dem Kessel und dem Kondensator verbunden. Jede Maschine bildet also eine abgeschlossene Einheit, und bei Reparaturbedürftigkeit kann im Notfalle mit einer Maschine weitergearbeitet werden. Zum Zweck der Sicherung des Anspringens der Maschinen ist ein kleiner Hilfseinlaßschieber angebracht, welcher eine Füllung von ca. 70 % gestattet, während die Haupteinlaßsteuerung zur Erzielung guter Steuer-

ditional information of this book

rbuch der Schiffbautechnischen Gesellschaft; 978-3-642-90184-3; 978-3-642-90184-3_OSFO1)

provided:

://Extras.Springer.com

bewegung für die Normalfüllung nur etwa 35% Maximal-Füllung erlaubt. Mit dem Hilfseinlaßschieber ist ein Abdampfschieber verbunden, welcher das Abzapfen von Abdampf kurz vor Eröffnung der Auslaßschlitze ermöglicht. Dieser Abdampf soll zum Betriebe der Schleuder-Zirkulationspumpen, der Schleuder-Vakuum- und -Speisepumpen, auch tunlichst aller übrigen Hilfspumpen und außerdem zum Betrieb der Turbinen-Dynamomaschine, zur Heizung des Speisewassers, zur Versorgung der Kabinen und Küche mit Warmwasser und zur Heizung der Kabinen und übrigen Schiffsräume dienen. In diesem Falle wäre also der Dampf für den Betrieb der Heizung und aller Nebenmaschinen geschenkt.

Wenn, wie bei größeren Maschinen, auf die Schlicksche Ausgleichung Wert gelegt wird, kann natürlich eine vier- oder sechszylindrige Anordnung gewählt werden, wobei die Schlicksche Ausgleichung in bequemster Weise durchführbar ist. Eine vierzylindrige Maschine dieser Art ist in Fig. 44 dargestellt. Die hohlen Kolben gestatten eine sehr leichte Ausführung, wie bei den Angaben über die Lokomotive dargelegt wurde. Diese leichten Kolben kämen für die Außenmaschinen in Betracht, während das erforderliche zusätzliche Gewicht für die inneren Maschinen in der Höhlung der Kolben leicht unterzubringen ist, ohne daß die anschließenden Konstruktionen irgendwie zu verändern wären.

In der Diagrammzusammenstellung Fig. 45 ist die Schiffsmaschine eines großen Seedampfers hinsichtlich ihrer Kraftwirkungen untersucht. Die Untersuchung ergibt, daß die Massenwirkungen bei dieser Maschine außerordentlich mitsprechen, derart, daß bei einer Nettoleistung von 7700 PS eine Bruttoleistung von 11 800 PS vorhanden ist. Während also die Maschine 7700 PS entwickelt und diese Leistung nach Abzug der Reibungswiderstände als Nutzleistung auf die Propellerwelle überträgt, haben die Triebwerke dieser Maschine in Wirklichkeit eine Bruttoleistung von 11 800 indizierten Pferdestärken zu übertragen. In der letzten Kolumne der Diagramme ist eine gleichwertige Gleichstrom-Vierlingsmaschine untersucht, bei welcher die entsprechenden Verhältnisse wesentlich günstiger sind. Der mechanische Wirkungsgrad der Gleichstrommaschine ist entsprechend günstiger und die Abnutzung entsprechend kleiner. Während die höchste Beanspruchung bei der Vierstufenmaschine 148 t beträgt, beträgt sie bei der Gleichstrom-Vierlingsmaschine nur 81 t. Das Triebwerk wird also in dem letzteren Falle wesentlich günstiger beansprucht.

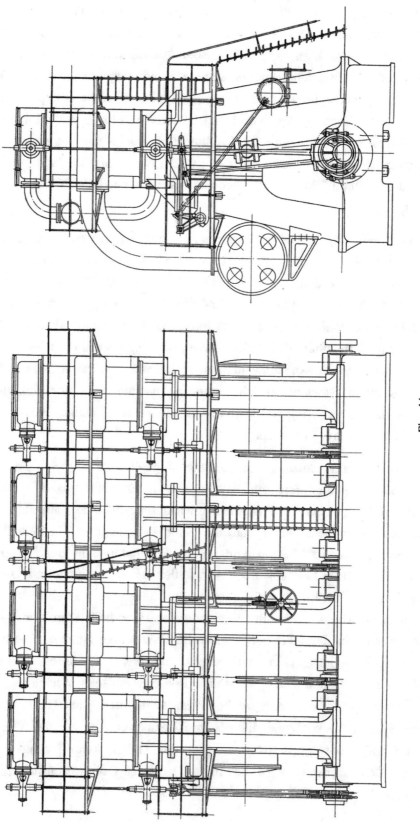

Fig. 44.

Eine allgemeine Untersuchung zeigt, daß mehr oder weniger bei allen größeren Leistungen die Gleichstromdampfmaschine hinsichtlich der Beanspruchung der Triebwerke am günstigsten dasteht, daß dagegen bei kleineren Leistungen und kleineren Umdrehungszahlen die Stufenmaschine der Gleichstrommaschine in dieser Hinsicht überlegen ist.

Für kleinere und mittlere Leistungen und geringere Umdrehungszahlen bietet die dreizylindrige Anordnung manche Vorteile, bestehend in besserer Triebwerksentlastung, gleichmäßigerem Drehmoment und geringeren Wellenstärken.

Bei drei, vier und noch mehr Zylindern einer Gleichstrom-Schiffsdampfmaschine bietet die Maschine eine große Sicherheitsreserve. Da jede Maschine für sich eine abgeschlossene Einheit bildet, können reparaturbedürftige Maschinen nach Belieben ausgeschaltet werden, wobei die übliche geringe normale Füllung ohne weiteres eine Vergrößerung zur Ausgleichung des Ausfalles der stillgesetzten Maschine oder Maschinen gestattet. Z. B. ist es ohne weiteres möglich, bei der gezeichneten Vierlingsmaschine zwei Maschinen auszuschalten und die Füllung der beiden übrigen Maschinen von 10 % auf 20 % zu vergrößern, wodurch der Ausfall gedeckt ist. Im Notfall können sogar drei Maschinen ausgeschaltet werden.

Gegenüber der mehrstufigen Schiffsmaschine ergibt die Gleichstrom-Dampfmaschine eine ungemein sichere und einfache Umsteuerung. Die Umsteuerung erstreckt sich eben bei dieser Maschine nur auf den Einlaß. Da bei dieser Maschine keine Zwischenspannungen vorhanden sind, welche sich während des Umsteuerungsprozesses verschieben, und da außerdem beständig gleiche Kompression gegeben ist, entfallen hierbei die bei den mehrstufigen Maschinen so gefürchteten großen Verdichtungsdrucke, namentlich bei den ersten Zylindern. Die Umsteuerung vollzieht sich wesentlich glatter und eleganter, um so mehr, als die entlasteten Einlaßventile einen sehr kleinen Widerstand bieten. Infolgedessen wird auch, wie das der Betrieb der Lokomotiven gezeigt hat, keine Abnutzung an den Steuerungsteilen feststellbar sein.

Bei einer Vierstufenmaschine kann gemäß Diagramm Fig. 46 mit einem Völligkeitsgrad von im Mittel 55 % gerechnet werden. Das Übrige wird in den Dampfverteilungsorganen und Rohrleitungen weggedrosselt, bezw. wegkondensiert. Bei der Gleichstrom-Dampfmaschine ist bei gutem Vakuum eine Völligkeit von 80 % erzielbar, d. i. ein Unterschied von 25 % zugunsten der Gleichstrommaschine. Hierdurch ist zum Teil die wesentlich kleinere Be-

messung der Gleichstrom-Dampfzylinder im Vergleich mit dem Niederdruckzylinder einer mehrstufigen Maschine begründet.   Auch liegt hierin die teil-

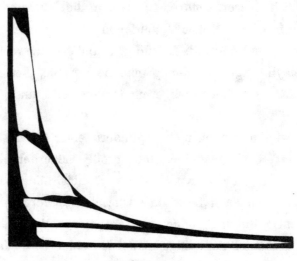

Fig. 46.

weise Begründung für die Tatsache, daß der Dampfverbrauch einer Gleichstromdampfmaschine nicht höher ist als der einer gleichstarken Vierfach-

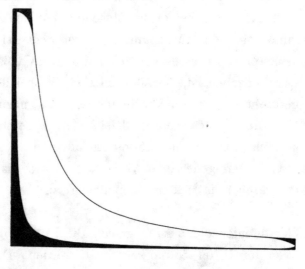

Fig. 47.

expansionsmaschine, und zwar sowohl für gesättigten als wie erst recht für
überhitzten Dampf.

Durch die Verteilung des Dampfstroms auf mehrere Zylinder ergeben sich mäßige Abmessungen für die Einlaßorgane, im Gegensatz zu den gewaltigen Schieberabmessungen, wie sie bei den jetzigen mehrstufigen Schiffsmaschinen vorkommen.

Ein weiterer sehr schätzenswerter Vorzug der Maschine ist die Verwendbarkeit der Reserveteile für alle Maschinen, bezw. die Verminderung der Zahl der erforderlichen Reserveteile. Dies hat allerdings nur Wert für zweizylindrige Maschinen. Für Maschinen mit mehr als zwei Zylindern können alle Reserveteile, bis etwa auf ein Wellenstück, im Hinblick auf die durch die Maschine selbst gegebene Reserve wegfallen.

9. Schlußbemerkungen.

Wie im Vorangegangenen dargelegt, ist es ohne weiteres möglich, die Gleichstromdampfmaschine für alle Sonderbetriebe auszugestalten. Einiges Nachdenken zeigt sofort den Weg, auf welchem die erforderlichen Zutaten zu entwickeln sind. Sie beziehen sich meist auf vorübergehende Verminderung der Kompression.

Im Hinblick auf die baulichen, thermischen und betriebstechnischen Vorzüge der Gleichstromdampfmaschine läßt sich wohl der kühne Satz aussprechen: Die Stufeneinteilung ist für die weitaus größte Zahl unserer Betriebe als eine überflüssige Komplikation zu betrachten, hervorgegangen aus der Verwendung des Wechselstroms. Man ersetze den Wechselstrom durch den Gleichstrom, schaffe so einen Dampfzylinder mit möglichst gleichbleibenden Wärmeverhältnissen und hebe die Dampfmaschine auf das thermische Niveau der Dampfturbine. Die Folge ist thermische Klarheit und Wegfall der Stufeneinteilung. Im Zusammenhang mit dem Gleichstrom wird man auch die Begriffe „schädlicher Raum" und „schädliche Flächen" einer gründlichen Revision unterziehen müssen. Desgleichen wird die Gleichstromdampfmaschine der Überhitzung zum endgültigen Durchbruch verhelfen; namentlich wird sich dies auf den Gebieten geltend machen, wo man, wie bei den Schiffsdampfmaschinen, der Einführung der Überhitzung noch Widerstand entgegensetzt.

Daß die Richtigkeit obiger Darlegungen von seiten der in- und ausländischen Industrie gewürdigt wird, geht aus der großen Zahl von Fabriken hervor, die den Bau dieser Gleichstromdampfmaschinen aufgenommen haben. Es sind dies die Firmen: Elsässische Maschinenbau-Gesellschaft, Mülhausen i. Els.; Gebrüder Sulzer, Winterthur und Ludwigshafen a. Rh.;

Maschinenfabrik Augsburg-Nürnberg, Nürnberg; Görlitzer Maschinenbau Anstalt und Eisengießerei, Görlitz; Ehrhardt & Sehmer, Saarbrücken; Maschinenfabrik Grevenbroich, Grevenbroich; J. Frerichs & Co., Akt.-Ges., Osterholz-Scharmbeck; Maschinenfabrik Badenia, Weinheim (Baden); Stettiner Maschinenbau-Aktien-Gesellschaft „Vulcan", Stettin-Bredow; Erste Brünner Maschinenfabriks-Gesellschaft, Brünn; Société Alsacienne de Constructions Mécaniques, Belfort; Société Anonyme des Ateliers Carels Frères, Gent; Gebrüder Stork & Co., Hengelo; Aktieselskabet Burmeister & Wain's Maskin- og Skibsbyggeri, Kopenhagen; The Lilleshall Company Limited, Oakengates und Robey & Co., Lincoln (England).

Zum Schluß sei den Herren mein tiefempfundener Dank ausgesprochen, welche meinen Bestrebungen zu einer Zeit volles Verständnis entgegenbrachten, wo man an die Gleichstromdampfmaschine noch nicht glauben wollte: Direktor Noltein von der Moskau-Kasaner Bahn in Moskau, Zentraldirektor Hnevkovsky und Direktor Smetana in Brünn, Generaldirektor Lamey in Mülhausen i. Els., Wirkl. Geh. Oberregierungsrat Müller in Berlin und Direktor Schüler in Grevenbroich.

Diskussion.

Herr Ingenieur M i s s o n g -Frankfurt a. M.*):

Eine Dampfmaschine, welche den in meiner deutschen Patentschrift Nr. 145 802 dargestellten langen Kolben besitzt und mit dem mir geschützten verkürzten Dampfauslaß arbeitet, ihren Arbeitsprozeß in einer Stufe ausführt, am Ende des Kolbenweges bis auf die Anfangsspannung komprimiert und deren Dampfauslaß in der Mitte des Zylinders liegt, wird von Herrn Professor Stumpf als Gleichstromdampfmaschine, passender jedoch als Dampfmaschine mit verkürztem Dampfauslaß bezeichnet. Durch den langen Kolben derselben werden die beiden Zylinderseiten derart getrennt, daß sich die beiderseitigen Arbeitsdampfmengen im Zylinder nicht überdecken. Dadurch und durch die verkürzte isothermische Kompression werden die schädlichen Einflüsse der Zylinderwandungen ganz erheblich reduziert. Durch den bekannten Einbau der Dampfeinlaßorgane in die Zylinderdeckel und die bekannte Auslaßsteuerung mit Benutzung des Arbeitskolbens werden dieselben noch weiter vermindert. Die Strömungsrichtung des Dampfes, von welcher die Gleichstromdampfmaschine ihren Namen hat, ist wichtig, aber nicht von so ausschlaggebender Bedeutung, wie man vielfach annimmt.

---

*) Vergl. auch das Schlußwort des Herrn Professor Stumpf-Charlottenburg.

Die von der Elsässischen Maschinenbaugesellschaft in Mülhausen gebauten Gleichstromdampfmaschinen haben bei 13 Atmosphären absoluter Anfangsspannung und ca. 320° Überhitzungstemperatur einen Dampfverbrauch von 4,6 kg pro ind. Stundenpferd. Nach der von Herrn Prof. Dr. Mollier aufgestellten Tabelle der verlustlosen Dampfmaschine beträgt der Dampfverbrauch der Gleichstromdampfmaschine in der angegebenen Arbeitsweise 3,37 kg; ihr Gütegrad ist also $\frac{3,37}{4,6} = 0,73 = 73\%$. Bei der Mollierschen Tabelle ist angenommen, daß das Diagramm in einer Spitze endigt. Dieses ist aber bekanntlich in der Praxis noch nicht erreicht. Der Gütegrad der Gleichstrommaschine ist also einige Prozent niedriger, aber immer noch so hoch wie der einer mittelguten Zweifachexpansionsmaschine. Bei der Versuchsanlage der Missong-Dampfmaschinengesellschaft in dem Werke Nürnberg der Vereinigten Maschinenfabrik Augsburg-Nürnberg, welche trotz meines energischen Protestes mit kurzem Kolben ausgeführt ist und mit der mir geschützten, vom Regulator beeinflußten verkürzten isothermischen Kompression der Hochdruckstufe arbeitet und vor beendetem Kolbenhube auf die Anfangsspannung komprimiert, haben wir den Exponenten der Kompressionskurve zu 1,3, also nahezu gleich dem Exponenten der Expansionskurve gefunden, so daß der Gütegrad der Hochdruckstufe einer Zweifachexpansionsmaschine mit verkürztem Dampfauslaß bei Verwendung eines langen Kolbens nahezu 100% beträgt, also erheblich größer ist als der der Gleichstromdampfmaschine.

Bei 400°—450° Überhitzungstemperatur, welche bei Kühlung der Kolbenlauffläche des Hochdruckzylinders durch den von dem Hochdruckzylinder in den Niederdruckzylinder strömenden Dampf zulässig ist, und Kompression bis auf die Anfangsspannung, beträgt der Gütegrad bei Überhitzung — denn der Dampf ist bei 400° Anfangstemperatur in der zweiten Stufe noch überhitzt — nach verschiedenen Versuchen und den Resultaten der Gleichstrommaschine 70%, mithin der gesamte Gütegrad einer solchen Zweifachexpansionsmaschine abgesehen von den Überströmverlusten im Durchschnitt 85%.

Da durch langjährige Erfahrungen die Betriebssicherheit von Dampf- und Krafterzeugungsanlagen, welche mit 21 Atmosphären Anfangsspannung arbeiten, durch eine große Anzahl Maschinensysteme Missong in langjährigem Betrieb, in dreizehnjährigem Betrieb, erprobt sind und sich bewährt haben, so kann man bei zweistufiger Expansion vom Regulator beeinflußter, isothermischer Kompression der Hochdruckstufe und 400° Überhitzungstemperatur arbeiten, und dabei beträgt der Dampfverbrauch nach der Mollierschen Tabelle 2,81 kg pro ind. Stundenpferd, und der der Gleichstromdampfmaschine 3,37 kg. Hieraus ergibt sich, daß die Gleichstromdampfmaschine abgesehen von dem Gütegrad eine um 20% größere Wärmemenge verbraucht als die Zweifachexpansionsmaschine mit verkürzter isothermischer Kompression und Kompression auf die Anfangsspannung vor beendetem Kolbenhub.

Bei der Zweifachexpansionsmaschine mit verkürztem Dampfauslaß leistet der Hochdruckzylinder 60% und der Niederdruckzylinder 40% der Gesamtarbeit, und wenn man für den Gütegrad des Hochdruckzylinders 97% und für den des Niederdruckzylinders 67% rechnet, so beträgt der Gesamtgütegrad $97 \cdot 0,6 + 67 \cdot 0,4 =$ 85%, und mithin der Dampfverbrauch pro ind. PS. $\frac{2,81}{0,85} = 3,3$ kg. Da der Dampfverbrauch der Gleichstrommaschine pro ind. Stundenpferdestärke 4,6 kg beträgt, so braucht dieselbe, abgesehen von den Überströmverlusten und dem um einige Prozent geringeren mechanischen Wirkungsgrad, $\frac{4,6}{3,3} - 1 = 0,393 = 39,3\%$ mehr Dampf als die Zweifachexpansionsmaschine, und wenn man für diese Verluste 9,3% rechnet, 30% mehr als die Zweifachexpansionsmaschine. Von den Gesamtkosten einer Dampfkrafterzeugungsanlage entfallen 60% auf die Wärme-

erzeugungsanlagen und 40 % auf die Dampfmaschine, und da bei der Gleichstromdampfmaschine die Wärmeerzeugungsanlage 30 % mehr kostet als bei der Zweifachexpansionsmaschine, so darf die letztere bei gleichen Gesamtanlagekosten $\frac{30 \cdot 0,6}{0,4} = 45$ % mehr kosten
als die Gleichstromdampfmaschine.

Durch die Teilung des Temperaturgefälles (Verbundwirkung) und durch die verkürzte
isothermische Kompression des Hochdruck- und des Niederdruckzylinders, durch welche der
Exponent der Kompressionskurve der Hochdruckstufe selbst bei kurzem Kolben 1,3 beträgt,
wird die Wärmeausbeute um mindestens 10 % größer, so daß die gesamte Wärmeausbeute
der Zweifachexpansionsmaschine mit verkürzter isothermischer Kompression und langem
Kolben mindestens 30 % größer ist als der der Gleichstromdampfmaschine und mit Berücksichtigung ihres Gütegrades $30 \times \frac{85}{73} = 34{,}6$ %.   Durch die hohe Wärmeausnutzung der
Zweifachexpansionsmaschine mit verkürzter isothermischer Kompression wird ihre Wärmeerzeugungsanlage um so viel billiger, daß der Nachteil ihres kleinen pm — diese Zweifachexpansionsmaschine hat eine sehr kleines pm — mehr als ausgeglichen wird, und die Gleichstrommaschine durch dieselbe verdrängt.

Vorstehend habe ich das gemeinsame charakteristische Merkmal der Missong-Dampfmaschine und der sogenannten Gleichstromdampfmaschine des Dampfauslasses abwechselnd
als verkürzter Dampfauslaß und verkürzte isothermische Kompression bezeichnet und der
ersteren Bezeichnung als der praktischen den Vorzug gegeben, denn ich sagte, daß die
sogenannte Gleichstromdampfmaschine passender als Dampfmaschine mit verkürztem Auslaß
zu bezeichnen sei. Es lag deshalb keine Veranlassung vor, die wissenschaftliche Bezeichnung „verkürzte isothermische Kompression" als unpraktisch zu bezeichnen, wie es Herr
Professor Stumpf getan hat.

Auf den von mir geführten Nachweis der größeren Wärmeausbeute der Zweifachexpansionsmaschine mit vom Regulator beeinflußten verkürztem Dampfauslaß behufs Regulierung der Leistung nnd Erhöhung des mittleren Diagrammdruckes und fixem, verkürzten
Dampfauslaß des Niederdruckzylinders, bei welcher ich von der Erhöhung des thermischen
Wirkungsgrades des Prozesses durch Wassereinspritzung abgesehen habe, ist Herr Professor
Stumpf nicht eingegangen, sondern hat die Wassereinspritzung, von welcher vorerst Abstand genommen wird, kritisiert. Wenn das Diagramm der sogenannten Gleichstromdampfmaschine
am Ende der Expansion spitz ist, so ist der mittlere Diagrammdruck kleiner als 2,5 kg pro qcm. Bei
der neuesten Ausführungsform der Missong-Dampfmaschine, über welche aus patentrecht-
lichen Gründen noch nicht berichtet werden kann, ist die Schwierigkeit der Dampfentölung
beseitigt.

Herr Direktor Gustav Henkel-Kassel:

Königliche Hoheit, meine Herren! Die Gleichstrom-Dampfmaschine mit ungesteuertem
Auslaß, wie sie von Herrn Professor Stumpf für die verschiedensten Verhältnisse in so vollkommener Weise durchgebildet worden ist, bildet zweifellos einen wichtigen Fortschritt auf
dem Gebiete des Kolben-Dampfmaschinenbaues n a c h   d e r   R i c h t u n g   d e r   V e r e i n -
f a c h u n g , einer Vereinfachung, unter der die Dampfökonomie dann nicht leidet, wenn man
sich auf verhältnismäßig geringe Spannungen beschränkt, und hierin befinde ich mich im
Einklang mit dem Herrn Vorredner. Insbesondere also, wenn man sich mit Spannungen
vielleicht bis zu 9 Atmosphären begnügt, dann wird auch die Gleichstrom-Dampfmaschine
nach jeder Richtung die wirtschaftlichste sein. Ich möchte sie geradezu als Idealmaschine
für hoch überhitzten Dampf bezeichnen. Ich glaube wohl nicht zuviel zu sagen, wenn ich
behaupte, daß diese Gleichstrom-Dampfmaschine die höchste Temperatur verträgt, die man

im praktischen Betriebe anstandslos dauernd erzeugen kann. Aber, m. H., bei einem so bedeutenden Fortschritt in der Richtung der Vereinfachung, vor dem wir stehen, ist es wohl angebracht, auf die Vorläufer der Gleichstrom-Dampfmaschine im Interesse der historischen Feststellung hinzuweisen.

Ohne die großen Verdienste des Herrn Professor Stumpf um die Durchkonstruktion dieser Maschine irgendwie schmälern zu wollen, möchte ich darauf hinweisen, daß bereits im Jahre 1886 zwei Patente für Gleichstommaschinen herausgekommen sind, und zwar merkwürdigerweise in demselben Monat. Das eine ist die sogenante „Gräbnermaschine", die Konstruktion des derzeitigen Direktors der Möllerschen Maschinenfabrik in Brackwede. Diese Maschine hatte den vollständigen Gleichstrom-Arbeitsvorgang, einen festen Auslaß am Ende und einen großen schädlichen Raum. Die andere Maschine mit vollständigem Gleichstrom, deren Patent also, wie schon bemerkt, in demselben Monat, und zwar im Juli 1886 herauskam, ist eine Erfindung des bekannten erfolgreichen Vorkämpfers auf dem Gebiete der hohen Überhitzung, des Dr. ing. Schmidt. Es handelte sich da um einen einseitig wirkenden Dampfmotor mit geringem schädlichen Raum und großer Vorausströmung, letztere als Mittel, um die Kompression bei den festen, d. h. ungesteuerten Auslaßschlitzen nicht zu stark ansteigen zu lassen. Im Jahre 1893 gab Schmidt eine Gleichstrom-Konstruktion heraus, bei der er ebenfalls bei einer einfach wirkenden Bauart nach Art der Gasmotore den schädlichen Raum auf 16 % festsetzte und die Vorausströmung auf 10 %, also genau wie Herr Professor Stumpf bei seinen Auspuffmaschinen. Ein Jahr später schuf Schmidt eine Verbesserung in der Richtung der Verkleinerung des schädlichen Raumes. Er sagte sich, daß dieser schädliche Raum von 10 % doch immerhin ein großer Nachteil sei, der wohl zwecks Beseitigung die Schaffung eines Nebenorgans rechtfertigte. Er ordnete als solches ein Auslaßventil an, das sich erst öffnete, nachdem am Ende des Kolbenhubes durch die festen Auslaßschlitze der Hauptauspuff erfolgte und somit eine vollständige Entlastung eingetreten war, und das auf dem Rückweg des Kolbens so lange geöffnet blieb, daß man, bei nur 2 % schädlichen Raum, keine zu hohe Kompression erhielt. Dieses Nebenauslaßorgan bedeutete kaum eine Komplikation, denn es bedurfte keiner besonderen Antriebsvorrichtung, es arbeitete vollständig selbsttätig. Aber es führt wohl zu weit, Ihnen hier diese Bauart näher zu erläutern. Schmidt, der bei Einführung der hohen Überhitzung sehr vorsichtig war, stand damals noch unter dem Eindruck, daß man hochüberhitzten Dampf nur in „offenen" Maschinen nach Art der Gasmotore anstandslos verarbeiten könnte Er schuf dann eine eigenartige Tandemmaschine, die zwar eine Doppelwirkung hat, aber doch im Hochdruckzylinder mit nur einseitiger Dampfarbeit. Im Jahre 1896 gab Schmidt dann, noch von dem Gedanken ausgehend, daß hochüberhitzter Dampf in gewöhnlichen doppeltwirkenden Maschinen leicht Veranlassung zu Zerreibungen bietet, ein Verfahren heraus, um auch den hochüberhitzten Dampf anstandslos in doppeltwirkenden Maschinen „verarbeiten" zu können, und hierbei wandte er den langen Kolben an, wie er jetzt von Herrn Professor Stumpf in seinen Gleichstrommaschinen zur Anwendung kommt. Es ist nun interessant zu zeigen, daß damals bereits von Schmidt gewisse Gesichtspunkte, wie sie hier der Herr Vortragende ausgeführt hat, vollständig gewürdigt wurden. Er schreibt in seiner Patentschrift (also vom Jahre 1896) unter anderm wie folgt:

„Bei näherer Betrachtung des Diagramms ist nun unschwer zu erkennen, daß die in der zweiten Hälfte des Kolbenhubes noch zu leistende Expansionsarbeit gegenüber der bereits trocken geleisteten Volldrucks- und Expansionsarbeit nur sehr gering ist, und ferner, daß selbst der Rest der Expansionsarbeit noch unter Vermeidung nennenswerter Niederschläge verlaufen muß, weil der in der zweiten Zylinderhälfte entstehende gesättigte Dampf durch die verhältnismäßig große Wärmeausstrahlung der rückwärts liegenden Zylinderwände stark nachgeheizt wird."

Es handelte sich hier also auch nur um die Heizung von der Deckelseite aus. An anderer Stelle sagt Schmidt dann:

„So bedarf es z. B. nur noch einer Vergrößerung der Länge der Zylinder und Kolbenkörper, um die bisher bei Anwendung von überhitztem Dampf oder hohen Dampfspannungen unvermeidlich scheinenden Übelstände, als großen Schmiermittelverbrauch und die Gefährdung der Schleifflächen (und Stopfbuchsen), gänzlich zu beseitigen."

und weiter:

„daß die Kolbenlänge eine solche sein muß, daß die Kolbenringe einen wesentlichen Teil in der Sättigungszone des Zylinders arbeiten".

M. H., wer sich noch der Zeit zu entsinnen weiß, zu welcher zuerst die Schmidtsche Maschine für hochüberhitzten Dampf auf dem Markt erschien, der weiß, welches Aufsehen die Versuche hervorriefen, die Professor Schröter an einer 60-pferdigen Verbund-Kondensationsmaschine im Jahre 1894 angestellt hatte, wo er einen Dampfverbrauch von $4^1/_2$ kg pro indiziertes Stundenpferd erreichte. Wem ferner bekannt ist, wie Geheimrat Professor Lewicki von der Hochschule zu Dresden bei einer 260-pferdigen Maschine in dem Hüttenwerk zu Thale (nachdem der Beharrungszustand erreicht war), einen Dampfverbrauch von 3,85 kg erzielte und dabei doch wahrnehmen mußte, wie festgewurzelt die Vorurteile gegen Heißdampf immer noch waren, so daß beispielsweise eine deutsche Großstadt selbst im Jahre 1901 noch 2 zweitausendpferdige Vierzylindermaschinen für ihr Elektrizitätswerk aufstellte, weil der Sachverständige, sonst ein bekannter Fachmann, erklärte, daß man mit über 225° nicht mit Sicherheit arbeiten könnte, — ich meine, wer sich dieser Kämpfe erinnert, und sich vergegenwärtigt, wie man heute in der Fachwelt über die hohe Überhitzung denkt, der wird auch die Einführung der Konstruktion des Herrn Professor Stumpf mit Freuden begrüßen, denn sie bildet einen weiteren Fortschritt in der Einführung der hohen Überhitzung. Daß auch heute noch Aufklärungsarbeiten geleistet werden müssen, daß noch nicht alle Vorurteile geschwunden sind, lehrt uns namentlich der Schiffsbetrieb. Da steckt man vielfach, besonders in Kreisen der Reedereibesitzer, noch voller Vorurteile.

Was nun die Ausführungen des Herrn Professor Stumpf bezüglich der Lokomotiven betrifft, so gehe ich darin nicht ganz mit ihm zusammen. Ich meine, um ein abschließendes Urteil zu fällen, wieviel von der hier ermittelten Ökonomie allein auf den Gleichstrom zu setzen ist, müßten doch noch längere eingehende Versuche gemacht werden. Es ist bei einer fremden Staats-Eisenbahn-Gesellschaft festgestellt worden, daß allein durch undichte Kolbenschieber Differenzen im Dampfverbrauch bis zu 30% eingetreten sind. Also es kommt darauf an, wie und in welchem Zustand diese „Parallelmaschinen", die in Vergleich gezogen sind, sich befunden haben, und dann mache ich besonders auf die ungemein wechselnde Belastung im Lokomotivbetriebe aufmerksam. Wenn ich den Herrn Professor recht verstanden habe, so hat man ja bei den Parallelversuchen besonders darauf gesehen, daß eine möglichst gleichmäßige Beanspruchung stattfand. Es fragt sich nur, ob die Lokomotiven dabei mit dem wirtschaftlich vollkommensten Grade der Belastung gearbeitet haben, während das Verhältnis sich wesentlich verschiebt, wenn man die Belastung nach oben oder nach unten erheblich ändert.

Mit der Bemerkung des Herrn Professor Stumpf bezüglich des durch den plötzlichen scharfen Auspuff erzielten Vakuums kann ich mich durchaus nicht einverstanden erklären. Ich meine, ein bloß stoßweises Austreten des Dampfes kann auf das Vakuum in der Rauchkammer und somit auf den Verbrennungsprozeß keinen so günstigen Einfluß ausüben, als wenn das Vakuum ein etwas länger „gezogenes" ist. Ich behaupte: ein nur momentanes Vakuum ist für den Verbrennungsprozeß zweifellos ungünstig. Wenn man mit diesen Versuchsmaschinen trotzdem gut zuwege gekommen ist, so ist das meines Erachtens vielleicht mit darauf zurückzuführen, daß sie nicht überlastet waren. Wenn man aber eine Lokomotive sehr stark beansprucht, dann muß man auch dauernd ein gutes Vakuum halten. Man wird mit diesem „stoßweisen" Vakuum zweifellos nicht weit kommen. Aber dies ist kein prinzipieller Fehler der Gleichstrommaschinen, das läßt sich bis zu einem gewissen Grade ausgleichen, indem man in dem Auspuff — zwischen Exhaustor und Zylinder — noch ein erheblich größeres Volumen, einen Kessel, zwischenschaltet.

Was schließlich die Ökonomie im allgemeinen betrifft, die Herr Professor Stumpf an seiner „ortsfesten" Maschine erreicht hat, so wäre es interessant, festzustellen, w i e v i e l d a b e i a u f K o s t e n d e s k l e i n e n s c h ä d l i c h e n R a u m e s und wieviel auf die Gleichstromwirkung zu setzen ist. — Sie wissen, daß die Franzosen, z. T. auch die Belgier, sich lange Zeit gegen die Einführung der Verbundmaschine erfolgreich dadurch gewehrt haben, daß sie Maschinen mit sehr geringem schädlichem Raum, bis zu $1/2\,^0/_0$, bauten. Allein dadurch konnten sie dem Dampfverbrauch der Verbundmaschine näherkommen. Es würde nun hochinteressant sein, wenn einmal einwandfreie Parallelversuche gemacht würden, indem man in der Nähe des Deckels noch ein Auslaßorgan schafft, welches man mit dem „festen Auslaß" wechselseitig benutzt, die sonstigen Verhältnisse aber bestehen läßt. Dieses würde m. E. der sicherste Weg sein, um festzustellen, wieviel auf Kosten des geringen schädlichen Raums zu setzen ist und wieviel auf die Gleichstromwirkung, die zweifellos einen Vorteil bietet; ob dieser aber so groß ist, wie er hier bewertet wird, erscheint mir doch zweifelhaft.

Zum Schluß hat es mich mit Genugtuung erfüllt, daß Herr Professor Stumpf durch seine Arbeit in kräftiger Weise darauf hingewiesen hat, daß man Kolbendampfmaschinen vereinfachen, d. h. mit der Zahl der Dampfdehnungsstufen heruntergehen kann. Das ist eine alte Forderung meines Freudes Schmidt beim Übergang zur hohen Überhitzung. Schon als ich im Jahre 1893 eine größere Anzahl von den eingangs erwähnten Gleichstrommaschinen, aber mit dem Hilfsauslaßorgan, in meinem früheren Werk für den praktischen Betrieb ausführen ließ, wies er immer wieder darauf hin: „wir können da, wo wir die Verbundmaschine angewandt haben, auf die einfache einstufige Maschine zurückgehen, und wiederum, wo man bisher drei- oder vierfache Dampfdehnung hatte, auf die Verbundmaschine". Auch in seinen späteren Arbeiten betr. Einführung der hohen Überhitzung im Lokomotiv- und Schiffsbetriebe hat Schmidt immer wieder auf die Zweckmäßigkeit der Vereinfachung hingewiesen. Diese alten Forderungen sind durch die heutigen Ausführungen des Herrn Vortragenden wieder von neuem in verstärkter Weise erhoben.

Die Schlußworte[*]) des Herrn Professor Stumpf kann ich nicht ganz ohne Erwiderung lassen, weil sie den Anschein erwecken, als ob ein Teil meiner Ausführungen nicht den Tatsachen entspricht und von ihm widerlegt sind. Zum Beweis der Richtigkeit meiner Behauptung, daß der Grundgedanke der Gleichstrom - Anordnung bereits in den Arbeiten Dr. Schmidts enthalten ist, möge die folgende Fig. 48, welche eine getreue Kopie der Fig. 2 der Patentschrift Nr. 76 651 vom Jahre 1893 bildet, dienen. Hierbei trifft wörtlich zu, was Herr Professor Stumpf im Eingang seines Vortrags zur Kennzeichnung seiner Maschine sagt: Der Dampf „folgt arbeitsleistend dem Kolben und tritt nach vollzogener Expansion durch am entgegengesetzten Ende des Kolbens, d. h. in der Mitte des Zylinders, angebrachte und vom Kolben gesteuerte Auslaßschlitze aus". Sogar der Ringraum für den Austritt ist vorhanden. Nur die Deckelheizung, auf die, nebenbei bemerkt, m. E. zuviel Gewicht gelegt wird, fehlt. Diese zeigt Fig. 49 (in der Schmidtschen Patentschrift Nr. 78 809, Februar 1894, Fig. 1). Hier haben wir die von mir erwähnte und vielfach ausgeführte verbesserte Anordnung mit dem kleinen Hilfsauslaßorgan (C) zur

---

[*]) Vergl. Herr Professor S t u m p f - Charlottenburg (Schlußwort):

Beseitigung zu hoher Kompressionen bei geringem schädlichen Raum (für Auspuff-
maschinen). Der Hauptauspuff findet am Ende des Kolbenhubes statt; n u r s o v i e l
D a m p f t r i t t d u r c h d a s k l e i n e H i l f s v e n t i l C, welches sich erst nach der
Druckentlastung selbsttätig öffnet w i e e r f o r d e r l i c h i s t, u m z u h o h e n K o m -

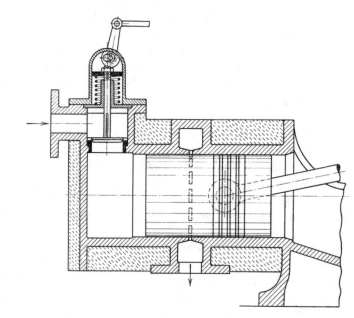

Fig. 48.

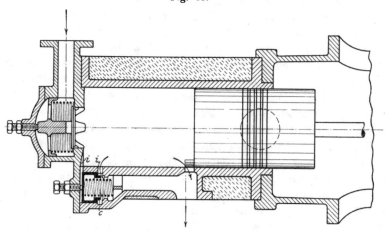

Fig. 49.

p r e s s i o n s d r u c k z u v e r m e i d e n. Nachdem der Kolben den kleinen Kanal i' auf
seinem Rückgang überdeckt hat, schließt sich das Hilfsventil wieder selbsttätig. Wie ersichtlich, stellen die beiden den Patentschriften entlehnten Figuren die Gleichstromanordnung bei einfachwirkenden Maschinen dar. Vergleicht man hiermit die Worte, mit welchen
der Herr Vortragende die Bauart seiner doppeltwirkenden Gleichstrommaschine gekennzeichnet hat: „Der Zylinder besteht aus zwei einfachwirkenden Zylindern, welche mit ihren

Auspuffenden zusammengeschoben sind", so wird man schwer einen prinzipiellen Unterschied zwischen der Schmidtschen und der Stumpfschen Bauart entdecken können.

Die Frage, warum die Schmidtschen Gleichstrommaschinen, die bereits 1893/94 konstruiert wurden, keine größere praktische Bedeutung erlangt haben, möchte ich dahin beantworten, daß die Zeit hierfür noch nicht reif war. Gerade führende Firmen im Dampfmaschinenbau unter den Lizenznehmern Schmidts hingen zu sehr an ihren Modellen und konnten sich nicht dazu entschließen, von der mehrstufigen Dampfdehnung ab- und sofort zur hohen Überhitzung überzugehen, letztere ist aber bei dem großen Temperaturgefälle in einem Zylinder Vorbedingung für die Wirtschaftlichkeit gegenüber der Verbundanordnung. Die nächste Arbeit Schmidts, seine von mir bereits erwähnte und durch die Veröffentlichung von Professor Schröter bekannt gewordene eigenartige Tandemmaschine, fand viel mehr Verständnis in der technischen Welt. Diese Tandemmaschine ist zwar nicht so einfach wie die Gleichstrommaschine, aber unstreitig vom wärmetechnischem Standpunkt aus noch vollkommener; besonders wird diese bei hoher Dampfspannung der einfachen Gleichstrommaschine überlegen bleiben.

Herr Direktor Cornehls-Hamburg:

Ich möchte mir gestatten, zu der Stumpfschen Maschine unter Berücksichtigung der Verwendung derselben als Schiffsmaschine einige kurze Bemerkungen zu machen. Diese Bemerkungen beziehen sich auf Erfahrungen, die ich mit einer solchen Maschine gemacht habe, die seit 2 Jahren bereits bei uns auf der Werft in Betrieb ist, allerdings nicht als Schiffsmaschine, wohl aber versehen mit einer Umsteuerung, die jeden Augenblick ausgeübt werden kann, die als Betriebsmaschine für eine zentrale Kondensation arbeitet. Wir haben diese Maschine von dem Standpunkt aus betrachtet, eine praktische Verwendbarkeit für ein Schiff eventuell daraus herleiten zu können, und wir haben gefunden, daß den großen Vorteilen, welche Herr Professor Stumpf für die Maschine mit Recht anführt und nachgewiesen hat, doch auch einige Nachteile entgegenstehen, und mir scheint es nicht unangebracht zu sein, daß, wo man so viel Gutes gehört hat, auch einmal die andere Seite etwas beleuchtet wird.

Die erste Bedingung einer Schiffsmaschine, Einfachheit, wird bei der Stumpfschen Maschine insofern erreicht, als die Maschine ja eine außerordentlich einfache, die einfachste Form der Dampfmaschine ist, aber sie hat doch einige Nachteile, die nicht erwähnt sind und die ich in der Folge einmal ausführen möchte. Erstens ergibt sich eine wesentlich stärkere Kurbelwelle, und die Beanspruchungen, welche auf diese Kurbelwelle erfolgen, wegen des hohen Anfangsdruckes und dem auf der anderen Seite nicht entgegenstehenden Druck, sind so viel größer, daß die Kurbelwelle bis zu 25 % stärker werden muß als bei der Schiebermaschine. Es ist sehr die Frage, ob, wenn für ein Schiff eine solche Ausführung erfolgen wird, der Germanische Lloyd sich damit auch einverstanden erklären wird.

Es ergibt sich ferner, daß bei der Kondensation, die ja für die Maschine unbedingt erforderlich ist, die Verhältnisse doch noch etwas anders liegen als es bisher bei den mit so großem Erfolg ausprobierten Maschinen der Fall war. Eine Land-Dampfmaschine arbeitet unter gleichen Bedingungen entweder mit Auspuff oder mit gleichmäßiger Kondensation. Eine Lokomotive arbeitet nur mit Auspuff, und die Verhältnisse für diesen konstanten Wert lassen sich von vornherein ganz genau feststellen. Bei der Schiffsmaschine ist es anders. Wenn eine Schiffsmaschine längere Zeit hat gestoppt werden müssen infolge Nebel oder sonstiger Verhältnisse, so kann es vorkommen, daß das Vakuum verloren geht. Dies muß in erster Linie für Handelsschiffe in Betracht gezogen werden, wo nicht eine besondere getrennte Kondensationsanlage vorhanden ist, sondern wo die Pumpen von der Hauptmaschine selbst betrieben werden. Nun springt die Gleichstrommaschine ohne Vakuum, weil sie einmal hierfür konstruiert ist, sehr schlecht an. Das haben wir aus eigenen Erfahrungen an unserer Maschine feststellen können. Es müssen dann die Ausgleichsventile, von denen Herr Professor S t u m p f ja auch geredet hat, in Bewegung gesetzt werden. Das bedeutet aber eine Komplikation, die nicht unter allen Umständen als vorteilhaft bezeichnet werden kann. Es heißt also, wenn das Vakuum verloren geht, für den Maschinisten sehr kühles Blut behalten, um die Maschine rechtzeitig in Gang bringen zu können. Hat man dagegen eine getrennte Kondensation, die absolut für sich arbeitet und immer Vakuum gleich erzeugt, so ist man natürlich geborgen. Das ist aber für Handelsschiffe nicht immer durchzuführen, und bei den heutigen Zeiten, wo die Reeder weniger auf vorzügliche Konstruktion als auf billigen Preis sehen (Heiterkeit), empfiehlt es sich durchaus nicht, mit derartigen Komplikationen in den Schiffsbau hineinzugehen.

M. H., die große Austrittsspannung, die bei einer solchen Maschine auftritt, glaubt Herr Professor S t u m p f dadurch ausgleichen zu können, daß er einen Teil des Abdampfes für Heizung bzw. für den Betrieb von Hilfsmaschinen usw. verwenden kann. M. H., wer mit einem Schiff zu tun hat, wird wissen, daß man Heizungsanlagen, wenn man sie überhaupt im Gebrauch hat, hauptsächlich, wenn man stilliegt, im Gang hat, daß man dann doch einen besonderen Betrieb von den Kesseln her einrichten muß. Ebenso ist es mit Hilfsmaschinen, Lichtmaschinen, Zentrifugalpumpen usw. Die müssen arbeiten, auch wenn die Hauptmaschinen stillstehen, sie müssen also dann eine doppelte Dampfleitung haben und umgeschaltet werden können. Ob dies gerade ein Vorteil ist, weiß ich nicht. Ich kann mir also in der Form, wie sie jetzt ist, einen Vorteil von der Verwendung der S t u m p f schen Maschine für Schiffe nicht versprechen gegenüber der Vierfachexpansionsmaschine mit ihrer heutigen weitgehenden Ökonomie. (Beifall.)

Herr Direktor M a x S c h m i d t - Hirschberg i. Schl.:

Ich bin nicht der Meinung, daß die Mehrfachexpansionsmaschine durch die Gleichstrommaschine verdrängt werden wird. Ich neigte früher auch zu der Meinung, daß die Zeiten der Dreifach-Expansionsmaschine vorüber seien, aber Versuche, die ich in letzterer Zeit in dem mir unterstellten Werk mit einer ca. 300 PS.-Maschine anstellte, haben mich eines anderen belehrt. Die Maschine war als Dreifachexpansionsmaschine gebaut, und zwar die Hochdruckseite in der mir patentierten kurzen Bauart. An einem Tage wurden die Versuche als Tandemmaschine ausgeführt und ergaben bei $9^1/_2$ atm. und 311 ° C am Zylinder 4,63 kg pro PS., am andern Tage als Dreifachexpansionsmaschine, wobei nur 4,23 kg verbraucht wurden. (Herr G. Gutermuth - Darmstadt hat den Versuch in dem demnächst neu erscheinenden Dampfmaschinenwerk aufgenommen.) Die Differenz betrug also ca. 0,4 kg pro PS. und Stunde. Bei den hohen Kohlenkosten und bei noch größeren Kräften spielt dies eine große Rolle.

Ich bin nun der Meinung, daß durch die b a u l i c h e Ausgestaltung und konstruktive Verbesserung die Dreifachexpansionsmaschine als Tandemmaschine ihre Wirtschaftlichkeit erheblich vergrößern wird. Ich habe daher ein Patent angemeldet auf d i e s e Bauart, bei welcher der Niederdruck des Zylinders zwischen Hoch- und Mitteldruckzylinder gelagert ist, und bei welcher meine patentierten und in der Praxis sehr bewährten kurzen Zylinderzwischenstücke Anwendung finden. Die Deckel des Niederdruckzylinders, die im Zwischenstück enthalten sind, durchströmt Heißdampf. Die andern Deckel werden nicht geheizt.

Ich garantiere von 300 PS. an bei 12 bis 15 atm. und ca. 300 ° C am Zylinder 3,5 kg pro PS. und Stunde und bemerke, daß die Länge der Maschine nicht größer wird als bei den alten Tandemmaschinen mit langem Zwischenstück.

Herr Professor S t u m p f - Charlottenburg (Schlußwort):

Meine Herren!: Was zunächst die Entgegnung des Herrn M i s s o n g angeht, so hätte ich hierzu folgendes zu erwähnen. Die Maschine von M i s s o n g ist eine Verbundmaschine, meine Maschine ist eine einstufige Maschine. Das ist der nächste Hauptunterschied zwischen beiden Maschinen.

Weiter kann ich nicht recht einsehen, was Herr M i s s o n g mit isothermischer Kompression meint. Isothermische Kompression gibt es im praktischen Dampfmaschinenbau überhaupt nicht. Wenn wir komprimieren nach der Marrietteschen Linie, so steigt mit dem Druck die Temperatur nach Maßgabe der Sättigungstabelle. Wenn wir uns auf der horizontalen Linie bewegen, so haben wir eine Isotherme, aber keine Verdichtung. Isothermische Verdichtung also gibt es im praktischen Maschinenbau nicht. Eine isothermische Verdichtung wäre nur möglich, rein theoretisch genommen, im hoch überhitzten Gebiet.

Die M i s s o n g sche Dampfmaschine erfordert mindestens den dreifachen Stangendruck wie eine gleich starke Gleichstrom-Dampfmaschine. Die M i s s o n g sche Maschine ergibt mindestens die drei- bis vierfache Bruttoleistung im Vergleich zur Nettoleistung; sie ergibt ein ähnliches Verhältnis, wie wir es in dem Diagramm gesehen haben, welches ich heute hier im Lichtbild gezeigt habe, wo wir eine Nettoleistung von 7700 iPS. und eine Bruttoleistung von 11 500 PS. hatten.

Bei der M i s s o n g schen Dampfmaschine ist der Übelstand vorhanden, daß für die Vorder- und Rückseite des Kolbens ganz ungleiche Dampfdrücke zur Verfügung gestellt werden. Da, wo ich im höchsten Maße erfreut bin, eine Überhitzungsadiabate nach Maßgabe des C a r n o t schen Kreisprozesses vorzufinden, an der Stelle spritzt Herr M i s s o n g Wasser in den Zylinder ein, zu dem Zweck, auf die adiabatische Kompressionskurve einzuwirken, also den Forderungen des C a r n o t schen Kreisprozesses schnurstracks entgegenzuwirken. Der C a r n o t sche Kreisprozeß ist der günstigste Kreisprozeß, und dem kommt die Gleichstrom-Dampfmaschine in vollkommenster Weise nach. Das Wasser vermehrt die schädliche Fläche und den schädlichen Wärmeaustausch in der Maschine. In der Gleichstrommaschine wird das Wasser bei jedem Hub aus dem Zylinder entfernt; ich bin hoch erfreut, daß das restliche Dampfquantum, das im Zylinder zurückbleibt, vollständig trocken, unter Umständen sogar in noch überhitztem Zustande vorhanden ist. Dem wirkt Herr M i s s o n g durch Wassereinspritzung wieder entgegen. Jeder erfahrene Dampfmaschinenkonstrukteur weiß, wie das Wasser den schädlichen Wärmeaustausch begünstigt und den Dampfverbrauch steigert.

Die Patentzeichnung des Herrn M i s s o n g zeigt keine Spur von Schlitzauslaß. Die von Herrn M i s s o n g ausgeführte Maschine hat, wie er selbst zum Ausdruck bringt, einen kurzen Kolben. Wenn sie also einen kurzen Kolben hat, kann sie keinen Schlitzauslaß haben, und wenn sie keinen Schlitzauslaß hat, kann sie nicht den Gleichstrom haben. Der Herr M i s s o n g arbeitet also mehr mit Wechselstrom anstatt mit Gleichstrom, und nach alldem sehe ich gar nicht ein, wo wir irgendwelche Berührungspunkte haben. Ich betrachte den Weg, den Herr M i s s o n g einschlägt, auf Grund der Stufeneinteilung seine Maschine durchzubilden, als einen anderen Weg, der nach Rom fuhrt. Bis jetzt hat Herr M i s s o n g keine Dampfverbrauchszahlen von seinen Maschinen veröffentlicht. Ich meine, man sollte mit solchen Sachen erst dann an die Öffentlichkeit treten, wenn sie gründlich ausprobiert und günstige Dampfverbrauchszahlen nachgewiesen sind.

Wenn man die Diagramme in der M i s s o n g schen Maschine mit den Maßendiagrammen in Zusammenhang bringt, dann muß sich erst recht eine höchst ungünstige Wirkung ergeben. Der Verschnitt des Maßendiagramms mit dem Dampfdiagramm auf der einen Kolbenseite ergibt ein ganz anderes Bild wie das auf der anderen Kolbenseite. Dabei ergeben sich auf der Hochdruckseite die erwähnten hohen Stangendrücke.

Die ungünstige Bruttoleistung im Verhältnis zur Nettoleistung muß einen ungünstigen mechanischen Wirkungsgrad ergeben. Wenn negative Arbeitsbeträge durch das Triebwerk beständig hin- und hergeschickt werden, so muß das eine ungünstige Einwirkung auf den mechanischen Wirkungsgrad haben. Ich erinnere die Herren an den nahezu parallelen Verlauf der Dampfdrucklinie mit der Maßendrucklinie bei der Gleichstromdampfmaschine. Das ist eine Grundlage, auf welcher ein günstiger mechanischer Wirkungsgrad zu erwarten ist.

Der Dampf wird schließlich aus dem M i s s o n g schen Dampfzylinder durch ein weiteres Ventil nach dem Überhitzer hinausgestoßen. Der Dampf nimmt auf diesem Wege das Öl mit. Der Dampf soll in dem Erhitzer wieder überhitzt und dann in der Maschine zurückgeführt werden. Ob es Herrn M i s s o n g gelingen wird, das Öl genügend auszuscheiden, so daß bei den hohen Überhitzungstemperaturen, welche man doch in neuerer Zeit anstrebt, sich keine Schwierigkeiten mit dem Überhitzer ergeben, das möchte ich dahingestellt sein lassen.

Das Patent ist jetzt schon 10 Jahre alt, und ich meine, in einem Zeitraum von 10 Jahren müßte sich doch entscheiden, ob die Sache auf gesunder Grundlage aufgebaut ist oder nicht.

Herr M i s s o n g will weiter in seiner Maschine eine Kochwirkung anstreben. Ich habe in meiner Praxis gefunden, daß man möglichst reinliche Scheidung vornehmen soll zwischen der Maschine einerseits und dem Kessel andererseits. Der Kessel ist der Platz zum Kochen, die Maschine ist der Platz der Arbeitsleistung. Je mehr man diese Aufgaben mit einander vermischt, umso schlimmer steht es mit dem Wirkungsgrad der ganzen Anlage.

Dem Herrn Direktor H e n k e l danke ich für seine vornehme Kritik, die doch wenigstens dem, was ich hier vorgebracht habe, gerecht wurde. Nur nicht ganz kann ich das unerwidert lassen, was Herr Direktor H e n k e l in bezug auf die G r ä b n e r sche und die S c h m i d t sche Maschine ausgesprochen hat. Die G r ä b n e r sche und die S c h m i d t sche Maschine sind jetzt über 10 Jahre alt; sie sind spurlos von der Bildfläche verschwunden. Woher kommt das? Diese Frage dürfte doch hier sehr berechtigt sein. Die Maschine von G r ä b n e r läßt den Dampf durch einen Schlitz durch den Kolben in den Zylinder hinein und durch einen zweiten Schlitz heraus. Wenn man von der Seite den Dampf in den Zylinder überströmen läßt und nach der Seite den Dampf wieder ausströmen läßt, so ist zwar ein Gleichstrom vorhanden, aber in einer Richtung, die zur Zylinderachse mehr oder weniger senkrecht steht. Einen Gleichstrom dieser Art habe ich nicht gemeint. Ich habe einen Gleichstrom gemeint, der in der Richtung des Kolbenlaufes sich vollzieht. Ich habe den Gleichstrom gemeint, der sich wie der Gleichstrom einer Dampfturbine vollzieht. Bei der Entwicklung der Gleichstrommaschine habe ich mir die Aufgabe gestellt, die Kolbenmaschine auf das thermische Niveau der Dampfturbine zu erheben. Ich habe dabei auch die Aufgabe gelöst, sie in eine Parallele mit der Maschine von Diesel zu bringen. Was die S c h m i d t sche Maschine anbetrifft, so mache ich darauf aufmerksam, daß schließlich ein Auslaßventil angebracht worden ist, und daß durch dieses Auslaßventil der Dampf nach dem Kopfende zurückgeschickt wurde, so daß also auch hier Wechselstrom zur Anwendung gebracht wurde. Die Nachteile, die mit dem Wechselstrom verknüpft sind, hat also S c h m i d t zurzeit nicht erkannt; wenn er sie erkannt hätte, hätte er das Auslaßventil nicht angebracht. Ich darf das wohl erwähnen, auch in Anbetracht der großen Verdienste, die ich im übrigen dem Herrn S c h m i d t und dem Herrn Direktor H e n k e l auf dem Gebiete des Dampfmaschinenbaus zuerkennen muß. Es geht aus der S c h m i d t schen Patentschrift hervor, daß da doch ganz falsche Anschauungen über die schädlichen Flächen und den schädlichen Raum bestehen. Schädliche Flächen und schädlicher Raum! M. H., schädlicher Raum ist z. B. schon etwas, was sich zu einer fixen Idee verdichtet hat. Schädlicher

Raum ist sehr relativ aufzufassen, und im Zusammenhang mit Gleichstrommaschinen möchte ich von einem schädlichen Raum überhaupt nicht mehr reden. Der Raum ist, wenn man ihn bei Licht besieht, ein nützlicher Raum. Die anderen Nationen sind nach dieser Richtung viel vorsichtiger in ihrer Ausdrucksweise. Der Engländer spricht von „clearance space". Er spricht nicht von einem „detrimental space". Der Franzose spricht immer mehr von „espace mort" an Stelle eines „espace nuisible". Wir sollten diese Ausdrucksweise der anderen Nationen etwas beherzigen und unseren Sprachgebrauch ändern.

Ich habe auch am Schlusse meines gedruckten Aufsatzes zum Ausdruck gebracht, daß namentlich im Zusammenhang mit der Gleichstrommaschine die Begriffe: schädlicher Raum und schädliche Flächen einer gründlichen Revision zu unterziehen sind.

Was die Bemerkungen über den Lokomotivenversuch anbetrifft, so möchte ich folgendes erwähnen. Es ist strengstens darauf gesehen worden, daß dieser Versuch auf gleichwertiger Grundlage für alle drei Maschinensysteme durchgeführt wurde Alle drei Maschinen wurden vorher gründlich nachgesehen. Die Kolbenschieber der Kolbenschieberlokomotive wurden repariert und es wurde auf beste Dichtung bei allen Maschinen gesehen. Der Betrieb war stark wechselnd und vollzog sich auf den Strecken Mannheim–Frankfurt—Elm. Von Frankfurt über Hanau nach Elm ist eine der stärksten Steigungen von 1:97,5. Hier arbeitete die Maschine mit Füllungen von 40, 45 und 50 %. Auf der Strecke Hanau—Mannheim dagegen lief z. B. die Gleichstromlokomotive mit fast 0 % Füllung. Es wurde im übrigen darauf gesehen, daß durch wechselnde Besatzung, welche schon durch den Tag- und Nachtbetrieb gegeben war, etwaige Ungleichheiten ausgeglichen wurden, und daß der Versuch voll und ganz den Charakter eines Dienstversuches hatte, d. h. ihm nicht im geringsten der Makel eines Paradeversuches anhaftete. Die Zahlen, die natürlich nicht von mir festgestellt wurden, sind Zahlen, die wirklich praktischen Wert haben. Dabei wiederhole ich nochmals, daß die Gleichstromlokomotive die erste ihrer Art war, und daß die Kolbenschieberlokomotive die so und soviel tausendste ihrer Art war, wo alle Erfahrungen der vergangenen Dezennien Verwertung gefunden hatten.

Wieviel auf Kosten des Gleichstroms, wieviel auf Kosten des geringen schädlichen Raumes zu setzen ist — m. H., bei der Lokomotive habe ich einen schädlichen Raum von $17^1/_2$ %. Das dürfte Ihnen beweisen, daß ich zum mindesten bei dem Entwurf dieser Maschine nicht konventionell belastet war. Der schädliche Raum und der Gleichstrom sind Sachen, die Hand in Hand miteinander gehen. Sie sind nicht zu trennen, und, m. H., wir sollten uns doch schließlich mit dem Gesamtresultat begnügen.

Die Kritik, die Herr Direktor C o r n e h l s aussprach, kann ich auch nicht als berechtigt anerkennen. Ich habe in dem Diagramm einer vierstufigen Maschine 148 000 kg Maximalbelastung und in einer gleichwertigen Maschine meines Systems 81 000 nachgewiesen, genau das Umgekehrte von dem, was Herr Direktor C o r n e h l s hier zum Ausdruck gebracht hat. Das Anlassen der Schiffsmaschine ist immer mit gedrosseltem Dampf auszuführen. Das ergibt sich bei der Schiffsmaschine ohne weiteres aus dem geringen Widerstand, den der Propeller bei den geringen Umdrehungszahlen während des Anlaufens ergibt. Ebenso ist es mit dem Auslaufen. Zunächst bin ich noch in der Lage, eine getrennte Kondensation durchzuführen. Ich habe hierfür eine Konstruktion entworfen, die wesentlich billiger wird als die angehängte Kondensation, eine Schleuderkondensation, welche wenig Raum einnimmt und einen sehr günstigen Wirkungsgrad ergeben wird. Ich kann das sagen auf Grund von Versuchen, welche mit einer ähnlichen Maschine schon gemacht worden sind. Aber auch mit angehängter Kondensation, wie sie der Herr C o r n e h l s bevorzugt, ist das Umsteuern in leichtester Weise ausführbar. Die Umsteuerung muß doch schließlich bei der Lokomotive auch erfolgen. Wir haben mit unserer Lokomotive sogar Rangierdienste geleistet. Wenn eine Lokomotive im Rangierdienst vollständig den Anforderungen entspricht, sollte das doch auch bei der Schiffsmaschine durchführbar sein, wo so wechselnde Anforderungen, wie sie im Rangierdienst gestellt werden, nicht vorhanden sind. (Widerspruch.)

Nun, der Herr Direktor C o r n e h l s hat von dem kühlen Blut gesprochen, welches der Maschinist haben muß. Das kühle Blut nehme ich auch für mich in Anspruch. Ich habe zurzeit die Konstruktion einer Schiffsmaschine für eine englische Firma in Ausführung, wofür ich die finanzielle Verantwortung in vollem Umfange übernommen habe, derart, daß, wenn die Maschine den Anforderungen nicht entspricht, sie durch eine Maschine normaler Konstruktion und mit vierstufiger Expansion auf meine Kosten ersetzt wird. Wenn man eine solche Garantie eingeht, muß man seiner Sache sicher sein, und die Sicherheit habe ich aus den Erfahrungen, welche mir schon auf anderen Gebieten mit meiner Maschine in größerem Umfange zur Verfügung stehen.

Im übrigen erinnert mich die ganze Sache an eine Episode aus dem Leben Goethes, die ich kurz hier erzählen möchte. Zu der Zeit, als Goethe noch lebte, entstand die Frage, wer ist der größere von beiden, Schiller oder Goethe? Goethe griff in diesen Streit ein und sagte: Was streitet ihr Euch? Seid doch froh, daß ihr zwei solcher Kerle besitzt, wie wir sind. Auch hier möchte ich sagen: seien wir doch froh, daß wieder ein Fortschritt vorhanden ist, auf einem Gebiete, auf dem jede weitere Entwicklung als ausgeschlossen erachtet wurde. Seien wir froh, daß ein Fortschritt gerade auf dem Gebiete der absterbenden Dampfmaschinentechnik gemacht ist. Wir wollen hoffen, daß dieser Fortschritt auf den Konkurrenzgebieten Fortschritte zur Folge haben möge, und daß das Endergebnis ein Fortschritt auf allen Gebieten sein möge. (Beifall.)

Seine Königliche Hoheit der G r o ß h e r z o g v o n O l d e n b u r g:

Herr Professor S t u m p f hat uns ein umfassendes Bild der Anwendung der Gleichstromdampfmaschine entrollt, welches für viele Mitglieder unserer Gesellschaft wesentlich Neues erbracht hat. Ich spreche Herrn Professor Stumpf für seine Vorführungen unseren wärmsten Dank aus.

X. Eine neue Lösung des Schiffsturbinenproblems.

*Vorgetragen von **H. Föttinger**-Stettin.*

Die Gedanken, Berechnungen und Erfahrungen, welche ich Ihnen heute vorzulegen die Ehre habe, sind hervorgegangen aus Studien, denen ich in den Jahren 1903—1906 zunächst persönlich in meinen Mußestunden oblag. Sie betrafen ein neues System des Schiffsturbinenantriebs und fanden eine vorläufige Zusammenfassung durch eine ausführliche D e n k s c h r i f t, die ich Ende des Jahres 1906, nach Ausarbeitung der Theorie und des Berechnungsganges und nach Klarlegung der konstruktiven Möglichkeiten und Aussichten, der D i r e k t i o n d e r S t e t t i n e r M a s c h i n e n b a u A. G. „V u l c a n" unterbreitete.

Da die im Frühjahr 1905 erfolgten Patentanmeldungen einen umfassenden Patentschutz*) zu begründen schienen, so entschloß sich die D i r e k t i o n d e s „V u l c a n" mit Rücksicht auf die vielseitigen Aussichten des Systems zur sofortigen offiziellen Bearbeitung desselben und betraute 1907 D i p l. - I n g. S p a n n h a k e mit der Projektierung einer 100-, später 500-PS.-Versuchsanlage, deren Resultate die Angaben der genannten Denkschrift in allen Punkten bestätigten.

Ihre Besprechung wird einen wichtigen Abschnitt meines heutigen Themas bilden.

Zwei prinzipielle Schwierigkeiten stellen sich der universellen Verwendung der Dampfturbinen — ganz gleichgültig welchen Systems — für den Schiffsbetrieb entgegen und lassen es berechtigt erscheinen, auch heute noch von einem S c h i f f s t u r b i n e n - P r o b l e m zu sprechen: die U n m ö g l i c h k e i t, sie ebenso einfach wie die Kolbenmaschine zu r e v e r s i e r e n und die Notwendigkeit, bei rationeller Bauart und höchster Ökonomie bestimmte s e h r h o h e U m l a u f s g e s c h w i n d i g k e i t e n einzuhalten, die 5—15 mal so hoch liegen, als die Tourenzahlen der bestmöglichen P r o p e l l e r.

---

*) Die Prinzipien und Details des neuen Systems sind vom „Vulcan" durch mehr als 30 Patentanmeldungen und Patente im In- und Ausland geschützt worden.

Zwischen den Erfordernissen der Dampfturbine und denen des Propellers besteht sonach eine außerordentlich tiefe, durch p h y s i k a l i s c h e G e g e n - s ä t z e , den Unterschied der Dichtigkeits- und Beschleunigungsverhältnisse der Arbeitsmedien, b e g r ü n d e t e K l u f t , die beim d i r e k t e n Turbinenantrieb durch einen für b e i d e T e i l e u n g ü n s t i g e n K o m p r o m i ß überbrückt werden muß.

Die bisherigen Lösungen des Problems durch P a r s o n s und C u r t i s sind zu bekannt, als daß ich hier nähere Darstellungen zu geben brauchte. Die P a r - s o n s s c h e S e r i e n s c h a l t u n g der Einzelturbinen verschiedener Wellen hat durch ein überaus geniales Ineinandergreifen der einzelnen Vorteile — durch Teilung des Dampfgefälles und gleichzeitige Erhöhung der Dampfmenge für die Einzelturbine — sogar die relativ am schnellsten laufende Reaktionsturbine für Schiffe ermöglicht, während C u r t i s und die A l l g e m e i n e E l e k t r i z i t ä t s - G e s e l l s c h a f t , Berlin, die vorher für ausgeschlossen· erachtete u n a b - h ä n g i g e E i n z e l w e l l e n t u r b i n e zuerst geschaffen und in vorbildlicher Weise ausgebildet haben. Kein Ingenieur, der mit den Konstruktionsschwierig- keiten nicht nur vom Hörensagen, sondern aus eigenster Erfahrung vertraut ist, wird dem bisher Erreichten seine uneingeschränkte Bewunderung versagen können.

Trotz aller glänzenden Fortschritte ist indessen eine Reihe von Hoffnungen und Wünschen beim direkten Antrieb unerfüllt geblieben, nicht etwa wegen der Schwierigkeiten des betreffenden T u r b i n e n s y s t e m s , sondern wegen der p r i n z i p i e l l e n N a c h t e i l e , die der u n m i t t e l b a r e n K u p p l u n g namentlich wegen der Wahl einer Kompromiß-Tourenzahl anhaften.

Wir wollen diese Behauptungen eingehend beweisen, können dabei aber vom D a m p f t u r b i n e n s y s t e m selbst völlig absehen.

Zunächst die

F r a g e   d e r   U m s t e u e r u n g .

All den Dutzenden von Vorschlägen für umsteuerbare Turbinen zum Trotz hat sich nur die Verdopplung der Turbine, die Anordnung einer besonderen Rückwärts- dampfturbine ausführbar erwiesen. Während indessen bei der Kolbenmaschine zum raschen Rückwärtsmanövrieren und für die Fahrt über den Achtersteven ungefähr 75 bis 90% der Vorwärtsleistung bei a l l e n Geschwindigkeiten zur Ver- fügung stehen, liefert die Rückwärts-Dampfturbine bei Benutzung der v o l l e n Kesselkraft auf Handelsschiffen und Torpedobooten etwa 30 bis 35%, bei Kreuzern und Panzerschiffen etwa 40 bis 45% der Vorwärtsleistung, bei verminderter Kessel- zahl noch entsprechend weniger, weil mit Rücksicht auf Gewicht und Raum keinerlei

Vorkehrungen für eine R ü c k w ä r t s - M a r s c h f a h r t möglich sind.   Der
geringe Nutzeffekt der Rückwärtsturbine läßt sich roh schon an Hand der relativen
Baulängen mit dem Zollstock abschätzen.   Für das leichte Torpedoboot von 600 t,
dessen Masse durch eine Maschinenleistung von 12 000 Pferdestärken, d. h. von
20 Pferdestärken pro t, beschleunigt und verzögert wird, bedeutet dies allerdings
keinen erheblichen Nachteil.   Für das Linienschiff von 20 000 t, dessen Riesen-
wucht durch die verhältnismäßig geringe Leistung von 30 000 Pferdestärken,
also von nur 1½ Pferdestärken pro Tonne beherrscht werden muß, oder für ein
Handelsschiff von ähnlichen Dimensionen, können daraus im Falle der Not, bei
drohender Kollision, schwierige Situationen entstehen.   Unerwünscht und ungewöhnlich, aber mit j e g l i c h e r im Abdampfraum liegenden Rückwärtsturbine
unzertrennlich verbunden ist das plötzliche Einlassen des heißen Kesseldampfes
in die im Vakuum unter 30 bis 40 Grad liegenden Rückwärtsturbinen.

Die Manövrierfähigkeit wird außerdem in nachteiliger Weise durch die verhältnismäßig geringe Größe der Turbinenpropeller beeinflußt, die wegen der hohen
Tourenzahl erforderlich ist.   Dieser Mangel wird noch verstärkt, wenn wie bei
zahlreichen Schiffen, u. a. den Cunard-Schnelldampfern, nur ein T e i l der Wellen
mit Rückwärtsturbinen ausgerüstet ist und die relativ niedrige Rückwärtsleistung
nur einen Teil der Gesamt-Propellerfläche vorfindet.

Wir wollen zur Betrachtung der N a c h t e i l e übergehen, die beim direkten
Antrieb aus dem Kompromiß für den P r o p e l l e r entstehen.

Verschlechterung des Propellerwirkungsgrades.

In Fig. 1 sind an Hand zahlreicher in- und ausländischer Daten die Propellertourenzahlen über den Schiffsgeschwindigkeiten aufgetragen, die für Turbinenantrieb im Mittel gerade noch z u l ä s s i g sind, allerdings unter V e r z i c h t auf
den erreichbaren Höchstwirkungsgrad.   Jeder Maschinenleistung pro Welle entspricht eine Kurve; bei konstanter Schiffsgeschwindigkeit variieren die zulässigen
Touren wie die Wurzeln der Pferdestärken.   Über die Formel zur Berechnung
finden sich in A n h a n g I Angaben.

Aus dem Diagramm folgt, daß der Turbinenpropeller mit der zwei- bis dreifachen Tourenzahl eines guten Kolbenmaschinenpropellers bei gleicher Schiffsgeschwindigkeit arbeitet.   Die Erhöhung der Tourenzahl wird teils durch Reduktion
des Steigungsverhältnisses H : D auf 0,95—0,75 erzielt, teils durch beträchtliche
Reduktion des Durchmessers und damit der Fläche, weshalb mit den Flächendrücken bis an eine bei Kolbenmaschinen unbekannte Grenze gegangen werden
muß.   Beide Maßnahmen beeinflussen den Schraubenwirkungsgrad in ungünstigem

Sinne; denn allen schraubenartigen Mechanismen (Gewindeschrauben, Schnecken-
getriebe und Schiffsschraube) ist die Eigenschaft gemein, bei steilgängiger Anordnung (H : D = 1,2 bis 1,5) relativ geringere Reibungsverluste als bei flach-
gängiger Anordnung (H : D = 0,7 bis 0,9) zu ergeben. Die hohe Flächenbelastung
verursacht hohen Slip, hohe Auslaßgeschwindigkeit des Schraubenstrahls, Neigung
zum Auftreten negativer Drücke an den eintretenden Kanten (Cavitation) und in
manchen Fällen K o r r o s i o n s e r s c h e i n u n g e n in der Nähe der Flügel-
wurzel, die oft schon nach kurzer Fahrtdauer zentimetertief in das Flügelmaterial
eingedrungen sind. Eine weitere Folge der hohen Flächenbelastung ist die Tatsache, daß viele Turbinenschiffe bei gutem Wetter und entsprechender See vor-

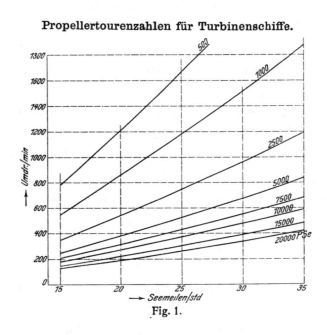

Propellertourenzahlen für Turbinenschiffe.

Fig. 1.

zügliche Resultate ergeben, bei der geringsten Vermehrung des Widerstandes durch
G e g e n w i n d u n d S e e g a n g im praktischen Betriebe jedoch außer-
o r d e n t l i c h s t a r k a n G e s c h w i n d i g k e i t e i n b ü ß e n.

Die wichtige Frage, wieviel der W i r k u n g s g r a d der Kolbenmaschinen- und
Turbinenpropeller verschieden ist, kann in allgemeiner und präziser Weise nicht beantwortet werden. Die Zahl der wirklich einwandfreien Vergleiche, bei denen z. B.
die Umrechnung von Deplacement oder Geschwindigkeit auf andere Werte ausgeschaltet wird, ist zunächst außerordentlich gering. Ganz unzulässig ist es, weitere
Schlußfolgerungen auf ein oder zwei unter nicht ganz genau bekannten Bedingungen
erhaltene Probefahrtsresultate zu gründen, die Enttäuschung kam meistens schon
beim nächsten Schiff nach.

Unzulässig ist ferner ein unmittelbarer Vergleich der i n d i z i e r t e n PSi. eines Kolbenmaschinenschiffs mit den effektiven oder Schaft-PSe. eines Turbinenschiffs, weil nur etwa 94—90% der ersteren tatsächlich in die Wellenleitung gelangen. Effektive PS. dürfen nur mit effektiven PS. verglichen werden. Bei gleich gefundenen PSi. und PSe. benötigt der Kolbenmaschinenpropeller immer noch 6 bis 10% weniger Pferdestärken am Schaft. Die erdrückende Mehrzahl der Erfahrungen besagt nun, daß der schnellaufende Turbinenpropeller mit 10—15% schlechterem Wirkungsgrad arbeitet, d. h. einen wesentlich höheren Kraftbedarf bei gleicher Schubleistung aufweist. Ferner hat sich bei allen umfassenden Vergleichsversuchen, insbesondere den ausgezeichneten Versuchen von T a y l o r an Modellen von 407 mm Durchmesser und von F r o u d e an Modellen von 244 mm Durchmesser, sowie bei Vergleichsversuchen am Modellboot der Stettiner Maschinenbau-Aktiengesellschaft „Vulcan" und am Modellboot der Firma S w a n & H u n t e r für den Bau der „M a u r e t a n i a" ein Abfall des Wirkungsgrades ergeben, sobald das Verhältnis von Steigung zu Durchmesser u n t e r 1,2—1,15 gewählt wurde. Auf Grund dieser Versuche unterliegt es keinem Zweifel, daß große und richtig berechnete Kolbenmaschinenpropeller mit günstigster Drehzahl Wirkungsgrade von 76—80% erreichen. Bei Turbinenschiffen sind statt dessen 62 bis ausnahmsweise 73% festgestellt worden.

Alle Angaben zusammenfassend können wir sonach schließen, daß zur Ermöglichung der hohen Propellerdrehzahl beim direkten Turbinenantrieb etwa 10—15% der Turbinenleistung gegenüber dem langsamen Antrieb in die See geopfert werden müssen.

V e r s c h l e c h t e r u n g   d e s   W i r k u n g s g r a d e s   d e r   D a m p f t u r b i n e.

Umgekehrt liegen die Verhältnisse nun bei der D a m p f t u r b i n e, deren T o u r e n e r n i e d r i g u n g zunächst eine außerordentlich große V e r m e h r u n g d e s G e w i c h t e s erforderlich macht. Da nämlich das Produkt aus dem Quadrat der Umfangsgeschwindigkeit und der Stufenzahl für ein gegebenes Wärmegefälle bei verschiedenen Turbinen ungefähr konstant bleiben muß, so resultieren bei den langsam laufenden Schiffsturbinen sehr große Durchmesser und Stufenzahlen. Die Größe der Gewichte kann man aus der Angabe beurteilen, daß dieselben erfahrungsgemäß bei gleicher Stufenzahl mit der 2,5 ten Potenz des Durchmessers variieren.

Fig. 2 zeigt die bei Turbodynamos üblichen Umdrehungszahlen, aufgetragen über den Pferdestärken. Ein Vergleich derselben mit den höchstzulässigen Dreh-

zahlen der Propeller, Fig. 1, ergibt, daß selbst bei Geschwindigkeiten von 30 Seemeilen die Schiffsturbine nur etwa die halben Touren der Turbodynamos erreicht.

Bei Geschwindigkeiten u n t e r 20 Seemeilen sind die Schwierigkeiten, mit
annehmbaren Gewichten eine leidliche Ökonomie zu erzielen, für den Turbinen-
konstrukteur fast unüberwindlich, sobald wirklich ökonomische moderne Kolbenmaschinen in Wettbewerb stehen.

Die Vergrößerung der Trommel- und Wellendurchmesser vermehrt nun weiter
die Spaltverluste; die Vergrößerung der Räder und das Mitschleppen der untätigen
Rückwärtsturbinen steigert die Ventilationsverluste, namentlich wenn Rück-
wärtsleistungen über 30% gefordert werden.

Tourenzahlen stationärer Dampfturbinen.

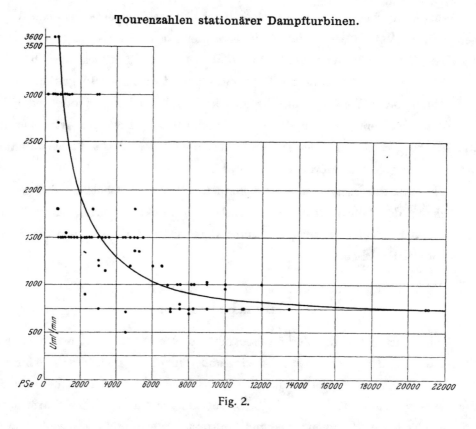

Fig. 2.

In T a b e l l e 1 sind die thermodynamischen Wirkungsgrade einiger Schiffsturbinen, d. h. das Verhältnis der an die Propellerwelle abgegebenen Leistung
zur Leistung einer idealen verlustlosen Turbine, für volle Fahrt, zusammengestellt.
Man erkennt, daß die Wirkungsgrade sich nur bei ganz großen Einheiten dem
Betrag von 60% nähern und zwar bei gesättigtem oder überhitztem Dampf. Besonders instruktiv ist der Vergleich von verschiedenen Turbinen auf Basis der
Wirkungsgrade der ä q u i v a l e n t e n, d. h. mit gleichem mittleren Verhältnis von

Tabelle 1. Thermodynamische Wirkungsgrade η von Schiffsturbinen.

Name des Schiffs	Art des Schiffs	Gesamt-leistung der Turbinen PSe	Zahl der Wellen	Tou-ren-zahl p. Min. ca.	System der Tur-binen	Schal-tung	Dampf naß oder überhitzt	η %
Mauretania	Schnell-dampfer	60—80 000	4	190	Parsons	Serien-	naß	58,5%
Dread-nought	Linien-schiff	26—27 000	4	340	,,	,,	,,	etwa 60%
(Versuchs-turbine)	—	etwa 2000	1	630	Curtis	—	55,6⁰ C überh.	57,7%
Ibuki	Linien-schiff	27 000	2	250	,,	Einzel-	29,5⁰ C ,,	52%
—	Torpedo-boot	14 000	2	640	Curtis-A.E.G.-Vulcan	,,	naß	56%
//.⸴ ⸴ ᵗᶠ	Kreuzer	27 000	2	320	,, ,,	,,	50⁰ C überh.	57%

Tabelle 2. Erreichbare Dampfverbrauchszahlen von langsamlaufenden Schiffsturbinen.

bei verschiedenem Gegendruck p_2
und   ,,   therm. Wirkungsgrad η
Anfangsdruck vor den Düsen 14 Atm. abs.
Dampfnässe = 3% (x = 0,97) (feuchter Dampf)

p_2 \ η%	0,1	0,09	0,08	0,07	0,06	0,05
55	6,61	6,50	6,41	6,28	6,15	5,99
56	6,49	6,38	6,29	6,175	6,04	5,88
57	6,38	6,28	6,18	6,06	5,93	5,78
58	6,27	6,17	6,08	5,96	5,83	5,68
59	6,17	6,06	5,97	5,86	5,73	5,58
60	6,06	5,96	5,87	5,76	5,63	5,485

Umfangsgeschwindigkeit zu Dampfgeschwindigkeit arbeitenden Einzelstufen-turbine. Über diese, namentlich für Projektrechnungen und rasche Über-schläge der erforderlichen Stufenzahl sehr nützliche Vergleichsmethode ist im Anhang II ausführlicher berichtet. Fig. 3 und 4 zeigt die in solcher Weise aus Bordversuchen ermittelten Wirkungsgrade von Torpedobootsturbinen, einmal für reine Drosselung, das andere Mal für Düsenregulierung mit Marschdüsen. Die Dampfverbrauchszahlen, welche sich aus den erreichbaren Schiffsturbinenwirkungsgraden von 55—60% bei einer Anfangsspannung von 14 Atm., einer Dampfnässe von 3% und einem absoluten Gegendruck von 0,1 bis 0,05 Atm. ergeben, sind in Tabelle 2 ausgerechnet. Man hat daher bei der direkt gekuppelten Turbine durchschnittlich mit Dampfverbräuchen von 6—6,5 kg pro Pferdekraft und Stunde zu rechnen. Eine weitere Bestätigung dieser Ziffern geben die im Anhang III erörterten Dampfverbrauchsmessungen der Stettiner Maschinenbau-Aktiengesellschaft „Vulcan" nach einer außerordentlich einfachen, für Schiffe vom Verfasser vorgeschlagenen Methode.

Thermodynamische Wirkungsgrade von Schiffsturbinen.

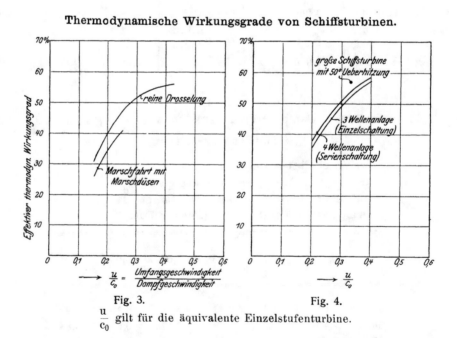

Fig. 3.   Fig. 4.

$\frac{u}{c_0}$ gilt für die äquivalente Einzelstufenturbine.

Tabelle 3 stellt nun diesen Ziffern die mit guten Landturbinen tatsächlich erreichten thermodynamischen Wirkungsgrade gegenüber.

Dieselbe zeigt übereinstimmend für die verschiedensten Systeme, daß mit schnellaufenden Turbinen Wirkungsgrade von 67—70% erreichbar sind. Diese Ziffern gelten zunächst für Betrieb mit Überhitzung, da größere Zentralen heute fast ausnahmslos mit mäßiger oder hoher Überhitzung betrieben werden. Für die mit verhältnismäßig geringer Dampfgeschwindigkeit arbeitenden Systeme, insbesondere das Parsons'sche, ist der Wirkungsgrad bei Sattdampfbetrieb nur

unmerklich schlechter, bei hoher Dampfgeschwindigkeit, z. B. dem System Curtis-
A. E. G., dagegen um einige Prozente kleiner als bei Überhitzung. Nach persönlichen Mitteilungen von Herrn Curtis tritt ein Abfall des Wirkungsgrades erst
im Gebiet des nassen Dampfes ein. Ziehen wir das Fazit aus der obigen Gegenüberstellung, so ergibt sich, daß die Schiffsturbine durchschnittlich 56—60%,
die schnellaufende Turbine durchschnittlich 63—67% Wirkungsgrad bei Sattdampf erreicht, d. h. aus dem gleichen Dampf um 12—13% mehr Pferdestärken
an die Welle abliefert. Die damit zu erzielenden Dampfverbräuche für Sattdampf
zeigt T a b e l l e 4.

Diese Tatsachen, im Verein mit dem früher gefundenen Resultat, daß der
langsam laufende Propeller bei gleichem Antriebseffekt um etwa 5 bis 15% weniger
Pferdestärken benötigt als der Turbinenpropeller, haben mir vor sechs Jahren
den Gedanken nahegelegt, e i n e n l a n g s a m l a u f e n d e n h o c h ö k o -
n o m i s c h e n P r o p e l l e r d u r c h e i n G e t r i e b e v o n e t w a 75
b i s 85 % W i r k u n g s g r a d m i t e i n e r h o c h ö k o n o m i s c h e n
s c h n e l l a u f e n d e n D a m p f t u r b i n e anzutreiben.

Z a h n r a d ü b e r t r a g u n g.

Von den m e c h a n i s c h e n Übersetzungsgetrieben kämen für den Schiffsbetrieb aus Platz- und Gewichtsrücksichten nur Z a h n r ä d e r in Frage. Es ist
zwar gelungen, dieselben für elektrische Schnellbahnlokomotiven unter Verwendung von Ölspülung bei Leistungen bis 400 PS. und Zahngeschwindigkeiten von
etwa 20 m/sec. zu verwenden.*)

Aber bei den ganz hohen Umlaufgeschwindigkeiten des Dampfturbinenbaues
haben Zahnräder bisher für größere Leistungen völlig versagt: Die bekannten
Winkelzahngetriebe von d e L a v a l sind nur bis zu Leistungen von 300
Pferdestärken ausgeführt worden und auch dann nur, wenn die Kraftabgabe an
z w e i symmetrisch zu beiden Seiten des Triebes liegende Zahnradwellen erfolgte,
um einseitige Biegungen zu vermeiden. — In jüngster Zeit ist von Mellville, Ma-
calpine und Westinghouse der Versuch ins Auge gefaßt worden, das Laval'sche
Getriebe für Leistungen von 6000 Pferdestärken und mehr bei 1500 auf 300 Umdrehungen zu verwenden. Resultate liegen bisher nicht vor, und man wird ab-
warten müssen, ob ein derartiges Getriebe sich länger als einige Stunden oder Tage
hält, wenn es aus den Händen des Ingenieurs in die des Maschinisten übergeben
ist; denn die Schwierigkeiten, einen korrekten Zahneingriff auch bei ungleicher

---

*) Vergl. Elektrotechn. Zeitschrift 1902 Seite 688.

Tabelle 3. Thermodynamische

Erbauer	Standort	Elektrische Leistung K. W.	Tourenzahl pro Minute	Dampfverbrauch pro K. W /Stde.	Wirkungsgrad der Dynamo η_d
Gen. Electr. Comp.	Boston	5195	*700	6,13	95
„ „ „	—	3000	1500	6,61	*95
Allg. El. Ges.	Berl. El. W.	3000	1500	—	—
„ „ „	Rummelsburg	4251,7	1497,7	5,41	94
Parsons Comp.	Carville	5164	1200	5,98	*95
Brown Boveri Pars.	Frankfurt a. M.	3521,6	1360	6,22	*95
Brünner M. F. G. Br.	Wien	7200	960	6,03	96,9
Brown Boveri Pars.	St. Denis	5000	750	6,8	94
Tosi Parsons	Buenos Ayres	8800	750	6,3	95
Westinghouse Pars.	New-York Edis. Cp.	9830	750	6,86	*95
Rateau Abdampft.	Hallside Works Steel Comp. of Scottld.	450	1500	16,6	*93
Escher Wyß Zölly	Rhein. Westf. Elekt. Werk.	4975	1025	7,32	95,1
„ „ „	„Alta Italia" Turin	3116	1470	7,058	95

achsialer Wärmedehnung zu garantieren, sind enorm. Auch das Getöse der Zahnräder dürfte für die engen Schiffsräume unerträglich sein. Wir werden später nochmals auf dieses Zahngetriebe zurückkommen und wollen hier nur vorausschicken, daß die U m s t e u e r f r a g e durch dasselbe n i c h t   g e l ö s t wird, daß dagegen ein g e r ä u s c h l o s e s Übersetzungsgetriebe existiert, welches nur ungefähr den vierten Teil des Raumes und einen entsprechenden Teil des Gewichts beansprucht und in einfachster Weise r e v e r s i e r t werden kann (vergl. Fig. 45—50).

Elektrische Kraftübertragung.

Als früherer Elektroingenieur dachte ich zunächst an die e l e k t r i s c h e K r a f t ü b e r t r a g u n g zwischen Dampfturbine und Propeller, ein Problem,

Wirkungsgrade von Landturbinen.

Dampf-verbrauch pro PSe/st der Turbine	Vor den Düsen		Vakuum		Thermo-dynam. Wirkungs-grad η_i %	Quellenangabe
	Druck ata	Überhitz. °C	% von	Barometer-stand		
				mm Hg		
4,29	13,2	79	96	*760	68,0	Z. f. Tu. W. 08 Seite 51.
4,62	13,7	69,5	93,6	*760	67,2	Mitteilung d. Fore Riv. Comp.
—	*13,0	*120	*95	*760	71—72	Mitt. d. Herrn Dir. Lasche Z. f. T. W. 09, S. 436.
3,74	13,2	159	97,3	*760	67,9	Z. d. V. d. I. 1909 S. 653. Z. T. W. 09 S. 213.
4,18	15,1	66,7	97	760	66,7	Z. d. V. d. I. 1907 S. 1122.
4,35	11,0	75,7	96,4	760	68,9	dto. 08, S. 517.
4,31	*14,0	106	93	*730	69,5	Z. f. T. W. 06 S. 250
4,71	13,0	110	90	760	68,2	dto. S. 77.
4,41	13,0	110	*93	760	68,6	Z. d. V. d. I. 08 S. 1284.
4,80	13,5	53,2	91,3	760	68,8	Z. f. T. W. 08 S. 67.
		Dampfnäss.				
11,3	0,801	*x = 0,97	93,2	760	67,0	Z. f. T. W. 06 S. 341.
		Überhitz °C				
5,03	9,7	90	88,4	760	69,7	Z. d. V. d. I. 08 S. 1436.
4,94	9,86	85	93,8	760	67,9	dto.

Bem.: Die mit „*" versehenen Zahlen sind unsicher oder fehlen in der Quelle

das in den Jahren 1903 bis 1905 seitens des „Vulcan" in Gemeinschaft mit den Firmen B r o w n , B o v e r i & C i e., und der A l l g e m e i n e n E l e k t r i z i t ä t s - G e s e l l s c h a f t zu wiederholten Malen studiert worden ist. Dasselbe hat sich aber wegen des riesigen Gewichts- und Raumbedarfs der elektrischen Einrichtung, der langsam laufenden Elektromotoren, der komplizierten Schalteinrichtungen usw., sowie wegen der Gefahren der Hochspannung an Bord von Schiffen für größere Anlagen immer wieder als gänzlich unlösbar erwiesen.

Dagegen schien ein anderer Weg, die Arbeitsübertragung auf h y d r o d y n a - m i s c h e m Wege durch r e i n e T u r b i n e n w i r k u n g mehr Erfolg zu ver-sprechen. Im Gegensatz zur älteren hydraulischen Kraftübertragung mit oscil-lierenden Kolbenvorrichtungen wollen wir sie als

Tabelle 4. Erreichbare Dampfverbrauchszahlen von s c h n e l l a u f e n d e n
D a m p f t u r b i n e n.

bei verschiedenem Gegendruck p_2
und   „   therm. Wirkungsgrad η
Anfangsdruck vor den Düsen 14 Atm. abs.
Dampfnässe $= 3\%$ ($x = 0,97$) (feuchter Dampf).

$\eta\%$ \ p_2	0,1	0,09	0,08	0,07	0,06	0,05
63	5,77	5,67	5,59	5,48	5,36	5,23
64	5,68	5,58	5,50	5,40	5,28	5,14
65	5,59	5,50	5,42	5,315	5,195	5,06
66	5,51	5,41	5,335	5,23	5,12	4,98
67	5,43	5,33	5,26	5,15	5,035	4,91

„h y d r o d y n a m i s c h e   A r b e i t s ü b e r t r a g u n g"

bezeichnen. Das Schema einer solchen in primitivster Anordnung zeigt Fig. 5.
Die Kraftmaschine, Elektromotor oder dergleichen, überträgt ihre Energie auf
ein an der Primärwelle befestigtes Turbinenrad A, z. B. ein Zentrifugalpumpenrad,
welches aus einem Behälter Arbeitsflüssigkeit ansaugt und unter Druck setzt.
Die hohe Austrittsgeschwindigkeit der Arbeitsflüssigkeit wird hinter dem Primär-
oder Pumpenrad in einem sogenannten Effusor B, einer Art Leitrad, verlangsamt
und zum Teil gleichfalls in nützlichen Druck verwandelt. Aus dem Effusor tritt
die Flüssigkeit in ein Spiralgehäuse C, welches die einzelnen Strahlen sammelt und
an die Verbindungsrohrleitung F nach einer Sekundärturbine abgibt. In Fig. 5
ist die letztere als sogenanntes Pelton-Rad dargestellt, bestehend aus einem Leitapparat G, in welchem die hohe Pressung der Flüssigkeit wieder in Geschwindigkeit
verwandelt wird, dem eigentlichen auf der Sekundärwelle sitzenden Turbinenrad H
und einem Ablaufgehäuse K, welches das Abwasser einer Abflußleitung nach
einem Behälter, Fluß oder dergleichen zuführt. Das Arbeitsmedium kann zwecks
Wiederverwendung in den Saugbehälter der Pumpe zurückgeführt werden.

Der W i r k u n g s g r a d einer solch primitiven Übertragung, d. h. das Ver-
hältnis der an die Sekundärwelle nützlich abgegebenen Pferdestärken zu den der
Primärwelle zugeführten Pferdestärken, ergibt sich als Produkt aus den Einzel-
wirkungsgraden der Primärpumpe, der Turbine und der Rohrleitung. Setzen wir die
Durchschnittswerte der besten existierenden Ausführungen ein, nämlich für die
Zentrifugalpumpe 84%, für die Sekundärturbine 85% und für die Rohr-

leitung mit Rücksicht auf die Reibungs- und Wirbelverluste in den Krümmern, Absperrorganen usw. 97%, so erhält man einen Gesamtwirkungsgrad von 0,84.0,85.0,97 = 69,2%, d. h. noch nicht einmal 70%. Solche Anordnungen, die neuerdings sogar allen Ernstes für Schiffe und Automobile vorgeschlagen worden sind, kommen daher nur für g a n z u n t e r g e o r d n e t e Zwecke in Frage, ganz abgesehen vom Raum- und Gewichtsbedarf, den wir später noch berühren werden.

Ganz anders liegen die Verhältnisse nun bei der n e u e n h y d r o - d y n a m i s c h e n A r b e i t s ü b e r t r a g u n g, die den Kernpunkt meiner heutigen Darlegungen bilden wird. Auf allen Gebieten der Technik hat sich gezeigt, daß ein Fortschritt, eine neue Wirkung über das Gewöhnliche hinaus, nie-

Schema einer primitiven hydrodynamischen Arbeitsübertragung.

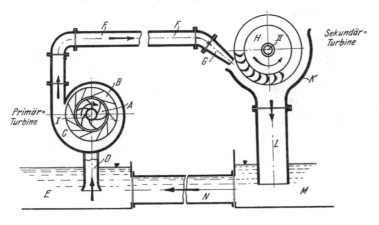

Fig. 5.

mals durch mechanisches, gedankenloses Aneinanderreihen des Bekannten, sondern nur durch organische Umgestaltung, durch gegenseitiges Ineinandergreifen, durch Anpassen und Ausbauen der Einzelelemente erreicht wird. Wir wollen sehen, wie dies bei dem

neuen Kraftgetriebe

verwirklicht ist. — Fig. 6 zeigt das Grundschema desselben in einfachster Anordnung. Das auf der Primärwelle sitzende Turbinenrad A überträgt die zugeführte Energie auf die eintretende Arbeitsflüssigkeit, z. B. Wasser, und zwar teils durch Beschleunigung, teils durch Erhöhung des hydraulischen Druckes. Während nun aber bei der primitiven Anordnung der Figur 5 die Geschwindigkeit der austretenden Strahlen bis zum Eintritt in die Sekundärturbine eine zweimalige Energieumwandlung, zuerst von Geschwindigkeit in Druck im Pumpeneffusor, und darauf

von Druck in Geschwindigkeit im Turbinenleitapparat, erfährt, ist diese doppelte
Energieumsetzung hier vermieden, indem die austretenden Strahlen unmittelbar
auf ein die Sekundärwelle antreibendes Turbinenrad geleitet werden, das im vorliegenden Fall die Pumpe konzentrisch umgibt. Im Sekundärrad B wird dem Wasser
der größte Teil seiner Energie entzogen. Die austretenden Strahlen gelangen in
das feststehende Leitrad C, werden dort geordnet und mit möglichst geringem
Energieverlust unmittelbar zurück in die Pumpe geführt, worauf das Spiel der
Energieverwandlungen, Beschleunigung im Pumpenrad und Arbeitsentziehung im
Sekundärrad, sich von neuem wiederholt. Das Wasser durchströmt
sonach nur die unmittelbar zur Arbeitsübertragung dienen-

Grundschema des hydrodynamischen Transformators.

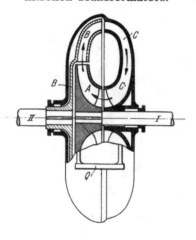

Fig. 6.

Abgewickeltes Schauflungsschema zu Fig. 6.

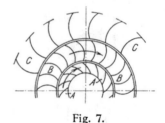

Fig. 7.

den Turbinenräder, die derart gestaltet und aneinander gereiht sind,
daß ein ganz eng geschlossener, durch die Seitenwände der einzelnen
Räder gebildeter Kreislauf vom Primärrad nach dem Sekundärrad und wieder
zurück gebildet wird. Derselbe hat die Gestalt eines hohlen Wirbelringes und ist
z. B. einem Rauchringe vergleichbar. Die übliche Form der gewöhnlichen Wasser-
turbinenräder ist völlig aufgegeben und an deren Stelle eine freie Neugestaltung,
lediglich dem vorliegenden Zweck angepaßt, getreten. Fig. 7 gibt eine schematische
Abwicklung der Radbeschauflungen, wie sie für das vorliegende Beispiel ungefähr
ausgeführt werden könnten.

Eine Abänderung des ersten Schemas zeigt Fig. 8. Das Arbeitswasser gelangt
hier aus der Pumpe A nicht unmittelbar in das Sekundärrad C, sondern erfährt
zuerst im Leitapparat B eine geeignete Änderung seiner Geschwindigkeit, haupt-

sächlich der Richtung nach. Eine Umsetzung derselben in Druck, wie im Effusor der gewöhnlichen Zentrifugalpumpen üblich, wird hier nicht oder nur für Grenzfälle in verschwindendem Maße vorgenommen. Aus dem Sekundärrad C tritt das Arbeitswasser unmittelbar, oder durch einen kurzen Leitapparat geführt, in die Pumpe zurück, um dort von neuem mit Energie begabt zu werden. Diese zweite Anordnung wird insbesondere dann verwendet, wenn die Sekundärwelle entgegengesetzt zur primären umlaufen, also r e v e r s i e r t werden soll. Fig. 9 zeigt die Schaufelung für gleichsinnige Drehung, Fig. 10 für entgegengesetzte Drehung der beiden Wellen. Im letzteren Fall muß der Leitapparat B den Rotationssinn der von der Pumpe kommenden Strahlen u m k e h r e n. Das Schema der Figuren 6 und 8 läßt sich nun in der mannigfachsten Weise variieren und kombinieren.

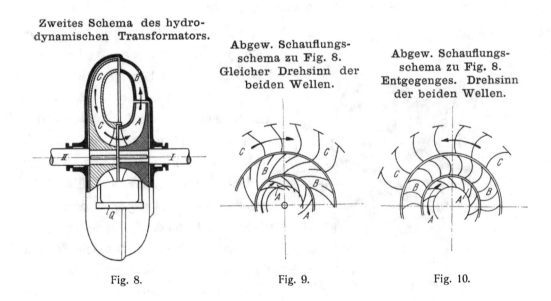

Zweites Schema des hydrodynamischen Transformators.

Abgew. Schauflungsschema zu Fig. 8. Gleicher Drehsinn der beiden Wellen.

Abgew. Schauflungsschema zu Fig. 8. Entgegenges. Drehsinn der beiden Wellen.

Fig. 8.   Fig. 9.   Fig. 10.

Je nach dem Übersetzungsverhältnis kann die Zahl der Sekundärräder und der Leiträder, ähnlich wie bei mehrstufigen Dampfturbinen, vermehrt werden.

Fig. 11 gibt z. B. in ihrer linken Hälfte eine Anordnung mit z w e i s t u f i g e m S e k u n d ä r t e i l, bei der das Arbeitswasser aus der Pumpe A in das erste Sekundärrad B, darauf in einen feststehenden Leitapparat C und zuletzt in das zweite Sekundärrad D tritt, um von dort nach der Pumpe zurückzukehren. Je höher die Übersetzung gewählt wird, desto größer die Anzahl der Sekundärräder. Die Anordnung kann auch umgekehrt und bei einer Übersetzung ins Schnelle die P u m p e m e h r s t u f i g ausgeführt werden.

Ich bin in der Lage, Ihnen die wichtige z w e i s t u f i g e B a u a r t der Fig. 11 an einem b e t r i e b s f ä h i g e n M o d e l l mit Elektromotorantrieb für etwa 0,7 Pferdestärken, eine Übersetzung von 5 : 1, eine primäre Tourenzahl von 400 und eine sekundäre von 80 pro Min. vorzuführen.

Die sekundäre Tourenzahl kann durch eine selbst regulierende Bremse auf jeden bestimmten Betrag zwischen Leerlauf und Stillstand eingestellt werden.

Bei allen Rädern ist die äußere Seitenwand weggenommen, um durch ein Glasfenster im Gehäuse die Schaufelungen zeigen und namentlich auch für w i s s e n - s c h a f t l i c h - t e c h n i s c h e   U n t e r s u c h u n g e n   die   W a s s e r - s t r ö m u n g in den R ä d e r n und an den Ü b e r g a n g s s t e l l e n   s t r o b o - s k o p i s c h   p h o t o g r a p h i e r e n   zu können.

Welche

V o r t e i l e   u n d   F o r t s c h r i t t e

bietet nun die neue Anordnung gegenüber der Nebeneinanderreihung von Fig. 5?

Reversierbarer Transformator mit 2 Kreisläufen.

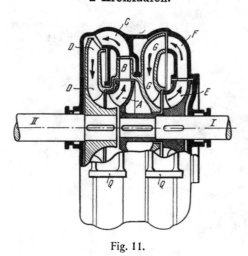

Fig. 11.

1. Zunächst fallen sämtliche S a u g e - r o h r e ,   K r ü m m e r ,   S p i r a l g e - h ä u s e   und   A b l a u f g e h ä u s e der Pumpe und Turbine f o r t. Es ist bekannt, welch enormer Teil des benötigten Raumes, Gewichts und der Anlage- kosten bei den üblichen Pumpen- und Turbinenanlagen gerade auf diese Teile entfällt und wie winzig dagegen die eigentlich arbeitenden Teile, die Lauf- und Leiträder, erscheinen. Mit dem Fortfall dieser Teile sind aber auch von vorn- herein a l l e   i n   d e n s e l b e n   s t a t t - f i n d e n d e n   R e i b u n g s -   u n d W i r b e l u n g s v e r l u s t e aus der Welt geschafft. Die zirkulierende Wasser- menge kann frei, ohne Rücksicht auf Reibungsverluste in den Rohrleitungen, lediglich mit Rücksicht auf gute Schaufelungsverhältnisse, gewählt werden.

2. Die   d o p p e l t e   E n e r g i e u m s e t z u n g   von Geschwindigkeit in Druck und zurück in Geschwindigkeit, die sich bei Fig. 5 auf dem Wege zwischen Pumpe und Turbine im Effusor und im Turbinenleitapparat vollzieht, ist hier v ö l l i g   v e r m i e d e n und damit auch die beträchtlichen Verluste, die nament- lich im Effusor auftreten.

3. Während bei jeder gewöhnlichen Zentrifugalpumpe und Gefällsturbine ein nicht unbeträchtlicher Verlust (3—8%) durch die nicht weiter ausnutzbare A u s -

t r i t t s g e s c h w i n d i g k e i t des Wassers entsteht, ist hier durch den überaus enggeschlossenen Kreislauf j e g l i c h e r A u s l a ß v e r l u s t v e r m i e d e n.
Die dem Wasser hinter irgend einem der Turbinenräder noch innewohnende Geschwindigkeit und Pressung wird verlustlos im darauffolgenden Rade, insbesondere in der Pumpe weiter verwendet.

4. Während bei der Anordnung nach Fig. 5 der Eintrittsdurchmesser der
Pumpe mit Rücksicht auf die Saughöhe innerhalb enger Grenzen festliegt, kann
hier durch den engen Anschluß des letzten Sekundärrades an den Pumpeneintritt,
und den selbsttätigen Rückfluß des Wassers aus diesem Rad in die Pumpe jegliche S a u g w i r k u n g der Pumpe und daher j e g l i c h e r U n t e r d r u c k
vermieden werden.   Der D r u c k an irgend einer Stelle des Kreislaufs, also
z. B. auch am Pumpeneintritt, kann durch Zuhilfenahme eines Standrohres
oder durch Anschluß an einen Behälter, eine Pumpe oder dergl. w i l l -
k ü r l i c h v o r g e s c h r i e b e n werden, ebenso die Einströmungsgeschwin-
digkeit in die Pumpe.   Das Auftreten negativer Drücke und die daraus
sich ergebenden Korrosionserscheinungen mancher Wasserturbinen und Pumpen
entfallen damit gleichfalls.

Die wichtigste Frage ist zunächst die nach dem

e r r e i c h b a r e n W i r k u n g s g r a d.

Wir stoßen damit auf die T h e o r i e und B e r e c h n u n g meines Transformators, die für die Beurteilung des Wirkungsgrades, der Größen- und Kraft-
verhältnisse von größter Bedeutung waren.   Die Theorie lag 1906 in allen wesentlichen Punkten klargestellt vor. Die Hauptgesichtspunkte derselben sind im
A n h a n g I V zusammengestellt.   Hier sei nur erwähnt, daß sich die Verluste
hauptsächlich aus Reibungs- und Spaltverlusten zusammensetzen.

Als Resultat meiner V o r a u s b e r e c h n u n g e n ergab sich ein Wirkungsgrad von 80 b i s 82% für größere Einheiten bei v i e r - b i s f ü n f f a c h e r
Ü b e r s e t z u n g.

Um Ihnen nun Gelegenheit zu geben, sich über die erreichbaren Wirkungsgrade s e l b s t ein Bild zu machen, seien zunächst die Wirkungsgrade moderner
Z e n t r i f u g a l p u m p e n u n d G e f ä l l s t u r b i n e n näher betrachtet.
Vorauszuschicken ist, daß hinsichtlich der Schaufelungen nur Niederdruckpumpen
und Normal- und Langsamläuferturbinen zum Vergleich in Frage kommen.

T a b e l l e 5 gibt die W i r k u n g s g r a d e e i n i g e r N i e d e r d r u c k -
p u m p e n von hervorragenden Firmen.   Das letzte Beispiel ist eine von mir

Tabelle 5.

Wirkungsgrade von Niederdruck- und Mitteldruck-Zentrifugalpumpen.

Erbauer	Ver-wendungs-zweck	Zugeführte Leistung ca. PS.	Umdrehungs-zahl	mit oder ohne Leitrad	Förderhöhe ca. m	Förder-menge ca. l/sec.	Pumpen-wirkungsgrad	Bemerkungen
Worthington Pump. Co.	Bergwerks-pumpe	322	1188	ohne	96,7	200	0,80	Z. f. d. ges. Turb. W. 1909 H. 26.
Schwade	Stationäre Pumpe	29	580	mit	10,8	165	0,817	Unters. v. Reichel Z. f. d. ges. Turb. W. 1908 H. 7 u. 8.
Gebr. Sulzer	Senkpumpe	187	1025	mit	48,5	242	0,84	zweistufig.
Vulcan	Zir-kulations-pumpe	69	450	mit	11,6	380	0,85	Wassermessung m. Ausflußdüsen vgl. Fig. Anhang V.

selbst vor zwei Jahren für das Turbinen-Torpedoboot „V 161" entworfene Niederdruckzentrifugalpumpe, bei der die für den Transformator gültigen Gesichtspunkte hinsichtlich Beschaufelung voll berücksichtigt worden sind.

Es handelte sich damals um die Aufgabe, in einem vorgeschriebenen sehr engen Raum von vornherein die gewöhnliche Schiffszentrifugalpumpe der Kolbenmaschinen-Schwesterschiffe durch eine hochwertige moderne Zentrifugalpumpe besten Wirkungsgrades zu ersetzen, um höheres Vakuum für die Turbinen zu erzielen.

Wie die letzte Spalte der Tabelle 5 erkennen läßt, ist dabei der hohe Wirkungsgrad von 85 bis 86% erreicht worden. Die Resultate der Pumpe sind so bemerkenswert, daß sie im Anhang V näher erörtert worden sind.

Wir sehen aus obiger Tabelle, daß bei sorgfältiger Durchbildung 80% schon ohne Leitrad, 82 bis 84% mit cylindrischen Schaufeln und Leitrad und noch höhere Werte mit räumlicher Francis-Schaufelung erzielt werden.

Bezüglich der Wirkungsgrade moderner Wasserturbinen wandte ich mich an die größten deutschen Turbinenfirmen J. M. V o i t h , Heidenheim a. Brenz, und B r i e g l e b , H a n s e n & C o., Gotha, die über musterhafte Versuchsstationen verfügen und mir in liebenswürdigster Weise die in den T a b e l l e n 6, 7 u n d 8 zusammengestellten Resultate überlassen haben. Als Ergänzung ist das D i a g r a m m , Fig. 12, beigefügt, welches von Dipl.-Ing. W a g e n b a c h auf Grund von einwandfreien Mitteilungen der genannten Firmen für Schnelläuferturbinen entworfen worden ist*). Erwähnung verdienen hier auch die wertvollen vergleichenden Untersuchungen, die von Professor Prášil, Zürich, an Reaktionsniederdruckturbinen von Escher, Wyss & Co., Zürich ausgeführt wurden und Wirkungsgrade von 85% ergaben**). Wir erkennen aus diesen Zusammenstellungen, die teils auf exakten Messungen an kleineren Versuchsmodellen, teils auf den Resultaten großer Turbinen beruhen,

Wirkungsgrade von Schnellläufer-Turbinen.

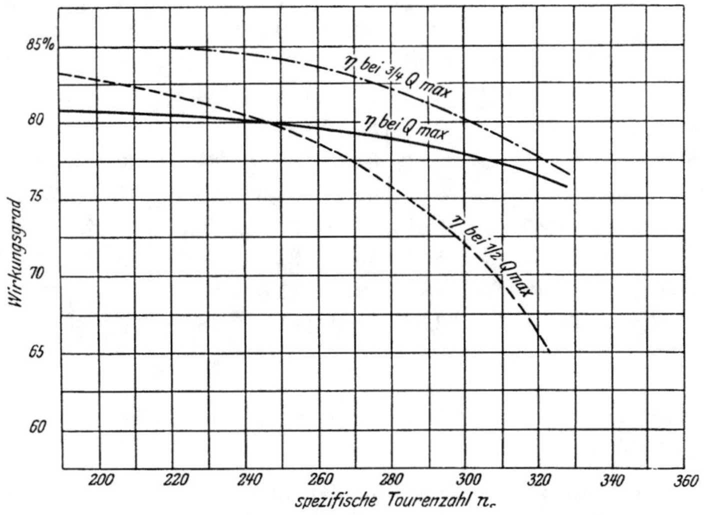

Fig. 12.

daß Wirkungsgrade von 84 bis 85% mit Sicherheit schon bei kleinen Einheiten erreichbar sind.

All diese Wirkungsgrade gelten nun aber für Pumpen und Turbinen mit Austrittsverlust, bei denen sonach das Wasser mit einer bestimmten, nicht weiter ausnützbaren Geschwindigkeit entlassen werden muß. Beim Transformator dagegen ist durch die unmittelbare Weiterverwendung der Austrittsgeschwindigkeit im nächstfolgenden Rad jeglicher Austrittsverlust vermieden. Im Transformator würden daher, wenn wir den Austrittsverlust zu nur 3% annehmen, die angeführten Zentrifugalpumpen Wirkungsgrade von 86 bis 87%, die Turbinen 87 bis 88% besitzen. Da unsere Pumpe nur aus dem Laufrad allein besteht, so entfallen die in den übrigen Elementen der gewöhnlichen Zentrifugalpumpe entstehenden Verluste und der Wirkungsgrad der Pumpenlaufräder allein beträgt sonach etwa 93 bis 94%. Die Hintereinanderschaltung derselben mit einer

---

') Zeitschrift für das gesamte Turbinenwesen. 1909.
**) Schweizerische Bauzeitung, Bd. 45 Nr. 7, 8, 10, 12, 13.

Tabelle 6. Wirkungsgrade und Wassermengen der Francis-Turbinen Laufrad „J" von Briegleb, Hansen & Co., Gotha.

n_1	Q_1	n_s	Q	0,9	0,8	¾	⅔	0,6	½	0,4	⅓
44/D	$0{,}664D^2$	115	$n=77{,}5\%$	77,5%	77,5%	77,5%	77,5%	77,5%	77 %	75,5%	73 %
46/D	$0{,}662D^2$	122	$n=79{,}5\%$	79 %	79 %	79 %	79 %	79 %	78,5%	76,5%	73,5%
48/D	$0{,}656D^2$	128	$n=81 \%$	81 %	81 %	81 %	81 %	80 %	79,5%	75,5%	73,5%
50/D	$0{,}653D^2$	133	$n=82 \%$	82 %	82 %	82 %	81,5%	81 %	80 %	77 %	73,5%
52/D	$0{,}65D^2$	140	$n=83 \%$	83,5%	83,5%	83,5%	83 %	82 %	80 %	76 %	72 %
54/D	$0{,}644D^2$	145	$n=83{,}5\%$	84,5%	84,5%	84 %	83,5%	83 %	80,5%	76 %	71,5%
56/D	$0{,}636D^2$	150	$n=84{,}5\%$	85 %	85 %	85 %	84 %	83 %	80,5%	75,5%	70 %
58/D	$0{,}633D^2$	155	$n=85 \%$	86 %	86 %	85,5%	84 %	83 %	79,5%	74,5%	69 %
60/D	$0{,}625D^2$	160	$n=85 \%$	85,5%	85,5%	85 %	84 %	83 %	79,5%	74 %	68 %
62/D	$0{,}62D^2$	164	$n=85 \%$	85,5%	85 %	84,5%	83,5%	82 %	78,5%	72,5%	66,5%
64/D	$0{,}614D^2$	168	$n=85 \%$	85,5%	85 %	84 %	82,5%	81 %	77,5%	71,5%	65 %
66/D	$0{,}608D^2$	173	$n=84 \%$	85 %	84 %	83 %	81,5%	80 %	75,5%	69,5%	63,5%
68/D	$0{,}597D^2$	175	$n=83 \%$	84 %	83,5%	82,5%	80 %	78 %	73 %	67 %	61 %
70/D	$0{,}587D^2$	176	$n=81 \%$	82,5%	82 %	81 %	78,5%	76 %	71 %	64 %	57,5%

n_1 = Umdrehungszahl bei 1 m Gefälle. Die angeführten Wirkungsgrade verstehen sich mit 3% Toleranz.

n_s = spezif. Umdrehungszahl bezeichnet die Zahl der in 1 m Gefälle erzielten Umdrehungen derjenigen Turbine, die bei 1 m Gefälle 1 PS leistet.

Die Zähler der Brüche der ersten Vertikalreihe sind Stichzahlen, erhalten jeweils aus $\dfrac{u_1 \cdot 60}{\pi}$. Sie gelten für 1 m Gefälle, ebenso wie die Durchlaßziffern der zweiten Vertikalreihe. Für beliebiges Gefälle H erhält man n und Q durch Multiplikation von n_1 und Q_1 mit $\sqrt{H}$.

Die Versuchswerte sind auf der Versuchsstation Sundhausen der Firma Briegleb, Hansen & Co. gewonnen, an Turbinen von etwa 500 mm Laufraddurchmesser, mit stehender Welle, offener Kammer und kurzem, etwa 1,5 m langem Saugrohr.

kompletten Turbine ergibt daher Wirkungsgrade von $0{,}93 \cdot 0{,}87 = 0{,}81$ bis $0{,}94 \cdot 0{,}88 = 0{,}83$ oder 81 bis 83%.

Dabei ist nicht einmal berücksichtigt, daß z. B. bei der zweistufigen Anordnung der Fig. 11 die ganze erste Sekundärstufe nur aus einem L a u f r a d besteht, die Verluste des Leitrades daher wegfallen. Schon aus diesen Überschlagsrechnungen folgt, daß der auf anderem Wege vorausberechnete Wirkungsgrad von 80 bis 82% seiner Größenordnung nach richtig ist. Dieser Wert wurde bei den Versuchen sogar ü b e r t r o f f e n.

Tabelle 7. Wirkungsgrade und Wassermengen der Francis-Turbinen
Serie A., Laufrad C. von Briegleb, Hansen & Co., Gotha.

n_1	Q_1	n_s	Q	0,9	0,8	¾	⅔	0,6	½	0,4	⅓
50/D	1,195D²	175	n =76,5%	78 %	78,5%	79 %	79,5%	80 %	78,5%	75,5%	73 %
54/D	1,195D²	191	n =78 %	80,5%	81,5%	81,5%	82 %	82 %	78,5%	76 %	73 %
55/D	1,19D²	195	n =78,5%	81 %	82 %	82 %	82,5%	82 %	78,5%	76 %	73 %
57/D	1,18D²	202	n =79,5%	82 %	83 %	83,5%	83 %	82 %	79 %	75,5%	72 %
58/D	1,175D²	205	n =80 %	82,5%	83,5%	84 %	83 %	82 %	79 %	75,5%	71,5%
59/D	1,165D²	208	n =80,5%	83 %	83,5%	84 %	83 %	82 %	79 %	75 %	70,5%
62/D	1,13D²	217	n =81 %	84 %	84 %	84 %	83 %	81 %	78,5%	74 %	68,5%
66/D	1,095D²	227	n =82 %	84 %	83,5%	83 %	81,5%	80 %	77 %	71,5%	65 %
68/D	1,09D²	234	n =81,5%	83 %	83 %	82 %	80,5%	78,5%	74,5%	70 %	65 %
70/D	1,06D²	239	n =81 %	82 %	81 %	80 %	78 %	75,5%	71,5%	65,5%	59 %

n_1 = Umdrehungszahl bei 1 m Gefälle. Die angeführten Wirkungsgrade verstehen sich mit 3% Toleranz.

n_s = spezif. Umdrehungszahl bezeichnet die Zahl der in 1 m Gefälle erzielten Umdrehungen derjenigen Turbine, die bei 1 m Gefälle 1 PS leistet.

Selbstverständlich hängt der Wirkungsgrad mit dem

Übersetzungsverhältnis

zusammen. Bei vier- bis sechsfacher Übersetzung besteht keine Schwierigkeit, 80 bis 82% mit zwei Sekundärstufen zu erreichen. Achtfache Übersetzung gelingt mit drei Stufen und etwa 80% Nutzeffekt.

Für Walzwerke ist vom „Vulcan" der Fall elf- bis zwölffacher Übersetzung durchgerechnet worden, mit etwa 75% erreichbarem Nutzeffekt. Geht man indessen vom „stoßfreien Gang" ab, so können noch höhere Übersetzungsverhältnisse unter zunächst geringer Einbuße an Wirkungsgrad erreicht werden.

Bei Dampfturbinenantrieb, der uns hier hauptsächlich interessiert, läßt sich der Gesamtwirkungsgrad der Anlage noch um einige weitere Prozente steigern durch

Rückgewinnung der Verlustwärme.

Bei einem Nutzeffekt des Getriebes von 80% gehen 20% der Primärleistung ständig in Wärme über und erhöhen die Temperatur des Arbeitswassers. Während aber beim direkten Antrieb etwa 5 bis 15% der Maschinenleistung ständig zur Ermöglichung der hohen Drehzahl in die S e e gehen und lediglich die Entropie des Weltalls vermehren, kann die V e r l u s t e n e r g i e d e s T r a n s f o r-

Tabelle 8. Versuchswerte von Francis-Turbinen von J. M. Voith, Heidenheim a. Brenz.

Bezeichnung der Turbine	Gattung	Nutzbare Gefälle in m	Größte Wassermenge in cbm	Nutzleistung bei Beaufschlagung			Wirkungsgrad bei Beaufschlagung			Saugrohr	Laufrad-durchmesser	Tourenzahl in der Minute	Art der Bremsung	Datum der Bremsung	Ort der Bremsung
				$^1/_1$	$^3/_4$	$^1/_2$	$^1/_1$	$^3/_4$	$^1/_2$						
12 B Langsamläufer	Spiralturbine mit lieg. Welle	40,1	1,513	660	521	328	81,6%	85,6%	81,2%	etwa 3,1 m langes Blechsaugrohr	1200	288	mit Bremszaum	Oktober 1907	Wolfsteck (Baden)
8 A Normläufer	Spiralturbine mit liegend. Welle	26,00	2,98	825	655	411	80,0%	84,6%	79,5%	etwa 5,5 m lg. Blechsaugrohr m. anschl. Betonsaugrohr	800	375	Elektr. Bremsg.	August 1909	Markh. (Schles.)
15 A Normläufer	Kesselzwillingsturbine mit lieg. Welle	46,5	23,50	11750	9800	7680	80,65%	86,16% etwa 3/4 Beaufschlag.	84,94% etwa 0,6 Beaufschlag.	Blechsaugrohr	1500	250	Elektr. Bremsg.	Oktober 1907	Svaelgfos (Norw.)
7 A Normläufer	Offener Wasserkast. Einf. T. m. lieg. Welle	5,9	1,09	69,7	53,5	33,6	81,4%	83,2%	78,4%	etwa 3 m langes Blechsaugrohr	700	182	Mit Bremszaum	Juli 1904	Bittauburg (Schwarzwald)
7 C Schnellläufer	Offener Wasserkast. Zwillingsturb. mit. lieg. Welle	5,7	3,77	221,5	180,5	110,5	77,3%	83,8%	77,1%	etwa 3,2 m lang. Betonsaugrohr	700	220	Mit Bremszaum	Dezbr. 1908	Voithsche Versuchsanstalt für Wassermotoren in Hermaringen
11 C Schnellläufer	Offener Wasserkasten steh. Welle	5,5	4,69	262	216	131,7	76,2%	83,8%	76,5%	2,2 m lang. Blechsaugrohr	1100	138,5	Mit Bremszaum	August 1908	Voithsche Versuchsanstalt in Hermaringen

m a t o r s fast vollständig z u r ü c k g e w o n n e n und z. B. auf das S p e i s e -
w a s s e r übertragen werden, welches dabei dauernd um etwa 20 bis 25⁰ C ohne
Aufwand von Kohle vorgewärmt wird. Wärmedurchgangsflächen hierfür werden
ganz vermieden, wenn man das Speisewasser einfach durch den Transformator
zirkulieren läßt. Die Temperatur hält sich dann bei verschiedenen Belastungen
automatisch auf annähernd gleicher Höhe, weil bei geringer Kondensatmenge auch
weniger Verlustwärme entsteht.

Durch diese Vorwärmung wird die V e r d a m p f u n g s z i f f e r d e r K e s s e l
und dadurch die Primär- und Sekundärleistung um etwa 3 bis 4% g e s t e i g e r t.
Ein Transformator von beispielsweise 80% Wirkungsgrad wird dadurch äquivalent
einem solchen von 83%.

Die wichtige Frage des

M a n ö v r i e r e n s ,

speziell der U m s t e u e r u n g , läßt sich in dreifacher Weise lösen, wobei in jedem
Falle die Dampfturbine im gleichen Sinn weiterläuft und durch einen Regulator
beherrscht wird, und zwar

1. indem für j e d e G a n g a r t je ein b e s o n d e r e r v o l l s t ä n d i g e r
K r e i s l a u f ausgeführt wird. Für Vorwärtsgang wird der eine, für Rückwärtsgang
der andere gefüllt und der untätige Kreislauf nach einem kleinen Tank entleert. —
Zu dieser Verschiebung der Wassermasse stehen zunächst die kräftigen Zentrifugalpumpen der betreffenden Kreisläufe zur Verfügung. Das anfängliche Auffüllen
kann durch eine besondere kleine Hilfszentrifugalpumpe, die sogenannte Rückförderpumpe, erfolgen, die gleichzeitig zum Ersatz des aus den Stopfbüchsen usw.
entweichenden Leckwassers dient. Die Verteilung des Wassers nach dem einen
oder anderen Kreislauf wird dabei durch einen entlasteten Schieber eingestellt.
Bei Stoppstellung bleiben beide Kreisläufe entleert. Das Schema dieser Anordnung,
die wir als T y p e I bezeichnen wollen, zeigt die zum Teil schon besprochene Fig. 11,
deren linke Hälfte den zweistufigen Vorwärtskreislauf darstellt, während die rechte
Hälfte den einstufigen Rückwärtskreislauf wiedergibt.

2. Ein z w e i t e r W e g besteht darin, daß ein Teil der Turbinenräder, beispielsweise die Pumpe und ein Sekundärrad, sowohl für Vorwärts- wie für Rückwärtsgang verwendet wird, und daß der Wechsel des Drehsinnes durch V e r ä n -
d e r u n g o d e r W e c h s e l d e r L e i t a p p a r a t e vollzogen wird. Die Schaufelformen gewisser Sekundärräder ermöglichen es nämlich ganz von selbst, sie für
Vorwärts- wie für Rückwärtsgang gleichmäßig zu verwenden. Die Umsteuerung
selbst, d. h. der Wechsel der Beaufschlagung kann z. B. durch drehbare, schwenk-
bare oder biegsame Leitschaufeln erfolgen, die von Hand oder durch eine Um-

steuermaschine gemeinsam umgelegt werden.   Eine einstufige Anordnung dieser
Art mit Drehschaufeln B, die durch Außenkurbeln D gemeinsam verstellt werden,
zeigt Fig. 13.

Von besonderer Bedeutung ist noch eine andere Lösung derselben Aufgabe
nach dem Schema der Figuren 14 und 15, bei denen der Wechsel der Beaufschlagung
mit Hilfe v e r s c h i e b b a r e r L e i t a p p a r a t e erfolgt.   Dieselben bilden
ringförmige Kolbenschieber, die in achsialer Richtung durch eine Umsteuer-
maschine oder durch den Wasserdruck im Transformator selbst eingestellt werden
können.   Sie ermöglichen es gleichzeitig, eines der Turbinenräder aus- und dafür

Umsteuerbarer Trans-
formator mit dreh-
baren Leitschaufeln.

Umsteuerbarer Transformator mit verschiebbaren
Leitapparaten.

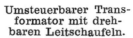

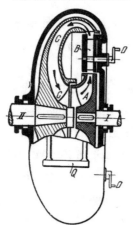

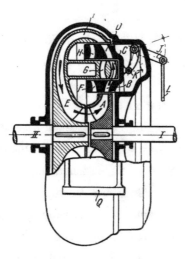

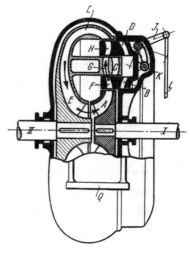

Fig. 13.

Stellung für Vorwärtsgang.
Fig. 14.

Stellung für Rückwärtsgang.
Fig. 15.

ein anderes in den Kreislauf einzuschalten, was namentlich bei innenbeaufschlagten
Sekundärrädern nötig ist, da diese nur für einen Drehsinn verwendbar sind.

Fig. 14 zeigt beispielsweise den für Vorwärtsgang dienenden Kreislauf ABCDE
eingestellt, wobei C als erstes Sekundärrad, B und D als Leitapparate fungieren;
Fig. 15 zeigt entsprechend den Rückwärtskreislauf AFGHE eingestellt, wobei
G als erstes Sekundärrad, F und H als Leitapparate dienen. Die Pumpe A und das
zweite Sekundärrad E werden in beiden Fällen benutzt.   Die Leitapparate F — B
und H — D bilden einen einzigen Ringkörper und werden daher gemeinsam verstellt.

Diese wichtige Type, bei welcher der Räderkomplex a u c h b e i m U m -
s t e u e r n s t ä n d i g g e f ü l l t bleibt, sei als T y p e II bezeichnet.

3. Ein dritter Weg, der insbesondere für sehr schnelle Umsteuerung in Kom-

bination mit den Typen I und II in Frage kommt, besteht darin, daß der betreffende Kreislauf zwar gefüllt bleibt, aber durch irgendwelche schieberartigen Vorrichtungen, drehbare Schaufeln oder dergleichen u n t ä t i g gemacht wird. Dieser Gedanke kann namentlich auch bei Type II organisch verwirklicht werden.

Regelung.

Eng mit der Frage des Manövrierens verknüpft ist die der R e g e l u n g, d. h. der Einstellung verschiedener L e i s t u n g e n und G e s c h w i n d i g - k e i t e n. Bei konstanter Übersetzung variiert für einen und denselben Transformator die absorbierte Leistung wie die dritte Potenz der Tourenzahl. (Vergl. Anhang IV und die Versuche.) Da nun dieses Gesetz sehr angenähert auch beim Schiffspropeller gilt, so b l e i b t b e i m S c h i f f s a n t r i e b die Ü b e r - s e t z u n g auch ohne irgendwelche Regelungsvorrichtungen k o n s t a n t, und wir werden später sehen, daß damit auch der Wirkungsgrad innerhalb sehr weiter Grenzen konstant bleibt. Die Einstellung der notwendigen Primärleistung erfolgt an der Dampfturbine durch Öffnen und Schließen von Einlaßdüsen oder beim raschen Manövrieren lediglich mit dem Manövrierventil. Diese Regelungsmethode ist weitaus die einfachste, der Transformator bleibt dabei überhaupt unberührt.

Bei verringerter Leistung geht sonach die Tourenzahl der Dampfturbine im ungefähr gleichen Verhältnis wie die der Propellerwellle zurück. Hierbei tritt jedoch eine g e r i n g e r e A b n a h m e ihres W i r k u n g s g r a d e s ein als beim direkten Antrieb, wie sich durch folgende Betrachtung anhand von Fig. 16 beweisen läßt.

Jede Dampfturbine erreicht das Maximum ihres Wirkungsgrades bei einer ganz bestimmten Tourenzahl. Ändert man diese nach oben oder unten ab, so läßt der Wirkungsgrad ungefähr nach dem Gesetz einer Parabel c d, für den direkten Antrieb gültig, nach.[*] Die dem Scheitel der Wirkungsgradkurve entsprechende Drehzahl sei S c h e i t e l t o u r e n z a h l genannt. Beim direkten Antrieb ist es nun selbst bei voller Fahrt nicht möglich, die Dampfturbine mit dieser zu betreiben, vielmehr muß man aus Gewichtsrücksichten um ca. 10 bis 30% darunter bleiben und eine entsprechende Einbuße an Wirkungsgrad in Kauf nehmen. Bei Verringerung der Umdrehungszahl auf die Hälfte sinkt der Wirkungsgrad jedoch

---

[*] Dieses Gesetz gilt zunächst nur für eine bestimmte Dampfmenge. Bei Verringerung derselben tritt eine weitere Verminderung des Wirkungsgrads durch die Gefällsverminderung (bei Drosselung) oder Gefällsverschiebung (bei Düsenregelung) ein. Da jedoch die Beeinflussung des Dampfverbrauchs durch diese Veränderung für den direkten, wie für den Transformatorantrieb in gleicher Weise sich äußert, so ist obige Gegenüberstellung durchaus zulässig und berechtigt, umsomehr als die Scheiteltouren für verschiedene Dampfmengen nur wenig variieren.

ganz beträchtlich. Im Falle der Fig. 16, das einer ausgeführten Turbine entspricht, sinkt er z. B. von 55,5% bei Forcierung auf 39% bei Marsch, also um

$$\frac{55,5 - 39}{55,5} = ca.\ 30\%.$$

Wesentlich anders liegen nun die Verhältnisse beim Transformatorantrieb. (Kurve a—b.) Dort sind wir unter Umständen in der Lage, die Tourenzahl der Dampfturbine ü b e r dem Scheitelwert b anzunehmen, ihr Wirkungsgrad wird daher bei Verringerung der Geschwindigkeit zunächst zunehmen und erst bei weiterer Verringerung abfallen. Aus Fig. 16 ist deutlich zu ersehen, daß die Einbuße bei gleicher Verringerung der Touren hier wesentlich geringer ist. In unserem Beispiel sinkt der Wirkungsgrad von 63,5% bei Forcierung auf 53,5%, bei Marschfahrt also nur um $\frac{63,5 - 53,5}{63,5} =$ etwa 16%, während beim direkten Antrieb eine relative Abnahme von 30% oben konstatiert wurde. Selbst wenn daher die Ökonomie der beiden Antriebssysteme für Forcierung nur gleich gut wäre, so würde für unser Bei-

Schiffsturbinenwirkungsgrade bei variabler Leistung.

Fig. 16.

spiel doch bei Marschfahrt eine um $\frac{(1 - 0,16) - (1 - 0,3)}{1 - 0,3} = 20\%$ höhere Ökonomie resultieren, ein Gewinn, der sich bei langsameren Schiffen noch steigert, da dort schon bei Forcierung eine überlegene Ökonomie des Transformatorantriebs auftritt.

Die Verhältnisse bei Marschfahrt liegen daher auch ohne besondere Regelungseinrichtungen beim Transformatorantrieb wesentlich günstiger.

Mit Rücksicht auf z a h l r e i c h e A n w e n d u n g e n a u f s t a t i o n ä r e m G e b i e t wurde jedoch von vornherein auch die Frage der R e g e l u n g d e s T r a n s f o r m a t o r s s e l b s t, d. h. insbesondere die V a r i a t i o n d e s Ü b e r s e t z u n g s v e r h ä l t n i s s e s und damit der Sekundärtourenzahl bei konstant gehaltener Primärtourenzahl bearbeitet.

Zur Lösung dieser Aufgabe können nun genau dieselben Einrichtungen dienen, die wir für die Umsteuerung angegeben hatten, also beispielsweise D r e h -

schaufeln oder verschiebbare Leitapparate, auch Spalt-
oder Gitterschieber und dergleichen.

Es handelt sich dabei im wesentlichen um die Aufgabe, die Druckhöhen
und die zirkulierende Wassermenge in geeigneter Weise zu regeln. Die
Schemata derartiger Transformatoren stimmen daher bis auf die Schaufelformen
mit den für die Umsteuerung gegebenen Figuren 13 bis 15 überein. Wegen des
in sich geschlossenen Kreislaufs können die Reguliereinrichtungen dabei an
jeder beliebigen Stelle des Kreislaufs eingeschaltet sein, je nach dem
hydraulischen oder konstruktiven Zweck. Soll gleichzeitig auch eine Umsteuerung
vorgenommen werden, so können die Verteilschieber
z. B. mit drei oder mehreren Kanalreihen versehen
sein.

Transformator mit veränderlicher Sekundärstufenzahl.

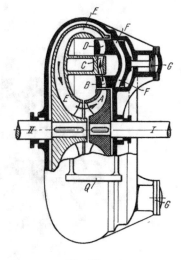

Fig. 17.

Ein weiteres Verfahren zur Regelung besteht
in der Veränderung der Stufenzahl,
indem z. B. die Zahl der Sekundärstufen für
Marschfahrt vermehrt wird. Konstruktiv kann
auch dieses Problem in überraschend einfacher
Weise durch die verschiebbaren Leitapparate gelöst
werden, wie Fig. 17 schematisch zeigt; hierbei wird
z. B. das erste Sekundärrad C bei Marschfahrt durch
die Leitkränze B und D in Betrieb genommen,
bei forcierter Fahrt dagegen durch den Leitkranz
F umführt.

Außer den beschriebenen Umsteuer- und Regelungseinrichtungen, die naturgemäß ihrem Wesen
nach identisch sind, ist noch eine ganze Reihe anderer Möglichkeiten in den Patentschriften beschrieben worden.

Ein Transformator mit Reguliereinrichtung ist beim „Vulcan" zurzeit im
Bau begriffen.

Nachdem wir nun die Grundprinzipien des neuen Transformators ausführlich
klargelegt haben, sei seine

konstruktive Verwirklichung

besprochen.

Der „Vulcan" entschloß sich mit Beginn des Jahres 1907 auf Grund meiner
Denkschrift zum sofortigen Bau eines umsteuerbaren Versuchsmodells, welches
die Leistung eines 100 PS.-Elektromotors von 1000 Touren auf eine

Welle mit 225 T o u r e n , entsprechend einer Übersetzung von ca. 4,5 : 1 übertragen sollte.

Es wurde zunächst Type 1 nach dem Schema Fig. 11 gewählt. Der z w e i -
s t u f i g e V o r w ä r t s k r e i s l a u f (Fig. 18 linke Hälfte), besteht aus der Pumpe,
dem ersten Sekundärlaufrad A, dem Leitapparat B und dem zweiten Sekundärrad D.
Der R ü c k w ä r t s k r e i s l a u f ist im Gegensatz hierzu e i n s t u f i g ausgeführt,

500 PS.-Versuchstransformator Type I.

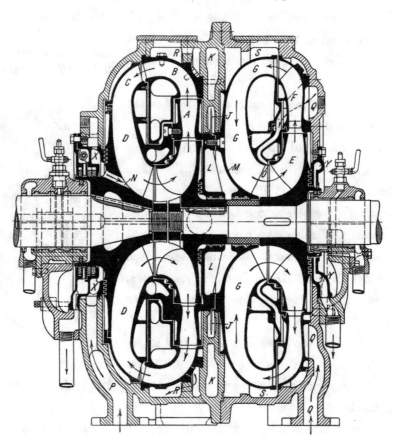

Fig. 18.

mit Pumpe E, Umkehrleitrad F und Sekundärrad G, um den Unterschied der beiden
Bauarten hinsichtlich des Wirkungsgrades zu konstatieren.

Das Rückwärtsrad G ist mit dem Vorwärtsrad A und dieses mit dem zweiten
Vorwärtsrad D verschraubt, das fliegend auf der Sekundärwelle sitzt. Vor- und
Rückwärtskreislauf sind durch eine Wand getrennt, deren Ringkammern J und K
das aus dem tätigen nach dem untätigen Kreislauf strömende Spaltwasser (nach
Versuch etwa 1,5%) abfangen und nach einem Gefäß führen, aus dem es durch die

kleine zum Manövrieren dienende Rückförderpumpe über den Steuerschieber (vergl. Fig. 29, Anordnung im Schiff) in den Transformator zurückgelangt. Der Eintritt erfolgt von unten in den Vorwärtskreislauf über P X N, in den Rückwärtskreislauf über Q Q ,einige Bohrungen im Leitrad F, nach O. Auf dem gleichen Weg vollzieht sich das F ü l l e n beim Manövrieren, während die E n t l e e r u n g durch die Ringräume R bezw. S gleichfalls über den Steuerschieber nach dem genannten Hilfsgefäß geschieht. Nach Abnahme des gußeisernen Gehäuse-Oberteils liegen sämtliche Räder außer der Vorwärtspumpe frei, der Laufräderkomplex kann als Ganzes herausgehoben werden. Die Räder selbst bestehen aus Bronze.

Wegen der von allem Gebrauch abweichenden Radformen erforderte die Durchbildung der Schaufelungen besondere Sorgfalt und ich möchte bei dieser Gelegenheit den hervorragenden Anteil von Dipl.-Ing. S p a n n h a k e an dieser schwierigen Arbeit erwähnen. Die ausgezeichnete, in vieler Hinsicht so überaus anregende T u r b i n e n t h e o r i e von P r o f e s s o r   P r ȧ s i l ,   Z ü r i c h hat uns viel dazu verholfen, die Schaufelungen den überaus komplizierten Wasserströmungen praktisch möglichst anzupassen.

Dieses Modell wurde in den Werkstätten des „V u l c a n" einer eingehenden m o n a t e l a n g e n   E r p r o b u n g unter allen möglichen Betriebsbedingungen unterworfen. Fig. 19 bis 21 läßt die Versuchseinrichtung, bestehend aus dem Nebenschlußmotor, dem Torsionsindikator zur Messung der Primär-Pferdestärken, dem Transformator und der Bremse zur Bestimmung der Sekundär-Pferdestärken erkennen. Die der Primärwelle z u g e f ü h r t e   L e i s t u n g wurde sowohl elektrisch, aus Strom, Spannung und Wirkungsgrad des Motors, wie mechanisch durch den direkt zeigenden T o r s i o n s i n d i k a t o r unseres Systems bestimmt, der wegen achsial beschränkten Raumes in die hohlgebohrte Primärwelle organisch eingebaut war.

Die Hebelarme des verbesserten Pronyschen Bremszaums drückten auf sorgfältig geeichte Dezimalwagen. Die oben schon erwähnte Rückförderpumpe wurde getrennt elektrisch angetrieben.

An den Außenlagern bei a und d waren Stützkugellager zur Aufnahme der nicht ganz ausgeglichenen Achsialdrücke angeordnet.

Die Versuche.

Die Anstellung der Versuche oblag den Herren Dipl.-Ing. S p a n n h a k e und Dipl.-Ing. J u s t, sie wurden in der Weise ausgeführt, daß die Primärtourenzahl durch Einregulieren des Elektromotors möglichst konstant gehalten, die Sekundärtourenzahl dagegen durch verschiedenes Anspannen der Bremse zwischen Leerlauf und Festbremsung variiert wurde. Die rohe Einstellung der Touren geschah durch Tachometer, die Feinmessung durch Umdrehungszähler während einer Versuchsdauer von mindestens 5 Minuten; Stromstärke, Spannung und Torsion wurden als Mittelwert von mindestens sechs Einzelablesungen während dieser Zeit bestimmt. Der Beharrungszustand ließ sich für alle Versuchsgrößen, namentlich auch an der Bremse vorzüglich erreichen. Der Torsionsindikator samt Welle wurde vor und nach jeder Versuchsreihe durch Anhängen eines Hebels mit Gewichten genau geeicht und die Tara der Bremse immer wieder kontrolliert. Die Übereinstimmung der Torsionsmessung mit der elektrischen Leistungsmessung war immer sehr gut. Infolge des Fortfalls jeglicher Wassermengen- und Gefällsmessung und der Verwendung von rein mechanischen Meßwerkzeugen können die Resultate einen sehr hohen Grad von Genauigkeit beanspruchen, jedenfalls höher als bei irgend einer Turbinenbremsung jemals erreichbar ist. Die Versuchsresultate bestätigten in allen Punkten die Berechnungen der Denkschrift. Wie Fig. 22 zeigt, variiert bei verschiedener Primärtourenzahl, aber konstantem Übersetzungsverhältnisse die aufgenommene Primärleistung sehr angenähert mit der dritten Potenz der Primärtourenzahl. Die Werkstattversuche reichten bis etwa 182 PS., höhere Steigerung ließ der Motor nicht zu. Im Versuchsschiff wurden später jedoch mit demselben Transformator durch Vergrößerung der Tourenzahl über 500 PS. erreicht. Dieses Ergebnis ist in genauer Übereinstimmung mit der Theorie. (Vergl. Anhang IV.) Wird dagegen die primäre Drehzahl konstant gehalten, die sekundäre durch die Bremse variiert, so besagt Fig. 23, daß die Leistungsaufnahme beim vorliegenden Modell innerhalb weiter Grenzen von der Sekundärtourenzahl unabhängig ist. Die Drehzahl der Antriebsmaschine, z. B. der Dampfturbine kann daher mit großer Annäherung unabhängig von der Propellertourenzahl für eine bestimmte Leistung voraus berechnet werden. Fig. 23 zeigt auch die Variation der sekundären Drehmomente bei konstanter Primärtourenzahl 1100 und Variation der Sekundärtourenzahl. Für die gewählte Bauart des Vorwärtskreislaufs ergibt sich eine fast geradlinige Momentenkurve, ganz ähnlich wie bei gewöhnlichen Gefällsturbinen. Wie bei einer Kolbenmaschine steigt das Drehmoment bei Stillstand beträchtlich an, ein Vorteil, der besonders beim Manövrieren durch sofortiges Anspringen und rasche Tourenaufnahme zur Geltung kommt. Der Höchstwert des Wirkungsgrades ergab sich innerhalb weiter Grenzen der Primärtourenzahl für ein Übersetzungsverhältnis von 4,25 : 1, während der Rechnungswert 4,45 betrug. Fig. 23 zeigt ferner, wie der Wirkungsgrad variiert, wenn die Primärtourenzahl auf

z. B. 1100 konstant gehalten, und die sekundäre Tourenzahl variiert wird. D e r M a x i m a l w e r t   v o n   e t w a 83% ergab sich bei 260 Touren, entsprechend dem oben genannten Übersetzungsverhältnis. Die Variation verläuft nach einem ungefähr parabolischen Gesetz, mit einem zuerst langsamen und bei größeren Abweichungen rascheren Abfall.

Der vorliegende Transformator verhält sich sonach ganz ähnlich wie eine mit konstantem Gefälle und konstanter Leitradöffnung bei variabler Tourenzahl betriebene Gefällsturbine. Alle diese Feststellungen gelten indessen nur für einen K r e i s l a u f   n a c h   d e r   s p e z i e l l   g e w ä h l t e n   B a u a r t. Insbesondere unterliegt es keinem Zweifel, daß durch Einbau von Regulierungsvorrichtungen die Leistungsaufnahme, Leistungsabgabe und die Wirkungsgradcharakteristik in ganz ähnlicher Weise wie bei Gefällsturbinen vom Konstrukteur beeinflußt werden können. Besonders hervorheben möchte ich noch, daß diese Wirkungsgrade auch die Reibung der vier Traglager a, b, c, d und der zwei Drucklager samt der Reibung infolge des Bremsscheibengewichts mit einschließen. (Fig. 19). Ganz ähnliche Wirkungsgradkurven wurden bei allen Primärtourenzahlen festgestellt.

Über die V a r i a t i o n   d e s   W i r k u n g s g r a d e s bei verschiedener P r i m ä r t o u r e n z a h l, d. h. verschiedenen Primärleistungen gibt Diagramm Fig. 24 Aufschluß. Es zeigt, daß schon bei 5 PS. der Wirkungsgrad 70% überschreitet und bei 9½ PS. bereits 75% beträgt, bei 40 PS. 80% erreicht, bei 100 PS. 82½% und bei 180 PS. endlich 83%. Eine Tendenz zu weiterem langsamen Ansteigen scheint vorhanden zu sein.

D i e   V e r s u c h e   m i t   d e m   R ü c k w ä r t s k r e i s l a u f ergaben einen maximalen Wirkungsgrad von 70%, so daß sich schon mit einem e i n s t u f i g e n Kreislauf eine Rückwärtsleistung von etwa $^{70}/_{83} = 85\%$ der Vorwärtsleistung bei gleichen Primärpferdestärken, also gleicher Dampfturbinen- und Kesselleistung erzielen lassen. Dieser Betrag übertrifft den bei d i r e k t   g e k u p p e l t e n D a m p f t u r b i n e n praktisch erreichbaren um mehr als das D o p p e l t e b i s   D r e i f a c h e. Er läßt sich ohne Schwierigkeit noch weiter s t e i g e r n, wenn der Rückwärtskreislauf gleichfalls mit mehreren Sekundärstufen ausgerüstet wird.

D a s   M a n ö v r i e r e n   a u f   d e m   V e r s u c h s s t a n d.

Während das widerstehende Drehmoment eines Propellers in grober Annäherung wie das Quadrat der Tourenzahl ansteigt, s i n k t   d e r   Widerstand einer B a c k e n b r e m s e im allgemeinen mit Steigerung der Tourenzahl, ändert sich also im umgekehrten Sinn. Für die Manövrierversuche wurde die Bremse daher

vollständig ausgeschaltet, wodurch allerdings der Sekundärteil leer lief und ungefähr
das 1,8—1,9fache seiner rechnungsmäßigen Betriebstourenzahl erreichte.   Die in
den Schwungmassen aufgespeicherte lebendige Kraft betrug daher das vierfache
der normalen.   Trotz dieser ungünstigen Verhältnisse zeigte sich aber schon hier
eine v o r z ü g l i c h e M a n ö v r i e r f ä h i g k e i t d e s T r a n s f o r m a t o r s.
Insbesondere ergab der zweistufige Vorwärtskreislauf eine verblüffend rasche
Aufnahme der Geschwindigkeit.   Der Rückwärtskreislauf stand hierin allerdings
wegen seiner besonderen Bauart etwas nach, ergab aber trotzdem eine selbst die
Kolbenmaschine übertreffende Manövrierfähigkeit.

Infolge der günstigen Resultate schon dieses allerersten Versuchsmodells
entschloß sich die D i r e k t i o n d e s „V u l c a n“, sofort ein kleines, eigens zu
erbauendes Versuchsschiff damit auszurüsten, um das Prinzip des neuen Antriebs
im praktischen Betrieb mit Dampfturbine und Propeller demonstrieren zu können.
Selbstverständlich konnte für eine Leistung von nur 100 Pferdestärken bei 1000
Touren keine einigermaßen rationelle Dampfturbine entworfen werden.   Man entschloß sich daher die T o u r e n z a h l v o n 1000 a u f e t w a 1750 und damit die
L e i s t u n g v o n 100 a u f 500 Pferdestärken zu steigern und mit Rücksicht
auf geringe Herstellungskosten eine r e i n e C u r t i s - T u r b i n e als Antriebs-
maschine zu verwenden.   Zur Demonstration der Ökonomie ist eine solch kleine
Anlage selbstverständlich nicht geeignet.   Statt dessen wurde Wert darauf gelegt,
das Versuchsschiff auch für p r a k t i s c h e Z w e c k e als Transportschiff, als
Schlepper, als Eisbrecher, als Fährboot zur Beförderung von Gästen usw. für die
H a m b u r g e r W e r f t des „V u l c a n“ zu verwerten.   Die erreichbare Geschwindigkeit betrug wegen dieser zahlreichen Anforderungen nur 12 bis 13 Knoten.
Die Hauptdimensionen des V e r s u c h s s c h i f f e s (Fig. 25—28), welches auf
Wunsch der Direktion des „Vulcan“ den Namen „Föttinger-Transformator“ erhielt,
sind in T a b e l l e 9 zusammengestellt.

Tabelle 9.   Zusammenstellung der Hauptdimensionen des Versuchsschiffs.

Länge über Deck	29,38 m
Länge zwischen den Perpendikeln	27,75 ,,
Breite auf Spanten	4,35 ,,
Höhe a. d. Seite	2,45 ,,
Tiefgang inkl. Kiel (95 mm)	1,545 ,,
Deplacement in Flußwasser	76,7 m³
Hauptspantareal	4,9 m²
Völligkeit des eingel. Schiffskörpers	0,432
Areal in der Wasserlinie	86,5 m²
Geschwindigkeit	12—13 Sm.
Äquivalente Kolbenmaschinenleistung	430 PSi.

Der Dampf wird von einem engrohrigen Wasserrohrkessel von 2,9 qm Rost-fläche und 150 qm Heizfläche mit 17 at Überdruck geliefert, dessen Zug bei For-cierung durch eine Gebläsemaschine erhöht wird. Einen Längsschnitt durch die 500 PS. M a s c h i n e n a n l a g e in vergrößertem Maßstabe gibt Fig. 29.

Die mit dem Transformator organisch zusammengebaute D a m p f t u r b i n e besitzt vier dreikränzige Curtis-Räder, von denen das letzte auf einer Art Tromme angeordnet ist, um einen Achsialschub zu erzeugen, entgegengesetzt demjenigen der Primärräder E und A.

Die Dampfturbinenwelle ruht in zwei Lagern und trägt hinten die beiden Primärräder in fliegender Anordnung. Da die Ausladung nur sehr gering und ein-seitige Umfangskräfte durch die volle Beaufschlagung völlig vermieden sind, so bietet dies nicht die geringsten Schwierigkeiten. Am vorderen Ende der Turbinen-welle ist eine Druckscheibe angeordnet, die bei der Werkstatterprobung der Turbine allein den vollen Dampfschub anstandslos unausgeglichen aufgenommen hat. Die Überschreitung einer bestimmten Drehzahl, im vorliegenden Falle etwa 1900, bei Leerlauf, wird wie bei stationären Turbinen durch einen R e g u l a t o r mit Drosselventil verhütet, außerdem durch einen Sicherheitsregulator, der bei einem Versagen des Hauptregulators einspringt. Der Hauptregulator sitzt auf einer vertikalen Kegelradwelle, über der R ü c k f ö r d e r p u m p e, deren Laufrad unter dem Wasserspiegel des kleinen Abflußtanks liegt, um absolut sicheres An-saugen beim Manövrieren zu gewährleisten.

Die Rückförderpumpe benötigt etwa $3/4\,\%$ der Turbinenleistung, also einen verschwindenden Betrag und fördert nach dem unter dem Transformator liegenden Steuerschieber, durch den auch, wie früher angedeutet, der R ü c k f l u ß des M anövrierwassers erfolgt.

An den Transformator selbst schließt sich ein Drucklager zur Aufnahme der Differenz von Sekundärschub und Propellerschub. Nach Abheben der Gehäuse-oberteile kann sowohl der Räderkomplex des Transformators wie der Läufer der Dampfturbine als Ganzes bequem herausgehoben werden.

Die Neigung der Wellenleitung mußte verhältnismäßig groß gewählt werden, weil sich infolge der hohen Maschinenleistung beim Schleppen und Eisbrechen ein verhältnismäßig großer Propellerdurchmesser ergab. Es war infolgedessen auch nicht möglich, die Propellerwelle mit der dem ursprünglichen Übersetzungs-verhältnis 4,5:1 entsprechenden Tourenzahl $\dfrac{1750}{4,5} = 390$ zu betreiben, vielmehr wurde aus Gründen des praktischen Betriebes die Sekundärtourenzahl auf etwa 318 erniedrigt, entsprechend einer beträchtlichen Erhöhung des Übersetzungs-verhältnisses auf 5,6:1.

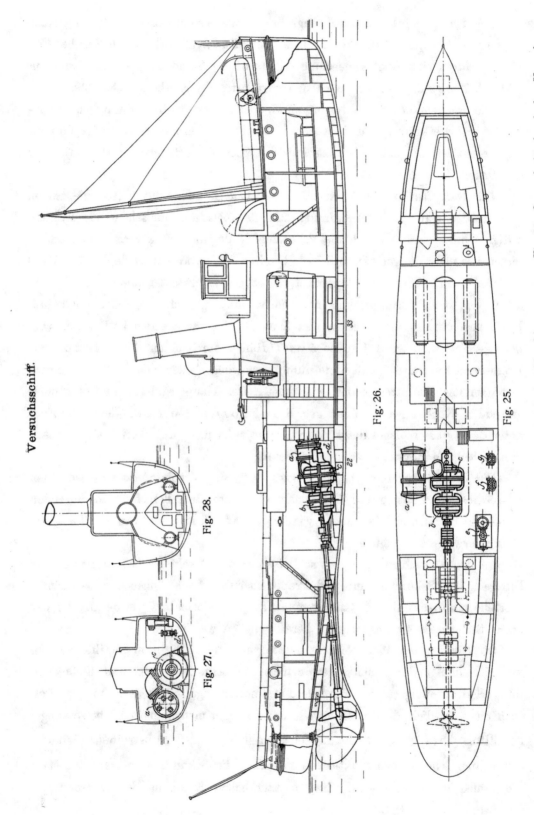

Versuchsschiff.

Fig. 28.

Fig. 27.

Fig. 26.

Fig. 25.

Fig. 25. Grundriß.   Fig. 26. Längsschnitt.   Fig. 27. Querschnitt durch den Maschinenraum.   Fig. 28. Querschnitt durch den Kesselraum.

ditional information of this book

rbuch der Schiffbautechnischen Gesellschaft; 978-3-642-90184-3; 978-3-642-90184-3_OSFO4)

provided:

://Extras.Springer.com

Im Maschinenraum (Fig. 25) sind außer der Hauptmaschine von 500 Pferdestärken und dem Oberflächenkondensator von 44 m² Oberfläche noch zwei Duplex-
pumpen f und g, eine Zirkulationspumpe mit angehängter Trockenluftpumpe, eine
Ölpumpe und ein Warmwasserkasten untergebracht.

Die Anlage hat sich bisher in allen Teilen, zum Teil unter den
schwierigsten Verhältnissen praktisch bewährt. Acht Tage
nach dem Einbau der Antriebsmaschine, im Juni dieses Jahres, legte das kleine
Schiff anstandslos bei sehr schwerem Wetter die Reise nach Hamburg durch den
Kaiser-Wilhelm-Kanal zurück, um dort Sr. Majestät dem Kaiser nach
einem kurzen Vortrag von Herrn Direktor Dr. Bauer vorgeführt zu werden.
Kurz darauf erfolgte ebenso anstandslos die Rückreise nach Stettin bei schwerstem
Seegang. Später hat das Schiff u. a. den Kreuzer „Mainz" von Stettin
nach Swinemünde geschleppt.

Das Manövrieren erfolgt, wie durch zahlreiche Besucher bestätigt werden
kann, in überaus rascher und sicherer Weise. Wird z. B. bei forcierter Fahrt der Manövrierhebel des Steuerschiebers von „voraus" auf „zurück"
gelegt, während die Dampfturbine im gleichen Sinne weiterläuft, so steht die
Sekundärwelle bereits nach vier bis fünf Sekunden still,
um nach weiteren zehn Sekunden eine Rückwärtstourenzahl von 200 bis 250 zu
erreichen. Die Stoppwirkung ist dabei so intensiv, daß eine fühlbare Seiten-
kraft, ähnlich wie beim Bremsen eines Straßenbahnwagens, entsteht.

Die hohe Rückwärtsleistung von 85% kann ohne das geringste Sinken des
Kesseldruckes beliebig lang eingehalten werden.

Ehe wir nun zur Besprechung größerer Transformatoranlagen für Kriegs-
oder Handelsschiffe übergehen, möge noch die

konstruktive Durchbildung der Type II (Fig. 30)
nach dem Schema der Fig. 14 und 15 besprochen werden. Die einzelnen Räder
entsprechen genau denen des genannten Schemas. Wir erkennen den Vorwärtskreislauf durch die Pumpe A, das erste Leitrad B, das erste Sekundärrad C und das
zweite Leitrad D sowie das zweite Sekundärrad E, das für Vorwärts- und Rückwärtsgang dient. Die Vorwärtsleiträder B und D und die Rückwärtsleiträder F
und H sind durch den Hohlgußkörper J miteinander gekuppelt. Sie bilden zusammen einen ringförmigen Kolbenschieber, der sich auf der Trommel L M achsial
führt und am äußeren Umfange gegen das Gehäuse durch Kolbenringe abgedichtet
ist. Beim Umsteuern wird der Schieberkörper nach rechts bewegt und dem Arbeitswasser der Weg von der Pumpe A durch F nach dem Rückwärtsrad G und von
dort durch H nach dem zweiten Sekundärrad E gebahnt. Der Schieberkörper J

Versuchsschiff. Längsschnitt durch die Maschinenanlage Type II.

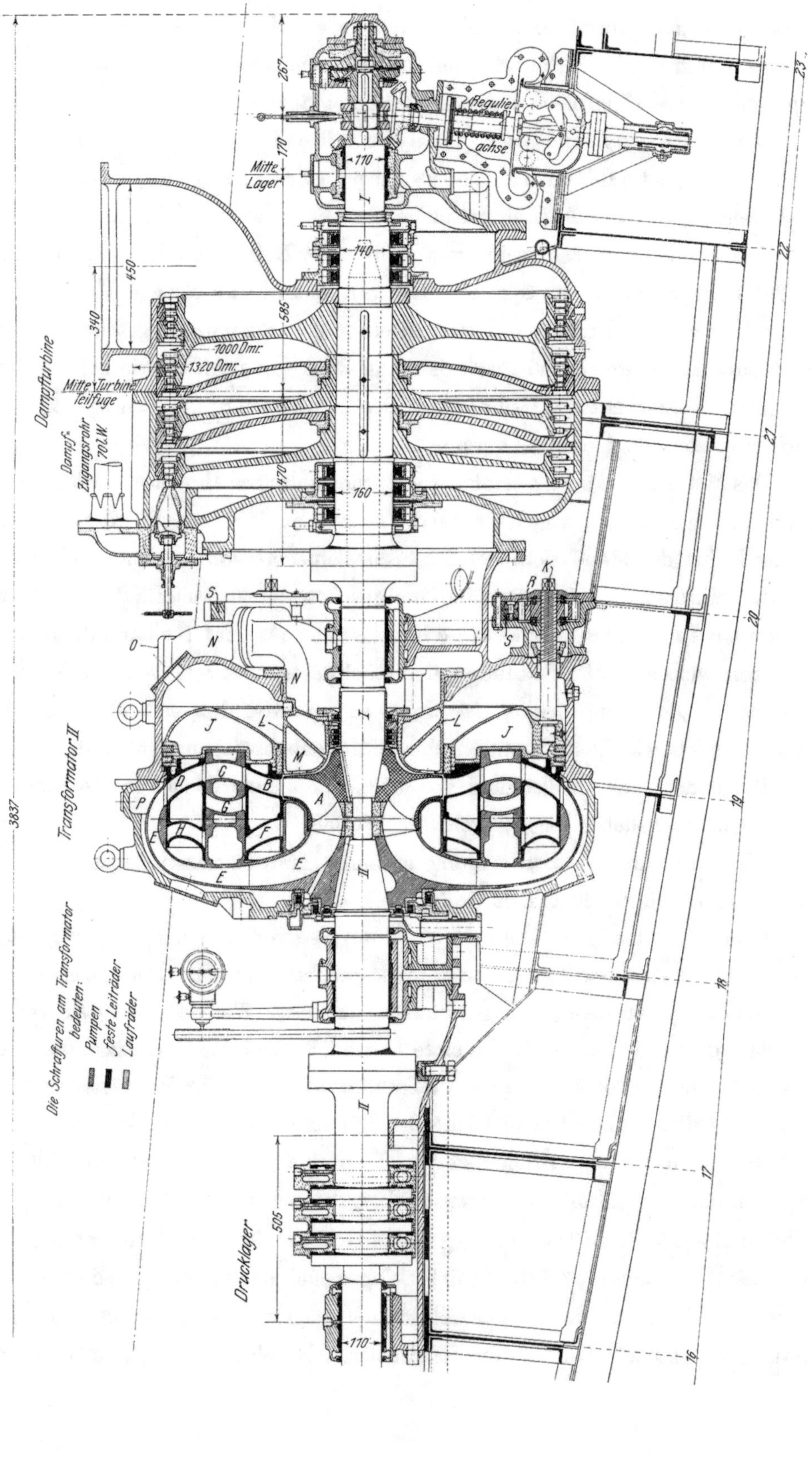

Dampfturbine

Transformator II

Die Schraffuren am Transformator bedeuten:

▮ Pumpen

▮ Feste Leiträder

▮ Laufräder

Dampf-Zugangsrohr 70 l.W.

Mitte Turbine Teilfuge

Mitte Lager

Regulier achse

Drucklager

Fig. 30.

267

110

140

110

585

450

340

1000 Dmr.

1320 Dmr.

470

160

3837

505

wird mit Hilfe dreier Schraubenspindeln, deren feststehende Muttern verzahnt und durch einen Zahnring gekuppelt sind, parallel geführt. In der Mittelstellung ist der Kreislauf an mehreren Stellen abgesperrt, das Primärrad läuft mit geringem Kraftverbrauch leer. Das Umsteuern selbst, d. h. die Bewegung des Schieberkörpers erfolgt ohne jegliche äußere Kraft in folgender Weise:

Der Wasserdruck im Getriebe sinkt vom Höchstwert 5 at am Austritt der Pumpe A durch B, C, D hindurch allmählich bis auf etwa 2 at am Eintritt des zweiten Sekundärrades E. Auf die Leitapparate F und B sowie H und D wirkt daher ein bestimmter mittlerer Wasserdruck nach rechts. Der Raum zwischen Schieberkörper J und Gehäuse kann nun vermittels eines S t e u e r s c h i e b e r s entweder mit dem N i e d e r d r u c k r a u m P oder dem H o c h d r u c k r a u m M in der Trommel L verbunden werden, der direkt mit der Pumpenmündung, d. h. mit dem höchsten Pumpendruck in Verbindung steht. Im ersteren Falle sind die sämtlichen auf die linke Seite des Schieberkörpers wirkenden Drücke höher als der auf die rechte Seite wirkende Niederdruck, der Schieberkörper wird sich daher nach rechts, in die R ü c k w ä r t s s t e l l u n g bewegen. Wenn dagegen der betreffende Raum mit dem Hochdruckraum M verbunden wird, so überwiegt der Druck auf die rechte Schieberseite über sämtliche Drücke der linken, der Schieber bewegt sich nach links in die gezeichnete V o r w ä r t s s t e l l u n g. Für das Überströmen des Steuerwassers dient der sehr weite Kanal N, der einerseits an den nicht sichtbaren Verteilschieber, andererseits an den Hochdruckraum M anschließt. Die Dimensionen der Überströmkanäle sind n a m e n t l i c h m i t R ü c k s i c h t a u f d a s S t u d i u m d e s U m s t e u e r n s f ü r W a l z e n z u g - R e v e r - s i e r z w e c k e außerordentlich reichlich gewählt. Überhaupt ist die ganze Kon- struktion der Type II weniger für höchste Ökonomie, als zum Studium gewisser Fabrikationsfragen und insbesondere der Frage äußerst raschen Reversierens für stationäre Zwecke entworfen. Die Rückförderpumpe kann wegen der geringen Spaltwassermenge und der ständigen Füllung des Kreislaufs eventuell ganz in Wegfall kommen.

Type II ist zurzeit beim Vulcan für gleiche Leistung wie Type I für spätere Verwendung im Versuchsschiff im Bau.

Die Frage des Raum- und Gewichtsbedarfs

wird am besten an Hand von durchgerechneten Ausführungsbeispielen studiert. Die Größe eines Transformators kann aus einem vorhandenen nach der Angabe umgerechnet werden, daß die übertragene Leistung wie die dritte Potenz der Touren und die fünfte Potenz der linearen Dimensionen variiert. Die g r ö ß t e

E r s p a r n i s an Raum und Gewicht ergibt sich naturgemäß bei Schiffen mit Geschwindigkeiten unter 18 Seemeilen, für welche bisher die Turbine auch im Hintereinanderschaltungsbetrieb die bestmögliche moderne Kolbenmaschine an Ökonomie noch nicht erreicht hat. Man darf sogar aussprechen, daß für Geschwindigkeiten unter 16 Seemeilen die d i r e k t g e k u p p e l t e D a m p f - t u r b i n e höchstens für Luxus- und Sportzwecke, auf Yachten und dergl., möglich ist und daß ein Dampfturbinensystem nicht besser diskreditiert werden kann, als wenn man es in ganz langsame Schiffe einbaut. Ein Vergleich des direkten Antriebs mit dem T r a n s f o r m a t o r a n t r i e b würde daher für solche Fälle eine Karrikatur des ersteren ergeben, und wir wollen daher den Vergleich nur auf mittlere und hohe Geschwindigkeiten von 20 bis 30 Seemeilen pro Stunde beschränken, wobei die Chancen des direkten Antriebs wesentlich bessere sind.

In Figur 31 und 32 sind die ungefähren Dimensionen einer

d i r e k t g e k u p p e l t e n T u r b i n e n a n l a g e f ü r e i n P a n z e r s c h i f f

mit drei Wellen dargestellt. Die Turbinen sind nach der vom „V u l c a n" für alle neueren Projekte verwendeten Bauart „C u r t i s - A. E. G. - V u l c a n" mit getrenntem Hochdruck- und Niederdruckteil auf gleicher Welle angeordnet. Jede derselben liegt in einem getrennten, von den anderen v ö l l i g u n a b h ä n g i g e n R a u m mit kompletter Kondensationsanlage. Die Leistung jeder Turbine beträgt etwa 10 000 PSe, die Tourenzahl etwa 275 pro Minute.

Fig. 33 und 34 zeigen nun die

e n t s p r e c h e n d e A n l a g e m i t T r a n s f o r m a t o r a n t r i e b.

Die Propellertourenzahl ist im vorliegenden Fall außerordentlich niedrig, zu nur 125 pro Minute angenommen, die Dampfturbinentourenzahl zu 720, entsprechend einem Übersetzungsverhältnis von 5,75 : 1. Einen Schnitt durch Dampfturbine und Transformator geben die Figuren 35 und 36. Die Dampfturbine entspricht einer eigens vom „Vulcan" für Transformatorzwecke entworfenen Type, die im vorliegenden Fall durch 2 Curtis-Räder mit einem einzigen geteilten Zwischenboden und einer abgestuften Trommel mit Aktions- oder Reaktionsbeschaufelung gekennzeichnet ist. Nach Abnahme des Gehäuseoberteils liegt das gesamte Turbineninnere frei. Die Beaufschlagung erfolgt von der Transformatorseite her, die Achsialdrücke von Dampfturbine und Primärrad gleichen sich bis auf einen geringen Bruchteil aus. Das Gehäuse der Dampfturbine besteht ganz aus Gußeisen, weil der Dampfdruck schon in der ersten Stufe höchstens etwa 2 bis 3 Atm beträgt.

Der Transformator ist beispielsweise nach Type II (vergl. Fig. 14, 15, 30) angenommen.

Linienschiff mit Turbinen System Curtis-A. E. G.-Vulcan.

Gesamtleistung: 3×10000 PSe. Umdrehungszahl = 275.

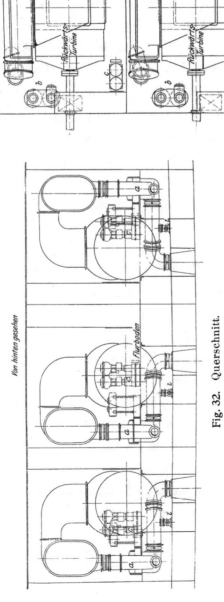

Fig. 31. Grundriß.

Fig. 32. Querschnitt.

Erklärung der Zeichen:

a 3 Zirkulationspumpen
b 3 Naßluftpumpen
c 3 Trockenluftpumpen
d 3 Dampflenzpumpen
e 1 Spülpumpe
f 6 Ölpumpen
g 3 Verdampferanlagen
h 3 Warmwasserkästen.

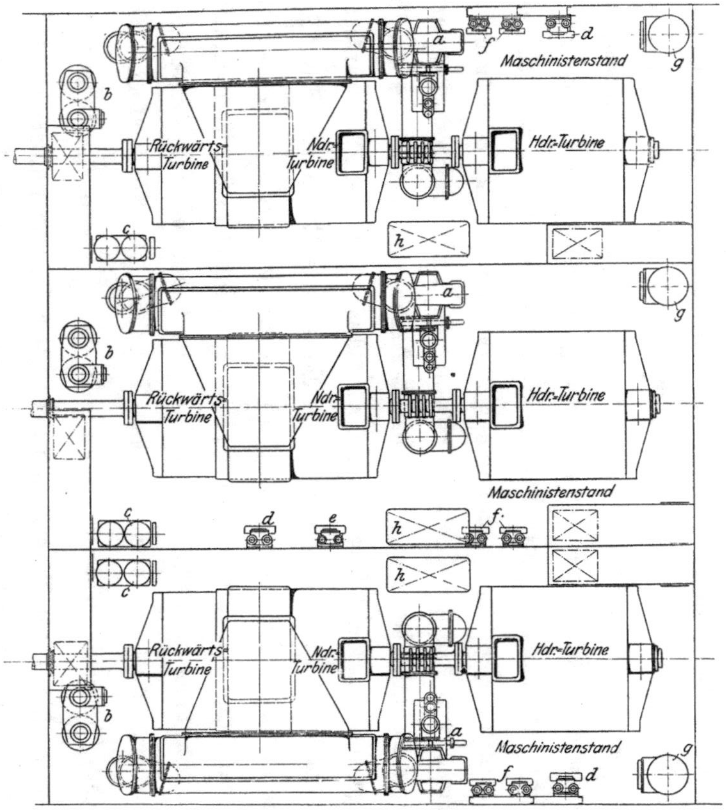

13*

Aus den Grundrißfiguren 31 und 33 ergibt sich die außerordentlich große Ersparnis an Raum, die durch die Verwendung von schnelllaufenden Turbinen erzielt wird. Die von Dampfturbine und Transformator zusammen benötigte Grundfläche entspricht ungefähr der von der Niederdruckturbine des direkten Antriebes allein eingenommenen. Während daher der direkte Antrieb eine Maschinenraumlänge von 15,6 m und eine Maschinenraumgrundfläche von 316 qm benötigt, kommt die Transformatoranlage mit 12 m Länge und 243 qm Fläche aus. Der direkte Antrieb erfordert daher um 30% mehr Baulänge und ebensoviel Prozent mehr Grundfläche als der Transformatorantrieb, entsprechend dem mit Diagonallinien durchkreuzten Raum von Fig. 33.

Von ähnlicher Größenanordnung ist nun die Ersparnis an Gewicht. Die Turbinen des direkten Antriebs wiegen inkl. Armatur etwa 592 Tonnen, die Summe der Dampfturbinen und Transformatoren mit Einschluß der Wasserfüllung, Armatur, Wassertanks und alles sonstigen Zubehörs nur 376 Tonnen. Die direkt gekuppelten Turbinen wiegen also 216 t mehr oder $\frac{216}{376} = 57\%$ mehr als die schnelllaufenden Turbinen mit Transformatoren. Der Gewinn reduziert sich allerdings infolge des höheren Gewichts der Wellenleitung und des Propellers. Der vorliegende Fall, welcher einem ausländischen Projekt entnommen ist, lag insofern besonders ungünstig, als die Wellenleitung außerordentlich lang angenommen ist; trotzdem beträgt das Gewicht der drei kompletten Antriebsaggregate von der Turbine bis zum Propeller für den direkten Antrieb 724 Tonnen, für den Transformatorantrieb dagegen 601 Tonnen.

Trotz des hohen Einflusses der vorliegenden langen Wellenleitung wiegt also der direkte Antrieb um 123 t oder $\frac{123}{601} = 20\%$ mehr als der Transformatorantrieb gleichen Umfanges. Es liegt auf der Hand, daß dieser Gewinn durch Verlegung des Transformators weiter nach Achtern wesentlich erhöht werden kann, da alsdann der größte Teil der Wellenleitung infolge der hohen Turbinentourenzahl noch leichter als beim direkten Antrieb ausfällt.

Bezüglich der beiderseitigen Ökonomie ist zu beachten, daß die Propeller des direkten Antriebs hier allermindestens um 10% mehr Antriebspferdestärken erfordern, als die des Transformatorantriebs, so daß die nötigen Wellenpferdestärken maximal nur $1,10 . 0,94 - 1,00 = 0,034 = 3,4\%$ höher als die indizierten Pferdestärken einer äquivalenten Kolbenmaschinenanlage angenommen sind*). Für die langsamlaufende Dampfturbine beträgt der Dampfver-

---

*) In der Praxis nimmt man heute für verantwortliche Projekte auf Grund mancher Erfahrungen statt 3,4% Mehrbeträge von 10—20% und darüber an.

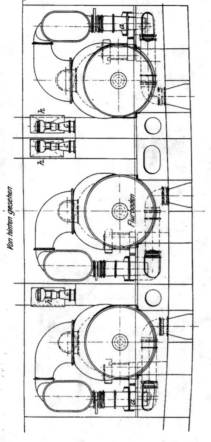

Linienschiff mit Transformatoranlage.
Leistung entsprechend Fig. 31 und 32.
Umdrehungszahl primär 720/min.
sekundär 125/min.

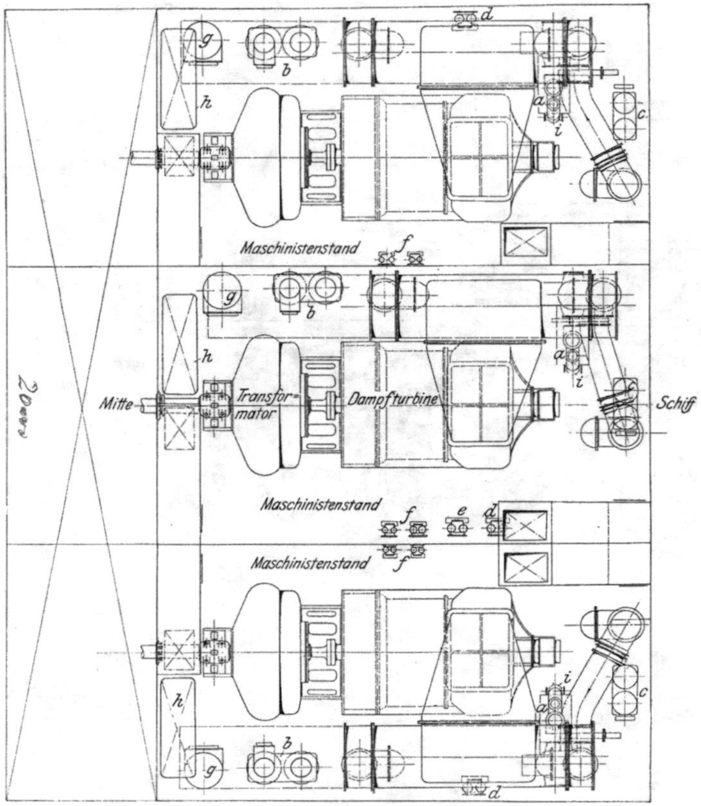

Fig. 34. Querschnitt.

Erklärung der Zeichen:

a 3 Zirkulationspumpen.
b 3 Naßluftpumpen.
c 3 Trockenluftpumpen.
d 3 Dampflenzpumpen.
e 1 Spülpumpe.
f 6 Olpumpen.
g 3 Verdampferanlagen.
h 3 Warmwasserkästen.
i 3 Kondensatpumpen, angetrieben
   von den Zirkulationspumpen.

Fig. 33. Grundriß.

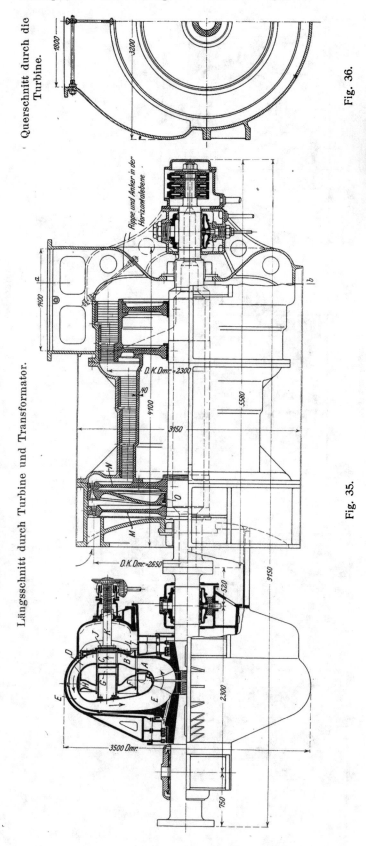

Querschnitt durch die Turbine.

Fig. 36.

Turbine mit Transformator für ein Linienschiff.

Längsschnitt durch Turbine und Transformator.

Fig. 35.

brauch pro PSe-Stunde hier etwa 6,4—6,5 kg, für die schnellaufende unter gleichen Dampfbedingungen nur etwa 5,6 kg.

Betragen die Propeller-Wirkungsgrade beispielsweise für den direkten Antrieb 68% bezw. für den Transformatorantrieb ·68.1,10 = 75% (entsprechend unserer Angabe über die Wellenpferdestärken), beträgt ferner der Wirkungsgrad des Transformators nur 80%, die Erhöhung der Verdampfung durch Wärme-Rückgewinnung aus dem Transformator nur 2,5%, so ergibt sich umstehende Gegenüberstellung.

Schon unter der für den d i r e k t e n Antrieb eines solch langsamen Schiffes s e h r g ü n s t i g e n Annahme, daß der Turbinenpropeller nur 10% schlechter und seine Wirkungsgradziffer (68%) um 7% niedriger als beim Transformator (75%) sei, folgt sonach ein G e w i n n a n A n t r i e b s l e i s t u n g v o n 4% f ü r d i e u m 123 t l e i c h t e r e T r a n s f o r m a t o r a n l a g e. Für solche Fälle, wo die in der Praxis üblichen Zuschläge von 15% und mehr zu den ,,Kolben-maschinenpferden'' (Vergl. Fußnote Seite 196) gelten, würde die M e h r l e i s t u n g von 4% sogar im Verhältnis $1,04 \, \frac{1,15}{1,035} = 1,15$ d. h. auf etwa 15% steigen.

Während ferner die relativ kleinen Propeller des direkten Antriebs beim geringsten W i n d u n d S e e g a n g stark an Geschwindigkeit einbüßen, können die reichlichen Flächen des langsamen Antriebs eine beträchtliche Widerstands-zunahme vertragen, ohne ,,abzuschnappen''. Dies gilt für forcierte Leistungen.

Für M a r s c h f a h r t liegen die Verhältnisse, wie wir in dem Kapitel ,,R e -g e l u n g'' ausführlich dargetan haben, für den Transformator noch wesentlich besser. Die in diesem und den folgenden Beispielen abgebildeten schnelllaufenden Dampfturbinen sind eigens für die Entwicklung höchster Marschökonomie entworfen; anderenfalls hätte noch weiter beträchtlich an Baulänge und Gewicht gespart werden können. Wegen der außerdem eintretenden geringeren Abnahme des Dampfturbinenwirkungsgrades wird in vielen Fällen eine beträchtliche Erhöhung der Marschökonomie resultieren.

Ü b e r d i e s e r m ö g l i c h t d i e T r a n s f o r m a t o r a n l a g e ·trotz ihres geringeren Gewichts eine S t e i g e r u n g d e r R ü c k w ä r t s l e i s t u n g a u f 80 % d e r V o r w ä r t s l e i s t u n g, d. h. auf m i n d e s t e n s das Doppelte des heute üblichen, und dies b e i a l l e n K e s s e l l e i s t u n g e n, nicht nur bei Betrieb a l l e r Kessel.

Wir gehen nunmehr zur Besprechung eines Beispiels für etwas h ö h e r e G e s c h w i n d i g k e i t über. Zur Abwechslung sei diesmal eine

Antrieb	Direkt	Mit Transformator
Tourenzahl	275	720 : 125
Stündl. Dampfmenge kg/Std.	193 500	1,025 . 193 500
		= 198 300
Stündlicher Dampfverbrauch der Dampfturbinen pro PSe	6,45	5,6
PSe der Dampfturbinen	193 500 : 6,45	198 300 : 5,6
	= 30 000	= 35 400
Wirkungsgrad der Transformation	100%	80%
PSe an den Propellerwellen	30 000	35 400 . 0,80
		= 28 320
Wirkungsgrad des Propellers	68%	75%
Nützliche Schubpferdestärken PS	30 000 . 0,68	28 320 . 0,75
	= 20 400 PS	= 21 240
Mehrbetrag PS		840 PS
desgl. %		840 : 20 400
		= 4,1%

Vierwellenanlage mit Hintereinanderschaltung nach Parsons

für einen Panzerkreuzer (Fig. 37 und 38) mit etwa 40 000 Wellen-PS. zum Vergleich herangezogen, nach einer Anordnung, wie sie für zahlreiche Schiffe des In- und Auslandes ausgeführt worden ist.

Auf den Außenwellen sitzt je eine Hochdruck-Vorwärts- und Rückwärts-, auf der Innenwelle je eine Niederdruck-Vorwärts- und Rückwärtsturbine, sowie je eine der Marschturbinen. Die Schaltung ist die bekannte, schon beim Kreuzer „Lübeck" verwendete. Die Tourenzahlen betragen im Mittel 280 pro Minute.

In Fig. 39 und 40 ist nun die

entsprechende Anlage mit Transformator

dargestellt. Die Zahl der Wellen ist selbstverständlich auf drei verringert. Jede Turbine betreibt unabhängig von allen anderen ihren eigenen Wellenstrang mit Transformator mit einer Tourenzahl von 135 pro Minute. Die Dampfturbinentourenzahl beträgt 675, entsprechend einem Übersetzungsverhältnis von 5 : 1.

Man erkennt auf den ersten Blick eine g e w a l t i g e E r s p a r n i s an der für den Konstrukteur so wichtigen G r u n d f l ä c h e , woraus schon ohne weiteres ein Schluß auf die mögliche G e w i c h t s e r s p a r n i s gezogen werden kann. Die Längen der beiden Räume betragen ungefähr 24 m bezw. 15,6 m, entsprechend einer Mehrlänge von 54% für den direkten Antrieb. Trotzdem ist auch hier die

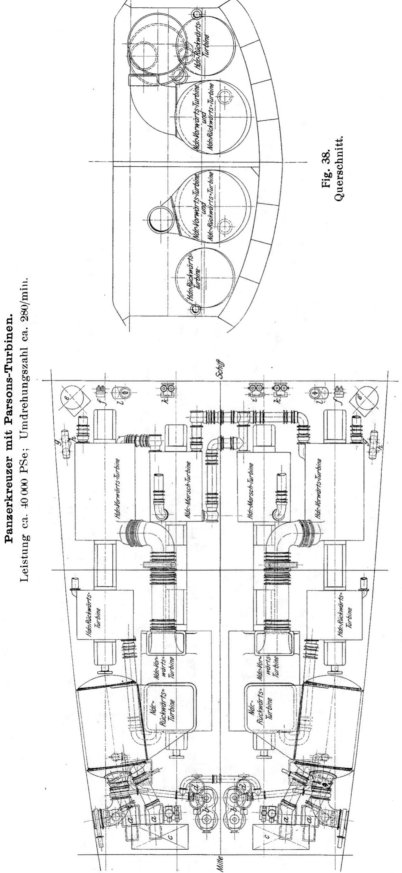

201

Panzerkreuzer mit Parsons-Turbinen.

Leistung ca. 40 000 PSe; Umdrehungszahl ca. 280/min.

Fig. 38.
Querschnitt.

Fig. 37.
Grundriß.

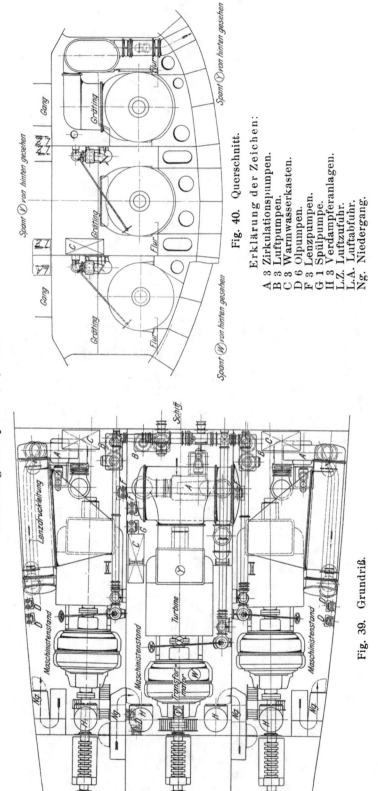

Panzerkreuzer mit Transformatorantrieb.

Leistung entsprechend Fig. 37 und 38.

Umdrehungszahl: primär 675, sekundär 135.

Fig. 40. Querschnitt.

Erklärung der Zeichen:

A 3 Zirkulationspumpen.
B 3 Luftpumpen.
C 3 Warmwasserkasten.
D 6 Olpumpen.
F 3 Lenzpumpen.
G 1 Spülpumpe.
H 3 Verdampferanlagen.
L.Z. Luftzufuhr.
L.A. Luftabfuhr.
Ng. Niedergang.

Fig. 39. Grundriß.

Leistung und Ökonomie des Transformators bei Vollast mindestens die gleiche, bei Marschfahrt sogar höher. Außerdem beträgt die für ·das Manövrieren solch schwerer und schneller Schiffe so wichtige Rückwärts leistung das Doppelte der mit direktem Antrieb erzielbaren. Bei Schiffen mit mehr als zwei Wellen mit Transformator kann irgend eine Welle durch einfaches Ablassen des Transformatorwassers von ihrer Dampfturbine sofort abge kuppelt werden, ein Vorteil, der namentlich für Überholungsarbeiten während längerer Marschfahrten ins Gewicht fällt.

Direkt gekuppelte Torpedobootsturbine.
Leistung 3700 PSe.   Umdrehungszahl 800/min.

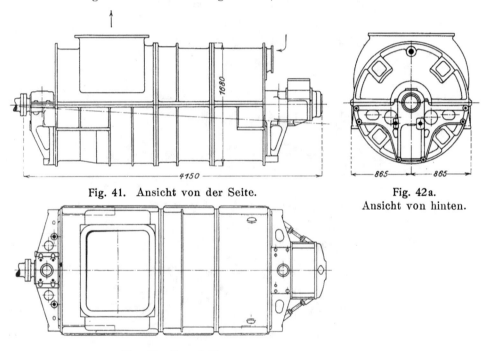

Fig. 41. Ansicht von der Seite.

Fig. 42a.
Ansicht von hinten.

Fig. 42. Grundriß.

Ähnlich ergeben sich die Verhältnisse auch bei kleinen Kreuzern und Handelsschiffen. Das Aggregat Dampfturbine plus Transformator nimmt nur ungefähr ebensoviel Raum ein als die Niederdruckturbine des unmittelbaren Antriebs.

Aber nicht nur bei niederen und mittleren, sondern selbst bei den höchsten Schiffsgeschwindigkeiten, selbst bei Torpedojägern, treten die Vorteile dieses Systems zutage. Fig. 41 und 42 zeigen eine

direkt gekuppelte Torpedobootsturbine

neuesten Typs für eine Leistung von 3700 PSe bei 800 Umdrehungen pro Minute und 30 Knoten Geschwindigkeit, wie sie ähnlich beim „V u l c a n" zurzeit für mehr als 300 000 PSe im Bau sind. Hoch-, Niederdruck- und Rückwärtsturbine sind in einem einzigen Gehäuse untergebracht.

Fig. 43 und 44 stellen nun

d a s   e n t s p r e c h e n d e   A g g r e g a t   m i t   T r a n s f o r m a t o r

dar. Die Dampfturbine läuft mit 2200 Touren pro Minute, die Propellerwelle mit 480 Touren. Man erkennt, daß selbst für solch hohe Geschwindigkeiten, bei

Turbine mit Transformator für einen Torpedojäger.

Leistung entsprechend Fig. 41 und 42.

Umdrehungszahl $\left\{ \begin{array}{l} \text{primär 2200} \\ \text{sekundär 480} \end{array} \right\}$ pro min.

Fig. 43.

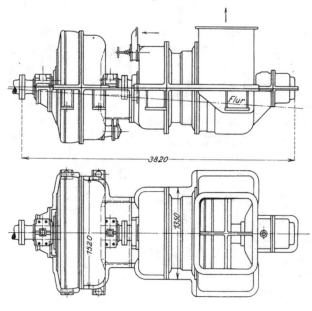

Fig. 44.

denen die zulässigen Propellertourenzahlen sich den Tourenzahlen stationärer Turbinen schon eher nähern, noch eine Ersparnis an Raum erzielt wird. Aus den eingeschriebenen Maßen ist ersichtlich, welch handliche Dimensionen die Gehäuse von Dampfturbine und Transformator erhalten.

Das Gewicht einer Dampfturbine samt Armatur stellt sich für den direkten Antrieb auf ca. 18,3 t, die Summe aus Dampfturbine, Transformator, Reservewasser und Zubehör dagegen auf 14,6 t, entsprechend einem Mehrgewicht der direkt ge-

kuppelten Turbine von 3,7 t = 25%. Zieht man das Mehrgewicht der Wellenleitung und des Propellers beim Transformatorantrieb in Rechnung, so ergibt sich
immer noch ein Mehrgewicht von 1,8 t für e i n e Anlage Fig. 41, sonach von 3,6 t
für die beiden Wellen, was für ein leichtes Torpedoboot sehr wohl noch von
Bedeutung ist.

Bei unseren Betrachtungen über Raum- und Gewichtsbedarf wollen wir auch
mit wenigen Worten auf das schon erwähnte, verbesserte

De Laval-Westinghouse-Getriebe

De Laval-Westinghouse-Getriebe.

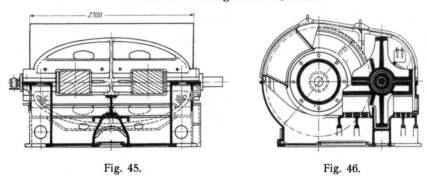

Fig. 45.   Fig. 46.

Transformator für Leistung und Tourenzahlen entsprechend Fig. 45 und 46.

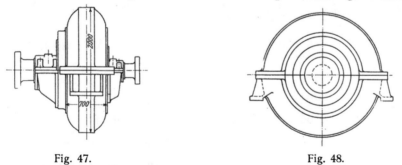

Fig. 47.   Fig. 48.

zurückkommen, welches nach Fig. 45 und 46 für eine Leistung von 6000 Pferden
bei 1500/300 Touren projektiert ist.*) Erfahrungen sind allerdings nicht angegeben.
Fig. 47 und 48 aber zeigt nun den entsprechenden Transformator für die ganz
genau gleichen Leistungs- und Tourenverhältnisse, und man erkennt, daß der
Raumbedarf des Zahnradgetriebes mindestens vier bis fünfmal so groß als der des
Transformators ist.   Genaue Angaben hinsichtlich des Gewichtsunterschiedes
können wir leider nicht machen, weil das Gewicht des Zahnradgetriebes fehlt.

---

*) Vgl. Engineering, Oktober 1909.

wohl aber kann man schon nach der Größe der Räder, Grundplatten usw. beurteilen, daß das Gewicht desselben gleichfalls ein Vielfaches vom entsprechenden
Transformator sein wird.

Während nun aber das Zahnradgetriebe praktisch überhaupt nicht umgesteuert
werden kann, zeigen Fig. 49 und 50, auf welch kleinem Raum ein hydrodynamisches
Wendegetriebe, d. h. ein Umsteuer - Transformator für die gleiche Leistung
und Tourenzahl gebaut werden kann. Über die Betriebsmöglichkeit und -dauer
der beiderlei Getriebe brauchen wir nur das eine zu konstatieren, daß die Umfangs-
kraft beim Zahnrad sich durch Linienberührung überträgt, während bei unserem
Transformator hierfür die gesamten Schaufelflächen der Turbinenräder zur Verfügung stehen. Die Flächendrücke verhalten sich daher unter sonst gleichen Verhältnissen wie die elastischen Abplattungsflächen der Zähne zu den Schaufelflächen der Turbinenräder.

Umsteuerbarer Transformator für Leistung und Tourenzahlen
entsprechend Fig. 45 und 46.

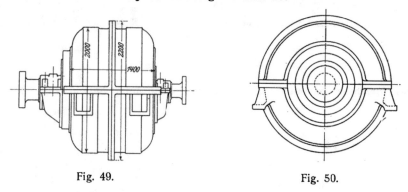

Fig. 49.   Fig. 50.

Zum Schluß sei noch der Transformatorantrieb dem

Kolbenmaschinenantrieb

für ein konkretes Beispiel gegenübergestellt und dazu die Hauptmaschine des
Schnelldampfers „Kaiser Wilhelm II" von 20 000 PSi gewählt. Fig. 51 und 52
stellen dieselbe in der Längs- und Seitenansicht dar. Die Länge der Maschine beträgt
23 m, die Höhe 13 m.

Fig. 53 und 54 zeigen den entsprechenden Transformatorantrieb von gleicher
Leistung. Die Dampfturbine läuft mit 600, der Transformator mit 100 Touren pro
Minute. Die Länge des Maschinensatzes beträgt 13 m, seine Höhe 4,6 m. Beim
Einbau eines Transformatorgetriebes könnte noch beinahe der vordere Maschinen-
raum gespart und durch einen Kesselraum ersetzt werden. Die Ökonomie wäre
mindestens die gleiche, da nach Kondensatmessungen, die ich während der ersten

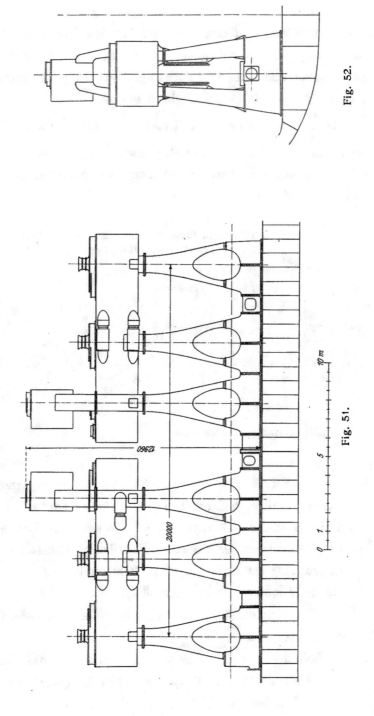

Hauptmaschine des Schnelldampfers „Kaiser Wilhelm II" PSi = 20 000.

Fig. 51.

Fig. 52.

Ozeanreise auf Dampfer „George Washington" an einer ähnlichen Vierfach-Expansionsmaschine wie in Fig. 51 angestellt habe (vergl. Anhang III), der stündliche Dampfverbrauch derselben etwa 6,4 bis 6,5 kg PSi und etwa 6,8 kg/PSe, an der Welle mit dem Torsionsindikator gemessen, beträgt. Derselbe Wert läßt sich durch die Vereinigung einer schnellaufenden Dampfturbine mit 5,6 kg/PSe stündlichem Dampfverbrauch und eines Transformators von 82,4% Gesamtnutzeffekt erzielen. da in beiden Fällen die Propeller gleich gut sind.

Die Vorzüge des Transformatorantriebs.

Nachdem wir so die einzelnen Gesichtspunkte, die bei dem neuen System in Frage kommen, eingehend untersucht haben, sei es gestattet, die Vorzüge desselben kurz zusammenzufassen.

Turbine mit Transformator für einen Schnelldampfer.
Leistung wie Fig. 51—52.

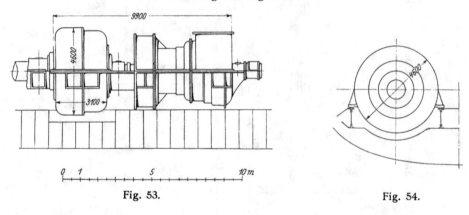

Fig. 53.   Fig. 54.

1. **Gegenüber Kolbenmaschinen** besitzt der Transformatorantrieb alle diejenigen Vorzüge, welche dem **Turbinenantrieb überhaupt** zu eigen sind. Sie sind zur Genüge bekannt. Es seien nur die folgenden erwähnt:

a) Das Drehmoment ist ein außerordentlich gleichmäßiges, was für die Beanspruchung sämtlicher in Frage kommenden Teile, sowohl des Schiffes wie der Maschinen, sehr wertvoll ist.

b) Die Vibration durch die Maschine ist ohne besondere Maßnahmen vollständig vermieden.

c) Die Zahl der Lagerstellen ist wesentlich reduziert, die Abnutzung der noch vorhandenen minimal. Damit zusammen hängen wesentliche Ersparnisse an Öl, Ölfreiheit des Kondensats, Einfachheit des Betriebes und

d) die Möglichkeit unbegrenzter Forcierung, die andererseits auch auf der so wesentlich günstigeren Beanspruchung aller Teile beruht.

2. Vor allen direkt gekuppelten Dampfturbinen, gleichgültig welchen Systems und gleichgültig, ob in Einzel- oder Hintereinanderschaltung, hat der Transformatorantrieb eine ganze Reihe von Vorzügen, z. B.

a) Es werden normale große Propeller mit mäßigen Umfangsgeschwindigkeiten und höchstem Nutzeffekt, genau wie bei Kolbenmaschinen üblich, verwendet. Dies bedeutet aber eine wesentlich bessere Antriebswirkung und geringeren Geschwindigkeitsverlust bei Gegenwind und Seegang, ferner eine weit wirksamere Verwendung der zur Verfügung stehenden Rückwärtsleistung zum Reversieren. Dabei sind alle Propellererfahrungen mit Kolbenmaschinenschiffen sofort verwertbar, so daß eine zuverlässige Berechnung der Propeller und der erforderlichen Pferdestärken garantiert ist. In Fortfall kommen dagegen alle die ungünstigen Erscheinungen, die der rasch laufende Turbinenpropeller außer der Verringerung des Wirkungsgrades mit sich bringt, z. B. Korrosionen an den Flügelwurzeln und die starke Beanspruchung des Hinterschiffes.

b) Auf der anderen Seite bringt die Benutzung hochökonomischer schnellaufender Dampfturbinen die folgenden Vorteile:

Die reichen Erfahrungen an Landturbinen können ohne weiteres verwendet werden. Diese liegen nicht nur auf dem Gebiete erreichbarer niedrigster Dampfverbrauchszahlen, sondern nicht zuletzt auch auf dem der konstruktiven Durchbildung, der fabrikationsmäßigen Herstellung, der Montage und des Betriebes.

Einige sehr günstige Eigenschaften der schnellaufenden Turbinen seien hier noch erwähnt. Sie können infolge ihrer Einfachheit und Kleinheit verhältnismäßig kräftiger gebaut werden. Die Gußstücke fallen sehr handlich und leicht aus, so daß sich Guß, Montage, Transport und Revision viel bequemer gestalten.

Die Maximaldampfdrücke in den Turbinengehäusen betragen die Hälfte bis zu einem Drittel vom Werte bei direkt gekuppelten Turbinen, daher ist die ausschließliche Verwendung von Gußeisen für die Gehäuse möglich. Auch die hohe Überhitzung gelangt, ebensowenig als der hohe Druck, in die Gehäuse, so daß auch bei ihrer Anwendung höchste Betriebssicherheit erreichbar ist.

c) Die Vereinigung von langsamlaufendem Propeller

mit raschlaufender Dampfturbine durch den Transformator hat nun die folgenden wertvollen Eigenschaften:

Der Gesamtwirkungsgrad einschließlich des Verlustes im Transformator ist wegen des hohen Nutzeffektes der Turbine und des Propellers schon bei forcierter Fahrt in den meisten Fällen größer, bei Marschfahrt häufig w e s e n t l i c h höher als bei direktem Antrieb. Sie kann noch mehr gesteigert werden durch kostenlose R ü c k g e w i n n u n g von V e r l u s t e n im Transformator, während die unumgänglichen Verluste an Leistung bei direktem Antrieb in die See gehen.

Die unökonomischen Rückwärtsturbinen fallen vollständig fort. Für vorwärts und rückwärts werden die gleichen hochökonomischen Turbinen verwendet. Der Transformator gibt daher an die Propellerwelle auch eine Rückwärtsleistung analog der der Kolbenmaschinen, also etwa das Doppelte bis Dreifache der jetzigen Rückwärtsturbinen ab. Dabei läuft die Primärturbine in gleichem Drehsinn weiter, so daß Verzögern, Umsteuern und Wiederbeschleunigen schwerer rotierender Massen fortfällt. (Der Transformator hat im Vergleich zu einer Dampfturbine verschwindend geringes Schwungmoment.) Umsteuern von voller Kraft voraus auf volle Kraft rückwärts ist durchaus gefahrlos, ebenso auch Wellenbruch oder ein Austauchen der Welle bei Seegang, weil die vom Transformator angetriebene Sekundärwelle niemals über das Doppelte ihrer Normaltourenzahl hinauskommen kann, und die Dampfturbine von diesem Vorgang fast unberührt bleibt.

d) G e w i c h t s - u n d R a u m b e d a r f ist beim Transformatorantrieb, namentlich bei Schiffen mit mittlerer und kleinerer Geschwindigkeit, ganz w e s e n t l i c h g e r i n g e r als beim direkten Turbinenantrieb. Es ist daher möglich, die Ersparnis zur Vergrößerung der Kesselleistung, d. h. zur Vergrößerung der Maschinenkraft und Schiffsgeschwindigkeit oder zur Verstärkung der artilleristischen Ausrüstung zu verwenden. In fast allen Fällen trifft dies auch auf den Vergleich mit K o l b e n m a s c h i n e n zu. An dieser Stelle sei nochmals an die Gegenüberstellung von Kolbenmaschinen- und Transformatorantrieb für den Schnelldampfer erinnert, die den Gedanken nahelegt, die Kesselanzahl des Schiffes und damit die Leistung und Geschwindigkeit beträchtlich zu steigern durch Umbau der Kolbenmaschinenanlage in eine solche mit schnellaufender Dampfturbine und Transformator. Dabei könnten die Hinterschiffsaußenhaut, die Propeller und Wellenleitungen eventuell beibehalten werden.

Es fragt sich noch, welche

Aussichten und Anwendungsgebiete
des neuen Getriebes

sich voraussichtlich ergeben werden. Die technische Entwicklung der beiden letzten Jahrzehnte zeigt trotz der glänzendsten Fortschritte aller Kolbenmaschinen den immer stärker hervortretenden Wunsch nach rein rotierenden Maschinen, nach der Turbine. Die Dampfturbine, die Hochdruckzentrifugalpumpe, die Wasserturbine größten Maßstabs, der rotierende Kompressor danken diesem Wunsch der praktischen Technik ihre Entstehung und Vollendung. Noch fehlte aber ein Übersetzungsgetriebe für unbeschränkt hohe Leistungen und Tourenzahlen, um die oft bestehenden Gegensätze hinsichtlich der Geschwindigkeiten zu überbrücken.

Ein solches Getriebe ist in dem beschriebenen Turbo-Transformator gefunden, der sonach ein weiteres Glied in der Kette der Turbomaschinen darstellt. Der Wirkungsgrad von 75—85%, der sich je nach der Übersetzung und Ausführungsgröße ergibt, erreicht beinahe die Werte der besten existierenden Turbinen und die mit elektrischer Kraftübertragung erzielten Ziffern, besonders wenn man berücksichtigt, daß eine Steigerung desselben um 3—4% bei Dampfanlagen durch Rückgewinnung der Verlustwärme möglich ist. Für alle Anwendungszwecke, bei denen der genannte Betrag genügend ist, oder der Verlust durch die Übertragung durch andere Vorteile des Betriebes, die Gesamtanschaffungskosten, die Möglichkeit einfachster Reversierung aufgewogen wird, erscheint sonach die Anwendung des Getriebes gesichert. Der Schiffsturbinenantrieb stellt eines der wichtigsten Anwendungsgebiete dieser Art dar, weil es sich seit 15 Jahren als ganz unmöglich herausgestellt hat, den Gegensatz zwischen Dampfturbine und Propeller ohne Verluste zu überbrücken. Durch unseren Transformator wird der Dampfturbine auch die Anwendung auf Schiffen unter 18—20 sm. erschlossen und ihrer Verwendung auf solchen von 20—30 sm. der Boden noch viel weiter als bis jetzt geebnet. Seine außerordentliche Manövrierfähigkeit und die erzielbare Gewichtsersparnis wird dem Transformator indessen auch auf Schiffen von mehr als 30 Knoten Geschwindigkeit Eingang verschaffen.

Besonders ist hervorzuheben, daß auch die Parsonssche Serienschaltung der Turbinen in vorteilhaftester Weise mit einem Transformator ausgerüstet werden kann. Ferner kann die Transformation unter Umständen auf die Marschturbinen beschränkt werden, derart, daß die Hauptturbinen direkt auf die Wellen arbeiten, während ein oder zwei kleine schnell-

14*

laufende Marschräder durch den Transformator damit gekuppelt werden. Durch Ablassen des Wassers, d. h. Öffnen eines Hahnes, werden die Marschräder entkuppelt und stillgesetzt. Der Ersatz der umfangreichen Reaktions-Marschturbinen durch ein einziges ausschaltbares Aggregat dieser Art würde eine beträchtliche Raum- und Gewichtsersparnis, in vielen Fällen auch eine Erhöhung der Marschökonomie und eine zwanglose Beseitigung der Drucklagerschwierigkeiten, namentlich an den Niederdruck-Marschturbinen, ergeben.

Ferner dürfte der neue Antrieb auch für k o m b i n i e r t e   K o l b e n - m a s c h i n e n -   u n d   T u r b i n e n a n t r i e b e von Bedeutung sein, um entweder die Leistung der Abdampfturbinen auf die beiden Kolbenmaschinenwellen zu übertragen oder die Dimensionen der auf eine dritte Welle arbeitenden Abdampfturbine innerhalb vernünftiger Grenzen zu halten und dieselbe rasch und sicher von ihrem Wellenstrang abzukuppeln.

Es ist anzunehmen, daß auch die G a s t u r b i n e , falls sie jemals nach Überwindung der enormen Konstruktionsschwierigkeiten die Probe des praktischen Betriebes bestehen sollte, sich mit großem Vorteil des Transformators bedienen wird. Die Anwendung auf dem Gebiete der Dampf- oder Gasturbine bildet jedoch nur einen beschränkten Teil der zahlreichen Möglichkeiten, die sich dem Transformator für andere schwer umsteuerbare Kraftmaschinen eröffnen. Es kommen hauptsächlich noch die Verbrennungsmaschinen für Öl und Gas in Betracht, für deren Tourenregelung und Umsteuerung sich ein weites Gebiet eröffnet.

Aber nicht nur auf schiffbautechnischem, sondern auch auf stationärem Gebiet erschließen sich für alle die genannten Kraftmaschinen weite Anwendungsmöglichkeiten. Wir wollen nur die Turbinen-Walzenzugmaschinen, die Gasmaschine für Reversier-Walzenzugzwecke und die zahlreichen Zwecke nennen, für welche ein schnellaufender Elektromotor hoher Leistung neben einer langsam laufenden Arbeitsmaschine in Betracht kommt.

Die nähere Erörterung dieser Verwendungsgebiete würde den Rahmen meines heutigen Themas weit überschreiten; ihre detaillierte Bearbeitung beschäftigt einen wichtigen Teil der mir unterstellten T u r b i n e n -   u n d   V e r s u c h s - a b t e i l u n g   d e s   „ V u l c a n ".

Meine Herren, ich hoffe, Ihnen schon mit den vorstehenden Darlegungen genügende Unterlagen für e i g e n e Urteilsbildung gegeben zu haben. Wenn ich dabei teilweise etwas weit ausholen mußte, so bitte ich dafür um Nachsicht; galt es doch, die fünf schwierigen Gebiete des Propellers, der Schiffsturbine, der Turbodynamo, der Gefällsturbine und der modernen Zentrifugalpumpe kritisch zu durchleuchten und zu einer organischen Neugestaltung zusammenzufassen.

Daß ich Ihnen nicht nur Theorien, sondern auch wertvolle praktische Resultate vorführen konnte, danken wir dem Weitblick und der entschlossenen Energie der D i r e k t i o n des „V u l c a n", die kein Opfer gescheut hat, um die als richtig erkannten Gedanken zu wirklichem praktischen Leben erstehen zu lassen.

In Ihren Händen, m. H., liegt es nun, uns Gelegenheit zur Betätigung in g r ö ß e r e m M a ß s t a b zu gewähren und die V o r t e i l e einer ganz aus d e u t s c h e r I n g e n i e u r a r b e i t entstandenen Erfindung dem h e i m a t - l i c h e n S c h i f f b a u möglichst bald zu erschließen.

Anhang I.

Berechnung der höchstzulässigen Propeller-Tourenzahlen.

Die nachstehend mitgeteilte Berechnungsformel ist vom Verfasser 1905 als Ersatz der umständlichen, auf physikalisch unberechtigten Grundlagen beruhenden Probiermethoden beim „Vulcan" eingeführt worden, welche teilweise noch heute in der Praxis üblich sind. Die daraus resultierende Berechnungsformel ist, mit einigen Abänderungen, in das Werkchen von B a u e r & L a s c h e über S c h i f f s t u r b i n e n aufgenommen und dort zum ersten Male veröffentlicht worden.

Die für den Wirkungsgrad eines Propellers maßgebenden Größen sind hauptsächlich:

I. Das V e r h ä l t n i s v o n S t e i g u n g H z u m D u r c h m e s s e r D, das wie bei einer Gewindeschraube oder Schnecke für das Verhältnis des Nutzwegs zum Reibungsweg und zum Gesamtweg maßgebend ist.

II. Die mittlere Schubbelastung pro Flächeneinheit der Propellerkreis- bezw. auch der Projektions-Fläche (p_{kr} und p_{pr}), die einerseits den axialen und den tangentialen Austritts- (d. h. Slip-) Verlust, anderseits den maximalen Flächendruck an der voraneilenden Kante und damit den Eintritt von Hohlraumbildungen (Kavitation) bestimmt.

III. Die Größe und Verteilung der Flügelflächen, welche die Homogenität des Schraubenstrahles und die Reibungsverluste zusammen mit Größe I bestimmen.

IV. Die Dicke der einzelnen Flügelpartieen. Die für den Slip maßgebende resultierende Steigung hängt hauptsächlich von der Form der Flügelquerschnitte ab, außerdem auch der Verdrängungswiderstand des Flügels selbst.

V. Die Rauhigkeit der Flügeloberfläche.

Für den Axialschub P gilt

1) . . . . $P = \frac{\pi}{4} D^2 . p_{kr}$

oder, wenn $F_p = k . \frac{\pi}{4} D^2$ die Projektionsfläche,

1a) . . . . $P = F_p . p_{pr} = k \frac{\pi}{4} D^2 . p_{pr}$

1b) so daß selbstverständlich $p_{kr} = k . p_{pr}$.

Ist v die Schiffsgeschwindigkeit in m/sec,

N die dem Propeller zugeführte Leistung in PS,

η sein Wirkungsgrad, so gilt anderseits

2) . . . . $P = \frac{N . 75 . \eta}{v}$.

3) Ferner gilt die Beziehung $v = c . (1 - s) = \frac{n}{60} . H (1 - s)$, worin

n die Tourenzahl,

s der scheinbare Slip,

c die scheinbare Axialgeschwindigkeit der Schraube.

3a) Hieraus folgt . . . . $n = \frac{60 . c}{H} = \frac{60 . c}{\left(\frac{H}{D}\right) . D}$.

Aus 1) und 2) folgt $\frac{\pi}{4} . p_{kr} . D^2 = \frac{N . 75 . \eta}{v}$ und damit

4) . . . . $D = \sqrt{\frac{75 . N . \eta . 4}{v . \pi . p_{kr}}}$

$$D = \sqrt{\frac{300}{\pi}} . \sqrt{\frac{N}{p_{kr}} . \frac{\eta}{v}}.$$

Der Wert für D in 3a eingesetzt ergibt

$$n = \frac{60}{\left(\dfrac{H}{D}\right)} \cdot c \cdot \sqrt{\frac{\pi}{300}} \cdot \sqrt{\frac{v}{\eta} \cdot \frac{p_{kr}}{N}} \quad \text{oder}$$

5a) . . . . $n = \dfrac{6{,}15}{\left(\dfrac{H}{D}\right)} \cdot c \cdot \sqrt{\dfrac{v}{\eta} \dfrac{p_{kr}}{N}}.$

In dieser Formel sind die für den Wirkungsgrad in e r s t e r Linie maß-gebenden Größen bereits enthalten; Schwierigkeiten bereitet nur die richtige Wahl von η, die viel Übung und Erfahrung voraussetzt. Für Vergleichs-rechnungen und da η unter dem Wurzelzeichen steht, kann man aber angenähert für die Bestimmung der Tourenzahl $\eta = 1-s$ setzen, da bei hohem Slip s der Wirkungsgrad abnimmt und nach verschiedenen Theorien η dem Wert $1-s$ proportional ist bezw. ihm numerisch sehr naheliegt. Ersetzen wir daher $\dfrac{v}{\eta}$ durch $\dfrac{v}{1-s} = c$ und nehmen den andern Faktor c mit unter die Wurzel, so erhalten wir die endgültige sehr einfache Formel:

6) . . . . . . $n = \dfrac{6{,}15}{\left(\dfrac{H}{D}\right)} \cdot \sqrt{\dfrac{c^3 \cdot p_{kr}}{N}}$

in welcher c in m/sec, p_{kr} in kg/m², N in PS. einzusetzen ist.

Da es aber üblich ist, p_{kr} in kg/qcm auszudrücken, so multiplizieren wir mit $\sqrt{10\,000} = 100$ und erhalten

6a) . . . . . . $n = \dfrac{615}{\left(\dfrac{H}{D}\right)} \cdot \sqrt{\dfrac{c^3 \cdot p_{kr}}{N}}$ \quad (hier p_{kr} in kg/qcm).

$\dfrac{H}{D}$ wählt man für gute Turbinenschiffe von 23—32 Knoten erfahrungsgemäß innerhalb sehr enger Grenzen von 0,85—0,95, der scheinbare Slip s zwischen 0,15—0,22. Die Axialgeschwindigkeit c ergibt sich aus der Schiffsgeschwindigkeit v und $1-s$. Den richtigen Flächendruck p_{kr} wählt man am besten nach einem Diagramm mit v als Abszissen, p_{kr} als Ordinaten anhand guter Ausführungen.

An Stelle von p_{kr} kann man auch nach 1 b den identischen Wert $k \cdot p_{pr}$ einsetzen. Es wird dadurch jedoch eine weitere Größe eingeführt und nach Erfahrung des Verfassers immer wieder der irrigen Meinung Vorschub geleistet, daß man durch Vergrößerung des Verhältnisses $k = \dfrac{F_p}{D^2\dfrac{\pi}{4}}$ den Wert p_{pr} beliebig herunterdrücken und damit einen guten Wirkungsgrad erzielen könne.

Der viel geringere Wert von p_{pr} gegenüber p_{kr} als V e r g l e i c h s z i f f e r von p h y s i k a l i s c h e r B e d e u t u n g zeigt sich auch darin, daß die ersteren Werte für verschiedene (gute) Schiffe bei gleicher Schiffsgeschwindigkeit w e i t s t ä r k e r v a r i i e r e n als die letzteren.

Noch viel stärker werden die physikalischen Zusammenhänge verschleiert durch die weitere Einführung der Propeller-Umfangsgeschwindigkeit u, die bei guten neueren schnellen Schiffen bis 80 m/sec beträgt, ohne daß schädliche Kavitationen eintraten. Sie hängt vielmehr mit $\left(\dfrac{H}{D}\right)$ und c durch die wichtige und fast immer übersehene geometrische Beziehung:]

$$\frac{H}{D\,\pi} = \frac{c}{u} \quad \text{oder} \quad \frac{H}{D} = \pi \cdot \frac{c}{u}$$

zusammen. Da $\dfrac{H}{D}$ sehr nahe konstant (0,85—0.95) gewählt werden muß,[*) so ist u sehr nahe proportional c, d. h. auch proportional v einzusetzen, also für jede Schiffsgeschwindigkeit verschieden.

Unserer Figur 1 liegen folgende Werte für $\dfrac{H}{D}$ und p_{kr} zugrunde:

Schiffsgeschwindigkeit (Sm) =	15	20	25	30	35
H : D . . . . =	0,75	0,80	0,85	0,90	0,95
Flächendruck kg/cm² auf die					
Kreisfläche (p_{kr}) . . . . . =	0,52	0,58	0,64	0,70	0,76.

Über den physikalischen Zusammenhang zwischen diesen Flächendrücken und dem axialen und tangentialen Austrittsverlust (Slip-Verlust) wird in den V o r l e s u n g e n d e s V e r f a s s e r s a n d e r D a n z i g e r H o c h s c h u l e ausführlich berichtet; an vorliegender Stelle würde seine Erörterung viel zu weit führen.

---

*) Nur bei Geschwindigkeiten unter 20 Sm muß man mit H : D noch weiter heruntergehen, um einigermaßen brauchbare Turbinen-Drehzahlen zu erhalten. Vgl. Tabelle.

Anhang II.

Vergleich von Dampfturbinenwirkungsgraden auf Basis der äquivalenten Einzelstufenturbine.

Beim Vergleich verschiedener Turbinen, namentlich Schiffsturbinen, unter sich und beim Vergleich derselben Turbine bei verschiedener Überhitzung, Anfangs- und Endspannung tritt die Schwierigkeit ein, daß dieselbe Turbine unter Umständen erst bei veränderter Tourenzahl ihren besten Wirkungsgrad (vergl. Abschnitt: Regelung) erreicht, und daß die Gefälle wechseln, während die Umfangsgeschwindig- keiten konstant bleiben oder irgendwie anders variieren.

Eine gerechtere Vergleichsbasis als die Gegenüberstellung der nackten Wir- kungsgrade ergibt sich in folgender Weise:

Wir denken uns alle Räder durch einkränzige ersetzt, jedes zweikränzige durch vier Einzelräder, jedes dreikränzige durch neun Einzelräder usw. Sind die Räder oder Trommeln von ungleichem Durchmesser, so reduzieren wir ihre Stufenzahl nach dem Quadrat des Radienverhältnisses auf irgend einen beliebigen, z. B. den Niederdruck-Austrittsdurchmesser. Durch Summation der so erhaltenen reduzierten Stufenzahlen entsteht die „äquivalente Einzelstufen- zahl" i_o, bezogen auf den betreffenden Durchmesser bezw. dessen Umfangs- geschwindigkeit u.

Ist h_o das adiabatische Wärmegefälle, so ergibt sich, vom Wiedergewinn durch die Reibungswärme abgesehen, für die Einzelstufe ein mittleres Gefälle von $h_o : i_o$ und eine mittlere, verlustlos gerechnete, Ausflußgeschwindigkeit c_o

$$c_o = 91{,}5 \cdot \sqrt{\frac{h_o}{i_o}} \text{ m/sec.}$$

Das wichtige Verhältnis $\frac{u}{c_o}$ muß beim Vergleich von Turbinenresultaten mit- beachtet werden, namentlich für solch extreme Unterschiede, wie sie bei Schiffs- turbinen auftreten.

Es empfiehlt sich z. B. für den praktischen Gebrauch, den thermodynamischen Gesamtwirkungsgrad η über dem zugehörigen Wert $\frac{u}{c_o}$ aufzutragen (vergl. Fig. 3 und 4).

Mit Benutzung der für einen bestimmten Turbinentyp praktisch gemessenen Werte η und $\frac{u}{c_o}$ ist es leicht, aus der Umfangsgeschwindigkeit und Stufenzahl den voraussichtlichen Dampfverbrauch oder umgekehrt aus diesem die notwendige Stufenzahl einer ähnlich gebauten Turbine zu berechnen.

Besonders vorteilhaft ist eine Kontrolle der Marschfahrten, mit Benutzung von η-Kurven ähnlich Fig. 3 und 4. Erstere entsprechen Bordversuchen, letztere Vorausberechnungen für eine Drei- bezw. Vierwellenanlage.

Anhang III.

Dampfverbrauchsmessungen der Stettiner Maschinenbau-Aktien-Gesellschaft „Vulcan".

Die Messungen des Hauptmaschinen-Kondensats geschehen auf folgende Weise*) (Vergl. die Fig. 55 bis 66): In die Rohrleitung von der Luftpumpe zum Warmwasserkasten wird ein Tank eingebaut, aus dem das Kondensat durch Düsen wieder ausfließt, um dann seinen gewohnten Kreislauf fortzusetzen. Dieser Tank enthält zwei Abteilungen (s. Fig. 55 bis 57): eine Beruhigungsabteilung und eine eigentliche Meßabteilung. In dieser stellt sich, sobald Beharrungszustand eingetreten ist, der Wasserspiegel auf eine bestimmte Höhe ein, dessen Konstanz durch die Gleichheit zwischen Zufluß und Abfluß gewährleistet wird. Die eigentliche Messung beschränkt sich auf das Beobachten der Höhe, die der Wasserspiegel über der Mitte der Ausflußdüsen erreicht. Aus dieser Höhe h und dem gerade geöffneten Düsenquerschnitt f berechnet sich dann die Wassermenge nach der Formel:

$$Q = c. \, f. \, \sqrt{2 \, gh}$$

Darin ist c ein Koeffizient, der bei sorgfältig bearbeiteten Düsen, namentlich bei großen, sehr nahe an 1 liegt. Siehe Fig. 60.

Eine andere Form des Tanks zeigt Fig. 59. Diese wird verwendet, wenn die Leitung, in die derselbe eingebaut werden muß, unter anderem Druck als atmosphärischem steht. Er enthält eine untere und eine obere Abteilung; beide sind getrennt durch die Düsenplatte, welche mehrere, von außen zu öffnende und zu schließende Düsen enthält. Das Wasser tritt in der oberen Hälfte erst in einen

---

*) Das Verfahren ist für stationäre Zwecke seit langem in Gebrauch und namentlich durch Hansen, Gotha, zu hoher Vollendung ausgebildet worden. Für Kondensatmessungen ist dasselbe seit langem, z. B. in den Maschinenlaboratorien der Dresdener und Berliner Hochschule in Benutzung. Wegen seiner Vorzüge gegenüber 2 Umschaltetanks ist dasselbe vom Verfasser für den schwierigen Bordbetrieb eingeführt worden.

Kondensat-Meßtank zum Messen einer Wassermenge bis zu ca. 100 cbm/std.

Ansicht auf Düsen und Wasserstand.

Längsschnitt.

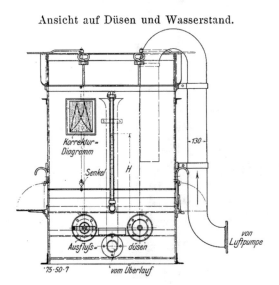

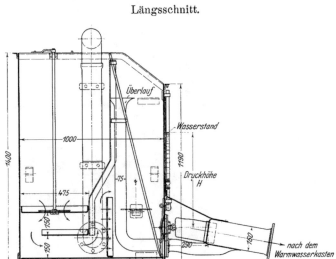

Größte und kleinste Düse zum Meßtank.

Grundriß.

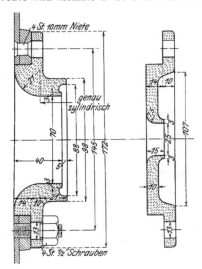

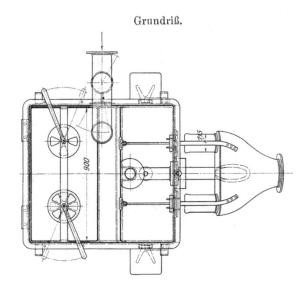

Fig. 58.

Fig. 57.

Tank zum Messen des Speisewassers der Hilfsmaschinen.

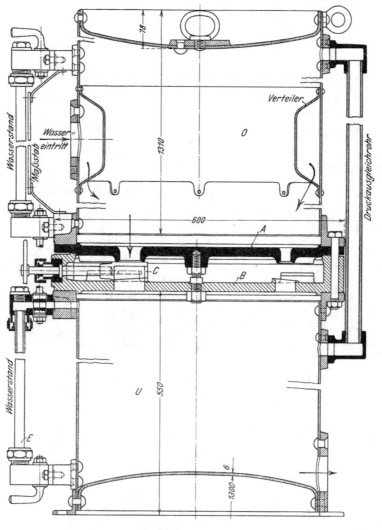

Fig. 59.

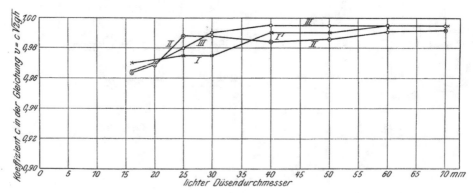

Fig. 60.

ditional information of this book

rbuch der Schiffbautechnischen Gesellschaft; 978-3-642-90184-3; 978-3-642-90184-3_OSFO5)

provided:

://Extras.Springer.com

zur Beruhigung abgeschotteten Ringraum, dann erst über die Düsen; die Höhe des Wasserspiegels über dem Düsenquerschnitt wird wieder außen an dem Wasserstand abgelesen. Aus den Düsen tritt das Wasser in die untere Abteilung, aus der es dann weiter fließt. Damit die Formel $Q = c. f. \sqrt{2gh}$ ohne weiteres benutzt werden kann, ist nur nötig, daß in den beiden Abteilungen gleicher Druck herrscht; um dies zu erreichen, sind dieselben durch ein Druckausgleichrohr verbunden.

Anordnung der Kondensat-Meßvorrichtung auf „George Washington" während der ersten Reise nach New-York

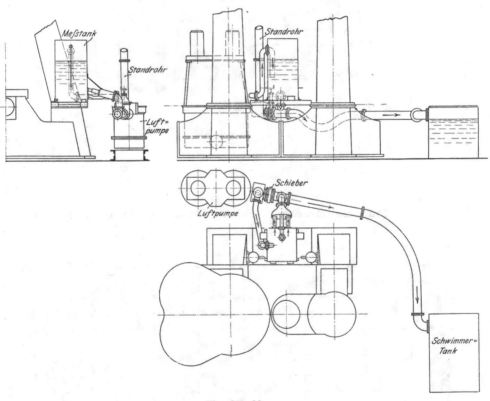

Fig. 61—63.

Auch der untere Raum besitzt ein Wasserstandsrohr; dies dient jedoch nur zur Kontrolle, ob das Wasser im unteren Raum die Düsen nicht etwa erreicht.

Tanks nach Fig. 59 werden vom „Vulcan" z. B. zur Messung des in den Oberflächen - Vorwärmern niedergeschlagenen Kondensats der Hilfsmaschinen auf allen neueren Probefahrten benützt.

Die Methode hat sich bei zahlreichen Fahrten mitten im vollen Bordbetrieb selbst bei Torpedobooten vollkommen bewährt

Kondensat-Messung. Schnellaufende Kolbenmaschine.
Anlage A.

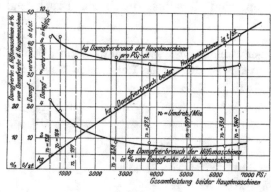

Fig. 67.

Kondensat-Messung. Schnellaufende Kolbenmaschine.
Anlage B.

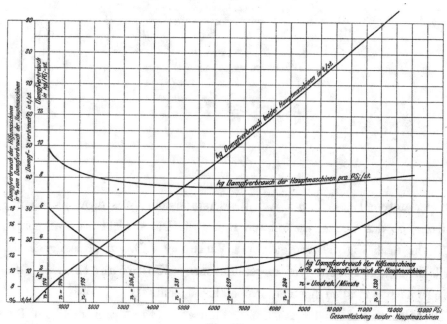

Fig. 68.

Kondensat-Messung.
Turbinenanlage C.

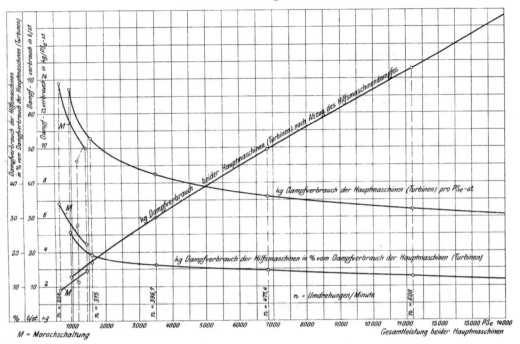

Fig. 69.

Kondensat-Messung.
Turbinenanlage D.

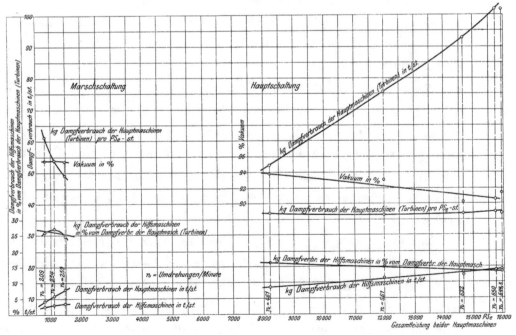

Fig. 70.

und ist daher auch neuerdings seitens der Allgemeinen Elektricitäts-Gesellschaft, der Kaiserlichen Inspektion des Torpedo-wesens und der Kaiserlichen Werft Kiel aufgenommen worden.

Die damit gewonnenen Resultate zeigen die Figuren 67 bis 70 für schnell-laufende Kolbenmaschinen- und für Turbinenanlagen.

Auf der ersten Reise des „George Washington" wurde z. B. an der B. B. Maschine (Vierfachexpansion) ein Dampfverbrauch von 6,4 bis 6,5 kg/PSi und 6,8 kg/PSe (an der Welle mit Torsionsindikator gemessen) festgestellt.

Anhang IV.

Zur Theorie des hydrodynamischen Transformators.

Die wesentlichen Grundzüge sind die folgenden:

1. Die Theorie setzt sich zusammen aus der Theorie der Turbinenpumpe und der Theorie der Gefällsturbine. Sie geht aus von der auf dem Flächensatz beruhenden Eulerschen Momentengleichung, die auf jedes einzelne Rad ange-wendet wird. Unabhängig von der Veränderung der Drücke erhält man daraus die von den Laufrädern auf die Wellen oder von den Leiträdern auf das feste Gehäuse übertragenen Drehmomente.

2. Die Wasserdrücke berechnen sich, sobald der Druck an irgend einer Stelle (z. B. Eintrittsöffnung der Pumpe) willkürlich vorgeschrieben ist, aus der theoretischen Förderhöhe der Pumpe (errechnet aus Leistung und Wasser-menge pro Sekunde) nach der bekannten Grundgleichung über die Umsetzung von Druck in Geschwindigkeit und umgekehrt. Von der Berücksichtigung der Höhenlage der einzelnen Punkte des Transformators kann immer abgesehen werden.

Die Gesamtenergie (Summe aus Pressungs- und Geschwindigkeitshöhe) sinkt von der Pumpe ab teils durch Energieabgabe an die Laufräder, teils durch die Wasserreibung in den Kanälen, von Rad zu Rad immer weiter, bis am Austritt des letzten Rades vor der Pumpe die gesamte Energiedifferenz aufgezehrt ist und vom Pumpeneintritt ab die Energiezufuhr von neuem beginnt.

3. Transformatoren ohne beschaufelte (oder sonstwie zur Aufnahme eines Drehmoments geeignete) feste Kanalteile ergeben höchstens einen Wirkungsgrad gleich dem Tourenverhältnis, können daher nur ins Langsame und mit schlechtem Nutzeffekt Energie übertragen. Sie verdienen den Namen Übersetzungsgetriebe so viel und so wenig als eine lose eingerückte Reibkupplung, die gleichfalls nur durch Slip „übersetzt". Ökonomische Transformatoren müssen mit festen Leitkanalteilen arbeiten, die bei gleichem Drehsinn die Differenz, bei entgegengesetztem die Summe der Wellen-Drehmomente aufnehmen und auf den festen Boden übertragen. Dies folgt schon aus dem Momentengrundsatz der Elementarmechanik, wenn man sich den Transformator zunächst frei im Raum schwebend und Primär- und Sekundärmoment eingeleitet denkt.

4. Bei konstant gehaltener Übersetzung steigen die Wasserdrücke für ein bestimmtes Transformatormodell wie die Quadrate der Touren, die Momente derselben ebenso, die Leistungen daher wie die Kuben der Touren.

5. Bei konstanter Tourenzahl verhalten sich die von ähnlichen, aber verschieden großen Transformatoren übertragenen Leistungen wie die fünften Potenzen der linearen Dimensionen.

6. Transformatoren gleicher Übersetzung und Stufenzahl können hydraulisch ähnlich gebaut werden (gleiche Winkel- und Radienverhältnisse). Für die konstruktiven Dimensionen gilt dies indessen nicht.

7. Der Wirkungsgrad größerer Transformatoren kann durch Messung der abzuführenden Wärmemenge bestimmt werden, die sich nur um den Strahlungs- und Leitungsverlust von der mechanischen Verlustenergie unterscheidet.
Ausführlichere Mitteilungen über die Theorie des Transformators werden demnächst an anderer Stelle erscheinen.

Mit Dank erwähnen möchte ich hier einen von Geh. Baurat Pfarr, Darmstadt, unternommenen Versuch, für ein einstufiges Aggregat eine einzige Formel für die Hauptgrößen aufzustellen. Wegen der vielen frei wählbaren Bestimmungsgrößen und der zahlreichen sich stark widersprechenden Gesichtspunkte für deren Festlegung mußte von diesem Versuch jedoch bald Abstand genommen werden.

Anhang V.

Untersuchung einer Zentrifugalpumpe mit 85—86% Wirkungsgrad.

Die Untersuchung geschah mit Hilfe eines großen Meßtanks mit zwei bis drei abgerundeten Ausflußdüsen nach Fig. 58.

Die effektiven PS der Dampfmaschine wurden durch Bremsung ermittelt. Vergl. Fig. 73.

Die Hauptdimensionen der Pumpe sind in Tabelle 10 zusammengestellt.

Die Resultate sind im Diagramm Fig. 74 niedergelegt. Das Pumpenlaufrad hat eine sorgfältig durchgebildete räumliche F r a n c i s - S c h a u f e l u n g.

Tabelle 10.   Hauptdimensionen der Zirkulationspumpe von Schiff Nr. 285,
Turbinen-Torpedoboot V 161.

Zylinderdurchmesser	230 mm
Hub	170 mm
Füllung	ca. 66½ %
Umdrehungen pro Minute	ca. 450
Leistung	ca. 88—90 PSi.
Wassermenge Q pro Stunde . . .	ca. 1700 cbm
Forderhöhe H	ca. 9 m
Saug- und Druckrohrdurchmesser	380 mm
Laufraddurchmesser, außen . . .	640 mm
Laufraddurchmesser, innen . . .	2 × 320 mm

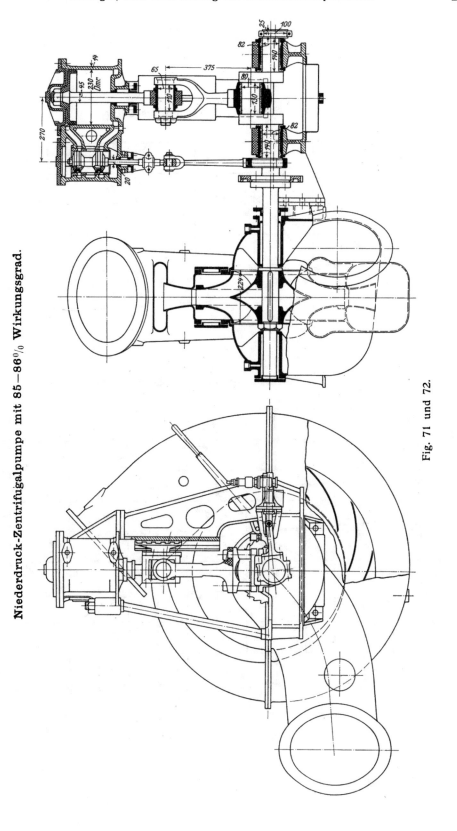

Niederdruck-Zentrifugalpumpe mit 85—86% Wirkungsgrad.

Fig. 71 und 72.

Bremsung der Dampfmaschine.

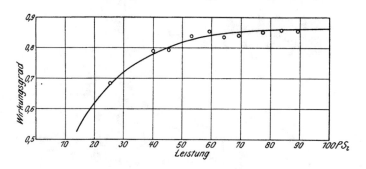

Fig. 73.

Wirkungsgrade und Förderhöhen.

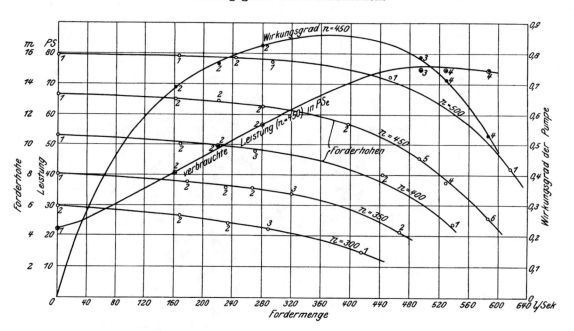

Fig. 74.

Diskussion.

Herr Oberingenieur S ü t t e r l i n - Hamburg:

Euere Königliche Hoheit! Meine Herren! Zur Einleitung möchte ich vor allen Dingen voranschicken: es ist meine volle Überzeugung, daß wir es hier mit einer genialen Leistung moderner Ingenieurkunst zu tun haben. Es ist weniger die neue Idee, denn eine Kombination von Zentrifugalpumpe und Turbine war im Prinzip bekannt, als vielmehr die durchdringende Erkenntnis der theoretischen Grundlagen, im Anschluß daran die kompakte Formgebung und eine zweckentsprechende Konstruktion, die jeden Verlust nach Möglichkeit ausmerzt.

Ich bedaure außerordentlich, daß ich den Vortrag erst gestern abend in meine Hände bekommen habe, weil es mir ein Vergnügen gewesen wäre, mich in das Wesen des Transformators selbst hineinzuarbeiten. Ich glaube aber vollkommen an die Daten, die Herr Föttinger uns im Vortrag gegeben hat, ich bin überzeugt, die genannten Zahlen für Wirkungsgrad usw. sind absolut korrekt, und möchte nur einige Einzelheiten herausgreifen, um deren Beantwortung ich den Vortragenden bitte.

Er erwähnte, daß das Speisewasser ungefähr um 20^0 erwärmt werden würde, falls man die Reibungsarbeit des Transformators dafür aufwende. Wenn man das Speisewasser nicht hindurchführt, ist man also gezwungen, Kühlwasser in entsprechenden Mengen zuzuführen, weil sonst der Apparat sich zu sehr erwärmen würde. Wie bedeutend diese Wärmemenge ist, mag man daraus ersehen, daß bei 20000 Pferdestärken ungefähr $2\frac{1}{2}$ Millionen Wärmeeinheiten pro Stunde abzuführen sind. Er hat außerdem erwähnt, daß die Leistung des Transformators sich mit der dritten Potenz der Tourenzahl ändere und daß der Propeller sich ebenso verhalte. Aber der Slip und Nachstrom ändert gerade bei großen Propellern — und wir haben es hier mit großen Propellern zu tun — dieses Gesetz, und vor allen Dingen wird beim Transformator-Antrieb starker Seegang und Wind den großen Propeller weit stärker bremsen, als wenn wir es mit einer direkten Kraftübertragung wie bei einer Kolbenmaschine zu tun haben. Dadurch wird das Übersetzungsverhältnis und der Wirkungsgrad des Transformators ungünstig beeinflußt.

Der Propeller spielt auch eine Rolle bei der Umsteuerung. Angeführt wird das Beispiel des kleinen Schiffes von 70 Tonnen und einer Maschine von ungefähr 500 PS. mit verhältnismäßig wirksamer Umsteuerung. Bei großen Schiffen liegt die Sache wesentlich verschieden. Wir haben eine Masse von vielleicht 40000 Tonnen mit einer Maschine von 20000 PS., also nicht das Verhältnis 1:7, sondern 2:1, so daß das Arbeitsvermögen des großen Schiffes relativ viel bedeutender ist.

Der Vorgang beim Umsteuern ist nun folgender. Nach dem Kommando: Volle Kraft rückwärts, läuft das Schiff vielleicht noch 2—3 Minuten vorwärts und zwingt damit die Sekundär-Rückwärtsturbine durch den auf die Vorderseite der Schraubenflügel auftreffenden Wasserstrom sich v o r w ä r t s zu drehen. Hierfür paßt die Schaufelung nicht, erst n a c h dem Stoppen, n a c h der Umkehrung der Drehrichtung werden die Wirkungsgrade und die Drehmomente eintreten, die Herr Föttinger in seinen Versuchsreihen dargestellt hat.

Ich möchte also um Aufklärung darüber bitten, wie sich der Transformator verhält in den Minuten, während das Sekundärrad noch v o r w ä r t s läuft, und die Rückwärts-Zentrifuge schon eingeschaltet ist. Die Dampfmaschine verhält sich hierbei in vollem Gegensatz zum Transformator: Es ist möglich, durch Gegendampf innerhalb 2—3 Umdrehungen die Maschine zum Stoppen zu bringen, darauf läuft die Maschine mit dem Propeller sofort rückwärts, entgegengesetzt dem Impuls des Wasserstromes!

Die vorliegende Erfindung hat noch keine langjährige Praxis hinter sich; deswegen möchte ich es nicht unerwähnt lassen, daß bei Zirkulationspumpen mit hoher Wassergeschwindigkeit sich an den Schaufeln nicht nur Korrosionen, sondern auch starke Abnutzungen zeigen, und dies wird voraussichtlich ein Grund sein, dem Apparat doch wesentlich größere Dimensionen zu geben, als die erste Ausführung aufweist.

Von den verschiedenen gerechneten Projekten möchte ich speziell das Parsons-Turbinen-Projekt herausgreifen, das eines Kreuzers mit drei Transformatorenwellen als Ersatz für vier Turbinenwellen. Die Anordnung von Herrn Föttinger erscheint mir reichlich gedrängt und ich möchte das Zitat anführen: „Leicht bei einander wohnen die Gedanken, Doch hart im Raume stoßen sich die Sachen!"

Das Westinghouse-Getriebe ist im Vortrag etwas unfreundlich behandelt worden. Gewiß ist nur Linienberührung vorhanden, aber man hat es in der Hand, diese Linienberührung stark auszudehnen, man kann widerstandsfähiges Material nehmen, Stahl von der höchsten Festigkeit, und es erwächst, wenn die praktische Betriebssicherheit außer Zweifel steht, dem Transformator ein ganz gefährlicher Konkurrent. Die Turbine selbst kann dort noch rascher laufen, sie wird so klein werden, daß ihr Gewicht inklusive Getriebe und Rückwärtsturbine sich mit dem Gewicht für Turbine nebst Transformator mindestens decken dürfte. Das Getriebe soll einen Wirkungsgrad von 98 % haben, ungefähr 15 % mehr als der Transformator hat, dann wäre die Kohlenersparnis unbedingt weitaus bedeutender als eine eventuelle Ersparnis durch den Transformator an Raum und Gewicht bringt.

Als Vergleich in der Ökonomie wurde im Vortag eine Kondensat-Messung an einer Hauptmaschine des Dampfers „Washington" herangezogen und es wurde angegeben, daß dort 6,8 kg pro Ps$_e$ und Stunde gebraucht wurden, vermutlich ohne Hilfsmaschinen? (Herr Föttinger bejaht). Dieser Verbrauch erscheint ziemlich ungünstig, wir haben auf dem Dampfer „Blücher" im normalen Betrieb einen Verbrauch von 0,62 kg Kohle pro PS.-Stunde inkl. sämtlicher Hilfsmaschinen erreicht, das würde bei ungefähr 10 % Abzug für Schiffszwecke etwa 0,56 kg Kohle ergeben bei neunfacher Verdampfung (entsprechend einem Kessel-Wirkungsgrad von 70 %) 5 kg Dampf pro ind. PS. und 5,3 kg pro effekt. PS. Wir haben also 5,3 und 6,8 kg. (Herr Professor Föttinger-Stettin: Sie vergleichen indiziert und effektiv!) Nein ich habe mit $\eta = 0,94$ umgerechnet. — Also wir haben 5.3 gegenüber 6,8 kg Dampf pro Ps$_e$, ein Mehr von 28 % im Verhältnis zu einer guten Dampfmaschine, und daß diese Zahl nicht vereinzelt dasteht, beweisen unsere neuesten Abschlüsse, wo wir 0,65 kg Kohle PSi inkl. sämtlicher Hilfsmaschinen bei modernen Passagier-Dampfern zugrunde gelegt haben; dabei hegen wir die feste Erwartung, die Zahl noch um 5 % zu unterschreiten. Demgegenüber erscheint der Transformator-Antrieb gegenwärtig noch nicht ebenbürtig!

Ich möchte aber meine Ausführungen nicht schließen, ohne nochmals zu betonen, daß der Transformator so, wie er heute ist, sich für s p e z i e l l e Zwecke zweifellos schon eignet. Er wird auch eine weitere Vervollkommnung erfahren, und ich hoffe, wir sind nicht am Ende, sondern am Anfang einer großen Epoche. (Beifall.)

Herr Geheimer Regierungsrat Professor F l a m m - Charlottenburg:

Euere Königliche Hoheit! Meine Herren! Der Herr Vortragende hat als Berechtigung für die Konstruktion des Transformators im wesentlichen zwei Ziele genannt, die im Schiffsmaschinenbau, speziell im Schiffsturbinenbau als erstrebenswert anerkannt werden, das sind Reduktion der Umdrehungen der Schraube, um einen höheren Wirkungsgrad der Schraube zu erzielen, dann Vermeidung der Marschturbine, beziehungsweise der Rückwärtsturbine zur Herbeiführung einer bequemen Manövrierfähigkeit der Anlage.

Über den Transformator selbst möchte ich hier nichts weiter anführen, ich möchte das berufeneren Herren überlassen. Ich will nur betonen, daß es außerordentlich erfreulich ist, wenn eine unserer großen Werften, in diesem Falle der „Vulcan", die Kosten nicht gescheut hat, die dazu erforderlich waren, eine derartige neue Lösung des Schiffsturbinenproblems wenigstens bis zu einem gewissen Grade praktisch auszuprobieren.

Ich möchte ein paar Worte über die Begründung sagen, die zu der Konstruktion des Transformators geführt hat.

Bezüglich der Manövrierfähigkeit, die durch den Transformator herbeigeführt wird, stimme ich mit dem Herrn Vorredner überein. Ich bin überzeugt, daß nach dieser Richtung hin der Transformator manche von den Erwartungen, die man heute bezüglich seiner hegt, erfüllen wird. Bezüglich des ersten Punktes aber bitte ich den Herrn Vortragenden, es mir nicht übel zu nehmen, wenn ich anderer Meinung bin als er. Ich glaube, man sollte den Versuch machen, die Wirkungsweise und den Nutzeffekt der hochtourigen Schraube durch geeignete Konstruktion der Schraube zu erreichen. Einen Weg anzugeben, wie man dazu kommt, ist zwar augenblicklich noch nicht möglich; aber man sollte doch auch nach dieser Richtung hin sich bemühen, durch Versuche in das Wesen der Wirkungsweise der Schraube mehr einzudringen, als das bis jetzt geschehen ist. Mir sind von solchen Versuchen bis jetzt eigentlich nur wenige bekannt. Es sind das die sehr anerkennenswerten Arbeiten des Herrn Professor Dr. A h l b o r n; dann werden wir morgen Gelegenheit haben, einen interessanten Vortrag von Herrn Dr. G e b e r s über Untersuchungen der Wirkungsweise der Schiffsschraube hier zu hören; in ähnlicher Weise mittels photographischer Wiedergabe habe ich selbst mich mit dem Problem befaßt. Ich glaube, man sollte gerade nach dieser Richtung hin Mittel und Zeit aufwenden, um die eigentliche Wirkungsweise der Schraube zu untersuchen und daraus vielleicht einen Weg abzuleiten, der dazu führt, auch hochtourige Schrauben mit gutem Wirkungsgrad zu schaffen.

Eine Erklärung zu den auf Seite 160 des Vortrages angegebenen Erscheinungen glaube ich schon heute aus den kleinen Photogrammen ableiten zu können, die hier vorzutragen ich vor einiger Zeit die Ehre hatte. Es ist auf Seite 160 darauf hingewiesen, daß speziell bei Turbinendampfern bei Seegang der Wirkungsgrad der Schrauben, also auch die Geschwindigkeit der Schiffe außerordentlich nachläßt. Meine Herren, ich glaube das zum Teil daraus erklären zu können, daß, wenn über der schnellaufenden Schraube ein Wellenzug sich entlang bewegt, dadurch die Differenz zwischen dem Propeller und der Wasseroberfläche zeitweilig reduziert wird und infolgedessen die Gefahr sehr nahe liegt und wahrscheinlich auch der Vorgang eintritt, daß die Schrauben stark Luft einsaugen. In dem Moment aber, wo die Schraube Luft einsaugt — das habe ich durch Versuche festgestellt — ist der Axialschub der Schraube fast Null. Die Schraube wird dann zu dem bekannten Schaumschläger. (Heiterkeit.) Da haben wir also schon auf Grund von kleinen Versuchen eine gewisse Erklärung der im großen auftretenden Erscheinungen; ich würde es mit Freude begrüßen, wenn Herr Kollege F ö t t i n g e r seine Aufmerksamkeit und seine Untersuchungen auf die Schiffsschraube mit wenden wollte, weil dadurch gerade dieses Gebiet, das bisher noch wenig erforscht ist, einer weiteren Klärung zugeführt wird; ich würde mich freuen, wenn ihm auch für diese Untersuchungen die Möglichkeit gewährt wird und vor allem die Mittel zur Verfügung gestellt werden.

Herr Ingenieur W i m p l i n g e r - Kiel:

Meine Herren! In dem Vortrage „Über moderne Turbinenanlagen für Kriegsschiffe", den im vorigen Jahr an dieser Stelle Herr Direktor B a u e r vom Stettiner Vulcan hielt, wurde bei der Be- und Verurteilung der verschiedenen bekannten Dampfturbinensysteme hervorgehoben, daß sie wohl einen ebenso guten Dampfverbrauch haben, wie die A. E. G.-Turbine, daß aber die A. E. G.-Schiffsturbinenanlage in ihrer großen Einfachheit der Anordnung und ihrer leichten Bedienung von keinem anderen System erreicht noch übertroffen würde. Die größere Einfachheit und Übersichtlichkeit der Turbinenanlage und die daraus folgende Betriebssicherheit sind für ein Kriegsschiff ausschlaggebend.

Meine Herren, wenn aber nun zwischen Turbine und Schiffsschraube dieser hydraulische Umformer mit der Vielgestaltigkeit seiner einzelnen Teile eingebaut wird, so widerspricht dies der Forderung nach einer einfachen Maschinenanlage und dem Verlangen nach absoluter Betriebssicherheit.

Die Ergebnisse, die nach den Ausführungen des Herrn Vortragenden mit dem erwähnten Versuchsschiff erhalten wurden, sind mit Vorsicht bei der Bewertung dieser Umformeranlage für ein Kriegsschiff anzuwenden, denn bei dieser 500 PS. Versuchsanlage konnte man ja leichter alle Abmessungen so groß wählen, um den Wirkungsgrad zu erhalten, der mindestens erreicht werden muß, wenn diese hydraulische Umformeranlage praktische Bedeutung erlangen soll. Hier konnte eben der Umformer groß und schwer genug gebaut werden.

Es stand nichts im Wege, ihn ebenso schwer zu bauen, wie die gesamte Dampfturbinenanlage selbst. Fig. 29, läßt ja eine vergleichende Gewichtsschätzung zu. Im Vortrage fehlen hierauf bezügliche Gewichtsangaben, wie sich dies beim Versuchsschiff verhält. Anders aber wird die Sache, wenn man den Umformer in ein Kriegsschiff einbauen will, wo Raum und Gewicht für ihn möglichst gering sein müssen. Ob dann auch noch ein so guter Wirkungsgrad erreicht werden kann, ist unbestimmt. Aufschluß könnte nur eine wirklich ausgeführte Anlage auf einem solchen Schiff geben.

Aus den Mittelwerten für den Wirkungsgrad der Dampfturbine, des Umformers und der Schiffsschraube, wie solche Herr Professor Dr. Föttinger angibt, kann man für die Umformerturbine als Wirkungsgrad der Turbine 65%, als Wirkungsgrad des Umformers 80% und als Wirkungsgrad der Schraube 78% annehmen. Dies gibt einen Gesamtwirkungsgrad von etwa 40%. Für die gewöhnliche Schiffsturbine derselben Größe ist dann der Wirkungsgrad der Dampfturbine 58%, der Wirkungsgrad der Schraube 68%, der Gesamtwirkungsgrad ist also auch hier etwa 40%, d. h. nach diesen Mittelwerten ergeben beide Maschinenanlagen denselben Wirkungsgrad. Für die Umformerturbinenanlage gilt eben, was im Leben oft zur Geltung kommt: was zwei (hier Dampfturbine und Schiffsschraube) ersparen, verbraucht ein dritter (hier der Umformer).

Bei dieser Gegenüberstellung ist aber die ungünstige Schiffsschraube der alten Bauart für die relativ hohe Drehzahl der unmittelbar gekuppelten Dampfturbine beibehalten. Denken wir aber, meine Herren, daran, was Herr Professor Flamm im vorigen Jahre hier über seine Schiffsschraubenversuche ausführte, „daß eine Steigerung und vielleicht eine nicht ganz unwesentliche Steigerung der Umdrehungszahl der Schraube ohne Herabsetzung des Wirkungsgrades nicht ganz ausgeschlossen erscheint" (Jahrbuch 1909, S. 345): dann verbessert sich der Wirkungsgrad der unmittelbar gekuppelten Dampfturbine über 58%, und der Gesamtwirkungsgrad der gewöhnlichen Schiffsturbinen-Anlage wird besser als der der Umformer-Turbinenanlage.

Fassen wir nun die Ergebnisse zusammen, ohne die letztgenannte Möglichkeit der Verbesserung des Wirkungsgrades der schnell laufenden Schiffsschraube zu berücksichtigen, so haben wir dort eine Maschinenanlage, die leichter und vielleicht billiger wird, weniger Raum beansprucht und besser umsteuerbar ist; auf der andern Seite aber eine Turbinenanlage ohne Umformer, d. h. eine einfache und deshalb betriebssichere Maschinenanlage. .

Meine Herren, wenn Sie mir noch gestatten, auf die konstruktive Ausbildung des Umformers einzugehen, so sei darauf hingewiesen, daß für diesen die Betriebserfahrungen mit Wasserturbinen maßgebend sind. Wir müssen uns vor Augen halten, daß der Umformer eine Francisturbinenanlage darstellt, die unter ungünstigen Verhältnissen zu arbeiten hat. Die Zentrifugalpumpe und die Francisturbine derselben sind möglichst eng ineinander gebaut und in ihren Abmessungen klein gehalten, um Raum und Gewicht zu sparen. Bei der gewöhnlichen Francisturbine haben wir mit einfachem Spaltverlust zu rechnen; nach Fig. 18, tritt beim Umformer dieser viermal auf. (Bei der Dampfturbine hat man wohl auch „Spaltverluste", die sich aber nicht in diesem ungünstigen Sinne bemerkbar machen, wie bei Wasserturbinen. Dampf und Wasser kann man in diesem Fall nicht miteinander vergleichen.) Es ist darum nicht sicher, ob bei großen Ausführungen und auf die Dauer ein Wirkungsgrad von 80 % aufrecht erhalten werden kann. Der hydraulische Druck im Umformer steigt mit der Leistung. Wie groß dieser z. B. bei einer 10 000 PS.-Anlage wird, ist im Vortrage nicht erwähnt. Mit dem hohen Druck nehmen aber die Abmessungen (Wandstärken usw.) und somit die Gewichte des Umformers zu.

Ferner hat es sich im Betriebe von Francisturbinen mit hohem Gefälle und kleiner Drehzahl (dies gilt also hier für die Turbine auf der Schiffsschrauben-Welle) ergeben, daß anormale Abnutzungen der Laufräder eintreten. Diese Abnutzungen haben schon große Unkosten und schlimme Betriebsstörungen verursacht. Die starken Anfressungen haben in manchen Fällen nach wenigen Monaten eine Auswechslung des Laufrades notwendig gemacht. Es darf nicht außer acht gelassen werden, daß die schlimmen Eigenschaften einer solchen Turbinenanlage auch im Umformer zutage treten können. Ich darf vielleicht annehmen, daß sich diese Erscheinungen bei ihm schon auf dem Versuchsstande bemerkbar gemacht haben. Die Wirbelbildungen lassen sich aber bei der zusammengedrängten Bauart dieser Vorrichtung nicht vermeiden. Es wird auch die Ansicht vertreten, daß diese Korrosionen durch die kleinen aber immerfort auftretenden Erschütterungen und Vibrationen im Betriebe entstehen. Diese Erschütterungen und Vibrationen treten aber besonders im Hinterschiff auf, also dort, wo der Umformer eingebaut ist. Eine andere Erklärung für diese Erscheinungen stützt sich auf die chemische Einwirkung der aus dem Wasser ausscheidenden Gase, hier durch Erwärmung des Wassers. Das Wasser im Umformer wird aber heiß. Wie sich Francisturbinen, die mit heißem Wasser gespeist werden, im Dauerbetriebe bewähren, darüber haben wir keine Erfahrungen.

Den Erscheinungen der Korrosionen wird von Wasserturbinenfachleuten große Aufmerksamkeit geschenkt, wie dies z. B. die Studie von Professor Dalemont: „L'usure anormale des Turbines hydrauliques" (L'Eclairage électrique 1908) und das Buch von Professor Thomann: „Die Wasserturbinen" beweisen.

Mögen nun diese Korrosionen durch Vibration der Maschine und durch die mechanische Wirkung der Wasserwirbel, oder durch den chemischen Einfluß ausscheidender Gase, oder durch elektrolytische Vorgänge, oder durch diese Wirkungen vereint entstehen, sie machen sich bei Wasserturbinen mit relativ hohem Gefälle und niederer Drehzahl bemerkbar, beim hydraulischen Umformer dann in entsprechendem Maße.

Die Idee, den Umformer als Speisewasservorwärmer zu benutzen, ist vom wärmetheoretischen Standpunkt aus gut, aber nicht neu. Ähnliches wurde schon öfters bei Gasmaschinen patentiert, aber niemals mit praktischem Erfolg zur Ausführung gebracht. Im Jahre 1906 wurde z. B. mein Patentanspruch, das stark vorgewärmte Kühlwasser zu verdampfen und diesen so erhaltenen Dampf auf spezielle Weise arbeiten zu lassen, vom Patentamt als nicht mehr neu abgewiesen, denn es kommt überaus selten vor, daß die in Wärme umgesetzte Reibungsarbeit weiterhin nutzbringend verwertet werden kann. Eine automatisch wirkende Kühlung des Umformers durch das Speisewasser dürfte aber bei großen Abmessungen nicht genügen. Der Kühlwasserumlauf müßte durch eine zuverlässige Pumpe erfolgen. Dies erfordert aber Arbeitsaufwand. Einen ähnlichen Fall haben wir ja bei den Verbrennungskraftmaschinen. Bei solchen bis zu 50 PS. kann wohl automatische Kühlung, die durch den Auftrieb des erwärmten Kühlwassers entsteht, benutzt werden; bei großen Anlagen muß aber eine dementsprechend große Kühlwasserpumpe verwendet werden.

Die Zufuhr des vorgewärmten Speisewassers in wärmeisolierten Röhren vom Umformer-Vorwärmer zu den verschiedenen Kesselräumen wird aber entsprechend Mehrgewicht und Mehrkosten verursachen. Diese Art des Speisewasservorwärmers scheint darum wenig zweckmäßig zu sein. Die im Umformer erzeugte Reibungswärme dürfte bei später ausgeführten Anlagen — um ein Wort des Herrn Vortragenden zu gebrauchen — auch nur dazu dienen, die Entropie des Weltalls zu vergrößern.

Bei den Versuchen zur Bestimmung des Wirkungsgrades des Umformers wurde die Rückförderpumpe getrennt elektrisch angetrieben. Das hat denselben Sinn, als wenn man bei Verbrennungskraftmaschinen mit dem Zweitaktverfahren die Ladepumpen besonders antreibt, um so den Wirkungsgrad der Maschine selbst scheinbar zu verbessern.

Meine Herren, nun zum Schluß! Das Einschalten eines Umformers zwischen Turbine und Schiffsschraube, ob nun eines mechanischen, elektrischen, oder hydraulischen, ist nicht das alleinige Mittel, rasch laufende Dampfturbinen verwenden zu können. Die Schiffsschraube der langsam laufenden Kolbenmaschine muß sinngemäß für die rasch laufende Dampfturbine umgebaut werden, vielleicht wie es die schon erwähnten Untersuchungen des Herrn Geheimrat Flamm ergeben werden; oder die Schiffsschraube muß durch eine andere Konstruktion ersetzt werden (wie dies z. B. der Vortrag des Herrn Ingenieurs Miersch zeigt). Diejenige Lösung, die keine Zwischenschaltung neuer Teile verlangt, ist die einfachere und darum sicherlich die bessere. Wie sich dies in Zukunft gestalten wird, wissen wir nicht; aber wir dürfen hier nicht von der Lösung einer Aufgabe sprechen, wo es sich noch um Probleme handelt.

Herr Oberingenieur Dr. Föttinger-Stettin (Schlußwort):

Meine Herren, es gereicht mir zunächst zur besonderen Ehre, konstatieren zu können, daß ein Teil der Herren Vorredner dem „Vulcan" und mir nicht jede Hoffnung abgesprochen hat (Heiterkeit), und ich möchte diesen Herren zunächst meinen verbindlichsten Dank sagen.

Es ist selbstverständlich, daß bei einer so grundlegenden Neuerung zunächst manche abweichenden Ansichten auftreten. Um so mehr ist dies möglich, als sehr viele Literaturdaten über Schiffsschrauben und Probefahrten entweder absichtlich gefälscht oder unvollständig und durch Nachlässigkeit entstellt sind. Wer daher einzelne Ziffern herausgreift, kann damit alles beweisen. Es ist vielmehr erforderlich, langjährige Erfahrungen zusammenzufassen und von allem einen gewissen Mittelwert zu bilden und darauf seinen Plan aufzubauen.

Sie werden im übrigen gesehen haben, daß der Grundzug meines Vortrages nicht der war, den Superlativ zu benutzen. Für die Beispiele sind absichtlich nicht die günstigsten Verhältnisse gewählt. Namentlich in bezug auf die Propellernutzeffekte und die Gewichte hätten sich ganz andere Ziffern anführen lassen! Ich weiß wohl, daß die Bäume auch hier nicht in den Himmel wachsen und ich bin gerade gegen meine eigenen Vorschläge am meisten skeptisch gewesen.

Im einzelnen möchte ich folgendes erwidern. Bezüglich der Speisewasservorwärmung, die Herr Oberingenieur Sütterlin angeführt hat, ist mir nicht ersichtlich, wie daraus ein Nachteil konstruiert werden kann. Es bereitet gar keine Schwierigkeiten, das im Luftpumpentank immer vorhandene Speisewasser zuerst in den Transformator fließen zu lassen. Dort nimmt es an der Arbeitsleistung Teil und kommt um 20 bis 25 % vorgewärmt heraus, ohne daß dadurch weitere Schwierigkeiten entstehen. Im übrigen ist der Transformator sehr wohl auch mit Seewasser betriebsfähig. Auf der Reise nach Hamburg hat das erste Modell dauernd mit Seewasser gearbeitet, weil wegen der kurzen Zeit, in der die Anlage eingebaut und erprobt werden mußte, nicht Zeit war, die Speisewasservorwärmung sofort vorzusehen.

Bezüglich des Umsteuerns fragte Herr Sütterlin, welche Verhältnisse eintreten, wenn im ersten Moment die Propeller durch das fahrende Schiff noch in der gleichen Drehrichtung mitgerissen werden. Hierauf beehre ich mich zu erwidern, daß unmittelbar nach dem Umsteuern zunächst bei beiden Typen in den ersten Sekunden eine sehr intensive Bremsvorrichtung wegen der noch nicht geordneten Flüssigkeitsströmung eintritt. Diese Bremswirkung arbeitet schon der Propellerwirkung entgegen. Im übrigen haben wir aus den Drehkraft-Diagrammen ersehen, daß, wenn der Propeller durch einen starken Widerstand, z. B. die Wucht der vorüberströmenden Wassermassen stillgehalten wird, das Drehmoment ganz bedeutend ansteigt, ganz ähnlich wie bei einer Kolbenmaschine, die auch ein wesentlich größeres Drehmoment aufnimmt, wenn durch die Kompression in den Zylindern die Kurbeln stillgehalten werden. Eine Schwierigkeit kann auch daraus nicht entstehen.

Herr Oberingenieur Sütterlin hat mit einem Wort von Goethe auf die Ausführungsschwierigkeiten in der rauhen Wirklichkeit hingewiesen. Nun, meine Herren, ich möchte darauf einfach erwidern: Geschwindigkeit ist keine Hexerei; denn hier haben wir es mit Geschwindigkeit zu tun. Vergessen Sie nicht: die Dampfturbine arbeitet mit einem Medium, das rund 1000 mal leichter ist als Wasser. Bestände eine Möglichkeit, die Dampfturbine mit diesem Medium von tausendfacher Dichte zu betreiben, so würde sie tausendmal so viel Pferde ergeben. Das geht natürlich nicht. Dafür haben wir im Transformator statt 100 Stufen auch nur eine oder 2 oder 3, und die Berechnung der Dimensionen, der Geschwindigkeits- und Leistungsverhältnisse würde Herrn Sütterlin rasch belehren, daß es sich um keine Hexerei handelt.

Bezüglich des Westinghouse-Laval-Getriebes möchte ich nochmals darauf verweisen, daß es bisher nur bis 300 Pferdestärken praktisch erprobt ist und daß Erfahrungen vorliegen, wonach es den Fabrikanten der Laval-Turbine nicht gelungen ist, die Verwendungsfähigkeit bis zu höheren Leistungen dauernd zu treiben. Die Schwierigkeiten, einen korrekten Zahneingriff auch dann sicherzustellen, wenn der Trieb sich infolge seiner Kleinheit stärker erwärmt, als die großen Zahnräder, sind enorm, weil bei ungleichmäßiger Axialdehnung die genaue Linienberührung aufhört und unter Umständen in eine Punktberührung übergeht.

Was Erfahrungen und praktische Werte anbelangt, so würden solche sicher bei der ungeheuren Reklame, mit der die Sache ohne vorhergegangene Versuche in die Welt gesetzt worden ist, veröffentlicht worden sein (Sehr richtig!). Bis jetzt liegen jedoch keine Betriebsdaten vor.

Bezüglich des Wirkungsgrades von 98 % möchte ich bemerken, daß ein solcher bei der Lavalturbine im neuen Zustande allerdings erreicht ist, daß aber bekanntlich schon gewöhnliche Zahnräder nach kurzer Zeit durch Veränderungen der Zahnfläche im Betrieb beträchtlich nachlassen, und etwa 92—94 % Wirkungsgrad — das ist allerdings noch 10 % höher als ein Transformator — ergeben. Aber man stelle ein solches Zahnrad-Getriebe für 8 bis 20 000 PSe. erst einmal auf die Beine! Man braucht an Herrn Oberingenieur Sütterlin wohl nur die Frage zu richten, ob er die Verantwortung übernehmen würde, heute seiner Firma ein derartiges Zahnrad-Getriebe für ein großes Schiff zu empfehlen. Demgegenüber hat der „Vulcan" auf meine Veranlassung gerade in den letzten Tagen in einer bindenden Offerte die volle Verantwortung für ein Projekt mit 16 000 Pferdekräften übernommen.

Bezüglich des Dampfverbrauchs von 6,8 kg pro Wellen-Pferdestärke der „Washington"-Maschine, den Herr Oberingenieur Sütterlin als ungünstig bezeichnet hat, möchte ich nur bemerken, daß die Maschinen, die der „Vulcan" gebaut hat, sicher das Beste darstellen, was irgendwie von anderen Firmen erreicht werden kann. Die Dimensionen werden gemeinsam mit den Reedereien festgelegt und es ist mir nicht bekannt, ob in diesem Fall die angeblich höhere Ökonomie der Maschinen vom „Blücher“, die Herr S ü t t e r l i n erwähnt hat, auf irgend welchen b e s o n d e r e n M a ß n a h m e n beruhen soll. Wie aber bei ganz genau gleicher Bauart einer Vierfachexpansionsmaschine, die heute absolut typisch festliegt, in einem Falle etwas ganz anderes erzielbar sein soll als im anderen, das ist dem physikalisch an Ursache und Wirkung denkendem Ingenieur nicht ersichtlich.

Die Ziffer von 6,8 kg pro Schaft-Pferdekraft entspricht übrigens einem Dampfverbrauch von 6,4 kg für die indizierte Pferdekraft und das ist meiner Ansicht nach ganz gut.

Die Maschinen des „Vulcan“ erreichen daher, wie unsere großen Reedereien bestätigen können, ganz genau denselben Kohlenverbrauch wie irgendeine andere Maschinenfabrik. Solange man freilich nach dem K o h l e n verbrauch geht, läßt sich a l l e s beweisen; denn es ist nichts schwieriger, als den K o h l e n verbrauch wirklich exakt so festzustellen, daß darauf positive physikalische Schlüsse gegründet werden können. Die Neigung der Leute, ein bißchen zu „drücken“, ist sehr groß. Die Maschinisten haben immer ein großes Interesse und eine sehr große Freude, ihrer Reederei einen recht niedrigen Kohlenverbrauch melden zu können, obwohl es sich da gar nicht um Abnahmeversuche handelt. Die indizierten Pferdestärken werden daher fast immer zu hoch angegeben, jedenfalls höher als dem D u r c h s c h n i t t je einer Wache entspricht.

Solange ich allerdings meine Rechnungen auf die K o h l e n verbrauchs-Ziffern gegründet habe, gab ich mich den gleichen Illusionen bezüglich der überlegenen Ökonomie mancher Vierfachexpansions-Maschinen wie Herr S ü t t e r l i n hin. Ich hielt die Konkurrenzfähigkeit der Dampfturbine für ausgeschlossen. Die tatsächliche M e s s u n g des Kondensates belehrte mich gegenüber der B e r e c h n u n g desselben aus allerhand vagen Ziffern eines besseren. Ich kann daher allen Interessenten zur Vermeidung großer Enttäuschungen nur empfehlen, allmählich auch die Kondensatmessung einzuführen.

Auf die liebenswürdigen Ausführungen des Herrn Geheimrat F l a m m möchte ich nur erwidern, daß es meiner Erfahrung nach sehr schwer sein wird, irgend etwas an der Schraube noch zu verbessern. Wenn vorübergehend einmal ein scheinbar besserer Antriebseffekt erzielt wurde, so folgt jedesmal kurz darauf wieder eine kolossale Enttäuschung. Ich habe seit Jahren für den „Vulcan“ die Tourenzahlen und Leistungen der Propeller für fast alle Turbinenprojekte und ausgeführten Turbinenschiffe festgelegt. Wir sind immer vorsichtiger geworden hinsichtlich der notwendigen Turbinen-Pferdekräfte. Die ganze Erfahrung hat dahin gedrängt.

Bezüglich des Einsaugens von Luft bemerke ich, daß meiner Ansicht nach j e d e Schraube, auch die der Kolbenmaschine, Luft ansaugt. Die außerordentlich wertvollen, für alle weiteren Forschungen vorbildlichen Untersuchungen des Herrn Professor A h l b o r n[*] haben demonstriert, daß vorn am Bug eine Art Pflugwirkung des Schiffes eintritt, wobei durch die Bugwellen stark von Luft durchsetztes Wasser mit nach unten genommen und am Schiffsboden entlang geführt wird, um auch in die Schraube und das Kielwasser einzutreten. Luft wird auch durch die Reibungswirbel nach unten befördert und tritt auf diesen Wegen immer in den Schraubenstrahl, ob wir nun oben eine Abdeckung oder eine andere Einrichtung anbringen, um das zu verhüten oder nicht. Eine Schraube muß von vornherein bezüglich ihrer Belastung und Lage gegen die Wasseroberfläche so dimensioniert sein, daß sie auf keinen Fall v o n o b e n Luft einsaugt. Dies gilt für schnell laufende Schrauben ebensogut, wie für langsam laufende.

Bezüglich der Ausführungen von Herrn W i m p l i n g e r freue ich mich, daß dadurch Gelegenheit gegeben ist, zu konstatieren, daß wir all die Einwände, die Herr W i m p l i n g e r vorgebracht hat, bereits vor sechs Jahren ins Auge gefaßt und inzwischen durch die Tat

---

[*] A h l b o r n, Die Widerstandsvorgänge im Wasser an Platten und Schiffskörpern. Jahrbuch der Schiffbautechn. Gesellschaft 1909. S. 423.

widerlegt haben. Ich habe der Direktion des „Vulcan" seinerzeit nicht blindlings, ohne nähere
Überlegung — wie die meisten Erfinder, die die Fabriken mit ihren Anfragen belästigen
(sehr gut!) — nur eine schöne Idee vorgebracht, ohne mir über die Folgen klar zu sein,
sondern habe erst auf allen einschlägigen Gebieten mit schärfster, unerbittlicher Kritik
Umschau gehalten.

Ich bin der Ansicht, daß die Einschaltung des Zwischengetriebes k e i n e K o m -
p l i k a t i o n ist. Wer es gesehen hat, welche Vorrichtungen und Maßnahmen notwendig
sind, um ein großes Turbinengehäuse im Schiff aufzunehmen, der wird schon einen Fortschritt darin erkennen, die Turbine, das einzelne Aggregat, welches losgeschraubt werden
muß, ungefähr auf die Hälfte bis auf ein Drittel seiner Größe und seines Gewichts zu reduzieren.

Bezüglich des Wirkungsgrades kommt es selbstredend nur auf den G e s a m t wirkungsgrad an. Herr W i m p l i n g e r hat mit seinen Rechnungen ja doch nur nachgewiesen, daß
das Gesamtresultat mindestens dasselbe ist und damit meine Angaben völlig bestätigt. Wer
die Maschinenräume größerer Turbinenschiffe kennt und hört, daß dasselbe Resultat mit
einer viel leichteren und auf viel engerem Raum zu erbauenden Turbine erreichbar ist, wird
darin sicher schon einen Fortschritt anerkennen. Wenn außerdem noch für ein schweres
Schiff statt 30 und 40 bis 45% bei jeder Kesselleistung, einerlei ob sämtliche Kessel im
Betrieb sind oder nicht, 85 bis 90% der Vorwärtsleistung für Rückwärtsfahrt zur Verfügung
stehen, so dürfte das noch einen weiteren Fortschritt bedeuten.

Über die Höhe der D r ü c k e habe ich allerdings im Vortrage keine Angabe gemacht.
Wir haben zunächst keinen Anlaß, unsere Praxis hinsichtlich Festlegung der Hauptdimensionen, Druckhöhe und Wassermenge, der Öffentlichkeit preiszugeben. Aber ich darf das
eine sagen, daß die Zentrifugalpumpen des Transformators immer Niederdruckpumpen sind.
Selbst bei sehr schnell laufenden Torpedobooten, wo die Dampfturbine etwa mit 1700 bis
2000 Touren laufen würde, treten W a s s e r d r ü c k e von 6 bis 10 A t m o s p h ä r e n
auf; sie erreichen sonach nicht einmal hier die Größe der heutigen Dampfdrücke in den
Schiffsturbinen. Im übrigen kommen die Drücke überhaupt nicht in das Gehäuse, sondern
fallen vom Höchstwert an der Pumpe von einem Rad zum andern, so daß im Gehäuse selbst
nur etwa der dritte Teil des Pumpendruckes vorhanden ist.

Nun zu den K o r r o s i o n s e r s c h e i n u n g e n! Es ist mir wohlbekannt, welche
Schwierigkeiten de facto bei bestimmten Wasserturbinen entstanden sind. Ich habe Räder
gesehen, die so korrodiert waren, daß man mit dem Finger durchgreifen konnte. Das tritt
aber nur bei ganz gewissen Turbinen auf, mit Saugrohr, ungünstig gestalteten
Schaufelkanälen und dadurch erzeugter Hohlraum-Bildung oder Kavitation. Man
ist heutzutage der Ansicht, daß diese Korrosionen hauptsächlich von der plötzlichen
Ausscheidung des Sauerstoffes aus dem kühlen und daher stark lufthaltigen Wasser
herrühren. Wird das Wasser von einem Druck von mehreren Atmosphären in einem
winzigen Bruchteil einer Sekunde entspannt auf fast absolutes Vakuum, so tritt wahrscheinlich
eine plötzliche Ausscheidung von Sauerstoff ein, der dabei fast wie im status nascendi, das
heißt chemisch außerordentlich intensiv wirkt und die Radwendungen unter Umständen
angreift. Im T r a n s f o r m a t o r liegt die Sache aber ganz a n d e r s. Erstens haben wir
überhaupt kein Vakuum, wir können den Druck an irgend einer Stelle, wie im Vortrag ausdrücklich erwähnt, beliebig vorschreiben und überall, selbst am Eintritt der Pumpe, positiven
Überdruck erzielen, so daß negativer Druck (bezw. sehr hohes Vakuum) wo sich Sauerstoff
plötzlich ausscheiden könnte, überhaupt nicht auftritt. Zweitens wird im Transformator der
Hauptsache nach ein und dasselbe Wasser immer wieder verwendet. Wenn überhaupt Luft
darin enthalten wäre, so würde sie sich doch durch die stattfindende Erwärmung nach
und nach, nicht momentan ausscheiden und das Wasser luftfrei werden; denn heißes
Wasser kann nach physikalischen Grundgesetzen, so gut wie keine Luft aufnehmen, und das

Auskochen ist das beste Mittel, um Wasser luftfrei zu machen. Verwendet man vollends zur Kühlung und Füllung das warme, aus der Luftpumpe kommende Kondensat, so hat man von vornherein entlüftetes Arbeitswasser. Dieser Einwand stimmt also auch nicht. (Heiterkeit.)

Daß Korrosionen durch Vibrationen hervorgerufen werden sollen, das ist mir neu und interessant. Aber jedenfalls geht es dann dem Propeller viel schlimmer als dem Transformator, der doch immer ziemlich weit vorn im Schiff liegt. Anderseits ginge es dem Transformator nicht schlimmer als der übrigen ihn umgebenden Maschinen- und Kesselanlage. Sie wissen nun aber, daß Propeller aus guter Bronze selbst in dem luftdurchsetzten Seewasser jahrelang halten. Nur an Turbinenpropellern hat man in neuerer Zeit die Erfahrung gemacht, daß unter Umständen schon nach wenigen Stunden Korrosionen eintreten, weil Flächendrücke und Umfangs-Geschwindigkeiten angewendet werden müssen, welche die im Transformator auftretenden um ein Vielfaches überschreiten. Wir haben etwa Wassergeschwindigkeiten von 30 bis höchstens 40 m bei ganz schnell laufendenden Transformatoren. Die Umfangsgeschwindigkeiten von modernen Turbinen-Propellern erreichen bei Torpedobooten über 80 m, die wirklichen Gleitgeschwindigkeiten zwischen Wasser und Propeller an der Flügelspitze sogar über 90 und 100 m pro Sekunde. Das von Herrn W i m p l i n g e r angeführte Buch von Prof. D a l e m o n t behandelt fast ausschließlich Turbinenausführungen von völlig veralteter Konstruktion. Alle führenden Turbinenfabriken wissen längst genau, wie Korrosionen vermieden werden. Trotz zweijährigen Betriebs haben wir noch n i e d i e S p u r e i n e r K o r r o s i o n wahrnehmen können, die Schaufeln erscheinen im Gegenteil wie p o l i e r t!

Über die Spaltverluste, die Herr W i m p l i n g e r ebenfalls erwähnte, möchte ich nur bemerken, daß ganz ähnliche Einwände früher auch bei der Dampfturbine gemacht worden sind. Man hat z. B. gemeint, ein Turbinenrad gäbe ca. 80% Nutzeffekt, das nächste ebenso, und so fort! Was käme im ganzen aus den vielen Stufen heraus? Zuletzt gar nichts. Dem ist aber nicht so. Die Spaltverluste, wie die Reibungsverluste werden beim Transformator genau wie in der Dampfturbine nur für einen Bruchteil des Gefälles schädlich wirken. Das Wasser, das durch den Spalt um ein Rad herumgelaufen ist, arbeitet am nächsten Rad weiter. Wie schließlich der Wirkungsgrad, den wir erzielt haben und der auch erreicht werden muß, zustande kommt, das kann uns egal sein. Daß wir Verluste haben, habe ich ja selbst angegeben.

Zum Schluß sei auf den A r b e i t s a u f w a n d f ü r d i e K ü h l u n g und die R ü c k - f ö r d e r p u m p e eingegangen. Derselbe kann zunächst durch Verwendung indirekter Kühlung durch Benutzung von Seewasser als Arbeitsflüssigkeit oder durch die Einführung des Kondensats in den Kreislauf bei Type II so gut wie vollständig auf Null reduziert werden.

Bei Type I ist allerdings eine Rückförderpumpe nötig. Aber welches ist ihre Größe? Das zurückzufördernde, zugleich zur Kühlung dienende Spaltwasser beträgt allerhöchstens 1,5% der sekundlichen Arbeitswassermenge, die Druckhöhe, auf die es gefördert werden muß, um in den Transformator zurückzugelangen, allerhöchstens ein Fünftel der Förderhöhe des Transformators selbst. Die Nutzarbeit der Rückförderpumpe ist sonach $= \frac{1,5}{100} \times \frac{1}{5} = \frac{0,3}{100}$ $= 0,3\%$ der Primärleistung des Transformators, ihre Bruttoarbeit bei 60% Wirkungsgrad $= \frac{0,3}{0,6} = 0,5\%$, d. h. ein h a l b e s P r o z e n t d e r P r i m ä r l e i s t u n g.

Ich kann nicht umhin, meiner höchsten Verwunderung Ausdruck zu geben, wie Herr W i m p l i n g e r diesen verschwindenden Prozentsatz in Parallele stellen kann mit dem Kraftbedarf der Ladepumpen der Zweitaktgasmaschinen, die 8 bis 12%, im Mittel 10% der Maschinenleistung absorbieren. Ich wundere mich darüber um so mehr, als Herr W i m p - l i n g e r während seiner halbjährigen Tätigkeit in meinem Bureau gerade auch den Antrieb der Rückförderpumpe für das Versuchsschiff bearbeitet hat und daher ganz genau über deren Kraftbedarf unterrichtet war. Andererseits kennt Herr W i m p l i n g e r ganz genau den zwanzigmal höheren Kraftbedarf der Ladepumpen der Gasmaschinen, denn er hat vor einem Jahre selbst über diesen Gegenstand eine kurze Notiz in die Zeitschrift des Vereins deutscher Ingenieure gebracht. Die Art der Argumentation von Herrn W i m p l i n g e r erscheint durch diese w i s s e n t l i c h e z w a n z i g f a c h e U b e r t r e i b u n g in einem höchst eigenartigen Licht!

Herr W i m p l i n g e r hat auch durch seine Mitarbeit an der Transformator-Schiffs-Anlage und durch täglichen Verkehr mit unseren an der Transformatorsache direkt oder indirekt beteiligten Ingenieure s i c h e r g e w u ß t, daß n i e m a l s auch nur die Spur einer K o r r o s i o n entdeckt, geschweige denn ein Rad deshalb ausgewechselt worden ist.

Es erscheint ferner höchst seltsam, wie Herr W i m p l i n g e r dazu kommt, die mit peinlichster Sorgfalt und schärfster Kritik ausgeführten Versuche hinsichtlich ihrer Zuverlässigkeit anzuzweifeln.

Mehr über solche Argumentation anzudeuten, erübrigt sich; ich darf ihre richtige Beurteilung wohl getrost den Fachgenossen überlassen!

Meine Herren, Sie haben jedenfalls gesehen, daß es sich um eine sowohl in theoretischer wie in praktischer und konstruktiver Richtung außerordentlich interessante Neuerung handelt. Im Gegensatz zur Dampfturbine, deren Grundsysteme aus dem Auslande zu uns gekommen sind und die erst, nachdem sie im A u s l a n d gefördert worden war, in Deutschland eine alles übertreffende Vervollkommnung erfahren hat — im Gegensatz dazu ist diese Neuerung ganz auf deutschem Boden entstanden und gefördert worden. Ich möchte nur noch meine Bitte wiederholen: Ersparen Sie uns, daß uns erst vom Ausland der Wert der Sache gezeigt wird, und unterstützen Sie diese deutsche Ingenieurarbeit! (Lebhafter Beifall.)

Seine Königliche Hoheit der G r o ß h e r z o g v o n O l d e n b u r g:

Herr Dr. F ö t t i n g e r hat uns schon mehrere Male hervorragende Vorträge gehalten und uns heute wieder mit einer seiner epochemachenden Erfindungen bekannt gemacht, für welche ihm nicht bloß unsere Gesellschaft, sondern die gesamte deutsche Technik, vor allem der Schiffbau, zu größtem Danke verpflichtet sind. Diesem Dank möchte ich hiermit Ausdruck verleihen, zugleich aber auch der Direktion des Vulcan meine Anerkennung aussprechen für den hochherzigen Entschluß, uns ihre mit vielen Kosten erzielten Erfahrungen in so uneigennütziger Weise bekannt gegeben zu haben. (Beifall.)

XI. Schwere Werftkrane für die Schiffsausrüstung.

*Vorgetragen von C. **Michenfelder**-Dusseldorf.*

Schiffbau und Kranbau sind zwei Begriffe, die sich heute bei ihren machtvollen Wechselbeziehungen nicht mehr voneinander trennen lassen. Die Entwicklung des einen bedingt den Fortschritt des andern, die Erfolge des andern bedeuten die Förderung des einen. Den Nachweis dieser reziproken Einwirkungen zu liefern, ist — des dürfen wir uns mit Stolz bewußt sein — kein Land der Erde mehr berufen, als unser deutsches Vaterland. Welchen Aufschwung der deutsche Schiffbau in dem letzten Jahrzehnt in jeder Beziehung genommen, ist zu bekannt, um hier auch nur noch angedeutet werden zu brauchen; welche Fortschritte gleichzeitig der deutsche Kranbau nach dieser Richtung, für die Vervollkommnung des Schiffbaues durch Erleichterung und Beschleunigung, durch Verbesserung und Verbilligung der Hebe- und Transportarbeiten, gemacht hat, möge in den folgenden Darlegungen, wenn auch nur in großen Zügen, vor Augen geführt werden.

Während ich die transporttechnischen Gesichtspunkte bei Hellingen bereits auf der vorjährigen Versammlung der Schiffbautechnischen Gesellschaft vorzutragen die Ehre hatte, will ich heute die der weiteren Ausrüstung der Schiffe dienenden schweren Werftkrane behandeln. Mit Rücksicht nicht nur auf die grundsätzlichen konstruktiven Unterschiede, sondern auch auf die resultierenden betriebstechnischen Verschiedenheiten seien die ortsfesten und darauf die zu Lande und die zu Wasser ortsveränderlichen Krane in gesonderten Gruppen betrachtet.

Die Veteranen schwerer Ausrüstungshebezeuge, die sog. Masten- bezw. Scherenkrane — je nach der Veränderungsweise der Ausladung durch ein biegsames Zugorgan oder durch eine starre Hinterstrebe — die durch ihre rohe Größe und ihre zum Teil sogar recht erhebliche Tragkraft schon vor einem Menschenalter das Staunen der Werft- und Hafenbesucher erregten, haben heute vom praktischen Betriebs- und wirtschaftlichen Standpunkte aus fast nur noch historisches Interesse. Selbst in ihrer vollkommeneren Bauart mit wippender Beweglichkeit des Auslegerzweibeines, die den Kran in seinen Höhenabmessungen zwar unabhängig macht von den Decksaufbauten, Schornsteinen und Masten der Schiffe, ist der ja nur auf eine Vertikalebene beschränkte Arbeitsbereich der Konstruktion einer flotten und einem Verholen des Schiffes überhobenen Durchführung der verschiedenen Einbauarbeiten ganz unfähig; einer leichten und genauen Abwicklung der Montage selbst in der Kranwippebene widerspricht außerdem die bei ihnen stets mit der wagerechten Verschiebung der Lasten noch störend verbundene Vertikalbewegung.

Es ist bei der einstigen Vorherrschaft dieses altehrwürdigen Kransystems indes begreiflich, daß sich dessen Vertreter auch heute noch auf sehr vielen Werften vorfinden. Es werden dann meistens diejenigen Anordnungen als die günstigsten gelten können, bei denen die Füße der vorderen Scherenbeine ein gutes Stück von der Kaikante zurückliegen, da hierbei, ohne Verkürzung der nutzbaren [Ausladung über Deck, ein bequemes Ablagern und Aufnehmen auch der sperrigsten Lasten vor den Kranfüßen möglich ist, unabhängig von der Spreizweite der Masten.

Anderseits dürften auch Mastenkrananlagen bei auf vorspringendem Mauersockel hochgelagerten Wippmasten und durch das weitgespreizte Zweibein verlegten Zuführungsgleisen — wie beispielsweise die Fig. 1 zeigt — mit dem Vorzug einer relativ billigen, von Verlauf und Beschaffenheit des übrigen Ufergeländes unabhängigen Aufstellung noch den Vorteil verbinden, daß auch hochbordige Schiffe hinreichend bedient werden können, ohne die Höhe der Konstruktion, wie sonst, übermäßig vergrößern zu müssen. Bei dem dargestellten Kran von 36 000 kg Tragfähigkeit beträgt die größte Ausladung 12 m und die größte Hubhöhe 15 m. In neuzeitlicher Anordnung erfolgt der Antrieb der Hauptlast- und Auslegerwinde durch zwei Elektromotore, das Einsetzen leichterer Teile überdies mittels einfachen Drahtseiles durch ein schnelllaufendes elektrisches Windwerk.

Die mit dem Wachsen der Schiffe zunehmende Schwierigkeit eines Verholens unter dem Kran zeitigte als den nächsten wesentlichen Fortschritt in dem Bau feststehender Ausrüstungskrane die Einführung einer weiteren Be-

wegung, die ein Versetzen der Last in Richtung der Längsachse des Schiffes
zum Ziel hatte. So begegnen wir aus jener Endepoche des vorigen Jahrhunderts heute zahlreichen „Derricks", die unter Beibehaltung des schräg-

Wippbarer Mastenkran a. d. Werft von Gebrüder Sachsenberg A.-G. in Roßlau a. S.

Fig. 1.

ausladenden Wippmastes — den zusammengelegten Zweibeinen — noch eine
horizontale Drehbarkeit desselben aufweisen und somit die unzureichende,
querschiffs liegende Arbeitslinie der Masten- und der Scherenkrane zu einer
sich längsschiffs erstreckenden Arbeitsfläche erweitert haben.

Ein bemerkenswerter Vertreter dieses Systems, das besonders in England
für die verschiedensten Zwecke sich bekanntlich einer auffallenden Beliebtheit
erfreut, ist in der Ansicht der Werft von William Doxford & Sons, Ltd., in Sunderland, Fig. 2, veranschaulicht. Der Kran, den sich die Werft vor etwa einem
Jahrzehnt als Ersatz für einen 80 t Scherenkran gebaut hat, ist imstande,

Derrickkran a. d. Werft von William Doxford & Sons, Ltd. in Sunderland.

Fig. 2.

150 t bei 25 m bezw. 50 t bei 40 m Ausladung zu heben. Wie bei den
modernen elektrischen Kranen, ist auch bei diesem Dampfkran für flottes,
unabhängiges Arbeiten Einzelantrieb vorgesehen. Für jede der vier Bewegungen — für das Heben der Schwerlasten und das der Leichtlasten, sowie
für das Wippen und das Schwenken der Strebe — befindet sich eine besondere
Zweizylinder-Dampfmaschine auf dem Kran.

Auf deutschen Werften trifft man solche Krane, deren nur von parallelen
Seilen gehaltener Schrägmast gegen seitliche Wind- und Massenkräfte natur-

gemäß bloß geringe Steifigkeit besitzt, ungleich seltener an. So weist die Seebeck'sche Werft in Bremerhaven u. a. den in Fig. 3 wiedergegebenen elektrischen Schiffsmontagekran, von 35 t Tragkraft und 17 m größter Ausladung auf, der überdies s. Zt. noch aus England bezogen worden ist. Als eine für das präzise Arbeiten sehr schätzenswerte Einrichtung wird es bezeichnet, daß die Last beim Fieren oder Auftoppen des Auslegers durch geeignete Kupplung der Trommeln für Last- und Auslegerseil in nahezu derselben Hori-

Derrickkran a. d. Werft von G. Seebeck A.-G. in Bremerhaven.

Fig. 3.

zontalebene bleibt — eine Maßnahme, die, wie wir später noch sehen werden, selbstverständlich nicht im mindesten an die Derrickform der Gerüstkonstruktion gebunden ist.

Den durch Größe wie durch Bauart hervorragendsten Ausrüstungskran des in Rede stehenden Systems besitzt bei uns zweifellos noch die Werft von Blohm & Voß in Hamburg. Die Photographie (Fig. 4) des bereits im Jahre 1898 von Bechem & Keetman für eine größte Tragkraft von 150 t und eine größte Ausladung von 32,5 m gebauten Kranes läßt zunächst die Betriebsvorteile dieser Ausführung erkennen: Die bei hochbordigen Schiffen wesentlich

Derrickkran a. d. Werft von Blohm & Voß in Hamburg (Bechem & Keetman).

Fig. 4

vergrößerte Nutzausladung durch Verlegung der Wippachse vom Kranfuß nach Mitte Ausleger, sowie die erhöhte Betriebssicherheit durch den Ersatz des losen Seilflaschenzuges durch starre Spindeln für das Einziehen und Auslegen des Lastarmes. Infolge der Hochlage der Wippachse kann außerdem

Derrickkran a. d. Werft von Blohm & Voß in Hamburg.

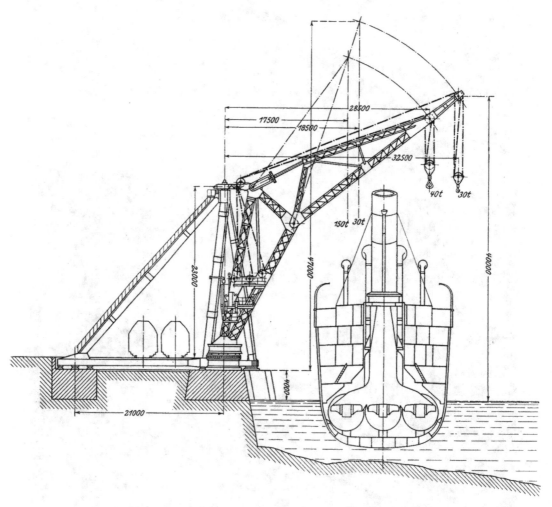

Fig. 5 a.

die Eisenkonstruktion des Kranes, unter Fortlassung störend breiter Fundamenterhöhungen, bis auf Werftflur herabgeführt werden, ohne eben dadurch die nutzbare Ausladung des Kranes zu beeinträchtigen. Vielmehr wird durch den weiten und hohen Stützbock hindurch der Kaiverkehr keinerlei Behinderung

erfahren (Fig. 5 und 6), die sich bei den oberirdisch miteinander verbundenen
Sockelerhebungen der letztbeschriebenen Krane kaum vermeiden ließ.

Als weitere Annehmlichkeit, die allgemein in der spitzen Schnabelform
des Lastarmes begründet ist, verdient noch die bequeme Arbeitsmöglichkeit

Derrickkran a. d. Werft von Blohm & Voß in Hamburg.

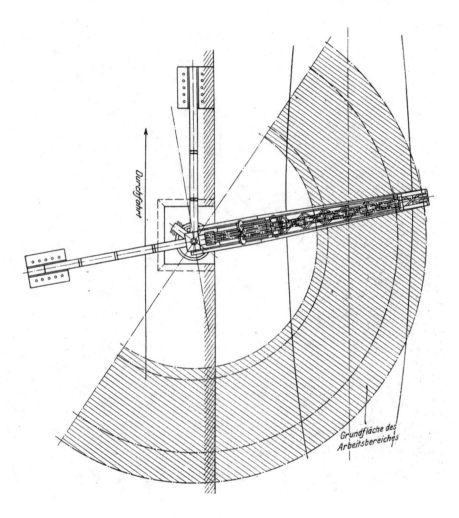

Fig. 5 b.

zum Einsetzen langer Masten Erwähnung, die darin besteht, diese ganz
dicht am Schnabel senkrecht hochzunehmen und einzusetzen, was die
breiten Katzbahnausleger der noch zu besprechenden Hammerkräne ja nicht
gestatten.

Die verhältnismäßig niedrigen Fundamentierungs- und Anschaffungskosten — für diesen Hamburger Kran etwa 165 000 M. — vervollständigen
die schätzbaren Eigenschaften dieser Ausführung.

Portalwippdrehkran a. d. Werft von Blohm & Voß (Bechem & Keetman).

Fig. 6.

Der Grundriß dieser Zeichnung, Fig. 5, deutet aber gleichzeitig den unumgänglichen Betriebsnachteil selbst dieser verbesserten Kranart an, daß der
Aktionsbereich des Auslegers durch die Bockstreben ganz beträchtlich ge-
schmälert wird, wovon naturgemäß besonders der Platz zum Ablegen und
Aufnehmen der Lasten an Land betroffen wird. Demgegenüber ist man bei

Derrick- und Portalwippdrehkran a. d. Werft von Blohm & Voß (Bechem & Keetman).

Fig. 6a.

Alter Drehscheibenkran im Hamburger Hafen (Stuckenholz).

Fig. 7.

der Benutzung von Auslegerkranen mit uneingeschränktem Schwenkwinkel auch in der Form sogenannter Drehscheibenkräne allerdings wesentlich im Vorteil, wenn auch hierbei das Krangesamtgewicht wegen der erforderlichen freien Standfestigkeit im allgemeinen größer ausfallen wird als bei jenen.

Einer der ersten und zugleich imposantesten Krane dieser Art dürfte der altbekannte Hamburger 150 t-Kran sein, der (nach Fig. 7) bereits vor 22 Jahren

Drehscheibenkran a. d. Werft von Jos. L. Meyer in Papenburg (Bechem & Keetman).

Fig. 8.

von Ludwig Stuckenholz in Wetter a. d. Ruhr für eine Probelast von 200 000 kg, eine maximale Ausladung von 19.3 m und eine Rollenhöhe von 31 m über Flur errichtet worden ist. Allerdings mehr für Hafenverladezwecke als für Schiffsmontage. Dieser durch Dampf bewegte Kran wog betriebsfertig nicht weniger als rund ½ Million Kilogramm — davon allein 250 t Sandballast! —, und er dürfte nach alledem mit Recht wohl als einer der ersten

Drehscheibenkran a. d. Werft von Jos. L. Meyer in Papenburg.

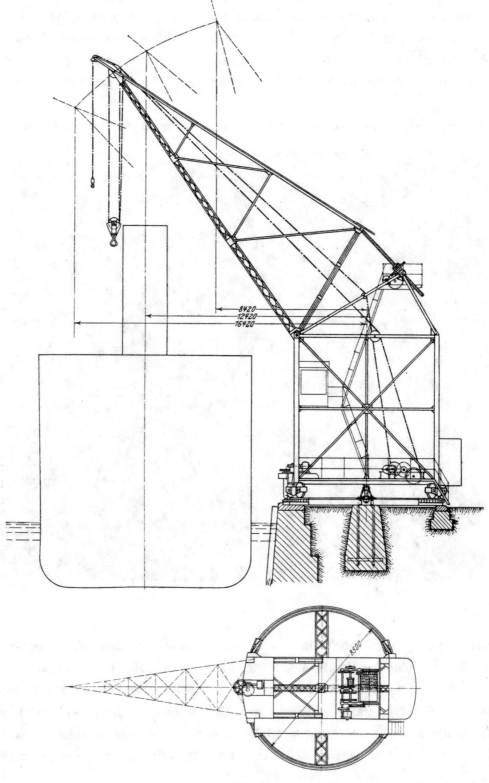

Fig. 9.

der Kräne gelten, die man heutzutage, mehr volkstümlich als vielsagend, „Riesenkräne" nennt.

Als ein jüngeres Beispiel der Verwendung von Drehscheiben-Ausrüstungs-kränen möge der in Fig. 8 und 9 veranschaulichte 40 t-Kran der Werft von Jos. L. Meyer in Papenburg herangezogen werden, der mit seiner zeitgemäßen Ausstattung mit elektrischen Antrieben und seiner durch Wippbarkeit des hochgelagerten Auslegers vergrößerten Arbeitsfläche die angeführten Mängel der bisherigen Krane beseitigt hat.

Hammerwippkran in Kiautschou (Bechem & Keetman).

Fig. 10.

So gut auch bei den hier nur in mittlerer Größe vorliegenden Bau-verhältnissen ein solcher Drehscheiben-Wippkran seine Schuldigkeit tut, so würde die Beibehaltung dieses Konstruktionssystems für den Bau sehr großer und größter Schiffe sich doch nicht empfehlen. Bei heutigen Schiffsabmessungen würden Ausladungen von 25 m und mehr über Kaikante hinaus, bei Nutz-lasten von 120, 150 t und mehr, eine auf Flurdrehscheibe freiaufliegende Wippauslegerkonstruktion wegen der durch Gegengewichte herzustellenden Stabilität nicht nur unpraktisch schwer ausfallen lassen, sondern es würde auch noch übermäßig viel Platz dem Flurverkehr fortgenommen werden.

Diesem letzteren Übelstande vermag zwar, auch bei ansehnlichen Auslegerdimensionen, eine Hochlegung der Drehscheibe auf ein Durchfahrtsportal abzuhelfen, wie der schlanke 50 t-Kran der Blohm & Voßschen Werft nach Fig. 6 entnehmen läßt.

Doch möchte man oft auch bei den ganz schweren Ausrüstungskranen nicht auf den großen Vorteil dieser drehbaren Wippkrane verzichten, der darin besteht, daß der Ausleger eben auf Grund seiner radialen Einziehbarkeit eine von den höchsten Schiffsaufbauten unabhängige, also geringere Höhe erhalten kann. Diese Forderung nach einem weitreichenden Hebezeug von möglichst geringer Bauhöhe hat eine brauchbare Lösung in der von Bechem & Keetman geschaffenen Type der sogenannten Hammerwippkrane gefunden. Bei diesem ist — wie die Fig. 10 und 11 der vor etwa 3½ Jahren dem Reichsmarineamt für Kiautschau gelieferten ersten Ausführung zeigt — der Lastarm in Höhe von 20 m über Werftboden wippbar an eine drehbare Fachwerkssäule angelenkt, die von einem dreibeinigen Bockgerüst gestützt wird. Während die Anordnung der Gerüstbeine in der aus der Zeichnung, Fig. 11, ersichtlichen Art vorteilhaft so gewählt ist, daß auch die größten Lasten auf den durchgehenden Zufuhrgleisen angefahren werden können, vermag sich das weitausladende Gegengewicht ohne Fortnahme nutzbaren Platzes zu drehen. Recht zweckmäßig ist bei dem Entwurf des Stützgerüstes auch die Aufstellung der Drehsäule mitten über der kaiseitigen Verbindung der Fußpunkte des Gerüstes, wodurch dieses, bei einfacherer, im Anschluß an die Kaimauer möglichen Fundamentierung, verhältnismäßig leicht und billig ausgeführt werden kann.

Die vorgenannten schätzungswerten Eigenschaften besonders der Stützbockausbildung, gehen anschaulich auch aus der Betriebsphotographie, Fig. 12, hervor, die einen ganz gleichartigen Hammerwippkran der Tranmere Bay Development Co. zu Birkenhead beim Zuwassersetzen eines Schleppers darstellt. Über die hauptsächlichen konstruktiven Einzelheiten und über die Arbeitsgeschwindigkeiten dieser Krane dürfte die Dispositionszeichnung, sowie die anhängende Tabelle genügenden Aufschluß geben, welch letztere zur Vermeidung ständiger Wiederholungen im Text die wichtigsten Daten auch der übrigen betrachteten Krane zusammenfaßt, soweit sie mir zugänglich waren.

Die mehrfach erwähnten Vorteile, die durch die Verwendung eines Auslegerkippschnabels gerade bei der Bedienung hochbemasteter Schiffe gegeben sind, haben auch trotz der neuerdings stark in Aufnahme gekommenen

itional information of this book

rbuch der Schiffbautechnischen Gesellschaft; 978-3-642-90184-3; 978-3-642-90184-3_OSFO6)

provided:

://Extras.Springer.com

Hammerwippkran d. Tranmere Bay Development Co. in Birkenhead (Bechem & Keetman).

Fig. 12.

Wippdrehkran a. d. Werft von J. Frerichs & Co., A.-G., in Einswarden (Stuckenholz).

Fig. 13.

Wippdrehkran a. d. Werft von J. Frerichs & Co., A.-G., in Einswarden.

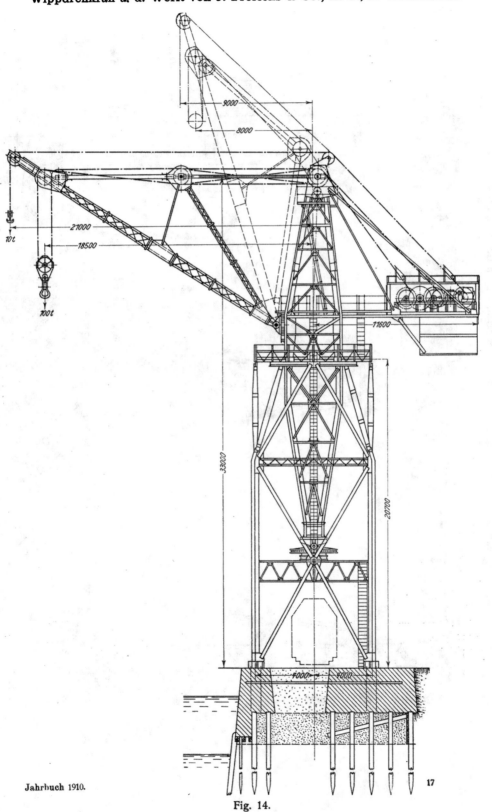

Fig. 14.

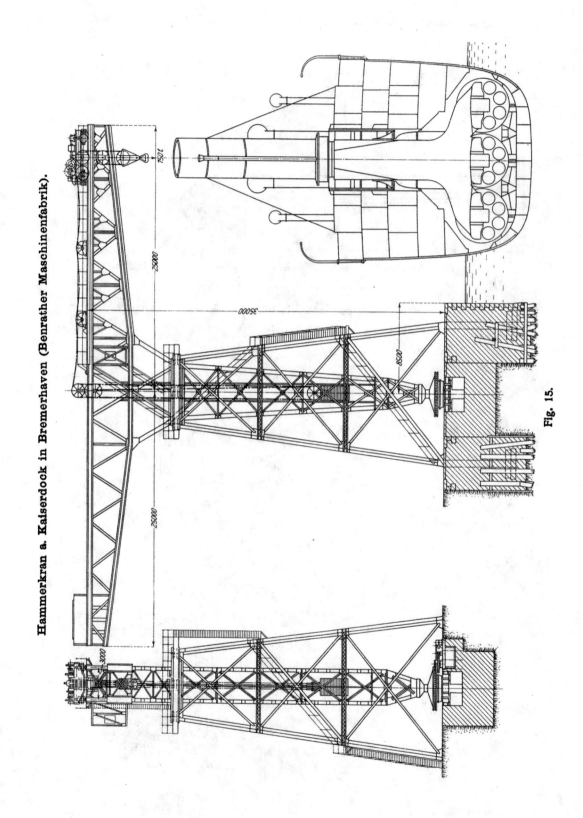

Hammerkran a. Kaiserdock in Bremerhaven (Benrather Maschinenfabrik).

Fig. 15.

Hammerkrane mit horizontalem Laufkatzenausleger doch selbst in den letzten Jahren noch zu neuartigen Ausbildungen des Wippkransystems für Werftzwecke geführt. Der in den Fig. 13 und 14 abgebildete 100 t-Kran, den Stuckenholz im Jahre 1906 für die Werft von Frerichs & Co. A.-G. in Einswarden gebaut hat, ist zunächst vermöge der eigenartigen wegeausgleichenden Um-

Hammerkran a. d. Howaldtswerken in Kiel (Benrather Maschinenfabrik).

Fig. 16.

führung des Lastseiles um den Wippmechanismus zu einer nahezu wagerechten Bewegung des Hakens beim Verändern der Ausladung befähigt, was, wie ja schon an früherer Stelle betont, für die Präzision der Montagearbeiten ebenso günstig ist wie für den Kraftverbrauch und die Kosten der Einziehbewegung. Der Kran funktioniert nach dem Zeugnis der Werftleitung denn auch in jeder Beziehung vorzüglich. Sodann ist bei dem Frerichs-Kran jegliche Behinderung der

Arbeiten am Kai und auch jede Gefährdung bei einer Bewegung der Drehsäule dadurch vermieden, daß diese nicht unmittelbar auf dem Werftboden,
sondern in etwa 8 m Höhe auf eine kräftige Bühne des Stützturmes aufgesetzt
ist. Hierdurch werden die im Spurlager auftretenden bedeutenden Vertikal-
drücke durch die Gerüstfüße gleichmäßig auf die vier Fundamentklötze übertragen, während in dem unter der Plattform gebildeten Portal sich der Zufuhr-
verkehr ungestört abspielen kann.

Seit dem Beginn unseres Jahrhunderts nun hat sich für stationäre Schiffsausrüstungskrane die in der Hauptsache aus einem starren T-förmigen, drehbaren Teile und einem festen Stützturm bestehende Gerüstform zunehmends
eingebürgert. Und dies mit gutem Grunde. Denn der wagerechte Lastarm
gibt nicht nur die schätzenswerte Möglichkeit, mit dem bewährten Element
der Laufkatze in schnellster und rationellster Weise die Lasten auch querschiffs horizontal zu versetzen, sondern der starre Doppelausleger eignet sich
auch besonders gut zur Vornahme weiterer, für die Arbeitsweise oder für die
Stabilität des Kranes vorteilhafter Konstruktionsmaßnahmen, wie die nach-
stehenden Beispiele illustrieren werden.

Im Vergleich mit den ersten dieser — nach der Form des drehbaren
oder festen Teiles Hammer- bezw. Pyramiden- oder Turmwerftkran genannten
— Ausführungen, die 1901 von der Benrather Maschinenfabrik für das Kaiserdock in Bremerhaven nach Fig. 15 geliefert worden sind, weist schon der
kurz darauf von der nämlichen Firma für die Howaldtswerke gebaute Kran
(Fig. 16—17) recht wesentliche Vervollkommnungen auf. Die bei jenen mit
vollständigen Hub- und Fahrantrieben nebst Zubehör ausgestattete Laufkatze
stellt natürlich ein sehr bedeutendes Totgewicht dar, das eine nutzlose Mehr-
belastung der ganzen Krankonstruktion hervorruft. Außerdem bedingt das
Fehlen eines schwächeren Hilfswindwerkes dort ein weniger rationelles
Arbeiten bei den gerade häufig vorkommenden kleineren Lasten. Beim
Howaldt-Kran dagegen, der sich überdies durch eine weit größere Ausladung
und Höhe auszeichnet, ist sowohl das Hauptwindwerk als auch das Katzen-
fahrwerk auf dem Gegenarm des Lastenauslegers fest angeordnet und ist auf
diese Art gleichzeitig als Ballast nutzbar gemacht. Die in der Werkstatt-
aufnahme, Fig. 18, besonders wiedergegebene 150 t-Winde ist in Anbetracht
der einzuziehenden sehr großen Seillänge praktischerweise als Doppeltrommel-
Spillwinde gebaut, die das lose Trum nach der Kransäulenmitte ablaufen läßt,
wo es in einem Spannflaschenzug aufgespeichert wird (Fig. 17). Als weitere
Zugseiltrommel ist in das feststehende Windwerk noch das Fahrtriebwerk für

die Katze eingebaut, das, mit der Hubwinde gekuppelt, die Last bei gleichbleibender Höhenlage verschieben kann. Die Laufkatze selbst trägt nur für kleine Lasten bis 15 t ein besonderes schnellarbeitendes Hubwerk. Überaus zweckmäßig erscheint des weiteren die eigenartige Aufstellung des Kranes im Werftgelände: auf einer sich weit in den Kieler Hafen erstreckenden schmalen Mole erhebt er sich, 100 m vom Ufer entfernt, und vermag so unter vollster

Hub- und Katzfahrwerk d. Hammerkranes a. d. Howaldtswerken.

Fig. 18.

Ausnutzung seiner Leistungsfähigkeit und seiner Bewegungsmöglichkeit gegebenenfalls gleichzeitig mehrere Schiffe zu bedienen, ohne daß diese erst kostspielig verholt zu werden brauchen (s. Fig. 16). Hierbei ermöglicht es ihm, wie die nämliche Abbildung zeigt, seine gewaltige Ausladung und Höhe sogar, das unter Umständen per Schwimmdock zugeführte Ausrüstungsmaterial ungehindert zu übernehmen und einzusetzen. Daß dieses gewöhnlich auf zwei Eisenbahngleisen durch das dementsprechend ausgebildete Stützgerüst herangeschafft werden kann, bedeutet dem ersten Bremerhavener Kran gegenüber einen weiteren Fortschritt. (Mit Bezug auf die freie Aufstellung kommt dem Howaldt-Kran meines Wissens nur noch das Ausrüstungshebezeug der Eiderwerft in Tönning gleich, mit dem Unterschiede, daß die Mole hier — wegen

Wippdrehkran d. Eiderwerft, A.-G., in Tönning (Schenck & Liebe-Harkort).

Fig. 19.

des sehr flachen Ufers — durch eine leichtere Transportbrücke ersetzt ist, auf der die Montageteile dem Wippausleger zugeführt werden (Fig. 19 und 20). Auf diese Weise ließen sich die Anschaffungskosten der für 75 t bei 10 m Ausl. berechneten Krananlage auch verhältnismäßig niedrig halten.

Wippdrehkran a. d. Eiderwerft, A.-G., in Tönning.

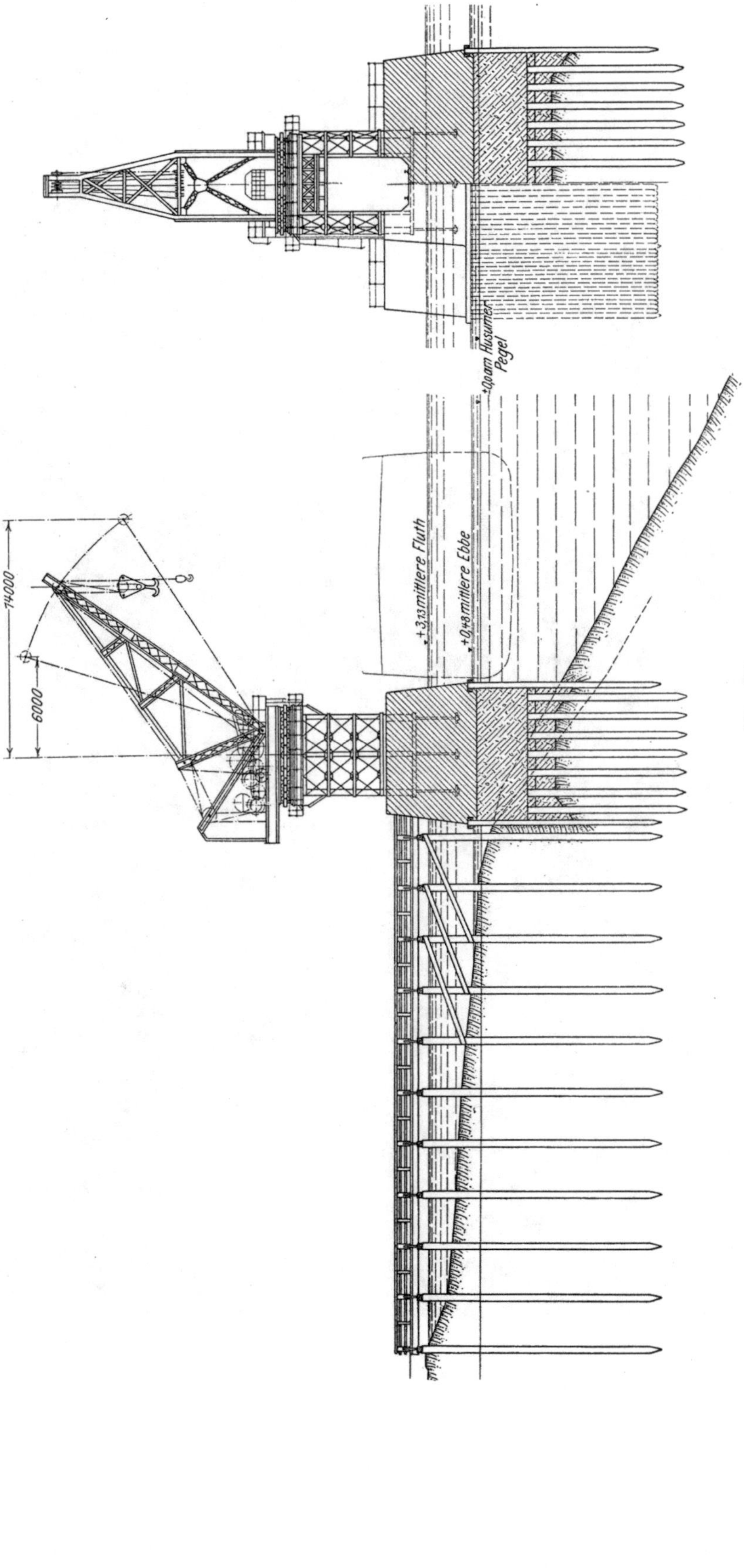

74000

6000

+3,33 mittlere Fluth

+0,48 mittlere Ebbe

±0,00 am Husumer Pegel

Fig. 20.

Hammerkran d. Werft von William Beardmore & Co., Ltd. in Dalmuir (Benrather Maschinenfabrik).

Fig. 21.

Bei gleichem verkehrsdurchlässigen Aufbau der Eisenkonstruktion weist der an William Beardmore & Co. Ltd. in Dalmuir bei Glasgow gelieferte Kran (Fig. 21 und 22) hinsichtlich der Anordnung der Hubwerke einen grundsätz-

Hammerkran d. Werft von William Beardmore & Co., Ltd. in Dalmuir.

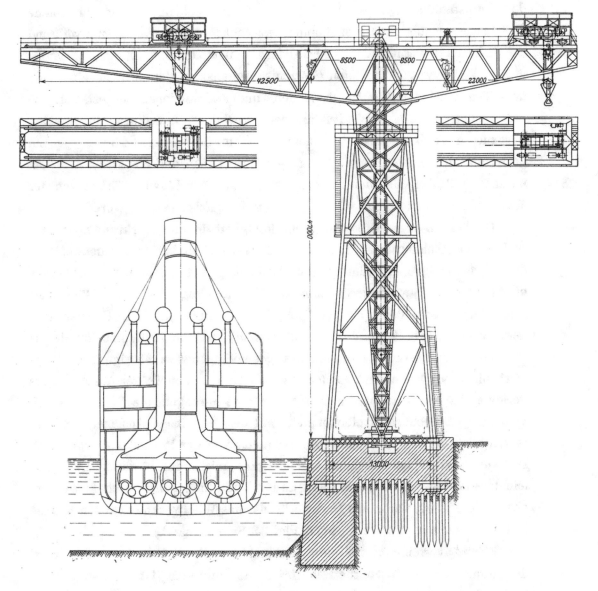

Fig. 22.

lichen Unterschied auf. Der kurze Arm des Auslegers, der bisher nur für die feste Aufstellung des Gegengewichtes diente, ist als Fahrbahn für die 150 t-Katze hergerichtet, der längere Auslegerarm als Laufbahn für eine 50 t-Katze.

Die zugehörigen Höchstausladungen von 22 und 42,5 m (bei 30 t) entsprechen den für die Lasten der angegebenen Größen maximal in Frage kommenden Aufstellungsorten im Schiff. Dabei kann vorteilhafterweise das Gewicht einer Katze in unbelastetem und ausgefahrenem Zustand als Ausgleich für die andere, arbeitende Katze dienen. Um die Sicherheit des Betriebes bezüglich der Kranstabilität zu gewährleisten, sind die beiden Katzen in solche elektrische Abhängigkeit voneinander gebracht, daß eine jede nur während der unbelasteten Endstellung der andern benutzbar ist. Sinngemäß ist in diesem Fall der gegenseitigen Gewichtsausgleichung der Katzen eine jede derselben wieder mit eigenen Winden- und Fahrantrieben ausgestattet, wodurch auch die am Howaldt-Kran beim Verfahren allerdings auftretenden besonderen Verluste durch Seilreibung u. a. m. in Wegfall kommen. — Ein grundsätzlich gleicher Hammerkran — 120 t×17,5 m und 35 t×28,5 m — ist anfangs 1903 übrigens auch für den Österreichischen Lloyd in Triest von der Maschinenfabrik von Petravič & Co. Wien, in Betrieb gesetzt worden.

Die bereits angedeutete wertvolle Fähigkeit der Hammerkrane mit wagerechtem Fahrbahnausleger, in einfachster Weise Modifikationen namentlich in der zweckmäßigen Anordnung und Ausbildung der Lastkatzen zuzulassen, dürfte besonders wirkungsvoll aus der Betrachtung des neuen Benrather Ausrüstungskranes der Werft von Joh. C. Tecklenborg A.-G. in Geestemünde hervorgehen. (Fig. 23 und 24.) Indem man dort die Laufkatze für die bis 150 t schweren Lasten sowie, diametral gegenüber, das zugehörige feste Windwerk nicht wie bisher auf, sondern zwischen die beiden Träger des Auslegers verlegte, hat man auf deren Obergurten eine durchgehende Bahn für einen vollständigen Drehkran freibekommen, mit dessen spitzem Ausleger ein Einsetzen auch der höchsten Masten unabhängig von der Höhe des Hauptkranes bequem möglich ist. Sodann können ganz allein durch diesen Drehkran leichtere Lasten, bis 20 t, von Land an Bord und umgekehrt geschafft werden, ohne, wie bislang, dafür das Drehwerk oder das Windwerk des großen Kranes in Gang setzen zu müssen (s. auch Fig. 24, Seitenansicht.)

Ebenso vorteilhaft wie diese Hinzunahme eines oben laufenden Hilfsdrehkranes für den Gesamtbetrieb dieses „Riesenkranes" ist, ebenso günstig ist für dessen Aufstellung die neuartige Abstützung der Schwenkkonstruktion: der bisher innerhalb eines breiten Stützgerüstes drehbar gelagerte Auslegerstiel umschließt hier glocken- oder mantelartig die schlanke Stützpyramide. Die Grundabmessungen der letzteren können infolge dessen erheblich kleiner als bei den früheren Ausführungen werden, was im Verein mit der Verringerung der Fundamentgrundfläche den besonders schätzenswerten Erfolg zeitigt, daß die Kranmitte gegen früher bedeutend näher an die Uferkante rückt, d. h. daß für dieselbe Nutzausladung des Kranes dessen Ausleger bedeutend kürzer gehalten werden kann. Die Vergleichswerte sind hierfür den beigefügten Dispositionszeichnungen der einzelnen Krane ja ohne weiteres zu entnehmen. Die augenfälligen Vorzüge dieser Kranbauart haben übrigens bald darauf die

Hammerkran d. Werft von Joh. C. Tecklenborg, A.-G., in Geestemünde (Benrather Maschinenfabrik).

Fig. 23.

Anschaffung einer prinzipiell ganz gleichen Ausführung für den Hafen von St. Nazaire zur Folge gehabt, die gleichfalls aus den Werkstätten der Benrather Maschinenfabrik und der mit ihr liierten Firma Le Titan Anversois stammt. Bei dieser ist nur der 20 t-Drehkran durch eine 12 t-Katze ersetzt, die, in 52$\frac{1}{2}$ m Höhe auf dem Riesenausleger laufend, einerseits mit einem starren Querausleger für die Last, anderseits mit einem zweckmäßig sehr

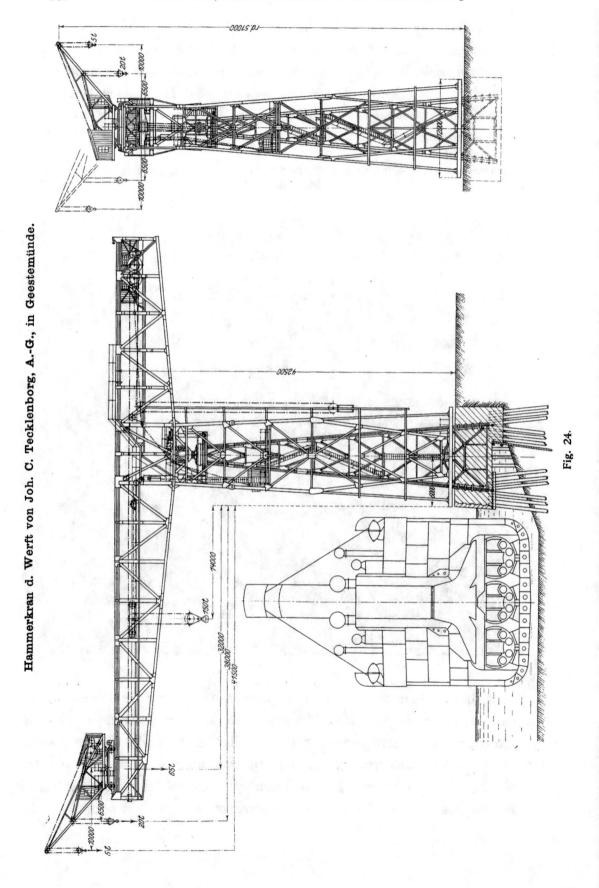

Hammerkran d. Werft von Joh. C. Tecklenborg, A.-G., in Geestemünde.

Fig. 24.

tief herabhängenden Führerkorb versehen ist (Fig. 25), von dem aus die Last in jeder Lage gut erblickt werden kann.

Der Gewinn an nutzbarem Werftterrain, der bei diesen über die Stütz-pyramide gestülpten Drehmänteln schon in beachtenswertem Maße erzielt worden ist, tritt ganz besonders bei der Dreibeinform des Stützgerüstes auf,

Auslegerhilfskatze des Hammerkranes in St. Nazaire (Le Titan Anversois).

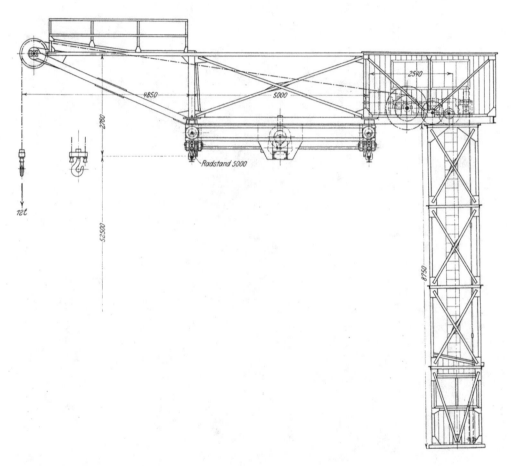

Fig. 25.

wie sie beispielsweise bei dem großen Kran der Kieler Germaniawerft an-gewandt ist. (Fig. 26.) Dort hat die Duisburger Maschinenbau-A.-G. vorm. Bechem & Keetman, im Prinzip ähnlich wie bei ihren erwähnten Hammer-wippkranen, die Abstützung des oberen Kransäulenlagers durch einen drei-füßigen Spreizbock vorgenommen, innerhalb dessen sich der Verkehr um so ungehinderter abwickeln kann, als auch der Schwenkantrieb, der sich bei

den ersten Turmwerftkranen ja vollständig zu ebener Erde befand, nach dem
oberen Halsrollenlager der Drehsäule, in die Nähe des Führerstandes verlegt
worden ist.

Hammerkran d. Germaniawerft in Kiel (Bechem & Keetman).

Fig. 26.

Die Laufkatze vereinigt in sich die vollständigen Hubwerke für die
Hauptlast von 150 t und für die Hilfslast von 45 t sowie das Fahrwerk nebst
den zugehörigen vier Antriebsmotoren, wodurch die äußeren Abmessungen
der Katze, die überdies mit normalen breiten Windetrommeln für totale Seil-

aufwicklung arbeitet, recht respektabel werden (s. Fig. 27). Trotzdem bleibt der Energieverbrauch beim Fahren und auch beim Heben in sehr befriedigenden Grenzen, da anderseits der Wirkungsgrad der Triebwerke bei dieser einfachen Anordnung jenem bei weitläufiger Seilführung wieder überlegen ist. Endlich verdient als eine praktische Maßnahme noch die Aufstellung des

Laufkatze des Hammerkranes der Germaniawerft.

Fig. 27.

leichten fahrbaren Bockes auf dem Ausleger Erwähnung, der es ermöglicht, kleinere Lasten für Montage, bis zu 1000 kg Schwere, mit Hilfe einer im Kranführerhaus stehenden Winde rasch heraufzuholen.

Die früher begründete Nützlichkeit eines Werftkran-Auslegers für horizontale Lastkatzenbewegung führten in den letzten Jahren auch zur Anwendung eines solchen auf das Drehscheibenkransystem, das sich bei einfacher Zentrierung ja durch den Fortfall einer besonderen Drehsäulenkonstruktion auszeichnet. Hierbei ist es — im Gegensatz zu den ursprünglichen Drehscheibenkranen mit Schrägauslegern — naturgemäß erforderlich,

den Ausleger auf eine turmartige Konstruktion aufzusetzen, die das Über-
streichen von Schiffsbauten gestattet.

Von den verschiedenen Bauarten, bei denen die Drehscheibe entweder
meistens hoch oben auf einem festen Stützturm oder unten am Ende eines langen
Vertikalfortsatzes des Drehauslegers angeordnet ist, mögen die folgenden

Drehscheiben-Hammerkran f. Lübeck (Stuckenholz).

Fig. 28.

Illustrationen einige Ausführungsbeispiele wiedergeben. Der in den Fig. 28
und 29 dargestellte Uferkran, der nach dem ersteren System unlängst von
Stuckenholz für Lübeck gebaut wurde, ist für 10 t Nutzlast bei maximal 16,5 m
Abstand von Kranmitte bestimmt. Bei solchen relativ bescheidenen Größen
treten denn auch abnormale Verhältnisse durch Rücksichten auf die Stabilität
und Betriebssicherheit des frei aufgelagerten Auslegers nicht auf. Vielmehr
kommen hierbei den Drehsäulen-Hammerkranen gegenüber die in der

luftigeren Durchbildung des vertikalen Eisenfachwerkes und in der Ent-
rückung bewegter Konstruktionsteile gelegenen Vorzüge voll zur Geltung.
Im besonderen ist bei diesem Kran noch eine für den Betrieb günstige

Drehscheiben-Hammerkran für Lübeck.

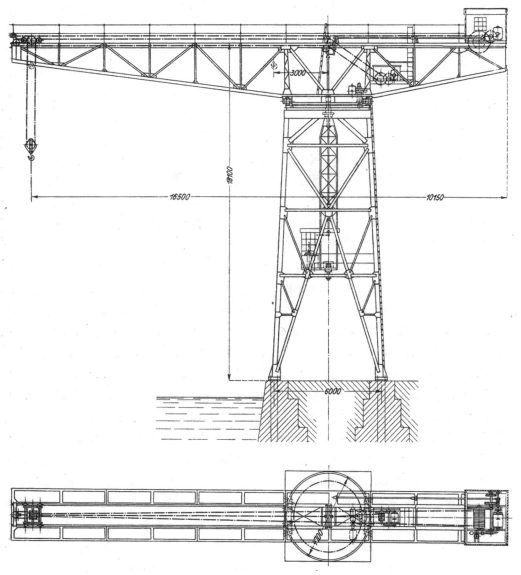

Fig. 29.

Anordnung damit getroffen worden, daß der Führerstand mit den Steuer-
apparaten nicht, wie gewöhnlich, hoch am Ausleger, sondern möglichst nahe
der Arbeitsstelle angebracht ist. Die stete Übersicht der beim Schwenken

wechselnden Arbeitsstellen wird zweckmäßig dadurch gewahrt, daß das Führerhaus jeder peripherischen Bewegung der Last unter Vermittlung eines vom Ausleger zentrisch herabhängenden leichten Gerüstes folgt.

Während man, wie gesagt, sonst, zumal in Deutschland, für sehr große Ausladungen und Lasten auf die Anwendung dieses Kransystems zugunsten eines solchen verzichtet, bei dem der Riesenausleger mittels einer doppelt gelagerten, zwangläufig geführten Säule gegen alle äußeren Kräfte und sonstigen Eventualitäten solidest abgestützt ist, findet man z. B. auf einigen englischen Werften Drehscheiben-Hammerkrane auch für 150 t Tragkraft. So hat die Werft von John Brown & Co. Ltd. in Clydebank außer einem 150 t-Derrickkran am gleichen Ausrüstungsbecken noch einen Hammer-Drehscheibenkran für 150 t Nutzlast (160 t Probelast) und 40 m größte Ausladung im Gebrauch, dessen insgesamt 72 m langer Ausleger sich auf einem fast 40 m hochgelegenen Kranze mittels 75 konischer Rollen um einen Hohlzapfen von 35 cm ä. ∅ dreht. — Einen grundsätzlich gleichen Kran — für 150 t Nutzlast (180 t Probelast) und 36 m Maximalausladung — weist auch die Werft von Vickers Sons & Maxim Ltd. in Barrow-in-Furness auf, aus dessen Gesamtzeichnung, Fig. 30, der allgemeine Aufbau dieser Type hervorgeht. Die von interessierter englischer Seite, in Fachzeitschriften u.a. verbreitete Behauptung, — die indes selbst von der englischen Werftleitung mir gegenüber durchaus nicht aufrecht erhalten wurde — dieser Kran übertreffe in vieler Beziehung seinen deutschen Kollegen auf der nämlichen Werft (siehe Fig. 31) dürfte wohl keine unbedingte Überzeugungskraft haben. Daß die zur Begründung seiner angeblichen Überlegenheit ins Feld geführte Möglichkeit der Aufstellung einer „Kraftstation" oder dergl. innerhalb des drehsäulenlosen Turmes, die jedoch bei keiner selbst dieser englischen Ausführungen für zweckmäßig befunden wurde, daß diese Möglichkeit bei Bedarf auch im deutschen Stützturm hinreichend vorhanden wäre, ist ersichtlich, während die angeblich höheren Fundamentierungskosten bei letzterem in der beträchtlich größeren Ausladung und Belastungsfähigkeit des deutschen Kranes — 41 m Höchstausladung des großen Hakens und 200 t Probelast — ihre selbstverständliche Erklärung haben würden. Aus den dagegen nur ganz vereinzelt gemachten Angaben über die für den dauernden Betrieb in Frage kommenden Faktoren bei diesen englischen Kranausführungen ist jedoch zum mindesten auf den ungleich größeren Kraftverbrauch für das Schwenken des Drehscheibenauslegers zu schließen. Während dem vollbelasteten Drehsäulenausleger durch einen 18 pferdigen Motor in 8 Minuten eine vollständige Schwenkung erteilt werden

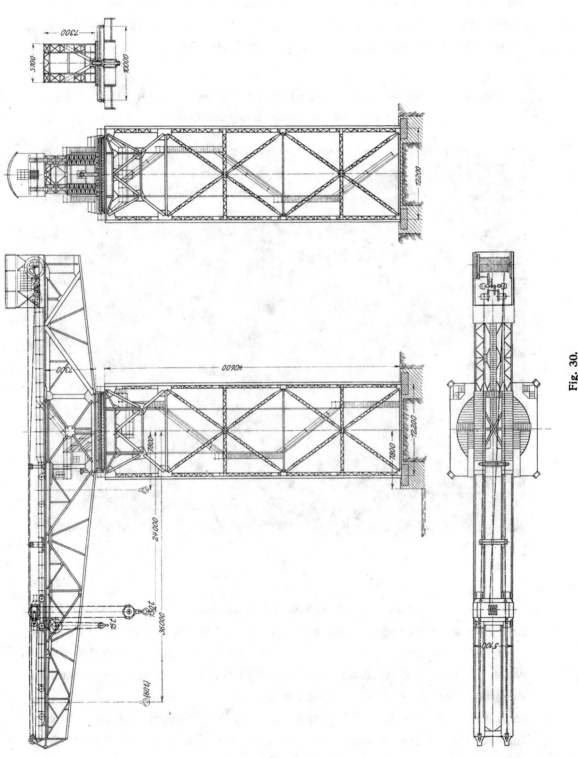

Fig. 30.

kann, erfordert z. B. bei dem neuesten Drehscheibenkran (für 150 t und für 41,1 m größte Ausladung des 30 t Hilfshakens) der North Eastern Marine Engineering Co. Ltd. in Wallsend u. a. eine Totalschwenkung durch einen 50 HP starken Elektromotor eine Zeit von 10 Minuten.

(Drehsäulen-)Hammerkran d. Werft von Vickers, Sons & Maxim, Ltd., in Barrow-in-Furness (Benrather Maschinenfabrik).

Fig. 31.

Da ferner die Anschaffungskosten eines solchen englischen Drehscheiben-Riesenkranes sich nach allem, was ich darüber erfahren konnte, auch nicht etwa durch besondere Niedrigkeit auszeichnen und da dessen System sich weder gegen störende Deformationen des Schwenkmechanismus noch gegen andere Eventualitäten als besonders gefeit erwiesen hat, so liegt meiner Meinung nach durchaus kein Grund zu einer solch selbstgefälligen Behauptung vor. Jene Kosten wurden unlängst von einer großen englischen Kranbaufirma selbst auf rd. £ 30 000, kompl., angegeben, während beispielsweise der entgegengehaltene deutsche Vickers-Kran nur rund 340 000 M. (ausschließlich der Fundamentierung) gekostet hat.

Für eine sicherlich unparteiische und auch fachmännische Illustrierung der hier in Frage kommenden tatsächlichen Verhältnisse möchte ich als ein bezeichnendes Gegenstück zu diesen englischen Anschauungen nur kurz noch

(Drehscheiben-)Hammerkran a. d. Werft des Bremer Vulkan-Vegesack (Benrath).

Fig. 32.

auf die sehr lesenswerten Erinnerungen Cambon's in seinem jüngst erschienenen Buche „L'Allemagne au travail" zurückgreifen: Als ihm bei seinem vorjährigen Besuche einer großen englischen Werft, die gerade 1 Million £ für ihre Vergrößerung und Modernisierung verausgabt hatte, gerade ein 150 t-Ausrüstungskran als einziges Erzeugnis ausländischer, und zwar deutscher Herkunft aufstieß, gestand man ihm als Grund hierfür wenigstens den ganz bedeutend billigeren Anschaffungspreis dieses Kranes gegenüber englischen zu. Während der Engländer in normalen Ausführungen wohl Gutes leisten könne, gäbe die Kunst sorgfältiger Berechnungen einzig dem deutschen Konstrukteur die Fähigkeit, solche Bauwerke ungewöhnlichen Charakters mit einem zweckmäßigen Mindestaufwand an Material zu schaffen. „C'est là que la pratique anglaise est en défaut et que la science germanique triomphe" — schließt der französische Fachmann seine Betrachtungen. Also das gerade Gegenteil von der eigenen englischen Beurteilung!

Bei uns ist, schon vor längeren Jahren auch ein größerer Werftkran in Hammerform mit Drehscheibenlagerung (allerdings „nur" für 100 t Tragkraft und für 27³/₄ m größte Ausladung) ausgeführt worden, der indes den unleugbaren Vorzug der älteren Flur-Drehscheibenkrane beibehalten hat, daß der gesamte Drehmechanismus leicht übersehbar und zugänglich ist. Zu dem Zwecke ist der Ausleger dieses s. Zt. von der Benrather Maschinenfabrik an den Bremer Vulkan gelieferten Kranes (Fig. 32) fest auf ein pyramidenförmiges Fachwerkgerüst aufgesetzt, das sich unten auf einem ca. 11 m im mittl. ∅ großen Doppelschienenkranz um einen im Fundament befestigten König drehen läßt.

Nach der Entwicklung, die die kranartigen Hilfsmittel für die Bewegung selbst schwerster Lasten in andern Betrieben aufweisen, muß es immerhin auffallen, daß für schwere Schiffsausrüstungskrane die Schwenkbewegung großer Auslegermassen noch fast ausschließlich als Mittel zum Lastversetzen längsschiffs gewählt ist. Unzweifelhaft würde ja auch hier, wie anderswo, eine zweite geradlinige Horizontalbewegung für Montagearbeiten wesentlich vorteilhafter sein als die kreisförmige. Eine ganz verschwindende Anzahl ausländischer Werften, die sich den Luxus überdachter Ausrüstungsbassins geleistet haben, konnte diesen Grundgedanken in der Form hochfahrender Laufkrane mit normaler Katzenquerbeweglichkeit wohl ohne weiteres verkörpern.

Beispielsweise zeigt Fig. 33 das eigenartige Ausrüstungsbecken der Werft von Yarrow in Scotstoun bei Glasgow, die allerdings nur kleinere Schiffe, meist Torpedoboote, baut, deren Ausrüstung aber durch einen leichten elektr. Laufkran von 50 t Tragfähigkeit und 28 m Spannweite auf einer 100 m langen Fahrbahn besorgt wird. Und zwar unter ausgiebiger Verwendung der leichtbeweglichen Laufkatze in rationellster Weise, um so mehr, als sich die Werkstätten beiderseits unmittelbar an diese Schiffsmontagehalle anschließen. Hierdurch wird gleichzeitig die Anfuhrarbeit für die Montageteile, unter deren möglichster Schonung, auf ein Minimum reduziert.

Während dieses Prinzip der Schiffsausrüstung mittels Laufkranen m. W. nur noch in Amerika, hier allerdings sogar für recht ansehnliche Verhält-

Ausrüstungs-Laufkran a. d. Werft von Yarrow & Co., Ltd. in Glasgow.

Fig. 33.

nisse, Anwendung gefunden hat, ist man in Deutschland bisher selbst für den Bau kleinerer Schiffe nicht dazu übergegangen.   Frei am Ufer eines Fluß- laufes oder breiten Wasserbeckens gelegene Ausrüstungsstellen, die bei uns die überwiegende Mehrzahl bilden, eignen sich allerdings auch nicht ohne weiteres für die Einrichtung von Laufkranbahnen der vorbeschriebenen Art.

Auslegerbock-Kran a. d. Werft von Gebr. Sachsenberg in Köln-Deutz (Bechem & Keetman).

Fig. 34.

In abgeänderter Anordnung mit einer querschiffs gerichteten aus- kragenden Fahrbahn des Laufkranes, ähnlich der Fig. 34 dürften die An- lagen meistenfalls jedoch ohne besondere Schwierigkeit aufzustellen und auch mit Erfolg zu betreiben sein.   Dem hier wiedergegebenen Kran der Kölner Werft von Gebr. Sachsenberg fehlt bisher zwar noch die Fähigkeit, die Lasten auch seitlich, d. h. in Richtung der Längsachse des anliegenden Schiffes zu bewegen. Hierdurch erst würden die dem Laufkran-system innewohnenden Vorzüge auch für den Schiffbau voll zur Geltung kommen: rechtwinklig zueinander verlaufende horizontale Lastbewegungen, reichlich großes Arbeitsfeld in Ausdehnung quer- und längsschiffs, absolute Fernhaltung bewegter Konstruktionsteile vom Werftboden und relativ geringe Gewichte der mitzubewegenden Totlasten. Die Werftleitung beabsichtigt denn auch, dem Krane noch eine solche Seitenbewegung zu geben (wie es z. B. auch bei der neuen Krananlage für die Torpedobootausrüstung auf der

Ausrüstungs-Laufkran a. d. Kais. Werft in Kiel (Schenk & Liebe-Harkort).

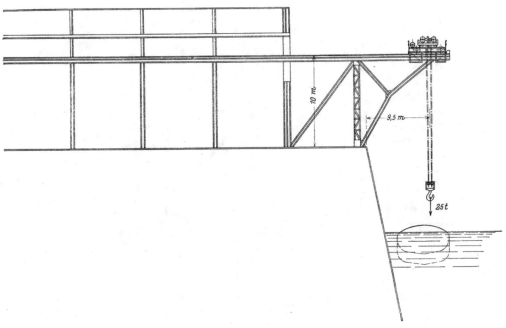

Fig. 35.

Kais. Werft Kiel — nach Skizze 35 — der Fall sein wird). An Stelle eines auf verbreitertem Gerüst ausfahrenden Laufkranes könnte hierzu — aller-dings unter Verzicht auf die Geradlinigkeit der Seitenbewegung — auch nur ein Drehkran auf das vorhandene Gerüst gesetzt werden. Die Benutzung eines solchen würde dagegen wieder das Gute haben, daß dessen Ausleger die Größe des in das Anfahrtsprofil der Schiffe ja störend starr hinein-ragenden Standgerüste wenigstens nicht für die vorkommenden maximalen Ausladungen und Höhen erforderte. Die weitere Annehmlichkeit eines Dreh-kranschnabels beim Arbeiten in Schiffstakelage ist an früherer Stelle schon gewürdigt worden.

Die bisher betrachteten Kranarten gehörten hinsichtlich der Hauptstütz-
konstruktion durchweg dem feststehenden Typus an. Sie hatten entsprechend
dem bei ihrer Benutzung für Ausrüstungszwecke in Frage kommenden Bau

Dampf(Lokomotiv)-Kran a. d. Werft von J. Frerichs & Co. in Einswarden
(Grafton & Co.).

Fig. 36.

stadium des Schiffes ihren Aufstellungsort zweckmäßig in der Nähe der
Maschinenbauwerkstätten, um die Vermittlung zwischen dem Orte der Herstellung und dem des Einbaues der Ausrüstungsgegenstände nach Möglichkeit
zu vereinfachen und zu verbilligen. Die Bedachtnahme hierauf ist natürlich
außerordentlich wichtig; wo diese Forderung noch nicht erfüllt ist, sucht

man ihr, wenn möglich, sogar durch kostspielige bauliche Veränderungen gerecht zu werden. (So sollen z. B. auf der Howaldtswerft künftig die Haupt-
werkstätten des Maschinenbaues in der Nähe des großen Ausrüstungskranes
neu entstehen, der jetzt durch seinen Standort auf der westlichen Mole den
Fabrikationsstätten zu weit entrückt ist.) Von diesem Gesichtspunkte aus
sind natürlich die Krane, die vermöge einer Ortsveränderlichkeit sich nicht
allein den jeweiligen Liegeplätzen der Schiffe am Kai anpassen können,

Dampfdrehkran a. d. Werft von Blohm & Voß in Hamburg (Bechem & Keetman).

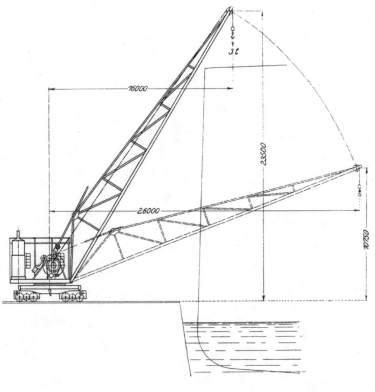

Fig. 37.

sondern die auch das Einbaumaterial von den entferntesten Lagern und
Werkstätten selbst heranschaffen und ganz beliebig über die Montagestelle,
ohne das geringste Verholen der Schiffe, verteilen können, außerordentlich
im Vorteil. Wo man zur Anlage großer und schwerer stationärer Krane
nicht durch direkte oder indirekte Erwägungen wirtschaftlicher Natur veranlaßt wird, wo also weder die konstruktive Rücksichtnahme auf die außerordentliche Größe des maximale Lastmomentes noch die Gründung einer
Fahrbahn die Kosten für die Anlage ortsveränderlicher Krane zu hoch

werden lassen, verwendet man diese denn auch für die Arbeiten der Schiffsausrüstung oft und gern.

Sieht man von den zahllosen kleineren, auf Flur fahrbaren Drehkranen
(Fig. 36) ab, die auf den Werften abwechselnd zu allen möglichen kran- und
lokomotivartigen Arbeiten, auf dem Lagerplatz wie in den Hallen, an der

Fahrbarer Portaldrehkran am Trockendock zu Birkenhead (Bechem & Keetman.)

Fig. 38.

Helling wie an der Ausrüstungsstelle mit außerordentlichem Nutzen und mit-
unter auch recht weitreichendem Arbeitsbereich (Fig. 37) gebraucht werden
— deren nähere Besprechung den Rahmen meines heutigen Vortrages indes
überschreiten würde — so kommt als Bauart für fahrbare Ausrüstungskrane
praktisch fast nur der Portaldrehkran in Frage. Einmal, weil das Portal
beim Verfahren das geringste Hindernis für den Kaiverkehr darstellt, das

andere Mal, weil sich durch das Portal von selbst eine zweckdienliche Vergrößerung der Höhe und der Spurweite bezw. der Standfestigkeit des Krans ergibt. Trotzdem müssen aber für praktische Verhältnisse die Tragkräfte und auch die Abmessungen der fahrbaren Portalkrane hinter denen der vor-

Fahrb. (Drehscheiben-)Hammerkran d. Flensburger Schiffsbaugesellschaft-Flensburg (Bechem & Keetman).

Fig. 39.

besprochenen ortsfesten Riesenkrane noch wesentlich zurückbleiben. Ausführungen wie der in Fig. 38 dargestellte Kran für 40 t Tragfähigkeit bei 24 m Ausladung und 27 m Rollenhöhe, am Trockendock zu Birkenhead, dürften schon mit zu den größten zählen. Über den Einfluß der verschiedenen Auslegerformen und der Lastbewegungsweisen auf den Betrieb wäre bei den fahrbaren Ausrüstungskranen das gleiche zu sagen wie bei den feststehenden. Ich kann mich deshalb hier unter Hinweis auf die Schlußtabelle im großen und ganzen wohl auf die Wiedergabe einiger bemerkenswerter Beispiele beschränken.

Fahrbarer Hammerkran der Flensburger Schiffsbaugesellschaft.

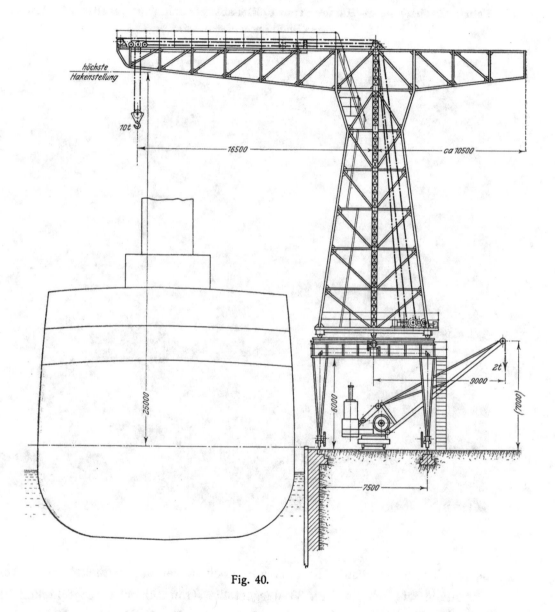

Fig. 40.

Nur Weniges sei noch zu den Figuren bemerkt. Das Ausrüstungs-becken auf der alten (Maschinenbau-) Werft der Flensburger Schiffsbau-gesellschaft (Fig. 39) zeigt neben einem älteren 100 t-Scherenkran mit Dampfantrieb zum Einsetzen der Kessel und schweren Maschinenteile vor allem noch einen modernen elektrischen Kran, der in dem Gerüstaufbau seines drehbaren Oberteiles dem vorbeschriebenen Hammerdrehscheibenkran des Bremer Vulkan gleicht. Dieser von Bechem & Keetman stammende Kran ist fortwährend für die Montage aller kleineren Ausrüstungsgegenstände in Betrieb und arbeitet zweckmäßig sehr schnell. Die zugehörige Zeichnung (Fig. 40) ermöglicht noch einen Vergleich der Größen des Arbeitsbereiches

Fahrbarer Portaldrehkran der Reiherstieg-Schiffswerfte-Hamburg.

Fig. 41.

dieses Kranes und eines der kleinen englischen Dampfdrehkrane der Werft. Die hierbei erkennbare Überlegenheit des Hammerkrans ist um so mehr zu würdigen, als sein Anschaffungspreis von etwa 33000 M. dafür unbedingt ein recht niedriger genannt werden muß.

Zwei andersartige Horizontalausleger-Portalkrane für ganz leichte Ausrüstungsarbeiten sind weiterhin in den Photographien der Reiherstieg-Werfte und der Werft von H. C. Stülcken Sohn in Hamburg (Fig. 41 und 42), zur Anschauung gebracht. Während dieser in seinem äußeren Aufbau den namentlich für Hellingszwecke mit Vorteil gebräuchlichen Turmdrehkranen

gleicht, hat sich jener, wohl aus den genannten verkehrstechnischen Erwägungen heraus, erst später zu seiner heutigen Form entwickelt. Ursprünglich als Hochbahnkran nach Fig. 43 benutzt, ersetzte man später das den
Kaiplatz ständig versperrende Eisengerüst durch ein fahrbares Portal; möglichst nahe an die Uferkante gerückt, so daß sowohl das zu Wasser bezw.
vom Werk II ankommende Material gut hochgenommen und über den ganzen

**Fahrbarer Portal-Turmdrehkran a. d. Werft von H. C. Stülcken Sohn-Hamburg
(Schenck & Liebe-Harkort).**

Fig. 42.

Platz verteilt als auch umgekehrt die anliegenden Schiffe für leichte Montagearbeiten auf ihre ganze Länge hinreichend von dem Lasthaken bestrichen
werden können.

Der bei Dock IV der Kais. Werft Wilhelmshaven arbeitende Drehkran
mit starrem Schrägausleger (Fig. 44) ist vermittels einfacher Einstellung vom
Führerhaus aus für zwei verschiedene Ausladungen und dementsprechende
Höchstbelastungen verwendbar. Er gleicht somit im wesentlichen den beiden
älteren Turmdrehkranen der Werft, die früher zu Schiffbauzwecken an der

Ehemaliger Hochbahn-Drehkran a. d. Reiherstieg-Schiffswerfte (Stuckenholz).

Fig. 43.

Fahrbarer Portalkran der Kais. Werft-Wilhelmshaven (Nagel & Kämp).

Fig. 44.

Helling, jetzt auch zu Reparaturarbeiten in den Docks verwendet werden. Die verhältnismäßig sehr niedrige Bauhöhe dieses insgesamt nur $34^1/_2$ t

Fahrbarer Portal-Wippdrehkran (Stuckenholz).

Fig. 45.

schweren Kranes begünstigt nicht unwesentlich ein Versetzen desselben mit Hilfe des großen Scheren-Schwimmkranes der Werft.

Die mehrfach erwähnten Vorteile eines Auslegerkippschnabels dagegen macht sich wieder der Portal-Drehkran der Fig. 45 zunutze. Hat schon dieser kürzlich von Stuckenholz nach Frankreich gelieferte Kaikran mit 10 m eine recht breite Spur des Portales, so übertrifft ihn hierin doch noch der

Fahrbarer Portal-Drehkran der A.-G. Weser-Bremen (A.-G. Weser).

Fig. 46.

Portaldrehkran der A.-G. Weser (Fig. 46). Hier wird der Kai des Ausrüstungshafens von zwei derart weiten Portalen überspannt, daß der aufgesetzte Drehkran mit Hilfe eigener Fahrbeweglichkeit auch ohne Wippen den Quertransport der Lasten zu bewerkstelligen vermag, und zwar rein horizontal. Die Zurücksetzung des wasserseitigen Portalflusses von der Kaikante

19*

in Verbindung mit einer Fahrbahnauskragung an dem Stützgerüst gestattet es ferner, Gegenstände jederzeit und jederorts beliebig dicht am Wasser ablegen zu können, ohne den Kran weder in seinem Längsfahren zu behindern, noch ihn in der Breite seines Lasthakenbereiches zu beschränken. Auf Grund des weitreichenden Arbeitsfeldes — im vorliegenden Falle ist die

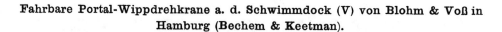

Fahrbare Portal-Wippdrehkrane a. d. Schwimmdock (V) von Blohm & Voß in Hamburg (Bechem & Keetman).

Fig. 47.

Hakenbahn 120 m lang und 18 m breit — sowie der vorteilhaften Arbeitsweise solcher Krane dürfte deren Disposition nach meinem Dafürhalten entschieden als empfehlenswert für leichtere Ausrüstungsanlagen bezeichnet werden. Gleichwohl sind solche Anordnungen, soviel ich weiß, nirgendwo anders anzutreffen.

In Ergänzung der bisher gebrachten Beispiele für die vielfache Anwendung fahrbarer Portaldrehkrane für die Neuausrüstung von Schiffen mögen an dieser Stelle endlich noch die gleichartigen, für Schiffsreparaturzwecke benutzten Krane auf dem neuen 35 000 t-Schwimmdock von Blohm & Voß erwähnt werden, die an sich schon die Selbständigkeit und jederzeitige Arbeitsbereitschaft des Docks außerordentlich erhöhen. Weiterhin kommen die an-

Fahrbarer Hammerdrehkran der Fa. Neugebauer-Hamburg (Beck & Henkel).

Fig. 48.

fangs angegebenen speziellen Systemvorzüge der fahrbaren Portalkrane auch hierbei voll zur Geltung, wie die Photographie Fig. 47 erkennen läßt. Diese zeigt die Krane bei der ersten Dockung des Dampfers „Cleveland" am 13. Februar d. J., dessen Länge 179 m, dessen Breite 19,8 m und dessen Tiefe 15,24 m beträgt.

Als eine eigenartige Abweichung von dem Typus der Fahrportalkrane für Schiffszwecke hat der durch Fig. 48 und 49 illustrierte Kran zu gelten. Bei diesem ist das Stützgerüst des hammerförmigen Auslegers auf ein niedriges Fahrgestell aufgesetzt. Das Verfahren desselben, sowie das Schwenken des Auslegers erfolgt, allerdings entsprechend langsam, durch

Fahrbarer Hammerkran.

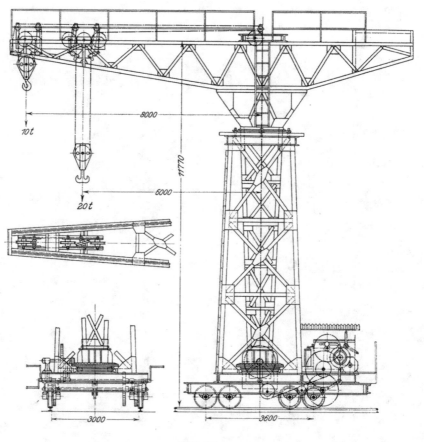

Fig. 49.

Handkurbelantrieb von unten, was im Verein mit der Anordnung zweier fester Ausladungen für die Last eine möglichste Vereinfachung der Konstruktion bewirkt. Der Anschaffungspreis dieses hauptsächlich zum Abrüsten alter Schiffe gebrauchten Krans (20 t × 6 m bezw. 10 t × 8 m) konnte demgemäß auch sehr niedrig gehalten werden. Da auch für das Heben außer einem Elektromotor noch Handbetrieb vorgesehen ist, hat das Windwerk gleichfalls auf dem Unterwagen Aufstellung gefunden.

Die Anpassungsfähigkeit selbst der an Land f a h r b a r e n Ausrüstungskrane an die wechselnden Schiffsliegeplätze ist naturgemäß beschränkt durch
die Ausdehnung und den Verlauf des Kais. Kommen Ankerplätze im freien
Wasser in Frage, so kann nur ein schwimmend-bewegliches Transport-Hebe-
zeug, ein Schwimmkran, aushelfen. Die Notwendigkeit eines solchen stellte
sich schon frühzeitig mit dem anfänglichen Wachsen des Schiffbaues ein;
auch die Tragkraft und Abmessung des Krans wählte man von vornherein
schon recht bedeutend und blieb so mit der Leistungsfähigkeit des Krans in
einem möglichst angemessenen Verhältnis zu den durch den Schwimmkörper
an sich verursachten erheblichen Kosten. Die gleichzeitige Benutzungs-
möglichkeit eines Schwimmkrans für mehrere Schiffe, seine schätzenswerte
Fähigkeit, an alle Seiten der Schiffe heranzukommen und nicht zuletzt seine
beliebige Verwendbarkeit auch zu anderen als Schiffbauarbeiten, zu Ufer-
befestigungen und zu sonstigen Versatz- und Montagearbeiten innerhalb seiner
weitreichenden Wirkungssphäre machen ihn zu einem äußerst wertvollen, fast
universellen Hilfsmittel einer Werft.

Die konstruktive Entwicklung der Schwimmkrane mit ihren daraus
resultierenden Betriebsvorteilen ist daher von nicht geringerem Wert und
Interesse als die der Landkräne. Dieses wirtschaftliche Interesse darf für
uns eine besondere Erhöhung aus nationalem Grunde beanspruchen, da, wie
wir noch sehen werden, gerade in der Schaffung neuartiger und vollkommener Schwimmkrantypen ausschließlich deutsche Firmen bahnbrechend
gewesen sind.

Die ersten Ausführungen und Verbesserungen der Schwimmkrane waren
denen der Landkrane analog: Auf dem Schwimmkörper zuerst ein schräg-
stehendes Zweibein mit fester Ausladung, dann mit Wippbarkeit der geraden
Masten und sodann geknickte Fachwerksausleger. Nur vermochte bei den
schwimmenden Kranen der Elektromotor die Dampfmaschine wegen der Zu-
leitungs- bezw. der Erzeugungsschwierigkeiten des elektrischen Stroms nicht
sobald zu verdrängen, und es erschien ferner wegen der Beweglichkeit des
Pontons eine besondere Drehbarkeit des Auslegers längere Zeit als bei den
Landkranen überflüssig. Hier wie dort konnte sich mit der konstruktiven
Einfachheit der ersten Masten- und Scherenkrane die betriebstechnische Vollkommenheit natürlich nicht immer verbinden. Wo auf jene der Hauptwert
gelegt werden kann, greift man selbst heute noch auf die primitivste Zwei-
bockform zurück.

Schwimmender Mastenkran a. d. Werft des Stettiner Vulkan - Stettin.

Fig. 50.

Während Fig. 50 einen ihrer größten Vertreter aus älterer Zeit auf der Stettiner Werft des „Vulkan" wiedergibt, zeigt z. B. Fig. 51 das Schema einer noch neuen Ausführung. Dieser Kran dient auf der Kaiserlichen Werft Kiel, die im übrigen, wie noch gezeigt wird, ja mit den modernsten und vollkommensten Hebezeugen auch für die Ausrüstung ausgestattet ist, lediglich zur Anbringung von Panzerplatten am Schiffskörper und soll hierbei trotz seiner außerordentlichen Einfachheit seinen Zweck in befriedigender Weise

Schwimmender Zweibein-Kran a. d. Kaiserl. Werft-Kiel (K. Werft-Kiel).

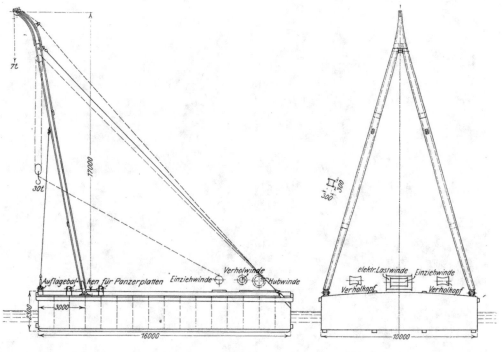

Fig. 51.

erfüllen. Entsprechend dem Gewicht der schwersten Panzerplatten ist der Kran für eine Nutzlast von 30 t berechnet und hat gemäß der Seitenhöhe ausgetauchter Schiffe eine nutzbare Hubhöhe von 12 m. Das Anheben erfolgt durch eine achtern aufgestellte elektrische Winde, das Einholen des unteren Blocks mit Last nach der Mitte des Krans zu einfach mittels Handwinde; desgl. das Verholen des Pontons. Ordnet man für die Zukunft noch eine Kupplung der Verholköpfe mit der Hauptwinde an, so ließe sich der Kran auch noch schneller durch Maschinenkraft verholen. Jedenfalls konnten die Herstellungskosten dieses überaus einfachen Hebe-

Scherenkrane a. d. Kaiserl. Werft-Wilhelmshaven (Gutehoffnungshütte).

Fig. 52.

zeuges, das betriebsfertig, mit 25 t Ballast, 94 t wiegt, mit 30 000 M. auf einer beneidenswerten Tiefe gehalten werden.

Aber selbst in großen Ausführungen mit entsprechend vollkommener Durchbildung der Eisenkonstruktion und der Bewegungsmechanismen sind schwimmende Krane für Ausrüstungszwecke bis vor wenigen Jahren noch fast ausschließlich in Scherenform ausgeführt worden. Außer der Kieler Reichswerft besitzt z. B. auch die Kaiserliche Werft Wilhelmshaven schon seit 1900 solche Krane. Die Fig. 52 läßt Bauart und Verwendungsmöglichkeit derselben bei der Niederlegung des alten, feststehenden Scherenkrans der Werft, im Sommer 1903, erkennen. Durch die Anordnung eines starren Hintermastes mit Spindelverstellung des Fußendes kann die Last hier für längere Transportwege wenigstens schon auf dem Pontondeck sicher abgesetzt und auch um eine ziemliche Breite aus- und eingeschwungen werden. Bei dem mit Fachwerksstreben ausgeführten Wilhelmshavener Krane betragen die Ausladungen des großen Giens für 100 t, von Vorderkante Ponton gemessen, 11 m nach außen und 6 m nach innen, während dessen höchste Hakenstellung 30 m über Wasserspiegel ist. Indes wird beim Arbeiten solcher Krane gegen Schiffswandungen, also bei den eigentlichen Ausrüstungsarbeiten, die Beschränkung der nutzbaren Ausladung durch die geraden Ausleger noch fühlbarer sein als bei den stationären Mastenkranen, weil die Wippachse auf dem Ponton im allgemeinen tiefer als auf dem Kai liegt. Es wuchs die Unzulänglichkeit der Mastenkrane deshalb mehr und mehr mit der Höhe und Breite der zu bedienenden Schiffe. Die Schaffung eines anderen Typus von Schwimmkranen wurde zum zwingenden Bedürfnis.

Bevor ich zur Besprechung der wichtigsten Ausführungsarten solcher moderner und modernster Schwimmkrane übergehe, möchte ich den sichtbaren Fortschritt in der Tragweite der letzteren durch Fig. 53 vor Augen führen. Kaum dürfte krasser die Überlegenheit der neuen Kranform über die alte und damit zugleich die Unzulänglichkeit der letzteren zu zeigen sein, als hier, beim Bau eines der neuesten und größten Ozeanriesen (auf der Werft von Harland und Wolff in Belfast).

Die ersten wesentlichen Maßnahmen, die zur Verbesserung der Schwimmkrane — seitens der Duisburger Maschinenbau-A.-G. vorm. Bechem & Keetman — ergriffen wurden, bestanden in der Einführung einer geknickten oder einer stetig gekrümmten Auslegerform bei starrer Verbindung der bisher getrennten Druck- und Zugstreben zu einem einzigen Gitterträger und gleichzeitig darin, daß die Kippachse dieses Gitterauslegers um ein beträchtliches

Stück von der Vorderkante des Schwimmkastens zurückgesetzt wurde. Hierdurch wurde, wie aus den Fig. 54 u. ff. ersichtlich, nicht nur eine Vergrößerung der Nutzausladung unter Vermeidung eines Zusammenstoßes von Ausleger und Schiffswand erreicht, sondern auch die Möglichkeit geschaffen, die Lasten vor den Kranfüßen auf dem Ponton abzusetzen.

Alter Scherenkran und neuer Wippdrehkran a. d. Werft von Harland & Wolff-Belfast.

Fig. 53.

Eine Beschränkung in den Abmessungen der Lasten, wie sie früher für das Durchschwenken durch das sich verjüngende Zweibein geboten war, fällt nunmehr fort. Bei alledem erfordert die neue Konstruktion außer einem kürzeren, für enges Fahrwasser geeigneteren Schwimmkasten auch noch für den Lastausleger einen geringeren Materialaufwand als die alten Kranmasten, die auf ihre ganze große Länge knickfest sein mußten. Wenn man infolgedessen noch die entschieden und wesentlich niedrigeren Anschaffungskosten der

Schwimmender Wippausleger-Kran der A.-G. Weser-Bremen (Bechem & Keetman).

Fig. 54.

Schwimmkrane nach dem neueren System in Betracht zieht — die z. B. in den Figuren 52 und 55 dargestellten 100-t-Krane verhalten sich, bei zwar viel größerem Ponton des ersteren, aber größerer Ausladung des letzteren, mit

Schwimmender Wippausleger-Kran a. d. Werft von F. Schichau-Danzig (Bechem & Keetman).

Fig. 55.

rund 850 000 bezw. 285 000 M. hinsichtlich dieser Kosten, wenn auch ohne Rücksicht auf die verschiedenen Konjunkturverhältnisse, etwa wie 3 : 1 —, wenn man also alle diese Unterschiede in Betracht zieht, so wird man die zunehmende Bevorzugung des neuen Typs begreiflich finden. Eine Bevorzugung, die, wie wir sehen werden, ebenso bei staatlichen wie bei privaten, als bei inländischen wie ausländischen Werften stattfindet. (Von unseren Kaiserlichen Werften arbeitete bis vor ganz kurzem bloß Danzig, seit 1904, mit einem derartigen Schwimmkran Duisburger Bauart für 100 t Tragkraft bei 12 m größter Nutzausladung.)

Bevor die bis heute fortschreitende Entwicklung dieser neueren Schwimmkrane nach dem Wippauslegersystem weiter verfolgt werden soll, mögen kurz noch die Bestrebungen Erwähnung finden, die durch Benutzung fester bockkranartiger Schwimmgerüste mit horizontallaufenden Katzen die mannigfachen Übelstände der Scherenbauart zu vermeiden suchten. Nach dem Vorgang amerikanischer Werften entschied sich bei uns vor einigen Jahren Klawitter in Danzig zur Anschaffung eines derartigen Schwimmkranes (Fig. 56). Neben dem Umstand, daß bei einem solchen, im Gegensatz zu den Scherenkranen, die Nutzausladung ohne Vergrößerung der Bauhöhe erweitert werden kann und daß sich dabei ohne weiteres die Annehmlichkeit einer horizontalen Lastkatzenbewegung ergiebt, war diesfalls vor allem die Absicht für die Konstruktion bestimmend gewesen, den Kran als möglichst aufnahmefähiges Transportmittel benutzen zu können. Wie die Photographie zu erkennen gibt, werden die Ecken des Pontons von den Füßen der Stützböcke der Katzenbahn eingenommen, die sich in etwa 20 m Höhe über Wasserspiegel in der Längsachse des Pontons erstreckt und durch eine 16 m lange Ausladung mittelgroße Schiffe hinreichend bedienen kann. Ein Wechsel der Arbeitsebene des Kranes wird wegen des starren Kragarmes der Katzfahrbahn allerdings oft ein vorheriges Zurückfahren des Schwimmkörpers aus den Schiffsaufbauten erforderlich machen (mit Hilfe der neben jedem Bockbein aufgestellten Spillköpfe).

Im Gegensatz zum Ausland, wo beispielsweise für österreichische Werften mehrere solcher Schwimmkrane von der Wiener Maschinenfabrik J. von Petravič & Co. gebaut worden sind, hat bei uns in Deutschland diese verladebrückenmäßige Bauart schwimmender Krane, soweit meine Kenntnis reicht, keine weitere Ausführung mehr erfahren; die praktische Entwicklung der Schwimmkrane vollzog sich hier vielmehr ausschließlich in den durch die nacherwähnten Wipp- (Dreh) Auslegerkrane gekennzeichneten Bahnen.

Aus den Abbildungen des 140 t-Schwimmkranes für Swan, Hunter & Wigham Richardson in Wallsend on Tyne (Fig. 57 u. 58) geht außer dem allgemeinen Aufbau des Kranes noch die zweckmäßige Aufstellung des Kessels und der Dampfmaschinen zum Antrieb der Windwerke sowie der Schraubenwellen

hervor. Das außerdem noch erforderliche Gegengewicht wird in der bei den
Scherenkranen üblich gewesenen Weise durch Ballastwasser gebildet, das
symmetrisch in zwei wasserdichten Abteilungen des hinteren Schwimmkörpers
untergebracht werden kann. Ferner erkennt man aus der gestrichelten
Tiefstlage des Auslegers, wie die gebrochene Form desselben sich unüber-
treffbar leicht der Forderung anpassen konnte, daß der Kran trotz seiner

**Schwimmender Bockausleger-Kran der Werft von J. W. Klawitter-Danzig
(Bechem & Keetman).**

Fig. 56.

großen Bauhöhe durch eine verhältnismäßig niedrige Brücke innerhalb seines
Anwendungsgebietes hindurchfahren kann. — Die Zweckmäßigkeit dieser
deutschen Schwimmkranbauart, die zweifellos nicht wenig zum Weltruf
deutscher Kranbaukunst beigetragen hat, hat neuerdings eine recht bezeich-
nende Anerkennung in englischen Fachkreisen übrigens auch darin gefunden,
daß sie sich eine dortige namhafte Kranfirma gewissenhaft zu eigen machte.

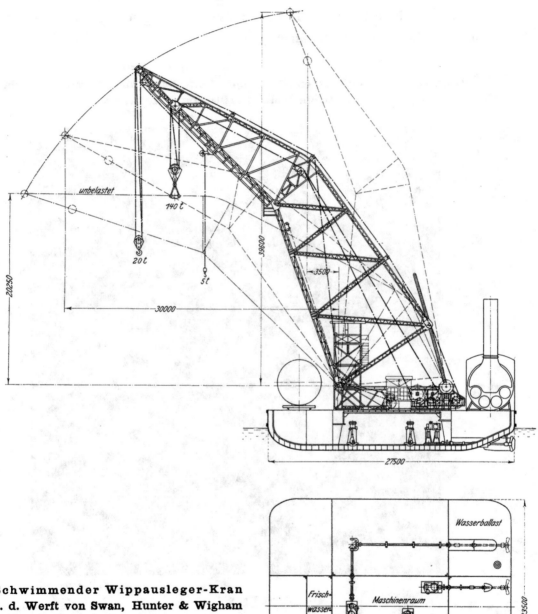

Schwimmender Wippausleger-Kran
a. d. Werft von Swan, Hunter & Wigham
Richardson-Wallsend.

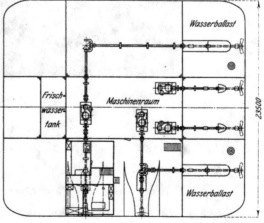

Fig. 57.

Dieser unlängst für die Kawasaki Dockyard Co. in Japan von einer Carlisler Firma gelieferte 150 t-Kran (von 7,95 m kleinster und 29 m größter Ausladung) ist in der prinzipiellen Ausstattung nur insofern einfacher gehalten, als er keine eigene Fahrbewegung hat.

Schwimmender Wippausleger-Kran a. d. Werft von Swan, Hunter & Wigham Richardson-Wallsend (Bechem & Keetman).

Fig. 58.

Von der Hinzunahme einer besonderen Schwenkbewegung glaubte man bei den großen Schwimmkranen sehr lange Zeit ganz absehen [zu sollen. Beim Vorhandensein festliegender Wasserballastkammern standen Rücksichten auf das beim Auslegerschwenken stark gefährdete Horizontalschwimmen des Pontons entgegen, um so mehr, als man für die Neigung desselben früher weniger zuließ als heute, wo man damit bis zu etwa 5 bis 6° geht; auch erschien

Schwimmender Wippdrehausleger-Kran der Hamburg-Amerika-Linie
(Bechem & Keetman).

Fig. 59.

ja ohnedies bei der Manövrierbarkeit des ganzen Schwimmkranes ein besonderer
Drehmechanismus für den Ausleger als eine nicht unbedingt unnötige Komplikation. Die leichteren Ausleger kleinerer Schwimmkrane indes machte man auch
schon vordem drehbar, was ihnen besonders bei länglichen, schiffsähnlichen
Pontons (wie in Fig. 59 der Fall) zustatten kam. Dabei ist vor allem auch

**Schwimmender Wippdrehausleger-Kran der Hamburg-Amerika-Linie
(Aufstellen eines Seilbahnportales).**

Fig. 60.

eine Bedienung der umliegenden großen Deckflächen durch den Kran selbst
möglich, also, bei guter Ausnutzung der Tragfähigkeit des Schwimmkörpers,
für weitere Fahrstrecken ein schnelles Übernehmen und Anbordgeben
schwererer Lasten. Die Fig. 59 bis 61 stellen den 30 t-Dampfschwimmkran
der Hamburg-Amerika-Linie dar. In der Grundform eines Schrägausleger-
Drehkranes mit einspindliger Einziehvorrichtung ist er noch durch das Mittel

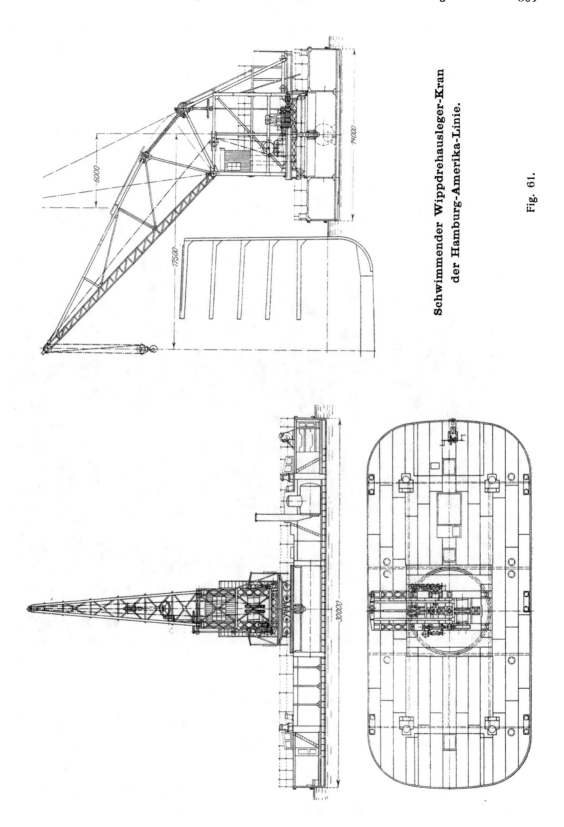

Schwimmender Wippdrehausleger-Kran der Hamburg-Amerika-Linie.

Fig. 61.

zur Aufrechterhaltung einer möglichst wagrechten Pontonlage bemerkenswert. Hierzu dient ein fahrbares Gegengewicht, welches vom Maschinisten
entsprechend den verschiedenen Belastungen nach einer Libelle gesteuert
wird. Es ist jedoch dafür gesorgt, daß auch ohnedem oder gar bei Falsch-

Schwimmender Wippausleger-Kran der Bauinspektion Bremen (Bechem & Keetman).

Fig. 62.

steuern die Stabilität des Kranes voll vorhanden ist. Durch Fig. 60, die
den Kran beim Aufrichten des wasserseitigen Portales der Reiherstieg-Helling-
seilbahn wiedergibt, möge noch die vielseitige Verwendbarkeit schwimmender
Hebezeuge im allgemeinen illustriert werden. —

In bezug auf die Antriebsart, für die bei den Schwimmkranen, wie gesagt,
bis vor kurzem noch allgemein Dampfkraft gebräuchlich war, weist der in

Fig. 62 abgebildete Kran für das Zollausschlußgebiet Bremen eine bemerkenswerte Abweichung auf. Da der Kran nicht ständig arbeitet, auf sofortige Betriebsbereitschaft aber der größte Wert gelegt wurde, wählte man für den Antrieb Benzinmotoren. Zwei solche von je 15 PS. Leistung erteilen dem Ponton eine Geschwindigkeit von 6 km in der Stunde.

Eine Reihe weiterer hervorragender Unterschiede, grundsätzlicher wie baulicher Art, sind erstmalig in dem Schwimmkran verkörpert, den die Benrather Maschinenfabrik im vorigen Jahre an die Werft von Harland & Wolff in Belfast geliefert hat (Fig. 63, 64 und 53). Für die neuartige Verwendung von Elektrizität für die Bewegungsantriebe, die zwar das Mitführen einer kompletten elektrischen Zentrale im Ponton erfordert, sprach neben dem Wunsch nach einer möglichst feinfühligen Steuerung und Bremsung des Windwerkes besonders auch der Vorteil der besseren elektrischen Kraftübertragung nach den im mächtigen Gerüst an verschiedenen Stellen verteilten Windwerken. Der Führer braucht nicht mehr wie bei der direkt wirkenden Dampfmaschine stets in der Nähe des Windwerks belassen zu werden. Es wäre dies hier um so weniger angängig gewesen, als letzteres hier, in einer bei Schwimmkranen besonders zweckdienlichen Weise, am unteren Teil der drehbaren Auslegerglocke angeordnet ist, wodurch es nicht allein den Schwerpunkt der Gesamtkonstruktion tiefer legt, sondern auch gleichzeitig als Gegengewicht gegen die Auslegerkräfte wirkt. Der Führer hat vielmehr seinen Stand in dem dem Ausleger zugekehrten oberen Teile des Drehgerüstes. Die Abstützung des drehbares Teiles durch eine von diesem glockenförmig umschlossene Fachwerkspyramide ergiebt eine schätzenswerte Hochlage der Auslegerkippachse mit einem Freiprofil selbst für die größten Schiffe.

Bei den früher betrachteten Schwimmkranen bestand die Einziehvorrichtung des Auslegers stets in schrägliegenden, dreh- und schwingbar gelagerten Schraubenspindeln. Bei diesen müssen indes recht ungünstige Beanspruchungen auftreten: beim Auslegen des Lastarmes treten zu den normalen Zug- und Torsionsspannungen des Spindelmaterials noch beträchtliche Biegungsanstrengungen, herrührend von dem Eigengewicht der schweren Spindeln; bei eingezogenem Lastarm überdies noch durch die Erzitterungen des freistehenden Endes.

Bei dem vorliegenden Krane, wie auch bei den nachfolgenden, ist dieser Übelstand praktisch dadurch vermieden worden, daß die Spindel, die nur um ihre eigene, vertikale Achse drehbar am Glockengerüst des Kranes gelagert ist, einen die Schraubenmutter bildenden Wagen längs einer starken

Schwimmender Wippdrehausleger-Kran der Werft von Harland & Wolff-Belfast
(Benrath).

Fig. 63.

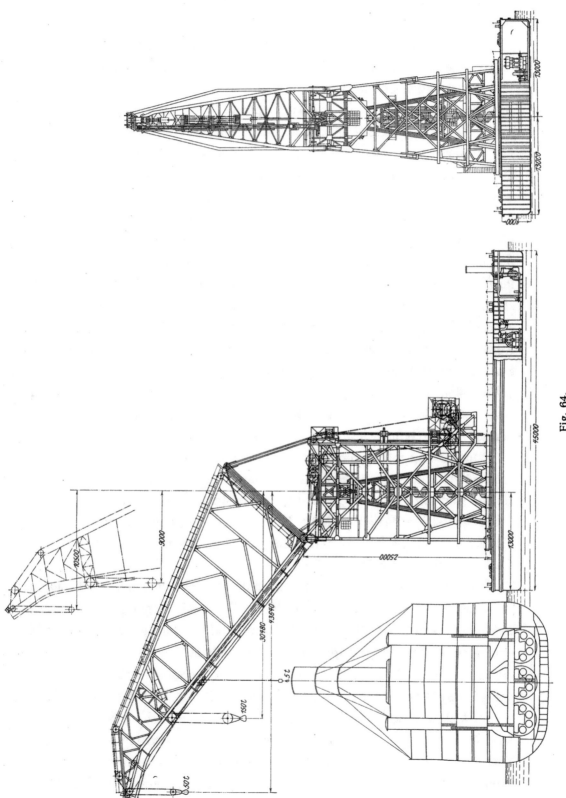

Schwimmender Wippdrehausleger-Kran a. d. Werft von Harland & Wolff-Belfast.

Fig. 64.

Führung am Krangerüst sich verschieben läßt (s. auch Fig. 69), wobei die Bewegung der Mutter weiter durch ein Zwischengestänge auf den Ausleger übertragen wird. Die unter Umständen sehr bedeutende Horizontalkomponente der Stangenkraft wird also lediglich auf die biegungsfesten Träger an der Eisenkonstruktion des Kranes geleitet, während die Spindel selbst von jeder Biegung freibleibt. (Auch die übrigbleibende Zugbeanspruchung der Spindeln durch die Auslegerkräfte läßt sich dabei durch einfache Gewichtsbelastung des Mutterwagens noch reduzieren.) Endlich verdient noch die Aufstellung dieses Benrather Kranes auf dem Schwimmkörper Erwähnung. Er steht nicht, wie sonst üblich, mitten auf dem länglichen Ponton, sondern seitlich derart, daß er von drei Bordkanten einen gleich großen Abstand hat. Die Vorzüge dieser Aufstellung bestehen zunächst in einem Kürzer- und Leichterwerden des Auslegers bei der nämlichen Nutzausladung von drei Bordkanten. Sodann im Gewinn einer größeren Einzelplatzfläche auf dem Pontondeck zum Aufstapeln umfangreicher Ausrüstungsteile, zu welchem Behufe diesfalls, auf speziellen Wunsch der Bestellerin, das Ponton noch besonders lang gemacht worden ist. Endlich läßt sich dabei leicht im Ponton selbst ein festes Gegengewicht unterbringen, das hier so bemessen ist, daß der in der Längsrichtung vollbelastete Kran sich bei einer Windstärke von 50 kg/qm ebenso viel nach vorn neigt, als der unbelastete Kran mit ganz aufgerichtetem Ausleger sich bei 200 kg/qm Winddruck nach rückwärts neigt.

Gleichzeitig mit diesem Kran baute die Benrather Maschinenfabrik einen grundsätzlich übereinstimmenden Schwimmkran für die Kaiserl. Japanische Marine (für 110 t Nutzlast und 42,5 m Größtausladung von Schwenkachse; Gerüstaufstellung jedoch in Mitte Ponton) und jüngst einen ebensolchen für die Hafenbauinspektion Bremerhaven (für 70 t Tragkraft und 41,5 m maximaler Ausladung von Drehmitte).

War jener für die irische Werft gelieferte Schwimmkran in bezug auf seine Höhenabmessungen — seine Spitze liegt bei aufgerichtetem Ausleger mehr als 70 m hoch über dem Wasserspiegel! — bisher wohl der größte existierende Kran überhaupt, der den in Belfast landenden Deutschen als erstes, weithin sichtbares Zeichen heimatlicher Baukunst stolz begrüßt, so ist der gleichfalls von einer deutschen Firma (der Duisburger Maschinenbau-A.-G. vorm. Bechem & Keetman) jetzt an die Kaiserl. Russische Marine für die Baltische Schiffswerft nach St. Petersburg gelieferte Schwimmkran von 200 t Nutz- bezw. 260 t Probelast in Bezug auf Tragkraft wohl der stärkste aller Krane. Seine Abmessungen für Ausladung und Höhe stehen denen des vorigen auch

nicht bedeutend nach. (Fig. 65). Durch den Verzicht auf die Drehbarkeit des Auslegers, der hier nur wippbar auf einem breiten Stützgerüst gelagert ist, konnte der Schwimmkörper allerdings wesentlich kürzer gehalten werden. Ein an der Säule der Stützkonstruktion angebrachter Konsolkran mit schwenkbarem Ausleger ermöglicht jedoch, wenigstens für Lasten bis 6 t, deren Aufnahme bezw. Ablagerung auch außerhalb des eigentlichen Arbeitsbereiches

Schwimmender Wippausleger-Kran der Werft von G. Seebeck-Geestemünde (Guilleaume-Werke).

Fig. 66.

des großen Auslegers. Wie beim Belfaster Kran läuft auch beim Petersburger neben dem Untergurt des Auslegers eine kleine Katze, die leichte Lasten radial versetzen kann, ohne daß das schwere Einziehwerk für den großen Ausleger in Bewegung gesetzt zu werden braucht.

Als allerneueste Ausrüstungskrane, die die im Laufe der Zeit gemachten Fortschritte in sich verkörpern, müssen endlich noch die beiden erst vor wenigen Wochen fertiggestellten Kieler elektrischen 150 t-Schwimmdrehkrane erwähnt werden. Der in Fig. 67 u. 67a dargestellte Benrather Kran für

die Germaniawerft gleicht in der Gerüstausbildung und -aufstellung grundsätzlich wohl dem großen Schwimmkran von Harland & Wolff. Er ist jedoch

**Schwimmender Wippdrehausleger-Kran der Germaniawerft-Kiel beim Aufsetzen
eines Hellingkranes (Benrather Maschinenfabrik).**

Fig. 67.

außer mit eigener Fahrbewegung auch noch mit einer zweiten fahrbaren
Katze ausgestattet, die für Lasten bis 35 t eine einfache Querverschiebung
gestattet und von ihrem angebauten Gerüst aus gleichzeitig eine leichte Re-

Schwimmender Wippdrehausleger-Kran der Germaniawerft-Kiel.

Fig. 67a.

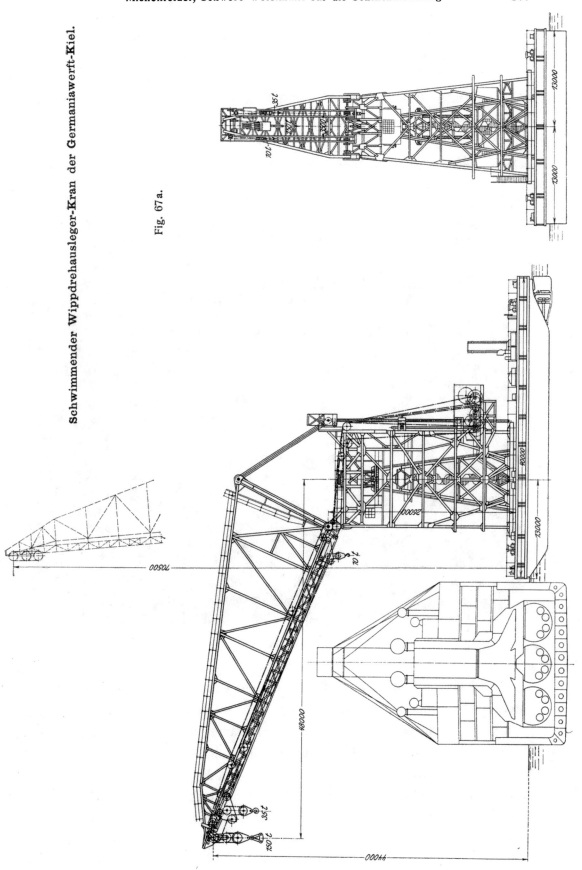

vision des Auslegers ermöglicht. Die Hauptflasche hängt dagegen an der Spitze des sehr kräftigen Lastarmes, so daß sich bis 110 t schwere Gegenstände noch 27 m über das Ponton hinauskippen lassen!

Der andere, für die Kaiserl. Werft Kiel von der Duisburger Maschinenbau-A.-G. gebaute Kran, der in verschiedenen Stellungen und Stadien durch

Schwimmender Wippdrehausleger-Kran der Kaiserl. Werft-Kiel (Bechem & Keetman).

Fig. 68.

die Fig. 68 bis 73 veranschaulicht wird, ergiebt einen weiteren Betriebsvorteil durch die bauliche Maßnahme, daß die drehbare Haube nur soweit herabgeführt ist, um noch genügenden nutzbaren Raum zwischen Pontondeck und Drehring freizulassen. Die Höhenabmessungen sind des weiteren so eingerichtet, daß der Kran trotz seiner maximalen Bauhöhe von mehr als 70 m über Wasserspiegel mit ausgelegtem Lastarm doch fast nur halb so hoch ist (Fig. 72 bezw. 68). Dadurch wird der Kran befähigt, einerseits die neue

Schwimmender Wippdrehausleger-Kran der Kaiserl. Werft-Kiel
(Einsetzen des Spindelwagens).

Fig. 69.

Schwebefähre der Werft, anderseits unter Umständen auch die Brücken des Kaiser-Wilhelm-Kanals zu passieren. Es soll diesem Schwimmkran neben der Durchführung eigentlicher Schiffsausrüstungsarbeiten u. a. auch noch die Aufgabe zufallen, die Bojen an weit verteilten Stellen des Hafens zu verlegen und in Stand zu halten. Zur weiteren Illustrierung der verschiedenartigen Benutzungsmöglichkeiten großer Werftkrane überhaupt kann bei dieser Gelegenheit das Montagebild (Fig. 70) dienen, das den Hammerkran der Howaldts-Werke (die den Schwimmkörper des in Rede stehenden Kranes gebaut haben) beim Hochziehen des Wippauslegers darstellt.

Die elektrischen Triebwerke für sämtliche Kranbewegungen sind — gleichzeitig als Gegengewicht — in einem geräumigen Haus am unteren Teile des Drehhelmes aufgestellt, während sie von dem vorn-oben, beim kombinierten Spur- und Halslager, gelegenen Führerstande aus gesteuert werden. Die Kraftzentrale dagegen ist im Ponton untergebracht; sie besteht außer einer Lichtmaschine aus zwei voneinander unabhängigen Turbogeneratoren.

Die soeben in großen Umrissen vorgeführte Entwicklung und Ausgestaltung schwerer Werftkrane dürfte, im Verein mit den früheren Betrachtungen über Hellingtransporte, zur Genüge haben erkennen lassen, wie eine erhöhte Leistungsfähigkeit im Schiffbau Hand in Hand geht mit der Verwendung sinn- und sachgemäß durchgebildeter Hebe- und Transporteinrichtungen auf der Werft. So wie die Ausstattung der Helling mit zweckdienlichen Leichttransportmitteln den Werdegang des Schiffes in seinem ersten Stadium ungemein begünstigt, so fördern die modernen Schwerlastkrane die Vollendung des Schiffes in technischer und in wirtschaftlicher Beziehung außerordentlich. Während vordem — um bloß eine Wirkung anzuführen — die schweren Schiffsmaschinen nur vorläufig in der Werkstatt montiert, für das Einsetzen ins Schiff aber wieder zerlegt und hier abermals zusammengesetzt werden mußten, kann jetzt, beim Vorhandensein kräftiger und präzis arbeitender Ausrüstungskrane, die ganze Maschine in der Werkstatt endgültig zusammengestellt und vom Kran mit Sicherheit ins Schiff gehoben werden. Der Wegfall jeglicher weiterer Bearbeitung von Maschinenteilen im engen Schiffsraum ergiebt natürlich einen außerordentlichen Gewinn an Zeit, an Geld und an Genauigkeit der Arbeit.

Die bedeutungsvolle Rolle, die moderne Krane in Schiffbau und Schifffahrt unserer Zeit spielen, aber glaube ich zum Schluß noch einmal in ihrer Gesamtheit kaum anschaulicher, kaum überzeugender zum Ausdruck bringen zu können als durch den Hinweis auf das symbolische Hauptgemälde im

Schwimmender Wippdrehausleger-Kran der Kaiserl. Werft-Kiel (Hochziehen des Auslegers durch den Hammerkran der Howaldtswerke).

Fig. 70.

Schwimmender Wippdrehausleger-Kran der Kaiserl. Werft-Kiel.

Fig. 71.

itional information of this book

rbuch der Schiffbautechnischen Gesellschaft; 978-3-642-90184-3; 978-3-642-90184-3_OSFO9)

provided:

://Extras.Springer.com

Hauptgemälde im Sitzungssaale des Hamburger Rathauses. (Prof. Hugo Vogel.)

Fig. 73.

Gruppe	Nr.	Bauart	Verwendungsort	Textabbildungen	Betriebskraft	Größte Nutzlast [Hilfswindwerk] t	Ausladungen von Drehmitte (von Kaikante) der Höchstlast m	überhaupt größte m	kleinste m	Ungefähre Höhe des Auslegers über Flur m	der Stützenkonstruktion über Flur m
	1	Zweibein-Mastenkran	Gebr. Sachsenberg-Roßlau	1	Elektr.	36	12	12 (8)	6 (2)	19	—
	2	Derrick-Gittermastkran	G. Seebeck A.-G.-Bremerhaven	3	Elektr.	35		17	5,5	13[1]	5[2]
	3	Derrick-Gittermastkran	Blohm & Voß-Hamburg	4 5 6	Dampf	150 [30]	17,5	32,5	17,5	36 bis 47	25
	4	Flur-Drehscheibenkran	Hafen-Hamburg	7	Dampf	150	17,3	19,3 (12)	17,3 (10)	31	—
	5	Flur-Drehscheiben-Wippkran	Jos. L. Meyer-Papenburg	8 9	Elektr.	40 [5]	12,4	17,5 (12,5)	8,42 (3,42)	bis 27	—
	6	Hammer-wippdrehkran	K. Marine-Kiautschau	10 11	Elektr.	150 [50]	16,5	27 (25)	8,5 (4,9)	29,9 bis 45,5	17
O r t s f e s t e K r a n a n l a g e n	7	Portal-Drehscheiben-Wippkran	Blohm & Voß-Hamburg	6	Elektr.	50 [8]	18,75	31,5	10,75		
	8	Portal-Drehsäulen-Wippkran	J. Frerichs & Co.-Einswarden	13 14	Elektr.	100 [10]	18,5	21 (16)	8 (3)	35 bis 44	21
	9	Hammer-Drehsäulenkran	Kaiserdock-Bremerhaven	15	Elektr.	150	22	22 (13,5)	8,5 (0)	35	26,2
	10	Hammer-Drehsäulenkran	Howaldtswerke-Kiel	16 17 18	Elektr.	150 [15]	20	42,4 (33,9)	8,5 (0)	47,15	36,5
	11	Portal-Drehscheiben-Wippkran	Eiderwerft Tönning	19 20	Elektr.	75 [10]	20	14 (10,5)	6 (2,5)	22	6
	12	Hammer-Drehsäulenkran	W. Beardmore-Glasgow	21 22	Elektr.	150 50	22	42,5 (33,5)	8,5 (—0,5)	47	36,5
	13	Hammer-Drehglockenkran	Tecklenborg-Bremerhaven	23 24	Elektr.	150 [20 5]	20	47,5 (41,5)	— 32 (— 38)	42,5 bzw. 51[4]	32,75
	14	Hammer-Drehsäulenkran	Germaniawerft-Kiel	26 27	Elektr.	150 [45 1]	22,75	37,65 (28,65)	5,3 (—3,7)	36	24
	15	Hammer-drehsäulenkran	Vickers-Barrow i. F.	31	Elektr.	150 [15]	22	43,35 (34,35)	8,5 (—0,5)	47,6	36
	16	Hammer-Drehscheibenkran	Lübecker Masch. Lübeck	28 29	Elektr.	10	16,5	16,5 (13)	3 (—0,5)	18,1	14,7
	17	Hammer-Drehscheibenkran	Bremer Vulkan-Vegesack	32	Elektr.	100 [7,5]	17	27,72 (20,72)	7,4 (0,4)	27,75	—
	18	Auslegerbockkatze	Gebr. Sachsenberg-Deutz	34	Elektr.	35		11 (9,5)	—11,5 (—13)	9,15	—
	19	Auslegerbock-Laufkran	K. Werft-Kiel	35	Elektr.	25		(9,5)	(—75)	10	—
	20	Laufkran	Yarrow-Scotstoun	33	Elektr.	50		—	—	16	—

[1]) bei max. Ausladung. — [2]) d. h. Wippachse über Flur. — [3]) einschl. Anlegebrücke. — [4]) betr. Hilfsdrehkran. — [5]) ausschl. M 26000.-

Ungefähre Grundfläche der Stützkonstruktion (m)	Heben		Schwenken (1 Umdrehung)		Radialbewegen (Totalverstellung) bezw. Katzfahren		Kranfahren		Ungefähre Anschaffungskosten des kompl. Kranes in Tausenden M. ca.	Jahr der Inbetriebnahme	Erbauer
	m	PS	in Min.	PS	Min. bezw. m	PS	m bezw. kn	PS			
—		7	—	—		(7)	—	—		1905	Gebr. Sachsen[l
	1,5	16	9		23		—	—	18	1897	
—	1,3	120	7	55		55	—	—	165	1897	Bechem & Ke man
Kreisfläche von 13 Ø	0,25		12		—	—	—	—		1887	Stuckenhol
Kreisfläche von 8,5 Ø							—	—	38		Bechem & Ke man
Gleichs. Dreieck von 20 m Seitenlänge	1,5	110	5	2 à 12,5	10	57	—	—	195	1905	Bechem & Ke man
Quadrat 9 × 9	2,1	50	2,25	30		35	—	—	125	1901	Bechem & Ke man
Quadrat 8 × 8	2,4	55	5	20	4	55	—	—	96[5]	1907	Stuckenhol
Quadrat 13 × 13	0,68	2 à 20	7,5	26	8	26	—	—		1901	Benrath
Quadrat 13 × 13	1	75	10	26	8	75	—	—	235[6]	1902	Benrath
Kreisfläche von 6 Ø	1,5	26	1,5	24			—	—	130[3]		Schenck & Lie Harkort
Quadrat 13 × 13	1,52	2 à 52	8	18	7,3	16	—	—	328[7]	1903	Benrath
Quadrat 7,2 × 7,2	1,5	80	6	24	12	2 à 26	30[1]	8,4	253	1908	Benrath
Gleichs. Dreieck von 24 m Seitenlänge	1,5	3 à 35	7	2 à 18	5	12	—	—	240	1902	Bechem & Ke man
Quadrat 13 × 13	1,52	2 à 52	8	18	12	2 à 35	—	—	337[7]	1903	Benrath
Quadrat 6 × 6	12	36	1,2	16	25	16	—	—		1908	Stuckenhol
Kreisfläche 11,3 Ø	1,25	2 à 20	11	2 à 12	8	12	—	—		1900	Benrath
—	1	12	—	—	2	5	—	—		1899	Bechem & Ke man
Spannweite 18 m; Bahnlänge 84 m	1,5	11	—	—	5	5	40	18	15[8]	1910	Schenck & Lie Harkort
Spannweite 28 m	3	50	—	—	30	20	90	50	43	1908	

Gruppe	Nr.	Bauart	Verwendungsort	Text-abbildungen	Betriebs-kraft	Größte Nutzlast [Hilfs-windwerk] t	Ausladungen von Drehmitte (von Kaikante) der Höchstlast m	überhaupt größte m	kleinste m	Ungefähre Höhe des Auslegers über Flur m	der Stützenkonstruktion über Flur m
	21	Portal-Hammer-Drehscheibenkran	Flensburger Schiffsbauges.-Flensburg	39 40	Elektr.	10	16,5	16,5 (12)	6 (1,5)	26,5	7
	22	Portal-Glockendrehkran	Reiherstieg-Schiffswerfte-Hamburg	41 43	Elektr.	3	13,5	13,5 (11)	3,5 (1)	10,5	6 [1])
zu Lande	23	Portal-Drehscheibenkran	Tranmere Co.-Birkenhead	38	Elektr.	40	23,8	23,8 (18)	—	27	8
	24	Schrägausleger-Glockenkran	K. Werft-Wilhelmshaven	44	Elektr.	10 [6]	9	15,5	9		
	25	Portal-Fahr-Drehkran	A.-G. Weser-Bremen	46	Elektr.	5	11	11 (12,5)	— (4,17)	20,5	7,6
	26	Portal-Drehscheibenwippkran	Le Havre	45	Elektr.	30 [10]	20,3	26,5 (19,5)	15 (8)	31,5	10
	27	(Wagen-) Hammer-Drehsäulenkran	Neugebauer-Hamburg	48 49	Elektr.	20	6	8	6	11,77	8,9
	28	Zweibein-kran	K. Werft-Kiel	51	Elektr.	30 [7]	3			17	—
	29	Scheren-Gitter-mastkran	K. Werft-Wilhelmshaven	52	Dampf	100 [30 8]	11	12,8	— 6		—
	30	Auslegerbock-kran	Klawitter-Danzig	56	Dampf	60 [10 5]	10	16	— 18	18	—
	31	Wippausleger-kran	K. Werft-Danzig		Dampf	100 [20 1,5]	19,7	(23,5)	4	48	—
	32	Wippausleger-kran	Schichau-Danzig	55	Dampf	100 [20 2,5]	19,7	19,7 (11,5)		50	—
	33	Wippausleger-kran	Swan, Hunter-Wallsend	57 58	Dampf	140 [20 5]	17,7	30 (22,5)	3,5 (— 4)	42,5	2,5
	34	Wippausleger-kran	G. Seebeck-Bremerhaven	66	Dampf	100 [15]	12,4	33 (30,75)	12,4 (10,15)	44	—
	35	Wippausleger-Drehscheibenkran	Hamburg-Amerika-Linie	59 60 61	Dampf	30	17,5	17,5 (10,5)	6 (— 1)	29	—
	36	Wippausleger-kran	Bauinspektion-Bremen	62	Benzin	12,5	15,2	19,2 (13,7)	2,4 (—2,9)		—
zu Wasser	37	(Stützgerüst-) Wippauslegerkran	Baltische Schiffs-werft-St.Petersburg	65	Dampf	200 [20 6 6]	(10,5) [3])	41,12 (34,12)	3,5 (—3,5)	61	15
	38	Wippdrehauslegerkran	Harland & Wolff-Belfast	53 63 64	Elektr.	150 [50 5]	30,5	43,64 (30,64)	9 (— 4)	68,5	20
	39	Wippdrehauslegerkran	Japan. Marine-Tokio		Elektr.	110 [20]	18	42,5 (31,6)	9 (—1,87)	60	16
	40	Wippdrehauslegerkran	Hafenbauinspektion-Bremerhaven		Elektr.	70 [10]	23	(27)	— 4	63,5	17,5
	41	Wippdrehauslegerkran	Germaniawerft-Kiel		Elektr.	150 [35 10]	30	45 (32)		74,5	20
	42	Wippdrehauslegerkran	K. Werft-Kiel	68 69 70 71 72 73	Elektr.	150 [30 10]	19	44,3 (33,3)	6,5 (—4,5)	68,5	23

Die linke Randbeschriftung: Ortsveränderliche Krananlagen

[1]) d. i. lichte Portalhöhe. — [2]) von Hand. — [3]) d. i. über Pontonkante.

Ungefähre Grundfläche der Stützkonstruktion	Minutliche Geschwindigkeiten bei Höchstlast bezw. Motorstärken								Ungefähre Anschaffungskosten des kompl. Kranes in Tausenden M ca.	Jahr der Inbetriebnahme	Erbauer
	Heben		Schwenken (1 Umdrehung)		Radialbewegen (Totalverstellung) bezw. Katzfahren		Kranfahren				
(m)	m	PS	in Min.	PS	Min. bezw. m	PS	m bezw. kn	PS	M ca.		
Spurweite 7,5 Radstand	15	41	2	9,1	30	9,1	20	9,1	33	1904	Bechem & Kee t-man
Spurweite 4,34 Radstand 4,5	5,6	5	0,7	(5)	15	1,5					Stuckenholz
Spurweite 7 Radstand 9	3	40	1,9	30	—	—	15	30	90		Bechem & Keet-man
	10		1,5		—	—	45		27		Nagel & Kämp
Spurweite 11 Radstand 7	6	14	2,3	6	9	6,8	11,3	6,8		1905	A.-G. Weser
Spurweite 10 Radstand 8	4	41	2	19,3	4	19,3	10	19,3		1909	Stuckenholz
Spurweite 3 Radstand 3,6	1,2	8,4	—[2]	—	—		—[2]		16	1905	Beck & Henkel
Länge 16 Breite 10 Höhe 2,05		23,6	—	—	—[2]		—[2]		30	1908	K. Werft-Kiel
Länge 46 Breite 18 Höhe 3	1		—	—	15		4		847	1900	Gutehoffnungshütte
Länge 22,16 Breite 15,5 Höhe 3	1	25	—	—	8	25	—	—	150	1903	Bechem & Keet-man
Länge 27 Breite 20 Höhe 3	1,5		—	—			2 à 60			1904	Bechem & Keet-man
Länge 27 Breite 20 Höhe 3,5	1,5	120	—	—	12	(120)	—	—	285	1905	Bechem & Keet-man
Länge 27,5 Breite 23,5 Höhe 4,25	1,2	120	—	—	15	(120)	—	—	450	1904	Bechem & Keet-man
Länge 24,5 Breite 19 Höhe 3,25	1,5	125	—	—	7		—	—		1909	Guilleaumewerke
Länge 30 Breite 14 Höhe 2,7	3	35	2	35	10	35	—	—	150	1901	Bechem & Keet-man
	8	40	—	—	6		3,5	2 à 15	95		Bechem & Keet-man
Länge 30,5 Breite 23 Höhe 4,7	1	120	—	—	22		—	—	575	1909	Bechem & Keet-man
Länge 45 Breite 26 Höhe 4	1,52	(2 à 90)	6	2 à 13	3,5	2 à 90	—	—		1908	Benrath
Länge 40 Breite 22 Höhe 3,75	1,52	(2 à 55)	6	17	8	2 à 55	4	2 à 125		1908	Benrath
Länge 36,5 Breite 20 Höhe 3,5	2,1	(2 à 55)	4	24	6,5	2 à 55	5	2 à 125		1909	Benrath
Länge 40 Breite 26 Höhe 4,5	1,6	(2 à 67,5)	6,5	2 à 17	15	2 à 67,5		2 à 125		1909	Benrath
Länge 40 Breite 24 Höhe 4	1,1		5		15		4			1909	Bechem & Keet-man

Sitzungssaale des Hamburger Rathauses. In trefflich - bezeichnender Weise sieht man dort ebenbürtig neben den stolzen Schiffen, denen unsere mächtige Hansastadt ihre Weltstellung verdankt, in emsiger Arbeit die schnellen und die schweren Krane, als die kraftvollen Förderer der Schiffe in ihren jungen, in ihren gesunden und kranken Tagen.

So wie aber die bisherige Entwicklung der Werftkrane ihren stärksten Impuls und Rückhalt nach dem Gesagten zweifellos in dem erfreulichen Aufschwung gerade unseres deutschen Schiffbaues gehabt hat, so mögen auch in Zukunft unsere heimischen Werften für eine stets einwandfreie Bewältigung ihrer wachsenden Aufträge den Kranbau fortdauernd vor Aufgaben stellen können, deren erfolgreiche Lösung nicht zuletzt dazu beitragen wird, die Leistungsfähigkeit und die Vorrangstellung deutscher Werften zu sichern!

Diskussion.

Seine Königliche Hoheit der Großherzog von Oldenburg:

Ich stelle den Vortrag zur Diskussion für unsere Mitglieder. Es meldet sich niemand. Dann danke ich dem Herrn Vortragenden für seinen mühevoll ausgearbeiteten Vortrag. Wir haben ja im vorigen Jahre schon einen Vortrag aus diesem Gebiet gehört und haben auch heute gesehen, welche großen Fortschritte auf diesem Gebiet gemacht worden sind. Hoffentlich schreiten wir auch weiter darin fort.

XII. Fabrikorganisation mit spezieller Berücksichtigung der Anforderungen der Werftbetriebe.

Vorgetragen von Diplom-Ingenieur L. Gümbel-Bremen.

Übersicht.

I. Organisation im allgemeinen.
  1. Aufgabe und Wesen der Organisation.
  2. Bedingungen für die Ausbildung einer Organisation.

II. Fabrikbetriebe im allgemeinen.
  1. Aufgabe und Wesen einer Fabrik.
  2. Äußere Form eines Fabrikunternehmens.

III. Die äußere Organisation eines Fabrikbetriebes, speziell einer Werft.
  1. Allgemeine Gliederung eines Fabrikbetriebes.
  2. Spezielle Gliederung eines Werftbetriebes.
  3. Gegenseitiges Verhältnis der einzelnen Betriebe.
  4. Die Betriebsbureaus.

IV. Der Geschäftsgang.
  1. Geschäftsgang der Betriebe untereinander.
  2. Anknüpfung des Geschäftsganges nach außen.

V. Der Arbeitsauftrag.
  1. Arbeitsauftrag an die Betriebsleiter.
  2. Arbeitsauftrag des Betriebsleiters an den Arbeiter.

VI. Lohn- und Akkordeinrichtungen.
  1. Das Bureau des Abteilungsvorstandes.
  2. Die Tageskarte.
  3. Die Arbeitskarte.
  4. Benutzung der Tages- und Arbeitskarten für Abrechnungszwecke.
  5. Die Arbeitskarte als Beleg für Zeichnungen und Materialausgabe.
  6. Die Beikarte zur Arbeitskarte.
  7. Verwendung der Arbeitskarte für die Einzelabrechnung und Akkordeinrichtung.

VII. Die besondere Bedeutung der Lagerverwaltung.
    1. Gliederung der Lager.
    2. Verhältnis der Betriebe zu den Warenlagern.
    3. Die der Lagerverwaltung unterstellten Betriebe: Einkauf, Laboratorium, Abfertigung.
VIII. Die technischen Bureaus.
    1. Das technische Bureau als produktiver Betrieb.
    2. Verhältnis des technischen Bureaus zu den ausführenden Betrieben.
IX. Die Aufgaben der Geschäftsleitung.
X. Die Buchführung.
    1. Allgemeines.
    2. Einrichtung der Bücher.
    3. Über Sammelmappen, Saldomappen und Formulare.
XI. Die Konten des Hauptbuches.
XII. Die Gliederung der Hauptbuchkonten.
    1. Das Kontenverzeichnis.
    2. Das Anlagekonto.
    3. Das Unkostenkonto.
    4. Das Fabrikationskonto.
    5. Das Material- und Warenkonto.
    6. Das Verrechnungskonto.
    7. Das Ausschuß- und Garantiefondskonto.
    8. Schlußbetrachtung.
XIII. Die Selbstkosten.
    1. Allgemeines.
    2. Verteilung der produktiven Löhne auf Fabrikationskonto.
    3. Verteilung der Materialien auf Fabrikationskonto.
    4. Zuschlag für Lagerverwaltung.
    5. Abbrand und Abfall.
    6. Verteilung der Unkosten auf Fabrikationskonto.
    7. Die Selbstkosten der Gießereibetriebe.
    8. Die Einzelabrechnung.
XIV. Verrechnete und effektive Selbstkosten.
    1. Das Differenzkonto.
    2. Abhängigkeit der Selbstkosten vom Umsatz: Die Rentabilitätsberechnung.
XV. Festsetzung des niedrigsten Verkaufspreises.
XVI. Der Abschluß.
    1. Allgemeines.
    2. Material- und Warenkonto.
    3. Unkostenkonto.
    4. Fabrikationskonto.
    5. Differenzkonto.
    6. Bilanz.
    7. Inventur.
XVII. Die Statistik.
XVIII. Zusammenhang zwischen Fabrikorganisation und Verkaufsorganisation.
XIX. Schlußbetrachtung.

I.

Organisation im allgemeinen.

1. Aufgabe und Wesen der Organisation.

Aufgabe einer jeden Organisation ist es, Einrichtungen zu treffen, welche das Zusammenarbeiten einer Mehrheit an einem gemeinsamen Ziele regeln.

Jede Organisation muß sich dem Organismus, für welchen sie bestimmt ist, in allen seinen Eigenheiten anpassen und die einzelnen Glieder des Organismus an den Stellen zum Arbeiten bringen, an welchen dieselben ihre größte Leistungsfähigkeit zu entfalten imstande sind.

Eine Organisation, welche den Arbeiter von seiner Arbeit abhält, z. B. durch ihm nicht zukommende Schreibarbeit, durch mangelhafte Disposition der Materialausgabe usw. oder den Vorgesetzten zwingt, eine Arbeit zu tun, welche der Untergebene bereits hätte ausführen können und so den Vorgesetzten seiner höherwertigen Bestimmung entzieht, ist unrichtig.

Jede Organisation muß sich organisch aufbauen, ein Glied muß sich an das andere reihen und jedes Glied sich als ein Teil des Ganzen, nicht etwa als ein Glied eines Einzelteiles, z. B. des Maschinenbaues oder des Schiffbaues fühlen.

Eine einmal aufgewendete, insbesonders geistige Arbeit soll nicht nochmals an anderer Stelle neu geleistet werden müssen; das Resultat der erstmaligen Arbeit ist — als Vermögensbestandteil — so festzulegen, daß die zweite Arbeit unmittelbar an die erstgeleistete anschließen kann.

Schon die Anlage der Fabrik muß diesem organischen Aufbau entsprechen und der Möglichkeit, daß eine Arbeit den aufeinanderfolgenden Arbeitsprozessen entsprechend durch die Werkstätten läuft, Rechnung tragen.

Der Geschäftsgang in der Fabrik muß so geleitet sein, daß jede Funktion nur einmal und nur an einer Stelle ausgeübt wird; es darf nur von einer Stelle Aufgabe nach der Werkstatt gemacht, nur von einer Stelle angeboten, nur von einer Stelle eingekauft, nur von einer Stelle gekauft werden.

Das Geschäftsergebnis muß sich aus dem organischen und systematischen Aufbau der Einzelunterlagen eindeutig ergeben; die Geschäftslage darf nur auf Grund einer einheitlichen Anschauung beurteilt werden; es ist unrichtig, wenn der Buchhalter bei der Anlage seiner Bücher andere Gesichtspunkte walten läßt, als sie für den Betriebsleiter zur Beurteilung seines Betriebes erforderlich sind, oder der Betriebsleiter sein Akkordwesen so aufbaut, daß es nicht zugleich für die buchhalterischen Zwecke der Lohnverrechnung mit ausgenutzt werden kann usw.

Jede Organisation muß derart beschaffen sein, daß der Organismus Fehler aus sich selbst heraus aufzudecken und auszumerzen imstande ist. Wo äußere Kontrollsysteme zur Aufrechterhaltung der Ordnung des Betriebes erforderlich sind, ist stets das Merkmal eines nicht aus sich selbst heraus lebensfähigen Organismus gegeben.

Der Organisationsplan ist das Gesetzbuch jedes Fabrikunternehmens. Wie ein gutes Gesetz, so beweist eine gute Organisation sich darin, daß sie nicht als Zwang empfunden wird, sondern lediglich als Schutz gegen Unordnung und Willkür. Sie schafft jedem einzelnen seinen bestimmten Wirkungskreis, gibt jedem neben seinen Pflichten seine Rechte und verleiht allen die Sicherheit des gemeinsamen Erfolges.

2. Bedingungen für die Ausbildung einer Organisation.

Für die Ausbildung jeder Organisation, welche dem Wesen und den Aufgaben einer solchen gerecht werden will, wird man eine Reihe von Bedingungen zu beachten haben:

Alle organisatorischen Einrichtungen können nicht kopiert werden; man kann für dieselben nur die maßgebenden Gesichtspunkte aufstellen, die Form der Organisation wird jedoch in jedem Betriebe verschieden sein.

Die Ausbildung der Organisation eines Betriebes kann nur durch denjenigen erfolgen, welcher alle Details des Betriebes kennt.

Bei Einführung einer neuen Organisation knüpfe man zunächst an das Bestehende an und entwickele die Organisation mit dem sich entwickelnden Verständnis seiner Mitarbeiter.

Man sei sich klar darüber, daß eine Organisation nur dann von Erfolg begleitet sein kann, wenn alle Mitarbeiter am gleichen Strange

ziehen; man bespreche daher die Grundzüge der Organisation vor Einführung
mit den einzelnen Mitarbeitern und gebe — etwa durch schriftliche Herausgabe des Organisationsplanes — jedermann Gelegenheit, Bedenken rechtzeitig zur Geltung zu bringen.

Wenn die Einführung einer bestimmten Organisation nach weitmöglichster
Klärung aller Vorfragen beschlossen ist, so dringe man mit aller
Strenge auf pünktliche Innehaltung der aufgestellten
Regeln. Die Geschäftsleitung gehe hier mit gutem Beispiel voran und
glaube nicht, daß die von ihr aufgestellten Gesetze für sie selbst nicht
bindend seien. Eine einmal eingeführte Organisation ist die Vorgesetzte auch der Geschäftsleitung.

Man erwarte nicht, daß eine neu eingeführte Organisation sofort fehlerlos arbeite; man beachte jedoch sorgfältig
alle auftretenden Fehler und suche deren inneren Zusammenhang mit der
Organisation zu ergründen. Man hüte sich, solche Fehler durch
Mittel beseitigen zu wollen, welche nicht in den Rahmen
der Organisation passen; denn wenn diese Mittel an sich auch
einfach sein mögen, so können sie doch, wenn nicht der Organisation angepaßt, die Organisation als Ganzes verwirren.

Man sei sich bei Einführung einer Organisation klar darüber, daß jede
Organisation mit Unkosten verbunden ist. Man vergesse
jedoch nicht, daß diesen sichtbaren Aufwendungen für die Organisation die
durch die Organisation erzielten Erfolge: Ordnung, Überblick und
Sicherheit gegenüberstehen, wenn sich auch diese Erfolge nicht
direkt in Geldwert ausdrücken lassen.

II.

Fabrikbetriebe im allgemeinen.

1. Aufgabe und Wesen einer Fabrik.

Aufgabe und Wesen jedes Handelsgewerbes bildet
die möglichst günstige Verzinsung des das Geschäfts-
vermögen bildenden Kapitals: in Warengeschäften durch
möglichst günstigen Verkauf einer im wesentlichen in gleicher Form gekauften Ware, in Fabrikgeschäften durch Verarbeitung und
Wertverbesserung von Rohstoffen.

Der Begriff der Wertverbesserung allein deckt noch nicht vollkommen den Begriff einer Fabrik. Bedingung für das Vorhandensein eines Fabrikbetriebes ist vielmehr noch das Zusammenarbeiten einer Mehrheit von Arbeitern in besonderen eigens für den Fabrikbetrieb hergerichteten Werkstätten.

Die Organisation eines Fabrikbetriebes wird sich mit den Einrichtungen zu beschäftigen haben, welche das Zusammenarbeiten dieser gegliederten Mehrheit an dem gemeinsamen Ziele regeln, und mit den Vorkehrungen, welche zum Nachweis des erzielten Erfolges erforderlich sind.

2. Äußere Form eines Fabrikunternehmens.

Die äußere Form eines Fabrikunternehmens ist verschieden nach den Besitzern des in der Fabrik arbeitenden Kapitals.

Man unterscheidet Kaufleute mit oder ohne Gesellschafter, offene Handelsgesellschaften, Kommanditgesellschaften, Aktiengesellschaften, Kommanditgesellschaft auf Aktien, Gesellschaften mit beschränkter Haftung. Die Fabrikorganisation selbst ist jedoch im allgemeinen unabhängig von der äußeren Form der Fabrik, und die äußere Form des Fabrikunternehmens könnte deshalb in den späteren Betrachtungen unberücksichtigt bleiben. Im Hinblick jedoch darauf, daß das Handelsgesetzbuch je nach der Form der Unternehmung beim Nachweis des Geschäftserfolges gewisse Unterscheidungen vornimmt, soll im Folgenden angenommen werden, daß es sich bei der hier zu besprechenden Fabrikorganisation um einen Aktienverein — Aktiengesellschaften oder Kommanditgesellschaft auf Aktien — handelt. Dieses erscheint schon dadurch gerechtfertigt, dass die Aktienvereine heute die bei weitem wichtigste Form kapitalistischer Produktionsunternehmungen sind, und die für sie geltenden gesetzlichen Bestimmungen als durchaus mit den auch für den Einzelkaufmann gültigen Grundsätzen übereinstimmend anzusehen sind.

III.
Die äußere Organisation eines Fabrikbetriebes, speziell einer Werft.

1. Allgemeine Gliederung eines Fabrikbetriebes.

Jede Fabrik setzt sich aus einzelnen Betrieben zusammen und zwar kann man die Betriebe teilen in produktive Betriebe, in welchen durch Umformung von Rohstoffen oder Leistung produktiver Arbeit Verkaufs- oder Anlagewerte geschaffen werden, und u n p r o d u k t i v e B e t r i e b e , deren Arbeitsleistung sich nicht direkt auf die Herstellung verkaufsfähiger Waren bezieht, sondern deren Tätigkeit nur indirekt der zu verkaufenden Ware zugute kommt.

2. Spezielle Gliederung eines Werftbetriebes.

Unsere speziellen Betrachtungen sollen der O r g a n i s a t i o n   v o n W e r f t b e t r i e b e n gelten.

Unter Werft verstand man zur Zeit, da noch der Holzschiffbau das Feld beherrschte, lediglich Schiffbauanstalten. Seit der Segler dem Dampfschiff und der Holzschiffbau dem Eisenschiffbau gewichen ist, haben sich an die Schiffbauanstalten alle diejenigen Betriebe angegliedert, welche zur vollständigen Herstellung und Ausrüstung eines modernen Schiffes erforderlich sind, wie Maschinenbauanstalten, Gießereien, Kesselschmieden usw.

Heute sind sämtliche deutsche Werften, welche Aktienvereine sind gleichzeitig Schiff- und Maschinenbauanstalten, und nur wenige im Privatbesitz befindliche Werften beschränken sich noch heute allein auf den Schiffbau.

U n s e r e   B e t r a c h t u n g e n   s o l l e n   s i c h   d e s h a l b   a u f   d i e O r g a n i s a t i o n   e i n e r   m o d e r n e n   W e r f t   m i t   i h r e n   m a n n i g - f a c h e n   U n t e r b e t r i e b e n   e r s t r e c k e n , an welche infolge dieser Vielgliedrigkeit die allerhöchsten Anforderungen zu stellen sind.

Als p r o d u k t i v e   B e t r i e b e einer Werft kommen in Frage:

Dockbetrieb (Db),
Eisengießereiformerei (Egf.),
Eisengießereikernmacherei (Egk.),
Eisengießereiputzerei (Egp.),
Eisengießereischmelzerei (Egsch),
Elektrikerwerkstatt (Elw.),
Härterei (Ht),
Hammerschmiede (Hsch.),
Helgenbetrieb (Hbt.),
Kesselschmiede (Ksch.),
Klempnerei (Klp.),
Kraftstation (Krst.),

Kupferschmiede (Kusch.),
Laboratorium (Lab.),
Lagerverwaltung (Lag. Verw.) mit
    den folgenden Einzellagern:
Altmaterialienlager (Lag. Alt.),
Ausrüstungslager (Lag. Aus.),
Lager der Bureaubedarfsartikel (Lag.
    B.B.),
Lager für elektrische Bedarfsartikel
    (Lag. El. B.),
Lager der Gießereibedarfsartikel(Lag.
    G.B. B),

Holzlager (Lag. H.),

Lager feuergefährlicher Gegenstände (Lag. Fg. G.),

Holzlager für Modelltischlerei (Lag. Mtsch.),

Kohlenlager (Lag. K.),

Lager für Maschinenbaubedarfs- artikel (Lag. M.B.),

Roheisenlager (Lag. R.),

Platten- und Profillager (Lag. P.P.),

Lager für Schiffbaubedarfsartikel (Lag. S.B.),

Lichtpauserei (L.P),

Malerei (Mal.),

Maschinenbauwerkstatt (M.W.),

Metallgießereiformerei (Mgf.),

Metallgießereikernmacherei (Mgk.),

Metallgießereiputzerei (Mgp.),

Metallgießereischmelzerei (Mgsch.),

Modelltischlerei (Mtsch.),

Photographisches Atelier (Ph. A.),

Sägerei (Säg.),

Schiffbauwerkstatt (Swst.),

Schiffsschlosserei (Sschl.),

Schiffsschmiede (Sschm.),

Schiffstischlerei (Stschl.),

Schiffszimmerei (Sz),

Schmiede und Gesenkschmiede (Schm.),

Schnürboden (Schnb.),

Schweißerei (Schwß.),

Segelmacherei und Taklerei (Slm.),

Stahlgießereiformerei (Stgf.),

Stahlgießereikernmacherei (Stgk.),

Stahlgießereiputzerei (Stgp.),

Stahlgießereischmelzerei (Stgsch.),

Technisches Bureau Allgemeiner Maschinenbau (T.B.A.M.),

Technisches Bureau Schiffbau (T.B.S.),

Technisches Bureau Schiffsmaschinen- bau (T.B.S.M.),

Verzinkerei (Vz.),

Werkzeugmacherei (Wzm.),

Als unproduktive Betriebe kommen in Frage:

Abfertigung (Abf.),

Allgemeine Korrespondenz (A.K),

Buchhalterei (Bchh.),

Einkaufswesen (Ekf.),

Feuerwache (Fw.),

Höfe (Hf.),

Kalkulation (Klk.),

Kantine (Kant.),

Kasse (K.),

Krankenkasse (Kk.),

Literarisches Bureau (Lit.),

Modellager (Ml.),

Registratur (Reg.),

Verkaufswesen (Verk.),

Verkehrswesen (Vw.),

Verwaltung (Vwlt.),

Waschraum der Gießereibetriebe (Wgs.),

Waschraum der Maschinenbaube- triebe (Wmb.),

Waschraum der Schiffbaubetriebe (Ws.),

Werfthafen (Wh.).

Diese Betriebe seien u n t e r g e b r a c h t   i n   E i n z e l g e b ä u d e n wie folgt:

Ausrüstungslagergebäude (Geb. Lag.),

 darin untergebracht: Ausrüstungslager,

         Bureau der Lagerverwaltung,

         Einkaufswesen.

Eisengießereigebäude (Geb. Eg.),

 darin untergebracht: Eisengießereibetriebe,

         Stahlgießereibetriebe,

         Schweißerei,

         Waschraum der Gießereibetriebe,

         Lager für Gießereibedarfsartikel,

         Laboratorium.

Gebäude der Abfertigung (Geb. Abf.),

 darin untergebracht: Abfertigung.

Gebäude der Kraftstation (Geb. Krst.),

 darin untergebracht: Kraftstation.

Gebäude der Feuerwache (Geb. Fw.),

 darin untergebracht: Feuerwache.

Höfe (Hf.),

 darin untergebracht: Altmaterialienlager,

         Platten- und Profillager,

         Kohlenlager,

         Roheisenlager,

         Lager für feuergefährliche Gegenstände.

Holzlagergebäude (Geb. Lag. H.),

 darin untergebracht: Holzlager,

         Sägerei.

Gebäude der Kantine (Geb. Kant.).

 darin untergebracht: Kantine.

Malerwerkstattsgebäude (Geb. Mal.),

 darin untergebracht: Malerei.

Kupferschmiedegebäude (Geb. Kusch.),

 darin untergebracht: Kupferschmiede,

         Klempnerei.

Kesselschmiedegebäude (Geb. Ksch.),
        darin untergebracht: Kesselschmiede,
                                    Verzinkerei.

Maschinenbau-Werkstattsgebäude (Geb. M. W.),
        darin untergebracht: Maschinenbauwerkstatt,
                                    Werkzeugmacherei,
                                    Elektrikerwerkstatt,
                                    Härterei,
                                    Waschraum für Maschinenbaubetriebe,
                                    Lager für elektrische Bedarfsartikel,
                                    Lager für Maschinenbaubedarfsartikel.

Metallgießereigebäude (Geb. Mg.),
        darin untergebracht: Metallgießereibetriebe.

Modelltischlereigebäude (Geb. Mtsch.),
        darin untergebracht: Modelltischlerei,
                                    Modellager,
                                    Holzlager für Modelltischlerei.

Schiffbau-Werkstattsgebäude (Geb. Swst.),
        darin untergebracht: Schiffbauwerkstatt,
                                    Schiffsschmiede,
                                    Schiffsschlosserei,
                                    Schnürboden,
                                    Lager für Schiffbaubedarfsartikel,
                                    Waschraum der Schiffbaubetriebe.

Schiffszimmereigebäude (Geb. Sz.),
        darin untergebracht: Schiffszimmerei,
                                    Schiffstischlerei,
                                    Segelmacherei und Taklerei.

Schmiedegebäude (Geb. Schm.),
        darin untergebracht: Schmiede und Gesenkschmiede,
                                    Hammerschmiede.

Verwaltungsgebäude (Geb. Vwlt.),
        darin untergebracht: Allgemeine Korrespondenz,
                                    Buchhalterei,
                                    Kalkulation,

Kasse,

Krankenkasse,

Lichtpauserei,

Literarisches Bureau,

Photographisches Atelier,

Registratur,

Technisches Bureau — Allgemeiner Maschinenbau,

Technisches Bureau — Schiffbau,

Technisches Bureau — Schiffsmaschinenbau,

Lager der Bureaubedarfsartikel,

Verkaufswesen,

Verwaltung,

Bureau des Dockbetriebes.

3. Gegenseitiges Verhältnis der einzelnen Betriebe.

Die einzelnen Betriebe stehen sich in der Organisation als voneinander völlig unabhängige Einzelfabriken bezw. Arbeitsstätten gegenüber, welche nur durch den gemeinsamen Betriebsleiter oder die gemeinsame Geschäftsleitung miteinander verbunden sind. Diese Trennung muß mit aller Schärfe in den Geschäftsbüchern durchgeführt werden — im Verkehr der einzelnen Abteilungen untereinander darf jedoch von einer solchen Trennung nichts empfunden werden.

Die Organisation darf keine Wände zwischen den einzelnen Betrieben aufbauen, sie soll nur das Ineinandergreifen der Betriebe regeln.

Jedem der einzelnen Betriebe steht ein Betriebsleiter vor, dessen Stellung durch die Art und Bedeutung des Betriebes charakterisiert ist: gleichgültig, welche Stellung ein solcher Betriebsleiter einnimmt, ob Meister, Ingenieur oder Kaufmann, in dem ihm untergeordneten Betriebe muß derselbe mit absoluter Machtvollkommenheit ausgestattet werden, so daß in seinem Betriebe nichts vorkommen kann, was nicht durch seine Hand gegangen ist.

Dieser wichtige Satz sollte insbesondere nicht von denjenigen übersehen werden, welchen kraft ihrer Stellung das Recht direkten Eingriffs in die verschiedenen Betriebe zusteht. Dieses Recht sollte niemals benutzt werden, um über den Kopf des betreffenden Betriebsleiters hinweg direkte Anordnungen in dem, dem Betriebsleiter unterstellten Betrieb zu treffen; denn durch solches Übergehen wird die Autorität des betreffenden Betriebsleiters und die unbedingt erforderliche Sicherheit desselben seinen Untergebenen gegenüber untergraben und das Verantwortlichkeitsgefühl — der stärkste Ansporn jedes pflichtbewußten Menschen — geschwächt.

Gleichartige Betriebe werden zu Abteilungen zusammengefaßt, an deren Spitze die Abteilungsvorstände als Vorgesetzte der Betriebsleiter stehen. Die Abteilungsvorstände ihrerseits sind dem Vorstand der Fabrik untergeordnet. Dem Vorstand selbst vorgesetzt ist der Aufsichtsrat als das Organ der Besitzer der Fabrik.

Hiernach ergibt sich für einen Werftbetrieb folgende Gliederung:

Der Aufsichtsrat.

Der Vorstand.

Die Abteilungsvorstände:

Vorstand des werfttechnischen Bureaus,

vorgesetzt dem Schiffbaubureau $\begin{cases} \text{Berechnungsbureau,} \\ \text{Konstruktionsbureau,} \end{cases}$

Lichtpausbureau,

photographischen Atelier.

Vorstand der Werftbetriebe,

vorgesetzt den Betrieben: Helgen,

Klempnerei,

Kupferschmiede,

Malerei,

Schiffbauwerkstatt,

Schiffsschlosserei,

Schiffsschmiede,

Schiffszimmerei,

Schnürboden,

Segelmacherei und Taklerei.

Tischlerei,

Verzinkerei.

Vorstand des Dockbetriebes,

    vorgesetzt den Betrieben: Dockbetrieb,

                                 Feuerwache,

                                 Höfe,

                                 Verkehrseinrichtungen,

                                 Werfthafen.

Vorstand der Lagerverwaltung,

    vorgesetzt den Betrieben: Abfertigung,

                                 Einkauf,

                                 Laboratorium,

                                 Einzellager, und zwar:

                                       Ausrüstungslager,

                                       Holzlager,

                                       Holzlager für Modelltischlerei,

                                     Kohlenlager,

                                     Lager für Bureaubedarfsartikel,

                                     Lager für elektrische Bedarfsartikel,

                                   Lager für feuergefährliche Produkte,

                                   Lager für Gießereibedarfsartikel,

                                   Lager für Maschinenbaubedarfsartikel,

                                   Lager für Schiffbaubedarfsartikel,

                                   Platten- und Profillager,

                                   Roheisenlager,

                                   Sägerei.

Vorstand des Schiffsmaschinenbau-Bureaus,

    vorgesetzt dem

                Schiffsmaschinenbaubureau $\left\{ \begin{array}{l} \text{Hauptmaschinenbureau,} \\ \text{Rohrplanbureau.} \end{array} \right.$

Vorstand des allgemeinen Maschinenbaubureaus,

    vorgesetzt dem

                Allgem. Maschinenbaubureau $\left\{ \begin{array}{l} \text{Dampfmaschinenbureau,} \\ \text{Dampfturbinenbureau usw.} \end{array} \right.$

Vorstand des Maschinenbaubetriebes,

    vorgesetzt den Betrieben: Elektrikerwerkstatt,

                                 Härterei,

                                 Hammerschmiede,

                                 Kesselschmiede,

Maschinenbauwerkstätte,

Schmiede,

Schweißerei,

Werkzeugmacherei.

Vorstand des Gießereibetriebes,

vorgesetzt den Betrieben: Eisengießerei,

Metallgießerei,

Stahlgießerei,

Modelltischlerei,

Modellager.

Vorstand der Kraftzentrale.

Vorstand der Korrespondenzabteilung,

vorgesetzt den Betrieben: Allgemeines Korrespondenzbureau,

Literarisches Bureau,

Registratur.

Vorstand der Verkaufsabteilung,

vorgesetzt den Betrieben: Propaganda,

Offertwesen usw.

Vorstand der Buchhaltereiabteilung,

vorgesetzt den Betrieben: Buchhalterei,

Kalkulation,

Kasse,

Krankenkasse.

4. Die Betriebsbureaus.

Jedem Vorstandsmitgliede, jedem Abteilungsvorstande, sowie jedem Betriebsleiter steht ein Bureau zur Seite, dessen Umfang nach der Bedeutung des Betriebes zu bemessen ist. Bei einem Betrieb von geringem Umfange, wie z. B. dem, einem Meister unterstellten Betriebe, wird das Bureau dargestellt durch einen Lohnschreiber, welcher sogar event. für mehrere Betriebe gemeinsam tätig sein muß. Aber auch in dem kleinsten Betriebe sollte nicht versäumt werden, durch Zuhilfegabe von Bureaus die betreffenden Betriebsleiter von schriftlichen Arbeiten zu befreien und ihnen den Kopf frei zu halten für die eigentlichen Aufgaben ihrer Betriebsleitung.

IV.

Der Geschäftsgang.

1. Geschäftsgang der Betriebe untereinander.

Der Verkehr der einzelnen Betriebe nach außen, wie untereinander wird durch den Geschäftsgang geregelt.

Soll der Geschäftsgang pünktlich eingehalten werden, so ist Sorge zu tragen, daß die Regeln des Geschäftsganges jedem einzelnen zugängig gemacht werden. Zu diesem Zweck empfiehlt sich die Herausgabe bestimmter Vorschriften, betreffend Organisation des Geschäftsganges, deren strikte Beachtung zu erzwingen, Aufgabe der Geschäftsleitung ist. Nur durch pünktliche Innehaltung des Geschäftsganges kann in einem vielgliederigen Fabrikbetrieb die Gefahr der Vernachlässigung gestellter Aufgaben verringert werden.

Wenn nun auch auf der einen Seite für pünktliche Innehaltung des Geschäftsganges gesorgt werden muß, so muß doch auf der andern Seite darauf geachtet werden, daß diese Pünktlichkeit nicht in Bureaukratismus ausartet, daß durch falschverstandene Übung des Geschäftsganges die Unmittelbarkeit des Verkehrs des einen mit dem andern nicht gefährdet und eine unzulässige Verschleppung der gestellten Aufgaben vermieden wird.

Aus diesem Grunde muß eine Fabrik all denjenigen Mitteln ihre größte Aufmerksamkeit zuwenden, welche einer durch den Geschäftsgang bedingten Verzögerung entgegen zu wirken fähig sind, wie z. B. weitgehendste Ausbildung des Telephonverkehrs zwischen den einzelnen Betrieben, Herstellung bestimmter Botenverbindungen zwischen den einzelnen Betrieben in bestimmt inne zu haltenden Zeitabschnitten, möglichst gleichzeitige Mitteilung aller Geschäftsvorfälle an alle Stellen, deren Dispositionen durch den Geschäftsvorfall berührt werden usw.

Von besonderer Bedeutung für die Verbindung der durch jede Organisation geschaffenen, bestimmt abgegrenzten Interessenkreise sind die täglichen gemeinsamen Konferenzen zwischen dem Vorstand und den Abteilungsvorständen, zu denen nach Erfordernis einzelne Betriebsleiter hinzugezogen werden können. In solchen Konferenzen wird den an sich toten Mitteilungen des Geschäftsganges der individuelle Ton der Geschäftsleitung aufgeprägt, indem diejenigen

Punkte, welche nach Auffassung des Vorstandes besondere Beachtung verdienen, hervorgehoben, persönliche Mißverständnisse zwischen den Abteilungsvorständen und Betriebsleitern ausgeglichen werden usw. Diese Konferenzen
müssen aber, wenn dieselben ihren Zweck nicht verfehlen sollen, tatsächlich
von allen Beteiligten als d i e Gelegenheit zur Aussprache benutzt werden und
jeder Teilnehmer der Konferenz muß das, was er in der Konferenz vorzutragen hat, so vorbereitet haben, daß eine rasche Erledigung möglich ist,
und die Zeit nicht mit seichter Unterhaltung hingebracht wird.

2. Anknüpfung des Geschäftsganges nach außen.

Bei der Vielgliedrigkeit der Fabrik ist es a u s g e s c h l o s s e n , d a ß
s ä m t l i c h e B e t r i e b e e i n e V e r b i n d u n g n a c h a u ß e n n e h m e n ,
es wird vielmehr n u r e i n e r g a n z b e s t i m m t e n A n z a h l von Betrieben
das Recht zugestanden werden können, die Verbindung nach außen herzustellen. Durch diese Betriebe wird also jede Mitteilung nach außen und
jede Mitteilung von außen nach innen zu gehen haben.

Als solche Betriebe kommen in Frage:

> 1. Allgemeine Korrespondenz,
> 2. Buchhalterei für Geldverkehr,
> 3. Verkaufswesen für Angebote und Verkäufe,
> 4. Lagerverwaltung für Einkäufe und Versand.

J e d e e i n g e h e n d e P o s t i s t e i n e m d i e s e r e i n z e l n e n B e -
t r i e b e zur Weiterverarbeitung z u z u w e i s e n , j e d e a u s g e h e n d e
P o s t m u ß d u r c h e i n e n d i e s e r B e t r i e b e g e l e i t e t w e r d e n .

Aufgabe der genannten vier Korrespondenzbetriebe muß es sein, alle
diejenigen möglichst sofort von dem Inhalt des Posteinganges zu unterrichten,
welche an der Erledigung desselben beteiligt sind. Die in manchen Werken
übliche H e r a u s g a b e d e r O r i g i n a l b r i e f e an die betreffenden Stellen
muß aus verschiedenen Gründen als n i c h t r i c h t i g bezeichnet werden:
einmal liegt hierbei die Gefahr des Verlustes eines Briefes nahe und zwe.tens ist
es bei Herausgabe des Originalbriefes nicht möglich, mehreren an der Erledigung des Briefinhaltes interessierten Stellen g l e i c h z e i t i g von dem Inhalte des
Briefes Mitteilung zu machen. Es empfiehlt sich daher vielmehr, entweder einen
kurzen Auszug des Posteinlaufes an alle interessierten Stellen weiter zu geben
oder — zum wenigsten von den wichtigsten Briefen — komplette Abschriften,

welche sich als Durchschläge in genügender Zahl auf der Schreibmaschine herstellen oder durch Schapirographen vervielfältigen lassen, anzufertigen.

Die durch die Vervielfältigung der Briefe oder die Herstellung der Briefauszüge entstehenden Aufwendungen werden durch die hierdurch gewonnene gleichzeitige Mitarbeit sämtlicher an der betreffenden Sache Beteiligten mehr als aufgewogen: denn bereits wenige Stunden nach Posteingang wird an mehreren Stellen des Werkes gleichzeitig disponiert werden können, z. B. kann der Gießereibetriebsleiter für einen eiligen Auftrag, von dem er aus dem Posteingang Kenntnis erhält, bereits Formkasten herrichten lassen, ohne erst den förmlichen Auftrag des technischen Bureaus abzuwarten, eine andere Arbeit kann zurückgestellt, eine andere beschleunigt werden usw.

V.

Der Arbeitsauftrag.

1. Arbeitsauftrag an die Betriebsleiter.

Die Mitteilung des Posteinlaufes an die interessierten Betriebsleiter stellt noch keineswegs einen Auftrag zur Inhandnahme einer bestimmten Arbeit dar. Hierfür ist vielmehr ein g a n z b e s t i m m t e r G e s c h ä f t s g a n g i n n e z u h a l t e n.

Jeder eingehende Auftrag — gleichgültig, ob es sich bei einem Auftrage um Anfertigung eines Fabrikates oder Lieferung eines Gegenstandes vom Warenlager handelt — wird zunächst im Verkaufswesen in das sogenannte Kommissionsbuch mit einer bestimmten Auftragsnummer eingetragen; diese Auftragsnummer begleitet den Auftrag durch das Werk und ist gleichsam der Name des Auftrages, auf welchen alle Notierungen der Arbeiter, der Lager und der Korrespondenz Bezug nehmen. Nach Eintragung des Auftrages sendet die Auftragsabteilung, wie oben auseinandergesetzt, Abschriften oder Auszüge des Auftrages an diejenigen Stellen, welche an der Ausführung der Arbeit beteiligt sind. Angenommen, es handle sich um Lieferung eines Schiffskessels, so würden die folgenden Abteilungen von dem Eingang des Auftrages benachrichtigt werden: 1. der Vorstand, 2. der Abteilungsvorstand des Schiffsmaschinen-Bureaus, 3. der Vorstand des Maschinenbaubetriebes, 4. der Vorstand der Lagerverwaltung.

D e r A u f t r a g z u r A u s f ü h r u n g d e r A r b e i t nimmt in der F a b r i k seinen A u s g a n g v o m B u r e a u d e s V o r s t a n d e s.

Dieses Bureau vertritt, wie oben bereits erklärt, den Vorstand in allen rein routinemäßig zu erledigenden Fragen. In diesem Bureau wird über die eingehenden Aufträge disponiert, und es werden zunächst diejenigen Arbeiten abgesondert, welche noch besonderer Vorverhandlungen bedürfen, bevor dieselben in den Geschäftsgang der Fabrik gelangen. Von hier aus werden die Arbeiten in die einzelnen Betriebe verteilt: Arbeiten, welche zunächst einer Durcharbeitung im technischen Bureau bedürfen, werden dem technischen Bureau, Arbeiten, welche ohne Inanspruchnahme des technischen Bureaus in einem bestimmten Betriebe erledigt werden können, werden direkt diesem Betriebe überwiesen. Das Bureau entscheidet auf Grund vergleichender Kalkulationen oder auf Grund von Nützlichkeits-Gesichtspunkten, ob Gegenstände von auswärts zu kaufen, oder im eigenen Betrieb herzustellen sind usw.

In allen nicht routinemäßig zu erledigenden Fragen entscheidet der Vorstand selbst.

Die Weitergabe der Aufträge vom Bureau des Vorstandes an die Abteilungsvorstände ist verschieden nach Art des Auftrages.

Die Aufträge teilen sich in:

        a) Neuanfertigungen auf Bestellung,
        b) Reparaturarbeiten auf Bestellung,
        c) Auswärtige Montagearbeiten,
        d) Lieferungen auf Lager,
        e) Lieferungen vom Lager,
        f) Arbeiten für Anlagekonten*),
        g) Arbeiten für Unkostenkonten.

Jeder Auftrag ist gekennzeichnet durch seine Auftragsnummer, bezw. durch sein Unkostenkonto.

a) Arbeitsaufträge für Neuausführungen auf Bestellung.

Die Arbeitsaufgabe an die einzelnen Betriebsleiter für Neuanfertigungen auf Bestellung erfolgt durch das technische Bureau durch Zeichnungen und Stücklisten (Form. 1).**) Stücklisten haben sich heute im Landmaschinenbau

---

*) Über Anlagekonten siehe weiter unten (Kap. XII. 2).
**) Vergl. J. Lilienthal, Fabrikorganisation usw.; vergl. auch J. Bruinier, Selbstkostenberechnung für Maschinenfabriken.

allgemein eingebürgert, im Schiffsmaschinenbau und im Schiffbau sind dieselben noch wenig eingeführt. Man begnügt sich hier zumeist mit der Herausgabe der Zeichnungen als Arbeitsauftrag und versieht höchstens die Zeichnung mit einem Verzeichnis der nach der Zeichnung herzustellenden einzelnen Teile. Folge dieses Systemes ist, daß Arbeiten, welche sich nicht direkt durch Zeichnungen festlegen lassen, überhaupt nicht aufgegeben und dann auch der späteren Verrechnung — wenigstens in der Einzelabrechnung — entzogen werden.

Die Stückliste ist die Grundlage einer geordneten Geschäftsabwicklung. Durch dieselbe erhält jeder, mit dem Auftrag in Verbindung stehende Betrieb eine zusammenhängende Aufgabe der für den Auftrag notwendigen Arbeiten, sowie der für Ausführung des Auftrages erforderlichen Materialien.

Der Betriebsleiter ist hiernach in der Lage im einzelnen über seine Arbeiter und seine Arbeitsmaschinen zu disponieren, der Materialienverwalter für rechtzeitige Beschaffung des in der Stückliste angeführten Materiales Sorge zu tragen.

Die Stückliste ist das bequemste Akkordbuch, welches stets nachgeschlagen werden kann, wenn eine ähnliche Arbeit wieder vorliegt.

Die Ausarbeitung einer Stückliste ist Grundbedingung für die Einzelabrechnung, welche zum mindesten für alle fabrikationsmäßig sich wiederholenden Arbeiten durchgeführt werden sollte.

Die Aufgabe der Arbeiten durch Stücklisten sollte deshalb nicht allein für alle Neuanfertigungen der Maschinenfabriken, Gießereien usw., sondern auch für Neuanfertigungen der Schiffbaubetriebe die maßgebende Form der Arbeitsaufgabe der technischen Bureaus an die Betriebe sein.

b) Arbeitsaufträge für Reparaturaufträge.

Für Reparaturen ist das Stücklistensystem im allgemeinen nicht durchführbar, da bei Reparaturen der Umfang der Arbeiten sich zumeist bei Beginn der Reparatur nicht vollständig übersehen läßt: die Aufgabe von Reparaturarbeiten erfolgt direkt von dem Bureau des Vorstandes an die betreffenden mit der Reparatur zu betrauenden Abteilungsvorstände, und zwar durch Ausgabe von Reparaturlisten (Form. 3). Diese Reparaturlisten enthalten zunächst nur den Arbeitsauftrag für diejenigen Arbeiten, welche sich bei der Erteilung des Reparaturauftrages übersehen lassen, so daß oft selbst umfangreiche Arbeiten mit nur kurzer Angabe aufgegeben werden können.

Diese R e p a r a t u r l i s t e n sind aber w ä h r e n d d e r A u s f ü h r u n g d e r A r b e i t durch die ausführenden Betriebsleiter an Hand der ausgegebenen Akkorde und Arbeitskarten*) so a u s f ü h r l i c h z u e r g ä n z e n , daß nach diesen Angaben jede einzelne Arbeit noch nachträglich auf ihre Berechtigung geprüft und unter Hinzuziehung der Arbeitskarten eine Preisbestimmung gleicher oder ähnlicher Reparaturen vorgenommen werden kann, und ferner die Ausstellung einer spezifizierten Rechnung an den Auftraggeber möglich ist.

c) A r b e i t s a u f t r ä g e f ü r a u s w ä r t i g e M o n t a g e n .

Arbeitsaufträge für auswärtige Montagen werden w i e R e p a r a t u r a u f t r ä g e b e h a n d e l t , da auch hier der Umfang der Arbeiten sich in den seltensten Fällen von vornherein bestimmen läßt.

d) A r b e i t s a u f t r ä g e f ü r L i e f e r u n g e n a u f L a g e r .

Die Arbeitsaufträge für Lieferungen auf Lager unterliegen der speziellen Kontrolle des Vorstandes. Diese Aufgaben werden von dem technischen Bureau oder der Lagerverwaltung daher zunächst dem Vorstand unterbreitet. Für den Fall, daß der Vorstand der Anfertigung des Lagergegenstandes zustimmt, wird der Arbeitsauftrag durch das Verkaufswesen in genau gleicher Weise wie Arbeitsaufträge für Neuanfertigungen weitergeleitet.

e) A r b e i t s a u f t r ä g e f ü r L i e f e r u n g e n v o m L a g e r .

Die Arbeitsaufträge für Lieferungen vom Lager werden direkt vom Verkaufswesen an die Lagerverwaltung geleitet, welche den Versand direkt vornimmt.

f) A r b e i t e n f ü r A n l a g e - K o n t e n ,

und g) A r b e i t e n f ü r U n k o s t e n - K o n t e n .

Arbeiten, auf Anlage und Unkosten-Konten können d i r e k t v o n e i n e m B e t r i e b e d e m a n d e r n B e t r i e b e ohne Inanspruchnahme des Bureaus des Vorstandes oder des Verkaufswesens aufgegeben werden. Die Aufgabe des Auftrages erfolgt für Arbeiten auf Anlage-Konten in gleicher Weise wie für Neuausführungen durch Stücklisten, welche in dem Bureau

---

*) siehe weiter unten Kap. VI. 3.

des betreffenden Betriebsleiters ausgefüllt und dem ausführenden Betriebe direkt zugestellt werden, für Arbeiten auf Unkosten-Konto durch eine nach Art der Reparaturlisten auszubildende Arbeitsaufgabe. Um doppelte Auftragsnummern zu vermeiden, empfiehlt es sich, jedem Betriebe eine bestimmte Anzahl Auftragsnummern für Anlagekonten reserviert zu halten und Arbeiten für Anlagekonten durch Vorsetzen der Bezeichnung A. K. vor die Auftragsnummer als solche kenntlich zu machen (vergl. Kap. XII. 4).

2. Arbeitsaufgabe des Betriebsleiters an den Arbeiter.

Die Arbeitsaufgabe des Betriebsleiters an den Arbeiter erfolgt vermittels der Arbeitskarte (Form. 5).

Die Arbeitskarte ist für j e d e n   e i n z e l n e n   A r b e i t s a u f t r a g   z u   e r t e i l e n, gleichgültig, ob es sich um Lohn- oder Akkordarbeit handelt, ob produktive Aufträge, Arbeiten auf Anlagekonten oder Unkostenarbeiten in Frage kommen.

Die Arbeitskarte wird auf Grund der Stückliste oder der Reparaturliste von dem Bureau des Abteilungsvorstandes ausgeschrieben, jedoch ohne Eintragung des Namens und der Nummer des Arbeiters und dem für Ausführung der betreffenden Arbeit bestimmten Meister zugestellt. Der Meister verwahrt diese Arbeitskarte unter der betr. Auftragsnummer geordnet, s o   l a n g e, b i s   d i e   b e t r.   A r b e i t   z u   v e r g e b e n   i s t. Die Vergebung der Arbeit erfolgt — bei Arbeiten, welche nach Stücklisten aufgegeben sind — in der Weise, daß der Meister Namen und Nummer des Arbeiters, sowie den festgesetzten Akkordbetrag einerseits in die Arbeitskarte, anderseits in seiner Stückliste einträgt, welche zu diesem Zweck mit einem für diese Eintragung geeigneten Anhängebogen versehen ist (Form. 2)*). A u f   d i e s e   W e i s e   w i r d   d i e   S t ü c k l i s t e   z u   e i n e m   w e r t v o l l e n   A k k o r d b u c h   f ü r   k ü n f t i g e,   g l e i c h e   o d e r   ä h n l i c h e   A u s f ü h r u n g e n   u n d   b i l d e t   g l e i c h z e i t i g   e i n   a u s g e z e i c h n e t e s   H i l f s m i t t e l, d e n   a u g e n b l i c k l i c h e n   Z u s t a n d   d e s   b e t r.   F a b r i k a t i o n s g e g e n -   s t a n d e s   i n   d e r   W e r k s t a t t   z u   e r k e n n e n.

Bei Arbeiten, welche nach Reparaturlisten aufgegeben werden, erfolgt die Eintragung der festgesetzten Akkorde auf der Reparaturliste, welche zu

---

*) Vergl. auch die Ausbildung dieser Anhängebogen für die Notierungen der Material-anlieferungen etc. (Lilienthal, Fabrikorganisation.)

diesem Zweck durch die Angaben des Anhängebogens der Stückliste erweitert ist.

Diese systematische Notierung der Akkorde ist der Führung rein chronologisch geordneter Akkordbücher, welche lediglich als Beleg für die ausgegebenen Akkorde Wert haben, vorzuziehen.

VI.

Lohn- und Akkordeinrichtungen. *)

1. Das Bureau des Abteilungsvorstandes.

Die Festsetzung der Akkorde geschieht heute noch vielfach — zumal im Schiffsmaschinenbau und Werftbetrieb — durch die Meister, welche den Akkordsatz auf Grund ihrer Erfahrung sowie der Forderung des Arbeiters festsetzen. Ein solches Vorgehen muß zu großer Verschiedenheit in der Festlegung der Akkordbeträge führen, da ein systematischer Aufbau des Akkordwesens bei der Verschiedenartigkeit der mit der Aufstellung des Akkords beschäftigten Personen nicht wohl erwartet werden kann.

Es muß deshalb empfohlen werden, die Festlegung der Akkorde aus den Händen des Meisters in die Hände des Abteilungsvorstandes bezw. in dessen organisiertes Akkordbureau zu verlegen. Der Akkordbeamte wird auf Grund systematisch gesammelten Erfahrungsmateriales, auf Grund gleichmäßiger Berechnungsarten, auf Grund genauer Zeitmessungen viel eher in der Lage sein, Akkorde zu bestimmen, als der Meister. Gleichzeitig wird durch Wegfall der mit dem Akkordwesen verbundenen schriftlichen Arbeiten der Meister seinem eigentlichen Berufe — der Beaufsichtigung und Anleitung der Arbeiter — erhalten.

Das Bureau des Abteilungsvorstandes der einzelnen produktiven Betriebe ist ein wichtiger Faktor im Innenbetriebe der Fabrik**).

Das Bureau stellt die Arbeiter ein und entläßt dieselben, das Bureau verrechnet die Löhne und zahlt dieselben aus, das Bureau stellt die Akkorde auf und nimmt die zur richtigen Festlegung der Akkorde notwendigen

---

*) Vergl. hierzu: Ludw. Bernhard, Handbuch der Löhnungsmethoden.
  Harms, Lohnsysteme der Marineverwaltung.
    A. Strache, Arbeitsausführung im steigenden Stundenlohn.
**) Vergl. hierzu: Taylor-Wallichs, Die Betriebsleitung.

Untersuchungen und Zeitmessungen vor, verfolgt die vorhandenen Arbeitsmethoden und sucht dieselben zu verbessern, das Bureau zerlegt die eingehenden Aufträge und bestimmt den Gang der einzelnen Stücke durch den Betrieb, das Bureau ist die Zentralstelle für alle Anfragen und Auskünfte, welche an den Abteilungsvorstand gerichtet werden usw.

Wenn auch das Bureau des Abteilungsvorstandes so möglichst alle unproduktive und verwaltende Tätigkeit des Werkstattsbetriebes in sich aufnimmt, so kann doch keine geordnete Lohn- und Akkordeinrichtung ganz ohne direkte Mithilfe des Arbeiters getroffen werden. Diese Einrichtungen sind jedoch so zu wählen, daß der Arbeiter in tunlichst einfacher Weise die erforderlichen Notierungen zu geben in der Lage ist, doch so, daß irgend welche Verschiebungen in der Verteilung der Arbeitszeiten auf die verschiedenen Auftragsnummern dem Arbeiter nicht möglich sind. Insbesondere der letzte Punkt ist, in allen Betrieben, in welchen Akkord- und Lohnsysteme gemischt nebeneinander bestehen und der Arbeiter bei ungünstigem Ausfall seines Akkordes doch des Erwerbes seines Lohnbetrages sicher ist, von größter Wichtigkeit.

2. Die Tageskarte.

Erreichen läßt sich dies nur durch andauernde tägliche Kontrolle der angeschriebenen Arbeitsstunden durch den die Arbeit beaufsichtigenden Meister, und dadurch, daß man dem Arbeiter die täglichen Anschreibungen entzieht. Mag der Arbeiter auch selbst gesondert von den vorgeschriebenen Notierungen sich seine Arbeitsstunden notieren, so wird es ihm bei einigermaßen aufmerksamer Durchsicht der täglich abgegebenen Notierungen durch den Meister doch schwer fallen, Schiebungen von Bedeutung von einer Arbeit auf die andere vorzunehmen, nachdem ihm nachträgliche Änderungen früherer Notierungen unmöglich gemacht sind. Diese Notierungen der Arbeitszeit nimmt der Arbeiter auf der Tageskarte vor (Form. 4).

Die Tageskarte empfängt der Arbeiter beim Betreten des Werkes unter Kontrolle des Portiers, und zwar wird täglich eine neue Tageskarte verausgabt. Beim Betreten sowie beim Verlassen seiner Arbeitsstätte hat der Arbeiter seine Karte auf der am Eingang der Arbeitsstätte aufgestellten Kontrolluhr zu stempeln. Verläßt der Arbeiter während der Arbeitszeit das Werk, so ist die außergewöhnliche Ausgangs- und Eingangszeit handschriftlich vom Meister in der Tageskarte einzutragen. Beim **Ausgang aus dem Werk wird die** Tageskarte von dem Arbeiter **unter Kontrolle des Portiers ab-geliefert.**

Durch die Einrichtung, daß die Tageskarte zwar am Werkplatz des Arbeiters gestempelt, aber erst beim Ausgang des Werkes abgegeben wird, ist die Möglichkeit, daß ein Arbeiter mehrere Karten für solche Arbeiter stempelt, welche den Arbeitsplatz bereits früher verlassen haben, so gut wie ausgeschlossen.

Die Tageskarten werden nach Arbeitsnummern geordnet vom Portier den betr. Betrieben zugeführt und vom Meister täglich auf ihre Richtigkeit kontrolliert.

3. Die Arbeitskarte.

Jeder Arbeiter erhält für jede Arbeit, welche ihm aufgetragen wird, getrennt eine Arbeitskarte (Form. 5). Eine Arbeitskarte darf nur auf **eine** bestimmte Auftragsnummer ausgestellt werden, **niemals dürfen Arbeiten verschiedener Auftragsnummern auf einer Karte vereinigt sein.** Jeder Arbeiter sollte als Regel nur je eine Arbeitskarte im Besitze haben, ausgenommen die Arbeiter bestimmter Betriebe wie der Gießerei, der Schmiede oder Kleindreherei, welche oftmals gleichartige Stücke aus mehreren Auftragsnummern gleichzeitig in Arbeit haben.

Auch für Unkostenarbeiten sollten stets Arbeitskarten ausgefüllt werden, so daß also kein Arbeiter **ohne Tageskarte und Arbeitskarte im Werk anzutreffen ist.**

Die Arbeitskarte wird, wie oben bereits erwähnt, nach der Stückliste bezw. Reparaturliste vom Bureau des Abteilungsvorstandes ausgeschrieben und dem Arbeiter mit Übertragung der Arbeit durch den Meister ausgehändigt.

Die Arbeitskarte bleibt bis zur Erledigung der betr. Arbeit in den Händen des Arbeiters. Arbeitskarten, welche für fortlaufende Betriebsarbeiten, z. B. für den Kranführer ausgestellt sind, sind nach Anlauf jeder Lohnperiode zu erneuern.

Erhält ein Arbeiter einen neuen Auftrag vor Erledigung des bereits in Angriff genommenen Auftrages, so liefert derselbe seine Arbeitskarte dem Meister vor Inhandnahme der neuen Arbeit ein. Der Meister hat so in den, in seinem

Besitz befindlichen Arbeitskarten einen genauen Überblick über die noch unerledigten Arbeiten, so daß er in seinen Dispositionen durch die Einrichtung der Arbeitskarte nicht unwesentlich unterstützt wird; so kann der Meister auf Grund der Arbeitskarte bereits Material empfangen und es nach der voraussichtlichen Arbeitsstätte transportieren lassen, kann Arbeiten für besondere Arbeiter oder besondere Maschinen reservieren usw.

Ebenso wie in die Tageskarte trägt der Arbeiter in die Arbeitskarte die täglich für die in der Arbeitskarte aufgegebene Arbeit verwendete Arbeitszeit ein.

Die Arbeitskarte wird nach Fertigstellung der Arbeit von dem Meister als Zeichen richtiger Erledigung der Arbeit gegengezeichnet und in das Bureau des Betriebsvorstandes eingeliefert.

4. Benutzung der Tages- und Arbeitskarten für Abrechnungszwecke.

Das Bureau des Abteilungsvorstandes trägt täglich die eingehenden Tageskarten in Sammelmappen *) ein, und zwar ist in einer Sammelmappe jedem Arbeiter (Form. 7) und in einer zweiten Sammelmappe jeder Auftragsnummer (Form. 8), bezw. jedem Unkostenkonto ein Konto eröffnet, welches mit den gezahlten Lohn- bezw. Akkordbeträgen belastet wird. Daneben wird eine dritte Sammelmappe nach Auftragsnummern bezw. Unkostenkonten contiert geführt, in welcher die Zahl der Maschinenlaufstunden der verschiedenen Klassen von Werkzeugmaschinen eingetragen wird (Form. 9).

Die Arbeitskarte wird bei ihrem Eingang in das Bureau des Abteilungsvorstandes nach Fertigstellung der betr. Arbeit zunächst mit den Notierungen der Tageskarte verglichen und, für den Fall, daß die Notierungen beider Karten in Übereinstimmung gefunden werden, wird aus der Arbeitskarte der Akkordüberschuß berechnet. Der Betrag des Akkordüberschusses wird alsdann in beide Sammelmappen des Arbeiters und der Auftragsnummern übertragen. Am Schluß der Zahlungsperiode müssen die in beiden Sammelmappen sich ergebenden Schlußbeträge (Gesamtbetrag Lohn und Akkord) sich decken. Fehlbeträge sind dem Abteilungsvorstande zu melden und, wenn sie nicht größere Beträge ausmachen, zu verteilen oder auf Betriebsunkosten zu übernehmen.

---

*) Unter Sammelmappen seien solche Bücher verstanden, welche aus einzelnen losen Blättern bestehen, so also, daß die Reihenfolge dieser Blätter in diesen Büchern jederzeit beliebig geändert und einzelne Blätter an beliebiger Stelle hinzugefügt oder weggenommen werden können (siehe Kap. X. 3).

5. Die Arbeitskarte als Beleg für Zeichnungen und Materialausgabe.

Die zur Ausführung einer Arbeit benötigten Z e i c h n u n g e n u n d
M a t e r i a l i e n w e r d e n i n d e m B u r e a u d e s A b t e i l u n g s v o r -
s t a n d e s a u f d e r A r b e i t s k a r t e a u f G r u n d d e r A n g a b e n d e r
Stückliste eingetragen. Selbstverständlich erhält nur diejenige Arbeitskarte,
welche das Material dem Warenlager entnimmt, die Materialeintragung.

Der mit Ausführung des Auftrages beauftragte Arbeiter ist berechtigt, die
auf seiner Arbeitskarte vermerkten Zeichnungen, sowie das auf der Arbeitskarte
eingetragene Material o h n e w e i t e r e A n w e i s u n g d e s M e i s t e r s d e r
Zeichnungs- oder Material-Ausgabe zu entnehmen. Im allgemeinen soll das
Warenlager das Material genau in dem aufgegebenen Quantum verabfolgen.
Die Warenlager sind deshalb möglichst mit Einrichtungen zu versehen, welche
eine Zuteilung der Materialen nach Maß oder Gewicht gestatten. In manchen
Fällen wird es sich jedoch nicht vermeiden lassen, daß Material in größerer
Menge als abgefordert, verausgabt werden muß. Zu diesem Zweck ist auf
der Arbeitskarte e i n e R u b r i k f ü r R ü c k l i e f e r u n g v o r z u s e h e n
(Form. 6), und der Arbeiter haftet für Rücklieferung des der Materialausgabe zu
viel entnommenen Materiales. Die Kontrolle der richtigen Rücklieferung des zu
viel verausgabten Materiales wird durch das Büro des Abteilungsvorstandes
gleichzeitig mit dem Vergleich der Tages- und Arbeitskarte vorgenommen.

Kommt der Arbeiter mit der ihm auf der Arbeitskarte zugeschriebenen
Materialmenge nicht aus, so bedarf es zum Erhalt neuen Materiales der Vorlage der Arbeitskarte bei dem Meister, welcher nunmehr die Gründe zu untersuchen in der Lage ist, welche zu dem Materialmehraufwand geführt haben.
Das für Reparaturarbeiten erforderliche Material läßt sich mangels einer
Stückliste nicht im Bureau des Abteilungsvorstandes vorher bestimmen. Um
das erforderliche Material von den Warenlagern ausgeliefert zu erhalten, ist
es erforderlich, daß d e r M e i s t e r a u f d e r A r b e i t s k a r t e d e s b e t r.
A r b e i t e r s d a s z u r A u s f ü h r u n g d e r A r b e i t e r f o r d e r l i c h e M a t e r i a l
a u f g i b t.

A n d e r s a l s g e g e n V o r l a g e e i n e r A r b e i t s k a r t e i s t k e i n
W a r e n l a g e r b e r e c h t i g t, i r g e n d w e l c h e M a t e r i a l i e n a u s -
z u l i e f e r n.

D e r V o r t e i l d e s M a t e r i a l v e r m e r k e s a u f d e r A r b e i t s -
k a r t e i s t e i n m e h r f a c h e r.

Da das Material aus der Stückliste im Bureau des Abteilungsvorstandes bereits bei Vergebung des Auftrages an den Betriebsleiter (Meister) ausgezogen ist, brauchen Arbeiter und Betriebsleiter nicht erst die benötigte Materialmenge und Materialart festzustellen, der Arbeiter braucht bei Materialbedarf nicht erst seinen Meister aufzusuchen, um sich das Material verschreiben zu lassen, der Meister kann auf Grund der in seinem Besitz befindlichen Arbeitskarten, bevor er ʻdie Arbeit vergibt, bereits rechtzeitig das Material vom Warenlager abfordern und nach der Arbeitsstelle desjenigen Arbeiters bringen lassen, welchem die Ausführung der Arbeit zugedacht ist.

Insbesondere aber ist eine außerordentlich scharfe Kontrolle über die Verwendung des Materials gegeben und ein Schieben des Materials von einer Arbeit auf die andere oder ein stillschweigender Ersatz für verdorbene Arbeit ist verhindert oder mindestens aufs äußerste erschwert.

6. Die Beikarte zur Arbeitskarte.

Auch bei Ausführung von Arbeiten durch Arbeitskolonnen ist an dem Gesichtspunkt festzuhalten, daß jeder einzelne Arbeiter für jede einzelne Arbeit eine Arbeitskarte erhalten muß. Um die Zusammengehörigkeit der Arbeitskarten zu der Karte des Kolonnenführers nachzuweisen, erhalten die Einzelarbeiter diese Arbeitskarten in Form von Beikarten, welche die gleiche Arbeitskartennummer tragen wie die Hauptkarte des Kolonnenführers. Auch für solche Arbeiten, bei welchen mehr Materialien gebraucht werden, als auf einer normalen Arbeitskarte eingetragen werden können, sind solche Beikarten auszugeben, welche mit der gleichen Nummer wie die Hauptkarte versehen werden. Jede solche Beikarte erhält jedoch außer der Hauptnummer eine laufende Nummer: 1, 2, 3 usw., welche auch auf der Hauptkarte einzutragen ist und die Ausgabe der Beikarte auf der Hauptkarte belegt. Durch die Eintragung dieser laufenden Nummer der Beikarte auf der Hauptkarte ist Gewähr für richtige Einlieferung der Beikarte gegeben.

7. Verwendung der Arbeitskarte für die Einzelabrechnung und Akkordeinrichtung.

Die Einrichtung der Arbeitskarte bildet im Zusammenhang mit der Stücklisteneinrichtung die Grundlage für eine geordnete Akkordführung und Einzel·

abrechnung. Die Akkordaufstellung erfolgt, wie oben bereits gesagt, im Bureau des Abteilungsvorstandes, die Einzelabrechnung an Hand der Stücklisten erfolgt im Kalkulationsbureau.

Tageskarte und Arbeitskarte bilden das Gerippe, welches kein Nachweis des Geschäftserfolges entbehren kann. Mit je größerer Strenge die richtige Führung dieser beiden Unterlagen gehandhabt wird, mit um so größerer Sicherheit wird sich das Gebäude der Kalkulation und Buchführung aufbauen lassen.

VII.

Die besondere Bedeutung der Lagerverwaltung.

1. Gliederung der Lager.

Die Lagerverwaltung ist eine der wichtigsten Abteilungen einer modernen Fabrik; die Lagerverwaltung sollte deshalb keineswegs als Nebenbetrieb behandelt, oder gar einem anderen Betriebe angegliedert oder unterstellt werden. Dieselbe ist vielmehr als vollkommen selbständige Abteilung neben den übrigen Abteilungen zu betrachten und der Vorstand der Lagerverwaltung direkt dem Geschäftsvorstande zu unterstellen.

Die Aufgabe des Vorstandes des Warenlagers besteht erstens in dem Einkauf der Materialien, welche auf Lager zu nehmen, sowie solchen, welche für vorliegende Aufträge bestimmt sind, zweitens in der Verwaltung der eingekauften oder von den einzelnen Betrieben an die Warenlager abgelieferten Teile, drittens in der Ablieferung aller in den einzelnen Fabrikbetrieben fertiggestellten Waren an den Besteller.

Während die Verwaltung der Warenlager strenge zentralisiert sein muß, sind die Warenlager selbst möglichst in Einzellager aufzulösen, welche so über das Werk zu verteilen sind, daß die Entnahme der Materialien tunlichst in der Nähe derjenigen Stellen erfolgen kann, an welchen dieselben gebraucht werden.

Dadurch zerfällt das Warenlager in eine große Anzahl von Einzellagern, wie das Altmaterialienlager, das Ausrüstungslager, das Lager für Schiffbaubedarfsartikel, das Lager für Maschinenbaubedarfsartikel, das Lager für elektrische Bedarfsartikel, das Platten- und Profillager, das Holzlager, das

Holzlager für Modelltischlerei, das Kohlenlager, das Lager für feuergefährliche Gegenstände usw. (vergl. Kap. III. 2.)

Die in den einzelnen Betrieben vorhandenen Werkzeuglager und Werkzeugausgaben, ferner die Modellager unterstehen nicht der Lagerverwaltung, sondern sind Teile des betreffenden Betriebes: ihre Bestände werden als Anlagewerte verbucht.

Stets wird eine weitgehende Unterteilung der Lager zu empfehlen sein, von dem Gesichtspunkte ausgehend, daß das Material möglichst in der Nähe der Arbeitsstellen, wo dasselbe zur Verwendung kommt, gelagert sein sollte. Es ist dabei nicht erforderlich, daß jedes Lager einem besonderen Lagerverwalter unterstellt wird, es ist vielmehr durchaus angängig, daß das betr. Unterlager, z. B. das Lager für Gießereibedarfsartikel, einem Betriebsleiter mit unterstellt wird, welcher jedoch in diesem Falle dem Vorstand der Lagerverwaltung in dieser Funktion unterstellt und demselben Rechenschaft über die Materialausgaben zu geben verpflichtet ist und entsprechenden Ausweis für Zu- und Abgang zu führen hat.

Kein Material und keine Ware darf anders als durch das Warenlager in die Fabrik eintreten oder die Fabrik verlassen, wobei Gewicht und Wert des betreffenden Ab- und Zuganges festgehalten werden müssen; desgleichen sollte kein Material und keine Ware vom Warenlager an einen Betrieb verausgabt oder von einem Betrieb vereinnahmt werden, ohne daß das Gewicht des betreffenden Ab- und Zuganges festgelegt worden ist. Für eingekaufte Waren sollte außerdem stets eine Signierung vorgeschrieben werden, wenn die Art der Ware derart ist, daß dieselbe nicht ohne weiteres mit dem bestellten Gegenstande identifiziert werden kann, wie z. B. Platten, Profile, Stangen usw.

Die Empfangnahme von Materialien aus den Einzellagern muß während der Arbeitszeit jederzeit möglich sein, die Anlieferung von Materialien an die Warenlager sollte dagegen möglichst auf bestimmte Tagesstunden beschränkt werden, und zwar auf diejenigen Tagesstunden, in welchen erfahrungsgemäß das Lagerpersonal am wenigsten für Ausgabe des Materiales in Anspruch genommen ist.

2. Verhältnis der Betriebe zu den Warenlagern.

Die Bedeutung der Lagerverwaltung drückt sich am deutlichsten in dem Verhältnis der Betriebe zu den Warenlagern aus. Jeder Betrieb hat die fertiggestellte Ware an das Lager desjenigen Betriebes zur Ablieferung zu

bringen, welches die Weiterverarbeitung des betreffenden Gegenstandes vorzunehmen hat, z. B. liefert der Maschinenbaubetrieb eine fertiggestellte Schiffsmaschine an das Ausrüstungslager, die Gießerei einen fertiggestellten Dampfzylinder an das Lager der Maschinenbauwerkstatt, einen fertiggestellten gußeisernen Poller an das Lager für Schiffbaubedarfsartikel ab usw.

Diese Ablieferung braucht nicht in der Weise zu geschehen, daß der abzuliefernde Artikel nach dem betr.
Warenlager transportiert wird, es genügt — und wird bei
größeren Artikeln ausnahmslos so zu handhaben sein — wenn die Ablieferung an das Warenlager in Form einer Mitteilung an dasselbe geschieht, und der fertiggestellte und abzuliefernde Gegenstand
äußerlich als Bestandteil des betreffenden Lagers kenntlich gemacht wird.

Die Ablieferung aller fertiggestellten Fabrikate an die Lager ist erforderlich, um in den später näher zu erläuternden Monatsabschlüssen die in
den einzelnen Betrieben in Arbeit befindlichen Waren von den fertiggestellten
und zur Ablieferung oder Verkauf gestellten Waren trennen zu können; ferner
hat diese Einrichtung den Vorteil, daß sie die produzierenden Betriebe von verwaltender Tätigkeit befreit, daß ferner jeder
Betrieb weiß, wo er das für ihn erforderliche Material, gleichgültig, ob dasselbe von auswärts gekauft oder in einem Betriebe des Werkes angefertigt
ist, abzufordern hat, daß eine Zentralstelle vorhanden ist, welche für rechtzeitige Anlieferung der Materialien Sorge trägt, und von welcher die Konser-
vierung der lagernden Waren einheitlich überwacht wird usw.

3. Die der Lagerverwaltung unterstellten Betriebe:
Einkauf, Laboratorium, Abfertigung.

Dem Vorstand der Lagerverwaltung sind ferner die Betriebe Einkauf,
Laboratorium und Abfertigung direkt unterstellt.

Es kann nur als logisch angesehen werden, wenn demjenigen, welcher
die Materialien verwaltet, auch der Einkauf der Materialien unterstellt wird.
Keine Stelle der Fabrik dürfte über die Vor- und Nachteile dieser oder jener
Ware besser unterrichtet sein als die Lagerverwaltung; keine Stelle wird den
Verbrauch der einzelnen Materialien besser zu überblicken in der Lage sein
als sie; die Lagerverwaltung ist der Betrieb, welcher mit der Gesamtheit
der Betriebe am innigsten verwachsen und deren spezielle Anforderungen
am besten zu beurteilen in der Lage ist.

Die Materialprüfung der gekauften oder in einem Betriebe der Fabrik angefertigten Waren, sowie die Ausarbeitung der Spezifikation der einzukaufenden Waren obliegt dem Laboratorium, welches aus diesem Grunde der Lagerverwaltung zu unterstellen ist.

Nachdem keine Ware anders als durch die Lagerverwaltung in die Fabrik eintreten, keine fertige Ware anders als durch das Warenlager abgeliefert werden kann, empfiehlt es sich, der Lagerverwaltung auch den Betrieb der Abfertigung zu unterstellen; damit wird die Lagerverwaltung direkter Empfänger der einkommenden und direkter Lieferant der ausgehenden Ware genau entsprechend der buchmäßigen Belastung und Entlastung des Material- und Warenkontos.

Die Unterstellung des Abfertigungsbetriebes unter die Lagerverwaltung gibt auch die der Abfertigung zur Verfügung stehenden Transportkolonnen zur gemeinsamen Verwendung der Lagerverwaltung in Hand.

VIII.

Die technischen Bureaus.

1. Das technische Bureau als produktiver Betrieb.

Die technischen Bureaus sind genau wie alle Werkstätten als produktive Betriebe aufzufassen, in welchen durch Aufwendung von Salären Wertobjekte in Form von Zeichnungen geschaffen werden. Nicht zu verwechseln mit dem Werte der Zeichnungen ist der Wert der durch die Zeichnungen dargestellten Konstruktionen. Letzterer Wert kann nur bei der Gründung oder dem Verkaufe einer Fabrik mit bestimmten Zahlen festgelegt werden, für eine in Betrieb befindliche Fabrik darf der Wertzuwachs des Zeichnungenkontos nur den zur Herstellung der Zeichnungen aufgewendeten Kosten entsprechen, gleichgültig von welchem Wert die dargestellte Konstruktion für die Fabrik ist.

Um diese Werte der fertiggestellten Zeichnungen richtig bemessen zu können, ist es erforderlich, die auf die Anfertigung der Zeichnungen verwendete Zeit in genau gleicher Weise zu notieren, wie die in den Werkstattbetrieben für Herstellung einer Ware aufgewendeten Arbeitsstunden. Zu diesem Zweck empfiehlt sich die Einführung der Tageskarten auch in den technischen Bureaus. Auf diesen Tageskarten ist die Nummer der Zeichnung, der Gegenstand der

Zeichnung, sowie die täglich für die Herstellung dieser Zeichnung aufgewendete Arbeitszeit zu notieren.

Die Notierungen der Tageskarten werden durch das Bureau des Abteilungsvorstandes täglich in eine Sammelmappe übertragen, in welcher jeder
Zeichnungsnummer ein bestimmtes Konto anzuweisen ist. Bei Bewertung der
Zeichnungen kann man davon absehen, die Arbeitsstunden etwa dem Salär
des betreffenden Konstrukteurs entsprechend in Ansatz zu bringen; es dürfte
genügen, wenn für die aufgewendete Arbeitszeit ein mittlerer Kosten-
preis pro Stunde eingesetzt wird. Um die verlangten Notierungen
durchführen zu können, ist erforderlich, für jede Zeichnung vor Inangriff-
nahme bereits eine Nummer vorzusehen.

Über die Gliederung der Zeichnungsarten siehe unten Kapitel XII. 2.

2. Verhältnis des technischen Bureaus zu den ausführenden Betrieben.

Wir hatten in unserem Organisationsplan den Abteilungsvorstand des
technischen Bureaus den Abteilungsvorständen der ausführenden Betriebe gleich-
gestellt. Beide unterstehen dem Geschäftsvorstande direkt. Dementsprechend
ist auch die Stellung des technischen Bureaus zu dem ausführenden Betriebe
eine gleichgeordnete. Das technische Bureau kann sonach keine Aufgabe nach der Werkstatt machen anders als durch das Bureau des betr.
Abteilungsvorstandes und der ausführende Betrieb kann keine Änderung in
der vom technischen Bureau gemachten Arbeitsaufgabe vornehmen ohne
Kenntnis des Abteilungsvorstandes des technischen Bureaus.

Nur die strikte Befolgung dieses Gesichtspunktes
schafft Ordnung in dem Verhältnis dieser Betriebe und
hat den Vorteil, daß eventuelle Unrichtigkeiten, welche sich während der
Arbeitsausführung herausstellen, sicher zur Kenntnis des Bureaus gelangen
und für künftige Ausführungen abgestellt werden können, und daß anderseits
unberufene Arbeitsaufgabe an Meister oder Arbeiter verhindert ist.

Wenn so auch ein unmittelbares Eingreifen des Konstrukteurs in die
Ausführung und des Ausführenden in die Konstruktion ausgeschaltet ist, so
ist doch eine möglichst innige Verbindung beider nur als
im Geschäftsinteresse liegend anzustreben.

Dem verantwortlichen Konstrukteur muß es gestattet sein, jede seiner
Konstruktionen in der Ausführung im einzelnen zu verfolgen; denn nur so
kommt er in die Lage, die Richtigkeit der gewählten Konstruktion vom öko-

nomischen Standpunkte aus zu beurteilen und für spätere Konstruktionen die gemachten Erfahrungen zu verwerten; die Werkstattskalkulation der Fabrikate mache man daher den verantwortlichen Konstrukteuren zugänglich; denn wie soll der Konstrukteur rationell konstruieren, wenn ihm für die Arbeitswerte der Maßstab fehlt?

Der ausführende Arbeiter anderseits soll jede Konstruktion auf ihre rationelle Bearbeitungsmöglichkeit prüfen: es muß ihm nicht allein gestattet sein, Verbesserungsvorschläge zu machen, man fördere vielmehr solch' denkende Mitarbeit durch Aussetzen von Prämien usw.

IX.

Die Aufgaben der Geschäftsleitung.

Betrachtet man die im obigen dargestellte Gliederung eines einigermaßen umfangreichen Fabrik- oder Werftbetriebes, so wird man erkennen, welch' schwierige Aufgabe es für die Leitung eines solchen Geschäftes ist, sich den notwendigen Überblick über das Ganze und den erforderlichen Einblick in das Einzelne zu erhalten. Der Organisation wird wieder die Aufgabe zufallen, der Leitung alle notwendigen Unterlagen für beides, Überblick und Einblick, zur Verfügung zu stellen.

Aber nicht allein der Geschäftsleitung soll die Organisation ein Helfer sein, jedem einzelnen Betriebsleiter soll dieselbe den Einblick in alle Einzelheiten seines Betriebes und die Erkenntnis des Zusammenhangs seines Betriebes mit dem Gesamtbetriebe ermöglichen.

Diesen Forderungen kommt nur eine solche Organisation nach, welche in genügend kurzen Zeiträumen in übersichtlicher Weise alle Betriebs- und Geschäftsereignisse zur Darstellung zu bringen in der Lage ist.

In heutiger Zeit, in welcher Hochkonjunktur und Tiefstand plötzlich und in immer kürzerer Aufeinanderfolge wechseln, erscheint die Darstellung des Geschäftsergebnisses in — wie üblich — jährlichen Perioden nicht mehr genügend; sie mag wohl genügen, um für den Außenstehenden als Nachweis des Erfolges der Fabrik zu dienen, genügt aber sicherlich nicht, um der Geschäftsleitung und der Leitung der einzelnen Betriebe die Möglichkeit der Erfassung der einzelnen Phasen der Geschäftsentwicklung zu gestatten und ein Eingreifen unter allen Umständen zu ermöglichen, bevor es zu spät ist.

Eine moderne Fabrikorganisation soll so eingerichtet sein, daß sie ohne Vornahme einer zeitraubenden Inventur oder sonstige Unterbrechung der laufenden Arbeiten einen mindestens monatlichen, einwandfreien Überblick über die Geschäftslage und Einblick in alle, die Geschäftslage beeinflussenden Faktoren gestattet.

Des weiteren kann es nicht als genügend angesehen werden, wenn in einem Fabrikgeschäft, speziell in einem Werftbetriebe, mit seinen verschiedenartigen Fabrikaten der Geschäftserfolg als Ganzes nachgewiesen wird. Es mag dies wiederum genügen, um den Außenstehenden den Nachweis über den Erfolg der Fabrik zu geben, keinesfalls aber der Geschäftsleitung, welche neben dem Gesamterfolg den Anteil, welchen die einzelnen Warengattungen an demselben haben, zur Beurteilung der Geschäftslage aufs genaueste und fortlaufend zu verfolgen haben wird.

Desgleichen kann es nicht als entsprechend angesehen werden, wenn man versucht, den Geschäftserfolg auf den einzelnen Betrieben nachzuweisen, z. B. für den Schiffbau oder den Schiffsmaschinenbau. Denn ganz abgesehen davon, daß ein solcher Nachweis sich höchst unsicherer Werte — Kostenvoranschläge, willkürlicher Verkaufspreisverteilungen usw. — bedienen muß, wird das im Geschäftsinteresse notwendige uneigennützige Zusammenarbeiten der einzelnen Betriebe hierdurch sehr leicht in Frage gestellt.

Hieraus ergibt sich als Forderung an die Organisation eines Fabrikbetriebes, daß dieselbe in der Lage ist, einen monatlichen Nachweis des Geschäftserfolges in den einzelnen Warengattungen und einen monatlichen Einblick in die den Geschäftserfolg beeinflussenden Faktoren zu gewähren.

Ersteres wird erreicht durch monatlichen Abschluß der Bücher, welche so einzurichten sind, daß aus denselben Gewinn und Verlust jeder einzelnen Ware zu ersehen ist, letzteres durch Führung eines statistischen Nachweises aller den Geschäftserfolg beeinflussenden Faktoren, durch Lohnstatistik, Unkostenstatistik, Finanzstatistik usw.

X.
Die Buchführung.
1. Allgemeines.

Für die Einrichtung der Bücher sind gewisse Vorschriften maßgebend, welche als Niederschlag kaufmännischer Erfahrung in dem Handelsgesetzbuche festgelegt sind. Die wichtigsten hier interessierenden Vorschriften sind die folgenden:

§ 38: Jeder Kaufmann ist verpflichtet, Bücher zu führen und in diesen seine Handelsgeschäfte und die Lage seines Vermögens nach den Grundsätzen ordnungsmäßiger Buchführung ersichtlich zu machen usw.

§ 39: Jeder Kaufmann hat bei dem Beginne seines Handelsgewerbes seine Grundstücke, seine Forderungen und Schulden, den Betrag seines baren Geldes und seiner sonstigen Vermögensgegenstände genau zu verzeichnen, dabei den Wert der einzelnen Vermögensgegenstände anzugeben und einen das Verhältnis des Vermögens und der Schulden darstellenden Abschluß zu machen.

Er hat demnächst für den Schluß eines jeden Geschäftsjahres ein solches Inventar und eine solche Bilanz aufzustellen. Die Dauer des Geschäftsjahres darf 12 Monate nicht überschreiten, die Aufstellung des Inventars und der Bilanz ist innerhalb der einem ordnungsmäßigen Geschäftsgang entsprechenden Zeit zu bewirken.

§ 41 . . . . Das Inventar und die Bilanz können in ein dazu bestimmtes Buch eingeschrieben oder jedesmal besonders aufgestellt werden.

§ 43 . . . . Die Bücher sollen gebunden und Blatt für Blatt oder Seite für Seite mit fortlaufenden Zahlen versehen sein.

Ferner wird Aktienvereine betreffend bestimmt:

§ 260 . . . . Der Vorstand hat in den ersten 3 Monaten des Geschäftsjahres für das verflossene Geschäftsjahr eine Bilanz, eine Gewinn- und Verlustrechnung, sowie einen den Vermögensstand und die Verhältnisse der Gesellschaft entwickelnden Bericht dem Aufsichtsrat und mit dessen Bemerkungen der Generalversammlung vorzulegen.

Hiernach ist also festgelegt, daß jeder Kaufmann alle Geschäftsvorfälle in paginierten bezw. foliierten Büchern so vollständig einzutragen hat, daß aus diesen Büchern jeder Geschäftsvorgang nachträglich festgestellt werden kann.

Als Art der Buchführung ist durch den Zwang zur Vorlage einer Gewinn- und Verlustrechnung die d o p p e l t e B u c h f ü h r u n g praktisch bedingt.

Im übrigen sind über Zahl und Art der Bücher Vorschriften nicht gemacht; diese müssen nur so gewählt werden, daß ihr zusammenhängender Inhalt eine ununterbrochene Darstellung der Geschäftsvorfälle und die Lage des Vermögens zu erkennen, gestattet.

Diesen allgemeinen gesetzlichen Bestimmungen muß jede Buchführung eines Fabrikgeschäftes entsprechen.

2. Einrichtung der Bücher.

Die Buchführung, wie dieselbe in Fabrikbetrieben im allgemeinen üblich ist, hat sich aus der Buchführung des Warengeschäftes entwickelt. Das Warengeschäft besteht darin, daß eine Ware im ganzen eingekauft und in Teilen mit entsprechendem Preisaufschlag weiter verkauft wird. Eine Veränderung der Ware findet hierbei nicht statt, die z. B. als Kaffee in das Wareneingangsbuch eintretende Ware verläßt das Warenausgangsbuch wieder als Kaffee. Demgegenüber besteht das Wesen eines Fabrikgeschäftes darin, daß ein eingekaufter Rohstoff in der Fabrik eine Formveränderung und durch Hinzufügung von produktiver Arbeit eine Wertverbesserung erfährt, die Verkaufsware also im wesentlichen eine andere ist, als die eingekaufte Ware. Das im Wareneingangsbuch z. B. als Winkeleisen eingehende Material verläßt das Warenausgangsbuch der Fabrik in Gemeinschaft mit andern Waren z. B. als Schiff.

Im Warengeschäft wird mit Verkauf der Ware das Warenkonto für den Verkaufspreis erkannt, der Käufer belastet. Der Geschäftserfolg ergibt sich unmittelbar durch Gegenüberstellung des Warenkontos und des Unkostenkontos.

In Fabrikgeschäften tritt neben den Kunden als Empfänger der Ware und dem Warenkonto als Lieferant des Rohstoffes das Fabrikationskonto auf, welches für alle, für die Fabrikation dem Warenkonto entnommenen Materialien und sonstige für die Fabrikation direkt aufgewendete Ausgaben, wie Lohne usw. belastet wird. Der Geschäftserfolg wird nachgewiesen durch Gegenüberstellung des Waren- und Fabrikationskontos gegen das Unkostenkonto.

Prüfen wir, ob die Einrichtung der Bücher in dieser Form imstande ist, den oben gestellten Anforderungen: monatlicher Abschluß und Nachweis des Geschäftserfolges auf den einzelnen Fabrikaten zu entsprechen, so erkennen wir, daß eine so eingerichtete Buchführung nur in der Lage ist, den Geschäftserfolg als ganzes, nicht dagegen den Geschäftserfolg auf den einzelnen Fabrikaten nachzuweisen; außerdem ist zum Abschluß des Waren- und Fabrikationskontos eine Inventur, d. h. eine Feststellung der bei Abschluß der Bücher im Warenkonto bezw. Fabrikationskonto vorhandenen Bestände unerläßlich, welche, wenn man von ganz primitiven Fabrikbetrieben absieht, mit so gewaltigen Störungen des Fabrikationsunternehmens und in ihrem Erfolge mit solcher Unsicherheit verbunden ist, daß auch der von uns verlangte monatliche Abschluß als unmöglich angesehen werden muß.

Die Aufgabe, welche nunmehr vorliegt, ist sonach die Buchführung so auszubilden, daß sie den oben gestellten Anforderungen des monatlichen Abschlusses nach Einzelfabrikaten gerecht wird.

Wir lösen die gestellte Aufgabe in der Weise, daß wir den Nachweis des Gesamtgeschäftserfolges und Vermögensstandes getrennt, aber in vollkommener Übereinstimmung mit dem Nachweis des Erfolges der Einzelfabrikate vornehmen, wobei wir uns für den Nachweis des Gesamtgeschäftserfolges der vorgeschriebenen festen Bücher, sowie des jährlichen Abschlusses bedienen, während wir für den monatlichen Abschluß und den Nachweis des Erfolges der Einzelfabrikate uns weitgehendst den Vorteil von Sammelmappen nutzbar machen.

3. Über Sammelmappen, Saldomappen und Formulare.

Hier müssen einige Bemerkungen über Sammelmappen im allgemeinen eingeschaltet werden. Unter Sammelmappen verstehen wir eine Aneinanderreihung loser Blätter in leicht lösbarer Form nach Art der bekannten Soenneckenschen Briefordner oder der Karthoteken. Letztere unterscheiden sich von den Briefordnern nur dadurch, daß statt Blättern Karten gewählt sind, welche in Kasten übersichtlich untergebracht sind. Wir werden in dem Folgenden für beide Formen den Namen Sammelmappen gebrauchen.

Der Vorteil von Sammelmappen gegenüber festen Büchern besteht in folgendem:

1. In einer Sammelmappe kann jederzeit eine beliebige Umstellung der einzelnen Blätter vorgenommen oder eine Hinzufügung an beliebigen Stellen gemacht werden, ohne dadurch den Zusammenhang und die Ordnung der Sammelmappe zu stören. Z. B. ein Betriebsleiter hat sich eine Sammelmappe zur Kontrolle der Liefertermine seines Betriebes angelegt: in dieser Sammelmappe liegen also die einzelnen Aufträge nach dem Liefertermin-Datum geordnet. Angenommen nun, es erfolgt durch einen Auftraggeber oder aus sonstigen Gründen eine Änderung

des Lieferungstermines eines Auftrages, so ist es nach dem Sammelmappensystem ohne weiteres möglich, diesen Auftrag durch Umstecken des betr.
Blattes auf den entsprechenden Termin zu überschreiben oder:

Z. B. das Konto-Korrent-Konto werde in Sammelmappen geführt, in der
Weise, daß die Konten der einzelnen Debitoren und Kreditoren in alpha-
betischer Reihenfolge in die Sammelmappen eingefügt werden. Es ist hierbei
ohne weiteres möglich, jederzeit neue Kreditoren und Debitoren in die
Sammelmappen aufzunehmen oder erledigte Konten auszuscheiden. Man
kann hierbei das Konto beliebig fortführen, indem nach Erledigung des
einen Blattes an dessen Stelle ein neues Blatt mit den Übertragungen des
ersten Blattes gelegt wird. Die erledigten Blätter werden wieder in Sammelmappen abgelegt, und da auch diese Sammelmappen nach dem Alphabet
geordnet sind, läßt sich jederzeit jedes einzelne Konto in raschester Weise
überblicken.

2. Die Sammelmappe gestattet ohne Mehraufwand von Schreibarbeit
G e s c h ä f t s v o r g ä n g e   n a c h   d e n   v e r s c h i e d e n s t e n   G e s i c h t s -
p u n k t e n   g e o r d n e t ,   z u   v e r w a h r e n .   Z. B. es sei der Fabrik ein
Auftrag erteilt unter einer bestimmten Auftragsnummer für einen bestimmten
Kunden auf einen bestimmten Gegenstand lieferbar zu einem bestimmten
Termine.

Im Verkaufswesen werde zur Notierung des eingegangenen Auftrages
geführt:

1. eine Auftragssammelmappe nach Auftragsnummern kontiert,
2. „   „   nach Kunden kontiert,
3. „   „   nach Fabrikaten kontiert,
4. „   „   nach Lieferterminen kontiert.

Der eingehende Auftrag wird kurz seinem Inhalte nach ausgezogen, wie
bei den allgemein bekannten Kommissionsbüchern [üblich, in diesem Fall
jedoch auf einem losen Blatt, von welchem gleichzeitig auf der Schreibmaschine drei Durchschläge gemacht werden. Jedes dieser Blätter wird nun je
in einer der vier Sammelmappen eingereiht. Statt des üblichen Kommissions-
buches erhalten wir so in den Sammelmappen v i e r Kommissionsbücher,
welche uns sogleich auf die Fragen antworten: Welche Bestellungen liegen
für diesen oder jenen Kunden vor, welche Bestellungen liegen in diesem oder
jenem Fabrikat vor, welche Verpflichtungen liegen noch bis zu diesem oder
jenem Termin vor. Erledigte Aufträge werden aus den Sammelmappen aus-

geschieden und geordnet abgelegt, so daß die genannten vier Sammelmappen nur die laufenden Aufträge enthalten.

Auf diese Weise entstehen also ohne M e h r b e l a s t u n g d e s B u r e a u s durch die Sammelmappen Nachschlagebücher, welche von größtem Wert für rasche Orientierung sind, d i e i n f e s t e r B u c h f o r m ü b e r s i c h t l i c h z u f ü h r e n, d i r e k t a l s u n m ö g l i c h b e z e i c h n e t w e r d e n k a n n.

Diese durch die Sammelmappen ermöglichte Einordnung eines Geschäftsvorfalles nach verschiedenen Gesichtspunkten bildet eine große Hilfe auch für das Gedächtnis, indem ein Geschäftsvorfall sich auffinden läßt, wenn nur einer der Kennpunkte gegenwärtig ist.

Das Sammelmappensystem eignet sich ferner in ganz hervorragender Weise zu Registraturzwecken, z. B. zur Registratur der Zeichnungen, indem eine Sammelmappe nach Zeichnungsnummern, eine zweite Sammelmappe nach dem auf dem Einzelblatt dargestellten Gegenstande, eine dritte Sammelmappe nach dem Fabrikationsgegenstande, eine vierte Sammelmappe nach dem Aufbewahrungsplatz der Zeichnungen kontiert werden kann; eine Auffindung der Zeichnungen ist also möglich, wenn entweder die Nummer der Zeichnung oder der Fabrikationsgegenstand, oder der auf dem Einzelblatt dargestellte Gegenstand oder der Aufbewahrungsplatz der Zeichnung bekannt ist*).

3. In einer Sammelmappe ist j e d e s K o n t o b e l i e b i g a u s d e h n u n g s f ä h i g, o h n e d a ß l e e r e S e i t e n f ü r d i e w e i t e r e A u s d e h n u n g e i n z e l n e r K o n t e n v o n v o r n h e r e i n v o r g e s e h e n w e r d e n. Es ist dies ein weiterer großer Vorteil gegenüber Büchern, insofern als dadurch der Umfang der Sammelmappe niemals größer wird als tatsächlich augenblicklich erforderlich ist und der Überblick über den Inhalt der Sammelmappen nicht durch zwischengefügte leere Blätter, wie in den Büchern dieser Art, gestört wird.

Ein weiterer Vorteil der Sammelmappe ist der, daß a n v e r s c h i e d e n e n S t e l l e n g l e i c h z e i t i g d e r I n h a l t d e r g l e i c h e n S a m m e l m a p p e b e a r b e i t e t werden kann. Angenommen, der Abschluß einer Sammelmappe soll eiligst erfolgen, so werden die einzelnen Blätter an eine entsprechende Anzahl Mitarbeiter verteilt, ein Vorteil, welcher bei festen Büchern völlig in Wegfall kommt.

D a s S a m m e l m a p p e n s y s t e m e i g n e t s i c h d e s h a l b d u r c h

---

*) Vergl. Georg S. Erlacher, Organisation von Fabrikbetrieben (Briefe eines Betriebsleiters usw.).

seine außerordentliche Anpassungsfähigkeit in einzigartiger Weise für eine moderne Geschäftsführung und es empfiehlt sich, überall von demselben Gebrauch zu machen, wo nicht die gesetzliche Vorschrift für Führung von festen Büchern Zwang auferlegt.

Zu jeder Sammelmappe gehört im allgemeinen eine Saldomappe, welche die monatlichen Saldi der einzelnen Sammelbogen aufnimmt. Diese Saldomappen sind am besten so einzurichten, daß jeder Bogen die 12 Monatsabschlüsse, sowie den Jahresabschluß der einzelnen Sammelbogen aufnehmen kann (vergl. Form 12 und 13).

Hier mögen noch einige Worte über die Zahl der zu verwendenden Formulare eingefügt werden. Es mag manchem die Zahl der bei einer modernen Fabrikorganisation benötigten Formulare kostspielig und überflüssig erscheinen: bei Prüfung dieser Frage gehe man aber nur von dem Gesichtspunkt aus, ob durch ein Formular Schreibarbeit erspart wird und durch die in dem Vordruck liegende Erleichterung der Denkarbeit Irrtümer sich verringern lassen. Man wird bei Prüfung der Frage zu dem Resultat kommen, daß bei allen sich routinemäßig wiederholenden Vorgängen die Benutzung eines vorbereiteten Formulars stets zu empfehlen ist.

Eine bedeutende Hilfe zum leichten Auseinanderhalten der verschiedenen Formulare bildet die Unterscheidung der einzelnen gleichartigen Formulare durch Farben, eine bedeutende Hilfe zur geordneten Aufbewahrung der Formulare die tunlichste Beschränkung der verwendeten Formulargrößen auf wenige Normalgrößen.

XI.
Die Konten des Hauptbuches.

Zum Nachweis des Geschäftserfolges und Vermögens genügt die Führung von nur wenigen Sammelkonten, und zwar dürfte für einen Betrieb wie den hier vorgesehenen die folgende Zahl der Konten als ausreichend angesehen werden:

1. Bilanzkonto;
2. Kapitalkonto;
3. Reservefondkonto, Ausschuß- und Garantiefondskonto;
4. Unterstützungsfond-Konto;

5. Kautionskonto;

6. Konto-Korrent-Konto;

7. Gewinn- und Verlustkonto;

8. Wechselkonto;

9. Akzeptkonto;

10. Kassakonto;

11. Hypotheken- und Anleihekonto;

12. Effekten- und Beteiligungskonto;

13. Die Anlagekonten:

    a) Grund und Boden,

    b) Bauliche Anlagen,

    c) Einrichtungen, Maschinen, Werkzeuge,

    d) Modelle, Matrizen und Spezialwerkzeuge,

    e) Zeichnungen,

    f) Patente und Versuche;

14. Material- und Warenkonto;

15. Fabrikationskonto;

16. Unkostenkonto;

17. Hierzu tritt noch das später näher zu erläuternde Verrechnungskonto (Kap. XII. 6) sowie das

18. Differenzkonto (Kap. XIV. 1).

Die Führung dieser Konten kann nach irgendeiner Methode der doppelten Buchführung erfolgen; wir werden uns im folgenden der s o g. a m e r i k a n i s c h e n M e t h o d e a l s d e r k l a r s t e n u n d e i n f a c h s t e n bedienen.

Das a m e r i k a n i s c h e J o u r n a l vereinigt in sich Kassabuch, Memorial, Inventur und Hauptbuch. Rechenfehler sind bei demselben ausgeschlossen, da auf jeder Seite erneute Kontrolle stattfindet und etwaige Nachprüfungen rasch und sicher vorgenommen werden können. Der oft als Nachteil des amerikanischen Journals erwähnte relativ große Papieraufwand kann gegenüber der großen Klarheit des Systems als ernster Einwand m. E. nicht gelten und kann übrigens durch verschiedene Methoden stark beschnitten werden:

Eine dieser Methoden, deren wir uns im folgenden bei allen Eintragungen bedienen werden, ist die folgende. F ü r D e b e t u n d K r e d i t w i r d n u r e i n e R u b r i k v o r g e s e h e n, d i e D e b e t e i n t r a g u n g e n w e r d e n j e d o c h i n S c h w a r z u n d d i e K r e d i t e i n t r a g u n g e n in Rot vorgenommen. Hierdurch ist es möglich, die Größe des amerikanischen Journals in durchaus handlichen Grenzen zu halten. (Form. 14.)

Bei dieser Gelegenheit sei bemerkt, daß Stornierungen im Journal wie in den Sammelmappen so kenntlich gemacht werden müssen, daß **Stornoposten nicht den wahren Bestand der Konten zu verwischen** in der Lage sind, da andernfalls die unbedingt erforderliche Übereinstimmung der Hauptbuchsammelkonten mit den später zu behandelnden Konten der Sammelmappen nicht zu erzielen ist.

Dies geschieht am einfachsten in der Weise, daß der zu Unrecht eingetragene Posten, sowie der denselben auflösende Gegenposten in Klammern gesetzt werden, so daß also die Eintragung selbst, gleichzeitig aber auch deren unrichtige Buchung kenntlich ist.

Es empfiehlt sich, das Journal in zwei Exemplaren zu führen, von denen das eine Exemplar die Monate Januar, März, Mai, Juli, September, November, das 2. Journal die Monate Februar, April, Juni, August, Oktober, Dezember aufnimmt, **so daß der Abschluß des einen Monats ohne Störung der Eintragungen des folgenden Monats erfolgen kann.**

In dem Journal werden alle Geschäftsvorfälle **einzeln und chronologisch** aufgeführt und die Beträge demjenigen Konto, welches die betreffende Ausgabe verursacht hat, oder zu dessen Gunsten die Ausgabe erfolgt ist, belastet und gleichzeitig dem leistenden Konto kreditiert.

Neben dem Hauptjournal können noch Hilfsjournale z. B. für die Kasse eingerichtet werden, für welche man am besten die gleiche Konteneinteilung und den gleichen Vordruck wie für das Hauptjournal benutzt. Der Saldo dieser Hilfsjournale ist monatlich in das Hauptjournal zu übertragen.

XII.

Die Gliederung der Hauptbuchkonten.

1. Das Kontenverzeichnis.

Die Konten des Journals sind, wie oben gesagt, Sammelkonten, welche zwar zum Nachweis des gesamten Geschäftserfolges, nicht aber zum Einblick in die einzelnen Geschäftsvorgänge genügen.

Je gegliederter der Betrieb ist, von desto größerer Bedeutung ist aber die Kenntnis des Einflusses jedes einzelnen Geschäftsvorfalles auf das Ganze, um ihn rechtzeitig zum Vorteil des Geschäftes lenken zu können. Um diesen Einblick in die einzelnen Geschäftsvorgänge zu ermöglichen, ist eine Zergliederung der Sammelkonten in ihre einzelnen Unterkonten erforderlich. Jeder einzelne Geschäftsvorfall ist dann demjenigen Unterkonto, welches den Vorfall verursacht hat, zu belasten und das leistende Unterkonto ist für den gleichen Betrag zu erkennen.

Je ausgedehnter und verzweigter ein Betrieb ist, desto schwieriger wird er sein, zu erkennen, welche Ursache den betreffenden Geschäftsvorfall bedingt hat. Nur derjenige, welcher den Geschäftsvorfall selbst veranlaßt hat, wird im allgemeinen in der Lage sein, dasjenige Konto, welches mit dem Geschäftsvorfall belastet bezw. für denselben erkannt werden muß, anzugeben. Soll daher eine einwandfreie Buchung aller Geschäftsvorfälle auf den einzelnen Unterkonten erfolgen, so muß derjenige, welcher den betreffenden Geschäftsvorfall veranlaßt hat, bereits die Kontierung des betreffenden Geschäftsvorfalles auf das zugehörige Unterkonto vornehmen.

Hieraus folgt, daß jeder Angestellte der Fabrik, welcher überhaupt in der Lage ist, Auslagen zu veranlassen, in gewissem Sinne mit buchhalterisch tätig und über die in den Büchern der Fabrik geführten Unterkonten genau unterrichtet sein muß.

Zu diesem Zwecke ist es erforderlich, ein Verzeichnis sämtlicher für die Fabrik in Frage kommenden Hauptbuchkonten mit den zugehörigen Unterkonten an alle diejenigen herauszugeben, welche überhaupt in der Lage sind, irgendeine Wertveränderung in der Fabrik, sei es durch Verschreiben von Materialien oder Aufgabe von Aufträgen an Arbeiter, sei es durch Einkauf oder Verkauf von Waren oder sonstwie zu verursachen.

Dieses Verzeichnis der Unterkonten bezeichnen wir kurz mit dem Namen Kontenverzeichnis. Das Kontenverzeichnis ist in handlicher Form auszuführen, so daß es von jedem Beamten in der Tasche getragen werden kann.

Entsprechend den Unterkonten des Kontenverzeichnisses sind in der Buchhalterei Sammelmappen einzurichten, in welchen jedem Unterkonto sein besonderes Konto errichtet wird. Jedes dieser Konten wird mit der Inventur eröffnet und auf demselben Veränderungen — Zu- und Abgänge — laufend eingetragen, wobei wie in dem Journal, Debetposten mit schwarzer Schrift, Kreditposten mit roter Schrift eingetragen werden.

Alle Geschäftsvorfälle werden zunächst im Journal gebucht und die Belege mit einem Hinweis auf die Journaleintragung — Angabe der Nummer des Journals und der Seitenzahl der Eintragung, sowie des Sammelkontos, auf welche die Ausgabe verbucht worden ist — versehen. Hierauf erfolgt die Eintragung des Geschäftsvorfalles in der betreffenden Sammelmappe auf dem betreffenden Unterkonto unter Anführung der Journalnummer und der Seitenzahl der Eintragung im Journal. Der Beleg selbst wird mit der Bezeichnung desjenigen Unterkontos versehen, auf welchem die Eintragung erfolgt ist, sowie mit Datum der Eintragung in die Sammelmappe.

Nur solche Belege dürfen abgelegt werden, welche den Nachweis der beiden Eintragungen — in dem Journal sowie in den Sammelmappen — tragen.

Um die Benutzung der Unterkonten zu erleichtern, empfiehlt es sich für jedes Unterkonto eine abgekürzte Bezeichnung einzuführen. Diese Bezeichnung setzt sich zusammen:

1. aus der abgekürzten Bezeichnung des Betriebes,
2. aus der abgekürzten Bezeichnung des Kontos, zu dessen Lasten oder Gunsten die Ausgabe erfolgt ist.

Im Fabrikbetriebe interessieren im allgemeinen nur die folgenden fünf Hauptbuchkonten:

1. Das Anlagekonto,
2. Das Unkostenkonto,
3. Das Fabrikationskonto,
4. Das Material- und Warenkonto,
5. Das Ausschuß- und Garantiefondskonto.

Im folgenden werde nun die Gliederung dieser fünf Hauptbuchkonten in die entsprechenden Unterkonten des Kontenverzeichnisses und die Anlage der Sammelmappen dieser Unterkonten des näheren besprochen.

2. Das Anlagekonto.

Wir hatten bereits im Hauptbuch das Anlagekonto in die folgenden Einzelkonten zerlegt:

a) Grund und Boden,
b) Bauliche Anlagen,
c) Einrichtungen, Maschinen, Werkzeuge,

d) Modelle, Matrizen und Spezialwerkzeuge,

e) Zeichnungen,

f) Patente und Versuche.

Das Anlagekonto gibt den augenblicklichen Wert der durch die obigen Konten a—f gekennzeichneten Vermögensbestände, dasselbe wird mit allen Neuanschaffungen und allen Wertverbesserungen belastet, für Abnutzung und Wertverminderung erkannt.

Zu beachten ist, daß Wertverbesserungen nicht mit dem Vollwert dem Anlagekonto belastet werden dürfen, wenn derjenige Gegenstand, welcher die Wertverbesserung erfahren hat, selbst bereits gegenüber seinem Anschaffungswert verringerten Wert besitzt, z. B. eine Maschine sei für 3000 M. gekauft und stehe im Anlagekonto mit einem augenblicklichen Wert von 2000 M. zu Buch. Durch Auswechslung alter Teile gelingt es, die Maschine zu verbessern, wofür Aufwendungen in Höhe von 600 M. erforderlich sind. Es ist nun nicht zulässig, den Betrag von 600 M. dem Anlagekonto zuzuführen, es ist vielmehr die Wertverbesserung im gleichen Verhältnis, in welchem der Buchwert der Maschine zu dem Anschaffungswert steht, zu bemessen und nur dieser Wert, also $600 \cdot \frac{2000}{3000} = 400$ M., dem Anlagekonto zu belasten. Der Rest von 200 M. ist abzuschreiben.

Jedes der Unterkonten ist mit einer Inventur zu eröffnen. In dieser Inventur ist mit aufzunehmen, in welchem Verhältnis das betreffende Unterkonto sich auf die einzelnen Betriebe verteilt. (Vergl. Form. 11 für Grund und Boden, Form. 10 für Gebäude und Anlagen.)

a) Grund und Boden.

Unterkonto 1. Grund und Boden. Form. 11 zeigt die Inventur des Kontos Grund und Boden, gleichzeitig mit der Verteilung dieses Kontos auf die einzelnen Fabrikgebäude und Anlagen. Als Verteilungsmaßstab ist dabei die Inanspruchnahme von Grund und Boden durch die einzelnen Gebäude und Anlagen anzusehen.

Die Richtigkeit des Verteilungsplanes ist bei der jährlichen Inventur zu kontrollieren.

b) Bauliche Anlagen.

Unter baulichen Anlagen sind alle auf dem Grundstück errichteten oder mit dem Grundstück fest verbundene Anlagen zu verstehen, also alle

Werkstattsgebäude, Hellinge usw., sowie die in diesen Gebäuden und Anlagen fest verlegte Rohrleitungen, elektrische Leitungen usw. Als Unterkonten kommen sonach in Frage:

Unterkonto 2. Bauliche Anlagen.

Unterkonto 3. Wasserleitung.

Unterkonto 4. Heizung und Lüftung.

Unterkonto 5. Kanalisation.

Unterkonto 6. Eisenbahn-Anschluß, Gleise und Drehscheiben.

Unterkonto 7. Gasleitung.

Unterkonto 8. Festverlegte elektrische Leitungen (Stark- und Schwachstrom).

Unterkonto 9. Festverlegte Preßluftleitungen.

Es empfiehlt sich, die Inventur so vorzusehen, daß aus derselben der Anteil, welchen jeder der in den betreffenden baulichen Anlagen untergebrachten Betriebe an denselben hat, hervorgeht. (Form. 10.)

Der Verteilungsmaßstab ist nach Art des betreffenden Unterkontos verschieden. Für Unterkonto 2: Bauliche Anlagen, wird die von den einzelnen Betrieben in den baulichen Anlagen beanspruchte Bodenfläche als Verteilungsmaßstab zu wählen sein, für Unterkonto 3: Wasserleitung, der Durchmesser des Zuleitungsrohres oder der Gesamt-Querschnitt der Zapfstellen, für Unterkonto 4: Heizung und Lüftung, die Fläche der Heizkörper oder der Kubikinhalt des zu heizenden oder zu belüftenden Betriebes usw. Es wird hier nicht auf mathematische Genauigkeit, sondern lediglich auf einigermaßen gerechte Verteilung der Werte auf die einzelnen Betriebe ankommen.

c) Einrichtungen, Maschinen, Werkzeuge.

Als Unterkonten kommen in Frage:

Unterkonto 10. Bureauausstattungen.

Unterkonto 11. Werkzeugbänke, Materialienständer, Formkasten, Kranpfannen, Lasteisen.

Unterkonto 12. Waagen.

Unterkonto 13. Kräne, einschließlich Motore und Stromzuführung und Schalttafeln.

Unterkonto 14. Transportmittel, Lokomotiven, Pferd und Wagen, Handwagen, Werkstattswagen.

Unterkonto 15.   Transmissionen mit Riemen und Antriebsmotoren bei Gruppen-
antrieb, ausschließlich mit der Maschine gelieferte Vorgelege
und Verbindung zwischen Vorgelege und Maschinen.

Unterkonto 16.   Werkzeugmaschinen und Formmaschinen der Gießereien,
einschließlich Vorgelege und Verbindung zwischen Vorgelege
und Maschinen, einschließlich Motore bei Einzelbetrieb.

Unterkonto 17.   Werkzeuge.

Unterkonto 18.   Glühöfen, Härteöfen, Kupolöfen, Flammöfen, Schmiedefeuer,
Bessemer Birne, Schweißöfen.

Unterkonto 19.   Elektrische Lichtanlagen, einschließlich Schalttafeln und
Apparate, ausschließlich festverlegte Leitungen und Primär-
stationen.

Unterkonto 20.   Preßluftanlagen und Preßluftwerkzeuge, ausschließlich fest
verlegte Leitungen.

Unterkonto 21.   Telephon- und Schwachstromanlagen, ausschließlich festverlegte Leitungen.

Unterkonto 22.   Maschinell betriebene Anlagen, ausschließlich Kräne, Betriebs-
motore, Werkzeugmaschinen, Transmissionen, also alle
Maschinen der Kraftstation einschließlich Kesselanlage,
Gebläse der Gießereien und Schmieden, Aufzüge, Span-
absaugeanlagen, Preßluftmaschinen einschließlich Antriebs-
motore.

Unterkonto 23.   Dampfhämmer, Schmiedepressen.

Unterkonto 24.   Bücher und Zeitschriften (Bibliothekbestände).

Jedes dieser Unterkonten ist mit einer Inventur zu eröffnen und jeder einzelne Gegenstand innerhalb des Kontos mit laufenden Nummern zu versehen. Es
empfiehlt sich, die laufenden Nummern des betreffenden
Kontos zumindest an den einen gewissen Mindestwert überschreitenden
Gegenständen selbst deutlich sichtbar anzubringen. Diese Einrichtung ist außerordentlich wertvoll für die Identifizierung des betreffenden
Gegenstandes mit seiner Buchung und eine nicht zu unterschätzende Hilfe
bei Aufnahme der Inventur.

d) Modelle, Matrizen und Spezialwerkzeuge.

Für jedes Modell, jede Matrize und jedes Spezial-
werkzeug wird ein eigenes Konto durch Herausgabe einer

besonderen Modell- bezw. Matrizen- bezw. Werkzeug-
Nummer eröffnet, auf welche die Fabrikation oder der Einkauf des
Modelles, der Matrize oder des Werkzeuges zu erfolgen hat. Die Sammel-
mappe des Modell-, Matrizen- usw. Kontos, enthält alle Werte der einzelnen
Modelle, Matrizen und Spezialwerkzeuge und werden in demselben alle Ab-
schreibungen, entweder einzeln oder auf den gesamten Wert eingetragen.

Neben dieser Sammelmappe der Buchhalterei wird in dem Modell- oder
Werkzeuglager eine zweite Sammelmappe geführt, welche wie die Sammel-
mappe der Buchhalterei eingerichtet ist, jedoch Wertangaben nicht enthält.
In dieser Sammelmappe wird die Ausgabe und Rückgabe der
Modelle bezw. Matrizen und Werkzeuge eingetragen;
dieselbe dient zum Nachweis des Lagerbestandes und des augenblicklichen
Aufenthaltsortes der Modelle usw.

Änderungen an Modellen, Matrizen und Spezialwerkzeugen sind
nicht dem Anlagekonto, sondern dem Fabrikationskonto auf derjenigen
Auftragsnummer zu belasten, welche diese Änderung
oder Instandsetzungsarbeiten bedingt hat.

Die Unterkonten des Modell-, Matrizen- und Spezialwerkzeugkontos wird
man richtigerweise nach Art der Maschinen in einzelnen Gruppen zusammenfassen, z. B. sämtliche Modelle der Schiffsmaschinen trennen von sämtlichen
Modellen für Landmaschinen oder von Schiffshilfmaschinen, oder man faßt
diese Unterkonten nach Art der Gegenstände in Gruppen zusammen, z. B.
die Grundplatten, die Ständer, die Zylinder usw.

Außerdem wird man zu unterscheiden haben zwischen

Unterkonto 26: Modellen, Matrizen und Spezialwerkzeugen, welche
nur für eine einmalige Ausführung bestimmt, also
mit ihrem Vollwert dem Fabrikationskonto zu belasten sind und

Unterkonto 27: solchen Modellen usw., welche für normale Fabrikationsteile hergestellt sind und

Unterkonto 28: Modellen usw., welche von der Kundschaft zur Herstellung von Fabrikaten angeliefert oder zur Aufbewahrung gegeben sind.

Die Kontierung des Gehäusemodells Nr. 1000 einer normalen Dampfturbine würde sonach lauten: D. T. geh. 1000 Ko. 27.

Die Bezeichnung D. T. geh. ist zur raschen Orientierung über den Be-
stimmungszweck des Modelles erforderlich. Die Nr. 1000 ist die eigentliche

Bezeichnung des Modelles, welche auch auf das Gußstück übergeht, die Anführung des Ko. 27 dient zur richtigen Verbuchung der Abschreibungen des Modelles.

e) Zeichnungen.

Es empfiehlt sich durch Aufgabe einer Zeichnungsnummer je d e r e i n z e l n e n Z e i c h n u n g e i n s e p a r a t e s K o n t o a n z u w e i s e n, in gleicher Weise, wie dies oben für das Modell-, Matrizen- und Spezialwerkzeugkonto geschehen ist (vergl. Form. 12 und 13 für Unterkonto Bureauausstattungen).

Dieses Konto wird für jede Zeichnung mit den Herstellungskosten belastet und für die Abschreibungen entweder im einzelnen oder auf den Gesamtwert erkannt.

Event. Änderungen an Zeichnungen werden nicht dem Anlagekonto, sondern dem Fabrikationskonto auf der betr. Auftragsnummer belastet. Die einzelnen Zeichnungsnummern werden wieder zweckentsprechend zusammengefaßt nach Art des Fabrikationsgegenstandes, z. B. Schiffsmaschinen, Schiffskessel, Dampfturbinen, Frachtdampfer, Passagierdampfer usw. oder nach Art des auf dem Einzelblatt dargestellten Gegenstandes, z. B. Grundplatten, Zylinder, Schotten, Decks, wasserdichte Türen usw.

D i e H ö h e d e r A b s c h r e i b u n g e n a u f d i e e i n z e l n e n Z e i c h n u n g e n ist wieder a b h ä n g i g v o n d e m Z w e c k, d e m d i e Z e i c h n u n g z u d i e n e n h a t. Ist die Zeichnung lediglich für die Ausführung eines einzigen sich voraussichtlich nicht wiederholenden Auftrages bestimmt, so wird die Zeichnung zum Vollwert abzuschreiben sein, während dagegen Zeichnungen von normalen Fabrikations-Teilen mit einem geringeren Abschreibungswert sich begnügen können; ein Teil der Zeichnungen wird auf Fabrikationskonto, ein anderer Teil der Zeichnungen, z. B. Offertzeichnungen, wird auf Unkostenkonto, ein dritter Teil der Zeichnungen, z. B. Patentzeichnungen, auf Anlagekonto zu verbuchen sein.

Die Sammelmappe des Zeichnungskontos, in welcher jeder Zeichnungsnummer ein Konto angewiesen ist, wird deshalb derart zu erweitern sein, daß für jede einzelne Zeichnungsnummer ihre Zugehörigkeit zu einem der folgenden Konten nachgewiesen ist:

Unterkonto 29 Werkstattzeichnungen für einmalige Aufträge.

Unterkonto 30 Ablieferungs- und Kontraktzeichnungen.

Unterkonto 31 Offertzeichnungen.

Unterkonto 32 Zeichnungen normaler Fabrikationsteile.

Unterkonto 33 Patentzeichnungen.

Jede einzelne Zeichnung ist außer mit der Zeichnungsnummer mit der Bezeichnung des Fabrikationsgegenstandes sowie des durch das Einzelblatt dargestellten Gegenstandes und der Kontonummer zu versehen, z. B.:

Die Zeichnung Nr. 1000 des Gehäuses einer normalen Dampfturbine würde hiernach zu kontieren sein:

$$\text{D. T. geh. 1000 Ko. 32,}$$

wobei wieder die Bezeichnung D. T. geh. zur raschen Bestimmung des Inhalts der Zeichnung und zu Registrierungszwecken erforderlich ist, die Nr. 1000 die eigentliche eindeutige Bezeichnung der Zeichnung darstellt, während die Angabe Ko. 32 der richtigen Verbuchung der Zeichnungen dient.

f) Patente und Versuche.

Dies Konto teilt sich in die drei Unterkonten

Unterkonto 34: Patente, Marken und Musterschutz,

Unterkonto 35: Lizenzen,

Unterkonto 36: Versuche.

In der Sammelmappe wird jedem einzelnen Patentgesuch, sowie jedem erteilten Patente bezw. Musterschutz und jeder Lizenz ein eigenes Konto errichtet, und dieses mit der Anmeldungsnummer oder der Nummer des Patentes oder kurzen Angabe des Lizenzinhaltes bezeichnet.

Dabei sei das oben bereits für Zeichnungen erwähnte wiederholt, wonach auch der Wert eines Patentes oder einer Lizenz nur bei der Gründung oder dem Verkauf eines Fabrikunternehmens mit demjenigen Betrag eingesetzt werden darf, welchen das betr. Patent oder die betr. Lizenz für die Fabrik besitzt. In allen andern Fällen darf der Wert eines Patentes oder einer Lizenz nur nach den tatsächlich für die Erwerbung des Patentes oder der Lizenz gemachten Aufwendungen bemessen werden.

Auch für die Versuche empfiehlt es sich, jedem einzelnen Versuch ein eigenes Konto in der Sammelmappe einzurichten, welches mit den Versuchskosten zu belasten und für die Abschreibungen auf diesem Konto zu erkennen ist.

Die von dem Laboratorium zur Feststellung der Qualität der eingekauften oder selbstfabrizierenden Materialien vorzunehmenden Versuche sind nicht auf dem Versuchskonto (Unterkonto 36) zu verbuchen, sondern werden, soweit diese Versuche nicht durch das Fabrikationskonto veranlaßt sind, der Lagerverwaltung belastet.

3. Das Unkostenkonto.*)

a) Allgemeines.

Das Unkostenkonto ist im Fabrikbetriebe das bei weitem wichtigste Konto. Von seiner Führung hängt in erster Linie der Geschäftserfolg ab, und der Mißerfolg eines Fabrikunternehmens läßt sich in letzter Ursache wohl stets auf mangelhafte Führung oder ungenügende Beachtung des Unkostenkontos zurückführen.

Unter Unkosten versteht man alle Aufwendungen, welche sich nicht direkt auf eine bestimmte Auftragsnummer verbuchen lassen, welchen also ein greifbarer Gegenwert gegenüberzustellen nicht möglich ist, — sei es, daß diese Auslagen nicht für eine bestimmte Auftragsnummer, sondern allgemein im Interesse des Betriebes oder der Fabrik gemacht sind, sei es, daß die für den betr. Auftrag aufgewendete Arbeitszeit oder der Wert des für den betr. Auftrag aufgewendeten Materials sich nicht oder nur mit unverhältnismäßigem Aufwand bestimmen lassen.

b) Art der Unkosten.

Sehr häufig findet man in Fabrikgeschäften die Unkosten geteilt in Betriebsunkosten und Handlungsunkosten. Hierbei sollen unter Betriebsunkosten alle bei der Herstellung des Gegenstandes entstandenen Unkosten, unter Handlungsunkosten alle beim Vertriebe des Gegenstandes entstehenden Unkosten verstanden sein. Man bezeichnet alsdann den ohne Berechnung der Handlungsunkosten erzielten Gewinn als Brutto-, den nach Abzug der Handlungsunkosten erzielten Gewinn als Netto-Gewinn. Eine solche Teilung der Unkosten in Betriebsunkosten und Handlungsunkosten hat nur dort eine tatsächliche Bedeutung, wo die Verkaufsorganisation von der Fabrikorganisation vollkommen getrennt ist, wo also die Fabrik an das Verkaufsgeschäft abliefert, und das Verkaufsgeschäft diese Ware unabhängig vom Fabrikgeschäft vertreibt.

---

*) Vergl. Benjamin, Kostenanschläge in der Praxis des Fabrikanten. Zeitschr. des Vereines deutscher Ingenieure 1903.

Ein solches System ist nur denkbar in Fabriken, welche Massenartikel nach bestimmt festliegenden Modellen bauen, z. B. bei Elektrizitätsfirmen, Werkzeugmaschinenfabriken usw. Als solche Betriebe kommen Werftbetriebe und Dampfmaschinenfabriken — zum wenigsten in Deutschland — nicht in Frage. Hier erfordert der Verkauf so sehr die Mitarbeit der Fabrik, daß für eine Trennung zwischen Betriebsunkosten und Handlungsunkosten ein tieferer Grund nicht vorliegt.

Hiermit soll keineswegs gesagt sein, daß die Frage, welche Unkosten in der Fabrik und welche durch den Verkauf verursacht sind, nicht zu untersuchen sei. Im Gegenteil ist diese Frage eine durchaus bedeutungsvolle. Die Antwort kann aber nicht in genügender Weise durch den Bücherabschluß gegeben werden, sondern ist nur durch die weiter unten zu erläuternde Statistik in befriedigender Weise zu erwarten.

Von wesentlich größerer Bedeutung als die Unterscheidung in Handlungs- und Betriebsunkosten ist eine Trennung der Unkosten nach konstanten Unkosten und mit der Höhe der Produktion wechselnden Unkosten.

Erstere Unkosten sind die, insbesondere in Zeiten niedergehender Konjunktur am schwersten aufzubringenden Unkosten. Es muß das Hauptbestreben jedes Betriebsleiters sein, diese konstanten Unkosten auf das geringstmöglichste Maß zurückzuschneiden; denn eine Fabrik wird um so länger konkurrenzfähig sein können, je geringer der Betrag der konstanten Unkosten ist.

Eine dritte Einteilung der Unkosten ist die nach ihrer Verteilung auf die einzelnen Betriebe.

Man hat zu unterscheiden:

1. Unkosten, welche einem bestimmten produktiven Betriebe ausschließlich zur Last fallen,

2. Unkosten, an welchen eine beschränkte Anzahl produktiver Betriebe partizipieren, z. B.

    Kosten eines gemeinschaftlich benutzten Gebäudes usw.

3. Unkosten, welche durch unproduktive Betriebe veranlaßt und auf die einzelnen produktiven Betriebe nach einem bestimmten Maßstab zu verteilen sind.

Eine vierte Einteilung der Unkosten ist die n a c h i h r e r V e r t e i l u n g a u f d i e U n t e r k o n t e n d e s F a b r i k a t i o n s k o n t o s, d. h. die Auftragsnummern.

Man hat zu unterscheiden in

1. Unkosten, an welchen alle Fabrikate eines Betriebes gleichmäßig partizipieren,

2. Unkosten, welche durch spezielle Leistungen eines Betriebes für bestimmte Fabrikate veranlaßt sind, wie Maschinenkosten, Krankosten usw.

3. Unkosten, welche direkt auf Fabrikationskonto zu verbuchen sind, z. B. Abschreibungen für Patente usw.

Wir werden im Folgenden uns der dritten und vierten Art der Unkosteneinteilung bedienen, indem diese Einteilung uns gestattet:

Z u n ä c h s t s ä m t l i c h e i m W e r k e n t s t e h e n d e n U n k o s t e n a u f d i e e i n z e l n e n p r o d u k t i v e n B e t r i e b e z u v e r t e i l e n und a l s d a n n d i e d e m e i n z e l n e n p r o d u k t i v e n B e t r i e b e z u g e - m e s s e n e n U n k o s t e n a u f d i e e i n z e l n e n W a r e n a n t e i l i g z u v e r r e c h n e n.

D e r e r s t e n u n d z w e i t e n A r t d e r U n k o s t e n e i n t e i l u n g werden wir uns n u r f ü r s t a t i s t i s c h e Z w e c k e bedienen.

Um aber solche verschiedenartige Zusammenstellung der Unkosten zu ermöglichen, ist eine weitgehende Unterteilung des Unkostenkontos erforderlich.

c) U n k o s t e n k o n t e n - V e r z e i c h n i s.

Als Unkostenkonten kommen in Frage:

1. Die Abschreibungen der Anlagekonten,

2. Die Reparaturen, Ersatzlieferungen und Instandhaltungsarbeiten für Anlagekonten,

3. Betriebskosten für Anlagekonten,

4. Zinsen auf Anleihekapitalien, Hypotheken, Steuern, Mietbeträge für gemietete Grundstücke und Gebäude und Versicherungsprämien.

5. Saläre, Reisespesen etc.,

6. Hilfsmaterialien und Hilfsarbeiten,

7. Ausschuß- und Garantiearbeiten.

Hiernach ergibt sich die folgende Bezeichnung der Unterkonten:

Hauptbuchkonto:	Unter-Konto:	Abschreibungen:	Reparaturen, Ersatzlieferungen, Instandhaltungs-Arbeiten:	Betriebskosten
Grund und Boden:		Unterkonto 37	Unterkonto 38	Unterkonto:
Bauliche Anlagen:	Bauliche Anlagen,	„ 39	„ 40	—
	Wasserleitung,	„ 41	„ 42	—
	Heizung und Lüftung,	„ 43	„ 44	—
	Kanalisation,	„ 45	„ 46	—
	Eisenbahnanschluß, Gleise, Drehscheiben,	„ 47	„ 48	—
	Gasleitung,	„ 49	„ 50	—
	Elektr. Leitungen festverlegt (Schwach- und Starkstrom).	„ 51	„ 52	—
	Preßluftanlage: festverlegte Leitungen	„ 53	„ 54	—
Einrichtungen, Maschinen, Werkzeuge:	Bureauausstattungen,	„ 55	„ 56	—
	Werkzeugbänke, Materialienständer, Formkasten, Kranpfannen, Lasteisen,	„ 57	„ 58	—
	Waagen	„ 59	„ 60	—
	Kräne einschl. Motore und Stromzuführung einschl. Schalttafeln,	„ 61	„ 62	„ 63
	Transportmittel: Lokomotiven, Pferd und Wagen, Handwagen, Werkstattswagen,	„ 64	„ 65	„ 66
	Transmissionen mit Riemen und Antriebsmotore bei Gruppenantrieb ausschl. mit der Maschine gelieferte Vorgelege und Verbindung zwischen Vorgelege und Maschine,	„ 67	„ 68	„ 69
	Werkzeugmaschinen und Formmaschinen der Gießereien einschl. Vorgelege und Verbindung zwischen Vorgelege und Maschine und Motore bei Einzelantrieb,	„ 70	„ 71	„ 72

Hauptbuchkonto: Einrichtungen, Maschinen, Werkzeuge:	Unter-Konto:	Abschreibungen	Reparaturen, Ersatzlieferungen, Instandhaltungs-Arbeiten:	Betriebskosten
	Werkzeuge,	Unterkonto 73	Unterkonto 74	Unterkonto:
	Glühöfen, Härteöfen, Kupolöfen, Flammöfen, Schmiedefeuer, Bessemer Birne, Schweißöfen,	„ 75	„ 76	„ 77
	Elektr. Lichtanlage einschl. Schalttafeln und Apparate ausschl. festverlegte Leitungen und ausschl. Primärstation,	„ 78	„ 79	„ 80
	Preßluftanlage und Preßluftwerkzeuge ausschl. festverlegte Leitungen und Preßluftmaschinen	„ 81	„ 82	„ 83
	Telephon- und Schwachstromanlagen, ausschl. festverlegte Leitungen	„ 84	„ 85	„ 86
	Maschinell betriebene Anlagen ausschl. Kräne, Betriebsmotore, Werkzeugmaschinen, Transmissionen, also alle Maschinen der Kraftstation einschl. Kesselanlage, Gebläse der Gießereien und Schmieden, Aufzüge, Spanabsauge-Anlage, Preßluftmaschinen	„ 87	„ 88	„ 89
	Dampfhämmer und Schmiedepressen	„ 90	„ 91	„ 92
	Bücher und Zeitschriften (Bibliothekbestand)	„ 93	„ 94	—
Modelle, Matrizen und Spezialwerkzeuge:	Modelle, Matrizen und Spezialwerkzeuge	„ 95	„ 96	—
Zeichnungen:	Zeichnungen	„ 97	„ 98	—
Patente u. Versuche:	Patente, Marken und Musterschutz: Abschreibungen	„ 99		—
	Lizenzen: Abschreibungen	„ 100		—
	Versuche: Abschreibungen	„ 101		—

Hauptbuchkonto:	Unter-Konto:	Unter-Konto
Zinsen auf Anleihe-	Zinsen	„ 102
kapitalien, Hypo-	Steuern	„ 103
theken, Miet-	Mietbeträge,	„ 104
beträge usw.:	Versicherungsprämien	„ 105
Saläre, Reise-	Saläre	„ 106
spesen usw.:	Gratifikationen	„ 107
	Allgemeine Reisespesen	„ 108
	Zuschuß zur Kranken-, Invaliden- und Unfallversicherung	„ 109
	Reklame	„ 110
	Repräsentation	„ 111
Hilfsmaterialien	Reinigungsarbeiten	„ 112
und Hilfsarbeiten:	Transportarbeiten	„ 113
	Hilfsmaterialien	„ 114
	Hilfsarbeiten	„ 115
	Drucksachen	„ 116
	Telegramme und Telephongebühren	„ 117
	Porti	„ 118
	Schreib- und Zeichenmaterialien	„ 119
Ausschuß- und	Ausschuß	„ 120
Garantiearbeiten:	Garantiearbeiten	„ 121

Jedes Unterkonto der aufgeführten Unkosten — Unterkonto 37—121 — kann im allgemeinen durch irgend einen der oben angeführten Betriebe (Kap. III. 2.) verursacht sein. Zur richtigen Buchung der Unkosten ist daher neben der Angabe des betr. Unkostenkontos selbst noch die Angabe des Betriebes erforderlich, welcher die Unkosten verursacht hat, z. B. Reinigungsarbeiten der Schiffbauwerkstätte sind zu kontieren mit: Sw. 112, Salär des Vorstehers der Verkaufsabteilung Verk. 106.

Unkosten, welche nicht einem einzelnen Betriebe, sondern mehreren Betrieben gemeinsam zur Last fallen, sind zunächst auf ein Zwischenkonto: ge- meinschaftlicher Betrieb (Gbt.) zu buchen und von diesem Konto monatlich auf die einzelnen Betriebe ihrem Anteile an den Unkosten entsprechend, zu verteilen, z. B. das Salär des Abteilungsvorstandes der Werftbetriebe ist zunächst auf das Konto Gemeinschaftlicher Betrieb, Unterkonto Saläre, Gbt. 106 zu verbuchen, d. h. in der Sammelmappe auf diesem Konto mit schwarzer Schrift einzutragen. Alsdann wird dieser Posten unter den diesem Betriebsleiter unterstellten Betrieben, Hbt. Klp. Kusch. Mal. usw. nach einem bestimmten Verteilungsmaßstabe, in diesem Falle etwa den produktiven Löhnen der einzelnen Betriebe entsprechend — verteilt, d. h. dem gleichen Konto Gbt. 106 werden mit roter Schrift die einzelnen Teilbeträge gutgebracht und den Unterkonten: Hbt. 106, Klp. 106, Kusch. 106 usw. mit schwarzer Schrift belastet. Das Konto Gbt.: Gemeinschaftlicher Betrieb löst sich also durch Verteilung der Unkosten auf die einzelnen Betriebe wieder auf.

In gleicher Weise werden die Unkosten von Grund und Boden auf die baulichen Anlagen, die Unkosten der einzelnen baulichen Anlagen auf diejenigen Betriebe zu verteilen sein, welche von denselben Nutzen ziehen, z. B. wird der Mietbetrag für Grund und Boden nach Eintragung in das Journal auf Unkostenkonto zunächst in der Sammelmappe dem Konto Gbt. 104 durch schwarze Eintragung belastet und das gleiche Konto sogleich mit den Teilbeträgen der einzelnen Gebäude und Anlagen durch rote Eintragung erkannt. Die einzelnen Konten Geb. Lag., Geb. Eg., Geb. Abf. usw. werden mit den gleichen Teilbeträgen durch schwarze Eintragung belastet und gleichzeitig für die Teilbeträge der in den einzelnen Gebäuden untergebrachten Betriebe durch rote Eintragung erkannt, während die Einzelbetriebe auf Ko. 104 mit diesen Teilbeträgen durch schwarze Eintragung belastet werden.

Die Verteilung der Unkosten auf die einzelnen Betriebe sollte stets nach bestimmtem Maßstabe z. B. den produktiven Löhnen, dem Gewicht der erzeugten Ware, der Bodenfläche des Betriebes usw. entsprechend, niemals nach Willkür oder Schätzung oder von dem Gesichtspunkte ausgehend, „daß dieser oder jener Betrieb es tragen könne", stattfinden. Ohne die spätere geschäftliche Überlegung im geringsten einschränken zu wollen, muß doch an dem Grundsatz festgehalten werden, daß zunächst alle Unterlagen objektiv geklärt sein müssen, um eine sichere Spekulation auf diesen Unterlagen aufbauen zu können.

In der Sammelmappe des Unkostenkontos ist jedem Unkostenunterkonto eines jeden Betriebes ein getrenntes Unterkonto zu eröffnen (Form 15). Die hierdurch entstehende Zahl von Einzelkonten ist nur scheinbar eine Komplikation. Tatsächlich ist es, wenn erst die Sammelmappen angelegt sind, mit nicht mehr Umständen verknüpft, einen Betrag in der Sammelmappe demjenigen Konto zuzuführen, welches für die Ausgabe zu belasten bezw. zu erkennen ist, als den Betrag auf ein Sammelkonto einzutragen.

d) Die Verteilung der Unkosten der unproduktiven Betriebe auf die produktiven Betriebe.

Da Unkosten nur auf die Waren oder die Anlagen verrechnet werden können, und die Ware oder die Anlagen nur von produktiven Betrieben erzeugt werden, folgt, daß sämtliche Unkosten auf die einzelnen produktiven Betriebe verteilt werden müssen. Die Unkosten der unproduktiven Betriebe, welche für eine bestimmte Anzahl produktiver Betriebe ausschließlich tätig sind, wird man ohne weiteres den betreffenden produktiven Betrieben zuteilen können: z. B. die Unkosten des Waschraumes der Schiffbauwerkstätte werden auf Schiffbauwerkstatt, Schiffsschlosserei, Schiffsschmiede und Kupferschmiede, etwa der Arbeiterzahl dieser Betriebe oder den gezahlten Löhnen entsprechend, die Unkosten des Waschraumes der Maschinenbauwerkstatt werden auf die Maschinenbauwerkstätte, die Werkzeugmacherei, die Kesselschmiede, Schmiede, Hammerschmiede, die Unkosten des Waschraumes der Gießereien werden auf Eisengießerei, Metall- und Stahlgießerei, die Unkosten des Kantinenbetriebes auf sämtliche Betriebe monatlich zu verteilen sein.

Für den unproduktiven Betrieb: Höfe, wird nach den örtlichen Verhältnissen ein Verteilungsplan aufzustellen sein, indem die produktiven Betriebe, soweit dieselben aus den Höfen Nutzen ziehen, dem Flächeninhalt des benutzten Raumes entsprechend an den Unkosten zu partizipieren haben. Nicht für spezielle Betriebe in Anspruch genommenen Flächen werden zunächst der Verwaltung zu belasten sein.

Die Unkosten des unproduktiven Betriebes: Werfthafen fallen den speziell an dem Bau und der Reparatur der Schiffe interessierten Betrieben zur Last und werden unter diese Betriebe etwa im Verhältnis der produktiven Löhne der einzelnen Betriebe monatlich zu verteilen sein.

Die Verteilung der Unkosten der übrigen unproduktiven Betriebe auf die produktiven Betriebe ist nicht ohne weiteres möglich und es wird hierfür zunächst der Verteilungsmaßstab zu suchen sein. Um für die Verteilung der Unkosten dieser unproduktiven Betriebe auf die einzelnen produktiven Betriebe den richtigen Maßstab zu gewinnen, ist es erforderlich, auf die Aufgabe und das Wesen einer Fabrik zurückzugreifen.

Die Tätigkeit einer Fabrik besteht, wie oben definiert, in der Verarbeitung und Umformung von Rohstoffen zwecks Erzeugung höher bewertbarer Ware. Der Wertzuwachs, welchen der Rohstoff in der

Fabrik erfährt, bildet also das Maß für die Tätigkeit einer Fabrik, das Verhältnis des Wertzuwachses, welchen die Ware in den einzelnen Betrieben erfährt, sonach ein Maß für die Tätigkeit der einzelnen Betriebe.

Da man annehmen kann, daß ein Betrieb je nach dem Grade seiner produktiven Tätigkeit auch an der Erzeugung der Unkosten beteiligt sein wird, so erscheint es billig, die unproduktiven Unkosten den einzelnen Betrieben entsprechend ihrer Tätigkeit zuzuweisen, d. h. also die Unkosten der unproduktiven Betriebe entsprechend dem Wertzuwachs, welchen die Ware im Fabrikationsgang in den einzelnen Betrieben erfährt, zu verteilen. Dieser Verteilungsmaßstab dürfte auch mit den tatsächlichen Bedürfnissen in Übereinstimmung stehen, denn durch denselben wird erreicht, daß Betriebe, welche schlecht beschäftigt sind, nur gering zu den allgemeinen Unkosten, d. h. zur Tragung der Unkosten der unproduktiven Betriebe herangezogen werden, während die stark beschäftigten und, wie man damit annehmen darf, hervorragend erwerbenden Betrieb den größeren Teil der Unkosten übernehmen.

Der Wertzuwachs einer Ware ist nun ausgedrückt:

1. durch die Summe der produktiven für sie verausgabten Löhne,
2. dem auf sie entfallenden Unkostenanteil des betreffenden produktiven Betriebes.

Als Verteilungsmaßstab der Unkosten der unproduktiven Betriebe auf die produktiven Betriebe ergibt sich hiernach: Die Unkosten der unproduktiven Betriebe sind auf die einzelnen produktiven Betriebe proportional (Summe der produktiven Löhne plus Unkosten der produktiven Betriebe) zu verteilen.

Diese Unkostenverteilung wird selbstverständlich nicht laufend erfolgen können, sondern ist jeweils bei dem später zu besprechenden Monatsabschluß vorzunehmen. Nach dieser Verteilung der Unkosten der unproduktiven Betriebe erscheinen sämtliche Unkosten auf den einzelnen produktiven Betrieben, von welchen sie der Ware zugeführt werden können. Der monatliche Saldo der so auf die einzelnen produktiven Betriebe verteilten Unkosten muß sich mit dem Monatsabschluß des Unkostenkontos des Journals decken. Vergl. hierzu Tabelle 1. Unkostenverteilungsplan.

Wie wir oben bereits erwähnt haben, begnügen wir uns jedoch nicht mit der gleichmäßigen Verteilung sämtlicher Unkosten eines Betriebes etwa den produktiven Löhnen desselben entsprechend; wir unterscheiden vielmehr die Unkosten noch

1. in Unkosten, an welchen alle Fabrikate eines Betriebes gleichmäßig partizipieren,
2. in Unkosten, welche durch spezielle Leistungen eines Betriebes veranlaßt sind,
3. in Unkosten, welche direkt auf Fabrikationskonto verbucht werden.

Näheres hierüber siehe unten unter Kap. XIII. 6. „Verteilung der Unkosten auf Fabrikationskonto".

4. Das Fabrikationskonto.

Die in einer Fabrik zu leistenden Arbeiten scheiden sich in 2 Hauptgruppen:

1. Anfertigung von Waren für Verkauf oder Lager oder von Gegenständen für Anlagekonten,
2. Arbeiten auf Unkostenkonten.

Diesem Unterschied der Arbeiten ist bereits äußerlich durch entsprechende Bezeichnung der betr. Arbeit Rechnung zu tragen.

Für alle Arbeiten, welche für Verkaufs- oder Lagerwaren oder für Anlagekonten bestimmt sind, ist eine bestimmte Arbeitsnummer aufzugeben, für alle Unkostenarbeiten dagegen ist die Arbeit lediglich mit der Bezeichnung desjenigen Unkostenkontos, welches die Arbeit veranlaßt hat, zu kennzeichnen. Alle auf letztere Arbeiten ausgegebenen Löhne und Materialien werden direkt dem Unkostenkonto, nicht dagegen dem Fabrikationskonto belastet, in der Weise, wie dies in dem vorhergehenden Abschnitt ausführlich erläutert ist.

Für das Fabrikationskonto verbleiben hiernach: Waren für Verkauf oder Lager und Aufwendungen für Anlagekonten.

Für die Anlage der Unterkonten der für Verkauf, Lager oder für Anlagekonten bestimmten Fabrikate sind die folgenden Gesichtspunkte zu beachten.

Wir hatten oben die Forderung aufgestellt, daß jedes Fabrikat auf seinem Konto Gewinn und Verlust aufweise, hieraus

itional information of this book

rbuch der Schiffbautechnischen Gesellschaft; 978-3-642-90184-3; 978-3-642-90184-3_OSFO10)

provided:

://Extras.Springer.com

folgt, daß jedem Fabrikat ein eigenes Konto in der Sammelmappe des Fabrikationskonto anzuweisen ist.

Die Ordnung dieses Kontos könnte entweder chronologisch erfolgen, d. h. die einzelnen Arbeiten erhalten fortlaufende Nummern, z. B. Auftrag Nr. 1000, Auftrag Nr. 1001, entsprechend ihrem Eingang, oder aber die Konten werden nach Fabrikateklassen und innerhalb der Fabrikateklassen chronologisch geordnet, z. B. sämtliche Auftragsnummern auf Dampfturbinen werden unter dem Konto: Dt. mit laufenden Nummern Dt. 1000, Dt. 1001 usw. geordnet.

Letztere Auftragskontierung hat den Vorteil, daß die Auftragsnummer bereits auf das Fabrikat selbst hinweist, was zur Orientierung in allen Betrieben von besonderem Vorteil ist.

Arbeiten für Anlagekonten erhalten Auftragsnummern getrennt von den Verkaufsauftragsnummern und zwar wird jedem Betrieb eine gewisse Anzahl Nummern zugewiesen. Es empfiehlt sich, diese Aufträge durch Vorsetzung der Bezeichnung A. K. vor die laufende Nummer als auf Anlagekonto gehörig zu kennzeichnen: A. K. 1000, A. K. 1001 usw.

Bei Waren, welche eine Zusammenfassung von einzelnen selbständigen Fabrikaten darstellen, empfiehlt es sich, die Gesamtauftragsnummer in Unteraufträge zu zerteilen.

Dieses gilt insbesondere für die Fabrikate des Schiffbaues*). Hier ist die nachträgliche Prüfung der für die Herstellung eines Schiffes gemachten Ausgaben infolge der Gleichartigkeit des für den Schiffskörper in den verschiedensten Teilen verwendeten Platten- und Winkelmaterials außerordentlich schwierig und nur dadurch möglich, daß der Gesamtauftrag zur Herstellung des Schiffes in eine Reihe von Unteraufträgen zur Herstellung der einzelnen Teile des Schiffskörpers zerlegt wird. Diese Unteraufträge sollen so gewählt werden, daß eine genügend scharfe Abgrenzung eines Unterauftrages gegen den andern möglich ist. Je nach der Größe der zu erbauenden Schiffe wird die Zahl der Unterkonten verschieden sein. Werften, welche für die Kaiserliche Marine liefern, werden getrennte Unterkonten für Marineaufträge und Handelsschiff-Aufträge führen usw.

---

*) Vergl. hierzu: J. Meyer, Gruppeneinteilung für die Gewicht- und Kostenberechnung von Schiffen.

Als beispielsweise Unteraufträge mögen genannt sein:

	Hauptauftragsnummer	Unterkonto
Schnürbodenarbeit	Schiff Nr.	201
Kiel und Steven	„	202
Spanten	„	203
Balken und Querverbände	„	204
Doppelboden	„	205
Längsverbandteile	„	206
Außenhaut	„	207
Decks	„	208
Schotten	„	209
Aufbauten usw.	„	210
Maschinen und Kesselfundamente . . .	„	301
Hauptmaschine	„	302
Kondensator	„	303
Wellenleitung und Propeller	„	304
Hilfsmaschinen	„	305
Kessel	„	306
Rohrleitungen usw.	„	307

Solche Zerlegung des Hauptauftrages in Unteraufträge durch Teilung der Ware in ihre Einzelbestandteile wird insbesondere dort zu empfehlen sein, wo das Stücklistensystem nicht eingeführt ist, welches ja an sich nur eine detaillierte Aufgabe des Auftrages in seinen Einzelbestandteilen (in den laufenden Nummern der Stückliste) darstellt.

Man zerlegt alsdann z. B. eine Maschine in ihre Einzelteile:

	Hauptauftragsnummer	Unterkonto
Grundplatte	Maschine Nr.	401
Ständer	„	402
Zylinder	„	403
Säulen	„	404 usw.,

so daß auf diesen ein für allemal festgelegten und im Kontenverzeichnis aufgenommenen Unterkonten eine Einzelabrechnung der Einzelteile des Auftrages auch ohne Vorhandensein einer Stückliste erfolgen kann.

Wird ein Hauptauftrag so stets in seine Unteraufträge durch ein für allemal festgelegte Konten zerlegt, so

ergibt sich ein ganz vorzüglicher Einblick in die Einzel-
kosten des Gesamtauftrages und ein unschätzbarer
Anhalt für die Kostenbestimmungen späterer Ausführungen.

Es empfiehlt sich, die Hauptauftragsnummern mit Nr. 1000 beginnen zu
lassen, um eine Verwechslung der Auftragsnummern mit den Nummern der
Unkostenkonten oder den Nummern der Fabrikations-Unterkonten zu vermeiden.

5. Das Material- und Warenkonto.

Das Material- und Warenkonto zerlegt sich in:

    a) Rohmaterialien und Halbfabrikate,

    b) Verkaufswaren,

    c) Altmaterialien und Abfallmaterialien,

    d) Zur Wiederverwendung zurückgestellte Teile,

    e) Alte Teile.

Für jede dieser Warengattungen ist eine eigene Sammelmappe zu führen
und in dieser Sammelmappe jeder einzelnen Materialart bezw.
jeder einzelnen Warenart ein separates Konto zu er-
öffnen. Wie weit diese Unterteilung in einzelne Konten zu erfolgen hat, hängt
von der Art des betr. Materials oder der Ware ab; im allgemeinen sollte allen
denjenigen Materialien und Waren, welche nicht gleichen Einheitspreis besitzen, ein separates Konto zugestanden werden. Es genügt, für alle Platten, welche mit den gleichen Einheitspreisen eingekauft
werden, ein gemeinsames Konto zu eröffnen, es kann aber nicht als genügend
angesehen werden, wenn z. B. für alle Schrauben ein gemeinsames Konto
„Schrauben" eröffnet wird, wenn in diesem Konto $^3/_8$zöllige und 2zöllige
Schrauben gemeinsam geführt werden, für welche ein vollständig verschiedener
Einheitspreis im Einkauf erlegt worden ist.

In das feste Kontenverzeichnis aufgenommen werden nur solche Materialien
und Waren, welche als normale Fabrikationsmaterialien oder normale
Handelswaren angesehen werden dürfen, von welchen stets ein bestimmter
Vorrat (eiserner Bestand) auf Lager gehalten werden sollte. Die Einführung von im Kontenverzeichnis aufgenommenen bestimmten Material- und Warenkonten hat außerdem den
Vorteil, daß für jedes Material und jede Ware eine eindeutig bestimmte Bezeichnung vorgeschrieben ist und

Rückfragen und Irrtümer, welche aus den verschiedenen Bezeichnungen, wie sie insbesondere im Schiffbau üblich sind, entstehen können, vermieden werden.

Die Sammelmappen werden sowohl in den Unterlagern wie im Bureau der Lagerverwaltung geführt und unterscheiden sich nur dadurch, daß in den Sammelmappen der Unterlager (Form. 18) lediglich Abmessungen und Gewichte aufgenommen werden, während die Sammelmappen der Lagerverwaltung (Form. 17) mit Wertangaben versehen sind.

In den Sammelmappen der Unterlager ist der Zugang und Abgang des betr. Materials nach Gewicht, Menge, Lieferant bezw. Empfänger, in den Sammelmappen der Lagerverwaltung außerdem noch der Wert, sowie der Lagerplatz des Materials einzutragen. Diese letztere Eintragung ist von besonderer Bedeutung mit Rücksicht auf die oben betonte Dezentralisierung der Lager, da durch diese Einrichtung der Lagerverwaltung der Überblick gegeben wird, welcher es ihr ermöglicht, Materialien aus dem einen Unterlager in das andere im Bedarfsfalle herüber nehmen zu können.

Außer den nach Art der Materialien kontierten Sammelmappen wird im Bureau der Lagerverwaltung e i n e z w e i t e S a m m e l m a p p e geführt, in welcher j e d e r e i n z e l n e n A u f t r a g s n u m m e r , b e z w. j e d e m e i n - z e l n e n U n k o s t e n k o n t o e i n K o n t o e r ö f f n e t i s t (Form. 16). In dieser Sammelmappe werden nur die für bestimmte Auftragsnummern oder Unkostenkonten vom Warenlager a b g e l i e f e r t e n oder von diesen Auf- tragsnummern oder Unkostenkonten z u r ü c k g e l i e f e r t e n Materialien und Waren mit Wertangabe eingetragen. Auf jedem einzelnen Sammelbogen dieser Sammelmappe ist außerdem eine Rubrik vorgesehen, in welche das für eine bestimmte Auftragsnummer oder ein Unkostenkonto beschaffte Material nach Anlieferung eingetragen wird. Die E i n t r a g u n g in dieser Rubrik b e - d e u t e t j e d o c h n o c h k e i n e s w e g s e i n e B e l a s t u n g d e r A u f - t r a g s n u m m e r o d e r d e s U n k o s t e n k o n t o s. Diese erfolgt erst mit Ausgabe des betreffenden Materiales Das für eine bestimmte Auftrags- oder Unkostennummer bestellte Material muß nach Erledigung des Auftrages voll- ständig verausgabt sein. Bleiben nach Erledigung des Auftrages noch für den Auftrag beschaffte Materialien oder Waren auf Lager, so muß sich die Lagerverwaltung darüber schlüssig werden, ob diese Teile dem Rohmaterial- und Halbfabrikatekonto belastet werden oder dem Altmaterialienkonto oder dem Konto zur Wiederverwendung zurückgestellter Teile zuzuführen sind. Für den Fall, daß dieses restliche Material dem Altmaterialienkonto zugeführt wird, ist das Fabrikationskonto auf der Auftragsnummer mit der Differenz des Einkaufs- und Altmaterialwertes zu belasten.

Die für eine bestimmte Auftragsnummer beschafften Waren werden vorteilhafterweise in den Warenlagern getrennt von den zur allgemeinen Verwendung auf Lager gehaltenen Waren zu lagern sein, oder, wenn mit andern Waren lagernd, mit einer Bezeichnung versehen werden müssen, welche ihre Bestimmung für eine bestimmte Auftragsnummer kennzeichnet.

Zur Reparatur an das Warenlager eingelieferte Gegenstände sind genau wie eingekaufte Waren zu behandeln.

Es möge hierbei nochmals daran erinnert werden, daß Materialien nur auf Grund der oben beschriebenen Arbeitskarten ausgeliefert werden dürfen.

Die Ausgabe der Materialien an die Betriebe erfolgt in der Weise, daß der Ausgabebeamte des Warenlagers a u f G r u n d d e r A r b e i t s k a r t e f ü r j e d e e i n z e l n e M a t e r i a l e n t n a h m e e i n e n M a t e r i a l - a u s g a b e s c h e i n ausstellt, auf Grund dessen das Material vom Warenlager ausgeliefert wird. Die Arbeitskarte selbst bleibt in Händen des Arbeiters.

Das verausgabte Material wird zunächst auf Grund des Materialausgabescheines in der Sammelmappe des Unterlagers eingetragen (Form. 18); alsdann wird der Materialausgabeschein in das Bureau des Vorstandes des Warenlagers eingeliefert und die Ausgabe hiernach in die beiden Sammelmappen (Form. 16 und 17) eingetragen. Entsprechend den Materialausgabescheinen, welche für das auszugebende Material benutzt werden, sind M a t e - r i a l e i n l i e f e r u n g s s c h e i n e vorhanden, welche f ü r M a t e r i a l - r ü c k l i e f e r u n g e n u n d W a r e n a b l i e f e r u n g e n an das Magazin benutzt werden und auf Grund deren die Eintragung des Einganges in die Sammelmappen der Unterlager wie in die der Lagerverwaltung erfolgt.

Für den Fall, daß eine Einzelabrechnung in der Kalkulation durchgeführt wird, sind die Materialausgabescheine und Materialeinlieferungsscheine in dem Bureau des Vorstandes der Materialverwaltung mit Preisen zu versehen und dem Kalkulationsbureau zur fortlaufenden Eintragung in die Einzelabrechnung zuzuführen; für die Abrechnung der Auftragsnummer als Ganzes genügt es, wenn die Preise in der Sammelmappe der Auftragsnummern (Form.16) ausgeworfen werden und der Sammelbogen nach Erledigung des Auftrages oder am Monatsschluß der Kalkulation zugestellt wird.

Außer den beiden systematisch geordneten Sammelmappen, ist in der Lagerverwaltung chronologisch geordnet je ein Buch oder eine Sammelmappe für ein- und ausgehende Waren zu führen (Wareneingangsbuch, Warenausgangsbuch), welche jedoch nur Quanten und Gewichte, jedoch keine Werte ausweisen.

6. Das Verrechnungskonto.

Wenn die monatlichen Abschlußziffern eines Betriebes oder Unkostenkontos gegenseitig direkt vergleichbar sein sollen, so ist es wünschenswert. daß Ausgaben, welche für größere Zeitintervalle gemacht werden, nicht einem Monat allein belastet, sondern auf das entsprechende Zeitintervall gleichmäßig verteilt werden; diesem Zwecke dient das sogenannte Verrechnungskonto.

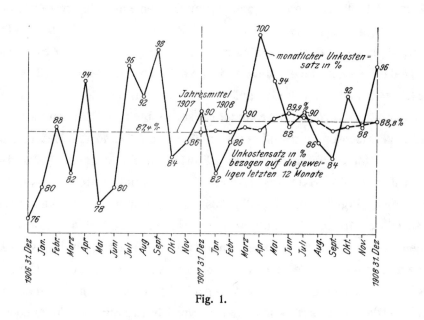

Fig. 1.

Angenommen, die für das Jahr 1909 fälligen Steuern werden im März erhoben, so würde, wenn ein solches Verrechnungskonto nicht geführt würde, der Gesamtbetrag der Steuern im Monat März als Unkosten erscheinen. Durch die Einführung des Verrechnungskontos ist man in der Lage, dem Unkostenkonto bereits in den Monaten Januar und Februar einen eventuell nur geschätzten Anteil an Steuern zu belasten. Dieser Anteil wird für die beiden Monate zunächst dem Verrechnungskonto gutgeschrieben; erfolgt dann im März die Bezahlung der Gesamtsumme für das Jahr, so wird die Kasse für den gezahlten Preis erkannt und das Verrechnungskonto für den gleichen Betrag belastet.

Unter Berücksichtigung der für Januar und Februar bereits erfolgten Gutschriften auf dem Verrechnungskonto wird der Restbetrag auf die

10 Monate gleichmäßig verteilt und in jedem einzelnen Monat der Teilbetrag dem Unkostenkonto belastet und dem Verrechnungskonto gutgebracht.

Eine zwingende Notwendigkeit für die Führung des Verrechnungskontos liegt natürlich nicht vor. Man kann die sich durch solche einzelne Zahlungen ergebenden Unstetigkeiten auch dadurch verringern, daß man die U n k o s t e n n i c h t f ü r d e n e i n z e l n e n M o n a t, s o n d e r n s t e t s f ü r d e n D u r c h s c h n i t t d e r l e t z t e n 12 M o n a t e b e t r a c h t e t. Hierdurch werden die gröbsten Schwankungen beseitigt, und man erhält außerdem ein getreueres Bild der Geschäftslage als durch eine einseitige Betrachtung der Resultate nur eines Monats (Fig. 1).

7. Das Ausschuß- und Garantiefondskonto.

Wir hatten bereits im Unkostenkonto für Ausschuß und Garantiearbeiten die beiden Unterkonten

Unterkonto 120 für Ausschuß und

Unterkonto 121 Garantiearbeiten

eröffnet.

Ausschuß und Garantiearbeiten werden sich niemals, auch in dem bestgeleiteten Betriebe ganz vermeiden lassen; es ist aber erforderlich, beide Unkostenquellen unter strenger Beobachtung zu halten. Wichtig ist insbesondere in jedem einzelnen Fall die Feststellung der Ursache, welche den Ausschuß bezw. die Garantiearbeiten verschuldet haben. N u r w e n n d i e U r s a c h e n e i n e s F e h l e r s a u f g e k l ä r t s i n d, k a n n e i n e W i e d e r h o l u n g d e s F e h l e r s v e r m i e d e n w e r d e n.

Die durch Ausschuß oder Garantiearbeiten entstehenden Unkosten können e n t w e d e r d e m B e t r i e b e b e l a s t e t werden, welcher dieselben verursacht hat. Eine solche Verrechnung belastet aber in unzulässiger Weise Waren, welche mit dem betreffenden Ausschußstück in gar keiner Verbindung stehen.

Eine zweite Art der Verrechnung ist die a u f F a b r i k a t i o n s - k o n t o, d. h. man belastet die Auftragsnummer mit dem bei der Herstellung entstandenen Ausschuß bezw. den Garantiearbeiten. Ein solches Verfahren ist insbesondere mit Rücksicht auf die Benutzung der Kostenabrechnungen für Kostenvoranschläge nicht zu empfehlen.

Wir wählen die dritte Möglichkeit der Schaffung eines A u s s c h u ß - u n d G a r a n t i e f o n d s, gegen welchen sämtliche Ausschuß- und Garantiearbeiten verrechnet werden. Dieses Verfahren hat insbesondere den Vorteil, daß es die Aufmerksamkeit stets wieder auf diese so wichtige Unkostenquelle lenkt und damit zur allmählichen Verminderung der Unkosten beiträgt.

8. Schlußbetrachtung.

Nachdem wir so die fünf Hauptbuchkonten:

> das Anlagekonto,
>
> das Unkostenkonto,
>
> das Fabrikationskonto,
>
> das Material- und Warenkonto
>
> das Ausschuß- und Garantiefondkonto

in ihre einzelnen Unterkonten zerlegt und diese Unterkonten durch das Kontenverzeichnis zur Kenntnis aller derer gebracht haben, welche eine Wertveränderung eines dieser Konten zu veranlassen überhaupt in der Lage sind, darf die Forderung aufgestellt werden, daß keine Arbeit im Werk ohne Aufgabe des betr. Unterkontos aufgegeben, kein Material eingekauft und kein Material von den Lagern ausgegeben werden darf, ohne daß das betr. Unterkonto, auf welches diese Wertverschiebung zu verbuchen ist, bekanntgegeben wird. Diese Aufgabe hat durch denjenigen zu erfolgen, welcher die Ausgabe veranlaßt hat, nicht nachträglich durch den Buchhalter. Wird diese Forderung strikte durchgeführt, so laufen sämtliche im Werke veranlaßten Ausgaben in den Sammelmappen auf denjenigen Unterkonten zusammen, denen diese Ausgaben zur Last fallen.

Für Innehaltung dieses wichtigsten Gesichtspunktes der Fabrikorganisation sollten alle Beamte in gleicher Weise sorgen: von dem Kolonnenführer, welcher die Arbeitskarten seiner Kolonne kontrolliert, dem Meister, welcher die Tageskarten beglaubigt, dem Lohnschreiber, welcher die Karten zusammenstellt, bis hinauf zum Geschäftsleiter, welcher die Ausgaben seiner Reise kontiert.

Zugestanden selbst, daß es für das Gesamtresultat nicht von Bedeutung sei, ob dieser oder jener Posten da oder dort verbucht ist, so erscheint mir doch die Erziehung jedes Einzelnen im Werk zu der

Auffassung, daß jede einzelne Arbeit ein selbständiges Individuum für sich ist, welches nicht beliebig mit den Lasten einer anderen Arbeit beschwert werden kann, daß jede Minute Arbeitszeit, jedes Stück verwendeten Materiales eine Verfügung über fremdes Eigentum bedeutet, wichtig genug, um mit aller Strenge die Einzelkontierung in allen Teilen des Werkes durchzusetzen.

XIII.

Die Selbstkosten

1. Allgemeines.

Die Selbstkosten einer Ware ergeben sich als Abschluß der betreffenden Auftragsnummer des Fabrikationskontos.

Dieselben setzen sich zusammen aus Aufwendungen für Material, produktive Löhne und Unkosten.

Die beiden ersten Posten können direkt als Gesamtposten dem Fabrikationskonto im Journal, als Einzelposten den einzelnen Auftragsnummern in der Sammelmappe des Fabrikationskontos (dem Abrechnungsbogen Form. 21) belastet werden.

Die Zumessung der Unkosten kann nicht in dieser einfachen Weise erfolgen, wie schon aus der oben gegebenen Definition des Begriffes Unkosten hervorgeht. Es ist erforderlich, zunächst alle Unkosten auf dem gemeinsamen Unkostenkonto — wie oben beschrieben — zu sammeln und alsdann die Verteilung dieses Unkostenkontos auf die einzelnen Auftragsnummern des Fabrikationskontos vorzunehmen.

Eine richtige Unkostenverteilung auf die einzelnen Fabrikate ist von um so größerer Wichtigkeit, je gegliederter der Betrieb ist, und in je größerem Umfange die einzelnen Fabrikate als selbständige Verkaufsobjekte erzeugt werden. Wird ein zu geringer Teil der Unkosten auf das Fabrikat verbucht, so wird der Durchschnittsumsatz dieses Fabrikates sich unverhältnismäßig erhöhen, was in diesem Fall gleichbedeutend mit Vermehrung von Ausgaben ist; wird ein zu hoher Teil der Unkosten einem

Fabrikat belastet, so wird der Durchschnittsumsatz dieses Fabrikates zurückgehen und der aus dem Durchschnittsumsatze dieses Fabrikates zu Beginn des Jahres veranschlagte Geschäftsgewinn problematisch, so daß also durch unrichtige Unkostenverteilung auf der einen Seite der Rückgang des erwarteten Geschäftsgewinnes, auf der andern Seite die Vermehrung der erwarteten Ausgaben leicht zu einem ungünstigen Gesamtergebnis des Fabrikgeschäftes führen können.

Als Grundsatz für die Unkostenverteilung muß aufgestellt werden, daß kein Verkaufsgegenstand mit andern Unkosten belastet werden darf als solchen, welche in einer Fabrik entstehen, welche diesen Gegenstand als Spezialität vertreibt.

Dieser Satz bleibt der Grundsatz, von welchem aus wir die Unkostenverteilung zu betrachten haben und von dessen richtiger Durchführung das Gedeihen jedes Fabrikgeschäftes, welches nicht ausschließlich einen spezialisierten Artikel fabriziert, abhängig ist.

Einige Beispiele mögen das Gesagte erläutern:

Eine Fabrik sei zur Herstellung größter Maschinen mit schweren Kränen ausgerüstet. Es soll nun ein Artikel fabriziert werden, welcher in einer Konkurrenzfabrik, welche mit primitivsten Transporteinrichtungen versehen ist, hergestellt werden kann: es würde verkehrt sein, die Betriebs- und Abschreibungskosten des Kranbetriebes mit auf einem Fabrikat zu verrechnen, welches die Zuhilfenahme des Kranes überhaupt nicht bedarf.

Oder, es werde eine Arbeit veranschlagt, für welche in ausgedehntem Maße die Verwendung der Preßluftwerkzeuge in Frage kommt. Es würde verkehrt sein, wenn man die Kosten der Preßluftanlage im Kostenanschlage unberücksichtigt ließe und dadurch event. zu einem Preisangebot käme, welches den effektiven Aufwendungen nicht entspräche.

Oder, es sei eine Reparatur an einem Fahrzeug auszuführen, für welches das technische Bureau überhaupt nicht in Anspruch genommen wird; man würde in den Preisen nicht konkurrenzfähig sein, wenn man die Kosten des technischen Bureaus auf diese Arbeit mit verrechnen wollte.

Oder, es werde eine Reparaturarbeit an Bord eines Fahrzeuges ausgeführt, für welches elektrische Kraft oder elektrisches Licht überhaupt nicht benötigt wird. Es würde verkehrt sein, wenn man die Kosten der Kraftstation bei Veranschlagung der Arbeit einrechnen wollte, wo doch die Konkurrenz, welche vielleicht überhaupt keinen Werkstättenbetrieb hat, sicherlich ohne solche Unkosten kalkulieren wird.

2. Verteilung der produktiven Löhne auf Fabrikationskonto.

Die produktiven Löhne werden in den Sammelmappen der Bureaus der Abteilungsvorstände nach Auftragsnummern geordnet und deren Richtigkeit wird durch den Vergleich des Gesamtbetrages der Einzelsammelbogen mit dem Saldo der Personalsammelmappen erwiesen. Dieser Saldo kann daher am Ende jeder Lohnperiode direkt im Journal dem Fabrikationskonto und die Endbeträge der einzelnen Sammelbogen in der Sammelmappe des Fabrikationskontos (Abrechnungsbogen) jeder einzelnen Auftragsnummer belastet werden.

Von Interesse ist die Frage, ob das Salär von Meistern, Ingenieuren usw., welche während längerer Zeit ausschließlich an einem bestimmten Auftrag beschäftigt sind, dem Fabrikationskonto direkt belastet werden darf. Eine solche Verrechnungsweise ist wohl möglich, wenn darauf geachtet wird, daß das so direkt auf Fabrikationskonto gebrachte Salär nicht etwa gleichzeitig dem Unkostenkonto belastet wird; sie erscheint jedoch überflüssig, insofern, als die Verrechnung der Saläre auf die verschiedenen Betriebe auf Grund der Leistungen der einzelnen Betriebe vorgenommen wird, so daß also bereits hierdurch dem Fabrikationskonto der angemessene Teil an den Salären zufließt.

3. Verteilung der Materialien auf Fabrikationskonto.

Die Belastung des Fabrikationskontos im Journal sowie der einzelnen Auftragsnummern in der Sammelmappe des Fabrikationskontos erfolgt mit Ablieferung des betreffenden Fabrikates und für noch in Arbeit befindliche Gegenstände beim Monatsabschluß.

Materialien sind mit den reinen Lager-Selbstkostenpreisen, d. h. dem Einkaufspreis unter Zuschlag von Fracht, Verpackung und Transportkosten und nach Abzug etwaiger Rabatte oder sonstiger Vergütungen in den Materialsammelmappen der Lagerverwaltung einzutragen. Die Feststellung des Nettopreises erfolgt am einfachsten auf der eingehenden Rechnung, so daß nur der effektive Schlußbetrag der Rechnung als Kosten des Materials in das Journal und in die Sammelmappen der Lagerverwaltung eintritt. Die Rechnungen selbst werden mit laufenden Nummern versehen und in einer Rechnungssammelmappe abgelegt.

Da die Preise der einzelnen Materialien im allgemeinen schwankende sind, wird sich der Einheitspreis der Materialien durch jeden Zugang ändern. Es ist die Frage zu untersuchen, welcher Einheitspreis zur Bestimmung des Selbstkostenpreises dem Fabrikationskonto zu belasten ist.

. Für die Bewertung eines Warenlagers in der Bilanz ist durch den § 261 des Handelsgesetzbuches eine bestimmte Richtschnur gegeben. Dieser Paragraph schreibt vor, ... daß Waren, die einen Börsen- oder Marktpreis haben, höchstens zu dem Börsen- oder Marktpreis des Zeitpunktes, für welchen die Bilanz aufgestellt wird, sofern dieser Preis den Anschaffungs- oder Herstellungspreis übersteigt, höchstens zu dem letzteren eingesetzt werden dürfen. Zweck dieser Vorschrift ist der, einer Überschätzung des Wertes des Warenlagers unter allen Umständen vorzubeugen.

Für die Bewertung einer Ware oder eines Materiales zwecks Bestimmung des Selbstkostenpreises brauchen so strenge Gesichtspunkte nicht zu gelten, da etwaige Fehler in der Wertbemessung durch das weiter unten zu erläuternde Differenzkonto (Kap. XIV. 1) ausgeglichen werden.

Die strengste Methode würde darin bestehen, daß für jede einzelne Materialart der augenblickliche Mittelwert berechnet und der Verrechnung zugrunde gelegt würde. Eine solche Methode ist umständlich und erfordert bedeutenden Aufwand an Rechnungsarbeit. Es genügt für die meisten Fälle, wenn der Preis, welcher dem zuletzt gemachten Einkauf der betreffenden Ware oder des betreffenden Materiales entspricht, der Verrechnung zugrunde gelegt wird.

Es empfiehlt sich, in der Sammelmappe der Lagerverwaltung neben dem Einkaufspreise auch stets den Marktpreis fortlaufend für die einzelnen Waren und Materialien zu notieren, da dessen Kenntnis nicht allein für das Einkaufs- wesen, sondern auch für die Vorausbestimmung der Preise eines Fabrikates von Bedeutung ist, da bei der Vorausbestimmung der Preise oftmals nicht der letzte Einkaufswert, sondern der Marktwert als Materialpreis zugrunde zu legen ist.

Die Feststellung der zu verrechnenden Preise der einzelnen Materialunterkonten geschieht monatlich.

Auch für das Sammelbuch der Materialverwaltung gilt das oben für das Journal Gesagte, daß es sich empfiehlt, die Sammelbücher in zwei Exemplaren zu führen, von denen das eine die Monate Januar, März, Mai, Juli, September,

November, das zweite Februar, April, Juni, August, Oktober, Dezember enthält, so daß also der Abschluß der ersten Sammelmappe erfolgen kann, ohne den Geschäftsgang selbst zu unterbrechen.

Waren, welche für eine bestimmte Auftragsnummer eingekauft worden sind, werden erst nach Ausgabe mit dem Nettoeinkaufspreis dem Fabrikationskonto belastet.

4. Zuschlag für Lagerverwaltung.

Außer mit den reinen Selbstkosten für die Materialien ist das Fabrikationskonto mit den Kosten der Lagerverwaltung zu belasten. Diese Kosten setzen sich zusammen aus den Kosten der der Lagerverwaltung unterstellten Betriebe: der Unterlager, des Einkaufwesens, des Laboratoriums und der Abfertigung.

Die Kosten werden pro rata des Materialgewichtes oder Materialwertes den einzelnen Auftragsnummern belastet. Mit Rücksicht auf die Einfachheit der Rechnung empfiehlt es sich die Belastung pro rata des Materialwertes vorzunehmen.

Der Zuschlag erfolgt gleichzeitig mit der Belastung der Auftragsnummern bezw. des Fabrikationskontos durch die ausgegebenen Materialien.

5. Abbrand und Abfall.

Jeder Arbeitsprozeß ist mit einem Materialverlust verbunden, in der Gießerei durch das Umschmelzen des Rohmaterials und Putzen des Gußstückes, in der Maschinenbauwerkstätte durch zu Verlust gehende Späne, in der Schiffbauwerkstätte durch Verschnitt usw. Wo ein Materialverlust dem Gewicht nach nicht eintritt, wie z. B. bei dem Verschnitt in der Schiffbauwerkstätte ist doch ein Wertverlust insofern vorhanden, als der Abfallteil im Wert im allgemeinen kleiner sein wird als das ursprünglich verausgabte Material.

Bei Berechnung des Prozentsatzes des Abbrand- und Abfallverlustes hat man daher zu unterscheiden zwischen

Materialverlust und

Wertverlust.

Nur dort, wo das Abfallmaterial vollkommen wertlos ist, wird der Prozentsatz des Materialverlustes dem Prozentsatz des Wertverlustes gleich sein. Bei wertvollen Materialien, z. B. in den Bronzegießereien usw., wird der Wertverlust prozentual geringer sein, als der Materialverlust, da der Wert der Abfallstoffe in Gegenrechnung gestellt werden muß. Dem Material- und dem Wertverlust muß bei der Selbstkosten-aufstellung Rechnung getragen werden, in denjenigen Fällen, in welchen das Bruttogewicht des verausgabten Materials auf das Fabrikations-konto gebucht ist, also in der Schiffbauwerkstatt, in der Maschinenbau-werkstatt usw. durch Zurückrechnung des Wertes des erzielten Abfall-materials, in denjenigen Fällen, in welchen das Nettogewicht der abgelieferten Ware dem Fabrikationskonto auf den einzelnen Auftragsnummern belastet ist z. B. bei Gießereiartikeln, durch Zuschlag des durch Abbrand verschwundenen Materialwertes.

Die Größe des Abfalles bezw. Abbrandes wird sich im allgemeinen nicht für die einzelne Auftragsnummer festlegen lassen — wenn nicht, wie in manchen Schiffbaubetrieben für Neubauten üblich, ein Verwiegen sämtlicher Teile vor Einbau an Bord vorgenommen wird —, man wird sich vielmehr damit begnügen müssen, monatlich Gewicht und Wert des ausgegebenen Materiales, Gewicht und Wert der fertiggestellten Ware, sowie Gewicht und Wert der auf Altmaterialien und Abfallkonto überführten Materialien festzustellen und aus diesen Ziffern den prozentualen Teil des Abbrandes bezw. Abfalles auf das Gewicht bezw. den Wert des ausgegebenen Materiales bezw. der abgelieferten Ware bezogen, zu berechnen.

Der aus den monatlichen Vergleichswerten sich ergebende Prozentsatz wird von dem effektiven insofern etwas abweichend sein, als nicht an-genommen werden kann, daß sämtliche im Laufe des Monats sich ergebenden Abfälle am Schluß des Monats dem Altmaterialienlager zugeführt sein werden und die Abfälle der noch in Arbeit befindlichen Waren gleichfalls auf dem Altmaterialien- und Abfallkonto erscheinen, während die Waren selbst noch nicht dem Material- und Warenkonto belastet sind, und in Gießereibetrieben die monatliche Produktion, da dieselbe sich zum Teil noch in der Putzerei mit Steigern und Köpfen versehen, befindet, sich nicht ohne weiteres genau feststellen läßt. Die monatliche Auf-stellung des Abbrandes und Abfalles ist deshalb zu er-gänzen durch die jährliche Inventur, bei welcher für Anliefe-rung sämtlicher Abfallteile auf Altmaterial- und Abfallkonto, auf Einlieferung sämtlicher fertiggestellten Waren auf Material- und Warenkonto und Fest-stellung der noch in Arbeit befindlichen Waren auf Fabrikationskonto Sorge zu tragen ist.

Die systematische Kontrolle des Abbrandes und Abfalles nach den einzelnen Warengattungen getrennt, schafft einen ausgezeichneten Maßstab für die zweckmäßige Ausnutzung des Materials. Um diese jedoch sicher zu stellen, ist von der Lagerverwaltung strenge darauf zu achten, daß nur solches Material dem Abfallkonto belastet wird, welches tatsächlich aus verausgabten Rohmaterialien herrührt, daß dagegen nicht etwa Altmaterial aus Betriebseinrichtungen, Reparaturen usw. auf das Abfallkonto gebracht wird. Für solche Altmaterialien ist in den Sammelmappen ein spezielles Konto „Alte Teile" zu errichten und auch im Betriebe für getrennte Ablieferung der alten Teile von den Abfallteilen Sorge zu tragen.

Um die Materialkontrolle mit der wünschenswerten Schärfe durchführen zu können, muß es, wie oben bereits ausgeführt, feste Regel sein, keine Teile anders als durch die Lagerverwaltung der Fabrik zuzuführen, bezw. aus der Fabrik auszuführen, ferner alle Zu- und Abgänge der Lager immer dem Gewicht und möglichst sogleich auch dem Wert nach festzustellen.

Der durch das Wiegen sämtlicher im Warenlager eingehender und vom Warenlager verausgabten Teile entstehende Mehraufwand wird durch die gewonnene scharfe Materialkontrolle reichlich aufgewogen.

6. Verteilung der Unkosten auf Fabrikationskonto.

Im allgemeinen wird man die Unkosten in drei Arten teilen können:

    a) Unkosten, welche auf sämtliche Fabrikate eines Betriebes gleichmäßig zu verteilen sind,

    b) Unkosten aus speziellen Leistungen eines Betriebes für eine bestimmte Auftragsnummer,

    c) Unkosten, welche dem speziellen Fabrikate eigen sind.

· a) Unkosten, welche auf alle in einem bestimmten Betriebe hergestellten Fabrikate gleichmäßig zu verteilen sind.

Die allgemeinen im Betriebe entstehenden Unkosten wird man jedem die Werkstatt in Anspruch nehmenden Fabrikate mit einem dieser Anspruch-

nahme entsprechenden Anteile zu belasten haben. Dies geschieht d u r c h
V e r t e i l u n g   d e r   U n k o s t e n   a u f   d a s   F a b r i k a t i o n s k o n t o,
e n t w e d e r   p r o   r a t a   d e r   p r o d u k t i v e n   L ö h n e   o d e r   p r o   r a t a
d e s   M a t e r i a l g e w i c h t e s.

Ersterer Verteilungsmaßstab ist für alle diejenigen Betriebe zu empfehlen.
in welchen der Wertzuwachs der Ware in der Hauptsache abhängig ist von
der aufgewendeten produktiven Arbeit des betreffenden Betriebes und unabhängig von dem Wert des verarbeiteten Materials, also in allen Bearbeitungs-
werkstätten des Schiffbaues, des Maschinenbaues, den Formereien usw.

Der Verteilungsmaßstab nach Gewicht ist für diejenigen Betriebe maßgebend, bei welchen lediglich eine Zuteilung des Materiales zu einer bestimmten Auftragsnummer ohne wesentliche Wertverbesserung durch Aufwendung produktiver Arbeit stattfindet, also in den Schmelzereien und der
Verzinkerei.

b) U n k o s t e n   a u s   s p e z i e l l e n   L e i s t u n g e n   e i n e s   B e t r i e b e s.

A l s   s o l c h e   s p e z i e l l e   U n k o s t e n   k o m m e n   d i e j e n i g e n
U n k o s t e n   i n   F r a g e,   w e l c h e   d u r c h   B e t r i e b s e i n r i c h t u n g e n
b e d i n g t   s i n d,   d i e   n i c h t   a l s   f ü r   j e d e s   F a b r i k a t   n o t w e n d i g
a n z u s e h e n   s i n d, wie die Kosten der Arbeitsmaschinen, die Kosten
der Kräne, die Kosten der Schweißfeuer, Glühöfen, Dampfhämmer und Dampf-
pressen usw.

Die Kosten für diese Spezialeinrichtungen sind dem Fabrikationskonto so
zu belasten, daß möglichst der effektiven Beanspruchung der Einrichtungen
für die betreffenden Auftragsnummern Rechnung getragen wird.

Die Kosten der genannten speziellen Werkstatteinrichtungen setzen sich
wie folgt zusammen:

α) aus den Kosten der Bodenfläche, welche diese Einrichtungen beanspruchen,

b) aus der Amortisation des Anlagewertes,

c) aus den laufenden Reparatur- und Unterhaltungskosten,

d) aus den Betriebskosten für elektrische Kraft, Dampf, Kohle, Preßluft etc.

α) Die Kosten der von einer Maschine beanspruchten Bodenfläche setzen
sich zusammen aus dem Anteil an den Konten „Grund und Boden" und „Bauliche
Anlagen" des betreffenden Betriebes (Konto 37 bis 54) sowie dem Anteil an
Konto 104 und 105 (Miete und Versicherungen). Diese Unkosten werden pro

rata der Bodenfläche zwischen dem allgemeinen Betrieb und den einzelnen Maschinen aufzuteilen sein. Diese Aufteilung braucht nicht monatlich zu geschehen, es genügt, wenn dieselbe einmal vorgenommen und jährlich bei Vornahme der Inventur auf ihre Richtigkeit nachgeprüft wird. (Form. 19 und 20.)

b) Die Amortisation der Anschaffungswerte kann direkt dem Konto Abschreibungen aus dem Inventurbogen der betreffenden Maschine entnommen werden.

c) Kosten für Reparaturen, Ersatzlieferungen und Instandhaltungsarbeiten ergeben sich unmittelbar aus dem Unkostenkonto.

d) Zur richtigen Zuteilung der Aufwendung für Betriebskraft sind zunächst durch Messungen die Kraftverbräuche der einzelnen Maschinen festzustellen, oder es ist nach vorhandenen Angaben, z. B. den katalogmäßigen Leistungen der Maschine ein Verteilungsmaßstab zu bilden.

Als Betriebskraft kommen im allgemeinen heute drei Energiearten in Frage:

    1. Elektrische Energie für Kraft und Licht,

    2. Dampfenergie für Heizung und Dampfhämmer,

    3. Preßluft.

Um die Verteilung der elektrischen Energie auf die einzelnen Maschinen mit einiger Sicherheit ermitteln zu können, empfiehlt es sich, Stromzähler möglichst in jedem Betriebe oder doch in jedem Werkstattsgebäude, und zwar möglichst nach Kraft und Licht getrennt anzubringen. Auf diese Weise erhält man mit genügender Sicherheit das Maß der in den einzelnen Betrieben für die Arbeitsmaschinen monatlich aufgewendeten elektrischen Energie und kann nach dem oben beschriebenen Verteilungsverfahren die Stromkosten der einzelnen Arbeitsmaschinen genügend genau feststellen.

Die Kranmotore können hierbei in gleicher Weise behandelt werden, wie die Motore der Arbeitsmaschinen, wenn man es nicht vorzieht, für die Kräne spezielle Stromzähler einzubauen.

Die Verteilung des Dampfes für die Heizung der einzelnen Betriebe und für die Dampfhämmer läßt sich nicht mit solcher Sicherheit ermitteln. Man muß sich hier vielmehr mit Schätzungswerten begnügen, indem man für die Dampfhämmer eine gewisse mittlere Betriebszeit zugrunde legt und die für die Heizung in den einzelnen Betrieben verbrauchte Dampfmenge etwa nach der Oberfläche der Heizkörper in den einzelnen Betrieben staffelt. Sehr zu empfehlen ist es auch hier, die Schätzungen durch Versuche zu kontrollieren, indem man z. B. an einem Sonntage bei mittlerer Außentemperatur sämtliche Heizungen in Betrieb hält und auf diese Weise die allein für die Heizung aufgewendete Dampfmenge feststellt.

Für die Bestimmung der Preßluftkosten wird man sich mit der Annahme einer mittleren Arbeitszeit der Preßluftmaschinen zu begnügen haben. Die Verteilung der Preßluftkosten auf die mit Preßluft ausgestatteten Betriebe ist zweckmäßig nach dem Querschnitt der Hauptluftzuleitungsrohre oder nach Zahl und Querschnitt der Zapfstellen zu berechnen.

Die Kosten der einzelnen Energiearten ergeben sich aus d e n K o s t e n d e r K r a f t s t a t i o n. Die Kosten der Kraftstation selbst werden am einfachsten z u n ä c h s t p r o K i l o g r a m m v e r f e u e r t e r K o h l e aufgestellt.

Durch einmaligen Versuch läßt sich leicht feststellen, wieviel Kilowatt pro Kilogramm Kohle, wieviel Dampf pro Kilogramm Kohle, wieviel Preßluft pro Kilogramm Kohle erzeugt werden kann, so daß aus diesen Versuchen rückwärts leicht die Kosten pro Kilowattstunde, pro Kilogramm Dampf, pro Kubikmeter Luft berechnet werden können.

Es wird nun nicht erforderlich sein, jede Arbeitsmaschine genau mit den errechneten Kosten pro Arbeitsstunde in die Selbstkostenrechnung einzustellen; e s g e n ü g t, w e n n G r u p p e n v o n A r b e i t s m a s c h i n e n, w e l c h e u n g e f ä h r d i e g l e i c h e n B e t r i e b s k o s t e n h a b e n, z u s a m m e n g e f a ß t w e r d e n.

Hierdurch entstehen für jede Gattung von Arbeitsmaschinen Klassen gleicher Arbeitskosten, z. B.

Gattung Drehbänke, Klasse I, Selbstkosten 15 Pf. pro Stunde,

Drehbänke, Klasse II, 30 Pf. pro Stunde,

Drehbänke, Klasse III, 50 Pf. pro Stunde,

Hobelbänke, Klasse I, 20 Pf. pro Stunde usw.

Die Krankosten werden am einfachsten pro rata des Gewichtes der Fabrikate verteilt, wobei es sich empfiehlt, bei Fabrikaten geringen Gewichtes, deren Transport Kräne nicht beansprucht, ganz auf den Zuschlag von Krankosten zu verzichten.

Die Kosten von Dampfhämmern, Schweißöfen usw. werden in gleicher Weise pro rata des Gewichtes auf die verarbeiteten Materialien verteilt.

Es ist keineswegs erforderlich, die stündlichen Kosten der Maschinen usw. etwa monatlich zu bestimmen, es genügt, diese Kosten einmalig zu berechnen und nur eine jährliche Nachprüfung derselben gelegentlich der Inventur vor-

itional information of this book

rbuch der Schiffbautechnischen Gesellschaft; 978-3-642-90184-3; 978-3-642-90184-3_OSFO11)

provided:

://Extras.Springer.com

zunehmen. Außerdem erfolgt durch die monatlichen Abschluß-
zahlen eine andauernde Kontrolle der erstmalig angenommenen Ziffern. Sind diese Ziffern richtig angenommen, so soll
wenigstens in Zeiten normalen Beschäftigungsgrades überhaupt keine nennenswerte Differenz zwischen effektiven Unkosten und verrechneten Unkosten vorhanden sein.

Hiernach ergibt sich für die einzelnen Betriebe der Unkostenverrechnungs-
plan Tabelle 2.

c) Unkosten, welche dem Fabrikate speziell eigen sind.

Als solche kommen in Frage:

1. Modell-, Matrizen- und Spezialwerkzeugkosten,
2. Zeichnungskosten,
3. Patentkosten,
4. Eventuelle Probelieferungen etc.,
5. Fracht- und Zollkosten,
6. Provisionen.

Der Modell-, Matrizen- und Spezialwerkzeugkostenanteil, desgleichen
der Zeichnungskostenanteil ist im wesentlichen abhängig von der Art des
Fabrikates. Handelt es sich um Fabrikate, welche in vielfacher Ausführung
hergestellt werden und bei welchen Zeichnungen, Modelle etc. stets wieder
verwendet werden können, so genügt es, einen geringen Abschreibungsposten
in die Selbstkosten einzustellen. Handelt es sich dagegen um ein Fabrikat,
welches nur einmal hergestellt wird, so empfiehlt es sich, die Modell- und
Zeichnungskosten sogleich zum vollen Werte auf das Fabrikationskonto zu
übernehmen. Ähnliches gilt von dem Patentkostenanteil, dessen Höhe sich
wieder nach der Art der Fabrikate zu richten hat.

Als allgemeiner Grundsatz wird aufgestellt werden müssen, daß die Summe
der auf die einzelnen Auftragsnummern verrechneten Modell-, Matrizen- und
Spezialwerkzeugkosten, Zeichnungskosten und Patentkosten sich mit der beabsichtigten Gesamtabschreibung auf diesen Konten ungefähr decken muß.
Würden die Abschreibungen auf den einzelnen Auftragsnummern so niedrig
angenommen werden, daß im Jahresabschluß die beabsichtigte Gesamtabschreibung nicht erzielt wäre, so würde allerdings auf die Einzelfabrikate im
Laufe des Jahres ein erhöhter Gewinn nachgewiesen worden sein, welcher
jedoch irreführend und die tatsächlichen Selbstkostenpreise des Fabrikates
entstellend wirken würde.

Auslagen für Probelieferungen etc. sind der betreffenden Auftragnummer zu belasten und werden auf Selbstkosten übernommen, falls der Auftrag zur Ausführung gelangt; andernfalls ist der Betrag auf Unkostenkonto abzuschreiben.

Fracht- und Zollkosten für abgelieferte Waren sind gleichfalls direkt den einzelnen Auftragsnummern zu belasten; falls mehrere Waren gleichzeitig versandt werden, sind die entstehenden Kosten pro rata des Gewichtes den einzelnen Auftragsnummern zuzumessen.

Provisionen sollten stets bei Abrechnung des Fabrikates festgestellt werden und direkt auf Kontokorrent-Konto zur Verrechnung gelangen.

Form. 21 zeigt einen Abrechnungsbogen, aus welchem die Verteilung der einzelnen Konten klar zu ersehen ist. Für jede Auftragsnummer und für jeden an der Auftragsnummer beteiligten Betrieb ist ein eigener Abrechnungsbogen einzurichten. Sämtliche Abrechnungsbogen einer Auftragsnummer werden auf einem Saldobogen vereinigt, dessen Abschluß die Selbstkosten der Auftragsnummer ausweist.

7. Die Selbstkosten der Gießereibetriebe.

Einer besonderen Erwähnung bedarf die Selbstkostenberechnung der Gießereibetriebe.

Die Selbstkosten eines Gußstückes setzen sich zusammen

> aus den Kosten des flüssigen für die Auftrags-
> nummer aufgewendeten Materials,
> aus den Kosten der Form,
> aus den Kosten der Kerne,
> aus den Kosten des Gußputzens.

Dementsprechend haben wir oben jede der Gießereien in vier Betriebe eingeteilt, die Schmelzerei, die Formerei, die Kernmacherei und die Putzerei. Die Selbstkosten jedes Gußstücks setzen sich sonach zusammen aus den in diesen vier Betrieben für die betreffende Auftragnummer gemachten Aufwendung zuzüglich dem entsprechenden Anteil an Unkosten.

Die Selbstkosten der Schmelzerei werden pro Kilogramm gesetzten Materials berechnet und setzen sich zusammen aus den Kosten des gesetzten Materials, den Kosten der gesetzten Hilfsmaterialien, den Schmelzereilöhnen und den Unkosten des Schmelzereibetriebes. Da das Gewicht des Reingusses um den Betrag des Abbrandes geringer ist, als das Gewicht des gesetzten

Materials, so muß also bei Berechnung der Selbstkosten eines Gußstückes zunächst der anteilige Abbrand dem Gewicht des Reingusses zugeschlagen werden, um das Gewicht des gesetzten Materials zu erhalten.

Es ist an sich nicht strikte richtig, den Abbrand auf den abgelieferten Reinguß zu beziehen, der Abbrand sollte vielmehr auf das Gußstück, wie es der Form entnommen wird, also mit Steigern und Köpfen bezogen werden. Wollte man aber derartig bei der Abbrandbestimmung verfahren, so müßte für jedes fertige Gußstück das Gewicht des Steigers und der Köpfe tatsächlich festgestellt oder geschätzt werden. Ersteres würde zu einem Verwiegen des Gußstückes nach Verlassen der Form zwingen, letzteres Verfahren ist ungenau und der Willkür unterworfen und birgt größere Fehler in sich, als durch die Vernachlässigung der Verrechnung des durch Wiedereinschmelzen der Steiger und Köpfe veranlaßten Abbrandes auf die e i n z e l n e n Auftragsnummern bedingt sind.

Zur Feststellung der monatlichen und jährlichen Abbrandziffern sind Steiger und Köpfe täglich zu sammeln und dem Roheisenlager gegen Quittung zurückzugeben. Die zurückgelieferten Steiger und Köpfe werden mit dem vollen Roheisenwert dem Fabrikationskonto gutgebracht und dem Roheisenlager belastet*).

Da die Abbrandziffer sich auf den Reinguß bezieht, also den doppelten Abbrand der Steiger und Köpfe bereits — allerdings nicht auf die einzelnen Auftragsnummern verteilt — berücksichtigt, entfällt jede tiefere Ursache, Steiger und Köpfe zu einem reduzierten Preise, etwa zu dem von Brucheisen zu bewerten, wodurch der Abschluß der einzelnen Auftragsnummern des Gießereifabrikationskontos unmöglich gemacht oder durch Zurückwiegen der Steiger und Köpfe der einzelnen Auftragsnummern unzulässig verteuert würde.

Die Kosten der Formerei werden pro rata der produktiven Löhne dem Fabrikationskonto belastet, desgleichen die Kosten für Kernmacherei und Putzerei, soweit diese Arbeiten im Akkord ausgegeben sind. Kernmacherei- und Putzereilöhne, welche nicht für bestimmte Auftragsnummern verausgabt sind, werden als Hilfsarbeiter dem Unkostenkonto der Formerei belastet.

Die Verteilung der Schmelzereiunkosten pro rata des verschmolzenen Materials und der Unkosten der Formerei, Kernmacherei und Putzerei pro rata der produktiven Löhne entspricht dem oben gegebenen Grundsatze,

---

*) Vergl. hierzu: Hermann Winkler, Die kaufmännische Verwaltung einer Eisengießerei. (Vertritt gegensätzliche Anschauung.)

wonach die Unkosten auf produktive Löhne dort zu verrechnen sind, wo die Wertsteigerung der Ware durch die produktiven Löhne bedingt ist, auf Materialgewicht in den Betrieben, in welchen lediglich eine Verteilung des Materials — ohne besondere Wertverbesserung — stattfindet.

8. Die Einzelabrechnung.

Für alle Waren, welche sich in der Fabrikation wiederholen, empfiehlt sich die Einzelabrechnung.

Die Einzelabrechnung besteht darin, daß die Auftragsnummern nicht als Ganzes, sondern in ihre Einzelteile zerlegt, abgerechnet werden. Diese Zergliederung erfolgt auf Grund der Stückliste und nach der laufenden Nummer des betreffenden Einzelteiles in der Stückliste, oder nach der für den betreffenden Einzelteil festgelegten Unterbezeichnung (siehe Kap. XII. 4), direkt nach den Notierungen der Arbeitskarten und der Materialausgabe-, bezw. Materialeinlieferungsscheine. Ihre Kontrolle findet die Einzelabrechnung durch Vergleich der aus den Einzelabrechnungen sich für die Auftragsnummer ergebenden Schlußbeträge mit den Notierungen der bezüglichen Sammelbogen.

Die Einzelabrechnung ist die genaueste Art der Selbstkostenberechnung, indem nicht allein der Selbstkostenpreis des ganzen Fabrikates, sondern auch der Selbstkostenpreis jedes einzelnen Teiles nachgewiesen wird. Die Einzelabrechnungen ermöglichen insbesondere bei Verwendung von Stücklisten etwaige Fehler in der Materialausgabe ohne weiteres aufzudecken und bilden die Unterlagen, nach welchen zu beurteilen ist, inwieweit sich im einzelnen bei der Herstellung eines Fabrikates Ersparnisse ermöglichen lassen; an Hand der Einzelabrechnungen lassen sich die Ursachen der Selbstkostenschwankungen eines Fabrikates im Detail nachweisen und eventuell die Mittel finden, etwaige Fehler auszumerzen. Die Einzelabrechnung ist insbesondere dort von Wert, wo neben der Gesamtlieferung die spätere Lieferung einzelner Teile des betreffenden Fabrikates in Frage kommt, sowie dort, wo das Gesamtfabrikat sich aus einzelnen auf Lager angefertigten Einzelteilen zusammensetzt. Die Einzelabrechnung macht den Kalkulator vertraut mit allen Details der abgerechneten Ware und macht damit aus dem Kalkulationsbureau aus einem rein mechanischen Rechnungsbureau ein außerordentlich wichtiges Kontrollbureau für alle Fabrikationsvorgänge. Die Einzelabrechnung sollte deshalb für alle Waren die maßgebende Art der Abrechnung sein.

XIV.

Verrechnete und effektive Selbstkosten

1. Das Differenzkonto.

Die verrechneten Selbstkosten werden sich niemals vollständig mit den effektiven Selbstkosten decken; denn erstens sind die Unkosten der einzelnen Betriebe sowie die Materialwerte ständig mehr oder weniger großen Schwankungen unterworfen, während die Abrechnung nur mit höchstens in längeren Zeitabschnitten zu modifizierenden Ziffern rechnen darf, und zweitens muß die Abrechnung täglich und laufend erfolgen, also bereits zu einer Zeit, wo die effektiven Unkosten noch gar nicht festgestellt sind und sich auch nicht feststellen lassen.

Es ist deshalb erforderlich, n a c h t r ä g l i c h zu ermitteln, wie groß die Differenz zwischen den verrechneten und den effektiven Selbstkosten ist. Die Ermittlung erfolgt in der Weise, daß im Hauptbuch ein D i f f e r e n z - k o n t o und im Kalkulationsbureau eine Sammelmappe eingerichtet wird, in welcher für jeden Betrieb die folgenden Konten eröffnet werden.

1. Allgemeine Unkosten auf produktive Löhne,
2. Arbeitsmaschinen,
3. Kräne usw.,
4. Schweißöfen, Glühöfen usw.,
5. Dampfhämmer usw.,
6. Lagerverwaltung,
7. Abschreibungen für Modelle, Matrizen und Spezialwerkzeuge,
8. Abschreibungen für Zeichnungen,
9. Abschreibungen für Patente,
10. Abbrand und Abfall,
11. Gutschrift für Altmaterialien und Abfälle.

Jedes dieser Unterkonten wird für die den Auftragsnummern belasteten Posten am Monatsschluß sowie nach Erledigung der betreffenden Auftragsnummer erkannt. Im Monatsabschluß bezw. Jahresabschluß werden dann die einzelnen Unterkonten mit den effektiv verausgabten Beträgen belastet (aus dem Unkostenverteilungsplan zu entnehmen), so daß der Monats- bezw. Jahresabschluß dieser Sammelmappe den Unterschied zwischen effektiven und verrechneten Unkosten aufweist, welcher auf das Differenzkonto des Hauptbuches zu übernehmen ist.

Die Differenz der effektiven und verrechneten Materialkosten ist monatlich durch Abschluß der Materialsammelbogen der Lagerverwaltung festzustellen und gleichfalls auf das Differenzkonto des Hauptbuches zu übernehmen.

Die Kenntnis dieser Differenzbeträge ist von größter Bedeutung, da dieselben direkt Gewinn oder Verlust darstellen und ihre genaue Kenntnis bei Beurteilung der Geschäftslage nicht umgangen werden kann.

2. Abhängigkeit der Selbstkosten vom Umsatz: die Rentabilitätsberechnung.

Da, wie oben gesagt, die Unkostenberechnung ständigen Schwankungen unterworfen ist, welche sich zum Teil vollkommen der äußeren Beeinflussung entziehen, wie z. B. die durch die verschiedenen Jahreszeiten bedingten Unkosten usw., so ist die Frage von Bedeutung, welche Beträge an Unkosten, Maschinenkosten usw. in die Selbstkostenberechnung mit einzusetzen sind. Als Grundsatz muß hierfür aufgestellt werden daß die Unkosten, Maschinenkosten usw. mit den Beträgen in die Selbstkostenrechnung einzusetzen sind, welche normalem Beschäftigungsgrade, also normalem Umsatze der Fabrik entsprechen.

Es entsteht nun die Frage, was unter normalem Beschäftigungsgrade bezw. normalem Umsatze eines Fabrikunternehmens zu verstehen ist. Unter normalem Umsatz eines Fabrikunternehmens wollen wir denjenigen Umsatz verstehen, welcher in der jährlichen Rentabilitätsberechnung der Fabrik sich als der zur angemessenen Verzinsung des Betriebskapitals mindesterforderliche herausgestellt hat.

Diese jährliche Rentabilitätsberechnung ist das Gegenstück zu der jährlichen Bilanz.

Während die Bilanz den Geschäftserfolg des abgelaufenen Geschäftsjahres und den augenblicklichen Vermögensstand zur Darstellung bringt, soll die jährliche Rentabilitätsberechnung die Bedingungen klären, welche für den gewünschten Geschäftserfolg des kommenden Jahres zu erfüllen sind. Was der Etat in der kameralistischen Buchführung, das ist die jährliche Rentabilitätsberechnung für die Buchführung eines Fabrikunternehmens. Sie bildet während des Betriebsjahres den Vergleichsmaßstab, an welchem der voraussichtliche Geschäftserfolg sich messen läßt und im Zusammenhang

mit den monatlichen Abschlüssen den sichersten Führer für die Geschäftsleitung.

Wie kein Geschäft oder kein Geschäftszweig ohne Eröffnungs-
bilanz begonnen werden darf, so sollte für jedes Fabrikunternehmen eine
Eröffnungsrentabilitätsrechnung aufgemacht werden.

Wie soll beurteilt werden können, weshalb ein neugegründetes Unternehmen sich nicht rentiert, wenn man nicht in der Lage ist, durch Vergleich
der nachher eintretenden effektiven Verhältnisse mit den bei der Gründung
vorausgesetzten, den inneren und äußeren Gründen der mangelnden Rentabilität nachzugehen?

Eine solche Rentabilitätsrechnung ist zwar nicht ausdrücklich durch das
Gesetz vorgeschrieben und kann auch nicht vorgeschrieben werden, da sie
Interna des Geschäfts beleuchten muß, deren Veröffentlichung nicht angebracht sein würde: sie ist jedoch angedeutet durch die Vorschrift des § 260
des Handelsgesetzbuches, wonach der Vorstand — einen die Verhältnisse der
Fabrik entwickelnden Bericht dem Aufsichtsrat und mit dessen Bemerkungen
der Generalversammlung vorzulegen — hat.

Ebenso notwendig wie die Rentabilitätsrechnung bei Eröffnung des
Fabrikunternehmens ist die Rentabilitätsrechnung bei Er-
weiterung der Betriebe, bei Neueinführung von
Fabrikationsartikeln, von neuen Arbeitsverfahren usw.

Zu solchen Rentabilitätsrechnungen gehört die
allergrößte Sachkenntnis in der Beurteilung der Herstellungs-
möglichkeiten einerseits, der Verkaufsmöglichkeiten anderseits. Die
Schwierigkeit ihrer Aufstellung kann aber ihre Vernachlässigung nicht rechtfertigen.

Neben dem Unkostensatz für normale Beschäftigung empfiehlt es
sich, die Unkosten zu ermitteln unter Annahme des maximalen
überhaupt möglichen Umsatzes der Fabrik. Der unter dieser Annahme gefundene Selbstkostenwert muß als unterster Grenzwert des Verkaufspreises angesehen werden, dessen Unterschreitung unter allen Umständen mit einem Verlust verbunden ist. Derselbe sollte deshalb nur dann
benutzt werden, wenn überhaupt die Geschäftslage eine Steigerung des Beschäftigungsgrades über den normalen hinaus voraussehen läßt.

Es möge nunmehr das Abhängigkeitsverhältnis zwischen Selbstkosten
und Umsatz näher untersucht werden.

Der Umsatz setzt sich zusammen:

1. aus dem Selbstkostenwert des eingekauften Materials,

2. aus der Wertverbesserung, welche das Material in der Fabrik erfährt,

3. aus dem Gewinnzuschlag.

Von Einfluß auf die Höhe der Unkosten kann im wesentlichen nur Punkt 2 sein, d. h. der Betrag der Wertverbesserung. Durch größeren Umsatz von Material, ohne gleichzeitige Erhöhung des Wertverbesserungs-Betrages, können die Unkostensätze — abgesehen von dem Unkostensatz der Lagerverwaltung — sich nicht verringern, trotzdem sich der Umsatz erhöht.

Die Unkostensätze und damit die Selbstkosten sind sonach im Wesentlichen abhängig von den produktiven Löhnen und die Kapitelüberschrift wäre richtig zu lesen: Abhängigkeit der Selbstkosten von den produktiven Löhnen.

Wir hatten bereits oben die Unkosten in Unkosten unabhängig von den produktiven Löhnen und Unkosten abhängig von den produktiven Löhnen geteilt. Nehmen wir im letzteren Falle Proportionalität an, so lautet in mathematische Form gebracht die Gleichung für die Höhe der Unkosten:

Gesamtunkosten = Konstante Unkosten + K $\times$ produktive Löhne,

wobei K einen bestimmten Verhältniswert darstellt.

Für den Unkostensatz, d. h. das Verhältnis der Gesamtunkosten zu den produktiven Löhnen, gilt alsdann:

$$\text{Unkostensatz} = \frac{\text{konstante Unkosten}}{\text{produktive Löhne}} + \text{K}.$$

Trägt man die durch die beiden Gleichungen dargestellten Werte graphisch in einem Koordinatensystem auf (Fig. 2), in welchem die Abszissenachse die produktiven Löhne eines bestimmten Zeitraumes, die Ordinatenachse die Unkosten des gleichen Zeitraumes bezw. das Verhältnis der Unkosten zu den produktiven Löhnen darstellt, so ergibt sich für die Unkosten eine gerade Linie, welche für die produktiven Löhne = 0 den Wert der konstanten Unkosten anzeigt; das Verhältnis Unkosten zu produktiven Löhnen d. h. der Unkostensatz wird dargestellt durch eine Kurve hyperbolischen Charakters, bei welcher für produktive Löhne = 0 die Ordinate, d. h. der Unkostensatz unendlich groß ist, und welche sich mit wachsenden produktiven Löhnen dem Werte K nähert.

Je niederer die konstanten Unkosten sind, desto geringer können die produktiven Löhne sein, ohne daß der Unkostensatz d. h. das Verhältnis $\dfrac{\text{Unkosten}}{\text{produktive Löhne}}$ dadurch wesentlich beeinflußt wird.

Am besten wird das Gesagte durch Fig. 2 illustriert.

In derselben ist angenommen, daß der Unkostensatz beim maximal möglichen Umsatz entsprechend 3000 M. produktiven Löhnen pro Zeiteinheit 58,3 % beträgt.

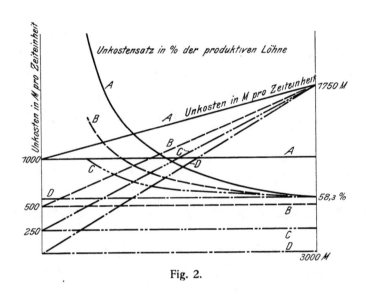

Fig. 2.

In der Figur ist nun der Unkostensatz unter Annahme eines konstanten Unkostenbetrages von

A)   1000 M.

B)   500 M.

C)   250 M.

D)   0 M.

aufgezeichnet.

Man erkennt, daß je kleiner der konstante Unkostenbetrag ist, desto geringeren Einfluß ein Sinken der produktiven Löhne auf den Unkostensatz hat: desto länger wird also bei sinkendem Beschäftigungsgrade ohne Verlust verkauft werden können.

Wie bereits oben hervorgehoben, wird es daher Bestreben jedes Betriebsleiters sein müssen, die konstanten Unkosten auf das geringste Maß herabzudrücken.

Das Bestreben, die Unkosten eines Betriebes herabzudrücken, muß jedoch mit großem Sachverständnis verbunden sein: wer darüber entscheiden will, ob dieser oder jener Posten des Unkostenkontos verringert oder ganz ausgeschieden werden kann, muß den ganzen Betrieb in seinem Zusammenhang und Zusammenwirken überblicken, damit nicht durch solche Unkostenersparnisse zwar die Ausgaben des einen Unkostenkontos verringert werden, andere Ausgaben aber, allerdings in der Ursache meist nicht erkennbar, sich verdoppeln oder vervielfachen.

Der Unkostensatz stellt das Verhältnis: Unkosten zu produktiven Löhnen, dar. Entsprechend dem Unterschied der ortsüblichen Löhne wird auch der Unkostensatz in den verschiedenen Orten ein verschiedener sein, und zwar wird der Unkostensatz um so höher sein, je geringer die ortsüblichen Löhne sind. Nichts ist daher verkehrter, als Zuschläge von einem Fabrik- oder Werftunternehmen auf das andere zu übertragen oder aus der Höhe des Unkostensatzes Rückschlüsse auf die Leitung eines Unternehmens machen zu wollen.

XV.

Festsetzung des niedersten Verkaufspreises

Der Verkaufspreis setzt sich zusammen aus dem Betrag der Selbstkosten und dem Gewinnzuschlag. Für die Festsetzung der Verkaufspreise bezw. des Gewinnzuschlags lassen sich feste Regeln nicht geben; d e r V e r k a u f s - p r e i s i s t a b h ä n g i g v o n d e n b e s o n d e r e n V e r h ä l t n i s s e n , u n t e r w e l c h e n d e r V e r k a u f z u s t a n d e k o m m t . Nur über die Grundsätze, welche bei Festsetzung des niedersten Verkaufspreis zu beachten sind, lassen sich bestimmte Richtpunkte angeben.

Im allgemeinen wird man daran festhalten müssen, daß der Verkaufspreis höher sein muß, als der Selbstkostenpreis ist und zwar mindestens um soviel, daß eine normale Verzinsung des in dem Fabrikunternehmen arbeitenden Kapitals erzielt wird.

Wird der Gewinnzuschlag auf die effektiven Selbstkosten aufgeschlagen, so ist derselbe gleichbedeutend mit der Dividende, welche auf das arbeitende Kapital verteilt werden kann. Um wieviel der Verkaufspreis höher sein muß als der Selbstkostenpreis, um einen gewissen Prozentsatz Dividende zu erzielen, hängt von dem Verhältnis des Umsatzes zum Kapital ab. Ist der Umsatz gleich dem Kapital, so wird 1% Gewinn gleich sein 1% Dividende, beträgt der Umsatz das Doppelte des Kapitals, so wird bereits bei $1/2\%$ Gewinnzuschlag 1% Dividende erzielt werden, beträgt der Umsatz nur die Hälfte des Kapitals, so wird man 2 % Gewinnzuschlag zu machen haben, um 1 % Dividende zu ermöglichen.

Gleiches gilt natürlich auch für verlustbringende Verkäufe. 1 % Verlust bedeuten bei einmaligem Umsatz des Kapitals 1 % Kapitaleinbuße, bei doppeltem Umsatz 2 %, bei halbem 1/2 %.

Das Gesagte setzt jedoch voraus, daß die Verkaufspreise unter Einrechnung der tatsächlichen Unkosten bei dem betreffenden Umsatz erzielt sind. Dies wird bei fallender Konjunktur sich allerdings selten erreichen lassen, denn im allgemeinen ist die Folge niederer Konjunktur ein Sinken der Verkaufspreise und ein Rückgang des Umsatzes und damit ein Steigen der anteiligen Unkosten. Die Frage der Preisbestimmung in Zeiten niederer Konjunktur wird deshalb von der Frage der Preisbestimmung bei normalem Markte vollständig getrennt behandelt werden müssen.

Die wichtigste Regel, welche man bei Festsetzung der Verkaufspreise zu beachten haben wird, ist die, an seiner eigenen Selbstkostenrechnung nicht zu zweifeln, wenn sich auf dem Markt ergiebt, daß konkurrierende Fabriken mit billigeren Preisen anbieten.

Hat man ein gewisses Selbstkosten-Abrechnungssystem einmal festgelegt, so muß dieses Norm für sämtliche Verkaufswerte bilden und man darf dasselbe nicht zugunsten dieses oder jenes Fabrikates durchbrechen.

Erkennt man, daß eine Ware nicht anders als unter Selbstkosten einen Markt findet, so sind zunächst die Gründe für diese Erscheinung zu untersuchen: die Wahl einer andern Konstruktion, die Wahl andrer Materialien, zweckmäßigere Fabrikation, günstigerer Einkauf, Anpassen an die besonderen Verhältnisse des Marktes vermögen die Ware verkaufsfähiger zu gestalten. Läßt sich trotzdem ein befriedigenderer Umsatz in dem betreffenden Fabrikat nicht erzielen, so versuche man, demselben einen neuen Markt zu eröffnen, auf welchem das Angebot ein geringeres ist, keinesfalls aber suche man sich durch Erniedrigung des Verkaufspreises unter den Selbstkostenpreis auf einen Markt zu drängen, auf dem die normalen Preise nicht über den eigenen Selbstkosten liegen.

Ein gern benutztes Mittel, die Selbstkosten herabzudrücken, ist die Reduktion der Abschreibungen.

Die Höhe der Abschreibungen hatten wir oben von der voraussichtlichen Lebensdauer und dem Anschaffungswert des betreffenden Objektes abhängig erkannt; dementsprechend sind die Abschreibungen so vorzunehmen, daß

nach der angenommenen Lebensdauer das Objekt mit seinem Altwert zu
Buch steht, es sei denn, daß besondere Verhältnisse eine raschere Abschreibung bedingen.

Ein Mittel, die Abschreibungen herabzudrücken, ist, die Abschreibungen
auf Buchwerte vorzunehmen. Insbesondere in der Maschinenindustrie, wo
die Brauchbarkeit einer Maschine oder Einrichtung oft nicht von dem Alter,
sondern allein von der Konkurrenzfähigkeit gegenüber neueren Maschinen
und Einrichtungen abhängt, sollte s o l c h e s V e r f a h r e n , w e l c h e s d a s
A b s t o ß e n unmoderner A r b e i t s m a s c h i n e n und E i n r i c h -
t u n g e n e r s c h w e r t , s t r i k t e v e r p ö n t s e i n !

Zulässig ist eine verminderte Abschreibung nur dann, wenn infolge einer
verminderten Benutzung der Einrichtung die Lebensdauer dieser Einrichtung
als verlängert angesehen werden kann, also in Zeiten geringerer wie normaler
Beschäftigung. Nimmt man aber dieses Recht der Abschreibungsverminde-
rung in Zeiten geringer Beschäftigung für sich in Anspruch, so vergesse man
nicht, in Zeiten höherer als normaler Beanspruchung, z. B. bei Durchführung
von Tag- und Nachtarbeit, den Abschreibungsbetrag entsprechend zu erhöhen.

Keinesfalls aber verwechsele man „geringen Beschäftigungsgrad" mit
„geringem Erlös". Die Abschreibungen sind ein fester, nicht verfügbarer
Teil der Selbstkosten und unabhängig von dem erzielten Verkaufspreis.

Es gibt jedoch Gründe, welche eine Festlegung des Verkaufspreises
event. bis unter den Selbstkostenpreis rechtfertigen, z. B. wenn es sich um
Einführung eines neuen Artikels, welcher zunächst bekannt werden muß, bevor
dessen Vorteile die Abnehmer zur Aufwendung eines höheren Preises bewegen,
handelt, oder, wenn eine Ware in Frage kommt, deren Lieferung die anderer
gewinnbringender Waren nach sich zieht. In allen solchen Fällen muß man
sich jedoch stets klar darüber sein, daß ein solcher Verkauf tatsächlich einen
Verlust bedeutet, genau gleichwertig mit dem Verschenken eines gewissen
Geldbetrages oder der Zahlung einer gewissen Verkaufsprovision, und daß
man sich über die Ausdehnung der durch solche unter Preis übernommenen
Verpflichtungen bedingten Einbuße jederzeit klar sein muß.

Von besonderer Bedeutung ist die Frage einer Reduktion der Verkaufspreise in Zeiten niederer Konjunktur. In solchen Zeiten erkennt man aus
dem Vergleich der durch öffentliche Submissionen bekannt werdenden An-
gebotspreise mit den effektiv erforderlichen Aufwendungen an Materialien und
Löhnen, daß manche Firmen sich damit begnügen, nur Materialien und Löhne

und etwa einen geringen Teil der Unkosten ihrem Verkaufspreis zugrunde
zu legen. Die Submittenten solcher Preise erklären ihr Verfahren gerechtfertigt durch den Zwang, ihre Arbeiter halten zu müssen, und durch das
Bestreben durch Erhöhung des Umsatzes wenigstens einen Teil der Unkosten
einzubringen.

An Hand der Fig. 3 läßt sich nun die Richtigkeit dieser Spekulation
leicht verfolgen. In dieser Figur sind die effektiven Unkosten im Verhältnis

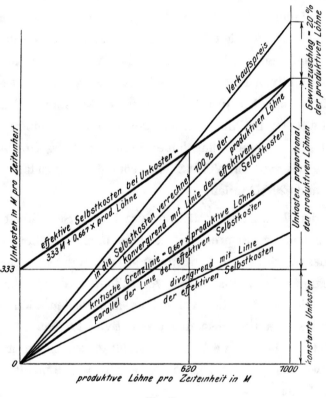

Fig. 3.

zu den produktiven Löhnen dargestellt, dieselben seien ausgedrückt durch
die Formel:

Unkosten in Mark = 333 M. + 0,667 × produktive Löhne in Mark.

Der normale Betrag der produktiven Löhne betrage 1000 M., der Betrag der
Unkosten bei diesen normalen Löhnen sei 1000 M., der Betrag der Unkosten
bei stilliegendem Betriebe, d. h. produktive Löhne = 0 sei 333 M.

Wir hatten oben für die Berechnung der Selbstkosten festgesetzt, daß
die Unkosten, gleichgültig, welche Höhe die produktiven Löhne momentan
besitzen, stets mit dem Unkostensatz normalen Beschäftigungsgrades im Ver-

kaufspreis berechnet werden sollen. Der in den Selbstkosten für den Verkauf einzusetzende Unkostenbetrag ist sonach ausgedrückt durch die Formel:

$$\text{Unkosten} = \frac{1000}{1000} \times \text{produktive Löhne}.$$

In unserer Figur sind diese Unkosten dargestellt durch eine gerade Linie, welche von dem Nullpunkt ausgeht und durch den Betrag 1000 M. Unkosten bei 1000 M. produktive Löhne hindurchgeht.

Wie man aus dem Vergleich der effektiven Unkosten mit den in die Selbstkostenrechnung eingesetzten Unkosten erkennt, entsteht, sobald die produktiven Löhne unter den Normalbetrag sinken, ein Verlust, welcher proportional der Differenz zwischen den produktiven Löhnen und dem Normalbetrag der produktiven Löhne (1000 M.) ist und seinen maximalen Wert bei den produktiven Löhnen = 0 mit dem Wert der konstanten Unkosten (333 M.) erreicht, und welcher nur bis zu einem gewissen Grade einen Ausgleich durch entsprechenden Gewinnaufschlag finden kann (bei 20 % Gewinnaufschlag auf produktive Löhne tritt ein Verlust ein, sobald die produktiven Löhne pro Zeiteinheit unter 620 M. fallen).

Solange der Verkaufswert den so berechneten Selbstkostenwert erreicht, bedingt eine Erhöhung der produktiven Löhne immerhin eine Verringerung des Verlustes. Diese Verhältnisse bleiben, auch wenn ein geringerer Unkostensatz als der normale in den Selbstkosten verrechnet wird, bestehen, solange die Linie der in die Selbstkosten verrechneten Unkosten sich der Linie der effektiven Unkosten mit wachsenden produktiven Löhnen nähert. Sind beide Linien parallel, so ist der Verlust, gleichgültig, welche produktiven Löhne aufgewendet werden, stets ein gleich großer pro Zeiteinheit u. zw. = 333 M. in unserem Beispiel.

Entfernt sich die Linie der in den Selbstkosten verrechneten Unkosten mit wachsenden produktiven Löhnen von der Linie der effektiven Unkosten, so tritt mit Erhöhung der produktiven Löhne also einer Erhöhung des Umsatzes gleichzeitig eine Erhöhung des Verlustes ein.

Die oben erwähnte Grenze, bei welcher die Linie der in den Selbskosten verrechneten Unkosten parallel zur Linie der effektiven Unkosten liegt, ist gegeben, wenn in der Berechnung des Unkostenzuschlages der konstante Wert der Unkosten außer Ansatz bleibt. Solange ein Teil der konstanten Unkosten durch die Verkaufskosten mit gedeckt wird, bewirkt eine Erhöhung des Umsatzes eine Verringerung der Unkosten.

Bleibt ein größerer Betrag als der konstante Unkostenbetrag in den Verkaufspreisen ungedeckt, so bedingt ein erhöhter Umsatz erhöhten Verlust.

Die oben gestellte Frage, wie weit bei niederer Konjunktur die Unkosten außer Ansatz bleiben dürfen, ist daher dahin zu beantworten, daß s o l a n g e m i n d e s t e n s d e r i m V e r h ä l t n i s d e r p r o d u k t i v e n L ö h n e s c h w a n k e n d e U n k o s t e n a n t e i l d u r c h d e n V e r k a u f s p r e i s e i n g e b r a c h t w i r d , e i n e E r h ö h u n g d e s U m s a t z e s e i n e V e r - r i n g e r u n g d e s m o n a t l i c h e n V e r l u s t e s z u r F o l g e h a t : s i n k e n d i e A n g e b o t s p r e i s e s o , d a ß d i e s e r T e i l d e r U n - k o s t e n n i c h t v o l l g e d e c k t i s t , s o b e d i n g t j e d e E r h ö h u n g d e s U m s a t z e s e i n e V e r g r ö ß e r u n g d e s m o n a t l i c h e n V e r - l u s t e s .

Unter allen Umständen kann ein Verkauf unter Selbstkosten auch in den schlechtesten Zeiten nur dann als gerechtfertigt angesehen werden, wenn die Geschäftsleitung sich in jedem Fall der zu erwartenden Einbusse und der insgesamt durch solche Verkäufe übernommenen Verpflichtungen bewußt ist.

XVI.

Der Abschluß.

1. Allgemeines.

Wird der geschilderte Geschäftsgang strikte innegehalten und Journal und Sammelmappe, wie oben angegeben, geführt, so ist es möglich, innerhalb eines Monats den Abschluß des vorhergehenden Monats zu betätigen.

Hauptbedingung hierfür ist jedoch, daß a l l e E i n t r a g u n g e n t ä g - l i c h u n d l a u f e n d erfolgen, so daß nach Ablauf des Monats nur der Abschluß der Sammelmappen bezw. des Journals erforderlich ist. Um diese Abschlußarbeiten unabhängig von den laufenden Arbeiten vornehmen zu können, empfiehlt es sich, wie oben bereits mehrfach erwähnt, alle Bücher und Sammelmappen doppelt anzulegen, und zwar derartig, daß in dem einen Buch bezw. der einen Sammelmappe die Eintragungen für die Monate Januar, März, Mai, Juli, September, November, in dem zweiten Buch bezw. der zweiten Sammelmappe die Eintragungen für die Monate Februar, April, Juni, August, Oktober und Dezember vorgenommen werden. Während also in dem einen Buch die Abschlußarbeiten erledigt werden, kann das zweite Buch bereits zu den täglichen Eintragungen des Geschäftsganges benutzt werden.

Mit einigen Schwierigkeiten verbunden erscheint der monatliche Abschluß des Lohnkontos. Dies rührt daher, daß im allgemeinen die Lohnzahlung wochenweise abschließt, also der Abschluß der Löhne sich nicht mit dem Monatsabschluß deckt. Es gibt zwei Wege, der Schwierigkeit zu begegnen:

1. man schließt nicht monatlich die Bücher ab, sondern vierwöchentlich. Diese Einrichtung hat den Nachteil, daß 13 Abschlußperioden entstehen, welche sich mit den sonst allgemein üblichen Monatsabschlüssen nicht decken;

2. man teilt den Monat in 4 Lohnperioden:

   1 bis 8,

   9 bis 16,

   17 bis 23,

   24 bis 31.

Diese Anordnung bleibt eine interne und ernste Bedenken dürften gegen dieselbe nicht geltend zu machen sein. Wir haben uns dieser Lohnperioden bereits in unseren oben beschriebenen Arbeitskarten bedient (Form. 5).

Es möge im folgenden nochmals kurz die Einrichtung der hier hauptsächlich interessierenden Konten:

Material- und Warenkonto,

Unkostenkonto,

Fabrikationskonto,

Differenzkonto

in dem Journal und den Sammelmappen wiederholt und der Abschluß dieser Konten besprochen werden.

2. Material- und Warenkonto.

Das Materialkonto wird einmal als Sammelkonto im Journal und zweitens in Unterkonten aufgelöst, in den Sammelmappen der Lagerverwaltung geführt, und zwar sind an Sammelmappen vorhanden:

1. Eine Sammelmappe für verausgabte und vereinnahmte Materialien und Waren nach Materialien und Waren kontiert (Form. 17).

2. Eine Sammelmappe wie 1. nach Auftragsnummern kontiert (Form. 16).

Die erste Sammelmappe ist in ähnlicher Ausführung in sämtlichen Einzellagern vorhanden und diese Sammelmappen der Einzellager unterscheiden sich von den Sammelmappen der Lagerverwaltung nur dadurch, daß in denselben Preise nicht eingetragen werden (Form. 18); die zweite Sammelmappe wird nur in der Lagerverwaltung geführt.

In der Fabrik eingehende oder in der Fabrik fertiggestellte Waren werden dem Einzellager, für welches die Ware bestimmt ist, zugeführt und in der Sammelmappe des Einzellagers auf dem betr. Materialienkonto nach Eingangstermin, Gewicht, Quantum, Lieferant oder Empfänger eingetragen. Von der empfangenen Lieferung macht das Einzellager auf Materialeinlieferungsschein der Lagerverwaltung Mitteilung, welche auf Grund dieses Einlieferungsscheines die Belastung des betr. Materialienkontos in den beiden Sammelmappen vornimmt, zunächst ohne Preise. Eingehende Rechnungen und die Abrechnungen für selbst angefertigte Gegenstände gehen zunächst zum Einkaufswesen und, nachdem der richtige Empfang durch die Einzellager kontrolliert und die Rechnung selbst geprüft worden ist und event. Frachtbeträge usw. von der Rechnung abgesetzt sind, an die Buchhaltung, welche den Nettobetrag im Journal dem Material- und Warenkonto belastet. Alsdann gehen die Rechnungen und Abrechnungen an die Lagerverwaltung, welche den Nettobetrag unter Angabe der Journaleintragung und des Datums auf dem betr. Materialienkonto einträgt und die Rechnung bezw. Abrechnung mit dem Vermerk der geschehenen Eintragung zur Ablage an das Einkaufswesen bezw. an die Kalkulation zurückreicht.

Von den Betrieben zurückgelieferte Materialien oder Waren werden in dem betr. Einzellager dem Materialienkonto der betr. Sammelmappe ohne Wertangabe zugeführt und darnach in die beiden Sammelmappen der Lagerverwaltung auf Grund des Materialeinlieferungsscheines mit Wertangabe eingetragen.

Verausgabte Materialien und Waren — gleichgültig, ob dieselben für Betriebe oder an Kunden verausgabt sind — werden zunächst in der Sammelmappe des betreffenden Unterlagers ohne Wertangabe nach Gewicht, Quantum, Art des Materials bezw. der Ware und Empfänger und alsdann auf Grund des Materialausgabescheines in den Sammelmappen der Lagerverwaltung — und zwar sowohl in der Sammelmappe der Materialien, wie in der Sammelmappe der Auftragsnummern — als verausgabt eingetragen. Bei Ausgabe von Materialien und Waren an Betriebe sind die Unterkonten der beiden Sammelmappen — Materialkonto und Auftragsnummer bezw. Unkostenkonto — für den Selbstkostenwert der betreffenden Materialien und Waren zu erkennen, bei Ausgabe von Materialien und Waren an Kunden für den Nettoverkaufs·preis.

Wie alle eingehenden Rechnungen laufen deshalb auch alle ausgehenden Rechnungen, nachdem das Material und Warenkonto des Journals für deren Nettobetrag erkannt ist, an die Lagerverwaltung, welche die spezielle Auftragsnummer für den gleichen Betrag erkennt.

Auf diese Weise erhalten wir in dem Abschluß der Auftragssammelmappe der Lagerverwaltung den oben verlangten Nachweis des Geschäftserfolges des einzelnen Fabrikates.

Nicht übersehen darf auch beim monatlichen Abschluß die Wertveränderung werden, welche die einzelnen Materialien im Laufe des Monats durch Rückgang oder Steigerung des Einkaufs oder Marktpreises erfahren. Dieser Betrag findet sich beim Abschluß der Materialsammelbogen der Lagerverwaltung aus Wert des Bestandes des vorhergehenden Monats zuzüglich Wert des Zuganges abzüglich verrechneter Wert des Abganges und abzüglich Wert des Bestandes beim Abschluß. Dieser Wertveränderungsbetrag ist dem Material- und Warenkonto gutzubringen bezw. zu belasten und dem Differenzkonto zu belasten bezw. gutzubringen.

3. Unkostenkonto.

Sämtliche Unkosten werden im Journal im Unkostenkonto gesammelt und der Beleg mit einem Vermerk der Eintragung ins Journal versehen. Hiernach erfolgt die Eintragung in der Unkostensammelmappe auf dem betr. Unkostenkonto. Der mit dem Eintragungsvermerk in der Sammelmappe versehene Beleg gelangt hierauf zur Ablage.

Monatlich werden die einzelnen Unkosten abgeschlossen, wie oben bereits näher erläutert (vergl. Tab. 1). Der Abschluß ergibt

1. Die allgemeinen Unkosten der einzelnen Betriebe,
2. Kosten der Arbeitsmaschinen,
3. Krankosten,
4. Kosten der Schweiß- und Glühöfen,
5. Kosten der Dampfhämmer usw.,
6. Die Kosten der Lagerverwaltung,

7. Die Abschreibungen für Modelle, Matrizen, Spezialwerkzeuge,

8. Die Abschreibungen für Zeichnungen,

9. Die Abschreibungen für Patente,

10. Ausschuß und Garantiearbeiten.

Der Saldo dieser Unkosten muß sich mit dem Saldo des Unkostenkontos des Journales decken.

4. Fabrikationskonto.

Die auf Fabrikationskonto verausgabten Löhne werden in den Bureaus der Abteilungsvorstände in zwei Sammelmappen eingetragen, von denen eine Sammelmappe nach Auftragsnummern (Form. 8), eine zweite Sammelmappe nach Nummern und Namen der einzelnen Arbeiter (Form. 7) kontiert ist.

Bei richtiger Eintragung muß sich der Schlußbetrag in beiden Sammelbüchern bei jeder Lohnzahlung decken. Der auf diese Weise kontrollierte Endbetrag wird bei jeder Lohnzahlung dem Fabrikationskonto des Journals in einem Posten belastet und gleichzeitig jede einzelne Auftragsnummer in der Sammelmappe des Fabrikationskontos mit ihrem entsprechenden Betrage. Monatlich wird ferner im Journal das Fabrikationskonto mit dem Gesamtposten und gleichzeitig die einzelne Auftragsnummer in der Sammelmappe des Fabrikationskontos (Abrechnungsbogen) mit dem Werte der auf die einzelnen Auftragsnummern verausgabten Materialien und Waren belastet. Laufend in das Journal auf Fabrikationskonto, sowie in der Sammelmappe des Fabrikationskontos auf den einzelnen Auftragsnummern eingetragen werden die direkt auf Fabrikationskonto ausgegebenen Beträge, wie Reisespesen, Frachten, Zoll usw.

Arbeiten, welche auf einem Unkostenkonto angefertigt werden, laufen nicht über das Fabrikationskonto, sondern werden direkt mit Materialien und Löhnen — welche als unproduktive gelten — dem Unkostenkonto belastet.

Arbeiten, welche durch Ersatzlieferungen für Ausschuß oder durch Garantieverpflichtungen bedingt sind, sind produktive Arbeiten, dieselben werden dem Garantie- und Ausschußkonto belastet, für welches Rückstellungen vorgesehen sind.

Arbeiten, welche einen Wertzuwachs der Anlagekonten bedeuten, sind dem Anlagekonto mit den verrechneten Selbstkosten zu belasten.

Fabrikate werden nach Fertigstellung dem Material- und Warenkonto belastet.

In Arbeit befindliche Gegenstände werden mit den aus den Abrechnungsbogen sich ergebenden Beträgen dem Fabrikationskonto gutgebracht.

Hiernach verbleiben auf Fabrikationskonto nur solche Arbeiten, welche nicht für Fabrikate oder Anlagewerte aufgewendet sind, wie Reparaturen an Bord von Schiffen, auswärtige Montagen usw., und der Abschluß der einzelnen Sammelbogen dieser Auftragsnummern weist den Erfolg auch dieser Arbeiten im einzelnen nach.

5. Das Differenzkonto.

Wie bereits oben gesagt, sind im Kalkulationsbureau Sammelmappen zu führen, welche wie folgt zu kontieren sind:

1. Allgemeine Unkosten auf produktive Löhne,
2. Arbeitsmaschinen,
3. Kräne usw.,
4. Glühöfen usw.,
5. Dampfhämmer usw.,
6. Lagerverwaltung,
7. Abschreibungen für Modelle, Matrizen und Spezialwerkzeuge,
8. Abschreibungen für Zeichnungen,
9. Abschreibungen für Patente,
10. Abbrand und Abfall,
11. Gutschrift für Altmaterialien und Abfälle.

Jedes dieser Konten wird für die in den Abrechnungen verrechneten Unkosten erkannt und am Monatsschluß mit den effektiv monatlichen Unkosten belastet. Der Saldo wird auf Differenzkonto übertragen.

Desgleichen ergibt sich aus dem Abschluß des Materialsammelbogens der Lagerverwaltung die Differenz der effektiven und der verrechneten Materialwerte für jede einzelne Materialart.

Die gesamte sich monatlich ergebende Differenz ist gleichfalls auf Differenzkonto zu übertragen.

itional information of this book

rbuch der Schiffbautechnischen Gesellschaft; 978-3-642-90184-3; 978-3-642-90184-3_OSFO12)

provided:

://Extras.Springer.com

6. Die Bilanz.

Darnach ergibt sich der folgende Monatsabschluß: (vergl. Fig. 4)

Aktiva.		Monats-Abschluß.	Passiva.	
Anlagekonto Bestand		—	Kapitalkonto	—
Abgang	—		Hypotheken und Anleihen .	—
Zugang	—		Reservefond.	—
Bestand		—	Ausschuß und Garantiefonds	
Material und Warenkonto:			Bestand	—
Bestand	—		Abgang	—
Abgang	—		Bestand	—
Zugang	—		Unterstützungsfonds	—
Bestand		—	Kreditoren.	—
Fabrikationskonto (in Arbeit befindliche Gegenstände) .		—	Gewinn	—
Debitoren		—	Akzeptkonto.	
Kassakonto		—	Kautionskonto.	—
Effekten- und Beteiligungskonto		—		
Wechselkonto		—		
Kautionskonto		—		
Verrechnungskonto				

Debet.		Gewinn- und Verlustkonto.	Kredit.	
Differenzkonto		—	Material- und Warenkonto:	—
Gewinn		—	Gewinn	—
			Fabrikationskonto: Gewinn .	—
			Sonstiges: Gewinn	

Der Jahresabschluß vollzieht sich genau in gleicher Weise wie der Monatsabschluß.

Derselbe unterscheidet sich von dem Monatsabschluß nur dadurch, daß mit demselben gleichzeitig eine Kontrolle der Bestände und der Wertverteilung durch die Inventur vorgenommen wird. Diese Kontrolle durch die Inventur braucht zwar gesetzlich nur alle zwei Jahre zu erfolgen, sollte aber in keinem Fabrikbetrieb anders als jährlich vorgenommen werden.

7. Inventur.

Ist die Organisation nach den hier gegebenen Grundsätzen aufgebaut, so ist die Inventur auch des verzweigtesten Fabrikbetriebes in kürzester Zeit durchzuführen.

Es ist hierbei nur notwendig, den Effektivbestand der einzelnen Anlagekonten sowie des Material- und Warenkontos mit dem Sollbestand zu vergleichen, was, wenn wie oben angegeben, die einzelnen Gegenstände der Anlagekonten mit den Nummern ihrer Eintragungen in den Sammelmappen versehen sind und außer Gewicht und Menge der einzelnen Bestände auch deren momentaner Lagerplatz in der Sammelmappe der Lagerverwaltung angegeben ist, durch einfaches Abchecken erfolgen kann. Die dem Fabrikationskonto belasteten Materialien sind durch die Abrechnungsbogen des Fabrikationskontos ihrem Wert nach genau bekannt. Es genügt für die Inventur vollkommen, das Vorhandensein der auf den Abrechnungsbogen nachgewiesenen Materialien zu überprüfen, was durch Abchecken der einzelnen in den Betrieben vorhandenen Teile an Hand der Stücklisten ohne Schwierigkeiten erfolgen kann, für den Fall man sich nicht mit der Vornahme von Stichproben glaubt begnügen zu können.

Von besonderem Wert ist die Inventur nicht so sehr als Nachweis der effektiven Bestände, da bei einigermaßen geordneter Buchführung nach dieser Richtung Fehler von irgendwelcher Bedeutung überhaupt nicht vorkommen dürfen, als vielmehr zur Kontrolle der Buchwerte der einzelnen Anlagekonten.

Man muß stets im Auge behalten, daß Abschreibungswerte keiner willkürlichen Annahme entspringen, oder von dem Geschäftserfolg abhängig angesehen werden dürfen, sondern der effektiven Wertverminderung der betr. Gegenstände entsprechend bemessen werden sollen. Diese Wertverminderung kann zwar durch Annahme einer erfahrungsgemäßen Lebensdauer des betr. Gegenstandes mit einem mittleren Prozentsatz angenommen werden, es kommen jedoch in dem modernen Fabrikwesen so viel Einflüsse zusammen, welche den Wert eines Gegenstandes, insbesondere einer Maschine oder eines Werkzeuges zu beeinflussen in der Lage sind, daß eine Überprüfung der angenommenen Buchwerte bei jeder Inventur nicht versäumt werden sollte.

Diese Regel muß mit um so größerer Strenge geübt werden, je größer der Teil des Vermögens ist, welcher in der Abnutzung unterworfenen Werten festliegt.

Eine weitere Bedeutung hat die Inventur durch Neubewertung der auf Lager befindlichen Rohmaterialien, insbesondere derjenigen, welche einem Marktpreis unterworfen sind; solche Rohmaterialien dürfen nicht ohne weiteres mit dem am Tage des Abschlusses gültigen Wert in die Inventur aufgenommen werden, sondern müssen, falls der Einkaufspreis geringer als der Marktpreis des Abschlußtages. ist, mit dem Einkaufspreis eingestellt werden. War der Einkaufspreis höher als der Marktpreis am Tage des Abschlusses, so darf trotzdem nur der Tagespreis in die Inventur eingestellt werden.

Eine vierte wesentliche Aufgabe der Inventur ist die Wertbemessung der auf Lager befindlichen, von der Fabrik hergestellten Verkaufswaren, welche nicht einem Marktpreis unterliegen.

Für solche Waren bestimmt § 261 Ziffer 2 des Handelsgesetzbuches, daß sie höchstens zum Anschaffungs- oder Herstellungspreis anzusetzen sind. Unter Herstellungspreis ist der Selbstkostenpreis, also M a t e r i a l , L ö h n e u n d G e s a m t u n k o s t e n z u s c h l a g , zu verstehen, n i c h t M a t e r i a l u n d L o h n o d e r M a t e r i a l , L ö h n e u n d B e t r i e b s u n k o s t e n a l l e i n . Über diesen Punkt bestehen allerdings Meinungsverschiedenheiten, da Ziffer 4 des § 261 des Handelsgesetzbuches bestimmt, daß die Kosten der Einrichtung und Verwaltung nicht als Aktiva in die Bilanz eingestellt werden dürfen, m. E. jedoch zu Unrecht, da eine starre Durchführung dieser Vorschrift dem Wesen der Sache und der tatsächlichen Übung widerspricht und es überdies nach den Ausführungen der Denkschrift zum Handelsgesetzbuch dem verständigen Ermessen im Einzelfalle überlassen bleibt, inwieweit ohne Verletzung der oben angezogenen Ziffer 4 gewisse allgemeine Kosten als Bestandteil der Herstellungskosten berücksichtigt werden können (vergl. Herm. Staub, Kommentar zum Handelsgesetzbuch).

Auch bei den auf Lager befindlichen Waren wird die Inventur eine Prüfung vorzunehmen haben, ob diese Selbstkosten den wirklichen Wert der Ware darstellen. Bei der Inventur der Waren hat man allerdings keinen so einwandfreien Vergleichswert wie den Marktpreis der Rohmaterialien zu seiner Verfügung und es wird Sache der Erfahrung und Aufrichtigkeit der Geschäftsleitung sein, den Wert des Verkaufswarenlagers durch die Inventur richtig zu stellen.

XVII.

Die Statistik.

Die Zerlegung der einzelnen Konten in Unterkonten gibt die Möglichkeit, den Geschäftserfolg monatlich auf den einzelnen Fabrikaten nachzuweisen. Sie gewährt jedoch noch die weit wichtigere Möglichkeit, alle den Geschäftserfolg beeinflussenden Faktoren im einzelnen verfolgen zu können, und zwar geschieht dies mit Hilfe der S t a t i s t i k.

Unter Statistik verstehen wir die vergleichsweise Nebeneinanderstellung eines Ergebnisses während regelmäßiger Zeitintervalle, in Form von Tabellen oder Kurven, so daß man aus dieser Zusammenstellung den allgemeinen Verlauf dieses Ergebnisses zu ersehen vermag. Insbesondere die graphische Darstellung empfiehlt sich für alle statistischen Zwecke, da der Einblick, den eine zeichnerisch festgelegte Kurve in das Abhängigkeitsverhältnis zweier Größen gewährt, von keiner noch so sauber ausgeführten Tabelle auch nur entfernt erreicht werden kann.

Wichtig für die Ausbildung der Statistik ist auch die Umwandlung der absoluten Werte in V e r h ä l t n i s w e r t e, da man sich im allgemeinen ein klareres Bild über Größenänderungen zu machen in der Lage ist, wenn dieselben in Prozenten ausgedrückt sind, als wenn absolute Werte genannt werden. Der Statistik sollte in allen Teilen eines Fabrikunternehmens die größte Aufmerksamkeit zugewandt werden, nicht allein bei der Geschäftsleitung, sondern bereits in den Bureaus der einzelnen Abteilungsvorstände.

Als wichtigste Gebiete der Statistik seien genannt:

1. Lohnstatistik,
2. Unkostenstatistik,
3. Betriebsstatistik,
4. Vermögensstatistik,
5. Finanzstatistik,
6. Einkaufsstatistik,
7. Voranschlagstatistik.

1. L o h n s t a t i s t i k.

a) Zahl der täglichen Arbeiter in den einzelnen Betrieben,

b) produktive Löhne pro Lohnperiode,

c) unproduktive Löhne pro Lohnperiode,

d) Zahl der salärierten Beamten,

e) Saläre pro Monat,

f) Verhältnis der Saläre und unproduktiven Löhne pro Monat zu den produktiven Löhnen,

g) Durchschnitts-Lohnsatz der einzelnen Arbeiterkategorien,

h) Durchschnitts-Stundenverdienst der einzelnen Arbeiterkategorien,

i) Durchschnitts-Arbeitszeit pro Tag der einzelnen Arbeiterkategorien usw.

2. Unkostenstatistik.

a) Unkosten jedes Betriebes, getrennt nach Konten ohne Einrechnung der Unkosten der unproduktiven Betriebe,

b) Gesamtunkosten jedes einzelnen Betriebes pro Monat,

c) Verhältnis der Gesamtunkosten jedes einzelnen Betriebes zu den produktiven Löhnen,

d) Betrag der konstanten Unkosten jedes einzelnen Betriebes pro Monat,

e) Betrag der mit den produktiven Löhnen fallenden und steigenden Unkosten,

f) Verhältnis dieser Unkosten im Vergleich zu den produktiven Löhnen,

g) Verhältnis der Ausschußwerte zu der Produktion,

h) Verhältnis der Garantiearbeiten zu der Produktion,

i) Vergleich der Unkosten der unproduktiven Betriebe zum Umsatz usw.

3. Betriebsstatistik.

a) Bestimmung des Abbrandes und des Materialverlustes in den einzelnen Betrieben im Verhältnis zum verausgabten bezw. abgelieferten Materialgewicht,

b) Unkostenzuschlag für Lagerverwaltung im Verhältnis des Wertes der verausgabten Materialien,

c) Maschinenkosten der einzelnen Betriebe und Maschinenklassen pro Laufstunde,

d) Betriebskosten der einzelnen Kräne pro kg des in dem betr. Betrieb verarbeiteten Materiales,

e) Kosten der Schweiß- und Glühöfen pro kg des in dem betr. Betrieb verarbeiteten Materiales,

f) Kosten für Dampfhämmer pro kg verarbeiteten Materiales usw.

4. Vermögensstatistik.

a) Wert der einzelnen Anlagekonten sowie der Beständekonten,

b) Zugang zu diesen Werten pro Monat,

c) Abgang von diesen Werten durch Abschreibungen,

d) Verhältnis der Reparaturkosten zu den Anschaffungskosten pro Monat usw.

5. Finanzstatistik.

a) Zusammenstellung der flüssigen Mittel und Verbindlichkeiten,

b) Wert der Produktion pro Monat,

c) Verhältnis des Wertes der Produktion zu den produktiven Löhnen,

d) Verhältnis der Produktion zum Kapital,

e) Wert des Zuganges an Aufträgen,

f) Wert der erledigten Aufträge,

g) Wert des Auftragsbestandes usw.

6. Einkaufsstatistik.

a) Marktpreise der verschiedenen Rohmaterialien,

b) Kaufpreise der verschiedenen Warengattungen frei Fabrik,

c) Umsatz in den einzelnen Materialien usw.

7. Voranschlagstatistik.

a) Selbstkosten der einzelnen Warengattungen pro Gewichtseinheit,

b) Löhne der einzelnen Warengattungen pro Gewichtseinheit usw.

Sehr zu empfehlen ist, alle statistischen Aufstellungen, nicht allein für den einzelnen Monat, sondern für den Durchschnitt der letzten 12 Monate vorzunehmen; dadurch werden die Schwankungen der einzelnen Monate ausgeglichen und in dem Gesamtverlauf der Kurve wird ein getreues Bild der Entwicklung der einzelnen Werte geschaffen (vergl. Fig. 1).

In noch höherem Maße als die Buchführung ist die Führung der Statistik dem individuellen Charakter des betreffenden Werkes unterworfen: es muß genügen, hier auf die Wichtigkeit derselben hingewiesen zu haben.

XVIII.

Zusammenhang zwischen Fabrikorganisation und Verkaufsorganisation.

Hand in Hand mit der Fabrikorganisation hat die Verkaufsorganisation zu gehen. Ohne gute Fabrikorganisation wird kein Unternehmen in der Lage sein, den Anforderungen einer rührigen Verkaufstätigkeit folgen zu können, anderseits wird ohne gute Verkaufsorganisation keine Verkaufstätigkeit imstande sein, den Anforderungen einer rührigen Fabrikleitung zu entsprechen. Was die Wurzeln dem Baume sind, ist die Verkaufsorganisation der Fabrik. Je reicher die Wurzeln dem Baume die Nahrung zutragen, desto rascher und üppiger kann der Baum sich entwickeln, je dürrer und ärmlicher das Erdreich ist, auf welchem der Baum wurzelt, desto verzweigteren Wurzelwerkes bedarf es, um ihm die notwendige Nahrung zuzuführen. Die Ausbildung einer guten Verkaufsorganisation wird deshalb neben der Ausbildung der Fabrik-

itional information of this book

rbuch der Schiffbautechnischen Gesellschaft; 978-3-642-90184-3; 978-3-642-90184-3_OSFO13)

rovided:

://Extras.Springer.com

organisation die Hauptaufgabe der Geschäftsleitung sein. Beide werden in dem Fabrikbetriebe einer Werft oder Maschinenfabrik, wo der Verkauf in hervorragendem Maße der Mitarbeit der Technik bedarf, sich nicht so strenge trennen lassen als z. B. in einer Fabrik bestimmter Spezialartikel, in welcher die Fabrik an das Verkaufsgeschäft eine in ihrer äußeren Ausführung und in ihren Eigenschaften sich stets wiederholende Ware liefert. Die Ausbildung einer Verkaufsorganisation kann jedoch auch bei den hier betrachteten Betrieben keinesfalls vermißt werden, soll das Fabrikunternehmen als Ganzes gedeihen.

XIX.

Schlußbetrachtung.

In dem Gesagten habe ich versucht, die Grundsätze einer modernen Fabrikorganisation unter Annahme eines umfangreichen und weitverzweigten Werftbetriebes zu erläutern.

Wie weit die Gliederung zu treiben ist, muß im speziellen Falle entschieden werden. Aber selbst eine noch so weit getriebene Gliederung kann m. E. bei Einführung einer Organisation niemals ein Fehler sein, denn es ist leicht, falls sich dies als wünschenswert und zulässig herausstellt, später Zusammenfassungen vorzunehmen, sehr schwer dagegen, nachträglich eine Organisation zu erweitern.

Je umfangreicher ein Fabrikunternehmen ist, umso notwendiger ist eine gute Organisation.

Organisation allein bringt Ordnung in jeden einzelnen Betrieb, Ordnung in den gegenseitigen Verkehr der Betriebe, Ordnung in den Verkehr nach außen;

Organisation schafft Überblick über die eigene Leistungsfähigkeit, wie über die übernommenen Verpflichtungen;

Organisation bringt Sicherheit und Vertrauen, Vertrauen der Leitung zu den Angestellten, Vertrauen der Angestellten zur Leitung, und Vertrauen Aller am endlichen Erfolge.

————

Diskussion.

Herr Professor L a a s - Charlottenburg:

Meine Herren: Bei keinem der auf unserer diesjährigen Tagung zur Verhandlung stehenden Vorträge habe ich es so schmerzlich empfunden wie bei diesem, daß wir die Drucksachen so spät in die Hände bekommen haben. Es ist gar nicht möglich, sich in dieses etwas reichlich spröde Thema einzuarbeiten, wenn man die Drucksachen erst einen Tag vorher in die Hand bekommt. Ich muß mich deshalb auf allgemeine Bemerkungen beschränken, zumal auch der Herr Vortragende aus Mangel an Zeit in die Einzelheiten gar nicht hat eingehen können.

Zunächst möchte ich es mit großer Freude begrüßen, daß auf unseren Tagungen die wirtschaftlichen Fragen anfangen, sich etwas mehr Geltung zu verschaffen, daß wir also über den engen Rahmen der Schiffbautechnik hinausgehen und auch das mit hineinziehen, was für unsere Arbeit, wenigstens soweit sie w i r t s c h a f t l i c h sein soll, von großem Wert ist.

Wenn ich unsere Schiffbautechnische Gesellschaft in dieser Beziehung vielleicht — wie sie es ja sein soll — als einen Barometer der Entwicklung betrachten kann, so würde ich gerade diese Erscheinung als besonders erfreulich begrüßen, indem sie zeigt, daß die Techniker anfangen, Fehler, die bisher der Entwicklung des Einzelnen geschadet haben, einzusehen und sich selbst mit wirtschaftlichen Fragen beschäftigen.

Wir auf der Hochschule sind auch auf diesem Standpunkt angelangt. Während man früher so etwas für nicht notwendig hielt, beginnen wir jetzt auch, unsere jungen Leute mit den grundlegenden Fragen der Wirtschaft zu beschäftigen. Wir halten es nicht mehr für ausreichend, Konstrukteure auszubilden, sondern wir wollen dem Wunsche jedes einzelnen jungen Schiffbauers entsprechen und ihn so ausbilden, daß er auch später einmal Direktor werden kann.

Meine Herren, der Herr Vortragende hat nun in seinem umfangreichen Werke eine Organisation vorgeschlagen, die dem Detailstudium vorbehalten bleiben muß. Ich habe versucht, einiges daraus zu entnehmen und kann vielleicht nachher noch ein paar Bemerkungen dazu machen.

Zunächst aber möchte ich erwähnen, daß eine solche Organisation nur ein Werkzeug bleiben kann. Es gehört zu einer Organisation auch ein Meister, der dieses Werkzeug zu führen versteht, und eine Organisation kann niemals eine Maschine werden, die in der Hand eines mehr oder weniger geschickten und sachverständigen Maschinisten von selbst läuft, es gehört zur Organisation eine Persönlichkeit als Leiter. Als diese Persönlichkeit kommt in Frage der Vorstand. Betrachten wir nun unsere industriellen Unternehmungen, so sehen wir, daß ein Vorstand entnommen werden kann aus drei Gruppen, das ist in erster Linie der Ingenieur, dann der Kaufmann und eventuell noch der Jurist. Am besten ist es zweifellos, wenn die ganze Oberleitung eines industriellen Unternehmens in einer Hand liegt; aber diese Hand muß durchaus sachverständig nach allen Richtungen hin sein. Sie muß erstens in der Technik sachverständig sein und zweitens kaufmännisch sachverständig und darf nicht von außerhalb herbeigezogen werden und nur gleichsam kommandieren wollen; das geht nicht in technischen Betrieben. Eine solche Persönlichkeit ist leider Gottes selten zu finden. Man wird deshalb meist genötigt sein, mehrere zu wählen; doch könnte man da den Grundsatz aufstellen, daß die Wirtschaftlichkeit eines industriellen Unternehmens umgekehrt proportional zunimmt, wie die Anzahl der Direktoren. (Heiterkeit.) Meine Herren, das ist eine Erfahrung, die in allen industriellen Unternehmungen gemacht worden ist.

Vergleichen wir damit, meine Herren, eine Einrichtung, die uns in diesen Tagen ziemlich naheliegt. Vergleichen wir damit z. B. die Organisation der Kaiserlichen Werften, so finden wir dort nicht weniger als 9 Direktoren, die vollständig gleichwertig nebeneinander stehen unter der Leitung eines nichtsachverständigen Oberdirektors.

Meine Herren, diese Frage ist außerordentlich wichtig und hat ja auch Gelegenheit gegeben, zu versuchen, Änderungen herbeizuführen. Es ist, wie Ihnen aus den Zeitungen bekannt sein wird, eine Kommission zusammengetreten, die diese Frage eingehend studiert hat, und sie ist auch ganz richtig zu der Überzeugung gekommen, daß eine Stärkung der Zentralgewalt notwendig ist. Sie sucht aber diese Stärkung der Zentralgewalt nicht, wo sie die Industrie längst gefunden hat, in einer sachverständigen Leitung, sondern, in einer rein formellen Kontrolle. Sie betrachtet also die Organisation in dem Sinne, wie ich vorhin gesagt habe, sie glaubt in der Organisation eine Maschine gefunden zu haben die in der Hand eines Maschinisten läuft, während sie nur ein Werkzeug sein kann, das in der Hand eines Meisters funktioniert.

Meine Herren, diese kleine Abschweifung ist mir wohl gestattet. Es ist nicht die Zeit näher darauf einzugehen.

Im einzelnen möchte ich kurz erwähnen, daß der Herr Vortragende versucht hat, die bei einer Fabrik, die etwa nur Maschinen herstellt, durchgeführte und als zweckmäßig befundene Organisation auch auf Schiffbaubetriebe auszudehnen. Es ist nicht ohne weiteres möglich, das zu tun. Ich glaube z. B. nicht, daß eine so große Unterteilung der Konten eines Schiffes möglich ist. Der Herr Vortragende hat in seinem Vortrage erwähnt, daß man vielleicht die Kosten von Querspanten, Doppelboden usw. besonders berechnen könne. Meine Herren, das wird außerordentlich schwierig sein, weil eine ganze Anzahl Arbeiten für die Teile hergestellt wird, die den Zusammenhang zwischen Querspanten, Längsverbänden usw. bilden.

Ebenso bezweifle ich, ob es möglich ist, dem Vorschlage zu folgen, einen Arbeitszettel jedem einzelnen Arbeiter mitzugeben. Ein solcher Arbeitszettel in der Hand eines Schiffbauers, der ja nicht ein sehr reinliches Gewerbe hat, z. B. eines Nieters, dürfte am Ende der Arbeit so ähnlich aussehen, wie ein Tagebuchblatt des Nordpolfahrers N a n s e n, nachdem er ein Jahr lang ohne Waschgelegenheit in einer Schneehütte gehaust hatte. (Heiterkeit.) Es wird vor Schmutz kaum etwas darauf zu lesen sein. Dagegen scheint es mir sehr erwünscht, eine größere Unterteilung einzuführen in der Unkostenberechnung. Gerade im Schiffbau sind wir gewöhnt, die Unkosten ganz schematisch, prozentual zu den Löhnen zu nehmen. Wir sagen z. B., die Kosten bestehen aus Material so und soviel, Löhne so und soviel, Unkosten für das ganze Schiff 50, für Maschinenbau 100, für Kesselbau 60. Das ist zu allgemein und erschwert nachher die Benutzung der festgestellten Kosten einer geleisteten Arbeit zu Kostenanschlägen, und vielleicht ist dadurch gerade die ungeheure Vielseitigkeit der Kostenanschläge zu erklären, die bei jeder Submission und bei jedem Angebot außerordentlich erstaunlich auftritt.

Ebenso würde ich es sehr begrüßen, wenn durch die vom Vortragenden vorgeschlagene Statistik dem betreffenden Leiter bzw. Vorstand häufiger Gelegenheit gegeben wird, einen Einblick in den Stand des ganzen Betriebes zu bekommen.

Meine Herren, zusammenfassend: Wir können dem Herrn Vortragenden außerordentlich dankbar sein, daß er die kolossale Arbeit geleistet hat, aus der vielseitigen Literatur das herauszuholen, was speziell für Werften von Wert ist, und zu dieser Literatur noch das hinzuzufügen, was er in seiner eigenen Tätigkeit als Leiter eines Fabrikunternehmens für den Schiffbau gelernt hat. (Beifall.)

Herr Diplom-Ingenieur G ü m b e l - Bremen (Schlußwort):

Meine Herren, ich möchte Ihnen für das Interesse danken, welches Sie meinem Vortrage entgegengebracht haben, speziell Herrn Professor L a a s für seine anerkennenden Worte. Auf die Punkte, welche Herr Professor Laas im einzelnen berührt hat, näher einzugehen, glaube ich mir, da eine zusammenhängende Kritik wohl nicht beabsichtigt war, versagen zu dürfen.

Im einzelnen möchte ich bemerken, daß man die Unterteilung des Schiffes in einzelne Konten wie: Spanten, Doppelboden usw. heute bereits auf nahezu allen Werften durchgeführt hat und darin das einzige Mittel erblickt, die Selbstkosten des Schiffes mit einiger Sicherheit in einer für die Vorkalkulation geeigneten Weise festzustellen.

Was die Frage der Arbeitszettel anlangt, so ist auch diese Einrichtung bereits heute im Werftbetriebe vielfach erprobt und hat sich dabei die in dem Gewerbe des Schiffbauers schwer zu vermeidende Unsauberkeit keineswegs so störend herausgestellt, wie Herr Professor Laas dies befürchtet. Im übrigen möchte ich nochmals betonen, daß jede Organisation sich den speziellen Verhältnissen: der Leitung, dem Betriebe und den Arbeitern anpassen muß. Was für eine Werft gut ist, mag für die andere nicht brauchbar sein; was in einer Gegend, wo gut gebildete Arbeiter vorhanden sind, durchzuführen möglich ist, paßt vielleicht für die Ostmarken nicht, kurzum jede Organisation bleibt passend nur für ihren Organismus und jeder Organismus ist verschieden.

Im übrigen danke ich Ihnen vielmals für Ihre Aufmerksamkeit und das mir hier entgegengebrachte Interesse.

Der Ehrenvorsitzende Seine Königliche Hoheit der Großherzog von Oldenburg:

Meine Herren: Herr Ingenieur Gümbel hat in übersichtlicher Weise seine Vorschläge für die Organisation einer wirtschaftlich geleiteten Werft entwickelt und dieselben eingehend und mit Scharfsinn begründet. Er hat damit den Weg gewiesen, wie man in der jetzigen Zeit, in der man jeden Wirtschaftsorganismus auf möglichst ökonomische Betriebsweise einrichten muß, die Buchführung und die Kontrolle anlegen soll. Ich spreche dem Herrn Vortragenden daher unseren besten Dank aus für den interessanten und zeitgemäßen Vortrag.

XIII. Über Schiffsgasmaschinen.

*Vorgetragen von Prof. **F. Romberg**-Charlottenburg.*

Im Bau von Schiffsgasmaschinen *) ist gegenwärtig der Weg zu freier und selbständiger Entwicklung beschritten. Gestaltung und Betrieb solcher Maschinen erlangten daher schon angemessene Bedeutung, die in andauerndem Wachsen begriffen ist. Die Aussicht auf baldige Verwirklichung großer Aufgaben des Schiffsmaschinenbaus durch die Gasmaschine entbehrt heute nicht mehr der Begründung.

Die erste Schiffsgasmaschine ist so alt wie die Gasmaschine überhaupt. Schon Lenoir baute seine unvollkommene Maschine, die ohne Gemengeverdichtung nach dem Vorbilde der damaligen minderwertigen Dampfmaschinen arbeitete, anfangs der sechziger Jahre des vorigen Jahrhunderts in einen Wagen und ein Boot ein. Der Wagen versagte sogleich vollständig, das Boot bereits nach einem viertelstündigen Betrieb. Die überschwänglichen Hoffnungen, welche der Optimismus des Erfinders und die Reklamesucht einer übereifrigen Presse beim Auftauchen dieser ersten Schiffsgasmaschine entfachte, wurden schnell auf absehbare Zeit wieder begraben.

Ernsthaft ist die Entwicklung der Schiffs-Verbrennungsmaschinen erst vom Beginn der achtziger Jahre des vorigen Jahrhunderts zu zählen. Es mußte notwendig die Ausgestaltung der ortsfesten Gasmaschine zur betriebsfähigen, industriell brauchbaren Maschine vorausgehen, ehe zur Anwendung auf Schiffen geschritten werden konnte.

Nachdem in einer zwanzigjährigen Entwicklungszeit die Gasmaschine für den stationären Kleinbetrieb ausreichend vervollkommnet worden war, erfolgte, zunächst in engster Anlehnung daran, die Durchbildung für

---

*) Diese Bezeichnung soll alle Verbrennungsmaschinen für Schiffszwecke umfassen, gleichgültig, ob sie mit Kraftgas oder Öl betrieben werden.

Schiffszwecke. Dieser Vorgang ist ganz natürlich und wird sich immer im ähnlichen Falle wiederholen müssen, weil er allein den zusätzlichen Schwierigkeiten des Schiffsbetriebs gerecht wird. Bei der ersten Entwicklung der Schiffsdampfmaschine war es trotz viel einfacherer technischer Verhältnisse nicht anders, und erst in jüngster Zeit zeigte die Ausbildung der Schiffsdampfturbine die gleiche Erscheinung.

Heute ist nun der Abschluß eines weiteren zwanzigjährigen Zeitabschnitts erreicht, welcher den gangbaren, technisch und wirtschaftlich überlegenen Kleinschiffsmotor und diesen zu einer selbständigen, von jeder ortsfesten Gestaltung unabhängigen Maschinenform entwickelt hat. Insbesondere ist der Kleinschiffsmotor für Ölbetrieb unter dem Zwange schlechter Erfahrungen jetzt vom Automobilmotor unabhängig geworden, während noch vor wenigen Jahren leicht gebaute Wagenmotoren, selbst von ersten Firmen, für schwere Bootsbetriebe verwandt wurden. Derartiges fehlerhaftes Vorgehen, das aus der irrigen Anschauung von einem Universal-Fahrzeugmotor entstand, hat den Fortschritt der Schiffsgasmaschine zwar nicht aufgehalten, aber zweifellos verzögert, weil häufige und kräftige Fehlschläge unvermeidlich waren. Indem man die maßgebenden Forderungen des Schiffsbetriebs übersah, machte man zeitweilig das Wesen der Gasmaschine für Mißerfolge verantwortlich, welche allein durch die fehlerhaften Grundlagen der Konstruktion verursacht wurden. Heute steht für die Hauptzwecke des Kleinschiffsbetriebs die allen normalen Bedürfnissen genügende, betriebsfähige Schiffsgasmaschine zur Verfügung. Schwierigkeiten grundlegender Art bestehen im wesentlichen nur noch inbezug auf die betriebssichere und ökonomische Verwendung billigster Brennstoffe, deren Vergasung nicht in jedem Falle einwandfrei gelingt.

Für den Großschiffsbetrieb stellt sich die Entwicklung der Gasmaschine noch unfertig dar, im Gegensatz zur Großgasmaschine für Landbetriebe, die heute bereits sehr vollkommen ausgeführt wird und weder thermisch noch mechanisch wesentlich verbesserungsfähig erscheint. Die wichtigsten grundlegenden Fragen, wie zweckmäßigste Art des Arbeitsprozesses, Zweitakt- und Viertaktverfahren, Einfach- und Doppelwirkung, Regelung der Maschinen, Anlassen und Manövrieren usw. sind im Zusammenhang mit den maßgebenden Bedingungen des Schiffsbetriebs noch nicht völlig geklärt.

In erster Linie handelt es sich dabei um die maschinentechnisch richtige Durchbildung der Einzelheiten, um betriebsbrauchbare Maschinen zu erhalten, daneben allerdings auch um theoretisch wissenschaftliche Ermittlungen, die aber mit Erfolg erst an den fertigen Konstruktionen vorgenommen werden können. Nur der wissenschaftliche Versuch an fertiggestellten Maschinen und Einzelheiten kann natürlich dem Fortschritt nützen, da technische Versuchsergebnisse nie etwas Selbständiges sind, sondern stets mit der jeweiligen baulichen Gestaltung zusammenhängen.

In neuester Zeit wurden nun zur konstruktiven Ausgestaltung der Schiffs-Großgasmaschinen die ersten Schritte getan, welche man bei uns allerdings noch sorgfältig zu verheimlichen bemüht ist.

Im Auslande ist man in richtiger Erkenntnis des wahren Werts solcher Geheimtuerei vielfach weniger ängstlich. Auf der einen Seite schützt die Nichtveröffentlichung durchaus nicht vor der Nachahmung durch die gefürchtete Konkurrenz, die ohnedies auf anderem einfachen Wege alles Wissenswerte erfährt. Nutzt also die Geheimhaltung in der gewollten Richtung so gut wie nichts, so schädigt sie aber andererseits den schnellen Fortschritt, was auf die Dauer für niemanden von Vorteil sein kann.

Veröffentlichungen und Besichtigungen ausgeführter Anlagen können dem sachverständigen Konstrukteur als Unterlagen für Neukonstruktionen dienen. Erstere kann man zurückhalten, letztere aber dauernd nie verhindern und damit auch das Bekanntwerden von Neuerungen nicht vermeiden, was außerdem natürlich noch auf manchem andern, weniger einwandfreien Wege möglich ist. Wer will z. B. die Konkurrenz hindern, eine wichtige Neuerung käuflich zu erwerben und daran nicht nur die Konstruktion, sondern, was mindestens ebenso wichtig ist, Betriebs- und Werkstattserfahrungen, die häufig allein in der Ausführung erkennbar sind, zu studieren? Die gute Konstruktion schafft auf schwierigen Gebieten der Technik, wie im Motorenbau, noch lange nicht allein die erfolgreiche Ausführung, sondern erst in Verbindung mit den im Betriebe gewonnenen und bei der Ausführung verwerteten Erfahrungen. Selbst höhere Kosten, als für gewöhnlich notwendig, können von dem erwähnten Kauf nicht abschrecken, wenn es sich um eine aussichtsreiche erstrebenswerte Sache handelt.

Auch die Anstellung von Ingenieuren, die in der Konkurrenz tätig waren, und alle einschlägigen Kenntnisse und Erfahrungen besitzen, mit dauernd höherem Gehalt ist ein viel gebräuchliches Auskunftsmittel, gegen das nicht einmal Verträge ausreichenden Schutz gewähren. Es ist bekannt, wie wenig Neuerungen in vielen Fällen selbst durch Patente geschützt werden. Sie lenken im Gegenteil oft genug die Aufmerksamkeit auf das, was sich erst durch längere Erfahrungen als wesentlich herausgestellt hat, und geben die

in den grundlegenden Gedanken, wenn auch nicht in der fertigen Gestaltung, wieder.

Übertriebene Geheimhaltung wird leicht auch darin bedenklich: Das Gute der Sache bleibt unbekannt, die Welt erfährt zu wenig davon und bildet sich dann bald das verfrühte oder völlig unrichtige Urteil, die Sache müsse nichts taugen, weil sie beharrlich totgeschwiegen werde. Fehler und Mängel, die trotz aller Vorsicht leicht durchsickern, werden unter die Lupe genommen, in starker Vergrößerung weitergegeben, natürlich oft mit lebhafter Unterstützung der Konkurrenz, die daran das größte Interesse hat. Das bedeutet also unter Umständen einen erheblichen geschäftlichen Schaden, während eine verständige Veröffentlichung in richtigen Grenzen Übertreibungen und Vorurteilen vorbeugt und somit nur nützen kann.

Richtiger ist eine viel freiere Auffassung über Veröffentlichungen, welcher man in andern Ländern mit hochentwickelter Industrie und nicht minder lebhafter Konkurrenz nicht selten begegnet. Im modernen scharfen Wettbewerb industrieller und wirtschaftlicher Kräfte kann nicht ein einmaliger Vorsprung, den eine gute Erfindung oder eine geschickte Konstruktion vorübergehend gewährt, sondern allein die stetige geschickte Anpassung an die jeweiligen veränderten Verhältnisse, die durch die Aufwendung der dauernd zu vervollkommnenden wissenschaftlichen und praktischen Hilfsmittel gewonnen wird, ein beständiges Übergewicht verleihen.

Die bauliche Gestaltung der Schiffsgasmaschinen und ihrer Einzelheiten unter Berücksichtigung der maßgebenden Forderungen des Schiffsbetriebs und der im praktischen Betriebe gewonnenen Erfahrungen ist nach dem Gesagten das Wesentliche und bestimmend für den Fortschritt, der in der Hauptsache also in konstruktiver Richtung vor sich gehen muß. Maßgebend ist für die Konstruktion allein der Verwendungszweck, der als Ausgangspunkt dienen muß. Die aus diesem sich ergebenden Betriebsforderungen umschließen alle maschinentechnischen und wirtschaftlichen, und damit gleichzeitig auch die theoretisch wissenschaftlichen Fragen, die im Einzelfalle gestellt werden müssen. Das Ziel soll wie in jedem Falle sein, mit den einfachsten baulichen Mitteln eine möglichst vollkommene und ökonomische Lösung der gestellten Aufgabe und somit einen wirtschaftlichen Erfolg zu erzielen.

Auf solcher Grundlage läßt sich auch allein der richtige Standpunkt für die kritische Beurteilung dessen gewinnen, was bisher im Schiffsgasmaschinenbau geleistet wurde und was von der zukünftigen Entwicklung dieses Gebiets erwartet werden kann. Der Fortschritt wird dabei am klarsten kenntlich, wenn man die wichtigsten bisherigen Ausführungen, die im praktischen Betriebe erprobt wurden, berücksichtigt, ganz gleichgültig, ob ihnen ein positiver oder negativer Erfolg beschieden war. Dieser Weg, das praktisch Erprobte an dem Maßstab der zu stellenden Forderungen und der im Zusammenhang damit erreichten Wirkungen zu messen, lehrt die entgegenstehenden Schwierigkeiten erkennen.

Die wichtigsten allgemeinen Forderungen des Schiffsbetriebs sind:

höchste Zuverlässigkeit und Sicherheit des Betriebs,

sparsames und wirtschaftliches Arbeiten,

geringer Gewichts- und Raumbedarf,

weitgehende Anpassungsfähigkeit von Tourenzahl und Zylinderleistung an die jeweilig zu fordernde Schraubenleistung,

schnelle und sichere Umsteuerbarkeit.

Der spezielle Anwendungsfall stellt an die Erfüllung dieser allgemeinen Forderungen verschieden hohe Ansprüche. Es ergeben sich daraus im jeweiligen Falle eine Reihe von Sonderforderungen und für ihre Befriedigung event. ganz verschiedenartige Ausführungen.

Den Zusammenhang zwischen Betriebsbedingungen und Ausführungsform will ich daher der folgenden Darstellung zugrunde legen und dabei von den vorhandenen Ausführungen ausgehen, so weit sie mir zugänglich waren. Auf dieser Grundlage will ich auch versuchen, die Aussichten der Schiffsgasmaschine für die Zukunft zu erörtern. Ich werde selbstverständlich bemüht sein, die bisherigen Bestrebungen rein sachlich zu beurteilen und meiner Auffassung stets die Gründe beizufügen, die für mich maßgebend sind.

I. Arbeitsverfahren von Schiffsgasmaschinen.

Gasmaschinen erzeugen Bewegungsenergie durch unmittelbare Verbrennung in den Zylindern, wobei die auf den Kolben wirkende Spannung frei wird.

Ein besonderes Mittel zur Kraftübertragung wird dadurch im Gegensatz zu den Dampfmaschinen entbehrlich, und der Vorgang vollzieht sich ohne jeden Umweg. Erzeugung und Ausnutzung der Spannungsenergie erfolgen kurz hintereinander und räumlich ungetrennt.

Hierin sind in letzter Linie alle wichtigen Eigenschaften der Gasmaschine gegründet, Vor- und Nachteile, auch diejenigen, die für die An-

wendung im Schiffsbetrieb wesentlich sind. Insbesondere hat die erwähnte
Einrichtung der Gasmaschine es ermöglicht, in allmählicher Steigerung Anfangsspannungen im Zylinder von mehr als 40 Atm. und Anfangstempera-
turen von über 2000 ° zu erzielen und diese maschinentechnisch sicher zu
beherrschen und auszunützen. Das ist ein im Dampfbetrieb für jetzt und in
Zukunft schwierig zu erreichendes Ergebnis.

Der Erfolg solcher hohen Druck- und Temperatursteigerung liegt gegenüber der Dampfmaschine in der weitgehenden Überlegenheit in wärmetech-
nischer Beziehung, die auch auf die Einführung in den Schiffsbetrieb den
nachhaltigsten Einfluß ausgeübt hat.

Schiffs-Kolbendampfmaschinen haben heute die höchste Stufe betriebstechnischer und wirtschaftlicher Entwicklung erreicht. Sie sind wesentlich
nicht mehr zu vervollkommnen, weder mechanisch noch thermisch. Dem
steht die Tatsache gegenüber, daß die Ansprüche an die Größe der Schiffsmaschine noch andauernd wachsen. Diese sind heute schon mit Einheiten von
ca. 10 000 PS., welche für Kolbenmaschinen in bezug auf Herstellung und
sicheren Betrieb wohl die Grenze bilden, in einzelnen Fällen nicht mehr zu
befriedigen. Ebensowenig genügt heute die Wirtschaftlichkeit solcher Anlagen, wenigstens dort, wo es auf Wirtschaftlichkeit ankommt. Demzufolge
sind von den auf Größenentwicklung gerichteten Bestrebungen diejenigen
nicht zu trennen, welche auf Verminderung des Verbrauchs, auf Verbesserung der wirtschaftlichen Grundlagen der Schiffsmaschinen gerichtet sind.

Diese beiden Forderungen beherrschen in der Hauptsache den ganzen
moderne Schiffsmaschinenbau; in einer gemeinsamen vollkommenen Lösung
liegt die größte Schwierigkeit, deren Überwindung den gewaltigsten Fortschritt bringen muß. Vorläufig sind beide Fragen nur erst getrennt durch
ganz verschiedene Maschinengestaltungen zu verwirklichen.'

Die Schiffsdampfturbine hat als gegebene Großmaschine alle durch die
Kolbenmaschine unbefriedigten Größenansprüche bereits erfüllt, in wirtschaftlicher Beziehung jedoch, der Natur des Dampfbetriebs entsprechend, keinen
entscheidenden Vorteil gebracht.

Dagegen ist die Schiffsgasmaschine als Großmaschine noch unentwickelt;
sie unterliegt als Kolbenmaschine zwar nicht den gleichen, aber ähnlichen
Beschränkungen in der Größe wie die Kolbendampfmaschine. Aber sie gewährt anderseits nach den Erfahrungen des Kleinbetriebs die Aussicht auf
größte Ökonomie für Schiffszwecke.

Viertakt.

Zu der hervorragenden wärmetechnischen Bedeutung der Gasmaschine hat bekanntlich das Viertaktverfahren den Grund gelegt, das erstmalig von Otto industriell brauchbar gestaltet wurde.

In vier aufeinander folgenden Hüben verwirklicht dieser Prozeß erstens das Ansaugen des Gemenges in den Zylinder, zweitens das Verdichten desselben, drittens die Zündung und Expansion unter Arbeitsleistung und viertens das Auspuffen resp. Ausdrücken der Abgase.

Gegenüber dem einfachen Dampfprozeß ist dieses Verfahren umständlich. Das entspricht aber nur der Eigenart der Gasmaschine, die kein druckfertiges Kraftmittel enthält, sondern das Druckgefälle zur Arbeitsleistung sich selbst erzeugen muß. Dadurch wird eine gewisse Komplikation in der Maschine selbst unvermeidlich.

Bei den ersten Gasmaschinen kopierte man den Dampfmaschinenzweitakt durch Ansaugen, Zünden und Expandieren des Gemenges während des ersten Hubes und Auspuffen der Abgase im nachfolgenden zweiten Hube. Das Resultat waren maschinentechnisch und thermisch unbrauchbare Maschinenausführungen, weil ihnen das Wesentliche, die G e m e n g e v e r - d i c h t u n g , fehlte.

Die Gasmaschine kann als Kolbenmaschine die Kompression vor dem Totpunkt als m e c h a n i s c h e Grundlage nicht entbehren.

Auch t h e r m i s c h ist die Gemengeverdichtung und die lange Expansion während eines vollen Hubes von großer Bedeutung geworden.

Durch den selbsttätigen Vollzug von Ladung und Auspuff in weiteren getrennten Hüben wird das Verfahren einfach und vorteilhaft ergänzt. Jeder der auf vier Hübe verteilten Arbeitsvorgänge kann im einzelnen am vorteilhaftesten durchgebildet werden, weil er vom andern so weit wie möglich unabhängig ist.

Von diesen Erwägungen ausgehend, muß man den Viertakt notwendig als die e i n f a c h s t e Verbindung aller erforderlichen Arbeitsvorgänge bezeichnen, die eine günstige Gestaltung sämtlicher Einzelheiten zuläßt.

Darum ist der Viertakt zum Ausgangspunkt aller Gasmaschinenbestrebungen geworden. Für jede spezielle Maschinengestaltung, wie z. B. die Schiffsgasmaschine, ist dieses Verfahren in gleicher Weise grundlegend wie für die normale, ortsfeste Gasmaschine.

Im Vergleich zur Dampfmaschine gewährt die Gasmaschine für den Schiffsbetrieb eine bedeutende thermische Überlegenheit und mehrere wichtige maschinen- und betriebstechnische Vorteile.

Diese konnte die Viertaktmaschine auch auf Schiffen erstmalig verwirklichen und mit ihrer allmählichen Ausgestaltung dauernd weiterentwickeln.

Der erwähnte thermische Erfolg ist in der Gemengeverdichtung vor dem Hubwechsel und in den dadurch geschaffenen hohen Druck- und Temperaturgefällen begründet. Praktisch ist längst erwiesen, sowie wärmetheoretisch nachgeprüft und bestätigt, daß der thermische Wirkungsgrad eines Arbeitsprozesses von den Temperaturgrenzen, zwischen denen er sich abspielt, wesentlich abhängig ist, und daß diese wieder entsprechende Druckgrenzen bedingen. Da bei der Gasmaschine die untere Druckgrenze durch den Atmosphärendruck gegeben ist, erübrigt allein, den Höchstdruck so weit zu steigern, wie es maschinentechnisch möglich ist. Darauf ist aber die Höhe des Verdichtungsdrucks von entscheidendem Einfluß.

Die nachfolgende Tabelle gibt eine Übersicht über hierher gehörige Zahlenergebnisse, die mit verschiedenen Arten von Schiffsgasmaschinen gegenüber Schiffsdampfmaschinen erzielt wurden.

Tabelle 1.

Art der Schiffsmaschine	Druck- gefälle kg/cm²	Tempe- raturgefälle C°	Verfügbar. Wärme- gefälle WE	Wärme- verbrauch pro PSe/Stunde	Gesamt- wirkungs- grad
3 fach Expansionsmaschine (trocken gesättigter Dampf)	13	145	170	5800	0,11
Heißdampfmaschine (Dampf v. 320⁰)	13	260	200	4700	0,135
Dampfturbinen (trocken ge- sättigter Dampf)	15	160	190	5800	0,112
Schiffssauggasmaschine . . .	20—25	1100	380	2800—3400	0,19—0,23
Benzinmotoren	20—25	1300	450	2500—3800	0,17—0,25
Petroleummotoren	16—20	1200	420	3800—4500	0,14—0,17
Diesel-Viertaktmotoren	35—40	1500	530	2000—2300	0,27—0,32
Diesel-Zweitaktmotoren . . .	35—40	1500	530	2100—2500	0,25—0,3

Die Gemengeverdichtung blieb bei den ersten Viertaktmaschinen für Schiffsantrieb auf 2—4 at. Verdichtungsdruck beschränkt, entsprechend 6 bis 8 at. Verbrennungsdruck. (Fig. 1.) Heute ist man mit wachsenden Ansprüchen an die Wirtschaftlichkeit und gesteigertem maschinentechnischen Fortschritt bei Maschinen mit Gemengeladung auf 4—10 Atm. Verdichtungsdruck und 16—25 Atm. Verbrennungsdruck; auf 32—35 Atm. Verdichtungsdruck und 35 bis 40 Atm. Verbrennungsdruck bei Dieselmotoren und ähnlichen Maschinen mit Luftverdichtung gekommen.

Derartig hohe Arbeitsdrucke sind maschinentechnisch schwierig zu beherrschen. Sie stellen an Konstruktion, Herstellung und Material von Schiffsgasmaschinen die höchsten Anforderungen, welche erst die moderne, hochentwickelte Maschinentechnik zu befriedigen vermag.

Die hohen Verbrennungstemperaturen des Gasmaschinenprozesses sind betriebstechnisch nur mit wirksamer Kühlung zu bewältigen. Dadurch werden Konstruktion und Ausführung noch verwickelter und der Betrieb weiterhin erschwert. Die durch Druck und Temperatur geschaffenen Schwierigkeiten sind besonders für Großschiffsgasmaschinen erheblich und der Entwicklung derselben sehr hinderlich.

Höchste Brennstoffökonomie bedingt eben die Erfüllung hoher maschinentechnischer Ansprüche durch eine vollkommene und hochwertige Maschine.

Viertaktdiagramm bei verschiedener Verdichtung.

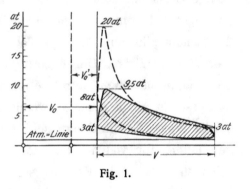

Fig. 1.

Der thermische Vorteil der Gemengeverdichtung wird in der Viertaktmaschine sehr vollkommen ausgenutzt, indem die Verdichtung sogleich im Arbeitszylinder erfolgt. Wärme-Zufuhr, Entwicklung und Verwendung sind somit auf den kleinsten Raum zusammengedrängt, lange Wege und ihre Widerstände vermieden. Die Ladung wird vom Arbeitskolben selbsttätig angesaugt, was den geringsten Arbeitsaufwand erfordert. Damit ist der Gastransport in der Maschine erledigt, keine weitere Verschiebearbeit für Gas, Luft oder Gemenge notwendig. Bei der folgenden Kompression wird, abgesehen von den unvermeidlichen Verlusten durch Strahlung und Leitung, das Zusammenhalten der entstehenden Wärme möglich und diese während des Expansionshubs sogleich wieder nutzbar gemacht. Der Auspuff vollzieht sich wieder ganz selbsttätig mit kleinstem Arbeitsaufwand und den unvermeidlichen Verlusten. Laden und Auspuffen können sehr vollkommen durchgeführt werden, da je ein voller Hub zur Verfügung steht. Es wird dadurch die fast völlige

Beseitigung der Verbrennungsrückstände, eine reine volle Ladung und eine entsprechend vollkommene Verbrennung erzielt. Das ist alles beim Viertakt thermisch sehr vorteilhaft, aber auch sehr einfach in der mechanischen Durchführung. Ladung und Auspuff erfordern keine anderen Vorkehrungen, als Saug- und Auspuffventile am Arbeitszylinder. Besondere Lade- und Spülpumpen mit eigenen Zylindern, Kolben, Saug- und Druckventilen usw. werden also vollkommen entbehrlich. Dadurch wird relativ große bauliche Einfachheit der Viertaktmaschinen erzielt, die sich besonders auch im Schiffsbetrieb sehr vorteilhaft geltend macht.

Die Verdichtung vor dem Hubwechsel, die zuerst vom Viertakt, darauf auch von allen nachfolgenden Arbeitsverfahren aufgenommen wurde, hat ebenfalls wichtige maschinentechnische Vorteile. Sie gestattet das sichere Auffangen der Triebwerksmassen vor dem Totpunkt und die rechtzeitige Beschleunigung derselben nach dem Hubwechsel vermöge des hohen Anfangsdrucks und der geringen Anfangsgeschwindigkeit. Die Anordnung der Zündung in der Nähe des Totpunktes hat eine günstige Lage des Druckwechsels zur Folge. Durch geringe Verstellung der Zündung können, wie bei den Dampfmaschinen durch Änderung der Voreinströmung, die besten Verhältnisse für einen ruhigen, weichen Maschinengang vermittelt werden. Auf solche Weise ist die dynamische Grundlage für hohe Kolbengeschwindigkeit geschaffen, für welche demnach die Gasmaschine besonders geeignet erscheinen muß. Hohe Kolbengeschwindigkeiten ermöglichen aber geringe Abmessungen, geringen Gewichts- und Raumbedarf, sowie weitgehende Anpassung an die für den Propeller jeweilig günstigste Tourenzahl. Sie ist nicht zuletzt auch thermisch sehr wertvoll, das beste Mittel, um schnelle Umsetzung von Wärme in Arbeit unter möglichst geringen Verlusten zu bewirken. Dies alles sind gerade auch für Schiffszwecke sehr wertvolle Vorteile.

Nachstehende Tabelle gibt eine vergleichende Zusammenstellung der gebräuchlichen Kolbengeschwindigkeiten von Dampfmaschinen und Gasmaschinen für Schiffsbetrieb.

Tabelle 2. Kolbengeschwindigkeiten von Schiffsmaschinen.

	Dampf-maschinen	Sauggas-maschinen	Petroleum-motoren	Benzin-motoren	Diesel-Motoren
Kolbengeschwindigkeit	3,0—6,2	3—4,5	2,5—4,5	2,2—4,5	4—6,5

Die Gemengeverdichtung ist beim Viertakt durch Änderung der Größe des Verdichtungsraumes relativ leicht und ohne schwerwiegende Störungen wichtiger anderer Verhältnisse zu beeinflussen. Damit ergibt sich die Möglichkeit, alle von ihr abhängigen Größen auf diesem Wege nach Bedarf zu verändern und für den jeweiligen Fall unschwer passend zu gestalten. Selbst an fertigen Ausführungen von Viertaktmaschinen können unter Umständen durch einfache bauliche Änderungen Kompressions- und Zündspannung gesteigert und damit thermischer Wirkungsgrad und Leistung verbessert werden. Oder es läßt sich die Beanspruchung der Konstruktionsteile herabsetzen, wenn dies nötig erscheint. Das zeigt wieder die große bauliche Einfachheit und Schmiegsamkeit des Viertakts.

Als weiterer maschinentechnischer Vorteil dieses Verfahrens kommt für Schiffszwecke noch in Betracht: die einfache und wirksame Leistungsregelung während des vollen Saughubs. Diese ist mechanisch sehr einfach durch Drosseln des angesaugten Gemenges durchführbar, allerdings auf Kosten der Wirtschaftlichkeit, und in dieser Form für Schiffsmotoren entsprechender Bauart meistens gebräuchlich.

Mit der Gemengeverdichtung sind auch ihre grundlegenden Vorteile auf alle später entstandenen Gasmaschinenausführungen übergegangen. Auch heute noch ist ein Arbeitsverfahren ohne Verdichtung nur denkbar, wenn völlig andere Grundlagen für die Energie-Erzeugung und Umwandlung in Gasmaschinen geschaffen werden können.

Der Viertakt ermöglicht für Schiffsmotoren die einfachste bauliche Ausführung, um die Vorteile der Verdichtung und andere zu verwirklichen. Das ist sein bleibender Wert, der durch die folgende Darstellung der baulichen Gestaltung von Schiffsgasmaschinen klar und anschaulich zum Ausdruck kommen wird.

In dem Wesen des Viertakts sind nun außer den erwähnten Vorteilen auch einige dem Schiffszweck nachteilige Wirkungen begründet. Diese erstrecken sich allein auf die maschinentechnische Ausgestaltung des Verfahrens. Der Viertakt umfaßt einen Arbeitshub und drei fast leere Hübe; hieraus ergibt sich beim naheliegenden Vergleich mit dem normalen Zweitakt der Dampfmaschine, jedoch von der hierbei üblichen Doppelwirkung abgesehen: schlechtere Ausnützung des Triebwerks während dreier Hübe, ungünstiges Verhältnis von Leerlaufarbeit zur erzeugten Maschinenarbeit, infolge der ungleichmäßigeren Arbeitsverteilung geringere Gleichförmigkeit des Ganges oder bei derselben Gleichförmigkeit die Notwendigkeit größerer Schwungmassen.

Das Triebwerk muß den hohen Verbrennungsspannungen Stand halten und demgemäß doppelt so hohen Ansprüchen wie bei der Dampfmaschine durch Material und Abmessungen genügen. Gleichwohl wird es bei gleicher Zylinderwirkung nur halb so oft ausgenutzt und dann auf nur wesentlich kürzere Zeit.

Der relativ höhere Anteil der Leerlaufarbeit an der indizierten Leistung schafft schlechteren mechanischen Wirkungsgrad und verringert die Wirtschaftlichkeit. Der Vorteil großer Völligkeit des Diagramms und hohen mittleren indizierten Drucks, der aus der Gemengeverdichtung erwächst, und mit der Höhe derselben zunimmt, wird in seiner Wirkung auf die Verminderung der Abmessungen und des Gewichts ungünstig beeinflußt. Das Erfordernis größerer Schwungmassen hat ebenfalls Vermehrung von Gewichts- und Raumbedarf zur Folge.

Die nachteiligen Wirkungen dieser Verhältnisse, insbesondere für Schiffsgasmaschinen, sind ohne weiteres verständlich. Diese können durch geeignete konstruktive Maßnahmen wohl vermindert, nie aber restlos beseitigt werden. Stets ergeben sich durch Umgehung dieser Nachteile andere Folgen und unerwünschte Weiterungen nach anderer Richtung. Für Schiffsgasmaschinen ist insbesondere auch die Beschränkung der spezifischen Zylinderleistung durch den Viertakt unbequem weil sie die Größenentwicklung der Maschinen hemmt. Die hohen Anfangsspannungen zwingen zu vorsichtigem Maßhalten in den Zylinderabmessungen; sonst entstehen bald unüberwindliche Kraftwirkungen. Für die Steigerung der Zylinderleistung ist zwar die Völligkeit des Diagramms und der hohe mittlere Druck günstig; dem wirkt aber die Viertelwirkung des Viertakts wieder kräftig entgegen.

Ein Vorteil gegenüber der Dampfmaschine ist allerdings in diesem Zusammenhang noch in der Möglichkeit höherer Kolbengeschwindigkeit gegeben. Um diesen für die Erhöhung der spezifischen Leistung voll auszunützen, wäre eine weitgehende Vermehrung der Tourenzahl zweckmäßig. Diese Maßnahme ist aber gerade bei Schiffsgasmaschinen durch die Propellerwirkung begrenzt, die für den Schiffsantrieb in erster Linie wesentlich ist und dem freien Ermessen des Konstrukteurs keinen vollen Spielraum läßt.

Unter solchen Umständen liegt, wie ersichtlich, in dem Viertakt, zumal dem einfach wirkenden, ein erhebliches Hindernis für die Größenentwicklung der Schiffsgasmaschine. Die Darstellung der baulichen Gestaltung dieser Maschine wird weiterhin Gelegenheit bieten, diese Schwierigkeiten noch anschaulicher zu machen. Eine Umgehung dieser und andrer Schwierigkeiten

ist möglich, nie aber ohne neue Verwicklungen herbeizuführen. Die Doppelwirkung der Zylinder z B., die eine bedeutende Milderung des erwähnten
Übelstandes mit sich bringt, gestaltet sich in ihrer baulichen Durchführung
für stehende Schiffsgasmaschinen recht schwierig. Diese Maßnahme hat mit
dem Viertaktverfahren als solchem nichts zu tun und ist daher an anderer
Stelle zu beurteilen.

Zweitakt.

Neben dem Viertakt hat neuerdings auch der Zweitakt in den Schiffsgasmaschinenbau Eingang gefunden, allerdings, soweit mir bekannt ist, bisher
allein für Ölmaschinen. Hierfür fehlt es nicht
an Gründen, die im folgenden dargelegt werden sollen.

Der Zweitakt ging aus dem Viertakt hervor als Mittel, um dessen maschinentechnischen Mängeln abzuhelfen, die anfänglich
wesentlich überschätzt wurden, in Wahrheit
aber in der ersten Zeit des Kleinmaschinenbaus gegenüber den Vorteilen kaum ernstlich
zur Geltung kamen.

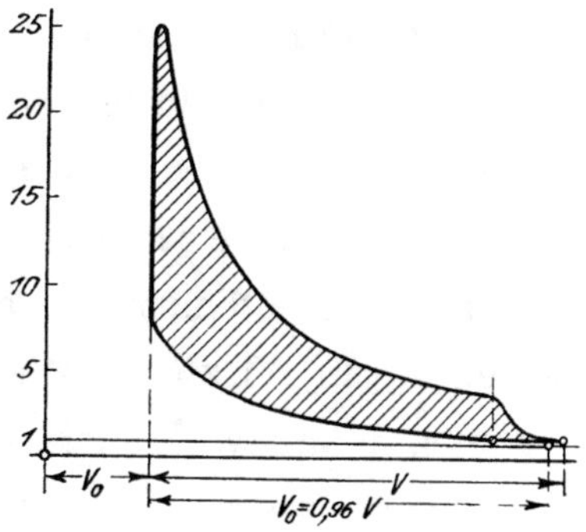

Zweitaktdiagramm.

Fig. 2.

Statt der Viertelwirkung gewährt der
Zweitakt die Halbwirkung, also je einen Arbeitshub auf 2 Hübe, wie bei der
Dampfmaschine, die als Vorbild diente (Diagramm Fig. 2). Das läßt gegenüber dem Viertakt zunächst verbesserte Ausnutzung des Kurbeltriebs, Verdoppelung der Leistung bei gleichen Abmessungen oder, bei gleicher Leistung,
Verminderung der Abmessungen, der Schwungmassen, des Gewichts- und
Raumbedarfs und der Herstellungskosten erwarten. Die Aussicht auf Verwirklichung solcher Vorteile sichert dem Zweitakt für Schiffszwecke von
vornherein Interesse.

Das Zweitaktverfahren muß gegenüber dem Viertakt in nur 2 Hüben
verwirklicht werden. Gemengeverdichtung und Expansion müssen als
wichtigste mechanische und thermische Grundlage möglichst unverändert wie
beim Viertakt bestehen bleiben. Diese Abhängigkeit ist unvermeidlich. Es
ist deshalb zur Ersparnis zweier Hübe notwendig, Laden und Auspuffen nicht
mehr selbsttätig durch die Maschine, sondern durch besondere getrennte
Pumpen zu bewirken. Die Zeit zum Spülen und Laden kann nicht mehr

vollen Hüben entsprechen, sondern muß auf möglichst kleine Teile des Verdichtungs- und Ausdehnungshubs beschränkt werden.

Die Durchführung des Zweitakts erfordert demnach, etwa 15—22 % vor dem Totpunkt die Abgase bis auf möglichst geringen Druck (ca. $1/_2$ Atm.) aus dem Zylinder selbsttätig entweichen zu lassen, den Rest der Gase kurz vor oder nach dem Totpunkt durch Spülluft zu verdrängen und dann noch kurz hinter dem Totpunkt, aber vor Beginn der Kompression mit zugedrücktem Gemenge zu laden. In dieser Form muß sich der Vorgang bei reinen Gasmaschinen abspielen. Er vereinfacht sich bei Maschinen mit Ölvergasung und entsprechender Bauart dadurch, daß Spülen und Laden gleichzeitig durch das Gas-Luftgemenge erfolgt.

Bei Zweitaktölmotoren mit Einspritzung tritt an Stelle der Gemengeladung zunächst nur reine Luftladung, in die kurz vor Schluß der Kompression und des Hubes der Brennstoff eingespritzt wird. Kompression, Verbrennung und Expansion vollziehen sich im übrigen wie beim Viertakt.

W ä r m e t h e o r e t i s c h kann bei solcher Übereinstimmung in der Grundlage kein wesentlicher Unterschied zwischen Zweitakt- und Viertaktverfahren bestehen. In Wirklichkeit zeigen Zweitaktmaschinen allerdings fast immer erhöhten Wärmeverbrauch, weil die Vorgänge des Spülens und Ladens in der kurzen verfügbaren Zeit sich praktisch schwer ebenso vollkommen durchführen lassen wie beim Viertakt mit vollem Ansaug- und Auspuffhub. Hierunter muß aber notwendig die Verbrennung leiden.

Wesentliche Verschiedenheiten zwischen Zweitakt und Viertakt liegen allein auf maschinentechnischem Gebiet und werden durch die getrennten Spül- und Ladepumpen geschaffen. Aus ihrer Anwendung ergeben sich für die Beurteilung des Zweitakts für Schiffszwecke folgende wichtige Momente:

Als Ausgangspunkt soll die stehende Maschinenanordnung dienen, die für den Schiffsantrieb aus mehreren Gründen die zweckmäßigste ist. Die Absicht beim Zweitakt, an Gewicht, Raum, Leerlaufarbeit, Kosten usw. durch bessere Ausnutzung des Zylindervolumens, Triebwerks und Schwungrades zu sparen, gestaltet sich in der Durchführung nie so einfach und günstig, wie man auf den ersten Blick leicht geneigt ist zu glauben. Namentlich reine Gasmaschinen oder auch Ölmaschinen, welche direkt fertiges Gemenge verdichten, ergeben schwierig zu lösende Einzelaufgaben:

1. I n d e r v o r t e i l h a f t e n A n o r d n u n g u n d U n t e r b r i n g u n g d e r S p ü l - u n d L a d e p u m p e n. Trotz relativ großen Volumens sollen

sie möglichst wenig Gewicht und Raum beanspruchen, damit ein Vorteil des Zweitakts nach dieser Richtung überhaupt erreichbar wird. Sie dürfen nicht weniger leicht und bequem zugänglich sein wie die Arbeitszylinder, denen sie an Einfluß auf die Sicherheit des Betriebs vollkommen gleichstehen. Der Antrieb muß einfach und zuverlässig sein und möglichst wenig Kraft verbrauchen. Die gesamte Pumpenleistung einschließlich Leergangsarbeit ist ja wirtschaftlicher Verlust. Dem stehen bei der einfachen Viertaktmaschine nur der geringe Arbeitsverbrauch für Ansaugen und Auspuffen und die Leergangsarbeit der beiden fast unbeschäftigten Hübe gegenüber. Daß die Pumpen als solche sehr vollkommen durchgebildet sein müssen, ist nach dem Gesagten selbstverständlich. Die Erfüllung dieser Forderung bereitet aber heute bei der vorgeschrittenen Entwicklung dieser Maschinen keine Schwierigkeiten mehr. Erforderlich ist endlich, daß Spül- und Ladepumpen in geringer Entfernung von den Arbeitszylindern angeordnet werden, um die Überströmverluste so gering wie möglich zu halten.

2. In der richtigen Durchführung der Spül- und Ladevorgänge. Diese Vorgänge sind sehr verwickelter Natur und im einzelnen noch wenig geklärt. Für den sicheren und wirtschaftlichen Betrieb ist aber die höchste erreichbare Vollkommenheit des Ausspülens und Ladens von grundlegender Bedeutung. Der Konstrukteur ist in bezug auf hierher gehörige Einzelfragen, wie Spül- und Ladedauer, Spül- und Ladespannung, Größe, Gestaltung und Lage der Einströmquerschnitte, Verwendung und Größe von Aufnehmerbehäl'ern, Menge des Spülluftüberschusses usw. allein auf eigene Versuche und Erfahrungen angewiesen. Die Ansichten der Fachleute über solche Fragen sind oft recht verschieden und stehen nicht selten direkt im Widerspruch mit einander.

Wesentlich ist im Zusammenhange mit diesen Fragen in erster Linie die geringe Zeit, die für Auspuff, Spülen und Laden zur Verfügung steht. Dieselbe liegt, wie erwähnt, unmittelbar vor und hinter dem Hubwechsel, um Expansion und Kompression so wenig wie möglich zu beinflussen. Die Darstellung dieser Verhältnisse in einem Zeitdiagramm, welches die Zeiten als Abzissen und die Kolbenwege als Ordinaten enthält, gibt hiervon ein anschauliches Bild.

Fig. 3 zeigt ein solches Diagramm für eine Zweitakt-Schiffsverbrennungsmaschine mit Öleinspritzung. Dieses Diagramm macht die Kleinheit der Spül- und Ladezeit, die sich auf geringe Bruchteile von Sekunden beschränkt, anschaulich.

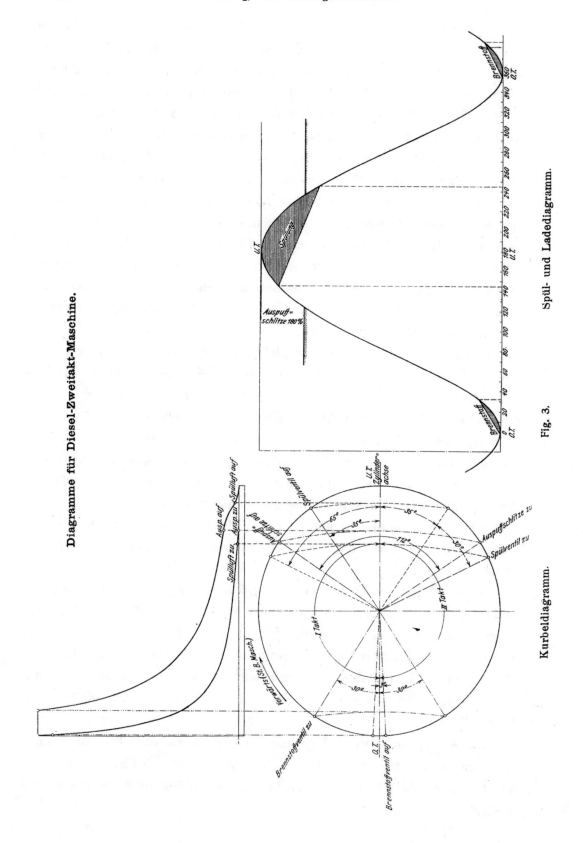

Diagramme für Diesel-Zweitakt-Maschine.

Fig. 3.   Spül- und Ladediagramm.

Kurbeldiagramm.

Die notwendige Folge solcher geringen Zeiten sind große Geschwindigkeiten von Gasgemenge und Luft, ca. 200—400 m/sek. Somit müssen Kolbengeschwindigkeit und Tourenzahl durch den Einfluß der geringen Spül- und Ladezeiten begrenzt und nicht mehr allein von mechanischen, betriebstechnischen und wirtschaftlichen Rücksichten abhängig erscheinen.

Abgesehen hiervon bereitet die Durchführung der hohen Geschwindigkeiten nach mehreren anderen Richtungen Schwierigkeiten. Sie erschweren die Aufrechterhaltung der Schichtung zwischen Abgasen, Spülluft und Ladung, die ohne besonderes Zutun im offenen Arbeitszylinder so vollkommen wie möglich erfolgen muß. Beim Durcheinanderwirbeln dieser Gase sind unvollständige Füllung, schlechte Ausnutzung des Zylindervolumens, erhebliche Luft- und Gemengeverluste und insgesamt schlechter Wirkungsgrad unvermeidlich. Trotz aller Sorgfalt in der Durchführung bleibt der Vorgang der Schichtung sehr empfindlich und von mehreren anderen störenden Einflüssen, wie Veränderlichkeit der Gasgeschwindigkeiten, Form und Lage der Ein- und Austrittsquerschnitte, Führung der Gase usw. dauernd abhängig.

Unter solchen Verhältnissen können Ventile als alleinige Steuerungsorgane von Zweitaktmaschinen nicht genügen. Die Anordnung von Kanalkränzen oder Teilen solcher, die durch den Kolben gesteuert werden, ist schon mit Rücksicht auf die erforderlichen Durchflußquerschnitte und die der Schichtung günstige konzentrische Lage solcher Schlitzöffnungen am Umfang des Zylinders direkt notwendig.

Daneben ist sie auch für die bauliche Vereinfachung der äußeren Steuerung vorteilhaft. Die größere bauliche Einfachheit der Schlitzsteuerung darf aber nicht allgemein als Ausgangspunkt für ihre Anwendung bei Zweitaktmaschinen gelten. Dieser ist vielmehr allein in den erwähnten zwingenden Forderungen des Ladens und Spülens zu sehen. Der Vereinfachung der Zylindersteuerung steht überdies in vielen Fällen eine gleichwertige oder größere Komplikation durch die unentbehrliche Steuerung der Spül- und Ladepumpen gegenüber.

Bei der erreichbaren Güte der Schichtung ist Gasverlust während des Spülens und Ladens im offenen Zylinder nur durch unvollkommene Ausnützung des Zylindervolumens vermeidlich. Die Gemengefüllung muß durch Luftkissen nach außen abgeschlossen werden, wie Fig. 4 schematisch darstellt. Nur etwa 75-prozentige volumetrische Ausnutzung des Hubvolumens ist bei Maschinen mit Gemengeladung im besten Falle praktisch zu verwirklichen. Dementsprechend vermindert sich das Ladungsgewicht und die Leistung.

Ein Leistungsverhältnis von 2:1, welches der Zweitakt gegenüber dem Viertakt zunächst verspricht, ist in Wirklichkeit unerreichbar. Diesem Bestreben stehen wesentliche Hindernisse entgegen.

Zu der erwähnten relativen Verschlechterung der volumetrischen Ausnutzung tritt noch die Schwierigkeit hinzu, eine gleich vollkommene Verbrennung wie beim Viertakt zu erzielen. Die Herstellung eines hinreichend reinen Gemisches ist bei der geringen Spülzeit schwierig zu erwirken, und die Erhaltung der Schichtung steht mit der für eine gute Verbrennung grundlegenden Forderung einer möglichst innigen Mischung von Gas- und Verbrennungsluft direkt im Widerspruch. Zur Mischung fehlt außerdem ebenfalls die notwendige Zeit. Schlechte Verbrennung erzeugt neben hohem Brennstoffverbrauch aber auch Verringerung des Verbrennungsdrucks, der Völligkeit des Diagramms, also des mittleren indizierten Drucks. Damit verschlechtert sich auch die spezifische Leistung und die Ausnutzung des Zylindervolumens. In gleichem Sinne wirkt auch die Verminderung des mechanischen Wirkungsgrades durch die Spül- und Ladepumpen, deren ungünstiger Einfluß leicht den Erfolg der verbesserten Triebwerksausnutzung mehr oder weniger erheblich übersteigt.

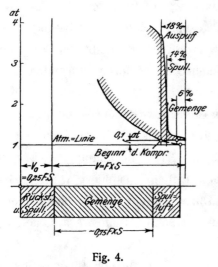

Schema der Schichtung.

Fig. 4.

Spül- und Ladegeschwindigkeit stehen beim Zweitakt auch in schwierig zu beherrschendem Zusammenhang mit der Spül- und Ladespannung, die von den Pumpen zu erzeugen ist. Richtiges Spülen und Laden ist überhaupt nur auf diesem Wege möglich: Zunächst muß die Expansionsendspannung von 2 bis 3 at durch selbsttätigen Auspuff auf eine möglichst geringe Höhe heruntergebracht werden. Erst nach dieser Druckverminderung auf etwa $1/2$ at kann das eigentliche Spülen und Laden beginnen. Bei diesem Vorgang ergeben sich verschiedene Widersprüche, die nur in schwierigem Ausgleich zu lösen sind. Der selbsttätige Auspuff kann allein durch Steigerung der Vorausströmung und Beschränkung der geringen Spül- und Ladezeit die erforderliche Dauer erlangen. Große Vorausströmung schafft aber unzulässigen Diagramm- und Arbeitsverlust, und weitere Beschränkung der an sich kurzen Zeit für Spülen und Laden macht diesen Vorgang bald unmöglich. Beim

Spülen und Laden selbst ist hohe Geschwindigkeit nur durch entsprechend bemessenen Druck zu erreichen. Hoher Druck steht aber in Widerspruch mit geringem Kraftverbrauch der Pumpen, der für einen günstigen mechanischen Wirkungsgrad notwendig ist. Alle Verluste in- und außerhalb der Pumpen bis zu den Zylindern werden größer und die einfache bauliche Gestaltung wird schwierig. Somit erscheint die Anwendung hoher Spannungen für Spülen und Laden ausgeschlossen und tunlichste Beschränkung auf diejenigen Pressungen geboten, die mit den erforderlichen Geschwindigkeiten noch vereinbar sind. Dem steht nun wiederum entgegen, daß mit weitgehender Druckverminderung auch die erforderlichen Steuerungs- und Rohrleitungsquerschnitte und damit Gewichts- und Raumbeanspruchungen zunehmen. Es treten von neuem bauliche Schwierigkeiten auf und die Herstellung wird rasch unverhältnismäßig teuer. Unter diesen Umständen sind heute Spül- und Ladespannungen in den Grenzen von 0,15 bis 0,5 at bei Ausführung von Zweitaktmaschinen für Schiffszwecke gebräuchlich.

3. In der Regelung der Zusammensetzung der Ladung und der Leistungsveränderung. Die Lösung dieser für Schiffsmaschinen wesentlichen Detailaufgabe bereitet beim Zweitakt erhebliche Schwierigkeiten, die beim Viertakt fehlen. Die Leistungsregelung kann nur so erfolgen, daß den Arbeitszylindern die jeweilig erforderliche Füllung von Luft und Gas in richtiger Menge, Zusammensetzung und Schichtung zugeführt wird. In den Zylindern soll lediglich Verdichtung und Expansion und deren Steuerung bewirkt werden, was die einfache, unveränderliche Schlitzsteuerung ohne Schwierigkeit ermöglicht. Gemenge und Spülluft können den veränderlichen Betriebsverhältnissen entsprechend nur durch die Pumpen geregelt werden, denen daher gleichzeitig die Aufgabe wichtiger Steuerungsorgane zufällt.

Die vorstehenden Ausführungen lassen die Aussichten des reinen Gaszweitaktes für den Schiffsbetrieb nicht günstig erscheinen. Die idealen Vorteile des Verfahrens sind hierbei auch nicht angenähert vollkommen und nur auf dem Umwege über recht umständliche Hilfspumpen zu verwirklichen. Alle entstehenden Schwierigkeiten führen auf diese Pumpen zurück, die den Raum- und Gewichtsbedarf wieder erheblich vermehren, Konstruktion und Herstellung erschweren und verteuern und einen einfachen, sicheren, wirtschaftlichen Betrieb in Frage stellen. Einfachheit und Sicherheit des Betriebes sind aber im Schiffsmaschinenbau grundlegende Forderungen, die durch keinerlei andere Vorteile aufgewogen werden können. Sie werden namentlich durch den einfach wirkenden Viertakt in hervorragendem Maße erfüllt, so daß alle seine Nachteile dagegen in vielen Fällen zurücktreten müssen. Im Vergleich mit dem Zweitakt hat ferner der doppelt wirkende Viertakt auch die gleichen Vorteile, aber im allgemeinen nicht die gleichen baulichen und betriebstechnischen Schwierigkeiten. Diesem kann daher die bessere Eignung zum mindesten für den reinen Schiffsgasbetrieb wohl kaum abgesprochen werden.

Gegenüber dem Gaszweitakt weist der Ölzweitakt grundsätzliche Vorteile auf. Eine Spülpumpe bleibt notwendig, dagegen entfällt die Gaspumpe, auch wenn mit Gemenge gespült wird. Die bauliche Gestaltung wird durch den Fortfall der Gaspumpe wesentlich vereinfacht. Der Ersatz durch eine kleine Brennstoffpumpe oder einen Vergaser bereitet nicht annähernd die gleichen Schwierigkeiten. Bei der Kleinheit der Abmessungen sind diese Teile leicht unterzubringen und anzutreiben, so weit sie überhaupt einen Antrieb erfordern. Raum, Gewicht und Kosten werden dadurch gespart, der mechanische Wirkungsgrad und die Betriebssicherheit verbessert. Von besonderer Bedeutung verbleibt allein die geschickte Anordnung der Spülluftpumpe oder der Gemengepumpe, falls mit Gemenge gespült wird. Die organische Einfügung dieser Konstruktionsteile in den Gesamtaufbau der stehenden Maschine ist wesentlich. Diese Aufgabe ist aber in der Einzelgestaltung einer vorteilhaften Lösung wohl zugänglich, wie sich an anderer Stelle zeigen wird.

Durch den Zweitakt mit Öleinspritzung (am Ende der Kompression) wird auch die richtige Durchführung des Spül- und Ladevorgangs wesentlich erleichtert, indem die Ladung mit Gemenge und seine Verdichtung im Arbeitszylinder fortfällt. Es ist alsdann nur Luft im Zylinder zu verdichten und die Brennstoffzufuhr kann ohne erheblichen Arbeitsaufwand und unter geringen Verlusten nach oder kurz vor Erledigung der Verdichtung dicht beim Hubwechsel erfolgen. Die Ölpumpe hat zu dem Zweck nur relativ kleine Ölmengen jedesmal auf den entsprechenden Druck zu pressen und in den Zylinder zu befördern.

Durch dieses Vorgehen wird erreicht: Die frühere Spül- und Ladezeit bleibt allein für das Spülen verfügbar, die Ladezeit selbst rückt an das Ende der Kompression. Dadurch kann der Spülvorgang wesentlich verbessert werden; eine reinere Ladung ist notwendig die Folge. Für die Verbrennung ergibt sich hiermit ein Vorteil, gleichzeitig allerdings eventuell auch ein Nachteil aus der Verringerung derjenigen Zeit, die für die Mischung von Brennstoff und Luft zur Verfügung steht. Durch die geringe Mischungszeit wird die Güte der Verbrennung leicht wieder ebenso vermindert, wie sie durch die größere Reinheit der Ladung vermehrt wird. Infolgedessen bleiben wesentliche Mängel bestehen wie: erheblicher Brennstoffverbrauch, geringer mittlerer Druck und schlechte Zylinderausnutzung.

Ein wichtiger Vorzug des Einspritz-Zweitakts liegt auch in dem Fortfall der Schichtung, dieses leicht zu störenden Vorgangs, der trotz aller Sorgfalt nicht vollkommen durchgeführt werden kann. Infolge der Unvollkommenheit der Schichtung sind bei Maschinen mit Gemengeladung, auch solchen, welche mit Ölgas laden, Brennstoffverluste und unvollständige Zylinderfüllung unvermeidlich. Mit der Schichtung selbst fallen auch diese Mängel fort.

Im Widerspruch hiermit zeigen vereinzelte marktgängige Ausführungen von Ölzweitaktmaschinen mit Einspritzung größere Zylindermasse als gleichwertige einfache Viertaktmaschinen; dazu kommt noch vermehrte Komplikation im Bau. Es wird gegenüber dem Viertakt also kaum irgend etwas gespart, weder an Gewichts- und Raumbedarf noch an Herstellungs- und Betriebskosten. Solcher Mißerfolg ist auf große Pumpen- und sonstige mechanische Verluste, schlechte, unvollständige Verbrennung und entsprechend geringen mechanischen und thermischen Wirkungsgrad zurückzuführen. Gegenüber derartigen schlechten Ausführungen mit völlig unklarer Grundlage und einander widersprechenden Konstruktionsabsichten gestattet der Ölzweitakt andererseits bei richtiger Durchbildung die Verwirklichung der eindeutigen Absicht, Maschinen mit den einfachsten baulichen Mitteln ohne Ventile und sonstige äußeren Steuerungsorgane, mit geringerem technischen Aufwand, als die einfachste Schieberdampfmaschine erfordert, zu bauen. In dieser Weise läßt sich das Verfahren für Kleinmaschinen speziell auch im Schiffsbetrieb vorteilhaft ausnutzen, zur Herstellung einfachster, billigster Maschinen, welche die denkbar geringsten Ansprüche an sachverständige Wartung und Instandhaltung stellen. Guter Brennstoffverbrauch ist dabei allerdings nicht zu erreichen und muß daher aus irgendwelchen Gründen nebensächlich sein.

Auch in bezug auf die Leistungsregelung ist der Ölzweitakt dem Gaszweitakt wesentlich überlegen und hierin auch dem Viertakt vorzuziehen. Leistung und Tourenzahl können in einfacher Weise selbsttätig vom Regler oder bei Schiffsmaschinen vorteilhaft auch von Hand den jeweiligen Betriebsverhältnissen angepaßt werden. Dazu bedarf es lediglich der Beeinflussung des Vergasers oder der Brennstoffpumpe, genau wie bei den entsprechenden

Viertaktmaschinen. Gegenüber diesen liegt aber ein Vorteil in der Vermehrung der Arbeitshübe, die schnellere Reglerwirkung ermöglicht.

Der Ölbetrieb mit Einspritzung gewährt für Zweitakt- und Viertaktmaschinen auch einen wichtigen betriebstechnischen Vorteil in dem Fortfall vorzeitiger Zündung, die durch heiße Maschinenteile und Verbrennungsrückstände in Maschinen mit Gemengeverdichtung entstehen und die ganze Maschine übermäßig beanspruchen. Die Vermeidung solcher Frühzündungen bedeutet also eine wertvolle Erhöhung der Betriebssicherheit. Ebenso werden Selbstzündungen während der Verdichtung unmöglich, und die Höhe des Verdichtungsdrucks kann unabhängig von der Art und Zusammensetzung des Brennstoffs gesteigert werden. Das ist jeweilig für die Erhöhung der Wirtschaftlichkeit wesentlich.

Es ist aus dem Gesagten klar, daß der Ölzweitakt dem Gaszweitakt in wesentlichen Punkten überlegen ist, und insbesondere Eigenschaften besitzt, die ihn für die spezielle Verwendung im Schiffsbetrieb brauchbar erscheinen lassen. Grundsätzlich bietet er gegenüber dem Viertakt keine schwer wiegenden Vorteile. Fortschritte in bezug auf bauliche Vereinfachung der Steuerung und event. der direkten Umsteuerung, Verringerung des Gewichts hierdurch und durch Verminderung der Schwungmassen, geringere Anlagekosten, einfachere und billigere Wartung sind nicht allein durch das Verfahren, sondern hauptsächlich in Verbindung mit seiner zweckmäßigen maschinentechnischen Durchbildung im einzelnen und nur auf Kosten von unvermeidlichen Nebenwirkungen möglich.

Thermisch kann auch der Ölzweitakt gegenüber dem Viertakt keinen Vorteil bieten. Alles, was im übrigen mit dem Ölzweitakt noch erreichbar ist, und bisweilen als Vorzug gepriesen wird, kann nur in besonderen Fällen durch Spezialausführungen verwirklicht werden, insbesondere durch geschickte Lösung der Pumpenfrage, die ja für den Zweitakt die Grundlage bildet. Gelingt es nicht, die dem Zweitakt entgegenstehenden Schwierigkeiten in der Einzelgestaltung wesentlich zu mildern, so wird die Zweitaktmaschine für Schiffszwecke leicht schlechter als die Viertaktmaschine in der ursprünglichen Form der einfachwirkenden Ausführung.

Inwieweit dieses Bestreben für Schiffsgasmaschinen bisher erfolgreich war, ist an anderer Stelle durch praktische Ausführungen zu zeigen.

Gegenüber dem doppeltwirkenden Viertakt entbehrt der Zweitakt jedes prinzipiellen Vorteils, auch in maschinentechnischer Beziehung. Vorteilhafte Ausnutzung von Gewicht, Raum und Triebwerk, Verringerung der Schwungmassen und Verbesserung des mechanischen Wirkungsgrads sind auf diesem Wege ebenfalls erreichbar, und ohne die Hilfspumpen mit ihren schwierig zu beherrschenden Nebenwirkungen. Der Verwirklichung des Doppelviertakts stehen für die übliche vertikale Schiffsmaschinenanordnung nur maschinentechnische Schwierigkeiten entgegen, wie Unterbringung und Anordnung der Steuerungsorgane und ihre Durchbildung, Durchführung wirksamer Kühlung der Zylinder und mehrerer anderer wichtiger Bauteile, Ausgestaltung der Stopfbüchsen usw. Die Überwindung dieser Widerstände ist für die Entwicklung der Schiffsgasmaschinen wesentlich, da ohne Doppelwirkung die größten erforderlichen Leistungen nicht zu erreichen sind. Dies muß schließlich zweifellos ebenso gelingen wie bei der ortsfesten Großgasmaschine.

Auch die Zweitakt-Großschiffsmaschine kann am letzten Ende die Doppelwirkung nicht entbehren; dabei müssen sich aber wiederum aus den unvermeidlichen Hilfspumpen größere Schwierigkeiten ergeben als beim doppeltwirkenden Viertakt.

Verpuffungsverfahren.

Allen bisherigen Betrachtungen ist stillschweigend eine möglichst kurze und vollkommene Verbrennung unter Verpuffung zugrunde gelegt worden. In Verpuffungsmaschinen wird die zur Expansion erforderliche Spannung derart erzeugt, daß nach der Verdichtung, kurz vor dem Hubwechsel das Gemenge entzündet wird und darauf unter bedeutender Drucksteigerung verbrennt.

Dieser einfache Verbrennungsvorgang hat von Anfang an den Gasmaschinenbau beherrscht und ist in seiner Anwendung auf Viertakt- und Zweitaktmaschinen im wesentlichen unverändert geblieben, weil er mit den einfachsten baulichen Mitteln so vollkommen wie möglich durchführbar ist. Verbesserungen haben sich daher nur auf die Ausgestaltung der baulichen Einzelheiten erstrecken können und die Natur des Prozesses selbst unberührt gelassen. So kommt es, daß die Verbrennung unter Verpuffung nach wie vor einen recht empfindlichen Vorgang darstellt, der durch mannigfache Umstände, wie schlechte Lage und Einrichtung der Zündung, unvollkommene Zusammensetzung und Mischung der Ladung, ungünstige Ausfüllung des Verbrennungsraums leicht gestört und völlig zum Versagen gebracht werden kann.

Daraus ergibt sich naturgemäß ein nachhaltiger und ungünstiger Einfluß auf die Wirtschaftlichkeit und vor allem auf die Betriebssicherheit der Verpuffungsmaschine, der durch konstruktive Fortschritte in den maßgebenden Einzelheiten zwar wesentlich gemildert, aber nicht völlig beseitigt werden konnte.

Die unzuverlässige Eigenart des Verpuffungsvorgangs hat den Ruf der Gasmaschine als betriebsbrauchbare und sichere Maschine sehr geschädigt, insbesondere auch im Schiffsbetrieb. Sie wirkt noch heute in gleichem Sinne fort, allerdings nach dem erzielten Fortschritt im Bau der Einzelheiten mit erheblich geringerer Berechtigung. Der t h e r m i s c h e Wert der Verpuffung ist durch die hohen Verbrennungsdrucke und Temperaturen gegeben, die in der nachfolgenden starken Expansion die Ausnutzung hoher Druck- und Temperaturgefälle gestatten.

Die Grundbedingungen für hohe Verpuffungsdrucke und Temperaturen sind: hohe Verdichtung, in den durch die Gefahr der Selbstzündung oder durch die Möglichkeit mechanischer Beherrschung gezogenen Grenzen, rechtzeitige und wirksame Zündung vor dem Hubwechsel, schnelle und vollkommene Verbrennung im Hubwechsel ohne Nachbrennen und erhebliche Kühlverluste. Werden diese Bedingungen von entsprechend gebauten Maschinen erfüllt, so liefert die Verpuffung das Mittel zu höchster thermischer Ausnutzung bei gegebenem Verdichtungsdruck.

Praktisch ist jedoch bei dem Verpuffungsverfahren die Wärmeausnutzung beschränkt und zwar bei Maschinen mit Gemengeverdichtung speziell durch die Selbstzündung, welche weitgehende Verdichtung nicht zuläßt; ganz allgemein aber durch die Grenze des maschinentechnisch noch vorteilhaft zu bewältigenden Verbrennungsdrucks. Hohe Verpuffungsdrucke sind maschinentechnisch schwierig zu beherrschen, weil sie alle wesentlichen Maschinenteile stark beanspruchen und trotz der kurzen Wirkungszeit entsprechend kräftige Abmessungen, hochwertiges teures Material und vorzügliche Herstellung verlangen. Geringes Maschinengewicht wird dabei nur unter Verwendung besonders fester und kostspieliger Baustoffe erreichbar, die im Verein mit der erforderlichen Güte der Ausführung die Anschaffungskosten ungünstig beeinflussen. Erhebliche Steigerung des Verpuffungsdrucks und der Verpuffungstemperatur setzt auch der Größenentwicklung der Maschinen rasch ein Ziel, weil die Abmessungen bald unausführbar werden und wichtige Maschinenteile, wie Zylinderdeckel, Kolben usw. nicht mehr sicher genug hergestellt und betrieben werden können.

Derartig hoch beanspruchte Maschinen schaffen auch empfindlichen, unverhältnismäßig teuren Betrieb, der nur von besonders geschultem Personal durchzuführen ist. Aus diesem Grunde übersteigen die Verpuffungsdrucke 25 at vielfach nicht. Sie bleiben damit wesentlich hinter den Spannungen zurück, die für bestmögliche Brennstoffausnutzung vorteilhaft sind. Verpuffungsdrucke von 40 at werden allerdings schon, auch für Schiffszwecke, in einigen Spezialausführungen von Ölmotoren verwandt und maschinentechnisch sicher beherrscht. Sie ergeben entsprechend geringen Brennstoffverbrauch, erfordern aber großes Maschinengewicht, namentlich erhebliche Schwungmassen und sind nur bei sorgfältigster Werkstattausführung und bester Unterhaltung im Betrieb dauernd sicher zu verwenden.

Maschinentechnische Schwierigkeiten werden bei Verpuffungsmaschinen auch durch die Notwendigkeit starker Veränderlichkeit von Leistung und Tourenzahl geschaffen. Das betrifft aber wichtige Erfordernisse des Schiffs betriebes und aus diesem Grunde eine der schwierigsten Fragen in der Entwicklung der Schiffsgasmaschine. Die Ursache dieser Schwierigkeit liegt in der erheblichen Veränderung der Propellerleistung, die durch das Manövrieren, d. h. das Fahren mit ganz verschiedener Geschwindigkeit, und ebenso durch die normale in stark veränderlichem Wasserstrom erforderlich wird. Diesen Anforderungen des Propellers kann die Antriebsmaschine nur bei gleichzeitiger Änderung von Tourenzahl und Zylinderarbeit genügen, weil die Propellerleistung nicht einfach der Tourenzahl proportional, sondern etwa mit der dritten Potenz derselben zunimmt. Kolbendampfmaschinen gestatten diesen Verhältnissen in vollkommener und unübertrefflicher Weise Rechnung zu tragen, indem Füllung und Tourenzahl in weiten Grenzen geändert werden können. Im Gegensatz dazu kann die Gasmaschine, insbesondere mit Verpuffung, dauernd wirtschaftlich und sicher nur arbeiten, wenn sie möglichst unverändert mit der normalen hohen Kolbengeschwindigkeit und mit normaler Last betrieben wird. Starke Tourenverminderung widerspricht dem Wesen der Gasmaschine, die hohe Kolbengeschwindigkeit verlangt, um sichere Zündung, kurze vollkommene Verbrennung und schnelle Umsetzung von Wärme in Arbeit mit geringsten Verlusten zu erhalten.

Gleichdruckverfahren.

Beim Verpuffungsverfahren erfolgt die Verbrennung unter konstantem oder annähernd konstantem Volumen. Die Wärmezuführung kann aber auch nach dem Vorbilde der Kolbendampfmaschine unter konstantem Druck ver

wirklicht werden. Das so gekennzeichnete Verfahren pflegt als Gleichdruckverfahren bezeichnet zu werden und ist erstmalig im Diesel-Viertaktölmotor
brauchbar verwirklicht worden. Diese Form der Verbrennungsmaschine hat
in jüngster Zeit auch in den Schiffsbetrieb Eingang gefunden.

Der dem Dieselviertakt zugrunde liegende Vorgang besteht darin,
während eines ersten Saughubs im Arbeitszylinder Verbrennungsluft anzu-
saugen, diese dann im zweiten Hub auf etwa 32—35 at und 800° Temperatur zu verdichten, weiter im dritten Hub zunächst mittels Preßluft von 50
bis 60 at durch einen Zerstäuber Öl einzublasen, das bei zunehmendem
Volumen ohne besondere Zündung allein in der hocherhitzten Verdichtungs-
luft unter annähernd konstantem Druck verbrennt, um darauf durch Expan-

Diesel-Viertaktdiagramm.

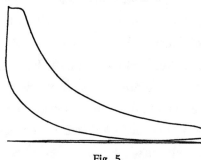

Fig. 5.

sion Arbeit zu leisten und schließlich während des vierten Hubs die Abgase hinaus-
zuschieben. (Diagramm Fig. 5.) Werden
Saug- und Auspuffhub vermieden und durch
kurzwährendes Spülen und Laden mit Luft
ersetzt, so läßt sich das Dieselverfahren
auch im Zweitakt durchführen.

Gegenüber dem einfachen Verpuffungs-
prozeß besteht die grundsätzliche Bedeutung
des Verfahrens, namentlich auch für Schiffs-
zwecke, in seiner hohen Brennstoffökonomie und in der Verwendbarkeit billiger,
schwerflüchtiger Öle, die bei der hohen Endtemperatur der verdichteten Luft
vollkommen und restlos verbrennen. Dadurch, daß die Verdichtung des Gleichdrucks auf mehr als das Doppelte derjenigen der Verpuffung gesteigert werden
kann, wird die t h e r m i s c h e Überlegenheit des ersteren Verfahrens geschaffen. Bei gleicher Höhe der Verdichtung ergiebt allerdings das Verpuffungsverfahren den besseren thermischen Wirkungsgrad, aber auch einen
wesentlich höheren Zünddruck, der sich bald nicht mehr beherrschen läßt.
Die Gleichdruckwirkung ermöglicht die praktische Durchführung eines Höchst-
drucks des Prozesses, der nur um 3—4 at die Verdichtungsspannung überragt.
Das ergiebt einen bedeutenden m a s c h i n e n t e c h n i s c h e n Vorteil. Maßgebend für Bau und Betrieb von Verbrennungsmaschinen sind, wie schon
erwähnt, wesentlich die auftretenden Höchstdrucke, die der vielseitigen
mechanischen und betriebstechnischen Schwierigkeiten wegen möglichst auf
etwa 40 at beschränkt bleiben müssen.

Demnach muß auch für den thermischen Vergleich von Gleichdruck und

Verpuffung nicht Gleichheit der Verdichtung, sondern der maximalen Spannung zugrunde gelegt werden, wenn es sich um praktische Maschinenausführungen handelt. Bei gleichem Höchstdruck im Zylinder übertrifft aber der Gleichdruck die Verpuffung in Bezug auf den thermischen Wirkungsgrad bedeutend, weil er wesentlich höhere Verdichtung gestattet.

Der Gleichdruckprozeß hat sich bisher nur für den Ölbetrieb verwirklichen lassen und blieb infolgedessen von der Anwendung bei reinen Gasmaschinen ausgeschlossen. Hier scheitert die Durchführung der Gleichdruckverbrennung im wesentlichen an der bis jetzt unüberwindlichen Schwierigkeit, am Ende der Luftverdichtung und Beginn der Ausdehnung eine genügend innige Mischung von Luft und Gas in der kurzen verfügbaren Zeit herzustellen und mit geringen Verlusten möglichst vollkommen zu verbrennen. Gleichzeitig kommt auch der mechanische Nachteil in Betracht, der durch die zur Gaserzeugung notwendigen Pumpen und ihren Arbeitsverbrauch verursacht wird und der beim Ölbetrieb entfällt.

Das Gleichdruckverfahren ist dem Verpuffungsverfahren auch dadurch überlegen, daß eine einfache wirksame und wirtschaftliche Regelung der Leistung durch Änderung der Füllung leicht zu ermöglichen ist. (Diesel-Regulierdiagramm Fig. 6.) Die selbsttätige Zündung und Verbrennung in hocherhitzter Luft gestattet ferner eine sehr weitgehende Tourenänderung, auf etwa ein Drittel bis ein Viertel der normalen Tourenzahl, so daß hierdurch in Verbindung mit der Füllungsregelung den erwähnten Ansprüchen des Propellerbetriebes in

Diesel-Regulierdiagramm.

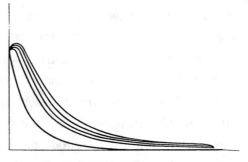

Fig. 6.

vielen Fällen wohl hinreichend entsprochen werden kann. Diese gute Regulierfähigkeit ermöglicht es der Dieselmaschine, das ideale Vorbild der Schiffskolbenmaschine zwar nicht vollkommen, aber doch annähernd zu erreichen und verständige Wünsche, die bei der Beurteilung der Manövrierfähigkeit auch der Eigenart der Gasmaschine Rechnung tragen, zu befriedigen.

Die hohen Verbrennungsdrucke des Dieselverfahrens sind der Verwendung hoher Kolbengeschwindigkeiten bis 6 m und darüber besonders günstig, erfordern aber große Schwungmassen, kräftige Abmessungen aller wesentlichen Teile und vorzügliche Ausführung. Dadurch, daß die Verbrennung

selbsttätig und ohne besondere Zündung erfolgt, fallen Früh- und Fehlzündungen fort und der Betrieb gewinnt erheblich an Sicherheit, zumal es
keiner besonderen Zündvorrichtung bedarf. Das Diagramm wird durch den
Gleichdruck völliger und demjenigen der Dampfmaschine ähnlich. Es steigert
sich entsprechend der mittlere indizierte Druck auf Werte, die bei dem Verpuffungsverfahren unerreichbar sind, bis 7,5 at beim normalen Dieselviertakt und noch darüber. Das hat zur Folge, daß Dieselmaschinen selbst bei
einfacher Viertaktwirkung relativ geringe Abmessungen erfordern, zumal die
Zulässigkeit höherer Kolbengeschwindigkeiten in gleichem Sinne, also auf
Verringerung der Zylindermasse und auf das, was von diesen abhängt.
günstig einwirkt.

Die Vorteile des Gleichdrucks müssen andererseits bei der Dieselmaschine
durch die Verwendung besonderer Hilfspumpen erkauft werden, die zum Einblasen und Zerstäuben des Brennstoffs in den Zylinder Luft auf 50—60 at
in 2 oder sogar 3 Stufen verdichten. Diese Pumpen machen konstruktive
Schwierigkeiten bei der Anordnung und Unterbringung, erfordern Gewicht,
Raum und Kosten und verschlechtern den mechanischen Wirkungsgrad, der
wegen der hohen Verdichtungs- und Verbrennungsdrücke ohnehin gering ist.

Bei Durchführung des Dieselverfahrens im Zweitakt ergeben sich
weitere Schwierigkeiten aus den Spülpumpen, die nur bei sehr geschickter
Gestaltung im einzelnen ohne bedenklichen Nachteil überwunden werden
können. Ein- und Auslaß können auch beim Dieselzweitakt kaum anders als
durch weite Schlitzkränze und durch den Kolben gesteuert werden. Das
macht die Steuerung nach dieser Richtung wieder fest und unveränderlich,
hat anderseits aber Vereinfachung der äußeren Steuerung und entsprechende
Gewichts- und Kostenverminderung zur Folge, indem die bei den vorkommenden hohen Drücken erforderlichen schweren Ventile, Federn, Hebel und
Gestänge der Viertaktmaschine fortfallen. Für schnellgehende Schiffsgasmaschinen sind hierdurch unzweifelhaft bei richtiger Durchführung wichtige
bauliche und betriebstechnische Vorteile in Einzelheiten erreichbar. Die
grundsätzlichen Bedingungen, die der Zweitakt gegenüber dem einfachen Viertakt befriedigen soll, wie Verdoppelung der Leistung, Verbesserung des
mechanischen Wirkungsgrades durch vermehrte Triebwerksausnutzung, Verringerung des Gewichts- und Raumbedarfs, sind auch hier nur in unvoll-
kommenem Kompromiß zu erfüllen. Die konstruktive Lösung ist nach keiner
Richtung frei, durch mancherlei Abhängigkeiten stark eingeengt und darum
recht schwierig in der Durchführung. Nur durch sehr geschickte Ausge-

staltung im einzelnen wird es möglich, Diesel-Zweitaktmaschinen zu schaffen, die zwar den Viertaktmaschinen nicht in jeder Beziehung überlegen, aber mit einigen für Schiffszwecke sehr wertvollen Vorzügen, wie verringertes Gewicht, Einfachheit der Bedienung usw., behaftet sind.

Das Gleichdruckverfahren wird thermisch und wirtschaftlich auch dadurch vorteilhaft, daß die hohe Verdichtungstemperatur die vollkommene Verbrennung schwerflüchtiger, billiger Öle ermöglicht. Die wirtschaftliche Ausnutzung billigster Brennstoffe ist naturgemäß eine für die Weiterentwicklung der Gasmaschine sehr wichtige Frage, besonders auch für Schiffs-

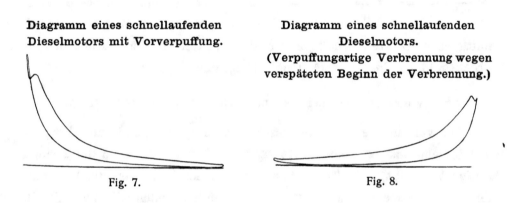

Diagramm eines schnellaufenden Dieselmotors mit Vorverpuffung.

Fig. 7.

Diagramm eines schnellaufenden Dieselmotors.
(Verpuffungartige Verbrennung wegen verspäteten Beginn der Verbrennung.)

Fig. 8.

Halblast-Diagramm eines schnellaufenden Dieselmotors (s. Fig. 7).

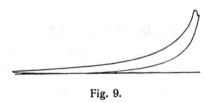

Fig. 9.

zwecke, die aber in der Durchführung sich bisher als recht schwierig erwiesen hat. Für die Verwendung schwerer Öle ermöglichen der Dieselprozeß und ähnliche bisher die beste Lösung dieser Aufgabe, die auf anderem Wege nur sehr unvollkommen oder garnicht verwirklicht werden konnte. Einzelne schwere Rohöle ergeben auch im Dieselverfahren noch Unregelmäßigkeiten im Verbrennungsvorgang, wie langsame, unvollkommene Verbrennung und Nachbrennen.

Bei hohen Tourenzahlen und auch bei geringen Füllungen zeigen Dieseldiagramme meistens, abweichend vom reinen Gleichdruckverfahren, zunächst Vorverpuffung einer kleinen Brennstoffmenge und darauf Gleichdruckverbrennung des übrigen Brennstoffs (Diagramme Fig. 7, 8, 9.). Diagramme,

die guten Verlauf des Gleichdrucks zeigen, sind in der Regel nur bei mäßig hohen
Tourenzahlen, d. h. bei genügender Dauer der Verbrennung und größerer
Füllung zu erreichen. Die Erfahrung hat gelehrt, daß vorzeitige Einführung

**Diesel-Diagramm mit geringer Ver-
puffung und Kappe.**

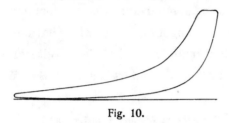

Fig. 10.

einer geringen Brennstoffmenge, die noch
vor dem Hubwechsel sich entzündet und
verpufft, und darauf folgende Einspritzung
des Hauptbrennstoffs, der dann annähernd
bei Gleichdruckwirkung verbrennt, bessere
Brennstoffausnutzung, infolge vollkommener Verbrennung, größere Völligkeit
des Diagramms und entsprechend höheren

mittleren indizierten Druck (bis 8,5 at.) bei geringer Vermehrung des Höchst-
drucks (auf ca. 38 at.) ermöglicht. (Diagramm Fig. 10.)

Verfahren mit gemischter Verbrennung.

Die vorteilhafte Wirkung dieses Verfahrens mit gemischter Verpuffungs-
und Gleichdruck-Verbrennung ist darin begründet, daß durch die geringe vorzeitige Verpuffung die Temperatur noch wesentlich über die Verdichtungstemperatur gesteigert wird und in der entstehenden Flamme die Haupt-
Brennstoffmenge unter Gleichdruck vollkommener verbrennt als beim reinen
Dieselverfahren.

Die gemischte Verbrennung ist neuerdings von verschiedenen Konstrukteuren verwandt worden und von der französischen Firma Sabathé,
St. Étienne, speziell für Großmaschinen, dahin erweitert worden, daß
die Verpuffung, unter Verzicht auf einen Teil der Verdichtung, frühzeitig
vor dem Hubwechsel eingeleitet und darauf im Totpunkt durch ein unabhängiges Ventil der Hauptbrennstoff für den Gleichdruckprozeß eingeführt wird. Hierdurch lassen sich wichtige Vorteile erzielen: Der Höchstdruck von etwa 40 at., der schon beim gewöhnlichen Dieselmotor für das
Anlassen benutzt und daher den Festigkeitsrechnungen zugrunde gelegt
wird, kann auch im normalen Betrieb ausgenutzt werden. Das ergibt eine
erhebliche Erhöhung der Diagrammfläche sowie des mittleren indizierten
Drucks und gestattet die Abmessungen bei gleicher Leistung zu vermindern.
Die frühzeitige Erhöhung der Temperatur ergibt vollkommenere Verbrennung,
auch bei dicken schweren Ölen, was den thermischen Nachteil der verringerten Verdichtung wohl mindestens ausgleicht. Sie ermöglicht weiter
eine Verlängerung der Gleichdruckperiode ohne Schaden für den Brennstoff-

verbrauch und läßt hiermit wiederum Vermehrung des mittleren indizierten Drucks und der spezifischen Leistung zu. Dadurch, daß Sabathé Verpuffung und Gleichdruck unabhängig von einander steuert, ist die Möglichkeit gegeben, bei kleinen Leistungen allein mit Verpuffung, also ebenfalls thermisch vorteilhaft, bei großen mit gemischter Verbrennung zu arbeiten. Auch für kleine Leistungen wird durch die Temperatursteigerung genügend vollkommene Verbrennung und somit relativ geringer Brennstoffverbrauch bewirkt. Diese Vorteile müssen durch die bauliche Komplikation der doppelten Brennstoffeinspritzung allerdings erkauft werden. Aber diese Aufgabe kann sich in der Durchführung nicht schwierig gestalten, weil das Brennstoffventil solcher Maschinen stets unter günstigen Bedingungen arbeitet, insbesondere durch den Strom der Einblasluft dauernd gekühlt wird.

Nach dem Gesagten dürfte das Verfahren mit gemischter Verbrennung namentlich für die Entwicklung von Großschiffsmaschinen mit Ölbetrieb grundsätzliche Bedeutung gewinnen. Denn es gestattet volle Ausnutzung der maschinentechnisch noch zu beherrschenden Höchstspannung, relativ geringste Abmessungen und geringen Gewichts- und Raumbedarf, weitgehende wirtschaftliche Regulierbarkeit und günstigen Verbrauch an billigen schweren Ölen. Das sind im Schiffsbetriebe entscheidende Vorteile.

II. Die bauliche Ausgestaltung von Schiffsgasmaschinen.

Für den Bau von Schiffsgasmaschinen sind in erster Linie keine andern Grundlagen maßgebend und brauchbar als für die Ausbildung von Schiffsmaschinen überhaupt.

Mit diesen Grundlagen ist die Eigenart [des Gasbetriebs notwendig in Einklang zu bringen, eine wichtige Aufgabe, deren Durchführung auf zahlreiche Widersprüche führt und daher nur in einem vorsichtigen Kompromiß ermöglicht werden kann. Darin liegt das Wesen aller konstruktiven Tätigkeit auf diesem Gebiet, aber auch ihre große Schwierigkeit.

Eine richtige Beurteilung der bisherigen Konstruktionen hat deshalb von den maßgebenden Bau- und Betriebsforderungen des Schiffsmaschinenbaus auszugehen und festzustellen, wie weit der gewollte Zweck, eine wirtschaftliche und betriebsbrauchbare Schiffsmaschine zu schaffen, heute mit den Mitteln des Gasmaschinenbaus erreichbar ist. Nur so ist es möglich, die bisherige Entwicklung klar zu überblicken, und ungeklärte Fragen in ihrem wahren Zusammenhang und in ihrer Bedeutung richtig einzuschätzen.

Von diesem Standpunkt aus sind daher zunächst die bisher eingeführten Schiffsgasmaschinen in ihrer baulichen Durchbildung zu prüfen.

Die Anregung zur Ausgestaltung von Schiffsgasmaschinen ging selbstverständlich von der ortsfesten Gasmaschine aus, nachdem diese in den 80 er Jahren des vorigen Jahrhunderts für die damaligen Bedürfnisse des stationären Kleinbetriebes brauchbar entwickelt worden war.

Bald darauf erfolgte die erste Anwendung für Schiffszwecke: die Viertaktmaschine in der einfachsten Gestaltung als liegende, einfach wirkende Maschine mit Tauchkolben und ohne besonderen Kreuzkopf wurde direkt in das Schiff übertragen. Räder- oder Riemenübersetzung besorgten die Verbindung mit der Schraubenwelle. Eine solche Anlage kennzeichnet sich zutreffend als Landanlage mit schwimmendem Fundament und nur als Notbehelf, auch gegenüber den mäßigen Ansprüchen des Kleinschiffsbetriebes.

Einen Vorteil bedeuteten lediglich die geringen Anschaffungskosten. Sie waren die natürliche Folge des Bestrebens, mit den einfachsten und billigsten Mitteln die Herstellung zu ermöglichen. Solches Streben war und ist allerdings notwendig, um in zahlreichen Schiffskleinbetrieben, die bisher den maschinellen Antrieb entbehrten, die Vorteile desselben mit geringerem Kostenaufwand als für Dampfanlagen erforderlich, zu ermöglichen. In der Hauptsache ergaben sich wesentliche Nachteile, zunächst durch die schlechte Lösung der Brennstoffrage. Hochverdichtetes Leuchtgas mußte in schweren, voluminösen Behältern an Bord mitgeführt werden. Die hohen Herstellungskosten des Leuchtgases wurden durch die Kosten der Verdichtung noch wesentlich vermehrt. Daraus folgte ein teurer Betrieb und eine sehr unbequeme Abhängigkeit von der Gaserzeugungs- und Verdichtungsanlage am Lande; [ferner ein großer Gewichts- und Raumbedarf durch die Gasbehälter, der nur bei großen Fahrzeugen mit geringer Maschinenstärke einigermaßen erträglich war.

Auch m a s c h i n e n t e c h n i s c h entsprachen diese ersten Ausführungen schlecht. So waren insbesondere nachteilig und unbequem: das erhebliche Gewichts- und Raumbedürfnis der relativ langsam laufenden, schwer gebauten liegenden Maschinen mit kräftigem Triebwerk und reichlich bemessenen Rahmen und Grundplatten, ferner die Riemen- und Räderübersetzung, die Gewichts- und Platzbedarf vermehrten, in den Betrieb Abnutzung und Verschleiß, sowie erhebliche Unsicherheit hineinbrachten. Die liegende Anordnung der Maschinen, welche wesentlich auch der Furcht vor der Einwirkung der Explosionsstöße auf dem Schiffsboden entsprangen, erwies sich naturgemäß als unzweckmäßig; denn sie ist allgemein für Schiffsmaschinen aus mehreren Gründen ungeeignet. Stehende Maschinen beanspruchen für die Aufstellung weniger Fläche als liegende, dafür allerdings mehr Höhe. Darin liegt fast immer nur ein Vorteil, weil die Höhe über den Maschinen, wenigstens in gewissen Grenzen, ohne weiteres verfügbar ist, während große Flächenentwicklung schlecht ausgenutzte und wenig zugängliche Maschinenräume ergibt. Es kommt noch hinzu, daß Standmaschinen im ganzen kompakter zu bauen sind, und auch deswegen bessere Raumausnutzung ermöglichen.

Bei stehender Anordnung gestaltet sich der Schraubenantrieb baulich am einfachsten, da wegen der Lage der Kurbelwelle eine direkte Kupplung derselben mit der Schraubenwelle in der Regel unschwer durchführbar ist. Für die liegende Bauart ergeben sich in dieser Hinsicht ungleich mehr Schwierigkeiten, die schon allein auf die Anwendung von Räderübertragungen und sonstigen Übersetzungen drängen. Dadurch werden dann aber neben sonstigen wesentlichen Nachteilen sehr leicht völlig unzulängliche räumliche Anordnungen mit unbequemen Folgen für die Zugänglichkeit, Bedienung und Sicherheit der Anlage geschaffen.

Stehende Maschinen können auch unter gleichen Verhältnissen leichter gebaut werden als liegende, wesentlich aus dem Grunde, weil die Aufnahme der Kolben- und Massendrucke unschwer durch Zug und Druck und ohne große Biegungsmomente, die entsprechend erheblichen Materialaufwand fordern, ermöglicht werden kann.

Solchen Vorteilen gegenüber sind die Mängel stehender Anordnung, wie geringere Übersichtlichkeit, erheblichere Beanspruchung der Schiffsboden-verbände durch unausgeglichene Vertikalkräfte, eventuell auch Erschwerung der Bedienung durch schlechtere Zugänglichkeit wichtiger Teile wegen ihrer unbequemen Höhenlage, Verminderung der Stabilität durch die höhere Schwer-punktlage der Maschine usw. meistens von geringerer Bedeutung, zumal sie durch entsprechende konstruktive Maßnahmen wesentlich gemildert werden können.

Die Anwendung stehender Bauart brachte einen wesentlichen Fortschritt im Schiffsgasmaschinenbau, weit mehr aber noch die Einführung des Öl-betriebes, die ebenfalls in den 80 er Jahren des vorigen Jahrhunderts erfolgte. Die maschinentechnische Ausgestaltung ging von nun an stetig im Zusammen-hang mit der Entwicklung der Brennstoffrage vor sich. Der gewaltige Ein-fluß der letzteren auf Bau und Betrieb von Schiffsgasmaschinen ist unver-kennbar und soll im weiteren noch erörtert werden.

Bootsmotore des Automobiltyps.

Auf dem Gebiete der Ölgasmaschinen, speziell für Fahrzeuge, hat ein Deutscher bahnbrechend gewirkt, nämlich D a i m l e r. Er hat zuerst, schon anfangs der 80 er Jahre, die leichte, schnellaufende Fahrzeugmaschine praktisch brauchbar gestaltet, indem er die Tourenzahl von 150—160, die damals für Kleinmaschinen üblich war, auf 500—800 erhöhte und alle Teile dieser Geschwindigkeit entsprechend folgerichtig und dauerhaft durchbildete.

Diese ersten Daimlerschen schnellaufenden Fahrzeugmaschinen wurden mit Benzin betrieben.

Kennzeichnend für die bauliche Gestaltung dieser Maschinen sind im wesentlichen: die hohe Verdichtung bis zur Selbstzündung, die geschickte Zweizylinderanordnung, die Durchbildung eines leichten, aber widerstandsfähigen Triebwerks und hinreichend schwerer Schwungmassen ohne zu große Gewichtsbeanspruchung. Außerdem sind noch bemerkenswert: das kompakte, geschlossene Kurbelgehäuse, die übersichtliche Anordnung der Ventile und ihres Antriebs neben den Zylindern, der einfache glatte Verbrennungsraum, der leicht zugängliche Kühlraum, der nur über die Verbrennungszone des Zylinders sich erstreckt.

Dies alles ermöglichte einen ruhigen, gleichförmigen, sicheren Gang bei großer Umlaufgeschwindigkeit, vorteilhafte Gewichts- und Raumausnutzung, bequeme Zugänglichkeit und Bedienung aller wichtigen Teile, möglichst sicheren ökonomischen Betrieb, sowie relativ einfache, billige Herstellung. Die Maschine besaß, wie ersichtlich, für den Fahrzeugbetrieb grundsätzliche Vorzüge und wurde dadurch der Ausgangspunkt einer folgenreichen Entwicklung. Diese erstreckte sich allerdings in Deutschland zunächst in erster Linie auf den Bau von Automobilmaschinen, die, durch den Sport mächtig gefördert, sehr schnell zu beispiellosem Erfolg gelangten.

Die Übertragung dieser Maschinenform auf Wasserfahrzeuge ergab sich fast von selbst und vollzog sich, wenigstens bei uns, in engster Anlehnung an den erwähnten Fortschritt im Automobilbau. Dabei haben selbst bedeutende Firmen von Ruf im In- und Auslande den Fehler nicht vermieden, Wagenmaschinen völlig unverändert für den Bootsbetrieb zu verwenden. Maßgebend war hierfür das Bestreben, nur „Universalmotoren" zu benutzen, d. h. mit wenigen Modellen vielen Zwecken zu genügen und die unangenehmen Kosten für neue oder abzuändernde Modelle zu ersparen. Der innere Widerspruch in der Bezeichnung „Universalmotoren", nämlich, mit

itional information of this book

rbuch der Schiffbautechnischen Gesellschaft; 978-3-642-90184-3; 978-3-642-90184-3_OSFO14)

rovided:

://Extras.Springer.com

einer Maschine allen, auch ganz verschiedenartigen Zwecken zu entsprechen, wurde vielfach absichtlich oder unabsichtlich übersehen. Die Folge war, daß man leichteste Automobilmotoren selbst in schwere Boote einbaute, natürlich mit völligem Mißerfolg, da die nächstliegenden Forderungen des Schiffsbetriebes, wie richtige Schraubengeschwindigkeit, dauernde starke Beanspruchung bei längerem ununterbrochenen Vollbetrieb, Gefahrlosigkeit und unbedingte Sicherheit des Betriebes nicht erfüllt werden konnten. Das führte notwendig dahin, daß die gewerbliche Verwertung des Motors zum Schiffsantrieb in Deutschland nur langsam voranschritt und mehreren Zweigen des Schiffskleinbetriebs, die für den Motorantrieb hervorragend geeignet sind, fast völlig fernblieb.

Die Entwicklung der Automobilindustrie hat durch die Ausbildung des Kleinölmotors den Schiffsgasmaschinenbau zunächst wesentlich gefördert; ebenso nachteilig erwies sich aber im weiteren Verlauf die einseitige Betonung einzelner besonderer Eigenschaften des Wagenmotors auch in seiner Anwendung für Schiffe. Die leicht gebauten Automobilmaschinen sind im Schiffsbetrieb nur für Sport und verwandte Zwecke brauchbar, für die sonstige gewerbliche Verwendung auf diesem Gebiet aber größtenteils nicht betriebssicher genug. Äußerste Gewichts- und Raumersparnis ist nur mit hohen Ansprüchen an die Festigkeit wichtiger Bauteile, wie Kolben, Treibstange, Kurbelwelle, Gehäuse usw., und mit erheblichen Belastungen sämtlicher Lager und Gleitflächen zu verwirklichen. Das führt im angestrengten Dauerbetrieb leicht zu Störungen und unbedingt zu großer Empfindlichkeit in der Wartung und Instandhaltung, was alles für den gewerblichen Schiffskleinbetrieb vollständig unangebracht ist. Heute sind daher leichtest gebaute Wagenmaschinen nur noch für den Rennsport im Schiffbau gebräuchlich; hierfür ist diese Bauart, entsprechend dem besonderen Zweck, allein berechtigt.

Im übrigen werden selbst für leichte Bootsbetriebe bauliche Änderungen solcher Maschinen notwendig. Diese haben sich im wesentlichen auf Verringerung der Umdrehungszahl, Vergrößerung der Gleitflächen und Verstärkung stark beanspruchter Bauteile zu erstrecken. Die Fig. 11—23 zeigen mehrere solcher, immerhin noch leicht gebauter Bootsmotoren des Automobiltyps, die in Deutschland von Daimler, Körting, Argus-Motoren-Gesellschaft und zahlreichen anderen Fabriken gebaut werden.

Für den Bau dieser Maschinen sind folgende Grundlagen im wesentlichen maßgebend: Sie arbeiten meistens im Viertakt mit Benzin, Spiritus, Benzol und eventuell auch Petroleum als Brennstoff, der in besonderen Vergasern

Gesamtansicht des Daimler-Schiffsmotors v. 100 PS.

Fig. 19.

Vierzylinder-Bootsmotor der
Gebr. Körting A.-G., Körtingsdorf bei Hannover.

Fig. 20.

itional information of this book

rbuch der Schiffbautechnischen Gesellschaft; 978-3-642-90184-3; 978-3-642-90184-3_OSFO15)

rovided:

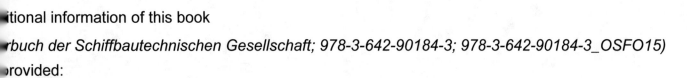

://Extras.Springer.com

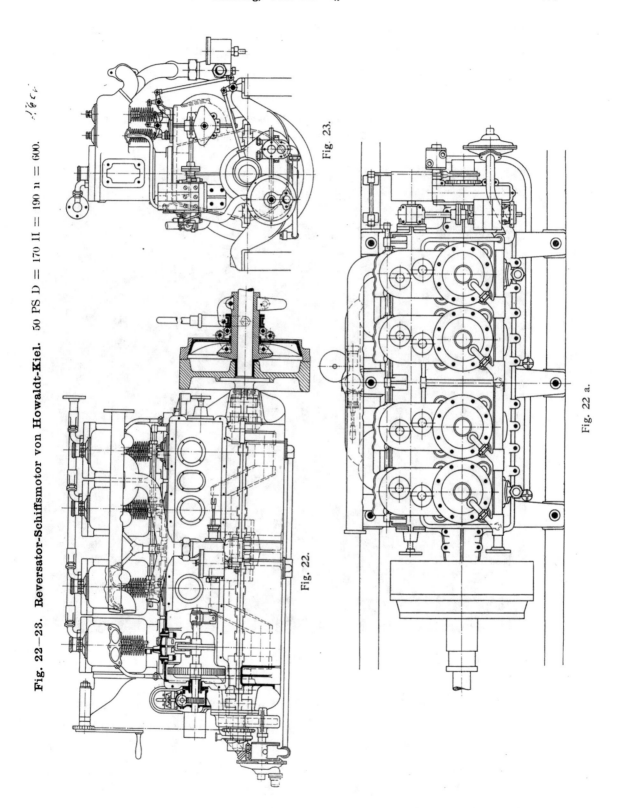

Fig. 22—23. Reversator-Schiffsmotor von Howaldt-Kiel. 50 PS D = 170 II = 190 n = 600.

Fig. 23.

Fig. 22.

Fig. 22 a.

vergast wird. Gebräuchlich sind wegen der erforderlichen Gleichförmigkeit des Gangs Mehrzylinderanordnungen von 2, 4 und 6 Zylindern, die meistens aus paarweise zusammengegossenen Blöcken gebildet werden.

6-Zylinder-Rennbootsmotor der Wolsely Tool and Motor-Car Comp.
200 PS n = 1000. Gewicht 885 kg.

Fig. 24.

6-Zylindermaschinen ermöglichen vollkommenen Massenausgleich, sind aber vielgliedriger, komplizierter und teurer als Vierzylindermaschinen, die mit meistens ausreichender Annäherung ausgewuchtet werden können. Solche vielzylindrigen leichten Maschinen sind daher nur für große Renn‑ boote zweckmäßig. (Fig. 24: 6-zylindriger Rennmotor der Wolseley Tool and Motor-Car Company.)

Die Ventile sind an den Zylindern untergebracht und zwar entweder alle auf einer Seite oder symmetrisch auf beiden Seiten. Ihr Antrieb erfolgt entsprechend von einer oder zwei Steuerwellen, die im Kurbelgehäuse gelagert sind, vermittels Nocken und Rollengestänge, eventuell noch mit Zwischenhebeln. Daneben kommt neuerdings auch die hängende Anordnung der Ventile über den Zylindern in Betracht. Diese ermöglicht einen einfachen, glatten Verbrennungsraum ohne seitliche Kanäle und tote Ecken. Damit ergibt sich jedenfalls vollkommenere Verbrennung und entsprechend vorteilhaftere Gemengeausnutzung. Die Anordnung ist aber konstruktiv unbequemer und weitläufiger und hat bei ungeschickter Lösung leicht Nachteile, wie schlechte Zugänglichkeit der Ventile, Zylinder und Kolben, komplizierte Zylinder-Gußstücke mit schwierigen Kernen, schlecht wirkende, schwer zu reinigende Kühlräume, komplizierten Steuerungsantrieb usw. zur Folge.

Wesentlich ist für die vorliegende Maschinenkonstruktion ferner die Anwendung eines kompakten, geschlossenen Kurbelgehäuses, welches das Triebwerk allseitig eng umgibt. Diese Form des Maschinengestells ist von den Kleinmaschinen seither auch auf größere Ausführungen übertragen worden und hat schnell große Verbreitung gefunden. Seine Vorteile sind namentlich große Formfestigkeit bei geringem Materialaufwand und vortrefflicher Schutz gegen Staub und umherspritzendes Öl; es begünstigt die reichliche Schmierung aller Triebwerksteile bei sparsamem Ölverbrauch. Das Gehäuse gewährt auch Schutz bei der Bedienung und ruhiges Aussehen der Maschine während des Betriebes. Unvermeidlich ist dabei eine geringere Zugänglichkeit des Triebwerks. Das ist aber nur bis zu gewissem Grade nachteilig und nicht nach den Anschauungen des älteren Maschinenbaus mit seinen langsam laufenden Maschinen zu beurteilen. Im Betriebe ist die Zugänglichkeit von Triebwerken mit hoher Tourenzahl zwecklos, weil Schäden schwer zu beobachten und durch Verrichtungen nicht zu beseitigen sind. Letztere sind für den Maschinisten gefahrbringend und sollen daher unbedingt vermieden werden. Richtig ist es unter diesen Umständen allein, die Zugänglichkeit im Betrieb durch vollkommene Ausbildung aller Teile, insbesondere der Schmiervorrichtungen, völlig entbehrlich zu machen.

Demgemäß war namentlich anzustreben: Reichliche Schmierung und selbsttätige Ölversorgung aller Lager und Triebwerksteile ohne Ölverschwendung. Das wurde durch die Ausbildung automatischer Schmiervorrichtungen mit Ölkreislauf in vollkommener Weise erreicht und bei den schnellaufenden Fahrzeugmaschinen in ausgiebigem Maße durchgeführt. In diesen scheinbaren

Nebenteilen wurde große bauliche Vollkommenheit erzielt und dadurch der Betrieb wesentlich einfacher und sicherer gestaltet. Den größten Erfolg brachte in dieser Richtung die Preßschmierung, bei welcher den Kurbelwellen-, Schubstangen- und Kolbenbolzen-Lagern, sowie den Zylindern dauernd reichliches Schmiermaterial unter Druck zugeführt wird. Dadurch, daß das überschüssige Öl im Boden des Kurbelgehäuses gesammelt und von hier aus durch ein Filter der Preßölpumpe wieder zugeführt wird, wird der Ölkreislauf und entsprechend ausgiebige Ölung mit geringstem Ölverbrauch ermöglicht.

Im Zusammenhang mit der Sicherung des Betriebes durch möglichst vollkommene Ausbildung der Schmierung sind noch manche Einzelheiten wichtig, z. B. die Vorkehrungen, die eventuell getroffen werden müssen, um dauernde Schräglagen des Bootes für die Schmierung unschädlich zu machen.

Wesentlich bleibt nach dem Gesagten nur die Zugänglichkeit des Kurbelgehäuses außerhalb des Betriebes zur Vornahme von Besichtigungen und Reparaturen. Dies ist bei Wagenmotoren relativ bequem von unten zu erreichen. Es wird nur erforderlich, in dem Boden des Gehäuses verschließbare Öffnungen vorzusehen oder die Grundlager mit dem oberen Gehäuseteil zu verbinden und den Bodenteil, der dann lediglich Ölmulde ist, im ganzen losnehmbar einzurichten. Für den Bootsmotor solcher Bauart entfällt die Möglichkeit, allein auf diesem Wege eine einfache Zugänglichkeit des Gehäuses zu schaffen. Es bleibt nur übrig, den oberen Gehäuseteil mit verschließbaren Öffnungen zu versehen. Bei kleinen Maschinen fehlt es hierfür oft an der erforderlichen Fläche, und die Zugänglichkeit an dieser Stelle wird außerdem noch durch wichtige Konstruktionsteile, wie Vergaser, Zünddynamo, Steuerungsantrieb usw. meistens sehr erschwert. Um Kolben und Triebwerk vollkommen zugänglich zu machen und diese Teile ausbauen zu können, müssen daher vielfach Zylindersteuerung und Kurbelgehäuse vollständig abgebaut werden. Das ist eine Arbeit, die im engen Bootsraum, selbst bei kleinen Maschinen, schwierig und umständlich werden kann, für größere Maschinen aber bald sich nicht mehr im Boot ausführen läßt. Völliger Ausbau des Motors aus dem Schiff ist unter diesen Umständen häufig die beste Lösung aller Schwierigkeiten, aber umständlich und teuer.

Weiter sind in diesem konstruktiven Zusammenhang die Vergasungs- und Zündvorrichtungen wesentlich. Diese erscheinen nur äußerlich als Zubehörteile, erfüllen aber in Wirklichkeit die wichtigsten Lebensbedingungen der in Betracht kommenden Gasmaschinen. In ihnen liegen bei diesen Kleinmaschinen die eigentlichen und einzigen Schwierigkeiten, insbesondere auch im Bootsbetrieb. Alles übrige läßt sich heute bequem und sicher beherrschen, die Vergasungs- und Zündvorgänge aber im allgemeinen noch wenig vollkommen. Sie sind sehr empfindlich gegen mancherlei Einwirkungen und werden dadurch zur Hauptquelle von Betriebsstörungen, wenn solche im Motorbetrieb vorkommen.

Die Mängel der Vergasung behindern auch an der Verwirklichung der höchsterreichbaren Wirtschaftlichkeit.

Der Ausdruck „Vergasung" trifft nicht eigentlich das, was man will. Erwünscht ist die einfache Herstellung einer innigen Mischung von feinzerteiltem Ölnebel mit Luft. Das ist bisher nur ganz unvollkommen möglich: Es entsteht die außerordentliche Schwierigkeit, zu verhindern, daß der fein zerteilte Ölstaub sich an kalten Maschinenteilen wieder zu Tropfen verdichtet. Daraus ergibt sich dann notwendig schlechte, unvollkommene Verbrennung. Um dem entgegenzuwirken, führt man den Vergasern Wärme zu und gelangt damit zur Verdampfung, die zweckdienlich bis zur Überhitzung gehen müßte, in solcher Form aber schwer durchführbar ist.

Es ergeben sich aus der Verdampfung wesentliche Nachteile: Das Ladungsgewicht wird durch die Erwärmung verringert, natürlich umsomehr, je größer die Wärmezufuhr ist. Außerdem muß mit steigender Erwärmung die Verdichtungshöhe verringert werden, um Selbstzündung zu vermeiden. Damit verschlechtert sich die thermische Ausnutzung. Unter diesen Umständen müssen die erheblichen Unterschiede in den Verdampfungstemperaturen der Treiböle eine wesentliche Bedeutung haben. Benzin und ähnliche leichte Öle vergasen fast vollständig schon bei 50° C., brauchen also im Vergaser nur wenig oder eventuell gar nicht vorgewärmt zu werden. Die Schwierigkeiten bei der Vergasung sind hier die geringsten. Die Verdichtung kann ohne Gefahr der Selbstzündung bis auf 5 at. und noch höher gesteigert werden, weil das Gemisch mit geringer Wärme in den Zylinder kommt. Aus demselben Grunde, sowie infolge der vollkommeneren Verbrennung, ist die Leistung relativ hoch. Petroleum dagegen erfordert zur annähernd vollkommenen Vergasung mehr als 150° Temperatur und entsprechend stärkere Erwärmung, z. B. durch die Auspuffgase oder besondere Lampen. Die Verdichtung ist nur bis zu 3—3$\frac{1}{2}$ at. zulässig, wenn Selbstzündungen sicher vermieden werden sollen. Die Leistung einer Petroleummaschine sinkt unter sonst gleichen Verhältnissen aus den erwähnten Gründen bis auf die Hälfte der Benzinmaschine herab und die Wärmeausnutzung ist infolge des geringeren thermischen Wirkungsgrads bedeutend schlechter. Rohöle mit 600

bis 800° Verdampfungstemperatur können in normalen Vergasern kaum verwertet werden, was nach dem Gesagten ohne weiteres klar ist.

Den Ausgangspunkt für die praktische Verwirklichung der Vergasung
bildete der Oberflächenvergaser. Nach diesem Prinzip arbeiteten z. B. die
Dochtvergaser. Hierbei ergibt sich ein wesentlicher Nachteil: Eine dauernd
gleichartige Gemischzusammensetzung ist nicht erreichbar, für einen geregelten Maschinenbetrieb aber unerläßlich.

Wesentlich wegen dieses unvermeidlichen Mangels wurde das erwähnte
Prinzip aufgegeben und durch das des Spritzvergasers ersetzt.

In Fig. 17 ist ein solcher Vergaser in der Ausführung von Daimler dargestellt.

Der in den Vergasern sich abspielende Vorgang ist folgender: In einem
Gefäß wird durch einen Schwimmer der Brennstoff in konstanter Höhe erhalten und von dort aus durch eine Düse eingespritzt. Der für die Wirkung
maßgebende Zusammenhang ist: Bei dem hohen Wärmewert des Treiböls
von ca. 10 000 WE., den hier zunächst vorliegenden kleinen Maschinenleistungen und der hohen Tourenzahl ist für jeden Arbeitshub nur eine mini-
male Brennstoffmenge notwendig. Wollte man die Leistung durch Änderung
der Ölmenge regeln, so würde dies an der Kleinheit der Vorrichtung und an
der mangelnden Empfindlichkeit der Einrichtung scheitern. Die Regulierung
der Maschine kann daher nur durch Beeinflussung des Gemisches erfolgen.
Dies ist entweder durch Änderung der Füllung oder der Gemischzusammensetzung möglich. Die Gemischregelung ist mit Öldampf praktisch schwer
durchführbar; man regelt daher zweckmäßig die Füllung, indem man
zwischen Vergaser und Maschine eine Drosselklappe einschaltet. Damit
untersteht der Vergasungsvorgang den Wirkungen dieser Regelung und muß
also entsprechend gestaltet werden. Anzustreben ist möglichst gleichartige
Gemischzusammensetzung bei jeder Belastung. Das sucht man wie folgt zu
erreichen: bei Leerlauf wird die Gemischzufuhr stark gedrosselt. Infolgedessen entsteht im Vergaser erheblicher Unterdruck, was wieder zur Folge
haben würde, daß gerade dann durch die enge Düse die größte Brennstoffmenge zuströmt. Die Maschine würde also ein zu reiches Gemisch empfangen,
wenn nichts weiter geschähe. Um dies zu verhindern, muß der Unterdruck
durch Zuführung von Zusatzluft verhindert werden. Der normal ein-
strömenden Hauptluft ist eine der veränderlichen Belastung entsprechende
Menge Zusatzluft durch besondere Öffnungen hinzuzufügen. Diese Zusatzluft

ist zur Verringerung des Brennstoffverbrauchs zweckmäßig ebenfalls anzu-
wärmen.

Damit ergibt sich für Einspritzvergaser die grundsätzliche Möglichkeit,
die Einführung der Zusatzluft zwangläufig mit der Drosselung zu verbinden
oder sie selbsttätig durch den Unterdruck zu bewirken. Der erste Weg ist
bei dem erwähnten Vergaser und anderen, der zweite bei vielen amerikanischen Konstruktionen, welche selbsttätige Zusatzluftventile besitzen, verwirklicht.

Als nachteilig erweist sich bei den selbsttätigen Vergasern die Masse
der Ventile, die rechtzeitiges Öffnen und Schließen derselben erschwert, und
allgemein für alle Konstruktionen das Auftreten von dynamischen Einflüssen
die den Vergasungsvorgang empfindlich zu stören vermögen. Außerdem ergibt sich trotz der erwähnten Vorkehrungen bei wachsenden Belastungen kein
unbedingt gleichartiges Gemisch, weil Öl und Luftströmung nicht dauernd
nach dem gleichen Gesetz erfolgen.

Die für den Bau der Vergaser maßgebenden Fragen sind nichts weniger
als geklärt und ausreichende wissenschaftliche Beobachtungen sind nicht
vorhanden. Dagegen wird auf gut Glück von vielen herumprobiert und die
Ergebnisse, die häufig allein Zufallsergebnisse und nur unter Einschränkungen
brauchbar sind, werden sorgfältig wie ein Schatz gehütet.

Petroleumvergaser, die betriebstechnisch unbedingt brauchbar und zuverlässig sind, gibt es bis heute kaum und noch weniger sind die Schwierigkeiten der Rohölvergasung befriedigend lösbar. Dabei sind diese Fragen für
den Schiffsbetrieb aus Gründen der Wirtschaftlichkeit und Betriebssicherheit
von größter Bedeutung.

Für die Anordnung der Vergaser bei mehrzylindrigen Maschinen ist
gleiche Länge der Saugleitungen wichtig, weil sonst die einzelnen Zylinder
ungleiche Ladung erhalten.

Nicht weniger wesentlich als die Vergasung ist speziell im Schiffsgasmaschinenbetrieb auch die Zündung, welche die Verbrennung einleiten muß.
Nur bei Dieselmaschinen und ähnlichen erfolgt die Verbrennung selbsttätig,
bei allen übrigen muß sie durch besondere Zündvorrichtungen von außen veranlaßt werden.

Die Zündung soll rechtzeitig erfolgen. Findet sie zu früh statt, so ergibt
sich unnötig hoher Zünddruck, starke Beanspruchung des Triebwerks und
stoßender Gang. Bei zu später Zündung vermindert sich die Leistung, da-

gegen erhöht sich der Brennstoffverbrauch, weil die Verbrennung zu langsam und unvollkommen erfolgt. Richtig ist unter diesen Umständen im normalen Betrieb eine mehr oder weniger geringe Vorzündung, die, außer von der Beschaffenheit der Zündvorrichtung, namentlich noch von der Zündfähigkeit des Gemisches und von der Tourenzahl abhängig ist. Schnellaufende Maschinen erfordern bis zu 20% Vorzündung. Es ist praktisch meistens vorteilhaft, wenn der Zündpunkt sich während des Betriebs verstellen läßt. Beim Anlassen soll er zweckmäßig im oder sogar nach dem Totpunkt liegen, damit schädliche Frühzündungen mit Sicherheit vermieden werden. Die Sicherheit der Zündwirkung gehört selbstverständlich zu den wichtigsten Erfordernissen des Gasmaschinenbetriebs, namentlich auch für Schiffszwecke. Durch häufige Fehlzündungen oder völliges Versagen der Zündung wird die Betriebssicherheit empfindlich geschädigt. Derartige Störungen verträgt kein anderer Betrieb schlechter als der Schiffsbetrieb, mit seiner schwierigen Verantwortlichkeit für Leben und Eigentum.

Allen vorstehenden Anforderungen genügt heute die elektrische Zündung am besten, aber nicht vollkommen. Sie hat die älteren Zündvorrichtungen vollständig verdrängt.

Zuerst verwandte man Flammen- und Glührohrzündung. Diese waren wenig betriebssicher und ließen sich nur schwer vorteilhaft einrichten.

Die elektrische Zündung zeigt im wesentlichen folgenden Zusammenhang: Vermittels einer Stromquelle wird ein Zündstrom durch die Zündleitung geschickt und im Zylinder ein Unterbrechungsfunke erzeugt, welcher die Zündung bewirkt. Als Stromquellen dienen magnetelektrische Dynamos oder Akkumulatorenbatterien. Hohe Spannung des Stroms erzeugt einen kräftigeren Funken, erschwert aber die Isolierung. Der Eröffnungsfunke kann zunächst durch mechanische Abreißvorrichtungen hervorgebracht werden. Der von dem Magnetapparat erzeugte Primärstrom geht durch die sogenannte Zündflansche und bewirkt im Zylinder vermittels des mechanisch gesteuerten Abreißgestänges im Augenblick der Zündung schnell hintereinander mehrere Eröffnungsfunken. Die Abreißzündung wirkt sicher; bei hoher Tourenzahl sind aber die Massen schädlich. Auch ist die Verstellung des Zündpunktes nicht einfach zu lösen. Bei Anwendung von Batterien oder Niederspannungsdynamos ist eine Verstärkung des Stroms durch Induktionsspulen zweckmäßig.

Ein zweiter Weg zur Erzeugung des Unterbrechungsfunkens besteht darin, den Primärstrom außerhalb des Zylinders im Augenblick der Zündung zu unterbrechen und dadurch in einer Induktionsspule sekundäre Stromstöße zu erzeugen. Dann kann zwischen zwei festen Polen im Zylinder, welche in die Induktionsleitung eingeschaltet sind, im Augenblick der Unterbrechung ein Funke erzielt werden. Die Pole werden in einer in den Zylinder einschraubbaren Büchse durch Speckstein oder Glimmer isoliert; das Ganze bildet eine sogenannte Zündkerze.

Die Kerzenzündung ist einfacher als die Abreißzündung, die Kerze selbst leicht herauszunehmen und zu ersetzen. Sie wirkt aber weniger sicher wegen des kleineren Eröffnungsfunkens und ist eher dem Verschmutzen ausgesetzt.

Um gute Zündwirkung zu erzielen, ist die richtige Anordnung der Zündung im Zylinder an Stellen, wo sich stets reines, zündfähiges Gemisch befindet, wesentlich. Der elektrische Funke hat hohe Temperatur, aber geringe Oberfläche. Größere Maschinen erfordern daher 2—3 Zündstellen für sichere schnelle Zündung.

Im Schiffsbetrieb ist die elektrische Zündung trotz aller Vervollkommnungen unbequem und wenig sicher, weil die Isolation wegen der unvermeidlichen Feuchtigkeit schwierig ist. Fehler sind oftmals schwer zu finden, auch nicht einfach und schnell zu beseitigen, unterbrechen aber sogleich den Betrieb und machen das Fahrzeug, in großer Entfernung vom Lande, wie jede schwere Betriebsstörung, leicht ziemlich hilflos. Dabei muß stets mit den einfachen Hilfsmitteln und der durchschnittlichen geringen Sachkenntnis des Bedienungspersonals auf elektrotechnischem Gebiet gerechnet werden.

Bedenklich ist die elektrische Zündung unbedingt für offene seegehende Boote. Hier sind häufige Kurzschlüsse und Isolationsstörungen wegen der überkommenden Wellen und der zerstörenden Wirkung des Seewassers fast unvermeidlich.

Leichteste Automobilmotoren sind nur für den Schiffsrennsport brauchbar und zweckmäßig, weil sie große Leistung mit geringstem Gewichts- und Raumbedarf ermöglichen. Diese Forderungen müssen mit wesentlichen Zugeständnissen an die Betriebssicherheit, den Brennstoffverbrauch, die Zugänglichkeit usw. erkauft werden.

Leichte Rennbootsmaschinen wurden z. B. von Ailsa-Craig mit V-Anordnung der Zylinder, die baulich für die Gewichts- und Raumersparnis vorteilhaft, aber für die Zugänglichkeit aller Teile wenig günstig ist, ausgeführt. Die große Zylinderzahl gibt sehr gleichförmiges Drehmoment und ruhigen

Gang auch ohne Schwungrad. Die Kurbelwelle wird relativ einfach, da ja zwei Schubstangen an einer Kröpfung angreifen.

In den Fig. 25—26 ist die interessante Maschine des Rennboots Zariza dargestellt. Ihr Konstrukteur ist Loutzkoy, und Gebrüder Howaldt, Kiel, sind die Erbauer.

Für Gebrauchsboote selbst leichter Bauart ist größte Gewichtsersparnis unnötig und wegen der Gefährdung der Sicherheit sogar schädlich. Wesentlich sind dagegen nicht zu hohe Umdrehungszahlen für günstige Propellerwirkung, solide, kräftige Konstruktion und ausreichende Bemessung aller Lager- und Gleitflächen, um geringen Verschleiß und volle Betriebssicherheit auch bei dauernder Vollbelastung zu erzielen. Außerdem ist erforderlich: Einfachheit der Konstruktion, leichte, bequeme Zugänglichkeit und Auswechselbarkeit der wichtigsten Teile, wie der Kurbelwelle mit Lagern, des Triebwerks und sämtlicher Steuerungsteile einschließlich der Ventile. Diese müssen namentlich schnell ausgebaut, gereinigt und neu eingeschliffen werden können, da sie leicht verschmutzen und durch Abnutzung undicht werden. Das gilt besonders auch für die Auspuffventile.

Mittelschwere und schwere Bootsmotore.

Im Bau von mittelschweren und schweren Bootsmaschinen, die ausschließlich verschiedenartigen nützlichen Verwendungszwecken auf Schiffen angepaßt worden sind, ist das Ausland bisher vielfach mit gutem Beispiel vorangegangen.

In Amerika ist die Ausgestaltung der Schiffsgasmaschine sogleich vollkommen unabhängig erfolgt und die Anlehnung an die Automobilmaschine gänzlich vermieden worden. Maßgebend war allein das Bedürfnis nach einer einfachen, betriebssicheren und dauerhaften Maschine, die den hohen Ansprüchen des Schiffsbetriebes unbedingt gewachsen ist. Die Fig. 27—30 zeigen entsprechende Ausführungen von Viertaktmaschinen amerikanischer Firmen wie: Truscott Boat Manufacturing Comp. und Ralaco.

Wie ersichtlich, sind die diesen Maschinen zugrunde gelegten Konstruktionsbedingungen im wesentlichen folgende: Große Einfachheit des äußeren Aufbaus unter Vermeidung jedes unnützen Beiwerks, leichte Zugänglichkeit aller wichtigen bewegten Teile, namentlich der Ventile, der Steuerung, der Kurbelwelle usw.; ferner Billigkeit der Herstellung durch weitgehende Ausgestaltung der Massenfabrikation. Die Rohrleitungen werden so einfach und kurz wie möglich gehalten und tunlichst aus normalen Gasrohren mit Fittings

500 PS-Rennbootsmotor für die „Zariza". (Vorderseite.

Fig. 25.

500 PS-Rennbootsmotor für die „Zariza". Darstellung des Einbaus.

Fig 26.

ausgeführt. Jede überflüssige Bearbeitung unterbleibt. Dagegen sind alle wesentlichen Arbeitsflächen, wie die der Zylinder, Kolben, Zapfen und Lager, mit größter Genauigkeit und Sauberkeit ausgeführt. Die Betriebsführung wurde durch Anwendung automatischer Schmiervorrichtungen, die oft mit überraschender Einfachheit große Vollkommenheit verbinden, so weitgehend wie möglich erleichtert. Die Armaturen, wie Öler, Vergaser, Pumpenventile usw., werden vielfach nach Normalien von Spezialfirmen fertig bezogen. Teuere Schmiedestücke werden nach Möglichkeit vermieden und

Truscott-Bootsmotor (Viertakt).

Fig. 27.

durch Gußteile, die nach einmal vorhandenen Modellen beliebig oft und billig ausführbar sind, ersetzt.

Solche einfach gestalteten und zu bedienenden Kleinmaschinen sind auch in der Hand von Nichtsachverständigen genügend betriebssicher. Das ist für amerikanische Verhältnisse wesentlich, weil besonders geschultes Bedienungspersonal sehr hoch bezahlt werden muß. Weniger wichtig als bei uns ist dagegen geringster Wärmeverbrauch; denn die Wärme ist wegen des natürlichen Reichtums des Landes an Brennstoffen jeder Art relativ billig. Unter diesen Umständen hat der Schiffskleinbetrieb insbesondere mit Ölmaschinen in Amerika schon längst größere Bedeutung erlangt als bei uns, wesentlich unter dem Einfluß der zweckmäßigen baulichen Gestaltung der Maschinen, sowie der Wohlfeilheit der Brennstoffe.

Zylinderschnitt eines Truscott-
Motors.

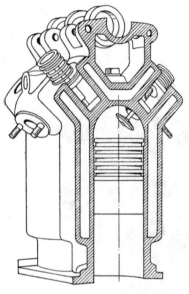

Fig 28.

Fig. 30.

Vierzylinder-Ralaco-Bootsmotor (Viertakt).

Fig. 29.

Die Zweitaktmaschine.

Der Zweitakt gestaltet sich für Ölbetrieb baulich sehr einfach und vorteilhaft, während seine Anwendung bei reinen Gasmaschinen stehender Bauart sich maschinen- und betriebstechnisch noch schwieriger bewältigen läßt als bei der ortsfesten liegenden Anordnung. Die erforderlichen Spül- und Ladepumpen werden konstruktiv noch wesentlich unbequemer und ergeben schwierig zu lösende Detailaufgaben in bezug auf Regelung von Leistung und Tourenzahl im Betrieb; sie erzeugen nach jeder Richtung große Weitläufigkeit.

Bei Zweitakt-Ölmaschinen entfällt die Gaspumpe; sie kann durch kleine Ölpumpen und andere einfache Ladevorrichtungen ersetzt werden. Weitere Vereinfachung wird durch die Verwendung des Kurbelgehäuses als Spülpumpe geboten; diese kann noch dadurch erweitert werden, daß in dieser Pumpe sogleich Gemenge angesaugt, mäßig verdichtet und mit diesem Gemenge sogleich gespült und geladen wird. Da das Spülen und Laden schnell erfolgen muß, sind Kanalkränze, vom Kolben gesteuert, mindestens für den Auspuff unentbehrlich, aber auch für den Einlaß möglich und gegebenenfalls zweckmäßig. wie Fig. 31 zeigt.

Schließlich kann auch der Einlaß der Kurbelkastenpumpe noch vom Kolben gesteuert werden. Auf solche Weise wird größte bauliche Einfachheit erreichbar, da alle Ventile fortfallen.

Schematische Darstellung einer Zweitaktmaschine.

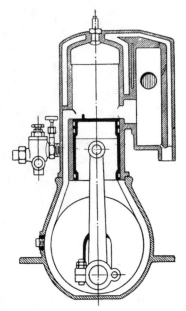

Fig. 31.

Zweitaktmaschinen dieser Bauart sind in dem deutschen Gasmaschinenbau zuerst von S ö h n l e i n eingeführt worden und haben namentlich in Amerika als Kleinmaschinen große Verbreitung gefunden, weil sie sehr einfach und billig werden und die geringsten Ansprüche an Bedienung und Instandhaltung stellen. Es gibt keine einfachere Maschine als diese Zweitakt-Ölmaschinen mit reiner Kolbensteuerung: alle Schwierigkeiten im Bau und Betrieb der Ventile und ihrer Steuerung fallen fort, und völlig geräuschloser Gang ist möglich.

Die Fig. 32—39 stellen amerikanische und englische Öl-Zweitakt-
maschinen dar.

Solche Zweitaktmaschinen sind auch einfach umsteuerbar, weil die
Steuerung ein Anlassen in jeder Richtung ohne weiteres gestattet.

Nachteilig aber ist, daß die Maschinen wegen der Unvollkommenheit
der Spül- und Ladevorgänge sehr unökonomisch arbeiten. Zentrale Spülung
und Ladung wäre zweckmäßig, ist aber nicht möglich. Abgase, Spülung und
Gemisch müssen im Zylinder neben- und gegeneinander strömen. Dieser Vor-

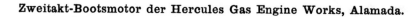

Zweitakt-Bootsmotor der Hercules Gas Engine Works, Alamada.

Fig. 32.

gang wird durch Rippenführung am Kolben begünstigt, aber gleichwohl nur
unvollkommen verwirklicht (Fig. 31). Dadurch sind unvollständige Verdrängung der Abgase, Gemischverluste, schlechte Verbrennung usw. unvermeidlich. Solche Maschinen ergeben infolgedessen bei hohen Brennstoff-
preisen unbedingt teuren Betrieb und haben deshalb in Deutschland bisher
wenig Eingang gefunden.

Verbesserungen in der Wärmeausnutzung sind wiederum nur mit Opfern
an baulicher Einfachheit zu erkaufen. Verwendet man z. B. nur für den
Auspuff Schlitzkränze, für den Einlaß aber Ventile, so ist zentrale Beschickung
der Zylinder und damit bessere Brennstoffauswertung erreichbar. Gleichzeitig
aber ergibt sich größere bauliche Kompliziertheit als bei den ventillosen

Maschinen, weil die Ventile mit ihrem Steuerungsantrieb wieder hinzukommen. Vereinfachung gegenüber der Viertaktmaschine besteht zwar immer noch wegen der geringeren Zahl der Ventile, ist aber nicht mehr so erheblich.

Die Massenfabrikation marktgängiger Klein-Schiffsgasmaschinen kann durch Verwendung geeigneter Konstruktionsmaterialien und Herstellungsformen wesentlich vereinfacht und verbilligt werden. Sie ist in diesem Sinne namentlich in Amerika zu hoher Vollkommenheit gelangt. Schubstangen, Ventilhebel usw. werden z. B. vielfach aus Stahlguß oder aus Preßstahl aus-

Zweitakt-Bootsmotor der Lackawanna Manufacturing Co.

Fig. 33.

geführt unter Vermeidung jeder überflüssigen Bearbeitung. Die Ausführung in Preßstahl ist aber nur für wirkliche Massenherstellung angebracht; sonst machen sich die erforderlichen teuren Stahlmatrizen schlecht bezahlt.

Für den gewerblichen Betrieb von Schiffen mit Verbrennungsmaschinen ergeben sich wesentliche Schwierigkeiten aus der Verwendung des Benzins und anderer leichtester Öle als Brennstoff, nämlich: hohe Betriebskosten und geringe Betriebssicherheit wegen der Feuers- und Explosionsgefahr.

Die Ausbildung brauchbarer Gasmaschinen für Petroleum und Schweröle ist daher für Schiffszwecke wesentlich.

Im Kleinbetrieb sind außerdem noch Vereinfachung der Vergasung und Zündung außerordentlich wertvoll, weil diese Vorgänge, wie erwähnt, besonders

Zylinderschnitte und Details eines Vierzylinder-Unterseebootsmotors von White and Middleton. $D = 10''$, $H = 12''$.

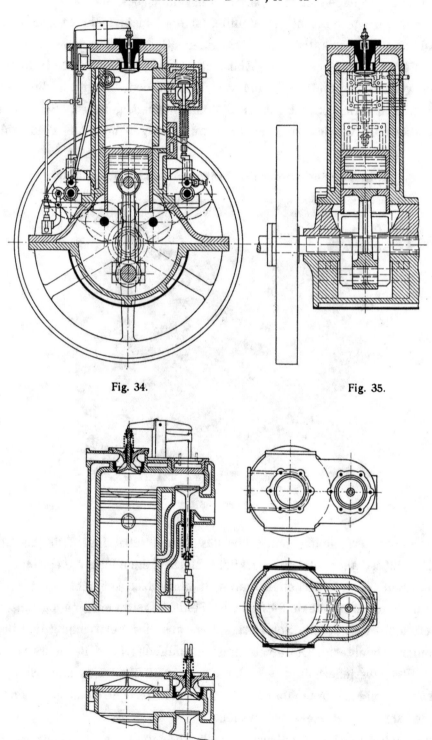

Fig. 34.   Fig. 35.

Fig. 36—39.

empfindlich und leicht Störungen ausgesetzt sind, auch die Einfachheit der Bedienung hindern. Bestrebungen dieser Art wurden bisher in Deutschland noch wenig gepflegt; wohl aber im Ausland.

Schiffs-Kleinmotoren sind bei uns überhaupt noch in der Entwicklung zurückgeblieben, weil die beteiligte Industrie wenig Bedürfnis und deswegen keinen Absatz vermutete. Unzweifelhaft ist ein solches Bedürfnis auch bei uns in ausreichendem Maße vorhanden; der Markt aber muß erst durch Ausgestaltung brauchbarer, wirtschaftlicher und betriebssicherer Maschinen entwickelt werden. Für unwirtschaftlich arbeitende Maschinen, die den jeweiligen einfachsten Forderungen des Schiffsbetriebs an Sicherheit und Einfachheit der Bedienung schlecht entsprechen, fehlt es naturgemäß an Absatz.

Charakteristisch ist für diese Verhältnisse das Beispiel der Kleingasmaschinen mit Glühhaube, die in England schon anfangs der neunziger Jahre erfunden und auf den Markt gebracht wurde. Ihre Ausgestaltung hat in Dänemark, Schweden und Norwegen in den letzten Jahren die Entwicklung einer kleinen, aber blühenden Maschinenindustrie zur Folge gehabt, weil den Bedürfnissen des maschinellen Antriebs von einfachen Fischerei- und Segelfahrzeugen auf diesem Wege vorteilhaft entsprochen werden konnte.

Das Wesentliche und Neue an dieser Maschine ist die in Fig. 40 dargestellte

Glühhaube.

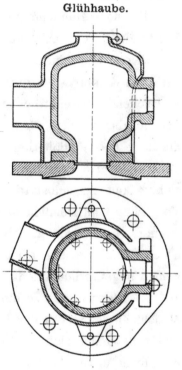

Fig. 40.

Glühhaube, die Zündung und Vergasung in einfachster Form gleichzeitig ermöglicht. Sie ist auf dem normal gebauten Zylinder untergebracht und wird durch die Verpuffungswärme im Betriebe dauernd in schwachglühendem Zustande erhalten. Es ist sowohl Viertakt wie Zweitakt durchführbar wie bei jeder normalen Verbrennungsmaschine. Beim Viertakt ergibt sich z. B. folgender Vorgang: Während eines ersten Saughubs wird Luft angesaugt und in einem zweiten Kompressionshub verdichtet. Etwa 20% vor Beendigung des Verdichtungshubs oder noch früher wird durch eine Ölpumpe mit Zerstäuber der Brennstoff in die Haube geblasen. Infolge der hohen Wandungstemperatur verdampft das Öl sogleich in der Haube, verpufft aber

noch nicht, weil zunächst nur Abgas und keine ausreichende Verbrennungsluft vorhanden ist. Die Verpuffung erfolgt erst, nachdem eine ausreichende
Mischung des Öldampfes und der in die Haube eintretenden Luft erreicht ist;
kurz vor Schluß des Verdichtungshubs. Voraussetzung ist natürlich die richtige
Bemessung der Haube und der Verbindungsöffnung zwischen ihr und dem
Arbeitsraum des Zylinders. Dann folgen wie gewöhnlich Expansion und Auspuff während des dritten und vierten Hubs.

Die Fig. 41 und 42 zeigen Ausführungen solcher Glühhaubenmaschinen
von Bolinder und Swiderski, Leipzig.

Die hohe Haubentemperatur von ca. 500—600 ° ermöglicht ohne weiteres
Verwendung von Petroleum nnd sogar von Rohöl.

Solche Maschinen sind wegen der unvollkommenen Verbrennung und der
geringen Kompression thermisch nicht besonders vorteilhaft, aber trotzdem
hinreichend wirtschaftlich, weil billiger Brennstoff verwendbar ist. Ausschlaggebend aber ist vor allem die große Einfachheit in Bau und Betrieb, ferner
die hohe Betriebssicherheit. Vergasung und Zündung können nicht versagen,
da komplizierte Vorrichtungen hierfür entfallen. Diese Vorgänge vollziehen
sich vollkommen selbsttätig und unabhängig von der Bedienung, Zündung und
Vergasung sind ziemlich unempfindlich. Eindringende Feuchtigkeit hat keine
nennenswerte Wirkung. Alles, was mit der Haube im Betrieb passieren kann,
ist ein Bruch derselben bei plötzlicher Abkühlung. Dieser aber ist erfahrungsgemäß ungefährlich und durch Einbauen einer neuen Haube leicht und schnell
zu beseitigen. In Verbindung mit äußerst solider Bauart sind solche
Maschinen selbst von der Hand wenig sachkundiger Laien einfach zu warten
und vollkommen sicher zu betreiben. Ein relativ hohes Gewicht wird dabei
allerdings unvermeidlich, zumal die Tourenzahl, den Schraubenforderungen
entsprechend, gewöhnlich nur 300—500 beträgt. Daraus entsteht aber für
viele schwere Nutzfahrzeuge kein erheblicher Nachteil. Sehr unbequem, aber
unumgänglich ist das Vorwärmen der Hauben zum Anlassen. Benzinlampen
hierfür zu benutzen, hat sich oft als gefahrbringend erwiesen; selbst der
kleinste Vorrat an solchem leicht entzündlichen Öl ist für manche Schiffszwecke bedenklich. Es kann aber auch mit Petroleum angeheizt werden, da es
brauchbare Heizlampen für diesen Brennstoff gibt.

Einen anderen Weg zur Schaffung brauchbarer Kleinschiffmotoren kennzeichnet der Brons-Motor von der Appingedamer Brons-Motoren-Fabrik, der in
Deutschland von der Gasmotorenfabrik Deutz hergestellt und vertrieben wird.

Das Ziel ist das gleiche, nämlich: Vermeidung aller empfindlichen Teile

Vierzylinder-Zweitakt-Glühhaubenmotor von Bolinder.

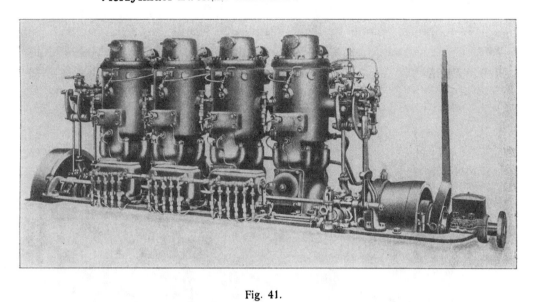

Fig. 41.

Zweizylinder-Zweitakt-Glühhaubenmotor von Swiderski.

Fig. 42.

an der Maschine, also insbesondere komplizierter Zündung und Vergasung. Nur die Verwirklichung erfolgt in anderer Weise.

Die Bronsmaschine erstrebt Vergasung direkt im Zylinder und Selbstzündung, gleichzeitig hohe Verdichtung und geringen Wärmeverbrauch in ähnlicher Form wie beim Dieselmotor, aber mit einfacheren baulichen Mitteln.

Bronsmotor der G. M. F. Deutz.

Fig. 43.

Im normalen Viertakt wird, wie beim Dieselverfahren, im ersten Hub Luft angesaugt und im zweiten auf ca. 27 at verdichtet. Der Brennstoff wird aber nicht eingeblasen. Die Brennstoffpumpe bringt ihn vielmehr gegen Schluß des Verdichtungshubs in eine Kapsel, die am Zylinderdeckel befestigt in den Verbrennungsraum hineinragt und mit zahlreichen feinen Öffnungen versehen ist. Ein Teil des Öls vergast in der heißen Kapsel sofort und dringt in den Arbeitsraum. Dort bringt ihn die Wärme der hochkomprimierten Luft alsbald zur Entzündung und Verpuffung, die dann auch auf den Rest des Brennstoffs in der Kapsel übergehen. Expansions- und Auspuffhub erfolgen darauf wie gewöhnlich.

Gegenüber dem Dieselmotor ergibt sich wesentliche bauliche Vereinfachung durch den Fortfall der mehrstufigen Pumpe für die Einblasluft; ein Vorteil, welcher für Kleinmotoren unentbehrlich ist. Das Anlassen muß wegen der hohen Verdichtung mit Luftdruck erfolgen, da das Anlassen von Hand, wie bei sonstigen Kleinmaschinen, unmöglich ist. Damit werden eine Luftpumpe und ein Luftbehälter erforderlich. Diese Zubehörteile bringen naturgemäß Vermehrung von Gewichts- und Raumbedarf, die gegenüber der Bequemlichkeit des Anlassens nicht immer als angenehm empfunden werden mag. Sehr vorteilhaft ist auch der geringe Brennstoffverbrauch von nur 220—250 g pro PSe.-Std., der aus der hohen Verdichtung sich ergibt. Nachteilig dagegen ist die Beschränkung auf Petroleum als Brennstoff, da Rohöl wegen der Verschmutzung der Kapselöffnungen nicht verwendbar ist. Der geringe Wärmeverbrauch muß aber mit Verpuffungsdrucken von 50—55 Atm. erkauft werden, weil der Verbrennungsvorgang in der Kapsel das Gleichdruckverfahren ausschließt und zur Anwendung der Verpuffung zwingt. Solche Drucke führen zur Beschränkung in der Größe der Maschine; nur Klein

Zylinderkopf eines Bronsmotors mit Einspritzkapsel.

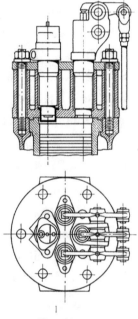

Fig. 44.

maschinen dieser Bauart lassen sich in den erforderlichen Abmessungen wirtschaftlich und sicher durchführen. Außerdem sind durch die Drucksteigerung unbedingt kräftige Abmessungen und entsprechend erhebliches Gewicht erforderlich. Wie aus den Fig. 43—44 ersichtlich, ist der BronsMotor der Deutzer Gasmotorenfabrik baulich sehr vorteilhaft gestaltet. Der Steuerungsantrieb ist außerordentlich einfach und übersichtlich. Ventilhebel und Steuergestänge sind die einzigen sichtbaren beweglichen Teile. Infolgedessen macht die Maschine im Betrieb einen sehr ruhigen, einfachen Eindruck. Die Bedienung stellt nur geringe Ansprüche an die Sachkenntnis der Bootsmannschaft, da komplizierte Teile entfallen und namentlich Vergasung und Zündung wieder vollkommen selbsttätig und sicher erfolgen.

Größere Schiffsgasmaschinen.

Zahlreich sind gegenwärtig auch schon größere Ausführungen von Schiffsgasmaschinen von 100—1000 PS. verwirklicht und für die verschiedensten
Schiffszwecke in Betrieb genommen.

Solche Maschinen wurden für verschiedene Brennstoffe, wie Benzin,
Rohöl, Paraffin, Gasolin, Stein- und Braunkohlengas usw., mit Verpuffung und
Gleichdruck, sowie mit Viertakt- und Zweitaktwirkung gebaut. Sie bedeuten
im ganzen nur eine weitere Ausgestaltung der Kleinmaschinen; denn sie verwenden im wesentlichen die gleichen baulichen Mittel: Offene Zylinder mit
Tauchkolben, deren Tragfläche zugleich Kreuzkopfführung ist; einfache geschlossene Kurbelgehäuse, Anordnung der Ventile seitlich neben den Zylindern
oder in den Deckeln usw. Die Größenentwicklung erfolgte dabei Schritt für
Schritt einfach durch Steigerung der bekannten konstruktiven Mittel. Die
Zahl der Zylinder wurde von 4 auf 6 und 8 und noch mehr, die Kolbengeschwindigkeit auf 6—6$^1/_2$ m und darüber vermehrt.

In der Größe der Zylinderabmessungen hat man vorsichtig Maß gehalten, weil damit alle Schwierigkeiten rapide wachsen, wenn Aufbau und
Detailausführung der Kleinmaschinen bestehen bleiben. Unvermeidlich ergeben sich somit für einen kleinen Hub und große Kolbengeschwindigkeit
hohe Tourenzahlen, die etwa von 400—800 selbst für Maschinen von mehreren
100 PS. gewählt werden. Verkleinerung des Zylinderquerschnitts wird durch
Erhöhung der Zylinderzahl ermöglicht.

Kennzeichnend für die bisherigen Bestrebungen, Schiffsgasmaschinen
mit größeren Leistungen zu bauen, ist somit die vielzylindrige, schnellaufende
Maschine.

Beispiele für solche Bauart bieten zunächst zahlreiche Diesel-Maschinen-
ausführungen, die im In- und Auslande für Schiffszwecke gebaut wurden. Das
Dieselverfahren und ähnliche, wie dasjenige mit gemischter Verbrennung, ergeben für Großmaschinen wesentliche Vorteile, namentlich günstige Ausnutzung billiger Rohöle und hohen mittleren Druck, der relativ große Leistung
bei kleinem Zylindervolumen ermöglicht. Die hohen Verdichtungs- und Zünd-
drucke begünstigen schnellen Umlauf. Die Mehrzylinderanordnung ist nicht
nur für die Leistungssteigerung brauchbar, sondern vor allem für den Ausgleich der Kräfte und Momente notwendig. Darin liegen also wichtige
günstige Faktoren für die Ausbildung von Großmaschinen.

Vierzylinder-Viertakt-Dieselmotor der M. A. N. für franz. Unterseeboote. 300 PS.

Fig. 45.

Vierzylinder-Viertakt-Dieselmotor der M. A. N. für die Deutsche Marine. 140 PS.

Fig. 46.

Schnellaufende Dieselmaschinen mit 400—600 Umdrehungen sind mehrfach als Unterseebootsmotore ausgeführt worden.

Fig. 45 ist die Ansicht eines Diesel-Viertaktmotors von 300 PSe., welchen die Maschinenfabrik Augsburg für die französische Marine im Jahre 1905 geliefert hat.

Die Maschine ist bereits mit direkter [Umsteuerung versehen; hierüber wird noch an anderer Stelle näherer Aufschluß gegeben.

Weiter zeigt Fig. 46 eine ähnliche Maschine, welche die deutsche Marine vor mehreren Jahren von derselben Fabrik bezog.

Wesentliche Grundlagen für den Bau dieser und ähnlicher Maschinen sind: Einfache Zylinderwirkung mit Viertakt, geschlossenes Kastengehäuse, Anordnung der Steuerwelle oben seitwärts an den Zylindern entlang, sämtlicher Ventile (für Ansaugen, Auspuff, Brennstoff und Anlaßluft) in den Deckeln, der Einblas-, Kühl- und Schmierpumpen seitlich am Gehäuse mit Antrieb von der Kurbelwelle aus. Die Brennstoffpumpen dagegen befinden sich vor den Zylindern und erhalten den Antrieb von der Steuerwelle.

Die Fig. 47—52 zeigen wichtige bauliche Einzelheiten wie die Regelung, die Gestaltung der gekühlten Ventile, ferner die Vorrichtungen zur Zerstäubung des Brennstoffs beim Eintritt in den Zylinder usw. Die Durchbildung der Zerstäuber im Sinne vorteilhaftester Brennstoffausnutzung erfordert andauernd sorgfältiges Studium, welches bisher zur stetigen Verminderung des Brennstoffverbrauchs und zur Erhöhung der Betriebssicherheit viel beigetragen hat.

In Fig. 53 ist ein einfacher Düsenzerstäuber dargestellt, der trotz seiner Einfachheit geringen Brennstoffverbrauch ergibt und vor allem volle Sicherheit gegen gefahrbringende Aufspeicherung des Brennstoffs gewährt.

Gegenwärtig baut die Maschinenfabrik Augsburg eine schnellaufende Diesel-Schiffsmaschine mit 850 PSe. und 6 Zylindern. Dabei ist vollkommener Massenausgleich möglich, während Vierzylindermaschinen zwar keine Kippmomente, aber stets noch unausgeglichene Kräfte ergeben. Die Anordnung der Einblasluftpumpen, die zweckmäßig auch die Anlaßluft erzeugen, sowie ihres Antriebs ist für größere Maschinen unbequem. Sie müssen der hohen Drucke wegen (50—60 Atm.) 2—3stufig und sehr vollkommen mit kleinsten schädlichen Räumen, sorgfältiger Kühlung, leichten, für Schnellbetrieb geeigneten Ventilen usw. durchgebildet werden. Sonst arbeiten sie sehr unwirtschaftlich und bringen zu großen Verlust.

Für Anlassen und Umsteuern werden bedeutende Luftmengen nötig, ca. 2—6 Lit/1 PS. Das ergibt ein relativ großes Pumpenvolumen und zwingt unter Umständen zur Verteilung desselben auf zwei Pumpen, wenn diese sogleich von der Maschine angetrieben werden sollen. Der Selbstantrieb durch die Maschinen muß einfach und sicher durchgeführt werden; zweckmäßig erscheint daher der Antrieb durch eine besondere Kurbel der Kurbelwelle, wie vielfach ausgeführt wurde.

Anlaß- und Brennstoffhebel mit Umstellvorrichtung für einen M. A. N.-Schiffs-Dieselmotor.

Gekühltes Auspuffventil.

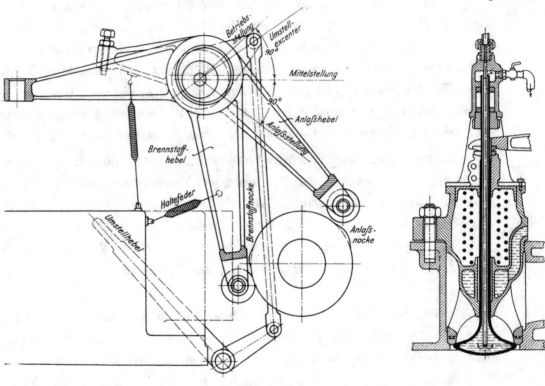

Fig. 47.   Fig. 48.

Für große Diesel-Maschinen empfiehlt sich eventuell die Anordnung getrennter Luftkompressoren. Die Maschine selbst wird dadurch baulich einfacher, kompakter und übersichtlicher. Auch ist die Lufterzeugung dann von dem Gang der Maschine unabhängig, was für den Betrieb sehr vorteilhaft sein kann.

Erheblichen Schwierigkeiten begegnet die Konstruktion der Deckel, die 4—5 Ventile aufnehmen, gleichwohl Pressungen von 40 Atm. und hohen

Temperaturen Stand halten müssen. Starke Spannungsunterschiede durch Temperaturen sind unbedingt zu vermeiden. Dazu ist eine sehr vorsichtige Massenverteilung und vor allem eine sorgfältige Durchbildung der Kühlung erforderlich. Das Kühlwasser ist durch richtig angeordnete Rippen zu führen und in ausreichender Menge in alle Winkel zu leiten, so daß die Wärme überall gleichmäßig entfernt wird. Alle wichtigen Deckelpartien müssen richtig versteift und gekühlt werden. Die Erfüllung dieser konstruktiven

Zylinderkopf.

Plattenzerstäuber.

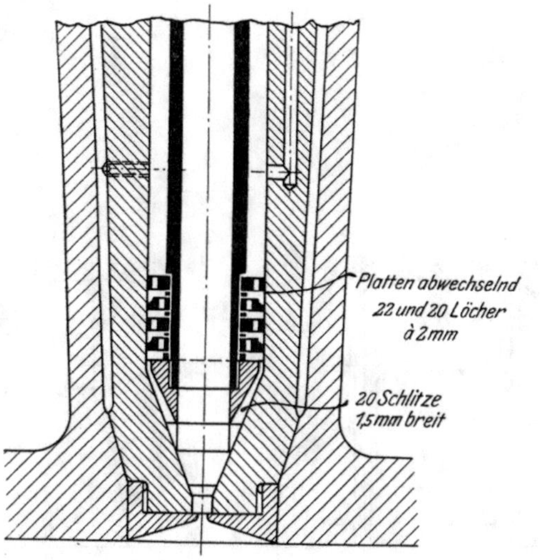

Platten abwechselnd
22 und 20 Löcher
à 2 mm

20 Schlitze
1,5 mm breit

Fig. 49.

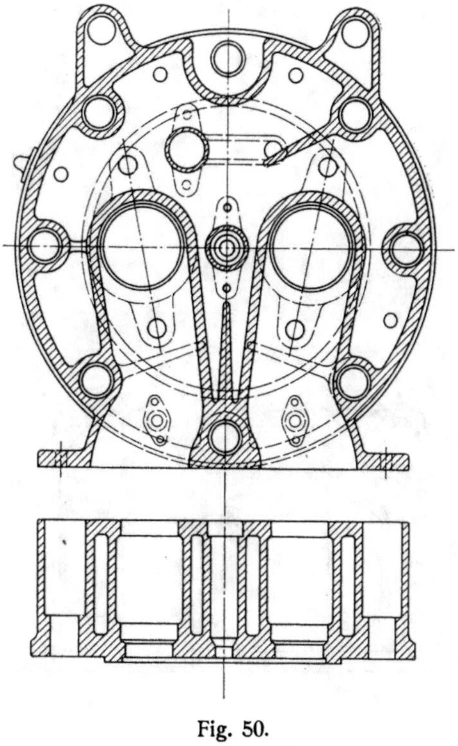

Fig. 50.

Forderung ist wichtiger als die Materialfrage, weil durch besseres Material das Reißen mangelhaft versteifter und gekühlter Deckel nicht verhindert werden kann.

Fig. 50 ist der Schnitt durch den Zylinderdeckel einer Diesel-Maschine, daraus wird die Durchführung der angedeuteten Forderungen im einzelnen ersichtlich. Wesentlich ist bei den hohen Umlaufgeschwindigkeiten auch die Schmierung aller wichtigen Zapfen und Lager.

Hierfür ist grundsätzlich allein richtig: Möglichst reichliche Schmierung im Kreislauf und unbedingt sichere Zuführung des Öls an die betreffenden

Steuerscheiben eines Schiffs-Dieselmotors.

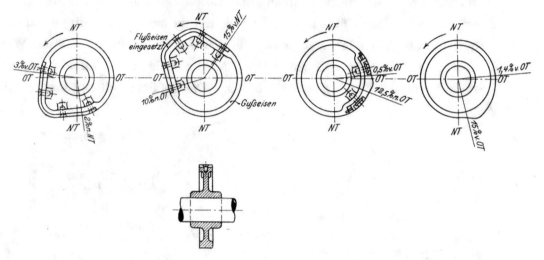

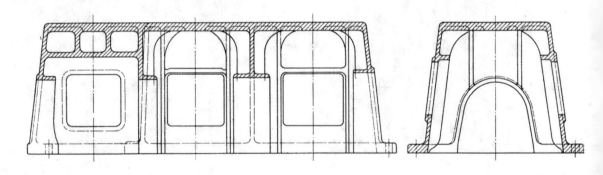

Fig. 51.

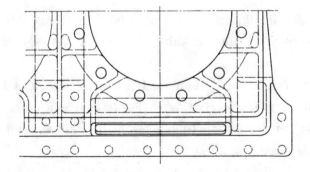

Kastengestell eines M. A. N.-

Schiffs-Dieselmotors.

Fig. 52.

Stellen. Das Öl erfüllt nicht nur den Zweck, die Reibung zu vermindern, sondern gleichzeitig auch, Wärme abzuführen. Das ist nur mit reichlicher Schmierung, die ohne Ölverschwendung allein mittels Kreislaufs ermöglicht werden kann, durchführbar.

Die Fig. 54 und 55 zeigen die bei größeren Diesel-Maschinen übliche Preßschmierung für Kurbelwellen-, Pleuelstangen- und Kolbenzapfen-Lager. Durch diese Schmierung wird große Sicherheit und vollkommen selbsttätige Wirkung erreicht. Sie ermöglicht Zapfendrucke und Geschwindigkeiten, die

Brennstoffdüse eines Gleichdruckmotors mit offener Düse.

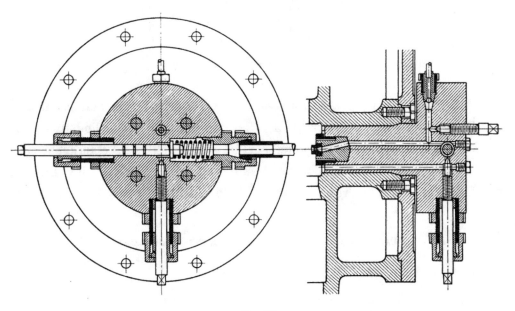

Fig. 53.

im Maschinenbau für den Dauerbetrieb bisher ungewöhnlich waren, 90—100 kg bezw. 4—5 m für Kurbelzapfen und 150—200 kg für die Kolbenzapfen.

Schließlich ergibt sich hierbei auch ein einfacher Weg für die Kühlung der Kolben, die bei größeren Maschinen als ungekühlte Tauchkolben bald nicht mehr sicher genug zu betreiben sind, wesentlich, weil die Kolbenböden zu sehr erhitzt und dadurch zu wenig widerstandsfähig werden.

Die Wärmeentwicklung und Anhäufung im geschlossenen Kurbelgehäuse ist bei größeren Maschinen so erheblich, daß das Schmieröl verdampft und die Schmierung versagt. Um diesem Übelstand zu begegnen, wird häufig außer den Grundlagern noch das Gehäuse durch Wasser gekühlt, außerdem immer, wie bei den kleinen Maschinen, das Gehäuse entlüftet. Wirksam ist

unzweifelhaft aber auch in dieser Richtung eine energische Kühlung des
Kolbens, welche die Wärme unschädlich abführt.

Wegen der hohen Verbrennungsdrucke müssen Dieselmaschinen sehr
kräftig bemessen werden; sie werden deshalb relativ schwer (30 — 40 — 50 kg
pro 1 PS und eventuell noch wesentlich darüber).

Kurbelwelle eines Schiffs-Dieselmotors mit Schmieröl-Bohrungen.

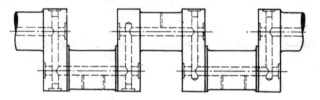

Fig. 54.

Die Fig. 56 und 57 sind Darstellungen einer Diesel-Viertaktmaschine in
der Bauart der Germaniawerft, Kiel-Gaarden. Diese Vierzylindermaschine
mit Ne = 300 PS und n = 450 unterscheidet sich in einigen bemerkenswerten
Einzelheiten von der Augsburger Ausführung: Die Kurbeln des hinteren
und vorderen Kurbelpaares sind um 180 ° wie bei der Augsburger Maschine

Preßölschmierung für einen Schiffs-Dieselmotor.

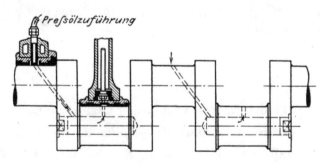

Fig. 55.

gegen einander versetzt. Die beiden Kurbelpaare bilden jedoch zur Erleichterung des Umsteuerns einen Winkel von 90 °, während bei der Augsburger
Ausführung mit Rücksicht auf vorteilhafteren Massenausgleich ein Winkel
von 180 ° hierfür üblich ist. Die Maschine hat zwei oben liegende Steuerwellen, die wie gewöhnlich von der Kurbelwelle aus durch Schraubenräder
und Zwischenwellen angetrieben werden. Die vordere betätigt die Einlaß-,

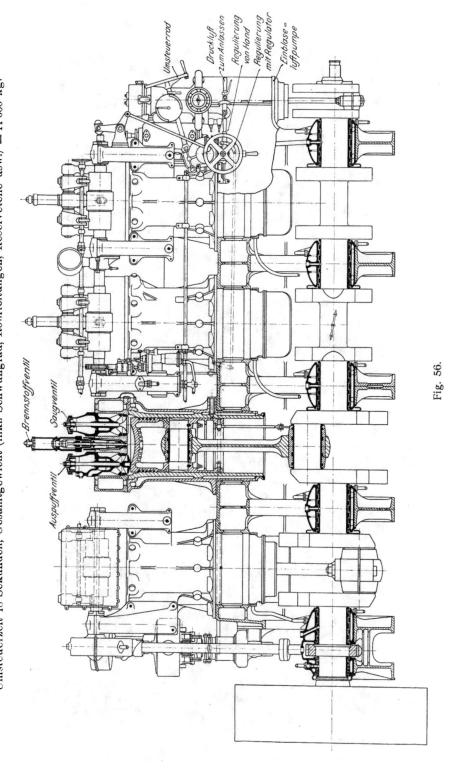

Vierzylinder-Viertakt-Schiffs-Dieselmotor von der Germaniawerft-Kiel.

300 PS$_e$. D = 330 H = 330 n = 450 n min. = 150 n max. = 500^x Max. ind. mittl. Druck = 8 at, Brennstoffverbrauch = 200 gr/PS$_e$-Stunde, Umsteuerzeit 18 Sekunden, Gesamtgewicht (inkl. Schwungrad, Rohrleitungen, Reserveteile usw.) = 11 600 kg.

Umsteuerrad

Druckluft zum Anlassen
Regulierung von Hand
Regulierung mit Regulator
Einblase-luftpumpe

Brennstoffventl
Saugventl
Auspuffventl

Fig. 56.

Germania-Rohöl-Schiffsmotor von 300 PS.

Fig. 57.

Brennstoff- und Auspuffventile, die hintere die Anlaßventile. Diese bauliche Komplikation der Steuerung erweist sich als notwendig, weil die Umsteuerung in anderer Weise als bei der Augsburger Maschine, nämlich durch Vorwärts- und Rückwärtsnocken und Verschieben der Steuerwellen erfolgt. Hierbei fehlt für die Unterbringung aller Nocken auf einer Welle der Platz.

Es wird ebenfalls durchgängig Druckschmierung verwandt. Den Lagern wird das immer wieder gereinigte und gekühlte Öl durch Zahnradpumpen im Kreislauf zugeführt, während Kolben und Kolbenzapfen durch Plungerpumpen mit stets frischem Öl geschmiert werden.

Die wichtigsten Einzelteile sind aus besonderen Materialien hergestellt und zwar: Grundplatte, Zylindermäntel und Steuerhebel aus Stahlformguß, der Kurbelkasten, die unteren Schalen und die Deckel der Kurbelwellenlager, sowie die Lagerböcke der Steuerwellen aus Bronze, Kurbelwelle, Pleuelstangen und Steuerwellen aus Spezialtiegelstahl.

Diesel-Maschinen vorstehender Bauart können mit billigen Ölen, wie Rohöl, Paraffin, Gasöl usw. betrieben werden und ergeben bei Viertaktwirkung, sowie sorgfältigster Durchbildung und Herstellung, den geringen Verbrauch von etwa 180—200 g pro 1 PSe/Std. Unter diesen Umständen sind Diesel-Maschinen und solche ähnlicher Bauart die wirtschaftlichsten Ölmaschinen.

Für den Schiffszweck ist ferner wichtig, daß durch Regelung der Brenn-stoffzufuhr die Tourenzahl von Diesel-Motoren auf etwa $1/3$ der normalen im Dauerbetriebe vermindert werden kann.

Diesel-Schiffsmaschinen sind zahlreich auch im Auslande ausgeführt worden.

Die Fig. 58 und 59 zeigen 3- und 4-zylindrige, umsteuerbare Diesel-maschinen in der Bauart von Gebr. Nobel, Petersburg. Gegenüber den ange-führten deutschen Ausführungen sind wichtige konstruktive Unterschiede nicht vorhanden. Ausgenommen ist lediglich die Umsteuerung, die sehr vollkommen durchgebildet worden ist. Sie wird an anderer Stelle eingehend berücksichtigt.

Ferner sind französische Diesel-Motoren in den Fig. 60 und 61 wiederge-geben. Solche Maschinen wurden mehrfach von Sautter, Harlé & Co., Paris, der Société Française des Moteurs Diesel, der Société des Atéliers et Chantiers de la Loire, der Société des Chantiers et Atéliers Augustin Normand gebaut. Sie waren insbesondere für Unterseebootszwecke der französischen Marine bestimmt.

Schiffs-Dieselmotor von Gebr. Nobel-Petersburg (3 Zyl.).

Fig. 58.

Schiffs-Dieselmotor von Gebr. Nobel-Petersburg (4 Zyl.).

Fig. 59.

Die Maschinen zeigen gegenüber ihren deutschen Vorbildern keine erheblichen Unterschiede.

Die Fig. 62—64 sind z. B. Ansichten einer Sechszylinder-Diesel-Maschine von 420 PS bei 400 Umdrehungen.

Vierzylinder-Schiffs-Dieselmotor von Sautter, Harlé & Cie., Paris.

Fig. 60.

Sechszylinder-Schiffs-Dieselmotor von Sautter, Harlé & Cie., Paris.

Fig. 61.

Die Steuerwelle ist abweichend von der Augsburger Ausführung unten im Gehäuse gelagert und betätigt die Ventilhebel durch Verbindungsstangen.

Dadurch gestaltet sich der Antrieb der Steuerwellen und ihrer Lagerung einfacher und leichter. Die Steuerung wird ruhiger und übersichtlicher. Die

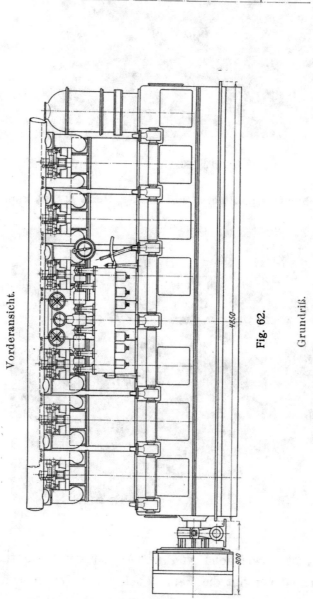

Seitenansicht.

Fig. 64.

Französischer Sechszylinder-Unterseebootsmotor.
N = 420 PS n = 400.

Vorderansicht.

4850

900

Fig. 62.

Grundriß.

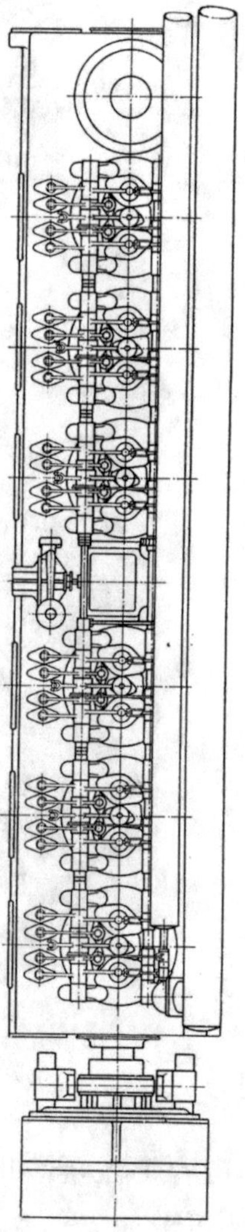

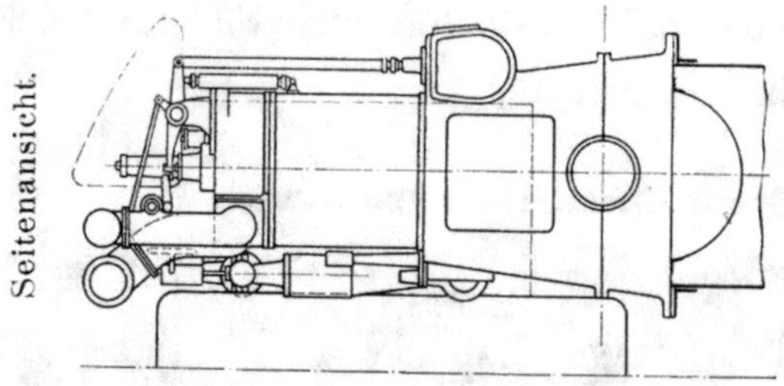

Fig. 63.

Umsteuerbarer Schiffsmotor (mit gem. Verbrennung)
von der Société des Moteurs Sabathé, Saint-Etienne.
N = 700 PS n = 300.

Fig. 65.

Fig. 66.

6 Brennstoffpumpen sind gemeinsam auf einem Support in der Mitte der Maschine aufgebaut. Auch diese Maßnahme erscheint nicht unvorteilhaft, indem das Gewicht vermindert und die Beeinflussung der Pumpen für die Regelung erleichtert wird. Das Gehäuse ist aus Stahlguß. Die dreistufige

Bronze-Kastengestell für einen französischen Unterseebootsmotor, ausgeführt von Zeise-Hamburg.

Länge = 1780 mm, Breite = 980 mm, Höhe = 1050 mm, Wandstärke 6 mm.

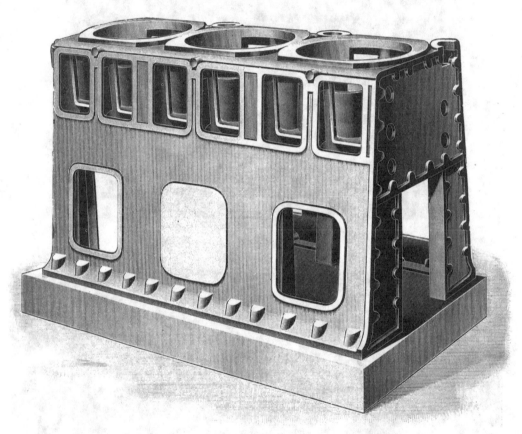

Fig. 67.

Einblaspumpe wird gewöhnlich am Ende der Maschine neben den Zylindern aufgestellt. Das Gewicht der Maschine beträgt 40 kg pro PSe, inklusive Schwungrad und allem Zubehör.

Weiter ist in den Fig. 65 und 66 eine Schweröl-Viertaktgasmaschine für Schiffszwecke von der Société des Moteurs Sabathé, St.-Etienne, dargestellt.

Fig. 67 zeigt das Kastengestell aus Bronze für einen französischen Diesel-Motor, welches von der Firma Zeise-Hamburg hergestellt wurde.

Die Sabathé-Maschinen verwirklichen das früher erörterte Arbeitsverfahren mit gemischter Verbrennung. Abweichend vom Dieselverfahren
wird hierbei nur auf etwa 30 Atm. verdichtet. Die Brennstoffeinspritzung erfolgt dann in 2 Teilen, die durch das entsprechend gestaltete zweisitzige
Brennstoffventil kurz hintereinander eingeblasen werden (Fig. 68). Die erste
kleine Menge, die noch vor dem Totpunkt zugeführt wird, verpufft unter
Drucksteigerung auf etwa 40 Atm. Damit wird dieser für das Anlassen vor-
gesehene Druck auch für den normalen Brennstoffbetrieb ausgenutzt. Für

kleine Leistung unterbleibt die zweite
Brennstoffzufuhr; die Maschine arbeitet alsdann allein nach dem Verpuffungsverfahren und somit bei der
hohen Kompression trotz der kleinen
Leistung sehr ökonomisch. Um die
volle Leistung zu erzielen, wird nach
dem Totpunkt die Hauptbrennstoff-
menge eingeblasen; sie verbrennt
wie beim Diesel-Verfahren unter annähernd konstantem Druck. Dieser
Prozeß ergibt als weitere wertvolle
Vorteile: Vermehrung der Völligkeit
des Diagramms und Steigerung des
mittleren indizierten Drucks auf
8—8,5 kg, während dieser für Diesel-
Maschinen höchsten 7,5 kg beträgt.

**Doppelsitziges Brennstoffventil des
Sabathé-Motors.**

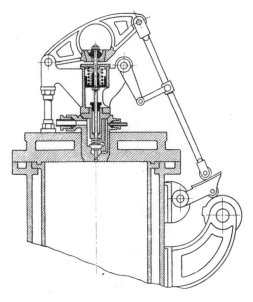

Fig. 68.

Durch die vorangehende Verpuffung, die mit starker Wärmeentwicklung verbunden ist, wird eine Verringerung der Gleichdruckperiode über das Normal-
maß von 12—15 % ermöglicht; gleichzeitig ist eine vollkommenere Verbrennung infolge der kräftigen Vorwärmung durch die Verpuffung wohl zu
erwarten. Auch diese Folgen sind der Völligkeit des Diagramms bezw. der
Wärmeausnutzung günstig.

Maschinen mit gemischter Verbrennung ergeben demnach unzweifelhaft
eine bessere Ausnutzung der Zylinderabmessungen als Diesel-Maschinen;
ferner geringeren Wärmeverbrauch, namentlich bei kleinen Leistungen.

Bezüglich der baulichen Ausgestaltung der Sabathé-Maschinen sind
folgende Einzelheiten bemerkenswert: das Kurbelgehäuse ist aus
Stahlguß hergestellt; eine Seitenwand ist losnehmbar. Dadurch wird

der Ausbau der Kolben, Treibstangen und der Kurbelwelle möglich, ohne daß Zylinderdeckel und Steuerung entfernt werden müssen. Die Zylindermäntel sind aus Stahlguß und paarweise zusammengegossen. Ferner bestehen die Kolben, welche besondere Gleitbacken besitzen, aus Stahlguß, die eingezogenen Zylinderbuchsen aus halbhartem Flußstahl. Die

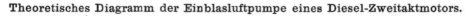

Theoretisches Diagramm der Einblasluftpumpe eines Diesel-Zweitaktmotors.

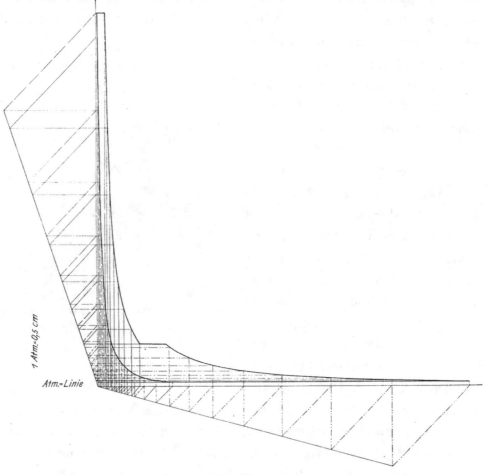

Fig. 69.

Stahlgußzylinderdeckel sind möglichst niedrig gehalten, um die Kühlung zu erleichtern. Die Ventile besitzen besondere eingesetzte Gehäuse.

Die Zylindermäntel, Deckel, Ventilgehäuse, Kolben und Auspuffleitungen sind wassergekühlt. Bei Maschinen mit kleinen Leistungen wird der Luftkompressor an einem Ende der Maschine angebracht und direkt von der Welle angetrieben, während größere Ausführungen eine besondere Hilfsmaschine zum Antrieb der Luft- und Zirkulationspumpen erhalten.

Die Umsteuerung der Maschine erfolgt mit Vor- und Rückwärtsnocken und verschiebbarer Steuerwelle.

Das Diesel-Verfahren wurde wiederholt auch im Zweitakt verwertet. Hierbei ergibt sich gegenüber Viertaktmaschinen zunächst die Aussicht auf mehrere Vorteile, wie vermehrte Triebwerksausnutzung, geringeres Schwunggewicht und wesentliche Vereinfachung der Steuerung. Praktisch ist allerdings eine erhebliche Erhöhung der Triebwerksausnutzung schwierig. Das Leistungsverhältnis 2:1 gegenüber dem Viertakt kann aus verschiedenen

Theoretisches Diagramm der Spülpumpe eines Diesel-Zweitaktmotors.

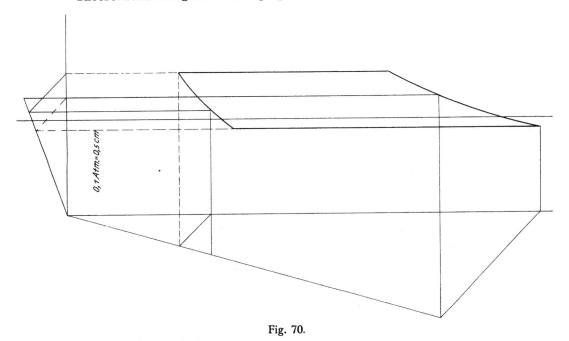

0,1 Atm = 0,5 cm

Fig. 70.

Gründen auch bei Diesel-Ölmaschinen nicht annähernd verwirklicht werden. Das ergibt sich als unvermeidliche Folge des abgeänderten Arbeitsprozesses.

Die großen Ladepumpen des Gaszweitakts können zwar hier entbehrt werden, und gegenüber dem normalen Ölzweitakt wird eine bedeutende Verbesserung des Ladevorgangs erreichbar, weil nicht mit Gemenge gespült wird und Spül- und Ladezeit weniger beengt sind.

Unvermeidlich sind aber die Spülpumpen. Sie verschlechtern nach den bisherigen Erfahrungen den mechanischen Wirkungsgrad, während umgekehrt der Zweitakt durch Verminderung des Anteils der Reibungsverluste an der Maschinenleistung eine Verbesserung zur Folge haben müßte. Sie bereiten außerdem wesentliche Schwierigkeiten bei der baulichen Anordnung; bei un-

geschickter Lösung sind bedeutende Nachteile, wie schlechte Raum- und Ge-
wichtsausnutzung und vor allem geringer mechanischer Wirkungsgrad unvermeidlich. Auch die beste Lösung führt zu baulichen Komplikationen
durch die Pumpen und auf mechanische Wirkungsgrade von kaum mehr
als 70—75 % gegenüber 75—80 % bei der einfachen Diesel-Viertaktmaschine.

Theoretisches Arbeitsdiagramm eines Diesel-Zweitaktmotors.

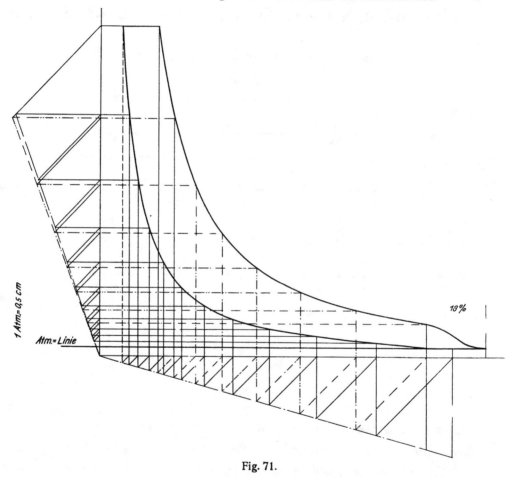

Fig. 71.

Kurbelkastenspülpumpen können für die in Betracht kommenden Maschinengrößen weder baulich noch wirtschaftlich brauchbar durchgebildet
werden.

Relativ günstig gestaltet sich noch die Anordnung eines besonderen
Pumpenzylinderraumes unter dem Arbeitszylinder und die Verwendung eines
gemeinsamen Stufenkolbens. Diese Konstruktion ist aber nur für einfach
wirkende Maschinen brauchbar; sie bringt außerdem die Gefahr, daß Brenn-

itional information of this book

rbuch der Schiffbautechnischen Gesellschaft; 978-3-642-90184-3; 978-3-642-90184-3_OSFO16)

rovided:

://Extras.Springer.com

stoff durch den Arbeitskolben in den Pumpenzylinder gelangt und dort eventuell Explosionen verursacht.

Bei doppelt wirkenden Großmaschinen, für die der Zweitakt aber überhaupt erst wesentlich wird, ergibt sich auf dem angeführten Wege keine befriedigende Lösung. Die naheliegende Anordnung besonders angetriebener Spülpumpen ist unzweckmäßig, weil dabei der Wirkungsgrad erheblich verschlechtert wird und für die dauernd sichere Spülwirkung der selbsttätige Antrieb durch die Maschine nicht entbehrt werden kann. Auch andere Anordnungen lassen sich nicht leicht derartig durchführen, daß keine erheblichen baulichen und betriebstechnischen Nachteile entstehen.

Vorteilhaft ist für die Diesel-Schiffsmaschine mit Zweitaktwirkung wie für alle Ölzweitaktmaschinen die Ersparnis an Schwunggewicht und die bedeutende Vereinfachung der Steuerung und Umsteuerung. Einfach wirkende 6-Zylindermaschinen können mit Zweitakt ohne Schwungrad selbst bei weitgehender Tourenverminderung genügend gleichförmig betrieben werden. Nachteilig ist dagegen die geringere Brennstoffausnutzung und im Zusammenhang damit die verminderte Völligkeit des Diagramms, welche eine weitere Verringerung der spezifischen Leistung ergibt.

Auch diese Mängel führen auf die Unvollkommenheit des Ladevorganges zurück. Die völlige Austreibung der Abgase ist schwierig und eine Verschlechterung der Verbrennung deshalb nicht leicht zu vermeiden.

Für die richtige Durchführung der Spülung in der verfügbaren kurzen Zeit ist zunächst die Steuerung von Auspuff und Spülluft durch Kanalkränze zweckmäßig, weil hierbei hinreichende Querschnitte und nicht zu große Durchflußgeschwindigkeiten zu ermöglichen sind.

Gleichzeitig ergibt sich bei dieser Bauart die einfachste äußere Steuerung. Denn es sind nur für Brennstoff und Anlassen Steuerungsorgane vorzusehen und zu betreiben. Als Nachteil müssen aber die ungünstigen Strömungsverhältnisse im Zylinder wie bei den Kleinmaschinen ähnlicher Bauart mit in den Kauf genommen werden. Die Verdrängung der Abgase durch die Spülluft muß auf längerem Wege mit mehrfacher Richtungsänderung erfolgen. Das ist ein schwieriger dynamischer Vorgang, der wegen der kurzen Zeit und der Abhängigkeit von Druck- und Geschwindigkeitsverhältnissen schlecht zu beherrschen ist.

Zentrale Verdrängung der Auspuffgase ist möglich, wenn der Lufteinlaß durch ein Ventil im Deckel erfolgt. Damit geht aber die große Einfachheit der Steuerung zum Teil wieder verloren, und der Spülvorgang wird dadurch

4 Z Zweitakt-Schiffs-Dieselmotor von Gebr. Sulzer-Winterthur.   D = 180 H = 250 N = 100 PS n = 400.

Fig. 74.

immer noch nicht vollkommen. Für richtiges Spülen müßte das Einlaßventil relativ großen Querschnitt und Hub erhalten, um in der gegebenen kurzen Zeit die erforderliche Luftmenge mit mäßiger Geschwindigkeit einströmen zu lassen. Große Ventilquerschnitte und Hübe sind aber nicht ausführbar, weil der Platz fehlt und weil schwere, massige Ventile mit bedeutenden Hüben für den Antrieb im Zweitakt und mit hoher Tourenzahl sehr schnell unüberwindliche Schwierigkeiten bereiten. Das zwingt also unbedingt zur Beschränkung nach beiden Richtungen, und damit werden entsprechende Ventilwiderstände und Verluste, die den Vorgang verschlechtern, unvermeidlich.

Es kommt weiter ungünstig hinzu, daß bei zu großer Luftgeschwindigkeit die Schichtung zwischen Spülung und Abgasen nicht aufrecht erhalten werden kann und daß durch den im Schiffsbetrieb unvermeidlichen Wechsel in der Umlaufsgeschwindigkeit die Güte des Spülvorgangs ungünstig beeinflußt wird.

Nach dem Gesagten ist außerdem ohne weiteres klar, daß die Zweitaktmaschine größeren Beschränkungen in der Tourenzahl unterliegt, als die Viertaktmaschine. Hohe Tourenzahlen von 500—600, die für größere Viertaktmaschinen wiederholt ausgeführt wurden, sind also für entsprechende Zweitaktmaschinen nicht nur der Schrauben wegen unzweckmäßig. Eine Verminderung derselben auf höchstens 300—400 erscheint auch mit Rücksicht auf den Arbeitsvorgang geboten.

Diesel-Zweitaktmaschinen werden in Deutschland von der Maschinenbaugesellschaft Nürnberg, ferner von Gebr. Sulzer, Winterthur, und in Schweden von der Aktiebolaget Diesels Motorer, Stockholm, ausgeführt.

Eine Sulzer-Schiffsgasmaschine in der Bauart des Diesel-Zweitaktes von 100 PS wurde schon 1906 durch die Ausstellung in Mailand bekannt. (Fig. 74); ferner geben die Fig. 75 und 76 neuere Ausführungen dieser Firma wieder.

Die Stockholmer Schiffs-Dieselmaschine ist ein interessantes Beispiel einer eigenartig durchgebildeten Zweitaktmaschine, die in Größen von 60 bis 750 PSe bei n = 300 — 155 Touren gebaut wird.

Die Fig. 77—84 zeigen Ansichten und einige wesentliche Einzelheiten dieser Ausführung. Wie ersichtlich, ist die Maschine in der Formgebung der Einzelteile sowie in ihrem gesamten Aufbau in hohem Maße selbständig ausgebildet worden. Aber auch im Wesen dieser maschinentechnischen Ausgestaltung ergeben sich mehrere bemerkenswerte Abweichungen gegenüber den üblichen Ausführungen von Schiffsdieselmaschinen.

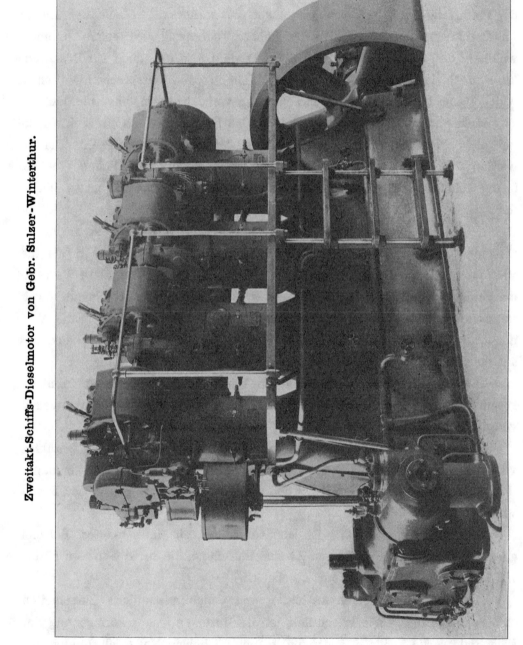

Zweitakt-Schiffs-Dieselmotor von Gebr. Sulzer-Winterthur.

Fig. 75.

Aus der schematischen Darstellung in Fig. 81 wird die Art der baulichen Durchführung des Zweitakts mit Schlitzsteuerung für Spülluft und Auspuff erkennbar. Damit ergibt sich die erwähnte Einfachheit der äußeren Steuerung; ebenso gilt das über die Wirkung dieser Durchbildung des Zwei-

Zweitakt-Schiffs-Dieselmotor von Gebr. Sulzer-Winterthur.

Fig. 76.

takts Gesagte auch hier. Die wesentlichsten Konstruktionsabsichten bei dieser Maschine sind:

das Manövrieren mit Preßluft in einem eigenen Zylinderpaar, das neben den Arbeitszylindern angeordnet wird, durchzuführen und dadurch Vereinfachung im Bau der Arbeitszylinder und sichere, unabhängige Manövrierwirkung zu erreichen. Brennstoff- und Luftbetrieb sind gleichzeitig neben-

Fig.77−84. Zweitakt-Schiffs-Dieselmotor der Aktiebolaget Diesels Motorer, Stockholm.
Gesamtansicht.

Fig. 77.

Vorderansicht.   Seitenansicht.

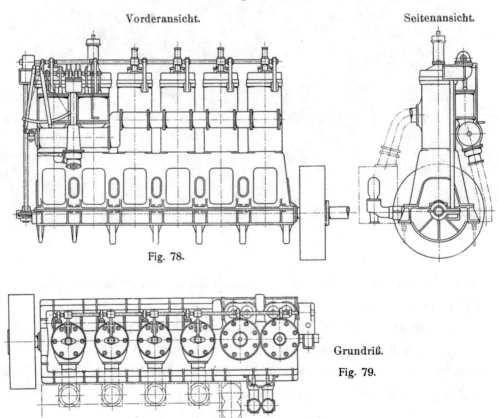

Fig. 78.

Grundriß.

Fig. 79.

Zylinder- und Steuerungs-Schnitte.

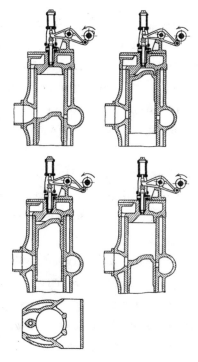

Fig. 81.

Luftzylinder-Schnitt.

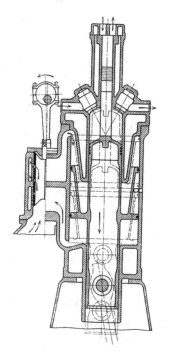

Fig. 82.

Zerstäuber.

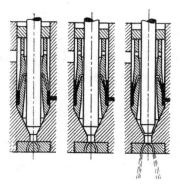

Fig. 83.

Brennstoffventil.

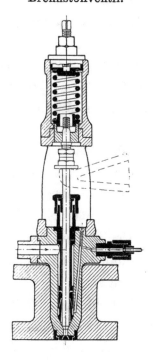

Fig. 84.

und miteinander durchführbar. Dadurch wird eine Vergrößerung der Schraubenleistung beim Anlassen und Umsteuern ermöglicht, und vor allem jede Unsicherheit beim Übergang vom einen auf den andern Betrieb vermieden;

die erforderliche Spülluft- und (eventuell auch) Einblasluft-Erzeugung
sogleich mit den Manövrierzylindern zu verbinden, um die eigentliche Arbeitsmaschine auch von dieser Aufgabe zu entlasten und trotzdem den vorteilhaften eigenen Antrieb durch die Maschine ohne neuen Aufwand an Gewicht
und Raum zu erzielen;

ausreichende Kolbengeschwindigkeit mit längerem Hub, aber mäßigen
Tourenzahlen zu verwirklichen, so daß ein ruhiger sicherer Betrieb mit
tunlichst geringem Verschleiß und außerdem gute Schraubenwirkung erreichbar ist;

die Einzelheiten der Umsteuerung, die bei den Arbeitszylindern mit
Vorwärts- und Rückwärtsnocken und bei den Luftzylindern mit Schiebern
erfolgt, so durchzubilden, daß sich die Manövriervorgänge sehr schnell und
vollkommen sicher ohne Gefährdung durch Gegenexplosionen vollziehen;

den Zerstäubungsvorgang durch sorgfältige Ausbildung des Zerstäubers
so vollkommen wie möglich zu gestalten. Die Ansammlung von Brennstoff,
der erst nachträglich aus dem Zerstäuber in den Zylinder gelangt, und dann
Gegenexplosionen verursachen kann, soll verhindert und auch die kleinste
Brennstoffmenge vollständig und in feinster Zerteilung in den Zylinder gelassen werden.

Die Erfüllung dieser Forderungen bezweckt in letzter Linie, eine unbedingt betriebssichere, einfach zu bedienende und dauerhafte Maschine zu
schaffen. Bei den Arbeitszylindern mit ihren hohen Drucken und Temperaturen sind alle Komplikationen vermieden; sie erhalten nur ein einfaches
kleines Ventil, das Brennstoffventil mit Zerstäuber. Die äußere Steuerung
wird dadurch unvergleichlich einfach. Die Steuerwelle betätigt das Brennstoffventil mit Vorwärts- und Rückwärtsnocken und außerdem die Brennstoffpumpen derart, daß beim Umsteuern zunächst diese und erst nach ein paar
weiteren Umdrehungen die Brennstoffventile abgestellt werden. Dadurch
wird nachträglichen Gegenexplosionen, wie erwähnt, mit ziemlicher Sicherheit vorgebeugt.

Alle Vorrichtungen für Spülen und Einblasen, Anlassen und Manövrieren
sind auf die Luftmaschine übertragen. Diese kann trotz aller baulichen
Komplikation durch die Erzeugung von Spül-, Anlaß- und Einblasluft, sowie
durch die gleichzeitige Verwendung als Kraftmaschine vollkommen betriebs-

Viertakt-Spiritus-Benzol-Schiffsmotor von Gebr. Körting für A.-Boote der Kaiserl. Deutschen Marine.

N = 85 PSe D = 200 H = 270 n = 500. Ein- und Auslaß-Ventil im Zylinderdeckel;
Regulierung der Tourenzahl von 216—350 durch Leistungsregler; Doppelvergaser für Benzin und Benzol-Spiritus; Abreiß-zündung; Anlassen mit Benzingemisch und Handzündmaschine; Umsteuerung durch Wendegetriebe mit Reibungskuppelung Dohmen-Leblanc.

Fig. 85.

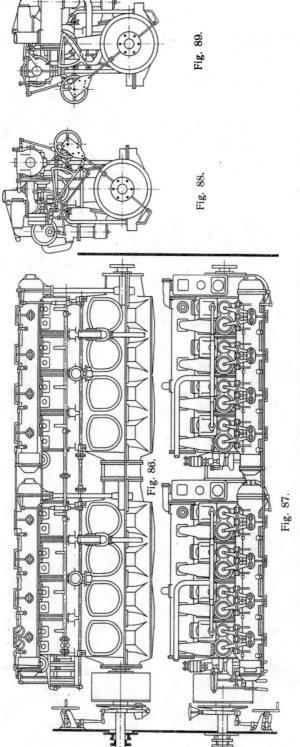

Fig. 89.

Fig. 88.

Fig. 90.

Fig. 86.

Fig. 87.

Fig. 86—90. Achtzylinder - Paraffin - Unterseebootsmotor von Thornycroft für die italienische Marine.

N = 350 PS D = 12″ H = 8″ n = 560.

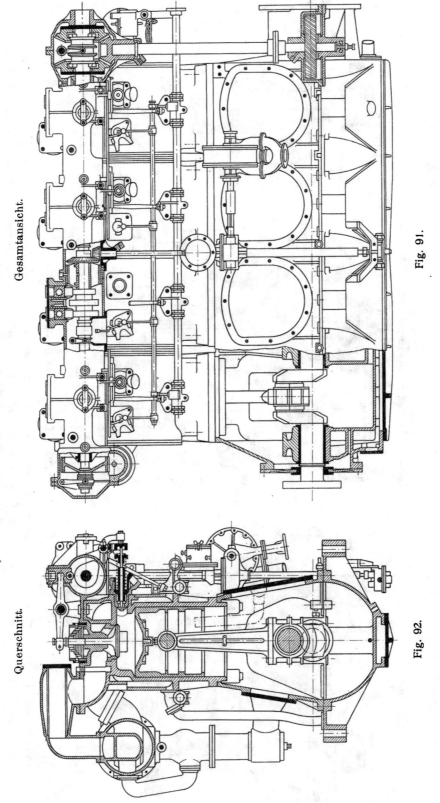

Fig. 91—95. Vierzylinder-Paraffin-Unterseebootsmotor von Thornycroft.

Gesamtansicht.

Querschnitt.

Fig. 91.

Fig. 92.

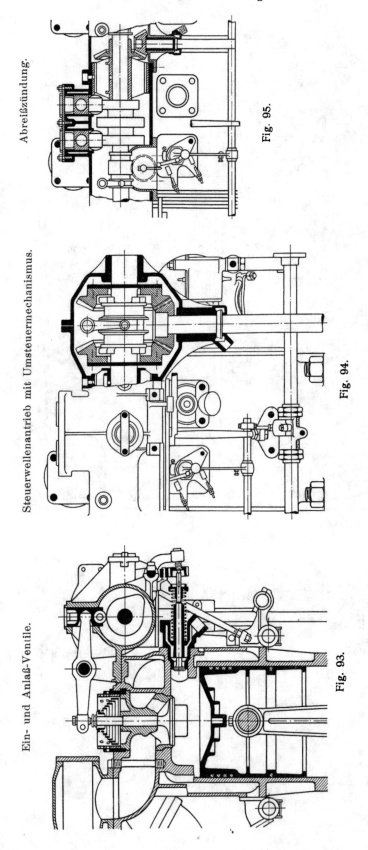

Abreißzündung.

Fig. 95.

Steuerwellenantrieb mit Umsteuermechanismus.

Fig. 94.

Ein- und Anlaß-Ventile.

Fig. 93.

N = 175 D = 12″ H = 8″ n = 550 Gew. = 3175 kg.

Anlassen mittels Druckluft; Paraffin-Vergaser, der zunächst mit Petroleum angeht und von den Abgasen geheizt wird. Niederspannungs-Magnetzündung. Preßschmierung. Wasserkühlung für Kurbelwellenlager und Kurbelgehäuseboden. Kolben- und Kurbelgehäusekühlung durch Gebläseluft.

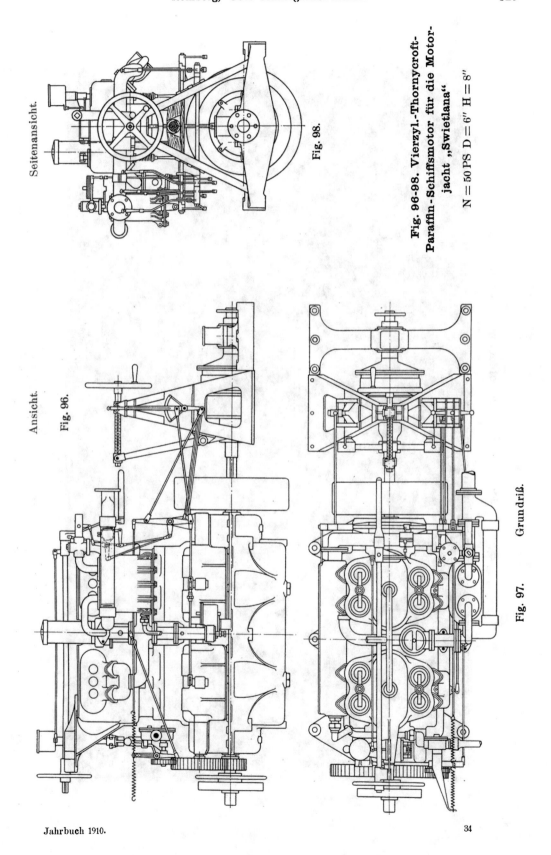

Seitenansicht.

Fig. 98.

Fig. 96—98. Vierzyl.-Thornycroft-Paraffin-Schiffsmotor für die Motorjacht „Swietlana"

N = 50 PS D = 6″ H = 8″

Ansicht.

Fig. 96.

Grundriß.

Fig. 97.

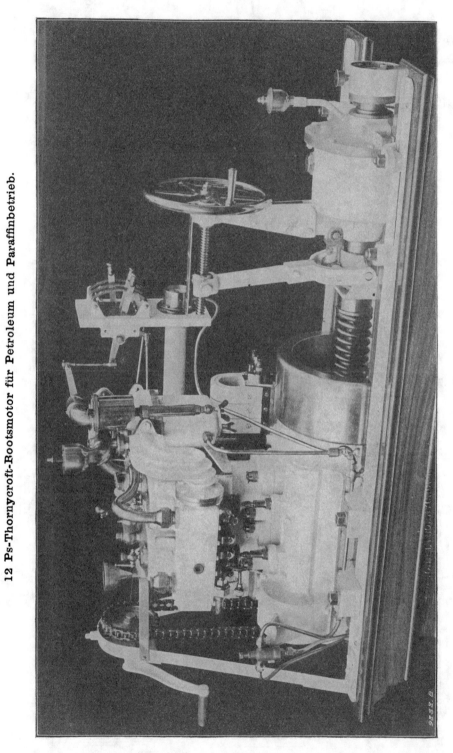

12 Ps-Thornycroft-Bootsmotor für Petroleum und Paraffinbetrieb.

Fig. 99.

Sechszylinder-Fiat-Motor für Unterseeboote. 4t

Fig. 100.

Fig. 101—107. Sechszyl. Benzin-Rennbootsmotor der Wolseley Tool and Motor-Car-Comp.
N = 200; n = 1000; Gew. = 885 kg.
Vorderansicht.

Fig. 101.

Rückansicht.

Fig. 102.

Zylinder. (Vorderansicht mit Kupfermantel.)   Fig. 104.

Zylinder. (Der Blechteil des Kühlmantels ist fortgenommen.)   Fig. 103.

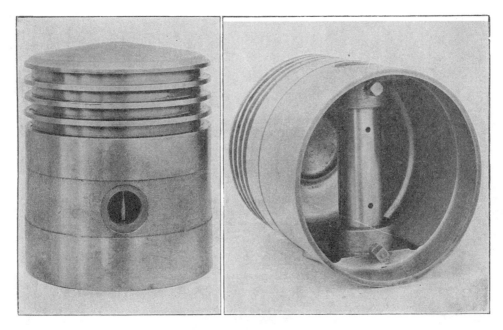

Fig. 105. Kolben.

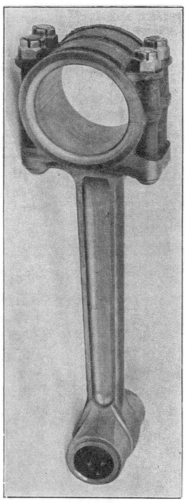

Fig. 106. Schubstange.

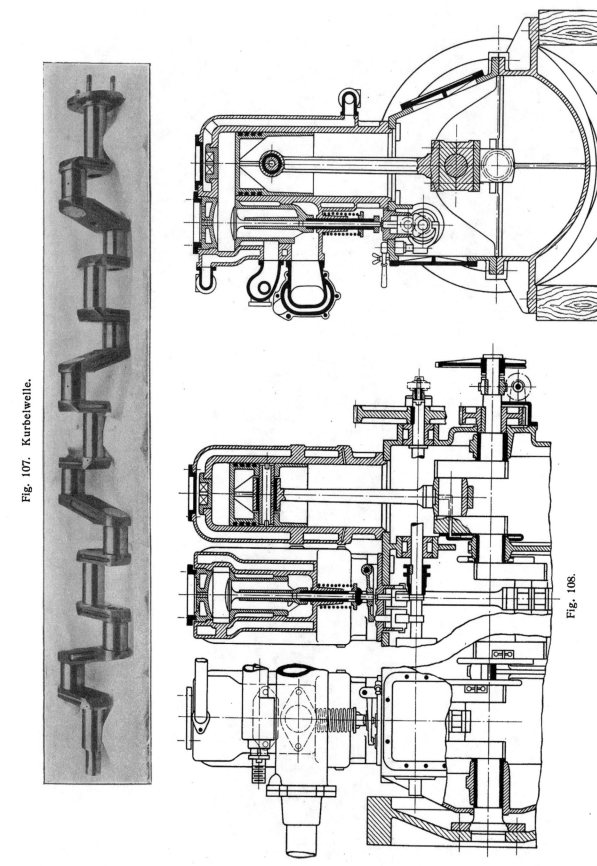

Fig. 107. Kurbelwelle.

Fig. 108.

Fig. 108—109. Vierzyl. Viertakt-Paraffin-Bootsmotor der Parsons-Marine-Motor-Comp.

sicher gestaltet werden. Denn in dem großen Zylinderraum treten nur geringe Drücke auf und hohe Temperaturen entfallen vollständig. Der Spülluftdruck beträgt nur 0,15 Atm. und die Pressung für die Anlaßluft ist mit Rücksicht auf die Betriebssicherheit auf 5—10 Atm. beschränkt worden.

Diesen Vorteilen stehen mehrere Nachteile der Stockholmer Maschine gegenüber: die unvollkommenere Wärmeausnutzung, der größere Gewichts- und Raumbedarf, die langen und schweren Luftpumpenkolben, die relativ großen schädlichen Räume der Spülluftpumpe, der schlechtere mechanische Wirkungsgrad und die erhöhten Herstellungskosten. Mit solchen Mängeln muß die bauliche und betriebstechnische Einfachheit der Maschine erkauft werden.

Vor und neben den Diesel-Maschinen wurden im In- und Auslande zahlreiche größere Ölmaschinen normaler Bauart für Benzin- und Petroleumbetrieb hergestellt und für Sport-, Kriegsschiffs- und auch wirtschaftliche Zwecke verwandt.

Die Fig. 85—133 sind Ansichten von Petroleum-, Paraffin- und Benzinmaschinen der Firmen Gebr. Körting, Thornycroft, Fiat, Wolseley Tool and Motor-Car Company usw.

Außer solchen Viertaktmaschinen erfolgten auch Zweitaktausführungen, z. B. durch Körting für Unterseebootszwecke. (Fig. 134—141.) Körting hat hierbei den Ölzweitakt thermisch verbessert, indem, an Stelle der normalen Gemischspülung, die Einschaltung einer Trennschicht reiner Luft zwischen Abgasen und frischer Ladung ermöglicht wurde.

Alle diese Maschinen zeigen im wesentlichen normale Gestaltung, daneben allerdings zahlreiche bemerkenswerte Details, deren Vor- und Nachteile im einzelnen hier nicht näher erörtert werden können.

Mehrere hervorragende Konstruktionen von Schiffsgasmaschinen mit Ölbetrieb wurden auch von dem bekannten Konstrukteur Loutzkoy durchgeführt. (Fig. 142—145.) Von diesem erfolgte auch die Ausbildung der ersten Sechszylindermaschine und, vor mehreren Jahren, einer 3000 PS.-Maschine, die in den Werkstätten von Howaldt einen $1\frac{1}{2}$jährigen Probebetrieb durchmachte, vor kurzem aber infolge eines unaufgeklärten Vorfalls durch eine Zylinderexplosion außer Betrieb gesetzt wurde.

Neben den Ölmaschinen haben gegenwärtig auch Bau und Betrieb von reinen Gasmaschinen für Schiffszwecke Bedeutung erlangt.

Diese Betriebsart bildete, wie bereits erwähnt, zunächst den Ausgangspunkt des Schiffsgasbetriebs überhaupt. Nur wegen der Schwierigkeiten, ein brauchbares Kraftgas wirtschaftlich zu beschaffen und zu verwenden, erfolgte sehr bald Überholung durch den Ölbetrieb.

Erst im Zusammenhang mit der Entwicklung brauchbarer Gaserzeugungs- und Reinigungsanlagen, die direkt auf Schiffen aufgestellt und betrieben werden, gewann der reine Gasbetrieb für Schiffszwecke Berechtigung. Diese Entwicklung ist seither erfolgt und dauernd im Fortschreiten begriffen.

22 PS. Paraffin-Bootsmotor von Chas. Price Sons Broadheath. 4 t
n = 1000 D = 4″ H = 5″.
(Einbau der Schmierölpumpe ins Kurbelgehäuse.)

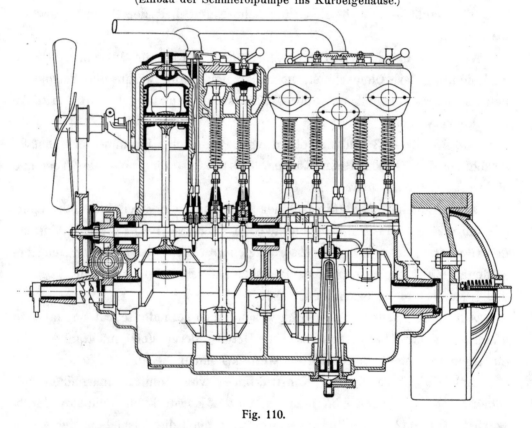

Fig. 110.

Demgemäß sind für Schiffsgasmaschinenanlagen mit Gasbetrieb insbesondere in Betracht zu ziehen: die Gaserzeugung mit möglichst billigem festen Brennstoff, die Gasreinigung für eine ungestörte motorische Verbrennung und die vorteilhafte sichere Verwendung des Gases in den Maschinen ohne kostspielige, betriebsunterbrechende Reinigungs- und Instandhaltungsarbeiten.

Bei solcher Sachlage handelt es sich hier zunächst nur um die bauliche Gestaltung der Gaserzeuger, Reiniger und Maschinen. Über den wirtschaft-

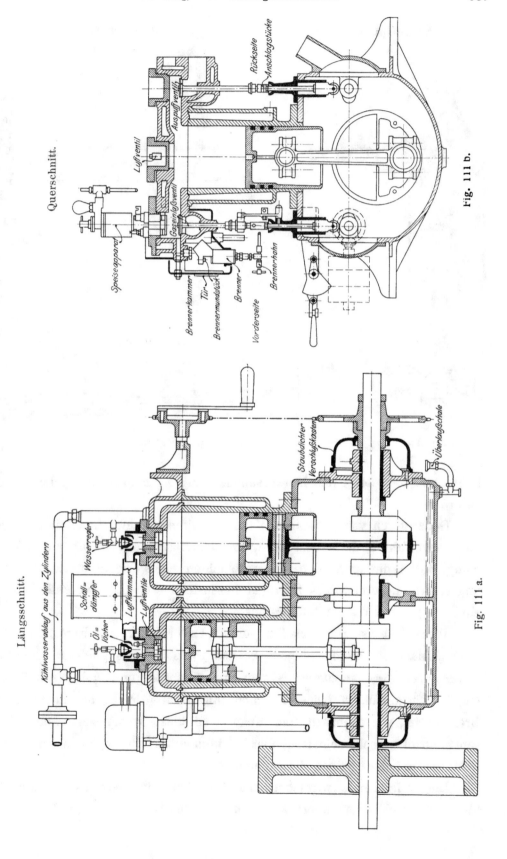

Fig. 111—115. Schnellaufender Gardner-Petroleum-Bootsmotor.

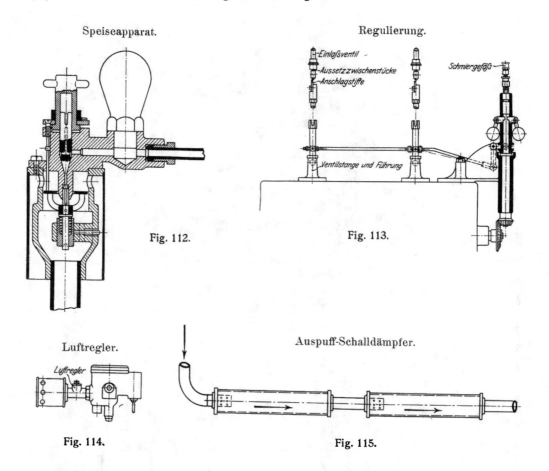

Speiseapparat.

Fig. 112.

Regulierung.

Einlaßventil

Aussetzzwischenstücke

Anschlagstifte

Ventilstange und Führung

Schmiergefäß

Fig. 113.

Luftregler.

Luftregler

Fig. 114.

Auspuff-Schalldämpfer.

Fig. 115.

lichen und betriebstechnischen Zusammenhang ist näheres an anderer Stelle zu erörtern.

Generatoren von Schiffsgasanlagen arbeiten gegenwärtig allein nach dem Sauggasverfahren, darin bestehend, von der Maschine aus Luft und Wasserdampf durch die glühenden Kohlenschichten eines Schachtofens zu saugen und damit ein brennbares Kraftgas herzustellen, das im wesentlichen aus Kohlenoxyd und Wasserstoff besteht.

Wesentlich ist für den Bau solcher Gaserzeuger, die Erzeugung eines reinen, dauernd gleichmäßigen Betriebsgases zu ermöglichen; denn der störungsfreie Maschinengang ist von der Gaserzeugung und Beschaffenheit empfindlich abhängig. Diese Aufgabe fällt relativ leicht bei hochwertigen Brennstoffen, wie Anthrazit und Koks, weil diese wenig schlacken und zusammenbacken, sehr schwierig aber bei bituminösen Brennstoffen, wie Braunkohle und minderwertigen Steinkohlensorten.

Die weitgehende wirtschaftliche Gestaltung des Betriebs ist gegenüber allen unvermeidlichen Komplikationen für die Anwendung des Gasbetriebs auf Schiffen allein entscheidend. Hierbei sind aber gerade solche billigen Brennstoffe von besonderer Bedeutung.

Sehr nachteilig sind namentlich teerhaltige Beimengungen des Gases, welche beim Übertritt in die Leitungen, Reiniger und Maschinen die ganze

Ansicht.   Seitenansicht.

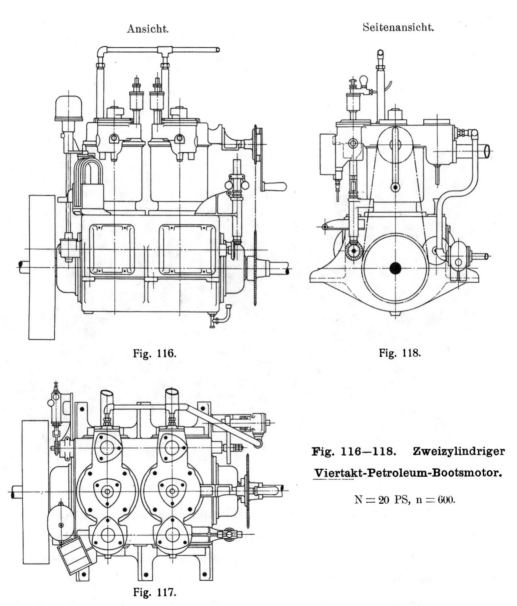

Fig. 116.   Fig. 118.

Fig. 117.

Fig. 116—118. Zweizylindriger Viertakt-Petroleum-Bootsmotor.

$N = 20$ PS, $n = 600$.

Anlage vollständig verunreinigen können, dann den Betrieb stören und umständliche Reinigungsarbeiten erfordern. Um dies zu verhindern, ist entsprechende Gestaltung der Gaserzeuger notwendig und zwar zweckmäßig derart, daß das Gas über der heißesten Stelle dem Generator entnommen wird. Die frische Kohle aber muß abseits von dieser Stelle im höchsten

Teile des Ofens zugeführt werden, damit die teerhaltigen Schwelgase nicht ohne weiteres in den Abzugsschacht gelangen, sondern möglichst sofort verbrennen. Der Vorgang ist gleichwohl ziemlich empfindlich und wird durch die auf Schiffen unvermeidlichen Erschütterungen und Stockungen im Betrieb leicht gestört.

Den Betrieb des Gaserzeugers, namentlich die Reinigung von Schlacken- und Aschenbestandteilen, möglichst selbsttätig durchzuführen, erscheint

Sechszylindriger Viertakt-Bootsmotor von „Ailsa Craig Motor Co.".
N = 50 n = 700—950 D = 5 " H = 5½". Gewicht = 2060 kg.

Fig. 119.

zweckdienlich. Nur dadurch wird ausreichende Unabhängigkeit von Unregelmäßigkeiten und Unvollkommenheiten in der Bedienung erreichbar. Diese Aufgabe führt zur Anordnung von selbsttätigen Beschickungsvorrichtungen, Schüttel- und Drehrosten usw.

Undichtheiten, die schädliche Gasausströmungen in den Maschinenraum zur Folge haben, sind mit allen Mitteln zu verhindern. Die Herstellung dichter Mantelnähte und Fugen und event. eines allseitigen Wasserabschlusses (Fig. 157) sind für diesen Zweck günstig.

Die Wärmeausnutzung muß möglichst hoch, Gewichts- und Platzbedarf dagegen gering sein. Zweckmäßig ist daher: das Wasser zur Erzeugung des

Wasserdampfs, der unter den Rost geleitet wird, durch die Abgase oder anderweitige Abwärme vorzuwärmen; für die Mäntel und sonstigen Teile Gußeisen auszuschließen und womöglich Schmiedeeisen in geringeren Materialstärken zu verwenden; schwere Schamottefutter im Innern des Ofens möglichst zu vermeiden, was bei der Anordnung der Füllung außen und des Feuers in der Mitte ohne weiteres möglich erscheint usw.

Fig. 120—123. Vierzylindriger Ailsa-Craig-Bootsmotor.

$N = 24/32^{\frac{P}{S}} \quad n = 700$—$950 \quad D = 5'' \quad H = 5\frac{1}{2}''$. Gewicht 1630 kg.

Fig. 120.   Fig. 122.

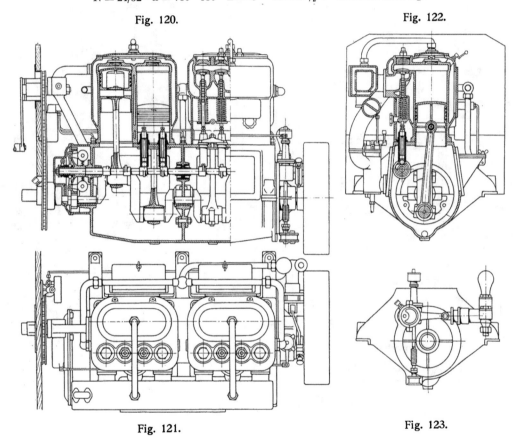

Fig. 121.   Fig. 123.

Nach diesen und ähnlichen Gesichtspunkten hat die Ausbildung der Gaserzeuger zu erfolgen.

Die Fig. 146—162 zeigen mehrere ältere und neuere Konstruktionen von Generatoren, z. B. in der Ausführung der Gasmotorenfabrik Deutz, der Schiffsgasmaschinenfabrik, G. m. b. H., Düsseldorf-Reisholz und Thornycroft.

Namentlich die letztere Ausführung läßt eine für Schiffszwecke vorteilhafte Durchbildung erkennen.

Aus dem Vergleich mit älteren Konstruktionen ergibt sich, daß die Ausgestaltung von Schiffsgeneratoren in voller Entwicklung ist. Gegenwärtig dürfen allerdings die Schwierigkeiten der Gaserzeugung aus minderwertigen Brennstoffen noch nicht als überwunden gelten, sehr wahrscheinlich aber in nicht mehr ferner Zukunft. Dann wird der reine Gasbetrieb nicht nur die

Fig. 124—126. Zweizyl. Paraffin-Bootsmotor von Woodnutt & Co., St. Helens, Isle of Wight.

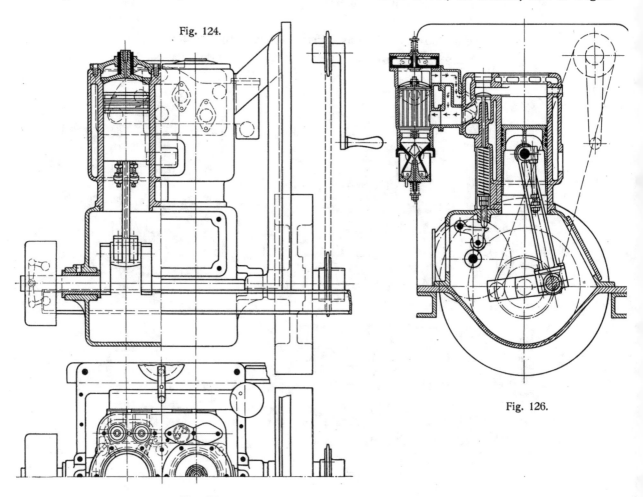

Fig. 124.

Fig. 126.

Fig. 125.

ökonomischste Lösung, welche sie heute schon ist, darstellen, sondern auch für viele Zwecke einen auch praktisch durchaus brauchbaren Schiffsantrieb ermöglichen.

In Verbindung mit der Gaserzeugung ist die Gasreinigung unumgänglich notwendig. Selbst bei der Vergasung von Anthrazit und Koks sind Reinigungsvorrichtungen nicht zu entbehren. Dadurch, daß sie in gewissen Zeitabständen immer wieder von Teer und anderen Niederschlägen gereinigt

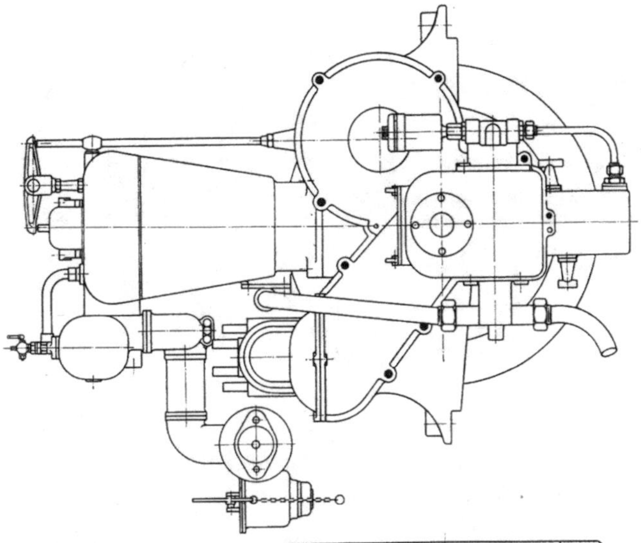

Fig. 128.

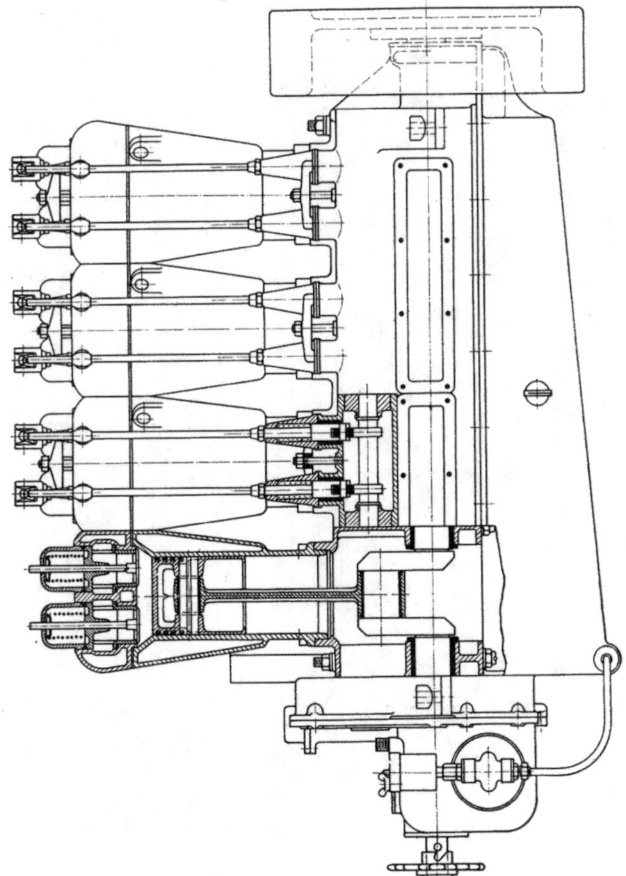

Fig. 127.

Vierzylinder-Petroleum-Motor von Boulton & Paul Ltd., Norwich.

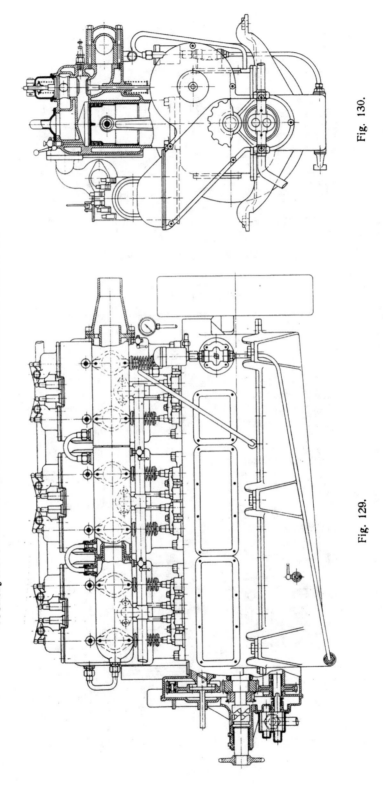

Sechszylinder-Petroleum-Bootsmotor von Boulton & Paul Ltd., Norwich.

Fig. 130.

Fig. 129.

werden müssen, bieten sie eine dauernde Unbequemlichkeit im Betrieb. Gemeinsam mit den Gaserzeugern stellen sie außerdem auf engen kleinen Fahrzeugen lästige Ansprüche bezüglich des Gewichts- und Raumbedarfs. Möglichst vollkommene Reinigung wäre natürlich erwünscht, ist aber sehr umständlich und auf Schiffen noch weniger durchführbar als bei Landanlagen, weil die Forderungen baulicher und betriebstechnischer Einfachheit, sowie möglichst geringen Gewichts- und Platzbedarfs zu erheblicher Beschränkung zwingen. Von den in Landbetrieben gebräuchlichen Mitteln, wie Naßreiniger (Skrubber), Trockenreiniger und Zentrifugalreiniger kommen für Schiffszwecke heute im wesentlichen nur die beiden ersteren in Betracht. Zentrifugalreiniger sind für die heutigen, noch relativ kleinen Anlagen meistens zu umständlich.

In den Fig. 163—164 sind Ausführungen von Reinigern der GMF. Deutz und der Schiffsgasmaschinenfabrik Düsseldorf-Reisholz dargestellt.

Die wichtigsten konstruktiven Forderungen an solche Apparate sind: gute Berieselung durch Brausen usw., ausreichende Raum- und Oberflächen-

Fig. 131—133. Viertakt-Rohölmotor (mit Gleichdruck) von Blackstone & Co., Ltd., Stanford.
N = 80 D = 9″ H = 10″ n = 450—160.

Fig. 131.

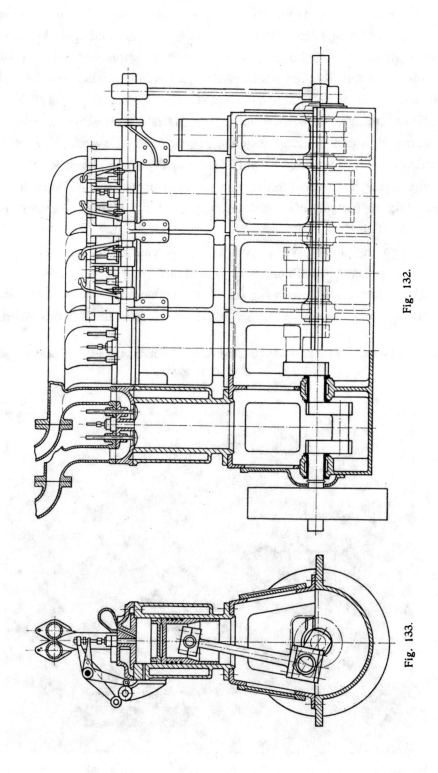

Fig. 132.

Fig. 133.

entwicklung, wofür die Anwendung von Koksfiltern zweckmäßig ist, Anordnung der Reiniger dicht bei den Gaserzeugern, um kurze Rohrleitungen
für das ungereinigte Gas zu erhalten, häufige und kräftige Richtungsänderung
des Gasstroms im Reiniger und schließlich leichte Zugänglichkeit aller für die
Reinigung wichtigen Teile.

Die Ausscheidung von Flugasche ist in den Reinigern bis zu dem erforderlichen Grade relativ leicht zu erreichen; diejenige des Teers und anderer
chemischer Bestandteile bleibt trotz aller Vorkehrungen schwierig; sie wird,
selbst wenn sie befriedigend gelingt, stets unbequem. Daher gewinnen die
erwähnten Bestrebungen, den Teer sogleich im Generator möglichst vollkommen zu verbrennen, hohen Wert.

Maschinen für Kraftgasbetrieb wurden bisher in zahlreichen Ausführungen
von deutschen und ausländischen Fabriken gebaut.

Die Fig. 165—173 zeigen derartige Schiffsgasmaschinen von GMF. Deutz,
Schiffsgasmaschinenfabrik Düsseldorf-Reisholz, Beardmore & Co.

Alle diese Maschinen arbeiten wie normale liegende Landmaschinen dieser
Art mit Verdichtungsspannungen bis zu 8—10 at., sowie Verpuffungsspan-
nungen bis zu 22—25 at.

Fig. 134—139. Zweitakt-Petroleum-Unterseebootsmotor von Gebr. Körting.

N = 300; n = 550—400. Gewicht ohne Schwungrad = 6300 kg.

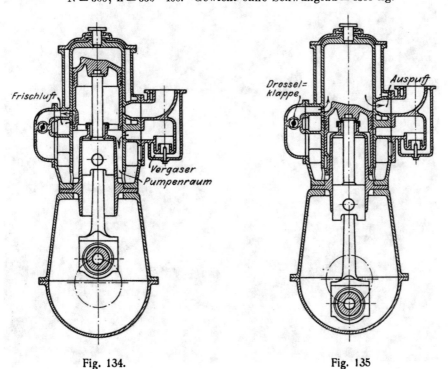

Fig. 134.   Fig. 135

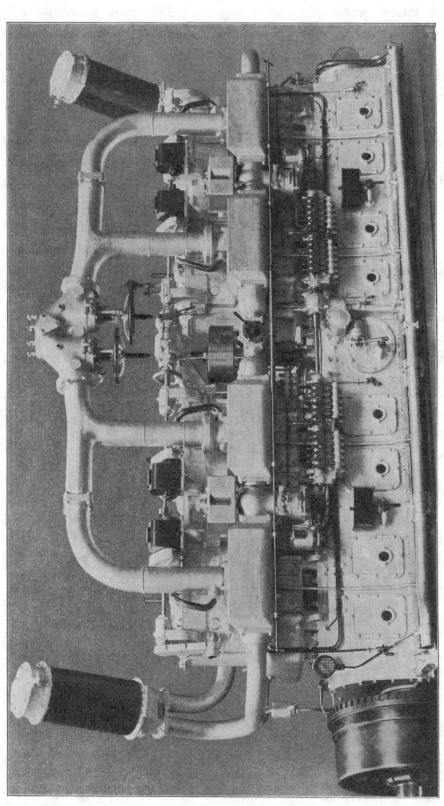

Vorderansicht.

Fig. 136.

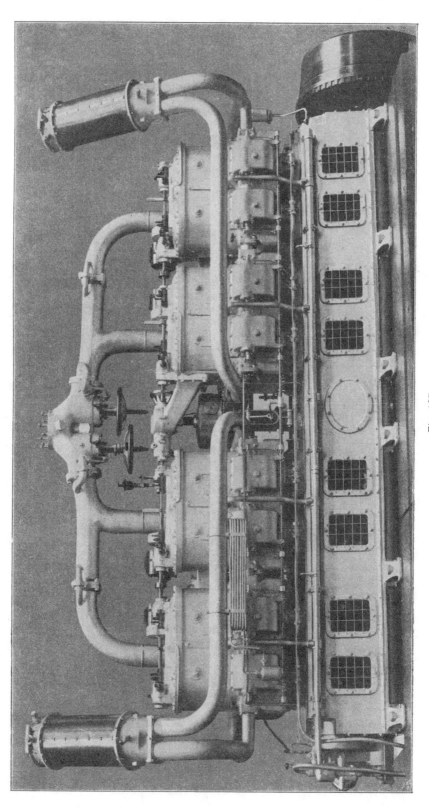

Rückansicht.

Fig. 137.

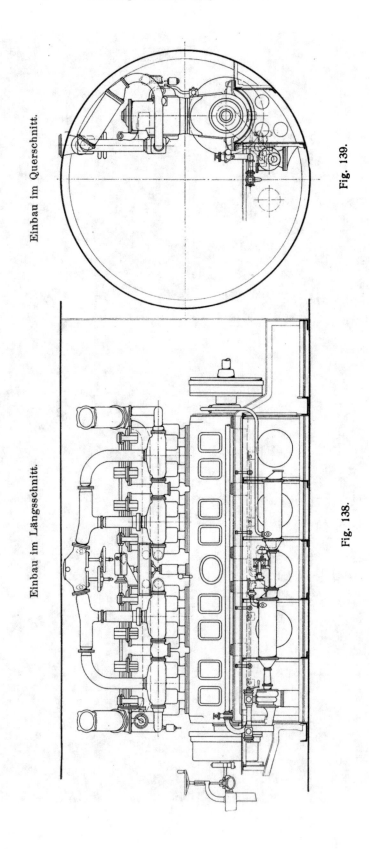

Einbau im Querschnitt.

Fig. 139.

Einbau im Längsschnitt.

Fig. 138.

Zweitakt-Petroleum-Unterseebootsmotor von Gebr. Körting (8 Zylinder).
N = 225 PS n = 550. Gesamtgewicht ohne Schwungrad 4800 kg.

Fig. 140.

Der Zweitakt wird für diesen Zweck sehr umständlich, die stehende Anordnung führt in Verbindung mit den unerläßlichen Spül- und Ladepumpen zu
ungewöhnlichen baulichen und betriebstechnischen Weiterungen, welche die
konstruktive Beherrschung außerordentlich erschweren und eine wirtschaftliche Lösung wenig aussichtsvoll erscheinen lassen.

Zweitakt-Petroleum-Bootsmotor (2 Zylinder).

N = 75 PS n = 550.

Fig. 141.

Die Deutzer Ausführung der Schiffsgasmaschine (Fig. 165—169) wurde
auch bereits mit direkter Umsteuerung versehen, während sonst die Verwendung eines Umsteuergetriebes für Manövrierzwecke gebräuchlich ist.

ıtional information of this book

rbuch der Schiffbautechnischen Gesellschaft; 978-3-642-90184-3; 978-3-642-90184-3_OSFO17)

provided:

://Extras.Springer.com

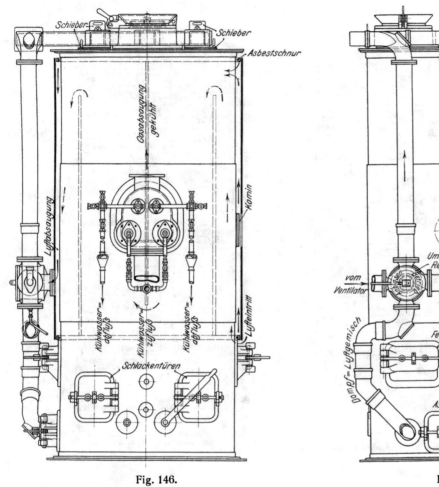

Fig. 146.

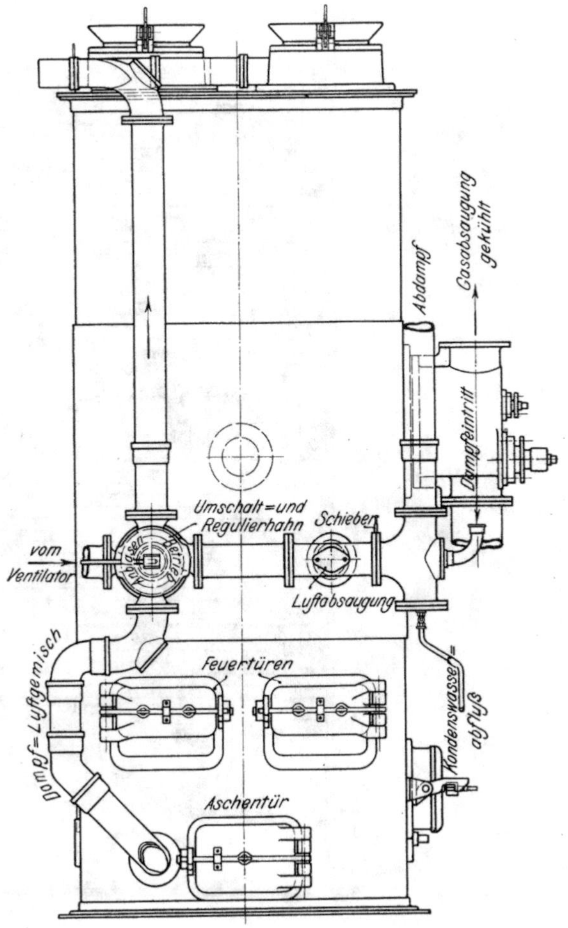

Fig. 148.

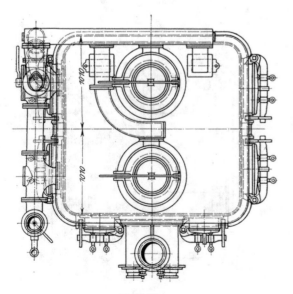

Fig. 147.

**Fig. 146—152 Schiffs-Sauggas-Generator
der G. M. F. Deutz.**

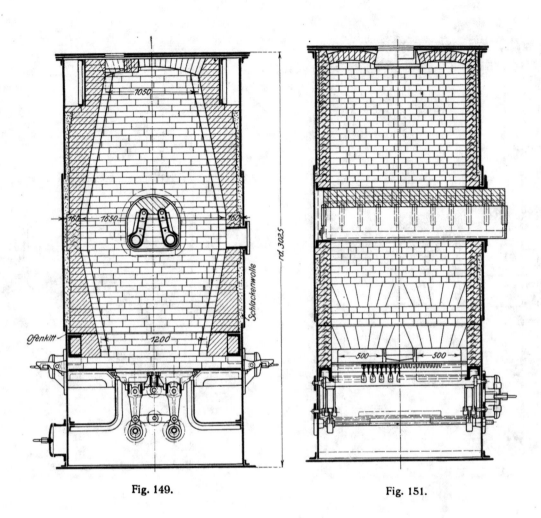

Fig. 149.   Fig. 151.

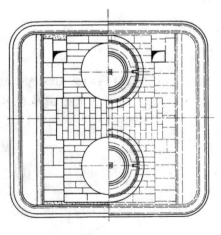

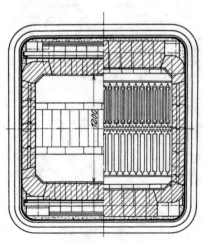

Fig. 150.   Fig. 152.

Die Schiffsgasmaschinenfabrik Düsseldorf-Reisholz führt, abweichend von der üblichen Bauart, das Gerüst ihrer Maschinen, einschließlich Fundamentrahmen und Kühlmäntel aus Stahlplatten und Winkeln aus, die miteinander verschraubt bezw. vernietet werden. Durch diese Bauart wird erreicht: Festigkeit und größere Elastizität gegenüber den zu übertragenden Kolbenkräften und den im Schiff unvermeidlichen Formänderungen; Fortfall der Gußspannungen, Vereinfachung und Verbilligung der Herstellung, gute Zugänglichkeit des Triebwerks und Verringerung des Gewichts.

Die Fig. 174—194 sind Darstellungen des Gehäuses und mehrerer anderer interessanter Einzelheiten der Reisholzer Maschine, die speziell für den Schiffszweck sehr sorgfältig durchgebildet worden ist. Das Gewicht kompletter Anlagen dieser Art inklusive Gas-Erzeuger und -Reiniger beträgt 100—120 kg pro PSi, bleibt also hinter den Gewichten normaler gleichartiger Schiffsdampfmaschinen

Fig. 153—157. Schiffs-Sauggas-Generator und Reiniger der Schiffsgasmaschinenfabrik G. m. b. H., Düsseldorf-Reisholz.

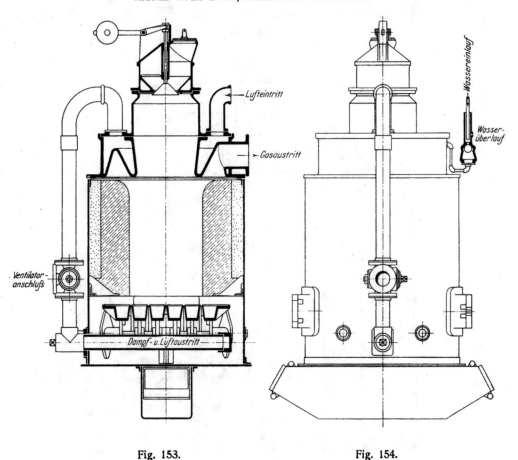

Fig. 153.   Fig. 154.

Fig. 155.

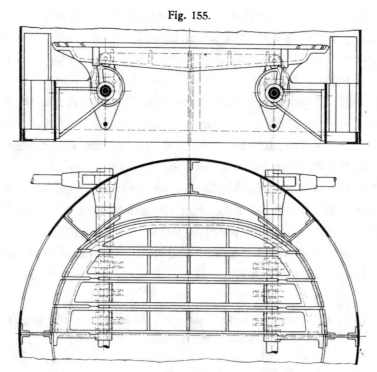

Fig. 156.

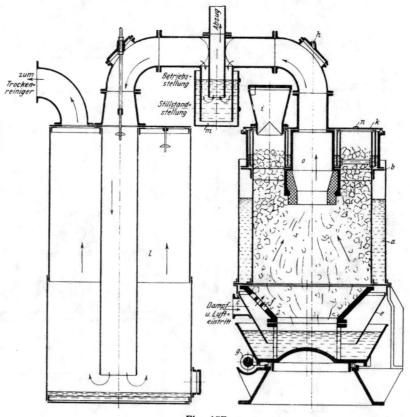

Fig. 157.

Fig. 158—162. Schiffs-Sauggas-Erzeuger und Reiniger von Tornycroft.

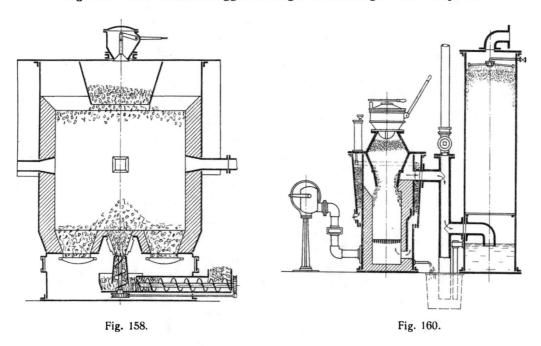

Fig. 158.

Fig. 160.

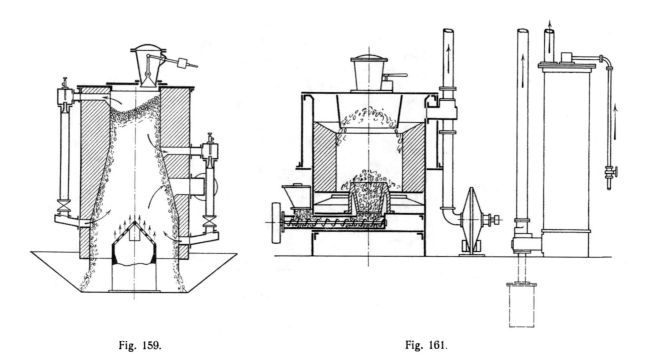

Fig. 159.

Fig. 161.

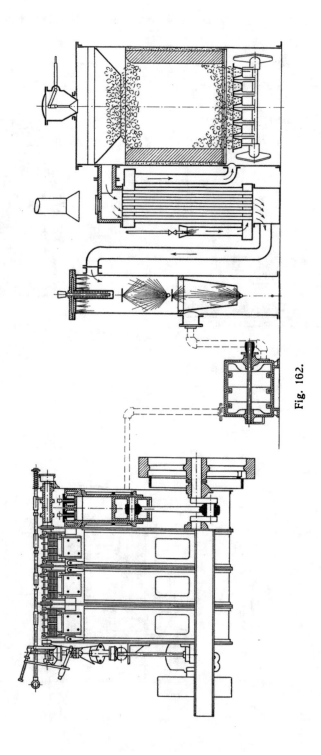

Fig. 162.

itional information of this book

rbuch der Schiffbautechnischen Gesellschaft; 978-3-642-90184-3; 978-3-642-90184-3_OSFO18)

provided:

://Extras.Springer.com

Reinigungsanlage für Braunkohlen-Sauggas, ausgeführt von
G. M. F. Deutz für das Schleppboot „Knipscheer II".

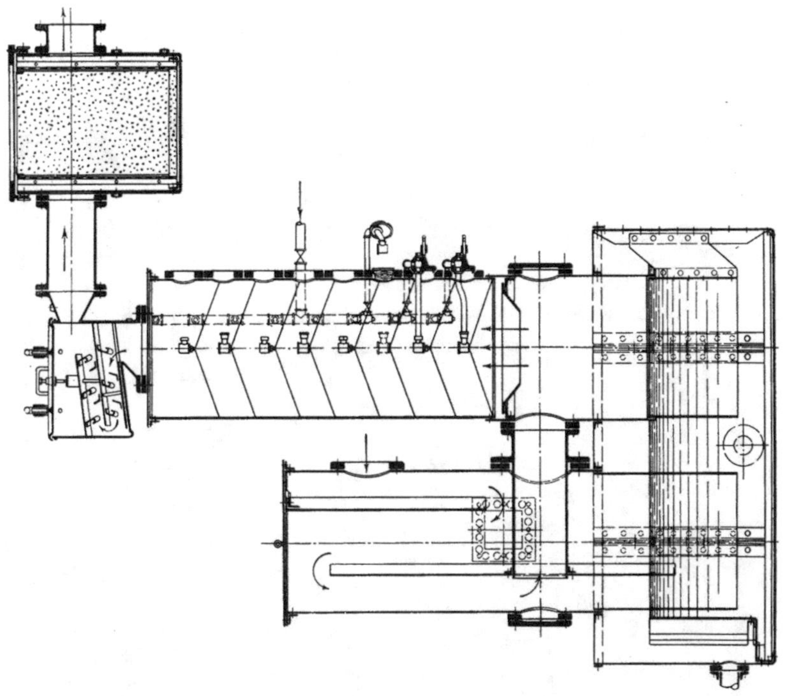

Fig. 163.

Sauggas-Reiniger der Schiffsgasmaschinenfabrik G. m. b. H.,
Düsseldorf - Reisholz.

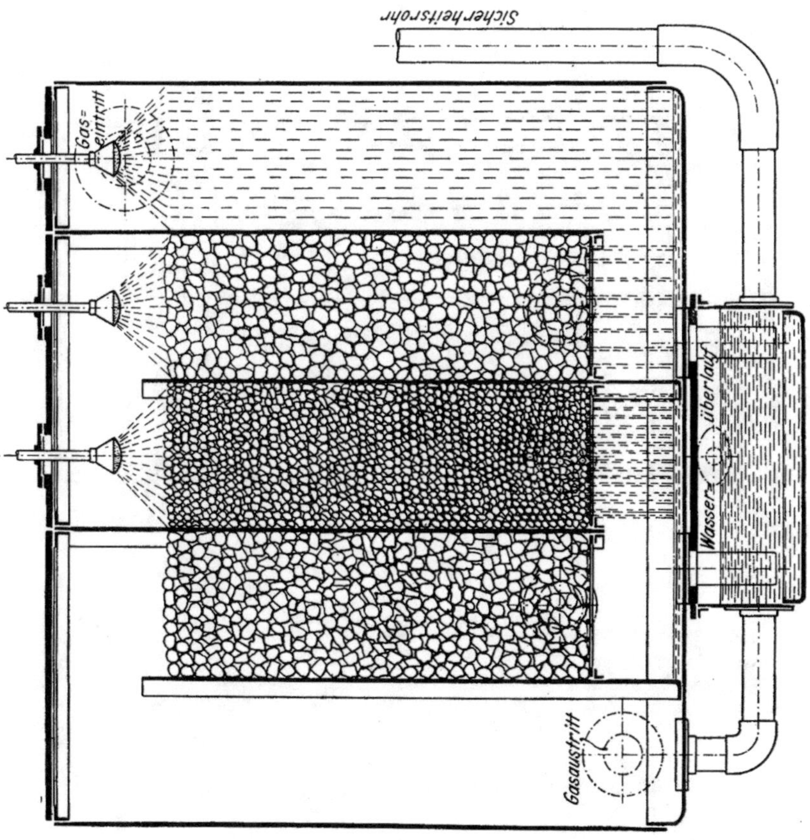

Sicherheitsrohr

Gas= eintritt

Wasser= überlauf

Gasaustritt

Fig. 164.

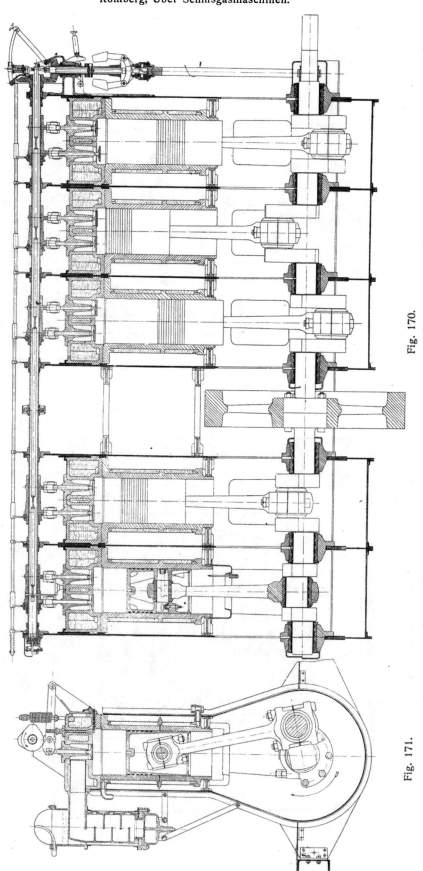

Fig. 170—171. 5-Zylinder-Schiffssauggasmaschine der Schiffsgasmaschinenfabrik G. m. b. H., Düsseldorf-Reisholz.
N = 160 PS n = 240 D = 300 H = 400.

Fig. 170.

Fig. 171.

Fig. 173.

Fig. 172–173. Schiffssauggasmaschine von Beardmore & Co. (S. G. F. Düsseldorf-Reisholz).
N = 500 n = 130.

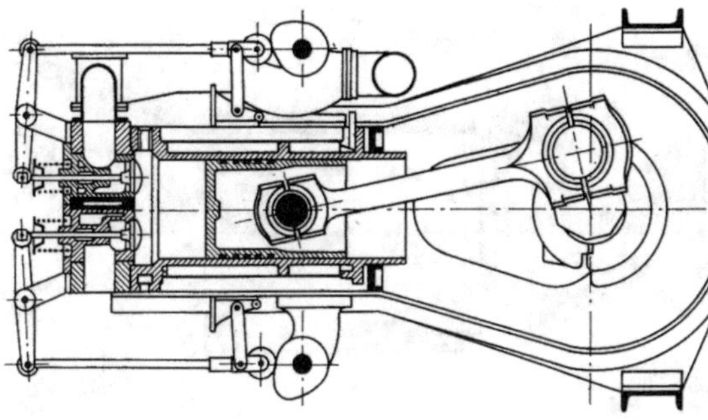

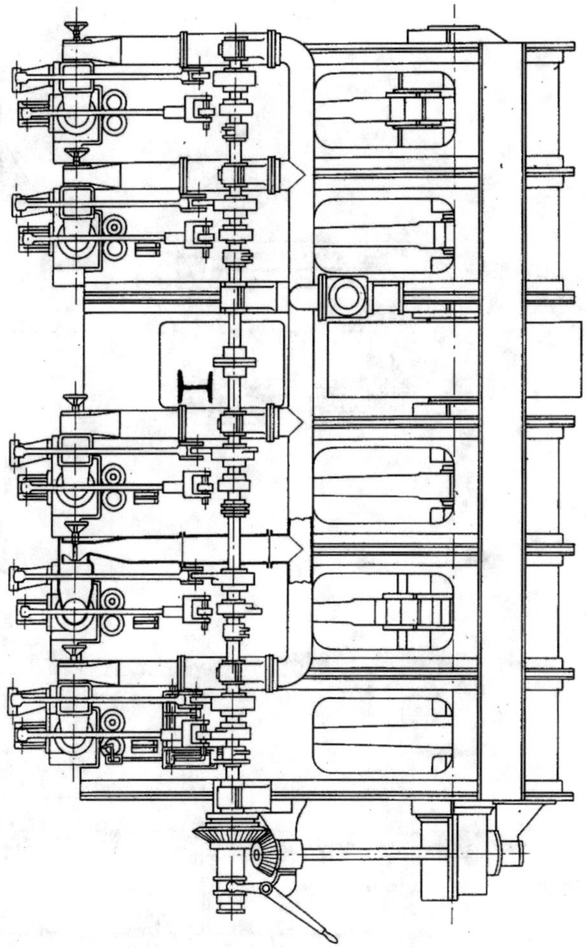

Fig. 172.

Fig. 174—194. Details zur Schiffssauggasmaschine der S. G. F. Düsseldorf-Reisholz.
Fig. 174—176. Maschinengehäuse.

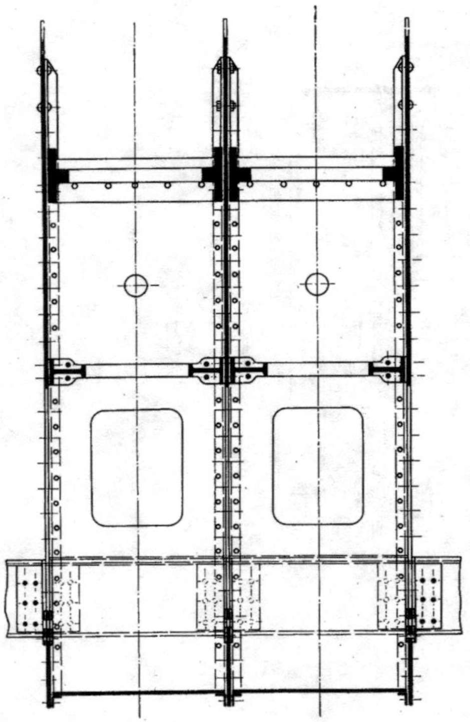

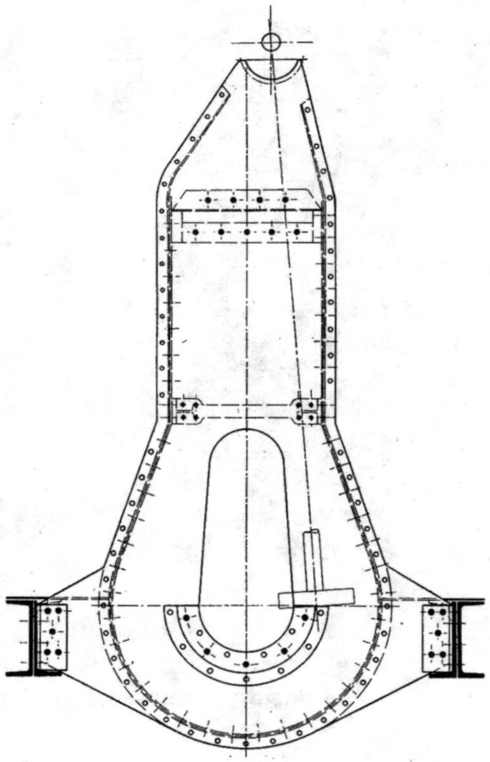

Fig. 175.

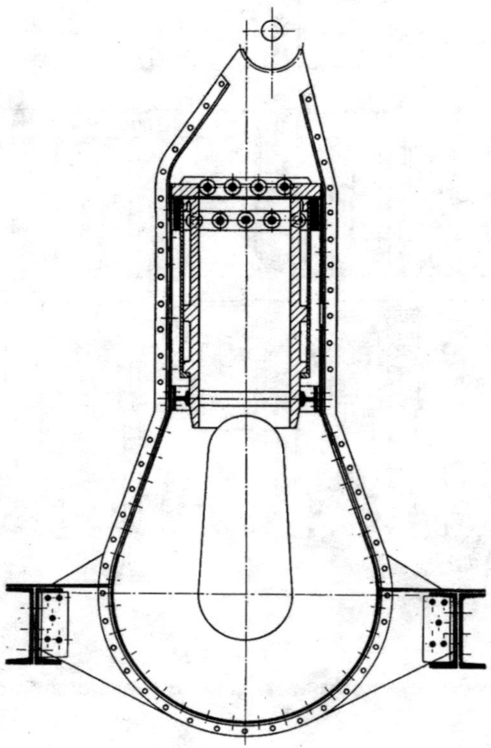

Fig. 174.

Fig. 176.

Oberer Zylinderrahmen.

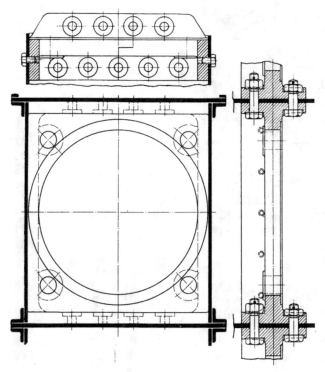

Fig. 177.

Fig. 178—182. Zylinder.

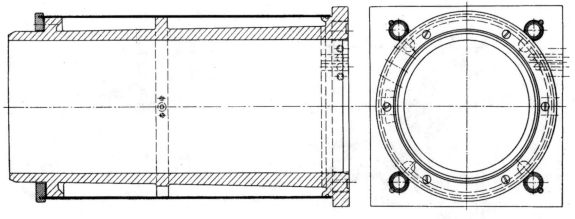

Fig. 178.   Fig. 179.

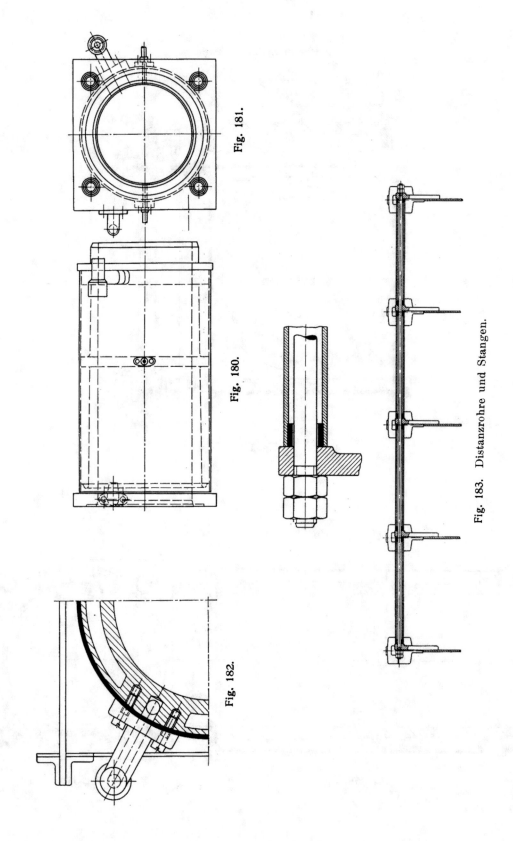

Fig. 181.

Fig. 180.

Fig. 182.

Fig. 183. Distanzrohre und Stangen.

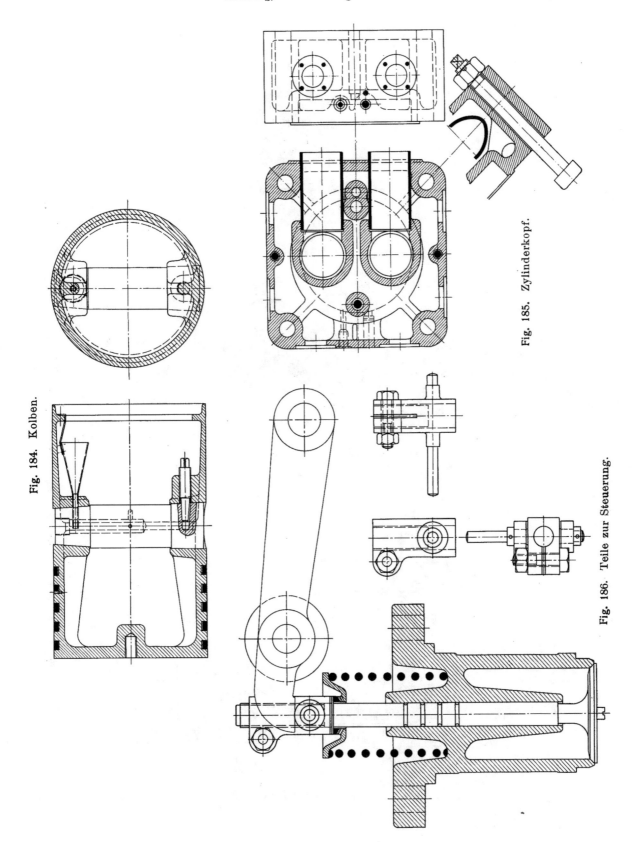

Fig. 184. Kolben.

Fig. 185. Zylinderkopf.

Fig. 186. Teile zur Steuerung.

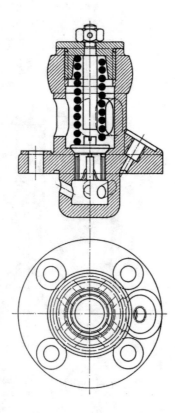

Fig. 187.   Sicherheitsventil.

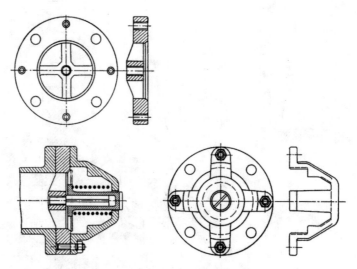

Fig. 188.   Sicherheitsventil.

Fig. 189—190. Kompressor.

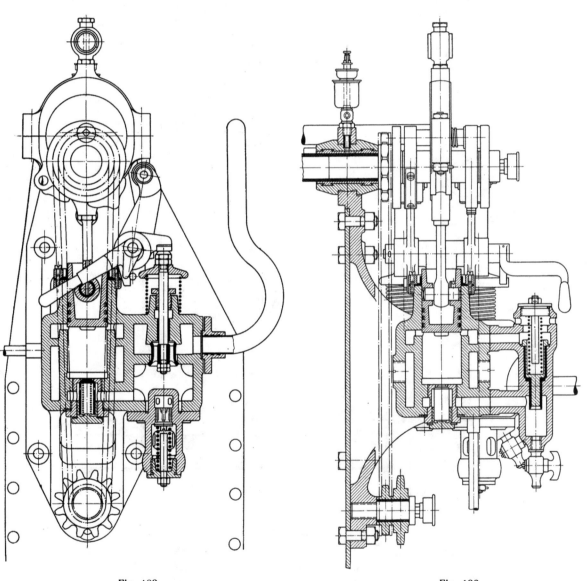

Fig. 189.

Fig. 190.

Automatischer Kompressor-Ausschalt-Apparat.

Druckventil zum Kompressor.

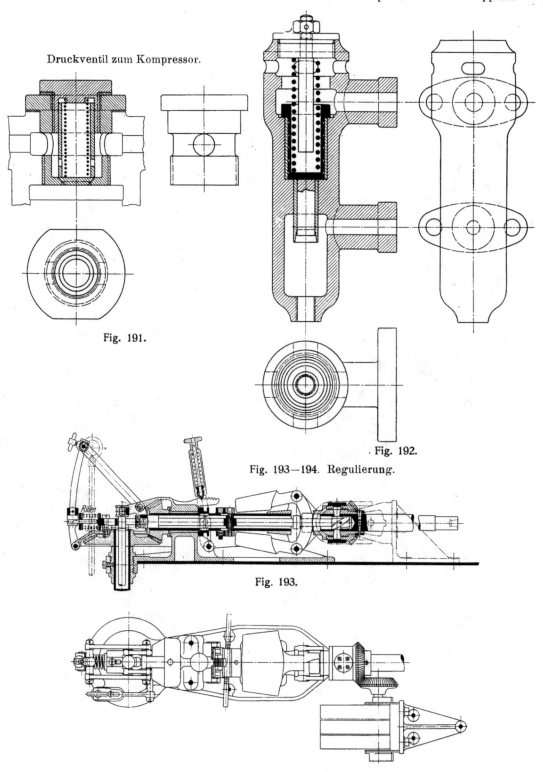

Fig. 191.

Fig. 192.

Fig. 193—194. Regulierung.

Fig. 193.

Fig. 194.

noch wesentlich zurück. Die Tourenzahlen (240—300) dieser und anderer
Ausführungen sind mäßig gehalten und entsprechen bei vorteilhaften Hub-
und Geschwindigkeitsverhältnissen des Kolbens den Ansprüchen gut wirkender
Schrauben.

Schiffs-Großgasmaschinen.

Die industrielle Ausbildung der Großgasmaschinen für Schiffszwecke
ist gegenwärtig noch nicht erfolgt, steht aber nach allen Anzeichen unmittelbar bevor. Die bisherigen Ausführungen beschränkten sich in der
Regel, gemäß dem Gesagten, auf Leistungen unter 1000 PS.; sie bleiben
somit im wesentlichen nur für die Bedürfnisse des Kleinbetriebs geeignet. Die oft gehörte Meinung, aus mehreren solcher Einheiten könne
man bereits mehrtausendpferdige Anlagen „zusammenstellen", ist nur
in bezug auf das Rechenexempel vollständig einwandfrei. Die praktische
Durchführung solcher Vorschläge gestaltet sich aber gegenüber den besonderen Forderungen des Schiffszwecks meist ziemlich schwierig; sie ist auch
meines Wissens kaum jemals ernstlich versucht worden. Schon in bezug auf
die naheliegenden Schraubenverhältnisse wird leicht völlig übersehen: durch
Hintereinanderschaltung zweier oder mehrerer Maschinen ist nicht ohne
weiteres bei der gleichen Umdrehungszahl wie bei der einfachen Maschine
günstige Schraubenwirkung erreichbar. Wird aber die Tourenzahl verändert,
so ergeben sich ganz andere Verhältnisse für die Maschinen, die für die erforderliche Leistung neu bemessen werden müssen und eventuell in der Bauart
der Kleinmaschinen dann nicht mehr durchführbar sind.

Weitere Schwierigkeiten erwachsen der Anwendung zahlreicher Kleinmaschinen durch die Platz- und Gewichtsbeanspruchung, die Rücksicht auf
die Bedienung, die Erfüllung der Manövrierbedingungen usw.

Daher können auf solchem Additionswege aus Maschinen, die in Wesen
und Wirkung Kleinmaschinen sind, eigentliche Großanlagen nicht entstehen.
Hierfür sind Zylinderleistungen von mindestens 500 PS. bei Umdrehungszahlen von weniger als 150—250 unbedingt notwendig. Diese Forderung
kann mit den bisherigen Mitteln des Kleinmaschinenbaues nicht verwirklicht
werden.

Alle vorhandenen Ausführungen von Schiffsgasmaschinen, auch die
größeren, benutzen mit wenigen Ausnahmen im wesentlichen die Einzelheiten
der Kleinmotoren, die nur dort, wo nach den bisherigen Erfahrungen
Schwierigkeiten sich ergaben, Verbesserungen und Weiterbildung erfuhren.

Für den Kleinmotor für Fahrzeugszwecke ist typisch: der einfach wirkende Zylinder und die einfachste Form des Triebwerks, nämlich Tauchkolben ohne besondere Kreuzkopfführung und mit innerem Kolbenbolzen, ferner die Ausbildung eines einfachen geschlossenen Kurbelgehäuses, schließlich die Anordnung der Ventile im Deckel oder an den Zylinderenden. Auf diese Weise ergibt sich die einfachste, billigste Bauart unter Aufwendung

Fig. 195—196. Sechszyl.-Viertakt-Unterseebootsmotor der Standard Motor Construction Co.

$$D = 12\tfrac{1}{2}' \quad H = 14''.$$

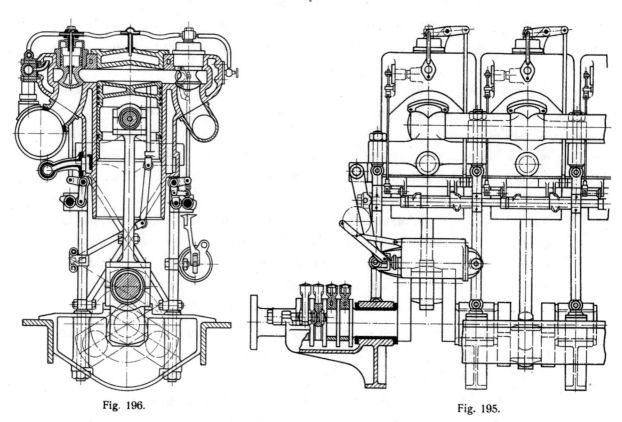

Fig. 196.   Fig. 195.

eines Minimums an Raum und Gewicht. Alle Nachteile dieser Bauart, wie schlechte Triebwerksausnutzung, mangelhafte Zugänglichkeit von Kolben, Kolbenbolzen, Triebwerk usw., kommen bei Kleinmaschinen gegenüber ihren Vorteilen nicht in Betracht. Auch lassen sie sich durch geeignete Maßnahmen bedeutend mildern.

Um wachsenden Bedürfnissen an die Leistung zu genügen, wurden diese Kleinmaschinen einfach vergrößert, und zwar durch Vermehrung der Zylinderzahl auf 4—6—8, Erhöhung der Kolbengeschwindigkeit und Tourenzahl, sowie

itional information of this book

rbuch der Schiffbautechnischen Gesellschaft; 978-3-642-90184-3; 978-3-642-90184-3_OSFO19)

rovided:

://Extras.Springer.com

der Zylinderabmessungen bis zu dem durch die Vorsicht gebotenen Grade.
Auf diesem Wege ist heute die Grenze des Durchführbaren fast erreicht,
eine Weiterentwicklung zur eigentlichen Großmaschine auf Grund solcher
baulichen Anordnungen und Einzelheiten des Kleinmaschinenbaus ziemlich
aussichtslos.

Einfachwirkender Standard-Schiffsmotor.

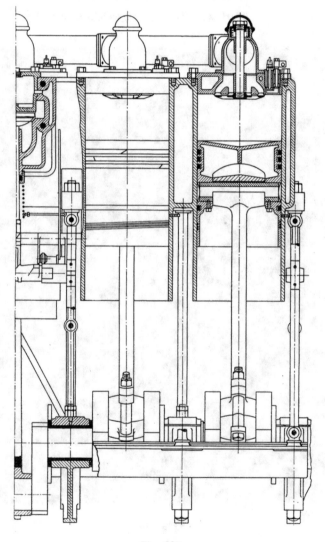

Fig 205.

Für Großmaschinen sind namentlich unzureichend bezw. unbrauchbar:
einfach wirkende Zylinder mit offenen langen, dicht eingepaßten Kolben ohne
wirksame Kühlung, die Übertragung des Normaldrucks direkt auf die Lauf-
fläche des Zylinders, die Anordnung eines wenig zugänglichen und heiß ge-

legenen Kolbenbolzens, der sich verschieden vom Kolben ausdehnt und diesen ev. unrund macht. Notwendig ist dagegen, doppelt wirkende Zylinder zu bauen, mäßig lange, frei bewegliche Kolben auszuführen, die nur zu dichten und nicht gleichzeitig zu führen haben, nach dem Vorbild der Dampf-

Fig. 206—209. Doppeltwirkender Viertakt-Schiffsmotor (6 Zyl.) von Standard (für österreichische Torpedoboote).

N = 300 PS n = 400—90 D = 10″ H = 10¹/₂″. Gesamtgewicht 9750 kg (inkl. 320 kg Kühlwasser).

Fig. 206.

maschine, besondere Kreuzkopfführungen vorzusehen und vor allem Kolben und Kolbenstangen sorgfältig zu kühlen.

Die Zahl der nebeneinander gestellten Zylinder einer Maschineneinheit sollte womöglich auf 4—6 beschränkt bleiben. Sonst ergeben sich schädliche Formveränderungen der langen Maschinen durch die unvermeidliche Bewegung des Schiffskörpers, unverhältnismäßig lange Maschinenräume und vor allem vielkurbelige Wellen, die in ihrer Lebensdauer durch schwer zu bestimmende und zu beherrschende Schwingungen gefährdet sind.

Kolbengeschwindigkeit und Tourenzahl sind unter Berücksichtigung des Schiffszwecks nicht zu hoch zu bemessen. Zu hohe Kolbengeschwindigkeit verschlechtert die Verbrennung, weil die ausreichende Zeit fehlt. Eine günstige Schraubenwirkung ist ferner wesentlich und bei der Bemessung der Umdrehungszahl besonders im Auge zu behalten. Hochtourige Großmaschinen

Fig. 207.

ergeben wegen der großen bewegten Massen und der zahlreichen Druckwechsel rasche Abnützung und häufige kostspielige Reparaturen. Die erforderlichen hohen Beschleunigungen führen bei großem Gewicht und Hub der Ventile bald zu unausführbaren Abmessungen der Steuerungsteile und vor allem der Ventilfedern; sie verursachen außerdem unruhigen Gang und starken Verschleiß in der Steuerung. Die Zugänglichkeit wichtiger Teile wie Ventile, Kolben, Triebwerk usw. muß ohne kompliziertes und zeitraubendes Abbauen ermöglicht werden. Hierbei können, wie in vielem Sonstigen, große und vollkommen durchgebildete Schiffsdampfmaschinen als Vorbild dienen.

Nach dem Muster vollkommener Schiffskolbendampfmaschinen wurden bereits vereinzelte Schiffsgasmaschinen gebaut und im wesentlichen richtig durchge-

bildet (Fig. 195—211: Einfach und doppelt wirkende Standard-Viertakt-
maschinen mit gekühlten Kolben, Kolbenstangen und Stopfbuchsen, Säulen-
gestell usw.).   Diese Konstruktionen wurden aber noch nicht planmäßig weiter-

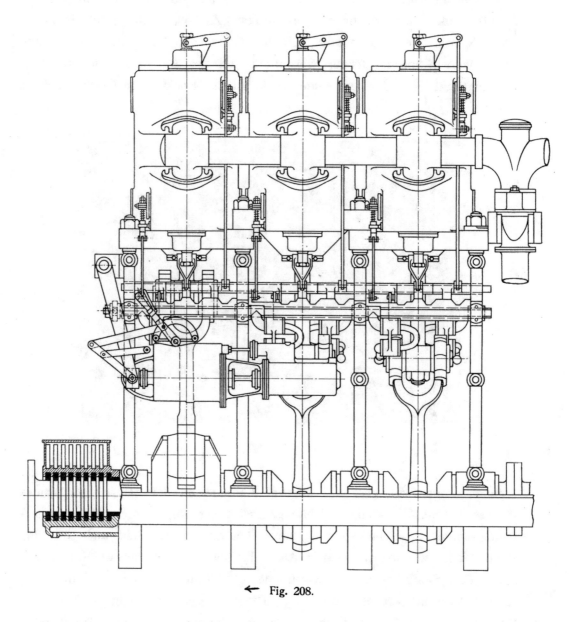

← Fig. 208.

entwickelt und vor allem bis zur Schaffung von Großmaschinen nicht gesteigert.

Für die Feststellung der erreichbaren Höchstleistung sind in letzter Linie
die Triebwerkskräfte maßgebend, welche die Maschine in allen wesentlichen
Abmessungen beeinflussen und ihre Ausführbarkeit bestimmen. Läßt man

nach den Erfahrungen bei großen Schiffsdampfmaschinen etwa 150 t Kolben-
druck maximal zu, so sind bei 40 Atm. Höchstdruck im Zylinder Zylinderdurchmesser von etwa 700 mm noch möglich. Wenn man zwei doppelt-

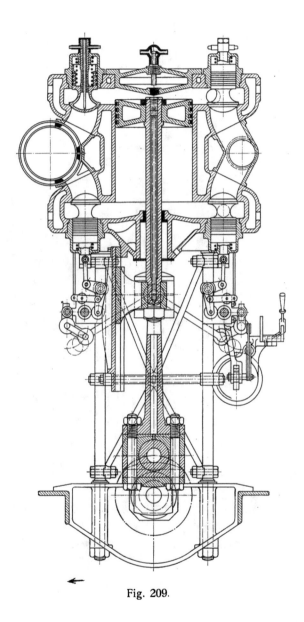

Fig. 209.

wirkende Viertaktzylinder übereinander vorsieht, so ergeben sich bei 5 m
Kolbengeschwindigkeit und 5,5 at. mittlerem effektiven Druck, sowie sechs
Zylinderpaaren nebeneinander, Einheiten von etwa 8000 PS. als durchführbar.
Ähnliche Leistungen würden auch bei entsprechender Zweitaktbauart zu er-

Doppeltwirkender Viertakt-Standard-Motor.

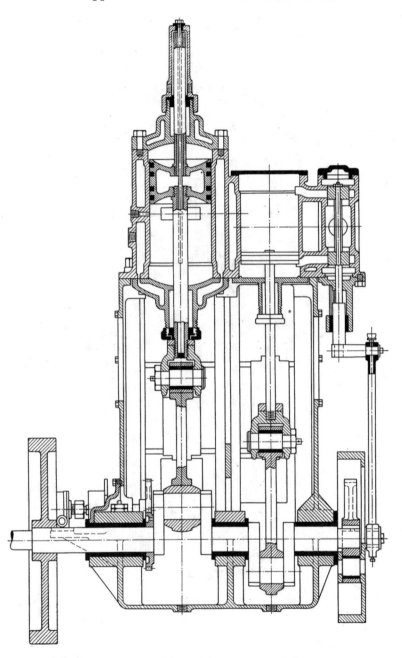

Fig. 210.

reichen sein. Mit solchen Einheiten lassen sich aber die meisten Aufgaben des Großschiffsbetriebs lösen.

Die bauliche Durchbildung derartiger Maschinen erfordert allerdings unzweifelhaft noch die Bewältigung zahlreicher Schwierigkeiten, wie die brauch-

Doppeltwirkender Viertakt-Standard-Motor.

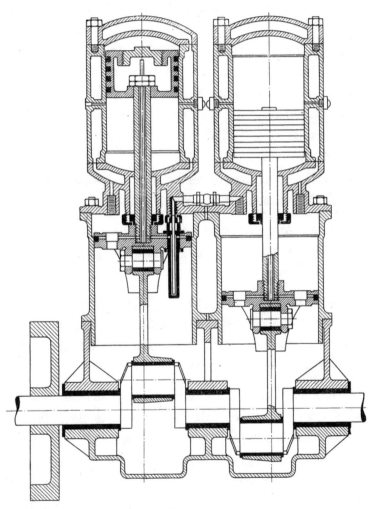

Fig. 211.

bare Gestaltung der Stopfbuchsen für so große Abmessungen, Drucke und Temperaturen, ferner die Durchbildung wirksamer Kolben-, Kolbenstangen-, Stopfbuchsenkühlung usw. Diese Schwierigkeiten dürfen aber ihrer schließlichen Lösung auf jeden Fall sicher sein.

37*

III. Manövrier- und Umsteuervorrichtungen.

Die Frage des Manövrierens umfaßt im Schiffsbetrieb die Erzeugung von Vor- und Rückwärtsgang mit stark veränderlicher Geschwindigkeits- und Kraftentfaltung.

Das Manövrieren wird bei oberflächlicher Beurteilung im Hinblick auf die Maschine häufig nur mit dem Umsteuern als gleichwertig erachtet. Das bedeutet aber eine erhebliche Unterschätzung, weil das Umsteuern nur einen Teil der Frage, vielleicht nicht einmal immer den wesentlichsten, darstellt.

Die richtige Durchführung der Einzelheiten des Manövriervorgangs kann allein mit dem Umsteuern der Maschine nicht erreicht werden.

Für eine klare Beurteilung ist zweckmäßig der Propeller zum Ausgangspunkt zu nehmen, welcher die für das Manövrieren erforderlichen, einzelnen Maschinenwirkungen an das Schiff zu vermitteln hat. Seine Eigenart kommt daher hierbei allein in Betracht.

Die Manövrierbedingungen, welche, zur Erzielung brauchbarer Propellerwirkung, an die Maschinen gestellt werden müssen, sind nun:

sofortiges Anspringen in jeder Richtung mit dem jeweilig erforderlichen Drehmoment, weitgehende Veränderlichkeit der Tourenzahl und Leistung.

für jede Fahrtrichtung und Größe, entsprechend den wechselnden Ansprüchen der Schraube, beliebig häufiges und schnelles Umsteuern in jeder Richtung, wiederum unter Entwicklung des gewünschten Drehmoments.

Diese Bedingungen sind bei der Kolbendampfmaschine mit den einfachsten baulichen Mitteln zu bewältigen und haben bisher in dieser ihre vollkommenste technische und wirtschaftliche Lösung gefunden.

In 100 jähriger Entwicklung hat die Schiffskolbendampfmaschine, durch ihre natürlichen Eigenschaften wesentlich begünstigt, diese ideale Manövrierfähigkeit verwirklichen lassen und dadurch zu der häufig anzutreffenden Auffassung veranlaßt, die gleiche Fähigkeit müsse bei jeder Schiffsmaschine, aller Eigenart zum Trotz, unbedingt vorhanden sein. Diese Anschauung ist mindestens dann nicht vollberechtigt, wenn es sich darum handelt, durch die Besonderheit der Antriebsmaschine entscheidende Vorteile zu verwirklichen, zu gunsten derer Unvollkommenheiten nach anderer Richtung, z. B. in bezug auf das Manövrieren usw., in den Kauf genommen werden müssen. Das ist schon für die Dampfturbine zutreffend, noch mehr aber für die Gasmaschine, bei welcher durch die Eigenart des Kraftmittels und seiner Verwendung grundlegende Verhältnisse, wie Erzeugung und Ausnutzung der Spannungsenergie, vollständig verändert werden. Eine Übereinstimmung, aber eine in diesem Zusammenhang unwesentliche, ist nur in der gemeinsamen Verwendung von Spannungsenergie und die dadurch bedingte Durchbildung als Kolbenmaschine gegeben. Im übrigen gestaltet sich alles von Grund aus verschieden von der Kolbendampfmaschine, bei welcher sich auch in dieser Beziehung der Vorteil des fertigen Kraftmittels geltend macht.

Der Manövriervorgang ist fraglos für die Sicherheit des Schiffsbetriebs von höchster Bedeutung und erfordert daher eingehende Beachtung. Einseitige übertriebene Rücksichtnahme auf denselben wirkt aber unter Umständen direkt schädlich, weil dadurch die Entwicklung der Schiffsmaschine, die nur in möglichst vollkommenem Kompromiß aller wesentlichen Forderungen zu erreichen ist, behindert wird.

Der Durchführung der erwähnten Manövrierbedingungen setzt die Gasmaschine grundsätzliche Schwierigkeiten entgegen:

1. In der mangelnden Fähigkeit des selbständigen Anspringens. Da Spannungsenergie erst während des Gangs im Zylinder selbst erzeugt werden muß, kann das Anlassen der Gasmaschine, nicht wie bei der Dampfmaschine mit eigener Kraft erfolgen, sondern muß vielmehr durch eine Hilfskraft, z. B. von Hand, mit Druckluft, leicht entzündbarem Gemisch, besonderen Hilfsmaschinen, auf elektrischem Wege usw. bewirkt werden.

Dadurch wird die Durchführung des Manövriervorganges vermittelst der Maschine selbst sehr erschwert. Die Zeitdauer der Vorgänge muß eventuell wachsen und darunter dann die Schnelligkeit des Manövrierens, die naturgemäß wesentlich ist, leiden.

Schon mit Rücksicht auf die Zeit ist das Anlassen selbstmanövrierender Schiffsmaschinen nur auf maschinellem Wege, mit Druckflüssigkeit, am besten Preßluft, möglich. Jede andere Art des Anlassens ist aus betriebstechnischen Gründen bei solchen direkt umsteuernden Maschinen ausgeschlossen.

Das Anlassen mit Druckluft erfolgt derart, daß der Maschine während mehrerer Hübe hochverdichtete Luft bis zu 50 at. Spannung, geregelt durch eine eigene Steuerung, zugeführt wird. Ihre Ausdehnung liefert, entsprechend derjenigen des Dampfes bei Dampfkolbenmaschinen, die zum Antrieb der Maschine erforderliche Arbeit und ermöglicht somit die gleichzeitige

Einleitung des Arbeitsprozesses, der schon nach wenigen Umdrehungen in normaler Form sich vollzieht.

Das Anlassen mittels Druckluft gestattet bei richtiger Durchführung den Vorgang betriebstechnisch einwandfrei zu lösen; denn er kann mit durchaus genügender Schnelligkeit und Sicherheit durchgeführt werden. Er wird jedoch maschinentechnisch sehr unbequem, weil er erhebliche bauliche Verwicklungen und erhöhte Herstellungskosten verursacht.

Gasmaschinen-Stopfbüchse der
M. A. N.

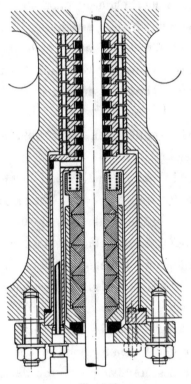

Fig. 212.

Nach dem Gesagten erfordert die Druckluftanlassung: die Erzeugung von Preßluft durch besondere oder gleichzeitig zu anderen Zwecken dienende Kompressoren, die je nach dem Luftbedarf zeitweilig oder dauernd betrieben werden müssen und entsprechenden Kraftverbrauch bewirken. Diese Luftpumpen sind konstruktiv unbequem anzuordnen, bringen Vermehrung von Gewichts- und Platzbedarf und müssen in ihren Einzelheiten sehr vollkommen durchgebildet werden. Sonst sind Luftpressungen bis zu 70 at. technisch und wirtschaftlich nicht richtig zu beherrschen. Außerdem sind zum Anlassen mittels Druckluft Behälter für einen größeren Luftvorrat notwendig. Diese sind nach der Maschinengröße und den Betriebsverhältnissen zu bemessen und dienen dazu, den Vorgang von dem Pumpenbetrieb unabhängiger zu machen und einen vorteilhaften Ausgleich zwischen dem unregelmäßig wechselnden Luftverbrauch und einer möglichst gleichmäßigen und wirtschaftlichen Lufterzeugung mit kleinem Pumpenvolumen zu ermöglichen.

Häufiges Anlassen erfordert große Luftbehälter und diese beanspruchen wieder Gewicht und namentlich viel Platz, der häufig nur recht unbequem zu beschaffen ist.

Das Anlassen mittels Druckluft kann nur mit eigenen Steuerungsorganen, welche bei direkt reversierenden Maschinen ebenso wie die Hauptsteuerung umsteuerbar eingerichtet sein müssen, erfolgen. Das schafft unter Umständen sehr komplizierte Steuerungen mit vielen Ventilen, Hebeln, Nocken, Zapfen und

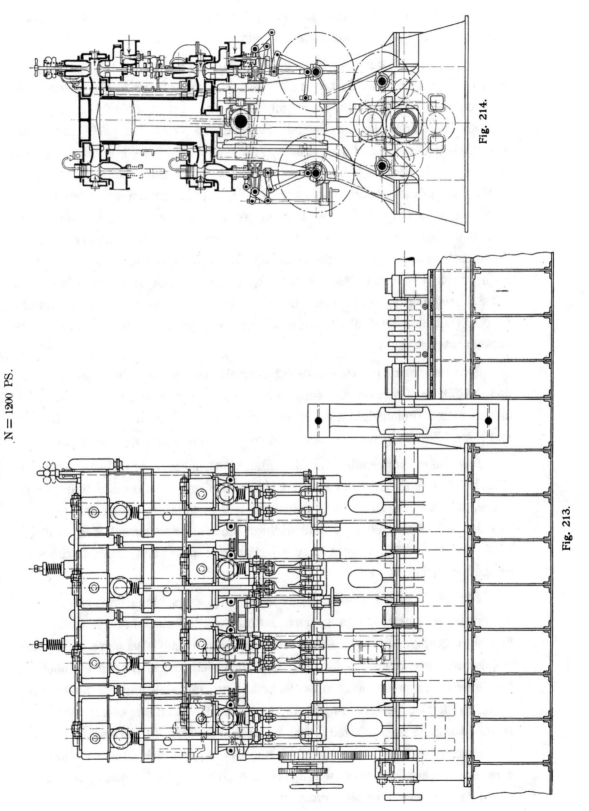

Fig. 214.

Doppeltwirkende Schiffssauggasmaschine von Holzapfel Cherry.

N = 1200 PS.

Fig. 213.

Wellen, welche die Maschine teuer und schwer machen, sich dauernd abnützen und im Betrieb die Übersicht erschweren.

2. In der Unmöglichkeit, unmittelbar mit eigener Kraft sicher umzusteuern. Das Umsteuern erfordert, ebenso wie das Angehen in jeder Richtung, zunächst eine entsprechend eingerichtete äußere Steuerung, die im Betrieb jederzeit so verstellbar sein muß, daß alle Arbeitsvorgänge im Zylinder, passend zur jeweiligen Bewegungsrichtung sich richtig abspielen. Das ist eine rein konstruktive Aufgabe, die grundsätzlich von der im Dampfmaschinenbau vorliegenden nicht verschieden ist. Ihre Lösung führt nur wegen des abweichenden Arbeitsprozesses und eventl. auch wegen der Verwendung anderer Steuerungsorgane zu äußerlich abgeänderter Gestaltung. Sie läßt sich auch grundsätzlich mit den gleichen baulichen Mitteln und beim Ölzweitakt mit Schlitzsteuerung sogar viel einfacher als bei der Dampfmaschine durchführen, weil hier die Zahl der umzusteuernden Organe eventl. wesentlich vermindert werden kann.

Schwierig wird der Umsteuerungsvorgang bei Gasmaschinen nur dadurch, daß die für das Bremsen der vorhandenen Bewegung, Stillsetzen und Angehen in der neuen Umlaufrichtung erforderliche Kraft nicht wie bei der Dampfmaschine ohne weiteres aus dem Treibmittel entnommen werden kann.

Das führt notwendig auf die gleiche Grundlage wie beim Anlassen zurück. Wie dort muß auch beim Umsteuern eine neue zusätzliche Kraftquelle, am besten Druckluft, aushelfen. Die Anlaßsteuerung ist zu dem Zwecke selbst umsteuerbar einzurichten und alles so auszubilden, daß die Maschine in selbständigem, reversierbarem Luftbetrieb, unabhängig vom Gasbetrieb arbeiten kann.

Für die direkte Umsteuerung von Schiffsgasmaschinen ergibt sich somit ein typischer Betriebsvorgang, darin bestehend daß zunächst der Brennstoffbetrieb abgestellt wird, worauf die Maschine ihren Lauf verlangsamt, alsdann umgesteuert und hierauf sofort auf Preßluftbetrieb umgestellt wird, wobei die Maschine in der neuen Richtung wieder anläuft, und daß endlich der normale Brennstoffbetrieb wieder angestellt und die Druckluftsteuerung abgestellt wird. Das alles muß mit möglichst wenig Handgriffen, in kürzester Frist und mit tunlichst vollkommener Sicherheit durchgeführt werden können: eine nicht gerade einfache, konstruktive Aufgabe, die aber bereits in mehreren brauchbaren Ausführungen gelöst worden ist.

3. In der Regelung von Leistung und Tourenzahl. Der Schraubenantrieb verlangt für den Zweck des Manövrierens die Möglichkeit, die Maschinenleistung durch gleichzeitige Änderung von Tourenzahl und Zylinderarbeit in weiten Grenzen zu regeln, wie schon vorher begründet worden ist. Die Regulierfähigkeit der Schiffsgasmaschinen ist somit ein wichtiger Bestandteil

Fig. 215—216. Umsteuerbare Schiffssauggasmaschine.

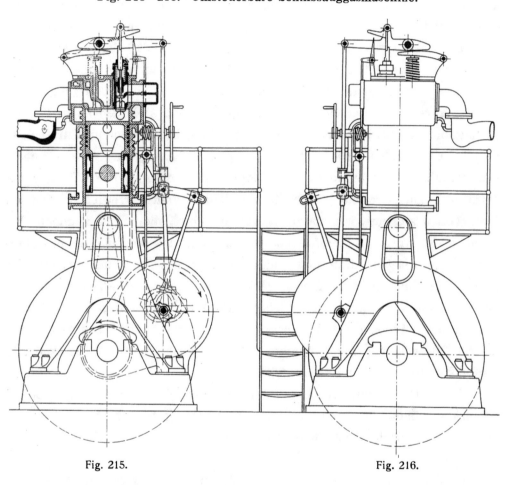

Fig. 215.   Fig. 216.

der Manövrierfrage, die ohne sie nicht annähernd brauchbar zu lösen ist. Nach beiden Richtungen, sowohl hinsichtlich Touren- und Arbeitsveränderung, ergeben sich aber für die Regelung erhebliche Schwierigkeiten, wesentlich infolge der empfindlichen Eigenart des Verbrennungsvorganges.

Schiffskolbendampfmaschinen können durch Änderung von Füllung, Anfangsdruck und Tourenzahl jedem Regelungsbedürfnis genügen. Druck- und Füllungsgröße sind dabei unabhängig von einander durch Drosseln und Verstellung der Steuerung zu beeinflussen.   Somit kann bei Dampfmaschinen eine weitgehende Änderung der Zylinderarbeit und Tourenzahl durch Verstellen der Füllung bei gleichbleibendem Anfangsdruck oder durch Drosseln des Anfangsdrucks bei unveränderlicher Füllung, oder endlich durch gleichzeitige Vornahme beider Einwirkungen erfolgen.   Da das Drosseln den Dampfverbrauch ungünstig beeinflußt und daher unökonomisch ist, .wird es unter normalen Betriebsverhältnissen tunlichst vermieden und außerhalb der Manövrierzeit im vollen Betrieb nur zur schnellen Regelung und Verhinderung des Durchgehens der Maschine im Seegange verwandt.   Beim Manövrieren findet die Druckregelung durch Drosseln ebenfalls statt, wenn eine schnellere Einwirkung auf die Fahrgeschwindigkeit als durch Füllungsänderung mittels Steuerungsverstellung erreichbar und erforderlich ist.   Außerdem ist die Drosselregulierung bei unveränderlicher größter Füllung im Schiffsdampfbetriebe notwendig anzuwenden, um möglichst kleine Tourenzahl und geringe Schiffsgeschwindigkeit zu erzielen.   Es ergibt sich dann bei Vollfüllung und geringer Füllungsspannung noch die für kleinste Fahrt erforderliche Gleichförmigkeit des Gangs, wie aus den resultierenden Volldruckdiagrammen ohne weiteres klar wird.   Es bleibt ferner zu beachten, daß die Füllung bei Dampfmaschinen zwischen Null- und Vollfüllung, also in sehr weiten Grenzen, bei jedem Druck unterhalb des Kesseldrucks verstellbar ist.   Die Tourenzahl wird infolgedessen unter gegebenen richtig gewählten Verhältnissen nach oben nur durch die Propellerleistung, nach unten nur durch die Massenwirkungen, die zur Überwindung der Totpunkte noch ausreichen müssen, begrenzt, ist also ebenfalls weitgehend veränderlich.

Unter den angeführten Verhältnissen für die Regelung arbeitet die Schiffskolbendampfmaschine zwar nicht gleichmäßig wirtschaftlich, aber stets vollkommen betriebssicher, was in Anbetracht der kurzen Manövrierzeiten allein maßgebend ist.

Mit dem Gesagten sind die großen Vorteile des Dampfbetriebs in bezug auf die Regelung erwiesen.

Für Gasmaschinen gestaltet sich dieser Vorgang von Grund aus anders und zwar in erster Linie deshalb, weil Druck und Füllung grundsätzlich nicht mehr von einander unabhängig sind.   Das trifft insbesondere für Verpuffungsmaschinen zu und macht namentlich hierbei den Vorgang sehr schwierig.

Die Regelung von Schiffsgasmaschinen kann außer durch Verlegen des Zündpunktes (Fig. 219) in der Hauptsache erfolgen: 1. durch Gemischver-

änderung bei konstanter Füllung, 2. durch Füllungsveränderung bei unveränderlicher Zusammensetzung des Gemisches. Das erste Verfahren läßt sich
bei reinen Schiffgasmaschinen z. B. durch Gasdrosselung (Diagramm Fig. 217 bis
218), bei Öl-Verpuffungs- und Gleichdruckmaschinen (Regulierdiagramm Fig. 6)
durch Beeinflussung des Brennstoffventils oder der Brennstoffpumpe verwirklichen. Die Regelung mit veränderlicher Füllung und unveränderlicher
Gaszusammensetzung wird bei Schiffsgasmaschinen für leichte Öle z. B. so aus-

Regulierdiagramm einer Schiffssauggasmaschine.

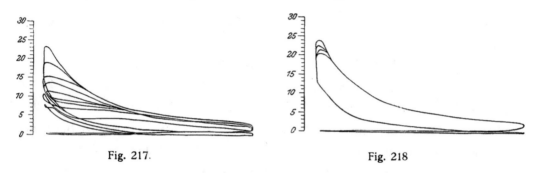

Fig. 217.   Fig. 218

Regulierung durch Zündungsverstellung.

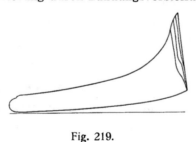

Fig. 219.

geführt: Luft und Brennstoff werden in den Vergasern stets in annähernd
konstantem Verhältnis gemischt und die Zufuhr dieses Gemisches zur Maschine
nach Bedarf gedrosselt. Die Grobregelung erfolgt in allen Fällen zweckmäßig von Hand, während ein automatischer Regler die Feinregelung und
die Sicherung gegen Durchbrennen bewirkt.

Wie aus den Diagrammen ersichtlich, ist bei den Verpuffungsmaschinen
starke Leistungsverminderung nur durch entsprechenden Druckabfall zu ermöglichen, während allein bei den Gleichdruckmaschinen eine beschränkte
Annäherung an die Dampfmaschine durch Änderung der Gleichdruckdauer
bei gleichbleibendem Höchstdruck sich ergibt. Wesentlich vollkommener
wäre aber erst diese Annäherung, wenn die Gleichdruckdauer in stark veränderlichen Druckhöhen ähnlich wie beim Höchstdruck variiert werden

könnte. Das ist schwierig zu erreichen, weil von der Druckhöhe die Durchführung der Verbrennung vollkommen abhängig ist.

Weitere Schwierigkeiten erwachsen der Regulierung der Gasmaschine
aus der Verbrennung. Bei Regelung durch Gemischänderung ergeben sich,
für geringe Belastung gasarme Gemenge, die schwer und unsicher zünden
auch langsam und unvollständig verbrennen. Die Folgen sind erhebliche
Wärmeverluste und verminderte Betriebssicherheit. Eine ähnliche Wirkung
hat die Verringerung der Verdichtung, die mit dem zweiten Regelverfahren
verbunden ist. Durch Drosseln des Gases bei reinen Gasmaschinen oder der
Ölzufuhr bei Ölmaschinen wird ev. die Zeit für die Bildung des Gemisches verkürzt und dadurch eine vollkommene Verbrennung mit geringen Wärme-
verlusten ebenfalls verhindert. Bei Ölmaschinen, insbesondere solchen mit
Schwerölbetrieb, kann zurückbleibendes, unverbranntes Öl kräftige, betriebs-
gefährliche Explosionen und starke Ungleichförmigkeit des Ganges verursachen.

Es kommt weiter noch ungünstig für die Regelung hinzu, daß bei erheblicher Tourenverminderung Wärme und Verdichtungsdruck im Verbrennungsraum nicht genügend zusammengehalten werden können und die Ladung infolgedessen weniger sicher zündet und unvollkommener verbrennt. Gasmaschinen können zuverlässig und ökonomisch nur mit entsprechenden
Kolbengeschwindigkeiten betrieben werden, schnelle Umsetzung von Wärme
in Arbeit ist für sie Lebensbedingung. Gleichdruckmaschinen gestatten eine
weitergehendere, dauernde Verminderung der Kolbengeschwindigkeit (auf etwa
1—1,5 m) und der Tourenzahl ($^1/_3$—$^1/_4$ der normalen) noch am ehesten, weil
die hohe Verdichtungstemperatur die Sicherheit und Vollkommenheit der Verbrennung wesentlich begünstigt. Schwierig wie die Leistungsverminderung
ist auch ihre Erhöhung über die Normalleistung, die kaum mehr als etwa
20 % betragen kann, wenn die Maschinenabmessungen normal richtig ausgenutzt werden. Eine entsprechende Steigerung der Brennstoffzufuhr kann
hierbei keinen Erfolg bringen, da der überschüssige Brennstoff nur unvollkommen oder gar nicht verbrennt. Zu vollständiger Verbrennung fehlt bald
die genügende Luftzufuhr.

Schiffsgasmaschinen können daher nicht wie Dampfmaschinen ohne
weiteres stark überlastet werden und erleiden damit eine weitere Beschränkung in ihrer Regelfähigkeit, die für besondere Betriebsverhältnisse, wie
Schleppen auf Gewässern mit starker Strömung, und auch beim normalen
Manövrierbetrieb störend wirkt und nur durch besondere, nicht immer einfache und billige Mittel nachdrücklich gemildert werden kann.

Die Schiffsverbrennungsmaschine arbeitet daher mit größter Wirtschaftlichkeit und relativ vollkommener Betriebssicherheit im wesentlichen nur unter normalen Verhältnissen hinsichtlich Leistung und Tourenzahl, die durch den normalen Betrieb der Schraube festgelegt sind. Erhebliche Abweichungen von diesem Normalzustand sind aber beim Schraubenantrieb unvermeidlich; sie schaffen für den Gasbetrieb grundsätzliche Schwierigkeiten, namentlich betriebstechnischer Natur, die sich aus der Eigenart der Energie-Erzeugung und -Umsetzung in Gasmaschinen ergeben.

Die Lösung dieser Schwierigkeiten macht Bau und Betrieb komplizierter und teurer und gelingt meistens nicht vollkommen, indem Nachteile und Mängel nach verschiedenen Richtungen notwendig mit in den Kauf genommen werden müssen.

Die aus dem veränderlichen Schraubenantrieb sich ergebenden besonderen Betriebsschwierigkeiten sind für den Schiffsgasmaschinenbau wesentlich und für die Beurteilung des bisher Erreichten maßgebend. Weitere Bestrebungen in dieser Richtung finden in den gewonnenen Betriebserfahrungen ihre Grundlage und in der höchsterreichbaren Sicherheit und Einfachheit des Betriebes ihr endgültiges Ziel.

Die im Vorangegangenen dargestellten Schwierigkeiten, welche die Manövrierbedingungen für die Schiffsgasmaschine schaffen, haben bei unmittelbarer Erfüllung dieser Bedingungen hauptsächlich zur Folge: wesentliche Komplikation im Bau und Betrieb durch die Druckluft-Anlassung und -Umsteuerung, sowie durch die Umsteuerung der vorhandenen Hauptventile, Vermehrung von Gewichts- und Raumbedarf, Erhöhung der Anlagekosten.

Diese Wirkungen sind insbesondere für Kleinmaschinen relativ ungünstig. Für die Anordnung der Druckluftventile, zahlreicher Hebel, Nocken usw. fehlt an der Maschine der Platz, ebenso für die Unterbringung der Druckluftbehälter im Boot. Die Komplikation im Bau und Betrieb steht im Widerspruch mit den berechtigten Ansprüchen an Einfachheit und Billigkeit der Anlage, ihrer Wartung und Instandhaltung.

Unter diesen Umständen ist es für Kleingasmaschinen zweckmäßig, die Manövrierbedingungen außerhalb der Maschine durch besondere Vorrichtungen zu verwirklichen. Nachdem die Maschine irgendwie, z. B. durch Ankurbeln oder, wenn nötig, mittels Druckluft einmal angelassen ist, läuft sie dauernd in der gleichen Richtung weiter. Dadurch bleibt die Maschine selbst von baulichen Komplikationen frei, und ihre Bedienung ist während

des Manövrierens einfach und sicher durchführbar, weil sie sich im wesentlichen auf die Regelung der Umlaufzahl in mäßigen Grenzen beschränkt.

Die Durchführung der Manövrierbedingungen führt hierbei allerdings zu
einem maschinentechnischen Umweg, aber dennoch im Kleinbetrieb zu der
einfachsten, sichersten und wirtschaftlich besten Lösung.

Die mittelbare Umsteuerung kann auf mehreren Wegen erfolgen, am einfachsten zunächst durch Umsteuerschrauben.

Fig. 220 zeigt die Umsteuerschraube von Meißner, Hamburg.

Der grundlegende Gedanke solcher Vorrichtungen ist folgender:

**Umsteuerschraube von C. Meißner-
Hamburg.**

D = 2 m.

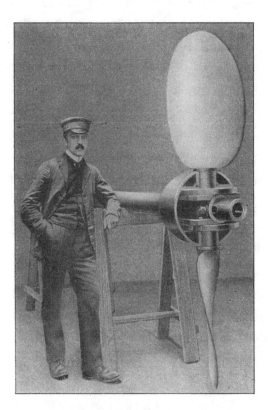

Fig. 220.

Das Manövrieren und Um-
steuern erfolgt in der Schraube
selbst durch Änderung ihrer Steigung. Zu dem Zwecke erhält sie
in der Nabe gelagerte, drehbare
Flügel, die durch eine Schubstange vom Inneren der Welle aus
verstellbar sind. Die Steigung
wird dadurch zwischen 0 und
einem Höchstwert nach beiden
Richtungen veränderlich, entsprechend auch die Kraftwirkung auf
das Fahrzeug, das damit hinsichtlich Fahrgeschwindigkeit und
Fahrtrichtung volle Manövrierfähigkeit erlangt.

Die mechanische Durchfüh-
rung des Vorgangs gestaltet sich
vorteilhaft einfach. Unbequem ist
allein die hohle Welle, mit der
innen gelagerten Schubstange, die
während der Bewegung der
Schraubenwelle von außen ver-
schiebbar sein muß. Das führt zu
besonderen baulichen Einzelheiten, wie dem in den Fig. 221—222 dargestellten Umsteuerelement von Meißner. Erhebliche konstruktive Schwierigkeiten und Nachteile ergeben sich auf diesem Wege für Kleinmaschinen
nicht. Diese Art der Umsteuerung ist baulich einfach und billig und

Fig. 221—222. Darstellungen einer maschinell angetriebenen Umsteuerschraube.

Fig. 221.

Fig. 222.

stellt keine sehr störenden Ansprüche an Platz- und Gewichtsbedarf. Im Betriebe ist sie einfach und sicher, und um so eher bequem und schnell zu handhaben, je geringer die Maschinenleistung ist. Als Nachteile lassen sich die Komplikation der Schraube als eines schlecht zugänglichen Maschinenteils und die natürliche Beschränkung der Vorrichtung auf kleinere Leistungen bezeichnen. Ersterer ist nicht sehr erheblich, da gut ausgeführte Umsteuerschrauben nach den vorliegenden Erfahrungen wenig Anlaß zu Havarien geben. Flügelbrüche sind auch bei festen Schrauben möglich, aber dann weniger einfach und billig zu beseitigen, als bei Umsteuerschrauben mit ihren getrennten Flügeln. Auch das Verstellgestänge verursacht bei guter Ausführung und richtiger Bemessung nicht leicht Störungen; dafür ist es zu einfach in seiner Gestaltung. Der oft gehörte Einwand Umsteuerschrauben hätten schlechteren Wirkungsgrad als feste Schrauben, ist in Wirklichkeit nicht richtig. Warum bei normaler Stellung der Flügel für Vorwärtsfahrt der Wirkungsgrad geringer sein muß, ist natürlich nicht einzusehen; beim Manövrieren aber arbeitet jede Schraube ungünstiger. Außerdem ist dies ökonomisch belanglos, da die Manövrierzeit für gewöhnlich nur kurz ist. Allen Einwendungen gegenüber muß immer wieder bei den Drehflügelschrauben auf die bauliche Einfachheit, Billigkeit, Dauerhaftigkeit und Sicherheit dieser Vorrichtung hingewiesen werden.

Für größere Leistungen als 100—150 PS. ist die Umsteuerschraube in ihrer normalen, einfachen Gestaltung nicht geeignet, weil die Verstellkräfte, auch mit Hilfe von Übersetzungsmitteln, nicht mehr von Hand bewältigt werden können. Der Weg, diese Beschränkung zu umgehen und dadurch gezogene Grenzen zu erweitern, besteht darin, Umsteuerschrauben mit großen Verstellkräften maschinell zu betätigen. Eine erstmalige Ausführung dieser Art zeigt der in den Fig. 220—222 dargestellte Umsteuerpropeller von M e i ß n e r, H a m b u r g, der für einen holländischen Schoner mit 200 PS. Hilfsmotor bestimmt ist. Die Anlage wird im einzelnen noch an anderer Stelle besprochen werden. Für die erwähnte Ausführung war der Gedanke maßgebend, die zum Drehen der Flügel erforderliche Verschiebung der Schubstange durch die Hauptmaschine selbst zu bewirken. Die Durchführung im einzelnen wird aus den Fig. 221—222 ohne weiteres ersichtlich. Die Bedienung von Hand hat nur das Einschalten von Kupplung und Rädergetriebe zu besorgen und erfordert daher keine großen Kräfte. Somit ist der beabsichtigte Zweck erreicht. Bemerkenswert ist noch die selbsttätige Ausrückung der Verbindungskupplung und Abstellung des Motorantriebs, sobald die Endstellung erreicht ist.

Als Hauptvorteil spricht für diese Vorrichtung nach wie vor die Einfachheit des Umsteuervorgangs und die einfache sichere Handhabung, auch durch ein wenig geübtes und sachkundiges Personal. Nachteilig ist anderseits die größere bauliche Komplikation durch die Anwendung von Kupplungen, Zahn- und Zahnkettenrädern, die die Konstruktion in der Größenentwicklung wieder abhängig machen, ferner die Vermehrung des Gewichts, der Raumbeanspruchung und der Kosten. Schwierig ist bei großen Schrauben auch die räumliche Unterbringung der Verstellungseinrichtung und der

Umsteuerschraube mit Antrieb von Zeise-Hamburg.

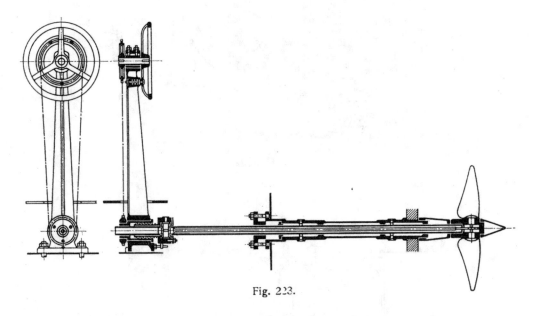

Fig. 223.

Flügelzapfen in der Schraubennabe, die bald recht groß wird. Für mehr als zwei Flügel fehlt leicht der Platz, drei sind kaum noch, vier überhaupt nicht anzuordnen. Das zwingt zu großen Schraubendurchmessern, um die erforderliche Flügelfläche zu erhalten und zu teuren großen Schrauben, die auf Flüssen des Tiefgangs wegen unter Umständen unbrauchbar sind. Wenn direkte Umsteuerungen aber nicht ohne weiteres einwandfreie Vorteile verbürgen, erscheint mir die Erweiterung des Anwendungsbereichs indirekter Umsteuerung durch diese Ausführung von Meißner beachtenswert.

Für größere Leistungen als 250—300 PS. ist die Konstruktion mit Rücksicht auf ihre baulichen Einzelheiten kaum noch verwendbar und direkte Umsteuerung dann nicht mehr zu umgehen.

Ein anderes, viel verwandtes Mittel, Schiffsgasmaschinen mittelbar

Fig. 224—225. Reversiergetriebe mit Konuskupplung von Daimler.

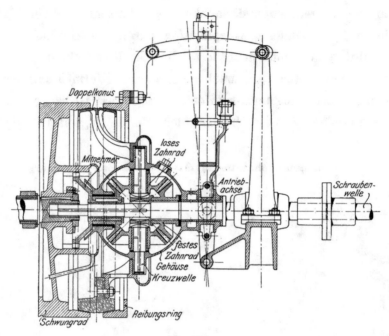

Fig. 224.

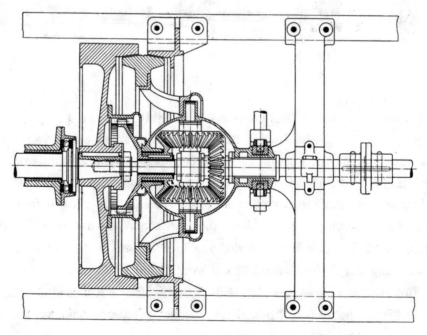

Fig. 225.

Fig. 226—228. Reversiergetriebe mit Federbandkupplung von Daimler.

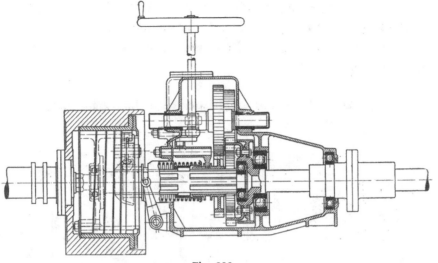

Fig. 226.

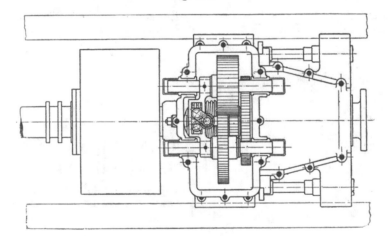

Fig. 227.

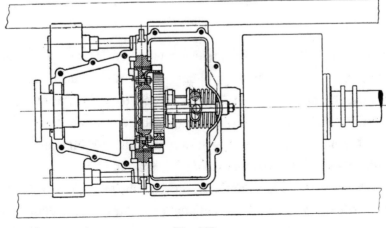

Fig. 228.

manövrierfähig zu machen, besteht in der Anwendung von Reversiergetrieben, die in vielen Ausführungen vorhanden sind. Fast alle haben den
Grundgedanken gemeinsam, durch Zahnrädergetriebe die Umsteuerung und
durch Kupplungen, meistens Reibungskupplungen, die Geschwindigkeitsänderung zu erzielen.

Fig. 229—231. Reversiergetriebe von F. Lünnemann-Ruhrort.

Fig. 229.   Fig. 230.

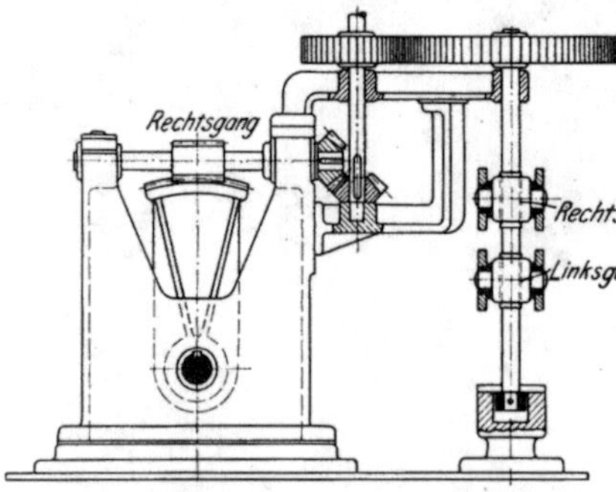

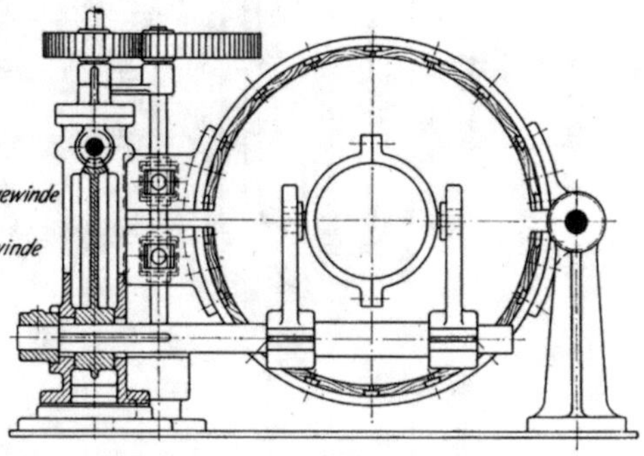

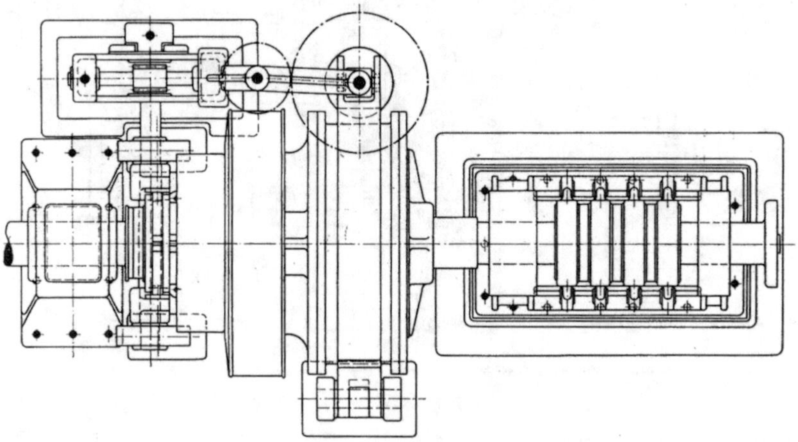

Fig. 231.

Die Fig. 224—228 zeigen Reversiergetriebe von D a i m l e r, teils die ältere
Ausführung mit Reibscheibenkupplung, teils die neuere mit Federbandkupplung, welche den Betrieb ruhiger und stoßfreier gestalten soll.

In den Fig. 229—231 ist ein Wendegetriebe von L ü n n e m a n n, Ruhrort,
welches bei größeren Gasschleppern auf dem Rhein für Leistungen von 150
bis 300 PS. wiederholt verwandt wurde, dargestellt.

Weiter sind die Fig. 232—235 die Wiedergabe einer ähnlichen Ausführung mit räumlich geschickt zusammengedrängter Anordnung, welche von
der S c h i f f s g a s m a s c h i n e n f a b r i k R e i s h o l z herrührt.

Fig. 232—235. Wendegetriebe mit Reibscheibenkupplung der S. G. F. Düsseldorf-Reisholz.

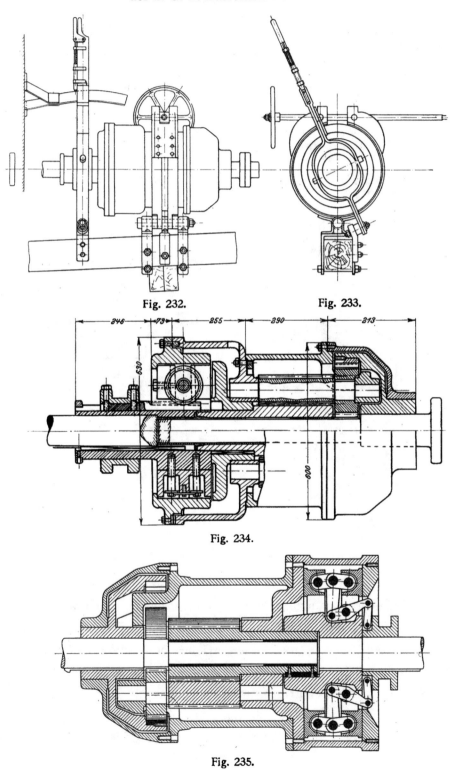

Fig. 232.

Fig. 233.

Fig. 234.

Fig. 235.

Auch im Auslande werden gleichartige Konstruktionen viel benutzt.

Die Schwierigkeiten sind bei den Reversiergetrieben in dem Wesen der baulichen Bestandteile der Rädergetriebe und der Kupplungen begründet. Die Zahnräderübersetzungen sind umständlich, erfordern sorgfältige Herstellung [aus bestem Material und werden somit relativ teuer. Für große Leistungen beanspruchen sie viel Platz und Gewicht, schaffen im Betriebe

Pneumat. Kupplung von Koreiwo.

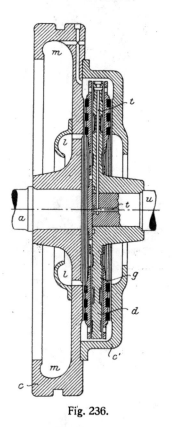

Fig. 236.

Druckregler zur Koreiwo-Kupplung.

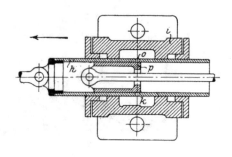

Fig. 237.

leicht erhebliche Abnutzung und das unvermeidliche Geräusch des Zahneingriffs. Die Kupplungen sind raumsperrend und gewichtig, für große Leistungen, ebenso wie die Rädergetriebe, bald nicht mehr durchführbar. Ein wesentliches Hindernis für große Ausführungen sind auch die erheblichen Verstellkräfte und die Wärmeentwicklung durch die Reibung.

Fig. 236 veranschaulicht die pneumatische Kupplung von Koreiwo, bei welcher die Anpressung der Reibflächen durch Luftdruck und die Beseitigung unzulässiger Erwärmung durch Wasserkühlung erfolgt. Das ist praktisch brauchbar durchgeführt, wird aber unvermeidlich kompliziert und teuer. Der Anpressungsdruck kann pneumatisch sehr empfindlich und vollkommen selbsttätig geregelt werden (Fig. 237). Dies ist aber auch für die Sicherheit des Betriebs unbedingt notwendig; denn von der dauernden sicheren Erhaltung des Drucks in der erforderlichen Höhe hängt natürlich alles ab. Baulich ge-

Fig. 238—239. Umsteuerung mittels Rädergetriebe und Koreiwo-Kupplung.

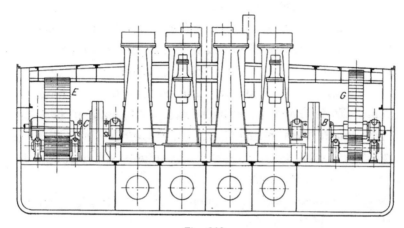

Fig. 238.

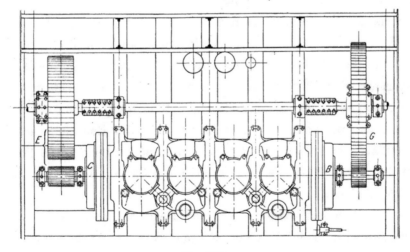

Fig. 239.

staltet sich der Vorgang recht verwickelt, im Betriebe empfindlich, und es ist unumgänglich, daß scheinbare Nebenteile den wichtigsten Einfluß auf die Betriebssicherheit haben. Hinzu kommt noch die für die Umsteuerung erforderliche Räderübersetzung, mit allen ihren baulichen und betriebstechnischen Mängeln und ihrer großen Schwerfälligkeit, die aus den Fig. 238—239 klar hervorgeht. Das alles läßt auch diese Lösung nur als vorübergehenden Notbehelf erscheinen, trotz wiederholter Ausführungen, die befriedigend entsprochen haben sollen.

Die Reibung in den Reibflächen der Kupplungen hat unvermeidlich außergewöhnliche Abnutzung zur Folge, namentlich deshalb, weil die Herabsetzung der Geschwindigkeit wesentlich mit Hilfe des Gleitens in den Reibflächen bewirkt werden muß. Das zwingt besonders für größere Leistungen zu getrennter Ausführung der Reibflächen, eventuell aus besonderem Material, und zu häufigem Ersatz derselben. Der Betrieb bleibt nicht vollkommen sicher, weil die Reibung leicht versagt, und wegen des unumgänglichen plötzlichen Auftretens der Reibung nicht leicht stoßfrei. Die Folge ist ruckweises Anziehen des Fahrzeugs, was für den Schleppbetrieb recht unzuträglich werden kann. Es ist konstruktiv schwierig, Kupplungen und Rädergetriebe auf kleinem Raum zusammenzudrängen; Gewicht und Raumbedarf von Reversiergetrieben sind deshalb unter Umständen von denjenigen der Maschine selbst nicht sehr verschieden.

Die Manövrierbedingungen können mittelbar endlich durch elektrische Kraftübertragung erfüllt werden.

Hierbei ist folgender Vorgang maßgebend:

Gasmaschinen erzeugen in direkt angetriebenen Dynamomaschinen elektrische Energie, die wiederum in Elektromotoren zum Propellerantrieb benutzt wird. Es ergibt sich somit als wesentlich: die Vermeidung direkter Umsteuerung der Verbrennungsmaschinen und die Übertragung aller Manövrieraufgaben an Elektromotoren, welche hierfür mehr als alles andere geeignet sind. Bei konsequenter Durchführung der Energieumsetzung bilden Gasmaschine und Dynamo nur eine schwimmende elektrische Primäranlage, die auf den Schraubenwellen sitzenden Elektromotoren aber die eigentlichen Antriebsmaschinen.

Die unbedingten Vorteile dieses Manövrierverfahrens sind im wesentlichen:

Die Drehgeschwindigkeit der Schraube kann einfach, schnell und sicher von jedem gewünschten Punkte des Schiffes nach Belieben geändert werden. Alle Verrichtungen zur Beeinflussung der Fahrt lassen sich demnach, auch bei großen Fahrzeugen, von demselben Punkt, z. B. von der Kommandobrücke aus vornehmen. Das gewährt unzweifelhaft die höchst erreichbare Sicherheit und Präzision des Betriebs, die noch dadurch erhöht werden, daß die Elektromotoren während kurzer Manövrierzeiten auf das Doppelte der normalen Leistung und mehr überlastet werden können.

Rein elektrische Kraftübertragung macht auch die Gasmaschine in baulicher Beziehung unabhängig von der Schraube, die nicht mehr mechanisch mit der Maschine gekuppelt ist. Infolgedessen können langsamlaufende Schrauben durch schnellaufende Maschinen betrieben werden, und zwar mit dem besonderen Erfolg, daß an Gewicht, Raum und Kosten für die Gasmaschine gespart wird, ohne daß die Schraubenwirkung darunter zu leiden hat. Es wird somit möglich, den Nachteil der elektrischen Anlage nach den erwähnten Richtungen wenigstens teilweise wieder auszugleichen.

Der elektrische Antrieb beseitigt die baulichen und betriebstechnischen Gegensätze zwischen Schraube und Gasmaschine vollkommen oder gestattet doch, sie wesentlich zu mildern. Er ist auch unabhängig von der Größe der Leistung und ermöglicht grundsätzlich, beliebig hohe Kräfte zu übertragen.

Gegenüber solchen Vorteilen ergeben sich Nachteile und Unbequemlichkeiten aus folgendem:

Die rein elektrische Kraftübertragung vermindert den Wirkungsgrad der Anlage je nach ihrer Größe um 15—30 % und mehr. Bei sehr kleinen Leistungen ist allerdings häufig eine Verbesserung der Schraubenwirkung, die wohl auf die größere Gleichförmigkeit des Drehmoments zurückgeführt werden muß, zu beobachten, was einer Verringerung des erwähnten Nachteils gleichkommt.

Der unvermeidliche Energieverlust erfordert entsprechende Vermehrung der Betriebskosten, ebenso die zusätzliche Unterhaltung der ganzen elektrischen Anlage. Gewichts- und Raumbedarf der Gesamtanlage werden durch den elektrischen Teil gegenüber direkt umsteuernden Maschinen beträchtlich erhöht; es wachsen nicht minder die Kosten für Anschaffung, Amortisation und Verzinsung. Eine wesentliche Komplikation des Betriebs ist nicht notwendig vorhanden, da die Bedienung des Gasmaschine sich ja vereinfacht und die Elektromotoren wenig Wartung beanspruchen. Immerhin werden große Anlagen weniger übersichtlich, die Raumverteilung schwieriger, wenn der Maschinenraum geteilt werden muß.

Fig. 240 zeigt eine geschickte Verwendung von Dynamo und Motor in einer möglichst gedrängten Konstruktion, die von der Allgemeinen Motorengesellschaft, Berlin-Rummelsburg, als Ersatz für Wendegetriebe und Umsteuerschrauben bis zu 150 PS. gebaut wird. Das Dynamogehäuse ist mit der Kurbelwelle fest gekuppelt und dient gleichzeitig als Schwungrad. Die Schraubenwelle trägt beide Anker und hat in dem Dynamo- und Motorgehäuse je ein Lager. Die Umsteuerung erfolgt durch

einfache elektrische Umschaltung, während der Motor ungehindert weiter
läuft. Die Verhältnisse sind so gewählt, daß die Ankerwelle nur die halbe
Tourenzahl des Motors macht. Dadurch wird erreicht, daß hochtourige, billige
Gasmaschinen mit geringem Gewichts- und Raumbedarf ohne Schaden für
die Schraubenwirkung verwandt werden können.

Dem Getriebe sind im wesentlichen die Vor- und Nachteile elektrischer
Kraftübertragung eigen.

**Bootsmotor mit elektrischer Umsteuerung von der Allgemeinen Motorengesellschaft-
Berlin-Rummelsburg.**

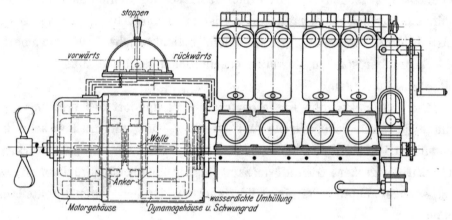

Fig. 240.

Im Kleinbetriebe ergibt sich folgender Zusammenhang für das Getriebe
als vorteilhaft: langsam laufende Gasmaschinen erfordern zu viel Gewicht,
Raum und Kosten, schnellaufende, die demnach zweckmäßig erscheinen, verursachen eventuell schlechten Schraubenwirkungsgrad und größeren Kraftverlust. Dieser Widerspruch wird durch das elektrische Getriebe in einfachster
Form gelöst: es kann unter Umständen trotz des elektrischen Kraftverlusts
ein besserer Gesamtwirkungsgrad als bei direktem hochtourigen Antrieb erzielt werden. Dabei ist, namentlich gegenüber Reversiergetrieben, diese
Kupplung frei von Abnutzung und Geräusch, kaum schwerer und teurer, ·
außerdem leichter und schneller zu bedienen.

Als nachteilig kommt hinzu, daß die Umdrehungszahl nur durch die
Gasmaschine geregelt werden kann, eine Änderung also nicht in weiten
Grenzen möglich ist. Das ist im Kleinbetriebe unbequem, für Großbetriebe
unzulässig.

Rein elektrische Kraftübertragung ist nach dem Gesagten wegen des
unvermeidlichen Energieverlustes, der dauernd auftritt, für Großanlagen un-

ökonomisch. Im Dauerbetriebe wird aber die Energieumsetzung überhaupt entbehrlich und direkter Antrieb ohne Schwierigkeiten für den Betrieb durchführbar; sie ist nur für das Manövrieren betriebstechnisch wertvoll.

Durch Beschränkung des elektrischen Antriebs auf die kurzen Manövrierzeiten wird der Energieverlust unerheblich und unbedingt nebensächlich.

Verwirklicht wurde dieser Gedankengang durch das bekannte System Del Proposto, das seither in folgender Form wiederholt ausgeführt worden ist:

Zwischen Gasmaschine und Schraube sind auf der durchlaufenden Welle hintereinander angeordnet: eine Dynamomaschine, eine elektromagnetische Kupplung und ein Elektromotor. Dynamo und Motor sind im Dauerbetriebe außer Wirkung und die Schraube wird mit Hilfe der eingeschalteten Kupplung unmittelbar von der Gasmaschine getrieben; jeder Kraftverlust fällt fort. Beim Manövrieren wird die Kupplung gelöst; Dynamo und Elektromotor arbeiten wie beim rein elektrischen Betrieb, natürlich auch mit entsprechendem Energieverlust, der aber wegen der kurzen in Betracht kommenden Zeit unwesentlich ist.

Außer dem erwähnten Gewinn an Ökonomie wird durch das Del Proposto-System gegenüber rein elektrischer Übertragung erreicht: Da die elektrischen Maschinen für die ganzen Manövrierzeiten ohne Nachteil auf das Doppelte und mehr überlastet werden können, brauchen sie nur für halbe Leistung und weniger bemessen zu werden. Damit ergeben sich weitere Ersparnisse an Gewicht und Raum, an Kosten für die Herstellung, Verzinsung und Amortisation, denen nur der Mehraufwand für die durchlaufenden Wellen und die elektrischen Kupplungen gegenüberstehen. Als eventueller Nachteil oder Unbequemlichkeit tritt hinzu, daß Kraftmaschine und Schraube im Dauerbetrieb nicht mehr unabhängig voneinander sind, sondern namentlich in der Umlaufzahl einander angepaßt werden müssen.

Allen erwähnten Vorteilen zum Trotz bleibt auch das Del Proposto-System, wie jede elektrische Kraftübertragung, ein maschinentechnischer Umweg, der nichts weiter bringt als Vermehrung des Gewichts (um 30—40 kg pro 1 PS.), lange, schlecht ausgenutzte Maschinenräume und bedeutende Erhöhung der Anlage- und Betriebskosten. Mit solchen Nachteilen muß der Vorteil des einfachen und sicheren Manövriervorgangs erkauft werden.

Fig. 241 gewährt einen räumlichen Vergleich mehrerer Umsteuerungsarten für eine Schiffsgasmaschine von 300 PS. Diese Zusammenstellung zeigt klar und anschaulich, was von vornherein selbstverständlich ist: die direkte Umsteuerung hat den größten Vorteil für sich und wird unzweifelhaft für Groß-Schiffsgasmaschinen die weitere Entwicklung beherrschen.

Die direkte Umsteuerung ist seither schon in mehreren Ausführungen mit Erfolg verwirklicht worden, wofür einige wichtige Beispiele angeführt werden sollen.

Fig. 241. Vergleich bezüglich des Platzbedarfs einer 300 PS-Schiffsmotoranlage bei verschiedenen Umsteuerungsarten.

Rein elektrische Übertragung.

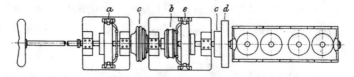

Del Proposto-System.

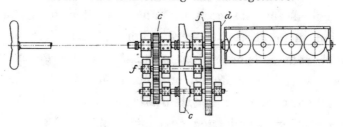

Mechanische Umsteuerung mit Rädergetriebe.

Direkte Umsteuerung.

Nach den vorhergehenden Ausführungen muß für die direkte Umsteuerung der Gasmaschinen in erster Linie ermöglicht werden: 1. die Maschine in jeder Richtung anzulassen und 2. die Steuerungsorgane gleichzeitig für Vor- oder Rückwärtsgang richtig einzustellen.

Diese Forderungen können bei Kleinmaschinen in einfachster Form dadurch erfüllt werden, daß die Maschine zunächst von Hand nach vorwärts angelassen und dann durch Zündverstellung auf Frühzündung während der

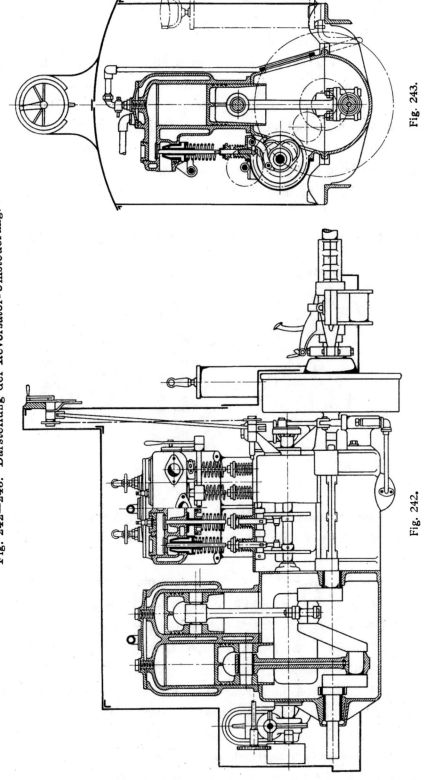

Fig. 243.

Fig. 242.

Fig. 242—243. Darstellung der Reversator-Umsteuerung.

Kompression nach Bedarf umgesteuert wird.   Die Umschaltung etwa vor-
handener Steuerungsorgane muß zur selben Zeit erfolgen.   Bei Zweitaktmaschinen, die nur durch den Arbeitskolben in Verbindung mit Kanalkränzen
gesteuert und mit fertigem Gemenge geladen werden, sind Steuerungsorgane
nicht ·vorhanden.   Solche Maschinen können auf dem beschriebenen Wege
ohne besondere Einrichtungen umgesteuert werden, weil sich die Arbeitsvorgänge bei Vor- und Rückwärtslauf symmetrisch zu den Totpunkten, also vollkommen gleichartig abspielen.   Viertaktmaschinen erfordern dagegen, bei der
Umsteuerung auch den Ventilantrieb zu ändern, weil die einfache Umkehrung
der Antriebsbewegung mit Rücksicht auf den Arbeitsprozeß und meistens

Fig. 244.   Einzelheiten der Kurvenscheiben bei der Reversator-Umsteuerung.

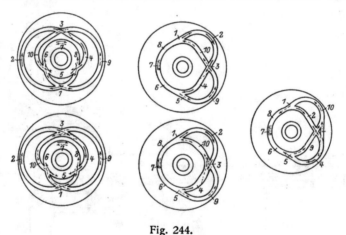

Fig. 244.

auch mechanisch nicht durchführbar ist.   Die Änderung der Ventilbewegung
für Vor- und Rückwäftslauf ist auf verschiedenen konstruktiven Wegen erreichbar.

     In den Fig. 242—243 ist die Reversatorumsteuerung der M o t o r -
A k t i e b o l a g e t R e v e r s a t o r , S t o c k h o l m , welche in Deutschland
von H o w a l d t , K i e l , ausgeführt wird, dargestellt.   Die Umsteuerung
wird, wie beschrieben, durch Zündverstellung eingeleitet, der Wechsel
in der Ventilbewegung wie folgt bewirkt: Ein- und Auslaßventil
werden mit Hilfe von je 2 Kurvenbahnen und zugehörigen Gleitstücken
von der Steuerwelle aus angetrieben.   Die beiden ΅Kurven entsprechen
Vorwärts- und Rückwärtsgang des zugehörigen Ventils.   Sie sind infolgedessen symmetrisch angeordnet und den Bedingungen, welche durch den
Arbeitsprozeß an die Ventilbewegung gestellt werden, entsprechend gestaltet.

Wesentlich ist für ihre Formgebung ferner, daß die Gleitschuhe nach erfolgter Umsteuerung auf kürzestem Wege an die richtigen Stellen der neuen Bahnen gelangen. Wird dies insbesondere bei Mehrzylindermaschinen nicht erreicht, so arbeitet die Maschine nach dem Umsteuern nicht sogleich mit der vollen Leistung. Wie diese Forderung konstruktiv lösbar wird, ist im einzelnen aus den Fig. 242—244 zu ersehen. Als Vorteil spricht für die Verwendung der Kurvenbahnen die bauliche Einfachheit, geringer Raumbedarf, der auch bei Kleinmotoren befriedigt werden kann, relativ geringe Kosten. Als Nachteil ergibt sich die unvermeidliche Abnutzung der Kurven und Gleitschuhe, welche die Ventilbewegung beeinflußt. Aus diesem Grunde ist die Umsteuerung nur für kleine Kräfte, also für Kleinbetrieb brauchbar; dies namentlich auch wegen der Mängel und Unvollkommenheiten der Zündungsumsteuerung, die wesentlich im folgenden bestehen: die Umsteuerung kann nur aus der Bewegung, aber nicht direkt aus der Ruhe erfolgen. Eine Verminderung der Umlaufzahl ist allein in den Grenzen, welche durch die Regelung des Motors gezogen sind, möglich; mit geringerer als der halben Drehgeschwindigkeit kann die Schraube also kaum betrieben werden. Die Umsteuerung ist nicht vollkommen betriebssicher, weil die Frühzündung versagen kann, auch der Zünddruck eventuell nicht ausreicht, um die Massen herumzuwerfen. Der Maschinenlauf muß für das Umsteuern zunächst möglichst verlangsamt und darauf rechtzeitig gezündet werden: ein empfindlicher, unsicherer Vorgang, der an die Geschicklichkeit des Maschinisten große Ansprüche stellt.

Das Anlassen ist einwandfrei nur durch ein besonderes Kraftmittel, z. B. Druckluft, zu ermöglichen und daher in dieser Form für größere Ausführungen von Umsteuerungen allein gebräuchlich. Die Verwendung von Druckluft gestattet bei richtiger Ausführung beliebiges Anlassen aus der Ruhe und der Bewegung nach jeder Richtung und eine starke Verminderung der Drehgeschwindigkeit, die nur durch die Massenwirkungen beschränkt ist, genau wie beim Dampf. Dabei ist der Vorgang schneller durchführbar als bei Dampfbetrieb, weil höhere Pressungen relativ leicht verfügbar und schwer bewegliche Steuerungsteile entbehrlich sind. Wegen der hohen Luftspannung sind als Steuerungsorgane nur Ventile mit geringen Querschnitten zweckmäßig, aber auch ausreichend; für große Ventile fehlt zudem häufig der Platz. Druckluft für das Anlassen ist auch deshalb vorteilhaft, weil sie mit den relativ geringsten baulichen und betriebstechnischen Komplikationen zu erzeugen, aufzuspeichern und zu verwenden ist. Sie erfordert nicht notwendig besondere Anlaßzylinder, sondern kann direkt in den Arbeitszylindern der Maschine verwandt werden. Es wird somit möglich, die unvermeidlichen baulichen Weiterunge auf die Pumpen und Luftbehälter zu beschränken. Sind erstere bereits für andere Zwecke erforderlich, wie beim Dieselmotor, so können sie gleichzeitig zur Erzeugung der Anlaßluft benutzt werden, und es vereinfacht sich entsprechend die bauliche Gestaltung. Da die Druckluft bei der Verwendung kaum nennenswert warm ist, sind unbequeme Wärmeausdehnungen von Maschinenteilen beim Anlassen nicht zu befürchten. Das ist für die schnelle und sichere Durchführung des Betriebs, namentlich für eine schnelle Betriebsbereitschaft, günstig.

Für das Anlassen und Umsteuern mittels Druckluft sind wesentliche konstruktive Forderungen: die Ermöglichung sofortigen Anspringens in beiden Richtungen und aus jeder Kurbelstellung, die Vermeidung hoher Luftverdichtungsdrucke während des Anlassens oder Umsteuerns infolge unrichtiger Steuerungswirkung, die Verhinderung von Brennstoffexplosionen aus zurückgebliebenem Brennstoff.

Die Erfüllung dieser Forderungen bereitet bei Verwendung besonderer Anlaß-Luftzylinder keine Schwierigkeiten, wohl aber, wenn mit den Arbeitszylindern angelassen und umgesteuert werden soll. Gleichwohl wird dieser Weg bisher am meisten benutzt, weil er mit geringerem Aufwand an Raum, Gewicht und Kosten verbunden ist. Für die Beurteilung, ob hierbei selbsttätiges Anspringen der Maschine aus jeder Kurbelstellung ermöglicht werden kann, ist von der Zylinderzahl und der Stellung der Kurbeln zu einander auszugehen. Im wesentlichen ergibt sich: einfach wirkende Maschinen können erst bei dreizylindriger Ausführung selbsttätig angelassen werden und zwar im Luftzweitakt und mit ca. 80—85 % Luftfüllung. Anlaß- und Luft-Auslaßventil sind infolgedessen im Zweitakt zu steuern und natürlich umsteuerbar einzurichten. Eine weitere Folge ist großer Luftverbrauch beim Anlassen und Umsteuern, namentlich auch wegen der großen Füllung bei geringer Expansion. Um nicht zu hohe Durchflußgeschwindigkeiten in den Ventilen und erheblichen Energieverlust zu erhalten, sind hinreichend große Ventilquerschnitte notwendig; zu weitgehender Vergrößerung fehlt aber oftmals der Platz. Zweckmäßig sind bei so großen Füllungen nur Luftspannungen von 16—20 at. zu verwenden, weil dadurch der Luftverbrauch verringert wird und außerdem bei ungenügendem Auspuff während des Rückhubs ein gefahrbringender Kompressionsdruck eher vermieden wird. Einfachwirkende Vierzylindermaschinen können mit Luftviertakt noch nicht mit voller Sicherheit angelassen und umgesteuert werden, wohl aber Sechszylindermaschinen. Wenn die Arbeitszylinder gleichzeitig als Anlaßzylinder dienen, muß der Luftbetrieb getrennt vom Brennstoffbetrieb durchgeführt werden. Damit ergibt sich beim Umsteuern und Anlassen im Augenblick der Umschaltung von Luft- auf Brennstoffbetrieb die Möglichkeit, daß die Zündung oder Verbrennung versagt und die Maschine nicht in Betrieb kommt. Dem ist nur dadurch vorzubeugen, daß die Umschaltung auf Brennstoffbetrieb für die einzelnen Zylinder hintereinander erfolgt, was wiederum nur auf Kosten der Einfachheit und Schnelligkeit der Bedienung geschehen kann. Bei Maschinen mit getrennten Anlaßzylindern entfällt diese Schwierigkeit ohne weiteres vollständig. Die Gefahren hoher Verdichtungspannungen, bestehend in Überanstrengung der Zylinderdeckel, Kolben, des Triebwerks und der Steuerungsteile, lassen sich durch Anordnung von Sicherheitsventilen abwenden, während starke Nachexplosionen aus unverbranntem Brennstoff nur so mit einiger Sicherheit zu verhüten sind, daß sofortige, zu schnelle Einschaltung des Luftbetriebes, unmittelbar nach Abstellen des Brennstoffs, durch entsprechende Einrichtung der Schaltvorrichtung verhindert wird.

Umsteuerung I der Maschinenfabrik Augsburg.

Dieselbe wurde bereits im Jahre 1906 für Dieselmaschinen französischer Unterseeboote ausgeführt. Ihr Wesen besteht in folgendem: Für Vor- und Rückwärtsgang wird die Steuerwelle mit allen Antriebsnocken um einen bestimmten Winkel durch die Kurbelwelle verdreht und dadurch die Umsteuerung von Anlaß-, Einlaß- und Auspuffventil bewirkt.

In Fig. 245 ist diese Umsteuerung dargestellt. Wie ersichtlich, wird der erwähnte Grundgedanke durch Anwendung eines Hauptwendegetriebes mit Klauenkupplung, einer geteilten Zwischenwelle und eines Hilfswendegetriebes verwirklicht. Der Umsteuerhebel betätigt die Muffe der Klauenkupplung und verbindet diese bei Vorwärtsgang mit der Klaue des oberen, bei Rückwärtsgang mit der Klaue des unteren Zahnrades des Haupträdergetriebes. Beide Klauen sind um einen der Verdrehung der Steuerwelle entsprechenden Winkel gegeneinander versetzt. Das Hilfswendegetriebe ist mit Reibungsrädern versehen und wird von der Kurbelwelle durch eine Hilfswelle angetrieben. Seine Verstellung ist durch den Steuerhebel mit der Bewegung der Klauenkupplung so verbunden, daß in der Mittelstellung des Steuerhebels die Zahnräder sich unabhängig von der Kurbelwelle und dem unteren Teil der Zwischenwelle drehen können. Dadurch wird das erneute Einrücken der Muffe ermöglicht. Im normalen Betriebe ist das Wendegetriebe außer Tätigkeit.

Abgesehen von den maschinentechnischen Mängeln seiner Einzelheiten, seiner Umständlichkeit und Schwerfälligkeit besitzt dieses Umsteuerungsgetriebe wichtige betriebstechnische Nachteile: die Maschine kann aus der

Umsteuerung I der Maschinenfabrik Augsburg (für einen Diesel-Schiffsmotor).

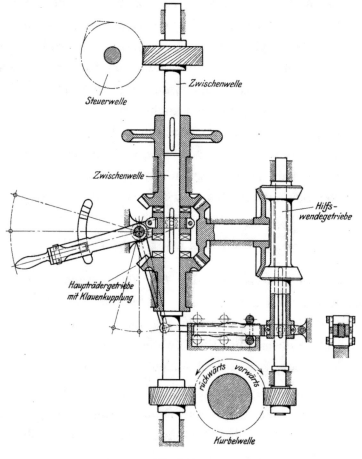

Fig. 245.

Ruhe ohne weiteres in nur einer Richtung angelassen werden, entweder vorwärts oder rückwärts, je nach der Stellung der Umsteuerung. Das vermindert mindestens die Schnelligkeit der Bedienung und erschwert den Betrieb. Die Vorrichtung ist ferner im Betriebe nicht unbedingt zuverlässig, die Betriebssicherheit entsprechend verringert, da ein Versagen der Umsteuerung bei nicht sehr geschickter Handhabung möglich ist. Nach der Auskupplung der Muffe, also in der Mittelstellung des Steuerhebels, beherrscht der Maschinist den Maschinengang so lange nicht, bis die Klaue wieder eingerückt ist. Kommt in dieser Zeit die Maschine zum Stillstand, so ist der Betrieb unterbrochen und kann nur umständlich durch Drehen der Kurbel- oder Steuerwelle wieder aufgenommen werden.

Umsteuerung II der Maschinenfabrik Augsburg.

Die Fig. 246—247 zeigen diese Umsteuerung in der Anwendung für das Auspuffventil einer Schiffs-Dieselmaschine. Die Grundlage bildet die Anwendung der bekannten Klugschen Umsteuerung in Verbindung mit einem schwingenden Rollenhebel und einer Wälznocke, die unmittelbar auf der Ventilspindel befestigt ist. Von den für die Ventilbewegung maßgebenden Bahnen des Exzenterendpunkts sind nur relativ kleine Teile verwendbar, die möglichst

Fig. 246—247. Umsteuerung II der Maschinenfabrik Augsburg (für das Auspuffventil eines Diesel-Schiffsmotors).

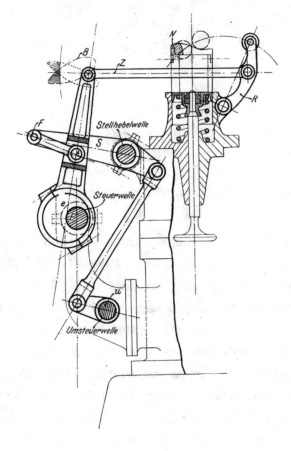

Fig. 246.

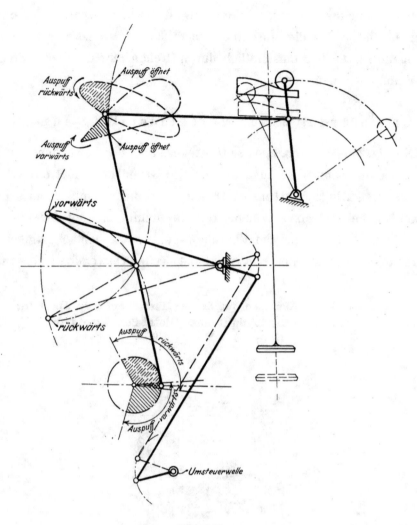

Auspuff
rückwärts

Auspuff öffnet

Auspuff
vorwärts

Auspuff öffnet

vorwärts

rückwärts

Auspuff rückwärts

Auspuff vorwärts

Umsteuerwelle

Fig. 247.

symmetrisch gelegen sein müssen, um tunlichst gleiche Ventileröffnungen für
Vor- und Rückwärtsgang zu erhalten. Auch die Erzielung ausreichender
Ventilhübe ist im Zusammenhang mit dem verfügbaren Raum nicht gerade
einfach. Die hieraus sich ergebenden konstruktiven Schwierigkeiten sind
aber lösbar und wesentlich nur beim ersten Entwurf vorhanden. Unbequem
ist ferner der schwingende Rollenhebel mit der Wälznocke, deren Bahn sorgfältig ermittelt und ausgeführt werden muß. Trotz aller Sorgfalt ist aber
stoßfreies und geräuschloses Arbeiten dieser Teile schwer zu erreichen, da
Unvollkommenheiten in der Herstellung und Abnützung im Betrieb unvermeidlich sind. Ein erheblicher Vorteil liegt darin, daß schwere, stark auf Biegung
beanspruchte Hebel entfallen und durch relativ leichte Gestänge ersetzt

werden können; das vermindert das Gewicht der Steuerung, sowie die zu
beschleunigenden Massen und gibt ihr ein gefälliges Aussehen. Auch der
Fortfall der großen Nockenscheiben auf der Steuerwelle, die immer ein rohes,
unvollkommenes Antriebsmittel darstellen, und ihre Verdrängung durch ruhig
und geräuschfrei arbeitende Exzenter ist günstig. Endlich sind noch die
Feinheit der Regelung und die Sicherheit der Handhabung bedeutungsvolle
Eigenschaften dieser Umsteuerung.

Umsteuerung III der Maschinenfabrik Augsburg (für einen Diesel-Schiffsmotor).

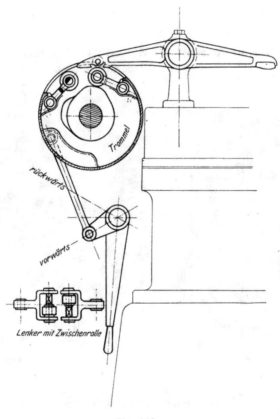

Fig. 248.

Umsteuerung III der Maschinenfabrik Augsburg.

Fig. 248 gibt ein Bild dieser Umsteuerung, die gegenwärtig für eine
850 PS-Schiffs-Dieselmaschine ausgeführt wird. Ihr Wesen liegt in folgendem:
Die gewöhnliche Nockensteuerung dient als Ausgangspunkt. Sie wird für die
Umsteuerung dadurch erweitert, daß je eine besondere Nocke für Vor- und
Rückwärtsgang bei jedem Ventil vorgesehen wird. Die Verbindung mit den

Ventilhebeln besorgen je 2 Zwischenrollen, die ebenso wie die zugehörigen Nocken abwechselnd betätigt werden. Um die Rollen nach Bedarf einschalten zu können, sind sie in einer Trommel gelagert, die durch den Umsteuerungshebel entsprechend gedreht werden kann.

Die Umsteuerung ermöglichte auf dem Versuchsstand das Umsteuern in nur 3 Sekunden. Sie ist in der Idee einfacher als die vorige, baulich aber wegen der vielen Rollen und Nocken, der breiten, schweren Ventilhebel und der umständlichen Trommeln jedenfalls schwerfälliger. Die vielen Zapfen und Rollen lassen vielfache Abnutzung und geräuschvolles Arbeiten im längeren Betrieb erwarten.

Fig. 249—250. Umsteuerung von Gebr. Sulzer-Winterthur (für einen Diesel-Zweitakt-Schiffsmotor).

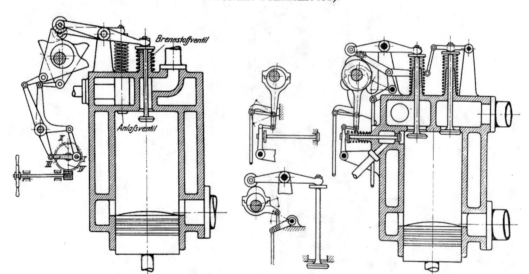

Fig. 249.   Fig. 250. 1910

Umsteuerung von Sulzer.

Dieselbe ist in Fig. 249—250 in der Anwendung auf das Anlaß- und Brennstoffventil einer Zweitakt-Dieselmaschine dargestellt, kann aber ohne weiteres auch für Viertaktmaschinen benutzt werden, da sich hierfür nur die Zahl der Ventile vermehrt. Für die heutige Ausführung der Anlaß-Ventilsteuerung ist Fig. 250 maßgebend. Die Gestaltung der Umsteuerung nach Fig. 249 enthält folgenden Grundgedanken: Die Ventile werden durch Rollenhebel und Nockenscheiben, die von der Steuerwelle durch Exzenter angetrieben werden, bewegt. Die Kurvenbahn dieser Scheiben besteht aus zwei symmetrischen Endstücken, die für Vor- und Rückwärtsgang wirksam sind, und einem neutralen Mittelteil, der außerhalb des Rollenbereichs liegt und das Ventil daher nicht bewegen kann. Durch Winkelhebel, Lenker usw. können vom Steuerrade aus die genannten 3 Kurventeile nacheinander eingeschaltet werden. Die Antriebe von Brennstoff- und Anlaßventil sind, wie erforderlich, so gekuppelt, daß jedesmal das eine Ventil ruht, während das andere arbeitet. Wie ersichtlich, ist die Konstruktion ziemlich kompliziert und vielgliedrig, beansprucht viel Raum und Gewicht und dürfte sich bei guter Ausführung, die Lebensbedingung ist, nicht billig stellen.

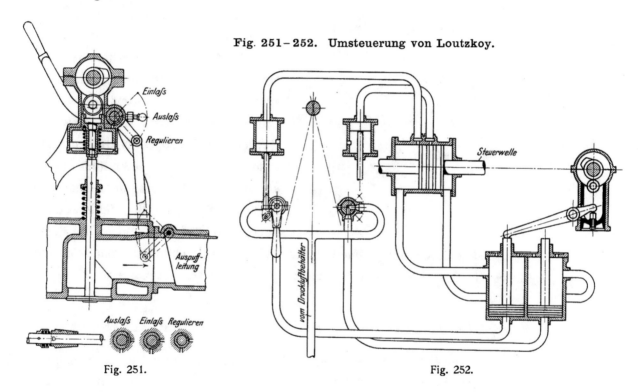

Fig. 251–252. Umsteuerung von Loutzkoy.

Fig. 251.   Fig. 252.

Umsteuerung von Loutzkoy.

Sie wurde von einem auf dem Gebiete des Schiffsgasmaschinenbaus wohlbekannten Konstrukteur geschaffen und ist in den Fig. 251 u. 252 in ihrem Wesen dargestellt. Für ihre Durchbildung war folgende Grundlage maßgebend: Auf der Steuerwelle ist für jedes Ventil ein Vorwärts- und Rückwärtsnocken angebracht, ihre Betätigung erfolgt durch Verschieben der Nockenwelle, die direkt über den Ventilen untergebracht ist, in der Längsachse bis in die geeignete Stellung. Dazu ist erforderlich, daß vorher sämtliche Ventile niedergedrückt werden, damit die Nocken die Bewegung der Welle nicht hindern.

Zu dem Zwecke sind bei den Ventilen Luftpuffer vorgesehen, die im normalen Betrieb die Ventilbewegung regeln, beim Umsteuern Druckluft erhalten, welche die Ventile niederdrückt. Mit Hilfe von Hähnen, die von einer gemeinsamen Welle betätigt werden, lassen sich Druckluft-Einlaß, Auslaß und Regulieren des Puffers ohne weiteres bewirken. Es ist ferner die Einrichtung getroffen, daß auch die Verschiebung der Steuerwelle sich, im Anschluß daran, durch Druckluft selbsttätig vollzieht.

Umsteuerung von Gebr. Körting-Hannover.

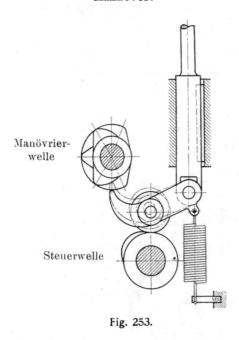

Manövrier-welle

Steuerwelle

Fig. 253.

Die Aufgabe der Umsteuerung hat hier unzweifelhaft eine konstruktiv geschickte Lösung gefunden; es werden einfache bauliche Mittel verwandt. Gewichts- und Raumbeanspruchung sind besonders gering, namentlich wegen der direkten Anordnung der Steuerwelle über den Ventilen, die alle Zwischenhebel entbehrlich macht. Die Bedienung ist einfach und schnell durchzuführen, weitgehend automatisch und durch die Übersichtlichkeit der ganzen Steuerung sehr erleichtert.

Die Umsteuerung von Gebr. Nobel, Petersburg.

Eine Darstellung derselben in der Anwendung auf Diesel-Viertaktmaschinen wird durch die Fig. 254—257 gegeben. Die Umsteuerung geht von derselben Grundlage aus wie die von Loutzkoy, ist aber in der konstruktiven Durchführung der Einzelheiten von dieser verschieden: die Änderung der Ventilbewegung erfolgt hier durch 2 Sätze von Nocken, die auf einer Hülse der Steuerwelle aufgekeilt sind. Die Hülse mit den beiden Nockensystemen läßt sich durch Drehen eines Handrades verschieben und damit jedesmal der benötigte Nockensatz unter die Ventilhebel bringen. Damit die Ventilhebel und Nocken sich beim Verschieben nicht hindern, werden vorher alle Saug- und Auspuffventile durch Drehung einer gemeinsamen Welle mit Rollenhebel gleichzeitig niedergedrückt. In der Konstruktion sind ferner folgende Gedanken verwirklicht: Durch Drehen eines Handrades oder eines im Kreise beweglichen

Hebels können verschiedene Stellungen und entsprechende Arbeitsphasen eingestellt werden; Stellung I bedeutet z. B. den Stillstand, alle Ventile bleiben geschlossen und die Brennstoffpumpe ausgeschaltet; in Stellung II wird angelassen, alle 3 Zylinder arbeiten mit Anlaßluft. Dann folgen nacheinander die Zündstellungen für 1 Zylinder, 2 Zylinder usw., während jedesmal die übrigen noch mit Anlaßluft arbeiten. Schließlich folgt wieder die Stellung I für Stillstand.

Fig. 256 zeigt ein Kurbeldiagramm mit allen Öffnungs- und Schlußpunkten der Ventile für den Vorwärtsgang. Das Anlassen erfolgt bei Dreizylindermaschinen im Zweitakt mit besonderen Anlaßventilen und den Haupt-Auspuffventilen für den Luftauslaß. Letztere erhalten zu dem Zweck entsprechenden Nockenantrieb. Das Anspringen in jeder Lage erfordert, wie erwähnt, große Füllung von über 80 %, womit in längerem Betrieb erheblicher Luftverbrauch

Fig. 254—257. Umsteuerung von Gebr. Nobel-Petersburg.

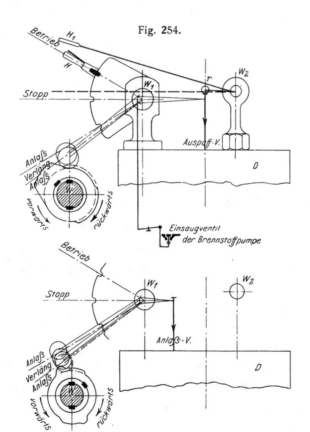

Fig. 254.

Fig. 255.

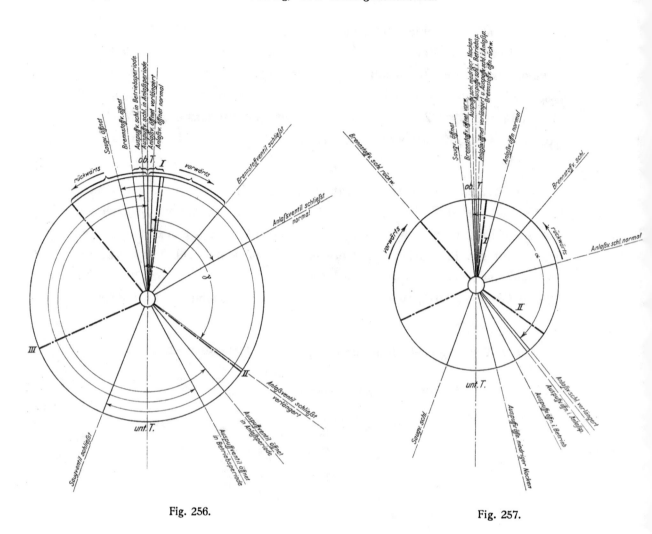

Fig. 256.   Fig. 257.

unvermeidlich wird. Eine solche Füllung ist aber nur für einen Augenblick
notwendig. Es ist daher die Einrichtung getroffen, daß sie sofort selbsttätig
auf eine geringere Normalfüllung zurückgeht, sobald die Maschine angegangen
ist. Der Nocken für das Auspuffventil erhält außer der großen Haupterhöhung
für die Luftviertaktwirkung noch eine zweite kleinere, die den Ventilhebel
nur in der Anlaßstellung berührt, im Betrieb aber darunter fortgeht und das
Ventil nicht hebt.

Wegen der vollkommenen Erfüllung der angeführten wertvollen
Konstruktionsbedingungen ist bei der Nobel-Umsteuerung eine entsprechende
bauliche Komplikation unvermeidlich. Damit müssen wesentliche Vorteile wie
einfache Handhabung, sichere Wirkung und geringer Luftverbrauch beim Anlassen erkauft werden.

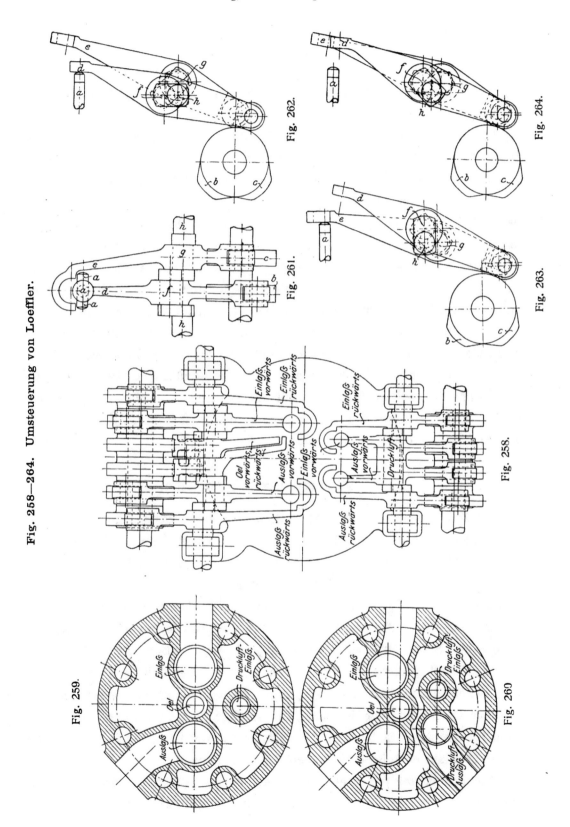

Fig. 258—264. Umsteuerung von Loeffler.

Fig. 262.

Fig. 264.

Fig. 261.

Fig. 263.

Fig. 258.

Fig. 259.

Fig. 260

Umsteuerung von Loeffler.

Diese wird durch die Fig. 258—264 dargestellt. Folgende Grundlagen sind
für diese Konstruktion maßgebend gewesen: Für die Umsteuerung jedes Ventils
sind 2 Nocken und 2 Ventilhebel, die abwechselnd auf das Ventil wirken,
vorhanden. Die Verschiebung der Steuerwelle wird somit entbehrlich. Dafür
ergibt aber die Verdoppelung der Ventilhebel konstruktive Weiterungen:
Diese Hebel müssen neben einander angeordnet und so verstellt werden
können, daß sie nacheinander auf dieselbe Ventilspindel arbeiten, ohne sich
zu stören. Zu dem Zwecke sitzen sie auf exzentrischen Zapfen einer drehbaren Welle, wie aus Fig. 261 ersichtlich, und das Ende des einen umfaßt dasjenige des anderen. Auf diesem Wege können alle Steuerungsorgane für
Anlassen, Vorwärts- und Rückwärtsgang richtig bewegt werden. Nachteilig
ist insbesondere die große Zahl von Konstruktionsteilen, welche die Steuerung
außerordentlich vielgliedrig machen. Sie beansprucht viel Platz und Gewicht
und wird teuer in der Herstellung. Diese Mängel werden noch vermehrt,
wenn die Luftsteuerung getrennt ausgeführt wird; das ist aber schon wegen
der Schwierigkeit, alle Teile neben einander unterzubringen, fast unvermeidlich. Dadurch wird die Steuerung für die Bedienung weniger bequem und
übersichtlich. Im Betrieb macht sie einen unruhigen Eindruck, da auch die
unbeschäftigten Hebel dauernd mitlaufen.

IV. Schiffsgasmaschinenbetrieb.

Im Zusammenhang mit dem Betrieb von Schiffsgasmaschinen erscheint
ein Vergleich mit den Schiffsdampfmaschinen naheliegend und wesentlich.
Hierbei müßten in erster Linie die thermischen und wirtschaftlichen Qualitäten beider Betriebsarten in Betracht gezogen werden. Eine vergleichende
Abschätzung nach dieser Richtung ist aber nicht allgemein, sondern nur von
Fall zu Fall einwandfrei durchführbar, weil die grundlegenden Faktoren, wie
Anlage- und Betriebskosten, Verzinsung und Amortisation nur in Beziehung
zum Spezialfall richtig beurteilt werden können. Der übliche Vergleich von
thermischen und mechanischen Wirkungsgraden ist daher notwendig einseitig,
soll aber gleichwohl hier im mäßigen Umfange Platz finden, um wenigstens
einen beschränkten Einblick in Verhältnisse zu gewähren, die in ihrer vollen
Tragweite nicht eingehend untersucht werden können.

Die Ausnutzung der Brennstoffwärme, auf die effektive Leistung an der
Kurbelwelle bezogen, ergibt sich für den Dampfbetrieb etwa wie folgt:

Tabelle 3.

Art der Schiffsmaschine	Betrieb	Wärmeausnutzung in % bezogen auf	
		die Maschine allein	die ganze Anlage
3fach Expansionsmaschine	mit gesättigtem Dampf	16,2	11
2 „ „	mit überhitztem Dampf von 320 °	19	13,5
Dampfturbine	mit gesättigtem Dampf	16,5	11,2

Kennzeichnend für den Dampfbetrieb ist der erhebliche Verlust in den Kesseln (ca. 30 %), der geringe Wirkungsgrad des e i g e n t l i c h e n D a m p f - p r o z e s s e s (etwa 19 %) und der hohe Verlust im Kondensator (ca. 70 %).

Die Wärmeausnutzung einer Schiffssauggasmaschine, die thermisch der Dampfmaschine am nächsten steht, ergibt gegenüber dem Dampfbetrieb einen Vorteil, der begründet ist durch: den geringeren Verlust im Generator (20 % gegen 30 % beim Dampfkessel), die höhere Energieumsetzung (30—44 % gegen 19 %) und die geringeren Abwärmeverluste (56—65 % gegen 70 % bei der Kondensation).

Noch erheblicher gestaltet sich die thermische Überlegenheit des Gas-betriebs gegenüber dem Dampfbetrieb, wenn die Schiffsdieselmaschine mit Viertaktwirkung zum Vergleich herangezogen wird. Hierfür ergibt die Wärme-bilanz einen Wirkungsgrad des Arbeitsprozesses von 44 %, einen Verlust durch den mechanischen Wirkungsgrad von 12 %; außerdem gehen als Abgas- und Kühlwasserwärme 24 + 32 % = 56 % verloren.

Aus diesen zahlenmäßigen Vergleichen ergibt sich der Vorteil des Gas-betriebs gegenüber dem Dampfbetrieb in thermischer Beziehung. Eine wirt-schaftliche Überlegenheit kann dagegen hieraus noch nicht einwandfrei ge-folgert werden, weil die Wärmeausbeute für die Wirtschaftlichkeit einer Kraft-maschine nicht allein maßgebend ist. Entscheidend sind vielmehr die ge-samten Betriebskosten, einschließlich der Anteile für Materialverbrauch, Instandhaltung, Bedienung, Verzinsung, Abschreibung und nicht zuletzt für die verbrauchte Wärme selbst. Diese Verhältnisse können lediglich im Zu-sammenhang mit dem gegebenen Fall eingehend geprüft und richtig bewertet werden. Schon allein die Kosten des Brennstoffs vermögen das thermische Bild eines Maschinenbetriebs von Grund aus zu verändern. Schlechtere Wärmeausnutzung bei geringem Brennstoffpreis ergibt nicht selten vermehrte Wirtschaftlichkeit gegenüber hoher Ökonomie an kostspieliger Wärme.

Schiffszweitaktmaschinen blieben bisher im thermischen Wirkungsgrad hinter den Viertaktausführungen zurück, wesentlich infolge der Mängel des veränderten Ladevorgangs, der vollkommene Verbrennung nicht zuläßt. Auch inbezug auf den mechanischen Wirkungsgrad sind Zweitaktmaschinen trotz der vermehrten Triebwerksausnutzung selten besser, häufig aber infolge der bedeutenden Pumpenwiderstände noch schlechter als einfach wirkende Viertaktmaschinen. Dabei haben letztere schon in der üblichen Bauart als einfach wirkende mehrzylindrige Maschinen, mit mehreren schlecht ausgenutzten Triebwerken und hohen Tourenzahlen, großen Eigenwiderstand und ermöglichen selten Wirkungsgrade von mehr als 75—80%, bei kleinen Leistungen sogar häufig nicht mehr als 60—65 %. Es ist in 4 Hüben nur ein kraftspendender Hub vorhanden, während die Eigenwiderstände für alle Hübe fast gleich groß sind. Demgemäß müßte die Zweitaktmaschine mit 2 Arbeitshüben einen bedeutend geringeren Anteil der Reibung an der erzeugten Leistung ergeben, wenn keine Pumpen vorhanden wären. Selbst gut durchgebildete Spülpumpen erfordern 7—8 % der Nutzleistung, bei schlechter Gestaltung und ungünstiger Anordnung aber 12—15 % und mehr.

Nach dem Gesagten ist die Brennstofffrage für Schiffsgasbetriebe wesentlich, insbesondere auch wegen der Kosten. Gegenüber den Dampfbetrieben ergibt sich ein grundlegender Unterschied dadurch, daß zur Dampferzeugung alle Brennstoffe, auch minderwertige Kohle, Holz, Öl und zahlreiche Abfallstoffe ohne weiteres brauchbar sind. Die Eigenschaften des Dampfes bleiben, unabhängig von der Art der Erzeugung, im wesentlichen immer die gleichen; ebenso wird die Maschine hiervon nicht beeinflußt. Die Gasmaschine zeigt wegen der direkten Ausnutzung des Brennstoffs große Empfindlichkeit gegenüber dessen physikalischen und chemischen Eigenschaften. Von der Zusammensetzung des Gases, seinem Zustand im Augenblick der Verbrennung, seinen eventuellen Beimengungen hängt alles ab.

Für die Wirtschaftlichkeit ist wesentlich, daß gerade die für einfache motorische Verbrennung geeignetsten Brennstoffe nicht wohlfeil sind. Beispiele sind hierfür Benzin, Spiritus, Anthrazit usw. Es kommt hinzu, daß für die Dampferzeugung geeignete Brennstoffe an allen Punkten der Erde vorkommen, motorische Treibmittel, namentlich Öle, in ihrem natürlichen Vorhandensein stark beschränkt sind. Damit ist für die Verwendung in der Schiffahrt mit erheblichen Transportkosten und Zöllen für diejenigen Länder zu rechnen, die mit motorischen Brennstoffen nur unvollkommen oder garnicht versehen sind.

Unter diesen Umständen haben Bestrebungen nach zwei Richtungen große Bedeutung erlangt:

1. Möglichst billige natürliche Brennstoffe für motorische Zwecke zu ver- wenden, die trotz Zuwachs an Kosten durch den Transport und event. den Zoll, noch wirtschaftlichen Betrieb ermöglichen; hierher gehört die Auswertung von Rohpetroleum und Rückständen seiner Destillation, ferner diejenige von billigen Steinkohlen und Braunkohlen für die Sauggaserzeugung;

2. die bei der Verarbeitung der Stein- und Braunkohlen entstehenden Abfallprodukte, namentlich Gasöl, Paraffinöl, Braunkohlenteeröl usw. in Gasmaschinen auszunützen. Im Zusammenhang hiermit ergab sich die Notwendigkeit, die Maschinen- und Gaserzeugungsanlagen für die betriebsbrauchbare Verwendung solcher billigen Brennstoffe stetig auszugestalten.

Gasmaschinen- und Brennstoffindustrie sind in ihrer Entwicklung eng von einander abhängig. Daher ist eine unvermeidliche Begleiterscheinung, daß mit gesteigerter Verwendung auch die billigsten Brennstoffe im Preise wachsen. Während z. B. zum Beginn der 80 er Jahre des vorigen Jahr- hunderts Treiböle nur 4—5 M. pro 100 kg kosteten, ist heute ihr Preis auf 9—12 M. und mehr gestiegen. In der nachfolgenden Tabelle sind die gegenwärtigen Kosten für einige der wichtigsten motorischen Brennstoffe, die speziell für Schiffszwecke brauchbar sind, zusammengestellt (Tabelle 4). Dabei sind

Tabelle 4. Kosten für einige der wichtigsten motorischen Brennstoffe.

Brennstoff	Preis für 100 kg	Unterer Heizwert WE/kg
Benzin	28—30 M.	11 000
Reinpetroleum	20—25 „	10 500
Leuchtgas	22—24 „	9 700
Spiritus	18 „	5 600
Benzol	15 „	9 800
Gasöl	9—14 „	10 000
Rohpetroleum	10—12 „	10 000
Gelböl	8—10 „	10 000
Paraffinöl	7,5—9 „	10 000
Koks	3,0—3,5 „	7 000
Anthrazit	2,30—3,0 „	8 000
Braunkohle	0,7—0,85 „	3 000

mittlere deutsche Verhältnisse zugrunde gelegt. Die Preise ändern sich stark
mit der Zusammensetzung, Herkunft und Herstellung der Brennstoffe, naturgemäß auch mit der jeweiligen Marktlage. Von den Ölen ergeben die
leichtesten Destillate des Petroleums, der Steinkohle und Braunkohle, mit
einem spez. Gew. unter 0,70 und einer Siedetemperatur von weniger als 90°
den einfachsten Maschinenbetrieb, weil sie leicht vergasen und ohne nennenswerte Verschmutzung im Zylinder ziemlich vollkommen verbrennen. Gleichwohl sind sie für Nutzzwecke der Schiffahrt wenig geeignet; sie sind zu teuer
und wegen der Beschränkung der Kompression auch unökonomisch, namentlich aber zu feuergefährlich. Schwerere Öle mit mehr als 0,78 spez. Gew. und
200° Siedetemperatur sind wesentlich billiger und wirtschaftlicher, leicht überall in der Welt (auch in den Tropen) zu stapeln und daher für Schiffszwecke
von großer Bedeutung. Die wirtschaftliche Ausnutzung billiger Schweröle von
über 0,88 spez. Gew. und mehr als 300° Siedetemperatur verschafft dem Diesel-
und ähnlichen Verfahren seinen großen Wert für die Schiffahrt. Schwerste
Steinkohlenteeröle können allerdings auch in Dieselmaschinen heute noch
keine befriedigende Verwendung finden. Würde es gelingen, solche reichlich
vorhandenen und daher billigen Rohstoffe in Motoren genügend vollkommen
und ohne Anstände zu verbrennen, so müßte dies speziell auch bei uns für
den Schiffsgasmaschinenbetrieb von erheblicher Tragweite sein.

Schiffssauggasanlagen können wirtschaftlich nur dadurch vervollkommnet
werden, daß Gaserzeuger für gewöhnliche billige Kohlenarten vollkommen
betriebsbrauchbar durchgebildet werden. Das ist bis heute noch nicht allgemein befriedigend gelungen. Der Fortschritt liegt hier allein auf maschinentechnischem Gebiet.

Nach dem Gesagten ist klar, daß die maschinentechnische Ausgestaltung
der Schiffgasmaschinenanlagen mit der Entwicklung der Brennstoffrage eng
verbunden ist, die erfolgreiche Weiterentwicklung ist nur durch den gemeinsamen Fortschritt nach beiden Richtungen erreichbar.

Über den Wärmeverbrauch von Schiffsgasmaschinen wurden wiederholt
eingehende Versuche angestellt. Diese Untersuchungen erfolgten allerdings
häufig nur auf dem Probierstande und können dann für die wirklichen Verhältnisse
im Betrieb nicht voll maßgebend sein. Das Gleiche gilt bezüglich der Versuche
über andere Eigenschaften der Maschinen, wie die Steigerungs- und Ver-
minderungsfähigkeit von Tourenzahl und Leistung, sowie die Schnelligkeit
des Umsteuerns bei direkt reversierbaren Motoren. Immerhin sind die Ergebnisse solcher Prüfungen im Versuchsfelde für den Vergleich wertvoll und in

Anbetracht der Umständlichkeit und Schwierigkeit von Erprobungen auf dem ·Wasser relativ einfach und billig erhältlich.

Im folgenden sind die Resultate mehrerer solcher Untersuchungen auf dem Probierstand und im Betriebe zusammengestellt.

Tabelle 5. Brennstoffverbrauch und Veränderlichkeit der Belastung und Tourenzahl bei einem doppeltwirkenden Standard-Schiffsmotor von 300 PSe (für österreichische Torpedoboote).

Versuch Nr.	Zeit der Aufnahme	Brems- gewicht	Um- drehungen in der Minute	Gasoline- verbrauch, 1 Gallone in Sekunden:	PSe	Gasoline- verbrauch in kg für 1 PSe./Stunde
		875 Pfd. =				
1	7¹⁵	369,8 kg	370	97	308	0,32
2	8¹⁵	„	374	95	310	0,32
3	9¹⁵	„	364	100	303	0,31
4	10¹⁵	„	370	101	308	0,308
5	11¹⁵	„	364	102	303	0,309
6	12¹⁵	„	366	105	305	0,299
7	1¹⁵	„	378	101	314	0,3
8	2¹⁵	„	366	104	305	0,3
9	3¹⁵	„	364	105	303	0,3
10	4¹⁵	„	382	100	319	0,3
11	5¹⁵	„	378	102	314	0,298
12	6¹⁵	„	364	106	303	0,29
13	7⁰⁰	„	366	106	305	0,29
Mittelwerte . . .			369,2		307,6	0,303
		Veränderung der Belastung.				
	1155	400	75	441		0,29
	985	355	90	333		0,319
	808	300	113	228		0,37
	572	255	175	139		0,38
	355	200	320	68		0,43
	238	150	433	34		0,59
	100	90	590	9		1,8

Hydraulische Bremse, Hebellänge = 60″ = 1,524 m.

Versuche mit Ölmaschinen: Vorstehende Tabelle 5 ergibt den Brennstoffverbrauch und die Veränderlichkeit der Belastung und Tourenzahl bei einem doppelt wirkenden 300 PS-Gasoline-Schiffsmotor, der von der Standard Motor Company für ein Flußtorpedoboot der österreichischen Marine geliefert wurde.

Fig. 265 zeigt die Ergebnisse dieser Abnahmeversuche in Kurven. Aus letzteren ergibt sich besonders anschaulich die relativ starke Steigerungsfähigkeit der Leistung (um ca. $1/3$) über die normale hinaus, die Veränderlichkeit der Tourenzahl von 400 bis herab auf 90 und die große Gleichförmigkeit des Brennstoffverbrauchs innerhalb weiter Leistungsgrenzen.

Tabelle 6. Versuche an einem raschlaufenden

Versuchsnummer	I	II	III
Dauer des Versuchs . . . . Stdn.	1,16	1,18	0,83
Minutliche Umdrehungszahl des Motors.	256,8	306,6	402,4
Indizierte Leistung der Arbeitszylinder-Luftpumpen-arbeit . . . . PS	242	296	390
Nutzleistung des Motors . . . . „	199,6	236,5	297,5
Mech.Wirkungsgrad $=\dfrac{\text{Nutzleistung}}{\text{indiz. Leistung-Luftpumpenarbeit}}$ $\%$	82,6	79,8	76,2
Brennstoffverbrauch:			
a) in der Stunde für eine Indikatorpferdestärke ohne Berücksichtigung der Luftpumpenarbeit g	144,0	141,5	137,0
b) in der Stunde für eine Nutzpferdestärke . . . „	188,0	190,5	195,0
c) in der Stunde für eine Nutzpferdestärke bez. auf Brennstoff von 10 000 W. E. . . . . . . „	189,5	192,0	196,5
Kühlwasserverbrauch in der Stunde für eine Nutz-pferdestärke . . . . kg	31,1	26,2	26,0
Kühlwassertemperatur: a) Zufluß . . . . °C	13,0	13,0	13,0
b) Abfluß . . . . „	33,8	37,5	37,0
Auspuffgase: Temperatur . . . . „	328	369	390
Kohlensäure . . . . $\%$	6,8	8,3	8,4
Sauerstoffgehalt . . . . „	8,4	—	8,0
Heizwert von 1 kg Brennstoff . . . . W.E.			
Aufgewendete Wärme:			
für eine Indikatorpferdestärke . . . . „	1452	1426	1380
für eine Nutzpferdestärke . . . . „	1893	1918	1964

Wärmeverteilung für 1 kg des Brennstoffes:	W.E.	$\%$	W.E.	$\%$	W.E.	$\%$
a) In indizierte Leistung verwandelt	4385	43,5	4465	44,3	4610	45,8
α) Nutzleistung	3365	33,4	3315	32,9	3245	32,2
β) Reibungs- u. Luftpumpenarbeit und Kraftbedarf für Öl- u. Wasserpumpen	1020	10,1	1150	11,4	1365	13,6
b) Ins Kühlwasser abgeführt	3450	34,3	3370	33,5	3200	31,8
c) In den Abgasen verloren	2430	24,1	2300	22,9	2410	24,1
d) Rest	—1,95	—1,9	— 65	—0,7	—150	— 1,5
	10 070		10 070		10 070	

Tabelle 6 betrifft Versuche an einem 300 PS-Schiffs-Dieselmotor mit 500 Umdrehungen, welcher von der Maschinenfabrik Augsburg für Unterseebootszwecke gebaut und bereits in Fig. 45 gezeigt wurde. Die Versuche wurden mit galizischem Gasöl durchgeführt und beweisen den relativ niederen Wärmeverbrauch solcher Diesel-Viertaktmaschinen.

Diesel-Schiffsmotor der Maschinenfabrik Augsburg. *1905 /... 300 P.. /...*

/ IV	V	VI	VII	½ /VIII	IX	X	XI	XII
0,84	0,85	0,85	0,53	0,42	0,49	0,46	0,53	0,60
498,9	497,4	498,3	301,1	247,4	400,1	488,1	400,5	508,1
441	408	—	184	148	224	249	399	—
346,5	340,0	330,0	128,2	107,4	158,0	167,6	326,0	394,5
78,6	83,3	—	69,5	72,6	70,5	67,2	81,8	—
143,0	151,0	—	127,0	130,5	135,0	149,5	147,0	—
201,0	203,0	209,5	202,5	200,5	216,5	250,5	196,5	210,5
202,5	204,5	211,0	204,0	202,0	218,0	252,5	198,0	212,0
25,2	25,6	--	—	—	—	—	—	—
13,0	13,0	—	—	—	—	—	—	—
38,5	40,0	—	—	—	—	—	—	—
443	441	425	222	205	258	325	406	—
9,7	9,4	—	4,5	4,4	4,6	4,8	9,6	--
6,2	7,0	—	14,0	13,2	13,2	12,6	8,4	—

10 070

/ IV	V	VI	VII	½ /VIII	IX	X	XI	XII
1442	1521	—	1278	1315	1361	1507	1482	—
2024	2044	2110	2039	2019	2180	2523	1979	2120

IV		V		VI		VII		½ /VIII		IX		X		XI		XII	
W.E.	%	W.E.	%	W.E.	%	W.E.	%	W.E.	%	W.E.	%	W.E.	%	W.E.	%	W.E.	%
4415	43,8	4180	41,5	—	—	4979	49,4	4840	48,0	4675	46,4	4225	41,9	4295	42,6	—	—
3165	31,4	3115	30,9	3015	29,9	3125	31,0	3155	31,3	2925	29,0	2520	25,0	3215	31,9	3005	29,8
1250	12,4	1065	10,6	—	—	1854	18,4	1685	16,7	1750	17,4	1705	16,9	1080	10,7	—	—
3200	31,8	3410	33,8	—	—	—	—	—	—	—	—	—	—	—	—	—	—
2430	24,1	2490	24,8	—	—	—	—	—	—	—	—	—	—	—	—	—	—
+25	0,3	—1,0	—0,1	—	—	—	—	—	—	—	—	—	—	—	—	—	—
10 070		10 070		—		10 070		10 070		10 070		10 070		10 070		10 070	

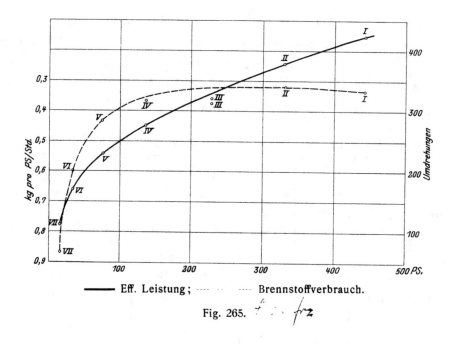

—— Eff. Leistung; ·········· Brennstoffverbrauch.

Fig. 265.

Die Kurven der Fig. 266 enthalten die Verbrauchsergebnisse, welche an dem in Fig. 74 dargestellten Diesel-Zweitakt-Schiffsmotor von Gebr. Sulzer, Winterthur, gewonnen wurden. Der Brennstoffverbrauch ist, wie ersichtlich und zu erwarten war, wesentlich höher als beim Viertakt, bei Normallast

Versuchsergebnisse eines Diesel-Zweitakt-Schiffsmotors von Gebr. Sulzer-Winterthur.

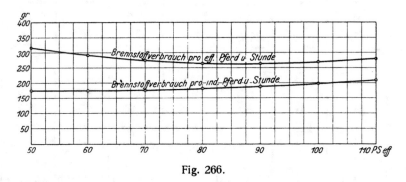

Fig. 266.

etwa = 260 g/1 PSe Std. Neuere Ausführungen von Diesel-Zweitaktmaschinen haben allerdings bereits wesentlich günstigere Werte ergeben, nämlich ca. 210 g.

Unterseebootsmotore für Petroleumbetrieb, welche Gebr. Körting in der Ausführung nach Fig. 134—139 bauen, ergaben nach Angabe der Firma einen Verbrauch von 380—400 g pro PSe-Std.

Fig. 267 enthält endlich noch Ergebnisse von Versuchen mit Paraffin-
motoren von Thornycroft; solche Maschinen werden ebenfalls für Unterseeboote ausgeführt.

Versuchsergebnisse von Paraffin-Schiffsmotoren von Thornycroft.

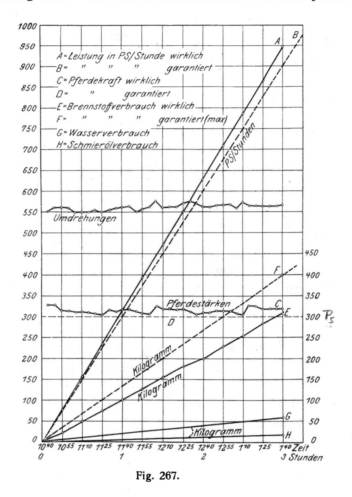

Fig. 267.

Über Verbrauch und Rentabilität ihrer Sauggasmaschinen macht die
Schiffsgasmaschinenfabrik Düsseldorf-Reißholz folgende Angaben: (Tab. 7.)

Weitere Betriebsdaten über den Kohlenverbrauch von Schiffssauggasanlagen enthält nachstehende Tabelle 8:

Versuche über den Luftverbrauch beim Anlassen und Umsteuern, sowie
über die Reversierzeit wurden mehrfach ausgeführt, u. a. von Professor Büko'w,
Petersburg, an russischen Schiffsdieselmaschinen von Gebr. Nobel. Die Ergebnisse solcher Versuche sind in der folgenden Tabelle 9 enthalten.

Tabelle 7. Rentabilität einer Sauggasanlage für einen Lastkahn.

	Ohne eigene Triebkraft	Mit Sauggasmaschine von 80 PS.
Baukosten　Schiff	14 000 M.	14 000 M
Maschinenanlage . . .	—	23 500 M
Zahl der jährlichen Fahrten	12	20
Länge einer Fahrt	700 km	700 km
Ladung für eine Fahrt	200 t	200 t
Frachtsatz für 50 kg und 700 km .	0,30 M.	0,33 M.
Gesamteinnahme im Jahr	$\frac{200\,000}{50} . 0{,}3 . 12 = 14\,400$	$\frac{200\,000}{50} . 0{,}33 . 20 = 26\,400$
Anthrazitverbrauch für PSi-Stunde einschl. Anheizen und Abbrand bei Stillstand	—	0,35 kg
Anthrazitkosten für 1 Fahrtstunde	—	$0{,}35 . 80 . 0{,}03 = 0{,}84$ M.
Öl-, Putzmaterial für 1 Fahrtstunde	—	0,16 „
Reparaturen, Ersatzteile für 1 Fahrtstunde	—	0,40 „
Bedienung der Maschinenanlage für 1 Fahrtstunde	—	0,60 „
Gasamtkosten für 1 Fahrtstunde .	—	2,00 „
Mittlere Stundengeschwindigkeit .	4,5 km	7,5 km
Betriebsstunden im Jahr	$\frac{12 . 700}{4{,}5} \sim 1870$	$\frac{20 . 700}{7{,}5} \sim 1870$
Jahreskosten für Maschinenbetrieb	—	3 740 M.
Personallöhne	2 400 M.	4 000 „
Verzinsung zu 4 %	560 „	1 500 „
Abschreibung 12 %	1 680 „	4 500 „
Versicherung 2 %	280 „	750 „
Reparaturen usw.	870 „	1 510 „
Schlepplöhne (3,00 M. die Stunde).	5 610 „	—
Ausgaben	11 400 M.	16 000 M.
Einnahmen	14 400 „	26 400 „
Überschuß	3 000 „	10 400 „
Zinsertrag der Maschinenanlage .	—	31,5 %
„　　„　Gesamtbaukosten .	21,4 %	27,8 %

Tabelle 8.

Art des Schiffes	Kohlen-verbrauch PSe-Stunde	Preis für 1 kg Kohle	Kosten für PSe	Kosten für 1 tkm (inkl. aller Unkosten für Verzinsung, Amortisation usw.)	Angaben der Firma
	kg	Pf.	Pf.	Pf.	
Kanalschiff	0,55 (Anthrazit)	2	1,1	0,96 bei 2 km mittlerer Stunden-geschwindigkeit	Gasmotoren-fabrik Deutz
„	0,6 (Anthrazit)	2	1,2	0,64 bei 8,5 km Stunden-geschwindigkeit	do.
Schlepper „Johann Knippscheer 2" . . .	0,72—0,75 (Braun-kohlen-briketts)	0,85	0,6—0,64	—	do.
Schlepper „Wilhelm" .	0,34—0,37 (Anthrazit)	2,3	0,78—0,85	—	S. G. F. Düssel-dorf-Reißholz
Schlepper . . .	0,4 (Anthrazit)	2,4—3,0	0,96—1,2	—	do.

Tabelle 9. Dreizylindriger 120 PSe-Motor der Firma Nobel.

Inhalt des Luftdruckbehälters: 110 l.

	Zustand des Motors	Dauer der Umsteuerung in Sekunden	Druck		Druckabnahme im Behälter
			vor dem Umsteuern	nach dem Umsteuern	
			kg/cm²		
1	Warm	14	33	31	2
2	„	9	31	28	3
3	„	10	28	26	2
4	„	9	26	25	1
5	„	9	25	23	2
6	„	7,5	23	22	1
7	„	—	8	nicht gelungen.	

Mit der Durchbildung vollkommener Kleinmaschinen ist der Betrieb von Schiffsgasmaschinen zu großer Einfachheit gelangt. Dies gilt allerdings in vollem Umfange zunächst nur für die einfachste Gestaltung von kleinen Öl-maschinen. Nachdem hierbei durch richtige Bauart maschinentechnische Störungen so gut wie ausgeschaltet worden sind, können solche Maschinen mit geringstem Aufwand an Arbeit und Sachkenntnis sicher betrieben werden. Die Bedienung beschränkt sich auf wenige einfache Verrichtungen vor und bei dem Anlassen, sowie während des Manövrierens; im eigentlichen Betriebe erfolgen Brennstoff- und Schmierölzufuhr vollkommen selbsttätig ohne besonderes Zutun des Maschinisten, dessen Tätigkeit sich im wesentlichen auf die Beaufsichtigung des regelmäßigen Gangs beschränkt.

Einfache Betriebsführung ist den Öl-Gasbetrieben im besonderen Maße eigentümlich und bedeutet gegenüber den Dampfbetrieben, auch den voll-kommensten und hochwertigsten, einen erheblichen Vorteil. Dieser muß namentlich für Großschiffsbetriebe zu besonderer Geltung kommen, weil hier durch den Fortfall der Kesselanlagen ev. ein Heer von Heizern und ent-sprechend an Kosten für Bedienung und Instandhaltung dieser Anlage ge-spart werden kann.

Bei Dampfanlagen bieten gerade die Kessel, trotz höchsterreichbarer Vollkommenheit in Konstruktion und Ausführung, dauernden Anlaß zu äußerst lästigen Störungen durch Leckagen, Abnützungen usw., deren Beseitigung fortwährend kostspielige Reparaturen und Instandhaltungsarbeiten erfordert. Öl-Gasmaschinenbetriebe vermeiden diesen Übelstand vollständig und müssen dadurch, bei richtiger Bauart der Maschinen selbst, an Sicherheit und Zuver-lässigkeit beträchtlich gewinnen. Daneben ist natürlich die bedeutende Er-sparnis an Gewicht für Kessel und Wasservorrat von hohem Wert.

Unbedingt notwendig ist aber auch für größere Ölmaschinenbetriebe gut ausgebildetes Maschinenpersonal, weniger für die einfache Bedienung im Be-trieb als für die dauernde gute Instandhaltung der Maschinen. In dieser Richtung wurden in der vergangenen Entwicklungszeit der Kleinmaschine häufig grobe Fehler gemacht, nicht selten mit Unterstützung der Maschinen-fabrikanten, die auf diese Weise die Betriebssicherheit und Wirtschaftlichkeit ihrer Maschinen beweisen und deren Verbreitung fördern wollten. Dieser Fehler ergab im Verein mit unrichtiger Maschinen-Ausführung und Anordnung nachteilige Folgen und hat dadurch den Ruf der Gasmaschine als betriebs-brauchbare und sichere Schiffsmaschine schwer geschädigt. Bei Dampfanlagen wird unter einfacheren Betriebsverhältnissen, die gegenüber Fehlern in der Bedienung und Instandhaltung weniger empfindlich sind, gleichwohl sachverständige Behandlung als selbstverständlich erachtet; dies sollte aber weit mehr noch bei Gasbetrieben der Fall sein, wegen ihrer erheblich schwierigeren Eigenart. Dabei ist hier wie allgemein zu beachten, daß Kleinbetriebe nach jeder Richtung immer nur die geringsten Ansprüche stellen und Verhältnisse noch vertragen, die bei mittleren und größeren Anlagen schon den Betrieb stören und daher unmöglich sind.

Für den Ölbetrieb bereiten hinsichtlich Einfachheit und Sicherheit des Betriebs die Vergasungs- und Zündungsvorgänge die meisten Schwierigkeiten, namentlich im Zusammenhang mit der Verwendung billiger, schwerer Öle, die im Interesse der Wirtschaftlichkeit aber unentbehrlich sind. Unter diesen Umständen sind Maschinen mit selbsttätiger Zündung und Ölzerstäubung bezw. Verdampfung im Zylinder, wie Diesel- und Glühhaubenmotoren usw., nicht nur vom Standpunkt der Wirtschaftlichkeit, sondern wesentlich auch vom Betriebsstandpunkt aus für Schiffszwecke von hoher Bedeutung.

Schiffsgasbetriebe mit Kraftgas stellen höhere Betriebsansprüche als Ölmaschinen, weil zu der Sorge für die Maschine noch diejenige für Gaserzeuger und Reiniger hinzukommt.

Immerhin wird auch hier die laufende Bedienung einfacher als bei Dampfanlagen; es kann bei richtiger Bauart an Personal gespart werden, weil der Gaserzeuger gegenüber dem Dampfkessel nur in längeren Zeitabständen beschickt zu werden braucht und die Sorge für Kesselspeisung und sonstige Unterhaltung vollständig fortfällt. Zum Vergleich können natürlich nur hochwertige Dampfanlagen herangezogen werden, die nicht nur maschinentechnisch sondern auch thermisch entsprechend vollkommen sind.

Schwieriger und empfindlicher als der Dampfbetrieb ist aber der Gasbetrieb in der dauernden Instandhaltung, für welche ausreichende Sachkenntnis und Sorgfalt unerläßlich sind. Hierbei wurden in der vergangenen ersten Entwicklung ebenfalls schwerwiegende Fehler begangen, indem man die Bedienung und Unterhaltung solcher Anlagen häufig der sachunkundigen Schiffsmannschaft überließ, in der Absicht, bisher motorlose Schiffsbetriebe durch den neuen Antrieb so wirtschaftlich wie möglich zu gestalten. Solche Sparsamkeit traf aber den Betrieb an der empfindlichsten Stelle und wurde vielfach direkt betriebsgefährlich.

Wesentlich ist für den Kraftgasbetrieb auf Schiffen: die Bedienung des Gaserzeugers derart, daß nicht nur im vollen Betriebe, sondern bei dem un-

vermeidlichen Fahrtwechsel und in Betriebspausen keine Störungen in der Gaserzeugung auftreten; ferner die Gasreinigung, die selbst bei Anthrazit unerläßlich ist und zu besonderer Beaufsichtigung und Instandhaltung der Reinigungsvorrichtungen zwingt. Mäßige Verunreinigung des Kraftmittels ist
unvermeidlich und muß in den Maschinen ohne Schädigung für den Betrieb
überwunden werden. Dazu ist erforderlich, daß leicht verschmutzende Teile,
wie Ventile, Zündvorrichtungen usw. ohne erhebliche Betriebsunterbrechungen
nachgesehen und gereinigt werden können. Weiter erscheint es unter Umständen vorteilhaft, beim Bau dafür zu sorgen, daß die Zylinder mehrzylindriger
Maschinen einzeln außer Betrieb gesetzt werden können, während mit den
übrigen wenigstens noch ein Teilbetrieb aufrechterhalten wird.

Für die sichere Durchführung des Dauerbetriebs ist ferner die wirksame
Kühlung und Schmierung bei allen Schiffsgasmaschinenbetrieben ein wichtiges
Erfordernis. Im Gegensatz zu Dampfanlagen, bei denen jeder Wärmeverlust
sorgfältig und grundsätzlich vermieden werden muß, sind Gasmaschinen ohne
Kühlung der Zylinder, und bei großen Ausführungen, auch der Kolben und
Steuerungsorgane, betriebsunfähig, weil die hohen Temperaturen zu unerträg-
lichen Beanspruchungen, Formveränderungen und zur Zerstörung der inneren
Gleit- und Dichtungsflächen führen. Die Absicht, durch Einspritzen von
Wasser in den Verbrennungsraum eine wesentlich vereinfachte innere Kühlung
zu erzielen, wurde bei Ölmaschinen für Schiffszwecke vereinzelt verwirklicht,
konnte aber meines Wissens bisher nicht mit durchschlagendem Erfolge durchgeführt werden. Aus solcher direkten Berührung des Wassers mit dem heißen
Zylinderinneren ergeben sich hier, wie auch z. B. im Kompressorenbau, leicht
Anstände in bezug auf einen tadelfreien betriebsbrauchbaren Zustand der
inneren Arbeitsflächen, für welche auch die chemischen Einwirkungen der
feuchten Verbrennungsgase eventuell von sehr nachteiliger Bedeutung werden
können. Die Kühlung kann daher nur mittelbar durch zirkulierendes Wasser
durchgeführt werden und muß so erfolgen, daß alle wesentlich erwärmten
Teile vom stetig strömenden Wasser berührt werden, daß nirgends durch
Luftsäcke, unrichtige Rippenanordnung usw. die Wasserströmung behindert
wird, daß der Übergang der Wärme an das Kühlwasser durch richtige Verteilung der Eisenmassen und kühlenden Oberflächen sich gleichmäßig gestaltet,
daß Ablagerungen von Kesselstein die Wasserquerschnitte nicht unzulässig
verengen und die Kühlräume, wenn nötig, unschwer gereinigt werden können.
Das Kühlwasser ist im Schiffsbetrieb sehr einfach und in beliebiger Menge zu
beschaffen, kann aber für einfachen Betrieb nur in seinem natürlichen Zu-

stande, ohne jede Reinigung, benutzt werden. Deshalb ist die Möglichkeit, die Kühlräume von Niederschlägen zeitweilig reinigen zu können, von besonderer Bedeutung für die Instandhaltung der Maschinen und die Sicherheit des Betriebs.

Eine wirksame Zylinderkühlung ist auch unumgänglich notwendig für die Durchführung der inneren Schmierung, diese aber für die Unterhaltung der Dichtung, Verminderung der Reibung und Erhaltung der Arbeitsflächen unentbehrlich. Dampfmaschinen können bei Betrieb mit gesättigtem Dampf mit geringster oder gar keiner Zylinderschmierung auskommen; reine Gasmaschinen sind in dieser Weise überhaupt nicht, Ölmaschinen nur bei sehr vorsichtiger Durchführung betriebsfähig. Schiffsgasmaschinen zeigen bisweilen einen ganz ungewöhnlichen Schmierölverbrauch, der aber nur durch unrichtige Ausführung, namentlich durch zu lange, schlecht passende, gegenüber Formveränderungen zu schwach gehaltene Kolben, ungenaue Herstellung der Zylinder mit schlecht bearbeiteten Gleitflächen usw. verschuldet wird. Dicht eingepaßte Kolben sollten ebenso wie die zugehörigen Zylinderlaufflächen stets sorgfältig geschliffen werden, namentlich bei größeren Ausführungen, mehr als heute üblich ist. Überreichliche Zylinderschmierung wird im Betrieb teuer und gibt durch Verbrennen des Öls und Ablagerung von Rückständen im Zylinder, auf dem Kolben und den Auslaßventilen zu Anständen Anlaß. Bei richtiger Durchführung der Einzelheiten ist eine mäßige Zylinderschmierung, die an den richtigen Stellen erfolgt, ausreichend. Neben den Kolben erfordern die Stopfbuchsen sorgfältige und richtige Schmierung, sonst sind sie bei der unerläßlichen metallischen Packung und der großen Gleitgeschwindigkeit nicht dicht und nicht hinlänglich frei von unnatürlicher Abnutzung. Für die rasch laufende Schiffsgasmaschine ist mehr als anderswo die selbsttätige Schmierung aller Maschinenteile, im Kreislauf durchgeführt, zweckmäßig, um richtiges reichliches Schmieren ohne Ölverschwendung zu erreichen. Inbezug auf die einfache Beseitigung von Staub und sonstigen Unreinigkeiten aus den Zylindern ist die liegende Anordnung ortsfester Maschinen vorteilhaft, weil, bei richtiger Ausführung, die Unreinigkeiten zum großen Teile wieder durch das Auspuffventil hinausgeblasen werden. Durch die stehenden Ventile von Schiffsgasmaschinen ist dieses selbsttätige Ausblasen von Unreinigkeiten nur unvollkommen möglich und infolge davon eine Ansammlung von Staub- und Ölrückständen auf dem Kolbenboden, an den Ventilen und im Verbrennungsraum unvermeidlich. Damit wird namentlich bei Kraftgasbetrieben eine häufige Reinigung der inneren Zylinderteile sehr wichtig.

Die Frage der Betriebsbereitschaft und Inbetriebsetzung von Schiffsgasmaschinen ist für die Brauchbarkeit und Sicherheit solcher Anlagen von
größter Bedeutung. In dieser Beziehung sind Ölmaschinen den Kraftgas-
maschinen und beide zusammen den Dampfmaschinen erheblich überlegen.

Größere Dampfanlagen zeigen schlechte Betriebsbereitschaft und verlangen
größere Vorbereitungszeiten wegen des Anheizens der Kessel und des An-
wärmens der Maschinen, welches bei den großen Temperaturänderungen der
Zylinder und Triebwerksteile nicht entbehrt werden kann. Im Gegensatz
dazu besitzen Ölmaschinen geradezu ideale Betriebsbereitschaft auch bei
großen Ausführungen, insbesondere Dieselmaschinen und Maschinen, welche
mit leichtflüchtigen Ölen betrieben werden. Derartige Maschinen sind in
jedem Augenblick betriebsbereit und können in kürzester Frist angelassen
und voll betrieben werden, hauptsächlich deswegen, weil durch richtige
Kühlung unbequeme Temperaturänderungen der Eisenmassen fortfallen und an
Stelle der Dampferzeugung in Kesseln die weit schneller zu bewirkende Vergasung
der Öle tritt. Verzögerungen entstehen nur dort, wo, wie bei Petroleummaschinen mit Vergasern, oder bei Glühhaubenmaschinen die Einleitung der Vergasung umständlicher wird, bleiben aber auch hierbei auf eine Zeit von weniger
als einer halben Stunde beschränkt. Dieselmaschinen mit Luftanlassung können
jederzeit sofort angelassen werden und sind schon nach wenigen Umdrehungen
voll betriebsfähig. Solche Betriebsbereitschaft ist ideal und z. B. für Kriegsschiffszwecke von großer Wichtigkeit. Körtingsche Petroleummotoren für
Unterseebootszwecke werden dadurch in wenigen Minuten betriebsbereit gemacht, daß elektrisch vorgewärmte Luft durch Vergaser und Maschinen hin-
durchgesaugt wird. Auch durch Anlassen mit Benzin, welches nach kurzer
Zeit mit Petroleum vertauscht wird, können Petroleummaschinen zu schneller
Betriebsbereitschaft gelangen.

Ebenso schnell wie das Anlassen kann auch das Abstellen von Ölmaschinen erfolgen, womit sogleich auch der Brennstoffverbrauch aufhört.
Darin liegt unzweifelhaft ein erheblicher Vorteil vor Dampfbetrieben, die für
das Unterdampfliegen dauernden Verbrauch verlangen, ebenso vor Kraftgasbetrieben, deren Generatoren in Betriebspausen ebenfalls unterhalten werden
müssen.

Reine Gasanlagen sind weniger schnell betriebsbereit wegen der erforderlichen Anheizung der Generatoren, welche aber immerhin schon in etwa
15—20 Minuten mit Ventilatoren angeblasen werden können. Gegenüber

Dampfbetrieben ist demnach auch die Betriebsbereitschaft von reinen Gasanlagen stets noch sehr vorteilhaft.

Als Nachteil kennzeichnet sich für Schiffsgasbetriebe gegenüber den
Dampfbetrieben noch folgendes: Im Kessel der Dampfanlagen ist neben der
dauernden Dampferzeugung auch gleichzeitig eine mehr oder weniger erhebliche Aufspeicherung von Energie geboten. Damit ist die Möglichkeit zu erheblicher Leistungsänderung, Steigerung wie Verminderung, soweit hierfür
die Energieaufspeicherung in Betracht kommt, gesichert. Dadurch, daß der
Dampf als Kraftmittel in den Maschinen weitgehende Leistungsänderung in
der vorher erwähnten Weise ebenfalls zuläßt, ergibt sich die bekannte schnelle
und starke Steigerungsfähigkeit des Dampfbetriebs, die für Schiffszwecke so
wertvoll ist.

Im Gegensatz hierzu erfolgt bei Schiffsgasbetrieben die Erzeugung des
Kraftmittels erst entsprechend dem Verbrauch der Maschine. Ein fertiger
Energievorrat ist nicht vorhanden, könnte auch zu starker Leistungsänderung
nicht ausgenutzt werden, weil die Bedingungen für die Energieumwandlung
in Gasmaschinen eine erhebliche Veränderlichkeit von Tourenzahl und Leistung
nicht zulassen. Am größten ist die Beschränkung nach dieser Richtung bei
reinen Gasbetrieben. Stark veränderliche Gaserzeugung im Generator ist für
dessen sicheren Betrieb nicht günstig und hat auf die Zusammensetzung und
sonstigen Eigenschaften des Kraftmittels einen nachteiligen Einfluß. Einen
Ausgleich durch Aufstellung von ausreichenden Vorratsbehältern zu schaffen, ist
auf Schiffen wegen des erforderlichen großen Gewichts- und Platzbedarfs so gut
wie unmöglich. Insbesondere bei Schiffs-Sauggasanlagen sind starke Schwankungen in der Gasentnahme für einen geregelten, ungestörten Generatorbetrieb
schlecht geeignet. Außerdem haben solche Schwankungen eine erhebliche
Veränderlichkeit der Gaszusammensetzung zur Folge; entsprechend ändert
sich der Heizwert, und die Verwendung des Gases in der Maschine wird erschwert. Hinzu kommt noch die außerordentlich geringe Veränderlichkeit
von Leistung und Tourenzahl bei reinen Gasmaschinen. Kraftgasbetriebe
unterliegen infolgedessen bei stark veränderlichen Betriebsverhältnissen und
erheblichen Ansprüchen an die Steigerungsfähigkeit der Leistung, wie sie in
Schiffsbetrieben vorkommen, unangenehmen Schwierigkeiten, die sich nur
mildern, nicht völlig beseitigen lassen. Ein Ausweg ist z. B. durch die Wahl
elektrischer Kraftübertragung gegeben, wobei die Gasmaschine durch die
Veränderung des Schraubenantriebs nur wenig berührt wird und daher ein
befriedigender Betrieb möglich ist. Dadurch werden aber die Kosten für die

Anlage, für Amortisation und Verzinsung und für die Unterhaltung wieder entsprechend vermehrt; der Betrieb bleibt nicht in gleicher Weise wirtschaftlich. Auch eine erhebliche Zunahme von Gewichts- und Raumbeanspruchung ist unvermeidlich und mindestens bei kleineren Fahrzeugen sehr unbequem.

V. Schiffsgasmaschinenanlagen.

Die gegenwärtige Bedeutung der Schiffsgasmaschine für den Schiffsbetrieb ist nur bei vollem Überblick über die gesamte Anlage klar zu übersehen. In folgendem sollen daher die wesentlichen Angaben über mehrere Schiffsgasmaschinenanlagen des In- und Auslandes kurz zusammengestellt und durch bildliche Darstellungen näher erläutert werden. Dabei will ich von den zahlreichen kleinen Anlagen, die namentlich für Benzin- und Petroleumbetrieb, sowie für die verschiedensten militärischen, sportlichen und gewerblichen Zwecke ausgeführt wurden, vollkommen absehen und mich lediglich auf Beispiele von mittleren und größeren Öl- und Gasanlagen, die hauptsächlich für Nutzzwecke bestimmt sind, beschränken.

Ölanlagen wurden besonders mit Dieselmaschinen schon vielfach für Schiffszwecke ausgeführt.

Die Fig. 268—269 zeigen den Einbau einer Hilfsmaschinenanlage mit Dieselmotor in einem stählernen, dreimastigen Topsegelschoner der Reederei Hammerstein in Rotterdam. Das Schiff wurde von der Schiffswerft vormals Jan Smit C. Z. in Alblasserdam, der Dieselmotor von der Nederlandsche Fabriek von Werktuigen en Spoorwegmaterieel in Amsterdam, der Umsteuerpropeller mit dem vorerwähnten maschinellen Antrieb von C. Meißner in Hamburg gebaut. Wegen der charakteristischen Durchführung der ganzen Anlage soll etwas näher auf die Einzelheiten eingegangen werden.

Die Hauptabmessungen des Schiffes sind:

Länge über alles 174′,

Länge zwischen den Steven 156′,

Größte Breite auf den Spanten 27′,

Seitenhöhe bis Hauptdeck 12′ 4″,

Tiefgang 10′ 3″ bei ungefähr 500 t Ladung.

Der Schoner soll dem Fluß- und Seetransport nach sämtlichen überseeischen Häfen dienen und ist nach den Vorschriften des englischen Lloyd, 100 A I Special Survey gebaut. Bemerkenswerte Einzelheiten sind folgende: Baumaterial Siemens-Martin-Flußstahl deutscher Herkunft; Hintersteven aus Stahl-

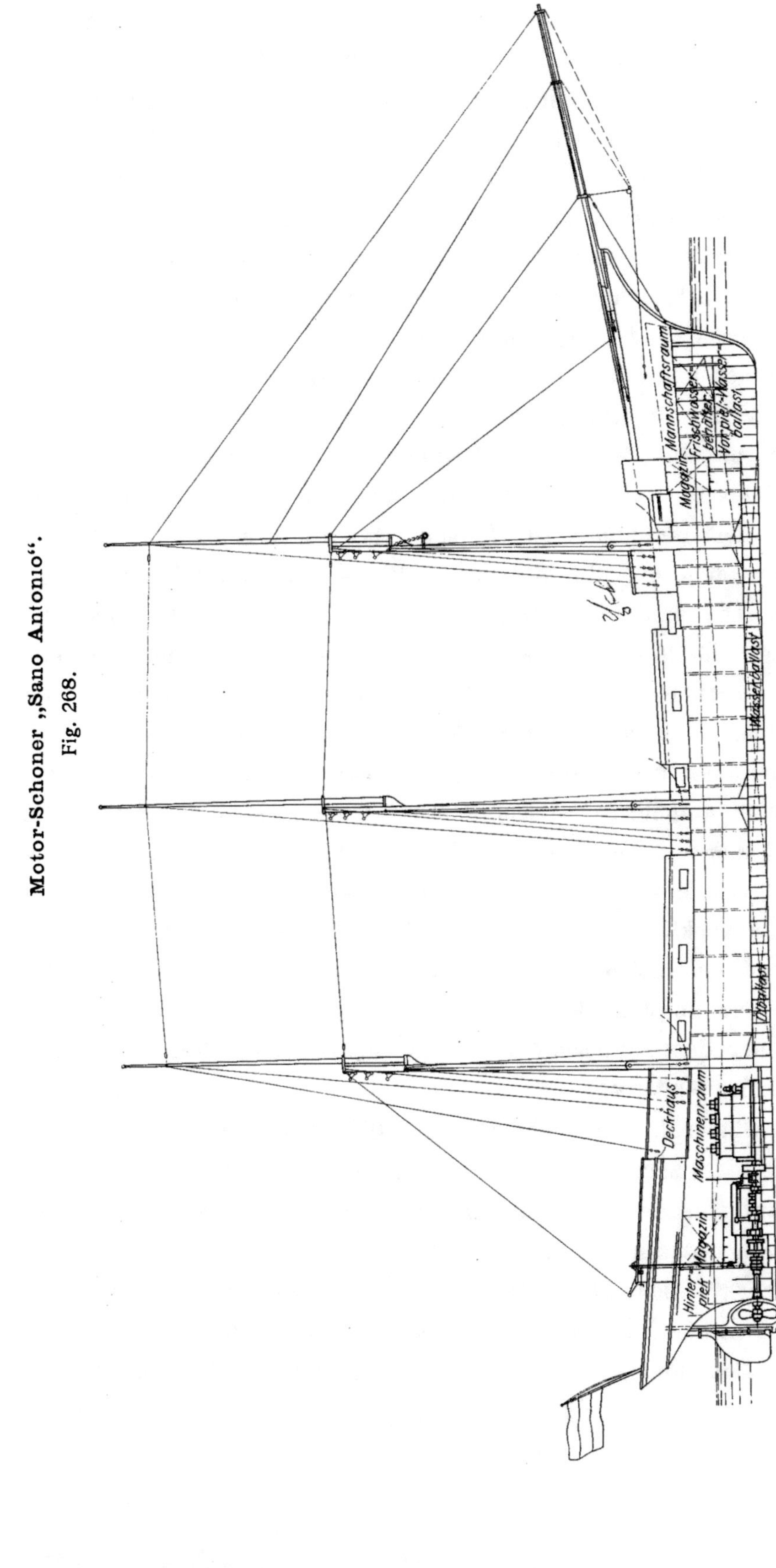

Motor-Schoner „Sano Antonio".
Fig. 268.

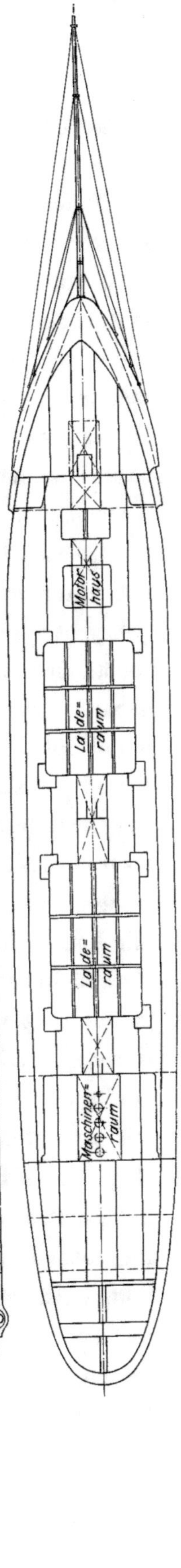

Fig. 269.

guß, Vorsteven und Einplattenruder aus Schmiedeeisen; Hauptdeck aus Stahlplatten, Backdeck aus Riffelblechen und das Hinterdeck aus $3^1/_8''$ Teakholz.
Das Schiff hat ein elliptisches, jachtartig ausfallendes Heck, einen Klipper-
vorsteven und ist durch 3 wasserdichte Schotte in 4 wasserdichte Abteilungen
geteilt. Von Schott 1 bis zum Maschinenschott ist ein Wasserbodentank und
im Hinterteil des Doppelbodens ein Öltank für 35 t Öl für den Motor vorgesehen. Der Vorderpeaktank ist für Wasserballast mit eingebautem Trink-
wassertank eingerichtet. Ferner hat das Schiff einen vorderen Laderaum
und einen hinteren Maschinenraum. Hinter der Back sind 2 Seitenhäuser,
das eine für Farben und Öl und das andere für W. C. und Trinkwasser-
pumpe angeordnet und durch ein Stahlschott getrennt. Vor dem Fockmast
ist ein Haus für die Unterbringung eines Motors eingebaut, welcher durch
Transmissionen die Ankerwinde, 2 Ladewinden und die Pumpe für die Deck-
waschleitung betreibt. Ladeluken befinden sich vor und hinter dem Groß-
mast. Hinter dem Besanmast ist ein stählernes Haus gebaut, in welchem
ein Maschinenschacht und die Kammern für Kapitän und Offiziere untergebracht sind. Die Mannschaftslogis befinden sich in der Back. Eine Vor-
ratskammer ist teils in der Maschinenkammer, teils in der Hinterpeak eingebaut. Die Einrichtung des hinteren Deckshauses besteht aus einem Portal
mit W. C., einer Navigationskammer, je einem Schlafzimmer für Kapitän,
1. und 2. Steuermann und Maschinisten und einer Küche. Die Segeleinrich-
tung besteht aus: Aufhebbarem Bugsprit, 3 hölzernen Masten, die in je einem
eisernen Mastkoker auf dem Deck stehen und alle drei zum Streichen eingerichtet sind. Jeder Mast hat eine hölzerne Stänge. An dem Fockmast sind
ein Raasegel, Außenklüver, Klüver, Mittelklüver, Stagfock, Schonersegel und
Vorgaffeltopsegel untergebracht; an dem Großmaßt ein Großsegel, ein Groß-
gaffeltopsegel und an dem Besanmast ein Besansegel und ein Hintergaffel-
topsegel. Hinter dem Mannschaftsraum ist eine Segelkoje über die ganze
Breite des Schiffes eingebaut.

Der Vierzylinder-Hilfsdieselmotor von 200 JPS. und n = 200 Umdrehungen
(Fig. 270—271) dient zum Antrieb des Schiffes bei ungünstigem Wind, sowie
auf Flüssen und Kanälen. Die Maschine ist relativ kräftig gebaut und zeigt
im ganzen die normale Augsburger Ausführung. Die zweistufige Einblasluftpumpe ist vorn vor dem Motor untergebracht. Bemerkenswert ist ferner
die Anbringung zweier Pumpen an der Fundamentplatte, die durch Reynolds-
ketten von der Motorwelle angetrieben werden; die eine dient als Ballast- und
Kühlwasserpumpe, die andere zum Lenzen.

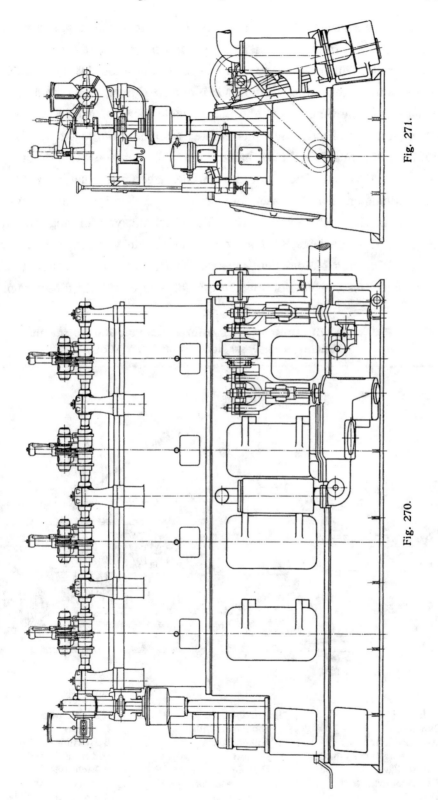

Fig. 270—271. Diesel-Schiffsmotor (200 PS) der Nederlandsche Fabriek von Werktuigen en „Spoorwegmaterieel-Amsterdam" für den Schoner „San Antonio".

Fig. 271.

Fig. 270.

Das Umsteuerwerk für den nicht direkt umsteuerbaren Motor wurde, wie erwähnt, von der Firma C. Meißner, Hamburg, ausgeführt und in seinem Wesen bereits früher gekennzeichnet. Die Schraube ist zweiflügelig, mit Segelschraubenflügeln aus bester Marinebronze ausgeführt und hat 2 m Durchmesser. Die Schraubennabe aus Phosphorbronze wurde dreiteilig ausgebildet und mit Konus auf das hohle Wellende aufgezogen. Die hohle Schraubenwelle aus S.-M.-Stahl hat an der schwächsten Stelle einen Durchmesser von 150 mm. Die Drucklagerwelle, ebenfalls aus S.-M.-Stahl, hat 140 mm kleinsten Durchmesser und 250 mm Außendurchmesser an den 4 Druckringen. Die Einzelheiten der Verschiebungsvorrichtung für die Bewegung der Propellerflügel sind im wesentlichen aus den Fig. 220—222 ersichtlich und aus besten Materialien konstruktiv sorgfältig durchgebildet. Die Betätigung der Umsteuervorrichtung geschieht, wie erwähnt, direkt vom Motor

Fig. 272—273 Diesel-Schiffsmotoranlage von 900 PS für ein Fracht- und Passagierboot auf der Wolga.

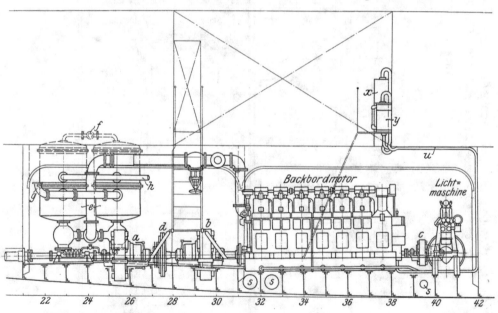

Fig. 272.

a) Elektromotor	i) Anlaßgefäße	r) Lichtmotor
b) Dynamo	k) Einblasegefäße	s) Ölfilter
c) Erregerdynamo	l) Auspufftöpfe	t) Gekühlte Auspuffleitung
d) Elektromagnet. Kupplung	m) Klosettpumpe	u) Zur Schmieröldruckpumpe
e) Heizgefäße	n) Petroleumpumpe	v) Lichtdynamo
f) Warmwasseraustritt	o) Trinkwasserpumpe	w) Regulierklappe
g) Auspuff	p) Bilgepumpe	x) Brennstoff-Filtriergefäße
h) Wasserzufluß	q) Feuerlöschpumpe	y) Öltanks

selbst, vermittels eines auf der Kupplungswelle sitzenden Getriebes, das in den Endstellungen der Flügel durch eine geeignete Ausrückvorrichtung selbst-tätig abgestellt wird. Das Einrücken des Getriebes erfolgt im Maschinen-raum oder von Deck aus durch einen Handhebel. Zwischen Getriebe und Drucklager ist eine ausrückbare Schraubenfeder-Reibungskupplung „Triumph" der Firma S c h w a r z, D o r t m u n d, eingebaut. Diese wird durch Handrad, Spindel und Hebel, der im Fundament gelagert ist, und mit Hilfe einer Ketten-übertragung auch von Deck aus in gleicher Weise betätigt. Das vollständige Umsteuern des Motors von voll vorwärts bis voll rückwärts vollzieht sich während 36 Umdrehungen der Motorwelle, also bei 200 minutlichen Um-drehungen dieser Welle in ca. 11 Sekunden.

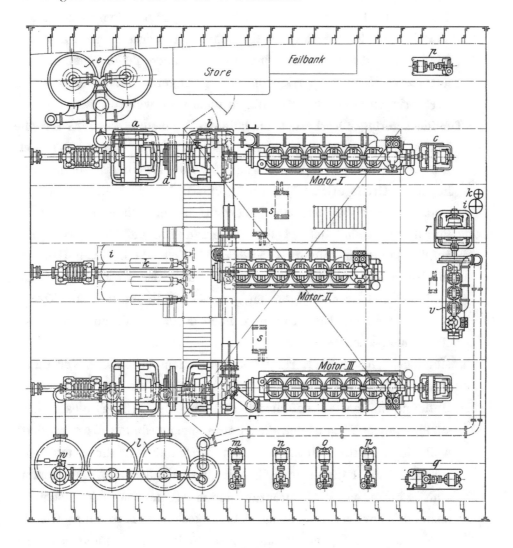

Fig. 273.

In den Fig. 272—273 ist die Dieselanlage von 900 PSe. eines 3-Schrauben-fracht- und Passagierschiffs für die Wolga dargestellt. Für den Entwurf dieser Anlage, welcher unter der Mitwirkung des Verfassers entstand, waren folgende Gesichtspunkte maßgebend:

1. Anordnung dreier Schrauben wegen des geringen Tiefgangs von nur 1,6 m. Auf jede dieser Schrauben werden durch je einen um-steuerbaren Dieselmotor 300 PSe. übertragen.

2. Möglichst geringes Maschinengewicht. Daher wurden Zweitakt-Dieselmaschinen gewählt, die zur Vermeidung des Schwungrad-gewichts bei ausreichender Gleichförmigkeit des Gangs je 6 Zylinder erhielten, und die Umdrehungszahl relativ hoch, nämlich auf 500 festgesetzt. Die Zweitaktbauart bietet gegenüber dem Viertakt den Vorteil bedeutend geringeren Gewichts, geringeren Preises, größerer Einfachheit der der Abnutzung unterliegenden Teile, entsprechend geringerer Unterhaltungskosten und geringerer Bauhöhe, was bei der geringen Höhe des Maschinenraums sehr wertvoll ist.

3. Tunlichst geringer Verbrauch an billigem Brennstoff, was für russische Verhältnisse ohne weiteres zur Dieselmaschine führt. Der Ver-brauch an Rohpetroleum beträgt für die Zweitaktmaschine vor-liegender Größe etwa 230 g pro 1 PSe. Std. Die 3 Maschinen ver-brauchen also bei normalem Betrieb in der Stunde etwa 210 kg Petroleum. Damit beträgt der für einen 72 stündigen Betrieb mit-zuführende Brennstoffvorrat 15 t gegenüber ca. 40 t bei Dampfbetrieb. Im Vergleich mit der Dampfanlage wird also wesentlich an Ma-schinen- und Brennstoffgewicht, ebenso an Raum und an Kosten gespart. Letztere Ersparnis wird noch durch die Verminderung des Maschinenpersonals erhöht.

4. Möglichst gute Manövrierfähigkeit, vor allem erhebliche Verminde-rungsfähigkeit der Tourenzahl mit Rücksicht auf die zahlreichen Untiefen in dem zu befahrenden Stromgebiet. Unter diesen Um-ständen erscheint zunächst die 3-Schraubenanordnung als vorteilhaft weil sie gestattet mit 3, 2 und 1 Schraube zu fahren und ent-sprechend die Fahrgeschwindigkeit zu vermindern. Weiter kommt günstig hinzu, daß die Tourenzahl der erwähnten Zweitaktmaschinen anstandslos auf etwa 150 dauernd herabgesetzt werden kann. Gleich-wohl wurde die gebotene Manövrierfähigkeit noch nicht als aus-reichend erachtet und deshalb für die Steuerbord- und Backbord-

maschine je ein Del Proposto-Aggregat für die halbe Maschinenleistung vorgesehen.

5. Weitgehende Ausnutzung der Wärme. Zu dem Zweck wurde die
Heizung des Schiffes mit den Abgasen durchgeführt. Hierfür genügt
schon die Abwärme eines einzigen 300 PS-Dieselmotors. Die Abgase

Fig. 274—275. Diesel-Schiffsmotoranlage von Gebr. Nobel-Petersburg.

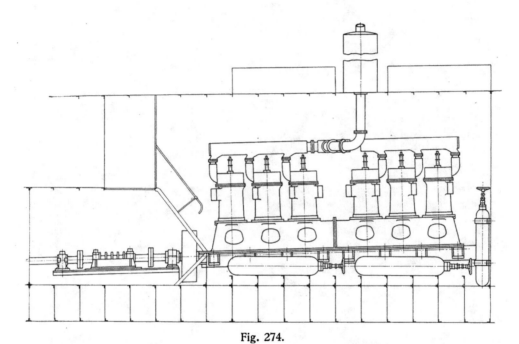

Fig. 274.

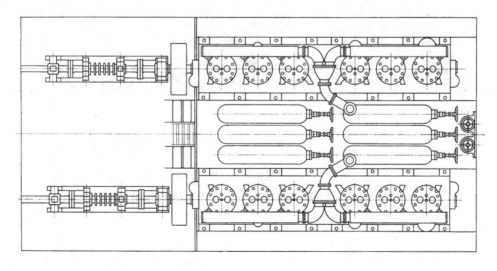

Fig. 275.

werden in 2 schmiedeeiserne Heiztöpfe geleitet und geben dort den größten Teil ihrer Wärme an das für die Warmwasserheizung bestimmte Wasser ab. Zur Speisung der Heiztöpfe wird das auf 50 – 70 ° vorgewärmte Kühlwasser der Motoren verwandt. Für den

Diesel-Schiffsmotoranlage für ein Räderschiff von Gebr. Nobel-Petersburg.

Fig. 276.

Stillstand sämtlicher Maschinen ist eine direkte Heizung der Heiztöpfe vorgesehen. Die Heiztöpfe können auch zugleich als Auspufftöpfe dienen und die Abgase nach Verlassen derselben alsbald ins Freie geleitet werden.

An Hilfsmaschinen sind bei der Anlage Pumpen für Feuerlöschzwecke, zum Lentzen, für Trinkwasser, Petroleumförderung, Klosett- und Waschzwecke, und ferner eine Motordynamo für Lichtzwecke vorgesehen. Die erwähnten Pumpen sind sämtlich Kreiselpumpen und werden elektrisch mit von der Lichtmaschine entnommenem Strom angetrieben. Die Abgasheizanlage liefert außer zu Heizzwecken auch Warmwasser für die Badeeinrichtungen, Kombüse, Pantry und Waschgelegenheiten. Das Gesamtgewicht der Anlage beträgt ca. 54 t gegenüber ca. 160 t bei Dampfbetrieb.

In den Fig. 274—277 sind ferner mehrere andere Ausführungen von Dieselanlagen für russische Gewässer dargestellt. Solche Anlagen wurden z. B. von Gebr. Nobel, Petersburg, und von der Kolomnaer

Fig. 277. Diesel-Schiffsmotoranlage für ein Räderschiff von der Kolomnaer Maschinenfabrik.

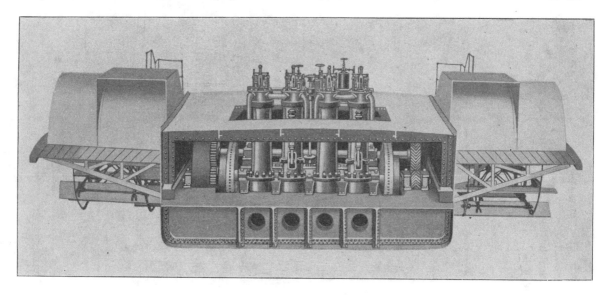

Fig. 277.

Maschinenfabrik, Aktien-Gesellschaft, ausgeführt und außer für Schraubenantrieb auch wiederholt für Räderschiffe verwandt. Kolomna baute z. B. einen Räderschlepper von 48,8 m Länge, 7,6 m Breite und 0,635 m Tiefgang mit Vierzylinder-Dieselmotor von 300 PS. bei n = 250; ferner zwei Räderschlepper von 54,9 m Länge, 9,1 m Breite und 0,84 m Tiefgang mit zwei Dieselmotoren von je 300 PS. bei n = 250. Der Antrieb der Räderwellen wurde hierbei teils nach dem Del Proposto-System, teils mit pneumatischer Kupplung und Zahnräderübersetzung bewirkt.

Ferner stattete die Aktiebolaget Diesels Motorer, Stockholm bereits mehrere Segelfahrzeuge für Küstenfahrt mit Dieselanlagen aus, die nach mir gewordenen Mitteilungen sich bereits wirtschaftlich so bewährt

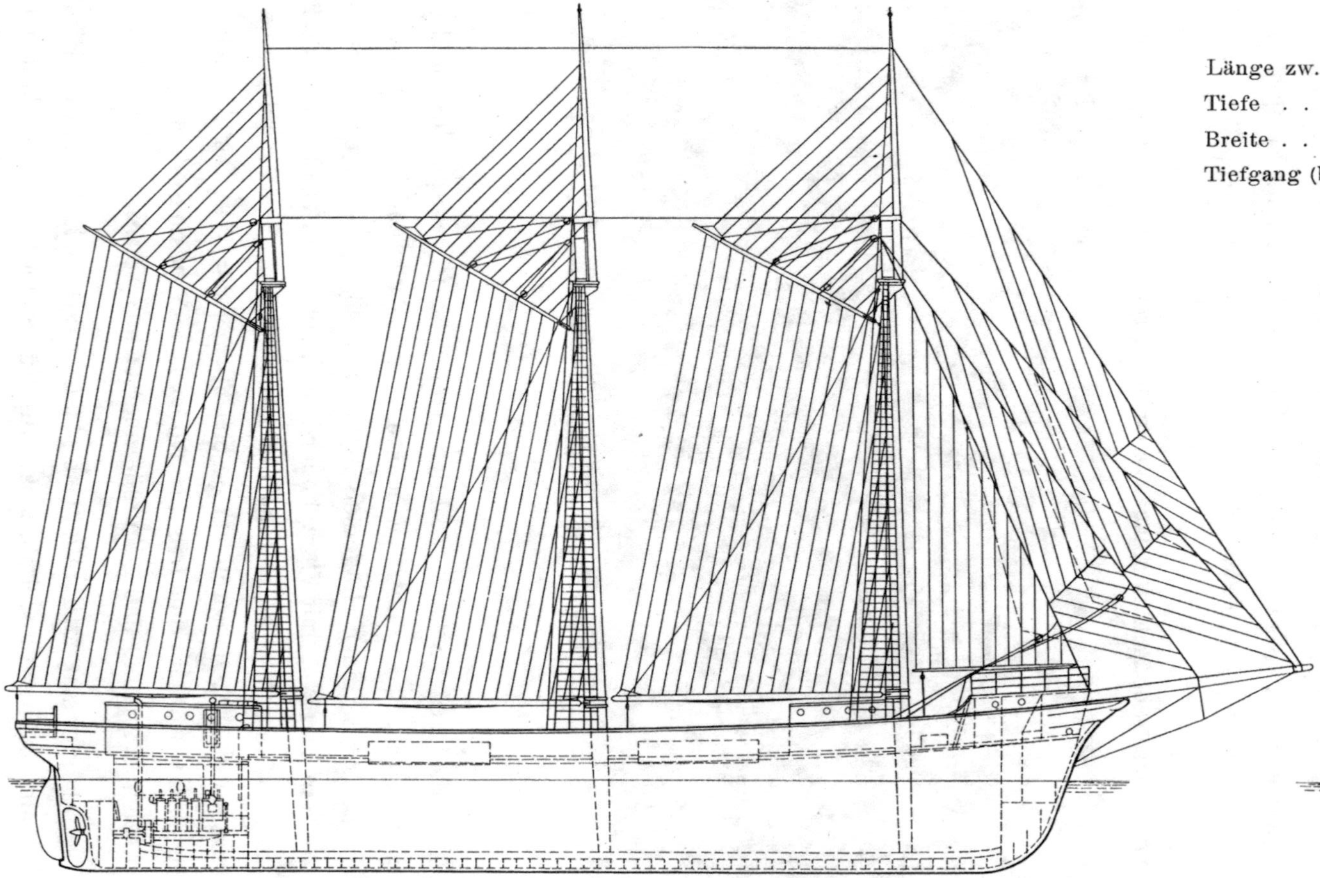

Länge zw. d. Perp. 40,84 m
Tiefe . . . . 4,22 „
Breite . . . . 8,30 „
Tiefgang (beladen). 3,58 „

Fig. 280.

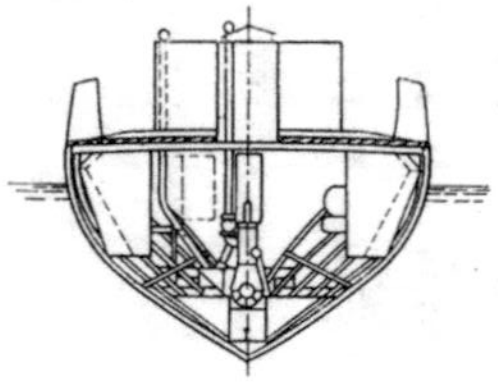

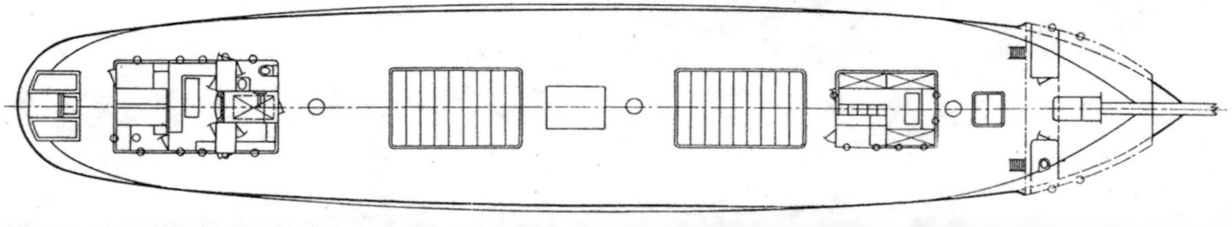

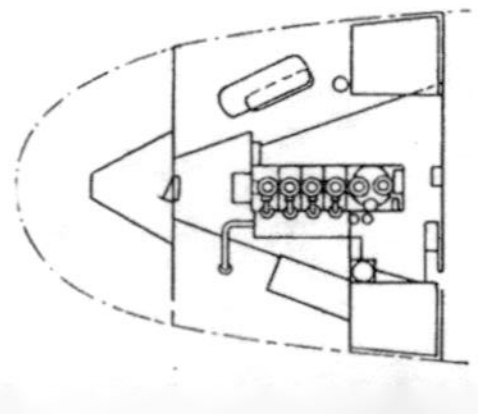

Fig. 278—281. Segelschiff mit Hilfs-Dieselmotor (120 PS) von der Aktiebolaget Diesels Motorer-Stockholm.
Fig. 278.

haben, daß der Segelbetrieb vollständig von dem Maschinenbetrieb auf diesen Schiffen verdrängt worden ist (Fig. 278—281).

Die Fig. 282—285 sind Darstellungen von einem Heckradboot und einem Schraubenboot, welche von Thornycroft mit Petroleummotoren für westafrikanische Gewässer geliefert wurden. Von derselben Firma stammt auch die Anlage der Motorjacht „Bronzewing", die in Fig. 286—288 wiedergegeben ist. Die Jacht besitzt zwei vierzylindrige Maschinen von je 50 PS., die

Fig. 282—283. **Heckradboot mit Petroleum-Schiffsmotor von Thornycroft.**
40 PS n = 800 D = 6″ H = 8″.

Fig. 282.

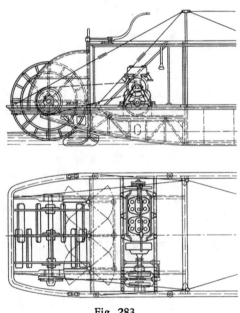

Fig. 283.

normal mit Paraffin betrieben werden sollen und hierfür mit einem durch den Auspuff geheizten Verdampfer ausgerüstet sind. Daneben ist auch ein Vergaser für den Betrieb mit leichten Ölen vorgesehen.

In Amerika wurden zahlreiche größere Jachten und Nutzfahrzeuge mit Ölmotoren von 300—500 PS. für den Betrieb auf den amerikanischen Flüssen und Seen gebaut und mit denselben ein befriedigendes Ergebnis erzielt.

Auch für Kriegsschiffzwecke hat der Ölmotor bereits ausgedehnte Verwendung gefunden, und zwar nicht nur für Beiboote, Barkassen, Chefboote usw., sondern neuerdings auch wiederholt für selbständige Fahrzeuge, insbesondere Unterseeboote, Flußkanonenboote usw. So hat Körting, wie erwähnt,

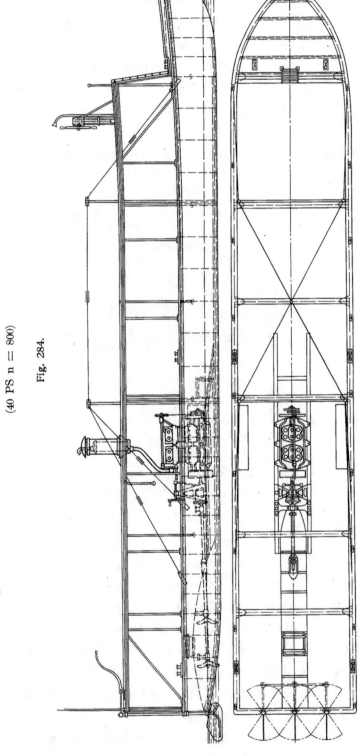

Fig. 284–285. Schraubenboot mit Petroleum-Schiffsmotor von Thornycroft.

(40 PS n = 800)

Fig. 284.

Fig. 285.

mehrere Unterseebootsmotore für Petroleumbetrieb für die deutsche Marine geliefert. Ferner hat die österreichische Marine für Flußtorpedoboote mehrere Standard-Petroleummaschinen verwandt und damit befriedigende Ergebnisse er-

Fig. 286—288. Dreischraubenjacht „Bronzewing" mit Öl-Schiffsmotoren von Thornycroft.

Länge = 120" Breite = 17" 6".

Fig. 286.

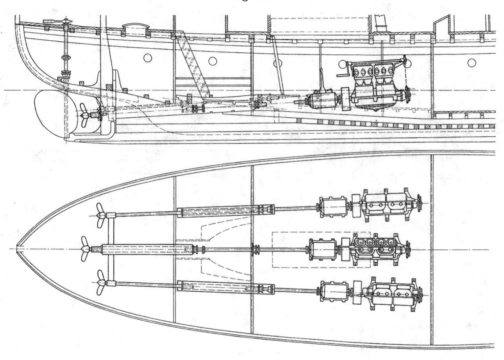

Fig. 287.

$(3 \times 100$ PS $\quad$ n $= 750$ $\quad$ D $= 8"$ $\quad$ H $= 8")$

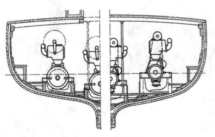

Fig. 288.

zielt (Fig. 289—292). Einige bemerkenswerte Einzelheiten dieser Maschinen sind: $N_e = 300$, $n = 400$, $n_{min.} = 90$; Gesamtgewicht = 1587 kg inkl. 320 kg Kühlwasser; Gasolinverbrauch (spez. Gew. = 0,72) bei Vollast 0,3—0,32 kg pro

Fig. 289—292. Flußtorpedoboot mit Standard-Petroleum-Schiffsmotoren.

(2 × 300 PS   n = 400)

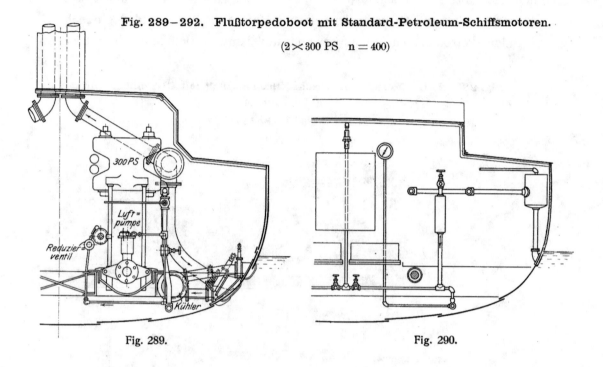

Fig. 289.   Fig. 290.

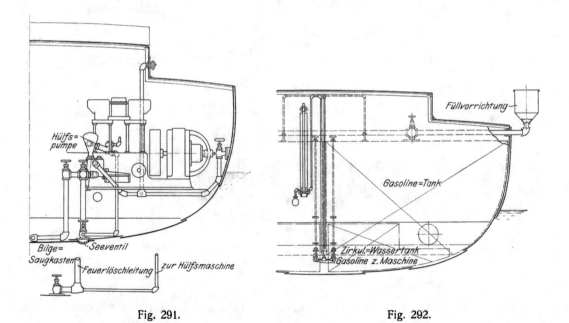

Fig. 291.   Fig. 292.

PSe-Std., bei Halblast 0,38—0,4 kg. Die Maschinen steuern direkt und in 3—4 Sekunden um. Die Anlaßlufttanks haben 18″ Durchmesser und 96″ Länge; sie reichen bei 17 at. Luftdruck und für 15—20maliges Anlassen aus. Weiter wurden ebenfalls für die österreichische Marine zwei flachgehende Flußkanonenboote von den Jarrow-Poplar-Works gebaut und mit je fünf Jarrow-Napier-Petroleummotoren von je 70 PS. ausgerüstet. Die Länge des Boots beträgt 60′, die Breite 9′. Je zwei der Motoren arbeiten auf zwei Seitenwellen, einer auf die Mittelwelle. Das Boot hat bei der Probefahrt mit 3 t Ladung in einstündiger unterbrochener Fahrt $21^1/_4$ Kn. Geschwindigkeit erzielt. Der Aktionsradius ergab sich bei 11 Kn. Fahrt ca. dreimal so groß als bei Dampfbetrieb.

Neben den Ölanlagen hat auch der Sauggasbetrieb bereits in zahlreichen Ausführungen Verwendung gefunden. Derartige Anlagen wurden in Deutschland mehrfach von·der G. M. F. Deutz, der Schiffsgasmaschinenfabrik Düsseldorf-Reisholz und neuerdings auch von Benz & Co., Mannheim, ausgeführt. (Fig. 292—305.)

Die Fig. 306—307 zeigt den Gasschlepper „Wilhelm" von der Werft Lünnemann, Ruhrort, für den Rhein gebaut und mit einer 160—175 PS. Sauggasmaschine der Gasmaschinenfabrik Düsseldorf-Reisholz ausgestattet. Länge des Schiffs = 20 m, Breite = $4^1/_2$ m. Das Fahrzeug hat vier wasserdichte Abteilungen. In der vorderen sind die Räume für Kapitän und Steuermann gelegen. Weiter folgen die Abteilungen für den Generator mit Reiniger, der vom Deck aus beschickt wird, für die Maschine mit Kupplung und Umsteuervorrichtung und endlich für die Mannschaftsräume. Der Maschinenraum hat eine Länge von 5,95 m. Zur Unterbringung des Anthrazits sind Längsbunker zu beiden Seiten des Generator- und Maschinenraums angeordnet. Die Maschine von der vorerwähnten Bauart hat fünf Zylinder von 300 mm Durchmesser und 400 mm Hub und zwischen dem zweiten und dritten Zylinder ein Schwungrad. Zum Anlassen dient ein Benzinmotor mit Riemenantrieb. Die Auspufftöpfe sind zugleich als Dampferzeuger für den Generator ausgebildet. Die Regelung der Maschine erfolgt hier durch Zündungsverstellung mittels eines Reglers, welcher auf der zwischen Hauptwelle und Steuerwelle eingeschalteten selbsttätigen senkrechten Zwischenwelle angeordnet ist. Für die Umsteuerung ist ein Wendegetriebe von der vorerwähnten Bauart der Firma Lünnemann, Ruhrort, vorgesehen. Der Verbrauch an Anthrazit von rd. 23 M. pro Tonne ergab sich bei einer Schleppfahrt rheinaufwärts mit einem 300 t schweren Lastkahn zu 60 kg/Std., entsprechend ca. 0,38 kg pro PSe./Std. und einem

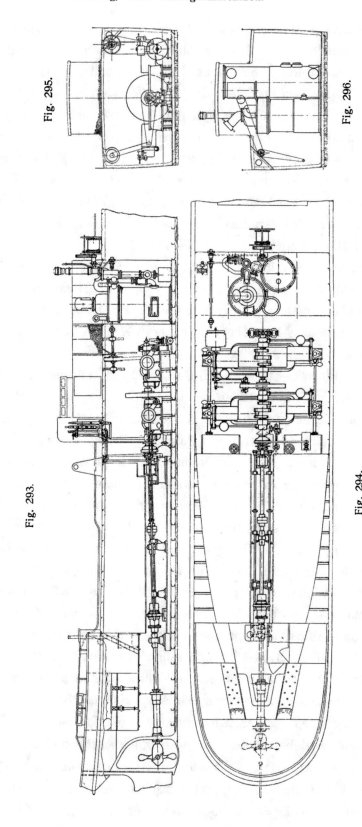

Fig. 293—296. Sauggas-Schiffsmotoranlage der G. M. F. Deutz für das Lastboot Lotte. (80—100 PS.)

Länge 41 m, Breite 4,6 m, Tiefgang (bei 240 t Ladung) 2 m. Geschwindigkeit 6 km/Stunde.

Fig. 293.

Fig. 294.

Fig. 295.

Fig. 296.

Fig. 297—298. Heb- und senkbare Schraube mit direktem Wellenantrieb für eine
Sauggas-Schiffsmotoranlage der G. M. F. Deutz.

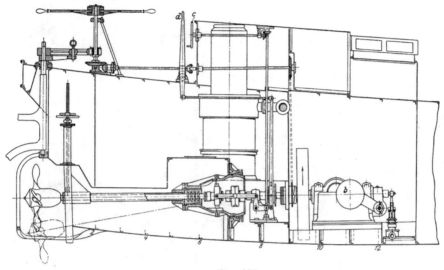

Fig. 297.

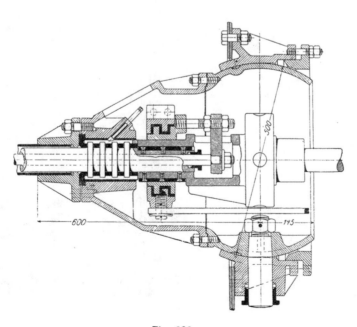

Fig. 298.

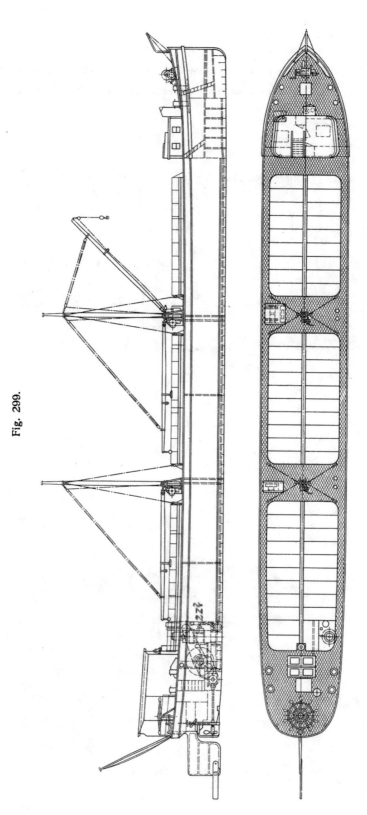

Fig. 299–300. Lastschiff „Kommerzienrat Ph. Karcher" mit Sauggas-Schiffsmotoranlage der G. M. F. Deutz, Schiffskörper ausgeführt von der Schiffs- und Maschinenbau-A.-G., Mannheim.

Länge = 38,5 m, Breite = 5,02 m, Seitenhöhe = 2,25 m, Tiefgang (beladen) = 1,8 m.

Fig. 299.

Fig. 300.

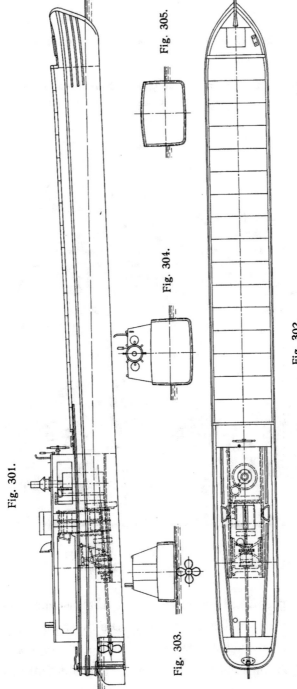

Fig. 301—305. Kanalschiff mit Sauggas-Schiffsmotoranlage von Thornycroft.

Fig. 301.

Fig. 302.

Fig. 303.

Fig. 304.

Fig. 305.

Kostenaufwand von rd. 0,9 Pf. pro PSe./Std. Die Geschwindigkeit stromauf-
wärts betrug leer rd. 22 km, bei 1500 kg Belastung 6 km, bei 1800 kg ca.
4¹/₂ km pro Stunde.

Von der Firma Beardmore & Co. wurde bereits im Jahre 1904/1905 das
alte englische Schlachtschiff „Rattler" welches jetzt als Schulschiff dient, mit

Fig. 306—307. Schleppboot mit Sauggas-Schiffsmotoranlage der S. G. F. Düsseldorf-Reisholz.
(Schiffskörper ausgeführt von F. Lünnemann-Ruhrort.)

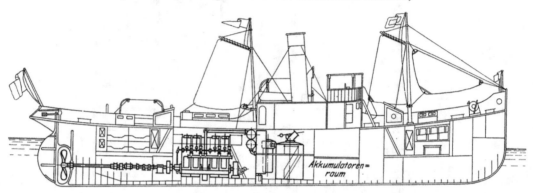

Fig. 306.

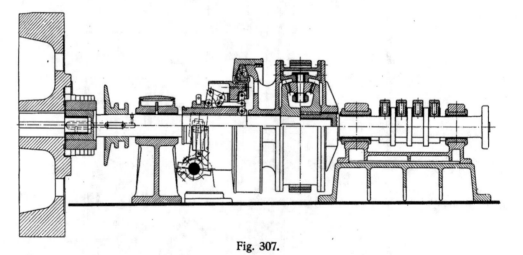

Fig. 307.

einer Sauggasanlage ausgerüstet. Die Abmessungen des Fahrzeugs sind: Länge
50,2 m, Breite 8,2 m, Tiefgang ca. 2 m. Die vierzylindrige Maschine (Typ Capitaine-
Beardmore) ist nach der Art der Reißholzer Maschinen gebaut und leistet bei 20″
Zylinderbohrung und 24″ Hub sowie 110 minutlichen Umdrehungen im Dauerbetrieb 500 PSe. Zum Umsteuern und Manövrieren ist ein Wendegetriebe
bei hydraulischer Kupplung vorgesehen. Das Anlassen erfolgt mittels kom-
primierten Gasluftgemenges. Die praktische Erprobung gab eine mittlere Ge-

itional information of this book

rbuch der Schiffbautechnischen Gesellschaft; 978-3-642-90184-3; 978-3-642-90184-3_OSFO20)

»rovided:

://Extras.Springer.com

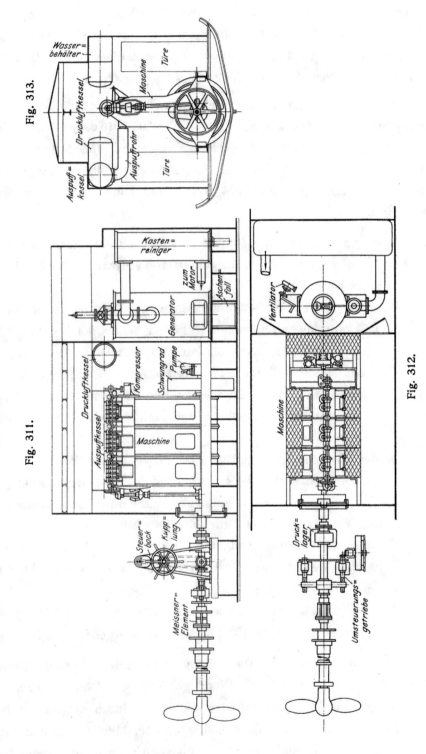

Fig. 313.

Fig. 311.

Fig. 312.

Fig. 311—316. 105 PS-Schiffssauggasmaschinenanlage von S. G. F. Düsseldorf-Reisholz.

schwindigkeit von 19,5 km/Std. und einen Anthrazitverbrauch von rd. 0,37 kg in
ca. vierstündigem Dauerbetrieb. Das Gesamtgewicht der Maschinenanlage einschließlich eines Hilfskessels für Pumpen usw. beträgt etwa 94 t gegen 150 t
bei der früheren Dampfmaschinen- und Kesselanlage. An Kohlen wurden
gegenüber dem Dampfbetrieb mehr als 50 % gespart.

Weitere Ausführungen und Projekte von Schiffssauggasanlagen der Schiffsgasmaschinenfabrik Reisholz sind in den Fig. 308—316 dargestellt. Die Fig. 308
bis 310 zeigen die Einrichtung eines Schleppers von folgenden Hauptabmessungen: Länge zwischen den Perpendikeln 19,40 m, Länge über alles
20,7 m, Breite auf den Spanten 4,25 m, Seitenhöhe 2,2 m. Die Maschinenanlage besteht aus:

1. einem Generator mit doppelt verschließbarem Fülltrichter, dem durch
   einen von den Abgasen geheizten Verdampfer Wasserdampf zugeführt wird;

2. einem Naßreiniger zum Reinigen und Kühlen des Kraftgases, einem
   Trockenreiniger und einem Gassammler, dessen Vakuum im Betrieb
   einen dauernden Ausgleich für die Gaserzeugung schafft;

3. einem Handventilator zum Anblasen des Generators (in ca. 10—20
   Minuten) und einem Zugmesser, der an verschiedenen Punkten der
   Leitungen zur Feststellung des richtigen Arbeitens angeschlossen
   werden kann;

4. der Gasmaschine normaler mehrzylindriger Bauart von 130 PSi
   mit Drosselregulierung, Schwungrad und Reibungskupplung;

5. einem Kompressor mit Sammelbehälter und Verteiler zur Erzeugung
   und Verwendung von Druckluft zum Anlassen;

6. einer Wasserförderungsanlage, bestehend aus Kühlwasser- und Lenz-
   pumpe, welche das zur Gasreinigung und Motorkühlung erforderliche Wasser liefern;

7. der Schrauben- und Umsteueranlage, welche in Form einer Dreh-
   flügelschraube (über 150 PS. als Umsteuergetriebe) ausgeführt ist.

Die Fig. 317—318 sind die Darstellung eines solchen Umsteuergetriebes, be-
stehend aus Reibungskupplung, Wendegetriebe und Bremsvorrichtung. Zur
Regelung des Maschinenganges wird außer der durch den Regler betätigten
Drosselklappe noch eine von Hand bedienbare Zündungsverstellung angeordnet.
Die Schmierung der Maschine erfolgt durch einen Zentral-Druck-Schmierapparat
vollkommen selbsttätig und unter Kontrolle durch Schaugläser. Die Zündung

Fig. 314—316. Pumpenantrieb.

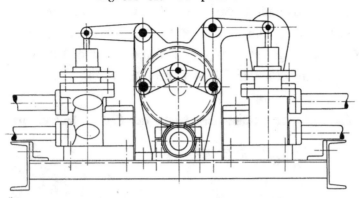

Fig. 314.

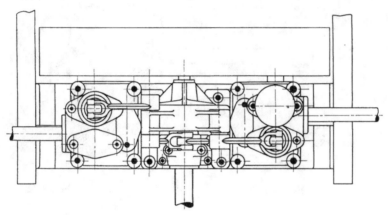

Fig. 315.

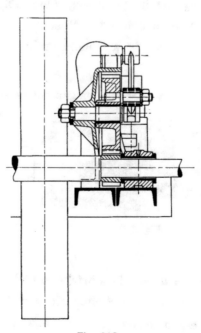

Fig. 316.

wird durch eine Magnetdynamo und den bekannten Abreißmechanismus bewirkt. Im praktischen Betriebe wurde wiederholt festgestellt: Der Verbrauch
an gutem, lufttrockenem Anthrazit von mindestens 7800 WE. Heizwert/kg betrug bei Volleistung 400—420 g inkl. Anheizen und Abbrand; ferner der Verbrauch an gutem Schmieröl 3—4 g pro PSe./Stde.

Fig. 317—318. Umsteuergetriebe der S. G. F. Düsseldorf-Reisholz.

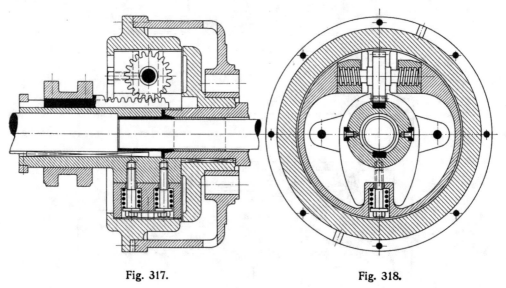

Fig. 317.   Fig. 318.

Fig. 316—320 zeigt die Sauggasanlage eines Schleppers mit 800 PSe. in zwei
unabhängig voneinander arbeitenden Maschinensätzen, von denen jeder auch
aus dem nicht zu ihm gehörigen Generator Gas entnehmen kann. Hierdurch,

Fig. 319—320. Schlepper mit 800 PSe-Sauggasanlage der S. G. F. Düsseldorf-Reisholz.

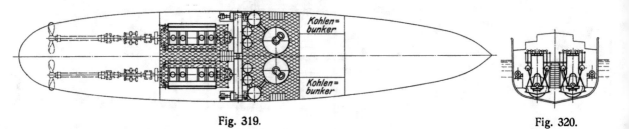

Fig. 319.   Fig. 320.

sowie ferner durch die unten beschriebene elektrische Einrichtung soll weitgehenden Ansprüchen an die Sicherheit des Betriebs Rechnung getragen
werden. Jeder Maschinensatz besteht aus zwei durch ein Schwungrad

getrennten Vierzylindermaschinen normaler Bauart. Die Leistung der Maschinen ist hinreichend bemessen, um außer den Schrauben noch je eine Dynamomaschine zum Laden von Akkumulatoren und Speisen von mehreren Elektromotoren zu betreiben. Die Dynamos können auch, als Elektromotoren geschaltet, zum Anlassen dienen. Ferner sind besondere Elektromotoren vorgesehen: 1. zum Antrieb eines Ventilators für das Anblasen der Gaserzeuger, 2. zum Antrieb der Wasserpumpen für Spül-, Reinigungs- und Lenzzwecke; 3. zum Antrieb der Umsteuervorrichtung und des Ruders.

Eine Übersicht über die gesamte Anlage ergibt sich aus folgender Zusammenstellung der erforderlichen Einzelteile:

2 Gaserzeuger- und Reinigeranlagen, bestehend aus je 1 Generator, 1 Seewasserverdampfer, 2 Koksreinigern, 1 Trockenreiniger und 1 Gassammler;

2 vierzylindrigen Hauptmaschinen;

2 Dynamomaschinen;

1 Akkumulatorenbatterie;

den Rohrleitungen, bestehend aus:

a) der Gaszuleitung (einer Verbindungsleitung zwischen je einem Generator und einer Maschine und einer Kreuzleitung zwischen je einem Generator und einer Maschine,

b) den Abgasleitungen, die zweckmäßig in einen Schornstein geführt werden,

c) den Abwasser- und Frischwasserleitungen für Kühlwasser,

d) den Dampfleitungen zwischen Verdampfer und Generator;

Hilfsmaschinen, bestehend aus: entweder 1 Gebläse bezw. Exhaustor, einer Kühlwasserpumpe, einer Abwasserpumpe, einer gemeinsamen Transmission und einem Elektromotor für beide Anlagen gemeinsam, oder aus: je 2 Maschinen gleicher Art für jede Anlage getrennt, wie in Fig. 319—320 vorgesehen;

2 Schrauben mit je einer Kupplungs- und Umsteuervorrichtung und Drucklagern, sowie je einem Elektromotor für die Bewegung der Umsteuerung und des Ruders.

In den Fig. 321—326 ist weiter die 2 × 200 PS.-Sauggasanlage des Schleppers „Knipscheer" wiedergegeben, die von der G. M. F. Deutz ausgeführt wurde

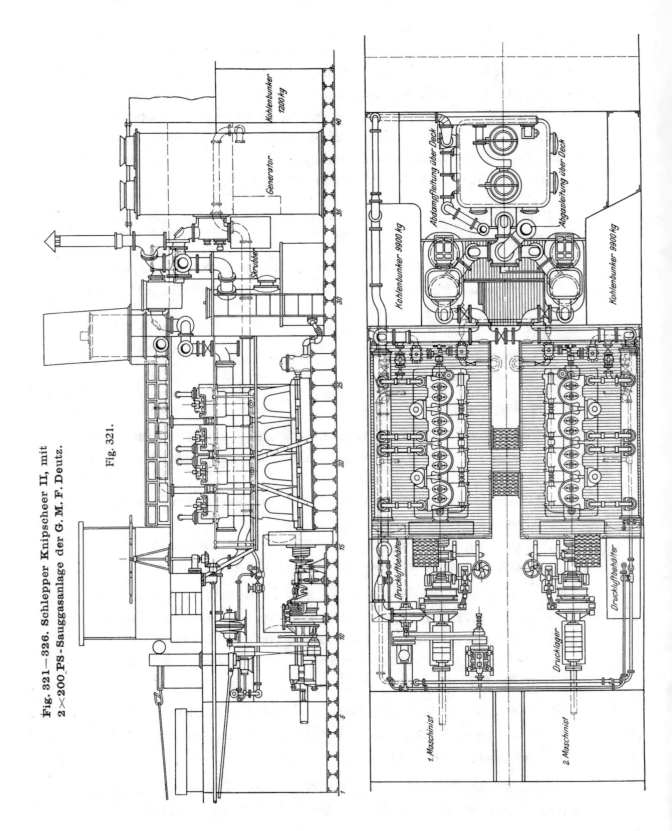

Fig. 321—326. Schlepper Knipscheer II, mit
2×200 PS-Sauggasanlage der G. M. F. Deutz.

Fig. 321.

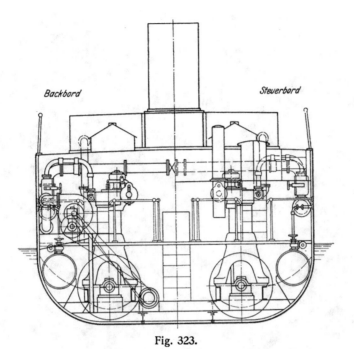

Fig. 323.

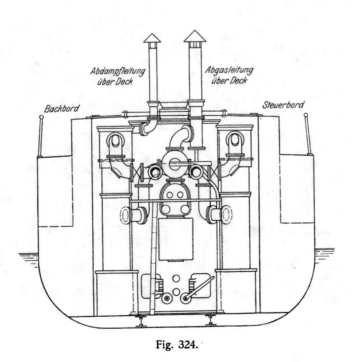

Fig. 324.

Fig. 325.

Fig. 326.

und seit einiger Zeit im Betrieb ist. Bei der Beurteilung dieser Gesamtanlage ist zu berücksichtigen, daß sie in ein vorhandenes Schiff an Stelle
der früheren Dampfanlage eingebaut wurde.

Schließlich bietet Fig. 327—330 noch den Gesamtplan einer Schiffssaug-
gasanlage, welche von der Firma B e n z & C o. im Verein mit der G e -
s e l l s c h a f t „K r a f t m a s c h i n e n m i t e l e k t r i s c h e m A u s g l e i c h“
für die S p r e e - H a v e l - D a m p f s c h i f f a h r t s g e s e l l s c h a f t „S t e r n“
geliefert wurde. Diese Anlage bezweckt den Versuch, ein Passagier-
schiff für den Betrieb auf den Berliner Gewässern mit einem wirtschaftlichen und bei voller Manövrierfähigkeit durchaus sicheren Antrieb zu
versehen. Sie wurde daher in den ehemaligen Dampfer „Neptun“ der
genannten Schiffahrtsgesellschaft in den vorhandenen Maschinen- und
Kesselraum eingebaut. Diese Verhältnisse müssen für die Beurteilung der
ganzen Anlage natürlich berücksichtigt werden. Wesentlich für die Durchführung ist die Verbindung des Sauggasbetriebs mit einem eigenartigen elek-

Fig. 327—330. Passagierboot „Neptun" mit 50 PS Sauggasanlage von Benz & Co., Mannheim.

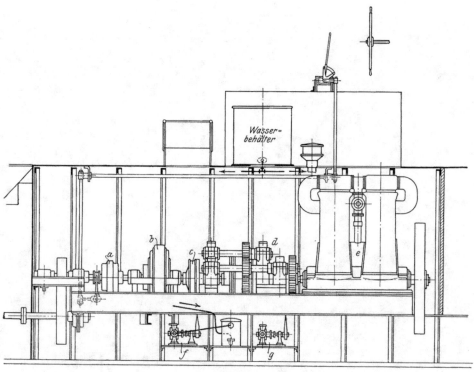

Fig. 327.

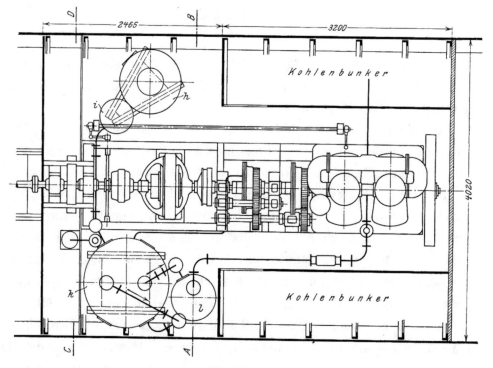

Fig. 328.

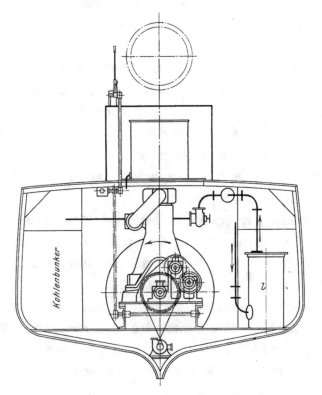

Fig. 329.

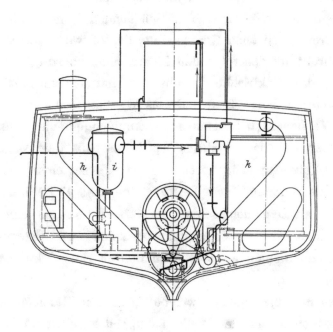

Fig. 330.

trischen Betrieb derart, daß durch diesen gemischten Betrieb die erstrebte volle Manövrierfähigkeit erreicht wird. Die Anlage besteht im wesentlichen aus folgenden Teilen:

1. Der Anthrazitsauggasanlage zur Speisung einer Schiffsgasmaschine von 50 PSe. Der Generator, welcher von Deck aus durch einen in passender Höhe angebrachten Fülltrichter beschickt wird, zeigt die normale Bauart; er hat einen Rost von 6 mm Spaltweite, so daß Anthrazitgrus bis zur Körnung von 8 mm verfeuert werden kann. Zum Abzug der Generatorgase wird in den Betriebspausen auf einen Stutzen der Gasleitung am Umschaltventil ein Rohr aufgesteckt.

2. Dem Naßreiniger, bestehend aus zwei nebeneinander gestellten, mit Koks gefüllten Kammern, die von dem Gas nacheinander von unten nach oben durchstrichen werden und daher mit dem über den Koks herabfließenden Wasser in innige Berührung kommen. Die Anordnung z w e i e r Reiniger ergab sich aus der vorhandenen geringen Bauhöhe als notwendig. Vor dem Eintritt in die Maschine durchströmt das Gas noch einen Stoßreiniger, der aus einem Drahtgeflecht in einer leicht zugänglichen Kammer besteht.

3. Der zweizylindrigen Sauggasmaschine mit 55 PSe. Maximalleistung bei n = 320 Umdrehungen. Der Zylinderdurchmesser beträgt 250 mm, der Hub = 300 mm. Die Kurbeln sind um 180° versetzt und zur Verringerung der Massenwirkung mit Gegengewichten versehen.

4. Dem an den Motor sich anschließenden Wendegetriebe, bestehend aus zwei elektromagnetischen Kupplungen. Bei Vorwärtsgang wird die Maschinenleistung direkt auf den folgenden Elektromotor übertragen, während bei Rückwärtsgang die elektrische Maschine vermittels einer Zahnradübersetzung im umgekehrten Sinne läuft. Dieses Wendegetriebe hat sich gut bewährt, während Versuche mit Schraubenfederkupplungen scheiterten.

5. Einer elektrischen Maschine, welche mit dem Wendegetriebe durch eine Zodel-Voith-Kupplung verbunden ist. Dieses elektrische Aggregat kann entweder als Motor mit einer Leistung von etwa 13 PS. bei 300 Umdrehungen laufen oder als Dynamomaschine bei 320—380 Touren eine Akkumulatorenbatterie laden, die zu Beleuchtungszwecken, zur Erregung der elektromagnetischen Kupplungen oder zum Betrieb der elektrischen Maschine als Motor dient.

6. Der Schraubenanlage, welche durch eine Hartmannsche Doppelkegel-Reibungskupplung mit der Welle gekuppelt ist. Mit Rücksicht auf die vorhandene, tiefgelegene Schraubenwelle mußte im vorliegenden Fall noch eine

Stirnräderübersetzung hinter der Hartmann-Kupplung zwischen Getriebe und Schraubenwelle eingeschaltet werden; sie würde natürlich bei einer Neuanlage fortfallen. Der Betrieb gestaltet sich wie folgt: Bei normaler Fahrt mit einer Leistung von 55 PS. erreicht das Fahrzeug eine Geschwindigkeit von ca. 14 km/Std.; die Maschine arbeitet mit 320 Touren und gibt ihre Leistung zum größten Teil an die Schraube, zu einem kleinen Bruchteil an die Dynamomaschine, welche die Batterie auflädt. Dabei sind die elektromagnetische Kupplung für Vorwärtsgang und die Hartmann-Kupplung eingerückt. Vor dem Anlegen kann zunächst die Umdrehungszahl durch den Regler der Sauggasmaschine auf 250 vermindert werden. Dann wird die elektromagnetische Kupplung gelöst und gleichzeitig die Dynamo selbsttätig durch denselben Griff als Motor auf Vorwärtsgang geschaltet. Am Fahrschalter kann nunmehr der Umlauf des Elektromotors beliebig bis auf 0 verringert und beim Anlegen auch umgekehrt werden. Für das Stoppen mit voller Kraft wird die elektromagnetische Kupplung für Rückwärtsgang erregt, worauf Sauggasmaschine und Elektromotor im gleichen Sinne auf Rückwärtsgang des Schiffes wirken. Die Sauggasmaschine wird elektrisch angelassen und bleibt dauernd in Betrieb, so lange das Schiff Dienst tut.

Zur Anlage gehören weiter noch zwei Zentrifugalpumpen, je eine zum Lenzen und zur Beschaffung des Wassers für Motorkühlung und Gasreinigung.

Die Anlage bietet den Vorteil großer Manövrierfähigkeit; nachteilig aber ist die erhebliche Zahl von Einzelteilen, welche gegenüber dem Dampfbetrieb einen Gewinn an Gewicht und Raum nicht aufkommen lassen und höchst wahrscheinlich einen erheblich höheren Aufwand an Anlagekosten erfordern. Als weitere Vorteile ergeben sich: Kostenersparnis durch Vereinfachung der Bedienung, da im Maschinenraum nur ein Maschinist erforderlich ist, während auf Deck der Kapitän das Steuern und Manövrieren bei langsamer Fahrt besorgt; ferner der Fortfall der Rauchbelästigung. Nach Angabe der Firma Benz & Co. wird schon bei 150 Betriebstagen im Jahre eine Betriebskostenersparnis von 1500 M. erreichbar. Auf Grund der erzielten Betriebsergebnisse besteht die Absicht, zwei größere Doppelschraubenboote mit je 150 PS. Leistung zu bauen.

VI. Verwendungsgebiete und Aussichten der Schiffsgasmaschine.

Im Vergleich mit Dampfanlagen bieten Schiffsgasmaschinenbetriebe nach den vorstehenden Ausführungen ohne weiteres zahlreiche Vorzüge, die mehr oder weniger allen Gasmaschinen für Schiffszwecke eigen sind:

Die erhebliche Zunahme der Brennstoffökonomie und der Wirtschaftlichkeit bei Verwendung preiswerter Brennstoffe, die Ersparnis an Gewicht und Raum und entsprechend vermehrte Ausnutzung des Deplacements, die Vereinfachung in der Bedienung, die der weitgehend selbsttätige Betrieb zuläßt.

Schiffsgasmaschinen vermeiden die Kessel und demnach die Heizer, den Rauch, die Schornsteine, die kostspieligen und umständlichen Arbeiten für Kessel-Reinigung und Reparatur. Der Betrieb wird entsprechend einfacher und übersichtlicher, und eine Ersparnis an Kosten für die Bedienung wird möglich. Die Gebläse für forcierte Feuerung fallen fort und es sind keine Kondensatoren dauernd dicht zu halten. Es sind ferner überhaupt keine Rohrleitungen mit hohen Pressungen vorhanden, während bei Dampfbetrieb die Hochdruckdampfleitung Unbequemlichkeiten und Gefahren mit sich bringt.

Ölbetriebe speziell ergeben keinen Brennstoffverbrauch für Dampfaufmachen und Unterdampfliegen.

Schiffsgasmaschinen sind auch schneller betriebsbereit, Ölmaschinen im besonderen jeden Augenblick, weil die Erzeugung des Kraftmittels unübertrefflich einfach und schnell durchführbar ist.

Zum Anlassen von Schiffsgasmaschinen wird keine längere Vorwärmung der Maschine erforderlich. Der Gasbetrieb vermeidet bei richtiger Durchführung der Kühlung erhebliche Erwärmung der Maschinenräume und erleichtert dadurch wiederum die Bedienung.

Raum- und Gewichtsersparnis sind auch durch die Verminderung des erforderlichen Brennstoffvorrats in erheblichem Maße möglich, oder bei gleicher Brennstoffmenge ergibt sich wesentlich größerer Aktionsradius.

Solchen Vorteilen stehen allerdings auch mehrere Nachteile gegenüber, vor allem geringere Manövrierfähigkeit, größere Empfindlichkeit im Betrieb und vielfach höhere Anlage-, Verzinsungs- und Amortisationskosten. Eine vollkommene Abwägung der Vor- und Nachteile ist allgemein nicht möglich, sondern nur von Fall zu Fall unter Berücksichtigung der speziellen Forderungen. Bei zweckmäßiger Ausbildung aller Einzelheiten lassen sich aber unzweifelhaft für viele Verwendungszwecke im Schiffbau mit Gasmaschinen schon heute wichtige Erfolge erzielen und kann namentlich dem häufig gemachten Einwand, Schiffsgasmaschinen seien wenig betriebssicher, wirksam begegnet werden. Richtig ist nur, daß solche Maschinen mehr als Dampfmaschinen sachgemäße Durchbildung, sorgfältige Werkstattsausführung und richtige Behandlung erfordern. Fehler und Mängel sind hauptsächlich nur

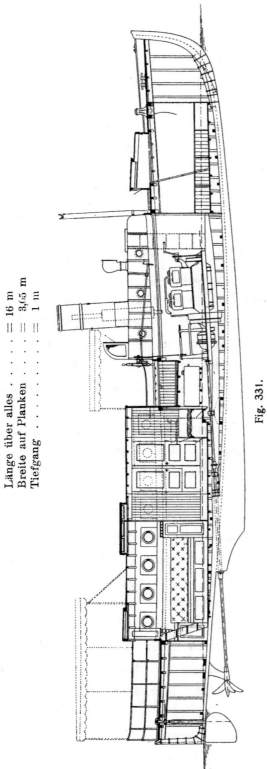

Fig. 331—332. Seegehende Motorjacht von Oertz-Hamburg mit 60 PS-Daimler-Bootsmotor.

Länge über alles . . . . = 16 m
Breite auf Planken . . . . . = 3,65 m
Tiefgang . . . . = 1 m

Fig. 331.

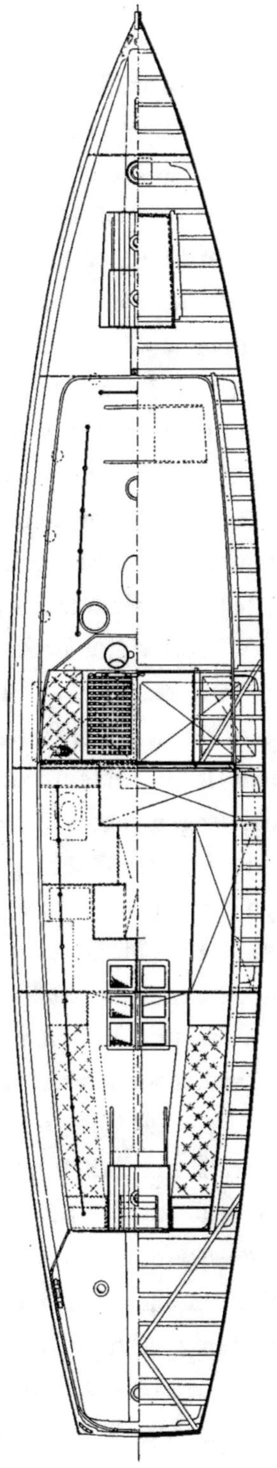

Fig. 332.

hierin, nicht im Wesen der Gasmaschine begründet. In zahlreichen Anwendungen konnten Schiffsgasmaschinen bereits maßgebende Erfolge zeitigen,
allerdings bisher wesentlich nur in kleineren und mittleren Ausführungen,
weil die Entwicklung bis zu den Großmaschinen noch nicht vorgeschritten
ist. Für diese Anwendungen kommen aber schon heute sämtliche Haupt-
verwendungsgebiete des Schiffbaus, nämlich wirtschaftliche, militärische und
sportliche, in Betracht. Im vorliegenden Zusammenhang erscheinen nur die
beiden ersteren Gebiete von besonderer Bedeutung und, demgemäß soll lediglich auf diese hier näher eingegangen werden.

Dem Motor verdankt der Motorbootsport in der Hauptsache alles: seine
Entstehung, Entwicklung und Steigerung vom einfachen kleinen Tourenboot
bis zu den heutigen großen Motorjachten oder den extremen Rennbooten mit
Maschinenleistungen bis zu 500—600 PS. Größere Bedeutung als in Deutschland hat die Motorjacht namentlich in England und Amerika erlangt; das ist
dadurch zur Genüge gekennzeichnet, daß Lloyds Register allein 600 englische
und 1400 amerikanische größere Öl- und Petroleumjachten registriert.

Wirtschaftlichen Zwecken dient der Motor in zahlreichen Kleinschiffs-
betrieben auf Flüssen, Kanälen, in Häfen usw., für den Betrieb von Fähr-
booten, Barkassen, kleinen Schleppbooten usw. Für diese Anwendungen
kommt in der Hauptsache nur der kleine Benzin- oder Spiritusmotor in Betracht wegen seines einfachen, leicht durchzuführenden Betriebs bei geringsten
Ansprüchen an Wartung und Instandhaltung. Viele vorher antriebslose Fahrzeuge haben im Motor heute eine vorteilhafte Antriebskraft erhalten. Maßgebende Bedeutung erlangte der Motor ferner bereits für den Fischereibetrieb,
namentlich für die Seefischerei, allerdings weniger bei uns als z. B. in Schweden,
Norwegen und Dänemark. Hier wurde zuerst die Möglichkeit erkannt, die
stetig wachsenden Schwierigkeiten des Seefischereigewerbes durch die Verwendung eines geeigneten, einfachen, billigen und wirtschaftlichen Motors als
Hilfskraft wesentlich zu mildern. Dieser Erkenntnis folgte alsbald die Durchführung durch die Schaffung eines besonderen, allen billigen Ansprüchen genügenden Motortyps, mit dem Erfolg, daß ein nicht nur vom wirtschaftlichen,
sondern auch vom nationalen Standpunkte bedeutsames Gewerbe wieder
lebensfähig gestaltet und gleichzeitig zu einer blühenden Industrie der Grund
gelegt wurde. Die Wichtigkeit dieser Verhältnisse wird ohne weiteres daraus
klar, daß allein in Dänemark seit Beginn dieser Entwicklung vor etwa zehn
Jahren bis heute rd. 6000 Petroleummotoren mit ca. 50 000 PS (im letzten
Jahre allein 1300 Maschinen) gebaut und im In- und Auslande vertrieben

wurden. Dänische Fischereimotoren wurden zahlreich auch in Deutschland eingeführt; denn auch bei uns befindet sich die Seefischerei in der gleichen Notlage und die vorher erwähnten nationalen Interessen sind auch für uns von großer Bedeutung. Die deutsche Industrie hat aber zur Befriedigung des fraglos vorhandenen Bedürfnisses nach derartig kleinen einfachen, unbedingt betriebssicheren Schiffsmotoren bisher nicht viel getan.

Ein weiteres Beispiel für die Verwendung der Schiffsgasmaschine bietet die Sauggasmaschine in ihrer heutigen Benutzung für den Schiffsantrieb auf Schiffen und Kanälen, sowie auch in kleinerem Umfange auf See. Der Sauggasbetrieb ist in ökonomischer Beziehung vielfach der hochwertigste, wenigstens unter deutschen Verhältnissen auf zahlreichen Binnenwasserstraßen, hat aber mit den früher erwähnten Schwierigkeiten zu rechnen. Die Gesamtbetriebskosten stellen sich unter mittleren Verhältnissen: für den Sauggasbetrieb auf etwa 0,6—1 Pfennig, für den Dampfbetrieb auf etwa 1—2 Pfennig pro Tonnenkilometer auf Flüssen und Kanälen und noch höher. Auch gegenüber Dieselmaschinen ergibt sich für Binnenwasserstraßen eine erhebliche wirtschaftliche Überlegenheit des Sauggasbetriebs, wesentlich mit Rücksicht auf den noch immer hohen Eingangszoll für schwere Öle.

Wirtschaftliche Bedeutung hat der Schiffsmotor ferner als Hilfsmaschine für Segelschiffe bereits erlangt. Auch hierbei hat er die Aufgabe zu lösen, einem wirtschaftlich schwer bedrängten Schiffahrtszweig gegenüber dem rastlos fortschreitenden Dampfbetrieb von neuem zur Existenzfähigkeit zu verhelfen. Brauchbar sind zu diesem Zwecke nur einfache, billige, leicht zu bedienende, sehr wirtschaftliche Maschinenanlagen von geringem Gewichts- und Raumbedarf und einer für mäßige Fahrgeschwindigkeit genügenden Leistung. Es handelt sich dabei um die Erzielung besserer Ausnutzung des Fahrzeugs durch Verringerung der Fahrtdauer.

Für militärische Zwecke ist die Schiffsgasmaschine schon heute ebenfalls wertvoll geworden, namentlich in den Unterseebooten, Flußkanonenbooten und in zahlreichen kleinen Fahrzeugen, wie Beibooten, Chefbooten, Barkassen usw. In England wurden bereits zahlreiche große Kriegsfahrzeuge mit Gasmaschinen für Hilfszwecke ausgerüstet, z. B. die Schiffe der Dreadnoughtklasse in ausgiebigem Maße mit Dieselmaschinen.

Der Unterseebootsbetrieb wurde zuerst durch den Motor in praktisch brauchbarer Form verwirklicht und seither im Zusammenhang damit stetig weiter entwickelt.

43*

Für Kriegsschiffszwecke ergeben sich durch den Motorbetrieb besonders wichtige Vorteile, wie: geringere Gewichts- und Raumbeanspruchung, die eine Vermehrung der Artillerie, Erhöhung der Geschwindigkeit usw. gestattet; Erleichterung der Brennstoffübernahme bei Ölbetrieb; großer Aktionsradius, der bei Ölmaschinen mindestens 5—6 mal so groß ist als beim Dampfbetrieb; schnelle Betriebsbereitschaft, die ebenfalls auf den Ölmotor hinweist; Fortfall des Rauchs; Einfachheit der Bedienung; Fortfall der Schornsteine, wodurch der Bestreichungswinkel der Geschütze vergrößert wird usw. Nachteilig aber ist wieder insbesondere die grundsätzlich geringere Eignung für das Manövrieren, eine Schwierigkeit, die aber gleichwohl im gegebenen Falle einer brauchbaren Lösung zugänglich ist.

Noch bedeutsamer als die gegenwärtige Entwicklung erscheint die zukünftige Ausgestaltung der Schiffsgasmaschine, welcher diese unzweifelhaft unaufhaltsam zustrebt. Die Ausbildung der Gasmaschine zur Großschiffsmaschine müßte manchen gewerblichen Seeschiffsbetrieben, die heute vielfach die Grenze der Wirtschaftlichkeit erreicht haben, eine neue und verbesserte wirtschaftliche Grundlage verschaffen. Die Erhöhung der Wirtschaftlichkeit des Segelschiffsbetriebs erscheint heute bereits in befriedigender Weise möglich; ob allerdings nach dem wiederholt gemachten Vorschlag, den Motor hierbei nur als Hilfsmaschine zu verwenden, das Segelschiff wieder seine frühere Bedeutung erlangt, ist nicht ohne weiteres als sicher anzusehen. Meines Erachtens käme dabei mindestens auch die Erwägung in Betracht, ob nicht die Verwendung von Motoren entsprechender Größe zu dauerndem Antrieb für Fahrzeuge, unter Benutzung der wesentlich verminderten Takelage für Hilfszwecke, vorteilhafter ist als der umgekehrte Vorgang. Gesichtspunkte wie: die Ersparnis an Gewicht der Takelage, Mannschaft für die Bedienung derselben, Vermehrung der Schiffsausnutzung durch Erhöhung der Geschwindigkeit und der Ladefähigkeit würden für eine derartige Überlegung wesentlich in Betracht zu ziehen sein. Als Folge würde sich unter Umständen die Ausbildung eines völlig neuen Schiffstyps, nämlich der des langsam fahrenden, möglichst wirtschaftlichen großen Motorschiffs mit Hilfstakelage ergeben. Ausreichende Gewißheit in diesen Fragen kann aber allein eine bis ins Einzelne gehende konstruktive und rechnerische Durchführung ermöglichen; alle technischen und wirtschaftlichen Grundlagen sind dazu vorhanden, um solche Pläne und Berechnungen bei richtigem Zusammenarbeiten von Konstrukteur und Reeder mit Erfolg zum Ziele zu führen. Wenn das Ergebnis einen Vorteil verspricht, erscheint auch die praktische Verwirklichung desselben bei den hier in Betracht, kommenden geringeren Maschinengrößen mit den vorhandenen technischen Mitteln schon heute einwandfrei erreichbar.

Im Kriegsschiffbau dürften die Großgasmaschinen den erheblichsten Fortschritt bringen. Die bedeutenden Vorteile, gegeben durch die Ersparnisse an Raum und Gewicht, durch die Vermehrung der Artillerie und die Verbesserung der Geschützwirkung usw. sind sogleich aus der folgenden Darstellung erkennbar.

Die Fig. 333—342 bieten die Möglichkeit zum Vergleich zweier Torpedobootszerstörer mit Dampf- und Ölbetrieb. Letzterer gestattet in diesem Falle die Aufstellung von 4 6-cm-Geschützen und 2 6-Pfünder-Kanonen gegen eine 2-Pfünder und 5 6-Pfünder-Kanonen beim Dampfbetrieb. Daneben ist noch der Aktionsradius bei der Ölanlage etwa $6^{1}/_{2}$ mal größer.

Zum Nachweise, daß auch die größten Kriegsschiffanlagen durch die Verwendung des Gasbetriebs vorteilhaft gestaltet werden können, sei als Beispiel das amerikanische Schlachtschiff „Georgia' (1906) benutzt. Die Tatsache, daß dieses Schiff durch neuere Konstruktionen bereits wesentlich überholt worden ist, kommt hier kaum in Betracht, weil es sich nur um Vergleichsergebnisse handelt, die in ihrer Geltung ohne weiteres auf die modernsten Fahrzeuge übertragen werden können. Die „Georgia" ist wie folgt armiert:

4 12″ Geschütze — 40 Kal.,

8 8″ „ — 45 „ ,

12 6″ „ — 50 „ ,

12 3″ „ — 50 „ ,

12 3″ Revolverkanonen,

5 Maschinengewehre,

2 Gatling-Maschinenkanonen,

4 21″ Unterwassertorpedoausstoßrohre.

Zum Antrieb des Schiffes dienen 2 vierzylindrige Dampfmaschinen von zusammen 19 000 PSi. Das Schiff faßt in 24 Bunkern zusammen 2350 t Kohlen. Speisewassertanks und Reservetanks halten zusammen 158 t. Die 24 Kessel des Schiffs wiegen mit Wasser 738 t. Der Aktionsradius des Schiffs beträgt bei forcierter Fahrt 1300 sm und bei Marschfahrt 3600 sm.

Zum Vergleich sei der Antrieb mit Dieselmaschinen gewählt und gleichzeitig die Annahme gemacht, daß das Schiff für den Fall eines Kriegs zwischen Amerika und Japan die etwa 4000 Meilen betragende Entfernung zwischen San Francisco und Japan mit Sicherheit zweimal zurücklegen kann, ohne von

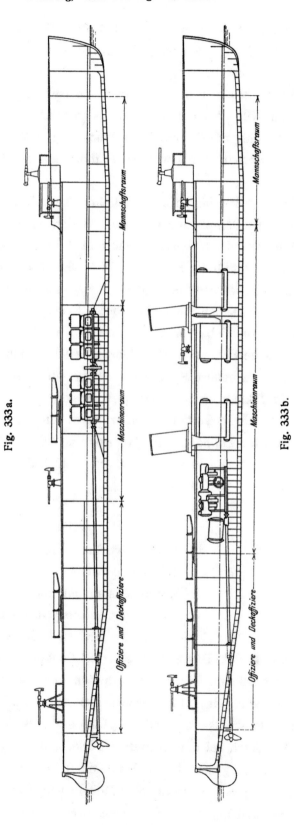

Fig. 333—342. Darstellung von Vergleichen zweier Torpedobootszerstörer mit Dampf- und Ölgasmaschinen-Anlagen.

Fig. 333a.

Fig. 333b.

Fig. 337.

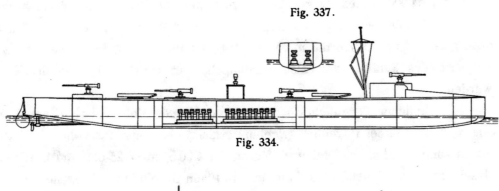

Fig. 334.

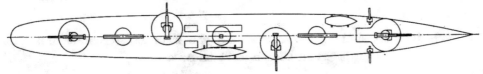

Fig. 335.

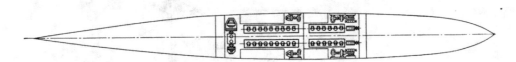

Fig. 336.

Fig. 341.

Fig. 342.

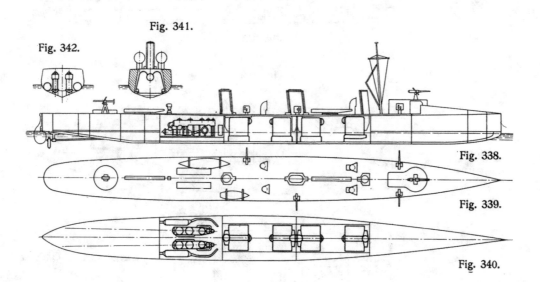

Fig. 338.

Fig. 339.

Fig. 340.

neuem Brennstoff übernehmen zu müssen.   Es sei demgemäß ein Brennstoffvorrat für 11 000 Meilen vorgesehen.   Trotz dieser beträchtlichen Vermehrung
des Aktionsradius werden noch 1525 t Gewicht frei und für die Aufstellung
zweier weiteren Panzertürme mit je 2 12″-Geschützen verfügbar.   Die schwere
Artillerie des Schiffs kann also verdoppelt, der Aktionsradius verdreifacht
werden.

Ein ähnlicher Vergleich wurde auch von James Mc. Kechnie (Eng. 1907)
angestellt und dabei folgendes Ergebnis erzielt: unter sonst gleichen Verhältnissen können auf einem Linienschiff statt der 4 30,5-cm-, 4 25-cm- und 12 15-cm-
Geschütze (Fig. 343—348) 10 30,5-cm- und 18 10-cm-Geschütze aufgestellt werden.

**Fig. 343—348.   Darstellung des Vergleiches von zwei Linienschiffen mit Dampf-
und Ölgasmaschinen-Anlagen.**

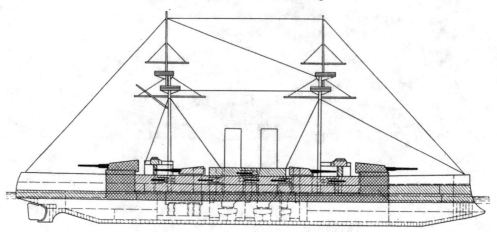

Fig. 343.

Fig. 344.

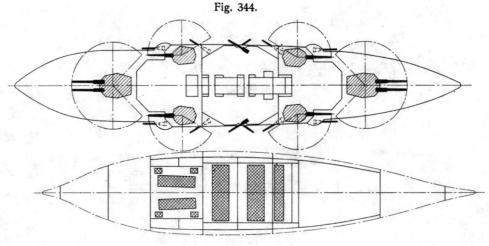

Fig. 345.

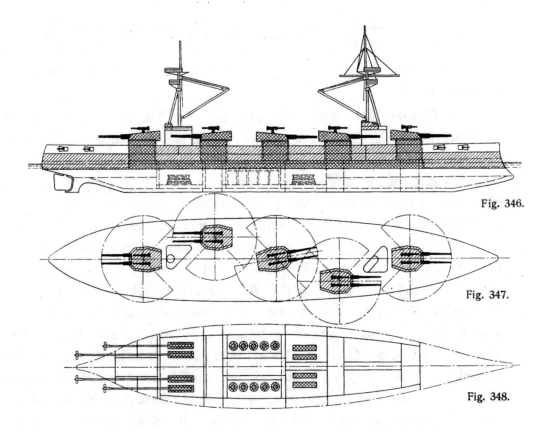

Fig. 346.

Fig. 347.

Fig. 348.

Die folgende Tabelle gibt eine Zusammenstellung des Gewichts- und Raumbedarfs, sowie des Brennstoffverbrauchs von Dampf-, Gas- und Ölmaschinen für ein Linienschiff von 16 000 PS. (Tabelle 10).

Tabelle 10.

	Dampf-maschine	Gas-maschine	Öl-maschine
PSi zum Antrieb des Schiffes	16000	16000	16000
Maschinengewicht einschl. Hilfsmaschinen in t . . .	1585 [1]	1105 [2]	750 [3]
PSi pro 1 t Maschinengewicht	10,1	14,48	21,33
Raumbedarf der Anlage einschl. Kessel und Generatoren; qm	673,5	543,5	380,9
Raumbedarf pro PSi	0,418	0,338	0,240
Brennstoffverbrauch pro PSi-Stunde bei Volllast; kg	0,725	0,45	0,27
Brennstoffverbrauch bei 1/4 Belastung	0,77	0,52	0,34

[1] Einschl. Wasser im Kessel.
[2] „ Kühlwasser, aber ohne Kohlen im Generator.
[3] „ Kühlwasser.

Zu den angeführten Vorteilen kommen für große Kriegsfahrzeuge durch den Gasbetrieb noch insbesondere: günstigere Anordnung der Munitionsräume, geringere Temperatur im Maschinenraum, wesentliche Verminderung des Maschinenpersonals.

Für Unterseeboote dürfte die Ausgestaltung des Motors mit Ölbetrieb noch wesentlich höhere Bedeutung erlangen. Dabei liegt allerdings die maßgebende Schwierigkeit vor, einen einheitlichen motorischen Antrieb für Überwasser- und Unterwasserfahrt durchzuführen und diese Aufgabe in möglichst einfacher betriebssicherer Maschinengestaltung zu lösen. Ein neuerer Vorschlag in dieser Richtung stammt z. B. von Del Proposto und besteht in folgendem: von den 4 Zylindern des antreibenden Dieselmotors arbeiten bei Überwasserfahrt 3 als Kraftzylinder, der vierte als Luftkompressor, welcher einen Luftbehälter auffüllt. Bei der Tauchfahrt dient dieser vierte Zylinder als Druckluftmaschine zum Antrieb des Fahrzeuges und entläßt die auspuffende Luft in das Boot, aus welchem sie von den drei anderen Zylindern abgesaugt und an die Oberfläche gedrückt wird. Ein solcher Betrieb scheint möglich, weil die Erfahrung lehrt, daß bei allmählicher Drucksteigerung die Mannschaft noch eine Luftpressung von 3—4 at. aushalten kann. Es erscheint bei dieser Art des Betriebs nur fraglich, ob auf solche Weise eine genügend lange Unterwasserfahrt zu ermöglichen ist und ob die mit einem Antriebszylinder erreichbare Geschwindigkeit den Bedürfnissen entsprechend groß genug bemessen werden kann.

Solche und ähnliche Fragen des motorischen Antriebs von Schiffen wird die Fortbildung der Gasmaschine in Zukunft lösen müssen. —

Die ganze im vorstehenden dargestellte, bisherige Entwicklung der Schiffsgasmaschine wurde von der deutschen Industrie wesentlich gefördert; sie hat an der Ausgestaltung dieses schwierig zu beherrschenden Schiffsantriebs mehrfach in führender Stellung mitgewirkt. —

Daß deutsche Ingenieurkunst und Tatkraft auch an der Verwirklichung der höchsten Ziele des Schiffsgasmaschinenbaus hervorragenden Anteil nehmen, bleibt nur zu wünschen und zu erwarten.

Diskussion.

Herr Dr. ing. D i e s e l - München:

Meine Herren! Ich bin erst gestern abend um 11 Uhr in den Besitz eines Exemplars des gedruckten Vortrages des Herrn Professor R o m b e r g gekommen und habe selbstverständlich nur blättern können in dieser ausgezeichneten zusammenfassenden Arbeit, die in so übersichtlicher Weise den heutigen Stand der Anwendung der Gasmotoren auf die Schiffsbetriebe darstellt. Ich hätte selbstverstäudlich, wenn ich vorbereitet gewesen wäre, verschiedenes dazu sagen können, manches Material, namentlich in konstruktiver Hinsicht, in bezug auf Statistik und Ziffern geben können. Ich bin aber dazu jetzt leider nicht imstande. Ich möchte mich deshalb auf eine einzige Bemerkung heute beschränken, die nicht auf technischem, sondern auf wirtschaftlichem Gebiet liegt, und die sich auf eine Bemerkung bezieht, die wohl in der Schrift des Herrn Professor R o m b e r g enthalten ist, in seinem Vortrage aber nicht erwähnt wurde. Es heißt dort nämlich, daß die Brennstoffpreise durch die Entwicklung der Ölmaschinen nach und nach in die Höhe gegangen seien, und daß nach dem allgemeinen Gesetz von Angebot und Nachfrage eine allmähliche Steigerung dieser Preise zu erwarten sei. Nun, das kann ich nicht unwidersprochen lassen. Ich sammle bei mir seit über einem Jahrzehnt alles statistische Material über die flüssigen Brennstoffe, und kann als Ergebnis meiner Erfahrungen aus dieser Zeit nur mitteilen, daß die Brennstoffpreise seit Entstehung des Dieselmotors ganz bedeutend und ständig heruntergegangen sind. Im Jahre 1898, als meine Motoren zum ersten Male öffentlich auftraten, hatten wir Brennstoffpreise zwischen 25 und 30 M. pro 100 kg. Diese Preise waren derart, daß beispielsweise in Deutschland jahrelang meine Motoren überhaupt keine Anwendung finden konnten und sich in Rußland, in Amerika und in den anderen Ölländern ihren Weg bahnen mußten. Seit jener Zeit ist aber die allgemeine Kurve der Brennstoffpreise, wenn auch mit Schwankungen, ständig heruntergegangen, und wir sind in Deutschland heute auf Brennstoffpreise von 8 bis 10 M. pro 100 kg, also von 8 bis 10 Pf. pro kg heruntergekommen, und es ist keine Aussicht vorhanden, daß diese Preise wieder in die Höhe gehen werden. Dabei ist noch in Deutschland ein Zoll von 3,6 M. für 100 kg einbegriffen.

Daß diese Preise wahrscheinlich nicht wieder in die Höhe gehen werden, liegt daran, daß man sich im letzten Jahrzehnt ganz intensiv für die Petroleumquellen und Petroleumländer interessiert hat, daß eine Unmenge neuer Öllager entdeckt wurde, die teilweise ausgebeutet werden und teilweise noch brach liegen.

Wenn man heute von dem Vorkommen der flüssigen Brennstoffe auf der Welt eine Karte zeichnet, so findet man zu seinem Erstaunen, daß die Lagerstätten ungemein viel zahlreicher sind als die Lagerstätten des festen Brennstoffes, der Kohle, und daß sie geographisch sehr viel günstiger verteilt sind. Es gibt heute kaum ein Land der Welt, in dem man die flüssigen Brennstoffe, die für Diesel-Motoren verwendbar sind, nicht ohne weiteres in beliebiger Quantität finden oder billigst beschaffen kann. Außerdem kommt preisregulierend der Umstand hinzu, daß man auch fast alle k ü n s t l i c h e n flüssigen Brennstoffe verwenden kann, in Deutschland beispielsweise ausschließlich inländische Produkte, Abfallprodukte der Braunkohlendestillation, die sogenannten Paraffinöle und dergleichen. In Deutschland wird nicht ein Tropfen amerikanisches oder russisches Öl für derartige Motoren verwendet. Nur sind diese inländischen Produkte immer noch um die 3,60 M. Zoll, welche die ausländischen Produkte belasten, zu teuer.

Wie dem aber auch sei, für die Marine kommt ja diese Zollfrage nicht in Betracht, und für die Marine kann man wohl aussprechen, daß heute auf der ganzen Welt Brennstoffe zu finden sind, zwischen 2 und 6 M. die 100 kg. So kostet heute in Galizien das Rohöl 2 Kronen die 100 kg, also 2 Heller das Kilogramm, und da Diesel-Motoren ungefähr den

5. Teil eines Kilogramm pro PSe. gebrauchen, so kostet der Brennstoff für die Pferdestärke in Galizien weniger als $1/2$ Heller. In Rumänien kostet das Rohöl gegenwärtig 4 fr. die 100 kg. In Hamburg gibt es zahlreiche Firmen, die derartige Produkte der verschiedensten Güte zwischen 5 und 6 M. im Freihafen liefern; das sind also die Preise, die für die Marine in Betracht kommen.

Diese günstige Preislage und glückliche geographische Verbreitung dieser Brennstoffe macht für die Marine die Anwendung dieser flüssigen Brennstoffe zu einer idealen und prädesteniert die Diesel-Motoren geradezu zu Marinemaschinen. Man kann also diese Verhältnisse entweder derart ausnutzen, beispielsweise für die Kriegsmarine, daß man den jetzigen Schiffsraum für den Brennstoff voll ausnutzt und dadurch den Aktionsradium der Schiffe auf das Fünf- bis Sechsfache erhöht, dadurch wird die Marine vollständig unabhängig von Brennstoffstationen. Ein Schiff kann ohne weiteres die Welt umfahren, ohne jemals Brennstoff aufzunehmen. Wenn ich das beispielsweise auf die russische Flotte im russisch-japanischen Kriege anwende, so hätte dieselbe, wenn sie Diesel-Motoren gehabt hätte — vorausgesetzt, daß man sie in dieser Größe hätte bauen können — von Rußland nach Ostasien fahren, den ganzen Krieg führen und wieder heimfahren können (Heiterkeit), ohne auch nur irgendwo ein Kilogramm Brennstoff aufnehmen zu müssen. Sie hätte nach ihrer Heimkehr sogar noch genug Brennstoff gehabt, um noch einmal nach Ostasien zu fahren. (Heiterkeit.) Das ist eine weitgehende Konsequenz aus der Anwendung der Ölmotoren.

Oder man kann in einer zweiten Art diese Verhältnisse dadurch ausnützen, daß man den Raum, welcher heute auf den Schiffen für die Kohle gebraucht wird, n i c h t voll für flüssigen Brennstoff verwertet, sondern von letzterem nur soviel mitnimmt, um den gleichen Aktionsradius wie mit dem bisherigen Kohlenquantum zu erreichen. In diesem Fall beansprucht der flüssige Brennstoff an Raum und Gewicht nur den fünften oder sechsten Teil wie das gleichwertige Kohlenquantum. Den Rest, d. h. vier Fünftel desjenigen Gewichts, das man jetzt an Kohlen mitnimmt, kann man dann einfach zur Vermehrung der artilleristischen Ausrüstung verwerten. Was nun das richtigere ist, weiß ich nicht.

Ein anderes Beispiel, wie wichtig die Erhöhung des Aktionsradiums durch den geringen Brennstoffkonsum der Diesel-Motoren und durch die Anwendung flüssiger Brennstoffe ist, kann ich aus der allerletzten Zeit beibringen, nämlich aus den französischen Unterseebooten. Es ist ja vielen von den Herren hier bekannt, daß im vorigen Jahr die französischen Unterseeboote eine große Fernfahrt, eine Dauerfahrt gemacht haben von Cherbourg über Brest nach Dünkirchen und zurück, ohne Brennstoff aufzunehmen. Das ist eine Distanz von 720 Seemeilen. Ich komme eben von Paris, wo ich die letzten Unterseebootmaschinen, die eben geliefert wurden, gesehen habe, und es wurde mir dort mit großer Begeisterung von diesem Erfolg gesprochen, und hinzugefügt: dadurch, daß der Aktionsradius so vergrößert werden kann, kann das Unterseebot von der Defensive zur Offensive übergehen. Es ist nicht mehr bloß eine Waffe, die zur Verteidigung der Küste und der Häfen bestimmt ist, sondern das Unterseeboot kann jetzt hinaus, es kann die feindliche Flotte auf hoher See angreifen und infolge dieses neuen Standes werden jetzt die Unterseebote immer mehr vergrößert. Während man bisher 400 und dann 600 Pferde auf einem Unterseebot eingebaut hat, sind bei den letzten Booten, die jetzt in Frankreich abgenommen worden sind, 1400 Pferde auf einem Boot.

Ich wollte nur diese Bemerkungen machen, um die Bedeutung der Diesel-Motoren und der flüssigen Brennstoffe für die Marine auch wirtschaftlich darzustellen.

Ich glaube, man darf wohl aussprechen, daß die Dampfmaschine, welchen Namen sie auch trage, derartig im Nachteil ist mit der Anwendung der Kohle und ihrem hohen Brennstoffkonsum, daß den Motoren mit Ölbetrieb eine große Zukunft in dem nächsten Jahrzehnt in der Marine bevorsteht. (Beifall.)

Seine Exzellenz Herr Vizeadmiral z. D. von Ahlefeld-Bremen:

Ich möchte an den Herrn Vortragenden die Frage richten, ob er Auskunft geben kann und will oder darf, wie der Grade-Motor eingerichtet ist, und was das Prinzip dabei ist. Ich komme darauf, weil ich Grade neulich fliegen sah und den Eindruck hatte, daß die außerordentliche Leichtigkeit und Einfachheit des Apparates, mit der er flog, und in der er den fremdländischen, französischen und amerikanischen Maschinen wesentlich überlegen ist, der Hauptsache nach zurückzuführen sein muß auf die Vorzüglichkeit seines Motors. Der ist — das ist mir bekannt — sehr klein. Ich weiß aber auch, daß Grade in Anspruch nimmt, diesen Motor selber erfunden zu haben und das Geheimnis des Motors hütet. Es kann also sehr wohl sein, daß, selbst wenn der Herr Vortragende oder jemand anders etwas über den Grade-Motor wüßte, es nicht gesagt werden darf.

Es ist mir noch ein zweites Bedenken gekommen, indem ich diese Frage stelle, nämlich, ob nicht der Herr Vortragende die Luftschiffmotoren aus seinem Vortrag aus bestimmten Gründen weggelassen hat, denn sonst müßte man doch sagen, daß sie die Erwähnung verdient hätten, denn sie stellen, ebenso wie die Schnellschiffs- oder Schnellbootsmaschinen, die Spitze der Entwicklung des Motors dar. Man kann, glaube ich, im allgemeinen sagen, daß in dem Augenblick, wo der Motor aus dem früheren schweren Zustand überging in einen leichteren, wo er — um einmal eine Zahl zu nennen — nur noch 5 kg pro Pferdekraft beanspruchte, er der Motorluftschiffahrt zum Leben verholfen hat, und es ist in dem Grade-Motor, soviel ich das übersehen kann — es sind ja nur ganz untechnische Beobachtungen, die ich da zur Verfügung zu stellen habe — das Äußerste und Beste auf diesem Gebiete erreicht worden.

Wenn nun der Herr Vortragende den Luftmotor weggelassen hat, so kann es daran liegen, daß es sich um die Frage handelt: gehört die Luftschiffahrt mit zu den Aufgaben und Themen der Schiffbautechnischen Gesellschaft. Es erinnert zunächst der Name daran: „Luftschiffahrt", gegenüber der gewöhnlichen Schiffahrt, und man könnte folgern, es ergibt sich schon daraus die Zusammengehörigkeit. Aber ganz zweifelsohne ist diese Namensverwandtschaft schon deswegen nicht, weil wir ja selbstverständlich eine Verwandtschaft mit dem Schiff der Wüste nicht in Anspruch nehmen. (Heiterkeit.) Aber eine enge Verwandtschaft ist doch eben aus dem Motor selbst herzuleiten, weil unsere Schiffsmaschinen und die Luftmaschinen nahezu gleich sind. Anderseits muß man sich wieder klarmachen, daß, wenn die Luftschiffahrt ein Kind der Schiffahrt ist, dieses Kind anfängt, riesig zu wachsen, und die Frage ist weiter die, sollen wir die Luftschiffahrt mitbehandeln bei der Schiffbautechnischen Gesellschaft, oder sollen wir dieses Kind als selbständig betrachten und uns auf unser Gebiet beschränken, indem wir sagen, der Junge wird zu groß. Es ist aber doch wohl besser, ihn rechtzeitig an die Longe zu nehmen, damit wir nicht nacher als veraltete Gesellschaft draußen vorsitzen, weil wir diese wichtige Entwicklung des Motors nicht mitgemacht haben (Beifall).

Herr Ingenieur Folkerts-Aachen:

Meine Herren! Die Knappheit der Zeit erlaubt mir nur eine kurze Besprechung des vorliegenden, für uns Ingenieure so wichtigen Themas. Es ist fraglos, daß bei sorgfältiger Abwägung aller einschlägigen Verhältnisse wir uns ganz ernstlich mit der Frage der großen Verbrennungsmaschinen für Schiffszwecke beschäftigen müssen. Die Vorteile der Großverbrennungsmaschine für unsere Schnelldampfer in wirtschaftlicher Hinsicht, der Umstand, daß man bei diesen mit der Zeit an einer Grenze angelangt ist, an der die Wirtschaftlichkeit sehr in Frage gestellt wird, ferner das Problem der weiteren Ausbildung unserer Kriegsschiffe müssen uns die wichtige Frage vorlegen: Wie sollen wir uns für die Zukunft hierin verhalten?

Ich habe in einem Vortrage an der Hochschule in Aachen die Frage vom technisch-wirtschaftlichen Standpunkte eingehend zu beleuchten versucht: vom wirtschaftlichen Standpunkte für unsere Reedereien und vom technischen Standpunkte für unsere Kriegsmarine. Die verfügbare Zeit gestattet leider nicht, auf die zahlenmäßigen Ergebnisse dieser Untersuchung näher einzugehen, so daß sie der Veröffentlichung bei einer anderen Gelegenheit vorbehalten bleiben müssen.

Nach zwei Richtungen, meine Herren, möchte ich den Vortrag, in dem Herr Professor Romberg in so dankenswerter Weise ein so wichtiges Thema behandelt hat, ergänzen. Erstens nach der rein theoretischen und konstruktiven Seite, und zweitens nach der Richtung der Großverbrennungsmaschine, welche für Sie einige Neuheiten bieten wird.

Auf den ersten Teil eingehend, möchte ich kurz die Frage von Zweitakt und Viertakt berühren, nicht aufrollen. Meine Herren, über diese Frage ist bereits soviel gesprochen und diskutiert, es sind darüber bereits so viele Folien unserer Literatur angefüllt, daß es unmöglich ist, diese Frage in einer Diskussion erschöpfend zu behandeln. Da die Zweitaktmaschine als Großschiffsmaschine in der Zukunft eine nicht unerhebliche Rolle spielen wird, so ist ein kurzes Eingehen auf die beregte Frage doch geboten. Die Irrtümlichkeit der Ansichten über das Wesen und die Mängel der Zweitaktmaschine ist durch die Praxis längst erwiesen. Ich glaube darin auch mit einem großen Teile der hier anwesenden Herren übereinzustimmen. Die Mängel, die Herr Professor Romberg der Zweitaktmaschine nachsagt, sind in der Praxis tatsächlich überwunden. Herr Professor Romberg bemängelt hauptsächlich aus theoretischen Erwägungen heraus — die allerdings wohl hier und da in der Praxis ihre Bestätigung gefunden haben —, daß der Ladevorgang sehr große Schwierigkeiten bereitet und daß eine geringere Brennstoffausnutzung bei der Zweitaktmaschine gegenüber der Viertaktmaschine stattfände; er begründet dies mit der konstruktiven Form der Zweitaktmaschine.

Meine Herren, wenn sich im Laufe der Entwicklung bei einigen Zweitaktmaschinen Mängel herausgestellt haben, so ist das nicht zu verwundern, die Entwicklung einer jeden Maschinenart zeitigt Mängel. Es dürfen die Mängel jedoch nicht generalisiert werden, wie es von hervorragender Seite teilweise geschehen ist. Es können diese Mängel überwunden werden, man muß nur in systematischer Arbeit und in strenger objektiver wissenschaftlicher, experimenteller Forschung vorgehen, und auf Grund derselben einen Mangel nach dem anderen abzustellen suchen. Dies ist z. B. von Herrn Professor Junkers in Aachen in eingehender Weise geschehen.

Herr Professor Junkers hat bereits vor 17 Jahren die Schiffsgasmaschine ins Auge gefaßt und vorzüglich nach der Richtung der Großgasmaschine. Im Verlaufe seiner für die spätere Weiterentwicklung der Großgasmaschine bahnbrechenden Arbeiten in Dessau an der v. Oechelhäuser- und Junkers-Maschine hat er wiederholt betont, daß es gelte, die für Schiffszwecke geeigneten Bedingungen der Großgasmaschine in gleichem Maße zu bearbeiten. Um auf diesem Gebiete eingehende Versuche machen zu können, hat er sich (vor ca. 12—13 Jahren) mit der Firma Gebrüder Sachsenberg, Roßlau, in Verbindung gesetzt, und eine kleinere Schiffsgasmaschine für experimentelle Untersuchungen erbauen lassen. Leider mußten infolge ungünstiger Verhältnisse, hauptsächlich finanzieller Natur — bekanntlich machen solche Untersuchungen große Geldaufwendungen erforderlich — die Weiterarbeiten unterbleiben, und erst seit einigen Jahren, nachdem sich die diesbezüglichen Verhältnisse im Laufe der Jahre günstiger gestaltet hatten, konnte Herr Professor Junkers die Arbeiten nach dieser Richtung in seinem Versuchslaboratorium zu Aachen wieder aufnehmen. In systematischer Weise hat er die Mängel, die tatsächlich dem Zweitakt anhaften, zu beseitigen und anderseits die Großverbrennungsmaschine für Schiffszwecke zu entwickeln gesucht, angesichts der Bedeutung, die von vornherein diesem Gegenstande zukam.

Meine Herren, wie Sie heute aus den Lichtbildern ersehen haben, ist unsere normale Verbrennungsmaschine sehr kompliziert. Jeden braven Schiffsmaschineningenieur wird ein Horror überkommen, wenn er die heutige Verbrennungsmaschine mit ihren Gestängeteilen und vielen komplizierten Ventilen und Steuerungsteilen unserer heutigen gut ausgeführten hochentwickelten Kolbenmaschinen, und zumal unseren Schiffsdampfturbinen, die einen so hohen Grad der Vereinfachung erreicht haben, gegenübergestellt. Es muß daher für die Einführung der Großverbrennungsmaschinen im Schiffsbetrieb ein ganz anderer Weg eingeschlagen werden. Man frage sich: worauf kommt es bei unseren Schiffsmaschinen an? Erstens auf die Sicherheit des Betriebes — das ist die Hauptsache und das hat Herr Professor Romberg auch in seinen früheren Schriften in sehr dankenswerter Weise vor allem an die Spitze seiner Forderungen gestellt — und zweitens auf die Manövrierfähigkeit. Eine sichere Maschine: ihre Vorbedingung ist die Einfachheit; eine manövrierfähige Maschine: ihre Vorbedingung ist, daß die Maschine nicht allein gut umsteuern, sondern auch sehr langsam fahren kann, wenigstens so langsam wie die Kolbenmaschine.

Meine Herren, obengenannte Bedingungen stellen an die Großverbrennungsmaschinen weitgehende, nicht leicht zu erfüllende Anforderungen. Während die Umsteuerung der Verbrennungsmaschine, besonders beim Zweitakt, vollständig gelöst ist, so ist es etwas ganz anderes mit der langsamen Gangart der Maschine. Unsere Verbrennungsmaschinen können wohl innerhalb gewisser Grenzen in ihrer Umdrehungszahl variieren, aber die Forderung, die Maschine mit einem Zehntel oder einem Zwanzigstel der normalen Umdrehungszahl auf längere Zeit und selbst dauernd laufen zu lassen, wie es die Schiffsmaschine verlangt, ist für die Verbrennungsmaschine eine sehr weitgehende. Bei einer systematischen Arbeit hinsichtlich der Entwicklung der Verbrennungsmaschine nach dieser Richtung ist es aber nötig, daß man die Bedingungen für obige Forderungen vom thermischen Standpunkt aus klar erkennt und alsdann auf Grund experimenteller Untersuchung die Mittel und Wege zu ergründen und konstruktiv durchzubilden sucht, welche zum erwünschten Ziele führen. Hierin, meine ich, ist Herr Professor Junkers bahnbrechend gewesen: in der Erkenntnis dieser Umstände und in der oben angeführten stillen Forschungsarbeit.

Es sind bereits viele Versuche gemacht worden, die Großgasmaschine als Schiffsmaschine geeignet zu machen, aber die Mißerfolge haben teilweise daran gelegen, daß zuviel auf einmal aufgenommen wurde. Es war keine stille Forschungsarbeit, kein stilles systematisches und einfaches Vorgehen, sondern es wurde auf der ganzen Linie etwas in Szene gesetzt. Da stellen sich dann natürlich an allen Ecken und Enden Fehler und Mängel heraus, so daß man schließlich gar nicht erkennen kann, welches die grundlegenden, dem System anhaftenden Fehler, und welche Mängel nur untergeordneter Natur sind — es sind eben zu viele Fehlerquellen vorhanden!

Meine Herren, das wissenschaftliche Arbeiten beruht zu einem großen Teil darin, daß man die der Untersuchung zugrunde liegenden Fehlerquellen klar zu erkennen sucht und daß man die Vorbedingungen für seine Versuche so stellt, daß nur wenige Fehlerquellen vorkommen können, also in erster Linie auf Beseitigung der Fehlerquellen bedacht ist. Dies ist bei den Arbeiten von Professor Junkers vornehmlich dadurch beobachtet, daß er von den einfachsten Elementen mit geringen Fehlerquellen ganz allmählich zur fertigen 200 PS.-Versuchsmaschine vorschritt.

Es wurde die Frage vorgelegt: „Wie können wir zu einer langsamgehenden Verbrennungsmaschine gelangen?" Meine Herren, die Verbrennungsmaschine — und ich habe hier vor allen Dingen die Dieselmaschine im Auge, weil diese, um es kurz zu sagen, nach meiner Ansicht nur für die großen Schiffsmaschinen in Betracht kommt — die Dieselmaschine kann nur dann langsam fahren, wenn auf alle Fälle die V e r b r e n n u n g bei geringen Touren, d. h. bei langsamem Gang der Maschine, g e s i c h e r t ist.

Die Verbrennung ist nur dann gesichert, wenn die bis auf den Kompressionsraum verdichtete Verbrennungsluft eine genügend hohe Temperatur besitzt, um den eingespritzten Brennstoff momentan zu vergasen und zu entzünden. Die genügende Höhe der Temperatur im Kompressionsraum hängt, die erforderliche Verdichtung vorausgesetzt, im wesentlichen davon ab, daß die Wärmeabführung bei der Kompression der Verbrennungsluft nicht zu groß wird. Um eine große Wärmeabführung im Totpunkt und in der Nähe desselben möglichst zu vermeiden, bilden einfache Räume, einfache, wenig Wärme abführende Flächen die Vorbedingung.

Im Verlauf seiner langjährigen Untersuchungen über das noch wenig geklärte und bearbeitete Gebiet der inneren Vorgänge in Verbrennungsmaschinen, speziell der Wärmeübertragung, hat Herr Professor Junkers auf Grund eigens entwickelter Untersuchungsmethoden erwiesen, daß die in der Zeiteinheit von einem flüssigen Medium an einen festen Körper übertragene Wärmemenge außer der Temperaturdifferenz zwischen dem Wärme abgebenden und Wärme aufnehmenden Medium und der Oberflächenbeschaffenheit und chemischen Natur der festen Körper auch von dem Druckzustand der Flüssigkeit und ihrem Bewegungszustand abhängig ist. In Anbetracht des hohen, in der Verbrennungsmaschine erreichten Druckes und der durch die Entflammung des Gemisches hervorgerufenen lebhaften Wirbelung muß angenommen werden, daß die Wärmeübertragung im Verbrennungsraum und in der nächsten Nähe desselben im Verhältnis zu der Wärmeübertragung in dem übrigen Zylinderraum außerordentlich hoch ist.

Es kommt nun zum Nachteil für den langsamen Gang der Maschine und zugunsten einer ausgiebigen Wärmeübertragung noch hinzu, daß die Zeitdauer, während welcher der Kolben durch den Totpunkt geht und in dessen Nähe verweilt, verhältnismäßig groß ist. Es treffen mithin kurz vor der Verbrennung und während derselben alle die Wärmeübertragung fördernden Zustände mit ihrem Maximum zusammen. Bedenkt man nun, daß bei langsamem Gang der Maschine infolge der großen Wärmeabführung die Sicherheit der Zündung gefährdet wird, und ferner, daß die im Verbrennungsraum an die Wandung abgegebene Wärmemenge für die weitere Expansionsarbeit verloren geht, so wird man, um den einmal gegebenen Verhältnissen Rechnung zu tragen und um die Wärmeübertragung im Totpunkte bezw. in der Nähe desselben möglichst zu verringern, die Konstruktionsverhältnisse so wählen, daß man an diesen Stellen eine möglichst geringe und glatte Oberfläche hat, und daß das Verhältnis $\frac{\text{Oberfläche}}{\text{Inhalt}}$ des Verbrennungsraumes möglichst klein wird. Dies wird aber neben einer einfachen Formgebung des Totraumes nur durch ein großes Hubverhältnis erreicht, wie man es bei den Doppelkolbenmaschinen am besten verwirklichen kann.

Diese theoretischen und durch eingehende, eingangs erwähnte, experimentelle Untersuchungen gefundenen Ergebnisse wurden denn auch durch die Versuchsmaschine des Herrn Professor Junkers bestätigt. Die Maschine sprang sehr leicht an, und man konnte sie so langsam laufen lassen, daß sie, von dem durch den Verbrennungshub beschleunigten Schwungrad beeinflußt, noch gerade über den Kompressionshub hinaus kam, die Zündung trat regelmäßig hierbei ein. Die Umdrehungszahl bei diesem langsamen Gang entsprach etwa 10 pro Minute bei normal 180 Umdrehungen pro Minute.

Die Forderung der Einfachheit mußte auf die Anwendung von möglichst wenigen Ventilen und zur Vermeidung derjenigen Maschinenelemente führen, welche bei der Schiffsmaschine zu großen Unzuträglichkeiten Veranlassung geben können, wozu z. B. Stopfbüchsen und durch starke Temperaturunterschiede und Temperaturwechsel hochbeanspruchte Zylinderdeckel gehören.

Wenn es schon bei der Stopfbüchse der Heißdampfmaschine große Schwierigkeiten zu überwinden gab, so ist dies bei den bei Verbrennungsmaschinen auftretenden Temperaturen von über 1500° in Verbindung mit den starken Kolbenstangen um so mehr zu erwarten. Es ist zu bedenken, daß man es hier mit in einem Feuerraum arbeitenden Maschinenelementen zu tun hat.

Kurz, es wurde eine Maschine mit einem Verbrennungsraum von möglichst geringer Wärme übertragender Oberfläche und mit möglichst einfachen Konstruktionselementen geschaffen: Ventile wurden vermieden, sie wurden ersetzt durch Ein- und Auslaßkanäle am Umfang des Zylinders, die von den beiden Kolben gesteuert werden; Stopfbüchsen und Zylinderdeckel wurden entbehrlich gemacht. Die Mängel, welche Herr Professor Romberg betreffend die Ausspülung bei Zweitaktmaschinen erwähnte, wurden durch die Schaffung oben erwähnter einfacher Ein- und Ausströmungsverhältnisse völlig überwunden. Die Güte der so geschaffenen Zweitaktmaschine charakterisiert sich am besten dadurch, daß die sämtlichen Mängel, die Herr Professor Romberg bezüglich der Spülung, der Zündung, des Brennstoffverbrauches der Zweitaktmaschine nachsagt, bei dieser Maschine nicht vorhanden sind. Es wurde ein wesentlich hoher mittlerer Druck — wenigstens so hoch, wie bei der Viertaktmaschine — gute Spülung und Ladung und eine vorzügliche Verbrennung erreicht und als Folgeerscheinung hiervon ein hoher thermischer Wirkungsgrad. Es konnten ferner schwere Steinkohlenteeröle und Rohöle anstandslos verbrannt werden. Einige Auszüge aus den Versuchsprotokollen mögen obige Angaben bestätigen.

Versuche am 13. September 1909 (Normale Belastung).

Brennstoff: Pennsylv. Petroleum, Heizwert = 10 300.

Bremsleistung: 73,3 PS.

Umdrehungen: 180.

Mittl. ind. Druck: 9,03.

Brennstoffverbrauch: 176 g pro PS.

Therm. Wirkungsgrad: 43,2 %.

Bemerkungen: Die Zerstäubungsluftpumpe, die aus Versuchsgründen das dreifache Volumen hatte und daher nur zeitweise arbeitete, lief hierbei leer mit.

Versuch am 13. September 1909 (Geringere Belastung).

Brennstoff: Pennsylv. Petroleum, Heizwert = 10 300.

Bremsleistung: 56,2 PS.

Umdrehungen: 180.

Mittl. ind. Druck: 7,46.

Brennstoffverbrauch: 183 g pro PS.

Therm. Wirkungsgrad: 44,9 %.

Bemerkungen: wie oben.

Der mittlere indizierte Druck der Diagramme für eine Leistungserhöhung von 40—50 % der Normalleistung, die nach dem Patent Professor Junkers durch ein sehr einfaches Mittel bewirkt wird, betrug 12,6 k/cm² und mehr.

Auf die Einzelheiten näher einzugehen, verbietet leider die Knappheit der Zeit, wenngleich sie zur Beurteilung der vorliegenden Verhältnisse von Bedeutung wären. Ich zweifle indess nicht, daß Herr Professor Junkers gern die Veranlassung nehmen wird, seine Forschungen weiteren Kreisen zugänglich zu machen und dieselben vielleicht als Anhang an diesen Vortrag zur Veröffentlichung zu stellen (Beifall).

Herr Maschinenbaudirektor R i c h t e r - Kiel:

Herr Prof. Romberg hat uns durch seine sehr interessanten Ausführungen in ein ganz neues Gebiet der Schiffsantriebsmaschinen eingeführt. Ich glaube, es sind erst wenige Jahre her, wo wir an derselben Stelle in das neue Gebiet der Turbinen als Schiffs-antriebsmaschine eingeführt wurden, und schon nach wenigen Jahren soll die Turbine ver-worfen und durch eine andere Maschine, die Ölmaschine, ersetzt werden. M. H., das kostet der ausführenden Industrie viel Zeit, viel Energie und auch viel Geld, in so kurzer Zeit so grundsätzliche Änderungen in den Hauptmaschinen unserer Schiffe einzuführen.

Wenn wir nun von der diesjährigen Versammlung nach Hause gehen und uns über-legen: welches ist die günstigste Schiffsantriebsmaschine, so haben wir gestern morgen in dem ersten Vortrag gehört: es ist die Gleichstrommaschine des Herrn Prof. Stumpf (Heiter-keit), in dem zweiten Vortrage war es der Transformator des Herrn Föttinger, und Sie haben eben gehört: es ist die Gasmaschine des Herrn Prof. Junkers. (Heiterkeit.) Ich glaube, Ideale können wir alle nicht machen; die Technik wird immer ein Stückwerk bleiben. Es kann nur das eine für den jeweiligen Fall passen, wo das andere nicht hinge-hört. Sie sehen, daß die Dampfturbine der Schiffs-Kolbenmaschine für viele Zwecke über-legen ist, wie z. B. bei Torpedobooten, Kreuzern usw., also Schiffen mit großer Geschwin-digkeit und Maschinen mit großer Umdrehungszahl. Die Dampfturbine hat es aber nicht vermocht, die Kolbenmaschinen für langsamer laufende Schiffe zu verdrängen, trotzdem die Vorteile der rotierenden Maschine gegenüber der hin- und hergehenden Maschine nicht zu verkennen sind. Ebenso wird auch die Ölmaschine, die zweifellos noch ein wesentlich größeres Gebiet als Schiffs-Antriebsmaschine erringen wird, nicht ohne weiteres für alle Verwendungszwecke geeignet sein, wie auch im Landmaschinenbau die Kolbenmaschine neben der Dampfturbine für unendlich viele Zwecke existiert und auch dauernd existieren wird. Zu den Schlußworten des Herrn Professor Romberg, die deutsche Industrie möchte mit-helfen, daß die Ölmaschine oder Gasmaschine entwickelt wird, möchte ich nur die Erklärung abgeben, daß ja gerade die deutsche Industrie in der Entwicklung der ortsfesten Dampf-maschine zweifellos unter allen Ländern an erster Stelle gestanden hat, und will ich auch hoffen, daß sie dieselbe Aufgabe für die Schiffsmaschinen lösen wird. (Beifall.)

Herr Dr. B e n d e m a n n - Lindenberg:

Ich möchte dem Herrn Vortragenden nicht vorgreifen in der Beantwortung der Frage nach dem Gradeschen Flugmotor, mit dem Grade seine schönen Flüge gemacht hat. Ich möchte die Frage nur in einem Punkte etwas erweitern, der ja zusammenhängt mit den Überlegungen, von denen wir eben bereits gehört haben. Der Gradesche Flugmotor ist ein Zweitaktmotor von Grades eigener Bauart, die im Ganzen dem Schema ähnlich ist, das im vorliegenden Vortrag auf Fig. 31 dargestellt ist, also einem Zweitaktmotor, bei dem das Kurbelgehäuse als Kompressor benutzt wird, welcher die Spül- und Ladeluft einzusaugen und dem Zylinder zuzuführen hat. Das ist wohl die wesentliche besondere Eigenschaft dieses Motors. Luftschiffahrt und Flugtechnik in-teressieren sich natürlich von ihrem Standpunkt aus dafür, welcher Motor sich wohl auf die Dauer als der geeignetste erweisen wird, der Vier- oder der Zweitaktmotor, und dabei spielt in noch höherem Maße als im Schiffbau die große Frage des Brennstoffverbrauchs eine ent-scheidende Rolle. An und für sich läßt sich ja der Zweitaktmotor für gleiche Leistung leichter bauen als ein Viertaktmotor, einfach weil das Maschinenmaterial doppelt so oft be-ansprucht und deshalb besser ausgenutzt wird, wie das ja verständlich ist. Aber dieser Vorteil nützt wenig, wenn der Zweitaktmotor mehr Brennstoff verbraucht. Darüber liegen aber bisher, soviel auch darüber gesprochen wird, praktische Vergleichszahlen nicht vor. Wenn der Vortragende vielleicht einige beispielsweise Zahlen angeben könnte, wieviel Prozent Brennstoff pro Pferdekraftstunde nach den bisherigen Erfahrungen im Schiffbau geopfert werden müssen, wenn man sich für das Zweitaktsystem entscheidet, so würde er dadurch auch der Flugtechnik und der Luftschiffahrt einen großen Dienst erweisen. (Beifall.)

Herr Geheimer Regierungsrat und Professor B u s l e y - Berlin:

Ich kann die Erklärung, die Herr Dr. Bendemann über den Gradeschen Motor abgegeben hat, dahin ergänzen, daß ich den Motor ebenfalls sehr genau kenne. Aber ich habe darüber Schweigen gelobt, weil ich einer der Preisrichter gewesen bin, als Grade um den Lanzpreis der Lüfte von 40000 M. geflogen ist. Ich kann nur sagen, der Motor ist nach meinem Dafürhalten nicht leichter als die Antoinettemotoren, die ich in Paris gesehen habe. Grades Erfolg kann also nicht allein am Motor gelegen haben, er hat ihn vielmehr durch besondere Konstruktionen erzielt, die er an seinem Apparat angebracht hat und den Preisrichtern vor dem Fluge eingehend zeigte und erklärte. Diese haben sich aber verpflichtet, so lange nicht darüber zu sprechen, bis die Einrichtungen durch die darauf nachgesuchten Patente geschützt sind.

Herr Professor R o m b e r g - Charlottenburg (Schlußwort):

Ich möchte auf die sämtlichen Bemerkungen, die hier gemacht worden sind, nur kurz, mit wenigen Worten, eingehen, um die Zeit, die so sehr drängt, nicht noch erheblich zu beanspruchen.

Zunächst habe ich auf den Einwand des Herrn Dr. Diesel bezüglich der Ölpreise für Motoren zu erwidern, daß nach meiner Kenntnis der Rohölpreis im Jahre 1880 bei uns z. B. nur 4 bis 5 M. pro 100 kg betrug, während er heute, also nach 30 Jahren, nachdem der Rohölmotor nur erst eine beschränkte Einführung gefunden hat, 9 bis 14 M. beträgt. Es sind dies Zahlen, die mir von unparteiischen Firmen angegeben worden sind, welche dauernd mit Rohölen zu tun haben. Ich gebe allerdings zu, daß auch heute noch Rohöl zum Preise von 4 bis 5 M. angeboten wird; aber was das für Rohöl ist, darüber kann ich hier nicht viel sagen. In der Regel laufen die Motoren damit nicht. (Heiterkeit.) Es wird eben in Rohölen neuerdings noch mehr geleistet als in bezug auf Wein. (Heiterkeit.) Wenn es sich nun in der Zukunft herausstellen sollte, daß ich mich in bezug auf die Entwicklung des Brennstoffpreises geirrt habe, so werde ich das nie bedauern, sondern nur freudig begrüßen.

Sodann möchte ich auf die Ausführungen Seiner Exzellenz v. Ahlefeld bezüglich des Grade-Motors einige Worte sagen und in bezug darauf auch die Angaben des Herrn Geheimrat Busley noch etwas ergänzen.

Wie auch schon von Herrn Dr. Bendemann erwähnt wurde, ist der Grade-Motor ein Zweitaktmotor. Seine wesentlichen Vorteile bestehen in dem konstruktiven Detail, in gewissen konstruktiven Verbesserungen. Auf Einzelheiten kann ich aus demselben Grunde wie Herr Geheimrat Busley hier nicht näher eingehen. Der Motor leistet meines Wissens 25 PS. und wiegt, wenn ich mich recht erinnere, 37 kg. Daher ist ein abnormer Fortschritt in Bezug auf das Gewicht nicht erreicht gegenüber den leichten Flugschiffmotoren aus Frankreich.

Weiter möchte ich auf die Ausführungen des Herrn Ingenieur Folkerts bezüglich des Zweitaktmotors hier nicht eingehend zurückkommen. Ich glaube, daß ich meine Ausführungen völlig unparteiisch gehalten habe. Das war mein höchstes Bestreben. Tatsache ist, daß der Ladevorgang bei den Zweitaktmaschinen noch unvollkommen ist, die Mängel äußern sich eben im Brennstoffverbrauch. Ich kenne keine Zweitaktmaschine, die einen geringeren Brennstoffverbrauch hat als eine entsprechende Viertaktmaschine. Ich habe bereits Zahlen gegeben, und damit auch dem Wunsche des Herrn Dr. Bendemann im voraus entsprochen. Ich habe bezüglich des Diesel - Zweitaktmotors und -Viertaktmotors gesagt, daß der Diesel-Viertaktmotor etwa 190 g im Minimum pro PSe. verbraucht, während der Zweitaktmotor über 200 g benötigt. Wenn also eine Annäherung in bezug auf den Brennstoffverbrauch heute erreicht ist, so ist auf keinen Fall gegenwärtig eine Gleichwertigkeit festzustellen, und damit behält meine Bemerkung bezüglich des Brennstoffverbrauchs des Zweitaktmotors ihre Gültigkeit.

Daß Mängel beim Zweitaktverfahren vorhanden sind, die Herr Professor Junkers insbesondere bestrebt ist fortzuschaffen, das hat Herr Folkerts zugegeben. Meine Ausführungen erstrecken sich nur auf die gegenwärtigen Zustände, nicht auf das, was kommen wird. Ich habe nichts anderes behauptet, als daß Mängel beim Zweitakt vorhanden sind.

Dann hat Herr Ingenieur Folkerts gesagt, die Dieselmaschine sei nur Großmaschine. Das kann man nicht so unbeschränkt sagen. Ich kenne Ausführungen von Schiffsdieselmaschinen von 100 PS., die ganz gut sind und den Vorteil sehr geringen Brennstoffverbrauchs bringen. Es ist höchstens richtig zu sagen: Dieselmotoren sind nur geeignet für größere Schiffsmotoren. Aber in bezug auf die Angabe der Grenze muß man vorsichtig sein. Diese läßt sich nicht allgemein feststellen, sie muß von Fall zu Fall beurteilt werden.

Ferner möchte ich bezüglich der gegenläufigen Doppelkolbenmaschine, die Herr Ingenieur Folkerts hier als aussichtsreich für den Schiffsantrieb bezeichnet hat, sagen, daß ich in bezug auf solche Ausführungen sehr skeptisch bin. Für liegende Maschinen ist diese Anordnung bekanntlich durchgeführt. Sie aber auf stehende Anordnungen auszudehnen — und eine stehende Anordnung kommt nur in Frage für große Schiffsgasmaschinen — erscheint mir doch sehr bedenklich. Ich werde mich vom Gegenteil erst durch Ausführungen überzeugen lassen. Auf solche Konstruktionen hier einzugehen, konnte nicht der Zweck meines Vortrages sein. Ich wollte nur den jetzigen Zustand darstellen.

Was Herr Folkerts bezüglich der Verhältnisse der neuen Junkers-Maschine behauptet, kann ich nicht nachprüfen. Ich wäre sehr erfreut gewesen, wenn ich vorher bereits diesbezügliches Material in die Hände bekommen haben würde, damit ich es eventuell schon hätte verwerten können. Sollte ich mich geirrt haben, so werde ich es jederzeit gern zugeben; einstweilen kann ich einen Irrtum nicht einsehen.

Dann möchte ich noch kurz den Bemerkungen des Herrn Direktor Richter entgegenhalten, daß ich eigentlich nicht erwartet habe, von ihm hier Einwendungen gegen die Verbrennungsmaschine zu hören. Ich habe unter anderen auch seine Maschine hier vorgeführt (Heiterkeit); er sollte daher eher Reklame dafür machen. (Herr Direktor Richter: Ein Mißverständnis!) Ja, man kommt aber leicht zu solchem Mißverständnis, wenn Herr Direktor Richter sich dagegen wehrt, daß der Bau von Verbrennungsmaschinen neben Turbinen und anderen Kraftmaschinen von den Werften aufgenommen werden soll. Es ist allerdings durchaus verständlich, daß der praktische Betrieb sich gegen fortwährende Neuerungen auflehnt. Vom Standpunkt des Betriebs- und Werksleiters erscheint es nicht angenehm, immer wieder neue Sachen auszuprobieren; die Versuchskonten der Firmen wachsen bisweilen ins ungeheure, das ist zuzugeben. Aber man wird einen Fortschritt, der unter allen Umständen sich durchsetzt, nicht durch gegenteilige Erwägungen aufhalten können.

In bezug auf die Frage des Herrn Dr. Bendemann nach dem Brennstoffverbrauch von Zweitaktmaschinen gegenüber Viertaktmaschinen habe ich bereits einige Zahlen genannt. Ein allgemeiner Vergleichswert läßt sich nicht geben. Das Verhältnis der Verbrauchsziffern beider Maschinenarten schwankt nicht unerheblich; es richtet sich nach der Konstruktion, Ausführung, Maschinengröße und mehreren anderen, vielfach wechselnden Umständen. Ich habe wenige Zahlen bezüglich der Dieselmotoren bereits angeführt. In der Regel ist der Brennstoffverbrauch von Zweitaktmaschinen eben höher; um wieviel, das läßt sich nur von Fall

zu Fall sagen, das weiß man oft nicht einmal bei der Konstruktion einer Maschine im voraus. Das ergibt endgültig erst der Versuch an der fertigen Maschine.

Damit möchte ich meine sachlichen Bemerkungen abschließen. Ich unterziehe mich
zum Schluß noch gern der angenehmen Pflicht, den zahlreichen Firmen des In- und Auslandes, welche mich durch Material in der weitestgehenden, einsichtigsten Weise unterstützt
haben, auch von dieser Stelle aus den verbindlichsten Dank auszusprechen. Ich möchte
ferner dankbar erwähnen die Mitarbeit meines Assistenten, des Herrn Dipl.-Ing. Pöhlmann
und der Herren Studierenden Dyckhoff, Strutz und Broistedt. (Beifall.)

Seine Königliche Hoheit der Großherzog von Oldenburg:

Es ist ein erfreuliches Zeichen für die Lebenskraft unserer Gesellschaft, daß sich immer
mehr Mitarbeiter finden, welche, wie früher unser hochverehrtes Mitglied Middendorf und
vor zwei Jahren Herr Professor Laas, umfangreiche mühevolle Untersuchungen für unsere
Versammlungen liefern. Den Vorgenannten schließt sich heute Herr Professor Romberg an,
der uns ein mit großem Geschick und Fleiß zusammengestelltes „Werk" — anders kann man
es nicht nennen — über „Gasmaschinen" in die Hand gegeben hat. Wir sind ihm für die
Bearbeitung des von ihm betretenen höchst zeitgemäßen Gebietes zu besonderem Danke
verpflichtet, den ich ihm hiermit gerne ausspreche.

XIV. Über Rudermomentmessungen und Drehkreisbestimmungen von Schiffen.

*Vorgetragen von **Tjard Schwarz** - Kiel.*

Wenn ich mich zu der diesjährigen Tagung der Schiffbautechnischen Gesellschaft zum Wort gemeldet habe, so geschah es, um mit Genehmigung Seiner Exzellenz des Herrn Staatssekretärs des Reichsmarineamts die verdienstvollen Arbeiten des leider so früh verstorbenen Oberbaurats Wellenkamp über Ruderversuche mit Schiffen der Öffentlichkeit zu übergeben. Während Herr Oberbaurat Wellenkamp noch selbst Gelegenheit fand, seine neue Schleppmethode vor dieser Gesellschaft sowie vor der Institution of Naval Architects in London in einem Vortrage zu erläutern, sind die mit seinen genial durchdachten Apparaten ausgeführten Ruderversuche über die dienstlich beteiligten Kreise hinaus nicht bekannt geworden. Zwar hatte der Oberbaurat Wellenkamp noch die freudige Genugtuung, seine Apparate erfolgreich arbeiten zu sehen und war es ihm noch vergönnt, die von denselben gelieferten Schaulinien zu weiteren Schlußfolgerungen auszuwerten. Sein letztes Lebenswerk galt jedoch vornehmlich der Ausbildung seiner Schleppmethode, so daß er keine Zeit fand, die Ruderversuche bekannt zu geben, welche ganz sein eigenstes Werk sind. Jetzt, wo diese Versuche mit Unterstützung der Flotte und der Schiffs-Prüfungskommission von der Kaiserlichen Werft Kiel zu einem gewissen Abschluß gebracht sind, drängt es mich, sie hier bekannt zu geben und damit zugleich den Manen des Oberbaurat Wellenkamp einen Kranz der Dankbarkeit und Anerkennung zu winden. Auch sei es mir gestattet, an dieser Stelle diejenigen Mitarbeiter namhaft zu machen, welche bei der Durchführung der Versuche und bei der Verbesserung der Apparate erfolgreich tätig gewesen sind, es sind dies der damalige Assistent des Oberbaurats Wellenkamp, Herr Dipl.-Ing. Scholz, z. Zt. Hamburg und der derzeitige Leiter der Versuche Herr Dipl.-Ing. Schöneich.

Die Untersuchungen über die Manövrierfähigkeit der Schiffe führten schon frühzeitig zu theoretischen Betrachtungen im Schiffbau. Für die Berechnung des Wasserdrucks auf die Ruderfläche stellte bereits Euler eine Formel auf, aus welcher später nach Einführung der Dampfschiffe durch Festsetzung eines bestimmten Wertes für den Erfahrungskoeffizienten die Formeln von Weisbach und Rankine abgeleitet wurden, welche noch heute für die Berechnung des Ruderdrucks gebräuchlich sind. Für die Ermittlung des Rudermoments, d. h. des Torsionsmoments am Ruderschaft, wird bei Benutzung dieser Formeln der Druck des Wassers gegen das Ruder im Schwerpunkt der Ruderfläche angenommen. Erst nach Einführung der Balanceruder ging man dazu über, die wirkliche Lage des Druckmittelpunktes der Ruderfläche mathematisch — Lord Raleigh — und durch Versuche — Joëssel — zu ermitteln und ergab sich hieraus für die Berechnung des Ruderdrucks und des Rudermoments die Formel von Joëssel, welche gegenüber den Formeln von Weisbach und Rankine wesentlich größere Werte lieferte. Nach den Versuchen von Thibaudier mit dem „Condor" wurde der Wert der Konstante der Joësselschen Formel auf die Hälfte herabgesetzt, wodurch eine bessere Übereinstimmung mit den Formeln von Rankine und Weisbach erzielt wurde. Die Einführung der Balanceruder hatte zwar beim Legen des Ruders mit der Hand eine Herabsetzung des Rudermoments zur Folge, doch wuchsen wiederum die auf das Ruder und das Rudergeschirr wirkenden Kräfte, als nach Einführung der Dampfsteuerapparate die Zeit zum Legen des Ruders erheblich eingeschränkt wurde. Auch ging man allmählich mit der Steigerung der Schiffsgeschwindigkeiten und der hiermit zusammenhängenden Vergrößerung der Schiffslänge im Verhältnis zur Schiffsbreite dazu über, die Ruderflächen erheblich zu vergrößern, um an Manövrierfähigkeit keine Einbusse zu erleiden. Daneben mußte mit Einführung des Panzerdecks die Höhe der Ruderfläche eingeschränkt werden, um das Ruder mit seinen Antriebsmechanismen gegen feindliche Geschosse zu schützen. Dies führte dazu, die Längenausdehnung der Ruderfläche entsprechend zu vergrößern, was wiederum ein Anwachsen des Rudermoments zur Folge hatte. Auf diese Weise wurden allmählich die Anforderungen an das Ruder und das Rudergeschirr auf den Kriegsschiffen derart gesteigert, daß Beanspruchungen sich ergaben, welche mit den gebräuchlichen Ruderdruckformeln nicht mehr in Einklang zu bringen waren. Zunächst traten bei den Torpedobooten Ruderhavarien auf, da bei diesen Fahrzeugen überdies alle Schiffsteile mit Rücksicht auf eine weitgehende

Gewichtsersparnis bis auf das geringste Maß dimensioniert wurden. Hier setzten daher die ersten Versuche ein, durch Einschaltung von Dynamometern in den Ruderreeps die Spannungen in denselben und damit die Rudermomente praktisch zu ermitteln. Da man jedoch davon absah, neben den Spannungen des Ruderreeps die sonstigen Nebenerscheinungen beim Ruderlegen zu registrieren, so führten diese Versuche zu keinen einwandfreien Resultaten. Man begnügte sich damit, als höchste Beanspruchung des Ruders diejenige beim Rückwärtsgang der Maschinen mit gelegtem Ruder festzusetzen.

Auch bei Linienschiffen ließen Havarien am Ruder darauf schließen, daß die Beanspruchungen desselben größer sein mußten, als nach den gebräuchlichen Ruderformeln zu erwarten war. Bei diesem Schiffstyp trat für die Beanspruchung ein weiterer Umstand hinzu. Durch die Anhäufung bedeutender Gewichte an den Schiffsenden durch die schwere Armierung und die nach den Schiffsenden erweiterte Seitenpanzerung wurde das Trägheitsmoment des Schiffes in bezug um die vertikale Achse durch den Systemschwerpunkt erheblich vergrößert; dieses große Trägheitsmoment verzögerte einesteils die Aufnahme der Drehung nach dem Ruderlegen und machte daher ein schnelles und starkes Ruderlegen notwendig; andernteils mußte beim Überlegen des Ruders nach der andern Bordseite, d. h. beim Stützen des Schiffes, um das Schiff wieder auf Kurs zu bringen, das Rudermoment nicht allein den Seitenwiderstand, sondern auch die lebendige Kraft des Schiffes, welche beim Drehen entsprechend der Zunahme des Trägheitsmoments gewachsen war, überwinden, tot machen und schließlich umkehren. Es ist erklärlich, daß bei derartigen Manövern Ruderdrücke und Rudermomente auftreten können, welche durch die Formeln von Weisbach, Rankine und selbst Joëssel nicht nachzuweisen sind. Wie wenig geklärt die gesamten Vorgänge beim Ruderlegen und namentlich die Beanspruchungen des Ruders durch den Wasserdruck waren, geht aus den Ausführungen klar hervor, welche Sir William White in seinem „Manual of Naval Architekture" hierüber macht. Es heißt dort (S. 664/665):

"Many attempts have been made to determine the actual forces required to be exerted on tillers in order to hold rudders of known areas at certain angles, with ships moving at various speeds. The results accessible are mostly open to doubt as regards their absolute trustworthiness, and they are interesting chiefly to the designers of steering gear. From the explanations given hereafter, it will be seen that the conditions of pressure on the rudder are necessarily varying as a ship acquires regular velocity in turning and looses speed. Unless these variations are recognized, and a continuous record kept of the path on which the ship turns, and her position at any moment, the dynamometric measurements are of very little value as checks upon the estimates of the moment of pressure on a rudder made in the ordinary manner according to Beaufoy's and Joëssel's formulae.

Auch ist es auffallend, daß White bei den sonst eingehenden Erörterungen über das Steuern der Schiffe sowie im besonderen bei Berücksichtigung der Wasserströmung an den einzelnen Teilen des Schiffsrumpfes während der Drehung keinerlei Untersuchungen anstellt über die Beanspruchung des Ruders beim Stützen.

Das Verdienst, auf diese Verhältnisse zuerst überzeugend hingewiesen zu haben, gebührt dem Marine-Baumeister Prätorius, welcher im März 1903 während des Bordkommandos als Bauführer durch indikatorische Untersuchungen von Rudermaschinen durch Zeitdiagramme feststellte, daß die Rudermaschinen beim Ruderlegen besonders stark beansprucht wurden, wenn das Ruder nach einer Hartbordlage zum Stützen des Schiffes schnell zur andern Hartbordlage gelegt wurde. Aus der Arbeitsleistung der Rudermaschine in jedem Moment des Manövers — d. h. bei den verschiedenen Ruderwinkeln — hat dann Prätorius rückwärts, unter Benutzung des mittleren an der Kurbel angreifenden Tangentialdrucks, die zu überwindenden Rudermomente berechnet und daraus Schlüsse auf die jeweiligen Ruderdrücke gezogen. Für die Berechnung des Ruderdrucks wurde der Druckmittelpunkt im Schwerpunkt der Ruderfläche angenommen. Prätorius hat Ruderdrücke festgestellt, welche für den gleichen Ruderwinkel von 30° und einer Geschwindigkeit von 16,1 sm/Std. die nach Rankine und Weisbach errechneten Werte um das vier- bis fünffache, die nach Joëssel nur fast um das doppelte überstiegen. Da ferner der Ruderdruck bei größeren Ruderwinkeln während der Stützungsperiode nach den Untersuchungen von Prätorius abnimmt, so war damit der Beweis erbracht, daß die gebräuchlichen Ruderdruckformeln für die Periode des Stützens auch in ihren einzelnen Faktoren unzureichend sind. Die beim Legen des Ruders von mittschiffs nach hartbord auftretenden Ruderdrücke stimmen allein noch mit den Werten der Formel von Middendorf (Rankinesche Formel ×1,2² für Schraubenschiffe) gut überein. Wenngleich die von Prätorius errechneten Ruderdrücke keine meßbaren Werte darstellen, da dieselben aus dem momentanen Tangentialdruck der Rudermaschine unter Rückrechnung dieses Wertes auf die Ruderspindel festgestellt wurden, wobei die mannigfachen Reibungsverluste im Rudermechanismus zu berücksichtigen sind, wie Zapfenreibung der Wellen, Reibung in den Führungsstangen, Wirkungsgrade des Schrauben- und Schneckengetriebes, deren Werte um etwa 50 % schwanken können, so haben dieselben doch klar erwiesen, daß die Beanspruchung der Ruder beim Stützen am größten ist und über die bisher errechneten Werte erheblich hinaus geht. Neben den durch Prätorius zuerst festgestellten erhöhten Ruderdrücken beim Stützen traten ferner beim Ruderlegen durch den auf den tief gelegenen Druckmittelpunkt des Ruders wirkenden Wasserdruck und dann nach Aufnahme der Kreisbewegung durch die Wirkung der Zentrifugalkraft Krängungen des Schiffes ein, welche sich bis zu 10⁰ steigerten und zu Besorgnissen Veranlassung gaben. Es lag daher nahe, alle Vorgänge beim Ruderlegen durch genaue Beobachtungen und einwandfreie Messungen festzustellen und neben der Beanspruchung des Ruders auch sämtliche Begleiterscheinungen zu registrieren und mit der jeweiligen Lage des Schiffes in der Kreisbahn in zeitlichem Zusammenhang zu bringen, wie dies von Sir William White für die Ermittlung der Rudermomente nach Versuchen für unerläßlich bezeichnet wurde.

Diese Aufgabe ist wenige Jahre nach den Untersuchungen von Prätorius von dem verstorbenen Marine-Oberbaurat Wellenkamp in einwandfreier Weise gelöst worden. Mit Hilfe der Messungen von Prätorius an den Rudermaschinen und im besonderen durch die mit den Wellenkampschen Apparaten ausgeführten Ruderversuche, welche auf Veranlassung Seiner Exzellenz des Herrn Staatssekretärs des Reichsmarineamts seit nunmehr fast 5 Jahren auf eine große Zahl von Kriegsschiffen ausgedehnt wurden, sind nunmehr sämtliche Vorgänge beim Ruderlegen und Manövrieren der Schiffe derart klargelegt worden, daß sie als einwandfreie Grundlagen für Neubauten dienen können.

Die Apparate zum Messen der Rudermomente, sowie zur Ermittlung der Schiffsbahn sind in ihren Grundlagen vom Oberbaurat Wellenkamp entworfen und unter seiner Anleitung auf der Kaiserlichen Werft hergestellt. Sie haben im Laufe der Versuche mannigfache Verbesserungen erfahren, so daß· zu erwarten steht, daß bei Verwendung der in kurzem in Betrieb kommenden neuen Apparate keine Ausfälle in den Versuchsreihen mehr zu erwarten sind und zugleich die Ergebnisse schneller ausgewertet werden können.

Die Wellenkampschen Apparate, welche automatisch arbeiten, bestehen aus einem Kraftmesser zum Registrieren der Rudermomente und einem Gyroskopapparat — Schiffsweganzeiger — zur Konstruktion der Schiffsbahn.

Der erste von Wellenkamp benutzte Apparat zum Messen der Rudermomente war nach dem Prinzip der Kraftmesser konstruiert und beruhte auf der Registrierung der Zug- und Druckspannungen einer der Lenkstangen der Rudereinrichtungen. Zu diesem Zweck erhielt die andere Lenkstange in einem Auge einen kleineren Bolzen mit soviel Lose, daß dieselbe nicht zum Tragen kam. Für die Messung der Spannung der arbeitenden Lenkstange wurde derjenige Teil der Stange benutzt, welcher als Rotationskörper gestaltet war. Die Stange wurde auf diese Länge mit einem Rohr

Fig. 1.

umgeben, welches an einem Ende starr mit der Stange verbunden wurde, während das andere, innen ausgedrehte Ende auf einem auf der Stange befestigten Futter gleiten konnte. Die Verschiebung des Rohres über dem Futter beim Ausdehnen und Zusammendrücken der Stange wurde durch Lenker und Hebelübersetzung auf einen Schreibstift übertragen, welcher die auf diese Weise vergrößerten Längenänderungen bei Zug und Druck auf einen wandernden Papierstreifen aufschrieb. (Fig. 1.) Ein zweiter Zeiger registrierte gleichzeitig die Ruderwinkel, während ein dritter die Zeiten

notierte. Bei der Erprobung des Apparates im März 1905 auf dem Linienschiff „Kaiser Barbarossa" konnten die Spannungen der Lenkstange bis auf
Schwankungen von einer Tonne und die Ruderwinkel bis wenigstens 1 Grad
genau abgelesen werden. Es zeigte sich bei dem Versuch ferner, daß das
größte Rudermoment bei 40 Grad höchstens 3—4 Sekunden andauerte und
dann schnell abnahm.

Neben diesem Apparat zur Aufzeichnung der Beanspruchung der Lenkstange und des Ruderwinkels war auf dem Oberdeck achtern ein zweiter
Apparat aufgestellt, um die Drehung des Schiffes und das Ausscheren des

Fig. 2.

Hecks beim Kreislaufen festzustellen. (Fig. 2.) Während die Drehung des
Schiffes durch zwei abwechselnd arbeitende Gyroskope registriert wurde,
diente zum Messen der Ausscherung des Hecks eine Schleppboje mit 50 m
Leine, indem der Winkel des Reeps mit der Schiffsachse beobachtet wurde.
Durch die Kombination der mit einem Patentlog gemessenen Schiffswege,
der Ausscherwinkel und der Gyroskopablesungen konnte die wirklich beschriebene Bahn des Schiffes ohne Zuhilfenahme weiterer Beobachtungen
aufgezeichnet werden. Wenngleich die beiden Apparate auf S. M. S. „Kaiser
Barbarossa" noch nicht in allen Einzelheiten so einwandfrei arbeiteten, um

aus den Diagrammen die bei den verschiedenen Geschwindigkeiten und Ruderwinkeln erhaltenen Momente des Ruderdrucks zu weiteren Schlüssen zu benutzen und den Schiffsweg beim Ruderlegen einwandfrei aufzuzeichnen,

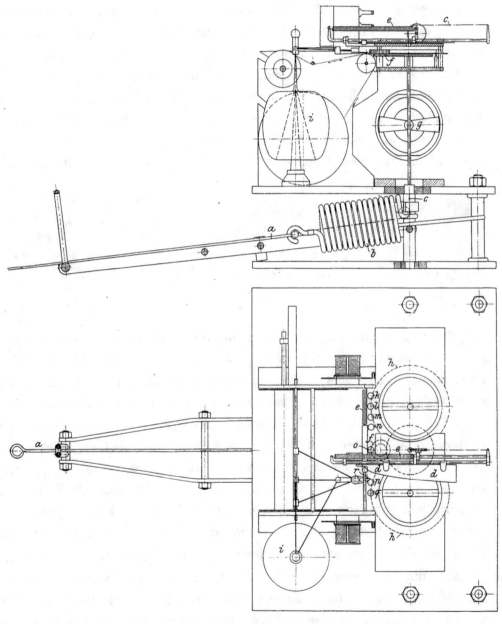

Fig. 3.

so erkannte man ohne weiteres, daß man mit Hilfe derselben alle Vorgänge beim Ruderlegen am exaktesten registrieren und feststellen könne. Bei den „Barbarossa"-Versuchen traten im besonderen Schwierigkeiten auf, die ein-

zelnen Kommandostellen auf der Brücke und in den Maschinen- und Ruder-
räumen beim Manövrieren derartig zeitlich zu verständigen, daß keinerlei
Störungen und Abweichungen sich zeigten. Der Gyroskopapparat (Fig. 3)
wurde daher dahin erweitert und ausgebaut, daß alle Elemente der Bewegungsvorgänge, welche für die Rudermanöver von Einfluß und Bedeutung
sind, in ihren Wirkungen gleichfalls selbsttätig registriert und in zeitlichen
Zusammenhang gebracht wurden. Während die auf beiden Apparaten ver-
zeichnete Zeit von einer Normaluhr einheitlich angegeben wurde, wurden
drei weitere Zeiger hinzugefügt, welche die Umdrehungen der drei Schraubenwellen ständig auf der Papiertrommel aufzeichnen. Ferner wurde an dem
Apparat ein empfindliches Pendel gelagert, welches die jeweiligen Krängungen und Trimmänderungen durch einen besonderen Schreibstift angibt.

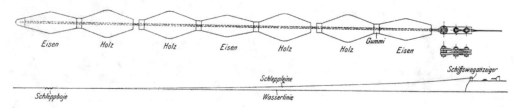

Fig. 4.

An Stelle des nachgeschleppten Patentlogs trat dann eine Schleppboje
(Fig. 4) mit etwa 170 m Schleppleine, welche einen mit der Geschwindigkeit
des Schiffes wachsenden Zugwiderstand erzeugt, dessen Größe durch eine
geaichte Dynamometerfeder gemessen wird. Von dieser Feder wird mit Hilfe
eines Fadens ein Schreibstift bewegt, welcher durch eine in ihrer Kurve
mathematisch berechnete Schablone so geführt wird, daß er bei Spannung
der Feder sowie des Fadens sich quer zur abwickelnden Papierrolle bewegt
und auf diese Weise den Bojenzug und damit ein Maß für die Schiffsgeschwindigkeit verzeichnet. Gleichzeitig kann sich der Federapparat in der
Richtung der Bojenleine einstellen und werden die Winkeländerungen derselben mit der Längsachse des Schiffes — d. h. das Ausscheren des Hecks
— durch die Zahnkämme eines Zahnrades auf die Papiertrommel übertragen.
Die Drehung des Schiffes wird von dem Gyroskop aus gleichfalls durch ein
horizontal gelagertes Zahnrad durch Striche markiert, da dieses mit dem
Schwungring des Gyroskops beim Drehen des Schiffes seine ursprüngliche
Lage beibehält und sich relativ gegen die darunter gelagerte Papiertrommel,
welche mit dem Schiff verbunden ist, dreht, so daß die Winkeländerungen der
Schiffsdrehung kenntlich gemacht werden. (Fig. 3.)

Die von beiden Apparaten verzeichneten Diagramme, welche in vergrößertem Maßstab in Fig. 5 wiedergegeben sind, ergaben nun folgende für die Ruderdruckmessungen wichtige Werte:

1. Der Apparat im Ruderraum:

    a) die Zug- und Druckkräfte in der Lenkstange,

    b) den jeweiligen Ruderwinkel,

    c) die Zeit in Intervallen von 5 Sekunden.

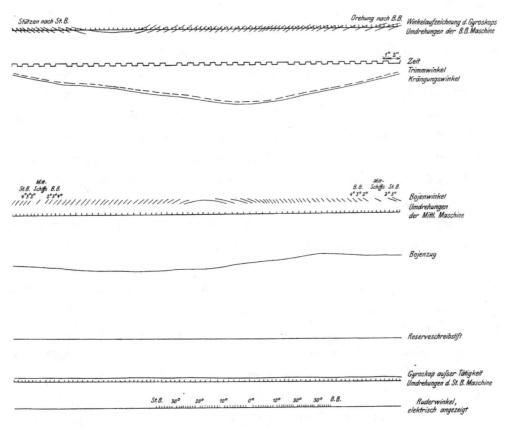

Fig. 5.

2. Der Gyroskopapparat:

    d) die Bewegung des Ruders, Grad für Grad elektrisch übertragen,

    e) den Durchgang des Ruders durch die Nullage,

    f) die Maschinenumdrehungen der Hauptmaschinen mit den geringsten Schwankungen,

    g) die Drehung des Schiffes,

    h) das Ausscheren des Hecks,

i) die Geschwindigkeit des Schiffes und deren Schwankungen,

k) die Krängungs- und Trimmänderungen,

l) die Zeit im Einklang mit dem Apparat im Ruderraum.

Weitere Versuchsfahrten mit dem Linienschiff „Hessen" zeigten dann, daß beim Stützen, nachdem das Schiff 4 Strich gedreht hatte, bei einer Geschwindigkeit von 1—15 Knoten derart hohe Ruderdrücke auftraten, daß die eine allein zum Tragen kommende Lenkstange bei Druckbeanspruchung krumm wurde, so daß die Fahrten abgebrochen werden mußten. Man ging daher dazu über, wiederum beide Lenkstangen zum Tragen zu bringen und auf jeder Lenkstange einen Spannungsmesser vorzusehen, welche die nunmehr kleineren Zug- und Druckkräfte fortlaufend verzeichneten. Die Resultate waren jedoch nicht immer einwandfrei, da die gleichzeitigen Zug- und Druckkräfte der beiden Stangen zeitweise erhebliche Differenzen zeigten, welche sich durch die geringe Verschiebung der Schraubenspindel allein nicht erklären ließen und auf ein geringes Durchbiegen der Druckstange zurückgeführt werden mußten. Da fast gleichzeitig die Ruderdruckmessungen auf einem kleinen Kreuzer aufgegeben werden mußten, weil die Lenkstangen bei diesem Schiff zu dick und kurz waren und sich bei der Aichung daher nur geringe Dehnungen ergaben, so kam der Oberbaurat Wellenkamp auf den Gedanken, die Messung der Zug- und Druckkräfte der Lenkstangen aufzugeben und hierfür die Bolzen heranzuziehen, welche die Lenkstangen mit dem Steuerapparat verbinden. Diese Bolzen wurden dadurch als Meßbolzen ausgebildet, daß man ihre Durchbiegung durch die Zug- bezw. Druckkräfte der Lenkstangen feststellte. Zu diesem Zweck wurden die Meßbolzen als Körper gleicher Festigkeit ausgebildet und an den Enden in einer Hülse gelagert, welche als Gabelbolzen hergestellt und in den Augen der Führungsmuffen der Steuereinrichtung drehbar gelagert wurde. (Fig. 6.) Die Zug- und Druckkräfte der Lenkstangen werden von den Köpfen derselben durch stählerne Kulissen, welche die Hülse durchdringen, auf den Meßbolzen übertragen und erzeugen eine gleichmäßige Durchbiegung desselben. Die Durchbiegung zeigt nun eine dünne Zeigerstange an, welche in die zentrale Bohrung des Meßbolzens eingeführt ist und in der Mitte durch zentrierte Bolzenspitzen mit dem Meßbolzen verbunden ist, während sie am unteren Ende der Hülse in einem zentrierten Spitzenlager auf elastischer Feder geführt ist. Das obere Ende der Zeigerstange kann sich frei bewegen und wird dieser Ausschlag beim Durchbiegen des Meßbolzens durch einen kleinen Lenker und Übersetzung ins Große auf dem Indikatorpapier des Apparats verzeichnet. Der Registrierapparat ist mit seiner Grundplatte mit der Hülse des Meßbolzens fest verbunden und auf einem an der Lenkstange geführten Ring gelagert (Fig. 7 und 8), so daß beim Ruderlegen die Lenkstange und die Meßbolzenhülse gleichmäßig schwingen. Die Meßbolzen haben von Anfang an einwandfrei gearbeitet, und lassen hohe Beanspruchungen zu; die Eichung derselben ist leicht und sicher auszuführen und liefert genauere Resultate, als die der Lenkstangen. Bei Benutzung der Meßbolzen haben sich überdies

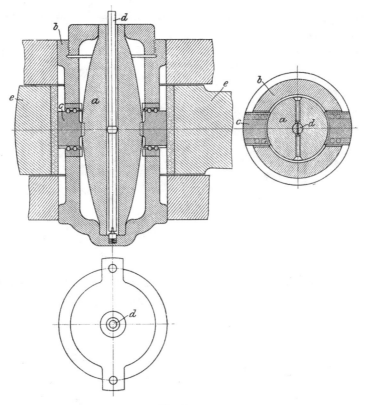

Fig. 6.

keine wesentlichen Differenzen der Zug- und Druckkräfte mehr gezeigt. Für den neueren Meßbolzen ist als Material an Stelle des Tiegelstahls Federstahl verwandt, um die Anlageflächen in den Lagern der Hülse und an den Kulissen zu verringern und hierdurch eine vollkommenere Biegung und größere Sicherheit gegen bleibende Dehnungen zu erzielen und zugleich den Einfluß der elastischen Nachwirkung bei schnellen Be- und Entlastungen abzuschwächen.

Aber auch an dem Gyroskopapparat zeigten sich einige Mängel, welche bei dem nunmehr in Ausführung befindlichen neuen Apparat, Schiffsweganzeiger, vermieden sind (Fig. 9). Besondere Schwierigkeiten bot die Herstellung der silbernen Schreibstifte, da bei den feinen Linien Füllfedern ausgeschlossen waren und bei heftigen Schiffsvibrationen die Stifte leicht sprangen

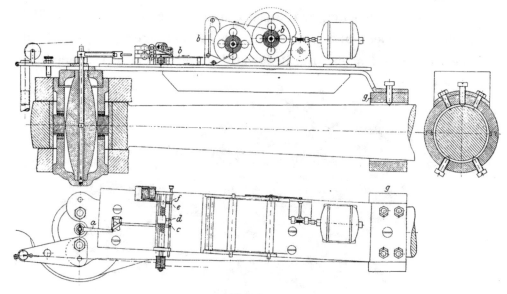

Fig. 7.

und abgenutzt bezw. beschädigt wurden. Aus diesem Grunde ist es auch bis jetzt noch nicht geglückt, einwandfreie Registrierungen auf Torpedofahrzeugen durchzuführen, da die Stifte bei diesen Schiffen heftig federn und nicht gleich-

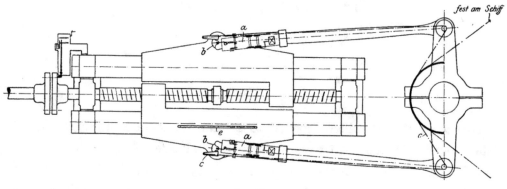

Fig. 8.

mäßig schreiben. Die Schreibstifte werden neuerdings durch Führungsstangen gegen Springen gesichert. Auch die Schleppboje gab zu allerlei Störungen Veranlassung und riß der Klaviersaitendraht von hoher Festigkeit mehrfach, wenn die Boje aus dem Wasser sprang und dann beim Wiedereintauchen heftige Stöße verursachte. Eine Schlangenboje aus einzelnen Hölzern von der Form eines Doppelkegels (Fig. 4) erwies sich schließlich am günstigsten, doch genügte sie für Torpedoboote mit dem langnachfließenden Schraubenwasser nicht mehr, auch traten bei Geschwindigkeiten über 24 Knoten Gleiterscheinungen auf, welche ein sicheres Arbeiten der Schleppboje beeinträchtigten. Auch hier sind Änderungen im Gange, um für diese Fahrzeuge die Messungen zu ermöglichen. Die Registrierung der Geschwindigkeit sowie des Bojenwinkels — Ausscherwinkel — ist bei dem neuen Apparat gleichfalls verbessert, indem die Federdehnung des Geschwindigkeitsmessers ohne verkleinernde Übersetzung erfolgt und der Bojenwinkel nicht mehr durch Striche einer Zahnscheibe, sondern durch einen festen Winkelzeiger fortlaufend aufgeschrieben wird. Um die stoßweise Belastung der Dynamometerfeder durch eintretende Sprünge der Bojenschlange zu vermeiden, ist in der Bojenleine ein Bremszylinder eingeschaltet. Schließlich ist an Stelle der beiden intermittierend arbeitenden Gyroskope mit Spannfederantrieb nur ein, und zwar dauernd laufendes Gyroskop mit Spannfederantrieb vorgesehen, welches zum Ausgleich der Reibungsverluste Gleichstromimpulse erhält.

Die Registrierungen des Pendels zum Anzeigen der Krängung und der Trimmänderung ergaben mit einem in der Zentralkommandostelle aufgestellten Schlingerpendel übereinstimmende Werte, wichen jedoch von dem mit dem Latteninstrument festgestellten Winkel bis zu 15 % ab, obwohl die Fliehkraft des Pendels infolge der Kreisbewegung des Schiffes in Berücksichtigung gezogen war. Um diese Ungenauigkeiten auszuschalten und die Beobachtung der Krängung von persönlichen Einflüssen unabhängig zu machen, benutzte Oberbaurat W e l l e n k a m p einen weiteren Apparat, welcher ebenso wie das Latteninstrument als Grundlage der Registrierung den Horizont benutzt und dabei automatisch und in zeitlichem Zusammenhang mit den übrigen Apparaten arbeitet. Er besteht in der Hauptsache in einer photographischen Kamera mit einem Rollfilm, welcher von einem besonderen Laufwerk mit bestimmter Geschwindigkeit abgewickelt wird, und gleicht daher dem von dem französischen Marine-Ingenieur H u e t vorgeschlagenen Apparat. (Vergl. W. H. W h i t e, M a n u a l o f N a v a l A r c h i t e k t u r e, 1894, Seite 288) (Fig. 10). Die belichtete Bildfläche der Kamera ist bis auf einen 1 mm breiten und 180 mm hohen senkrechten Schlitz abgedeckt, so daß beim Abrollen des Films nacheinander senkrechte Linien von 1 mm Breite aufgenommen werden. Wird nun der Apparat auf dem Oberdeck so aufgestellt, daß das Objektiv querab auf den Horizont gerichtet ist, und den abrollenden Film be-

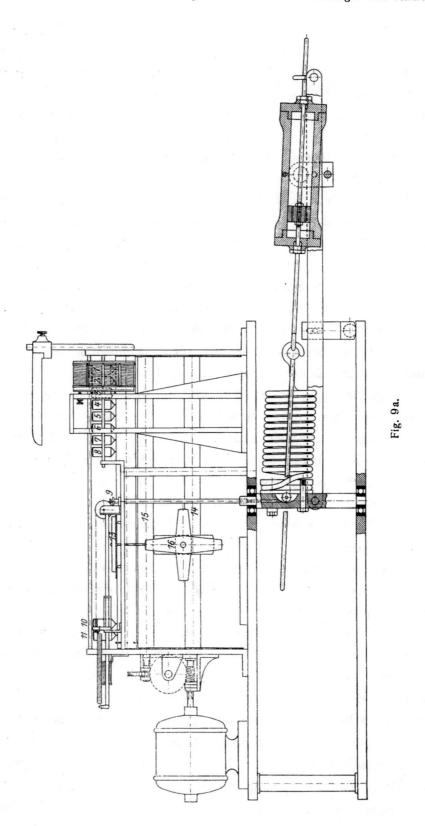

Fig. 9a.

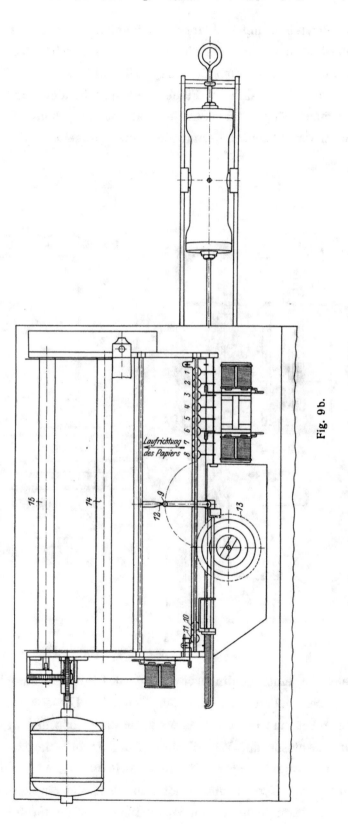

Fig. 9 b.

lichtet, so entstehen nebeneinander Strichbilder des Horizonts, d. h. der Himmel oberhalb des Horizonts gibt einen hellen Streifen, das Wasser unterhalb desselben einen dunklen Streifen wieder und die verschieden getönten Linienstrecken reihen sich zu Flächen entsprechender Tönung aneinander. Findet nun eine Krängung des Schiffes statt, so kommt das Bild des Horizonts höher oder tiefer zu liegen, je nachdem die Bordseite sich hebt oder senkt,

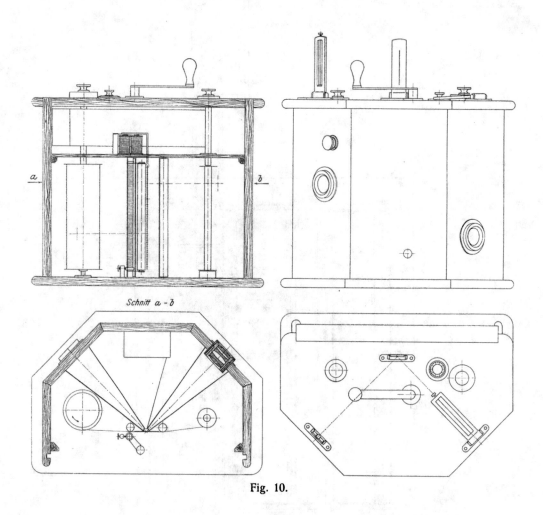

Schnitt a - b

Fig. 10.

und entsteht bei einer Schlingerbewegung des Schiffes eine Wellenlinie als Begrenzung der hellen und dunklen Tönung. Diese Schwankungen der Wellenlinie geben nun ein direktes Maß für die Größe der Krängungswinkel. Zum genauen Ablesen der Winkel sind in der Kamera horizontale Fäden gespannt, deren Abstände von der Nullinie sowie voneinander einem Neigungswinkel von 1° entsprechen und welche auf dem Bild als schwarze Linien erscheinen. Die Abstände der Fäden voneinander werden durch Photographieren eines Winkelmaßstabes auf etwa 30 m Entfernung festgestellt. Zur Registrierung der Zeit für die Schlingerbewegung ist ein Uhrwerk eingebaut, welches das untere Ende des Schlitzes langsam steigend abdeckt und alle 2 Sekunden plötzlich wieder frei gibt, so daß auf dem Positiv oben deutlich erkennbare Zacken entstehen, deren Länge der Zeitdauer von 2 Sekunden entspricht. Außerdem befindet sich oben am oberen Schlitzende eine zweite Vorrichtung zum Markieren der Zeit, bestehend in einer Abdeckplatte, welche von einer Uhr betätigt und durch Elektromagnete auf und ab bewegt wird, so daß viereckige Zacken entstehen. Um neben den Krängungen bezw. den Schlingerbewegungen auch die Trimmänderungen bezw. Stampfbewegungen durch Photographieren des Horizonts zu erhalten, ist der Liniendiagraph mit einem zweiten Objektiv versehen, welches um 90° gedreht angeordnet ist. Das Krängungsobjektiv belichtet von dem 180 mm hohen, in der Bildebene liegenden Schlitz die unteren 120 mm, das Trimmobjektiv die restlichen oberen 60 mm. Die beiden Belichtungsfelder werden durch lichtdichte, dünne Wände begrenzt. Die entwickelten Films geben nun Aufschluß über die Krängungs- und Trimmlagen, die entsprechenden Krängungs- und Trimmwinkel sowie die zugehörigen Zeiten (Fig. 11). Der Liniendiagraph ist daher zu den verschiedensten Beobachtungen verwendbar; bei Krängungsversuchen ersetzt er das Ablesen der Ausschläge der Krängungspendel und registriert jede Schwankung des Schiffes (Fig. 12). Bei Schlingerversuchen registriert er die Schlingerwinkel und Schlingerperiode und gibt ein klares Bild von der Abnahme der Schwingungen, so daß die Ausschwingungskurve leicht zu ermitteln ist (Fig. 13); ebenso registriert der Apparat automatisch die Schlinger- und Stampfbewegungen auf See. Auch bei Stapelläufen hat er Verwendung gefunden zum Registrieren der Ablaufsgeschwindigkeit und zum Bestimmen der Trimmlage des Schiffes und des Zeitpunktes des Aufschwimmens desselben (Fig. 14).

Unter Benutzung der beschriebenen Apparate sind nun im Laufe von fast 5 Jahren von der Kaiserlichen Werft Kiel Versuchsfahrten mit Kriegsschiffen ausgeführt zur Bestimmung des Rudermoments sowie der Bahn des Schiffes beim Ruderlegen, welche für einen großen Teil der Fahrten einwandfreie Resultate ergeben haben, aus deren Auswertungen weitere Aufschlüsse über die Vorgänge beim Manövrieren der Schiffe gezogen werden können. Die Resultate einiger Rudermeßfahrten sind in den Fig. 15 bis 21 durch Schaulinien wiedergegeben. Fig. 15 und 16 enthalten die Werte der Rudermomente sowie aller Begleiterscheinungen für einen Stützverbrauch mit einem

Fig. 11.

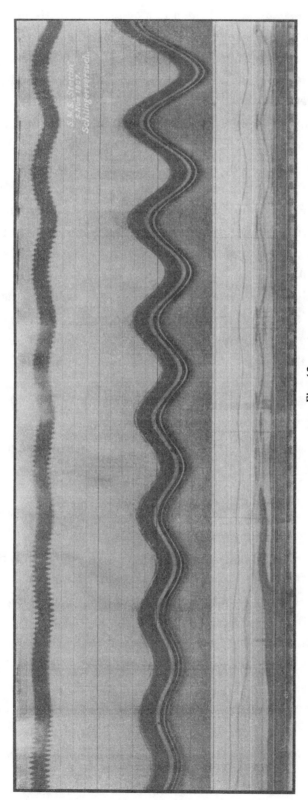

Fig. 12.

Linienschiff bei 16 Knoten Schiffsgeschwindigkeit. Die Registrierung der Zug- und Druckspannungen in den Lenkstangen erfolgte durch die Spannungsmesser auf den Lenkstangen; ihre Werte zeigen wegen der Vibration des Hinterschiffes reichliche Schwankungen und sind für beide Stangen nicht vollkommen gleich. Die Werte für die Rudermomente sind aus den Summen der Spannungen berechnet. Fig. 17 und 18 geben die gleichen Werte für ein anderes Linienschiff wieder, doch sind hier die Zug- und Druckspannungen in den Lenkstangen mit Hilfe der Meßbolzen ermittelt. Abgesehen von den Fehlen der Schwankungen stimmen die Werte gut überein. Fig. 19 und 20 zeigen die Schiffsbahn beim Kreislauf für einen kleinen Kreuzer und ein Linienschiff. Fig. 21 gibt die Werte der Rudermomente mit allen Begleiterscheinungen für den Kreislauf eines Linienschiffes wieder. Die Aufzeichnung der Schiffsbahn aus den Werten der Schiffsgeschwindigkeit, des Bojenwinkels und des Gyroskopwinkels ergibt sich aus der Ableitung im Anhang (Fig. 22). Aus diesen Schaulinien lassen sich nun folgende Schlüsse ziehen.

Wird bei einem auf geradem Kurs fahrenden Schiff das Ruder hartbord gelegt, so treten im allgemeinen folgende Erscheinungen auf:

1. Die Bahn des Systemschwerpunktes des Schiffes zeigt im Anfang der Drehung einen flachen S-Schlag und nimmt nach einer Drehung des Schiffes um 90° eine angenäherte Kreisform an. Die Schiffslage bei der Drehung um 360° ist innerhalb der Anfangsrichtung. Der kleinste Drehkreisradius ergibt sich aus der Lage der Kurve der Krümmungsmittelpunkte für die Bahn des Systemschwerpunktes zu dieser Kurve.

2. Die Längsachse des Schiffes bildet in den einzelnen Stellungen desselben mit der jeweiligen Tangente an die Kurve des Systemschwerpunktes den sogen. Derivationswinkel, indem der Bug des Schiffes sich innerhalb dieser Kurve einstellt, während das Heck in größerem Abstande außerhalb desselben bleibt.

3. Die Bahn des Hecks und die durch dieselbe vornehmlich beeinflußte Größe des Derivationswinkels bilden ein Hauptkriterium für die Wirkung des Ruders und für die Größe der Rudermomente. Der Derivationswinkel gestaltet den wirksamen Ruderwinkel kleiner, da die auf die Ruderfläche wirkenden Stromfäden in der Richtung der Kurve der Heckbahn verlaufen. Fällt der Ruderwinkel mit dem Derivationswinkel zusammen, so erhält die Ruderfläche durch die Stromfäden allein keinen Druck. Diese Verhältnisse treten an-

tional information of this book

buch der Schiffbautechnischen Gesellschaft; 978-3-642-90184-3; 978-3-642-90184-3_OSFO21)

rovided:

://Extras.Springer.com

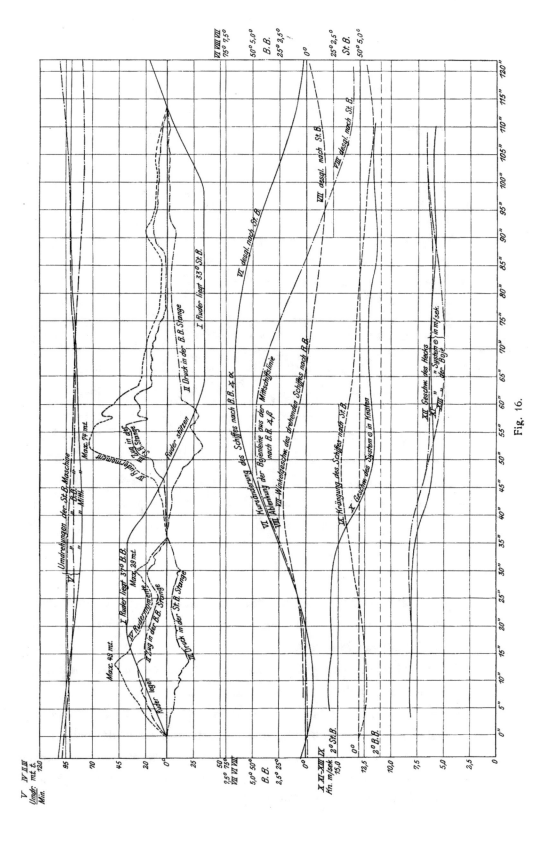

Fig. 16.

nähernd ein, wenn die Kreisbahn erreicht ist. Die Steuerkraft des Ruders beruht dann nur auf dem Schraubenschubstrom auf die Ruderfläche.

4. Die Spannungen in den am Ruderjoch angreifenden Zugstangen und die hieraus sich ergebenden Rudermomente wachsen mit der Zunahme des Ruderwinkels beim Beginn der Drehung. Ist die Kreis-

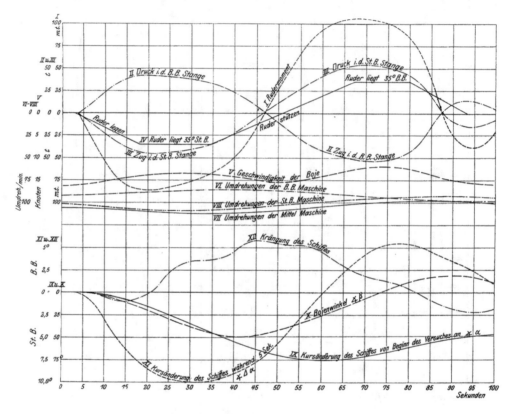

Fig. 17.

bahn aufgenommen, so nehmen sie allmählich ab, da der relative Ruderwinkel annähernd gleich dem gemessenen Ruderwinkel minus Derivationswinkel wird.

5. Die Fahrgeschwindigkeit nimmt mit dem Beginn des Ruderlegens ab und bleibt dann annähernd konstant.

6. Die Umdrehungszahl der Schrauben geht bei Dreischraubenschiffen bei der mittleren Schraube und der Seitenschraube derjenigen Bordseite, nach welcher das Ruder gelegt ist, ein wenig zurück, während die Umdrehungszahl der andern Seitenschraube etwas wächst, da sie im unbehinderten Wasser arbeitet.

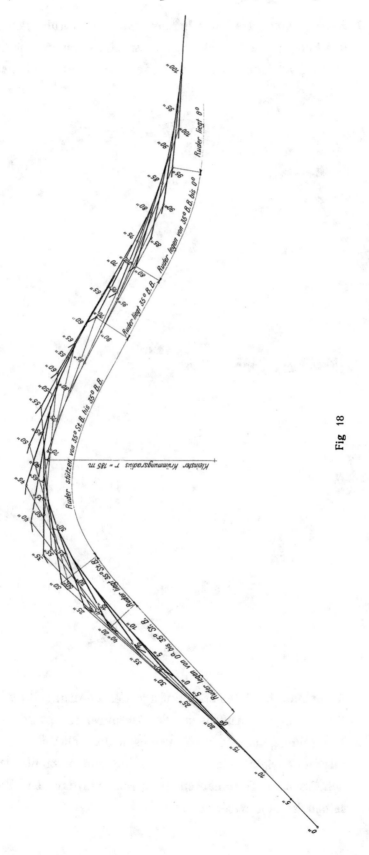

Fig 18

7. Beim Beginn des Ruderlegens tritt eine vorübergehende Krängung des Schiffes nach derjenigen Seite ein, nach welcher das Ruder gelegt ist, alsdann richtet sich das Schiff auf und neigt sich nach

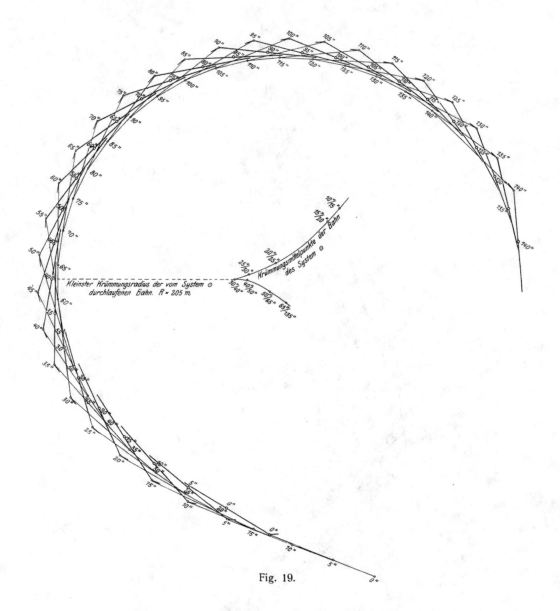

Fig. 19.

Aufnahme der Kreisbahn infolge der Zentrifugalkraft in stärkerem Maße nach der Außenseite des Drehkreises.

8. Die Schnittpunkte der Längsachsen des Schiffes in den aufeinander folgenden Schiffslagen stellen den momentanen Drehpunkt des Schiffes beim Durchlaufen der Kreisbahn dar. Die Berechnung desselben ist hier wiedergegeben.

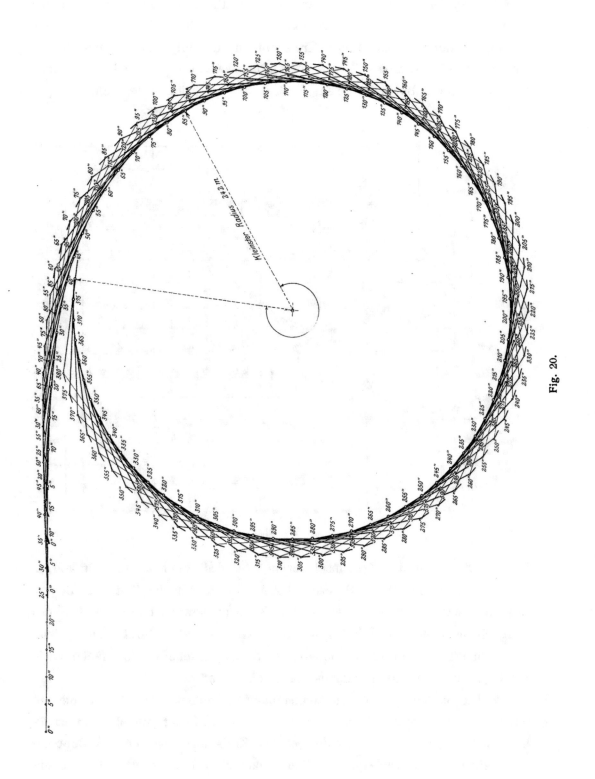

Fig. 20.

Alle diese Erscheinungen stehen in vollem Einklang mit den bisher bekannt gewordenen Ruderversuchen und den theoretischen Untersuchungen über das Steuern der Schiffe. Anders liegen jedoch die Verhältnisse, wenn das Schiff nach Aufnahme der Kreisbahn in die anfängliche Kursrichtung zurückgebracht werden soll und hierzu das hartbord gelegte Ruder schnell nach der andern Bordseite gelegt wird, d. h. beim Stützen des Schiffes.

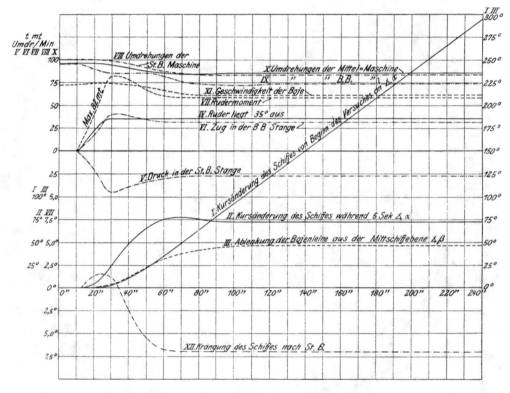

Fig. 21.

1. Die Bahn des Systemschwerpunktes des Schiffes bei Stützfahrten zeigt eine ausgesprochene S-Form, deren Gestalt von der Zeit vom Beginn des Ruderlegens bis zum Beginn des Stützens sowie von der Größe des Trägheitsmoments des Schiffes um die vertikale Achse durch den Systemschwerpunkt abhängt; im besonderen wird das Ausscheren des Hecks sowie die Größe des Derivationswinkels hierdurch beeinflußt.

2. Die Spannungen in den Lenkstangen und demnach die Rudermomente wachsen beim Überschreiten des Ruders über die Nullage plötzlich so erheblich, daß sie die Rudermomente bei der Kreisfahrt fast um das Doppelte übersteigen. Das Wachsen der Rudermomente erfolgt so schnell, daß sie

ihr Maximum schon bei einem Stützwinkel des Ruders von etwa 15—20 ° erreichen; bei weiterem Ruderlegen nimmt der Ruderdruck allmählich ab.
Das Maximum des Ruderdrucks tritt nach den Schaulinien im allgemeinen
ein, wenn der Ruderwinkel gleich dem Derivationswinkel bei gleicher Schiffslage ist, so daß die Summe beider Winkel den Winkel zwischen Ruderblatt
und Tangente zur Heckbahnkurve ausmacht. Es ist daher anzunehmen, wie
dies auch von White ausgeführt wird, daß die Stromfäden am Heck beim
Kreislauf oder beim Stützen in der Richtung der Tangente zur Heckbahnkurve verlaufen und den Ruderdruck vornehmlich beeinflussen, während der
Schubstrom des spiralförmig nach hinten sich bewegenden Schraubenwassers
durch den spitzen Winkel der Ruderfläche mit der Kiellinie auf diese
weniger zur Geltung kommt. Durch Berücksichtigung der relativen Richtung der Stromfäden zur Stellung des Ruderblatts wird die erhebliche Steigerung des Ruderdrucks beim Stützen deutlich und erklärlich. (Vergl. Fig. 15
und 16.) Diese Verhältnisse ändern sich, wenn bei den Stützfahrten die Zeit
vom Beginn des Ruderlegens bis zum Beginn des Stützens nicht lang genug
ist, um dem Schiff eine ausgesprochene Drehbewegung um einen Bug zu erteilen. (Fig. 17 und 18.) In diesem Falle werden die Maximalruderdrücke
beim Stützen kleiner und sind nicht wesentlich höher als die Maximalruderdrücke beim Kreislaufen.

3. Die Fahrtgeschwindigkeit erfährt beim Stützen keine wesentlichen
Änderungen.

4. Die Krängung des Schiffes nach Aufnahme der Drehung nach der
Außenseite des Drehkreises wird bei den Stützfahrten weiter gesteigert, da
beim Zurücklegen des Ruders das Gegenmoment des Ruderdrucks unter Berücksichtigung der tiefen Lage des Druckmittelpunktes der Ruderfläche allmählich verschwindet. Nach Überschreitung der Nullage des Ruders kommt
zwar das Drehmoment des Ruderdrucks wieder hinzu, aber die Zentrifugalkraft hat bereits erheblich an Wirkung verloren, da der Drehkreisradius
schnell gewachsen ist.

Die Schaulinien, welche sowohl über den Ruderdruck und die mannigfachen Begleiterscheinungen beim Ruderlegen als auch über die tatsächliche
Schiffsbahn und die jeweilige Lage des Schiffes in derselben Aufschluß geben,
schaffen völlige Klarheit über alle Fragen, welche beim Drehkreisfahren
und bei Stützfahrten bisher aufgetreten sind. Es erscheint daher empfehlenswert, für jede abweichende Schiffsklasse derartige Schaubilder durch Versuchsfahrten mit Schiffen oder Modellbooten zu gewinnen, um über das Ver-

halten des Schiffes beim Manövrieren unterrichtet zu sein. Auch können die Apparate erfolgreich bei allen sonstigen Versuchsfahrten, im besonderen bei den Probefahrten Verwendung finden, da sie alle Bewegungsvorgänge des Schiffes automatisch aufzeichnen. Bei den Meilenfahrten könnten sie eine wünschenswerte Kontrolle geben darüber, ob viel Ruder gelegt wurde, ob der Kurs ein grader war, ob Krängungen durch Ruderlegen, Wind oder Seegang stattgefunden haben; auch geben die Bilder des Liniendiagraphen einen hinreichenden Aufschluß über den Zustand der See. Da die Apparate so eingerichtet sind, daß ihre Montage an Bord und ihr Anschluß an die elektrische Leitung des Schiffes in wenigen Stunden erfolgen kann, so kommt ein Zeitverlust kaum in Frage; auch lassen sich die Ruderversuchsfahrten bequem an sonstige Übungsfahrten anschließen. Aber auch für die Handelsmarine dürften derartige Versuche und die aus denselben sich ergebenden Schaulinien von großer Bedeutung sein; sie werden nicht allein dem Schiffsführer willkommen sein, sie bilden auch bei Beurteilung von Kollisionen eine wertvolle Unterlage für die Bemessung der Schuldfrage. Die Manövriereigenschaften eines Schiffes sowie die Ruderdrücke lassen sich hiernach einwandfrei nur durch Versuche im größeren Maßstab, sei es mit Schiffen oder Modellbooten, feststellen, wie dies bereits für die Ermittlung des Schiffswiderstandes Gemeingut des Schiffbauingenieurs geworden ist. Im Schiffbau wird daher der Grundsatz „Mehr versuchen und weniger berechnen" weitere Beachtung finden müssen.

Die Aufzeichnung der Schiffsbahn und die Bestimmung des momentanen Drehpunktes.

Es bezeichnen Fig. 22 β_1, β_2, β_3 die Bojenwinkel zwischen Bojenleine und Schiffsache, $\varDelta\alpha$ die Zu- bezw. Abnahme der Schiffsdrehung registriert durch das Gyroskop, $D_1 A_1 = D_2 A_2 = l$, die Länge der Bojenleine, $D_1 D_2 = s_1$ $D_2 D_3 = s_2$ den Bojenweg in dem Zeitabschnitt von 5 Sekunden, dann ist

$$\angle x_1 = 180° - (\lambda + \beta_2)$$
$$\angle \lambda = 180° - (\beta_1 + \varDelta\alpha) \text{ also}$$
$$\angle x_1 = \varDelta\alpha - (\beta_2 - \beta_1) = \varDelta\alpha \mp \varDelta\beta.$$

Man trage daher auf der Strecke $D_1 A_1 = l$ die Strecke $D_1 D_2 = s_1$ ab und in D_2 den Winkel x_1 an, mache $D_2 A_2 = l$ und trage die Strecken $A_1 B_1$ bezw.

$A_2 B_2$ von der Größe der Schiffslänge an $D_1 A_1$ unter dem Winkel $180° - \beta_1$ bezw. an $D_2 A_2$ unter dem Winkel $180° - \beta_2$ an, so geben $A_1 B_1$ und $A_2 B_2$ die Schiffslagen in diesen Zeitabschnitten an, während C_1 und C_2 die entsprechenden momentanen Drehpunkte des Schiffes darstellen.

Zur Bestimmung derselben ergibt sich aus dem $\measuredangle D_2 A_2 E$

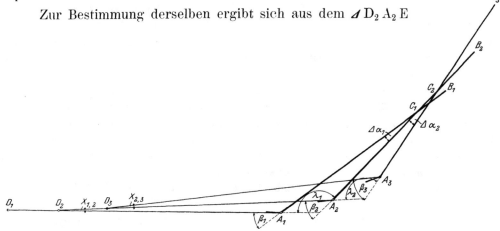

Fig. 22.

$$D_2 E = D_2 A_2 \frac{\sin \beta_2}{\sin (\beta_1 + \varDelta \alpha)} \quad \text{und} \quad A_1 E = D_2 E - (l - s_1).$$

Aus dem $\measuredangle A_1 C_1 E$ ergibt sich die Entfernung des Drehpunktes vom Hintersteven

$$A_1 C = A_1 E \frac{\sin (\beta_1 + \varDelta \alpha)}{\sin \varDelta \alpha} = \left[\frac{l \sin \beta_2}{\sin (\beta_1 + \varDelta \alpha)} - (l - s_1) \right] \frac{\sin (\beta_1 + \varDelta \alpha)}{\sin \varDelta \alpha}$$

also

$$A_1 C = \frac{l \sin \beta_2}{\sin \varDelta \alpha} - \frac{\sin (\beta_1 + \varDelta \alpha)}{\sin \varDelta \alpha} (l - s_1).$$

Diskussion.

Herr Marinebaumeister Dr. P r ä t o r i u s - Stettin:

Euere Königliche Hoheit, meine Herren! Der Herr Vortragende hat im ersten Teil seiner Mitteilungen die Forschungen erwähnt, mit denen ich im März 1903 begann, um die Arbeitsweise von Rudermaschinen zu untersuchen und gleichzeitig die Höhe der Rudermomente zu bestimmen. Dies veranlaßt mich, einige ergänzende Bemerkungen zu dem hierauf bezüglichen Teil des Vortrags zu machen.

Die Untersuchung der für das Schiff so wichtigen Rudereinrichtungen hinsichtlich ihrer Beanspruchung bei den in der Front vorkommenden Manövern wurde durch die Beobachtung hervorgerufen, daß die Rudermaschinen der Linienschiffe besonders schwer arbeiteten, wenn das Ruder zum Stützen des Schiffes von Hartbord zu Hartbord gelegt wurde. Da ich vermutete, daß dieses schwere Arbeiten der reichlich bemessenen Rudermaschinen dadurch entsteht, daß bei dem erwähnten Manöver größere Ruderkräfte auftreten als die für die Berechnung dieser Kräfte aufgestellten Formeln ergeben, und daß diese hohen Beanspruchungen eventuell zu Ruderhavarien fuhren können, so stellte ich mir die Aufgabe, ein Mittel zu finden, die Arbeitsleistung der Rudermaschinen in jedem Moment der Rudermanöver festzustellen, um dadurch die Vorgänge beim Ruderlegen systematisch verfolgen zu können. Ein solches Mittel wurde in dem Nehmen von fortlaufenden Diagrammen gefunden, und die nach dieser Methode an Rudermaschinen angestellten Untersuchungen dürften gleichzeitig die ersten praktischen Untersuchungen sein, die mit einem derartigen System an Maschinen angestellt wurden.

Die ersten Versuche, welche mit den für diesen Zweck konstruierten Apparaten ausgeführt wurden, bestätigten nun die Annahme, daß die beim Stützen von Linienschiffen auftretenden Rudermomente bedeutend größer sind als diejenigen, welche beim Legen des Ruders von Mitte Schiff nach Hartbord entstehen. So wurde bei etwa 16 sm Schiffsgeschwindigkeit ein größtes Moment von etwa 85 mt festgestellt, während z. B. die von Middendorf verbesserte Rankinesche Formel für diesen Fall ein Rudermoment von etwa 43 mt ergibt. Daneben wurde eine Reihe wichtiger, rein maschinenbaulicher Feststellungen gemacht.

Diese Versuchsergebnisse hinsichtlich der Größe der Rudermomente beziehungsweise die Schlüsse auf die Höhe des Ruderdruckes wurden durch weitere Versuche bestätigt. Diese Versuche ergaben auch eine annähernde Übereinstimmung der Versuchswerte mit den Werten der Middendorfschen Formel für d e n Fall, daß das Ruder nur von Mitte Schiff nach Hartbord gelegt wird. So betrug z. B. das Rudermoment bei etwa 16 sm Schiffsgeschwindigkeit und 35′ Ruderlage nach Middendorf etwa 35 mt, während durch den Versuch etwa 34 mt ermittelt wurden. Wenn daher der Herr Vortragende ausgeführt hat, daß die aus Indikatordiagrammen errechneten Rudermomente infolge der Umrechnung um 50% schwanken können, so kann ich in diesem Punkte mit ihm nicht übereinstimmen. Denn aus dem Erwähnten geht bereits hervor, daß diese Ausführungen für die von mir angestellten Versuche nicht zutreffen. Hierzu kommt noch, daß es genügend zuverlässige Methoden gibt, um den Gesamtwirkungsgrad von Rudermaschinenanlagen bei verschiedenen Leistungen vor und nach dem Versuch bestimmen zu können. Da ein Teil meines Versuchsmaterials in der Zeitschrift „Schiffbau" 1908 veröffentlicht ist, so erübrigt es sich, hier weiter auf diesen Punkt einzugehen, und es genügt noch festzustellen, daß z. B. durch die Kieler direkte Meßmethode, wie aus Fig. 17 des Vortrages hervorgeht, beim Stützen eines Linienschiffes ein Maximalrudermoment von etwa 105 mt ermittelt wurde.

In dem zweiten Teil seiner Ausführungen, in welchem die umfangreichen Forschungen der Kaiserlichen Werft Kiel besprochen wurden, hat der Herr Vortragende unter anderem die Methode beschrieben, welche die Kaiserliche Werft Kiel für das direkte Feststellen der Rudermomente zurzeit anwendet. Ich beabsichtige hier nicht eine Kritik über die Zuverlässigkeit dieser Methode abzugeben, zumal die Bemühungen, direkte Meßmethoden zur Feststellung der Rudermomente zu finden, aus vielen Gründen sehr verdienstvoll und anerkennenswert sind; ich möchte jedoch nicht verfehlen, darauf hinzuweisen, daß die praktische Ausbildung dieses Maßverfahrens hinsichtlich seiner Zuverlässigkeit insofern Schwierigkeiten bereiten dürfte, als die eigentliche Meßgröße, die elastische Durchbiegung des Bolzens, nur sehr klein ist, und die Meßapparate so auf Kraft beanspruchten Teilen der Rudereinrichtung gelagert sind, daß es nicht ausgeschlossen erscheint, daß geringe Deformationen dieser Teile während des Versuchs die Versuchsergebnisse ungünstig beeinflussen. Hierbei sei noch hervorgehoben, daß sich für direkte Messungen besonders der Torsionsindikator von Dr. Föttinger eignet, welcher da angewendet werden kann, wo eine genügende

Länge der Ruderspindel zur Verfügung steht. Auf Linienschiffen und Kreuzern ist dies nicht der Fall, und hier ist es daher infolge der ungünstigen örtlichen Verhältnisse besonders schwierig, ein einwandfreies direktes Meßverfahren zu finden. Wenn es daher der Kaiserlichen Werft Kiel gelungen ist, auf dem eingeschlagenen Wege ein hinreichend zuverlässiges Meßverfahren zu finden, so ist damit ein weiterer Schritt zur Feststellung der Kräfte getan, welche die für die Sicherheit der Kriegsschiffe so wichtigen Rudereinrichtungen beanspruchen. (Lebhafter Beifall.)

Seine Exzellenz Herr Admiral z. D. von Eickstedt-Berlin:

Königliche Hoheit! Meine Herren! Der außerordentlich interessante Vortrag hat uns die Instrumente gezeigt und die Methoden dargelegt, um fast alles, was beim Drehen des Schiffs vorkommt, zu finden und festzulegen. Nur ein Punkt ist dabei gar nicht erwähnt worden, der, glaube ich, doch auch eine Rolle spielt. Es ist immer vom Rudermoment die Rede gewesen. Aber dieses Rudermoment, das hier im Vortrage erwähnt worden ist, ist nur das auf Drehung des Ruders wirkende, das also den Ruderschaft auf Torsion beansprucht und natürlich maßgebend ist für die Stärke des ganzen Rudergeschirrs, das Havarien hervorbringt durch Abdrehen des Ruderkopfes oder Beschädigung der Rudermaschine oder der Lenkstangen usw. Zu gleicher Zeit wirkt aber auch der Wasserdruck auf die Ruderfläche an einem vertikalen Hebelarm, und dieses Moment ist das, welches das Abbrechen des Ruders herbeiführt: gerade derartige Havarien sind bei Torpedobooten und leider auch bei großen Schiffen wiederholt vorgekommen.

Daher habe ich mir noch die Frage vorgelegt: inwieweit kann man die hier mitgeteilten Messungen und Erfahrungen auch hierfür verwenden. Die Messungen an den Zugstangen geben für das Ruder selbst das Moment aus Druck mal Hebelarm. Nun ist leider der Hebelarm unbekannt; denn der Druckmittelpunkt fällt nicht mit dem Mittelpunkt der Fläche zusammen, sondern er variiert beständig mit der Geschwindigkeit und mit der Größe des Ruderwinkels; er liegt meistenteils vor dem Flächenmittelpunkt, und bei bestimmten Ruderformen kann es sogar vorkommen, daß der Angriffspunkt des Drucks vor dem Drehpunkt liegt, so daß man dann an den Lenkstangen gewissermaßen negativen Druck mißt. Den Druck auf das Ruder kann man daher aus den vorgetragenen Untersuchungen nicht entnehmen, sie sind aber doch auch hier von Nutzen, denn sie haben gezeigt, daß erstens die Drücke, die auf das Abbrechen des Ruders wirken, viel größer sind als man bisher angenommen hat, daß zweitens ungefähr das Maximalmoment eintritt, wenn beim Stützen des Ruders dieses 20 bis 30° gegenanliegt, und ferner, daß wir als Größe des Winkels, an dem der Druck angreift, nicht einfach den Ruderwinkel einsetzen dürfen, sondern daß wir noch den größten Teil des Derivationswinkels hinzu legen müssen. Der Maximaldruck aufs Ruder wird, von Nebenumständen abgesehen, im allgemeinen eintreten, wenn der Ruderwinkel plus Derivationswinkel das Maximum ist. Immerhin ist es jetzt noch nicht möglich, genau den Druck aus den Messungen zu berechnen; man wird daher auf die Formeln, die bisher benutzt worden sind, zurückgreifen müssen. Aber auf Grund der Angaben des Vortrags können wir die Formeln reduzieren und der Wirklichkeit näher bringen; besonders wenn man noch berücksichtigt, was schon bei der Ballistik allgemein geschieht, daß der Druck nicht einfach im Quadrat der Geschwindigkeit wächst, also daß nicht v^2 einzusetzen ist, sondern allgemein gesagt v^n und n erst für jeden Einzelfall bestimmt werden muß. In der Formel von Middendorf hilft man sich, indem man $1{,}2^2$ vor v^2 setzt. Wenn wir aus den Geschwindigkeitskurven eines bestimmten Schiffes entnehmen, in welcher Potenz der Schiffswiderstand wächst bei Zunahme der Geschwindigkeit, und wir diese Potenz als n einsetzen, dann erhalten wir vielleicht noch bessere Annäherung; für unsere meistenteils in Betracht kommenden Geschwindigkeiten würde $v^{2^1/_2}$, $v^{2^3/_4}$ oder sogar v^3 passen. Die Größe v müssen

wir aber auch für diesen Fall reduzieren, und zwar wird das Mittel aus der Bojengeschwindig-
keit und der Geschwindigkeit des durch die Schraube nach hinten geworfenen Wassers
wahrscheinlich genügend genau sein; wenn z. B. das Schiff ursprünglich 16 Meilen lief und
es im Drehkreis nur 12 läuft, so wird man, da das Wasser doch mit über 16 Meilen Geschwindigkeit
von der Schraube zurückgeworfen wird, ungefähr 14 Meilen für die Geschwindigkeit v ansetzen
müssen. Schließlich liegt, nach meiner Ansicht, gar keine Veranlassung vor, in der Formel
$\sin \alpha^2$ zu setzen, sondern es ist wahrscheinlich richtiger, einfach $\sin \alpha$ zu wählen, denn es
kommt ja nur der Sinus als Komponente in Betracht. Wir erhalten mit der so verbesserten
Formel ($P = K. F. v^n. \sin \alpha$) Zahlen, die die jetzigen bis um das Dreifache überschreiten;
wenn wir diesen Wert dann angreifen lassen als Druck an einem Hebelarm, dessen Angriffspunkt etwas unter dem Flächenmittelpunkt liegt, weil unten das Schraubenwasser mit
stärkerer Gewalt und größerer Dichtigkeit gegen das Ruder geschleudert wird wie oben,
dann haben wir auch einen genügend großen Hebelarm und als Moment, das auf das Abbrechen des Ruders wirkt, einen Wert, der genügt, um ein Ruder zu konstruieren, welches
für alle Fälle genügende Festigkeit hat. (Beifall.)

Wirklicher Geheimer Oberbaurat und Professor R u d l o f f - Berlin:

Ich möchte Herrn Geheimrat S c h w a r z um Auskunft bitten, wie groß der Ruderdruck nun eigentlich zu rechnen ist. Dasselbe habe ich im Vortrage vermißt. Nach den
Messungen des Herrn Dr. P r ä t o r i u s soll derselbe das vier- bis fünffache des nach der
Formel von R a n k i n e errechneten betragen. Wenn dem wirklich so wäre, dann wären
doch wohl schon mehr Ruderhavarien vorgekommen. Der Berechnung der Steuerapparate
haben wir gewöhnlich eine Belastung von 8 kg/qmm zugrunde gelegt; dieselben haben stets
anstandslos funktioniert, was wohl nicht der Fall gewesen wäre, wenn die tatsächliche Belastung das vier- bis fünffache unserer Annahme betragen hätte.

Wenn ich die Kurven der W e l l e n k a m p schen Messungen richtig verstanden habe,
so ist durch dieselbe in dem speziellen Falle ein Maximaldruck von 105 t festgestellt worden.
(Zuruf: Metertonnen!) Der Hebel betrug aber ungefähr 1 m und der Druck somit gegen
105 t. Das würde aber gar nicht so weit abliegen von dem Werte, den man bei Anwendung
der Formel von J o ë s s e l erhält, meiner Erinnerung nach etwas mehr als 80 t, allerdings
mehr als das doppelte desjenigen Wertes, den die R a n k i n e sche Formel unter Einsetzung
der von M i d d e n d o r f empfohlenen Geschwindigkeit ergibt.

Herr Geheimer Marinebaurat T. S c h w a r z - Kiel (Schlußwort):

Königliche Hoheit! Meine Herren! Ich habe die außerordentlich verdienstvolle Anregung des Baumeisters P r ä t o r i u s nicht nur erwähnen wollen; ich habe natürlich auch
klarlegen müssen, daß tatsächlich seine Messungen nicht so ganz genau sein können, wie
die direkten Messungen, welche die Apparate von W e l l e n k a m p ergeben. Wenn ich
sagte, es könnten Schwankungen in den Reibungsverlusten von etwa 50 % eintreten, so ist
das erklärlich durch die verschiedenen Wirkungsgrade nicht allein der Rudermaschine,
sondern auch der ganzen Übertragungsmechanismen usw. Wenn man selbst nun auch dazu
übergehen würde, den Gesamtwirkungsgrad des Steuerapparates festzustellen, so müßte man
das mindestens mit jedem besonderen Schiffstyp wieder von neuem machen. Wir haben
sogar auch schon Erwägungen angestellt, diese Versuche vorzunehmen, denn, m. H., wir
sind nicht so einseitig, daß wir die Ruderversuche nur nach W e l l e n k a m p vorgenommen
haben; wir haben einen großen Teil der Ruderversuche zweiseitig vorgenommen, nach
W e l l e n k a m p und nach P r ä t o r i u s, und wir haben uns infolgedessen ein sehr gutes
Urteil bilden können über die Bedeutung und Wichtigkeit der einzelnen Meßmethoden. So
hat sich ergeben, daß zeitweilig die Werte nach P r ä t o r i u s mit unseren übereinstimmen,
zeitweilig aber auch gar nicht, und zwar waren bei der „Nürnberg“ die Werte von P r ä-

t o r i u s wesentlich niedriger als die Werte nach W e l l e n k a m p, und bei „Schlesien" zeigte sich, daß bei steigendem Ruderwinkel von 15⁰ bis 36⁰ die Lenkstangenkräfte nach W e l l e n - k a m p ständig anstiegen, wogegen nach den Berechnungen von P r ä t o r i u s Schwankungen auftraten.

M. H., die Untersuchungen von P r ä t o r i u s lassen sich ferner nicht so einwandfrei zeitlich vereinigen, denn P r ä t o r i u s wertet eben die Indikatordiagramme in der Rudermaschine aus und bestimmt von einer Nullage an nach den Umdrehungen der Rudermaschine die Ruderlage. Über den Schiffsweg und die Schiffsgeschwindigkeit hat man jedoch gar keine Aufklärung. Es ist also wohl erklärlich und selbstverständlich, daß die Umrechnung von P r ä t o r i u s nicht so ganz einwandfreie Resultate ergeben kann. Aber wir stehen der Sache trotzdem nicht skeptisch gegenüber. Wir sind sogar auf Anregung des Reichsmarineamts dazu übergegangen, den Gesamtwirkungsgrad der gesamten Steuereinrichtung festzustellen, und zwar wurde es in Vorschlag gebracht, bei einem in Dock befindlichen Schiff den Wirkungsgrad der Steuereinrichtung durch Abbremsen zu ermitteln, indem man das Ruder durch bestimmte Kräfte hält. Wir haben aber von diesen Versuchen abraten müssen, da doch erhebliche Kräfte auf das Ruder kommen, etwa bis 100 t, die mindestens das Ruder verbiegen würden, und das wäre an sich sehr kostspielig, abgesehen davon, daß das Docken von Kriegsschiffen auch immer sehr teuer ist. Wir sind daher dazu übergegangen, bei dem großen Kreuzer „Fürst Bismarck", der zurzeit keine Verwendung findet, der aber von altersher die frühere hydraulische Festhaltvorrichtung in Gestalt einer hydraulischen Bremse besitzt, diese hydraulische Bremse zu verwenden, um das Ruder gänzlich zu bremsen. Es sind hoffentlich auf diese Weise Resultate zu erzielen. Da der „Fürst Bismarck" dieselben Einrichtungen hat wie unsere Linienschiffe, so hoffe ich, daß wir über den Gesamtwirkungsgrad dann weitere Aufschlüsse erhalten werden, und es liegt uns nichts ferner, als die interessanten, wirklich bedeutenden Versuche von Baumeister P r ä t o r i u s auszuschalten. Sie werden weiter fortgesetzt, zumal sie ja auch für den Maschinenbau von großer Bedeutung sind.

Bloß in einem muß ich Herrn Baumeister P r ä t o r i u s ganz widersprechen. Er bemängelt das Meßverfahren und das genaue Arbeiten des Meßbolzens und sagt, daß kleine Deformationen schon große Fehler hervorbringen können, natürlich, weil, wie ich Ihnen ja auch sagte, die Durchbiegung des Meßbolzens über $1/2$ mm nicht hinaus gehen darf, und weil diese Durchbiegung durch Übertragung ins große kenntlich gemacht wird. Aber, m. H., das Hauptprinzip bei allen Kraftmessungen ist die Feststellung einer ganz minimalen Dehnung, einer ganz minimalen Torsion oder eines ganz minimalen Drucks, der ins große übertragen werden muß, und solange der Torsionsindikator von Herrn F ö t t i n g e r als einwandfrei festgestellt ist, solange die Meßdose des Herrn Professors M a r t e n s als einwandfrei gilt — warum sollte der Meßbolzen nun mit einem Male ungenau sein. Er ist nach demselben Prinzip konstruiert, auf welchem diese Apparate aufgebaut sind, und es liegt tatsächlich keine Veranlassung vor, von diesem Meßbolzen abzugehen. Wir haben auch schon in Aussicht genommen, die Meßdose zu verwerten, aber das macht doch wesentlich größere Schwierigkeiten, denn, wie Sie ja erkannt haben, der Meßbolzen wird einfach für den vorhandenen Bolzen eingesteckt und ist leicht einzubauen. Er ist auf der Werft vorrätig und geht daher keine Zeit verloren. Aber auch angenommen, es wäre eine Deformation im Meßbolzen eingetreten, so kann man durch eine Eichung dieselbe genau feststellen. Man eicht den Bolzen vor der Fahrt und eicht ihn nach der Fahrt. Man kann genau feststellen, ob er gelitten hat oder nicht. Also die Genauigkeit ist in keiner Weise beeinträchtigt. Wir begrüßen es, daß die Inspektion des Torpedowesens bei der Rudermessung der Torpedoboote einen anderen Weg einschlägt. Wir können es nur freudig anerkennen, wenn von allen Seiten ähnliche Anregungen kommen, denn ich habe die Überzeugung, daß auf diesem

Gebiet, welches, wie gesagt, in keinem Lande so eingehend erörtert ist wie in Deutschland, noch weitere schöne Resultate sich ergeben werden.

In Bezug auf die Ausführungen Seiner Exzellenz des Herrn Admiral v. Eickstedt möchte ich erwidern, daß die Frage des Ruderdruckmittelpunktes unser lebhaftes Interesse gefunden hat, daß auch selbst schon Herr Oberbaurat Wellenkamp in letzter Zeit, gewissermaßen als Abschluß seiner Ruderdruckmessungen, diesen Punkt in sein Programm aufgenommen hat. Es ist natürlich auf diesem Gebiet durch Versuche im großen nicht viel zu erreichen, und es könnte nur dadurch dem Ziele näher gekommen werden, wenn man mit verschiedenen Rudern arbeitet, sowohl verschieden in Bezug auf die Flächenanordnung als auch auf die Größenanordnung, und das ist immerhin ein ziemlich kostspieliges Experiment. Man muß sich daher auf Versuche im kleinen beschränken, wie sie ja in vorzüglicher Weise Joëssel als Bahnbrecher gemacht hat. Auch Herr Oberbaurat Wellenkamp wollte dazu übergehen, durch Versuche den Ruderdruck zu bestimmen, und Herr Ingenieur Scholz hat auch einen interessanten Apparat dafür bereits entwickelt. Aber wir waren bisher mit den Ruderdruckmessungen so in Anspruch genommen, daß wir leider nicht auf diesen Punkt bisher eingehen konnten. Wir sind jedoch auch dabei, bei einem Versuchsboot diese Frage hoffentlich dadurch zu klären, daß die Ruderspindel dieses Versuchsbootes in zwei beweglichen Lagern, welche durch Federn gestützt sind, gelagert ist, so daß also durch die Ausweichung der Ruderspindel infolge des Ruderdrucks Schlüsse auf den Druckmittelpunkt gezogen werden können. Das Boot ist erst im September fertiggestellt, und da zunächst andere Fragen erledigt werden mußten, sind diese Versuche noch nicht in Angriff genommen worden. Ich hoffe aber, daß wir auch darin weitere Aufklärungen erhalten werden. Ob es gelingen wird, auf Grund unserer Untersuchungen auf bestimmte Ruderdruckformeln zu kommen, möchte ich zunächst bezweifeln, denn die Ruderdruckformeln hängen einmal von der Geschwindigkeit ab, ein andermal von den Ruderwinkeln, und Sie haben ja aus den Diagrammen gesehen, daß diese einzelnen Faktoren der Formeln nicht immer maßgebend sind. Vor allen Dingen würde zunächst klarzustellen sein, welche Geschwindigkeit man einsetzen soll, die Anfangsgeschwindigkeit, die Drehgeschwindigkeit nach dem Ruderlegen oder die Geschwindigkeit des Schraubenwassers usw. Das sind alles Faktoren, die ungewiß sind, ebenso wie der effektive Ruderwinkel. Wenn man also für eine erste Schiffskonstruktion eine Formel gebraucht, so kann ich nur die Formel von Joëssel als diejenige empfehlen, welche den größten Wert und meiner Ansicht nach auch den der Wirklichkeit am meisten entsprechenden Wert gibt.

Dann hat Herr Geheimrat Rudloff gefragt, ob ich nicht angeben könnte, wie groß der Ruderdruck — (Herr Wirklicher Geheimer Oberbaurat Professor Rudloff-Berlin [einfallend]: Das war ja damit erledigt. Meine Meinung war, Joëssel kommt der Sache ziemlich nahe. Dann sind wir uns ja ziemlich einig.) Den Ruderdruck können wir nicht genau feststellen, weil wir den Ruderdruckmittelpunkt nicht kennen. Herr Baumeister Prätorius hat, wie ich das auch in meinem Vortrage hervorgehoben habe, tatsächlich den Ruderdruck festgestellt. Er hat aber angenommen, daß der Druckmittelpunkt in dem Schwerpunkt des Ruders liegt. Wenn man diesen Grundsatz gelten lassen will, ist es natürlich ein sehr einfaches Exempel, aus dem Rudermoment den Ruderdruck festzustellen.

Seine Königliche Hoheit der Großherzog von Oldenburg:

Herr Geheimrat Schwarz hat zuerst der Verdienste des leider zu früh verstorbenen genialen Baurats Wellenkamp gedacht, den er als den Vater der Rudermomentmessungen, über die er uns berichtete, hinstellt. Herr Geheimrat Schwarz hat uns schon so oft mit interessanten Vorträgen erfreut, daß ich ihm heute und immer wieder unseren herzlichsten Dank aussprechen kann.

XV. Neue Propellerversuche.

Vorgetragen von **Fr. Gebers**-*Südende bei Berlin.*

I. Versuche mit einander ähnlichen Schiffsschraubenmodellen.

Die nachstehend beschriebenen Versuche, zu denen in dankenswerter Weise die Jubiläums-Stiftung der deutschen Industrie die Mittel gewährt hat, sollten einen Teil einer bei weitem umfangreicheren Untersuchung über die Wirkung der Schiffsschraube bilden. Leider wurde ein frühzeitiger Abbruch, mit dem allerdings nach der Lage der Dinge wohl hätte gerechnet werden müssen, plötzlich durch Verhältnisse erfordert, in deren Erörterung hier nicht eingetreten werden soll.

Indessen ist es zum Verständnis der ganzen Anlage der Versuche erforderlich, auf den ursprünglich beabsichtigten bedeutend größeren Umfang im Eingang ihrer Bekanntgabe hinzuweisen.

Der heutige Stand der Berechnungsweise einer Schiffsschraube beruht immer noch auf einer Annahme der vorliegenden Bedingungen und ihrer Wirkung oder auf einem Vergleich mit ausgeführten Propellern trotz mancher tüchtiger Arbeiten, die besonders in England und Amerika — es sei nur an die Versuche von Froude und Taylor erinnert — ausgeführt wurden. Weder die Kenntnis der Eigenschaften einer gewissen Formgebung noch die lichtbildnerische Aufnahme der Strömungserscheinungen, wie solche von Herrn Professor Dr. A h l b o r n[1]) und Herrn Geheimrat F l a m m[2]) neuerdings in anerkennenswerter Weise versucht ist, noch die T a y l o r schen[3]) Druckhöhenbestimmungen seitlich und über der Schraube oder die Flügelmessungen von Herrn Dr. W a g n e r[4]) im Ringtank haben bis jetzt die Unterlagen geliefert, deren eine mathematische Rechnung bedarf. Was dazu erforderlich ist, läßt sich leicht aufzählen: Gleichzeitige Messung von Schub, Dreh-

---

[1]) Jahrbuch 1905, Fr. Ahlborn: „Die Wirkung der Schiffsschraube auf das Wasser“.

[2]) Jahrbuch 1908, Flamm: „Entwicklung der Wirkungsweise der Schiffsschraube“.

[3]) Transactions of the soc. of. n. a. a. m. e. 1906, Taylor: „Model Basin Gleanings“.

[4]) Jahrbuch 1906, Wagner: „Versuche mit Schiffsschrauben und deren praktische Ergebnisse.

moment, Geschwindigkeit der Fortbewegung und Umdrehungszahl des Propellers und Bestimmung der Geschwindigkeit und Richtung der Wasserteilchen vor und hinter ihm[1]). So einfach dieses klingt, so schwierig ist bei näherer Überlegung die Ausführung und fast unmöglich erscheint sie bei den Verhältnissen im großen.

Wenn man demnach geradezu gezwungen wird, auf den Laboratoriumsversuch zurückzugreifen, so wird man zunächst das abfällige Urteil, welches von vielen Seiten den Versuchen im kleinen in den Versuchsanstalten teilweise mit großer Berechtigung bisher zuteil wurde, entkräften müssen. Das heißt: die Feststellung der Gültigkeit des mechanischen Ähnlichkeitsgesetzes ist die unerläßliche Forderung für die Berechtigung aller Propellerversuche im kleinen.

a) Das mechanische Ähnlichkeitsgesetz in seiner Anwendung auf die Schiffsschrauben.

Das mechanische Ähnlichkeitsgesetz[2]) hat bekanntlich die beiden Vorbedingungen, erstens, daß es sich handelt um eine Flüssigkeit, deren innere Widerstände lediglich in dem Gewichte und der Masse ihrer Teilchen begründet sind, und zweitens, daß für Modell und Wirklichkeit die Beschleunigung durch die Schwerkraft die gleiche ist. Es ist ferner noch die Annahme zu machen, daß die Bahnen der bewegten Flüssigkeitsteilchen genau ähnliche sind und in dem gleichen Ähnlichkeitsverhältnis zu einander stehen, wie die Körper, welche die Bewegung verursachen.

Im folgenden soll der kleinere Körper mit „Modell“, der große dagegen mit der Benennung, die seiner Form zukommt, also mit „Propeller“ oder „Schiff“ bezeichnet werden. Ferner soll die folgende Buchstabenbezeichnung eingeführt werden, wobei die kleinen Buchstaben sich auf das Modell, die großen auf den Propeller oder das Schiff beziehen:

g = Beschleunigung durch die Schwerkraft.

V und v = Geschwindigkeit der Fortbewegung der Körper.

T und t = entsprechende Zeitabschnitte der vergleichbaren Bewegung.

α = Ähnlichkeitsverhältnis der Körper oder das Längenverhältnis ihrer Linien zu einander.

P und p = auftretende Drucke.

---

[1]) Anmerk.: Es klingt auf den ersten Blick seltsam, wenn hier für die mathematische Rechnung noch eine Messung von Schub und Drehmomentsgrößen verlangt wird, aber wir werden im folgenden sehen, daß dieses nicht nur zur Kontrolle der Rechnungsmethode, sondern auch zur Bestimmung des eigenen Widerstandes des Propellers gegen Fortbewegung und Drehung zunächst noch erforderlich sein wird.

[2]) Vergl. Z. d. V. d. Ing. 1907, Seite 1824, H. Lorenz: „Beitrag zur Theorie des Schiffswiderstandes“.

S und s = Schub.

V_a und v_a = Austrittsgeschwindigkeiten.

N und n = Umdrehungen.

M_t und m_t = Drehmomente.

H und h = Steigung.

Da sämtliche Flüssigkeitsteilchen am Modell sowohl wie am Propeller der gleichen Beschleunigungskomponente, die durch die Schwerkraft bedingt ist, unterliegen, so folgt z. B. aus der bekannten Gleichung für den zurückgelegten Weg fallender Körper $s = \frac{1}{2} g t^2$, daß

$$\frac{T^2}{t^2} = \frac{\alpha}{1} \quad \text{oder} \quad \frac{T}{t} = \sqrt{\alpha}$$

ist, d. h., daß ganz allgemein die Zeitdauer vergleichbarer Vorgänge in der Flüssigkeit für ähnliche bewegte Körper sich wie die Wurzel aus dem Ähnlichkeitsverhältnis zu einander verhält, denn, da eine Beschleunigungskomponente in beiden Fällen die gleiche ist, so müssen es wegen der vorausgesetzten Ähnlichkeit der Bahnen der Flüssigkeitsteilchen auch die übrigen sein. Hieraus aber folgt, daß die erreichten Geschwindigkeiten am Ende der Beschleunigungen sich verhalten wie $\frac{T}{t}$ oder wie $\sqrt{\frac{\alpha}{1}}$.

Es muß also sein

1) . . . . $\frac{V}{v} = \sqrt{\alpha}$.

Die auftretenden Drucke verhalten sich für die F l ä c h e n e i n h e i t der Körper wie $\alpha : 1$, da die Beschleunigungen gleiche sind und die für die Flächeneinheit beschleunigten Massen sich wie die linearen Abmessungen, also wie $\alpha : 1$ zu einander verhalten. Da sich nun die v e r g l e i c h b a r e n Flächen zu einander verhalten wie die Quadrate aus dem Ähnlichkeitsverhältnis, so verhalten sich die vergleichbaren Drucke

2) . . . . $\frac{P}{p} = \frac{\alpha \cdot \alpha^2}{1} = \alpha^3 = \frac{S}{s}$.

Aus der Begründung der Gleichung 1) folgt, daß auch das Verhältnis der Austrittsgeschwindigkeiten $\frac{V_a}{v_a} = \alpha$ bei ähnlichen Propellern sein muß, und bei der Abhängigkeit derselben von den Drehungswegen ähnlicher Flügelteilchen in der Zeiteinheit, daß

$$\frac{N \cdot \alpha}{n \cdot 1} = \sqrt{\alpha}$$

oder

$$3) \quad \ldots \ldots \ldots \ldots \ldots \quad \frac{N}{n} = \frac{1}{\sqrt{\alpha}}$$

ist. Die Drehmomente für diese Umdrehungszahlen sind abhängig von den auftretenden Drucken und den Hebelsarmen, deren Länge sich wie $\alpha : 1$ zu einander
verhält, folglich ist unter Anwendung von Gleichung 2)

$$\frac{M_T}{m_t} = \frac{\alpha^3}{1} \cdot \frac{\alpha}{1}$$

oder

$$4) \quad \ldots \ldots \ldots \ldots \ldots \ldots \quad \frac{M_T}{m_t} = \alpha^4.$$

In diesen vier Gleichungen ist das mechanische Ähnlichkeitsgesetz für die
Propeller enthalten und es folgt daraus ohne weiteres, daß bei seiner Anwendung,
d. h. also bei korrespondierenden Umdrehungen und Geschwindigkeiten, Wirkungsgrad und Slip für einander ähnliche Propeller die gleichen sind, denn

$$5) \quad \ldots \ldots \quad \frac{S \cdot V}{M_T \cdot 2\,\pi \cdot N} = \frac{\alpha^3 \cdot s \cdot \sqrt{\alpha} \cdot v}{\alpha^4 \cdot m_t \cdot 2\,\pi \, \dfrac{n}{\sqrt{\alpha}}} = \frac{s \cdot v}{m_t \cdot 2\,\pi \cdot n} = \text{Wirkungsgrad.}$$

$$6) \quad \ldots \ldots \quad 1 - \frac{V}{N\,H} = 1 - \frac{v \cdot \sqrt{\alpha}}{\dfrac{n}{\sqrt{\alpha}} \cdot h \cdot \alpha} = 1 - \frac{v}{n \cdot h} = \text{Slip.}$$

Der praktische Beweis der direkten Gültigkeit des mechanischen Ähnlichkeitsgesetzes für den Widerstand quer zur Fahrtrichtung im W a s s e r stehender bewegter ähnlicher Platten ist von Herrn Geheimrat E n g e l s[1] und mir erbracht,
aber wir wissen schon seit langer Zeit, daß das Ähnlichkeitsgesetz in seiner Anwendung auf im W a s s e r schwimmende Körper einer von F r o u d e nachgewiesenen besonderen Berücksichtigung des Flächenwiderstandes bedarf, und
daß also nur der sogenannte Formwiderstand gesetzmäßig verglichen werden kann.
Es erscheint daher naheliegend, auch für die Schiffsschrauben seine praktische
Erprobung durchzuführen, um eine etwaige ähnliche Beschränkung festzustellen.

Bekanntlich hat Taylor vor einigen Jahren diesen Versuch unternommen,
aber er ist selbst nicht voll befriedigt[2] von dieser seiner Untersuchung und gibt
als Grund an erstens, daß die Beruhigung des Wassers nicht abgewartet sei, und
zweitens, daß alle ähnlichen Propeller bei der gleichen und nicht bei ähnlicher

---

[1] Zeitschrift „Schiffbau". IX. Jahrg. Nr. 6 und 7. H. Engels und Fr. Gebers: „Der
Beiwert k usw."

[2] Transactions 1906, Seite 75 schreibt Taylor: „It is with a good deal of hesitancy,
that I put forward another series of experiments, to which I invite your attention, for the
reason that I have not been able in connection with them to arrive at results entirely satis-
factory to myself."

Tauchtiefe geschleppt seien. Aus der Voraussetzung der Ähnlichkeit der Bahnen der Wasserteilchen folgt aber, daß auch die Ähnlichkeit der Tauchtiefe ebenso wie die aller Abmessungen des Wasserquerschnittes so lange, wie deren Beschränkung sich noch bemerkbar macht, gewahrt bleiben muß. Am auffallendsten aber ist wohl, daß bei diesen Taylorschen Untersuchungen die Geschwindigkeit für die kleinen und die größeren Propeller nicht eine korrespondierende, sondern die gleiche von 5 kn in der Stunde war, und zwar auf Grund einer Untersuchung vom Jahre 1905[1]), wo Taylor fand, daß bei gleichem theoretischen Slip der Schub sich stets durch die Gleichung s = c d² v², worin c eine Konstante ist, die für die Propellertype abhängig ist vom Slip, sich aber mit der Größe der Propeller nicht ändert, ausdrücken läßt. Ebenso änderte sich auch das Drehmoment mit dem Quadrat der Geschwindigkeit. Daraus würde folgen, daß die Wirkungsgrade bei gleichem Slip für den gleichen Propellertyp stets die gleichen sein müssen, ganz gleich, ob der Propeller eine niedrige oder eine hohe Umlaufszahl besitzt. Die nachstehend beschriebenen Versuche haben — das sei hier gleich vorweg genommen — die Voraussetzung nicht ganz bestätigt. Deshalb ist es nicht zu verwundern, wenn aus den verschiedenen angegebenen Gründen die von Taylor ermittelten nach dem Ähnlichkeitsgesetz umgerechneten Kurven sich nicht ganz decken und in ihrer Abweichung eine Gesetzmäßigkeit nicht zu finden ist.

Darum wurde beschlossen, eine erneute Prüfung der Gültigkeit des mechanischen Ähnlichkeitsgesetzes zuerst vorzunehmen.

b) Die Versuchseinrichtung.

Als Versuchsstätte der hier beschriebenen Versuche diente die staatlich subventionierte Versuchsanstalt der Dresdner Maschinenfabrik und Schiffswerft Uebigau, A.-G., zu Dresden-Uebigau. Ein Aufsatz über die Einrichtungen der Anstalt ist in der Zeitschrift „Schiffbau"[2]) erschienen, und es soll daher hier nur auf das Notwendigste eingegangen werden.

Es sei kurz daran erinnert, daß das Uebigauer Becken eine Wasserspiegellänge von 95 m, eine lichte Breite von 6,5 m und eine Tiefe von 3,5 m besitzt, und die Wagengeschwindigkeit bis auf über 5 m in der Sekunde in kleinen Stufen gesteigert werden kann.

Das nach dem Entwurf des Verfassers von F u e ß in Steglitz hergestellte Schrauben-Dynamometer ist in den Teilen, die bei der hier behandelten Untersuchung benutzt wurden, in Fig. 1 schematisch dargestellt und soll kurz

[1]) Transaction 1905.

[2]) Schiffbau 1905. Heft 1 und 2. Fr. Gebers: „Die Versuchsanstalt Uebigau".

Schema des Schraubendynamometers.

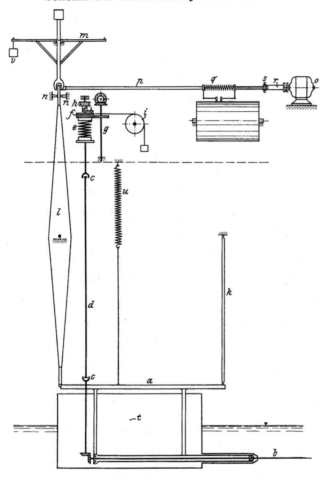

Fig. 1.

Eichvorrichtung für das Drehmoment.

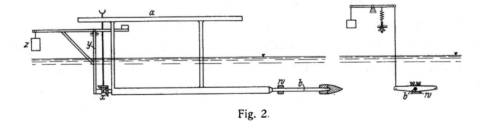

Fig. 2.

beschrieben werden: Die an dem Pendelrahmen a befestigte Schraubenwelle b steht durch eine mittels zweier Kardanischer Gelenke c c biegsam gemachte Welle d mit dem Torsions-Dynamometer e in Verbindung. Dieses besteht aus einer mit der Welle d das eine Mal und mit einem lose darauf sitzenden Zahnrade das andere Mal verbundenen auswechselbaren Spiralfeder. Das lose Zahnrad wird von der Welle g unter Zwischenschaltung von anderen Wellen und Kegelrädern und einem Zahnradvorgelege mit 5 verschiedenen Übersetzungen durch einen weitgehend regulierbaren Elektromotor angetrieben. Die dann auftretende Verdrehung der Spiralfeder bewirkt ein Anheben des Körpers h, dessen Maß durch den Ausschlag eines mit einem Rädchen in die Rille des Körpers h greifenden Hebels und einer Schreibfeder sich auf einem Papierstreifen aufzeichnet. Die Größe der Drehkraft der Feder kann leicht durch ein an eine um die Schnurscheibe f geschlungene und um das Rädchen i geführte Schnur gehängtes Gewicht bestimmt werden. Der Pendel-rahmen a hängt an einer Spiralfeder u, deren Angriff stets senkrecht über dem Schwerpunkt erfolgt, und ist so fast reibungslos an den beiden Lenkern k u. l, von denen der hintere zu einem zweiarmigen Hebel ausgebildet ist, befestigt. Gegen das obere Ende des letzteren wirkt ein dreiarmiger Wagebalken m nach vorn oder nach hinten, je nachdem, auf welcher Seite Gewichte v daran gehängt werden, so daß der größte Teil des Schubes durch diese Gewichte aufgenommen und bestimmt wird. Wird der Schub sehr klein oder negativ, so ermöglicht die Belastung der anderen Wagebalkenseite auch dann noch die Messung im Verein mit der Spiral-feder q. Das Spiel des Hebels l ist begrenzt durch je einen Anschlag n n auf jeder Seite. Diese Anschläge sind als Kontakte ausgebildet und stehen so eng, daß eben durch den Ausschlag des Hebels l die einpolige[1]) Umsteuerung des Motors o mit Sicherheit geschieht. Von dem oberen Hebelende führt eine Zugstange p zu einer Spiralfeder q. Die Spannung und Entspannung dieser Feder geschieht durch die Drehung der mit dem Anker des Motors verbundenen Mutter s um die mit der Feder verbundene Schraubenspindel r. Die Größe der Dehnung der Feder wird auf einem Papierstreifen selbsttätig aufgezeichnet.

Überwiegt also der unten ausgeübte Zug der Schraube das gegen das obere Hebelende wirkende Gewicht, so wird durch den Ausschlag des oberen Hebelarmes nach hinten der Strom in der Weise durch den Motor geschickt, daß seine Dreh-richtung eine Spannung der Feder erzeugt. Der Motor wird so lange umlaufen,

---

[1]) Anmerk.: Der Motor besitzt auf jedem Schenkel zwei voneinander unabhängige entgegengesetzt gewickelte Spulen, und der Strom wird durch die erwähnte Kontaktvor-richtung, die einen einpoligen Umschalter darstellt, entweder durch die eine oder durch die andere Wickelung geschickt und dadurch der Drehsinn des Ankers geändert.

bis die Spannung der Feder im Verein mit dem Gewicht dem Propellerzuge gleich ist; dann wird der Kontakt unterbrochen und der Motor steht still. Im umgekehrten Falle wird der Motor umgekehrt in Drehung versetzt, und es ist wohl leicht einzusehen, daß ein Spiel des Hebels zwischen den Kontakten und ein wechselndes Spannen und Entspannen der Meßfeder bei arbeitenden Propellern eintreten wird.

Die Schwankungen in den Aufzeichnungen sind aber so gering, daß man ohne Integratorhilfe die mittlere Federdehnung leicht bestimmen kann (siehe Fig. 4 a, b).

Die Reibung in den Gelenken ist durch sorgfältige Ausführung und durch die schon erwähnte Aufhängung des Pendelrahmens an einer Spiralfeder mit einstellbarer Spannung auf das Geringstmaß beschränkt. Sämtliche Lager zwischen dem Torsions-Dynamometer und dem Propeller sind als Kugellager ausgebildet und bestehen über Wasser aus Stahl, unter Wasser aus härtester Spezialbronze.

Die im Wasser befindlichen Teile des Schrauben-Dynamometers sind von einem an dem Fundament fest angebrachten Kasten aus Messingblech umgeben, der sich ihnen eng anschmiegt, aber sie nirgends berührt. Seine Form ist aus Fig. 3 zu ersehen. Dieser Kasten hat den Zweck, einen Eigenwiderstand des Gestelles und eine Einwirkung des Schraubenstromes des umgekehrt wie bei dem Schiff auf die Welle gesteckten Propellers auf die im Wasser befindlichen Teile und damit auf die Messung zu verhindern. Durch die schiffsförmige Ausgestaltung und die aus dem rohrförmigen Ansatz noch weit frei hervorragende Welle hoffte man eine Einwirkung des Kastens auf die Propellerwirkung fernzuhalten. In der Tat konnte eine Einwirkung auf das Drehmoment nicht festgestellt werden, wenn man den Kasten entfernte und den größten Propeller am Ort in Umdrehungen versetzte.

Überschritt der Propellerzug 5 kg, so wurde unten an dem Pendelrahmen eine gespannte Hilfsfeder befestigt (siehe Fig. 3), um eine Durchbiegung des leicht gebauten Hebels zu vermeiden. Diese Feder wurde in wagerechter Lage durch Gewichte geeicht, die an einen über ein leicht drehbares Rad gelegten Stahldraht gehängt wurden. Vier verschiedene Federn von 4 bis zu 15 kg Zug wurden beschafft.

Die Eichung der oberen Meßfeder erfolgte in der Weise, daß man auf den vorderen Arm des Wagebalkens Gewichte hing und nun die Feder durch Drehen des Motorankers so weit spannte, bis der Hebel zwischen den beiden Kontakten stand. Nach den Aufzeichnungen der entsprechenden Federdehnungen wurde dann ein Maßstab angefertigt, der häufiger kontrolliert wurde, aber nie verbesserungsbedürftig war. Zwei Federn von 500 und 1500 g größter Spannkraft haben für alle Untersuchungen ausgereicht.

In Fig. 4 a und b ist je ein Originaldiagramm des Apparates in verkleinertem

Additional information of this book

(Jahrbuch der Schiffbautechnischen Gesellschaft; 978-3-642-90184-3; 978-3-642-90184-3_OSFO2

is provided:

http://Extras.Springer.com

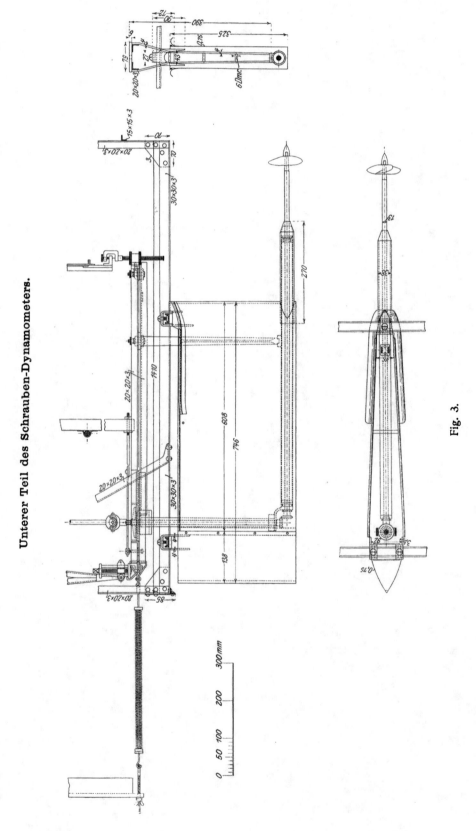

Fig. 3.

Unterer Teil des Schrauben-Dynamometers.

Maßstabe wiedergegeben, von denen jedes die Ergebnisse einer Anzahl von Versuchsfahrten enthält. Die Aufzeichnungen stellen der Reihe nach dar:

Aufzeichnung 1 die Länge des zurückgelegten Weges von 2 zu 2 Metern, erfolgt durch Kontaktschluß an den Schienenkontakten.

Aufzeichnung 2 die Zeit in halben Sekunden, erfolgt von einer Uhr auf dem Wagen, deren schwere Konstruktion die Unempfindlichkeit des Ganges gegen geringe Erschütterungen gewährleistete. Die Uhr wurde alle ¾ Stunden von neuem aufgezogen, und so nur mit ihrer mittleren Federspannung in Betrieb gesetzt. Die Zeitangabe ist infolgedessen eine durchaus gleichmäßige gewesen.

Aufzeichnung 3 jede 10. oder jede 20. Umdrehung der Antriebswelle des Torsions-Dynamometers, erfolgt von einer Kontaktvorrichtung, bestehend aus einer Schnecke auf der Antriebswelle im Eingriff mit einem auswechselbaren Schneckenrade. An dem Schneckenrade befand sich ein Stift, der an einer Feder für kurze Zeit entlang strich und so den Strom für die elektromagnetische Schreibvorrichtung schloß und öffnete.

Aufzeichnung 4 ist die Stellung des durch die Zugstange mit dem Hebel verbundenen Federendes oder die Nullinie.

Aufzeichnung 5 ist der Weg des anderen Federendes. Der Abstand der beiden letzten Aufzeichnungen ist die Summe der jeweiligen Dehnung der Meßfeder und des festen Abstandes der beiden Schreibfedern.

Aufzeichnung 6 gibt die Drehkraft der Feder des Torsions-Dynamometers an auf einem besonderen Papierstreifen. Die geraden Linien in parallelem Abstande sind Ergebnisse der Tarierung dieser Kraft in der schon erwähnten Weise; jede Gerade entspricht einem bestimmten angehängten Gewicht. Durch Einmittelung ist daraus leicht für jeden beliebigen Ausschlag der Meßvorrichtung die Größe der Drehkraft zu bestimmen.

Die geschilderte Dynamometer-Einrichtung gestattete anstandslos bis zu 1500 minutliche Umdrehungen der senkrechten nach unten führenden Welle. Dann kam eine Periode, wo das Instrument in Schwingungen geriet. Deshalb und um die Wirkung der Zentrifugalkraft auf die Torsionsfeder nicht allzu stark werden zu lassen, wurde dann dem unteren sonst gleichen Kegelräderpaare ein Übersetzungsverhältnis von 1:2 gegeben, so daß die senkrechte Welle mit nicht mehr als 1500 Umdrehungen in der Minute umlief.

Für den größten untersuchten Propeller von 300 mm Durchmesser wurde eine besondere Vorrichtung gebaut, die aber in genau der gleichen Weise, nur in stärkeren Abmessungen, wo es nötig war, hergestellt wurde. Es sind allerdings in diesem Fall die Lager unter Wasser nicht als Kugellager ausgebildet worden.

Das Wasser hatte zu allen den betreffenden Teilen freien Zutritt; von Stopfbuchsen und Dichtungen mußte wegen ihrer Reibung bei den geringen zu messenden
Kräften abgesehen werden. Die Schmierung der Lager unter Wasser geschah bei
den Kugellagern mit Vaseline, bei der zweiten Anordnung durch beständige Öl-
zuführung. Austretendes Öl sammelte sich auf dem Wasserspiegel im Kasten und
verunreinigte so das Wasser im Becken nicht.

c) Die Prüfung der Versuchseinrichtung und die Bestimmung des wahren Schubes und Drehmomentes.

Um ein Bild über die etwaigen Meßfehler zu erhalten, wurde wiederholt eine
Prüfung der Versuchseinrichtung vorgenommen.

Das vordere Ende der Propellerwelle wurde mit dem Widerstands-Dynamo-
meter der Anstalt, das einen einfachen Wagebalken darstellt, durch einen dünnen
Stahldraht und eine eingeschaltete gespannte Spiralfeder verbunden. So wurde
auf beide Meßeinrichtungen die gleiche Kraft ausgeübt. Beide wurden dann in
Tätigkeit gesetzt und die Ergebnisse der Aufzeichnungen mit einander verglichen.
Die größte Abweichung bei einer Belastung von etwa 5 kg blieb stets unter 5 gr.
Es wurden dann die Meßfedern beider Dynamometer entfernt und nur durch Belastung der Wagebalken mit Gewichten die Spannungskraft bestimmt; auch jetzt
betrug der Unterschied in keinem Falle mehr als 5 gr. Dasselbe war auch der Fall,
wenn der dünne Stahldraht an dem vorderen Lager der Propellerwelle befestigt
und die Welle in die verschiedensten Umdrehungen versetzt wurde.

Diese Prüfung wurde bei ungesenktem Schrauben-Dynamometer, also in der
Luft vorgenommen. Es war dadurch festgestellt, daß jedenfalls ein an der Stelle
des Propellers ausgeübter Zug mit genügender Genauigkeit gemessen wurde.

Aber es war klar, daß einmal die im Wasser frei arbeitenden Kegelräder und
ferner das an der Welle entlang strömende und in den Kasten (siehe Fig. 1) während
der Fahrt mit dem aufgesteckten Propeller eindringende Wasser — die Welle hatte
ringsherum ein Millimeter Spiel gegen die Umkleidung wegen der geringen Schwingungen des ganzen Apparates — eine Wirkung auf die Messung ausübten. Die
Wirkung der umlaufenden Kegelräder konnte unschwer ermittelt werden, wenn man
bei umgekehrt belastetem Wagebalken im Ruhezustand das Gleichgewicht des
Hebels durch Federdehnung des Dynamometers herstellte und darauf bei gesenktem
Apparat die Wellen mit der betreffenden Umdrehungszahl umlaufen ließ.

Umständlicher dagegen war eine genaue Ermittelung der zweiten Fehlergröße.
Messungen des Wasserdruckes ergaben, daß dieser hinter dem Propeller in der Mitte
des Schraubenstrahles stets geringer ist als die Geschwindigkeitshöhe der Fort-

bewegungsgeschwindigkeit und also viel geringer als die aus der Umdrehungszahl und der Steigung sich ergebende Geschwindigkeit. Deshalb war die genaue Bestimmung selbst durch Schleppversuche nur möglich, wenn die genaue Bestimmung des betreffenden Wasserdruckes für eine bestimmte Umdrehungszahl und Geschwindigkeit der Fortbewegung des betreffenden Propellers vorgenommen wäre. Dieses Verfahren wurde wegen seiner Langwierigkeit nicht angewendet, sondern es wurde einfach die Wassergeschwindigkeit an dem Wellendurchgang um 20% geringer als die Geschwindigkeit der Fortbewegung angenommen — ungefähr stimmte dieses nach vorgenommenen Messungen — und dann durch Schleppversuche für einige Geschwindigkeiten bei jeder in Anwendung gekommenen Umdrehungszahl die notwendige Schubverbesserung bestimmt. Sie ist in den Fig. 7, 8, 9, 10 in Klammern an den Schubkurven verzeichnet und ist, wie wir sehen, immer nur verhältnismäßig klein gewesen. Auf die erwähnte Weise wurde auch ein etwaiger Einfluß des Luftwiderstandes auf das Versuchsergebnis mit genügender Genauigkeit gleichzeitig mitermittelt.

Bei diesen Schleppversuchen war stets über das vordere Wellenende mit genügendem Spielraum ein kurzes mit langer Spitze versehenes und mit einem sehr zugeschärften Schaft am Wagen befestigtes Rohrstück gestreift, um den Wasserdruck gegen das vordere Ende der Welle nicht mit in die Größe der Verbesserung einzuschließen.

Um die Dicke der Wellen für die verschiedenen Propellergrößen ähnlich zu machen, wurden über die Wellen des Instrumentes hinter dem Propeller Rohre von entsprechendem Durchmesser gestreift. Wenn dadurch ein Eindringen von Wasser in den Kasten verhindert wurde, so wurde der Schleppversuch unnötig und die Eichung konnte bei nicht bewegtem Wagen stattfinden, denn die Wasserreibung an dem Rohr und der Luftwiderstand waren von keinem nennenswerten Einfluß auf das Endergebnis.

Es ist oben erwähnt, daß man die Drehkraft der Spiralfeder des Torsions-Dynamometers mit Hilfe von Gewichten, die an einer Scheibe von bestimmtem Durchmesser (60 u. 100 mm) wirkten, für verschiedene Grade der Verdrehung bestimmen konnte. Diese Bestimmung konnte aber nur im Ruhezustande erfolgen; es würden also folgende Ursachen Fehler in die Messungen bei umlaufenden Wellen gebracht haben:

1. Die Zentrifugalkraft, die auf die einzelnen Federwindungen wirkt und sich mit der Stärke der Feder und der Umdrehungszahl ändert;

2. die Wasserreibung an den Wellen und besonders an den Kegelrädern, die sich mit der Umdrehungszahl und ein wenig auch mit der Tauchung ändert;

3. die Lagerreibung, die sich mit der Schmierung und Abnutzung und mit der Belastung der Lager und der Zahl der Umdrehungen ändert. Dazu würde noch die Reibung der Kegelräder kommen.

Eine gleichmäßige Schmierung unter Wasser konnte schon wegen der verschiedenen Wärmegrade nicht aufrecht erhalten werden. Die Abnutzung der bronzenen Kugellager war ziemlich stark und machte eine häufige Erneuerung nötig.

Die wechselnde Belastung der Lager erfolgte einmal durch das Propellergewicht, zweitens durch den Druck, den die Kegelräder auf einander ausübten und drittens in der Hauptsache durch den Zug, mit dem der Propeller auf das Drucklager wirkte.

Mit der Umdrehungszahl ändert sich bekanntlich die Größe des Beiwertes der Reibung.

Eine Annahme der übrigen Fehler in Prozenten des ganzen Drehmomentes neben einer Feststellung des Drehmomentes des Leerlaufes bei gesenktem Dynamometer erwies sich trotz der Anwendung der Kugellager als so irrig, daß der ganze Wert der ersten mit dieser vermeintlichen Fehlerermittelung angestellten Versuche hinfällig wurde. Die Erkenntnis dieser Tatsache war nur durch den Vergleich der für die verschiedenen Propellergrößen ermittelten Ergebnisse zu erhalten, und sie war nicht leicht, denn die Ergebnisse wiesen zuerst die Gesetzmäßigkeit auf, daß das Drehmoment der größeren Propeller verhältnismäßig kleiner war, als das der kleineren Propeller. Erst nach Beschaffung des größten Propellers und der Versuchseinrichtung dafür wurde diese Gesetzmäßigkeit gestört. So kam man dahin, an Stelle von Annahmen auch hier die genaue Feststellung der Fehlergrößen zu setzen, und es wurde folgendes Verfahren bei allen nachstehend beschriebenen Versuchen angewendet:

An die Stelle des Propellers (Fig. 2) wurde nur seine Nabe mit Haube aufgesteckt; dabei wurde eine hohle Haube durch eine volle ersetzt, um möglichst die Belastung der Welle mit dem Propellergewicht wiederherzustellen. Hinter dieser Nabe saß auf der Welle ein Bremsdynamometer w, welches das Drehmoment des Propellers erzeugte. Bei den Drehmomenten bis zu 15 000 cmgr wurde dieses Dynamometer einfach auf die Welle gestreift, bei den größeren Momenten aber wurde ein anderes verwendet, welches auf eine auf die Welle gesetzte Scheibe wirkte. Von dem Reibungswiderstand dieser Scheibe im Wasser nahm man an, daß er gleich der Wirkung des über die Welle beim Schleppversuch gestreiften Rohres sei. Das Bremsdynamometer war so konstruiert, daß möglichst kein Wasser zwischen die Bremsscheibe und die Bremsklötze dringen konnte, und enthielt in allen Zwischenräumen eine Füllung von konsistentem Fett. Ein Eindringen von Wasser zwischen die Bremsflächen erzeugte heftige Schwingungen des ganzen Apparates.

Gegen das hintere Ende der Propellerwelle (Fig. 2), in welches eine harte Stahlkugel x eingelassen war, legte sich eine Wage y mit einer gehärteten, schwach gefetteten Stahlfläche, und es war so möglich, den Druck im Drucklager durch Anhängen eines entsprechenden Gewichtes z für das betreffende Drehmoment wieder herzustellen, ohne durch Reibung ein nennenswertes neues Drehmoment noch zu erzeugen.

Gewöhnlich wurden in Uebigau nach einer Reihe von etwa zehn Fahrten mit verschiedener Geschwindigkeit, aber einer Umdrehungszahl des Propellers die erhaltenen Drehkraftlinien einfach mit Hilfe der Eichung der Drehkraft der Spiralfeder im Ruhezustande ausgewertet und die Ergebnisse als Punkte ebenso, wie die betreffende Messung des Schubdynamometers, die Geschwindigkeiten als Abscissen, den Schub bzw. das Drehmoment als Ordinaten auf Millimeterpapier aufgesetzt. Dann wurde die Schubverbesserung durch etwa vier Fahrten dafür festgelegt und angewendet, so daß man die Kurve des reinen Schubes erhielt. Für das Drehmoment wurde zunächst ein Erfahrungsabzug angewendet und nun die Eichung des richtigen Abzuges mit der entsprechenden Belastung der den Schub wiederherstellenden Wage und des Bremsdynamometers bei der betreffenden Umdrehungszahl durchgeführt. Der Kasten mußte zuvor in seinem hinteren Teile wenigstens entfernt werden. Eine zweimalige Eichung mit vier bis fünf verschiedenen Belastungen hat sich als ausreichend erwiesen. Die so festgestellten Drehmomentsabzüge wurden in Form von Kurven, Angabe des Torsions-Dynamometers als Abscisse, Abzug als Ordinate, aufgesetzt. Einige der so erhaltenen Kurven sind des Beispiels halber in Fig. 5a, 5b, 5c, 5d, dargestellt.

Während sonst in Uebigau die Kurven des reinen Schubes und Drehmomentes in der Weise ermittelt wurden, daß durch die ursprünglichen Messungsergebnisse Kurven hindurchgezogen und dann die reinen Schub- und Drehmomentskurven einfach um die betreffende Verbesserung höher oder tiefer gelegt wurden, sind in den hier abgebildeten Kurvenblättern, Fig. 7, 8, 9 und 10, die einzelnen Punkte der reinen Schub- und Drehmomentskurven unter gleichzeitiger Anwendung der Verbesserung aufgesetzt. Es ist dieses natürlich umständlicher, aber es geschah, weil die Kurven zu verschiedenen Zeiten erschleppt wurden, und die Abzüge für ein und dasselbe Drehmoment aus den schon angegebenen Gründen verschiedene gewesen wären. Man hätte also zu viele Kurven dicht bei einander erhalten.

Schwieriger noch wurde die Bestimmung des Drehmomentabzuges bei einem

Eichung des Drehmomentes.

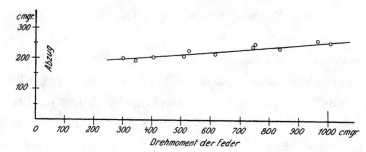

Fig. 5a.
Propeller Nr I 75 ⌀ n = 28,87. 16. I. 09.

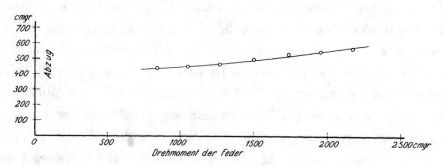

Fig. 5b.
Propeller Nr. I 75 ⌀ n = 46,19. 21. I. 09.

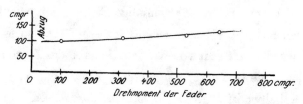

Fig 5c.
Propeller Nr. II 100 ⌀ n = 10. 24. 1. 09.

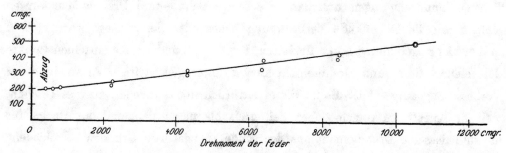

Fig. 5d.
Propeller Nr. III 150 ⌀ n = 20,41. 26. 1. 09.

Wachsen des Drehmomentes über 15 000 cmgr hinaus und der erforderlichen Anwendung von Bremsscheiben. Hier galt es zunächst, die auftretenden heftigen Torsionsschwingungen zu dämpfen, die wohl ihre Ursache in der auch mit der Umlaufsgeschwindigkeit wechselnden Reibung des Bremsdynamometers hatten. Sie machten eine Bestimmung des Abzuges unmöglich und führten häufiger zu einem Bruch eines Verbindungsstiftes in dem Torsions-Dynamometer, der zugleich als Sicherheitsvorrichtung diente. Die Anordnung von Luft- und Schwungrädern und anderer Dämpfungsmittel erwies sich als ungeeignet. Man mußte Wasserräder verwenden mit wenig Flügeln von unendlicher Steigung, für diese zunächst das Drehmoment bei der betreffenden Umlaufszahl feststellen und dann bei der Belastung der Eichvorrichtung in Rechnung setzen. Es wurde so die Eichung des Drehmomentmessers bedeutend langwieriger als die eigentlichen Propellerversuche, zumal da man bei langsamen Umdrehungen und großen Drehmomenten sogar zwei derartige Räder nach einander verwenden mußte. Es war nämlich nicht möglich, das Drehmoment des größeren ohne ein solches kleineres Rad festzustellen; das Drehmoment des kleineren wurde dann mit der einfachen Eichvorrichtung durch Abbremsen ermittelt. Es ist natürlich, daß durch dieses umständliche Verfahren leicht die Genauigkeit etwas gelitten hat, aber es wurde eine andere Möglichkeit der Eichung, die ja unter Wasser geschehen mußte, nicht gefunden. Allerdings wurde versucht, immer mit möglichst kleinen Wasserrädern auszukommen. Die Flügel dieser Wasserräder saßen auf einer dünnen Scheibe, die zwischen Haube und Nabe festgeklemmt wurde.

Auch soll noch erwähnt werden, daß Torsionsfedern von solcher Stärke verwendet wurden, daß man einen möglichst großen Ausschlag des Instrumentes erhielt. Für Drehmomente bis zu 15 000 cmgr wurden beispielsweise fünf verschiedene Federn verwendet.

Es ist somit wohl alles geschehen, um die hier veröffentlichten Versuchsergebnisse zu möglichst einwandfreien zu gestalten. Noch vorhandene Mängel hätten sich jedenfalls bei der Fortsetzung der Versuche leicht abstellen lassen.

d) Die Versuchspropeller.

Für die Versuche wurden vier verschieden große, einander genau ähnliche, dreiflügelige Schiffsschraubenmodelle (Fig. 6a), die ein Größenverhältnis von $1 : \frac{1}{2} : \frac{1}{3} : \frac{1}{4}$ besaßen, angefertigt. Es wurde ein für Dampfturbinenantrieb geeigneter Typ gewählt, weil dieser wohl heute das größte Interesse in Anspruch nimmt. Die Abmessungen des größten Propellers Nr. IV (Fig. 6) waren die folgenden:

Propeller Nr. IV. 3 Flügel.

Durchmesser 300 mm proj. Flügelfläche 374 qcm
Konstr. Steigung 285 mm abgew. Flügelfläche 435 qcm

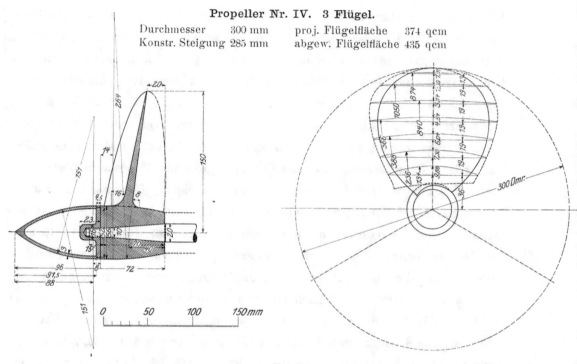

Fig. 6.

Die vier untersuchten Schiffsschraubenmodelle.

Fig. 6a.

Durchmesser D = 300 mm.

Steigung H = 285 mm.

ges. proj. Flügelfläche = 374,1 qcm.

ges. abgew. Flügelfläche = 435 qcm.

$\dfrac{H}{D} = 0,95$

Nabendurchm. = 56 mm.

Mitte Welle unter Wasser = 240 mm.

Die Durchmesser und Steigungen der anderen Propeller waren demzufolge:

Propeller I:

    D = 75 mm, H = 71,25 mm, Mitte Welle unter Wasser = 60 mm.

Propeller II:

    D = 100 mm, H = 95 mm, Mitte Welle unter Wasser = 80 mm.

Propeller III:

    D = 150 mm, H = 142,5 mm, Mitte Welle unter Wasser = 120 mm.

Die Steigung der Propeller war konstant. Sie wurden auf das genaueste hergestellt und mit einem besonderen Meßapparat[1]) in allen ihren Abmessungen auf der Vorder- und Rückseite geprüft. Als Material wurde die in der Anstalt erprobte Weißmetallegierung angewendet. Die Ähnlichkeit der Wellendicke wurde, wie schon erwähnt ist, durch übergestreifte Rohre aus Messing hergestellt. Für die Hauben gelangte Bronze zur Anwendung.

e) Die Untersuchung.

Die Versuche litten außerordentlich darunter, daß der nötige gleichmäßige Betriebsstrom nur kurze Zeit täglich der Anstalt zur Verfügung stand, und haben daher wohl das drei- bis vierfache der beabsichtigten Zeit gekostet. Meist fand am Tage zunächst die Eichung des Torsions-Dynamometers statt auf Grund der Ergebnisse des vorhergehenden Tages; dann wurden diese Ergebnisse durch weitere Schleppversuche mit der gleichen Umdrehungszahl kontrolliert und, wenn die Kontrolle genügte, zu einer anderen Umdrehungszahl übergegangen. Am Ende der täglichen Versuchszeit wurde meistens die Schubverbesserung festgestellt.

Wiederholt mußten die Versuche wegen anderweitiger Inanspruchnahme der Anstalt längere Zeit unterbrochen werden; auch wurden in der Zwischenzeit Verbesserungen an den Apparaten vorgenommen.

---

[1]) a. a. O. „Die Versuchsanstalt Uebigau".

Additional information of this book

(Jahrbuch der Schiffbautechnischen Gesellschaft; 978-3-642-90184-3; 978-3-642-90184-3_OSFO2

 is provided:

http://Extras.Springer.com

Geschleppt wurde mit korrespondierenden Umdrehungen[1]), die an einem Tachometer abgelesen und durch Schaltung von Regulierwiderständen auf der richtigen Höhe gehalten wurden. Kleine Schwankungen sind dabei unvermeidlich gewesen (vergl. Tabelle Nr. 4). Man hat sie insofern teilweise berücksichtigt, daß man die als Punkte aufgetragenen Ergebnisse mit entsprechenden kleinen Pfeilen versah.

Die Geschwindigkeiten waren der Reihenfolge nach so, daß man das erste Mal sie von Fahrt zu Fahrt steigerte, bis der Schub negativ wurde, und das zweite Mal sie wieder bis auf Null abnehmen ließ. Die einzelnen Fahrten hatten gleichmäßige Geschwindigkeit.

Eine fast durchgängige Kontrolle der Ergebnisse hat im Januar d. J. stattgefunden bei einer Wassertemperatur von 0⁰ bis 4⁰ Celsius. Ein Einfluß der Wasserwärme, die von 16⁰ bis 0⁰ schwankte, auf die Wirkung der Propeller konnte nicht nachgewiesen werden.

f) Die Ergebnisse.

Die Ergebnisse wurden in der üblichen Weise als Punkte auf Millimeterpapier aufgetragen (siehe Fig. 7, 8, 9 und 10), die Geschwindigkeiten als Abscissen, die Schubgrößen als Ordinaten nach oben, die Drehmomente als Ordinaten nach unten. Die Berücksichtigung der Eichungsergebnisse dabei ist schon erwähnt. Durch die Scharen der Punkte sind dann Kurven hindurchgelegt, die den Verlauf des Schubes und des Drehmomentes für eine und dieselbe Umdrehungszahl bei wachsenden Geschwindigkeiten darstellen.

Bei den geringen Geschwindigkeiten sind die Messungen durch den bekannten trichterförmigen Eintritt von Luft in den Schraubenstrahl gestört, und es erklärt sich dadurch das Abfallen der Kurven von der Mitte nach ihrem Anfang zu. Für diese Fälle wird daher auch das Ähnlichkeitsgesetz versagen müssen. In ihrem mittleren Teile fallen die Kurven fast gleichmäßig mit wachsender Geschwindigkeit, vielleicht direkt proportional dem t a t s ä c h l i c h e n Slip, und nähern sich an ihrem Ende schneller dem Wert „Null". Eine Erklärung für letztere Erscheinung wird später noch gegeben werden.

Die Kurven der Drehmomente erreichen den Wert Null bei einer höheren Geschwindigkeit, wie der Schub, da ja noch länger Reibungs- und Formwiderstandswerte der Drehung entgegenwirken.

---

[1]) Anmerkung: Der Propeller Nr. II von 100 mm ∅ besaß die Größe, die im vorliegenden Fall für die Verbindung mit dem Schiffsmodell in Betracht kommt, deshalb wurden für ihn die Umdrehungszahlen 10, 15, 20 usw. der Untersuchung zugrunde gelegt. Ebenso sind deshalb auch seine Geschwindigkeiten 0, 0,25, 0,5, 0,75 m usw. später in die Rechnung eingeführt.

Propeller Nr. IV, 300 mm Durchm.

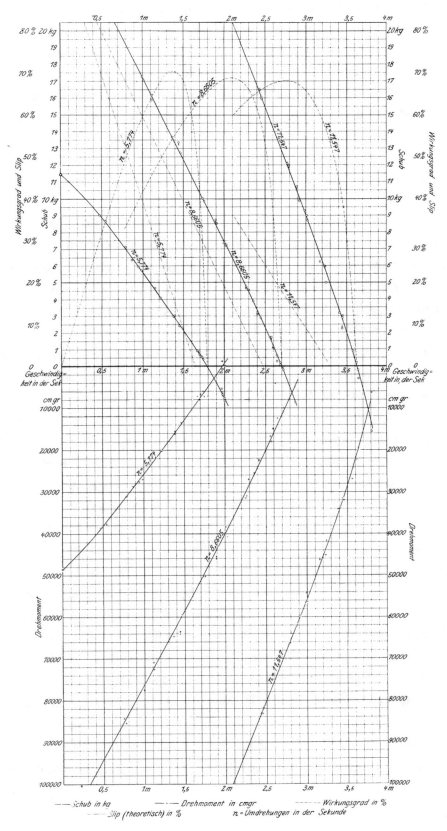

Fig. 10.

In der Tabelle Nr. 1 sind aus den Kurven die Schub- und Drehmomentswerte für korrespondierende Geschwindigkeiten und Umdrehungen zusammengestellt. Diese Werte sind dann nach dem Ähnlichkeitsgesetz in der Weise umgerechnet, daß aus den Ergebnissen der Versuche mit den kleineren Propellern die entsprechenden Werte für den größten noch geschleppten errechnet wurden. Die Umrechnung erfolgte mit dem Rechenschieber, und es wurden die berechneten Werte in der Tabelle Nr. 2 und 2a mit den gemessenen Werten zum Vergleich zusammengestellt. Leider fehlen für die größeren Propeller wegen des vorzeitigen Abbruches der Versuche die Werte für die höheren Umdrehungszahlen, so daß ein allgemein gültiges Urteil aus den Ergebnissen auch für diese Propellertype nicht gefällt werden kann.

Wir finden eine recht gute Übereinstimmung der berechneten und gemessenen Werte für den ganzen mittleren Teil der Kurven, also jedenfalls für die Wirkungsgrade, die erstrebenswert sind. Bei dem Vergleich muß man sich daran erinnern, daß ein Gramm Schub des kleinsten Propellers mit 64 Gramm von dem des größten Propellers und daß ein Zentimetergramm vom Drehmoment jenes 256 Zentimetergramm von dem des letzteren gleichwertig ist.

Die Übereinstimmung ist sogar eine wider Erwarten gute und widerspricht eigentlich den Anschauungen der Froudeschen Theorie. Man sollte annehmen, daß sich der sogenannte Reibungseinfluß in ähnlicher Weise, wie bei den Schiffsmodellversuchen auch bei den Propellermodellversuchen bemerkbar machen würde und auch in ähnlicher Weise eine besondere Berechnung erfordere. Es würden deshalb auch die Schubwerte der größeren Propeller bei dem Vergleich mit den aus den Ergebnissen der kleineren errechneten größere sein müssen. Dieses hat sich tatsächlich bei Versuchen mit anderen ähnlichen Propellern von größerer und radial veränderlicher Steigung, die auch in Uebigau in der beschriebenen Weise einer Untersuchung unterzogen wurden, in geringem Maße gezeigt. Daraus würde folgen, daß der Wirkungsgrad größerer Propeller für korrespondierende Umdrehungen und Geschwindigkeiten mit der Propellergröße wächst. Auch letztere Versuche haben aber ergeben und zwar durch den Vergleich der Ergebnisse unter einander und mit denen der Propeller des ausgeführten großen Schiffes unter Annahme einer bestimmten üblichen Vorstromgeschwindigkeit, daß das Ähnlichkeitsgesetz auf die Schub- und Drehmomentswerte, auf letztere mit größerer Berechtigung, angewendet werden kann mit einer bei weitem größeren Genauigkeit, als die Froudesche Methode, also das Ähnlichkeitsgesetz mit einer besonderen Berechnung des Reibungswiderstandes auf den Widerstand der Schiffskörper.

Über einen etwaigen störenden Einfluß der Cavitation konnte durch den

Tabelle 1. Schub, Drehmoment und Wirkungsgrad der untersuchten Propeller bei korrespondierenden Umdrehungen und Geschwindigkeiten.

Propeller I, 75 mm Durchmesser.

Nr.	Korrespondierende Geschwindigkeit m/sek	n = 11,55			n = 17,32			n = 23,09			n = 28,87						n = 46,19		
		Schub gr	Drehmoment cmgr	Wirkungsgrad %	Schub gr	Drehmoment cmgr	Wirkungsgrad %	Schub gr.	Drehmoment cmgr	Wirkungsgrad %	Schub gr	Drehmoment cmgr	Wirkungsgrad %	Schub gr	Drehmoment cmgr	Wirkungsgrad %	Schub gr	Drehmoment cmgr	Wirkungsgrad %
1	0	183	190	0	405	420	0	720	730	0	—	—	—	—	—	—	—	—	—
2	0,2165	147	160	27,5	352	377	18,6	653	673	14,5	—	—	—	—	—	—	—	—	—
3	0,433	102	116	52	289	320	36	572	606	28,2	—	—	—	—	—	—	—	—	—
4	0,6495	56	71	70,5	224	260	51,5	487	528	41,3	—	—	—	—	—	—	—	—	—
5	0,866	7	27	31	157	196	63,8	399	451	52,9	—	—	—	—	—	—	—	—	—
6	1,0825	—53	—24	—	88	130	67,5	309	375	61,7	613	707	51,8	—	—	—	—	—	—
7	1,299	—	—	—	15	60	29,9	222	296	67,3	508	619	58,9	—	—	—	—	—	—
8	1,5155	—	—	—	—70	—25	—	129	216	62,6	403	520	65	—	—	—	—	—	—
9	1,732	—	—	—	—	—	—	25	120	24,9	294	429	65,7	—	—	—	—	—	—
10	1,9485	—	—	—	—	—	—	—95	5	—	177	327	58,2	—	—	—	—	—	—
11	2,165	—	—	—	—	—	—	—	—	—	48	210	27,4	—	—	—	1264	1529	61,8
12	2,3815	—	—	—	—	—	—	—	—	—	—101	80	—	—	—	—	1087	1374	65
13	2,598	—	—	—	—	—	—	—	—	—	—	—	—	—	—	—	910	1221	66,7
14	2,8145	—	—	—	—	—	—	—	—	—	—	—	—	—	—	—	727	1065	66,2
15	3,031	—	—	—	—	—	—	—	—	—	—	—	—	—	—	—	544	900	63,1
16	3,2475	—	—	—	—	—	—	—	—	—	—	—	—	—	—	—	358	733	54,7
17	3,464	—	—	—	—	—	—	—	—	—	—	—	—	—	—	—	160	549	34,7
18	3,6805	—	—	—	—	—	—	—	—	—	—	—	—	—	—	—	—60	330	—

Propeller II, 100 mm Durchmesser.

Nr.	Korresp. Geschw.	n = 10			n = 15			n = 20			n = 25			n = 30			n = 40		
1	0	420	600	0	945	1360	0	1660	2425	0	—	—	—	—	—	—	—	—	—
2	0,25	342	486	28	832	1200	18,4	1530	2210	13,8	—	—	—	—	—	—	—	—	—
3	0,5	240	362	52,9	685	1000	36,4	1350	1960	27,4	—	—	—	—	—	—	—	—	—
4	0,75	131	222	70,6	530	810	52,1	1150	1700	40,4	—	—	—	—	—	—	—	—	—
5	1	15	90	26,5	372	615	64,2	948	1440	52,4	1740	2505	44,3	—	—	—	—	—	—
6	1,25	—130	—82	—	215	410	69,6	734	1185	61,6	1477	2220	53	—	—	—	—	—	—
7	1,5	—	—	—	40	195	32,7	525	930	67,4	1215	1930	60,2	—	—	—	—	—	—
8	1,75	—	—	—	—168	—58	—	305	660	64,3	953	1630	65,2	—	—	—	—	—	—
9	2	—	—	—	—	—	—	68	365	29,7	690	1325	66,4	1505	2510	63,8	—	—	—
10	2,25	—	—	—	—	—	—	—	—	—	423	995	61	1190	2125	66,8	—	—	—
11	2,5	—	—	—	—	—	—	—	—	—	130	630	33	872	1735	66,7	3010	4865	61,6
12	2,75	—	—	—	—	—	—	—	—	—	—213	200	—	543	1335	59,3	2590	4375	64,8
13	3	—	—	—	—	—	—	—	—	—	—	—	—	—	—	—	2164	3880	66,9
14	3,25	—	—	—	—	—	—	—	—	—	—	—	—	—	—	—	1732	3380	66,3
15	3,5	—	—	—	—	—	—	—	—	—	—	—	—	—	—	—	1292	2860	63,1
16	3,75	—	—	—	—	—	—	—	—	—	—	—	—	—	—	—	848	2340	54,2
17	4	—	—	—	—	—	—	—	—	—	—	—	—	—	—	—	380	1740	34,8
18	4,25	—	—	—	—	—	—	—	—	—	—	—	—	—	—	—	—148	1010	—

Propeller III, 150 mm Durchmesser.

Nr.	Korrespondierende Geschwindigkeit m/sek.	n = 8,16			n = 12,25			n = 16,33			n = 20,41		
		Schub gr	Drehmoment cmgr	Wirkungsgrad %	Schub gr	Drehmoment cmgr	Wirkungsgrad %	Schub gr	Drehmoment cmgr	Wirkungsgrad %	Schub gr	Drehmoment cmgr	Wirkungsgrad %
1	0	1490	3040	0	3225	6670	0	—	—	—	—	—	—
2	0,306	1165	2460	28,4	2840	5910	19,1	—	—	—	—	—	—
3	0,613	805	1805	53,4	2325	5020	36,9	4610	9740	28,4	—	—	—
4	0,919	430	1120	69	1795	4075	52,5	3900	8520	41	—	—	—
5	1,225	50	440	27,2	1260	3110	64,5	3190	7280	52,3	—	—	—
6	1,531	—	—	—	720	2110	68	2470	6015	61,4	—	—	—
7	1,837	—	—	—	150	1000	35,8	1765	4730	66,8	4115	9780	60,5
8	2,143	—	—	—	—	—	—	1035	3390	63,9	3220	8240	65,5
9	2,451	—	—	—	—	—	—	250	1900	35,4	2305	6645	66,5
10	2,757	—	—	—	—	—	—	—740	—	—	1380	5000	59,4
11	3,063	—	—	—	—	—	—	—	—	—	400	3000	31,8

Propeller IV, 300 mm Durchmesser.

Nr.	Korrespondierende Geschwindigkeit m/sek.	n = 5,774			n = 8,6605			n = 11,547		
		Schub gr	Drehmoment cmgr	Wirkungsgrad %	Schub gr	Drehmoment cmgr	Wirkungsgrad %	Schub gr	Drehmoment cmgr	Wirkungsgrad %
1	0	11450	48600	0	—	—	—	—	—	—
2	0,433	9270	39600	28	—	—	—	—	—	—
3	0,866	6460	29100	53,1	18500	80900	36,5	—	—	—
4	1,299	3540	18150	69,9	14300	65550	52,1	—	—	—
5	1,732	430	6670	31,7	10030	49900	64,2	—	—	—
6	2,165	—	—	—	5750	33500	68,5	19700	96000	61,4
7	2,598	—	—	—	1240	16000	37,1	14200	75400	67,5
8	3,031	—	—	—	—	—	—	8350	54200	64,6
9	3,464	—	—	—	—	—	—	2350	30600	36,7

vorzeitigen Abbruch der Versuche kein Aufschluß mehr gewonnen werden; aber die vorhandenen Ergebnisse geben ihn über andere wissenswerte Eigenschaften dieser Propeller.

Es ist leicht für die verschiedenen angewendeten Umdrehungen die Wirkungsgrade bei zunehmenden Geschwindigkeiten zu berechnen. Diese Berechnungsergebnisse sind zum Teil in der Tabelle Nr. 1 enthalten, sonst aber in Form von Kurven auf den Fig. 7, 8, 9 und 10 dargestellt. Die geringen Schwankungen in der Höhe der Wirkungsgradkurven sind wohl auf sehr geringe Fehler in den Bestimmungen und Ablesungen des Schubes und des Drehmomentes zurückzuführen. Wir sehen, wie der maximale Wirkungsgrad bei steigenden Umdrehungen zuerst etwas mehr, nachher weniger abnimmt und schließlich fast konstant bleibt. Er entspricht mit 66 bis 67% den Werten, die man auch sonst wohl mit Turbinen an-

Tabelle 2. Umrechnung der Versuchsergebnisse der kleineren Propeller für den Propeller IV nach dem Ähnlichkeitsgesetz.

Nr.	Geschwindigkeit in m/sek.	Schub in gr				Drehmoment in cmgr			
		aus I berechnet	aus II berechnet	aus III berechnet	gemessen	aus I berechnet	aus II berechnet	aus III berechnet	gemessen
				n = 5,774					
1	0	11 710	11 310	11 920	11 450	48 600	48 550	48 600	48 600
2	0,433	9 400	9 230	9 320	9 270	40 900	39 400	39 400	39 600
3	0,866	6 520	6 470	6 440	6 460	29 700	29 300	28 900	29 100
4	1,299	3 580	3 540	3 440	3 540	18 200	18 000	17 800	18 150
5	1,732	448	405	400	430	6 900	7 290	7 040	6 670
6	2,165	— 339	— 351	—	—	— 6 140	— 6 640	—	—
				n = 8,5605					
1	0	25 900	25 500	25 800	—	107 400	110 000	106 900	—
2	0,433	22 500	22 460	22 720	—	96 500	97 200	95 400	—
3	0,866	18 490	18 500	18 600	18 500	81 800	81 000	80 400	80 900
4	1,299	14 320	14 300	14 360	14 300	66 500	65 600	65 100	65 550
5	1,732	10 040	10 030	10 080	10 030	50 200	49 800	49 750	49 900
6	2,165	5 630	5 800	5 760	5 750	33 300	33 200	33 750	33 500
7	2,598	960	1 080	1 200	1 240	15 350	15 750	16 000	16 000
8	3,031	— 448	— 453	—	—	— 6 400	— 4 700	—	—
				n = 11,547					
1	0	46 100	44 800	—	—	186 900	—	—	—
2	0,433	41 800	41 300	—	—	172 200	171 000	—	—
3	0,866	36 600	36 500	36 880	—	155 000	158 700	155 700	—
4	1,299	31 200	31 100	31 200	—	135 000	137 600	136 200	—
5	1,732	25 500	25 600	25 500	—	115 300	116 500	116 500	—
6	2,165	19 800	19 800	19 760	19 700	96 000	96 000	96 200	96 000
7	2,598	14 200	14 150	14 120	14 200	75 700	75 300	75 600	75 400
8	3,031	8 250	8 230	8 280	8 350	55 300	53 400	54 100	54 200
9	3,464	1 600	1 835	2 000	2 350	30 700	28 580	30 400	30 600
10	3,897	— 6 080	—	— 5 920	—	1 280	—	—	—

getriebenen Propellern zurechnet, er entspricht auch den von Taylor[1]) gefundenen Werten. Für andere Propellerarten von geringerer Flügelfläche und größerer Steigung kann nach Taylor, wenn die Nabenwirkung unberücksichtigt bleibt, der Wirkungsgrad bis auf 78% steigen; solche Propeller werden nun allerdings für Turbinenantrieb nicht verwendet. Jedenfalls aber ist es erstrebenswert, daß der maximale Wirkungsgrad für eine bestimmte Umdrehungszahl und Geschwindigkeit zu dem umgebenden

---

[1]) Transactions 1904 a. a. O. Propeller Nr. 14 und 19

Tabelle 2a.

Nr.	Geschwindigkeit m/sek	Schub in gr			Drehmoment in cmgr		
		aus I berechnet	aus II berechnet	gemessen	aus I berechnet	aus II berechnet	gemessen
		Umrechnung für Propeller III n = 20,41					
5	1,225	—	5860	—	—	12700	—
6	1,531	4904	4980	—	11300	11210	—
7	1,837	4064	4100	4115	9900	9770	9780
8	2,143	3224	3220	3220	8310	8250	8240
9	2,451	2352	2320	2305	6850	6700	6645
10	2,757	1436	1426	1380	5230	5030	5000
11	3,063	384	438	400	3360	3050	3000
	n = 40	Umrechnung für Propeller II gemessen				gemessen	
11	2,5	2995	3010	—	4840	4865	—
12	2,75	2575	2590	—	4340	4375	—
13	3	2157	2164	—	3860	3880	—
14	3,25	1722	1732	—	3360	3380	—
15	3,5	1288	1292	—	2840	2860	—
16	3,75	848	848	—	2320	2340	—
17	4	379	380	—	1732	1740	—
18	4,25	—142	—148	—	1040	1010	—

Wasser erreicht wird. Zu wenig Schub wird man einem Propeller für eine bestimmte Umdrehungszahl und Geschwindigkeit wohl selten zumuten. Aus den vorliegenden Kurven aber sehen wir, in welcher Weise sich der Wirkungsgrad bald verringert, wenn die Geschwindigkeit der Fortbewegung bei gleicher Umdrehungszahl kleiner wird, oder was dasselbe ist, wenn der Propeller reichlich viel Schub zu leisten hat, wie es bei Schleppern fast immer der Fall ist.

Die Abnahme in der Höhe der Gipfel der Wirkungsgradkurven aber ist der Beweis dafür, daß die weiter oben erwähnte von Taylor gefundene Tatsache, daß Schub und Drehmoment sich mit dem Quadrat der Geschwindigkeit, also in gleicher Weise, bei gleichem theoretischem Slip ändert, nicht ganz zutrifft.

Folgt man der alten Gewohnheit der Berechnung des Slips unter Zugrundelegung der Steigung der Druckseite, so erkennt man aus den Fig. 7, 8, 9 und 10, daß das Maximum des Wirkungsgrades für alle Umdrehungen und Geschwindigkeiten für den untersuchten Propellertyp bei etwa 17% dieses theoretischen Slips erreicht wird. Daß der wahre Slip aber ein bei weitem größerer ist, lehrt uns auch

Tabelle 3.

Nr.	Korrespon-dierende Umdrehungen in der Sekunde n	$n \cdot H$ in m	Geschwindig-keit m/sek, bei welcher $S=0$ V_{S_0}	$\dfrac{V_{S_0}}{n \cdot H}$
Propeller I, 75 mm Durchmesser, 71,25 mm Steigung.				
1	11,55	0,823	0,89	1,081
2	17,32	1,232	1,33	1,083
3	23,09	1,645	1,78	1,083
4	28,87	2,045	2,24	1,095
5	46,19	3,29	3,627	1,103
Propeller II, 100 mm Durchmesser, 95 mm Steigung.				
1	10	0,95	1,02	1,074
2	15	1,425	1,55	1,088
3	20	1,9	2,07	1,089
4	25	2,375	2,599	1,095
5	40	3,8	4,188	1,101
Propeller III, 150 mm Durchmesser, 142,5 mm Steigung.				
1	8,16	1,161	1,26	1,085
2	12,25	1,745	1,90	1,089
3	16,33	2,325	2,54	1,092
4	20,41	2,905	3,164	1,09
Propeller IV, 300 mm Durchmesser, 285 mm Steigung.				
1	5,774	1,645	1,786	1,086
2	8,6605	2,468	2,70	1,096
3	11,547	3,29	3,62	1,101

bei diesen Versuchen die Tatsache, daß bei einer Geschwindigkeit gleich dem Produkt aus Steigung und Umdrehungszahl immer noch erheblicher Schub vorhanden ist. Es bedarf wohl kaum noch des Hinweises, daß wir hier den Einfluß der wechselnden Steigung der Sogseite vor uns haben. Im vorliegenden Fall wird erst dann kein nutzbarer Schub mehr erzielt, wenn die Geschwindigkeit gleich dem 1,08 bis 1,1 fachen des genannten Produktes wird (Tabelle Nr. 3); es würde dann der Slip bei dem Maximum des Wirkungsgrades stets zwischen 24 und 25% betragen haben. Die wahre Steigung muß aber noch größer sein, da der Propeller auch noch Schub gebraucht, um sich selbst durch das Wasser zu treiben. Die genaue Bestimmung dieser wahren Steigung, wenn man überhaupt noch davon reden kann, die ja bei der mit dem Radius wechselnden Krümmung der Rückseite eine ebenfalls radial veränderliche ist, und des wahren Slips wird damit eine sehr umständliche, weil eine Ermittelung des eigenen Widerstandes des arbeitenden Propellers eine nicht ganz einfache ist. Wir werden aber im folgenden noch etwas mehr darüber erfahren.

II. Versuche der Messung der Wassergeschwindigkeiten und Richtungen bei einem sich drehenden und sich fortbewegenden Schiffsschraubenmodelle.

Die Fortsetzung der beschriebenen Versuche durch Schleppen der beiden größeren Propeller mit den höheren korrespondierenden Umdrehungszahlen hätte einen größeren Umbau der Befestigungsvorrichtungen und des Antriebs erfordert, der einstweilen noch aufgeschoben wurde. Man begann darum zunächst mit Versuchen der Messung der Wassergeschwindigkeiten und Richtungen, die durch Herstellung einer Vorrichtung dafür vorbereitet waren.

a) Die Versuchseinrichtung.

Als Mittel für die Deutlichmachung der Bewegungsvorgänge konnte wohl nur eine Düse zur Anwendung gelangen, da ein Flügel wegen seines verhältnismäßig großen Durchmessers nur für eine überall gleichmäßige Strömung die Geschwindigkeitsmessung gestattet und bei einer Bestimmung ihres Winkels versagt.

Die Anforderungen, die an einen Apparat für den genannten Zweck gestellt werden müssen, werden am besten klar aus den Erscheinungen, die bei einem sich drehenden, fortbewegten Propeller auftreten und die man beispielsweise auf den von A h l b o r n[1]) und F l a m m[2]) veröffentlichten schönen Lichtbildern erkennen kann. Nur muß man sich gleichzeitig klar machen, daß eine Messung mittels einer Düse eigentlich nur durch den Wasserdruck gegen die Öffnung ermöglicht wird. Am geeignetsten scheint daher eine Doppeldüse zu sein mit einer Öffnung vorne und einer auf der Rückseite, von denen jede mit einem senkrechten Glasrohr in Verbindung steht, das seinerseits wieder in ein gemeinsames Verbindungsrohr endigt. Wenn man dann aus dem Verbindungsrohr Luft heraussaugt, so daß das Wasser in den Glasrohren steigt, so erhält man während der Fahrt in dem Unterschied der beiden Wassersäulenhöhen ein Urteil für die Geschwindigkeit, unabhängig von dem hydrostatischen Druck gegen die Düsen; und der Unterschied ist auch bei geringen Geschwindigkeiten noch für eine genügende Genauigkeit der Messung groß genug. Solche Doppeldüse wurde darum zuerst verwendet.

---

[1]) a. a. O.

[2]) a. a. O.

Es ist dieses noch an dem Rohransatz an dem oberen Verbindungsrohr in Fig. 11 zu erkennen.

Aber die verschiedene Geschwindigkeit an der vorderen und hinteren Düse führte im vorliegenden Falle zu einem Mißergebnis, und die Winkelbestimmung war eine sehr mangelhafte, da die Höhen der Wassersäulen sich bei geringer Drehung der Düsen nur sehr wenig ändern.

Deshalb entschloß man sich, eine Einzeldüse zur Anwendung zu bringen. Um den Unterschied in den Wassersäulenhöhen für verschiedene Geschwindigkeiten groß zu machen und um die Höhe der Wassersäule bei den Verhältnissen des Schleppwagens bequemer ablesbar zu gestalten, sollte auch hier wieder ein Saugrohr angewendet werden. Dieses mußte in diesem Fall in einen verschiebbaren Topf münden. Ein derartiger Apparat wird nun auch durch den hydrostatischen Druck beeinflußt und zeigt deshalb die Geschwindigkeit fehlerhaft an. Diesen Fehler kann man allerdings, wenn man die Größe der hydrostatischen Druckänderung kennt, wieder ausmerzen. Es ist nun bekannt, daß über einem rotierenden Propeller der Wasserspiegel wegsinkt, und es ist ja auch gewiß, daß das Wasser durch die Propellerwirkung eine Drehbewegung annimmt. . Erstere Erscheinung bewirkt eine aus der Tiefe der Einsenkung wohl ziemlich genau direkt bestimmbare Abnahme des hydrostatischen Druckes. Die Drehbewegung aber läßt eine von außen nach der Propellermitte zu rasch zunehmende Druckverminderung durch Wirkung der Zentrifugalkraft eintreten, die nur bestimmt werden kann, wenn man die an jeder Stelle hindurchgehende Wassermasse und die Größe ihrer Tangentialgeschwindigkeit kennt. Aus der Kenntnis der Größe der relativen Geschwindigkeit und ihres Winkels gegen die Achsialebene kann man beides bestimmen.

Es wurde daher der in Fig. 11 dargestellte Apparat angefertigt, dessen kurze Beschreibung hier Platz finden soll: Die 5 mm im Durchmesser haltende etwas trichterförmige Düsenöffnung a befindet sich an dem unteren Ende eines in der Stromrichtung vorn und achtern zugeschärften Schaftes b. Die Öffnung der Düse wurde so groß gewählt, um bei den verhältnismäßig kurzen Meßstrecken von etwa 50 m noch ein Ansteigen der Wassersäule bis zur endlichen Höhe sicher zu erreichen und um auch Schwankungen, die vielleicht durch die einzelnen Propellerflügel hervorgerufen würden, noch anzuzeigen. Es mag gleich erwähnt werden, daß solche Schwankungen nicht auftraten und die Höhe der Wassersäule bis auf Bruchteile eines Millimeters abgelesen werden konnte. Durch den Schaft b führt ein Messingrohr von 3 mm Durchmesser aufwärts und ist durch ein Stückchen Gummischlauch mit dem Glasrohr c verbunden. Dieses Rohr mündet oben in das Verbindungsrohr, welches einerseits mit dem Saugrohr d und andererseits durch

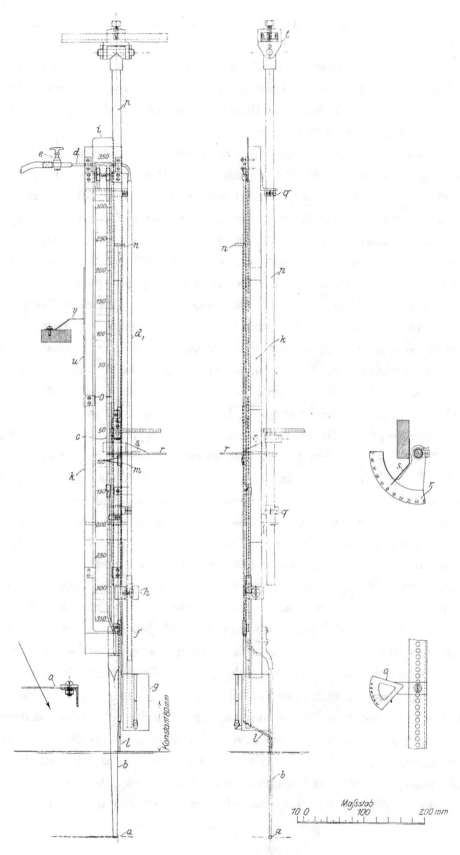

Fig. 11

einen Hahn e mit einem Gummischlauch in Verbindung steht, durch welchen die
Luft abgesogen werden kann. Das Saugrohr d von 7 mm Durchmesser besteht aus
Messing und kann unten durch ein übergestreiftes mit einem Gummischlauch-
stückchen gedichtetes Rohr f verlängert werden. Es mündet in den zylindrischen
Topf g, der mit einem Wasserstandsglas h versehen ist. Der Topf g ist an einem
Halter h befestigt und kann mit einer Klemmschraube in beliebiger Höhe festgeklemmt werden. Die genannten Teile sind an einer Holzschiene k angeheftet,
die außerdem noch eine hinter dem Glasrohr etwas auf und nieder verschiebbare
Millimeterteilung i trägt. Um die Einsenkung der Wasseroberfläche zu bestimmen,
ist über der Düse an der Holzschiene ein verschiebbarer Messingdraht l befestigt,
der einen verstellbaren Zeiger m über der Millimeterteilung i trägt. Oben endet
der Draht in eine Öse n, die als Handgriff dient. Genau hinter der Düse ist an
dem Schaft ein Endchen weiße Seidenschnur von ¾ mm Stärke und 5 bis 6 cm
Länge mit Gummilösung beiderseitig angeklebt. Schräg hinter der Düse befindet
sich oben am Wagen eine Gradteilung o, so daß man die Winkelstellung der Seidenschnur mit ziemlicher Genauigkeit ablesen konnte, wenn man den Mittelpunkt des
Gradbogens mit der Düse einvisierte. Die Holzschiene k ist drehbar und in beliebiger Höhe einstellbar an einem Rundstab p befestigt und wird durch festklemm-
bare Schellen q am Herabgleiten gehindert. Außerdem ist an dem Rundstab noch
eine Gradteilung r festgeklemmt, über der ein an der Schiene befestigter Zeiger s
schwebt.

Der Rundstab war bei den Versuchen oben in dem auf einem ⌐-Eisen verschiebbaren Halter t befestigt und konnte nach der Seite rechtwinklig zur Achse aus-
schwingen. Es war diese Anordnung gewählt, weil man zuerst hoffte, mehrere
Messungen während der Fahrt ausführen zu können. Es sollten dann auf beiden
Seiten des Propellers diese längs eines Kreisbogens vorgenommen werden. Aber
bald zeigte sich die Unmöglichkeit der Durchführung. Deshalb wurde der Rundstab später senkrecht über der Propellerachse starr befestigt und noch eine Millimeterteilung u und Zeiger v für die Höheneinstellung angebracht. Die Messungen
fanden nunmehr vor dem Propeller längs einer möglichst sich seiner Form an-
schmiegenden Kurve (siehe Fig. 12), hinter dem Propeller längs einer sich an-
schmiegenden Lotrechten über der Propellerachse statt. Vorher aber wurde der
Apparat den notwendigen Eichungen unterzogen.

b) Eichung der Versuchseinrichtung.

Die Eichung erfolgte in der folgenden Weise: Die Düsenöffnung wurde genau
senkrecht zur Fahrtrichtung eingestellt, der Topf mit Wasser gefüllt und die Luft

Additional information of this book

(Jahrbuch der Schiffbautechnischen Gesellschaft; 978-3-642-90184-3; 978-3-642-90184-3_OSFO2-
 is provided:

http://Extras.Springer.com

oben aus dem Luftraum so weit herausgesogen, daß die Wassersäule im Glasrohr den Nullstrich der Teilung erreichte. Das Wasser im Topf wurde so zugemessen, daß jetzt der Wasserstand in seinem Wasserstandsglase genau 80 mm über dem Wasserspiegel des Beckens lag. Diese Regelung geschah mittels einer einfachen Hebervorrichtung, die aus einem Stück Messingrohr, das man in das Wasser tauchte und dann oben mit dem Daumen schloß, bestand. Entfernte sich dabei die Wassersäule mehr als einige Millimeter von dem Nullstrich, so wurde neu angesogen, sonst aber einfach die Millimeterteilung etwas verschoben. Vor der Eichungsfahrt wurde dann noch der Draht so weit heruntergelassen, daß er gerade den Wasser-

Eichung des Wassergeschwindigkeitsmessers auf Geschwindigkeit.

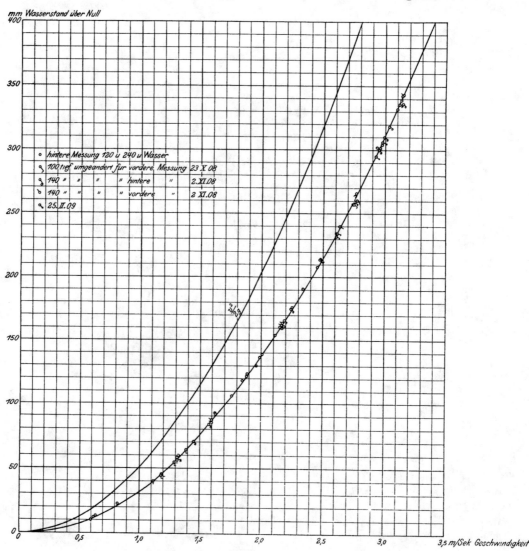

Fig. 13.

spiegel erreichte und sein Zeiger auf Teilstrich —100 mm gestellt. Dieser Teilstrich wurde als Nullstrich gewählt, weil sonst die Kuppe der Wassersäule durch den Zeiger verdeckt wurde. Die Einstellungen wurden vor jeder Fahrt sorgfältig nachgesehen.

Während der Fahrt wurde zunächst der Draht so verschoben, daß sein unteres Ende gerade die Wasseroberfläche erreichte. Es war dieses leicht an dem Aufspritzen des Wassers zu erkennen. Die Zeigerstellung gegen die Nullinie (Teilstrich —100) wurde vermerkt, ebenso die Höhe der Wassersäule, die dann abgelesen wurde. Beide Feststellungen wurden während der Fahrt so oft als möglich wiederholt. Da es sich herausstellte, daß wegen der Zuschärfung des Halters keine meßbare Erhebung des Wasserspiegels vorne stattfand, wurde bald bei der Eichung auf die Einstellung des Drahtes verzichtet. Die Geschwindigkeit des Wagens wurde durch Zeit- und Wegaufzeichnung in der üblichen Weise bestimmt. Die Eichungen wurden bei verschiedener Tauchtiefe der Düse und um einen Einfluß der Wasserwärme festzustellen, zu verschiedenen Zeiten wiederholt, aber ein nennenswerter Unterschied hat sich weder in dem einen noch in dem anderen Falle ergeben.

Eichung des Wassergeschwindigkeitsmessers auf Druck.
Änderung des Wasserstandes im Manometer bei Hebung über den Wasserspiegel.

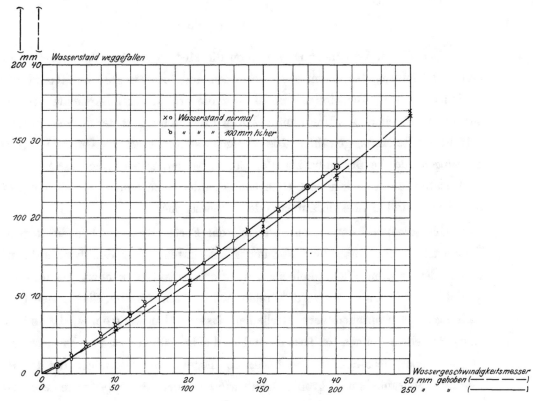

Fig. 14.

Die Ergebnisse dieser Eichung sind als Punkte in Fig. 13 eingezeichnet und liegen, wie wir sehen, fast genau auf einer Kurve, die einen ähnlichen Verlauf wie die ebenfalls eingezeichnete Geschwindigkeitshöhenkurve hat.

Zu dieser Eichung auf Geschwindigkeit muß noch die zweite über den Einfluß der hydrostatischen Druckänderung hinzukommen. Diese wurde in der Weise vorgenommen, daß der Apparat nach seiner genauen Einstellung ohne Änderung der Stellung des Topfes zentimeterweise gehoben und jedesmal die Größe des Wegsinkens der Wassersäule in dem Glasrohr abgelesen wurde. Diese Ablesungen sind als Punkte in Fig. 14 eingetragen und durch eine Linie verbunden, die in ihrem Anfang gekrümmt, später aber ganz gerade verläuft. Um bei geringen Druckänderungen möglichst genau die Abnahme der Wassersäulenhöhe bestimmen zu können, ist in Fig. 14 das untere Kurvenstück noch in bedeutend vergrößertem Maßstabe eingetragen. Da ein nennenswerter Einfluß der Größe des Luftraumes in den Rohren befürchtet wurde, ist die beschriebene Eichung auch vorgenommen, nachdem der Nullstrich um 100 mm nach oben gegen die normale Stellung verschoben war. Wie wir aus Fig. 14 sehen, liegen in der Tat die Punkte dann zum Teil etwas höher, aber es ist nicht so erheblich, daß selbst in diesem ungünstigen Fall sehr merkliche Fehler in die Messungsergebnisse gebracht würden.

c) Die Versuche.

Nach diesen Vorbereitungen wurden die Messungen der Wassergeschwindig‧ keit und Richtung bei einem sich drehenden und fortbewegten Schiffsschraubenmodell begonnen. Die Modellschraube war die größte der untersuchten einander ähnlichen Propeller. Als Umdrehungszahl wurde die mittlere der vorigen Versuche, 8,66 in der Sekunde, gewählt. Die Versuche sollten über die Güte der Meßeinrichtungen und die Brauchbarkeit der Ergebnisse ein Urteil fällen lassen. Es war beabsichtigt, dann auch höhere Umdrehungszahlen anzuwenden und zu Messungen für Schiffs- und Schiffsschraubenmodelle überzugehen.

Über die Wahl der Geschwindigkeit der Fortbewegung gaben die folgenden Überlegungen den Ausschlag: Für den Konstrukteur einer Schiffsschraube wird es von der größten Wichtigkeit sein, die Verhältnisse zu kennen, bei denen der größte Wirkungsgrad erreicht wird. Ferner hatten die vorigen Untersuchungen es wünschenswert erscheinen lassen, den Eigenwiderstand eines Propellers kennen zu lernen, und schließlich dürfte es von Interesse sein, nun auch vergleichsweise in den Besitz der Ergebnisse zu gelangen für den Fall, wenn der Schraube ein zu großer Schub wie bei einem Schlepper zugemutet wird.

Deshalb sollte die Geschwindigkeit zunächst 2 m, weil hier etwa die vorigen
Messungen den Maximalwirkungsgrad ergeben hatten, dann 2,7 m — hier war der
gemessene Schub gleich Null — sein und schließlich wurde noch die in gleichem
Abstand kleinere Geschwindigkeit von 1,3 m in der Sekunde gewählt. Die Geschwindigkeit von 2 m war bei den vorhandenen Reguliervorrichtungen schlecht
zu erreichen, deshalb wurde mit 2,03 m gefahren.

Vor jeder Fahrt, die erst angetreten wurde, wenn das Wasser vollkommen
zur Ruhe gekommen war, wurde der Meßapparat, wie bei der Eichung, eingestellt.
Drei Personen waren für eine Messung auf dem Wagen tätig. Die erste hatte für
die Schaltung des Antriebsmotors des Dynamometers auf die richtige Umdrehungszahl und die Aufzeichnungen des Apparates von Weg, Zeit und Umdrehungszahl
zu sorgen. Die zweite las den Winkel der Bewegungsrichtung des Wassers ab und
sorgte für die richtige Winkelstellung der Düse. Die dritte stellte mit dem Draht
die Tiefe der Einsenkung der Oberfläche fest und las die Höhe der Wassersäule
in dem Glasrohr ab. Der Fahrer hat bekanntlich in Uebigau nicht seinen Stand
auf dem Wagen, sondern hinten in der Halle.

d) Die Ergebnisse.

Die erhaltenen Ergebnisse sind in Fig. 12 als Punkte auf Millimeterpapier
aufgetragen; von einer Wiedergabe der Tabellen der Ablesungen, deren Schema
in Tabelle Nr. 4 gekennzeichnet ist, soll Abstand genommen werden.

Es ist natürlich, daß die Geschwindigkeitsmessung nicht die Messung der
absoluten Geschwindigkeit des Wassers, sondern die relative Geschwindigkeit,
also die Geschwindigkeit der Fortbewegung zugleich mit ermittelte. Aufgetragen
ist nur die relative Geschwindigkeit unter Abzug der Geschwindigkeit der Fortbewegung und unter Berücksichtigung der Senkung der Oberfläche des Wassers,
aber noch nicht des Einflusses der tangentialen Komponente. Wenn wir die
Fig. 12 betrachten und berücksichtigen, daß die einzelnen Ordinaten um 1,3 und
2,03 und um 2,7 m für die betreffenden Geschwindigkeiten noch länger sind, so
werden wir erkennen, wie außerordentlich wenig die Ergebnisse geschwankt haben,
trotzdem es nicht ganz leicht war, Geschwindigkeit und Umdrehungszahl genau
zu halten.

Die Messungen geschahen, wie oben erwähnt ist, in der Ebene senkrecht
über der Achse des Propellers. Einige Messungen auf der Steuerbordseite längs
der entsprechenden horizontalen Ebene ergaben, so weit man aus den wenigen
Versuchen ersehen konnte, kein anderes Geschwindigkeitsbild, obwohl die Tiefe
der Einsenkung dort eine andere war (Fig. 12, Geschw. 1,3 m). Auch wurde ver-

Tabelle 4.

Messung der Wassergeschwindigkeit und Richtung hinter dem Propeller IV.
v = 1,30 m/sek, n = 8,6605.

Nr.	Düsen-mitte über Propeller-mitte mm	Ein-sinken des Wasser-spiegels mm	Mittlerer Wasser-stand im Mano-meter über Null mm	Relat. Wasser-ge-schwin-digkeit +Fehler durch tangent. Druck-vermind. m/sek	Wagen-ge-schwin-digkeit m/sek	Absolute Wasser-ge-schwin-digkeit +Fehler durch tangent. Druck-vermind. m/sek	Mittlerer Winkel der relativ. Wasser bewe-gung in °	Um-dre-hungs-zahl in der Sekunde	Bemerkungen
1	26	31	159,5	2,276	1,290	0,976	32	8,61	
2	,,	,,	160,0	2,280	1,294	0,98	,,	8,65	
3	40	,,	182	2,417	1,310	1,117	27	8,61	
4	,,	,,	184	2,435	1,317	1,135	,,	8,64	
5	70	,,	242	2,751	1,302	1,451	20	8,59	
6	,,	,,	242,5	2,755	1,304	1,455	,,	8,63	
7	80	,,	247	2,779	1,301	1,479	17,5	8,68	
8	,,	,,	245	2,767	1,300	1,467	,,	8,64	
9	100	,,	235	2,717	1,305	1,417	15	8,64	
10	,,	,,	236,5	2,724	1,300	1,424	,,	8,62	
11	120	,,	208	2,572	1,312	1,272	12	8,70	
12	,,	,,	209	2,574	1,314	1,274	,,	8,68	
13	130	,,	174	2,367	1,309	1,067	—	8,63	
14	,,	,,	174	2,367	1,309	1,067	—	8,61	
15	140	,,	116	1,983	1,294	0,687	9	8,54	
16	,,	,,	113	1,962	1,298	0,662	,,	8,58	
17	145	,,	50	1,436	1,345	0,136	5	—	
18	,,	,,	47	1,406	1,298	0,106	,,	8,66	
19	,,	,,	49	1,426	1,298	0,126	4	8,63	
20	,,	,,	49,5	1,430	1,304	0,130	,,	8,62	
21	150	,,	54	1,474	1,311	0,174	1,5	8,65	
22	,,	,,	53,5	1,470	1,295	0,170	,,	8,60	
23	155	,,	55	1,483	1,297	0,183	—	8,61	
24	,,	,,	55	1,483	1,301	0,183	—	8,66	
25	160	,,	55,3	1,488	1,302	0,188	—	8,58	
26	130	,,	176,5	2,384	1,311	1,084	10	8,67	

sucht, wenigstens ungefähr den Winkel der relativen Geschwindigkeit in radialer
Richtung vor dem Propeller durch Drehen der Düse und Beobachtung der Stellung,
wo die Wassersäule ihre größte Höhe erreichte, zu bestimmen. Diese Winkel sind
ebenfalls in Fig. 12 eingetragen.

Die weitere Auswertung der Ergebnisse konnte aus Zeitmangel erst ein halbes
Jahr später erfolgen. Ihr Endziel aber wird immer sein müssen, daß man versucht,

aus den Bewegungsvorgängen auch Schub- und Drehmoment des Propellers zu ermitteln und zum Vergleich die dafür gemessenen Größen heranzieht. Ferner würde man wohl versuchen können, die Bewegungsvorgänge oder wenigstens ihre angenäherte Wirkung auf den Propeller in Formeln zu fassen. Von der zweiten Auswertung soll jedoch wegen der verhältnismäßig erst wenigen Ergebnisse einstweilen abgesehen werden.

Für die Auswertung nach der zuerst genannten Seite hin sollen noch folgende Bezeichnungen eingeführt werden:

P = Impuls der Wasserbewegung oder Druckwirkung auf den Propeller.

v = Geschwindigkeit der Fortbewegung des Propellers.

v_e = absolute Eintrittsgeschwindigkeit der Wasserteilchen in achsialer Richtung.

v_a = absolute Austrittsgeschwindigkeit in achsialer Richtung.

v_t = tangentiale Geschwindigkeit, v_{t_e} am Eintritt, v_{t_a} am Austritt.

v_R = radiale Geschwindigkeit, v_{R_e} ,, v_{R_a} ,,

v_r = relative Geschwindigkeit v_{r_e} ,, v_{r_a} ,,

α = Winkel der relativen Geschwindigkeit zur Ebene senkrecht über der Propellerachse.

$\varDelta h$ = Differenz der Höhen des Wasserspiegels am Ein- und Austritt.

γ = spezifisches Gewicht des Wassers = 1.

m = Masse des bewegten Wassers.

W_P = Eigenwiderstand des Propellers gegen die Fortbewegung.

S = nutzbarer Propellerschub.

Der Impuls des bewegten Wassers bestimmt sich aus seiner Masse und seiner Geschwindigkeit: $P = m v_x$.

Die Geschwindigkeit v ist bekannt aus den Registrierungen von Weg und Zeit.

Die Geschwindigkeit v_t läßt sich bestimmen aus der Gleichung

1) . . . . $v_t = v_r \sin \alpha$

und bewirkt im Innern des Schraubenstrahles eine wesentliche Druckverminderung.

Es ist schon erwähnt, daß die Düsenmessung deshalb einer entsprechenden Verbesserung bedarf, die nur durch folgende Kombination gefunden werden kann: Die Druckverminderung an irgend einem Flächenteilchen dF_a der Austrittsfläche ist gleich der Zentrifugalkraft der durch dieses Flächenteilchen hindurchgehenden Wassermasse, also:

$$d P_{t_a} = \frac{\gamma}{g} \cdot \frac{v_{t_a}^2}{R} d F_a,$$

wenn R den Abstand der Mitte des Flügelteilchens von der Propellerachse bezeichnet. Die Zentrifugalkraft eines jeden solchen Massenteilchens hebt für die weiter nach dem Innern des Schraubenstrahles befindlichen Massenteilchen einen dieser Kraft entsprechenden Teil des auf ihnen lastenden Luft- und Wasserdruckes auf. Mithin werden die inneren Teilchen unter einem nach der Mitte zu immer geringer werdenden Druck stehen, der schließlich so gering werden kann, daß an der Nabe die wohlbekannte Cavitationserscheinung in Gestalt eines sehr schlank kegelförmig nach hinten zulaufenden Hohlraumes entsteht. Dieser Hohlraum wird mit Wasserdampf gefüllt sein und der Druck in ihm kann daher nur auf den Verdampfungsdruck von Wasser bei der Temperatur des umgebenden Wassers erniedrigt werden, wahrscheinlich aber wird auch dieser Minimaldruck nicht erreicht, da im Wasser gelöste Gase vorher frei werden und den Raum mit ausfüllen. Es wurde in Uebigau vielfach bei anderen Versuchen beobachtet, daß dieser Hohlraum, ohne daß Luftblasen aufstiegen, bei Abnahme der Umdrehungszahl verschwand, ein Zeichen dafür, daß die äußere Luft nicht hineingelangt sein kann.

Die absolute Druckverminderung durch die Tangentialgeschwindigkeit findet man für jeden bestimmten Teil der Fläche durch Integration, beginnend an der Entfernung von der Achse, wo eine tangentiale Bewegung einsetzt, also etwa bei R = 15 cm, und die Gleichung würde lauten:

$$2) \quad \cdots \cdots \cdots \quad \int d\,P_{v_{t_a}}^{(R)} = \int_{R=15}^{R} \frac{\gamma}{g} \cdot \frac{v_{t_a}^2}{R}\, d\,R.$$

Die gesamte Druckverminderung gegen die Austrittsfläche ist demnach:

$$3) \quad \cdots \cdots \cdots \quad P_{v_{t_a}} = \int_0^{l_a} \int_{R=15}^{R=2} \frac{\gamma}{g} \cdot \frac{v_{t_a}^2}{R}\, d\,R\, d\,F_a.$$

Die Gleichung 3) wird später benutzt werden, vorläufig wollen wir uns mit Gleichung 2) weiter beschäftigen.

Durch die in Fig. 12 eingetragenen Punkte der Messungsergebnisse wurden verbindende Kurven hindurchgelegt. — Die messende Düse hatte eine Öffnung von 5 mm Durchmesser. Es wurde nun angenommen auf Grund angestellter Erwägungen, daß die Düse nicht die Messung, die die Geschwindigkeit des Wassers gegen ihre Mitte erzeugte, angab, sondern daß sie sich wohl mehr bei den auf der Strecke von 5 mm schon sehr verschiedenen Geschwindigkeiten der größten von ihnen anpaßte. Deshalb wurde eine zweite Kurve in Fig. 12 etwas weiter, im Maximum nicht ganz gleich dem Halbmesser der Öffnung, einwärts nach der Stelle der jedesmaligen größeren Geschwindigkeit zu gezogen und diese Kurve als die richtige entsprechende Ordinatenkurve angesehen.

Nun wurde nach Gleichung 2) die Druckverminderung berechnet, indem man nach Gleichung 1) v_{t_a} bestimmte. Die Druckverminderung ließ aus Fig. 14 die entsprechende Abnahme der Wassersäulenhöhe im Meßapparat ersehen. Diese Abnahme wurde der schon früher aus Geschwindigkeit und Einsenkung der Oberfläche des Wassers sich ergebenden Wassersäulenhöhe zugezählt und nun aufs neue aus der Eichung in Fig. 13 v_{r_a} ermittelt. Dieses neue v_{r_a} ergab ein anderes v_{t_a} und damit eine andere Druckverminderung. Es wurde nun so lange kombiniert, bis eine Berechnung der Druckverminderung keine andere Wassersäulenhöhe mehr ergab. Nach einiger Übung konnte man gleich mit v_{r_a} beinahe genügend weit vorgreifen, so daß die etwas umständliche Bestimmung weniger oft gemacht zu werden brauchte. Mit diesem Vorgehen wurde, wie schon die Gleichung 2) es verlangt, immer mit den Geschwindigkeiten auf Radius 15 begonnen. Die so erhaltenen Kurven für v_{r_a} und v_{t_a} sind ebenfalls in Fig. 12 enthalten.

Die Austrittsgeschwindigkeit v_a berechnete sich nun leicht nach der Gleichung:

$$4) \quad \ldots \ldots \ldots \ldots \ldots \quad v_a = v_{r_a} \cdot \cos \alpha - v.$$

Auch diese Kurven sind eingezeichnet.

Leider fehlten bei den Messungen vor dem Propeller die Winkelbestimmungen, so daß man die richtigen entsprechenden Geschwindigkeiten nur annehmen kann, allerdings in Anlehnung an die vorhandenen Messungsergebnisse. Jedenfalls haben wir auch schon vor dem Propeller neben der achsialen Beschleunigung des Wassers eine tangentiale, so daß auch hier eine Druckverminderung, die sich nach der Mitte zu verstärkt, auftreten wird. Aber, da die absoluten Geschwindigkeiten des Wassers sich hier über eine bedeutend größere Fläche verteilen, so wird, abgesehen davon, daß die tangentialen Geschwindigkeiten schon an und für sich bedeutend kleinere sind als auf der Druckseite, die Druckverminderung ganz bedeutend weniger nach der Mitte zu wachsen, weil der entsprechende Radius im Nenner der Gleichung ein größerer ist als im ersten Fall.

Die Winkel der radialen Wasserbewegung vor dem Propeller an der eintretenden Fläche nehmen von der Mitte nach außen hin mehr und mehr zu. Die wenigen Messungen, die seitlich von der Propellerachse noch ausgeführt wurden, können nur einen angenäherten Begriff von der Größe dieser Winkel geben. Aber die plötzliche starke Abnahme der Wassergeschwindigkeiten hinter der Flügelspitze, wo sogar eine Verzögerung des vorher beschleunigten Wassers stattfindet, sind ein Beweis für die Richtigkeit der Annahme, daß nach der Flügelspitze zu der Winkel der absoluten radialen Bewegung sich einem rechten genähert hat, ja daß er sogar zu einem stumpfen gegen die Bewegungsrichtung des Propellers werden kann, wie solches ja auch schon aus Abbildungen von Strömungserscheinungen an einem nicht fortbewegten sich drehenden Propeller hervorging, die Herr Prof. Dr. A h l b o r n[1]) hier vorgeführt hat.

Schließlich ist wohl noch die Annahme gerechtfertigt, daß das Wasser über dem Propeller wegen der Nähe der Oberfläche neben der achsialen auch eine von beiden Seiten nach innen gerichtete Bewegung annimmt, die von der Tauchtiefe des Propellers abhängig ist. Es werden deshalb die Bewegungen des Wassers auf der oberen und auf der unteren Propellerhälfte nicht vollkommen gleiche sein können.

Über die Bewegung der Wasserteilchen hinter dem Propeller, veranlaßt nicht allein durch die Schubkraft der Druckseite, sondern noch mehr durch den Sog der Vorderseite der Flügel, hat die vorliegende Untersuchung weitgehenderen und sichereren Aufschluß gewährt. Bei der Verschiedenheit der Bewegung für die verschiedenen Geschwindigkeiten der Fortbewegung erscheint für deren kurze Charakterisierung an der Hand der Fig. 12 eine Trennung nach der Fortbewegungsgeschwindigkeit angebracht. Doch ist das für alle gemeinsam, daß die achsiale Geschwindigkeit bedeutend das Maß überschreitet, welches aus der Steigung der Druckseite, der Umdrehungszahl und Geschwindigkeit der Fortbewegung errechnet wird. Ganz allgemein würde die größte mögliche achsiale Geschwindigkeit sich ergeben aus der Steigung an der austretenden Kante der Sogseite und der Umdrehungszahl und Fortbewegungsgeschwindigkeit, wenn nicht die Druckverminderung durch die tangentiale Geschwindigkeit und der Einfluß der radialen Geschwindigkeit sich auch äußern würden. Die größte tangentiale Geschwindigkeit der Wasserteilchen entspricht wohl der Umfangsgeschwindigkeit der betreffenden Propellerstelle und wird von da nach der Mitte hin wieder eine etwaige Abnahme erfahren können.

Wie schon so manche andere Untersuchung richtet auch diese wieder unser Augenmerk auf die große Bedeutung der Sogseite für eine Propellertheorie und -berechnung.

Beginnen wir jetzt unsere Betrachtung der Bewegungsverhältnisse dicht hinter dem Propeller bei der Geschwindigkeit seiner Fortbewegung, wo ein nutzbarer Schub nicht mehr vorhanden war, so ist es wohl nach unseren Anschauungen nicht weiter verwunderlich, daß die oberen Flügelteile eine verzögernde,

---

[1]) a. a. O.

die unteren dagegen wegen der stärkeren Krümmung der Sogseite noch eine be-
schleunigende Wirkung in achsialer Richtung ausüben, die die Messung uns hier
in klarer Weise vorführt. Ein zylindrischer Schnitt durch einen Flügel auf dem
Radius, wo die verzögerte Bewegung in eine beschleunigte übergeht (Fig. 12),
mit der eingetragenen relativen Bewegungsrichtung zeigt uns, daß allein hier
die Sogseite maßgebend ist. Die ganze Druckseite kann überall nur eine verzögernde Wirkung ausgeübt haben. Es ist daher wohl anzunehmen, zumal da auch
der eintretende Teil der Sogseite und ihre ganze obere Fläche verzögernd wirkt,
daß für den vorliegenden Fall der Eigenwiderstand des Propellers ein ganz be-
trächtlicher sein wird, der durch die Beschleunigung der Wasserteilchen allein
durch den unteren austretenden Teil der Sogseite überwunden wird. Daß die
Winkel der relativen Geschwindigkeiten und die tangentialen Geschwindigkeiten
nach der Mitte zu wachsen, ist die Folge des in gleicher Weise zunehmenden Stei-
gungswinkels und ist allen vorliegenden Fällen gemeinsam. Die Einsenkung der
Oberfläche findet nur vor dem Propeller statt, während über dem Propeller durch
die verzögernde Wirkung der äußeren Flügelteile sich sogar der Wasserspiegel hebt.

In der zweiten Darstellung in Fig. 12 (v = 2,03 m) haben wir die Bewegungsvorgänge, wie schon erwähnt, für den Augenblick des größten Wirkungsgrades
vor uns. Führen wir uns die Relativbewegung der Flügel gegen das eintretende
Wasser vor Augen, so dürfen wir wohl annehmen, daß sie in diesem Fall eine derartige ist, daß der Widerstand des Propellers sein Minimum erreicht. Eine absolute
achsiale Geschwindigkeit ist nicht allein dem Wasser eigen, welches direkt von den
Flügeln beeinflußt wird, sondern infolge des Sogs auch dem umgebenden Wasser,
wenigstens dem über dem Propeller befindlichen, welches in die sich bildende
Höhlung hinabgelaufen ist. An den Flügelspitzen haben wir zunächst die plötzliche
schon erwähnte Abnahme der Geschwindigkeit, dann nimmt sie weiter nach dem
Innern des Schraubenstrahles sehr schnell durch die starke Beschleunigungswirkung
der Flügel zu und wird nach der Nabe hin zu einer abermaligen Abnahme einmal
infolge der ungünstigen Flügelform und dann infolge der Druckverminderung durch
die tangentiale Geschwindigkeit veranlaßt. Zum größten Teil wird das im Innern
des Schraubenstrahles befindliche Wasser wohl nur von dem weiter außen befindlichen einfach mitgerissen und zum andern Teil ist seine Beschleunigung der
Druckverminderung zuzuschreiben, die es in den Propeller hineinsaugt. Die tangentiale Geschwindigkeit erreicht ihr Maximum in diesem Fall wahrscheinlich
am Umfang der Nabe, wo sie fast gleich der Umfangsgeschwindigkeit sein wird.
Man braucht sich dabei nur daran zu erinnern, daß auf je einem Zentimeter Radius
die Umfangsgeschwindigkeit in den vorliegenden Fällen 54,5 cm in der Sekunde

beträgt. Sie würde also an der Nabe 109 cm erreicht haben. Die Mitte der Düse ist nur bis auf 6 mm der Nabe genähert worden, um bei auftretenden Schwingungen eine Beschädigung zu vermeiden, so daß eine direkte Messung nicht vorliegt.

Der dritte untersuchte Fall (v = 1,30 m) weist im großen und ganzen die gleichen Verhältnisse wie der zweite, nur in noch schärferer Ausprägung, auf. Die tangentiale Geschwindigkeit wird dieses Mal am größten etwas von der Nabe entfernt sein entsprechend der Umfangsgeschwindigkeit der betreffenden Flügelstelle, denn es ist unwahrscheinlich, daß sie über die Umfangsgeschwindigkeit hinausgehen kann. Sie wird dann nach der Nabe hin wieder abnehmen. Der Druckabfall im Innern hat stark zugenommen und die eigenartigen Unregelmäßigkeiten der Messung scheinen darauf hinzudeuten, daß die Flügel und das weiter außen strömende Wasser eine glatte Strömung nicht zulassen, sondern den Innenraum des Schrauben- strahles mit Wirbelungen erfüllen. Wenn die Einwirkung des stark beschleunigten Ringstrahles es nicht verhinderte, würde sicherlich sogar von hinten Wasser nach den inneren Flügelteilen des Propellers strömen. Trotzdem wäre es wenig an- gebracht, einen großen Nabendurchmesser anzuwenden, denn wir sehen gleich- zeitig, wie notwendig hinter dem Propeller im Innern des Schraubenstrahles das Vorhandensein von Wasser gebraucht wird.

Nach dieser kurzen Betrachtung wollen wir uns an den Hauptzweck der ganzen Messung der Wirkung des Propellers auf das Wasser machen und versuchen, aus den gemessenen Bewegungen den Schub zu berechnen, den der Propeller bei 8,66 Um- drehungen in der Sekunde und den angewendeten Geschwindigkeiten der Fort- bewegung liefert. Es soll dabei angenommen werden, daß in dem Raum, der von den Drehungsflächen der Düsenwege eingeschlossen wird, die ganze direkte Wirkung des Propellers auf das Wasser vor sich geht. Diese Wirkung in der einschließenden Dose bleibt in ihren Einzelheiten in geheimnisvolles Dunkel gehüllt; nur ihre Äußerung auf das ein- und austretende Wasser haben wir kennen gelernt, und sie besteht in einer Vermehrung des Impulses des bewegten Wassers. Der Schub würde deshalb in der Hauptsache gleich sein dem Impuls des austretenden Wassers, vermindert um den Impuls des eintretenden Wassers unter Berücksichtigung der beiderseitigen Druckverhältnisse und vermindert um den Eigenwiderstand des Propellers. Die Gleichung würde also lauten:

$$5) \quad \ldots \quad S = P_{v_{r_a}} - P_{v_{t_a}} + P_{v_{R_a}} - P_{v_e} + P_{v_{t_e}} - P_{v_{R_e}} - P_{\varDelta h} - W_P.$$

Von den Gliedern auf der rechten Seite dieser Gleichung lassen sich das erste, zweite, vierte und siebente berechnen. $P_{v_{R_a}}$ und $P_{v_{R_e}}$ ließen sich noch bestimmen nach der Formel für die Zentrifugalkraft, wenn man die Krümmung der Bahn der Wasser

Tabelle 5.

1	2	3	4	5	6	7	8	9	10	11
Radius R cm	Winkel der Bewegungsrichtung gegen die achsiale Ebene α in °	Rel. Geschwindigkeit+Fehler durch tangentiale Druckverminderung in m/sek	$\sin \alpha$	$\cos \alpha$	Tangentiale Geschwindigkeit v_{t_a} in cm $v_{t_a} = v_{r_a} \cdot \sin \alpha$	$\frac{\gamma}{g} \cdot \frac{v_{t_a}^2}{R}$	Druckverminderung durch tangent. Geschw. $P_{v_{t_a}}^{(R)} = \int_{R=15}^{R} \frac{\gamma}{g} \cdot \frac{v_{t_a}^2}{R} dR$	Wahre relative Geschwindigkeit v_{r_a} in cm/sek	$v_{r_a} - v$	Achsiale Geschwindigkeit kom $v_a + \ldots = v_{r_a} \cdot \ldots$ in c
				Geschwindigkeit v = 130 cm/sek						
2	—	—	—	—	—	—	—	—	—	—
3	30,2	230,8	0,503	0,865	144,7	7,125	20,828	288	158	250
4	27	239	0,454	0,891	131	4,375	13,703	289,2	159,2	257
5	24,3	258	0,4099	0,911	118,7	2,873	9,328	290	160	265
6	22	268,5	0,3746	0,927	108,5	2,001	6,455	290,2	160,2	269
7	20	275,1	0,3420	0,9397	99,2	1,43	4,454	289,6	159,6	272
8	18,1	277,2	0,31067	0,95	89,2	1,025	3,024	287	157	273
9	16,4	276,5	0,2823	0,9594	79,7	0,724	1,999	282,5	152,5	271
10	14,7	272,5	0,2538	0,9675	70,2	0,502	1,275	276,3	146,3	267
11	13,2	265,4	0,2380	0,9736	61	0,344	0,773	268,4	138,4	261
12	11,8	255,4	0,2045	0,9786	52,5	0,232	0 429	257	127	251
13	10,4	236	0,1799	0,984 ·	42,6	0,142	0,197	237,5	107,5	233
14	8,7	180	0,151	0,989	27,2	0,055	0,055	180	50	178
15	—	—	—	—	—	—	—	—	—	—
				Geschwindigkeit v = 203 cm/sek						
2	—	—	—	—	—	—	—	—	—	—
3	18,3	243,5	0,3140	0,949	83,2	2,343	6,0413	266,5	63,5	256
4	15,6	257,3	0,2689	0,964	72,6	1,341	3,6973	270	67	260
5	13,5	265,7 ·	0,2335	0,972	63,4	0,818	2,3563	273,5	70,5	265
6	11,8	271,5	0,2045	0,979	56,4	0,541	1,5383	275,6	72,6	269
7	10,3	274,7	0,1790	0,984	49,75	0,360	· 0,9973	278	75	273
8	9	275,1	0,1564	0,988	43,3	0,2385	0,6373	277	74	273
9	7,9	273,1	0,1374	0,9905	37,63	0,1602	0,3988	274	71˙	271
10	6,8	267,4	0,1184	0,993	31,7	0,105	0,2386	268	65	266
11	5,8	262	0,1010	0,995	26,5	0,0656	0,1336	262	59	260
12	4,9	253,6	0,0854	0,996	21,6	0,0396	0,0680	253,6	50,6	252
13	4	242,8	0,0698	0,998	16,9	0,0224	0,0284	242,8	39,8	242
14	2,7	227	0,0412	0,999	9,3	0,006	0,006	227	24	226
15	—	—	—	—	—	—	—	—	—	—
				Geschwindigkeit v = 270 cm/sek						
2	—	—	—	—	—	—	—	—	—	—
3	5,8	280,2	0,1011	0 995	28,5	0,2760	0,6244	282	12	280
4	5	282,5	0,0872	0,996	24,7	0,1554	0,3484	283,5	13,5	282
5	4,3	282,6	0,0750	0,997	20,49	0,0855	0,1930	283	13	282
6	3,5	282	0,06105	0,998	17,25	0,0506	0,1085	282,2	12,2	281
7	2,9	280,8	0,0506	0,999	14,2	0,0294	0,05794	281	11	280
8	2,2	279,2	0,0384	1	10,7	0,0146	0,02854	279,2	9,2	279
9	1,7	277,2	0,0296	1	8,2	0,0076	0,01394	277,2	7,2	277
10	1,2	274,9	0,02096	1	5,4	0,00298	0,00434	274,9	4,9	274
11	0,7	272,3	0,0121	1	3,3	0,001	0,00136	272,3	2,3	272
12	0,4	269,5	0,0070	1	—	0,0003	0,00036	269,5	—0,5	269
13	0,2	266,7	0,0035	1	—	0,00006	0,00006	266,7	—3,3	266
14	0	264,6	0,0	1	—	—	—	264,6	—5,6	26
15	—	—	—	—	—	—	—	—	—	—

12	13	14	15	16	17	18
»solute hsialge- indigkeit $_a \cos\alpha - v$ n cm	Impuls der Achsialge- schwindigkeit $P_{v_a} = \frac{\gamma}{g}(v+v_a)$	Drehmoment $\frac{\gamma}{g}(v+v_a)v_{t_a}\cdot R$	Ergebnisse der Ausführung der Integration			
			bewegte Wassermenge $\int(v+v_a)\,dF$ in Litern	Schub aus achsi- aler Geschw. $\int\frac{\gamma}{g}(v+v_a)v_a\,dF$ in gr	Druckverminderung durch tang. Geschw. $\int_{R=15}^{R=2}\int\frac{\gamma}{g}\cdot\frac{v_{t_a}^2}{R}\,dR\,dF$ in gr	Drehmoment austr. Wass $\int\frac{\gamma}{g}(v+v_a)v_t$ in cmgr.
—	—	—				
120	30,6	11,6				
127,8	33,6	13,76				
135	36,5	16,03				
139,8	38,5	17,9				
142	39,6	19,25				
143	39,8	19,85	189,78	644	47	8 900
141	39	19,81				
137	37,6	19,10				
131,1	34,9	17,85				
121,4	31,2	16,14				
103,6	24,2	13,18				
48	8,71	6,91				
—	—	—				
—	—	—				
53	13,65	6,51				
57,2	15,16	7,72				
62,7	16,98	8,58				
66,7	18,34	9,30				
70,4	19,25	9,70				
70,7	19,72	9,65	166,58	9 181	518	47 300
68,4	18,56	9,30				
63	17,09	8,60				
57,8	15,07	7,75				
49,5	12,74	6,67				
39	9,62	5,42				
23,8	5,5	3,02				
—	—	—				
—	—	—				
10,5	3,0	2,45				
12,3	3,47	2,84				
12	3,45	2,94				
11,8	3,38	2,97				
10,8	3,09	2,845				
9,2	2,62	2,437	157,6	20 500	2143	100 800
7,2	2,00	2,082				
4,9	1,24	1,51				
2,3	0,64	1,01				
-0,5	-0,14	—				
-3,5	-0,95	—				
-5,4	-1,46					
—	—	—				

teilchen in radialer Richtung kennen würde. Wir können aber annehmen, daß mit Ausnahme von W_P die unbestimmbaren Glieder von geringerer Größe sind und sich zum Teil aufheben, sonst würden die Messungen noch einer weiteren Korrektur wegen der Änderungen der Druckverhältnisse bedurft haben.

Für die bestimmbaren Glieder gelten die folgenden Gleichungen:

$$6)\ \dots\dots\quad P_{v_a} = \int_0^{\Gamma_a} \frac{\gamma}{g}(v + v_a)\, v_a\, d\, F_a$$

$$3)\ \dots\dots\quad P_{v_{t_a}} = \int_0^{F_a} \int_{R=15}^{R=2} \frac{\gamma}{g}\, \frac{v_{t_a}^2}{R}\, d\, R\, d\, F_a$$

$$7)\ \dots\dots\quad P_{v_e} = \int_0^{F_e} \frac{\gamma}{g}(v + v_e)\, v_e\, d\, F_e = \int_0^{F_a} \frac{\gamma}{g}(v + v_a)\, v_{m_e}\, d\, F_a,$$

wenn v_{m_e} die entsprechende mittlere Eintrittsgeschwindigkeit ist.

$$8)\ \dots\dots\quad P_{\Delta h} = \gamma\, F\, \Delta h.$$

Die Einzelergebnisse der Berechnung nach diesen Gleichungen sind in der Tabelle Nr. 5 zusammengestellt. P_{v_e} wurde der Einfachheit halber nach der zweiten dafür angegebenen Formel berechnet, da in dieser $\int_0^{F_a} \frac{\gamma}{g}(v + v_a)\, d\, F_a$ schon vorher für P_{v_a} bestimmt war. v_{m_e} wurde bei 2,7 m Geschwindigkeit zu 1 cm, bei 2,03 m zu 8 cm und bei 1,3 m zu 20 cm im Mittel unter Berücksichtigung der Druckverminderung durch die Tangentialgeschwindigkeit und die Messungseigenart der Düse in Anlehnung an die Ergebnisse angenommen.

Es ergaben sich dann die folgenden Zahlenwerte:

I. bei $v = 2,7$ m, gemessener Schub $= 0$ gr, $\Delta h = 2$ mm:

$P_{v_a} = 644$ gr, $\quad P_{v_e} = 200$ gr, $\quad P_{\Delta h} = -138,8$ gr, $\quad P_{v_{t_a}} = 47$ gr.

$S = 644 - 47 - 200 + 138,8 = 535,8$ gr $- W_P$,

sekundlich beschleunigte Wassermenge $= 189,78$ Liter.

In diesen 535,8 gr dürfte zum größten Teil der Eigenwiderstand des Propellers stecken, weniger der Einfluß der andern unberechenbaren Größen. Um noch einmal auf den plötzlich stärkeren Abfall der Schub- und Drehmomentkurven an ihrem Ende zurückzukommen, so ist jetzt wohl die Erklärung dafür dadurch zu geben, daß die Sogseite der äußeren Flügelteile eine hemmende Wirkung auszüben beginnt, die sich als negative Schubwirkung und als Unterstützung der Umdrehung im bisherigen Drehsinn äußert.

II. bei v = 2,03 m,   gemessener Schub = 7100 gr, $\varDelta$h = 1 mm:

P_{v_a} = 9181 gr, P_{v_e} = 1358 gr, $P_{\varDelta h}$ = 69 gr, $P_{v_{t_a}}$ = 518 gr.

S = 9181 — 518 — 1358 — 69 — W_P = 7236 gr — W_P

sekundlich beschleunigte Wassermenge = 166,58 Liter.

III. bei v = 1,3 m,   gemessener Schub = 14280 gr, $\varDelta$h = 9 mm:

P_{v_a} = 20500 gr, P_{v_e} = 3216 gr, $P_{\varDelta h}$ = 625 gr, $P_{v_{t_a}}$ = 2143 gr.

S = 20500 — 2143 — 3216 — 625 — W_P = 14536 gr — W_P.

sekundlich beschleunigte Wassermenge = 157,6 Liter.

Bei dem Vergleich der beiden letzten berechneten Schubgrößen mit den gemessenen wird man wieder den größten Teil des Unterschiedes auf den Eigenwiderstand des Propellers schieben können, deshalb ist auch — W_P dem berechneten Schub angefügt. Durch Schleppversuche läßt sich leider nur der Widerstand der Nabe und Haube für verschiedene Geschwindigkeiten bestimmen, wie solches auch geschehen und auf Fig. 15 zur Darstellung gebracht ist. Über den Widerstand der Flügel, der durch Haftung der Wasserteilchen an den Flächen und ihrer Ablenkung durch die Form entsteht, wird man sicherere Werte nur dann erhalten, wenn es gelingt, die Messung der Wassergeschwindigkeit und Richtung noch weit mehr zu vervollkommnen und auch auf andere Ebenen und die noch in der Gleichung für den Schub fehlenden Größen auszudehnen.

Widerstand der Nabe des Propellers Nr. IV, 300 ⌀.

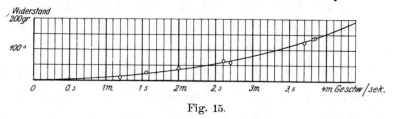

Fig. 15.

Wie notwendig besonders die Vervollkommnung der Messung auch vor dem Propeller ist, lehrt das Ergebnis der versuchten Berechnung des Drehmomentes des bewegten Wassers hinter dem Propeller. Dieses Moment bestimmt sich, da man die an jeder Stelle beschleunigte Wassermenge und ihre tangentiale Geschwindigkeit ermittelt hat, nach der Gleichung

$$8) \quad \cdots \cdots \quad M_{t_a} = \int_0^{F_a} \frac{\gamma}{g} (v + v_a) \, v_{t_a} \cdot R \, d F_a$$

Die hiernach berechneten Zahlenwerte, denen das gemessene Drehmoment beigefügt ist, lauten:

IV. bei $v = 2{,}7$ m

$\quad M^t_a = 8900$ cmgr,

gemessenes Drehmoment des Propellers $= 11\,600$ cmgr;

V. bei $v = 2{,}03$ m

$\quad M_{t_a} = 47300$ cmgr,

gemessenes Drehmoment des Propellers $= 38\,800$ cmgr;

VI. bei $v = 2{,}70$ m

$\quad M_{t_a} = 100800$ cmgr,

gemessenes Drehmoment des Propellers $= 65\,500$ cmgr.

Es braucht wohl kaum darauf hingewiesen zu werden, daß man das berechnete Drehmoment der ausgetretenen rotierenden Wassermassen nicht mit dem gemessenen Drehmoment des Propellers vergleichen darf, dazu fehlt der Abzug des Drehmomentes des eintretenden Wassers. Nur soviel kann man vielleicht aus dem Unterschied entnehmen, daß das Drehmoment des eintretenden Wassers in den beiden letzten Fällen schon ein ganz bedeutendes gewesen sein muß. Daß sich die bedeutend größere Eintrittsfläche infolge der größeren Halbmesser sehr wesentlich dabei äußert, ist schon weiter oben erwähnt. Nicht weiter verwundern darf es, daß bei $v = 2{,}7$ m das berechnete Drehmoment kleiner ausgefallen ist, als das gemessene. Hier findet einmal keine Drehbewegung der äußeren Wasserteilchen vor dem Propeller in dessen Drehsinn statt, ja vielleicht werden die äußeren Teilchen sich sogar im umgekehrten Sinne drehen, also ist die Summe der Drehmomente des eintretenden Wassers vielleicht gar negativ, dann aber ist noch der Widerstand der Flügel gegen Drehung, der besonders außen an den längeren Hebelarmen stärker in Wirkung tritt, zu überwinden. Deshalb wird in diesem Fall das gemessene Drehmoment größer sein müssen, als das berechnete der austretenden rotierenden Wassermassen.

Weitere Folgerungen aus den vorliegenden Versuchsergebnissen bleiben besser für eine Zeit aufgespart, wo die weitere Vervollkommnung der Versuchsmethode, die nach neueren Überlegungen erreichbar zu sein scheint, mehr Material besonders auch über die Vorgänge vor dem Propeller geliefert hat.

Indem ich dem Wunsch Ausdruck verleihe, die begonnene Untersuchung möchte, von welcher Seite es auch geschähe, baldigst wieder aufgenommen werden, entledige ich mich noch der angenehmen Pflicht, der J u b i l ä u m s - S t i f t u n g d e r d e u t s c h e n I n d u s t r i e für die Gewährung der Geldmittel, Herrn L e n t z s c h und Herrn Dr. B l a s i u s für ihre Mitwirkung und endlich auch meinen Arbeitern, die freiwillig oftmals ihre Arbeitszeit um ein Viertelstündchen ausdehnten, meinen verbindlichsten Dank auszusprechen.

Diskussion.

Herr Oberingenieur Helling - Groß-Flottbeck bei Altona:

Herr Gebers hat in seinem Vortrage auf eine Lücke hingewiesen, die leider in seinen sonst so eingehenden Versuchen besteht, nämlich auf die Frage, ob das Ähnlichkeitsgesetz bei dem Auftreten von Kavitationen Gültigkeit hat. Diese Frage mußte offen bleiben, da die Versuche mit den größten Modellpropellern bei der entsprechenden Tourenzahl den Apparat zu stark belastet hätten. Ich glaube allerdings, daß auch diese Fortsetzung der Modellversuche nicht weit genug in das Kavitationsgebiet hineingeführt hätte, um sichere Aufschlüsse zu geben. Es sei mir daher gestattet, diese Frage an der Hand der Erfahrungen, die mit großen Schrauben gemacht sind, und einiger theoretischer Überlegungen zu erörtern, und zwar gedenke ich den Nachweis zu führen, daß das Ähnlichkeitsgesetz für Kavitationserscheinungen, wie sie bei Turbinenpropellern auftreten, nicht mehr zutrifft, und daß dieser Umstand für die Propellerkonstruktion von wesentlicher Bedeutung ist.

Als Beispiel wähle ich den Versuch des Herrn Gebers mit Modell Nr. II, der bei den höchsten Touren den besten Wirkungsgrad ergab. Für diesen Fall ist der Schraubendurchmesser = 100 mm, die Steigung = 95 mm, die abgewickelte Fläche = 48,4 qcm, die Tauchtiefe der Welle = 80 mm, das Drehmoment = 3880 cm gr, die Tourenzahl = 40 pro Sek., also = 2400 pro Min, die Geschwindigkeit = 3 m/sek. = 5,85 Knoten.

Bei einem angenommenen Modellmaßstab 1:20 ergeben sich hieraus für das wirkliche Schiff nach dem Ähnlichkeitsgesetz folgende Werte: der Schraubendurchmesser = 2 m, die Steigung = 1,9 m, die abgewickelte Fläche = 1,94 qm, die Tauchtiefe der Welle = 1,6 m, das Drehmoment = 6220 mkg, die Tourenzahl = 538 pro Min, die Maschinenleistung = 4680 e. PS., die Geschwindigkeit = 26,2 Knoten. Diese Werte entsprechen etwa den Schrauben eines mit Turbinen ausgerüsteten kleinen Kreuzers mit Ausnahme der Tauchtiefe der Welle, welche in Wirklichkeit größer ist. Nun geht aber aus den Probefahrten derartiger Kreuzer hervor, daß eine Schraube von diesen Abmessungen schon bei einer etwas kleineren Maschinenleistung 538 Touren erreichen müßte, also etwas zu klein ist. Man kann also das Ähnlichkeitsgesetz nicht benutzen, um die Größe einer Schraube, die für eine bestimmte Maschinenleistung und Tourenzahl nötig ist, aus dem Modellversuch genau zu bestimmen; denn wäre die einzige vom Ähnlichkeitsgesetz abweichende Größe, die Tauchtiefe, auch diesem angepaßt gewesen, so hätte das Modell seine Touren offenbar erst bei noch höherer Belastung erreicht. Ebenso führt eine Berücksichtigung des Vorstroms, der hier vernachlässigt ist, zu einer noch größeren Abweichung vom Ähnlichkeitsgesetz.

Aus diesem Vergleich des Versuchs im großen und im kleinen folgt, daß die Kavitationen bei großen Schrauben verhältnismäßig stärker auftreten müssen als bei den Modellen, da die Tendenz, auf hohe Touren zu laufen oder durchzugehen, mit den Kavitationen wächst Dieses Resulat deckt sich vollkommen mit der theoretischen Überlegung. Kavitationen sind Hohlräume an der Saugseite der Flügel, welche dadurch entstehen, daß das Wasser, beschleunigt durch die hydrostatische Druckhöhe, vermehrt um die Atmosphäre, den Flügeln nicht zu folgen vermag. Die kritische Geschwindigkeit eines Flügelelementes für die Möglichkeit von reinen Kavitationen ohne Luft- und Dampfbeimischungen berechnet sich also aus der bekannten Formel $v = \sqrt{2\,gh}$, in der g die Erdbeschleunigung und h die Tiefe des betreffenden Elementes unter der Wasseroberfläche, vermehrt um eine Wassersäule von 10,33 m, entsprechend dem Atmosphärendruck, bedeutet. Diese Konstante 10,33 ist für das Modell und die große Schraube dieselbe und ändert sich nicht mit dem Ähnlichkeitsgesetz. Wir sehen also, daß die Möglichkeit der Bildung von Kavitationen vor allem von der absoluten Umfangsgeschwindigkeit, außerdem aber in geringerem Maße von der

Tauchtiefe abhängig ist. Da letztere bei einem Schiff nicht beliebig groß gemacht werden kann, muß man also Propeller von hoher absoluter Umfangsgeschwindigkeit mit breiten, kurzen Flügeln ausrüsten, um diese Umfangsgeschwindigkeit nach Möglichkeit zu beschränken. Auf diese Weise ergibt sich der von Herrn Gebers vorgeführte Propellertyp mit dem großen Verhältnis der abgewickelten Fläche zur Kreisfläche, der allgemein als der günstigste für Turbinenschrauben erprobt ist.

Um nun noch zu beweisen, daß nur die hohe a b s o l u t e Umfangsgeschwindigkeit und nicht die hohe Winkelgeschwindigkeit diese Form bedingt, greife ich noch einen zweiten Fall aus der Praxis heraus und will unser Modell jetzt nicht im Maßstabe 1:20, sondern nur im Maßstabe 1:6 vergrößert denken. Dann ergibt sich: der Durchmesser = 0,6 m, die Steigung = C,57 m, die abgewickelte Fläche = 0,174 qm, die Tauchtiefe der Welle = 0,48 m, die Tourenzahl = 985 pro Min., die Geschwindigkeit = 14,3 Kn., die Maschinenleistung = 70 e. PS. Die letzten drei Zahlen entsprechen den Verhältnissen, welche bei einem schnellen Motorboot auftreten. Aber die Dimensionen der Schraube sind nicht die entsprechenden. Zunächst wird dieselbe erfahrungsgemäß erst bei etwas höherer Leistung als 70 PS. auf 985 Touren laufen, sich also in dieser Beziehung gerade umgekehrt verhalten wie die Turbinenschraube. Dies ist jedenfalls nur auf die Wirkung des Vorstroms zurückzuführen, da die Tauchtiefe der Welle in diesem Falle ungefähr die richtige ist.

Ferner wird aber niemand eine derartige Schrauben f o r m für diese Verhältnisse wählen, vorausgesetzt, daß ihm nicht durch den geringen Tiefgang des Bootes ein so kleiner Durchmesser vorgeschrieben ist. Denn in dieser Weise im Durchmesser konstruktiv beschnittene Schrauben ergeben bei diesen Motorbooten erfahrungsgemäß merklich geringere Wirkungsgrade als Schrauben von größerem Durchmesser. Da ich gerade auf diesem Gebiete über allerlei Erfahrungen verfüge, kann ich Ihnen ziemlich genau angeben, welche Schraubendimensionen in diesem Falle den günstigsten Wirkungsgrad ergeben, nämlich Durchmesser = 670 mm, Steigung = 520 mm, abgewickelte Fläche = 0,127 qm. Es ergeben sich also bedeutend schmälere und längere Flügel mit geringerer Steigung und geringerem Slip als bei dem Modell des Herrn Gebers. Daß diese Schraube für Fälle, in welchen keine Kavitationen auftreten, in denen das Ähnlichkeitsgesetz also gültig ist, besser ist als die von Herrn Gebers untersuchte Schraube, geht auch aus den Versuchen hervor, welche Taylor mit Modellen von 406 mm Durchmesser ausgeführt hat, um die Abhängigkeit des Propellerwirkungsgrades vom Steigungs- und Flächenverhältnis und vom Slip zu bestimmen. Nach diesen Versuchen ergibt sich nämlich für das Modell des Herrn Gebers ein um etwa 7 % geringerer Wirkungsgrad als für die von mir vorgeschlagene Motorbootsschraube bei den entsprechenden Slips. Gerade umgekehrt aber liegt der Fall bei der Anwendung der beiden Schraubenformen in dem großen Maßstabe für den Turbinenkreuzer. In diesem Maßstabe erhielte meine Schraube folgende Dimensionen: Durchmesser = 2,23 m, Steigung = 1,73 m, abgewickelte Fläche = 1,41 qm. Jeder Fachmann, der mit Turbinenschrauben zu tun gehabt hat, wird mir auf Grund der allgemein vorliegenden Erfahrungen zugeben, daß diese Schraube, die für das Motorboot besser ist, für den Kreuzer schlechter ist als das Modell des Herrn Gebers.

Aus dieser Gegenüberstellung geht also hervor, daß das Ähnlichkeitsgesetz gerade für die Schraubenform, die Herr Gebers für seine Versuche gewählt hat, nämlich für die Turbinenschraube, nicht anwendbar ist. Auch der von Herrn Professor Flamm gestern gemachte Vorschlag, eine bessere Schraubenform für große schnellaufende Schrauben durch den Modellversuch zu finden, erscheint demnach ziemlich aussichtslos, da die Kavitationen, welche die besondere Form bedingen, bei dem Modell nicht auftreten.

Dagegen hat Herr Gebers meiner Ansicht nach den Nachweis erbracht, daß wir uns auf dem Modellversuch in allen den Fällen verlassen können, in welchen die für den Eintritt von Kavitationen kritische Umfangsgeschwindigkeit nicht erreicht oder nur unwesentlich überschritten wird, und diese Fälle werden jedenfalls auch in der Zukunft die Mehrzahl bilden.

Herr Dr. Pröll-Danzig:

Meine Herren! Es ist immer sehr erfreulich, wenn eigene Arbeiten durch die anderer Bestätigung finden. Ich habe mich in letzter Zeit und mehrere Jahre schon ziemlich viel mit Propelleruntersuchungen beschäftigt. Den Vortrag von Herrn Dr. Gebers hatte ich früher nicht zur Hand, war daher angenehm überrascht, wie ich hier seine Kurven projiziert vorfand. Aus der Reihe von Kurven, die Herr Dr. Gebers uns da gezeigt hat, ist nun namentlich interessant gewesen: Der Abfall des Propellerschubes mit wachsender Geschwindigkeit bei konstanter Tourenzahl. Herr Dr. Gebers hat nun seine Versuche an diesen Kurven auch theoretisch begründet; ich bin auf theoretischem Wege auch zu denselben Ergebnissen gekommen.

Ich möchte Ihnen zur Ergänzung der Versuche des Herrn Dr. Gebers eine kleine Mitteilung machen, die vielleicht nicht ohne Interesse ist. Herr Dr. Gebers hat die Versuche in kleinem Maßstabe an der Versuchsanstalt in Übigau durchgeführt. Herr Professor Lorenz und ich haben Gelegenheit gehabt, in Danzig durch das Entgegenkommen der Kaiserlichen Werft an einem Boot, das dem Ressortdienst zugehört, Versuche durchzuführen. Diese Versuche sind schon in etwas größerem Maßstabe als die von Herrn Dr. Gebers angestellt. Das Boot trägt eine ungefähr 70 pferdige Dampfmaschine, und wir untersuchten daran verschiedene Propeller bei verschiedenen Tourenzahlen und Geschwindigkeiten. Die Versuche erstrecken sich über mehrere Jahre. Ich möchte aus diesen Versuchen nur mitteilen, daß wir dabei unter anderem auch dieselbe Erkenntnis gewonnen haben, wie sie eben Herr Dr. Gebers mitgeteilt hat. Wir haben das in folgender Weise gefunden. Zuerst ließen wir das Boot frei fahren. Dabei kannten wir den Widerstand des Bootes aus besonderen Schleppversuchen. Wir haben das Boot dann bei arbeitendem Propeller festgemacht, haben also eine Art Pfahlprobe durchgeführt und den Schub direkt gemessen, und dann haben wir drittens von dem Boot einen schweren Kohlenprahm schleppen lassen und dabei in die Schlepptrosse ein Dynamometer eingeschaltet, auch wieder bei verschiedenen Tourenzahlen und Geschwindigkeiten. Daraus entnahmen wir je 3 Versuche bei gleichen Tourenzahlen aber verschiedenen Geschwindigkeiten (einmal die Geschwindigkeit O, dann die Geschwindigkeit mit der wir den Prahm geschleppt haben und dann die volle Geschwindigkeit der freien Fahrt). Das haben wir natürlich für verschiedene Tourenzahlen durchgeführt, und immer hat sich gezeigt, daß — mit geringen Unterschieden, die vielleicht in Meßfehlern begründet sind — diese 3 Punkte, die in dem entsprechenden Diagramm die Schubkräfte angeben, auf einer geraden Linie liegen. Daß diese gerade Linie in der Nähe der Geschwindigkeit O gelegentlich etwas umbiegt, ist uns auch bekannt; es liegt das vielleicht daran, daß Luft mit eingesaugt wird. Aber das Hauptresultat ist, daß die Kurven, welche den Schub bei gleichen Tourenzahlen angeben, praktisch gerade Linien sind. Dieses Ergebnis hat übrigens auch ein Ingenieur Eberhard mit Luftschrauben gefunden und in der Zeitschrift „Der Motorwagen" in diesem Jahre ebenfalls veröffentlicht. Ich habe ferner noch andere Versuchsergebnisse daraufhin untersucht. Auf Veranlassung von Herrn Geheimrat Professor Flamm sind vor mehreren Jahren mit einem holländischen Dampfer „Vlaardingen" sehr interessante Schleppversuche und Drucklagerversuche gemacht worden. Man hat das Drucklager beweglich gemacht und den Propellerschub direkt gemessen auf hydraulischem Wege. Der Ingenieur, der diese Versuche gemacht hat, ein Holländer — van Geldern, hieß er, glaube ich, hat den Propellerschub in einer Tabelle und in Kurven aufgetragen. Ich habe mich der Mühe unterzogen und die von ihm ausgerechneten Propellerschübe, Tourenzahlen und Geschwindigkeiten auf die erwähnte Gesetzmäßigkeit hin geprüft. Das stimmt ganz genau. Wenn man nämlich mit P in Kilogrammen den Schub bezeichnet, mit ω die Winkelgeschwindigkeit und mit c die Geschwindigkeit des Schiffes in Metern pro Sekunde, so ist

$$P = a\,\omega^2 - b\,\omega\,c,$$

wenn a und b Konstante sind. Wenn dann etwa $\omega = \omega_1$ konstant ist, so gibt das $P = \omega_1^2 \left(a - \left(\frac{b}{\omega_1}\right) c \right)$, also eben diesen geradlinigen Abfall. In dieses Gesetz lassen sich die Versuche mit dem Dampfer „Vlaardingen" sehr gut einfügen, und ebenso die Versuche, die Taylor seinerzeit veröffentlicht hat in seinem bekannten Buche mit dem amerikanischen Kanonenboot „Yorktown". Da gibt er auch die gemessenen Schübe an, und die fügen sich vollständig der besprochenen Formel ein.

Ich wollte das nur mitteilen, weil ich glaube, daß das in etwas größerem Maßstabe eine Bestätigung der Versuche ist, die Dr. Gebers in so dankenswerter Weise in Übigau ausgeführt hat. (Beifall.)

Herr Dr. ing. Foerster-Hamburg:

Königliche Hoheit, meine Herren! Auch ich möchte zunächst dem Bedauern, das einer der Herren Vorredner ausgesprochen hat, Ausdruck verleihen, daß die Versuchseinrichtungen, die Herr Dr. Gebers mit so viel Liebe und Sorgfalt geschaffen und ausgebildet hat, durch Stillegen um die Möglichkeit längerer Erprobung und praktischer Bewährung gebracht werden sollen. Nichts im Schiffbau ist mehr Vertrauenssache und Sache gewissenhaftester Kritik als die praktische Verwertung solcher experimenteller Ermittlungen.

Die Ausführungen des Vortragenden und seine früheren Veröffentlichungen dürften gezeigt haben, daß wir es hier mit einer im Prinzip einwandfreien Versuchseinrichtung und mit sorgfältiger Beobachtung und Berücksichtigung der mechanischen Mängel der Anlage zu tun haben, und es kann dem vom Vortragenden ausgesprochenem Wunsche nach Fortführung seiner begonnenen Versuchsreihen nur beigepflichtet werden.

Ich glaube aber, daß die Interessen der ausführenden Praxis nicht besser gekennzeichnet werden können, als durch die Warnung vor Schraubenversuchen ohne Schiffsmodelle. Die skeptische Beurteilung gewisser Versuchsreihen des jüngeren Froude durch die englische Schiffbaupraxis hat ihre guten Gründe, weil durch jene Versuche Steigerungen der Wirkungsgradkurven bis zu Steigungsverhältnissen (H : D) hinauf bewiesen werden, welche für das Arbeiten des Propellers hinter irgend einer Schiffsform in Wirklichkeit nicht bestehen. Die grundlegende Verschiedenheit der Arbeitsbedingungen für den Propeller, je nachdem, ob er unter dem Einfluß des Schiffskörpers steht oder nicht, bewirkt nicht nur die bekannte zahlenmäßige Differenz der Wirkungsgrade, sondern auch einen gänzlich verschiedenen Verlauf der Wirkungsgradkurven und eine erheblich verschobene Lage des Gipfels der Wirkungsgradkurve, gibt mithin eine doppeldeutige Charakteristik ein und desselben Propellers. Wenn Herr Dr. Pröll eine Übereinstimmung seiner Modellbootversuche in Danzig mit den Resultaten des Herrn Dr. Gebers konstatieren will, so vermisse ich bei Herrn Dr. Pröll Parallelversuche zu denen von Herrn Gebers, nämlich Versuche mit seiner Schraube ohne das Modellboot. Herr Dr. Pröll hätte sich überzeugen können, daß der Verlauf der Wirkungsgrade, die er für seinen Propeller hinter dem Schiff gefunden hat, sich wesentlich anders ergeben hätte, wenn er den Propeller ohne Schiff untersucht haben würde.

Da nun das Ziel einer Propellerkonstruktion ist, daß bei der normalen Tourenzahl der Dienstgeschwindigkeit etwa der Gipfelpunkt der Wirkungsgradkurve liegt, so würde die vergleichende Untersuchung mehrerer zu gleicher Kraftübertragung bestimmter Propeller ohne Schiffsmodell den Konstrukteur auf eine falsche Fährte führen, und er wird erleben können, daß zwei Propeller, deren Qualität er bei einer bestimmten Geschwindigkeit beispielsweise zu 75 % und zu 80 % ermittelt hat, hinter dem Schiff ihre Qualität direkt umkehren.

Wenn Herr Dr. G e b e r s von üblichen Vorstrombeträgen spricht, die er bei seinen abstrakten Versuchen in Rücksicht ziehen will, so muß ich ihm antworten: es gibt keinen üblichen Vorstrom, sondern der Betrag der Wassergeschwindigkeit hinter dem Schiff, in Prozenten der Schiffsgeschwindigkeit ausgedrückt, variiert gerade am Arbeitsorte der Propeller je nach der Hinterschiffsform in groben Beträgen. Zu den Ausführungen über die effektive Steigung, die „wahre Steigung", wie Herr G e b e r s sie nennt, ist ebenfalls zu bemerken, daß deren Ermittlung hinter dem Schiff auf andere Werte führt, als ohne Schiff, und zwar selbst bei rechnerischer Ausschaltung eines ermittelten Vorstrombetrages. Es scheint, daß hier die schräg von unten nach oben führende Strömungsrichtung des vom Schiffskörper den Schrauben zufließenden Wassers eine bedeutsame Rolle spielt.

Von entscheidendem Einfluß auf Wirkungsgrad, Slip und Tourenzahl ist, wie allgemein bekannt sein dürfte, die Formgebung der Wellenhosen und die Gestaltung derjenigen Flächen am Hinterschiff, welche, wie man es wohl ausdrücken könnte, Schuld sind an dem widerstandsvermehrenden Sog der Schrauben.

Hat man erst einmal herausgefunden, daß die Beziehungen zwischen Schiffsform und Propellercharakteristik das Entscheidende sind, und daß die Qualitäten ein und desselben Propellers hinter verschiedenen Schiffsformen bei gleichen Geschwindigkeiten große Verschiedenheiten aufweisen, dann wird man Propellerversuchen ohne Schiffsmodell skeptisch gegenüber stehen müssen, ihnen nur etwa die Bedeutung zuerkennen, daß sie die Verhältnisse der Wasserbewegung unmittelbar am Propeller in vergleichender Weise bis zu einem gewissen Annäherungsgrad der Richtigkeit veranschaulichen können und daß sie, wie im vorliegenden Falle, zur Kontrolle gewisser Grundgesetze, wie des Ähnlichkeitsgesetzes, wertvoll sind. Man wird aber Verbesserungen der Propellerwirkung auf diesem Wege nur in sehr beschränktem Maße erhoffen können und vor allem wird man die bei einem Propeller auf diesem Wege ermittelte Lage des Wirkungsgradmaximums, die man für eine bestimmte Geschwindigkeit erschleppt hat, als praktisch unzutreffend für das Arbeiten des Propellers hinter irgend einer beliebigen Schiffsform ansprechen müssen. Jede Schiffsform hat ihr „Specificum", ihren bestimmten, am besten für sie geeigneten Propeller, welcher, im freien Wasser für sich allein arbeitend, im Charakter und Wirkungsgrad völlig veränderte Eigenschaften zeigen kann.

Ich möchte daher zu den Hoffnungen, die Herr Dr. G e b e r s am Schluß seines Vortrages ausgesprochen hat, noch die Hoffnung hinzufügen, daß von Seiten der deutschen Schiffbauwissenschaft die Propellerversuche, deren Bedeutung gar nicht hoch genug eingeschätzt werden kann, möglichst häufig auf einer praktischen Basis in der Weise ausgeführt werden, daß die Propeller unter richtigen Arbeitsbedingungen — hinter Modellen oder Motorbooten — mit den dem jeweiligen Widerstande entsprechenden Schubbeträgen und Tourenzahlen verglichen werden.

Herr Schiffsmaschinen-Ingenieur Dr. W a g n e r - Stettin:

Meine Herren! Es ist sehr erfreulich, daß es Herrn Dr. G e b e r s gelungen ist, die quantitative Untersuchung des Strömungsbildes in der Nähe der Schraube, wie ich sie vor 4 Jahren zuerst mit einem W o l t m a n n schen Flügel vorgenommen und hier vorzutragen die Ehre hatte, in vollkommener Weise fortzusetzen. Die schönen Resultate des Herrn Dr. G e b e r s geben mir eine umso größere Genugtuung, als sie trotz der exakteren

Meßmethode — Herr Dr. G e b e r s benutzte die Pitotsche Düse, deren Verwendung ich ebenfalls bereits damals empfohlen hatte — meine Ergebnisse im wesentlichen bestätigen. Beim Vergleich der von mir veröffentlichten Diagramme über den Verlauf des axialen Geschwindigkeitsbildes ist eine Übereinstimmung zu erkennen. Ich würde diese Tatsache jetzt nicht erwähnen, wenn nicht damals an dieser Stelle in die Richtigkeit meiner Messungen so große Zweifel gesetzt worden wären. Herr Dr. G e b e r s hat in seinem gedruckten Vortrag bemerkt, daß auch meine Untersuchungen noch nicht die Unterlagen geliefert hätten, deren eine mathematische Rechnung bedarf. Ich gab aber damals selbst zu, daß meine Ergebnisse noch einer weiteren Ergänzung und genaueren Nachprüfung bedürften. Die Ergebnisse waren eben nur ein erster Schritt in der gekennzeichneten Richtung. Nachdem nun aber eine ziemlich gute Übereinstimmung mit den Kurven von Herrn Dr. G e b e r s vorhanden ist, können meine Ergebnisse wohl auch verwertet werden.

Die Erfolge des Herrn Dr. G e b e r s haben ferner meinen früheren Standpunkt bekräftigt — der ja auch von Herrn Dr. A h l b o r n und Herrn Geheimrat F l a m m eingenommen wurde — daß nur die a n a l y t i s c h e, m e s s e n d e Untersuchung des Strömungsvorganges uns in der Kenntnis der Wirkungsweise der Schraube weiterbringt. Ferner hat uns Herr Dr. G e b e r s aufs neue den Nachweis geliefert, daß die bisherigen Schraubentheorien von R i e h n, T a y l o r usw., die alle auf der Voraussetzung einer gleichmäßigen Strömung längs des Radius und einer Vernachlässigung der Tangentialgeschwindigkeit beruhen, grundfalsch sind. Eine richtige Theorie muß natürlich diese Strömungsverhältnisse berücksichtigen. Wenn Sie gestatten, werde ich mir das nächste Jahr die Ehre geben, Ihnen einen Beitrag nach dieser Richtung hin zu liefern und Ihnen auch die praktischen Früchte dieser Untersuchung vorzuführen.

Herr Geheimer Regierungsrat Professor F l a m m - Charlottenburg:

Königliche Hoheit, meine Herren! Schon gestern habe ich Veranlassung genommen gelegentlich des Vortrages von Herrn Professor Dr. F ö t t i n g e r auf diesen Vortrag, der uns heute geboten wurde, hinzuweisen, und ich glaube, daß die Erwartungen, die wir an diesen Vortrag geknüpft haben, erfüllt worden sind. (Zustimmung.) Ich stehe auf dem Standpunkt, daß gerade die uns heute vorgetragenen Resultate den Beweis erbracht haben — und da möchte ich mich direkt gegen das wenden, was der Vorredner Herr H e l l i n g gesagt hat — daß man durch eine wissenschaftlich systematische Untersuchung der im Schraubenbereich arbeitenden Wassermasse sich Klarheit über die Wirkungsweise der Schraube und selbstverständlich dann auch Klarheit über die Wege schaffen kann, die man einschlagen muß, wenn man in der Konstruktion der Schraube zu Fortschritten gelangen will.

Ich stehe auf dem Standpunkt, daß gerade durch die von Herrn Dr. G e b e r s hier vorgebrachten Resultate eine ganze Reihe von den Erscheinungen jetzt durch Messungen nachgewiesen und zum Teil auch erklärt worden ist, die in den Photographien, die ich ohne Messungen habe vornehmen müssen, im vorigen Jahre Ihnen gezeigt worden sind. Es ist z. B. mit absoluter Sicherheit die Übereinstimmung der größeren oder geringeren Niveausenkung über der Schraube, die Herr G e b e r s durch seine direkten Messungen und Untersuchungen festgestellt hat, mit den Photogrammen, die ich aufgenommen habe, bewiesen. Wollen Sie vielleicht die Güte haben, das vorletzte Bild (Fig. 12, Vortrag Gebers) das Sie hier brachten, noch einmal an die Tafel zu werfen, ich möchte einige Bemerkungen daran anknüpfen.

Ich habe übrigens mit einer gewissen Beruhigung aus dem Vortrage entnommen, daß das Ähnlichkeitsgesetz, welches von dem Herrn Vorredner angezweifelt wurde, allerdings in Ausführungen, denen man besonders bei der Schnelligkeit, mit denen die Zahlen hier vorgetragen wurden, gar nicht zu folgen vermochte, zu Recht zu bestehen scheint. (Der Saal wird verdunkelt.) An dem Bild sind zwei Erscheinungen zu beobachten, die sich auf meinen Photographien gleichfalls vorfinden: Links oben wirkt der obere Teil des Schraubenflügels, wie Herr Dr. Gebers angab, hemmend; es scheint, daß an dieser Stelle ein Druck auf den Flügel kommt; das zeigt sich in der geringen Einsenkung über dem Flügel, zum Ausgleich des hydrostatischen Druckes. Nach der Nabe hin wird die Geschwindigkeit des Abstromes reduziert, dies erklärt wiederum die bei meinen Photographien festgestellte Erscheinung jenes ominösen Schwanzes hinter der Schraubennabe; derselbe rührt also wohl von der auch durch die Photographien Professor Ahlborns nachgewiesenen zentrifugalen Wirkung her.

Ich trage jetzt kein Bedenken mehr zu sagen, daß jener Schlauch auf Druckverminderung im Innern des Schraubenraumes zurückzuführen ist. Dann aber zeigt das Geberssche Bild auch, daß der größte Teil der Schraubenwirkung weniger auf direkten Druck zurückzuführen ist, als auf Saugwirkung. Würde man einen Druck, also eine direkte Kraftwirkung auf der Druckfläche der Schraube haben, so müßte sich das auch durch eine entsprechende Stauhöhe über der gedrückten Stelle bemerkbar machen. Das ist aber an keiner meiner zahlreichen Photographien zu erkennen. Infolge mangelnden Druckes findet dabei auch bei dem Geberschen Bilde der Arbeit leistenden Schraube eine Niveausenkung, nicht aber eine Niveauhebung statt, genau wie das bei allen Photographien, die ich aufgenommen habe, klar zu erkennen ist. — Gerade durch die Vorderfläche der Schraube findet ein intensives Beschleunigen der Wassermengen durch Ansaugen statt, dann strömt das Wasser, wie auch Professor Ahlborn gezeigt, glatt durch die Schraube hindurch. Die hier vorgeführten Bilder meiner Aufnahmen bestätigen das vollkommen: überall über der Schraube intensivste Niveausenkung, also Ansaugen, nie Aufstauung, also Druckwirkung!

Der Schlauch hinter der Schraube enthält keine Luft, er verschwindet beim Abstellen des Schraubenantriebes allmählich, ohne daß Luftbläschen aufsteigen.

Die Photogramme decken sich also genau mit den Messungen des Herrn Dr. Gebers.

Nun, m. H., zum Schluß: ich bedaure außerordentlich, daß es Herrn Dr. Gebers nicht möglich gewesen ist, seine Versuche weiter durchzuführen. Ich möchte dringend empfehlen, gerade nach dieser Richtung mit den Versuchen fortzufahren. Es ist das für unsere Industrie vorteilhaft. Wir können im kleinen mit verhältnismäßig billigen Mitteln Resultate schaffen, und wenn sie auch vielleicht nicht direkt auf Anhieb für das Große passen, so sind doch die Ergebnisse, die wir dadurch schaffen können, so wichtig, daß wir für die Neukonstruktionen, die die Technik von uns verlangt, sehr wohl gerüstet sind; deshalb glaube ich, daß die Durchführung solcher Versuche, die ja hoffentlich in der nächsten Zeit Herrn Dr. Gebers möglich sein wird, mit aller Intensität weiter erfolgt. Es liegt noch eine ganze Reihe von Aufgaben vor; speziell müssen wir feststellen: wie hat man eine Schraube zu konstruieren, wenn die Schraube hohe Umdrehungen machen soll?

M. H., in dem gestrigen Vortrage von Herrn Professor Föttinger haben wir gehört wenn ich ihn recht verstanden habe, daß er auf dem Standpunkt steht, man könne keine bessere Schraube konstruieren, als man schon heute habe, gut wirkende hochtourige Schrauben habe man nicht. Man müsse ein Zwischenglied nehmen, um die Schraube mit geringen Umdrehungen laufen zu lassen und die Turbine mit ihren charakteristischen hohen Umdrehungszahlen. Es kann sein, daß Herr Professor Föttinger Recht hat. Ich glaube aber erst dann, daß er Recht hat, wenn wir unsererseits durch eingehende Studien der einschlägigen Verhältnisse nachgewiesen haben, daß man mit hochtourigen Schrauben nicht zurecht kommt. Ich bin jetzt der Meinung, daß man sehr wohl dazu kommen wird, auch hochtourige

Niveausenkung über der Schraube und Schlauchbildung
bei v = 1,25 m/sec und n = 2700.

Fig. 1.

Niveausenkung über der Schraube bei v = 1,7 m/sec und n = 2700.

Fig. 2.

Nikipropeller. Niveausenkung über der Schraube und Schlauchbildung
bei v = 1,9 m/sec und n = 1950.

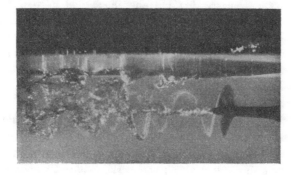

Fig. 3.

Schrauben in größerem Maßstabe mit guten Wirkungsgraden zu konstruieren. Das aber zu erreichen, und darüber Klarheit zu schaffen, kann meiner Meinung nach nur durch den Versuch, und zwar in erster Linie durch den wissenschaftlichen Versuch erzielt werden.

Herr Geheimer Regierungsrat Professor B u s l e y - Berlin:

Ich möchte Herrn Dr. G e b e r s nur noch bitten — ich weiß ja nicht, wie es mit seiner freien Zeit steht — bei der Jubiläumsstiftung der Deutschen Industrie einen Antrag auf Fortsetzung seiner Versuche zu stellen. Zweitens möchte ich fragen, wo die Versuche stattfinden könnten. In Übigau ist es wohl ziemlich ausgeschlossen?

Herr Dr. ing. G e b e r s:

Jawohl, Herr Geheimrat, ich kann einstweilen noch keinen Antrag stellen. Wir haben in Deutschland keine Anstalt, die augenblicklich derartige Versuche durchführen kann. (Zuruf: Marienfelde!)

Herr Geheimer Regierungsrat Professor B u s l e y - Berlin:

Und dann haben Sie auch wohl nicht die Zeit, es zu machen?

Herr Dr. ing. Fr. G e b e r s:

Das auch noch nicht; wenigstens einstweilen nicht.

Herr Geheimer Regierungsrat Professor B u s l e y - Berlin:

Das ist sehr bedauerlich. Ich würde das sonst bei der Jubiläumsstiftung außerordentlich befürworten.

Herr Dr. ing. Fr. G e b e r s:

Ich werde vielleicht später darauf zurückkommen und gern von Ihrer Freundlichkeit Gebrauch machen.

Herr Geheimer Regierungsrat Professor B u s l e y - Berlin:

Dann lassen Sie es mich bitte vorher wissen.

Herr Dr. ing. Fr. G e b e r s:

Sehr gern!

Herr Dr. ing. G e b e r s (Schlußwort):

Euere Königliche Hoheit! Meine Herren! Für die freundlichen Worte der Anerkennung bin ich den betreffenden Herren außerordentlich dankbar und ich möchte deren Ausführungen nichts weiter hinzufügen. Dankbar bin ich aber auch den Herren, die nicht ganz meiner Meinung sind, für das Interesse, welches sie durch ihre Einwendungen meinen Versuchen entgegengebracht haben.

Zum Teil kann ich die von Herrn H e l l i n g und Herrn D r. F o e r s t e r geäußerten Bedenken wohl zusammenfassen, daß meine Versuche sich gar nicht auf einen Propeller beziehen, der hinter einem Schiff arbeitet — so weit bin ich noch gar nicht — sondern ich habe mich zunächst nur mit f r e i arbeitenden Propellern beschäftigt.

Daß die Verhältnisse hinter dem Schiff andere sind, ist mir sehr wohl bekannt, und sicherlich werden sich die Wirkungsgradkurven und ihre Gipfelpunkte durch die Beeinflußung der Wasserströmung durch den vorauflaufenden Schiffskörper verschieben. Aber sich darauf erstreckende Messungen gleich von vornherein mit vorzunehmen, um überhaupt erst einmal dahin zu gelangen, daß man den Schub und vielleicht auch das Drehmoment des

Propellers aus der Messung der Wassergeschwindigkeit und Richtung berechnen kann, das halte ich für viel zu verwickelt. Man wird bei solchen Versuchen, die man für die Analyse der Propellerwirkung anstellt, auch eben nur allmählich analytisch unter stetiger sorgfältiger Prüfung der Ergebnisse vorgehen müssen. Für den praktischen Konstrukteur — möchte ich deshalb Herrn Dr. Foerster erwidern — sind diese Versuchsergebnisse einstweilen noch nicht in erster Linie geschaffen, obwohl er auch schon manches daraus lernen kann.

Wenn ich hier einmal den Versuch wagte, die Ergebnisse der kleinen Modellpropeller mit den Verhältnissen im großen zu vergleichen und dabei eine Vorstromgeschwindigkeit einführte, so geschah es nur, um der bis jetzt bestehenden Anschauung Rechnung zu tragen. Daß solche Vorstromgeschwindigkeit für die übliche Berechnungsweise eines Propellers eigentlich viel mehr enthalten muß als nur die von Herrn Dr. Foerster angeführte Beeinflussung des Wassers durch den Schiffskörper, das, glaube ich, haben meine Versuche wohl auch gezeigt. Sie brauchen sich nur die von mir aufgestellten Formeln für den Schraubenschub z. B. anzusehen und Sie werden finden, wie viele Größen vorhanden sind für die Bestimmung des Impulses des Wassers, welches schon vor dem Propeller in Bewegung gesetzt ist. Alle diese Größen würden mit unter den Begriff „Vorstrom" fallen, wie er jetzt landläufig ist. Zu besonderen beabsichtigten Messungen bin ich leider nicht mehr gekommen.

Die Zahlen, die Herr Helling hier angeführt hat, kann ich nicht kontrollieren, aber ich gebe ihm Recht, daß, wenn Kavitation eintritt, das Ähnlichkeitsgesetz für ähnliche Propeller, die in ähnlicher Tauchtiefe aber bei gleichem Luftdruck arbeiten, versagt oder einer Berichtigung bedarf, die vielleicht nicht leicht ermittelt werden kann. Aber das möchte ich nicht zugeben, daß bei Kavitationseintritt der Modellversuch in Zukunft immer versagen muß, weil man wegen des Bedienungspersonals den Luftdruck in den Anstalten selbst nicht angemessen erniedrigen kann. Vielleicht wird man doch durch Zuhilfenahme besonderer Tankversuche dem Ziele näherkommen. Großen Wert hatte ich freilich darauf gelegt, die Propeller mit hohen Umdrehungszahlen laufen zu lassen, um eben in das Wesen der Beeinflussung der Ergebnisse durch die Kavitation einzudringen.

Meine Versuche stecken ja leider noch allzusehr in den Anfängen, und ich habe darum ganz allgemein gültige Schlüsse noch nicht daraus gezogen. Darum möchte ich aber auch mein Schlußwort nicht allzu lange ausdehnen, sondern meine Ausführungen heute damit schließen, daß ich Ihnen für Ihre freundliche Aufmerksamkeit meinen verbindlichsten Dank sage. (Beifall.)

Seine Königliche Hoheit der Großherzog von Oldenburg:

Die Versuche des Herrn Dr. Gebers zeichnen sich durch exakte Durchführung vorteilhaft von vielen anderen ähnlichen Untersuchungen aus. Wir können nur bedauern, daß es Herrn Gebers nicht möglich war, diese höchst wertvollen Forschungen fortzusetzen, sie würden gewiß noch zu weitergehenden Erfolgen geführt haben. Im Namen der Gesellschaft spreche ich Herrn Dr. Gebers für seinen Vortrag und die in demselben niedergelegten Resultate unseren verbindlichsten Dank aus.

Beiträge.

XVI. Beiträge zur Theorie der Schiffsschraube.

Von Dr. Ing. A. Pröll, Danzig-Langfuhr.

I.

Die Wirkungsweise der Schiffspropeller ist in den letzten Jahren der Gegenstand besonders vieler theoretischer und praktischer Untersuchungen gewesen. Anlaß dazu bot einerseits die Einführung der Dampfturbine in den Schiffsbetrieb und die dadurch bedingte Konstruktion von Propellern, die trotz sehr hoher Umlaufzahl noch leidlich gute Wirkungsgrade ergeben, anderseits die Vervollkommnung der hydrodynamischen Theorie, die auf dem Gebiete der Turbinen und Kreiselpumpen schon gute Früchte getragen hatte und nun auch für den Bau rationell arbeitender Schiffsschrauben dienstbar gemacht werden sollte.

Während man auf der einen Seite auf rechnerischem Wege unter Benutzung weniger grundlegender Erfahrungstatsachen zu beachtenswerten und für die Praxis auch durchaus brauchbaren Ergebnissen gelangte[1]), haben andere Forscher durch eingehende Beobachtung und experimentelle Untersuchung die Vorgänge an arbeitenden Schiffsschrauben bis ins einzelne klarzustellen versucht. Besonders bemerkenswert sind in dieser Beziehung die Versuche von Prof. A h l b o r n - Hamburg[2]) und die von Dr. W a g n e r - Stettin[3]), denen sich in neuester Zeit die Untersuchungen von Prof. F l a m m[4]) anreihen. Das reiche Material, welches von den zuletzt genannten Forschern veröffentlicht worden ist, scheint jedoch bisher noch kaum theoretisch verarbeitet worden zu sein, wenn man von einzelnen kürzeren Publikationen absieht[5]).

---

[1]) L o r e n z, Theorie und Berechnung der Schiffspropeller, Jahrbuch der Schiffbau technischen Gesellschaft 1906 und L o r e n z, Neue Theorie der Kreiselräder.

[2]) Jahrbuch der Schiffbautechn. Gesellschaft 1905.

[3]) „ „ „ „ 1906.

[4]) „ „ „ „ 1908 und F l a m m, Die Schiffsschraube und ihre Wirkung auf das Wasser.

[5]) S e l l e n t i n, Die radiale Veränderung der Durchtrittsgeschwindigkeit des Wassers bei Schraubenpropellern. Schiffbau VII, S. 334.

50*

In den folgenden Zeilen ist nun zunächst der Versuch unternommen worden, auf theoretischem Wege zu einer „Mechanik des Schraubenstrahles" zu gelangen, also die Vorgänge in dem vom Propeller nach rückwärts geworfenen Wasserstrahl zu untersuchen und dabei im wesentlichen die Versuchsergebnisse zu bestätigen, die Dr. Wagner erhalten hat.

In einem zweiten Teile soll dann die Frage des Propellerschubes im allgemeinen und seine Ermittlung mit Rücksicht auf verschiedene Betriebsverhältnisse einer vorliegenden Schraube im besonderen besprochen werden.

Wie bei so vielen hydrodynamischen Fragen ist auch bei dem Propellerproblem das Verhältnis zwischen Theorie und Erfahrung vielfach unbefriedigend, und es ist nicht zu erwarten, daß Formeln und Resultate, die auf wenigen und meist vereinfachten Grundannahmen über die Wasserbewegung beruhen, die wirklichen Vorgänge auch in den Einzelheiten genau wiedergeben werden. Die der Rechnung bisher nicht oder, nur sehr schwer zugänglichen Nebeneinflüsse (Reibung, Turbulenz) sind eben viel zu groß, als daß ihre Vernachlässigung unbemerkt bleiben könnte. Insbesondere aber bildet die Schwierigkeit, welche einer dreidimensionalen Behandlung des Problems entgegensteht, und welche unter andern auch eine theoretisch korrekte Berücksichtigung der Anzahl der Flügel nicht ermöglicht, bisher den schwächsten Punkt der Theorie.

Deshalb wenden sich auch viele und hervorragende Ingenieure, von diesen Verhältnissen unbefriedigt, einer halb empirischen Auffassung des Schraubenproblems zu, die, statt die Strömungsverhältnisse im ganzen zu betrachten, vom einzelnen Schraubenflügel bezw. Elementen desselben ausgeht und die Rückwirkung des Wassers auf dieselben betrachtet. Mit aller Schärfe hat Taylor[1]) in seinem bekannten Buche über den Schraubenpropeller den Vorteil dieser „Flügelblatt"-Theorie, als deren Begründer Froude anzusehen ist, gegenüber der besonders von Rankine ausgebildeten sogenannten „Disk"-Theorie verfochten. (Disk = Schraubenscheibe, weil dabei die durch den Schraubenkreis als ganzes strömende Wassermasse betrachtet wird.) In der Tat konnte man auch der älteren von Rankine aufgestellten Stromlinientheorie den Vorwurf nicht ersparen, daß sie in ihren Voraussetzungen zu weit von der Wirklichkeit abwich. Die zylindrische Form des Schraubentrahles, die Rankine durchgehends[2]) annahm, widersprach genaueren Beobach-

---

[1]) Taylor, Resistance of ships and Screw propulsion, S. 62.
[2]) d. h. also auch in und vor der Schraube.

tungen, die an arbeitenden Schiffsschrauben angestellt worden sind; auch wurde meistens die Geschwindigkeit des Wassers in achsialer Richtung als unabhängig vom Radius angenommen, während die Versuche stets eine Abnahme derselben von der Schraubennabe nach dem Umfange zu feststellen ließen.

Immerhin hat die auch hier vertretene Stromlinien-(Disk)-Theorie den Vorzug, die Vorgänge von umfassenderen und, wenn man will, natürlicheren oder ursprünglicheren Gesichtspunkten zu betrachten[1]). Es wird jedoch zu verlangen sein, daß sie in bezug auf Richtigkeit der Voraussetzungen und ihrer hauptsächlichsten Ergebnisse nicht hinter der anderen Theorie zurücksteht, und dies erkennend hat insbesondere Prof. L o r e n z in seiner eingangs zitierten Propellertheorie der hydrdodynamischen Forschung neue Wege gewiesen und auch der ausführenden Praxis durch die Vorschriften für Berechnung und Konstruktion eines neuen Propellers erhebliche Dienste geleistet. Hier, wo wir uns hauptsächlich mit dem gewöhnlichen Schraubenpropeller befassen werden, möge die Stromlinientheorie unter Berücksichtigung des eben Gesagten in sinngemäßer Weise Anwendung finden, um dadurch wenigstens in großen Zügen ein Bild der Vorgänge zu erhalten. Bei der besprochenen Unzulänglichkeit aller unserer Annahmen, wie diese sich gerade bei der Theorie des gewöhnlichen Schraubenpropellers zeigt, werden wir allerdings vielmehr als ein solches allgemeines Bild nicht erwarten dürfen. Um zu einer einwandfreien Betrachtungsweise der Strömungen im „Schraubenstrahl" zu gelangen, ist es notwendig, die Vorgänge an Hand der Ergebnisse der Erfahrung unter Berücksichtigung der hydrodynamischen Gesetze zu untersuchen. Als Erfahrungsresultate stehen uns die folgenden zur Verfügung:

1. Der von der Schraube angesaugte sowie nach hinten geworfene Wasserstrom konvergiert schwach nach der Schraubenachse zu und verliert sich schließlich wieder im umgebenden Wasser in größerer achsialer Entfernung von der Schraube.

2. Die achsiale Geschwindigkeit des austretenden Wassers ist in der Nähe der Achse am größten und nimmt nach dem Umfang des Strahles zu ab, um dann

---

[1]) Neuerdings ist wiederum von verschiedenen Seiten die Unzulänglichkeit der F r o u d e schen Theorie im Gegensatz zu der R a n k i n e schen hervorgehoben worden. Siehe insbesondere den Aufsatz von M c. E n t r e e „The limit of propeller efficiency" (Trans. of the society of nav. architects and marine engineers, Newyork 1906).

3. in noch größerem radialen Abstand von der Achse u n t e r U m -
s t ä n d e n sogar entgegengesetzt gerichtet zu werden. Es entsteht dadurch
hinter der Schraube ein Ringwirbel, der mit der Schiffsgeschwindigkeit fort-
schreitet[1]).

4. Im e i n t r e t e n d e n S t r a h l e ist ein ähnliches Verhalten festzustellen, es deuten auch hier die Beobachtungen auf eine größere Saugewirkung in der Nähe der Nabe hin, also auf erhöhte Geschwindigkeit nahe
der Achse.

5. Vor Eintritt in den Propeller kann die Tangentialkomponente des
Wassers gleich 0 gesetzt werden, im austretenden Strahle ist dagegen eine
solche vorhanden.

6. In größerer Entfernung von der Schraube verschwinden sämtliche
Bewegungen infolge der Dämpfung durch die Widerstände. (Innere Reibung,
Turbulenz usw.)

Von diesen Erfahrungstatsachen sind nicht alle der Rechnung zugänglich.
So werden wir von 6. zunächst jedenfalls absehen müssen.

Wir nehmen ferner an, der ganze Vorgang spiele sich in solcher Tiefe
unter der Wasseroberfläche ab, daß wir vollständige Symmetrie der Erscheinungen um die Achse voraussetzen dürfen. Das Problem wird sich dann als
symmetrisches zweidimensionales[2]) behandeln lassen in Ebenen, welche sämtlich die Achse enthalten, also in M e r i d i a n e b e n e n.

Es handelt sich nun darum, eine m ö g l i c h e Flüssigkeitsströmung von
solcher Art zu ermitteln, daß sie den aufgezählten Erfahrungsergebnissen
entspricht; danach kann man daraus die verschiedenen in Betracht kommenden Geschwindigkeitskomponenten in bekannter Weise ableiten.

Von vornherein werden wir allerdings darauf verzichten müssen, die
verwickelten Strömungsvorgänge i n n e r h a l b des Propellers selbst der

---

[1]) Siehe die Beobachtungen von Dr. W a g n e r , F l a m m und anderen, insbesondere auch
die ausführlichen und durch kinematographische Aufnahmen illustrierten Ausführungen zur
„Entwicklungsgeschichte des Schraubenstrahles" von Prof. A h l b o r n im Jahrb. der Schiffbautechnischen Gesellschaft 1905. Die Flammschen Versuche weisen dabei im Gegensatz zu
denen von Dr. Wagner auf einen rein zylindrischen Schraubenstrahl hin; dieser Unterschied dürfte aber wohl darauf zurückzuführen sein, daß die konoidische Form des
Schraubenstrahles bei den Flammschen Beobachtungen so gestreckt ist, daß sie nahezu als
Zylinder erscheint.

[2]) Für den Propeller selbst würde also dadurch die Bedingung unendlicher Flügelzahl
eingeführt werden. Durch diese Annahme wird gleichzeitig von örtlichen und zeitlichen
Änderungen des h y d r o s t a t i s c h e n Druckes abgesehen, wie sie etwa durch Heckwellen
oder durch das Arbeiten der Schraube selbst entstehen könnten.

Rechnung zu unterwerfen. Bei wirklichen Propellern mit endlicher Flügelzahl müßte eine auch nur einigermaßen den Tatsachen entsprechende Theorie dreidimensional aufgebaut werden, was zurzeit noch aussichtslos erscheint. Es ist aber für das in dieser Arbeit gesteckte Ziel auch nur nötig, die Strömungsgesetze vor und hinter dem Propeller kennen zu lernen; den Einfluß der Flügelzahl freilich können wir auch dann nicht anders als auf empirischem Wege in die Rechnung einführen, wie dies im zweiten Teile noch kurz besprochen werden soll.

Bei der nun folgenden zweidimensionalen Behandlung unseres Problems ist es zweckmäßig, Zylinderkoordinaten einzuführen (Fig. 1). Als

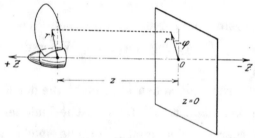

Fig. 1.

Z-Achse sei die horizontale Propellerachse gewählt. Von einer zu ihr senkrechten zunächst noch willkürlich gelegenen Anfangsebene z = 0 aus werden dann die Abszissen z gezählt, während die Abstände von der Achse durch den Fahrstrahl r bestimmt sind. Die Drehwinkel φ fallen bei den nachfolgenden Rechnungen heraus wegen der angenommenen Symmetrie um die Z-Achse.

Bei allen Untersuchungen ist Beharrungszustand angenommen. Wir führen dann die S t o k e s sche Stromfunktion

$$\psi \,(\mathrm{r}, \,\mathrm{z})$$

ein, aus der sich durch Ableitung die Geschwindigkeitskomponenten

$$\mathrm{w_r} = -\frac{1}{\mathrm{r}}\,\frac{\partial\,\psi}{\partial\,\mathrm{z}} \quad \text{und} \quad \mathrm{w_z} = +\frac{1}{\mathrm{r}}\,\frac{\partial\,\psi}{\partial\,\mathrm{r}}$$

in r a d i a l e r und a c h s i a l e r Richtung ergeben, während mit $\mathrm{w_n}$ die t a n g e n t i a l e Geschwindigkeitskomponente bezeichnet werden soll.

Nach den bekannten hydrodynamischen Grundgleichungen gilt für zweidimensionale und stationäre Strömung

$$
\left.
\begin{aligned}
\mathrm{w_r}\,\frac{\partial\,\mathrm{w_r}}{\partial\,\mathrm{r}} + \mathrm{w_z}\,\frac{\partial\,\mathrm{w_r}}{\mathrm{d\,z}} - \frac{\mathrm{w_n}^2}{\mathrm{r}} &= \mathrm{q_r} - \frac{\mathrm{g}}{\gamma}\,\frac{\partial\,\mathrm{p}}{\partial\,\mathrm{r}} \\
\mathrm{w_r}\,\frac{\partial\,\mathrm{w_z}}{\partial\,\mathrm{r}} + \mathrm{w_z}\,\frac{\partial\,\mathrm{w_z}}{\mathrm{d\,z}} &= \mathrm{q_z} - \frac{\mathrm{g}}{\gamma}\,\frac{\partial\,\mathrm{p}}{\partial\,\mathrm{z}}
\end{aligned}
\right\} \quad \cdots \cdots \quad (1
$$

worin q_r und q_z Zwangsbeschleunigungen bedeuten[1]); p sei der Druck, γ das spezifische Gewicht. Wird nun an Stelle von $\dfrac{w_n{}^2}{r}$ $\dfrac{(w_n r)^2}{r^3}$ gesetzt, und werden für w_r und w_z die Ableitungen der Stromfunktion ψ eingeführt, so erhält man nach Differenzierung der ersten Gleichung nach z, der zweiten nach r und Subtraktion als Resultat mehrfacher Umformungen[2])

$$\frac{\partial \psi}{\partial z} \cdot \frac{\partial}{\partial r} \left\{ \frac{1}{r^2} \left(\frac{\partial^2 \psi}{\partial r^2} - \frac{1}{r} \cdot \frac{\partial \psi}{d r} + \frac{\partial^2 \psi}{\partial z^2} \right) \right\} - \frac{\partial \psi}{\partial r} \cdot \frac{\partial}{\partial z} \left\{ \frac{1}{r^2} \left(\frac{\partial^2 \psi}{\partial r^2} - \frac{1}{r} \cdot \frac{\partial \psi}{\partial r} + \frac{\partial^2 \psi}{\partial z^2} \right) \right\}$$

$$= \frac{2}{r^3} (w_n r) \frac{\partial (w_n r)}{\partial z} + \left(\frac{\partial q_r}{\partial z} - \frac{\partial q_z}{\partial r} \right) \quad \ldots \ldots \ldots \quad (2$$

Es ist nun ohne weiteres klar, daß die Gleichungen (1) und (2) nur dort Geltung haben können, wo der Druck sowohl wie auch die Geschwindigkeiten stetige und differenzierbare Funktionen der Koordinaten sind; sie werden daher noch allgemein gelten für das Gebiet innerhalb des Schaufelraumes eines Propellers mit unendlich vielen unendlich dünnen Schaufeln. Und es ist weiter klar, daß das Bewegungsgesetz in einem solchen ideellen Falle hauptsächlich charakterisiert werden wird durch die rechte Seite von Gleichung (2), in der ja die Änderung von $(w_n r)$ mit z sowie die Änderung der Zwangsbeschleunigungen erscheinen, also der Einfluß, den die Flügel auf das Wasser ausüben. Hier würde sich auch ein Ausdruck für die Steigung in die Rechnung einführen lassen.

Aber abgesehen davon, daß die Integration einer etwa auf solche Weise erhaltenen Gleichung selbst unter besonderen vereinfachenden Annahmen kaum ausführbar erscheint, ist auch ein derartiger Versuch zwecklos, weil sich die Vorgänge in wirklichen Propellern doch erheblich anders gestalten. Denn bei solchen bilden die wenigen dicken Schaufeln Unstetigkeitsflächen, welche eine Anwendung der Gleichungen (1) und (2) über die ganze Propellerkreisfläche nicht mehr gestatten und daher eine zweidimensionale Behandlung des Problems unmöglich machen.

Dagegen dürfen wir die Gleichung (2) uneingeschränkt außerhalb des Propellers verwenden.

---

[1]) L o r e n z , Neue Theorie der Kreiselräder, S. 13. Die Zwangsbeschleunigungen q_r q_z, q_n in radialer, achsialer und tangentialer Richtung sind das bequemste Mittel zur Einführung der äußeren Kräfte (Schaufeldrücke usw.) in die Rechnung.

[2]) W i e n , Lehrbuch der Hydrodynamik, S. 63 ff.; Gleichung (2) gilt ebenso, wenn, wie in dem genannten Lehrbuch, w_r und w_z die entgegengesetzten Vorzeichen wie hier haben.

Von besonderem Interesse sind dabei für uns die Gesetze des „Schrauben-strahles" hinter dem Propeller, mit denen wir uns zunächst beschäftigen wollen.

Es soll an dieser Stelle noch ausdrücklich darauf hingewiesen werden, daß im folgenden überall w_z eine Achsialgeschwindigkeit r e l a t i v zum Propeller bedeutet, daß also bei k o n s t a n t e r Schiffsgeschwindigkeit c nicht nur $w_z = v + c$, sondern auch $\dfrac{d\,v}{d\,t} = \dfrac{d\,w_z}{d\,t}$ ist (unter v die absolute achsiale Wassergeschwindigkeit verstanden). Die hydrodynamischen Grundformeln (1) bleiben daher dadurch unberührt. Alle Achsialgeschwindigkeiten, sowie auch die Abszissen z werden wir n a c h h i n t e n z u positiv rechnen, die letzteren sind ebenfalls r e l a t i v zu denken, denn die Bezugsebene z = 0 nehmen wir bei gleichbleibender Schiffsgeschwindigkeit und Umdrehungszahl als mit dem Schiff fest verbunden an. Gleicherweise sind also alle Strömungsbilder relativ zu verstehen. (Vergl. die „Stromlinienbilder" von Prof. Ahlborn, Jahrb. der Schiffbautechn. Gesellschaft 1909.)

Strömungszustand hinter dem Propeller.

Wenn von der Reibung im Innern der Flüssigkeit abgesehen wird, so erkennt man, daß hinter dem Propeller eine Zu- oder Abnahme der dem Wasser mitgeteilten Energie nicht mehr stattfindet. Weil dort auch keine Schaufeln mehr vorhanden sind, so verschwinden sowohl die Zwangs-beschleunigungen als auch das äußere Drehmoment, und daher ist

$$q_n\,r = \frac{d\,(w_n\,r)}{d\,t} = 0 \quad \ldots \ldots \ldots \quad (3$$

Ausgeführt ergibt dies

$$\frac{d\,(w_n\,r)}{d\,t} = \frac{\partial\,w_n\,r}{\partial\,r}\,w_r + \frac{\partial\,(w_n\,r)}{\partial\,z}\,w_z = 0 \quad \ldots \ldots \quad (3\,\mathrm{a}$$

(3. hydrodynamische Grundgleichung nach Lorenz mit $q_n\,r = 0$[1]) Setzen wir hierin für w_r und w_z die entsprechenden Ableitungen von ψ und lassen den Faktor $\dfrac{1}{r}$ weg (solange r > 0 ist), so folgt

$$-\frac{\partial\,\psi}{\partial\,z}\,\frac{\partial\,(w_n\,r)}{\partial\,r} + \frac{\partial\,\psi}{\partial\,r}\,\frac{\partial\,(w_n\,r)}{\partial\,z} = 0 \quad \ldots \ldots \quad (4$$

[1] Siehe Lorenz, Neue Theorie der Kreiselräder S. 13.

Aus dieser Gleichung folgt nun

$$(w_n r) = f_1(\psi) \quad . \quad . \quad . \quad . \quad . \quad . \quad . \quad . \quad . \quad . \quad (4\,a$$

worin $f_1(\psi)$ eine willkürliche Funktion bedeutet, ein Resultat, das im Einklang steht mit der Bedingung, die Prof. L o r e n z[1]) für den Fall aufstellt, daß keine Energiezu- oder -abnahme stattfinden soll. Mit (4 a) erhalten wir nun in der Gleichung (2) auf der rechten Seite den Ausdruck

$$\frac{2}{r^3} f_1(\psi) \frac{\partial f_1}{\partial \psi} \frac{\partial \psi}{\partial z},$$

und eine weitere Integration von (2) wird möglich, die schließlich auf die partielle Differentialgleichung 2. Ordnung

$$\frac{\partial^2 \psi}{\partial r^2} - \frac{1}{r} \frac{\partial \psi}{\partial z} + \frac{\partial^2 \psi}{\partial z^2} = r^2 f_2(\psi) - f_1(\psi) \frac{\partial f_1(\psi)}{\partial \psi} \quad . \quad . \quad . \quad . \quad . \quad (5$$

führt, wovon man sich durch Differentiation und Einsetzen in Gleichung (2) überzeugen kann. $f_2(\psi)$ ist dabei eine andere willkürliche also noch unbestimmte Funktion von ψ.

Diese Unbestimmtheit wird aber teilweise behoben, wenn wir zunächst für $f_1(\psi)$ bestimmte durch das spezielle Problem bedingte Funktionen einführen. Um solche Funktionen aufzufinden, wollen wir gleich noch eine E r f a h r u n g s - t a t s a c h e zur Abkürzung unserer Betrachtungen heranziehen, die aus Versuchsresultaten von Dr. W a g n e r - S t e t t i n (aus seinem Vortrag über „Versuche mit Schiffsschrauben"[2]) hervorgeht. Dr. Wagner hat die Rotationsgeschwindigkeit w_n im Schraubenstrahle hinter Propellern gemessen und findet dafür Kurven von der Form Fig. 2, die in den äußeren Teilen unverkennbar einer Hyperbel $(w_n r) = $ const. angehören, während der Verlauf in der Nähe der Achse etwa einer geraden Linie

$$w_n = \lambda r \quad . \quad . \quad . \quad . \quad . \quad . \quad . \quad . \quad . \quad . \quad . \quad (6$$

entspricht, die dann in stetiger Krümmung in die Hyperbeläste übergeht.

Wir haben also zwei wesentlich verschiedene Teile des Schraubenstrahles zu unterscheiden, die im übrigen stetig ineinander übergehen. Daß dies so

---

[1]) Lorenz, a. a. O., S. 38.

[2]) Jahrb. d. Schiffbautechn. Gesellschaft 1906. — Dieses Erfahrungsresultat kann übrigens auch theoretisch abgeleitet werden. Siehe dazu die Untersuchungen von Prof. L o r e n z über den Fall der r e i n e n F l ü s s i g k e i t s r o t a t i o n. (Neue Theorie der Kreiselräder S. 26.) Dort ist $w_r = 0$ und $w_z = 0$, also Gleichung 3 a) auf jeden Fall erfüllt.

sein muß, erkennt man ohne weiteres: denn in den zentralen Teilen des von dem Propeller nach hinten geworfenen Wassers, wofür wir in der Folge die Bezeichnung „Kernstrahl" benutzen wollen, würde das Gesetz $w_n\, r =$ const. an der Schraubenachse **auf unendlich große Rotationsgeschwindigkeiten** führen. Diesem Umstand (welcher übrigens deutlich den Nachteil zu dünner Schraubennaben erkennen läßt) kann man allerdings begegnen durch die Annahme eines die Achse ausschließenden inneren Zylinders, an dessen Umfang Unstetigkeit herrscht und innerhalb desselben $w_n\, r = 0$ wäre. Auf die sonstigen achsialen und radialen Strömungen hätte dabei, wie Wien[1]) bemerkt, dieses Verhalten keinen Einfluß. Im allgemeinen wird aber dieser Zylinder auch von strömendem Wasser erfüllt sein,

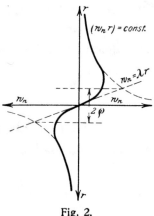

Fig. 2.

für das aber jetzt ein **anderes Gesetz** gilt, nämlich $w_n = \lambda\, r$, wenn von einer Veränderlichkeit mit z zunächst noch abgesehen wird. Die Kurve (Fig. 2) zeigt ja den Verlauf von w_n in einer bestimmten Vertikalebene hinter dem Propeller, sie kann daher über eine Veränderung von (w_n) mit z nichts aussagen.

Wir nehmen nun aber eine zunächst noch unbekannte Funktion Z von z hinzu, die sowohl in ψ als auch in $f_1(\psi)$ vorkommen soll, und betrachten fürs erste den

Kernstrahl.

Im Einklang mit den mitgeteilten Annahmen setzen wir

$$(w_n\, r) = \lambda\, r^2\, Z = f_1(\psi) \quad\ldots\ldots\ldots\ldots \text{(6 a}$$

Es ist nun zweifellos am einfachsten und dabei auch den Verhältnissen entsprechend, wenn die weitere Annahme getroffen wird

$$f_1(\psi) = \alpha\, \psi$$

also $\psi = \dfrac{\lambda}{\alpha}\, r^2\, Z$, wobei α eine Konstante bedeutet. Damit wird aber aus Gleichung (6)

$$\frac{\lambda}{\alpha}\, r^2 \frac{\partial^2 Z}{\partial z^2} = r^2\, f_2(\psi) - \alpha^2\, \psi = r^2\, f_2(\psi) - \alpha\, \lambda\, r^2\, Z$$

---

[1]) a. a. O. S. 71. — Daß die Bildung eines solchen Unstetigkeitszylinders auch gelegentlich wirklich eintritt, zeigen die kinematographischen Aufnahmen von Prof. Flamm, Jahrb. d. Schiffbautechn. Gesellschaft 1908, S. 432. Besonders bei Bild Nr. 9 ist der Zylinder als schlauchartiger Hohlraum hinter dem Propeller deutlich sichtbar.

oder nach Kürzung durch r^2 (unter Ausschluß der Achse $r = 0$ aus dieser Betrachtung)

$$\frac{\lambda}{\alpha}\frac{\partial^2 Z}{\partial z^2} + \alpha\,\lambda\,Z = f_2\,(\psi).$$

Da links nur Funktionen von z stehen, während $f_2\,(\psi)$ im Allgemeinen von r und z abhängig sein kann, so ist diese partielle Differentialgleichung nur denkbar, wenn $f_2\,(\psi)$ eine Konstante oder 0 ist. Setzen wir $f_2\,(\psi) = \beta\,\lambda = $ const., so folgt schließlich

$$\frac{\partial^2 Z}{\partial z^2} + \alpha^2\,Z = \alpha\,\beta$$

mit der allgemeinen Lösung

$$Z = \frac{\beta}{\alpha} + A\cos\alpha\,z + B\sin\alpha\,z$$

oder in anderer Form

$$Z = C + D\cos(\alpha\,z + \delta),$$

also mit (6 a)

$$\psi = \frac{\lambda}{\alpha}r^2\left[C + D\cos(\alpha\,z + \delta)\right]. \quad\ldots\ldots\ldots \quad (7$$

Es können nun verschiedene Fälle eintreten:

    1. C und D von 0 verschieden.

    2. $C = 0$, D von 0 verschieden,

    3. $C = 0$, $D = 0$,

    4. C von 0 verschieden, $D = 0$.

Während der 3. Fall $(w_n\,r) = 0$ ergibt, also ausscheidet, führt der 1. und 2. Fall auf periodische Schwankungen (in achsialer Richtung) der Funktion Z und damit auch der Stromfunktion und sämtlicher Geschwindigkeiten, und zwar ist bei 2. die Bewegung bezüglich z rein periodisch, während sich im allgemeinen Fall 1 über eine von z unabhängige Strömung die periodische überlagert. Die von z unabhängige Strömung tritt rein in Erscheinung im Falle 4, in dem die periodische verschwunden ist, sie wird charakterisiert durch die Stromfunktion $\psi = C\,\frac{\lambda}{\alpha}r^2$ und die Geschwindigkeiten

$$w_r = 0, \quad w_z = 2\,C\,\frac{\lambda}{\alpha}, \quad w_n = C\,\lambda\,r.$$

Der Strahl ist dann rein zylindrisch und bewegt sich in achsialer Richtung gleichförmig, während er gleichzeitig mit konstanter Winkelgeschwindigkeit

(C λ) wie ein starrer Körper rotiert (reine Schraubenbewegung). Weiter ist bemerkenswert, daß in dem Kernstrahl die **A c h s i a l g e s c h w i n d i g k e i t** des Wassers **v o m R a d i u s u n a b h ä n g i g i s t**, wie dies auch durch die von Dr. Wagner aufgenommenen achsialen Geschwindigkeitsdiagramme[1]) bestätigt wird, welche im mittleren Teil eine deutliche Abplattung der sonst nach außen hin stark abfallenden Geschwindigkeitskurven erkennen lassen (Fig. 3). Gelegentliche Einbeulungen dieser Kurve in der Nähe der Achse rühren hauptsächlich von dem hemmenden Einfluß der Nabe her.

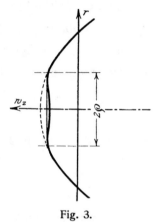

Fig. 3.

Die ganze Strömung hinter dem Propeller würde dann aus **d i e s e m z y l i n d r i s c h e n K e r n** mit dem Radius ϱ bestehen, an den sich asymptotisch die außerhalb vorhandene Strömung anschließt. Der Übergang wird allerdings nicht scharf ausgeprägt sein, wie dies auch aus dem stetigen Verlauf der Kurve w_n (Fig. 2) hervorgeht.

Die in den Fällen 1 und 2 bemerkte periodische Änderung der Bewegungsgesetze mit z hat naturgemäß auch entsprechende Druckveränderungen zur Folge, die sich in Form von Wellen (senkrecht zur Fahrtrichtung) hinter fahrenden Schiffen bemerkbar machen; diese vom Arbeiten der Schraube herrührenden Wellen sind wohl zu unterscheiden von den Heckwellen eines ohne Schraube fahrenden oder geschleppten Schiffes.

Über die Größe ϱ, d. h. über das Bereich, auf welches sich der **K e r n - s t r a h l** erstreckt, kann in dem oben besprochenen Falle 4 einer rein zylindrischen Strömung eine näherungsweise Berechnung durchgeführt werden unter der Annahme, daß innerhalb des „Grenzzylinders" bei geltendem Gesetze $(w_n\, r) =$ const. der Gesamtdruck 0 oder negativ werden würde, daß also ϱ sich als Grenzwert darstellen läßt, bis zu dem von außen her das Gesetz $(w_n\, r) =$ const. noch gilt, ohne daß sich Hohlräume in der Flüssigkeit bilden.

Es handelt sich nun weiter darum, die Strömung im

A u ß e n r a u m,

d. h. um den eben betrachteten Kernstrahl herum zu untersuchen.

Gehen wir auch hier wieder von Gleichung (3 a) aus, so erkennen wir daß zwei Möglichkeiten vorhanden sind. Entweder ist

---

[1]) a. a. O. Seite 285 usw.

1. $\dfrac{\partial\,(w_n\,r)}{\partial\,r} = 0$, also $w_n\,r$ von r unabhängig; dann ist aber auch

$\dfrac{\partial\,(w_n\,r)}{\partial\,z} = 0$, weil die Achsialgeschwindigkeit w_z immer vorhanden ist, und es ist also $(w_n^{-}\,r) = \mathrm{c\,o\,n\,s\,t}$.

Oder es ist

2. $\dfrac{\partial\,(w_n\,r)}{\partial\,r}$ nicht gleich 0; dann darf auch $\dfrac{\partial\,(w_n\,r)}{\partial\,z}$ nicht verschwinden, sondern es wird $(w_n\,r)$ von r und von z abhängig sein.

Während nun der erste Fall einen hyberbolischen Verlauf von w_n (als Funktion von r, $w_n = \dfrac{\text{const.}}{r}$) zur Folge hat, wie dies ja den Versuchen (z. B. in den äußeren Teilen der Fig. 2) und auch theoretischen Betrachtungen entspricht, so ist damit allerdings eine Änderung der Geschwindigkeit w_n mit z, wie sie gelegentlich des Kernstrahles (Fall 1 und 2) besprochen wurde, nicht vereinbar. Wohl aber ist dies hier im zweiten Falle möglich, jedoch muß man dann auf das einfache hyperbolische Gesetz für w_n verzichten und durch verwickeltere Formen den Beobachtungsergebnissen zu genügen suchen. Da es hier aber darauf ankommt, mit den einfachsten Annahmen ein a n g e - n ä h e r t richtiges Bild der Erscheinungen zu bekommen, so wollen wir uns an die erste der beiden erwähnten Möglichkeiten halten und dementsprechend auch in dem Kernstrahl die damit verträgliche rein zylindrische Strömung (Fall 4, Seite 796) allein gelten lassen.

Wir dürfen dann in Gleichung (4 a) $(w_n\,r) = \text{const.}$ setzen und gewinnen so Gleichung (5) in der vereinfachten Form

$$\frac{\partial^2\,\psi}{\partial\,r^2} - \frac{1}{r}\frac{\partial\,\psi}{\partial\,r} + \frac{\partial^2\,\psi}{\partial\,z^2} = r^2\,f_2\,(\psi) \quad . \; . \; . \; . \; . \; . \; . \; . \; . \; . \; (8$$

$f_2\,(\psi)$ ist eine willkürliche Funktion von ψ[1]), die sich ebenso wie ψ selbst als eine Funktion von r und z in der Weise darstellen lassen muß, daß sowohl Gleichung (8) als auch die den Erfahrungstatsachen entspringenden Bedingungen erfüllt werden.

Von dem Ergebnis der Geschwindigkeitsmessungen ausgehend, welche unmittelbar hinter der Schraube noch eine geringe Zunahme der Achsial-

---

[1]) Lamb, „Hydrodynamik" (Deutsch von Friedel) § 164, Seite 286, s. auch W. Wien, Lehrbuch der Hydrodynamik, S. 71.

geschwindigkeit mit wachsendem achsialen Abstand z zeigen, setzen wir einfach

$$\psi = z \, \varphi \, (r) \text{ und } f_2 \, (\psi) = - \, k^2 \, \psi \, \ldots \ldots \ldots \ldots \text{(9)}$$

wobei φ (r) eine **nur von r abhängige Funktion** ist. Gleichung (8) geht dann über in

$$\frac{d^2 \varphi}{d \, r^2} - \frac{1}{r} \frac{d \, \varphi}{d \, r} + k^2 \, r^2 \, \varphi = 0 \, \ldots \ldots \ldots \ldots \text{(8 a)}$$

Die Lösung dieser Gleichung führt auf **Besselsche Funktionen** von der Ordnung $\frac{1}{2}$, es ergibt sich nämlich [1])

$$\varphi \, (r) = r \left[A \, J_{1/2} \left(\frac{k}{2} \, r^2 \right) + B \, J_{-1/2} \left(\frac{k}{2} \, r^2 \right) \right]$$

mit zwei willkürlichen Konstanten A und B.

Die Besselschen Funktionen $J_{1/2}$ und $J_{-1/2}$ sind aber in endlicher Form darstellbar [2]), und zwar ist

$$J_{1/2} \, (u) = \sqrt{\frac{2}{\pi \, u}} \, \sin u \text{ und } J_{-1/2} \, (u) = \sqrt{\frac{2}{\pi \, u}} \, \cos u.$$

Wir finden somit, indem wir hierin $\left(\frac{1}{2} \, k^2 \right)$ für u einsetzen

$$\varphi \, (r) = \frac{2}{\sqrt{k \, \pi}} \left[A \sin \left(\frac{k}{2} \, r^2 \right) + B \cos \left(\frac{k}{2} \, r^2 \right) \right]$$

und die Stromfunktion

$$\psi \, (r, z) = \frac{2 \, z}{\sqrt{k \, \pi}} \left[A \sin \left(\frac{k}{2} \, r^2 \right) + B \cos \left(\frac{k}{2} \, r \right) \right] \, \ldots \ldots \text{(10)}$$

Um nun zu prüfen, ob diese Funktion den aufgestellten Bedingungen gerecht wird, seien die Ausdrücke für die Geschwindigkeiten gebildet. Es ergibt sich

$$\left. \begin{aligned} w_z &= \frac{1}{r} \frac{\partial \psi}{\partial r} = 2 z \sqrt{\frac{k}{\pi}} \left(A \cos \frac{k}{2} r^2 - B \sin \frac{k}{2} r^2 \right) \\ &\quad \text{und} \\ w_r &= - \frac{1}{r} \frac{\partial \psi}{\partial z} = - \frac{2}{\sqrt{K \, \pi}} \left(\frac{A \sin \left(\frac{k}{2} \, r^2 \right)}{r} + \frac{B \cos \left(\frac{k}{2} \, r^2 \right)}{r} \right) \end{aligned} \right\} \ldots \text{(11)}$$

---

[1]) Gray and Mathews, Treatise on Bessel Functions, S. 233.
[2]) Gray and Mathews, a. a. O. S. 41.

Dieser Ausdruck für w_r gibt an der Achse ($r = 0$) unendlich große Werte. Man könnte dies vermeiden, wenn man entweder $B = 0$ setzte, oder wenn man für den zentralen Kern ein anderes Strömungsgesetz gelten läßt. Da wir dies ohnehin (wegen $w_n\, r$) schon getan haben, so wollen wir der größeren Allgemeinheit wegen die Gleichungen (10) und (11) beibehalten, nachdem wir sie etwas bequemer geschrieben haben. Wir setzen nämlich $-\dfrac{B}{A} = \beta$ und haben nun

$$\psi = z\,\frac{2\,A}{\sqrt{k\,\pi}}\,\cos\left(\frac{k}{2}\,r^2\right)\left\{\operatorname{tg}\left(\frac{k}{2}\,r^2\right) - \beta\right\} \quad \ldots \ldots \quad (10\,\mathrm{a}$$

$$w_z = z\,.\,2\,A\,\sqrt{\frac{k}{\pi}}\,\cos\left(\frac{k}{2}\,r^2\right)\left\{1 + \beta\,\operatorname{tg}\left(\frac{k}{2}\,r^2\right)\right\} \left.\begin{array}{c}\\[2ex]\\[2ex]\end{array}\right\} \quad \ldots \quad (11\,\mathrm{a}$$

$$w_r = -\frac{2\,A}{\sqrt{k\,\pi}}\,\frac{\cos\dfrac{k}{2}\,r^2}{r}\left\{\operatorname{tg}\left(\frac{k}{2}\,r^2\right) - \beta\right\}$$

Um ein Bild des durch diese Formeln dargestellten Strömungszustandes zu bekommen, betrachten wir den Verlauf der achsialen (Fig. 4)

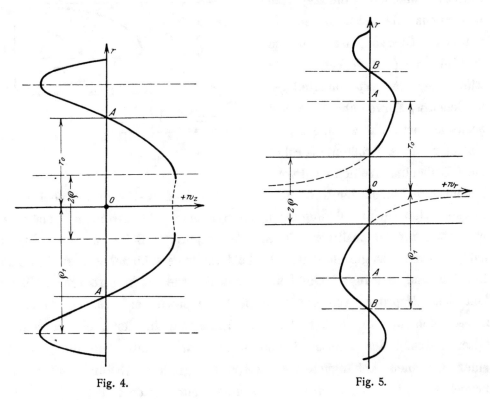

Fig. 4.   Fig. 5.

und radialen Geschwindigkeit (Fig. 5) in einer bestimmten Vertikalebene $z = z_0$. (Siehe auch Fig. 6.)

Man sieht sofort, daß die Kurve w_z jedenfalls in dem Teile zwischen A — A ganz den Geschwindigkeitsdiagrammen entspricht, die Dr. Wagner gefunden hat, und welche die auch sonst beobachtete Tatsache des Geschwindigkeitsabfalles nach außen hin wiedergeben. Die Radialkomponente w_r dagegen wird an der Achse unendlich, wir schließen daher, wie schon erwähnt, den zentralen Kern, an dessen Grenze w_r verschwindet, aus und bekommen auf diese Weise einen ungezwungenen Übergang zu der rein zylindrischen Strömung im Innern, die wir schon oben betrachtet haben. Daß dieser Übergang natürlich in Wirklichkeit ein mehr allmählicher sein wird, ist klar, das zeigt auch schon die w_n-Kurve (Fig. 2), bei der die Gerade $\lambda\, r$ allmählich in die Hyperbel $w_n\, r = \mathrm{const.}$ übergeht. Diesem allmählichen Übergang ist auch zum Teil die gelegentlich beobachtete Einbeulung der experimentell gefundenen w_r-Kurve nahe der Achse zuzuschreiben, die zufolge Fig. 3 eintreten müßte. Größtenteils rührt diese Einbeulung freilich wohl vom

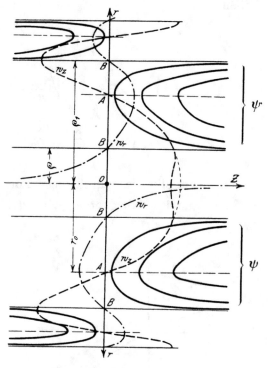

Fig. 6.

hemmenden Einfluß der Nabe her. Bezüglich der w_r-Kurve ist noch zu bemerken, daß sie den Bedingungen der Symmetrie der Strömung genügt, da w_r sowohl auf der positiven wie auf der negativen Seite (zwischen B — B) nach der Achse zu gerichtet ist, also beiderseits verschiedenes Vorzeichen hat. Der Umstand, daß in Wirklichkeit w_z sowohl wie w_r in größerem Abstand von dem Ursprung (von der Schraube) verschwinden, während hier für $z = \infty$ auch $w_z = \infty$ wird, findet seine Erklärung in der nicht berücksichtigten Reibung der Wasserteilchen, sowie darin, daß eben die Annahme einer einfachen Abhängigkeit $\psi = z\,\varphi\,(r)$ für größere Abstände hinter dem Propeller nicht mehr zutrifft (siehe darüber weiter unten S. 803).

Die Form der durch Gleichung (10) dargestellten Strömung ist aus Fig. 6 im Meridianschnitt ersichtlich. Die Strömung verläuft innerhalb verschiedener horizontaler und konzentrischer Zylinder, die symmetrisch angeordnet bald rechts, bald links von der Ebene z = 0 liegen, niemals aber schneiden die Stromlinien diese Ebene ($\psi = 0$ ausgenommen). Den zentralen Teil hatten wir ohnehin ausgeschieden, und es ist weiter klar, daß für unsere Betrachtung außerdem nur noch die auf der positiven z-Seite zu beiden Seiten des zentralen Teiles liegenden Stromlinien Bedeutung haben. Sie sind innerhalb zweier konzentrischer Zylinder mit den Radien $\varrho = \sqrt{\dfrac{2}{k} \operatorname{arctg} \beta}$ (Grenzradius des inneren Kernes) und $\varrho_1 = \sqrt{\dfrac{2}{k} (\pi + \operatorname{arctg} \beta)}$ eingeschlossen und zwar derart, daß die Stromlinien an den beiden Umfängen in entgegengesetztem Sinne verlaufen und sich asymptotisch diesen Umfängen nähern. Die Stromlinien sind in sich zurückkehrende aber erst im Unendlichen geschlossene Linien. Die gemeinschaftliche Ordinate der Punkte, an denen sämtliche Stromlinien ihren Lauf umwenden, ist $r_0 = \sqrt{\dfrac{2}{k} \operatorname{arctg}\left(-\dfrac{1}{\beta}\right)}$; wir haben, sozusagen, ein System von unendlich ausgedehnten, um die Achse symmetrischen Wirbelringen, deren „Kreisachse" durch den Zylinder mit dem Radius r_0 gebildet wird. Für $r = r_0$ ist übrigens $w_z = 0$; es entspricht dies den Stellen A, A in Fig 4. Für Werte von r, die größer als ϱ_1 sind, liegen die Stromlinien auf der Seite der negativen z und haben für uns ebensowenig Bedeutung, wie alle folgenden noch größeren Werte von r.

Es ist nun einleuchtend, daß die dargestellte Bewegung von der eingangs verlangten sich hauptsächlich dadurch unterscheidet, daß hier der Wirbel sich ins Unendliche erstreckt, während die Beobachtung einen im Endlichen liegenden Ringwirbel erkennen läßt. Wir werden daher nur im allgemeinen die Gesetze des Schraubenstrahles aus dieser Betrachtung ableiten können und nur einen beschränkten Teil der Fig. 6 als für unsere Überlegungen gültig ansehen dürfen, nämlich den innerhalb der Linen A—A gelegenen Teil, dessen absolute Dimensionen wir aber durch die Wahl der Koeffizienten k und β jedem praktisch vorkommenden Fall anpassen können.

Beim Übergang in den „Kernstrahl", also für $r = \varrho$ hat w_z ein Geschwindigkeitsmaximum, welches der mittleren (konstanten) achsialen Geschwindigkeit des Kernstrahles entspricht. Nun fanden wir, daß diese letztere bei zylindrischer Strömung sich nicht ändert mit z, während doch hier im Außenraum w_z mit z wächst. Dazu ist zu bemerken, daß erstens z immer sehr groß ist, sodaß bei dem verhältnismäßig kurzen Bereich hinter dem

Propeller, in dem unsere Formeln angewendet werden dürfen, das Anwachsen von w_z nicht sehr erheblich ist, zweitens aber wird auch gerade in der schon vorhin besprochenen Übergangszone ein Ausgleich stattfinden, der notwendigerweise mit (übrigens nicht sehr bedeutenden) Störungen der Strömung verbunden ist. Außerdem darf nicht übersehen werden, daß die auf Seite 799 gemachte Annahme, $\psi = z \cdot \varphi\,(r)$ allerdings willkürlich ist und die Tatsache nicht zu erklären vermag, daß in größerer Entfernung vom Propeller wieder ein Auseinandergehen der Stromlinien (wie es z. B. Dr. Wagner beobachtet hat) eintritt. Auch mit der Flammschen Beobachtung eines rein zylindrischen Schraubenstrahles läßt sich diese Annahme nicht in Einklang bringen. Es ist daher vielleicht nicht überflüssig noch zwei andere Ansätze kurz zu besprechen, die sich den Beobachtungen unter Umständen besser anpassen lassen.

Wollten wir rein zylindrische Strömungen gelten lassen, so fällt jede Abhängigkeit von z, also auch $\dfrac{\partial^2\,\psi}{\partial\,z^2}$ fort und wir erhalten statt (8)

$$\frac{d^2\,\psi}{d\,r^2} - \frac{1}{r}\frac{d\,\psi}{d\,r} = r^2\,f_2\,(\psi) \quad\ldots\ldots\ldots\ldots\quad (8\,\mathrm{b})$$

also

$$\frac{d}{d\,r}\left[\frac{1}{r}\left(\frac{d\,\psi}{d\,r}\right)\right] = r\,f_2\,(\psi).$$

Die Achsialgeschwindigkeit ist danach sofort

$$w_z = \frac{1}{r}\frac{d\,\psi}{d\,r} = \int r\,f_2\,(\psi)\,d\,r + C$$

und die Stromfunktion

$$\psi = \int\left(r\int r\,f_2\,(\psi)\,d\,r\right)d\,r + \frac{r^2\,C}{2}.$$

Ist nun wieder

$$f_2\,(\psi) = -\,k^2 \cdot \psi$$

so führt Gleichung (8b) auf dieselben Funktionen wie oben, sodaß wir mit Ausnahme der Unabhängigkeit von z dieselben Strömungserscheinungen haben, wie sie schon beschrieben worden sind.

Wesentlich verwickelter gestalten sich die Verhältnisse, wenn anstelle von (9) gesetzt wird

$$\psi = \sin\boldsymbol{\alpha}\,z \cdot \varphi\,(r) \text{ und } f_2\,(\psi) = -\,k^2\,\varphi \quad\ldots\ldots\ldots\quad (9\,\mathrm{a}$$

Durch passende Wahl von α und k läßt sich mit dieser Annahme ein Verlauf der achsialen Geschwindigkeit hinter dem Propeller nach Fig. 7 (punktiert) erzielen, dem ein Strombild ψ entsprechen würde.

Es zeigt sich dann bei A ein Maximum der Achsialgeschwindigkeit und damit eine Einschnürung des Schraubenstrahles mit nachfolgendem Auseinandergehen der Stromlinien („Trompetenbildung" nach Wagner). Mit der Annahme (9 a) wird

$$\frac{d^2\,\varphi}{d\,r^2} - \frac{1}{r}\,\frac{d\,\varphi}{d\,r} - (\alpha^2 - k^2\,r^2)\,\varphi = 0 \quad \ldots \ldots \ldots \text{(8 c}$$

Diese Differentialgleichung für φ läßt sich nicht mehr in Besselschen Funktionen ausdrücken, doch ist ihre Lösung durch eine unendliche Reihe von ziemlich verwickeltem Bau darstellbar [1] für kleine Abstände r wird dadurch die Diskussion der Lösung sehr erschwert, während sie für großes r in die Form

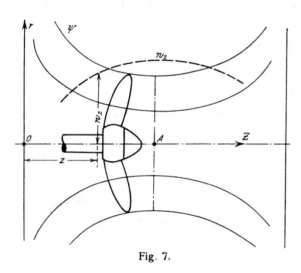

Fig. 7.

$$\varphi = C \sin \frac{k}{2}\,r^2 - C' \cos \frac{k}{2}\,r^2$$

übergeht und damit wieder dieselben Strömungsgesetze, wie sie schon oben beschrieben worden sind, ergibt. Es ist somit auch für diese verwickelte Stromfunktion, die außerdem für den Kernstrahl doch nicht in Betracht kommen kann, kein wesentlich anderes Ergebnis der Geschwindigkeitsverteilung zu erwarten und es möge daher zugunsten der einfacheren Rechnung die oben gemachte Annahme $\psi = z \cdot \varphi\,(r)$ für den Schraubenstrahl u n m i t t e l b a r hinter dem Propeller weiter beibehalten werden. Dagegen sollen an einem B e i s p i e l e die bisher festgestellten Ergebnisse der Rechnung angewendet bezw. durch den Vergleich mit wirklich ausgeführten Versuchen und Messungen nachgeprüft werden. Dabei entsteht zunächst die Frage, welche Größen bekannt bezw. gemessen werden müssen, um die erhaltenen Gleichungen anwenden zu können. Ohne weiteres bekannt sind nur die Schraubenabmessungen, Durchmesser, Steigung und die axialen Längen, also

---

[1] Wien, Hydrodynamik, S. 72.

die Differenzen $z_2 - z_1$, die Winkelgeschwindigketi ω kann beobachtet werden, ebenso die Schiffsgeschwindigkeit c.

Alle übrigen Größen und Koeffizienten sind entweder direkt überhaupt nicht zu beobachten oder nur mit besonderen Vorrichtungen meßbar. In diesem Sinne kommen allein nur direkte Geschwindigkeitsmessungen der Strömung in unmittelbarer Nachbarschaft des Propellers in Betracht.

Die Messung der achsialen Geschwindigkeiten ist erst in wenigen Fällen direkt ausgeführt worden, sie geschah gewöhnlich mit Hilfe des Woltmannschen Flügels und meistens nur bei feststehender Schraube (also in dem Falle der sogen. „Pfahlprobe" eines Schiffes). Die bekanntesten Messungen dieser Art hat Dr. W a g n e r in Stettin durchgeführt.

Aber auch diese mühsamen Messungen sind nicht durchweg brauchbar, wenn auch die gegen sie erhobenen Einwände[1] nicht ganz stichhaltig und auch nicht so sehr von Bedeutung sein mögen. Immerhin sind diese Versuche — die einzigen, die mir überhaupt zur Verfügung standen — für unsere Zwecke unzureichend, und wenn trotzdem im folgenden ein Beispiel eines Wagnerschen Propellers nach unsern Formeln nachzuprüfen versucht wurde, so geschah es lediglich, um den Gang der Rechnung zu zeigen. Eine Anzahl wichtiger Größen mußte dabei aus Analogieschlüssen oder schätzungsweise angenommen werden, weil für dieselben keine gemessenen Daten vorlagen. Die Resultate können daher auch keinen Anspruch auf Genauigkeit machen, ja an manchen Stellen vielleicht nicht einmal auch nur rohe Annäherungen darstellen.

Beispiel.

Wir wählen den Propeller IV, dessen Hauptabmessungen die folgenden sind (Fig. 8)[2]

$$
\begin{aligned}
&\text{Durchmesser } 2\,R = \ldots \ldots \quad 0{,}392 \text{ m,}\\
&\text{Nabendurchmesser ca.} \ldots \ldots \quad 0{,}090 \text{ m,}\\
&\text{Konstruktionssteigung } H_0 = \ldots \quad 0{,}22 \text{ m,}\\
&\text{Projizierte Fläche} \ldots \ldots \quad 0{,}378 \text{ m}^2,\\
&\text{Abgewickelte Fläche} \ldots \ldots \quad 0{,}402 \text{ m}^2,\\
&\text{Anzahl der Flügel} \ldots \ldots \quad 3,\\
&\text{Achsiale Nabenlänge} \ldots \ldots \quad 0{,}078 \text{ m.}
\end{aligned}
$$

Die Erzeugende ist nach hinten geneigt.

---

[1] Jahrb. d. Schiffbautechn. Gesellschaft 1906, Diskussion des Wagnerschen Vortrages S. 359 u. f.

[2] D r. W a g n e r „Versuche mit Schiffsschrauben". Jahrb. der Schiffbautechn. Gesellschaft 1906, S. 284.

Wir betrachten einen der Tankversuche. Der Propeller lief dabei mit
890 Umdrehungen pro Minute, $\omega = 93,2$. Die Wassertiefe betrug h = 50 cm
über der Achse des Propellers. Bei dem Wagnerschen Propeller waren Vergleichsversuche bei 3,5 m Tiefgang der Schraube angestellt worden, die
aber nur wenig abweichende Resultate ergaben, so daß von dem Einfluß der
nahen Oberfläche abgesehen werden darf.

Die Kurven für die Achsialgeschwindigkeit w_z finden sich in Fig. 15 auf
S. 288 der Wagnerschen Arbeit. Man erkennt sofort den Unterschied
zwischen den äußeren Teilen und dem Kernstrahl. Untersucht man hier zu-

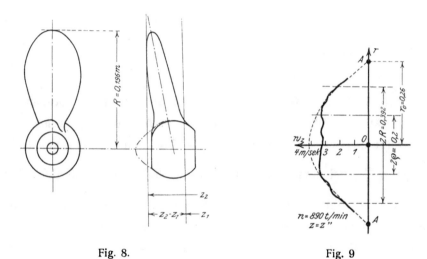

Fig. 8.   Fig. 9

erst den Außenraum, so handelt es sich vor allem um die Bestimmung der
Koeffizienten A, k, β, sowie der Abszissen z in den Gleichungen (10a) und
(11a). Dazu ist es am bequemsten, die Stellen aufzusuchen, an denen w_z verschwindet oder einen Maximalwert hat. Wenn man die Diagramme der
achsialen Geschwindigkeiten nach außen zu extrapoliert (Fig. 9), so zeigen sie
nahezu unabhängig von ω ein Zusammenlaufen in dem Punkte A für $r_0 = 0,260$ m,
$w_z = 0$, es wäre somit

$$r_0 = \sqrt{\frac{2}{k} \operatorname{arctg}\left(-\frac{1}{\beta}\right)} = 0,26 \text{ m}$$

zu setzen.

Eine weitere Bestimmungsgleichung ergibt der Radius für den i n n e r e n
G r e n z z y l i n d e r, für den wir schon aus der Betrachtung der Diagramme, genauer aber aus Untersuchungen über den Kernstrahl den Wert

$$\varrho = 0,1 \text{ m} = \sqrt{\frac{2}{k} \operatorname{arctg} \beta}$$

finden. Aus der Umkehrung dieser beiden Gleichungen folgt

$$\text{tg}\left(\frac{k}{2} \cdot 0{,}26^2\right) = -\frac{1}{\beta} \quad \text{und tg}\left(\frac{k}{2}\, 0{,}1^2\right) = \beta,$$

also nach Multiplikation

$$\text{tg } 0{,}0338\, k \cdot \text{tg } 0{,}005\, k = -1.$$

Diese transzendente Gleichung ist auf graphischem Wege unschwer lösbar und gibt eine unendliche Zahl von Lösungen, von denen wir hier nur die kleinste positive brauchen können, nämlich

$$k = 54{,}5.$$

Damit wird dann auch

$$\beta = 0{,}28.$$

Um nun A und z zu finden, braucht man die Geschwindigkeitsmessungen in zwei Abständen hinter der Schraube; es ist für zwei Abszissen z' und z", deren Unterschied z" — z' (der Abstand der Meßstellen) bekannt ist, das Ver-hältnis $\dfrac{w_z{}''}{w_z{}'} = \dfrac{z''}{z'}$ bei demselben Radius r. Dabei darf jedoch nicht übersehen werden, daß bei einigermaßen größeren Abständen hinter der Schraube die Reibung die Bewegungsgesetze wesentlich ändert, so das schließlich an Stelle einer Zunahme von w_z mit wachsendem z eine Abnahme eintritt, so daß also nur in nächster Nähe der Schraube die Beobachtungen die aufge-stellten Gesetze bestätigen können.

Leider gestatten gerade über diesen Punkt die Wagnerschen Versuche keine genaueren Angaben, da nur bei diesem einen Propeller Nr. IV die Messungen in zwei Entfernungen 236 mm und 96 mm hinter dem Propeller angegeben sind. Die Geschwindigkeitsdifferenzen, die in der Wagnerschen Tabelle II aufgestellt sind, rühren aber, wie eine Betrachtung der Wagner-schen Diagramme Fig. 15 zeigt, zum größten Teil von den mittleren Partien her, in denen aber die Strömungsgesetze für den Kernstrahl gelten (abge-sehen von dem hemmenden Einfluß der Nabe). In den äußeren Teilen des Schraubenstrahles ist dagegen der Unterschied der Kurven kaum merklich; dort mögen übrigens auch schon die Tankwände ihren Einfluß geltend ge-macht haben. — Sichere Schlüsse können jedenfalls aus diesen Versuchen nicht gezogen werden. Indessen möge mit Rücksicht auf die diesem Bei-spiele vorangeschickte Bemerkung zur Kennzeichnung des Rechnungsganges die nachfolgende Betrachtung angestellt werden.

Die größte Achsialgeschwindigkeit am Umfange des Grenzzylinders beträgt im Mittel[1]) 3,1 m/sek., für den Abstand 96 mm der Meßstelle (z' vom Ursprung) und 3,3 m/sek. für den Abstand 236 mm (z" vom Ursprung). In beiden Fällen ist natürlich gleiche Tourenzahl n = 890 vorausgesetzt. Es ergibt sich dabei

$$z'' - z' = 0,14 \text{ m} \quad \text{und} \quad \frac{z''}{z'} = \frac{3,3}{3,1},$$

also

$$z'' = 2,31 \text{ m}; \quad z' = 2,17 \text{ m}.$$

Da nun am inneren Grenzzylinder

$$w_z = 2\,z\,\sqrt{\frac{k}{\pi}} \cdot A \cos\left(\frac{k}{2}\,\varrho^2\right)(1 + \beta^2) = 8,63\,A\,z$$

ist, so findet man daraus mit den obigen Zahlenwerten

$$A = 0,165,$$

so daß nun für den **äußeren Schraubenstrahl** die Gleichungen gelten

$$\psi = 0,0252\,z \cos\,(27,25\,r^2)\,[\text{tg}\,(27,25\,r^2) - 0,28]$$

$$w_z = 1,375\,z \cos\,(27,25\,r^2)\,[1 + 0,28\,\text{tg}\,(27,25\,r^2)]$$

$$w_r = -\frac{0,0252}{r}\cos\,(27,25\,r^2)\,[\text{tg}\,(27,25\,r^2) - 0,28]$$

— Hierin sind r und z in Metern einzusetzen.

Wenn nun auch nach dem oben Bemerkten diese Zahlenwerte wohl nur der Größenordnung nach richtig sein dürften, so wollen wir sie doch der weiteren Rechnung zugrunde legen. Soviel ist jedenfalls ersichtlich, daß die Abszissen z verhältnismäßig sehr groß sind. Beobachtungen, die gelegentlich bei fahrenden Schiffen von dem „Schraubenstrahl" gemacht wurden, deuten ebenfalls auf diesen Umstand hin; denn die Größe von z bedingt eine nur schwache Konvergenz des Strahles, die dann durch die Widerstandsverhältnisse noch verringert werden kann, so daß der Eindruck eines

---

[1]) Die Versuche zeigen erklärlicherweise nicht vollständige Symmetrie beiderseits der Achse. Daher ist das Mittel aus beiden Ablesungen genommen. (Siehe dazu die Bemerkungen Dr. Wagners über die Berechtigung, nur in einer Vertikallinie [nicht auch horizontal] zu messen, a. a. O. S. 285.)

nahezu zylindrischen Schraubenstrahles erweckt wird[1]). Beachtenswert ist nämlich, daß auch hier die R a d i a l k o m p o n e n t e sehr klein ist. Für $r = r_0 = 0{,}26$ m z. B. wird sie $= 0{,}1$ m/sek., ihr größter Wert liegt etwas näher an der Achse bei $r = 0{,}222$ m. also nahezu am Propellerumfang und beträgt $0{,}103$ m/sek.

Mit Rücksicht auf spätere Ausführungen sollen nun noch für $n = 950$, ($\omega = 99{,}5$) die Strömungsgleichungen berechnet werden. Es zeigt sich, daß r_0 nahezu ungeändert geblieben ist, während ϱ, der Radius des inneren Grenzzylinders, sich etwas vergrößert hat, jedoch so wenig, daß eine genaue Bestimmung aus den Diagrammen (Fig. 22, Dr. Wagner) nicht möglich scheint. Man wird die Verhältnisse richtig treffen, wenn man wieder $k = 54{,}5$, dagegen $\beta = 0{,}3$ setzt. (Es folgt $\varrho = 0{,}105$ m, $r_0 = 0{,}262$.)

Weiter ergeben sich aus den w_z - Kurven des Wagnerschen Diagramms Nr. 15, analog wie vorhin, die maximalen Geschwindigkeiten am Grenzzylinder $w_z \backsim 3{,}58$ m/sek. und $3{,}35$ m/sek. in den beiden Abständen 236 mm und 96 mm hinter Propellermitte, woraus sich wieder mit $z'' - z' = 0{,}14$ und

$$\frac{z''}{z'} = \frac{3{,}58}{3{,}35} \text{ ergibt}$$

$$z' = 2{,}04 \text{ m}; \quad z'' = 2{,}18 \text{ m}.$$

Am i n n e r e n Grenzzylinder ist nun wie früher

$$w_z = 2 z \sqrt{\frac{k}{\pi}} A (1 + \beta^2) \cos \left(\frac{k}{2} \varrho^2 \right) = 8{,}72 \, Az$$

und mit obigen Zahlenwerten für z'' und w_z''

$$A = 0{,}188.$$

Bei einem Vergleich [der Werte A und z für die beiden Umdrehungszahlen 890 und 950 zeigt sich, daß man mit großer Annäherung die folgenden Beziehungen aufstellen kann:

Es verhalten sich die Konstanten A in den beiden Fällen wie

$$0{,}188 : 0{,}165 = 950^2 : 895^2,$$

ferner ist das Verhältnis der Abszissen z (am Austritt 2,102 m und 1,97 m in den beiden Fällen)

$$\frac{2{,}102}{1{,}970} \backsim \frac{950}{890}.$$

---

[1]) Bei einem f a h r e n d e n Schiff verlaufen die Stromlinien noch flacher, weil (bei nicht erheblich veränderten Achsialgeschwindigkeiten) gegenüber der feststehenden Schraube bei gleicher Tourenzahl ein geringerer Schub und somit geringere Strahlkontraktion auftritt. Die Abszissen z sind dann viel größer, man kann dann tatsächlich schon von zylindrischem Schraubenstrahl reden (im Einklang mit Prof. F l a m m s Beobachtungen).

Da weiter, wie wir aus Gleichung (11 a) ersehen, die Radialgeschwindigkeit bei gleichem r (und k sowie β) nur von A abhängt, so wächst also auch
die Radialgeschwindigkeit mit dem Quadrat der Umdrehungszahl. Diese Beziehungen sind nicht zufällig: auf Seite 818 wird ihre Gesetzmäßigkeit untersucht werden[1]).

Soviel erkennt man jedenfalls schon aus diesem Beispiel, daß der Ko-
ordinatenanfangspunkt nicht fest liegt, sondern mit w a c h s e n d e r U m -
l a u f s z a h l , u n d z w a r n a h e z u p r o p o r t i o n a l m i t d i e s e r ,
n ä h e r a n d i e S c h r a u b e r ü c k t , ein Ergebnis, daß sich zwanglos dadurch erklärt, daß mit wachsender Winkelgeschwindigkeit, die sämtlichen
Stromlinien stärker konvergieren.

Es soll nun noch kurz der Vorgang im „K e r n s t r a h l" für diesen Fall
besprochen werden.

Den Radius ϱ des „Grenzzylinders" bestimmt man am besten aus den
Diagrammen Fig. 22 des Wagnerschen Aufsatzes, welche die w_n-Kurven darstellen. In unserer Fig. 2 ist gezeigt, wie man (z. B. für n = 890) den entsprechenden Grenzradius finden kann, indem man nämlich die Hyperbel $(w_n r) = $ const.
(im Außenraum) zum Schnitt bringt mit der Geraden $w_n = \lambda\, r$ (im Kern). Man
findet auf diese Weise aus den Wagnerschen Diagrammen nahezu $\varrho = 0,1$ m.
Wie schon oben erwähnt, ergibt sich dieser Wert auch ziemlich genau, wenn
wir im Diagramm der achsialen Geschwindigkeiten (Fig. 9 und Dr. Wagners
Fig. 15) die Stellen aufsuchen, an denen die stark nach außen abfallende Ge-
schwindigkeitskurve in die Abplattung bezw. Einbeulung übergeht.

Es könnte ϱ auch aus der Bedingung (vergl. Seite 797) ermittelt werden,
daß am Umfang des Grenzzylinders der hydrostatische Druck $p_s = h\,\gamma$ (h Tiefe
der Propellerachse unter dem Wasserspiegel) gerade durch den negativen hydro-

dynamischen Druck $p_d = -\dfrac{\gamma}{2\,g}\left[(w_z - c)^2 + w_n{}^2 + w_r{}^2\right] = -\dfrac{\gamma}{2\,g}\left[(w_z - c)^2 + w_n{}^2\right]$

aufgehoben wird (w_r ist am Grenzzylinder $= 0$). Der Kernstrahl steht dann
nur mehr unter Atmosphärendruck. (Ein eventueller Hohlraum ist mit Wasserdampf oder eingesaugter Luft erfüllt.) Danach berechnet sich w_n am Grenzradius ϱ und wenn $(w_n r)$ etwa aus dem Drehmoment bekannt ist, auch ϱ

---

[1]) Von Interesse ist noch, daß für die Achse r = 0 die Formel (11 a) mit n = 890 eine Achsialgeschwindigkeit $w_z = 1,375\, z$, also bei z = 2,102 m, $w_z = 2,9$ m/Sek. ergeben würde, wenn die
Formel in diesem Bereich noch Gültigkeit hätte. Dieser geringe Unterschied gegen die
konstante Kerngeschwindigkeit von ca. 3,1 m (leichte Einbeulung der Kurve in Fig. 3, 4, 6)
ermöglicht eine vereinfachte Schubberechnung (siehe S. 811).

selbst. Der Durchmesser des Kernstrahles ist somit auch von der Tiefe abhängig, in der die Schraube arbeitet.

Noch eine andere Kontrollrechnung ist hier durchführbar. Es läßt sich nämlich für den Fall $c = 0$, wenn also die Schraube sich nicht fortbewegt (sogenannte „Pfahlprobe" bei einem fest vertäuten Schiff), der vom Propeller ausgeübte Schub P_0 angenähert berechnen, wenn w_z nur hinter dem Propeller bekannt ist.

Wie im II. Teil (Seite 827) gezeigt wird, ist dann mit genügender Annäherung $P_0 = \dfrac{F_3 \gamma}{g} \left[w_z \right]_3^2$, wobei sich der Index 3 auf den engsten Querschnitt des Schraubenstrahles bezieht, der wegen der Strahlkontraktion noch hinter der Schraube stattfindet (vergl. Fig. 7); $[w_z]_3$ ist die entsprechende mittlere Achsialgeschwindigkeit. Unter weiterer Benutzung des Mittelwertes für die Achsialgeschwindigkeit am Austritt aus dem Propeller und mit der eindimensionalen Kontinuitätsgleichung

$$F_3 \left[w_z \right]_3 = F_2 \left[w_z \right]_2 \sim F \left[w_z \right]_2$$

($F = \pi \left(R^2 - a^2 \right)$ freie Propellerkreisfläche mit Nabenradius a) ergibt sich

$$P_0 = \frac{\gamma}{g} \frac{F^2}{F_3} \left[w_z \right]_2^2$$

Zur Bestimmung dieses Mittelwertes $\left[w_z \right]_2$ findet man

$$\left[w_z \right]_2^2 = \frac{1}{F} \int^F 2 \pi \, r \, d\,r \cdot w_z^2 \; ^1),$$

wobei das Integral über die ganze Propellerkreisfläche auszudehnen ist. Eigentlich müßte auch hier eine Trennung vorgenommen werden für Kernstrahl und Außenraum. Wenn man jedoch überlegt, daß w_z im zentralen Teil wenig verschieden wird, ob man nun die Formel für den Kernstrahl oder für den Außenraum benützt (siehe die Anmerkung auf Seite 810), so erkennt man, daß es genügt, die Integration von a bis R bloß mit den Gesetzen des Außenraumes durchzuführen.

---

1) Zu dieser Art der Mittelwertsbildung ist zu bemerken, daß sie auf dem Grundsatz gleicher Bewegungsgrößen (gleicher Reaktion) der den Propeller durchfließenden Wasserelemente und der gesamten Wassermenge mit der mittleren Geschwindigkeit $\left[w_z \right]_2$ beruht also $\dfrac{Q}{g} [w_z] = \int \dfrac{d\,Q}{g} \, w_z$). Andere Mittelwertsbildungen (etwa auf die Wassermengen selbst bezogen) würden dem Zweck dieser Rechnung nicht angepaßt sein.

Es ist daher mit Gleichung (11 a)

$$[w_z]_2^2 = \frac{2\pi}{F} \int_a^R r\, dr \cdot 4 A^2 z^2 \frac{k}{\pi} \left\{ \cos^2\left(\frac{k r^2}{2}\right) + \beta \sin(k r^2) + \beta^2 \sin^2\left(\frac{k r^2}{2}\right) \right\}$$

$$= \frac{2 A^2 z^2}{F} \left\{ (1-\beta^2) \sin(k R^2) - 2\beta \cos(k R^2) + k R^2 (1+\beta^2) \right.$$

$$\left. - (1-\beta^2) \sin(k a^2) + 2\beta \cos(k a^2) - k a^2 (1+\beta^2) \right\} \quad . \quad . \quad . \quad . \quad (13$$

und daher

$$P_0 = \frac{2 A^2 z^2 \gamma}{g} \frac{F}{F_3} \left\{ (1-\beta^2) [\sin(k R^2) - \sin(k a^2)] - 2\beta (\cos(k R^2) - \cos(k a^2)) \right.$$

$$\left. + (1+\beta^2)(k R^2 - k a^2) \right\}.$$

Nun ist meistens $k a^2$ klein, so daß man (bei nicht zu dicken Naben) setzen kann $\sin k a^2 = k a^2$, $\cos k a^2 = 1$; aus den Wagnerschen Versuchen geht weiter hervor (Bild 17, Seite 293) $\frac{F}{F_3} = 0{,}85$, damit wird endlich für diesen Fall

$$P_0 = \frac{1{,}7 A^2 z^2 \gamma}{g} \left\{ (1-\beta^2) \sin(k R^2) - 2\beta \cos(k R^2) + k R^2 (1+\beta^2) + 2 (\beta - k a^2) \right\}.$$

Auf unser Beispiel angewendet ist hier zu setzen bei $n = 950$ t/Min.

$$R = 0{,}196, \quad a = 0{,}049, \quad k = 54{,}5, \quad z = 1{,}97 \text{ m} \quad A = 0{,}188, \quad \beta = 0{,}3.$$

Es folgt schließlich $P_0 = 102$ kg, während die Versuche Dr. Wagners (Diagramme Fig. 49, a. a. O. S. 327) auf einen gemessenen Schub von etwa 105 kg hindeuten.

Für manche Zwecke ist es von Wichtigkeit, mit einer **mittleren achsialen Austrittsgeschwindigkeit** $[w_z]_2$ rechnen zu können, wenn die **maximale** (wie sie etwa am Umfange des Kernstrahles herrscht) bekannt ist. Von letzterer, die wir mit $w_{z\,max}$ bezeichnen wollen, kann man nämlich annehmen, daß sie in einfacher Beziehung zur Steigung und Umdrehungszahl der Schraube steht. Es handelt sich dann um Ermittlung des Verhältnisses $w_{z\,max} : [w_z]_2$, wobei wir mit Rücksicht auf die geringe Veränderlichkeit von w_{z_2} in der Nähe der Achse für solche Schrauben, bei denen der Kern (ϱ) klein gegenüber dem Außenhalbmesser R ist, von einer besonderen

Rechnung für den Kern absehen wollen. Indem wir also $\varrho = 0$ und $\beta = 0$ setzen, vereinfacht sich unsere Formel (11 a) zu

$$w_z = 2\,A\,z\,\sqrt{\frac{k}{\pi}}\cos\left(\frac{k\,r^2}{2}\right),$$

und wir erhalten $w_{z\ max} = 2\,A\,z\,\sqrt{\frac{k}{\pi}}.$

Anderseits vereinfacht sich aber auch die vorhin aufgestellte Formel (13) für das Quadrat der mittleren Achsialgeschwindigkeit zu

$$[w_z]_2^2 = \frac{2\,A^2\,z^2}{F}\left\{\sin(k\,R^2) + k\,(R^2 - 2\,a^2)\right\} \quad \ldots \ldots \quad (13\,a.$$

so daß mit $F = \pi\,(R^2 - a^2)$ für jenes gesuchte Verhältnis der Ausdruck gefunden wird

$$\frac{w_{z\ max}}{[w_z]_2} = \sqrt{\frac{2\,k\,(R^2 - a^2)}{\sin(k\,R^2) + k\,(R^2 - 2\,a^2)}} \quad \ldots \ldots \quad (14,$$

wofür auch wegen der relativen Kleinheit von a geschrieben werden darf

$$\frac{w_{z\ max}}{[w_z]_2} = \sqrt{\frac{2}{1 + \dfrac{\sin k\,R^2}{k\,(R^2 - a^2)}}} \sim \sqrt{\frac{2}{1 + \dfrac{\sin k\,R^2}{k\,R^2}}} \quad \ldots \quad (14\,a.$$

Für u n s e r Beispiel ergeben sich allerdings erhebliche Unterschiede:

Nach der genauen Formel (13): $[w_z]_2 = 2{,}98$ m/Sek.,

nach der vereinfachten Formel (13 a): $[w_z]_2 = 2{,}55$ m/Sek.

und das Verhältnis $\dfrac{[w_z]_{max}}{[w_z]_z}$ nach Formel (14 a) = 1,19,

während der genauere Wert aus Formel (13) 1,03 beträgt.

Hier ist ϱ sehr groß, daher dürfen die vereinfachten Formeln 13 a und 14 nicht benützt werden. Man ersieht daraus, daß diese letzteren Formeln nur bei verhältnismäßig sehr kleinem ϱ benützt werden dürfen. Jedoch sind die Verhältnisse bei f a h r e n d e n Propellern in dieser Beziehung günstiger im Sinne der einfachen Rechnung.

Strömungszustand vor dem Propeller.

Man ist versucht, anzunehmen, daß vor dem Propeller ein einfaches Zuströmen des Wassers stattfindet, daß ferner dessen Achsialgeschwindigkeit

relativ zum Propeller praktisch konstant und gleich der um den Vorstrom
verminderten Schiffsgeschwindigkeit ist. Verschiedene neuere Versuche, wie
sie insbesondere von Taylor mit Modellschrauben in der Schlepprinne, dann
aber auch von größeren Werften mit eigens erbauten Versuchsbooten angestellt wurden, zeigen, daß die Verhältnisse durchaus nicht so einfach liegen.
Bei den Versuchen von Taylor[1]) bewegte sich die Schraube allein in un-
gestörtem Wasser — also ohne jeden Vorstrom — und es wurden durch eine
Reihe von Pitotschen Röhren die Druck-(Geschwindigkeits)-Höhen in der Um-
gebung der Schraube vor und hinter derselben gemessen. Es ergab sich eine
starke Saugwirkung v o r und eine etwas schwächere Druckwirkung h i n t e r
dem Propeller, beiderseits aber ein sehr ausgeprägtes Abfallen der Druckhöhen von der Achse des Propellers nach dem Rande zu. Diese Druckhöhe
ist aber ein Maß für die gesamte Wassergeschwindigkeit an der betreffenden
Stelle, und da vor dem Propeller eine Rotationskomponente des Wassers noch
nicht vorhanden sein konnte, auch die Radialkomponente nicht sehr groß
war, so ist diese Veränderlichkeit der Geschwindigkeitshöhen größtenteils der
nach außen zu abnehmenden Achsialgeschwindigkeit zuzuschreiben.

Ähnliche Ergebnisse fand man bei Messungen, die an einem Versuchsboot einer größeren englischen Werft angestellt worden sind. Es muß daraus
geschlossen werden, daß v o r dem Propeller die Achsialkomponenten der Wassergeschwindigkeit sich ähnlich wie hinter demselben verhalten, nur mit quantita-
tivem Unterschiede. Die Saugewirkung des Propellers, welche übrigens eine Beschleunigung des Wassers vor dem Eintritt in die Schraube zur Folge hat,
gibt bei wirklichen Schiffen Anlaß zu der sogenannten „thrust deduction“
Froudes[2]), einer Verminderung des Propellerschubes infolge Wegsaugens des
Wassers vom Hinterschiff. Es ist klar, daß die Größe dieses Verlustes an
Triebkraft nicht mehr von dem Propeller allein abhängt, sondern hauptsächlich von der Form des Hinterschiffs und der Lage des Propellers zu dem-

---

[1]) Trans. Society of N. A. and M. Eng. 1906. Seite 72. Bei näherer Betrachtung der
Taylorschen Kurven bemerkt man, daß durchweg die der Propeller m i t t e entsprechende
Kurve wohl v o r dem Propeller die größten Depressionen ergibt, während hinter der Schraube
die Kurven der etwas weiter von der Mitte abstehenden Meßstellen größere Geschwindigkeits-
werte erkennen lassen. Das hängt mit dem vorhin besprochenen Einfluß von w_n zusammen
und entspricht vollkommen dem Verhalten der Wagnerschen Kurven (Einbeulung in der
Mitte).

[2]) Es hängt dieser Begriff aufs engste zusammen mit der sogen. W i d e r s t a n d s -
v e r m e h r u n g (augmented resistance), die der natürliche Schiffswiderstand (ohne Propeller
gemessen) durch das Arbeiten der Schraube erfährt.

selben. Wir können uns daher bei diesen Untersuchungen nicht damit beschäftigen, ebensowenig wie es möglich ist, allgemein diejenigen Strömungsänderungen am Propeller zu berücksichtigen, die eine Folge der Hinterschiffsform sind. Es muß genügen, wenn wir dafür die Annahme machen, daß bei Einschraubenschiffen das Wasser schon von vorne herein in k o n v e r g e n t e r Strömung dem Propeller zufließt. während eine solche bei Zwei-Schraubenschiffen größtenteils erst vom Propeller erzeugt werden muß.

Wenn wir nun die Strömung an Hand unserer Grundgleichung (2) untersuchen wollen, so zeigt sich zunächst nur der Unterschied gegen früher, daß $(w_n r)$ ganz verschwindet. Damit aber erhalten wir wieder genau dieselbe Gleichung (8)

$$\frac{\partial^2 \psi}{\partial r^2} - \frac{1}{r} \frac{\partial \psi}{\partial r} + \frac{\partial^2 \psi}{\partial z^2} = r^2 f(\psi),$$

wie wir sie schon für die Strömung im Außenraum h i n t e r dem Propeller benützt haben.

Es ist daher auch nicht ohne Berechtigung, wenn man für das Verhalten des Wassers unmittelbar v o r dem Propeller dasselbe Gesetz annimmt wie hinter demselben; da hier jedoch kein „Kernstrahl" vorhanden ist, so braucht auch der mittlere Teil der Strömung nicht besonders behandelt zu werden. Dann aber müssen die Gleichungen (10) und (11), die hinter dem Propeller im Außenraum galten und auch hier allgemeine Geltung beibehalten sollen, eine kleine Änderung erfahren. Denn, damit an der Achse ($r = 0$) die radiale Geschwindigkeitskomponente w_r nicht unendliche Werte annimmt, muß jetzt $B = 0$ gesetzt werden, und die Gleichungen vereinfachen sich hier mit anderen Konstanten zu

$$\psi = z \frac{2 A_1}{\sqrt{k_1 \pi}} \sin\left(\frac{k_1}{2} r^2\right) \quad \ldots \ldots \ldots \ldots \ldots \ldots \quad (15$$

$$w_z = 2 A_1 z \sqrt{\frac{k_1}{\pi}} \cos\left(\frac{k_1}{2} r^2\right) \Bigg\}$$
$$w_r = -\frac{2 A_1}{\sqrt{k_1 \pi}} \frac{\sin\left(\frac{k_1}{2} r^2\right)}{r} \Bigg\} \quad \ldots \ldots \ldots \ldots \quad (16.$$

Hierin wird w_z für $r = 0$ ein Maximum $= 2 A_{z1} \sqrt{\frac{k_1}{\pi}}$ und $w_r = 0$, wie man leicht durch Entwicklung von $\frac{1}{r} \sin\left(\frac{k_1}{2} r^2\right)$ in eine Reihe feststellen kann.

Für eine bestimmte Ebene $z = z_0$, ist der Verlauf der achsialen Geschwindigkeiten durch Fig. 10, der der radialen durch Fig. 11 dargestellt. Offenbar ist der Verlauf von w_z ein solcher, wie er sich nach unseren Bedingungen ergibt; auch w_r genügt den Bedingungen der Symmetrie, da w_r von der Achse weggerichtet ist, nach oben und unten, daher also auf der Seite der negativen r auch die entgegengesetzte Richtung hat. Zusammengefaßt erhalten wir nun für die Achsialgeschwindigkeiten vor und hinter dem Propeller das Schau-

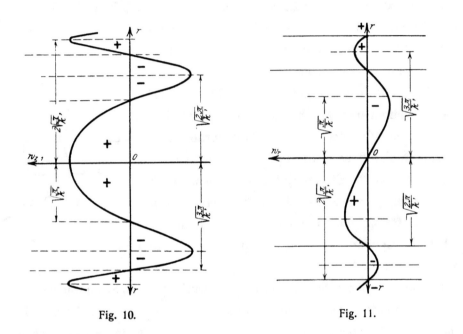

Fig. 10.   Fig. 11.

bild Fig. 12, wobei die stark ausgezogene Kurve die achsialen Geschwindigkeiten in einer Vertikalebene unmittelbar nach dem Austritt aus dem Propeller darstellt, während die gestrichelte Kurve die Eintrittsgeschwindigkeit w_{z1} versinnlicht [1]).

Dabei können wir von vorne herein über das Verhältnis der Größenwerte in diesem Diagramm bestimmte Angaben nicht machen, da hierzu eine Betrachtung der Strömung im Propeller selbst nötig wäre. Allgemein läßt sich aber nachweisen, daß die w_z-Kurven vor dem Propeller flacher verlaufen müssen, als hinter demselben. Denn in den mittleren Partien, etwa am Umfange des Kernstrahles ist hinter dem Propeller die achsiale Geschwindigkeit größer als die größte achsiale Eintrittsgeschwindigkeit an der Achse, wegen der Be-

---

[1]) Vgl. dazu die (qualitativ) zu denselben Ergebnissen führenden Betrachtungen von Dr. Wagner, Jahrb. d. Schiffbautechn. Gesellsch. 1906, S. 295.

schleunigung, die auch innerhalb der Schraube mit konstanter Steigung stets statt-findet [1]). Da nun an den Flügelspitzen (r = R) Ein- und Austrittsgeschwindig-keit in achsialer Richtung nur unwesentlich verschieden sein können, so zeigt schon ein Blick auf Fig. 12, daß die Kurven w_{z_1} einen flacheren Verlauf haben müssen.

Bei den bisherigen Untersuchungen waren die Geschwindigkeitsverhält-nisse ohne Rücksicht auf die Winkelgeschwindigkeit des Propellers abgeleitet worden; die veranlassende Ursache der Strömung, nämlich die Rotation des Propellers zusammen mit der Schiffsgeschwindig-keit, wurde garnicht in Betracht gezogen. Zweifel-los wird nun aber besonders die Umdrehungs-geschwindigkeit des Propellers von Einfluß auf die Koeffizienten der Gleichungen (10a) und (11a), sowie (15) und (16) sein, gerade so wie voraussicht-lich auch die Schiffsgeschwindigkeit und auch noch andere Faktoren die Strömung beeinflussen werden; diese Beziehungen lassen sich aber erst dann theoretisch feststellen, wenn die Vorgänge i n n e r - h a l b des Propellers, also die Wirkung der Schau-feln klargelegt sind.

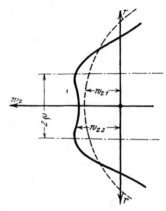

Fig. 12.

Davon haben wir hier abgesehen, die aufgestellten Strömungsgleichungen wurden vielmehr lediglich unter dem Gesichtspunkte abgeleitet, daß das Moment (w_n r) = const. bezw. = 0 war. Wir haben sodann noch eine Annahme über die Abhängigkeit der Strömung von z gemacht und dabei bemerkt, daß sich unter dieser Annahme die Bewegungsvorgänge den wirk-lich beobachteten Erscheinungen anpassen lassen; es ist aber noch der Nachweis zu führen, daß die von uns aufgestellten Gleichungen auch dann keine Widersprüche ergeben, wenn man die Veränderung der Tourenzahlen des Propellers oder der Schiffsgeschwindigkeit in Betracht zieht. Ob freilich diese Gesetze auch die wirklich bestehenden sind, ist damit noch nicht bewiesen, doch genügt für den Zweck dieser Zeilen die Feststellung der Widerspruchsfreiheit.

Zu diesem Nachweis gelangt man aber leicht durch folgende Be-trachtung: Achsiale Geschwindigkeitsdiagramme zeigen bei abnehmender Um-

---

[1]) Ursache dieser Beschleunigung ist allerdings größtenteils Stoßwirkung, dann aber noch die durch geringe Flügelzahl und durch die Form der Rückseite bedingte t a t s ä c h - l i c h etwas veränderliche Steigung.

drehungszahl immer flacher verlaufende Kurven[1]); die Punkte, an denen $w_z = 0$ wird (also die Radien r_0), rücken weiter hinaus, schließlich wird für $\omega = 0$ $r_0 = \infty$, wie dies auch sein muß, da ja dann nur die parallele Strömung $w_z = \alpha\,c$ relativ zum Propeller vorhanden ist (geschlepptes Schiff mit einem Vorstrom von der Geschwindigkeit c $(1 - \alpha)$). Der Koeffizient k muß sich also in der Form

$$k = \frac{\omega^2}{(B\,c + C\,\omega)^2}$$

darstellen lassen. Wenn wir nun vom Kernstrahl absehen, so gilt das Folgende für die Strömung vor u n d hinter dem Propeller.

Für $\omega = 0$ wird dann $\cos \dfrac{k\,r^2}{2} = 1$ und w_z ist nicht mehr von r abhängig. Damit aber dann w_z nicht ganz verschwindet, muß $A\,z\sqrt{\dfrac{k}{\pi}}$ von 0 verschieden und proportional c sein; andrerseits wächst für c = 0 (Pfahlprobe) (w_z) mit ω proportional; es muß daher sein

$$\frac{\omega}{B\,c + C\,\omega}\,A\,z = \text{const.} \times c \quad \text{für } \omega = 0,$$

$$\frac{\omega}{B\,c + C\,\omega}\,A\,z = \text{const.} \times \omega \quad \text{,,} \quad c = 0.$$

Diesen beiden Bedingungen entspricht der Ansatz $A\,z = \dfrac{a\,\omega^2 + b\,c^2}{\omega}$, womit w_z in der Form erscheint

$$w_z = \frac{a\,\omega^2 + b\,c^2}{B\,c + C\,\omega} \cos\left(\frac{\omega^2\,r^2}{2\,(B\,c + C\,\omega)^2}\right).$$

Im Falle der Pfahlprobe (c = 0) wird nun

$$w_z = \frac{2}{\sqrt{\pi}}\,\frac{a}{C}\,\omega \cos\left(\frac{r^2}{2\,C^2}\right)$$

(also $k = \dfrac{1}{C^2}$ konstant, wie sich auch bei Dr. Wagners Versuchen herausstellt).

Nun zeigen die Versuche, daß auch die Abszissen z, also die Lage der Bezugsebene z = 0 (gegeben durch die Abszisse z_2 der Austrittsebene aus dem Propeller) von der Umdrehungszahl abhängt; z_2 nimmt ab, wenn ω wächst, während für $\omega = 0$, $z_2 = \infty$ wird, da alsdann die Strömung parallel geworden ist.

---

[1]) Vorausgesetzt ist dabei natürlich unveränderte Schiffsgeschwindigkeit (also z. B. c = 0); daher entsprechende Abnahme des Propellerschubes P.

Beachten wir weiter, daß die Abszissen z immer groß sind gegenüber dem Bereich hinter bezw. vor der Schraube, in dem unsere Formeln noch Geltung haben sollen, so erkennt man aus obigem Ansatz für A z, daß gesetzt werden kann: A proportional zu $a \omega^2 + b c^2$, also für den Fall der Pfahlprobe: A proportional ω^2, wie dies auch die Versuche (Seite 810) gezeigt haben.

Wir erhalten schließlich noch

$$\psi = \frac{2}{\sqrt{\pi}} \frac{(a \omega^2 + b c^2)}{\omega^2} (B c + C \omega) \sin\left(\frac{\omega^2 r^2}{2 (B c + C \omega)^2}\right),$$

$$w_r = -\frac{\psi}{r z} \sim - C_1 \frac{(a \omega^2 + b c^2)}{r \omega} (B c + C \omega) \sin\left(\frac{\omega^2 r^2}{2 (B c + C \omega)^2}\right).$$

Für $\omega = 0$ wird nun, wie durch Reihenentwicklung leicht festzustellen ist,

$$w_r = 0$$

und

$$\psi = \frac{b}{\sqrt{\pi}} \frac{c}{B} r^2 = \frac{\alpha c}{2} r^2$$

also, wie es sein muß, die S t r o m f u n k t i o n d e r p a r a l l e l e n g l e i c h - f ö r m i g e n S t r ö m u n g, und $w_z = \frac{b c}{2 \sqrt{\pi} B} = \alpha c.$

Für $c = 0$ (Pfahlprobe) wird

$$w_r = - (C C_1 a) \frac{\omega^2}{r} \sin\left(\frac{r^2}{2 C^2}\right),$$

$$\psi = \frac{2 a C}{\sqrt{\pi}} \omega \sin\left(\frac{r^2}{2 C^2}\right).$$

Auch dieses Resultat, in dem als besonders bemerkenswert das Anwachsen der Radialkomponente mit dem Quadrat der Winkelgeschwindigkeit erscheint, ließ sich durch die Versuche bestätigen.

Im übrigen sind diese letzteren Formeln nur aufgestellt worden, um die Anpassungsmöglichkeit unserer theoretischen Strömungsgesetze auch an die extremen Grenzfälle $\omega = 0$ oder $c = 0$ zu zeigen. Für praktische Verwertung sind sie wegen der vielen Konstanten wenig geeignet, und wir werden daher im folgenden II. Teile die Beziehungen in anderer Weise direkt zu gewinnen suchen.

II.

1. Beziehung zwischen den Wassergeschwindigkeiten und der Umlaufszahl der Schraube.

Die bisherigen Untersuchungen hatten den Zweck, die eigenartigen Vorgänge im Schraubenstrahl hinter und vor einem Propeller aufzuklären, und an Hand der hydrodynamischen Theorie für den Idealfall einer symmetrischen Strömung ein Bild von den Bewegungserscheinungen zu geben.

Wie sich das Wasser beim Durchgang durch den Propeller selbst verhält, ist dabei nicht in Betracht gezogen worden. Diese jedenfalls sehr verwickelten Verhältnisse sollen weiteren Untersuchungen vorbehalten bleiben. Es ist aus diesem Grunde auch nicht möglich gewesen, den Zusammenhang zwischen den hier betrachteten achsialen Geschwindigkeiten w_z, der Schiffsgeschwindigkeit und der Winkelgeschwindigkeit der Schraube mit ihren Hauptabmessungen aufzudecken. Da jedoch für die richtige Bemessung einer Schraube sowie für die Berechnung des Propellerschubes diese Beziehungen bekannt sein müssen, so werden wir als nächste Aufgabe die Ermittelung von Gleichungen zwischen den genannten Größen ins Auge zu fassen haben. Aus den bereits früher dargelegten Gründen erweist sich hierfür der bisher eingeschlagene Weg der analytischen Untersuchung der Stromlinien als ungangbar, wir müssen vielmehr unter Verzicht auf eine Klarlegung der Vorgänge im einzelnen die Strömung durch den Propeller als Ganzes auffassen und daher mit M i t t e l - w e r t e n $[w_z]$[1]) der Achsialgeschwindigkeiten rechnen, wobei diese Mittelwerte immer über den ganzen Querschnitt des Schraubenstrahles erstreckt zu denken sind. Dann aber lassen sich verhältnismäßig einfache Beziehungen aufstellen.

Solche Ansätze allgemeinerer Art finden sich z. B. in dem Aufsatz von Prof. L o r e n z: „Die Änderung der Umlaufzahl und des Wirkungsgrades von Schiffsschrauben mit der Fahrgeschwindigkeit[2]), wo die Gleichung angegeben wird:

$$\omega = [w_z]_2 \left(\left[\frac{d\varphi}{dz} \right] - \left[\frac{d\chi}{dz} \right] \right)_2 \quad \ldots \ldots \ldots \ldots \quad (1$$

---

[1]) Die Mittelwerte sollen durch eckige Klammern $[w_z]_1$, $[w_z]_2$, $[w_n]$, $[r]_2 \ldots$ gekennzeichnet werden.

[2]) Zeitschr. d. V. d. Ing. 1907, S. 329. — In diesen Formeln sind dieselben Buchstaben und Bezeichnungen benutzt, wie sie bereits im I. Teil in Fig. 1 Anwendung fanden. Die axialen Entfernungen z sind von einer festen Ebene $z = 0$ angerechnet. φ sind dabei absolute Drehwinkel der Stromfäden gegenüber einer festen Anfangslage (Fig. 1), während χ den relativen Drehwinkel des Radius eines Wasserelementes gegen seine Eintrittslage (in der Schraube gemessen), also den Flügelwinkel selbst in der Projektion auf die Vertikalebene $z = 0$ darstellt. Auf den A u s t r i t t bezieht sich daher der Index 2 in Gleichung (1) und den folgenden.

Hierin bedeutet $\left[\dfrac{d\varphi}{dz}\right]_2$ ein von der **Rotationskomponente** w_n

der Wassergeschwindigkeit abhängiges Glied, während $\left[\dfrac{d\chi}{dz}\right]_2$ mit der **tat-**

sächlichen (ideellen) Steigung der Wasserfäden zusammenhängt.
Es ist insbesondere

$$\frac{d\varphi}{dz} = \frac{d\varphi}{dt} \cdot \frac{1}{\left(\dfrac{dz}{dt}\right)} = \frac{w_n}{r\,w_z} \quad \text{und} \quad \left[\frac{d\varphi}{dz}\right]_2 = \frac{1}{[w_z]_2}\left[\frac{w_n}{r}\right]_2,$$

wobei alle Werte der letzteren Beziehung als **Mittelwerte am Austritt**
aufzufassen sind.

Ist H_0 die **ideelle** Steigung der Wasserfäden, welche sich wegen der
endlichen Flügelzahl [1]) von der Konstruktionssteigung H unterscheidet (und
zwar ist $H_0 < H$), so ist auch

$$-\left[\frac{d\chi}{dz}\right]_2 = \frac{2\pi}{H_0} \quad \ldots \ldots \ldots \ldots \ldots \text{(2,}$$

so daß wir haben

$$\omega = \left[\frac{w_n}{r}\right]_2 + [w_z]_2\,\frac{2\pi}{H_0} \quad \ldots \ldots \ldots \ldots \text{(1a.}$$

Es folgt daraus

$$[w_z]_2 = \frac{H_0\,\omega}{2\pi} - \frac{H_0}{2\pi}\left[\frac{w_n}{r}\right]_2 = \frac{H_0\,\omega}{2\pi}\left(1 - \left[\frac{w_n}{r\,\omega}\right]_2\right) \quad \ldots \ldots \text{(3.}$$

Es ist also

$$[w_z]_2 < \frac{H_0}{2\pi}\,\omega < \frac{H}{2\pi}\,\omega.$$

Da nun die Rotationskomponente w_n immer klein gegen $r\,\omega$ ist, sofern
es sich, wie hier, um einen Mittelwert (erstreckt über den ganzen Austrittsquerschnitt) handelt, so kann für die folgenden Untersuchungen mit genügender
Genauigkeit gesetzt werden

$$[w_z]_2 = K_2\,\omega \quad \ldots \ldots \ldots \ldots \ldots \ldots \text{(4,}$$

[1]) Der Einfluß der endlichen Flügelzahl wird auch in der Literatur wiederholt besprochen.
Verfasser hatte Gelegenheit, an Versuchen teilzunehmen, bei denen 3-, 4- und 8-flügelige
Propeller von im übrigen ganz gleichen Abmessungen verwendet wurden. Die Versuche
zeigen, daß die **tatsächliche Steigung** der Wasserfäden sich umsoweniger von der
Konstruktionssteigung unterscheidet, je größer die Flügelzahl ist.

wobei dann

$$K_2 = \frac{H_0}{2\,\pi}\left(1 - \left[\frac{w_n}{r\,\omega}\right]_2\right) \quad \ldots \ldots \ldots \ldots \quad (4a$$

als k o n s t a n t e Größe aufzufassen ist, wie man aus dem Folgenden leicht erkennen kann.

Ist nämlich Q die Wassermenge, welche pro Sekunde durch die Propellerkreisfläche F bei der Schiffsgeschwindigkeit c tritt, und N_e die effektive Schubleistung der Schraube, so gilt angenähert

$$Q = \frac{H_0\,\omega}{2\,\pi}\,F\,\gamma$$

und

$$N_e \times 75 = \frac{Q}{g}\,\omega\,[w_n\,r]_2 \,^1)$$

daher

$$\left[\frac{w_n}{r\,\omega}\right]_2 = \frac{75\,N_e\cdot g}{Q\,\omega^2\,[r]_2^2} = \frac{75\,N_e\,g}{\dfrac{H_0}{2\,\pi}\,\omega^3\,[r]_2^2\,F\,\gamma} = 4,7\,\frac{N_e}{H_0\,F\,\omega^3\,[r_2]^2} \quad \ldots \ldots \quad (5.$$

Darf man den Widerstand mit dem Quadrat und die Leistung mit der dritten Potenz der Umdrehungszahl wachsend annehmen, so ist die Konstanz von $\left[\dfrac{w_n}{r\,\omega}\right]_2$ erwiesen; wegen der Kleinheit dieses Gliedes ist übrigens auch bei anderen Widerstandsgesetzen die Veränderlichkeit von $\left(1 - \left[\dfrac{w_n}{r\,\omega}\right]_2\right)$ und damit von K_2 nur sehr gering, wie wir sogleich an zwei möglichst verschiedenen Beispielen erkennen werden.

1. S c h n e l l d a m p f e r „K a i s e r W i l h e l m II" (a l t e S c h r a u b e)²).

Bei 22,0 Knoten ist $\omega = 8,32$ und die indizierte Leistung $2 \times 21\,500$ PS$_i$ beobachtet worden. Mit einem Gesamtwirkungsgrade von (hochgerechnet) 0,6 ergibt dies pro Schraube $N_e = 12\,900$ PS$_e$. Es ist ferner

$$H = 10,3 \text{ m}, \quad H_0 \text{ ca. } 9 \text{ m}, \quad F \sim 37 \text{ m}^2,$$

und der mittlere Austrittsradius³) $[r]_2 \sim 2,7$ m; damit wird

$$\left[\frac{w_n}{r\,\omega}\right]_2 = 0,042; \quad K_2 = 0,958\,\frac{H_0}{2\,\pi}.$$

---

¹) L o r e n z, Neue Theorie der Kreiselräder, S. 124.

²) W a g n e r, Versuche mit Schiffsschrauben, Jahrb. der Schiffbautechn. Gesellschaft 1906, S. 267.

³) $[r]_2$ muß durch Mittelwertsbildung in bezug auf $[w_n r]_2$ gefunden werden; es zeigt sich, daß $[r]_2$ stets größer ist als der halbe Propellerradius.

2. Motorbootsschraube[1]).

Durchmesser 0,85 m, Nabe 0,28 m $\varnothing$, F = 0,5 m², H = 1,05 m, $H_0 \sim 0,95$ m, $[r]_2 \sim 0,3$ m.

Es zeigte sich bei

$\omega = 36$	$N_i = 75\,PS_i$	N_e ca. 40 PS_e	$\left[\dfrac{w_n}{r\,\omega}\right]_2 = 0,09$	$K_2 = 0,138$
22,5	16,7	8,5	0,082	0,139
14,3	5,5	2,2	0,077	0,1395

Die Änderungen von $\left[\dfrac{w_n}{r\,\omega}\right]_2$ sind nicht unbedeutend, dagegen schwankt der Wert von K_2 und damit der von $[w_z]_2$ höchstens um ein Prozent.

Die durch die Gleichung (4) ausgedrückte Proportionalität zwischen $[w_z]_2$ und ω kann daher als zulässige Annäherung gelten. Hinter dem Propeller zieht sich der Schraubenstrahl noch um ein weniges zusammen (siehe die entsprechenden Bemerkungen im ersten Teile, S. 799 und 804), so daß in einiger Entfernung eine größte Geschwindigkeit $[w_z]_3$ herrscht, wobei gleichzeitig der Druck wieder gleich dem normalen hydrostatischen Druck p_0 geworden ist. Es ist dies Verhalten besonders deutlich erkennbar an den von Taylor experimentell gefundenen Kurven der Drücke vor und hinter einem fahrenden Propeller[2]). Es ist nun leicht zu erkennen, daß diese (übrigens geringe) Geschwindigkeitszunahme, die vom Überdrucke hinter der Schraube abhängt, auch nahezu mit der Winkelgeschwindigkeit wachsen wird, so daß wir setzen können

$$[w_z]_3 = K_3\,\omega \quad \ldots \ldots \ldots \ldots \ldots \ldots \text{(4b.}$$

Anders verhält es sich aber mit der mittleren Eintrittsgeschwindigkeit $[w_z]_1$ in die Schraube. Ist keine „Vorbeschleunigung" vorhanden, so wäre sie gleich der um den Vorstrom verminderten relativen Geschwindigkeit des Wassers zum Schiff, die wir unter Einführung des „Vorstromkoeffizienten" $\alpha < 1$ als $[w_z]_0 = \alpha\,c$ bezeichnen dürfen. Nun tritt aber fast immer durch die Saugewirkung des Propellers eine achsiale Beschleunigung des Wassers vor dem Eintritt in die Schraube hinzu. Diese Beschleunigung

---

[1]) Verkehrsboot der Kaiserl. Werft zu Danzig; über die Versuche mit diesem Boot siehe S. 831 ff.

[2]) Trans. of the Society of Nav. Arch. and Marine Engineers 1906, S. 72.

ist in erster Annäherung der Umdrehungszahl der Schraube proportional, und deshalb dürfen wir als Mittelwert schreiben mit einem Faktor K_1

$$[w_z]_1 = \alpha\, c + K_1\, \omega \quad \ldots \ldots \ldots \ldots \quad (4c$$

2. Über die Größe des Propellerschubes P.

Bei gewöhnlichen Propellern tritt das Wasser stets mit einer gewissen „Vorbeschleunigung" in die Schraube ein. Ein Teil der Propulsionskraft P entfällt daher auf die Druckdifferenz, die sich zwischen Ein- und Austritt des Wassers einstellt. Um in diesem allgemeineren Falle einen Ausdruck für P zu erhalten, darf bei Aufstellung der Energiegleichungen die Änderung des hydraulischen Druckes nicht vernachlässigt werden.

Die Energiegleichung lautet im allgemeinen Falle[1]

$$\omega\, d\,(w_n r) - \frac{g}{\gamma}\, dp = c\, d\, w_z + w'd\, w' \quad \ldots \ldots \ldots \quad (1$$

(w' absolute Geschwindigkeit $= \sqrt{(w_z - c)^2 + w_r^2 + w_n^2}$.)

Im Propeller zwischen den Abszissen z_1 (Eintritt) und z_2 (Austritt) mit den durch entsprechende Indizes unterschiedenen Zuständen 1 und 2 ist nun (für die Masseneinheit Wasser)

$$\omega\,(w_n r)_2 = \left\{ \frac{g}{\gamma}\,(p_2 - p_1) + c\,([w_z]_2 - [w_z]_1) \right\} + \frac{w_2'^2 - w_1'^2}{2} + W \quad \ldots \quad (2,$$

wobei W den Energieverlust durch Stoß, Reibung usw. darstellt. Multipliziert man beiderseits mit dem Massenelement $\dfrac{dQ}{g}$ und integriert, für die ganze durch den Propeller tretende Wassermenge Q, so folgt

$$\int^Q \frac{dQ}{g}\, \omega\,(w_n r)_2 = \left\{ \int^Q \frac{dQ}{\gamma}\,(p_2 - p_1) + c \int^Q \frac{dQ}{g}\,(w_{z_2} - w_{z_1}) \right\}$$

$$+ \int^Q \frac{dQ}{g} \cdot \frac{w_2'^2 - w_1'^2}{2} + \int^Q \frac{dQ}{g}\, W \quad \ldots \ldots \ldots \quad (3$$

Hierin bedeutet:

$\displaystyle\int^Q \frac{dQ}{\gamma}\,(p_2 - p_1)$ die Arbeit, die geleistet wird, um die Wassermasse Q pro Sekunde auf den Überdruck $(p_2 - p_1)$ zu bringen,

---

[1] Lorenz, Neue Theorie der Kreiselräder S. 116. Zu der dort aufgestellten Gleichung (6a) muß hier noch das Druckglied hinzugefügt werden, das in dem genannten Buche vernachlässigt werden durfte.

$$c \int_{}^{Q} \frac{dQ}{g} \, (w_{z_2} - w_{z_1}) \text{ die Propulsionsarbeit infolge der um } (w_{z_2} - w_{z_1})$$

innerhalb der Schraube beschleunigten Wassermasse bei der Schiffsgeschwindigkeit c,

während die beiden letzten Glieder Energieverluste darstellen. Das erste Glied wird nun auch nicht ganz zur Propulsion nutzbar gemacht; man erkennt, daß infolge der Wirkung des Überdruckes $(p_2 - p_1)$ eine Schubkraft $F (p_2 - p_1)$ (auf die ganze Propellerfläche F bezogen) entsteht, und nur der Teil $F (p_2 - p_1) c$ ist nutzbare Propulsionsleistung, während die Arbeitsgröße

$$\int_{}^{Q} \frac{dQ}{\gamma} \, (p_2 - p_1) - F (p_2 - p_1) c \sim (p_2 - p_1) \left(\frac{Q}{\gamma} - F c \right) = W_p$$

nicht ausgenutzt wird, also den Verlusten zuzurechnen ist.

Für Q kann nun eingeführt werden $Q = F \gamma [w_z]_2$ mit Rücksicht auf den Umstand, daß der Austrittsquerschnitt nahezu $= F$ ist, und weil die Austrittsgeschwindigkeit nach den Ausführungen auf S. 821 bei Vernachlässigung von w_n[1]) direkt der Umdrehungsgeschwindigkeit des Propellers proportional gesetzt werden kann, also wohl definiert ist.

Damit erhält man aber

$$W_p = F \, (p_2 - p_1) \, ([w_z]_2 - c) \quad \ldots \ldots \ldots \text{ (4}$$

Der Propellerschub selbst ist dann

$$P = (p_2 - p_1) F + \int_{}^{Q} \frac{dQ}{\gamma} \, ([w_z]_2 - [w_z]_1) = F \, (p_2 - p_1)$$

$$+ \frac{F \gamma}{g} \, \big[[w_z]_2^2 - [w_z]_2 \, [w_z]_1 \big] \quad \ldots \ldots \ldots \ldots \text{ (5}$$

Zur Bestimmung von $(p_2 - p_1)$ stellen wir zunächst wieder die Energiegleichung für den Raum v o r dem Propeller auf und erhalten

$$- \frac{g}{\gamma} \, (p_1 - p_0) = \frac{w_1'^2 - w_0'^2}{2} = \frac{1}{2} \, \{([w_z]_1 - c)^2 + w_{r_1}^2\}$$

$$- \frac{1}{2} \, \{([w_z]_0 - c)^2 + w_{r_0}^2\} \quad \ldots \ldots \ldots \ldots \text{ (6}$$

Dabei bezieht sich der Index 0 auf einen Querschnitt vor dem Propeller, an dem das Wasser unter normalen hydrostatischen Druck (Wassersäule

---

[1]) Beziehungsweise bei der Annahme $\left(\dfrac{w_n}{r \, \omega} \right) \sim$ konstant.

+ Luftdruck) steht. Nehmen wir an, der Vorstromkoeffizient an dieser Stelle sei $= \alpha$, also $[w_z]_0 = \alpha c$ und sehen wir weiterhin von den jedenfalls geringen Radial- und Tangentialkomponenten ab, so erhalten wir

$$\frac{g}{\gamma}(p_0 - p_1) = \frac{1}{2}\left\{[w_z]_1^2 - [w_z]_0^2 - 2c([w_z]_1 - [w_z]_2)\right\} \quad \ldots \ldots \text{(6}$$

Der Druck $p_2 - p_0$ läßt sich nun in ähnlicher Weise feststellen

$$-\frac{g}{\gamma}(p_2 - p_0) = -\frac{g}{\gamma}[p_2 - p_3] \sim \frac{1}{2}\left\{[w_z]_3^2 - [w_z]_2^2 - 2c([w_z]_3 - [w_z]_2)\right\} \quad \text{(7,}$$

wo $[w_z]_3$ die größte h i n t e r dem Propeller erreichte mittlere Achsialgeschwindigkeit ist, bei der wieder der Druck $p_3 = p_0$ herrscht.

Es folgt nun durch Addition der Gleichungen (6) und (7)

$$\frac{g}{\gamma}(p_2 - p_1) = \frac{1}{2}\left\{[w_z]_3^2 - [w_z]_2^2 + [w_z]_1^2 - [w_z]_0^2 - 2c([w_z]_3 - [w_z]_2 + [w_z]_1 - [w_z]_0)\right\}.$$

Durch Einführung in Gleichung 5) wird damit

$$P = \frac{F\gamma}{2g}\left\{[w_z]_3^2 + [w_z]_2^2 + [w_z]_1^2 - [w_z]_0^2 - 2[w_z]_2[w_z]_1 - 2c([w_z]_3 - [w_z]_2\right.$$
$$\left. + [w_z]_1 - [w_z]_0)\right\} \quad \ldots \ldots \ldots \ldots \ldots \text{(8}$$

Wir können nun mit genügender Annäherung setzen:

$$
\left.\begin{aligned}
[w_z]_0 &= \alpha c \\
[w_z]_1 &= \alpha c + K_1 \omega \\
[w_z]_2 &= K_2 \omega \\
[w_z]_3 &= K_3 \omega
\end{aligned}\right\}
$$
nach obiger Annahme mit Rücksicht auf die Gleichungen 4 bis 4 c) auf Seite 821 bis 824.

Dann ist

$$P = \frac{F\gamma}{2g}\left\{\omega^2(K_3^2 + (K_2 - K_1)^2) + 2\omega c(\alpha(K_1 - K_2) + (K_2 - K_3 - K_1))\right\} \quad \text{(8a}$$

Nun ist jedenfalls $K_3 > K_2 > K_1$, weil gleichzeitig mit der Strahlkontraktion tatsächlich noch hinter dem Propeller eine Beschleunigung des Wassers stattfindet, daher sind $(K_1 - K_2)\alpha$ und $K_2 - K_3$ negativ; es wird damit der Koeffizient von $2\omega c$ auch in jedem Falle negativ, so daß wir mit neuen p o s i t i v e n Konstanten

$$\frac{1}{2}(K_3^2 + (K_2 - K_1)^2) = A \quad \text{und} \quad (\alpha(K_2 - K_1) + (K_3 - K_2) + K_1) = B \quad \ldots \text{(9}$$

schreiben dürfen

oder
$$P = \frac{F\,\gamma}{g}\,(A\,\omega^2 - B\,\omega\,c)$$
$$P = \frac{F\,\gamma}{g}\,A\,\omega^2\left(1 - \frac{B}{A}\left(\frac{c}{\omega}\right)\right)$$ . . . . (10

Wegen der Wichtigkeit dieser Beziehung möge noch eine einfachere und kürzere Ableitung gegeben werden.

Bei einem fahrenden Propeller ist der Austritt des Wassers im Schraubenstrahle wohl definiert durch die Querschnittsfläche F_2 und die mittlere Austrittsgeschwindigkeit $[w_z]_2$, welch letztere man (nach den Ausführungen auf Seite 821) $= K_2\,\omega$ setzen kann. Es ist dann die durch den Propeller tretende Wassermasse pro Sekunde

$$Q = F_2\,[w_z]_2\,\gamma = F_2\,K_2\,\omega\,\gamma.$$

Als Propellerschub kann nun die Reaktion der Wassermasse Q pro Sekunde aufgefaßt werden, die von der ursprünglichen ungestörten Geschwindigkeit $\alpha\,c$ (siehe oben) auf $[w_z]_3$ beschleunigt wurde, wobei $[w_z]_3$ die Geschwindigkeit an der engsten Stelle (F_3) im Schraubenstrahl hinter dem Propeller ist, also

$$P = \frac{Q}{g}\,(\,[w_z]_3 - \alpha\,c).$$

Nun ist aber

$$[w_z]_3 = [w_z]_2\,\frac{F_2}{F_3} = K_2\,\omega\,\frac{F_2}{F_3},$$

also nach Einführung des Wertes von Q

$$P = \frac{F_2\,K_2\,\omega\,\gamma}{g}\left\{\frac{F_2}{F_3}\,K_2\,\omega - \alpha\,c\right\} = \frac{F\,\gamma}{g}\left\{\frac{F_2^2}{F\,F_3}\,K_2^2\,\omega^2 - \frac{F_2}{F}\,K_2\,\alpha\,\omega\,c\right\},$$

wenn F die tatsächliche Querschnittsfläche des Schraubenkreises ist. Nun ist zwar $F > F_2 > F_3$, dabei aber wegen der sehr geringen Konvergenz der Stromfäden (Fig. 13) $\frac{F_2^2}{F\,F_3} \sim 1$. Bedenkt man ferner, daß auch der Koeffizient α jedenfalls nicht genauer definierbar ist, als das von 1 wenig abweichende Verhältnis $\frac{F_2}{F}$, so ist es bei dem Genauigkeitsgrade, der bei solchen Rechnungen noch erreichbar ist, ganz wohl zulässig, dafür zu schreiben

$$P = \frac{F\,\gamma}{g}\left\{K_2^2\,\omega^2 - K_2\,\alpha\,\omega\,c\right\} = \frac{F\,\gamma}{g}\left(A\,\omega^2 - B\,\omega\,c\right),$$

wobei jetzt $A = K_2{}^2$ und $B = K_2 \alpha$ ist. Durch Vergleich mit der Gleichung (10) zeigt sich, daß jene Entwicklung dasselbe Resultat liefert, wie es hier für den Spezialfall $K_1 = 0$, $K_3 = K_2$ gefunden wurde, was mit den getroffenen Voraussetzungen übereinstimmt. Von der Einführung der Drücke konnte bei dieser Ableitung abgesehen werden, da die gesamte Geschwindigkeitsänderung gewissermaßen in die Schraube selbst verlegt gedacht wurde.

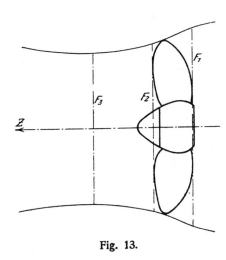

Fig. 13.

Mit Rücksicht auf wiederholt eingeführte Vernachlässigungen erscheint es wünschenswert, die Gleichung (10) durch den Versuch zu prüfen. Bevor dies an Beispielen gezeigt wird, sollen aber noch einige Folgerungen aus der Formel gezogen werden. — Zunächst zeigt sich, daß für $c = 0$

$$P = P_o = \frac{F \gamma}{g} A \omega^2 \dots \dots \dots \dots \quad (10\,a)$$

wird. In diesem Fall (vertäutes Schiff, Pfahlprobe) arbeitet der Propeller einfach als Achsialpumpe, der Schub nimmt mit dem Quadrat der Tourenzahl zu.

Die Gleichung (10) zwischen den 3 Veränderlichen P, ω, c stellt in rechtwinkligen Koordinaten (ω, c, $P \equiv x$, y, z) ein hyperbolisches Paraboloid dar, dessen Schnitte mit den Koordinaten-Ebenen gewisse charakteristische Kurven des Propellers sind.

Von besonderem Interesse ist der Schnitt mit den Ebenen $\omega = $ const., also das Verhalten des Propellers bei gleichbleibender Winkelgeschwindigkeit $\omega = \omega_1$, aber wechselndem Widerstand und Fahrgeschwindigkeit, wie das z. B. bei einem als Schlepper arbeitenden Boote der Fall ist. Dann werden die Schnittlinien Gerade, von der Form

$$P = \frac{A \gamma F}{g} \omega_1{}^2 \left(1 - \left(\frac{B}{A \omega_1} \right) c \right)$$

Der Propellerschub P nimmt proportional mit c ab.[1]

---

[1] Wie mir erst während der Drucklegung dieser Arbeit bekannt wurde, leitet in der Zeitschrift „Der Motorwagen" 1909 Dipl.-Ing. Eberhardt in einem längeren Aufsatze über die Theorie der Luftschrauben die genaue Gleichung für P bei constantem ω ab, wobei sich ebenfalls herausstellt, daß diese Schubkurven praktisch immer als Gerade angesehen werden können.

Fig. 14 zeigt eine Anzahl solcher gerader Linien, die dem Gesetze

$$P = a\,\omega_1{}^2 - b\,\omega_1\,c$$

entsprechen. ω_1 ist dabei der Parameter der ganzen Schar dieser Geraden, und es ist leicht einzusehen, daß mit wachsendem ω_1 die Linien immer steiler

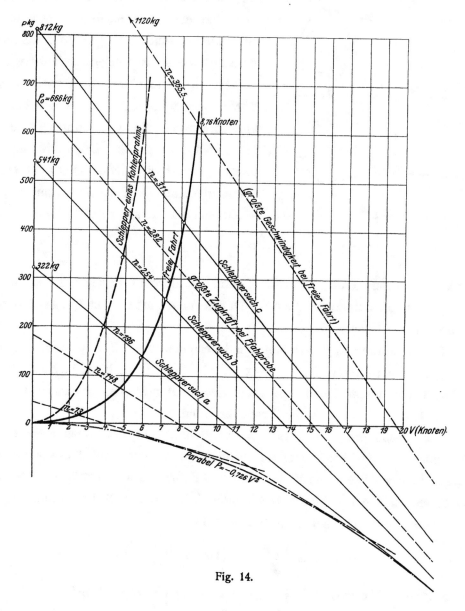

Fig. 14.

ansteigen. Sie umhüllen ferner in ihrer Gesamtheit eine P a r a b e l (strich-punktiert), die auf der Seite der negativen P liegt und welche die Gleichung

$$P = -\frac{b^2}{4\,a}\,c^2$$

besitzt.

Die Schnitte der Geradenschar mit der P-Achse geben die Zugkräfte des Propellers für ein fest vertäutes Schiff („Pfahlprobe") an. Dagegen sind durch die Schnitte mit der c-Achse diejenigen Geschwindigkeiten festgelegt, welche bei bestimmten Tourenzahlen dem Werte $P = 0$, also etwa einer widerstandslos bewegten Schraube allein entsprechen. Diese weiterhin „G r e n z g es c h w i n d i g k e i t e n" zu benennenden Werte von c sind zwar nur eine theoretische Abstraktion, aber für verschiedene praktische Zwecke wohl brauchbar[1]). Die vorstehenden Entwicklungen mögen nun einzeln an Beispielen geprüft werden.

An dieser Stelle ist noch eine Korrektur unserer Formeln (4) bezw. (4 a), nachzutragen, die dann berücksichtigt werden muß, wenn die Schiffsgeschwindigkeit verhältnismäßig groß bei kleinem Propellerschub wird, wenn man sich also im $P - c$ Diagramm (Fig. 14) nahe der c-Achse befindet. Dann darf $\left(\dfrac{N_e}{\omega^3}\right)$ und daher auch K_2 nicht mehr als konstant angenommen werden; eine nähere Betrachtung zeigt vielmehr, daß dann die Austrittsgeschwindigkeit angenähert

$$[w_z]_2 = \frac{H_0}{2\pi}\,\omega\left(1 - \beta + \delta\,\frac{c}{\omega}\right) = K_2'\,\omega + \varepsilon\,c$$

gesetzt werden kann, worin ε sehr klein ist, so daß das Glied $\varepsilon\,c$ nur bei großem c Bedeutung gewinnt. In solchen Fällen darf dann aber auch die ohnehin geringe Beschleunigung h i n t e r dem Propeller vernachlässigt, also $[w_z]_3 = [w_z]_2$ gesetzt werden, und wir erhalten dann durch Einführung dieser Beziehungen in Gleichung (8) für den Propellerschub nach einigem Umformen sowie unter Vernachlässigung der gegenüber den übrigen Koeffizienten sehr kleinen Größen $\dfrac{K_1{}^2}{2}$ und ε^2 die Formel

$$P = \frac{F\,\gamma}{g}\left\{ K_2'\,(K_2' - K_1)\,\omega^2 - \omega\,c\,(\alpha\,(K_2' - K_1) + K_1\,(1 + \varepsilon) - 2\,K_2'\,\varepsilon) - c^2\,\varepsilon\,\alpha \right\}$$
$$= A\,\omega^2 - B\,\omega\,c - C\,c^2 \quad\ldots\ldots\ldots \quad (9\,\text{b},$$

welche besagt, daß für sehr große Geschwindigkeiten c (bei verhältnismäßig kleinem P) noch ein mit dem Quadrat der Schiffsgeschwindigkeit wachsendes Glied in Abzug zu bringen ist. Infolgedessen weichen die Kurven für konstantes ω in Fig. 15 in der Nähe der c-Achse etwas von der Geraden und zwar nach der Achse zu derart ab, daß die Grenzgeschwindigkeiten etwas

---

[1]) z. B. für die Theorie der sogen. Woltmannschen Flügel.

kleiner werden, als sie den Schnitten der c-Achse mit der Geradenschar entsprechen würden. Der Verlauf der P, c-Kurve (für konstante Winkelgeschwindigkeit) würde in solchem Falle etwa durch Fig. 15 (in übertriebenem Maße)
gekennzeichnet sein, wobei auch noch die Möglichkeit eines umgekehrten
Vorzeichens des Gliedes mit c² für geringere Geschwindigkeiten durch einen
Wendepunkt in der Kurve zum Aus-
druck kommt. Da es sich jedoch
hierbei nur um sehr geringe Abweichungen und im ersteren Falle
(c groß, P klein) um ein Geschwindig-
keitsgebiet handelt, das nur ganz
ausnahmsweise in den praktischen
Bereich fällt (bei sehr flacher Widerstandskurve), so soll von diesen Abweichungen in den folgenden Beispielen abgesehen werden.

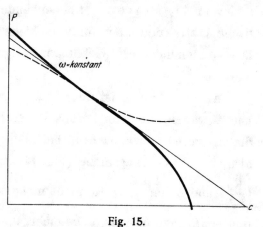

Fig. 15.

1. In der Zeitschrift d. V. d. Ing. 1907[1]) ·veröffentlicht Prof. L o r e n z
eine Reihe von Vergleichsversuchen mit Schiffsschrauben, die an einem Verkehrsboot der Kaiserlichen Werft Danzig vorgenommen wurden. Im Anschluß
hieran sind noch weitere Versuche durchgeführt worden, bei welchen außer
Schiffsgeschwindigkeit und Umdrehungszahl jedesmal auch noch der Gesamt-
widerstand bestimmt wurde in den drei Fällen:

　　a) Pfahlprobe, $c = 0$, $P = P_0$,

　　b) Schleppen eines schweren Kohlenprahms, $c = c'$, $P = P' = P_w + P_e$,

　　c) freie Fahrt des Schiffes, $c = c$, $P = P_e$.

Der Propellerschub P wurde im Falle a) durch direkten Zug an einem Dynamometer gemessen, im Falle c) dagegen aus Versuchen mit dem vorher allein
geschleppten Boot abgeleitet. Beim Schleppen des Prahms war das Dynamometer in die Schlepptrosse eingeschaltet und erlaubte daher die Bestimmung
des Schleppwiderstandes P_w, zu dem dann noch der aus den Versuchen c) bekannte Eigenwiderstand P_e hinzukam[2]).

---

[1]) L o r e n z, Vergleichsversuche mit Schiffschrauben Z. d. V. d. Ing. 1907 S. 13. Als Pro-
peller bei den hier besprochenen Versuchen diente ein 8-flügeliger Lorenzpropeller. Die
Versuche konnten dank dem freundlichen Entgegenkommen des Herrn Geh. Marinebaurats
T h ä m e r von dem Verfasser zusammen mit Herrn Prof. L o r e n z und den Herren der
Kaiserl. Werft, Marinebauführer K r a n k e n h a g e n und L ö s d a u durchgeführt werden.

[2]) Bei den Versuchen c) mußte an Stelle des reinen Widerstandes, der durch Schleppen
des Bootes mit abgenommener Schraube ermittelt worden war, der sogenannte vermehrte

Zahlentafel.

Umdrehungs-Zahl n i. d. Minute	Freie Fahrt		Schleppversuch				Pfahlprobe $V = 0$ P_0 kg	Indizierte Leistungen PS$_i$			Bemerkungen
	Geschwindigkeit V Knoten	P kg	Geschwindigkeit V' Knoten	P$_w$ kg	P$_e$ kg	$P' = P_w + P_e$		Freie Fahrt	Schleppversuch	Pfahlprobe	
73	2,50	18	—	—	—	—	—	$\sim$1,6	—	—	Leistung nicht genau bestimmbar
148	4,53	72	—	—	—	—	—	6,07	—	—	
196	5,85	140	3,85	155	45	200	322	10,5	15,2	19,0	Versuch a)
254	7,18	258	4,85	265	80	345	541	21	38,3	40,5	Versuch b)
282	—	—	—	—	—	—	666	—	—	57,0	Größte beobachtete Zugleistung bei Pfahlprobe
311	8,15	420	5,72	415	125	540	(812)	42	58,0	(82)	Versuch c) Größte Schleppleistung mit Kohlenprahm
365,5	8,76	620	—	—	—	—	(1120)	73,5	—	—	Größte erreichte Schiffsgeschwindigkeit bei freier Fahrt

(Die eingeklammerten Zahlen sind durch Extrapolation erhalten.)

In der Zahlentafel sind einzelne Versuchsresultate wiedergegeben und in Fig. 14 die daraus abgeleiteten charakteristischen Linien aufgetragen worden. Es ist hier mit befriedigender Genauigkeit die Gleichung erfüllt:

$$P = 0{,}765\,\omega^2 - 2{,}89\,\omega\,c,$$

wenn c in m/Sek. und die Winkelgeschwindigkeit ω, oder

$$P = 0{,}00839\,n^2 - 0{,}156\,n\,V,$$

wenn die Geschwindigkeit V in Knoten und die Umdrehungszahl n gegeben ist (Zahlentafel und Fig. 14).

Mit diesen Formeln findet man die „Grenzgeschwindigkeit"

$$c_0 = 0{,}265\,\omega$$

bezw.

$$V_0 = 0{,}0538\,n.$$

Widerstand („augmented resistance" nach Froude) als Propellerschub P$_e$ eingeführt werden, wozu eine (hier nicht sehr erhebliche) Korrektur der reinen Schleppwiderstandskurve erforderlich war.

Die Parabel, welche von diesen Linien eingehüllt wird, ist in Fig. 14 ebenfalls angegeben. Ihre Gleichung ist

$$P = - 2{,}73\, c^2 \text{ (c in m/Sek.), oder } P = - 0{,}726\, V^2 \text{ (V in Knoten).}$$

Der Propeller des Bootes besaß eine freie Querschnittsfläche von $F = 0{,}492\ \text{m}^2$ ($D = 0{,}84$ m, Nabendurchmesser 0,28 m).

Die Konstanten der Gleichung (10) sind daher (auf m/Sek. bezogen)

$$\frac{F\,\gamma}{g}\, A = 0{,}765 \qquad A = 0{,}0153$$

$$\frac{F\,\gamma}{g}\, B = 2{,}89 \qquad B = 0{,}0578.$$

2. In der Zeitschrift „Schiffbau", Jahrg. 4, Seite 257 werden Versuche mit einem Schraubendampfer „Vlaardingen" beschrieben, wobei durch direkte Schubmessungen am losgenommenen Drucklager der Propellerschub P bei verschiedenen Schiffsgeschwindigkeiten und Umdrehungszahlen ermittelt worden war. Alle diese Versuche genügen mit befriedigender Übereinstimmung der Gleichung

$$P = 19{,}16\,\omega^2 - 41\,\omega\, c,$$

wie aus nachstehender Tabelle ersichtlich ist.

N_0	n	c m/sek.	ω	P beobachtet kg	P berechnet kg	Differenz in % von P
1	94	3,59	9,86	420	416	— 0,95
2	111	4,15	11,60	609	604	— 0,82
3	127,5	4,64	13,35	874	874	0
4	148	5.18	15,5	1315,5	1308	— 0,57
5	160,5	5,39	16,8	1681	1693	+ 0,71
6	175	5,58	18,31	2205,5	2240	+ 1,56
7	180,5	5,67	18,88	2425,5	2432	+ 0,27

Die Differenzen bleiben mit alleiniger Ausnahme des Versuches 6 unter 1 %. Die Schraube dieses Schiffes hatte 1,905 m Durchmesser bei 2,324 m Konstruktionssteigung und 4 Flügel.

Von dem Schleppdampfer „Vlaardingen" sind leider keine dynamometrisch gemessenen Schleppresultate oder Zugproben am festen Pfahl bekannt geworden. Es ist jedoch nach dem Vorhergehenden nicht zu bezweifeln, daß das Boot als Schlepper sehr erhebliche Zugkräfte zu leisten im stande ist. Bei c = 3,09 m/sek. (6 Knoten) und 150 Umdrehungen pro Minute würde z. B. ein gesamter Propellerschub von 2 735 kg ausgeübt werden[1]), was bei dem Eigenwiderstande des Bootes von ca. 300 kg nahezu $2\frac{1}{2}$ t verfügbare

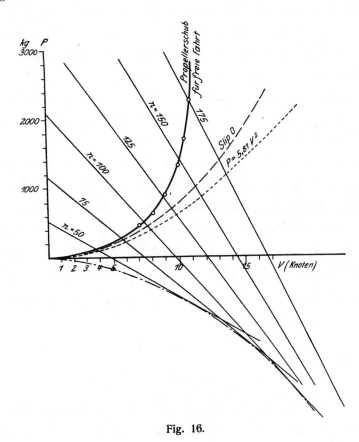

Fig. 16.

Zugkraft bedeutet. Es ist allerdings fraglich, ob die Kesselleistung für diesen Fall ausreichen würde (Nutzleistung $\frac{2735 \times 3,09}{75} = 112,5$ PS; bei dem schlechteren Wirkungsgrad der Schlepperschraube entspricht dies etwa 280—300 PSi, während die größte bisher beobachtete Leistung bei freier Fahrt und c = 5,67 m/sek. (Versuch 7 der Tabelle) 260 PSi bei einer Nutzleistung von $\frac{2425,5 \times 5,67}{75} = 180$ PS betrug[2]). Die charakteristischen Geraden mit der Parabel zeigt Fig. 16, auch hier ist die Schiffswiderstandskurve für freie Fahrt einge-

---

[1]) Aus obiger Gleichung oder aus dem Diagramm Fig. 16 zu ermitteln.

[2]) Wegen des auffallend hohen Nutzeffektes 69,25 % beachte man die Bemerkungen in dem Originalaufsatz, wonach vermutlich die indizierten Leistungen zu gering erhalten worden sind.

zeichnet. Die Figur ist jedoch wie auch Fig. 14 auf Knoten und Umdrehungszahlen bezogen. Gegenüber der Fig. 14 ist hier hervorzuheben, daß die
Schiffswiderstandskurve verhältnismäßig flach verläuft, wenn man beide
Figuren im gleichen Maßstab zeichnet. Das liegt an der für dieses Boot verhältnismäßig sehr großen Schraube; die Folge davon ist, daß die charakteristischen Geraden sehr steil verlaufen und daß die Schleppleistungen sehr
gute sind. Der Eigenwiderstand des Bootes ist eben verhältnismäßig gering
im Verhältnis zu den großen Propellerschüben. Damit hängt es auch
zusammen, daß die Grenzgeschwindigkeiten nicht sehr erheblich größer als
die Freifahrtgeschwindigkeiten des Bootes sind. Dies alles sind charakteristische Merkmale für gute Schleppdampfer.

3. Kanonenboot „Yorktown" der Vereinigten-Staaten-Marine. Eine
ausführliche Analyse der Progressivprobefahrten dieses Schiffes ist in dem
bekannten Buche von Taylor „Resistance of ships and screw propulsion"
enthalten. Es werden die Schubpferdekräfte (Thrust horse power)
abgeleitet (Tabelle **X**, 23), die sich nach unserer Bezeichnungsweise durch
$N_s = \dfrac{P\,c}{75}$ ausdrücken lassen.

Die von 5—17 Knoten reichenden Versuchsresultate werden sehr gut
wiedergegeben durch die Formel

$$P = 3{,}28\,n^2 - 24{,}48\,n\,V$$

und

$$N_s = 0{,}0225\,n^2\,V - 0{,}168\,n\,V^2$$

bezogen auf Umlaufzahlen pro Minute (n) und V in Knoten. Die Ergebnisse
der Versuche und der Berechnung zeigt die folgende Zahlentafel.

V Knoten	n	n^2	n V	P kg berechnet	N_s berechnet	N_s (Taylor) beobachtet	Differenz in PS	Differenz in %
(5)	(44,8)	(2007)	(224)	(1098)	(37,6)	(36)	(+ 1,6)	(∿ 4,8)
6	53,7	2 884	322	1 567	64,6	64	+ 0,6	+ 1
7	62,6	3 919	438	2 120	101,4	101	+ 0,4	+ 0,4
8	71,5	5 112	572	2 757	151,2	150	+ 1,2	+ 0,8
9	80,6	6 496	725	3 550	219,6	218	+ 1,0	+ 0,8
10	90	8 100	900	4 520	310,5	310	+ 0,5	+ 0,17
11	99,7	9 940	1 097	5 730	432,5	435	— 2,5	— 0,6
12	110	12 100	1 320	7 390	608	604	+ 4	+ 0,7
13	120.6	14 550	1 568	9 300	829	829	0	0
14	131,4	17 260	1 840	11 610	1 116	1 116	0	0
15	142,5	20 310	2 137	14 310	1 474	1 471	+ 3	+ 0,2
16	153,6	23 593	2 458	17 223	1 892	1 890	+ 2	+ 0,1
17	164,9	27 192	2 803	20 509	2 393	2 369	+ 24	+ 1,0

Die Grenzgeschwindigkeit ist hier

$$V_0 = 0,134 \text{ n.}$$

Sie würde bei 164,9 Umdrehungen rd. 22 Knoten betragen; dieser verhältnismäßig geringe Überschuß über die Freifahrtgeschwindigkeit ist auf die im Verhältnis zum Schiff großen Schrauben zurückzuführen.

Nachdem wir durch die vorstehenden Beispiele unsere Grundformel

$$P = \frac{F \gamma}{g} (A \omega^2 - B \omega c) \quad \ldots \ldots \ldots \ldots \quad 10)$$

unter sehr verschiedenen Verhältnissen als zutreffend erkannt haben, sollen noch verschiedene Folgerungen aus ihr gezogen werden. Zunächst tragen wir in die Fig. 16 noch eine Kurve ein, welche dem scheinbaren S c h r a u b e n s l i p 0 entspricht. Da für den scheinbaren Slip 0 die Schraubengeschwindigkeit $S = \frac{H \omega}{2 \pi}$ mit der Schiffsgeschwindigkeit c übereinstimmt, so brauchen wir bloß die Beziehung

$$c = \frac{H \omega}{2 \pi} \text{ oder } \omega = \frac{2 \pi}{H} c$$

in Gleichung (10) einzusetzen, und erhalten dann, wenn für diesen Fall $P = P_s$ sein soll

$$P_s = \frac{F \gamma}{g} \left(A \frac{2 \pi^2}{H^2} - \frac{B \pi}{H} \right) c^2 = K c^2 \quad \ldots \ldots \ldots \quad (10\text{ b}$$

also die Gleichung einer Parabel, die in Fig. 16 gestrichelt gezeichnet ist [1]). Man erkennt, daß auch bei dem scheinbaren Slip 0 noch bedeutende Schubleistungen erzielt werden, im Gegensatz zu der verbreiteten Meinung, daß dann die Schraube wirkungslos sein müßte. Die erzielte Wirkung ist in diesem Falle eben eine Folge des V o r s t r o m e s, wovon man sich leicht in folgender Weise überzeugt: Man kann sich nämlich vorstellen, daß in diesem Falle die ganze Beschleunigung des Wassers schon vor dem Propeller erfolgt von α c auf c. Mit der Geschwindigkeit c durchströmt und verläßt dann das Wasser die Schraube, sodaß man erhält

$$Q = F_2 \gamma c \text{ und } P = \frac{F_2 \gamma}{g} c (c - \alpha c).$$

$$P \sim \frac{F \gamma}{g} c^2 (1 - \alpha).$$

---

[1]) Man erhält übrigens auch immer Parabeln, wenn der Slip überhaupt k o n s t a n t ist, nicht nur wenn er 0 ist.

P ist nur dann 0, wenn $\alpha = 1$ ist, also wenn kein Vorstrom vorhanden ist. Außerdem erkennt man aber, daß die abgeleitete Gleichung nur dann eine parabolische Gleichung zwischen P und c darstellt, wenn α, der Vorstromkoeffizient, k o n s t a n t   i s t. Da Gleichung (10b) unter Voraussetzung von (10) abgeleitet eine Parabel ergab, so ersieht man daraus, daß auch (10) nur gilt, wenn α konstant ist, wie dies bereits schon früher erwähnt worden ist. Tatsächlich ist die an den Beispielen erwiesene Gültigkeit von (10) als eine Bestätigung dafür anzusehen, daß der V o r s t r o m k o e f f i z i e n t   n i c h t   v o n   d e r   S c h i f f s g e s c h w i n d i g k e i t   a b h ä n g t ,   d a ß   a l s o   a u c h   d e r   V o r s t r o m   s e l b s t   d e r   S c h i f f s g e s c h w i n d i g k e i t   p r o p o r t i o n a l   b l e i b t.

Die Parabel für den Slip 0 liegt normalerweise rechts von der Widerstandskurve (in Fig. 16), d. h. der scheinbare Slip ist positiv. Wenn aber, wie dies gelegentlich bei vollen Hinterschiffsformen und ungünstigem Propeller vorkommt, der scheinbare Slip negativ wird, dann schneidet die Widerstandskurve diese Parabel und liegt unterhalb des Schnittpunktes rechts von ihr. Ließe sich bei solchen Schiffen die Maschinenumdrehungszahl (unter unverhältnismäßigem Kraftaufwande allerdings) weit über das normale Maß steigern, so würde man auch früher oder später ein Zurückbleiben der Schiffsgeschwindigkeit hinter der Schraubengeschwindigkeit, also wieder positiven Slip feststellen können (Fig. 17; in dieser Figur ist mit $\mathfrak{P}$ die Kurve bezeichnet, die dem Slip 0 entspricht).

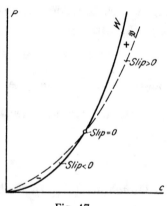

Fig. 17.

3. Beziehung zwischen Fahrgeschwindigkeit und Umlaufzahl.

Aus Gleichung (10) folgt weiter durch Auflösung nach ω

$$\omega = \frac{B\,c}{2\,A} \overset{+}{_{(-)}} \sqrt{\frac{B^2\,c^2}{4\,A^2} + \frac{P}{F\,\gamma}\,\frac{2\,g}{A}}$$

oder

$$\omega = \frac{B}{2\,A}\,c\left\{1 \overset{+}{_{(-)}} \sqrt{1 + \frac{P}{c^2}\left(\frac{8\,g\,A}{B^2\,F\,\gamma}\right)}\right\} \quad \ldots \ldots \ldots \quad (12$$

Für den Fall, daß der Slip konstant (oder = 0) ist, besteht Proportionalität zwischen ω und c; dann darf aber unter der Wurzel keine veränderliche Größe stehen, das heißt, es muß $\frac{P}{c^2}$ konstant sein. Dürfen wir nun den

Propellerschub mit dem Schiffswiderstand identifizieren, so besagt dies : B e i
k o n s t a n t e m S l i p d e r S c h r a u b e w ä c h s t d e r P r o p e l l e r s c h u b
(S c h i f f s w i d e r s t a n d) m i t d e m Q u a d r a t d e r S c h i f f s g e -
s c h w i n d i g k e i t o d e r a u c h d e r U m d r e h u n g s z a h l[1]). In diesem
Fall geht Gleichung (10) über in $P = k\,\omega^2 = k_1\,c^2$, und es ist dann unnötig,
weitere Untersuchungen anzustellen, da ja dann das Widerstandsgesetz
ohnehin bekannt ist. Man erkennt einen solchen Fall übrigens sogleich
daran, daß die (ω c)-Kurve eine gerade Linie ist.

Es' sei nur erwähnt, daß hierzu auch der Fall der Pfahlprobe zu rechnen
ist (Slip = 1 = const.).'

In Gleichung (12) gilt nur das positive Vorzeichen der Wurzel, da im
allgemeinen Falle erfahrungsgemäß ω rascher wächst als c.

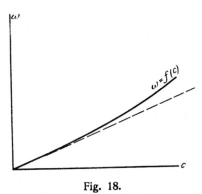

Fig. 18.

Da nun gewöhnlich der Schiffswiderstand
und mit ihm auch P mit einer höheren als der
zweiten Potenz von c wächst, so ist ersichtlich, daß die Kurve $\omega = f$ (c) (Fig. 18) nach
der c-Achse zu konvex ist. Für kleine Geschwindigkeiten, bei denen das quadratische
Gesetz noch angenähert gilt, ist dagegen die
Kurve erfahrungsgemäß auch nahezu eine
Gerade.

Wenn man annehmen darf, daß der
Schiffswiderstand und mit ihm der Propellerschub eines freifahrenden Schiffes
mit einer bestimmten Potenz der Schiffsgeschwindigkeit zunimmt, also wenn
etwa

$$P = C_1\,c^{\mu}$$

gesetzt werden darf, so geht Gleichung (12) über in

$$\omega = \frac{B\,c}{2\,A}\left\{1 + \sqrt{1 + \left(\frac{8\,g\,A\,C_1}{B^2\,F\,\gamma}\right)c^{\mu-2}}\right\}$$

Ist nun in besonderen Fällen

$$\frac{8\,g\,A\,C_1}{B^2\,F\,\gamma}\,c^{\mu-2} < 1 \quad \text{oder} \quad P < \frac{B^2}{4\,A}\,\frac{F\,\gamma}{2\,g}\,c^2,$$

---

[1] Dieses Ergebnis wurde schon von Prof. Lorenz festgestellt in der Abhandlung
„Über die Änderung des Wirkungsgrades und der Umdrehungszahl von Schiffsschrauben
mit der Fahrgeschwindigkeit". Z. d. V. d. Ing. 1907, S. 329.'

so kann man angenähert schreiben

$$\omega = \frac{B\,c}{2\,A}\left(1 + 1 + \frac{4\,g\,A\,C_1}{B^2\,F\,\gamma}\,c^{u-2}\right)$$

oder

$$\omega = \frac{B}{A}\,c + \left\{\frac{2\,g\,C_1}{B\,F\,\gamma}\right\}c^{u-1} = M\,c + N\,c^{u-1} \quad \ldots \ldots \quad (12a$$

Diese Beziehung hat Prof. L o r e n z in anderer Weise in dem oben zitierten Aufsatz abgeleitet; sie gilt aber, wie wir hier erkannt haben, nur unter folgenden Voraussetzungen:

1. Daß der Vorstrom sich nicht ändert mit der Schiffsgeschwindigkeit;
2. daß der Propellerschub mit der Potenz c^u wächst und
3. solange $P < \dfrac{B^2}{4\,A}\left(\dfrac{F\,\gamma}{2\,g}\right)c^2$ ist.

Beispielsweise ergibt sich für den oben betrachteten Dampfer „Vlaardingen"

$$P = C_1\,c^u = 19{,}16\,\omega^2 - 41\,\omega\,c$$

also

$$A\,\frac{F\,\gamma}{2\,g} = 19{,}16\,; \quad B\,\frac{F\,\gamma}{2\,g} = 41\,; \quad \frac{B^2}{4\,A}\,\frac{F\,\gamma}{2\,g} = 21{,}92.$$

Wenn nun die Parabel $P = 21{,}92\,c^2$ in das Diagramm Fig. 16 eingezeichnet wird (punktiert)[1], so ist ohne weiteres ersichtlich, daß diese s t e t s flacher verläuft als die Widerstandskurve, ja sogar als die Parabel für den Slip 0, sodaß also die Bedingung 3. n i c h t erfüllt ist; daher kann die Formel (12a) hier nicht Anwendung finden.　Dagegen muß es hier heißen

$$\omega = 1{,}07\,c\left(1 + \sqrt{1 + \frac{P}{21{,}92\,c^2}}\right).$$

4. Ermittelung des Schiffswiderstandes aus Probefahrten.

Die vorhergehenden Entwicklungen gestatten eine wichtige Anwendung in der Praxis zur Ermittelung des S c h i f f s w i d e r s t a n d e s, dessen Kenntnis bei ausgeführten Schiffen mit Rücksicht auf etwaige Vergleichsversuche oder für den Neubau ähnlicher Schiffe und deren Ausrüstung mit genügender Maschinenkraft von besonderer Wichtigkeit ist.

---

[1] Mit V in Knoten: $P = 5{,}81\,V^2$.

Was in dieser Hinsicht seither bekannt und versucht worden ist, würde ein umfangreiches Buch füllen. Insbesondere in der älteren englischen Literatur findet man erstaunlich eingehende Versuchsberichte, auf die hiermit verwiesen werden mag[1]).

Widerstandstheorien, welche aus den bekannten Hauptabmessungen eines Schiffes dessen Widerstand zu berechnen gestatten, gibt es in großer Zahl. Die meisten sind mehr oder weniger empirischer Natur und auf bestimmte Normalfälle zugeschnitten. Neuere theoretische Untersuchungen auf diesem Gebiete[2]) haben vor allem den Zweck, die verwickelten Erscheinungen des Schiffswiderstandes physikalisch zu deuten, ohne der ausführenden Praxis sogleich benutzbare Formeln geben zu wollen. In der Schiffbaupraxis ist daher das Froudesche Modellschleppverfahren noch als das bei weitem beste anerkannt, weil es wenigstens für Vergleichszwecke allgemein verwendbar ist. Da aber das Newtonsche Ähnlichkeitsgesetz für einen Teil des Schiffswiderstandes nicht genau erfüllt ist, so ist auch bei dieser Methode eine Übertragung der Widerstandswerte vom Modell auf das fertige Schiff im allgemeinen nur angenähert richtig, und es wäre wünschenswert, wenn man am ausgeführten Schiff hinterher noch direkt die Widerstände ermitteln könnte. Es ist dies tatsächlich auch versucht worden auf verschiedene Arten und zwar entweder durch direktes Schleppen des Schiffes und Widerstandsmessnng an einem in die Schlepptrosse eingeschalteten Dynamometer. Diese Methode ist zweifellos die einfachste, aber offenbar nur bei kleinen Schiffen und mäßigen Geschwindigkeiten anwendbar. Die hervorragendsten Versuche dieser Art hat der ältere Froude 1874 durchgeführt[3]). Das geschleppte Schiff, die Dampfkorvette „Greyhound" hatte 1157 t Depl.; die Schleppgeschwindigkeit betrug bis zu 12,8 Knoten und der größte gemessene Widerstand war nahezu 11 000 kg. Bei dieser Gelegenheit wurde jedoch ausdrücklich von Froude darauf hingewiesen, daß der Widerstand des unter eigenem Dampfe fahrenden Schiffes größer ist, infolge der Störung der Stromlinien am Hinterschiff durch den Propeller. Diese Abweichung wird vermieden durch das zweite Verfahren, bei welchem direkt der Propellerschub des fahrenden Schiffes am Drucklager der Maschine gemessen wird. Auch dieses Verfahren scheint zuerst in Eng-

---

[1]) Siene hierzu den „Index" für die Transact. of the Inst. of Naval Architects, ein außerordentlich reichhaltiges und übersichtliches Sachverzeichnis.

[2]) vergl. Lorenz, Beitrag zur Theorie des Schiffswiderstandes. Z. d. V. d. Ing. 1907, S. 1824.

[3]) Transactions of the Institution of Naval Architects 1874.

land ausgebildet worden zu sein. Aus neuerer Zeit sind insbesondere die auf Veranlassung von Prof. Flamm mit einem holländischen Schlepper ausgeführten Versuche von E. v. Geldern bemerkenswert[1]). Leider ist die Methode sehr umständlich und kostspielig und wird daher wohl ebenso wie die vorige nur für wenige wissenschaftliche Versuche und auch nur bei kleineren Schiffen Anwendung finden können[2]).

Endlich ist man seit langem bestrebt gewesen, aus zusammengehörigen Daten über Maschinenleistung (meistens indizierte), Umdrehungszahl und Schiffsgeschwindigkeit, die man etwa bei Probefahrten vermerkt hat, Schlüsse auf den Schiffswiderstand zu ziehen, indem man zuerst den Maschinen und Propellerwirkungsgrad zu ermitteln suchte. Diese Art von Rechnungen sind ausführlich in verschiedenen (insbesondere englischen) Werken beschrieben.

Ohne auf diese letzteren mehr theoretischen Methoden näher einzugehen, wollen wir hier nur die Anwendung unserer Gleichung (10) in der vereinfachten Form

$$P = A \, \omega^2 - B \, \omega \, c$$

auf das vorliegende Problem besprechen.

Auf einen besonderen Umstand soll jedoch zuvor aufmerksam gemacht werden.

Es ist ausdrücklich zu betonen, daß das Resultat der Berechnungen zunächst nur der Propellerschub ist. Es wurde schon bemerkt, daß diese Größe (bezw. ein Vielfaches derselben bei Mehrschraubenschiffen) der Widerstand des mit eigener Maschine fahrenden, nicht aber des geschleppten Schiffes ist; Froude hat gelegentlich der erwähnten „Greyhound"-Versuche gefunden, daß der Widerstand des geschleppten Schiffes größer war mit angebrachter Schraube, die sich frei drehen konnte, als ohne Schraube. Noch erheblich größere Widerstände glaubt er aus seinen Versuchen am selbstfahrenden Schiff ableiten zu können. Er bezeichnet diesen Unterschied, der offenbar durch die Wirkung des Propellers hervorgebracht wird, als „Widerstandsvermehrung" (augmented resistance). Da nun aber bei einem fahrenden Schiff immer dieser vergrößerte Widerstand auftritt, den man weder dem Propeller noch der Schiffsform allein, sondern dem Zusammenwirken beider zur Last legen muß, so ist schließlich gerade dieser Wider-

---

[1]) Schiffbau IV (1902) S. 257. Das verwendete Boot ist der Schlepper „Vlaardingen". Die Resultate sind bereits hier auf S. 833 verwendet worden.

[2]) Über Versuche mit dem in dieser Beziehung viel allgemeiner verwendbaren Schubindikator von Thämer liegen noch keine Veröffentlichungen vor.

stand für den Arbeitsbedarf und den Kohlenverbrauch der Maschine maßgebend, und darauf kommt es im letzten Grunde immer an. Der reine
Schiffswiderstand (geschlepptes Schiff ohne Propeller) ist, wie vielfache Versuche erwiesen haben, ca. 15 % geringer bei Einschraubenschiffen, und 10 %
geringer bei Doppelschraubenschiffen, als der hier berechnete „vermehrte
Widerstand". Wenn daher bei den folgenden Ausführungen von der Widerstandskurve des Schiffes die Rede ist, so ist damit die Kurve des vermehrten
Widerstandes gemeint, den wir dem Propellerschub gleich setzen dürfen.

Wir denken uns nun das in Frage kommende Schiff zunächst einer sogenannten P f a h l p r o b e unterworfen, wobei dasselbe bei arbeitendem Propeller durch eine oder mehrere Trossen festgehalten wird. In die Trossen
werden Zugdynamometer eingeschaltet, welche die Spannungen in denselben
und damit schließlich die Zugkraft des Propellers anzugeben gestatten. Man
hat dabei auf verschiedene Umstände Rücksicht zu nehmen, insbesondere
muß der Versuch in stehendem ruhigen Wasser bei Windstille und in derartiger Entfernung von festen Wänden durchgeführt werden, daß kein nennenswerter Rückstau des Schraubenstrahles stattfinden kann. Die Ablesung der
Dynamometer, sofern dieselben nicht selbst registrierend sind, hat wegen der
starken auftretenden Schwankungen in sehr kurzen regelmäßigen Zwischenräumen (5 bis 10 Sekunden) zu geschehen, und jeder einzelne Versuch ist genügend lange fortzusetzen, um dann Mittelwerte nehmen zu können. Bei Verwendung von 2 oder mehr Schlepptrossen sind natürlich die Winkel, welche
sie mit der Längsachse des Schiffes bilden, zu berücksichtigen. Auch muß
man bei langen, schweren Trossen die Anfangsspannung infolge des Durch-
hanges derselben bei ruhendem Propeller am Dynamometer feststellen und
in entsprechender Weise bei den Versuchen in Abzug bringen. Man führt
nun eine Reihe von Versuchen mit steigenden Umlaufszahlen durch, indem
man während eines jeden einzelnen Versuches die Drehzahl sorgfältig konstant
hält. Die Tourenzahl ist so hoch zu steigern als möglich. Man erhält dann
in graphischer Darstellung die Schubparabel

$$P_0 = A\,\omega^2$$

oder in dem Diagramm der c h a r a k t e r i s t i s c h e n   G e r a d e n die zu den
Punkten der P-Achse gehörigen Winkelgeschwindigkeiten. Theoretisch würde
nunmehr die Kenntnis einer einzigen charakteristischen Geraden (oder der Konstante B) genügen. Ein Weg dazu könnte durch folgende weitere Versuche
gefunden werden.

1. Man schleppt das Schiff durch einen kleinen Schlepper (oder auch mittels Dampfwinde und entsprechend langer Trosse) bei einer kleinen Geschwindigkeit c_1 und mißt dabei seinen Eigenwiderstand W_c, was sich bei k l e i n e n Geschwindigkeiten noch ganz gut (etwa mittels Dynamometer) durchführen läßt. Dabei darf der Propeller nicht abgenommen sein, sondern muß sich frei drehen können (also Abkuppeln der Maschine).

2. Darauf läßt man durch dasselbe Schiff einen schweren Schleppzug ziehen und richtet die Tourenzahl ω' so ein, daß man die kleine Geschwindigkeit c_1 möglichst genau erreicht. Den Widerstand S_c des Schleppzuges mißt man wieder mit Dynamometer. Der gesamte Propellerschub kann dann genügend genau zu

$$P_c = W_c + S_c$$

berechnet werden. Die Winkelgeschwindigkeit kennt man, und damit ergibt sich ein 2. Punkt einer der charakteristischen Geraden, deren Schnitt mit der P-Achse aus den Pfahlproben bekannt ist[1]). Durch die beiden Punkte ist also die charakteristische Gerade bestimmt (Fig. 19). Hier wird nun die Genauigkeit um so größer, je größer c_1 ist. Mit Rücksicht auf das in der Fußnote bemerkte, wonach c_1 möglichst klein sein soll, wird es also einen günstigsten Wert von c_1 geben und zwar in der Gegend, wo die Widerstandskurve aus dem flachen Anfangsstück in den steilen Ast übergeht. Es kann sich natürlich

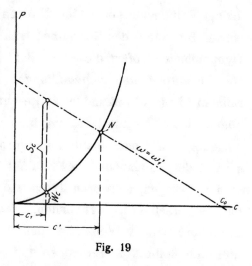

Fig. 19

---

[1]) Der Vorteil dieser Methode liegt darin, daß man nur eine im Verhältnis zur normalen geringe Geschwindigkeit c_1 des Schiffes braucht, bei der dasselbe zur Bestimmung von W_c geschleppt werden muß, wozu selbst bei größeren Schiffen noch geringe Kräfte, also kleine Schlepper ausreichen. Die Methode ist daher ziemlich weit anwendbar, vorausgesetzt, daß sich die Pfahlprobe noch mit genügender Sicherheit durchführen läßt. — Man könnte den Einwand erheben, daß W_c unter anderen Verhältnissen gemessen wird, als es nachher beim Schleppen des Schleppzuges oder auch bei freier Fahrt des Schiffes mit der geringen Geschwindigkeit c_1 auftritt. Indessen verläuft bekanntlich bei geringen Geschwindigkeiten die Widerstandskurve eines Schiffes noch sehr flach und auch di Vermehrung des Widerstandes durch die verschiedene Propellerwirkung ist prozentual noch nicht so groß, falls nur der Widerstand des Schleppzuges S_c recht groß gewählt wird. Von diesem Gesichtspunkt aus müßte also c_1 möglichst klein gewählt werden.

in jedem einzelnen Falle nur um eine mehr oder weniger willkürliche Wahl dieser
Geschwindigkeit handeln; indessen mag als Anhaltspunkt dienen, daß c_1 etwa
$1/4$ bis $1/3$ der Maximalgeschwindigkeit des Schiffes zu wählen ist (bei schnellen
Schiffen $1/4$ und weniger, bei langsamen bis zu $1/3$).

Wählt man dann noch den Schleppwiderstand verschieden, ohne c_1
wesentlich zu ändern, so muß die zugehörige Tourenzahl verändert werden
und man erhält dann jedesmal andere charakteristische Gerade.

Die Punkte der P r o p e l l e r s c h u b k u r v e f ü r d a s f r e i f a h r e n d e
S c h i f f bekommt man nun auf den so gefundenen charakteristischen Geraden,
wenn man die bei der Winkelgeschwindigkeit ω' beobachtete Schiffsgeschwindigkeit bei freier Fahrt c' in das Diagramm einträgt und den zugehörigen
Punkt N auf der charakteristischen Geraden aufsucht (Fig. 19). Theoretisch
würde es also genügen, eine einzige charakteristische Gerade zu kennen, da
durch sie die einhüllende Parabel und damit das ganze System der Geraden
bekannt ist. Mit den hernach aus den Progressivprobefahrten bekannten z u -
s a m m e n g e h ö r i g e n W e r t e n ω und c' bei freier Fahrt findet man
dann auf dem System der charakteristischen Geraden die Punkte N der Pro-
pellerschubkurve. Der leitende Gedanke bei diesem Verfahren ist also der,

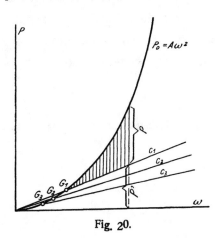

Fig. 20.

daß die (ω, c)-Kurve, — die Veränderung
der Tourenzahl mit der Fahrgeschwindigkeit, — gewissermaßen ein Abbild des veränderlichen Propellerschubes darstellt.

Eine anschauliche Darstellung der Verhältnisse ergibt sich auch aus Fig. 20. Hier
sind P und ω die Koordinaten. Stark ausgezogen ist die Parabel $P_0 = A \omega^2$, während
für jede Geschwindigkeit c eine Gerade
$P' = B \omega c$ durch den Anfangspunkt gezogen
ist. Für jede Geschwindigkeit findet man die

den verschiedenen Winkelgeschwindigkeiten entsprechenden Propellerschübe P
$= P_0 — P'$ zwischen der Parabel und der Geraden von konstantem c. Der Punkt G,
in welchem die Parabel von dieser Geraden geschnitten wird, entspricht dem
Propellerschub 0 und einer gewissen Winkelgeschwindigkeit ω_0, welche die
kleinste mögliche ist zur Erzielung der Geschwindigkeit c. Für dieses ω_0 ist
c die G r e n z g e s c h w i n d i g k e i t (siehe oben Seite 830).

Es ist zu der besprochenen Methode zur Bestimmung des Propellerschubes noch zu bemerken, daß man bei der Pfahlprobe niemals die höchste

Umdrehungszahl erreichen kann, die die Maschine bei freier Fahrt des Schiffes im Maximum aufweist. Man muß dann entweder die Widerstandskurve nur bis zu der durch diese geringere Umdrehungszahl gebotenen Grenze ermitteln oder man extrapoliert mit Rücksicht auf das einfache parabolische Gesetz $P_0 = A\,\omega^2$ die P_0 auch für höhere Winkelgeschwindigkeiten. Dabei muß man jedoch beachten, daß b e i s e h r h o h e n Drehzahlen infolge des Eintretens von Kavitationserscheinungen P_0 nicht mehr das quadratische Gesetz befolgt, sondern langsamer wächst[1]). Es ist also dann Vorsicht geboten.

Zum Schlusse soll nicht unerwähnt bleiben, daß unsere Schubgleichung (10) nach Multiplikation mit c die Nutzleistung des Propellers

$$N = \frac{P\,c}{75} = A_1\,\omega^2\,c - B_1\,\omega\,c^2$$

ergibt, bei deren Diskussion man ebenfalls Kurven (Parabeln) für N bei konstantem ω oder c ableiten kann.

Wichtig ist es endlich noch, darauf hinzuweisen, daß Gleichung (10) nicht mehr anwendbar ist, wenn die Schiffsgeschwindigkeit c nicht durch die Wirkung des Propellers allein, sondern durch äußere Kräfte (Winddruck, Schleppen des Schiffes usw.) erzeugt wird. Es gilt dann z. B. das Resultat $P = 0$ für $\omega = 0$ nicht, wenn c von 0 verschieden ist. Die Ausdehnung der Schubgleichung auf solche Fälle soll aber hier nicht weiter in Betracht gezogen werden.

---

[1]) Siehe die Versuche von Dr. Wagner, Jahrb. d. Schiffbautechnischen Gesellschaft 1906, S. 329.

Besichtigungen.

XVII. Die Deutsche Bank in Berlin.

In Anbetracht der innigen Beziehungen zwischen Bankwesen und Industrie hat es der Vorstand der Schiffbautechnischen Gesellschaft für angezeigt gehalten, in diesem Jahre die Räume und den Betrieb der Deutschen Bank zu besichtigen. Wenngleich die hier vollbrachten Leistungen im Gegensatz zu den lärmenden Betrieben der Technik vornehmlich in stiller Gedankenarbeit bestehen, die sich nicht zeigen läßt, in der auch maschinelle Vorrichtungen fehlen und deren Zweck sich erst im finanziellen Erfolg dem Beschauer offenbart, sind sie doch geeignet, dem Techniker Interesse und Bewunderung abzugewinnen, denn nirgends dürfte sich der für unsere Großindustrie so bedeutungsvolle und fruchtbare Gedanke der Organisation reicher betätigt haben, als in dem geistvollen und komplizierten Apparat einer modernen Bank. Das Studium ihrer Einrichtungen, Tätigkeit und wirtschaftlichen Bedeutung erheischt daher die ernsteste Beachtung des gebildeten Technikers und mag auch durch die nachfolgenden Aufzeichnungen Anregung erfahren.

Die Deutsche Bank, deren ursprüngliches Statut auf der damals noch erforderlichen Allerhöchsten Genehmigung vom 10. März 1870 beruhte, wurde vornehmlich zu dem Zweck errichtet, „die Handelsbeziehungen zwischen Deutschland, den übrigen europäischen Ländern und überseeischen Märkten zu fördern und zu erleichtern".

Als sie am 1. Juni 1870 ihren Geschäftsbetrieb eröffnete, arbeitete sie mit wenigen Beamten in einem Miethause der Französischen Straße. Im Herbst des nächstfolgenden Jahres bezog sie bereits mit 50 Beamten ein in der Burgstraße käuflich erworbenes Grundstück.

Ein Teil des Grundstückes, von dem aus die Besichtigung der Räume begann, wurde gelegentlich der Übernahme des Berliner Bankvereins und der Deutschen Unionbank im Jahre 1876 käuflich erworben. Es handelte sich damals um Gebäude in der Behren-, Mauer- und Französischen Straße. Die Adresse der Bank lautete Behrenstraße 9/10.

Von hier gingen die künftigen Erweiterungen, Neu- und Zubauten des nördlichen Häuserblocks aus, der zwischen der Behren-, Mauer-,
Französischen und Kanonierstraße gelegen ausschließlich dem Geschäftsbetriebe der Zentrale dient, während die Gebäude auf dem südlich gelegenen
Block zwischen der Französischen, Mauer-, Jäger- und Kanonierstraße für
die Zwecke der Haupt-Depositenkasse errichtet sind.

Der nördliche Block hat drei Kassenhöfe. Die rechts gelegene
25 m lange, 9 m breite und 8 m hohe Kassenhalle in der Mauerstraße dient
der Hauptkasse und ist mit dem Hauptkassentresor ausgestattet. In
engster Verbindung mit ihr stehen die Räume für den Kreditbriefverkehr und
für Akkreditierte, für die Empfangs- und Warteräume mit Schreibgelegen-
heiten vorhanden sind.

Der Hauptkasse benachbart und ebenfalls im engsten Anschluß mit ihr
befindet sich die Auskunftsstelle, durch die jedem Fremden der Verkehr in der Bank erleichtert werden soll. Es liegt im beiderseitigen Interesse, daß jeder, der die Bank aus irgend einer Veranlassung besucht, für
seine Angelegenheit sogleich an die richtige Stelle gewiesen wird.

Vor dem Hauptkassentresor liegt die Botenmeisterei. Von ungefähr 300
Boten, die überhaupt in der Bank beschäftigt werden, unterstehen der Hauptkasse ungefähr 50, deren Beschäftigung von der Botenmeisterei geregelt und
überwacht wird.

Links von dem Eingang Behrenstraße befindet sich die Effektenkasse der Zentrale mit den dazugehörigen Tresors und die Wertpostan-
nahme.

Ein Korridor, der nach der Ecke Kanonier- und Französische Straße läuft,
führt zur dritten Kassenhalle, die 12 m lang, 12 m breit und 6 m hoch ist.
In ihr haben die Wechsel- und Devisen-Abteilung ihre besonderen
Schalter.

In der Wechselabteilung der Zentrale sind im Jahre 1908 rund 3 580 000
Stück Wechsel ein- und ausgegangen, d. h. bei einer Arbeitszeit von 300
Tagen im Jahre ungefähr täglich 12 000 Stück. Diese Ziffer ist für das Jahr
1909 erheblich gewachsen. Jetzt beträgt der Eingang allein täglich ungefähr
7000 Stück.

Die Zahl der Beamten, die in den drei Kassen der Parterreräumlichkeiten
beschäftigt werden, beträgt rund 370.

Da in der ersten Etage sich die Direktionsräume, Sprechzimmer,
Kommissionszimmer, Sitzungssaal befinden, so nehmen dort die Bureauräume

Hauptgebäude in Berlin.

Behrenstr. 9—13   Mauerstr. 29—32   Französische Str. 63—68   Mauerstr. 25—28   Jägerstr. 72—76.

Fig. 1.

einen kleineren Raum ein. Es liegen dort die Börsenabteilung, das Sekretariat, die Sekretariatsbuchhalterei und die Rechtsabteilung zusammen mit ungefähr 100 Beamten.

Die Korrespondenzsäle mit der Ausrechnung, die Überseeabteilung mit ihren Unterzweigen, die Kontokorrentabteilung mit der Kontokorrentbuchhalterei, der Raum für die Verteilung der eingehenden Briefe und das Lesezimmer für die eingehende Korrespondenz nehmen das z w e i t e   S t o c k w e r k ein. Die Zahl der in diesen Abteilungen beschäftigten Beamten beträgt 581.

Im d r i t t e n   S t o c k w e r k ist die Briefexpedition, die verschiedene Unterabteilungen hat, und der Kopiersaal.

Die Hauptkasse und die Scheckkassen stehen mit der Korrespondenz und der Überseeabteilung durch eine R o h r p o s t l e i t u n g in Verbindung. Die Schecks, die an der Kasse eingereicht werden, werden durch die Rohrpostleitung der Korrespondenz zur Prüfung übermittelt. Auch die Hauptkasse und die Effektenkasse haben miteinander Rohrpostleitung.

In dem Gebäude befindet sich ferner eine Zentrale für Fernsprechvermittlungen mit der Stadt und außerhalb, eine Telephonzentrale für den Verkehr im Hause und die Ferndruckerabteilung, durch die Depeschen nach und vom Haupttelegraphenamt direkt übermittelt werden.

Die Brücke führt zu dem Teil des Hausbesitzes, auf dem ein großer Neubau nach einem einheitlichen Plan ausgeführt wurde, während auf dem nördlichen Block die Zubauten gegebenen Verhältnissen angepaßt werden mußten.

Durch die Zunahme des Geschäftsverkehrs wurde die Deutsche Bank im Jahre 1905 gezwungen, über ihren in allen Teilen ausgenutzten Häuserblock zwischen der Behren- und Französischen Straße auf den benachbarten bis zur Jägerstraße reichenden hinüberzugreifen. Bald konnte sie den größten Teil der Grundstücke dieses Blocks in ihrer Hand vereinigen. Als Hauptbedürfnis hatte sich geltend gemacht, einen einheitlichen Neubau für die H a u p t D e p o s i t e n k a s s e und die Z e n t r a l v e r w a l t u n g   d e s   g e s a m t e n B e r l i n e r   D e p o s i t e n v e r k e h r s   d e r   B a n k zu schaffen. Der Andrang in diesen Abteilungen war an den Ultimotagen derart gewachsen, daß das Raumbedürfnis für den neuen Kassensaal allein fast die Hälfte des neuen Baublocks umfassen mußte.

Die Pläne für diesen Neubau, mit dessen Fundierung im Frühjahr 1906 begonnen wurde, wurden wie die der früheren Bauteile von Herrn Baurat

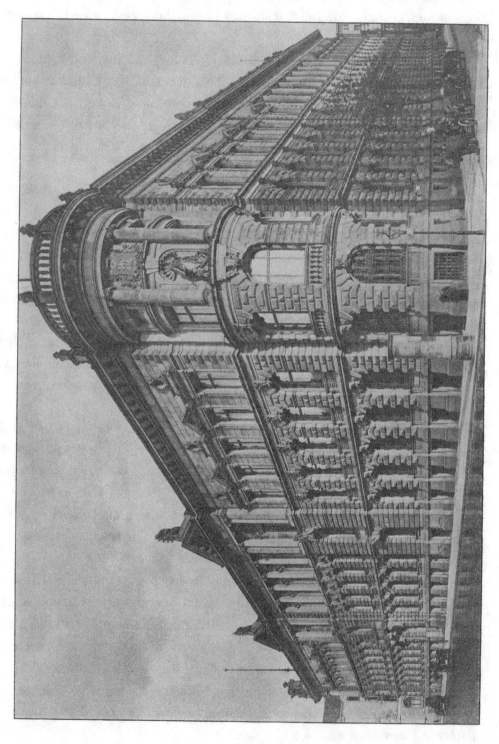

Ecke Behren- und Mauerstraße.

Fig. 2.

W. Martens aufgestellt, der die Ausführung auch in allen Teilen bis zur Vollendung durchführte. Das auf dem neuen Häuserblock befindliche und von
der Deutschen Bank erworbene, früher für ein anderes Bankinstitut hergestellte Bankgebäude Kanonierstraße 29/30 wurde nicht abgebrochen, sondern
in seinem bestehenden Zustand der Aufnahme der Couponkasse sowie den
Bureaus unseres Tochterinstituts, der Deutschen Überseeischen Bank, dienstbar gemacht und in allen Etagen mit dem Neubau der Depositenkasse in unmittelbare Verbindung gebracht.

Für diesen Neubau galt es zunächst, den großen Kassensaal zu
disponieren. Für ihn wurden die gewaltigen Abmessungen von 75 zu 28 m
erforderlich, d. h. er mußte die ganze Seite des Blocks von der Französischen-
bis zur Jägerstraße einnehmen. Ein so bedeutender Saalbau konnte auf dem
Grundstück nicht mehr den von der Baupolizei vorgeschriebenen inneren Hof-
raum genügend groß frei lassen. Die entstandene Schwierigkeit wurde dadurch überwunden, daß ein Teil der vorschriftsmäßigen Hoffläche nicht nach
dem Innern, sondern frei an die Straße gelegt wurde. Hiermit erhielt die
Mauerstraße eine Erweiterung im Sinne eines Dreieckplatzes. Dieser freie
Platz kommt dem Straßenverkehr des Geschäftsviertels wesentlich zugute.
Für unseren Neubau hat er ferner den Vorteil geboten, den gesamten Komplex
rechtwinklig zu begrenzen und damit unvorteilhafte unregelmäßige Raumgestal-
tungen auszuschließen. Den Raum unter dem Straßenniveau konnten wir
noch als Kohlenkeller für unsere Heizanlage ausnutzen.

Das Publikum betritt den Neubau in seiner rund vortretenden Mittel-
partie durch drei Portalöffnungen. Das anschließende ovale Vestibül ist in
seiner Farbenwirkung namentlich durch den Ton des blaugrauen Steins der
Wandbekleidungen gedämpft. Um so stärker wirkt der Lichteinfall des unmittelbar anschließenden vorerwähnten Kassensaals. Die großen, in Opalglas
eingedeckten Glasdächer lassen das Licht frei bis zum letzten Arbeitsplatz
hindurchfluten. Der große Raum ist in eine mittlere Kuppelhalle von 15 m
Durchmesser und zwei achsial angeschlossene Seitenhallen von je 19 m Länge
gegliedert. Der Kuppelraum sowie die Mittelschiffe der Seitenhallen reichen
durch zwei Etagen. Die Lasten der Obermauern werden von kräftigen Pfeilern
getragen, die mit einfachem Sterzinger Marmor und Einlagen anderer Marmor-
arten bekleidet sind.

Der fortlaufende, freie Kassentisch umzieht alle Seiten des großen Raumes.
Von den insgesamt 28 Schaltern dienen 12 zur linken Hand den Ein- und
Auszahlungen, eine gleiche Zahl zur rechten der Auslieferung von Schecks

Treppenhaus in der Behrenstraße.

Fig. 3.

und Effekten sowie den Einzahlungen der außer dem Hause liegenden Depositenkassen. 4 Schalter unter dem Kuppelraum vermitteln den An- und Verkauf von Wertpapieren. Alle Schaltertische sind frei von allen Aufsätzen und Barrieren gehalten, welche die Übersicht hindern würden. Nur die notwendigen Kandelaber stehen auf ihnen, um Lampen und Bezeichnungsschilder aufzunehmen. Selbstverständlich sind bei einem Saal der geschilderten Abmessungen, der von der Straße ohne alle Windfänge, lediglich durch „Revolving doors" getrennt ist, besondere Maßnahmen nötig, um unangenehme Zugerscheinungen von den Arbeitsplätzen fern zu halten und in allen Teilen den richtigen Wärmeausgleich unter Zuführung der Ventilationsluft herbeizuführen. Die hierzu erforderlichen technischen Maßnahmen sind ebenso wie diejenigen zur Freihaltung der Oberlichte von störender Verdunkelung durch Schneewasser mit Erfolg angewandt.

Unter dem Kassensaal liegen die großen Tresoranlagen in zwei bis unter den Grundwasserspiegel versenkten Etagen. Die Versenkung in das Grundwasser bildet den denkbar größten Schutz, da jeder Angriff durch Unterminieren dadurch undenkbar wird. Das Publikum gelangt zur Stahlkammer direkt vom Vestibül ohne den Kassensaal betreten zu müssen. In besonderen Vorräumen wird die erforderliche Sicherheitskontrolle ausgeführt.

Außer der Stahlkammer sind umfangreiche Effektentresore untergebracht. die alle durch eine sorgfältig ausgearbeitete Ventilationsanlage einwandfrei mit frischer Luft versorgt werden.

In den oberen Etagen des Hauses haben die Zimmer für die D i r e k t i o n der D e p o s i t e n k a s s e und Bureauräume ihren Platz, darunter die O b e r - b u c h h a l t e r e i , die Verwaltungsabteilungen für Haus- und Personalangelegenheiten, die Materialien-Verwaltung und das A r c h i v ; unter letzterem ist die volkswirtschaftliche Abteilung und die Bibliothek der Bank zu verstehen, die bei 39 000 Katalogzetteln ungefähr 10 000 Bände und 25 000 Mappen umfaßt.

Die Ausstattung aller dieser Räume ist auf das Sachliche einfacherer Bureaus beschränkt.

Das Ä u ß e r e d e s G e b ä u d e s ist in den Formen italienischer Hochrenaissance in Sandstein durchgeführt. Stehende Figuren der Weltteile, modelliert von Brütt, schmücken den Portalbau, während an den Flügeln die Treppenhäuser, welche hier direkt zu den oberen Etagen führen, etwas reicher betont sind.

Effektenkasse in der Behrenstraße.

Fig. 4.

Über dem Eingang befinden sich Reliefs von dem Bildhauer Carl Reinert,
der auch die das Dach krönenden Figuren der „Germania" und „Berolina"
geschaffen hat. Das Mittelrelief stellt den Weltverkehr dar, wie er über eine
Europa und Asien verbindende Brücke flutet. Den Schlußstein der Brücke
bildet der Kopf des verstorbenen Dr. G e o r g v o n S i e m e n s, ein Hinweis
auf die unvergänglichen Verdienste dieses genialen Mannes um die Geschichte
und die Bedeutung der Deutschen Bank und um die von ihm ins Leben gerufenen Eisenbahnen in der Türkei.

Die Ausnutzung der beiden Häuserblocks für die einheitlichen Zwecke
der Bank machte es zur Notwendigkeit, eine unmittelbare Verbindung
über die Französische Straße hinweg oder unter ihr hindurch zu schaffen.
Solange diese fehlte, wäre nicht nur eine Belästigung des Straßenverkehrs
durch das entstehende Hin und Her, sondern auch eine Gefährdung der zu
transportierenden Werte die Folge gewesen. Endlich wäre das Publikum
selbst durch die Erschwerung in der glatten Abwicklung des täglichen
Geschäftsverkehrs bei einer räumlichen Trennung benachteiligt gewesen.

Man stellte daher den Antrag auf Ü b e r b r ü c k u n g d e r F r a n -
z ö s i s c h e n S t r a ß e behufs Verbindung der Gebäude in Höhe des
ersten Stockwerkes. Die Verhandlungen mit den beteiligten Behörden zur
Erzielung der Genehmigung zeitigten Erfolg, daß sowohl das Staatsministerium,
wie die Stadt Berlin den Plänen ihre Zustimmung erteilten. Dieselben
fanden alsdann die Allerhöchste Genehmigung Seiner Majestät des Kaisers.
Der in einem Bogen von 21 m ohne Zwischenstütze über die Straße gespannte
Übergang konnte am 1. Juli 1909 in Benutzung genommen werden.

Was die G r ö ß e n v e r h ä l t n i s s e anbetrifft, so ist zu erwähnen, daß
der nördliche Block ein Areal von 6568 qm umfaßt, von denen 5107 qm bebaut
sind, während 1461 qm auf Höfe entfallen. Die in die letzte Ziffer mit ein-
geschlossenen und mit Glas überdachten Kassenhöfe bedecken 682 qm. Der
südliche Block hat ein Areal von 5309 qm, hiervon sind 3444 qm bebaut und
1056 qm als Kassenhöfe mit Glas überdeckt, während 809 qm auf offene Höfe
und Vorgärten entfallen.

Da es sich bereits jetzt herausgestellt hat, daß auf die Dauer mit
beiden Blocks nicht auszukommen ist, hat die Bank Anfang November d. J.
das in der Mauerstraße gegenüberliegende von Stummsche Palais erworben.

Die B e s t a n d t e i l e d e s B a n k g e w e r b e s sind: Geschäfts-
bücher, Papier, Tinte und Feder. Der Apparat selbst aber ist in seiner Art

Hauptkasse in der Mauerstraße.

Fig. 5.

nicht minder vielgestaltig, als etwa der eines technischen Werkes, das die verschiedensten Gegenstände herstellt.

Um dies zu erhärten, sei ein einfaches Beispiel gewählt:

Nehmen wir den Fall, ein auswärtiger Kunde erteilt den Auftrag zum Verkauf eines Börsenpapiers, das im Depot ruht, und verlangt gleichzeitig die Einsendung des Gegenwertes. Dieser Brief geht aus der Hand des Brieföffners in die des Prokuristen, der früh im Lesezimmer die eingegangene Post durchsieht, dann in die Hand des Kontrolleurs, der darauf zu achten hat, daß alle Einzelheiten des Briefes ordnungsgemäß erledigt werden, darauf in die des Korrespondenten, der den Brief beantwortet, in die des Börsenvertreters, der sich daraus den Börsenauftrag zu notieren hat. Der Korrespondent hat sich zu vergewissern, ob der zum Verkauf aufgegebene Betrag mit dem Depot übereinstimmt. Dadurch kommt die Angelegenheit zum Tresorverwalter. Wird der Auftrag zu dem bestimmten Kurse oder Limit an demselben oder an einem der folgenden Tage ausgeführt, so sind die Rechnungen auszustellen: zunächst für den Kunden, dann für die Gegenpartei, die an der Börse das Papier gekauft hat. Es wird dadurch die Rechenabteilung und die Effektenabteilung beschäftigt, welche letztere die Lieferung durch den Kassenverein an die kaufende Berliner Bankstelle auszuführen hat. Dadurch, daß der Kunde den Barerlös zu erhalten wünscht, wird mit der Sache der Kassierer befaßt. Brief- und Wertpostexpeditionen werden in Tätigkeit gesetzt.

Zu den genannten großen Abteilungen: Korrespondenz, Effektenabteilung und Kasse tritt endlich die Tätigkeit der Buchhalterei, und zwar die des Kontokorrentbuchhalters, der das Konto des Kunden führt, des Effektenbuchhalters, der das Depotbuch führt, des Effekten-Skontros, in welcher die Konti nicht nach den einzelnen Namen der Kunden, sondern nach den Effekten selbst geführt werden, des Revisors, der die Rechnung zu prüfen hat, der Schlußnotenkontrolle, die die Kassierung des Stempels zu überwachen hat, damit der Fiskus gelegentlich der Stempelrevision keinen Anlaß hat, Monita zu erteilen.

Bei dem Auftrag können sich die verschiedensten Erwägungen ergeben. Hat der Kunde z. B. sein Depot zur Deckung einer Schuldforderung gestellt und sind weitere Effekten außer den verkauften nicht vorhanden, so ist ihm nur der Rest einzusenden, der nach Deckung des Depotsaldos übrig bleibt. Hat der Kunde ein Reichsbank-Girokonto, so wird dies für die Übermittlung des Geldes zu benutzen sein. In diesem Falle tritt anstatt der Wertpost-

Ecke Französische- und Kanonierstraße.

Fig. 6.

Expedition die mit der Führung des Reichsbank-Girokontos betraute Abteilung in Tätigkeit.

Es ist nicht möglich und angängig, die gesamte Art und Weise zu schildern, in der an einem einzigen Tage für eine große Anzahl solch einfacher Geschäftsvorgänge eine Reihe von Abteilungen derartig ineinandergreifen, daß die Genauigkeit und Schnelligkeit der Ausführung zuverlässig verbürgt wird. Die Organisation einer Bank stellt eine Summe von Erfahrungen, von Versuchen und Verbesserungen dar, in der ihre Stärke und Eigenheit, aber auch ihr Geschäftsgeheimnis liegt. Immerhin ist es möglich, in großen Zügen gewisse Angaben über die Verwaltung und aus dem Betriebe zu machen.

Die Leitung des Instituts liegt gegenwärtig in den Händen von 8 Vorstandsmitgliedern, denen in Berlin 10 stellvertretende Direktoren und 73 Prokuristen zur Seite stehen. An den Filialen sind insgesamt 24 Direktoren tätig.

Die Zahl der Beamten, die in den beiden Häusern beschäftigt werden, beträgt 2243. Weitere 646 Beamte sind in den Depositenkassen in Berlin und seinen Vororten tätig. (Siehe auch S. 866.)

Für die Beamten wurde auf Anregung und mit Unterstützung der Bank ein Klub der Beamten der Deutschen Bank ins Leben gerufen, für den mit Ausnahme der Parterreräumlichkeiten das ganze Haus Voßstraße 17 gemietet und eingerichtet ist. In ihm speisen täglich etwa 550—600 Beamte zu Mittag und etwa 350—400 zu Abendbrot. Der Klub hat neben seinen Speisesälen Unterhaltungs-, Billard-, Lese- und Musikzimmer. Die Beamten haben monatlich je 1 Mark Klubbeitrag zu zahlen.

Ebenso wie die Kantinen wird der Klub von einem aus Beamten der Bank zusammengesetzten Klub-Komitee verwaltet, durch das die Preise für Speise und Getränke festgesetzt werden.

Der Ökonom des Klubs bezieht ein festes Gehalt, sämtliche Angestellte, Koch, Kellner usw. werden vom Klub selbst besoldet, der sein Konto bei der Bank führt. Sämtliche Anschaffungen und Bezüge von Proviant gehen für Rechnung der Klubverwaltung und werden von der Bank beglichen. Während in den Kantinen nur Kaffee, Tee, Milch, Kakao, Eier, Würstchen und kalte Küche verabfolgt werden, ist im Klub auch Bier und Wein erhältlich.

Die Bank leistet jährlich einen ziemlich erheblichen Zuschuß zu den Kosten des Klubs und hat hierfür seit dessen Bestehen bis jetzt einen Betrag von mehr als 700 000 M. aufgewendet.

Skulpturen an der Ecke Französische- und Kanonierstraße.

Fig. 7.

Der Klub hat einen materiellen und ideellen Zweck. Der materielle besteht darin, daß er den Beamten und besonders den unverheirateten die Möglichkeit einer billigen und guten Beköstigung bietet; der ideelle, daß er unter den Angestellten den Geist der Zusammengehörigkeit und Geselligkeit pflegen soll.

Gewissermaßen Unterverbände von ihm sind auch der Gesang- und Orchesterverein und der Fechtklub der Beamtenschaft der Bank.

Im Zentralgebäude ist die Bibliothek des Klubs der Beamten untergebracht, die etwa 2250 Bände wissenschaftlichen und belletristischen Inhalts hat.

Im Jahre 1876 wurde damit begonnen, zugunsten der Beamten einen Pensionsfonds zu bilden. Dieser Fonds, der damals mit 25 000 M. dotiert wurde, ist durch die jährlichen Zuwendungen aus dem Reingewinn bis Ende 1908 auf rund 6 550 000 M. angewachsen. Zum Andenken an den Träger dieses Namens wird er in der Bank als Dr. Georg von Siemensscher Pension- und Unterstützung-Fonds geführt. Seine Verwaltung untersteht einem aus je einem Mitgliede des Aufsichtsrates, des Vorstandes und einem Prokuristen gebildeten Kuratorium, welches, ohne durch feste Normen beengt zu sein, seine Entscheidungen nach Lage der Verhältnisse von Fall zu Fall trifft.

Die Unterstützungen und Pensionen aus diesem Fonds gelten nicht nur für die Beamten, sondern auch für deren Witwen und Kinder. Bisher sind für einmalige und laufende Unterstützungen zu Lasten dieses Fonds rund 1 762 000 M. gezahlt worden.

Durch die im letzten Geschäftsbericht der Deutschen Bank angekündigte Errichtung einer allen Vorschriften des Aufsichtsamtes für private Versicherungsunternehmungen entsprechende Pensionskasse für die Angestellten der Bank, durch die allerdings letzterer eine neue größere Belastung erwächst, wird der Dr. Georg von Siemenssche Pension- und Unterstützung-Fonds in seiner ursprünglichen Bestimmung nicht berührt. Er bleibt bestehen, um in denjenigen Fällen einzutreten, für welche nach den Satzungen der Pensionskasse nicht ausreichend vorgesorgt werden kann.

Zugunsten der Beamten ist ferner die Einrichtung getroffen, daß sie hinsichtlich ihrer Ersparnisse, die sie als Bardepositen in der Bank belassen, dadurch bevorzugt werden, daß ihnen die Gelder bis zum Betrage von 20 000 Mark mit 5 %, die Beträge zwischen 20 000 M. und 30 000 M. mit 4½ % und die über 30 000 M. hinausgehenden Summen mit 4 % verzinst werden.

Verbindungsbrücke zwischen den beiden Bankgebauden mit Blick in die Französische Straße.

Fig. 8.

Auf Guthaben der Witwen von Angestellten werden bis zu 30 000 M. 5 %
und darüber hinaus 4½ % Zinsen vergütet. Die Spargelder der Beamten
bilden gegenwärtig einen nach mehreren Millionen zählenden Betrag.

Die Konzentration im Bankgeschäft hat zu keiner Ersparnis an Arbeits-
kräften bei den Banken selbst geführt. Das Anwachsen der Beamtenzahl
ist außer durch die Zunahme der Geschäfte in nicht geringem Grade durch
die für das Bank- und Börsengeschäft beschlossene Gesetzgebung bedingt
worden. Die Einführung des Schlußscheinstempels, das Depotgesetz, das
Scheckgesetz, die Talonsteuer haben stets eine Vermehrung des Personals
notwendig gemacht.

Die Zahl von 1000 Beamten überschritt die Bank erstmalig Ende 1894.
Im Jahre 1900 zählten wir bereits 2063 und gegenwärtig in Berlin und außerhalb 5000 Beamte.

An Gehältern und Gratifikationen wurden

1894 . . . . . . 3 077 000 M.

1900 . . . . 5 932 000 „

1908 . . . . 14 046 000 „

gezahlt.

Die Verwaltung und Aufsicht des Hauses, alle die Einrichtungen, die nötig sind, um es wohnlich und für den Dienst zweckentsprechend zu halten, erfordern einen ziemlich großen Apparat.

Die Bureaureinigung wird täglich von 5—8½ Uhr früh von 200 Frauen
bewirkt und hat im vergangenen Jahre für Löhne und Materialien Aufwendungen von rund 105 000 M. verursacht.

In beiden Häusern sind 9800 Tantallampen installiert, die im letzten Jahr
einen Stromverbrauch von rund 280 000 Kilowattstunden hatten.

Für die Heizung, die zum Teil durch Warmwasser, zum Teil durch
Dampf erfolgt, bestehen 7 Heizungsanlagen mit 37 Kesseln und 7 Luftöfen,
die von 11 Heizern bedient werden. Die Ausgaben für das Feuerungsmaterial
erreichten im abgelaufenen Jahre einen Betrag von ungefähr 52 000 M.

Für die Bewachung des Hauses am Tage und bei Nacht durch Portiers
und Wächter, für die Bedienung der Fahrstühle und für sonstige täglich
vorkommende Arbeiten im Hause sind 100 Leute beschäftigt.

Für Botengänge und Bureaubedienung sind 284 Kassenboten und 136
Bureauburschen angestellt. Das gesamte Personal dieser Art wird von der
Bank mit Dienstanzügen versehen.

Depositen-Hauptkasse in Berlin, Mauerstraße 25—28.

Fig. 9.

Gesondert von der Hausverwaltung ist die Materialien-Verwaltung, die für alles das zu sorgen hat, was im Geschäftsbetriebe an Drucksachen, Schreibutensilien und ähnlichen Erfordernissen gebraucht wird. Die Materialienverwaltung führt für jeden Angestellten ein besonderes Konto, aus dem ersichtlich ist, wann und welche Materialien von den Beamten bezogen worden sind.

Zur Kontrolle über den Verbrauch wird ein zweites Konto nach den einzelnen Gegenständen geführt, aus dem hervorgeht, an welche Abteilung und Person Lieferungen einer bestimmten Sache erfolgt sind. Dieses sogenannte „Tote Konto" läßt den Bestand des Vorrats erkennen, und durch eine Inventuraufnahme läßt sich feststellen, ob das Konto ordnungsmäßig geführt ist.

In dem letzten Jahre verabfolgte in Berlin die Materialienverwaltung der Zentrale rund 13 600 000 Stück Formulare und Briefbogen und ungefähr 3 000 000 Briefumschläge, diejenige der Depositenkasse an den entsprechenden Materialien rund 8 300 000 und 2 500 000 Stück. Verschrieben wurden in der Zentrale und der Depositenkasse zusammen rund 2100 Liter Tinte mit ungefähr 26 700 Dutzend Federn.

Zur Beurteilung des Umfanges des Briefverkehrs sei erwähnt, daß in der Zentrale und in den Depositenkassen täglich zirka 8800 Briefe einlaufen und zirka 12 200 ausgehen. Hiermit sei auf einige Ausführungen über die Entwicklung des Geschäftes hinübergeleitet.

Wie eingangs erwähnt, wurde die Deutsche Bank ins Leben gerufen mit der Aufgabe, die durch den direkten überseeischen deutschen Warenverkehr bedingten Geldtransaktionen zu vermitteln und den deutschen Handel- und Industriestand in dieser Beziehung vom Ausland unabhängig zu machen. Als sie ihren Geschäftsbetrieb aufnahm, war der Kaufmannstand der überseeischen Plätze durch das kommerzielle und finanzielle Übergewicht Englands fast allein auf London verwiesen. Es waren Mittel und Wege zu suchen, den deutschen Handel von fremden Einflüssen zu befreien und dem Landsmanne in der Fremde den deutschen Kredit zugänglich zu machen.

Das überseeische Geschäft mußte nach zwei Richtungen verfolgt werden:

1. in der Kreditgewährung an Exporteure und Importeure, indem jene Vorschüsse auf ihre Exportware, diese Rembourskredite sowohl auf London als auch auf deutsche Plätze erhielten und

Kuppel in der Depositen-Hauptkasse.

Fig. 10.

2. in der Einführung der deutschen Valuta auf überseeischen Plätzen was bei der damaligen Zersplitterung der einheimischen Valuta zunächst beinahe unmöglich war), damit der deutsche Importeur seine Geschäfte direkt ohne Vermittlung ausländischer Bankhäuser abwickeln konnte.

Zur Erreichung dieser beiden Ziele schritt die Bank gleich in den ersten Jahren ihres Bestehens an die Errichtung von Filialen an den deutschen Hansaplätzen und in London. Die Bremer Filiale wurde 1871, die Hamburger 1872, die Londoner 1873 eröffnet. Frühe Versuche, in Ostasien, in Nord- und Südamerika festen Fuß zu fassen, entsprachen damals nicht den gehegten Erwartungen und sind zum Teil erst viel später mit größeren Mitteln wiederholt und erfolgreich durchgeführt worden.

Nach Verlauf des ersten Jahrzehnts des Bestehens der Bank konnten die Grundlagen des überseeischen Geschäftes als gesichert betrachtet werden. Die Umsatzziffern auf dem Konto „Vorschüsse auf Waren und Rembourse" steigerten sich von

$$
\begin{array}{llll}
\text{rund} & 3\,500\,000 \text{ M. im Jahre } 1871 \\
\text{auf } 46\,000\,000 & „ & „ & „ & 1880 \\
„ 176\,000\,000 & „ & „ & „ & 1890 \\
„ 362\,000\,000 & „ & „ & „ & 1900 \\
„ 706\,000\,000 & „ & „ & „ & 1908,
\end{array}
$$

und dieser Betrag gilt nur für die Zentrale, ohne die Umsätze der Zweiganstalten und ohne den Umsatz der von der Deutschen Bank 1886 ins Leben gerufenen Deutschen Überseeischen Bank, der für sich allein im letzten Jahre mehr als 12 Milliarden betrug. Dieses Tochterinstitut, an dessen Kapital von 30 000 000 M. die Deutsche Bank noch heute hervorragend beteiligt ist, hat in fortschreitender Entwicklung seiner Geschäfte nicht nur eine Reihe südamerikanischer Staaten, wie Argentinien (in Bahia Blanca, Buenos Aires, Cordoba, Tucuman), in Bolivien (in La Paz, Oruro), Chile (in Antofagasta, Concepcion, Iquique, Osorno, Santiago de Chile, Temuco, Valdivia und Valparaiso), Peru (in Arequipa, Callao, Lima, Trujillo), Uruguay (in Montevideo), sondern auch Spanien (in Madrid und Barcelona) in den Bereich seiner Wirksamkeit gezogen.

Das Netz der Filialen in Deutschland wurde 1886 auch auf den zweiten deutschen Börsenplatz, Frankfurt a. M., und später auf andere süd- und mitteldeutsche Plätze ausgedehnt.

Die Schwierigkeiten, ein sich allzuweit ausdehnendes Filialnetz zu überblicken und zu leiten, sowie die freundschaftlichen Rücksichten auf eine Reihe von Instituten in den preußischen Provinzen und anderen deutschen Bundesstaaten veranlaßte 1897 einen Weg zu beschreiten, der in der Folge von fast allen deutschen Großbanken begangen wurde; wir meinen: die Angliederung alliierter Institute durch Erwerb eines mehr oder weniger bedeutenden Teils ihres Aktienkapitals zu dauerndem Besitz. In diesem in den Aktiven als „Dauernde Beteiligungen bei anderen Unternehmungen" erscheinenden Posten ist heute mehr als ein Drittel des eigenen Aktienkapitals der Deutschen Bank angelegt. Es ist dadurch gewissermaßen ein finanzieller Bundesstaat geschaffen worden, der durch die guten Beziehungen und das Gefühl der Zusammengehörigkeit unter seinen Mitgliedern für alle Beteiligten segensreich gewirkt hat.

Unter der gleichen Position figuriert auch die Beteiligung an der von der Deutschen Bank ins Leben gerufenen Deutschen Treuhand-Gesellschaft, welche sich mit Bücherrevisionen, Nachlaß- und Vermögensverwaltungen befaßt und gleichfalls vorbildlich gewesen ist.

Im laufenden Jahre wurde eine Filiale in Konstantinopel errichtet, die den Eisenbahngeschäften in der Türkei ein Stützpunkt sein soll. Die Eröffnung einer Filiale in Brüssel wird Anfang 1910 vor sich gehen.

Der bedeutende Anteil, den die Umsätze der Filialen an dem Gesamtumsatz darstellen, wird durch die Tatsache illustriert, daß seit 1896 annähernd dessen Hälfte auf die Filialen entfällt.

Die auf die Deutsche Bank gezogenen Schecks sind ohne Abzug an 133 deutschen Plätzen zahlbar.

Wie die Errichtung des Filialsystems, war auch diejenige besonderer Kassen zur Annahme verzinslicher Bardepositen und zur Einführung des Scheckverkehrs eine Neuerung, die in Deutschland von diesem Institute ausging und deren Vorteile bei der Errichtung der Bank selbst in einzelnen Kreisen des deutschen Kaufmannstandes außerhalb der Hansastädte so gut wie unbekannt waren. Mit dem steigenden Verständnis des Publikums für den Depositen- und Scheckverkehr und mit der Zunahme des allgemeinen Wohlstandes hat dieser Geschäftszweig eine große Ausdehnung erfahren.

Eine Reihe der Depositenkassen ist mit Stahlkammeranlagen versehen. Die Stahlkammer in der Mauerstraße 26/27 enthält in einem gegen Diebes- und Feuersgefahr gesicherten Raume über 15000 eiserne Fachschränke, welche nur von den Mietern selbst geöffnet werden können.

Übersicht der Entwicklung

Ge-schäfts-jahr	Kasse, Coupons, Wechsel, Bank-Guthaben, Report, Schatzanweisungen und Effekten	Kreditoren und Depositen	Debitoren, Vorschüsse auf Waren usw.		Akzepte
			a) gedeckt	b) ungedeckt	
Ende 1870	M 5,680,689	M 2,352,265	M 3,237,181	M 2,158,120	M 2,463,740
1871	„ 22,739,225	„ 22,922,080	„ 11,742,210	„ 7,828,140	„ 7,600,918
1872	„ 41,602,899	„ 38,671,172	„ 27,842,441	„ 18,293,382	„ 23,512,090
1873	„ 72,854,311	„ 50,727,055	„ 25,184,925	„ 12,487,373	„ 30,269,944
1874	„ 81,435,860	„ 56,977,289	„ 17,521,326	„ 17,447,623	„ 37,614,960
1875	„ 72,117,806	„ 43,547,190	„ 24,555,468	„ 17,091,166	„ 42,475,164
1876	„ 110,373,161	„ 96,454,424	„ 35,312,592	„ 16,328,058	„ 41,038,337
1877	„ 65,103,158	„ 41,546,656	„ 41,310,408	„ 13,400,531	„ 38,836,891
1878	„ 73,577,426	„ 48,471,197	„ 42,776,959	„ 13,117,797	„ 44,032,363
1879	„ 92,679,843	„ 68,585,210	„ 56,035,000	„ 14,178,119	„ 48,205,643
1880	„ 85,896,970	„ 63,938,491	„ 49,490,850	„ 16,349,525	„ 45,834,592
1881	„ 110,913,709	„ 92,471,665	„ 64,282,435	„ 21,235,646	„ 54,216,214
1882	„ 106,236,471	„ 84,705,101	„ 66,649,401	„ 19,184,402	„ 46,140,476
1883	„ 129,277,138	„ 107,724,165	„ 80,060,464	„ 28,096,181	„ 69,048,298
1884	„ 149,917,199	„ 122,280,372	„ 85,725,618	„ 36,503,597	„ 83,658,784
1885	„ 164,517,101	„ 132,414,350	„ 91,567,601	„ 27,876,166	„ 80,942,605
1886	„ 159,531,662	„ 137,809,036	„ 91,567,364	„ 26,820,749	„ 82,753,414
1887	„ 175,801,987	„ 159,040,048	„ 95,685,222	„ 30,173,948	„ 88,821,789
1888	„ 208,419,928	„ 185,939,718	„ 106,626,950	„ 42,527,464	„ 93,912,184
1889	„ 217,646,924	„ 217,322,621	„ 139,041,615	„ 40,600,115	„ 105,801,771
1890	„ 234,758,079	„ 203,247,700	„ 115,164,961	„ 34,061,711	„ 101,076,473
1891	„ 248,828,238	„ 200,297,992	„ 86,918,718	„ 28,086,866	„ 85,007,988
1892	„ 252,553,545	„ 205,848,449	„ 103,378,662	„ 29,898,397	„ 96,093,677
1893	„ 247,762,714	„ 214,453,616	„ 105,769,429	„ 36,691,151	„ 96,325,332
1894	„ 285,869,072	„ 250,630,525	„ 110,958,904	„ 33,983,676	„ 93,865,465
1895	„ 296,959,088	„ 295,845,950	„ 177,124,944	„ 46,937,481	„ 122,496,507
1896	„ 314,997,810	„ 287,217,599	„ 154,761,993	„ 45,006,718	„ 116,646,487
1897	„ 378,777,898	„ 359,718,954	„ 182,405,232	„ 58,666,995	„ 130,511,769
1898	„ 436,939,357	„ 444,068,368	„ 203,112,894	„ 61,992,295	„ 128,340,214
1899	„ 453,857,134	„ 479,947,211	„ 232,196,609	„ 72,764,087	„ 141,883,555
1900	„ 486,153,982	„ 531,166,114	„ 244,553,839	„ 71,806,556	„ 141,131,301
1901	„ 573,593,263	„ 630,259,107	„ 254,245,936	„ 72,492,174	„ 142,420,917
1902	„ 674,679,032	„ 720,476,427	„ 264,996,941	„ 71,060,603	„ 145,301,506
1903	„ 722,163,979	„ 789,374,381	„ 314,525,405	„ 77,324,283	„ 179,808,067
1904	„ 840,004,989	„ 893,594,072	„ 334,315,096	„ 96,022,215	„ 185,083,202
1905	„ 931,983,038	„ 1,064,340,143	„ 382,712,175	„ 117,181,085	„ 197,843,098
1906	„ 1,029,740,885	„ 1,250,744,129	„ 473,181,109	„ 160,243,675	„ 226,110,088
1907	„ 1,024,584,737	„ 1,264,405,721	„ 509,798,132	„ 177,054,188	„ 263,537,867
1908	„ 1,014,205,572	„ 1,268,816,252	„ 515,652,163	„ 160,947,532	„ 231,948,426

der Deutschen Bank.

Konsortialkonto	Aktienkapital	Reserven	Dividende	Umsätze	Geschäfts-jahr
M —	M 15,000,000	M 36,215	5 %	M 239,342,864	Ende 1870
,, 830,932	,, 30,000,000	,, 161,972	8 %	,, 951,445,036	1871
,, 1,738,834	,, ⎰ —	,, 703,611	8 %	,, 2,891,276,883	1872
,, 1,894,900	,, ⎱ 45,000,000	,, 1,308,987	4 %	,, 3,765,140,668	1873
,, 1,090,216	,, —	,, 2,341,569	5 %	,, 5,509,149,588	1874
,, 2,494,231	,, —	,, 3,434,506	3 %	,, 5,512,596,634	1875
,, 1,720,608	,, —	,, 4,411,581	6 %	,, 7,132,497,077	1876
,, 1,267,186	,, —	,, 4,857,429	6 %	,, 7,325,231,848	1877
,, 3,798,113	,, —	,, 5,472,928	6$\frac{1}{2}$ %	,, 7,129,850,865	1878
,, 2,939,071	,, —	,, 6,646,742	9 %	,, 8,834,737,806	1879
,, 6,942,299	,, —	,, 7,776,419	10 %	,, 10,484,497,746	1880
,, 14,375,726	,, ⎰ —	,, 9,354,059	10$\frac{1}{2}$ %	,, 12,898,953,540	1881
,, 14,740,480	,, ⎱ 60,000,000	,, 13,816,131	10 %	,, 12,054,513,781	1882
,, 16,146,000	,, —	,, 14,381,884	9 %	,, 13,205,456,803	1883
,, 11,302,239	,, —	,, 15,309,710	9 %	,, 15,650,971,110	1884
,, 8,773,322	,, —	,, 15,748,039	9 %	,, 15,147,999,465	1885
,, 20,886,257	,, —	,, 16,212,611	9 %	,, 16,180,649,366	1886
,, 23,549,785	,, —	,, 16,659,769	9 %	,, 18,062,819,201	1887
,, 21,493,311	,, ⎰ —	,, 23,108,580	9 %	,, 23,381,792,352	1888
,, 29,710,209	,, ⎱ 75,000,000	,, 23,852,467	10 %	,, 28,125,250,988	1889
,, 29,734,251	,, —	,, 24,600,094	10 %	,, 28,304,126,996	1890
,, 26,901,840	,, —	,, 25,162,756	9 %	,, 25,559,236,637	1891
,, 20,799,573	,, —	,, 25,592,561	8 %	,, 25,331,274,743	1892
,, 21,794,852	,, —	,, 26,025,280	8 %	,, 29,152,668,706	1893
,, 13,847,627	,, —	,, 26,590,882	9 %	,, 31,617,185,805	1894
,, 30,938,125	,, ⎰ —	,, 38,634,390	10 %	,, 37,900,537,501	1895
,, 33,882,758	,, ⎱ 100,000,000	,, 39,651,027	10 %	,, 35,497,085,015	1896
,, 31,634,568	,, 150,000,000	,, 45,275,637	10 %	,, 37,913,360,703	1897
,, 35,868,442	,, —	,, 46,458,129	10$\frac{1}{2}$ %	,, 44,395,084,329	1898
,, 31,527,497	,, —	,, 48,049,218	11 %	,, 50,770,285,211	1899
,, 35,056,687	,, —	,, 49,340,262	11 %	,, 49,773,486,885	1900
,, 35,505,516	,, —	,, 50,642,845	11 %	,, 51,815,610,701	1901
,, 32,355,392	,, 160,000,000	,, 55,283,295	11 %	,, 56,783,415,833	1902
,, 33,058,426	,, —	,, 59,030,455	11 %	,, 59,640,106,144	1903
,, 23,563,873	,, 180,000,000	,, 76,662,853	12 %	,, 66,897,131,338	1904
,, 35,367,911	,, —	,, 78,398,560	12 %	,, 77,205,585,347	1905
,, 45,341,545	,, 200,000,000	,, 100,000,000	12 %	,, 85,590,594,109	1906
,, 53,427,886	,, —	,, 101,831,917	12 %	,, 91,611,054,053	1907
,, 36,841,129	,, —	,, 103,699,003	12 %	,, 94,470,721,268	1908

Am Schluß des ersten vollen Geschäftsjahres waren der Deutschen Bank im Depositenverkehr nicht mehr als 1½ Mill. M. anvertraut — am Schluß des Jahres 1908 beinahe, eine halbe Milliarde, und der Jahresumsatz auf dem Depositenkonto bezifferte sich auf 3 453 400 000 M.

Durch dieses gewaltige und in erfreulicher Weise den zunehmenden nationalen Wohlstand bekundende Anwachsen der der Bank anvertrauten Gelder ist die Richtung für die zu befolgende Politik gegeben. Die Deutsche Bank hat die Aufgabe, diese Gelder zwar so vorteilhaft, aber namentlich so sicher und leicht greifbar wie nur möglich anzulegen.

Nach der letzten Jahresbilanz übersteigen die liquiden Mittel (Kasse, Coupons, Wechsel, Bankguthaben, Reports, Schatzanweisungen und Effekten) 1014 Mill. M.

Die vorstehende Tabelle zeigt die Entwicklung des Geschäftes im einzelnen und in übersichtlicher Form.

In diesem großen Betriebe fehlt auch nicht die Brücke, die zu den von der Schiffbautechnischen Gesellschaft verfolgten Zielen hinüberführt. Deutschlands Einfuhr- und Ausfuhrhandel von 15 Milliarden M., der zweitgrößte der Welt, der zu etwa 75% sich zu Schiff abspielt, geht in Geld oder durch Wechsel und andere Geldwerte umgesetzt zu mehr als einem Zwanzigstel durch die Deutsche Bank. Jeder Fortschritt der Schiffbautechnik fördert das Bankgeschäft, wie anderseits die Arbeit der Bank dazu bestimmt ist, unter Wahrnehmung der Interessen der Aktionäre auch zur Förderung derjenigen Unternehmungen beizutragen, die den hohen Aufgaben der Schiffbautechnischen Gesellschaft dienen und aus ihren Bestrebungen Segen ziehen.

Aus dem Inhaltsverzeichnis der früher erschienenen Bände des „Jahrbuches der Schiffbautechnischen Gesellschaft":

I. Band 1900.

Die modernen Unterseeboote. Von C. Busley. — Die Anwendung der Funkentelegraphie in der Marine. Von A. Slaby. — Die Steuervorrichtungen der Seeschiffe, insbesondere der neueren großen Dampfer. Von F. L. Middendorf. — Die Entwickelung des gepanzerten Linienschiffes. Von Johs. Rudloff. — Untersuchungen über die periodischen Schwankungen in der Umdrehungsgeschwindigkeit der Wellen von Schiffsmaschinen. Von G. Bauer. — Widerstand der Schiffe und Ermittelung der Arbeitsleistung für Schiffsmaschinen. Von F. L. Middendorf. — Festigkeitsberechnungen der Schiffe. Von C. Radermacher.

II. Band 1901.

Moderne Werftanlagen und ihre voraussichtliche Entwickelung. Von Tjard Schwarz. — Elektrische Befehlsübermittelung an Bord. Von A. Raps. — Kautschuk (Gummi elasticum im Schiffbau. Von Ed. Debes. — Graphische Methoden zur Bestimmung von statischen Gleichgewichtslagen des Schiffes im glatten Wasser. Von M. H. Bauer. — Ebene Transversalschwingungen freier stabförmiger Körper mit variablem Querschnitt und beliebiger symmetrischer Massenverteilung unter der Einwirkung periodischer Kräfte mit spezieller Berücksichtigung des Schwingungsproblemes des Schiffbaues. Von L. Gümbel. — Die Entwickelung der Tieflade-Linien an Handelsdampfern. Von Rud. Rosenstiel. — Untersuchungen über Hinterschiffsformen, speziell über Wellenaustritte, ausgeführt in der Schleppversuchsstation des Norddeutschen Lloyd an Modellen des Doppelschrauben-Schnelldampfers „Kaiser Wilhelm der Große". Von Joh. Schütte. — Vergleichsmessungen der Schiffsschwingungen auf den Kreuzern „Hansa" und „Vineta" der deutschen Marine. Von G. Berling. — Neuere Forschungen über Schiffswiderstand und Schiffsbetrieb. Von R. Haack. — Die Schiffs-Vermessungs-Gesetze in verschiedenen Staaten. Von A. Isakson. — Die Werftanlagen der Newport News Shipbuilding and Drydock Co. in Newport News Virginien. Von T. Chace.

III. Band 1902.

Die Entwickelung der Geschützaufstellung an Bord der Linienschiffe und die dadurch bedingte Einwirkung auf deren Form und Bauart. Von G. Brinkmann. — Elektrische Kraftübertragung an Bord. Von W. Geyer. — Uber Segeljachten und ihre moderne Ausführung. Von Max Oertz. — Die Anwendung der pneumatischen Werkzeuge im Schiffbau. Von F. Kitzerow. — Die volkswirtschaftliche Entwickelung des Schiffbaues in Deutschland und den Hauptländern. Von Dr. E. v. Halle. — Der amerikanische Schiffbau im letzten Jahrzehnt. Von Tjard Schwarz. — Kohlenübernahme auf See. Von William H. Beehler. — Der Angriffspunkt des Auftriebes. Von Hermann Haedicke.

IV. Band 1903.

Eisenindustrie und Schiffbau in Deutschland. Von E. Schrödter. — Das Material und die Werkzeuge für den Schiffbau auf der Düsseldorfer Ausstellung. Von Gotthard Sachsenberg. — Der Rheinstrom und die Entwickelung seiner Schiffahrt. Von W. Freiherr v. Rolf. — Das Drahtseil im Dienste der Schiffahrt. Von Fr. Schleifenbaum. — Einfluß der Schlingerkiele auf den Widerstand und die Rollbewegung der Schiffe in ruhigem Wasser. Von Joh. Schütte. — Die Versuchsanstalt für Wasserbau und Schiffahrt zu Berlin. Von H. Schümann. — Der Einfluß der Stegdicke auf die Tragfähigkeit eines ⌶-Balkens. Von K. G. Meldahl. — Effektive Maschinenleistung und effektives Drehmoment und deren experimentelle Bestimmung. Von H. Föttinger. — Das Bergungswesen und die Hebung gesunkener Schiffe. Von H. Dahlström. — Der Einfluß der Elektrizität auf die Sicherheit der Schiffahrt. Von C. Schulthes. — Die deutsche Seemannssprache. Von A. Stenzel. — Moderne Werftanlagen. Von C. Stockhusen. — Das Patentwesen im Schiffbau. Von M. Mintz.

V. Band 1904.

Die Feststellung einer Tiefladelinie. Von A. Schmidt — Die gegenwärtige unbefriedigende Vergleichs-Statistik der Handelsflotten. Von A. Isakson. — Die Quadrantdavits. Von A. Welin. — Die Gesetzgebung über die Abgaben in den Staats- und Kommunalhäfen der nordeuropäischen Länder. Von A. Sieveking. — Über Trunkdeckdampfer. Von W. Hök. — Der automatische Loggregistrier-Apparat von Hjalmar von Köhler. Von J. Drakenberg. — Über Dampfturbinen. Von A. Riedler. — Das Telephon im Seewesen. Von H. Zopke. — Neue Versuche über Oberflächenkondensation mit getrennter Kaltluft- und Warmwasserförderung. Von G. Berling. — Der Anstrich von Schiffsböden. Von A. C. Holzapfel. — Hydrodynamische Experimentaluntersuchungen. Von F. Ahlborn. — Betrachtungen über den Wert und die Bedeutung der Lohnformen. Von W. Wiesinger. — Materialspannungen in ausgeschnittenen und verdoppelten Platten. Von K. G. Meldahl. — Das Entladen von Schiffen mit Berücksichtigung ihrer zweckmäßigsten Bauart. Von J. Pohlig. — Die Liliput-Bogenlampe. Von E. Koebke. — Die elektrische Zwergwinde. Von H. Wilhelmi.

VI. Band 1905.

Die Widerstandserscheinungen an schiffsförmigen Modellen. Von Fr. Ahlborn. — Die Wirkung der Schiffsschraube auf das Wasser. Von Fr. Ahlborn. — Neuere Methoden und Ziele der drahtlosen Telegraphie. Von Fr. Braun. — Die neuesten Konstruktionen und Versuchsergebnisse von Torsionsindikatoren. Von Herm. Föttinger. — Arbeitsausführung im steigenden Stundenlohn. Von A. Strache. — Ventilsteuerungen und ihre Anwendung für Schiffsmaschinen. Von W. Hartmann. — Die Anwendung der Gasmaschine im Schiffsbetriebe. Von E. Capitaine. — Der gegenwärtige Stand der Scheinwerfertechnik. Von O. Krell. — Über die Herstellung von Stahlblöcken für Schiffswellen in Hinsicht auf die Vermeidung von Brüchen. Von A. Wiecke. — Studien über submarine und Rostschutz-Farben. Von M. Ragg. — Gleiche Stromart und Spannung der elektrischen Anlagen an Bord von Schiffen. Von C. Schulthes. — Der Bau von Schwimmdocks. Von A. F. Wiking. — Schiffbautechnische Begriffe und Bezeichnungen.

VII. Band 1906.

Die Entwickelung der Schichausche Werke zu Elbing, Danzig und Pillau. Von A. C. Th. Muller. — Die neuere Entwickelung der Mechanik und ihre Bedeutung für den Schiffbau. Von H. Lorenz. — Der Langston-Anker. Von R. Frick. — Große Schweißungen mittels Thermit im Schiffbau. Von Hans Goldschmidt. — Die vermeintlichen Gefahren elektrischer Anlagen. Von Wilh. Kübler. — Versuche mit Schiffsschrauben und deren praktische Ergebnisse. Von Rudolf Wagner. — Theorie und Berechnung der Schiffspropeller. Von H. Lorenz. — Messung der Meereswellen und ihre Bedeutung für den Schiffbau. Von Walter Laas. — Die Erprobung von Ventilatoren und Versuche über den Luftwiderstand von Panzergratings. Von O. Krell. — Die Bekohlung der Kriegsschiffe. Von Tjard Schwarz. — Der Leue-Apparat zum Bekohlen von Kriegsschiffen in Fahrt. Von Georg Leue. — Binnenschiffahrt und Seeschiffahrt. Von Egon Rágóczy. — Die allmähliche Entwickelung des Segelschiffes von der Römerzeit bis zur Zeit der Dampfer. Von L. Arenhold.

VIII. Band 1907.

Die Verwendung der Parsons-Turbine als Schiffsmaschine. Von Walter Boveri. — Magnetische Erscheinungen an Bord. Von Dr. Ing. G. Arldt. — Die Ausrüstung und Verwendung von Kabeldampfern. Von Otto Weiß. — Die Dampfüberhitzung und ihre Verwendung im Schiffsbetriebe. Von Dr. Ing. G. Mehlis. — Entwickelung und Zukunft der großen Segelschiffe. Von W. Laas. — Ein neuer Lot-Apparat. Von Eilt Jacobs. — Über Schleppversuche mit Kanalkahnmodellen in unbegrenztem Wasser und in drei verschiedenen Kanalprofilen, ausgeführt in der Übigauer Versuchsanstalt. Von H. Engels und Fr. Gebers. — „Die Weser", das erste deutsche Dampfschiff und seine Erbauer. Von Hermann Raschen. — Die Stettiner Maschinenbau-Aktien-Gesellschaft Vulcan, Stettin-Bredow. Von Johs. Lange.

IX. Band 1908.

Entstehung, Bau und Bedeutung der Mannheimer Hafenanlagen. Von A. Eisenlohr. — Seeschiffahrt, Binnenschiffahrt und Schiffbau in Rußland mit besonderer Berücksichtigung auf die Beziehungen zu Deutschland. Von E. Rágóczy. — Die einheitliche Behandlung der Schiffsberechnungen zur Vereinfachung der Konstruktion. Von H. G. Hausmar. — Das autogene Schweißen und autogene Schneiden mit Wasserstoff und Sauerstoff. Von E. Wiß. — Schnellaufende Motorboote. Von M. H. Bauer. — Elektrisch angetriebene Propeller. Von K. Schulthes. — Eine neue Modell-Schleppmethode. Von H. Wellenkamp. — „Navigator", Registrier-Apparat für Maschinen- und Rudermanöver auf Dampfschiffen. Von Fr. Gloystein. — Hydraulische Rücklaufbremsen. Von O. Krell jr. — Fortschritte in der drahtlosen Telephonie. Von Graf von Arco. — Beitrag zur Entwicklung der Wirkungsweise der Schiffsschrauben. Von O. Flamm. — Das Kentern der Schiffe beim Zuwasserlassen. Von L. Benjamin. — Die Universal-Bohr- und Nietendicht-Maschine mit elektromotorischem Antrieb und elektromagnetischer Anhaftung. Von E. Burckhardt. — Papin und die Erfindung des Dampfschiffes. Von E. Gerland. — Weitere Schleppversuche mit Kahnmodellen in Kanalprofilen, ausgeführt in der Uebigauer Versuchsanstalt. Von H. Engels und Fr. Gebers.

X. Band 1909.

Der Schiffskreisel. Von Otto Schlick. — Über Borsigketten und Kenterschäkel. Von Max Krause. — Neuere Lichtpausapparate. Von Hans Schmidt. — Die Oberflächen-Kondensationen der Dampfturbinen insbesondere für Schiffe. Von E. Josse. — Schiffbau und Schiffahrt auf den großen Seen in Nordamerika. Von Wilhelm Renner. — Über moderne Turbinenanlagen für Kriegsschiffe. Von G. Bauer. — Der Kreisel als Richtungsweiser auf der Erde mit besonderer Berücksichtigung seiner Verwendbarkeit auf Schiffen. Von Dr. Anschütz-Kaempfe. — Die Widerstandsvorgänge im Wasser an Platten und Schiffskörpern. Die Entstehung der Wellen. Von Fr. Ahlborn. — Technische und sonstige Gesichtspunkte für die Aufstellung der Rettungsboote auf modernen Dampfern. Von Axel Welin. — Transporttechnische Gesichtspunkte bei Hellingen. Von C. Michenfelder. — Lohntarifverträge im Schiffbau. Von Dr. Franz Hochstetter. — Nachtrag zu dem Vortrag „Der Schiffskreisel". Von Otto Schlick. — Mathemathischer Anhang zu dem Vortrag von Dr. Anschütz-Kaempfe über „Der Kreisel als Richtungsweiser auf der Erde mit besonderer Berücksichtigung seiner Verwendbarkeit auf Schiffen". Von Dipl. Ing. Max Schuler. — Die Fabriken der Siemens & Halske A.-G. und der Siemens-Schuckert-Werke G. m. b. H. am Nonnendamm bei Berlin.

Preis jedes Bandes, in Leinwand gebunden, M. 40,—.